Mechanisch-physiologische

Theorie der Abstammungslehre.

Von

C. v. Nägeli.

Mit einem Anhang:

1. Die Schranken der naturwissenschaftlichen Erkenntniss,

2. Kräfte und Gestaltungen im molecularen Gebiet.

München und Leipzig.

Druck und Verlag von R. Oldenbourg.

1884.

Vorwort.

Vorliegende Schrift verdankt ihre Entstehung dem Vortrag über die Schranken der naturwissenschaftlichen Erkenntniss, den ich im Jahre 1877 bei der Versammlung deutscher Naturforscher und Aerzte zu halten veranlasst war. Die in demselben entwickelte Ansicht, dass unserer Vorstellung und unserem Wissen einzig und allein die endlichen Erscheinungen, dagegen aber auch alle endlichen Erscheinungen, sofern sie in den Bereich unserer sinnlichen Wahrnehmung fallen, zugänglich seien, verlangte in verschiedener Beziehung eine weitere Ausführung und Begründung.

Es musste gezeigt werden, wie sich diese Theorie für das Gebiet der unendlichen Theilbarkeit gestaltet, und wie mit ihr die experimentellen Erfahrungen über moleculare Kraftbegabung und Formbildung in Uebereinstimmung sich befinden. Es musste andrerseits dargethan werden, dass jene Theorie ebenfalls in dem Gebiet der grössten uns bekannten Zusammensetzung, in den Abstammungsreihen der belebten, zum Theil mit Gefühls- und Geistesleben begabten Organismen durchführbar ist. Letzteres lag auch deswegen nahe, weil in der genannten Versammlung das Problem der Abstammungslehre im Vordergrund wissenschaftlicher Besprechung sich befand. Da hierbei dieses Problem und gewissermaassen auch

*

mein Vortrag den beiden jetzt noch so weit verbreiteten wissenschaftlichen Richtungen, die wir mit dem Namen der objectiven und der subjectiven Methode summarischer Erfahrung bezeichnen können, Gelegenheit gegeben hatten, jeder im Gegensatz zur andern, den Anspruch auf Wissenschaftlichkeit in Forschung und Lehre vor dem gebildeten Publikum zu behaupten, so schien es angezeigt, diesen beiden Richtungen gegenüber die logische Alleinberechtigung der exacten Methode, wie sie sich in den mathematischen und physicalischen Disciplinen bewährt hat, auch für die übrigen Gebiete der Naturwissenschaften aufrecht zu erhalten. Die Schrift sollte daher ausser dem Vortrag über die Schranken der naturwissenschaftlichen Erkenntniss noch Abhandlungen über die Molecularerscheinungen, über die Abstammungslehre und über die Forschungs- und Lehrmethode enthalten.

Bei der Ausführung nahm die Abhandlung über die Abstammungslehre infolge der freieren Behandlung, welche sich unwillkürlich aufdrängte, eine grössere Ausdehnung an, als beabsichtigt war. Ich stellte sie, weil damit die Harmonie in Vergleich mit den übrigen Abhandlungen gestört war, nunmehr voran und gab ihr, schon des genetischen Zusammenhanges wegen, als Anhang den Vortrag über die Schranken der naturwissenschaftlichen Erkenntniss und den bereits vor längerer Zeit geschriebenen Aufsatz über die Kräfte und Gestaltungen im molecularen Gebiet bei, indem ich die nur halbvollendete und weiter abliegende Abhandlung über die Forschungs- und Lehrmethode wegliess. Die Beigabe der beiden Abhandlungen des Anhanges rechtfertigt sich übrigens auch aus inneren Gründen, da die natürliche Abstammungslehre als unzweifelhafte Thatsache allein auf den allgemeinen Principien des Causalgesetzes oder des Gesetzes von der Erhaltung der Kraft und somit auf den Principien der naturwissenschaftlichen Erkenntniss beruht, und da ferner die genaue Ausführung an die spontane Entstehung der organischen Welt aus dem Unorganischen anknüpfen muss, wofür eine Einsicht in die molecularen Kräfte und Gestaltungen als selbstverständliche Voraussetzung erscheint.

Was die Abstammungslehre betrifft, so ist dieselbe durch eine Reihe von Jahren, während derer längere Krankheiten wiederholte Unterbrechungen verursachten, entstanden. Sie hat während der Abfassung in verschiedenen Punkten eine Wandlung erfahren, indem nur die allgemeinen mechanischen Gesichtspunkte unverrückt festgehalten wurden. Sie ist daher nicht in einem Zuge geschrieben, auch nicht nach einem festen, ins Einzelne gehenden Plane gearbeitet; man sieht ihr vielmehr das mühsame Werden an. Das anfänglich wenig umfangreiche Manuscript erhielt wiederholte Zusätze, die nun mehrfach sich episodenhaft ausnehmen. Auch bleibt schliesslich, wie es bei einem so complicirten und schwierigen Problem wie der mechanisch-physiologischen Betrachtung der Abstammungslehre nicht anders möglich ist, mancher Punkt zweifelhaft und gestattet verschiedene Erklärungen. Ich konnte es daher nicht als meine Aufgabe erachten, eine Umarbeitung behufs einer systematisch gegliederten Theorie zu versuchen, welche vielleicht durch ihre fertige Bestimmtheit sich leichter die allgemeinere Zustimmung erworben, aber wie jedes bloss durch formale Dialektik und nicht durch innere Nothwendigkeit abgeschlossene System dem wissenschaftlichen Fortschritt mehr Hemmung als Förderung gewährt hätte.

Es lag nicht in meiner Absicht, alle Gebiete der Abstammungslehre zu besprechen, sondern ich berührte vorzugsweise nur diejenigen, welche über die allgemeine Theorie Licht zu verbreiten im Stande sind. So sind die sonst vielfach behandelten Gebiete der geographischen Verbreitung, sowie des paläontologischen Vorkommens von mir fast gänzlich vernachlässigt worden, weil die vorliegenden sicheren Thatsachen vielfacher Deutung fähig sich erweisen, und weil sie viel eher ihre Erklärung von einer richtigen Theorie erwarten, als dass sie zur Begründung derselben in erheblichem Maasse beitragen könnten.

Dagegen schien es mir zweckmässig zu zeigen, wie sich die neue Theorie der Abstammung für das Pflanzenreich gestaltet. Bisher sind zur Begründung der Abstammungslehre fast ausschliesslich die Erscheinungen des Thierreiches verwerthet worden, woraus sich die naturgemässe Folge ergab, dass die offen daliegende Anpassung an äussere Verhältnisse in den Vordergrund trat, indem sie die verborgene gesetzmässige Entwicklungsgeschichte durch innere, in der kraftbegabten Substanz begründete Ursachen in den Hintergrund drängte und übersehen liess. Im Pflanzenreiche liegen die Verhältnisse gerade umgekehrt; das Studium derselben ist daher besonders geeignet, die Abstammung der Organismen bezüglich ihrer ursächlichen Bedeutung in das richtige Licht zu stellen.

Inhalt.

Mechanisch-physiologische Theorie der Abstammungslehre.

Die Schranken der naturwissenschaftlichen Erkenntniss.

Zusätze.

Kräfte und Gestaltungen im molecularen Gebiet.

Mechanisch-physiologische Theorie

der

Abstammungslehre

Einleitung.

Wohl seit anderthalb Jahrzehnten bot sich den Physiologen ein wunderbares Schauspiel dar. Das schwierigste Problem ihrer eigenen Wissenschaft wurde mit wachsendem Eifer und Kraftaufwand von Nichtphysiologen in einer Fluth von Schriften publicistisch bearbeitet. Die Entstehung der organischen Welt gehört zum innersten Heiligthum der Physiologie. Ihre Behandlung setzt ein richtiges Urtheil in den dunkelsten Gebieten voraus; dieselben betreffen das Verhältniss des Organischen zum Unorganischen, das Wesen des Lebens selbst, die Ernährung, das Wachsthum, die Fortpflanzung, die Vererbung, die Veränderung durch eine Reihe von Generationen, die Beziehungen zwischen den verschiedenen Organismen, zwischen ihnen und der Aussenwelt, zwischen den Theilen oder Organen des gleichen Organismus.

Wiewohl die Entstehung der organischen Welt theils wegen ihrer unvergleichlichen wissenschaftlichen Bedeutung, theils wegen des allgemeinen Interesses in den gebildeten Kreisen die Physiologen aufzumuntern geeignet war, so erschien ihnen dieses letzte und höchste Problem doch so verwickelt und schwierig, dass sie nur etwa gelegentlich und bloss im allgemeinen darüber sich auszusprechen wagten. Dieses Bedenken wurde von den Nichtphysiologen weniger schwer empfunden.

Die Lehre von der Entstehung der organischen Welt ist zwar rein physiologischer Natur. Sie bedarf aber zu ihrer Lösung verschiedener Hilfswissenschaften: der Zoologie mit vergleichender Anatomie und Histologie, der morphologischen und systematischen Botanik, der Paläontologie und Geologie, der Anthropologie.

Daher fühlten Zoologen, Anatomen, Anthropologen, beschreibende Botaniker, Paläontologen den Beruf, sich mit der Entstehungslehre zu beschäftigen, und es war dies im höchsten Grade verdienstlich, soweit die betreffende Wissenschaft ihrem Inhalte nach wirklich dabei betheiligt ist. Da sich diese Beschäftigung aber häufig nicht auf den eigenen Horizont beschränkte, sondern in andere Horizonte übergriff und zu einer Uebersicht und Beurtheilung des Ganzen sich verstieg, so vermengte sich mit dem Brauchbaren viel Unbrauchbares und Irrthümliches. Denn, wenn auch Schlosser, Spängler, Schreiner, Glaser, Maler, Dachdecker bei dem Bau eines Hauses unentbehrlich sind, folgt daraus nicht für jeden derselben die Befähigung, den Plan zu entwerfen und den Bau zu führen, oder auch nur Plan und Bauführung zu kritisiren.

Die Entstehungslehre der organischen Welt berührt auch die Philosophie und die Theologie an sehr empfindlichen Stellen, und sie interessirt das grosse gebildete Publicum theils aus eben diesem Grunde, theils weil die Eitelkeit der Menschen von jeher viel auf Abkunft und Verwandtschaft gehalten hat.

Daher sahen wir denn auch Philosophen, Theologen und überdem Literaten aller Art und aller Abstufung sich der Frage bemächtigen. Auch dies wäre ganz in der Ordnung, wenn jeder die sicheren Ergebnisse der naturwissenschaftlichen Forschung für sein Gebiet verwendet und darüber in seinem Kreise aufklärenden und belehrenden Bericht erstattet hätte, wenn nicht so mancher das Gebiet schwieriger physiologischer Probleme für einen freien Tummelplatz widersinniger Dialectik betrachtet hätte. Denn wenn schon die Handwerker, die bei einem Bau mithelfen, nicht im Stande sind, selber ein Haus zu bauen und die Construction zu beurtheilen, so sind gewiss diejenigen nicht eher dazu befähigt, welche dasselbe, nachdem es fertig und verkleidet ist, bewohnen, oder welche den Inwohnern Besuche machen, oder durch irgend welche Geschäfte in eine Räumlichkeit desselben geführt werden.

So treten denn beim Ueberblick der ganzen literarischen Bewegung, welche die Entstehung der Organismen zum Gegenstand hat, einige Erscheinungen hervor, welche theils für unsere Zeit, theils auch für unsere Nation bemerkenswerth sind. Die eine derselben, die ich bereits angedeutet habe, wiederholt sich freilich überall, wo sich die allgemeine Theilnahme einer Frage zuwendet. Die Sicherheit und Bestimmtheit des Urtheils nimmt zu, sowie sich die Berechtigung dazu vermindert.

Während die Physiologen mit der Besprechung der schwierigen physiologischen Fragen zurückhielten und die der Physiologie näher stehenden Naturforscher sich noch einigermaassen behutsam äusserten, wurden die Meinungen immer entschiedener, je weiter man sich von dem sicheren Boden entfernte, gleich als ob das Interesse für eine Sache die realen Kenntnisse und die formale Schulung des Urtheils ersetzen könnte.

Dem Physiologen wird dabei zu Muthe, wie etwa dem Physiker würde, wenn sich das grosse Publicum an der Lösung des Problems der mechanischen Elektricitätstheorie betheiligen wollte. Bekanntlich hat die Physik noch keine sichere Vorstellung über das Wesen der Elektricität, und vermeidet es womöglich, darüber eine bestimmte Ansicht auszusprechen. Die Erfahrung, die wir jetzt mit der Lehre von der Entstehung der Organismen machen, würde sich wiederholen, wenn aus irgend einem Grunde die Theilnahme an der Elektricitätslehre ebenso lebhaft erwachte. Könnten die Fragen, ob der elektrische Strom eine eigene Substanz (ein Fluidum) oder eine Bewegungsform der kleinsten Theilchen sei, ferner in welcher Weise sich diese Theilchen bewegen und in welchem Causalverhältniss die elektrischen Bewegungen zu andern Bewegungsformen stehen, — könnten diese Fragen dem Publicum soviel Interesse gewähren wie die Abstammung des Menschen und die Herkunft des Organischen, so dürfte ohne Zweifel auch die Physik mit Erstaunen die Erfahrung machen, dass ihr dunkelstes Gebiet von den Verfertigern der Elektrisirmaschinen, von den Blitzableitermachern, von den Verkäufern von Rheumatismusketten, von den Telegraphisten, schliesslich von den Aufgebern und Empfängern der Telegramme und nicht am wenigsten von den Literaten, welche bald bei elektrischem Licht ihr Feuilleton schreiben werden, mit steigender Bestimmtheit discutirt und entschieden würde.

Das unlogische Verfahren ging soweit, dass die Probleme, welche die Entstehung der Organismen betreffen, ohne die nöthigen Kenntnisse und die erforderliche Bildung selbst bis ins Einzelne besprochen und als wissenschaftliches System dargestellt wurden, indem man, statt mit dem Lernen, mit dem Lehren beginnen zu dürfen meinte. Man kann das Docendo discimus doch gar zu früh in Anwendung bringen wollen. Wenn es nicht im Charakter der Zeit im allgemeinen läge, schon Ernte zu verlangen, ehe nur die Saat recht aufgegangen ist, und wenn nicht in manchen Gebieten des Wissens eine wenig gründliche Speculation zur Lösung schwieriger Fragen für ausreichend erachtet würde, so wäre schwer begreiflich, wie selbst ernsthafte und in ihrem Fache angesehene wissenschaftliche Männer ihre Studien im Alphabet der Abstammungslehre in grossen Zeitungen und Zeitschriften sowie in eigenen Büchern niederlegen und dem kundigen physiologischen Publicum zeigen mochten, welch langsame Fortschritte ihre Erkenntniss in dem neuen Gebiete machte, und wie sie selbst nach Jahren noch in den bedenklichsten naturwissenschaftlichen Irrthümern befangen blieben, die ein gründliches Studium von einigen Monaten zu beseitigen im Stande gewesen wäre.

Eine andere Erscheinung, welche mit der Lehre von der Entstehung der organischen Welt zu Tage getreten ist, betrifft fast ausschliesslich unsere Nation. Man hätte erwarten können, dass nach der naturphilosophischen Periode, welche in Deutschland viele der besten Kräfte für den Fortschritt der Wissenschaft unbrauchbar machte, die Ernüchterung hinreichend gewesen wäre, um uns auf dem eigentlich naturwissenschaftlichen Felde vor philosophischer Speculation zu bewahren. Wir machen aber die Erfahrung, dass im grossen und ganzen die philosophische, philologische und ästhetische Bildung immer noch so sehr die Oberhand hat, dass eine gründliche und exacte Behandlung naturwissenschaftlicher Fragen nur auf enge Kreise beschränkt bleibt und dass auch ein grösseres Publicum sich mit Vorliebe von einer sogenannten idealen, poetischen, speculativen Darstellung angezogen fühlt.

Während nun einerseits in Deutschland der von England kommende Anstoss auf dem Gebiet der Abstammungslehre die fruchtbarste Wirkung äusserte, während eine Menge von Arbeiten in allen die allgemeine Frage berührenden Gebieten unternommen wurde und eine Fülle von werthvollen Erfahrungen im einzelnen für die Wissenschaft ergab, wurde andrerseits jene Lehre in ein dem strengen Forscher wenig anziehendes Gewand gehüllt. Die nüchterne, von dem praktischen gesunden Verstande der Engländer zeugende Darstellung Darwin's, namentlich in der ersten Veröffentlichung, wurde in Deutschland, ohne Bereicherung des wissenschaftlichen Gehaltes, ins Phantastisch-philosophische übersetzt, die Lehre wurde dogmatisirt, systematisirt, schematisirt und — um auch das philologische Bedürfniss zu befriedigen — gräcisirt.

Die Abstammungslehre, soweit sie die eigentlich physiologischen Probleme und nicht Dinge betrifft, welche den einzelnen Hilfswissenschaften angehören, wurde bisher gewöhnlich als ganzes System behandelt. Es ist dies aus zwei Gründen begreiflich. Einmal hatte die Darstellung nicht bloss die Förderung der Wissenschaft, sondern auch die Wünsche eines grösseren Publicums im Auge, und in letzterer Beziehung war ein fertiges System Bedürfniss.

Ferner wurden, wie bereits erwähnt, die Bearbeitungen nicht unter dem Einfluss der exacten physiologischen Methode, sondern vom Standpunkte der beschreibenden Naturgeschichte aus unternommen. Da die letztere die Beantwortung allgemeiner Fragen betreffend den Zusammenhang der Dinge nur durch erweiterte Induction und durch Analogieschlüsse zu Stande bringt und bloss zur Wahrscheinlichkeit, nicht zur Gewissheit gelangt, so ist es begreiflich, dass sie immer zum Ausbau des Systems drängt, um jedes Einzelne im Zusammenhange mit dem Uebrigen und als Theil des Ganzen zu betrachten und zu prüfen. Daher beurtheilt auch der beschreibende Naturkundige, der ein Abstammungssystem aufgestellt hat, eine neue Thatsache, die ihm von anderer Seite geboten wird, nicht sowohl nach den Beobachtungen, aus denen sie erschlossen wurde, sondern vor allem nach dem Verhältniss, in welchem sie zu seinem System steht. Da er gewohnt ist, auf seinem Wege nur zur anfechtbaren Hypothese, nicht zum sicheren Gesetz zu kommen, so betrachtet er alles, auch das auf dem Wege genauer Beobachtung und strenger Kritik gewonnene, nicht als Thatsache, sondern als Meinungssache. Dies war beispielsweise der Fall mit der Thatsache von der gemeinschaftlichen Entstehung der Pflanzenarten und mit derjenigen von der Bedeutungslosigkeit der klimatischen und Ernährungseinflüsse auf die Entstehung der Varietäten, die ich beide hinlänglich begründet zu haben glaube[1]), und die ein unbefangener und gewissenhafter Beobachter leicht prüfen und bestätigen kann.

[1]) Ueber den Einfluss der äusseren Verhältnisse auf die Varietätenbildung im Pflanzenreiche. Sitzungsber. d. math.-phys. Classe d. k. bayr. Acad. d. Wiss. zu München, 18. Nov. 1865.

Das gesellschaftliche Entstehen neuer Species. Ebendaselbst 1. Febr. 1873.

Diese Thatsachen fügten aber dem ganzen Meinungsgebäude der Abstammungslehre, wie es jetzt besteht, den schwersten Schaden zu und konnten daher von demselben auch nicht berücksichtigt werden, ohne sich selber aufzugeben. Sie wurden daher stillschweigend ad acta gelegt, — in gleicher Weise wie die neuen mikroskopischen und entwicklungsgeschichtlichen Thatsachen des dritten und vierten Decenniums unsers Jahrhunderts von einem berühmten Naturphilosophen, in dessen System sie nicht passten, mit den Worten beseitigt wurden: »Das kann ich nicht brauchen.«

Die Physiologie, die Physik des Organischen, geht einen anderen Weg. Die Entstehung der Organismen ist, wie jedes naturwissenschaftliche Gebiet, nach ihren Bestandtheilen und Beziehungen ein unendliches Feld. Die exacte Forschung sucht darin einzelne Thatsachen (Gesetze) festzustellen, wobei sie sich sowohl der Beobachtung des Einzelnen und der Induction als der Deduction aus allgemeinen formalen oder realen Gesetzen bedient. Jede Thatsache muss für sich begründet werden und durchaus unabhängig von irgend welchen Meinungen sein; dadurch erlangt sie eine unveränderliche Beständigkeit, mag die Lehre als Ganzes noch so sehr Gestalt und Aussehen wechseln. Solche Thatsachen bilden einen Stock von sicheren Errungenschaften, die nicht mehr verloren gehen und die mit jeder neuen gründlichen Arbeit sich vermehren. An sie mögen sich, von ihnen bestimmt und begrenzt, die Hypothesen anlehnen, soweit es der Wissenstrieb verlangt; da dieselben uns bloss Wahrscheinlichkeiten und Möglichkeiten geben, so bilden sie das vergängliche und veränderliche Gut der Lehre.

Vorliegende Abhandlung hat nicht den Zweck, die Abstammungslehre mit Rücksicht auf ihren sicheren thatsächlichen Inhalt überhaupt zu besprechen. Sie will vorzugsweise bloss untersuchen, ob und inwiefern in dem letzteren bereits mechanisch-physiologische Principien zur Anwendung zu gelangen vermögen. Und da die Mechanik des Organischen fast ausschliesslich auf molecularphysiologischem Gebiete sich bewegt, so muss sie, soweit es möglich ist, die Erscheinungen auf dieses Gebiet zurückführen.

Die wissenschaftliche Betrachtung eines Dinges fragt zuerst, w i e es ist, und nachher w a r u m es ist. Die Erkenntniss ist beendigt, wenn es als die nothwendige Folge bestimmter Ursachen sich nachweisen lässt. Dieses ursächliche Erkennen nennen wir im Gebiete des Stofflichen auch ein mechanistisches, weil jede natürliche Erscheinung durch Bewegungen zu Stande kommt und weil die Mechanik die Bewegungen bestimmt, welche unter dem Einfluss von Kräften erfolgen. Eine Naturwissenschaft nähert sich daher um so mehr der Vollkommenheit, jemehr die mechanischen Principien in ihr Anwendung finden.

Die beschreibenden Naturwissenschaften können zwar, besonders wenn sie sich der streng genetischen oder entwicklungsgeschichtlichen Methode bedienen und jeden Zustand mit dem ihm unmittelbar vorausgehenden und mit dem unmittelbar nachfolgenden zusammenhalten, eine grosse Vollständigkeit im beobachtenden oder messenden Erkennen erreichen. Aber dabei mangelt ihnen immer noch die höhere Weihe des ursächlichen Wissens, welches das Geschehen als ein nothwendiges erkennen soll. Wir müssen es daher als ein besonders befriedigendes Ereigniss begrüssen, wenn es gelingt, in eine bisher rein beschreibende Wissenschaft ein mechanistisches Element einzuführen und sie dadurch den exacten Wissenschaften zu nähern.

Die Abstammungslehre beruht, im Gegensatz zur Schöpfungslehre, als allgemeine Wahrheit selbst auf dem allgemeinsten mechanischen Princip, auf dem Causalgesetz oder dem Gesetz der Erhaltung von Kraft und Stoff. Die Entstehung der organischen Welt aus der unorganischen ist eine Gewissheit, sofern alles in der endlichen Welt nach Ursache und Wirkung zusammenhängt, und somit auf natürlichem Wege zu Stande kommt. Wie ferner jedes Zusammengesetzte auf natürlichem Wege ursprünglich nur aus dem nächst Einfacheren entstehen kann, so kann auch das zusammengesetzte Organische nur aus dem einfacheren Organischen hervorgehen, und dies um so gewisser, als alle zusammengesetzteren oder sogenannt höheren Organismen in ihren ersten Entwicklungsstadien für sich allein nicht existenzfähig sind, sondern einen mütterlichen die Ernährung besorgenden Organismus voraussetzen. Es vermögen daher nur die allereinfachsten und niedrigsten Organismen sich unmittelbar aus dem Unorganischen zu gestalten, und alle übrigen müssen in allmählicher Stufenfolge aus ihnen sich entwickeln.

Innerhalb dieser allgemeinen Thatsache der natürlichen Abstammung war früher aller Inhalt der Abstammungslehre hypothetischer Natur, da selbstverständlich für ein längstvergangenes Geschehen das beobachtende genetische Verfahren unmöglich ist, und bloss durch Analogieschlüsse grössere oder geringere Wahrscheinlichkeit begründet werden kann. In das Feld der Hypothesen hat Darwin ein mechanisches Princip eingeführt, indem er zeigte, dass eine Reihe von Erscheinungen in den organischen Reichen die nothwendige Folge einer bestimmten Ursache ist. Dieser That verdankt die Abstammungslehre den ungeheuren Aufschwung, den sie auf einmal nahm. Das Darwin'sche Princip aber ist folgendes:

Da bei der starken Vermehrung, welche allen Organismen von Natur eigenthümlich ist, fortwährend eine grosse Zahl von Individuen als Keime oder in späteren Entwicklungsstadien zu Grunde gehen muss, so bleiben nur diejenigen erhalten, welche in der Gesammtheit ihrer Eigenschaften sich als die lebensfähigeren erweisen. Der jeweilige Bestand der organischen Reiche an Sippen[1]), der unter den gegebenen äusseren Verhältnissen ein Gleichgewichtszustand ist, kann nur geändert werden, wenn neue existenzfähigere Sippen in die Gesammtheit eintreten und durch theilweise oder gänzliche Verdrängung bisheriger Sippen sich Raum schaffen. Jede einzelne Sippe kann nur durch eine allen Umständen angepasstere, eine individuelle Eigenschaft nur durch eine dem individuellen Träger oder der Sippe nützlichere ersetzt werden.

Dieses Princip erklärte, wenn einmal die natürliche Abstammung der Organismen aus einander feststand, im allgemeinen das Verhältniss der Sippen zu einander und die Gliederung der Reiche durch Lückenbildung, wie sie uns in der Natur entgegentritt. Darwin begnügte sich aber nicht mit dieser Errungenschaft, die für immer sein Verdienst bleiben wird; vielmehr glaubte er aus dem Princip der Verdrängung des weniger Befähigten durch das Befähigtere einen noch viel weiter gehenden Schluss ziehen zu können. Er glaubte darin das treibende Moment zu finden, welches die Entwicklungsreihen

---

[1]) Es mangelt in der Wissenschaft ein Wort, welches kurz das, was ich früher »systematische Einheit« genannt habe, also eine grössere oder kleinere Zahl von verwandten Organismen, bezeichnete. Man gebraucht dafür wohl die Ausdrücke »Form« oder »Gruppe« oder selbst »Art«; dieselben werden aber oft zweideutig und für Zusammensetzungen unbrauchbar. Unter Sippe verstehe ich also jede systematische Einheit: Rasse, Varietät, Art, Gattung, Ordnung, Classe.

der organischen Reiche von den niedrigsten und einfachsten zu den vollkommensten und complicirtesten Formen emporführte.

Die bekannte, als »natürliche Zuchtwahl« bezeichnete Theorie, die auf einem kleinen und beschränkten Felde der Beobachtung und Erfahrung gewachsen ist und dann durch Analogie auf grosse Verhältnisse übertragen wurde, ist folgende. Die Rasse eines Hausthieres verändere sich nicht, wenn ungehinderte Kreuzung der Individuen statt habe. In einzelnen Thieren beginne zwar immer eine geringe Veränderung, aber durch Vermischung mit andern Individuen werde dieselbe mehr oder weniger aufgehoben und abgelenkt. Würden dagegen durch »künstliche Zuchtwahl« nur diejenigen Individuen mit einander gepaart, in denen die nämliche Veränderung bemerkbar geworden, und würde dieses Verfahren in den folgenden Generationen wiederholt, so gehe die Veränderung ungehindert weiter und könne überhaupt so weit geführt werden, als es die Natur der Dinge erlaube. Man erzeuge eine neue Rasse.

Das nämliche müsse im natürlichen Zustande geschehen, wenn die Concurrenz und die gegenseitige Verdrängung eine »natürliche Zuchtwahl« treffe, indem alle Individuen, in denen eine für die Mitbewerbung nützliche Eigenschaft nicht vorhanden oder in geringerem Grade entwickelt sei, vernichtet und somit von der Paarung und Fortpflanzung ausgeschlossen werden. — Ich werde später einen besonderen Abschnitt der Besprechung dieser als Darwinismus bekannten Theorie widmen und bemerke hier vorläufig folgendes über das Princip derselben.

Die natürliche Zuchtwahl setzt, wie jede Theorie über die Entwicklung der organischen Reiche, die individuelle Veränderung voraus. Letztere ist Thatsache, denn die höheren Organismen können aus den niedrigsten, spontan entstandenen nur dadurch hervorgegangen sein, dass die Individuen in den auf einander folgenden Generationen sich veränderten.

Die individuelle Veränderlichkeit kann nun aber in verschiedener Weise aufgefasst werden und zwar sind zwei Möglichkeiten denkbar. Entweder hat sie eine ganz beliebige, eine richtungslose Beschaffenheit, oder sie zeigt einen bestimmten Charakter. In dieser Beziehung ist vor allem ein Punkt von Wichtigkeit, nämlich ob die Veränderung rücksichtlich der einfacheren und zusammengesetzteren

Organisation sich indifferent verhalte oder nicht. Im einen Fall können die Generationsreihen ebenso wohl nach oben als nach unten, im anderen Fall müssen sie ausschliesslich oder vorzugsweise nach oben sich ausbilden.

Ich will die Veränderung nach oben zum Zusammengesetzteren als positiv, diejenige nach unten zum Einfacheren als negativ bezeichnen. Wir können uns nun eine deutliche Vorstellung von beiden Möglichkeiten machen, wenn wir einen phylogenetischen Stamm durch eine unendliche Reihe von Generationen, ohne Einfluss der Zuchtwahl, sich entwickeln lassen. Unter diesen Voraussetzungen geben in dem ersten der genannten zwei Fälle bei einer unendlichen Menge von Veränderungen die positiven Schritte die gleiche Summe wie die negativen; die beiden Summen heben sich auf und der Stamm ist nach unendlicher Zeit genau so organisirt wie im Anfang. Im andern Falle werden bloss Schritte mit positiven Vorzeichen gemacht, oder dieselben überwiegen nach Zahl und Grösse, so dass am Ende einer hinreichend langen Generationenreihe die positive Summe grösser ist als die negative; die Endglieder der Reihe haben also eine complicirtere oder höhere Organisation als die Anfangsglieder.

Die beliebige oder richtungslose Veränderung der Individuen wäre denkbar, wenn sie durch äussere Einflüsse (Nahrung, Temperatur, Licht, Elektricität, Schwerkraft) bedingt würde. Denn da diese Ursachen offenbar in keine bestimmte Beziehung zu der mehr oder weniger zusammengesetzten Organisation sich bringen lassen, so müssten sie bald einen positiven, bald einen negativen Schritt bewirken. Wenn aber die Ursachen der Veränderung innere, in der Beschaffenheit der Substanz gelegen sind, so verhält sich die Sache anders. Dann muss die bestimmte Organisation der Substanz einen maassgebenden Einfluss auf ihre eigene Veränderung ausüben, und dieser Einfluss kann, da die Entwicklung zu unterst beginnt, nur in der Richtung nach oben sich geltend machen.

Ich habe dies früher das Vervollkommnungsprincip genannt, unter dem Vollkommneren die zusammengesetztere Organisation verstehend. Minder Weitsichtige haben darin Mystik finden wollen. Es ist aber mechanischer Natur und stellt das Beharrungsgesetz im Gebiet der organischen Entwicklung dar. Sowie die Entwicklungsbewegung einmal im Gange ist, so kann sie nicht stille stehen und sie muss in ihrer Richtung beharren. Vervollkommnung in meinem Sinne ist also nichts anderes als der Fortschritt zum complicirteren Bau und zu grösserer Theilung der Arbeit und würde, da man im allgemeinen geneigt ist, dem Worte mehr Bedeutung zu gewähren als dem ihm zu Grunde liegenden Begriff, vielleicht besser durch das unverfängliche Wort Progression ersetzt.

Indem ich mich des Wortes Vollkommenheit in der angegebenen Bedeutung bediente, folgte ich dem früher allgemeinen Sprachgebrauch, nach welchem man von jeher niedere und höhere, unvollkommenere und vollkommenere Pflanzen und Thiere unterschied. Zwar hat schon Schleiden, und zwar vor Darwin, bei seinem Versuche, die Botanik auf dem Wege der Negation neu zu gestalten, auch diesen Begriff als nichtig erklärt, indem er ihm nur bildlichen Werth zugesteht und behauptet, dass »das Gleichniss umgekehrt sich eben so gut durchführen liesse«, mit der Bemerkung, dass eine gesund entwickelte Conferve vollkommener sei als ein verkrüppelter Eichbaum. Nach dieser Meinung könnten also gesunde Infusorien und Würmer sich einer grösseren Vollkommenheit rühmen als kranke Menschenkinder.

Darwin, welcher bloss die mehr oder weniger gute Anpassung im Auge hatte, bezeichnete als das vollkommenere lediglich das, was im Kampfe um's Dasein sich besser bewährt. Dies ist aber offenbar nicht das einzige Kriterium, das bei der Vergleichung der Organismen in Anwendung kommen darf, und in der Darwin'schen Einseitigkeit ist nicht das ganze Wesen der Dinge enthalten; vielmehr bleibt dabei die bessere Hälfte unberücksichtigt. Es gibt bezüglich der Vollkommenheit zwei verschiedene Kategorien, die wir scharf trennen müssen:

1. Die Organisationsvollkommenheit, charakterisirt durch den zusammengesetztesten Bau und die durchgeführteste Theilung der Verrichtungen.

2. Die Anpassungsvollkommenheit, welche auf jeder Organisationsstufe sich wiederholt und welche in derjenigen, unter den jeweiligen äusseren Verhältnissen vortheilhaftesten, Ausbildung des Organismus besteht, die mit seiner Zusammensetzung im Bau und mit seiner Theilung der Functionen verträglich ist.

Die erstere nannte ich schlechthin Vollkommenheit in Ermangung eines anderen einfachen Ausdruckes, die letztere aber Anpassung, und ich glaube damit die Begriffe nicht unrichtig ausgedrückt zu haben. Das einzellige Spindelpflänzchen (Closterium) und der Schimmelpilz sind, jedes für seine Lebensbedingungen, auf das beste angepasste und gleichwohl viel unvollkommener gebaute Pflanzen als ein Apfelbaum oder eine Weinrebe. Das Räderthier und der Blutegel stehen, obgleich für ihre Verhältnisse vortrefflich ausgerüstet, doch weit hinter den Wirbelthieren zurück. Andrerseits gehört der Walfisch der nämlichen Organisations- oder Vollkommenheitsstufe an, wie die übrigen Säugethiere, wäre aber für den Aufenthalt auf dem Lande das unpassendste Geschöpf der Welt. Desgleichen haben die schmarotzenden Orchideen (Neottia, Limodorum) eine ebenso vollkommene Organisation (wenn die Vollkommenheit durch das Wesentliche und qualitativ Verschiedene bestimmt wird) wie die übrigen Orchideen, die schmarotzenden Personaten (Orobanche, Lathræa) sind ebenso vollkommen gebaut, wie die nichtschmarotzenden; aber auf einem Gartenbeet mit den besten Nahrungs- und klimatischen Verhältnissen können die Schmarotzer wegen mangelnder Anpassung an unorganische Nährstoffe nicht leben.

Berücksichtigen wir bloss Organisation und Arbeitstheilung, also bloss die Merkmale der Vervollkommnung, und lassen wir die Anpassungen einstweilen ganz aus dem Spiele, so erhalten wir folgendes Bild von der Entwickelung der organischen Reiche. Aus dem Unorganischen entspringen die denkbar einfachsten, aus einem Plasmatropfen bestehenden Wesen. Dieselben können, wenn eine Veränderung eintritt, nur solche von etwas complicirterem Bau erzeugen und in derselben Weise setzt sich die Bewegung in aufsteigender Reihe fort. Jeder Organismus ist aus einem weniger zusammengesetzten entstanden und erzeugt selber einen mehr zusammengesetzten.

Ist die Bewegung in irgend einem Punkte angelangt, so kann sie zwar, wie sie durch die ganze vorausgehende Reihe nach oben verlief, im allgemeinen auch nur in derselben Richtung sich fortsetzen. Aber sie kann, da das Zusammengesetztere mehr Combinationen zulässt als das Einfachere und da somit über jeder einfacheren Gestaltung mehrere zusammengesetzte stehen, an jedem Punkte mehrere aufsteigende Richtungen einschlagen, somit auch an jedem Punkte in mehrere divergirend aufsteigende Bewegungen sich theilen. Die organischen Reiche bestehen daher aus vielen baumartig verzweigten Reihen, die nach unten in gemeinschaftliche Ausgangspunkte zusammenlaufen.

Die Urzeugung und mit ihr der Beginn von aufsteigenden Reihen hat wie im Anfange, so auch späterhin jederzeit stattgefunden und findet auch jetzt noch statt. Die Reiche bestehen daher aus Organismen von jeder Organisationsstufe, deren ausgestorbene Reihen ihren Ausgangspunkt in den verschiedenen Erdperioden bis herab zur jüngsten hatten.

Nach dem Vervollkommnungsprincip erbt das Kind (Individuum oder Stamm) als mechanische Nothwendigkeit die Eigenschaften der Eltern, und da unter diesen Eigenschaften auch die Veränderung in der Richtung nach oben sich befindet, so erlangt es eine etwas vollkommenere, d. i. zusammengesetztere Organisation und erzeugt wieder mit mechanischer Nothwendigkeit noch vollkommenere Nachkommen. Der niedrigste, uns aus Erfahrung bekannte, aus einem blossen Plasmatropfen bestehende Organismus ist aus einem noch einfacheren Wesen hervorgegangen, und er bringt mit mechanischer Nothwendigkeit einen zweiten Organismus hervor, der sich zu ihm verhält wie er selber zu dem ihn erzeugenden Wesen.

Dass die Veränderung bei der Varietäten- und Artenbildung ein mechanisches Princip der Beharrung sei, und dass sie im allgemeinen von dem Einfacheren und Unvollkommeneren zu dem Zusammengesetzteren und Vollkommeneren fortschreite, habe ich übrigens schon drei Jahre vor der ersten Veröffentlichung Darwin's ausgesprochen [1]). Ich führe folgende zwei Stellen an:

»Die Individuen vererben auf ihre Nachkommen die Neigung, ihnen ähnlich zu werden; die Nachkommen sind aber den Eltern nicht vollkommen gleich. Es muss also auch die Neigung zur Veränderung vererbt werden. Es muss, wenn alle Umstände günstig sind, eine Anlage durch eine Reihe von Generationen hindurch sich immer weiter ausbilden können, wie ein Capital, zu dem jährlich die Zinsen geschlagen werden, sich vergrössert. Denn jede Generation erbt von der vorhergehenden nicht bloss die Möglichkeit, das Capital zu realisiren, sondern auch die Möglichkeit, demselben die Zinsen zuzufügen.« Ferner:

---

[1]) In einem öffentlichen Vortrag »Die Individualitat in der Natur«, der im Winter 1855/56 gehalten und in der »Monatsschrift des wissenschaftlichen Vereins in Zürich 1856« abgedruckt wurde.

»Wie überhaupt keine natürliche Erscheinung, so kann auch die Art nicht in vollkommener Ruhe beharren. Gleichwie die Nachkommen des ersten Individuums von demselben etwas verschieden waren, so mussten auch die Keime, die sie erzeugten, in etwas von denen abweichen, aus denen sie selber hervorgingen. Es musste die Veränderung perennirend werden; und diese Veränderung kann nicht anders als zuletzt den Untergang der Art oder den Uebergang in eine andere herbeiführen.« Endlich:

»Wir müssen uns also die Verwandlung der Pflanzenarten zugleich in der bestimmten Form einer Vervollkommnung, einer höheren Organisirung derselben denken. Eine Art, die sich in eine andere umändert, erscheint in ihr nicht bloss mit allen ihren Attributen, sondern fügt noch ein neues Merkmal hinzu, und erhebt sich zu etwas Höherem. Die frühere Art tritt also in der folgenden als vorletztes Entwicklungsstadium auf, über das hinaus diese sich zum entwickelten Zustande erhebt. Eine Bestätigung von Seite der Erfahrung liegt in der Thatsache, dass manche vorweltliche Thiere den Jungen jetzt lebender Thiere ähnlich, wiewohl viel grösser waren u. s. w.« — Dabei wurde auf eine Analogie mit der Rassenbildung hingewiesen, in der gleichfalls eine Steigerung in der Veränderung statt habe.

Die Organismen unterscheiden sich nicht bloss darin von einander, dass die einen einfacher, die anderen complicirter organisirt sind, sondern auch darin, dass die auf gleicher Organisationsstufe stehenden in ihren Functionen und in ihrem Bau ungleich ausgebildet sind, was vorzugsweise mit der Verschiedenheit gewisser äusserer Verhältnisse zusammenhängt und daher als Anpassung bezeichnet wird. Die Anpassung bewirkt auf jeder Organisationsstufe die für bestimmte Umgebungen vortheilhafteste Ausprägung der durch die inneren Ursachen erzeugten Haupttypen.

Für eine solche Ausbildung ist eine bewirkende Ursache erforderlich; ich werde später die Natur derselben besprechen. In manchen Fällen wird diese Ursache bis zur vollendeten Anpassung wirken müssen. In anderen Fällen wird es genügen, dass unter ihrem Einfluss die Veränderung in einer bestimmten Richtung entschieden beginnt und sich zum fortbildungsfähigen Anfange gestaltet. Alsdann geht die Ausbildung mit mechanischer Nothwendigkeit in der eingeschlagenen Richtung fort. Denn wenn vermöge des geschaffenen Anfanges eine Generation Nachkommen erzeugt, die in einer Beziehung über sie selber hinausgehen, so müssen nach dem Beharrungsgesetz die Nachkommen dieser Nachkommen um einen weiteren Grad verändert sein, und die Ausbildung muss so weit gehen, als es die Natur der Verhältnisse erlaubt.

Wir haben also als mechanische Ursachen für die Entwicklung der organischen Reiche die Beharrung in der Vervollkommnung vom Einfacheren zum Zusammengesetzteren und ferner (vorbehaltlich der späteren Erörterung) die bestimmten Wirkungen der äusseren Einflüsse auf die Anpassung. Wir können den Erfolg dieser mechanischen Principien mit demjenigen der natürlichen Zuchtwahl in Darwin's Sinne am besten vergleichen, wenn wir uns die Concurrenz und Verdrängung abwechselnd mangelnd und vorhanden denken.

Concurrenz und Verdrängung hätten für das Pflanzenreich ganz gemangelt, wenn von dem Beginne desselben die Erdoberfläche stets in dem Maasse sich vergrösserte, als die Individuen an Zahl zunahmen, und wenn das Thierreich nicht vorhanden war. Denn jeder Keim konnte nun, da er Nahrung und Raum in hinreichender Menge vorfand, ungehindert sich entfalten. War unter dieser Voraussetzung die individuelle Veränderung richtungslos, so konnte die Entwicklungsbewegung, da sie in positiven und negativen Schritten hin und her schwankte, nicht von der Stelle kommen und das Pflanzenreich blieb fortwährend in seiner Gesammtheit auf der Stufe der ersten nackten oder mit Membran umhüllten Plasmatropfen. Nur die Concurrenz mit Verdrängung ist, bei richtungsloser individueller Veränderung, im Stande, die Organismen auf eine höhere Stufe zu bringen, indem diejenigen, welche einen Schritt nach oben, nach einer complicirteren Organisation gemacht haben, vor den andern, die still standen oder einen Schritt im negativen Sinne zurücklegten, im Vortheil sind und dieselben verdrängen. Die Concurrenz ist also im Darwin'schen Sinne zugleich Sippen bildend und Sippen scheidend.

Wurde aber unter obiger Voraussetzung einer ungehemmten Entwicklung aller Keime die individuelle Veränderung durch mechanische Principien bestimmt, so bildeten sich alle Pflanzenformen, die jetzt bestehen, und sie würden jetzt ebenso neben einander leben, wie es in Wirklichkeit der Fall ist. Aber es kämen unter ihnen noch andere Pflanzenformen in unendlicher Menge vor, nämlich alle die Abkömmlinge der verdrängten und ausgestorbenen Reihen.

Tritt in dem Reiche der bestimmt gerichteten Vervollkommnungs- und Anpassungsveränderung Concurrenz mit Verdrängung ein, so ist sie sippenscheidend und sippenumgrenzend, aber nicht sippenbildend. Kein einziger phylogenetischer Stamm verdankt ihr das Dasein, aber die einzelnen Stämme treten durch Verdrängung der zwischenliegenden deutlicher und charakteristischer hervor. Ohne Concurrenz wäre das Pflanzenreich wie der Nebel der Milchstrasse, durch sie ist es zum Firmament mit hellleuchtenden Sternen geworden.

Noch besser können wir das Pflanzenreich einem grossen von der Basis an verzweigten Baume vergleichen, an welchem die Enden der Zweige die gleichzeitig lebenden Pflanzenformen darstellen. Dieser Baum hat eine ungeheure Triebkraft, und er würde, wenn er sich ungehindert entwickeln könnte, ein unermessliches Buschwerk von zahllosen verworrenen Verzweigungen sein. Die Verdrängung schneidet als Gärtner ihn fortwährend aus, nimmt ihm Zweige und Aeste und gibt ihm ein gegliedertes Aussehen mit deutlich unterscheidbaren Theilen. Kinder, die den Gärtner täglich an der Arbeit sehen, könnten wohl meinen, dass er die Ursache sei, warum sich Aeste und Zweige bilden. Gleichwohl wäre der Baum, ohne die ewigen Nergeleien des Gärtners, allein noch viel weiter gekommen, zwar nicht an Höhe, wohl aber an Umfang, an Reichthum und Mannigfaltigkeit der Verzweigung.

In der Vervollkommnung (Progression) und Anpassung liegen die mechanischen Momente für die Bildung des Formenreichthums, in der Concurrenz mit Verdrängung oder in dem eigentlichen Darwinismus nur das mechanische Moment für die Bildung der Lücken in den beiden organischen Reichen. Zur Begründung der mechanischen Principien will ich die wichtigsten darauf bezüglichen Punkte der Abstammungslehre besprechen, und da die Mechanik des organischen Lebens fast ausschliesslich nicht auf Massenbewegungen, sondern auf Bewegungen der kleinsten Theilchen beruht, so muss ich mich demgemäss vorzugsweise auf das molecularphysiologische Gebiet begeben. Die Physiologie hat übrigens um so eher Veranlassung, die Lösung des Räthsels auf diesem unsichtbaren Gebiete zu unternehmen, als schon zwei Mal der nämliche Weg von Nichtphysiologen, von Darwin und von Häckel, versucht wurde.

Wenn es sich um Dinge handelt, die sich der unmittelbaren Beobachtung entziehen, so besteht die Aufgabe der Wissenschaft darin, Hypothesen zu finden, welche das Unbekannte erklären und die mit keiner der bekannten Thatsachen in Widerspruch sind. Lassen sich mehrere solcher Hypothesen aufstellen, so können dieselben vorerst bloss nach ihrem Wahrscheinlichkeitsgrad mit einander verglichen werden, bis die Forschung neue Thatsachen aufdeckt, welche die eine oder andere unmöglich machen. Die Hypothese wird zur Gewissheit, wenn sie als die allein mögliche und das Gegentheil als unmöglich dargethan werden kann.

Eine molecularphysiologische Hypothese muss mit den Gesetzen und Thatsachen der Physik, der Chemie und der Physiologie in Uebereinstimmung sein. Glücklicherweise ist der Rahmen, in welchem sich die möglichen Hypothesen der Abstammungslehre bewegen, enge begrenzt. Im allgemeinen erweist sich nur eine einzige als möglich, nämlich die, dass das Wesen der Organismen in der Beschaffenheit und Anordnung der kleinsten Theilchen derjenigen Substanz bestehe, welche die Vererbung bei der Fortpflanzung und die specifische Entwicklung des Individuums bedingt. Diese Hypothese oder vielmehr, da sie die auf realem Boden einzige Möglichkeit ist, diese allgemeine Thatsache bildet, wenn sie auch bei der Ausführung im besondern verschiedene Möglichkeiten erlaubt, die sichere Grundlage, auf der sich bestimmte mechanische Vorstellungen gewinnen lassen. — Ich werde daher vorzüglich folgende Punkte der Descendenzlehre besprechen:

Das Wesen der in der organisirten lebenden Substanz befindlichen unsichtbaren Anlagen für die sichtbaren Erscheinungen des entwickelten Zustandes.

Die Entstehung der organisirten lebenden Substanz aus den unorganischen Verbindungen.

Die durch die Natur der organisirten Substanz bedingten inneren Ursachen der phylogenetischen Veränderung und der Einfluss der äusseren Ursachen auf diese Veränderung.

Die Entstehung und Ausbildung der in der organisirten Substanz enthaltenen unsichtbaren Anlagen und deren Entfaltung zu sichtbaren Erscheinungen.

Die Veränderung der organisirten Substanz, welche zur Rassenbildung, und diejenige, welche zur Varietäten- und Artenbildung führt.

Die irrthümliche Folgerung von der Rassenbildung auf die Artenbildung in der Hypothese von der natürlichen Zuchtwahl.

Die Entwicklungsgesetze des Pflanzenreiches.

I.

Idioplasma als Träger der erblichen Anlagen.

Die Beurtheilung und Vergleichung der Organismen gründet sich auf die Merkmale, die wir an ihnen wahrnehmen. Die Beobachtung in dieser Beziehung hat immer grössere Fortschritte gemacht; sie ist von der äusseren Gestalt zum Aufbau aus den Organen, zur Zusammensetzung aus Zellen, zu den Bestandtheilen der Zellen, zur chemischen Zusammensetzung, — von der Formbildung und Zusammensetzung zur physiologischen Verrichtung, — von dem fertigen Zustand zu der Entwicklungsgeschichte desselben aus der ersten Zelle fortgeschritten. Damit hat die Erkenntniss der Organismen an Umfang und Sicherheit ungemein zugenommen.

Dennoch sind uns noch viele Eigenschaften verborgen, und unter diesen befinden sich gerade die wichtigsten, vor allem die chemische und physikalische Beschaffenheit der kleinsten Theilchen, ihre Zusammenordnung und die Kräfte, mit denen sie aufeinander wirken. Trotz der grossen Fortschritte bleibt daher die Erkenntniss der Organismen immer noch sehr unvollständig und oberflächlich.

Die Vergleichung der Organismen unter einander leidet aber nicht bloss unter der mangelhaften Kenntniss, sondern überdem unter dem Umstande, dass in Folge der ungleichen Organisation ein gemeinschaftliches Maass, das uns genau den Werth und damit den richtigen Unterschied angeben würde, mangelt. Wir können beispielsweise den Pilz, das Farrenkraut, den Tannenbaum und den Obstbaum nicht anders vergleichen, als dadurch, dass bei der einen Pflanze ein Merkmal vorhanden ist, bei der andern nicht, und dass es bei der einen diese, bei der andern jene Beschaffenheit hat. Aber nirgends lässt sich der Unterschied als Quantität und damit als deutlich vorstellbare Grösse ausdrücken. Daher ist alle systematische Unterscheidung und Schätzung mehr oder weniger willkürlich und alle Folgerung, welche daraus für phylogenetische Theorien gezogen wird, hypothetisch.

Es gibt indess einen Zustand, in welchem die Merkmale, deren genaue Vergleichung und Werthschätzung unmöglich ist, eliminirt, und in welchem alle Organismen auf die gleiche Form und Structur reducirt sind. Dies ist das erste, noch einzellige Entwicklungsstadium; im Eizustande gleichen sich alle Pflanzen und Thiere. Die Eizellen enthalten aber alle wesentlichen Merkmale ebenso gut wie der ausgebildete Organismus, und als Eizellen unterscheiden sich die Organismen nicht minder von einander als im entwickelten Zustande. In dem Hühnerei ist die Species ebenso vollständig enthalten als im Huhn, und das Hühnerei ist von dem Froschei ebenso weit verschieden als das Huhn vom Frosch. Wenn uns dies anders erscheint, so rührt es nur daher, weil im Huhn und im Frosch viele Unterscheidungsmerkmale greifbar sind, während uns die unterscheidenden Eigenschaften in den Eiern verborgen bleiben. Enthielte das Hühnerei nicht das ganze Wesen der Species, so könnte sich aus demselben nicht immer mit der gleichen Bestimmtheit ein Huhn entwickeln.

Die Eizustände sind die kurzen Anfangsstücke der individuellen Entwicklungsgeschichten und als solche gewissermaassen mit kurzen Stücken verschiedener krummer Linien zu vergleichen; die kurzen Linienabschnitte erscheinen uns alle gleich und nicht von der Geraden verschieden, obgleich in ihnen das Wesen und die mathematische Formel der verschiedenen krummen Linien ebenso scharf ausgesprochen ist, als wenn sie sich verlängert haben und dann auch dem blossen Auge ihre charakteristische Verschiedenheit offenbaren.

Die Eizellen wären also eigentlich die richtigen Vergleichsobjecte; sie würden uns die Unterschiede alle in der nämlichen Form, also messbar angeben. Leider gehören ihre wesentlichen Eigenschaften zu den verborgenen Merkmalen; sie beruhen, wie diejenigen Merkmale des ausgebildeten Zustandes, welche verborgen bleiben und als latent bezeichnet werden, in der Beschaffenheit der Substanz bezüglich ihrer Zusammensetzung aus den kleinsten Theilchen. Aber es besteht ein wesentlicher Unterschied zwischen der Substanz des ausgebildeten Organismus, welche nicht das Vermögen einer weitergehenden Entwicklung besitzt, und der Substanz des Eies, welcher dieses Vermögen zukommt. Dadurch charakterisirt sich die letztere als Anlage, als Keim. In der Eizelle sind alle Eigenschaften des ausgebildeten Zustandes potentiell enthalten.

Insofern hat die Anlage eine gewisse Analogie mit der potentiellen Energie oder der Spannkraft der unorganischen Materie. Während aber die Spannkraft, sowie sie ausgelöst wird, von selbst eine Bewegung hervorbringt, ertheilt die Anlage der Entwicklungsbewegung bloss ihre bestimmte Richtung, indess die Bewegung selbst durch den Umsatz der Nahrung unterhalten wird.

Die Substanz, welche die Anlagen darstellt, ist Plasmasubstanz, besteht also aus den verschiedenen Modificationen der Albuminate, deren Moleküle zu krystallinischen Molekülgruppen (Micellen) vereinigt, in löslicher und unlöslicher Form gemengt, eine meist halbflüssige schleimartige Masse bilden[1]). Aber nur der kleinere Theil dieses Stereoplasmas der Organismen stellt wirkliche Anlagen dar.

Aus dem Anlageplasma geht immer eine bestimmte und eigenthümliche Entwicklungsbewegung hervor, die zu einem grösseren oder kleineren Zellencomplex führt, zu einer bestimmten Pflanze, zum bestimmten Blatt, zur Wurzel, zum Haar einer bestimmten Pflanze. Insofern können wir es, um einen kurzen und bezeichnenden Ausdruck zu haben, als Idioplasma von dem übrigen Stereoplasma unterscheiden.

Jede wahrnehmbare Eigenschaft ist als Anlage im Idioplasma vorhanden; es gibt daher ebenso viele Arten von Idioplasma als es Combinationen von Eigenschaften gibt. Jedes Individuum ist aus einem etwas anders gearteten Idioplasma hervorgegangen und in dem nämlichen Individuum verdankt jedes Organ und jeder Organtheil seine Entstehung einer eigenthümlichen Modification oder eher einem eigenthümlichen Zustand des Idioplasmas. Das Idioplasma, welches wenigstens in einer bestimmten Entwicklungs-

---

[1]) Das lösliche »Plasma« der Thierphysiologen und das unlösliche »Protoplasma« bilden beinahe immer eine Mischung, in welcher die einzelnen Theile nicht zu trennen sind. Ich nenne sie Plasma, und unterscheide, sofern es nöthig wird, lösliches und unlösliches Plasma oder Hygro- und Stereoplasma.

periode durch alle Theile des Organismus vertheilt ist, hat also an jedem Punkte etwas andere Eigenschaften, indem es beispielsweise bald einen Ast, bald eine Blüthe, eine Wurzel, ein grünes Blatt, ein Blumenblatt, ein Staubgefäss, eine Fruchtanlage, ein Haar, einen Stachel bildet.

Bei der Fortpflanzung vererbt der Organismus die Gesammtheit seiner Eigenschaften als Idioplasma. In der Keimzelle sind die Merkmale aller Vorfahren als Anlagen eingeschlossen. Aber die verschiedenen Anlagen haben rücksichtlich der Aussicht auf Entfaltung eine sehr ungleiche Bedeutung. Während die einen stets und ausnahmslos zur Entwicklung gelangen, bleiben die andern unter bestimmten Verhältnissen unentwickelt. Beim Generationswechsel z. B. treten gewisse morphologische und physiologische Eigenschaften nur in bestimmten Generationen auf, während sie durch hundert folgende Generationen im Anlagezustand verharren. Es gibt Merkmale, die nur unter günstigen äusseren Einflüssen sich verwirklichen, und während der Zeit von Erdperioden latent bleiben, weil diese Einflüsse mangeln[1]). Manche Anlagen befinden sich gegenseitig im Zustande der Correlation oder der Ausschliessung, so dass die Entfaltung der einen Anlage die der andern bald veranlasst, bald verhindert.

Es gibt nicht nur fertige Anlagen, die jederzeit fähig sind sich zu entwickeln, sondern auch unfertige, entstehende und verschwindende Anlagen. Eine Anlage kann durch eine Reihe von Generationen an Stärke abnehmen und zuletzt so schwach werden, dass sie sich nicht mehr zu entfalten vermag. Umgekehrt kann sie durch eine Reihe von Generationen an Stärke zunehmen und zuletzt so intensiv werden, dass sie entweder von selbst oder durch einen besonderen Anstoss von aussen in den manifesten Zustand übergeht. Zu den Ursachen, welche Anlagen von geringerer Stärke (noch im Entstehen oder schon im Verschwinden begriffene) zur Entwicklung veranlassen, gehört namentlich die Kreuzung. Anlagen, die schon längere Zeit latent geblieben sind, kommen überhaupt leichter zur Entfaltung bei der Fortpflanzung durch Befruch-

---

[1]) Ich nenne als Beispiel einige Alpenhieracien, welche bei der Cultur im Garten an den zweiten (Sommer-) Trieben jedes Jahres eine merkwürdige Abweichung in der Verzweigung zeigen. In den Alpen bilden sich wegen der kurzen Vegetationszeit nur Frühjahrstriebe; die Sommertriebe kommen nie zur Entfaltung.

tung, wo zwei verschiedene individuelle Idioplasmen sich vermischend den Keim bilden, als bei der ungeschlechtlichen Vermehrung.

Ich erinnere an diese Thatsachen, um die unendliche Mannigfaltigkeit in der Beschaffenheit des Idioplasmas klar vor Augen zu legen. Nicht nur gibt es, wenn wir bloss das Pflanzenreich in seinem jetzigen Bestande und hier wieder bloss die Eizellen berücksichtigen, also die Anlagen für die Organe vernachlässigen, weit mehr als eine Million von verschiedenen Keimen für alle Sippen (Species und Varietäten), sondern in jeder Sippe wieder Billionen von verschiedenen Keimen für alle jetzt lebenden und früheren Individuen. Diese unendliche Mannigfaltigkeit ist in winzigen Tröpfchen von Idioplasma verwirklicht, welche durch das Mikroskop, durch chemische und physikalische Hilfsmittel nicht von einander zu unterscheiden sind. An der Keimanlage selber ist nicht die Masse, sondern nur die Beschaffenheit einer kleinen wirksamen Partie von Idioplasma das Entscheidende, denn die väterliche und mütterliche Erbschaft ist ungefähr gleich gross, obgleich der Vater zur befruchteten Eizelle bloss den hundertsten oder tausendsten Theil beigetragen hat.

Die Beschaffenheit des Idioplasmas wird durch seine moleculare Zusammensetzung bestimmt. Besonders muss die Zusammenordnung der kleinsten Theilchen (Micelle) mit den eigenthümlichen Bewegungen und Kräften, die dadurch bedingt sind, maassgebend sein. Es ist ferner wahrscheinlich, dass einer reicheren morphologischen Gliederung und grösseren Arbeitstheilung im entwickelten Zustande auch eine zusammengesetztere Anordnung der kleinsten Idioplasmatheilchen, welche zu Schaaren niederer und höherer Abtheilungen zusammengestellt sind, entspricht, während die niedersten Organismen, die zeitlebens einfache Plasmatropfen bleiben, eines sehr wenig ausgebildeten, fast ungeordneten oder vielmehr ganz einfach geordneten Idioplasmas bedürfen. Um durch ein Bild meine Meinung anschaulicher zu machen, möchte ich das einfach geordnete Idioplasma der niederen Organismen einer wenig disciplinirten Truppe vergleichen mit losem Verbande, wie sie im Mittelalter unter ihrem Feldhauptmann in den Kampf zog, — das complicirt geordnete Idioplasma dagegen einer regelmässigen Armee, in der die verschiedenen Ober- und Unterabtheilungen einem einheitlichen Plane folgen, sodass jede bis herunter auf den einzelnen Mann in bestimmter Beziehung zu den übrigen und zum Ganzen steht, selbstverständlich mit dem Unterschiede, dass das einigende Band nicht in Ober- und Unterbefehlshabern, sondern in den (anziehenden und abstossenden) Beziehungen der einzelnen Theilchen unter einander besteht.

Das Idioplasma des Keimes wäre somit gleichsam das mikrokosmische Abbild des makrokosmischen (ausgewachsenen) Individuums; es wäre nach Maassgabe, als dieses aus Organen, Gewebssystemen und Zellen aufgebaut ist, aus Schaaren von Micellen zusammengesetzt, welche zu höheren Einheiten verschiedener Ordnungen verbunden sind und die Anlagen für jene Zellen, Gewebssysteme und Organe darstellen. Damit soll aber selbstverständlich nicht gesagt sein, dass die Micelle des Idioplasmas etwa den Zellen des ausgebildeten Organismus entsprechen und eine analoge Anordnung besitzen. Diese beiden Anordnungen sind im Gegentheil grundverschieden, wie ich später noch darthun werde.

Wenn ich die Eigenthümlichkeit des Idioplasmas vorzüglich in die Zusammenordnung der kleinsten Theilchen verlege, so geschieht es, weil dieser jedenfalls eine wichtige, wahrscheinlich die Hauptrolle zukommt, während wir über die chemische Verschiedenheit bei der jetzigen mangelhaften Erkenntniss der Albuminate uns keine deutliche Vorstellung machen können. Die ungleiche Gestalt, Grösse und Zusammenordnung der Idioplasmamicelle ergibt allein schon zahllose Combinationen der wirksamen Kräfte und somit auch zahllose Verschiedenheiten in den dadurch bedingten chemischen und plastischen Vorgängen der lebenden Substanz, welche ebenso viele Verschiedenheiten im Wachsthum, in der inneren Organisation, in der äusseren Gestaltung und in den Verrichtungen verursachen. Diese Mannigfaltigkeit in der Constitution des Idioplasmas wird aber noch unendlich gesteigert durch den Umstand, dass jedes Micell auch eine verschiedene chemische Beschaffenheit haben kann. Jedenfalls muss eine weitgehende chemische Verschiedenheit vorhanden sein, ich werde dies noch besonders besprechen.

Vor allem ist es wichtig, sich eine Vorstellung über das Verhältniss zu bilden, in welchem das Idioplasma zu den übrigen Substanzen des Organismus steht, und da alle Bildungen von dem Plasma (Protoplasma) ausgehen, so ist zunächst die Frage, wie sich jenes zu diesem verhalte. Ich habe beide als verschieden angegeben, weil mir dies der einfachste und natürlichste Weg scheint, um die ungleichen Beziehungen der Plasmasubstanzen zu den erblichen Anlagen zu begreifen, wie sie bei der geschlechtlichen Fortpflanzung deutlich werden. An die befruchtete und entwicklungsfähige Eizelle hat die Mutter hundert- oder tausendmal mehr Plasmasubstanzen, in denselben aber keinen grösseren Antheil an erblichen Eigenschaften geliefert als der Vater. Wenn das unbefruchtete Ei ganz aus Idioplasma bestände, so würde man nicht begreifen, warum es nicht entsprechend seiner Masse in dem Kinde wirksam wäre, warum dieses nicht immer in ganz überwiegendem Grade der Mutter ähnlich würde. Besteht die spezifische Eigenthümlichkeit des Idioplasmas in der Anordnung und Beschaffenheit der Micelle, so lässt sich eine gleich grosse Erbschaftsübertragung nur denken, wenn in den bei der Befruchtung sich vereinigenden Substanzen gleichviel Idioplasma enthalten ist, und der überwiegende Erbschaftsantheil, der bald von der Mutter, bald vom Vater herstammen soll, muss dadurch erklärt werden, dass bald in der unbefruchteten Eizelle, bald in den mit derselben sich vereinigenden Spermatozoiden eine grössere Menge von Idioplasma sich befindet. Bestehen die Spermatozoide bloss aus Idioplasma, so enthalten die nicht befruchteten Eizellen bis auf 999 Promille nicht idioplasmatisches Stereoplasma.

Eine andere Betrachtung führt zu dem nämlichen Schluss. Wenn die Anordnung der Micelle die spezifischen Eigenschaften des Idioplasmas begründet, so muss das letztere eine ziemlich feste Substanz darstellen, in welcher die Micelle durch die in dem lebenden Organismus wirksamen Kräfte keine Verschiebung erfahren, und in welcher der feste Zusammenhang bei der Vermehrung durch Einlagerung neuer Micelle die bestimmte Anordnung zu sichern vermag. Das gewöhnliche Plasma dagegen ist, soviel wir von demselben wissen, ein Gemenge von flüssigem und festem Plasma (Hygroplasma und Stereoplasma), wobei die beiden Modificationen leicht in einander übergehen und die Micelle oder Micellverbände der unlöslichen Modification, wie dies für das strömende Plasma nicht anders angenommen werden kann, sich mit grosser Leichtigkeit gegenseitig verschieben.

Dass aber das Idioplasma eine Substanz von ziemlich festem Gefüge sein muss und jedenfalls nicht gelöst sein kann, wird nicht bloss durch die theoretische Erwägung gefordert, sondern auch durch die Erfahrung bestätigt; denn diese zeigt uns, dass die erblichen Eigenschaften nicht durch gelöste Stoffe übertragen werden. Ich verweise hierüber auf die späteren Erörterungen betreffend die Wirkungen der äusseren Einflüsse.

Was die Unterscheidung des Idioplasmas von dem übrigen Plasma betrifft, so kann nicht bestritten werden, dass die Thatsachen eine doppelte Erklärung zulassen. Es ist nämlich auch die Annahme denkbar, dass das gesammte mehr oder weniger feste Plasma der Träger der erblichen Anlagen sei. Dann muss demselben die Fähigkeit, Eigenschaften zu vererben, in ungleichem Grade zukommen. Wenn das männliche Befruchtungsplasma (im Spermatozoid) bloss den hundertsten Theil der Masse von dem weiblichen Befruchtungsplasma (in der Eizelle oder im Keimbläschen) beträgt und trotzdem gleich viel erbliche Anlagen enthält, so besitzt das erstere in der Masseneinheit hundertmal mehr ideoplastische Kraft als das zweite. Es kommt nun praktisch auf das Nämliche hinaus, ob ich sage, es sei eine gewisse Summe von idioplastischen Eigenschaften oder es sei eine gewisse Menge Idioplasma durch eine gegebene Menge von Plasma verbreitet. Die letztere Ausdrucksweise hat den Vorzug der Anschaulichkeit, und erweist sich als viel brauchbarer für weitere Ausführungen der Theorie.

Die Annahme eines bestimmten Idioplasmas bietet sich übrigens um so ungesuchter dar, als es bereits verschiedene durch ungleiche physikalische und physiologische Eigenschaften charakterisirte Modificationen von Plasma gibt. Wir unterscheiden nicht nur gelöstes (Hygro-) und ungelöstes (Stereo-) Plasma, sondern in dem letzteren wieder hyalines (Hyalo-) und trübes, oft körniges (Polio-, Körner-) Plasma. Ferner hat nur ein Theil des Polioplasmas die Fähigkeit, durch Chlorophylleinlagerung sich grün zu färben und aus Kohlensäure und Wasser Zucker (Kohlenhydrate) zu bilden. Ebenso zeichnet sich ein Theil des Stereoplasmas in den Zellkernen und in kernähnlichen Plasmakörpern durch die Fähigkeit aus, grössere Mengen von Farbstoff aufzunehmen.

Es ist somit aus mehr als einem Grunde wahrscheinlich, dass von den Albuminaten, welche das Plasma des lebenden Organismus darstellen, nur ein sehr kleiner Theil Träger der erblichen Anlagen und als Idioplasma zu bezeichnen ist, während die übrige Masse als Ernährungsplasma betrachtet werden muss. Die Wirksamkeit des Idioplasmas macht sich überall geltend, wo ein erblicher Wachsthums- oder Umbildungsprocess vor sich geht; es darf daher seine Anwesenheit an diesen Stellen vorausgesetzt werden.

Wenn es im umgekehrten Falle eine Menge Stellen im Organismus gibt, wo das Plasma weder Wachsthum noch Umbildung hervorzubringen vermag, so kann die Ursache theils im relativen Mangel des Idioplasmas liegen, theils darin, dass dasselbe nicht die richtige Mischung mit dem Ernährungsplasma bildet. Die Annahme möchte auch nahe zu liegen scheinen, dass in so vielen Fällen die zusammenhängenden Plasmamassen, welche durch andere stickstoffhaltige oder stickstofflose Verbindungen (leimgebende und elastische Substanzen in den thierischen, Cellulose in den pflanzlichen Geweben) von einander getrennt sind, auf allzu geringe Mengen vermindert worden seien, um ein ferneres Wachsthum möglich zu machen, dass also die erforderliche Menge von Ernährungsplasma für die Wachsthumsprocesse entscheide.

Allein dieser Umstand darf nicht für eine allgemeine Theorie des Gestaltungsprocesses benutzt werden. Er kann vielleicht erklären, warum gewisse Ernährungsvorgänge, wie die Streckung und Verdickung der Zellmembran bei Pflanzen, aufhören. Aber die eigentlichen Wachsthumsprocesse, welche die eigenthümliche Gestalt und Structur der Organe bedingen und vorzugsweise auf der Zellbildung beruhen, sind unabhängig davon. Denn es ist eine häufige, im Pflanzenreiche leicht zu beobachtende Erscheinung, dass die Vermehrung der Zellen schon zu einer Zeit aufhört, wo sie noch ganz mit Plasma erfüllt sind, und ebenso dass von den zwei Tochterzellen einer Mutterzelle, obgleich beide gleiche Mengen von Plasma enthalten, die eine Zellen bildet, die andere nicht.

Eine Theorie, welche allen thatsächlichen Beobachtungen genügt, scheint nur die zu sein, dass in erster Linie die Beschaffenheit des Idioplasmas, in zweiter auch seine Menge und die Art, wie es mit dem Ernährungsplasma gemengt ist, für die Dauer und das Aufhören der Wachsthumsvorgänge entscheidend seien, und dass in dem sich entwickelnden Organismus das Idioplasma in einer steten Wanderung nach den Bildungsstätten begriffen sei.

Es handelt sich aber nicht bloss um die Thatsache, dass das Wachsthum zeitweise und stellenweise thätig ist oder zur Ruhe kommt, sondern um die andere noch viel räthselhaftere Erscheinung, dass das Wachsthumsvermögen nach Zeit und Ort der individuellen Entwicklungsgeschichte sich verändert. Beim Aufbau des Organs aus Zellen besitzen viele Zellen die Fähigkeit in einer ganz bestimmten Weise zu wachsen und in ganz bestimmter Weise sich in zwei neue Zellen zu theilen, was bei den einfacher gebauten niederen Pflanzen oft so ausserordentlich deutlich zu beobachten ist. Ferner bildet beim Aufbau des Pflanzenstockes der Stengel zuerst schuppenförmige Niederblätter, dann grüne Laubblätter, dann kleinere oft bleiche oder bunte Hochblätter, und zuletzt in regelmässiger Folge die verschiedenen Blätter der Blüthe, Kelch, Krone, Staubgefässe und Stempel.

Von den Billionen Zellen, welche einer Pflanze während ihrer ganzen Lebensdauer angehören, mangelt vielen die Fähigkeit neue Zellen zu bilden, die andern erzeugen je nach Zeit und Ort verschiedenartige Gewebezellen oder Anfangszellen für verschiedenartige Organe. Wenn wir diese Bildungszellen nicht bloss nach ihrer nächsten, sondern nach ihrer ganzen Nachkommenschaft beurtheilen, so verhält sich jede anders, und jeder kommt ein eigenthümlicher Bildungstrieb zu. Da dieser durch den ganzen Organismus sich verändernde Bildungstrieb durch das Idioplasma bedingt wird, so stehen uns nur zwei Annahmen offen.

Entweder verändert sich das Idioplasma, sei es in materieller, sei es bloss in dynamischer Beziehung, während des individuellen Wachsthumsprocesses stetig, um am Schlusse desselben bei der Bildung der Keime wieder zu der ursprünglichen Beschaffenheit zurückzukehren, die es in der Anfangszelle hatte, aus welcher das Individuum hervorgegangen ist.

Oder das Idioplasma behält die nämliche Beschaffenheit und es wird das verschiedene Vermögen des Bildungstriebes durch die veränderten Umstände verursacht, welche mit dem Idioplasma zusammenwirken, und welche von Zeit und Ort der individuellen Entwicklungsgeschichte abhängen.

Die eine und die andere dieser beiden Ursachen würde für sich allein wohl nicht ausreichen, um die normalen und abnormalen Verhältnisse, welche die Geschichte des Individuums darbieten kann, zu erklären. Da aber beide ohnehin vorhanden sein müssen, so wird die Erklärung durch ihr Zusammenwirken wesentlich erleichtert. Es ist überflüssig auszuführen, wie auf das Idioplasma fortwährend andere umgebende (dem Individuum angehörige) Einflüsse einwirken; denn jede Zelle, die wächst und sich theilt, nimmt eine bestimmte ontogenetische Stelle ein, und befindet sich unter einer eigenthümlichen Combination von vorausgegangenen Organisationsverhältnissen.

Dass ferner das Idioplasma in den verschiedenen Abschnitten der Ontogenie thatsächlich nicht ganz gleich ist, ergibt sich aus dem Umstande, dass bei Arten mit Generationswechsel die einzelligen Samen ungleicher Generationen sich zu ungleichen Individuen entwickeln, — ferner ebenso aus dem Umstande, dass bei Gefässpflanzen und bei Moosen die von vegetativen Theilen sich ablösenden Zellen beim Keimen sich etwas anders verhalten als die befruchteten Eizellen oder die Sporen, indem jene nämlich die allerersten Stadien der Entwicklung überspringen.

Dass das Idioplasma innerhalb des Individuums auch eine phylogenetische Umbildung erfährt, beweist uns die Thatsache, dass aus einem Baume ausnahmsweise ein Zweig mit anderen Eigenschaften als die übrigen Zweige, mit anders gestalteten Blättern oder Blüthen hervorwächst, wobei die äusseren Einflüsse selbstverständlich nicht in Betracht kommen können.

Die Annahme, das Idioplasma verändere sich während des individuellen Wachsthums innerhalb bestimmter Grenzen, ist aber deshalb leicht möglich, weil es sich immer um ein Vielfaches vermehrt, und weil diese Vermehrung in den verschiedenen Stadien der individuellen Entwicklungsgeschichte ohne Zweifel in ungleicher Weise erfolgt, wie ich nachher auseinandersetzen werde.

Es ist also jedenfalls das zweckmässigste, das Idioplasma verschiedener Zellen eines Individuums, wenn auch nur als Symbol, als verschieden zu bezeichnen, insofern es eigenthümliche Productionsfähigkeit besitzt, und darunter auch alle die Umstände im Individuum zu begreifen, die auf das bezügliche Verhalten der Zellen Einfluss haben. Die Wirksamkeit des also beeinflussten Idioplasmas ist nun nichts anderes als der Bildungstrieb (Nisus formativus).

Nicht nur die Umstände innerhalb des Individuums haben Einfluss auf das Idioplasma. Dasselbe kann auch durch äussere Ursachen umgestimmt und zu einem veränderten Bildungstrieb veranlasst werden. Dies wird uns durch eine Menge abnormaler Bildungen aufgenöthigt, welche auf äussere Eingriffe erfolgen, — sei es, dass Insektenstiche in einem Gewebe, das sich sonst nicht weiter verändern würde, Wucherungen und Gallen erzeugen, oder dass verschiedene künstliche Maassregeln, welche eine Störung in den normalen Lebensvorgängen bewirken, zur Ruhe bestimmte Zellen veranlassen, sich zu vermehren und eine Knospe oder eine Wurzel zu bilden. Der Einfluss der äusseren Umstände auf die Entscheidung, welche von den im Idioplasma enthaltenen Anlagen zur Entfaltung gelangen, zeigt sich namentlich auch in der bekannten Thatsache, dass es von der Ernährung abhängt, ob an gewissen Bäumen sich Laub- oder Blüthentriebe bilden, und dass manche Pflanzen in einem ihnen wenig günstigen Klima es überhaupt nicht zur Blüthenbildung bringen, sondern in der vegetativen Entwicklungssphäre gebannt bleiben.

Wenn es nun feststeht, dass die Veränderungen, welche der Bildungstrieb in den auf einander folgenden Stadien der individuellen Entwicklungsgeschichte und an den verschiedenen Stellen des individuellen Organismus zeigt, durch nichts Anderes bedingt werden kann, als durch die auf einander folgenden Modificationen im Idioplasma und durch die ebenfalls wechselnden Einflüsse, unter denen dasselbe seine Anlagen zur Entfaltung bringt, so legen wir uns weiter die Frage vor, in welchen Vorgängen diese Modificationen des Idioplasmas bestehen und wie wir uns die Einwirkung der umgebenden Umstände zu denken haben? Dies führt uns dann auf eine nähere Betrachtung der Constitution und der Wirksamkeit des Idioplasmas.

Was die Vorgänge im Idioplasma betrifft, so ist zunächst die Zunahme desselben während des Wachsthums zu berücksichtigen. Wir beobachten, dass die Substanz, aus welcher der Organismus besteht, von dem Anfangsstadium aus bis zum ausgewachsenen Zustande fortwährend sich vermehrt, dass diese Vermehrung, abgesehen von vielen einzelligen Wesen, sehr beträchtlich ist (oft um mehr als das Billionenfache) und dass alle wesentliche Veränderung in der morphologischen, inneren und äusseren Gestaltung nur durch Zunahme der Substanz und nicht etwa durch Umlagerung derselben bewirkt wird. Mit der Substanzzunahme muss eine entsprechende Vermehrung des Idioplasmas in derselben verbunden sein; jede beliebige Zelle muss davon eine gewisse Menge enthalten, weil dadurch alle ererbte Thätigkeit bedingt wird; und jede Zelle, die aus den Fortpflanzungsorganen und bei den Pflanzen auch aus vegetativen Geweben frei wird, um ein neues Individuum zu erzeugen, muss eine annähernd gleiche Menge von Idioplasma besitzen, wie die Zelle, aus der das elterliche Individuum hervorgegangen ist. Bei einzelligen Wesen, die bloss zwei Kinder hinterlassen, vermehrt sich das Idioplasma während der Lebensdauer auf das Doppelte, bei allen anderen um so mehr, je grösser und zusammengesetzter sie sind, und je mehr Keime sie hervorbringen, bei manchen Organismen gewiss auf das Millionenfache.

Mit dieser Zunahme des Idioplasmas während der individuellen Entwicklungsgeschichte könnten wir seine verschiedene Wirksamkeit während dieser Periode in Verbindung bringen. In Folge seiner zwar höchst kunstvollen, aber ungleichmässigen Constitution wächst es nämlich nicht überall und nicht immer gleichmässig fort; sondern es finden stets Bevorzugungen statt, sei es, dass die einen Gruppen oder Dimensionen in stärkerem Maasse als die übrigen, sei es, dass dieselben in activer Weise zunehmen, indess die übrigen nur passiv, soweit es der feste Zusammenhang verlangt, folgen[1]).

Wir könnten nun annehmen, dass immer die Anlagen derjenigen Gruppen oder Dimensionen, die sich am lebhaftesten oder in activer Weise vermehren, zur Entwicklung gelangen, während die übrigen latent bleiben, so dass also die successive Entfaltung der Anlagen in dem entstehenden und wachsenden Individuum durch den Wechsel in den Wachsthumsprocessen des Idioplasmas bedingt würde. Dieser Wechsel aber wird mitbedingt durch die umgebenden Umstände, indem das in den Zellen bestimmter Entwicklungsstadien eingeschlossene Idioplasma die Entfaltung der dieser Situation entsprechenden Anlagen anregt.

Die Verschiedenheit der Wachsthumsprocesse im Idioplasma könnte allenfalls in folgender Weise gedacht werden. Da dasselbe eine feste Anordnung darstellt, so lassen sich seine Theilchen (die

[1]) Ein actives Wachsthum ist dann gegeben, wenn durch die Molecularkräfte Einlagerung von kleinsten Theilchen stattfindet und damit ein entgegenstehender Druck überwunden wird, ein passives Wachsthum dann, wenn die Substanz aus einander gezogen wird und wenn in Folge dieses Zuges neue Theilchen sich einlagern.

Micelle) nach mehreren sich kreuzenden Dimensionen in Reihen zerlegen, wobei immer das nämliche Theilchen Reihen der verschiedenen Dimensionen angehört. Alle Zunahme des Idioplasmas ist ein Wachsthum seiner Reihen und geschieht dadurch, dass die Reihe durch Zutritt neuer Micelle zu den schon vorhandenen sich verlängert. Diese Verlängerung kann durch gleichmässige Zwischenlagerung in allen Partien der Reihe oder durch ungleichmässige, stellenweise gesteigerte Zwischenlagerung oder auch durch Auflagerung an einem Ende erfolgen. Eine ganze zusammengehörende Gruppe von Idioplasma oder das gesammte Idioplasma aber kann durch Wachsthum der Längsreihen allein oder der nach der Breite gelagerten Querreihen oder der nach der Dicke verlaufenden Reihen oder auch durch Wachsthum der in irgend einer schiefen Richtung geordneten Reihen allein sich vermehren. Die verschiedenen Anlagen werden durch die in verschiedenen Dimensionen verlaufenden Micellarreihen dargestellt, und eine bestimmte Anlage entfaltet sich, wenn die betreffenden Reihen der bestimmten Dimension wachsen. Enthalten beispielsweise die Längsreihen im allgemeinen die Anlagen für die vegetativen, die damit sich kreuzenden Querreihen die Anlagen für die reproductiven Bildungen, so verlängern sich durch Einlagerung von Micellen in der ersten Richtung nur die Vegetationsreihen, indess die in der Querrichtung verlaufenden Reproductionsreihen bei diesem Wachsthumsprocess ihre Länge behalten, aber in entsprechendem Maasse an Zahl zunehmen. Solange dieses Wachsthumsstadium des Idioplasmas andauert, werden nur Laubtriebe hervorgebracht; schlägt später an bestimmten Stellen das Wachsthum in die Reproductionsreihen des Idioplasmas um, so dass also die Einlagerung nur in der Querrichtung erfolgt, so bilden sich daselbst Blüthentriebe.

Die soeben entwickelte Hypothese des Wachsthums des Idioplasmas deutet den Weg an, auf dem ich anfänglich die Lösung des Räthsels versuchte. Ich habe aber bald gefunden, dass die Ausführung der Theorie im einzelnen, obgleich sie allerdings viele Vorzüge enthält, auf kaum übersteigbare Schwierigkeiten stösst, und ich wurde veranlasst, sie als zweiten Versuch so weit zu ändern, dass alle Anlagen durch die in der Längsrichtung verlaufenden Reihen dargestellt werden. Ich erachtete jedoch für zweckmässig, den ersten Versuch mitzutheilen, weil er am anschaulichsten zeigt, wie ich mir die Structur des Idioplasmas bezüglich des Verhaltens der verschiedenen Dimensionen zu einander denke. Eine gleichzeitige feste Anordnung in den Querrichtungen ist für die veränderte Theorie ebenfalls nothwendig, weil die Anlagereihen sich in vielfacher Fühlung mit einander befinden müssen, und weil dies nur durch den seitlichen Contact der Längsreihen möglich ist, wobei die Micelle auch in Querreihen, welche nach der Breite und nach der Dicke verlaufen, zu liegen kommen.

Ehe ich die mögliche Structur des idioplasmatischen Systems weiter verfolge, will ich zunächst darauf hinweisen, dass in einer solchen Theorie nicht etwas Neues enthalten ist, das erst in die Physiologie eingeführt werden soll. Sie ist im Gegentheil nur einer bereits feststehenden analogen Structur anderer organisirter Körper nachgebildet. Jeder dieser Körper besteht aus krystallinischen Micellen (mikroskopisch unsichtbaren, aus einer grösseren oder kleineren Zahl von Molekülen bestehenden Kryställchen, von denen jedes im imbibirten Zustande mit einer Wasserhülle umgeben ist); aber jeder Körper ist mit Rücksicht auf seine Bestimmung,. oder vielmehr mit Rücksicht auf die bei seiner Entstehung maassgebenden Ursachen eigenthümlich gebaut.

Am regelmässigsten sind die Micelle in den Krystalloiden (krystallähnlichen Körpern) der Albuminate angeordnet, und zwar ziemlich genau so wie die Moleküle oder Pleone (chemische Molekülverbindungen) in den Krystallen, nämlich in ebenen Micellschichten, die sich nach drei oder mehr Richtungen kreuzen, und somit auch in geraden Micellreihen, die nach drei oder mehr sich kreuzenden Richtungen orientirt sind. — In den Amylodextrinscheibchen (Cylindrokrystalloiden) liegen die aus Amylodextrin bestehenden Micelle in concentrischen Schichten von der Form von Cylindermänteln und in dazu rechtwinkligen ebenen Schichten, also in radialen, von der Cylinderaxe nach der Peripherie ausstrahlenden, zur Axe rechtwinkligen Reihen und in mit der Axe parallelen Reihen.

Was die Stärkekörner betrifft, so kann man in denselben im allgemeinen nur concentrische Micellschichten, die um den centralen oder excentrischen »Kern« verlaufen, und radiale, von dem Kern strahlenförmig ausgehende Micellreihen unterscheiden; die Anordnung der Micellreihen in der Fläche der concentrischen Schichten ist unbekannt. — Die Membranen freier kugeliger Zellen (z. B. Chroococcus) verhalten sich ähnlich wie Kugelschalen von sphärischen Stärkekörnern, und diejenigen, welche die Seitenfläche freier cylindrischer Zellen darstellen (z. B. Oscillaria, Spirogyra), ähnlich wie Cylindermäntel von Cylindrokrystalloiden.

Im übrigen sind bei den Pflanzenzellmembranen, wie sich aus Schichtung und Streifung ergibt, die Micellschichten nach drei Dimensionen geordnet, von denen die eine, welche der Schichtung entspricht, mit der Membranfläche parallel läuft, während die zwei anderen, den Streifensystemen entsprechend, sich unter beliebigen Winkeln kreuzen, zur Schichtung aber rechtwinklig stehen. Dem entsprechend gibt es auch drei Hauptsysteme von Micellreihen, zwei sich recht- oder schiefwinklig kreuzend, mit den Streifen gleichgehend und in der Fläche der Schichten verlaufend, und ein drittes, die beiden ersten und somit die Schichten rechtwinklig durchsetzend. Dieser Bau ist an grossen cylindrischen Zellen (Meerconferven, Charen), wo die einen Streifen meist der Länge nach, die andern der Quere nach verlaufen, ausserordentlich deutlich.

Die Anordnung der Micellschichten in den Krystalloiden und den Cylindrokrystalloiden ist ausserordentlich regelmässig, bei den Stärkekörnern und Zellmembranen mehr oder weniger unregelmässig, indem die sichtbaren Schichten sich hin und wieder in zwei und mehr Blätter spalten. Dieser Erscheinung muss eine Verzweigung der Micellschichten und Micellreihen entsprechen. Besonders wichtig als Vergleich mit dem Idioplasma sind die Stärkekörner.

Das Wachsthum der Stärkekörner findet genau so statt, wie es die durch die genannten Kräfte bedingten Spannungen verlangen, die sich theoretisch aus den mechanischen Prämissen ableiten lassen[1]). Tritt früher oder später eine Abweichung von der ursprünglichen regelmässigen kugeligen Form und mathematisch concentrischen Anordnung auf, so wird, wenn nicht äussere störende Einflüsse sich geltend machen, die Abweichung immer grösser, die Unregelmässigkeit und damit die Complicirtheit der Configuration wächst immer mehr. Dies steht ebenfalls in strenger Uebereinstimmung mit den mechanischen Forderungen.

Die Abweichungen der Stärkekörner vom sphärischen Bau sind verschiedener Art. Diese specifischen Verschiedenheiten werden

---

[1]) Nägeli, Die Stärkekörner. 1858, S. 289.

bedingt durch die chemische Beschaffenheit des Zellinhaltes, welche auf die Beschaffenheit, Gestalt und Zusammenlagerung der Micelle Einfluss ausübt. Es sind gleichsam die Anpassungen der Stärkekörner, während die Ursache, welche die Abweichung vom sphärischen Bau bewirkt, eine allgemeine ist und allen Körnern zukommt.

Die Stärkekörner geben uns ein Vorbild für das Idioplasma. Beides sind feste Micellsysteme, die frei im Zelleninhalte (in der Zellflüssigkeit oder im halbflüssigen Plasma) liegen und durch Micelleinlagerung wachsen; in beiden tritt der erste Schritt zur complicirteren Anordnung mit mechanischer Nothwendigkeit ein, und führt ebenso nothwendig zu immer weiter gehenden Schritten in der steigenden Complication der Configuration des Systems. Bei den Stärkekörnern aber haben wir es mit einer bekannten Anordnung zu thun, bei der sich die mechanischen Bedingungen der Einlagerung genau angeben lassen, während bei dem idioplasmatischen System uns der Charakter der Configuration noch verborgen bleibt.

Wenn das Idioplasma so beschaffen ist, wie ich mit Rücksicht auf die Eigenschaften, die es nothwendig besitzen muss, vermuthet habe, so kennen wir seine Structur nur in der einen Dimension, nämlich in derjenigen, in welcher sein ontogenetisches Wachsthum stattfindet. Wie ich bereits erwähnte, kann es im einzelnen Individuum auf das Zehntausendfache, selbst auf das Millionenfache zunehmen. Trotzdem behält es bei geschlechtsloser Vermehrung der Individuen (durch Stecklinge, Knollen, Pfropfreiser u. s. w.) während einer ganzen Reihe von Generationen so genau seine Anordnung bis ins Einzelne, dass selbst die allerleichtesten individuellen Eigenthümlichkeiten, die sonst gar keinen Bestand haben, ohne die geringste Veränderung sich vererben. Ferner sind viele wildwachsende Pflanzen seit der Eiszeit auf den verschiedensten Standorten so gleich geblieben, dass man sie nicht von einander unterscheiden kann; — es ist dies eine Thatsache, auf die ich später noch wiederholt zurückkommen werde. Das Idioplasma dieser Pflanzen muss während dieses langen Zeitraums fast in unbegrenztem Maasse zugenommen haben, ohne sich merkbar zu verändern.

Diese Erscheinung scheint keine andere Erklärung zuzulassen als die, dass das Idioplasma strenge in parallelen Reihen von festem Zusammenhang geordnet ist, welche durch Einlagerung von Micellen wachsen und dabei fortwährend die gleiche Zusammenordnung behalten (Fig. 1, Längsschnitt durch eine Partie von Idioplasma). Dadurch bleibt die Configuration des Querschnittes unverändert und in dieser Configuration ist ja die specifische Beschaffenheit des Idioplasmas enthalten. Würden eine oder mehrere Längsreihen durch Störungen im Wachsthum bei loserem Zusammenhang sich theilen oder sich vereinigen, würde also die Zahl der Längsreihen beim Wachsthum zu- oder abnehmen, so wäre dadurch eine Aenderung in der Configuration des idioplasmatischen Systems und damit auch eine Veränderung in den Merkmalen verursacht.

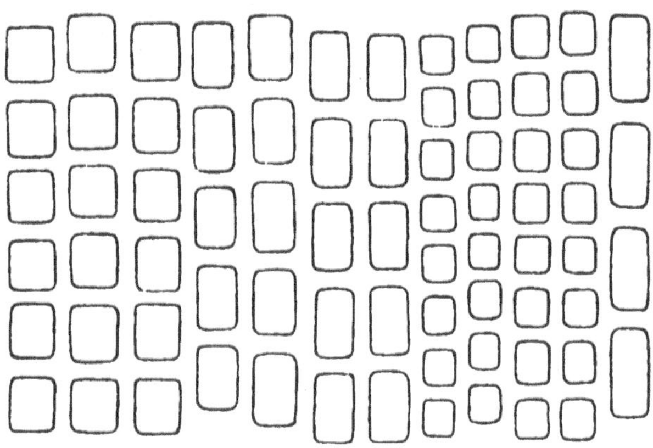

Fig. 1

Das Constantbleiben der Merkmale durch eine Folge von Generationen verlangt, dass die Micellreihen des Systems während des ontogenetischen Wachsthums ihren strengen Parallelismus bewahren. Die Veränderung der Merkmale bei der phylogenetischen Entwickelung erfordert dagegen eine Vermehrung oder auch eine Umbildung der Micellreihen, ohne welche eine neue Anlage nicht in das idioplasmatische System sich einordnen kann.

Die Art und Weise, wie wir uns die Fortbildung der Querschnittsconfiguration im Idioplasma vorzustellen haben, hängt wesentlich mit der Art des Längenwachsthums zusammen. Würden die Längsreihen an dem einen (oberen) Ende wachsen, so könnte ihre Vermehrung als Verzweigung stattfinden (Fig. 2, wo *a* die neue Gruppe oder Anlage im Querschnitt gesehen darstellt). Diese Bildungsweise kommt aber ohne Zweifel nicht vor, denn sie entspricht wenig der Vorstellung, welche wir uns von dem micellaren Wachsthum überhaupt zu machen haben, und noch weniger den Eigenschaften, die wir im übrigen dem Idioplasma zuschreiben müssen, wie sich in der Folge noch ergeben wird.

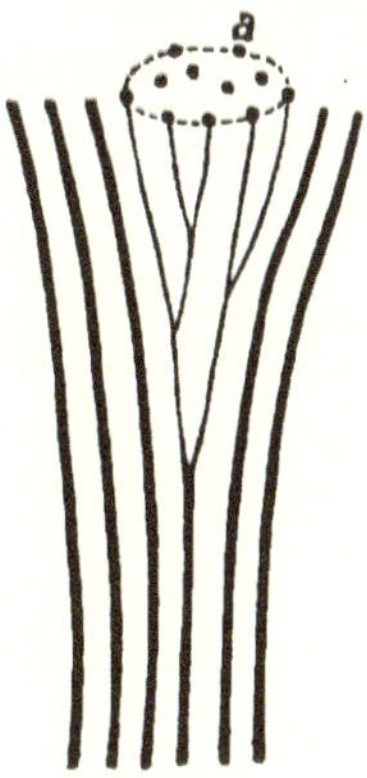

Fig. 2

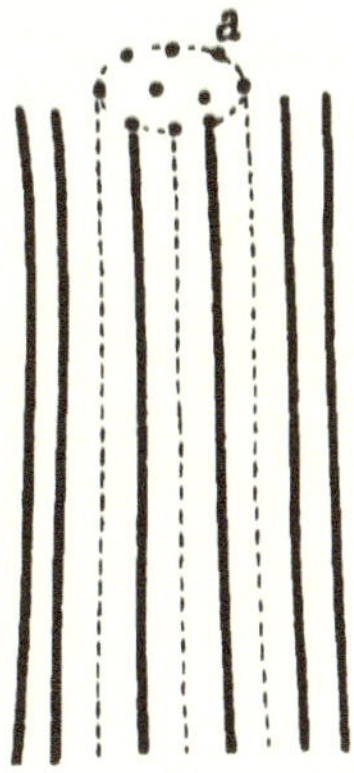

Fig. 3.

Fig. 4

Das Längenwachsthum der Micellreihen geschieht höchst wahrscheinlich überall in der ganzen Länge durch Zwischenlagerung neuer Micelle, also intercalar (Fig. 5, Längsschnitt; die neuen Micelle

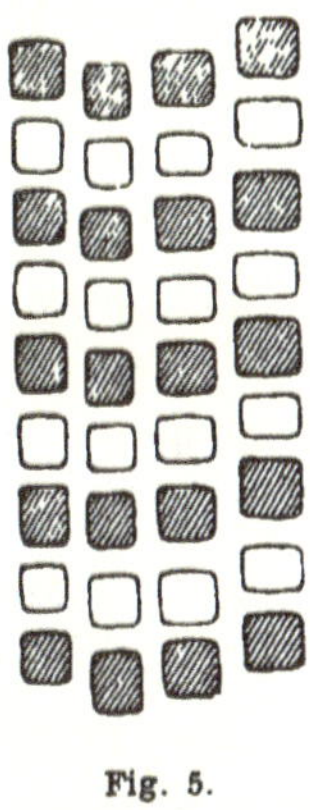

Fig. 5.

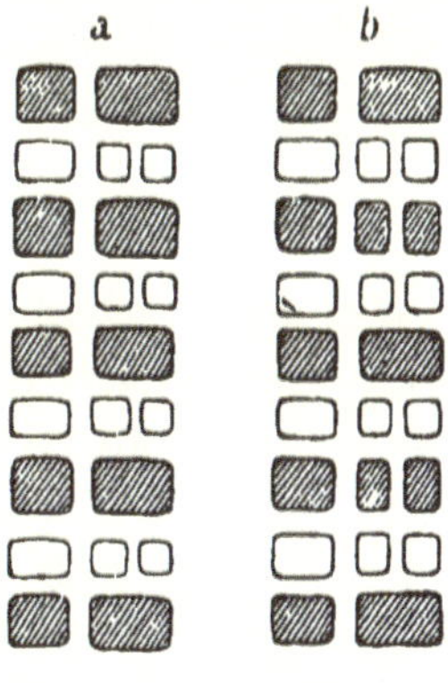

Fig 6.

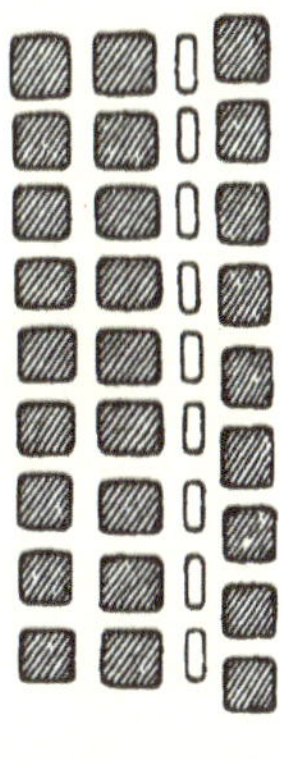

Fig 7.

sind durch die leeren Rechtecke angedeutet). Die Zunahme und Veränderung des Querschnittes kann durch das Wachsthum einzelner Micelle, also durch Verstärkung von Längsreihen oder durch Bildung neuer Micelle, also durch Einschaltung von Längsreihen erfolgen. Wenn die Längsreihen sich verstärken, so tritt mit der Zeit wahrscheinlich auch eine Theilung derselben ein, indem sich beim Längenwachsthum statt eines grösseren Micells zwei kleinere einlagern (Fig. 6*a*). Im Anfange besteht nun eine solche Reihe abwechselnd aus ungleichen Elementen; da aber die Längenzunahme während einer einzigen ontogenetischen Periode auf das Vieltausendfache steigt, so könnte unter Umständen schon das nächstfolgende Individuum an der Stelle der früheren verstärkten Reihe durchgehends eine Doppelreihe besitzen (Fig. 6*b* zeigt das nächste Stadium, welches auf *a* folgt).

Doch wird die Verstärkung der Längsreihen und ihre Theilung nur selten oder selbst gar nicht stattfinden, wenn die Ansicht, die ich bei Anlass der Betrachtung über die Zahl und Grösse der Idioplasmamicelle äussern werde, dass nämlich die letzteren nur aus einer geringen Zahl von Molekülen bestehen, begründet ist. In diesem Falle kann die Zunahme des Querschnittes des Idioplasmas bloss durch Einschaltung neuer Reihen erfolgen, die übrigens unter allen Umständen, auch wenn eine Verstärkung der Reihen statthaben sollte, das Hauptmoment des Wachsthums in der Querrichtung ausmacht (Fig. 7, mit einer eingeschalteten Reihe). Wir können also die Zunahme und Veränderung des Querschnittes im allgemeinen als eine Vermehrung der Längsreihen betrachten, wobei die neu eingelagerten Reihen allein oder mit älteren Reihen vermischt die neue Anlage bilden (Fig. 3 und 4, *a* die neue Anlage; die neu eingelagerten Reihen sind durch punktirte, die alten durch ausgezogene Linien angegeben).

Findet eine Umbildung der Micellreihen zur Erzeugung von neuen Anlagen statt, so müssen die sich einlagernden Micelle eine etwas andere Natur besitzen. Dann wird die Reihe nach und nach ihren Charakter verändern. Man kann in diesem Falle von einer Differenzirung der Substanz des Idioplasmas sprechen, insofern in einem Complex ursprünglich gleichartiger Reihen die einen sich so, die andern sich anders umbilden.

Mag die Bildung der neuen Anlagen durch Einschaltung von Micellreihen oder durch Umbildung der schon vorhandenen erfolgen, so kann man dieselbe immerhin so langsam oder so rasch, als es erforderlich ist, sich vorstellen, so dass also auch die zeitlichen Bedingungen in jeder Hinsicht sicher gestellt sind. — Der einfachste, bei den niedrigsten Organismen vorkommende Bau des Idioplasmas hat die geringste Zahl von differenten Reihen; ihre Zahl vermehrt sich mit der complicirteren Einrichtung der höheren Organismen immer mehr.

Das Idioplasma besteht also eigentlich aus strangförmigen Körpern, welche während jeder ontogenetischen Periode mit dem Wachsthum des Individuums stetig sich verlängern. Ferner müssen die Idioplasmastränge, da alle erblichen Vorgänge chemischer und plastischer Natur durch sie geregelt werden, überall im Organismus, selbst an den verschiedenen Stellen jeder Zelle gegenwärtig sein, und ebenso muss, wie sich bei Betrachtung der phylogenetischen Veränderung ergeben wird, eine Communication zwischen den in verschiedenen Theilen eines Organismus befindlichen Idioplasmapartien statt finden. Es ist daher eine kaum von der Hand zu weisende Annahme, dass das Idioplasma durch den ganzen Organismus als zusammenhängendes Netz ausgespannt sei; dasselbe wird in den Zellen selbst je nach der Beschaffenheit derselben eine verschiedene Gestalt annehmen, in den grösseren Pflanzenzellen aber gewöhnlich innerhalb der Membran die Oberfläche überziehen, ferner auch häufig durch den Zellraum verlaufen und besonders auch im Kern zusammengedrängt sein! Der in Pflanzenzellen so häufig vorkommenden netzförmigen Anordnung des Plasmas und der netzförmigen Beschaffenheit der Kernsubstanz liegt wahrscheinlich das Idioplasmanetz zu Grunde.

Dieses Netz lässt sich, wie ich vorläufig bemerken will, in doppelter Art denken, entweder als ununterbrochene, netzförmig anastomosirende Stränge, oder als Strangstücke von begrenzter Länge, die netzförmig zusammengeordnet sind. Im ersten Falle muss angenommen werden, dass zwischen den durch Längenwachsthum sich streckenden Strängen Verbindungsstränge gebildet werden, im zweiten Fall, dass die sich verlängernden Stränge fortwährend sich theilen und neu anordnen.

Ich habe die strangförmige Natur des Idioplasmas aus dem Grunde angenommen, weil sie allein uns alle Erscheinungen, die wir von ihm kennen, zu erklären vermag. Eine ganz andere Ueberlegung scheint zu dem nämlichen Ziele zu führen. Die Vermehrung der Zellen geschieht in der Hauptsache durch Theilung, indem die andern Vermehrungsarten, die im Laufe der Generationen mit der

Theilung abwechseln, numerisch ganz zurücktreten. Jeder Zelltheilung geht eine Streckung voraus, bei welcher das weichere Ernährungsplasma sich beliebig verschiebt, während die festeren Plasmapartien die Neigung haben, sich fadenförmig zu verlängern. Bekanntlich beobachtet man dies besonders schön bei der Kerntheilung, wo die beiden auseinander rückenden Kernhälften durch eine Zahl von Fäden verbunden sind.

Bei der Entstehung der Organismen trat bald ein Stadium ein, in welchem die als Idioplasma sich organisirende festere Substanz so viel Zähigkeit besass, dass sie bei der Theilung eine verlängerte fadenförmige Gestalt annahm. Da nun diese Substanz bei den in verschiedenen Richtungen erfolgenden successiven Theilungen auch in den verschiedenen Richtungen fadenförmig ausgezogen wurde, so bildete sie sich nothwendig zu einem Netz von Fäden aus. Anfänglich war dieser Process vielleicht wirklich ein Ausziehen in Fäden, verbunden mit Verschiebung der Idioplasmamicelle. Später, als das Idioplasma eine hinreichende Consistenz erlangt hatte, bestand die in der Theilungsrichtung eintretende Verlängerung bloss in einem normalen Wachsthum durch Einlagerung von Micellen, und es ist möglich, dass sie diesen Charakter schon von Anfang an hatte.

Die eben angestellte Betrachtung zeigt, dass ein Idioplasmanetz entstehen musste, wenn bloss die aus Beobachtung bekannten morphologischen Erscheinungen im Zellenleben berücksichtigt werden. Später (in dem Abschnitte über die Ursachen der Veränderung) werde ich zu zeigen suchen, dass auch die molecularphysiologischen Vorgänge allein schon ausreichen, um die Bildung eines Netzes höchst wahrscheinlich zu machen.

Die specifische Beschaffenheit des Idioplasmas wird durch die Configuration des Querschnittes der Stränge ausgedrückt, in welcher die ganze Ontogenie mit allen ihren Eigenthümlichkeiten als Anlage enthalten sein muss. Wir hätten die Lösung des grössten Räthsels der Abstammungslehre gewonnen, wenn wir jene Configuration zu erkennen vermöchten. Dies ist aber nicht möglich; man könnte vielleicht den einen und andern Punkt durch die Theorie befriedigend erledigen; man könnte vielleicht selbst eine Gesammtanordnung ausdenken, die den wichtigsten Anforderungen ein Genüge leistete. Allein ich würde dies für unnütz und unfruchtbar halten. Die Configuration des idioplasmatischen Systems ist keine geometrische, sondern eine phylogenetische Aufgabe. Die richtige Anordnung kann nur auf dem Wege erkannt und construirt werden, auf dem der Organismus dazu gelangt ist. Dazu müssten wir vor allem die ganze Ahnenreihe einer Sippe von dem primordialen Plasmatropfen aus, mit dem die organische Entwickelung begonnen hat, kennen. Wir sind aber noch weit entfernt von einer solchen Erkenntniss für irgend eine Pflanze oder für irgend ein Thier.

Wir müssen daher auf den eigentlichen Kern der Sache vorerst gänzlich verzichten, und uns mit einigen allgemeinen Beziehungen begnügen, welche von einer bestimmten Anordnung in der Querrichtung der idioplasmatischen Stränge gänzlich unabhängig sind. Einer dieser Punkte, den ich bereits berührt habe, ist der feste Zusammenhang ihrer Micellreihen unter einander. Diese Annahme ist einmal nothwendig, damit bei den ontogenetischen Wachsthumsprocessen einer sich nicht verändernden Abstammungsreihe keine Micelle zwischen den Reihen sich bilden können, weil dadurch die Configuration des Querschnittes gefährdet würde. Sie ist ferner nothwendig, damit, wenn die einen Partien des Idioplasmas in activem Wachsthum begriffen sind, die übrigen Partien durch die auftretenden Spannungen zu einem entsprechenden passiven Wachsthum veranlasst werden, was ohne festen Zusammenhang nicht möglich wäre. Es gibt aber noch einen dritten wichtigen Grund für die genannte Annahme: es müssen nämlich, wie ich bereits angedeutet habe, durch die in der Querrichtung verlaufenden Micellreihen der enge aneinander liegenden Längsreihen Leitungen hergestellt werden, welche die verschiedenen Anlagen unter einander in Verbindung setzen, wie sich aus folgender Betrachtung ergibt.

Obgleich wir durchaus nichts Positives über die Configuration des idioplasmatischen Systems wissen, nichts darüber, welche Micellanordnungen den einzelnen Anlagen entsprechen, so können wir doch sagen, wie die Anordnung in verschiedenen Beziehungen nicht sein kann. So ist es nicht möglich, dass jede Combination von Merkmalen durch eine besondere Micellgruppe selbständig vertreten sei. Es gibt, um ein Beispiel anzuführen, Zellen von jeder Form und Grösse, mit dicker und dünner, geschichteter und ungeschichteter, weicher und fester Membran, mit Spiralfasern oder poröser

Verdickung (Tüpfeln) oder ohne das Eine und Andere, mit oder ohne Chlorophyll, mit oder ohne Fetttropfen, Stärkekörnern, Krystallen von oxalsaurem Kalk, die wieder in verschiedenen Formen auftreten können u. s. w. Es gibt, um noch ein zweites Beispiel anzuführen, Blätter von sehr verschiedener Gestalt, mit ungetheiltem oder verschiedenartig getheiltem Rand, mit ungetheilter oder verschiedenartig getheilter Fläche, ohne oder mit verschiedenartigen Nebenblättern, mit verschiedenartig gestaltetem oder fehlendem Blattstiel, mit verschiedenartiger Vertheilung der Nerven und Adern, mit wenigen oder vielen Zellschichten und verschiedenartiger Anordnung der Zellen, welche wieder in all den vorhin aufgezählten Verschiedenheiten vorhanden sein können.

Die Zellen sowohl als die Blätter gestatten eine fast unendliche Zahl von Combinationen rücksichtlich ihrer Zusammensetzung aus Theilen. Diese Combinationen sind zwar in dem einzelnen Individuum nur in begrenzter Zahl vorhanden; allein in jeder folgenden Generation fallen dieselben wieder etwas anders aus, und es wiederholt sich wohl niemals ganz die nämliche Combination der Theile in einem Organ, auch nicht einmal in einer Zelle. Es ist also geradezu unmöglich, dass das Idioplasma alle denkbaren Combinationen gleichsam auf Lager halte; dazu hätte der Querschnitt seiner Stränge nicht Raum genug. Sondern es werden offenbar die Combinationen jeweilen aus den Elementen zusammengesetzt.

Wir müssen uns also vorstellen, dass das Idioplasma die Anlagen für verschiedene Organe in ähnlicher Weise zur Entfaltung bringe, wie der Klavierspieler auf seinem Instrument die auf einander folgenden Harmonien und Disharmonien eines Musikstückes zum Ausdruck bringt. Derselbe schlägt für jedes a und jeden anderen Ton immer wieder die nämlichen Saiten an. So sind die im Idioplasma neben einander liegenden Gruppen von Micellreihen gleichsam Saiten, von denen jede eine andere elementare Erscheinung darstellt. Wird während der ontogenetischen Entwicklung in irgend einer Zelle Chlorophyll oder vielmehr das Chromogen desselben gebildet, aus dem bei Einwirkung des Lichtes Chlorophyll entsteht, so setzt das dort befindliche Idioplasma die Chlorophyllsaite in Thätigkeit, und ebenso, wenn sich in einer Zelle spiralfaserige oder Tüpfelverdickungen der Membran bilden, die Spiralfaser- oder die Tüpfelsaite.

Ich denke mir also die Merkmale, Organe, Einrichtungen, Functionen, die alle uns nur in sehr zusammengesetzter Form wahrnehmbar sind, im Idioplasma in ihre wirklichen Elemente zerlegt. Das Idioplasma bringt dann die specifische Erscheinung, wie sie jedem Organismus eigenthümlich ist, durch die erforderliche Zusammensetzung jener Elemente zu Stande. Wenn ich aber beispielsweise die Bildung des Chlorophylls, der Spiralfasern und Tüpfel an der Zellwandung als Elemente anführte, so ist dies nur geschehen, um an verständliche Erscheinungen anzuknüpfen. Ich bin mir wohl bewusst, dass die sinnlichen Wahrnehmungen nicht das wirkliche Wesen der Dinge uns berichten, dass dieses, in seine letzten, uns denkbaren Elemente zerlegt, nur in Bewegungen und gegenseitigen Einwirkungen materieller Theilchen besteht, dass daraus materielle Systeme mit eigenthümlichem Gleichgewicht der Theilchen hervorgehen, welches immer wieder gestört einem neuen Gleichgewicht in einem System mit theilweise veränderten Theilchen und anderer Configuration zustrebt.

Ich könnte nun, der wahren Sachlage entsprechend, die uns bekannten Erscheinungen stets in ihre muthmasslichen micellaren, molecularen oder atomistischen Elemente zerlegt, im Idioplasma auftreten lassen. Die Darstellung würde dadurch ebenso schleppend als pedantisch. Ich versetzte daher in symbolischer Weise die Erscheinungen, wie sie zu unserer Kenntniss gelangen, als Elemente in das Idioplasma. Dieses Verfahren werde ich auch in der ganzen folgenden Darstellung befolgen, worauf ich hier noch ausdrücklich aufmerksam mache, damit nicht etwa Missverständnisse stattfinden und aus den angewendeten Symbolen Schlüsse gezogen werden, die ausserhalb meiner Intentionen liegen. Für die ganze Theorie hat ja dieses abgekürzte Verfahren keinen Nachtheil; denn es ist gleichgültig, ob ich beispielsweise in dem vorliegenden Falle sage, das Idioplasma setze die Chlorophyllsaite und die Spiralfasersaite in Thätigkeit, oder es rege alle diejenigen Micellarreihen an, welche den einzelnen molecularen Vorgängen, aus denen die Chlorophyllbildung und die Spiralfaserbildung zusammengesetzt ist, entsprechen.

Uebrigens ist es durchaus nicht nöthig anzunehmen, dass alle molecularen Vorgänge in dem Organismus auch von dem Idioplasma besonders angeregt werden. In vielen Fällen wird sich dieses darauf beschränken, einzelne derselben in Gang zu setzen, worauf dann eine ganze Reihe nothwendig daraus hervorgehender Processe die Folge sein kann. Nur wenn erbliche Verschiedenheiten irgend welcher Art, mögen sie auch noch so geringfügig sein, auftreten, sind wir sicher, dass dieselben in der Configuration des Idioplasmas vorgebildet sein müssen.

Um zu dem Thema, das uns jetzt beschäftigt, zurückzukehren, so müssen also die Längsreihen des Idioplasmas, welche die verschiedenen Anlagen des Querschnittes darstellen, unter einander in dynamischer Verbindung stehen. Dies ist bei der dichten Zusammenordnung derselben leicht begreiflich, und um so anschaulicher, je mehr die Micelle der Längsreihen auch als deutliche Querreihen auftreten, was wohl meistens der Fall sein wird (Fig. 8; in dieser Figur treten die Querreihen weniger anschaulich hervor, als es in Wirklichkeit der Fall sein wird, weil in den Micellen das Maximum der denkbaren Ungleichheit dargestellt ist).

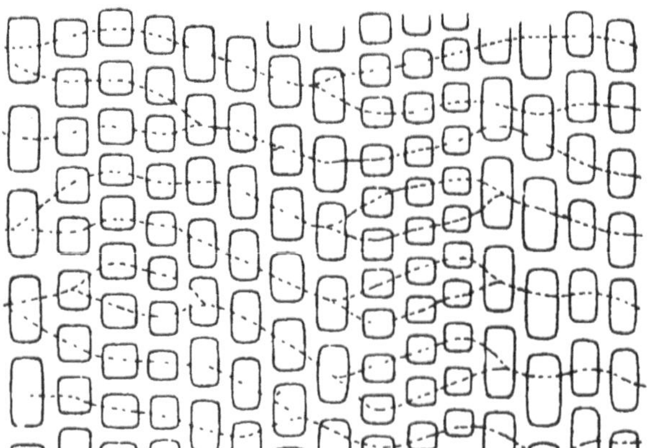

Fig. 8.

In welcher Weise nun die Mittheilung unter den Micellreihen erfolge, ist für die Molecularphysiologie noch ein Geheimniss, wie auch die Leitung durch die Nerven ein Geheimniss ist. Es herrscht aber offenbar einige Analogie zwischen der gegenseitigen Communication unter den Reihen des Idioplasmas und der Communication, welche durch die Nervensubstanz, namentlich des sympathischen

Nerven, erfolgt. Die seitliche Leitung im Idioplasma besteht nur darin, dass die Erregung, in der sich gewisse Gruppen desselben befinden, auf bestimmte andere Reihen sich fortpflanzt, so dass diese im Gegensatz zu allen übrigen ebenfalls activ werden, — ein Zustand, von dem ich nachher sprechen werde.

Wenn ich das Idioplasma mit der Nervensubstanz vergleiche, so soll damit keine nähere Beziehung, sondern nur eine ganz allgemeine Analogie angedeutet werden bezüglich der Leitungsfähigkeit von dynamischen Einwirkungen. Wenn auch unter allen Pflanzensubstanzen einzig das Idioplasma an die Nervensubstanz der Thiere erinnert, so dürfen wir doch keineswegs die Idioplasmastränge die Nerven der Pflanzen nennen, — und zwar schon deswegen nicht, weil die Thiere neben den Nerven die Idioplasmastränge besitzen wie die Pflanzen. Beide Erscheinungen sind überhaupt nicht coordinirte Begriffe; — werden ja die Nerven, wie alle anderen thierischen Organe, bei der ontogenetischen Entwickelung erst durch die Thätigkeit des Idioplasmas hervorgebracht.

Was nun diese Thätigkeit betrifft, so wäre einmal die allgemeine Frage von grossem Interesse, wie das Idioplasma seine Aufgabe, bestimmte Erscheinungen in der Entwicklung des Individuums hervorzubringen, erfüllen könne. Es erzeugt weicheres Ernährungsplasma, oft in tausendfacher Menge, und mit Hilfe desselben bewirkt es die Bildung von nicht albuminartigem Baumaterial, von leimgebenden, elastischen, hornartigen, celluloseartigen Substanzen u. s. w., und es gibt diesem Baumaterial die gewünschte plastische Gestalt. Zu diesem Behufe müssen diejenigen Micellgruppen des Querschnittes (Bündel von Längsreihen), welche activ werden, in einen Zustand besonderer Erregung gerathen, der sie geeignet macht, eine entsprechende Wirkung auf die Umgebung auszuüben. Derselbe ist nicht vorübergehend, wie die Erregung der sensiblen und motorischen Nerven, sondern er dauert längere Zeit an, oft Tage, Wochen und Monate lang, und während dieser Zeit vermehrt sich das in Wirksamkeit befindliche Idioplasma um das Vielfache.

Deshalb habe ich, um diesem Erregungszustande, bis er allenfalls in anderer Weise sich als selbständige Erscheinung rechtfertigen lässt, einen greifbaren Ausdruck zu geben, angenommen, dass die betreffenden Bündel von Micellreihen sich in activem Längenwachsthum befinden, während das übrige Idioplasma, dessen Anlagen latent bleiben, bloss in passiver Weise das Wachsthum mitmachen. Dabei denke ich mir nicht eigentlich, dass das Wachsthum der Micellreihen selbst die Entfaltung der entsprechenden Anlagen bedinge, sondern vielmehr, dass beide Erscheinungen durch die gleiche Ursache hervorgebracht werden. Ausnahmsweise können die beiden Folgen der Erregung auch einzeln sich verwirklichen. Wenn alle Reihen des Idioplasmas sich in sehr schwacher Erregung befinden, so kann dasselbe allein zunehmen, ohne irgend eine Wirkung auszuüben, wie dies wohl bei der Bildung der Keime vorkommt. Wenn dagegen nur ganz wenige Reihen in Erregung gerathen, so vermögen dieselben nicht den ganzen Idioplasmastrang zum Wachsthum zu bringen, wohl aber ihre specifische Wirkung zu bethätigen, wie z. B. beim Wachsthum der Cellulosemembran älterer Pflanzenzellen, insofern dasselbe eine erbliche Erscheinung ist.

Die Wirkung, welche die in activem Wachsthum (resp. in dem besonderen Erregungszustande) befindlichen Idioplasmagruppen auf das umgebende Idioplasma ausüben, kann auf ähnliche Weise erfolgen, wie die Gärungsbewegung von dem Plasma der Hefenzellen auf das Gärmaterial (Zucker etc.) übertragen wird[1]). Wenn die erregten Reihen nicht unmittelbar an der Oberfläche des Querschnittes liegen, so übernimmt die zwischenliegende Substanz des Idioplasmas die Fortpflanzung. Es ist auch möglich, dass die Idioplasmastränge, um leichter auf die Umgebung einwirken zu können, nicht einen rundlichen oder ovalen, sondern mit der Zunahme der Zahl der Anlagen einen mehr und mehr gelappten Querschnitt besitzen, wodurch die Oberfläche stark vergrössert und die einzelnen Anlagen der Oberfläche genähert werden.

Die genaue Wiederholung bei der Fortpflanzung eines mannigfaltig organisirten Wesens, wie es die meisten Pflanzen und Thiere sind, beruht auf der strengen Regelmässigkeit, mit der die zur Entfaltung bestimmten Anlagen während der individuellen Entwicklung einander ablösen. Wenn die ganze ontogenetische Reihenfolge derselben durchlaufen ist, so gehen aus den Zellen der letzten Zellengeneration die Keime hervor: Sporen, Eizellen, Spermatozoide. Bei den meisten Pflanzen wiederholen sich viele Entwicklungsstadien eine begrenzte oder unbegrenzte Zahl von Malen und ziehen dann

[1]) Nägeli, Theorie der Gärung. 1879.

auch die Wiederholung des ganzen Restes der ontogenetischen Reihenfolge nach sich.

Die mechanische Einrichtung, welche die ein bestimmtes Entwicklungsstadium erzeugende Erregung einer Zahl von idioplasmatischen Micellreihen mit Nothwendigkeit in die Erregung der dem folgenden Entwicklungsstadium entsprechenden Reihen hinüberleitet, ist uns nun allerdings unbekannt wie die Natur der Erregung selbst. Wenn wir aber einstweilen das mit derselben gleichzeitig auftretende und wohl auch causal verknüpfte active Wachsthum an die Stelle der Erregung setzen, so kann uns folgende Betrachtung wenigstens ein Bild für die regelmässige Aufeinanderfolge in dem Anlagenchaos des Idioplasmas gewähren.

Sobald die ontogenetische Entwicklung beginnt, so werden die das erste Entwicklungsstadium bewirkenden Micellreihen im Idioplasma thätig. Das active Wachsthum dieser Reihen veranlasst zwar ein passives Wachsthum der übrigen Reihen, und eine Zunahme des ganzen Idioplasmas vielleicht auf ein Mehrfaches. Aber die beiden Wachsthumsintensitäten sind ungleich, und die Folge davon ist eine steigende Spannung, welche nothwendig und je nach Zahl, Anordnung und Energie der activen Reihen, früher oder später die Fortdauer des Processes zur Unmöglichkeit macht. Actives Wachsthum und Erregung gehen nun in Folge der Gleichgewichtsstörung in die nächste Anlagengruppe, welche die als Reiz wirkende Spannung am stärksten empfindet, über, und dieser Wechsel wiederholt sich, bis alle Anlagengruppen durchlaufen sind und die ontogenetische Entwicklung mit dem Stadium der Fortpflanzung auch wieder bei dem ursprünglichen Keimstadium anlangt.

Wenn das active Wachsthum oder die Erregung einer Anlagengruppe ein gleiches actives Wachsthum oder eine gleiche Erregung in der nächstfolgenden Gruppe herbeigeführt hat, so kann die erstere Gruppe mit diesem Uebergange zur Ruhe gelangen, oder sie kann neben ihrem Nachfolger noch längere oder kürzere Zeit thätig bleiben. Ihre Erregung kann selbst eine unbegrenzte Dauer annehmen, wie dies bei der Laubblattsprossbildung vieler Pflanzen der Fall ist.

Um die Erklärung des in Frage stehenden Räthsels in der Abstammungslehre, nämlich der regelmässigen Reihenfolge, mit der die Anlagen sich entfalten, unserer Vorstellung näher zu bringen, ist es auch förderlich, sich an die frühere Bemerkung zu erinnern, dass die Configuration des Idioplasmas mehr eine phylogenetische, als eine geometrische Aufgabe sei. Die Entfaltung der Anlagen hält sich im Grossen und Ganzen an diese phylogenetische Ordnung. Indem der ontogenetisch sich entwickelnde Organismus nach einander die Stadien durchläuft, welche sein phylogenetischer Stamm durchlaufen hat, kommen die idioplasmatischen Anlagen in derjenigen Folge zur Verwirklichung, in der sie entstanden sind. Mit diesem wichtigen Umstande steht ferner der andere, vielleicht nicht minder bemerkenswerthe in Verbindung, dass das Idioplasma bei der ontogenetischen Entwicklung sich successive in anderer morphologischer, theilweise auch in anderer physiologischer Umgebung befindet, und zwar jeweilen in derjenigen Umgebung, welche mit jener analog ist, in der die Anlage, die sich zunächst entfalten soll, entstanden ist. Es ist aber selbstverständlich, dass die Beschaffenheit der umgebenden Substanz nicht ohne Einfluss auf die Entfaltung der idioplasmatischen Anlagen sein kann.

Ein Beispiel wird diesen Gedanken näher darlegen. Es gibt einfach gebaute blattartige Florideen und Fucoideen, die aus mehreren Zellschichten bestehen. Dieselben sind phylogenetisch aus solchen Pflanzen hervorgegangen, die bei ebenfalls blattartiger Gestalt nur eine einzige Zellschicht hatten, und diese aus fadenförmigen Pflanzen, welche einfache Zellreihen (gegliederte Fäden) waren. Ich will diese drei Stufen als einreihige, einschichtige und mehrschichtige unterscheiden. Das Idioplasma der vorweltlichen einreihigen Stufe bereicherte sich durch eine Micellanordnung, welche den Uebergang aus den einreihigen Pflanzen in die einschichtigen verursachte; und das Idioplasma der vorweltlichen einschichtigen Stufe veränderte sich weiter in der Weise, dass der Uebergang in die mehrschichtige Stufe erfolgte. Bei der ontogenetischen Entwicklung der jetzt lebenden mehrschichtigen Pflanzen bildet sich zuerst eine einfache Zellreihe, diese geht in eine einfache Zellschicht und die letztere schliesslich in den mehrschichtigen blattartigen Körper über. Die idioplasmatischen Anlagen entfalten sich also ontogenetisch in der nämlichen Ordnung, in der sie phylogenetisch entstanden sind; und jede Anlage, die sich zur Entfaltung anschickt, befindet sich in derjenigen morphologischen Umgebung, in der sie ursprünglich sich gebildet hat. In dem einreihigen Stadium der Ontogenie gelangt die Anlage der einfachen Zellschicht und in dem einschichtigen Stadium die

Anlage des mehrschichtigen Körpers zur Entfaltung. Würde, was naturgesetzlich ausgeschlossen ist, eine Unordnung in der ontogenetischen Reihenfolge eintreten und die später entstandene Anlage sich früher entfalten, so ginge die einfache Zellreihe durch Dickenwachsthum zuerst in einen fadenförmigen Zellkörper und dieser durch Breitenwachsthum in die blattartige Form über.

Um ein anschauliches Bild von dem Wechsel in der Wirksamkeit des Idioplasmas bei complicirten Erscheinungen zu geben, will ich noch einen concreten Fall herausgreifen. Die Blattbildung an einer beliebigen Pflanze verändert sich stetig von dem ersten Niederblatt bis zum letzten Blatt der Blüthe, und zwar geschieht dies in einer für die Sippe genau bestimmten Weise. Wir können diesen Wechsel durch eine Curve darstellen, wobei die Abscisse den Stengel in Zellgenerationen ausgedrückt oder die Zeit, welche er zu seiner Entwicklung bedarf, bezeichnet, die Ordinaten aber den auf einander folgenden Blättern entsprechen. Die Ordinate ist hier ein zusammengesetzter Ausdruck, eine bestimmte Combination aller zur Blattbildung zusammenwirkenden Elemente. Jede Sippe hat ihre specifische Curve der Blattbildung. Jedes Individuum einer Sippe verwirklicht Ordinaten ihrer Curve; aber für jedes Individuum ist die Zahl und die Lage der Ordinaten eine andere.

Die Curve der Blattbildung ist also kein mathematischer Begriff, sondern ein Symbol für die Gesammtheit vieler mathematischer Curven, indem jedes an der Blattbildung betheiligte Element seine besondere Curve hat. Es sind eine Menge von Längsreihen des Idioplasmas in der Weise activ, dass in jeder die Erregung zu einer ihr eigenthümlichen Zeit beginnt, dann in eigenthümlicher Weise an Intensität zu- und abnimmt und schliesslich zu einer ihr eigenthümlichen Zeit erlischt. So ist also nach jedem Zeitintervall die Combination aller bei der Blattbildung thätigen Micellreihen eine etwas andere, und diese Combinationen stellen die Ordinaten der Blattcurve dar.

Die Blattbildung erfolgt absatzweise; sie gehört zu denjenigen Entwicklungsprocessen, welche nicht continuirlich, sondern periodisch vor sich gehen, obgleich die entsprechenden Veränderungen im Idioplasma continuirlich sind. Wenn in einem bestimmten Zeitmoment, also aus einer bestimmten Ordinate, die Bildung eines Blattes erfolgt, so ist die Curve erst nach einiger Zeit wieder im Stande ein neues Blatt hervorzubringen. Wir könnten uns dies einfach in der Art vorstellen, dass das entstehende Blatt die verfügbare Nährsubstanz absorbirt, und dass erst nach einiger Zeit oder räumlich aufgefasst in einiger Entfernung am Stengel wieder eine hinreichende Menge Substanz zur Bildung eines Blattes verfügbar wird. Richtiger aber wird die Vorstellung, wenn wir die Blattbildung mit der Zelltheilung am wachsenden Stengelscheitel in Verbindung bringen, so dass nur aus bestimmten Zellen Blätter entstehen können, wie beispielsweise bei den Moosen aus jeder Segmentzelle des Stengels die erste Zelle für ein Blatt erzeugt wird.

Die Blattbildung an einer Pflanze beginnt damit, dass eine der unendlich vielen Ordinaten der Blattcurve, deren Bestimmung von allen mitwirkenden Umständen abhängt, sich als Blatt verwirklicht. Von dem Einflusse, den die Bildung des ersten Blattes weiter ausübt, und von den übrigen Verhältnissen der jeweiligen Entwicklungszustände hängt es dann ab, welche von den späteren Ordinaten sich als zweites Blatt verwirkliche, und so geht es fort bis zur Bildung des letzten Blattes. Es ist sonach begreiflich, dass in jedem Individuum der nämlichen Sippe die Reihe der Blätter, abgesehen von den Verschiedenheiten, die von den Ernährungseinflüssen bedingt werden, einen etwas anderen Verlauf und ein etwas verschiedenes Aussehen zeigt, obgleich die zu Grunde liegenden idioplasmatischen Eigenthümlichkeiten vollkommen identisch sind.

Ich habe in der vorstehenden Auseinandersetzung zeigen wollen, wie man sich allenfalls die ontogenetische Entwicklungsfolge und die Folge der sie bedingenden Erregungen in den Idioplasmagruppen schon jetzt als einen regelmässigen und nothwendig verlaufenden Process vorstellen kann, ohne dass ich mit dieser Hypothese einer künftigen besseren — Opposition machen möchte. Die genannten Erregungen, welche die Wirksamkeit des Idioplasmas in jedem Augenblick auf die chemischen und plastischen Vorgänge seiner nächsten Umgebung bedingen, sind aber selbstverständlich nichts anderes als die Spannungs- und Bewegungszustände seiner Micelle, — und auf diese wirkt nothwendig die Beschaffenheit der Umgebung ein. Es kann uns deswegen nicht überraschen, dass das Idioplasma in einer Wurzel in anderer Weise beeinflusst ist als in einem Stengel oder in einem Blatt, und dass dasselbe an diesen drei verschiedenen Orten, obgleich materiell ganz dasselbe, doch ungleiche Anlagen, wiewohl in der gesetzlichen Reihenfolge, zur Entfaltung bringt. Wir begreifen auch, dass die Ernährungsursachen, allgemein genommen, obgleich sie, wie ich später zeigen werde, das Idioplasma qualitativ nicht verändern, doch auf die Entfaltung der Anlagen einwirken können, dass nach Quantität und Qualität der Nahrung einerseits Anlagen zur Entfaltung kommen, die sonst latent bleiben, andrerseits die Entwicklung von Anlagen, die normal eintreten sollte, verhindert wird.

Das Idioplasma behält, indem es sich vermehrt, überall im Organismus seine specifische Beschaffenheit und wechselt innerhalb dieses festen Rahmens bloss seine Spannungs- und Bewegungszustände und durch dieselben die nach Zeit und Ort möglichen Formen des Wachsthums und der Wirksamkeit. Daraus folgt, dass, wenn in irgend einem ontogenetischen Entwicklungsstadium und an irgend einer Stelle des Organismus eine Zelle sich als Keim ablöst, dieselbe alle erblichen Anlagen des elterlichen Individuums enthält, und dass bloss nach den verschiedenen Spannungs- und Bewegungszuständen, in denen sich das Idioplasma befindet, die ontogenetische Entwicklung aus solchen Zellen in etwas ungleicher Weise beginnt.

Im Keimstadium kehrt das Idioplasma nach der ganzen Reihe von Veränderungen seiner Spannungs- und Bewegungszustände, die es während der individuellen Entwicklungsgeschichte durchgemacht hat, wieder zu seiner ursprünglichen Beschaffenheit zurück. Die Rückkehr wäre vollkommen genau, wenn die specifischen Eigenschaften absolut constant blieben, wenn nicht eine langsame phylogenetische Umbildung stattfände. Befindet sich aber die Generationenreihe eines Organismus, wie ich eingangs erwähnte, in einem steten Fortschritt, so hat daran jedes einzelne Individuum seinen Theil, und das Idioplasma gelangt im Keimstadium nur nahezu, nicht ganz genau in den früheren Zustand. Die geringe Verschiedenheit zwischen den Keimen der Eltern und der Kinder gibt uns das Maass für die Umwandlung, welche das Idioplasma während der Dauer einer Generation erfahren hat.

Würde absolut keine Umwandlung stattfinden, so behielten die idioplasmatischen Micellreihen ihre ursprüngliche Zahl und Anordnung. Ist sie aber vorhanden, so wird da und dort eine Reihe verstärkt oder eine neue Reihe eingeschoben oder der Zusammenhang gewisser Reihen fester gefügt, wodurch sich die Configuration des Querschnittes etwas verändert. Die eingeschobene, die verstärkte, die fester verbundene Reihe bedeutet die Weiterbildung einer begonnenen Anlage oder den Anfang einer neuen. Diese geringen Veränderungen im Idioplasma können lange Zeiträume fortdauern, ohne dass deswegen die sichtbaren Merkmale irgend eine Modification erfahren.

Rücksichtlich der phylogenetischen Veränderungen des Idioplasmas liegt nun eine wichtige Frage vor, nämlich wie wir uns die Mittheilung der an bestimmten Stellen im Organismus neu gewonnenen Eigenschaften an das Idioplasma der Keime zu denken haben. Die Ursachen der Veränderung sind, wie wir später sehen werden, doppelter Art, es sind theils innere Ursachen, theils äussere Einflüsse. Die inneren Ursachen mögen das Idioplasma überall gleichmässig treffen, da sie wesentlich in ihm selber liegen; und es besteht somit die Möglichkeit, dass das Idioplasma sich überall im Organismus in gleicher Weise umbilde.

Die äusseren Einflüsse dagegen werden in der Regel local auf den Organismus einwirken, und sie müssen, damit die Wirkung beständig und erblich werde, direct oder indirect eine Umbildung des dort befindlichen Idioplasmas hervorbringen.

Wenn ein in eine kurze Spitze oder in ein Blättchen ausgehendes Blatt sich in ein solches mit einer langen ästigen Wickelranke, wie es bei Erbsen, Wicken, Linsen u. s. w. vorkommt, umwandelt, so wird von den äusseren als Reiz wirkenden Einflüssen, ausser der genannten localen Veränderung auch eine derselben entsprechende locale Veränderung des Idioplasmas hervorgebracht. Die nämliche Veränderung muss aber auch im Idioplasma des bei der Fortpflanzung entstehenden Keimes stattfinden, sonst wäre die gewonnene Anpassung für die folgenden Generationen verloren. Sie muss also von dem Blatte aus dem unbefruchteten Keimbläschen oder dem Pollenkorn oder eher beiden zugleich mitgetheilt werden.

Findet eine Umwandlung in den Samenlappen statt (die Cotyledonen der einen Pflanzen bleiben unverändert unter der Erde, bei anderen Pflanzen erheben sich dieselben in Folge starken Wachsthums über die Erde, werden blattartig und grün), so muss die stattgefundene Umwandlung des Idioplasmas in den Stengel und von da höher und höher und zuletzt in die Blüthen überliefert werden. An dieses Ziel gelangt sie, wenn die Pflanzen spät zur Fruchtbildung kommen, zuweilen erst viele Jahre nachdem die Samenlappen verschwunden sind.

Geht eine erbliche Umbildung in einem localen Theil einer Pflanze vor sich, welche sich auf geschlechtslosem Wege fortpflanzt, so muss die Fortleitung der idioplasmatischen Umstimmung andere Wege einschlagen. In dem Falle, dass die Vermehrung durch unterirdische Knollen erfolgt, wie bei den Kartoffeln, wird eine in den Blättern eintretende Veränderung abwärts in die Wurzelregion, im Falle der Vermehrung durch die grünen Blätter wird eine in den Wurzeln stattfindende Umänderung aufwärts in die Laubblattregion übermittelt. Da nun die ungeschlechtliche Vermehrung in allen Theilen der Pflanze erfolgen kann und da sie auch neben der geschlechtlichen Fortpflanzung thätig ist, so muss man wohl den Schluss ziehen, dass, wenn äussere Einflüsse auf einen localen Theil einwirken und denselben dauernd umwandeln, von da die Mittheilung an das Idioplasma im ganzen Pflanzenstock stattfinde.

Die Frage ist also: In welcher Weise vermag eine Veränderung, die das Idioplasma an einer beliebigen Stelle des Organismus erfährt, die nämliche Veränderung im Idioplasma des übrigen Organismus zu verursachen? Für das Pflanzenreich ist die Beantwortung dieser Frage mit nicht geringen Schwierigkeiten verbunden. Sie wird aber dadurch vereinfacht, dass die Möglichkeiten klar vorliegen. Es sind nur zwei: Entweder geschieht die Mittheilung der idioplastischen Eigenschaften auf materiellem oder auf dynamischem Wege.

Im ersteren Falle muss Substanz, in welcher die neuen erblichen Eigenschaften enthalten sind, nach allen Theilen des Organismus wandern und durch Vermischung überall eine entsprechende Umbildung des Idioplasmas hervorbringen. Eine solche Substanz kann nicht gelöst sein; sie muss also selber aus Idioplasma bestehen. Jener Forderung widerspricht nun der als allgemein gültig angesehene Satz der Pflanzenphysiologie, dass von den Zellen bloss gelöste Stoffe aufgenommen und ausgeschieden werden; und dass unter den gelösten Stoffen selber es nur die Molecularlösungen seien, welche ungehindert durch die Membran gehen, während die micellaren (colloiden) Lösungen entweder gar nicht oder in sehr beschränktem Maasse dies zu thun vermögen.

Bei einer früheren Gelegenheit habe ich gezeigt[1]), dass unter bestimmten Umständen auch Micellarlösungen mit Leichtigkeit diosmiren und dass mit Rücksicht auf diesen Umstand eine bestimmte Structur der Pflanzenzellmembran anzunehmen ist. Ausser den gewöhnlichen Micellarinterstitien müssen nämlich noch besondere Canälchen von solcher Weite, dass Eiweissmicelle mit dem nöthigen Wasser frei circuliren können, die Membran durchsetzen, so dass die letztere, bei hinreichend starker Vergrösserung von der Fläche betrachtet, das Aussehen eines feinen Siebes gewähren würde.

Solche Canälchen, wie sie die Diosmose von Albuminaten bedarf, würden aber für den Transport von Idioplasma lange nicht ausreichen; denn da die Eigenthümlichkeit des Idioplasmas in der Configuration eines ganzen micellösen Systems besteht, so müssten grössere Partien transportirt werden, und zwar, wenn meine Annahme von der strangförmigen Beschaffenheit gegründet ist, Strangstücke, die sich abgelöst haben. Für diesen Zweck müsste jede Zelle noch einige grössere Oeffnungen in der Membran besitzen, — Löcher, welche sich zwar immer noch der mikroskopischen Wahrnehmung entzögen, die aber doch so weit wären, um die strangförmigen Idioplasmakörper durchtreten zu lassen. Eine solche Annahme, wenn sie auch für die Lehre neu und ungewohnt ist, hat doch nichts Unwahrscheinliches, da die Siebröhren nicht bloss in Folge der siebartigen Durchbrechungen ihrer Scheidewände ununterbrochene Canäle darstellen, welche durch die ganze Pflanze verlaufen, sondern auch an ihren Seitenwänden durch feine Poren mit den angrenzenden Zellen in Verbindung stehen, und da solche Poren von noch grösserer Feinheit zuweilen auch zwischen den übrigen Parenchymzellen sich nachweisen lassen.

Wir könnten uns also eine Mittheilung der idioplastischen Eigenschaften auf materiellem Wege folgendermaassen denken. Alle Zellen communiciren durch sehr feine Poren unter einander und mit den nächsten Siebröhren, wobei die Poren nach den letzteren hin an Grösse zunehmen. Die Siebröhren aber, welche durch den ganzen Pflanzenstock ununterbrochene Canäle mit ziemlich grossen Durchbrechungen der Scheidewände darstellen, vermitteln den Austausch zwischen den verschiedensten und entlegensten Organen.

[1]) Theorie der Gärung. Anmerkung betr. die Molekülvereinigungen.

Damit wäre auch die bis jetzt räthselhafte Function der Siebröhren aufgefunden. Sie sind dann die Sammelstellen für das Idioplasma aus dem Gewebe; in ihnen mischt sich das Idioplasma der verschiedenen Regionen des Pflanzenstockes, und von ihnen aus verbreitet sich das gemischte Idioplasma wieder in die einzelnen Gewebezellen. — Was aber diese Mischung von verschiedenartigem Idioplasma betrifft, welche ebenfalls als ein materieller Act aufzufassen wäre, so verweise ich auf die Betrachtung, die ich in einem späteren Abschnitt über die molecularen Vorgänge bei der mit der Befruchtung verbundenen Mischung des männlichen und weiblichen Idioplasmas anstellen werde.

Es ist aber auch noch die Frage zu erörtern, ob die Mittheilung der in einem Organ entstandenen idioplastischen Eigenschaften an die übrigen Pflanzentheile nicht auf dynamischem Wege, also ohne Stoffwanderung erfolgen könne. In dieser Beziehung gibt es zwei mögliche Fälle, je nachdem wir das Pflanzengewebe in der hergebrachten Weise aus geschlossenen Zellen zusammengesetzt annehmen, oder, wie ich es soeben als denkbaren Fall hingestellt habe, die Zellhöhlungen in der Pflanze alle unter einander communiciren lassen.

Wenn nach gewöhnlicher Anschauung die Zellen wenigstens zum weitaus grössten Theil geschlossene Blasen sind, so dass ihr Idioplasma durch Cellulosewände getrennt ist, müsste die dynamische Einwirkung wohl in folgender Weise gedacht werden. Jede eigenthümliche Anordnung von Micellen, besonders wenn eine eigenthümliche chemische Beschaffenheit hinzukommt, hat ihre eigenartigen Bewegungszustände und ihre eigenartigen (anziehenden und abstossenden) Kräfte, mit denen sie auf die nächstliegende Substanz einwirkt. Wir könnten uns nun denken, dass die idioplastischen Eigenschaften in dieser Weise von Zelle zu Zelle durch die Membranen hindurch mitgetheilt würden und uns dabei an die Fortpflanzung von molecularen und micellaren Schwingungszuständen erinnern, welche von dem Plasma einer Hefenzelle auf das Gärmaterial bis auf einige Entfernung erfolgt.

Dazu wäre einmal erforderlich, dass die Zellmembranen kein Hinderniss für die Uebertragung von Bewegungszuständen von Zelle zu Zelle darböten. Ferner wäre wohl zu berücksichtigen, dass die Uebertragung von Bewegungszuständen nicht unmittelbar eine

Anordnung zu verändern im Stande ist, sondern nur insofern als die Vermehrung des Idioplasmas unter dem Einflusse der fremden Bewegungszustände eine andere und denselben analoge Form annimmt. Diese Theorie möchte ich für ganz unwahrscheinlich halten, denn wenn auch die imbibirte Zellmembran gewisse Schwingungen fortzupflanzen vermag wie bei der Gärung, so ist sie doch offenbar nicht dazu eingerichtet, die complicirten und qualitativ verschiedenen idioplasmatischen Bewegungszustände zu übermitteln, so wenig als ein Muskel oder eine Sehne als Element in die Nervenleitung einzutreten vermag.

Wenn dagegen nach meiner Anschauung alle Pflanzenzellen unter einander durch feine Poren communiciren, so gestaltet sich die dynamische Uebertragung der Idioplasmazustände viel natürlicher und annehmbarer. Diese Poren enthalten dann ausser Ernährungsplasma besonders auch Idioplasma, so dass das letztere durch den ganzen Pflanzenorganismus ein zusammenhängendes System bildet. Am einfachsten wird die Vorstellung von der dynamischen Mittheilung, wenn die Idioplasmastränge ununterbrochen durch den ganzen Organismus verlaufen, in analoger Weise, wie dies mit den Nerven der Fall ist. Aber auch wenn das Idioplasma aus kurzen, an einander gereihten Strangstücken besteht, stösst die Mittheilung in die Ferne auf keine erheblichen Schwierigkeiten. Dann sind innerhalb der Zelle die selbständigen strangförmigen Idioplasmakörper netzartig zusammengefügt, und mit dem Inhalte der angrenzenden Zellen ist dieses Netz durch Ketten, welche die Porencanäle durchsetzten, verbunden. Wie nun eine dynamische Leitung zwischen den Micellreihen des nämlichen Idioplasmakörpers besteht, welche die zur Entfaltung der Anlage nothwendige Erregung mittheilt, so ist auch eine Fortleitung durch Körper, welche sich berühren, denkbar.

Allerdings handelt es sich, behufs Uebertragung einer local vorhandenen Anlage auf ein davon entferntes Idioplasma, nicht bloss darum, eine einzelne Erregung, sondern vielmehr eine Summe verschiedener Erregungen zu übermitteln, welche einen qualitativ bestimmten Vorgang zu veranlassen im Stande ist. Wir können als Analogie an die Bewegung denken, welche die Sinneseindrücke und die Willensäusserungen in den Nerven fortpflanzt. Wenn die organisirten Albuminate die mannigfaltigsten Wahrnehmungen fremder

Dinge in den feinsten Abstufungen zum Centralorgan des Nervensystems leiten, daselbst ein genau übereinstimmendes Bild erzeugen und in Folge davon entsprechende Bewegungen veranlassen, so möchte die Annahme nicht ferne liegen, dass die zum Idioplasma organisirten Eiweisskörper ein Bild ihrer eigenen localen Veränderung nach anderen Stellen im Organismus führen und dort eine mit dem Bilde übereinstimmende Veränderung bewirken.

Diese Theorie der dynamischen Mittheilung scheint mir die vorliegende Frage in der einfachsten Weise zu lösen. Das Idioplasma aller Zellen einer Pflanze befindet sich in unmittelbarer gegenseitiger Berührung. Jede Veränderung, die es an irgend einer Stelle erfährt, wird überall wahrgenommen und in entsprechender Weise verwerthet. Wir müssen sogar annehmen, dass schon der Reiz, der local einwirkt, sofort überall hin telegraphirt werde, und überall die gleiche Wirkung habe; denn es findet eine stete Ausgleichung der idioplasmatischen Spannungs- und Bewegungszustände statt. Diese fortwährende und allseitige Fühlung, welche das Idioplasma unterhält, erklärt den sonst auffallenden Umstand, dass dasselbe trotz der so ungleichartigen Ernährungs- und Reizeinflüsse, denen es in den verschiedenen Theilen eines Organismus ausgesetzt ist, doch sich überall vollkommen gleich entwickelt und gleich verändert, wie wir namentlich aus dem Umstande ersehen, dass die Zellen der Wurzel, des Stammes und des Blattes ganz dieselben Individuen hervorbringen.

Das idioplasmatische System der Pflanzen, das auch die Thiere in der nämlichen Weise besitzen, wäre somit in manchen Beziehungen dem Nervensystem analog. Es wäre, um mich so auszudrücken, ein System dynamischer Leitungen in einer einfacheren und mehr materiellen Sphäre, während die Nervensubstanz ein solches Leitungssystem in einer complicirteren und mehr geistigen Sphäre darstellt. Es ist selbst nicht unwahrscheinlich, dass zwischen beiden ein phylogenetischer Zusammenhang besteht, dass im Thierreich die eine Hälfte des idioplasmatischen Systems nach und nach zum Nervensystem geworden ist.

Welche von den beiden Theorien, die ich betreffend die idioplasmatische Leitung und Mittheilung entwickelt habe, die richtige, ob der Vorgang ein materieller oder ein dynamischer sei, lässt sich bei der noch so geringen Kenntniss des Idioplasmas nicht entscheiden. Insofern es sich um das Pflanzenreich handelt, möchte man vielleicht eher geneigt sein, eine materielle Communication anzunehmen. Diese aber befindet sich, wenn auch der Transport leicht verständlich ist, doch bezüglich des Hauptpunktes, der noch nicht besprochen wurde, nämlich bezüglich der Ausgleichung zwischen den ungleich veränderten Partien in entschiedenem Nachtheil. Wäre das Idioplasma eine halbflüssige Substanz mit beweglichen Micellen, so könnte allerdings leicht eine Vermischung stattfinden. Da dasselbe aber aus einer ziemlich festen Vereinigung von Micellen bestehen muss, so ergeben sich für die gegenseitige Durchdringung die grössten Schwierigkeiten.

Wir haben zwar bei der Befruchtung ebenfalls eine materielle Vereinigung von männlichem und weiblichem Idioplasma, und es lässt sich dort der materielle Vorgang zur Noth bis zur Nebeneinanderlagerung je eines Micells von männlichem und eines solchen von weiblichem Ursprung durchführen, wie ich später bei der Besprechung der Kreuzung und der mit ihr verbundenen molecularen Vorgänge zeigen werde. Dort wird die Annahme der materiellen Vermischung durch die quantitative Gleichheit der beiden geschlechtlichen Idioplasmen erleichtert, obgleich wahrscheinlicher Weise auch bei der Befruchtung der materielle Vorgang nicht mehr bedeutet, als dass das männliche mit dem weiblichen Idioplasma zusammen kommt, worauf dann die gegenseitige Beeinflussung auf dynamischem Wege erfolgen dürfte. Indem ich auf diese Auseinandersetzung verweise, schliesse ich mit der Bemerkung, dass, wenn auch das Idioplasma in den Organismen wandern und sich materiell vermengen sollte, die Ausgleichung zwischen den verschiedenartig umgebildeten Partien doch wahrscheinlich auf dynamischem Wege geschehen wird.

Ich will schliesslich noch die Frage besprechen, wie sich die Eigenschaften, die dem Idioplasma zugeschrieben wurden, zu der Zahl und Grösse der Moleküle und Micelle verhalten. Es könnten vielleicht Zweifel sich erheben, ob die männlichen Elementarorgane, die theilweise zu den kleinsten mikroskopischen Objecten gehören, in ihrer Substanz so viele Idioplasmamicelle besitzen, wie es die Theorie voraussetzt. Denn eine grosse Menge von Anlagen verlangt eine sehr complicirte Anordnung und diese lässt sich nur durch eine grosse Menge kleinster Theilchen herstellen, — und wenn ferner auch von sehr kleinen Spermatozoiden eine Mehrzahl zur Befruchtung verwendet wird, so muss doch jedes derselben die Gesammtheit der Anlagen und somit auch eine vollständige idioplasmatische Anordnung von Micellen enthalten.

Früher waren unsere Vorstellungen über die Grösse der Moleküle und Micelle bloss durch eine obere Grenze bestimmt; man wusste aus verschiedenen Thatsachen, dass sie ein gewisses Maass nicht erreichten; unterhalb dieses Maasses aber war der Hypothese jede Kleinheit gestattet. In neuerer Zeit wurde die absolute Grösse der Moleküle in verschiedener Weise direct bestimmt. Namentlich verdanken wir der mechanischen Gastheorie die Berechnung, wie viel Gasmoleküle bei bestimmter Temperatur und unter bestimmtem Druck in einem Gasvolumen enthalten sind.

Aus der Zahl der Moleküle, die in einem bestimmten Gasvolumen sich befinden, und aus dem specifischen Gewicht dieses Gases berechnet sich das absolute Gewicht eines Moleküls und daraus das absolute Gewicht der Moleküle aller anderen bekannten Verbindungen. Aus dem absoluten Moleculargewicht und dem specifischen Gewicht eines flüssigen oder festen Körpers berechnet sich ferner der Raum, den ein Molekül sammt seiner Wirkungssphäre in diesem Körper einnimmt, oder das absolute Molecularvolumen.

Da in 1^{ccm} unter dem Drucke einer Atmosphäre und bei 0 Grad sich 21 Trillionen Gasmoleküle befinden, so wiegt beispielsweise ein Wassermolekül den trillionsten Theil von $0{,}04^{mg}$, und es nimmt dasselbe im tropfbar flüssigen Zustande den trillionsten Theil von $0{,}04^{cmm}$ (den millionsten Theil von $0{,}00004^{cmik}$) ein. Ferner gehen auf die Länge von 1^{mm} 3 Millionen und auf die dem Mikroskopiker wohlbekannte Länge von 1^{mik}[1]) 3000 Wassermoleküle.

Um nun die Zahl der Micelle zu bestimmen, die auf dem Querschnitt eines Idioplasmastranges von gegebener Grösse befindlich sind, müssten wir das Verhältniss von Substanz und Wasser, die Zahl der Eiweissmoleküle, die zu einem Micell zusammentreten, und die Grösse der Eiweissmoleküle kennen. Was den letzteren Punkt betrifft, so ist die Chemie trotz aller Anstrengungen, die sie in dieser Beziehung gemacht hat, noch zu keinem Resultat gelangt. Da jedoch

---

[1]) mik = Mikromillimeter = $0{,}001^{mm}$.

die Lösung der chemischen Eiweissfrage für die Function des Idioplasmas von entscheidender Bedeutung ist, so erlaube ich mir bezüglich derselben einige Bemerkungen vom molecularphysiologischen Standpunkt aus.

Die Albuminate kommen, wie die Stärke und Cellulose, nur im festen Zustande und in Micellarlösungen vor. Letztere aber sind nur scheinbare Lösungen, weil die in der Flüssigkeit vertheilten Micelle krystallinische Zusammenhäufungen von Molekülen sind. Die Micelle bestehen ferner möglicherweise nicht bloss aus den Molekülen einer und derselben Verbindung; es dürften wohl mehrere Verbindungen in ihnen gemengt und auch andere, namentlich unorganische Stoffe gleichsam als Verunreinigungen mit in das krystallinische Micell eingetreten sein oder sich an seiner Oberfläche fest angelagert haben. Endlich sind die Micelle von sehr ungleicher Grösse. Durch diese verschiedenen Umstände werden die mannigfaltigen physikalischen und chemischen Eigenschaften, namentlich auch die verschiedenen Zersetzungsproducte bedingt. Es ist unmöglich eine chemisch reine Substanz herzustellen, weil die Albuminatmicelle in keinem Medium in ihre Moleküle zerfallen.

In den genannten Beziehungen verhalten sich die Albuminate ähnlich wie die Cellulose, die ebenfalls in einer unendlichen Zahl von Abstufungen vorkommt. Das Cellulosemolekül ist zwar überall das nämliche; aber es bildet Micelle von verschiedener Form und Grösse und mit verschiedenen organischen und unorganischen Anlagerungen, daher auch Substanzen mit verschiedenem Wassergehalt, von verschiedener Härte und Elasticität, mit verschiedener Widerstandsfähigkeit gegen chemische Mittel, welche von der Löslichkeit in Wasser bis zur Unlöslichkeit in Schwefelsäure variirt u. s. w.

Währenddem den verschiedenen Celluloseformen das nämliche Cellulosemolekül zu Grunde zu liegen scheint, möchte ich es dagegen für äusserst wahrscheinlich halten, dass es verschiedene Eiweissmoleküle gebe, die durch den ungleichen Wasserstoff- und Sauerstoffgehalt und namentlich dadurch von einander abweichen, dass die einen schwefelhaltig, die andern schwefelfrei sind. Nicht zwei Analysen von Albuminaten sind gleich: der Stickstoffgehalt variirt von 15 bis 17 %, der Schwefelgehalt von 0,9 bis 1,7 % und zwar in allen möglichen Abstufungen; überdem finden sich wechselnde Mengen von Phosphor, Magnesia und Kalk.

Diese Ergebnisse der chemischen Analyse erklären sich in der einfachsten und befriedigendsten Weise, wenn wir annehmen, dass die Micelle der Albuminate aus einem Gemenge von zwei oder mehreren verschiedenartigen Eiweissmolekülen, mit mehr oder weniger H und O, mit oder ohne S, bestehen. In jedem Albuminat wären die verschiedenartigen Eiweissmoleküle in eigenthümlichen Verhältnissen gemengt; in jedem wären ferner eigenthümliche Mengen von Phosphaten, von Magnesia- und Kalksalzen und vielleicht auch noch verschiedene organische Verbindungen in untergeordneten Mengen enthalten.

Unabhängig von der eben besprochenen Frage ist die betreffend die Grösse der Eiweissmoleküle. Die jetzige Chemie gibt denselben, um die verschiedenen Zersetzungsproducte aus der chemischen Formel herleiten zu können, vermuthungsweise eine sehr hohe Zusammensetzung. Die Formel soll zum mindesten C72 H106 N18 SO22 enthalten; es wird selbst, behufs Polymerisation, das Mehrfache dieses Ausdruckes angenommen. Die Frage ist von hoher Bedeutung für die Molecularphysiologie, welche in mehr als einer Beziehung die möglichste Kleinheit des Eiweissmoleküls und der Albuminatmicelle verlangt.

Für die Ernährungsphysiologie im Anschluss an die Gärungsphysiologie sind kleine Moleküle und Micelle erwünscht, weil die katalytische Wirkung der Albuminate, auf der wesentlich die chemischen Lebenserscheinungen beruhen, von den Schwingungen der Micelle, Moleküle und ihrer Theile abhängt, und weil diese Schwingungen mit zunehmender Grösse der schwingenden Systeme langsamer und somit unwirksamer werden.

Für die Physiologie des Idioplasmas ist die Kleinheit der Micelle und somit auch der Eiweissmoleküle eine nothwendige Bedingung, weil eine grosse Mannigfaltigkeit und Complicirtheit der Anordnung auf einem beschränkten Raum nur durch eine grosse Zahl der Micelle erreichbar erscheint.

Diesen Anforderungen der Physiologie würde am besten durch die Annahme ein Genüge geleistet, dass die hypothetische Formel der Chemiker mit 72 oder mehr Atomen Kohlenstoff nicht das Eiweissmolekül, sondern ein aus mehreren Molekülen mit je 24 oder 12 Atomen C krystallinisch gebautes Micell darstelle. Es könnten beispielsweise die verschiedenartigen Moleküle aus 12 C, 3 N mit oder ohne S und aus ungleichen Mengen H und O zusammengesetzt sein. Die verschiedenen Zersetzungsproducte würden sich durch Umlagerung der Atome bilden, wie dies auch beim Zucker und anderen organischen Verbindungen der Fall ist. — Solche Micelle mit 72 C wären die kleinsten in den plasmatischen Substanzen vorkommenden. Andere können immerhin, indem zahlreichere Atome sich zusammenlagern, jede beträchtlichere Grösse besitzen. In dieser Beziehung werden sich die verschiedenen Plasmasubstanzen und ihre verschiedenen Zustände sehr ungleich verhalten.

Ebensowenig wie über die Grösse der Plasmamicelle wissen wir irgend etwas Bestimmtes über die Menge des sie trennenden Wassers. Wir kennen zwar annähernd den Wassergehalt verschiedener plasmatischer Substanzen. Aber das Wasser in denselben wird aus verschiedenen Gründen sehr ungleichartig vertheilt sein, besonders weil die Substanz der Micelle eine ungleiche chemische Zusammensetzung und deswegen auch eine ungleich grosse Anziehung zu Wasser besitzt, und ferner weil die Micelle sehr häufig keine regelmässige Anordnung haben.

Das thierische Sperma enthält 20 % Trockensubstanz, also 80 % Wasser. Die Idioplasmastränge sind aber möglicher Weise ziemlich weniger wasserhaltig. Die regelmässige Anordnung ihrer Micelle und der feste Zusammenhang derselben sprechen für einen möglichst hohen Substanzgehalt, den wir auch schon deswegen anzunehmen geneigt sind, um eine grössere Zahl von Micellen für die Idioplasmastränge zu erhalten. Die geringste zulässige Wassermenge des imbibirten Zustandes ist aber wohl die, dass jedes Micell mit einer einfachen Schicht von Wassermolekülen benetzt ist, so dass also zwischen je zwei Micellen, deren Gestalt, da sie in Reihen stehen, prismatisch[1]) zu denken ist, wenigstens zwei Schichten von Wassermolekülen sich befinden. Daneben müssen dann aber noch weitere Canälchen das Idioplasma durchziehen, welche den Eintritt der Nährstoffe sowie auch den Austritt von Stoffen möglich machen.

Unter den gemachten Voraussetzungen können wir uns nun eine Vorstellung von den absoluten Dimensionen in der Structur des Idioplasmas machen. Ich gehe von dem materiellen System,

---

[1]) Die Gründe, warum die Micelle polyedrisch oder prismatisch sein müssen und nicht rundlich oder cylindrisch sein können, habe ich anderwärts für die Stärke angegeben; sie gelten auch für das Idioplasma.

bestehend aus C 72 H 106 N 18 S O 22, das man gewöhnlich als das Eiweissmolekül bezeichnet, das ich nun aber vorläufig als das kleinste Plasmamicell betrachten will, aus. Das absolute Gewicht desselben beträgt den trillionsten Theil von 3,53 mg. Das specifische Gewicht des trockenen Eiweisses ist 1,344. Daraus folgt, dass 1 ccm desselben nahezu 400 Trillionen, 1 cmik nahezu 400 Millionen Micelle enthält.

Hieraus dürfen wir aber nicht ohne weiteres das Volumen des Micells berechnen. In dem trockenen Eiweiss als einer organisirten Substanz müssen sich nämlich, wenn auch noch so kleine, leere Zwischenräume zwischen den Micellen befinden. Das krystallisirte Eiweiss würde daher ein grösseres specifisches Gewicht als 1,344 haben. Wir dürfen dasselbe wohl auf 1,7 anschlagen. Aus diesem amendirten specifischen Gewicht berechnet sich das Volumen des Micells mit 72 C zu 2,1 Trilliontel von 1 cmm oder zu 0,0000000021 cmik.

Bezüglich der Grösse der strangförmigen Idioplasmakörper, die uns unbekannt ist, lässt sich bloss eine obere Grenze feststellen. Dieselben müssen jedenfalls so klein sein, dass sie mit unseren mikroskopischen Vergrösserungen nicht gesehen werden können, wenn nicht etwa die Fäden, die sich in Zellkernen durch Färbemittel sichtbar machen lassen, als Idioplasmastränge in Anspruch zu nehmen sind. Uebrigens ist zu bemerken, dass die Idioplasmakörper wohl immer von Ernährungsplasma eingehüllt und, sofern sie durch Zellmembranen hindurchgehen, von Cellulose umgeben sind, und dass sie sich somit bei einer Grösse, bei der sie in Wasser schon gesehen würden, immerhin noch der Beobachtung entziehen. Aus diesen Gründen kann ein Querschnitt von 0,1 qmik (Dm = 0,32 mik) noch als zulässig erachtet werden, stellt aber jedenfalls ein nicht überschreitbares Maximum dar. Auf diesem Querschnittsareal hat die grösste Menge von prismatischen Micellen Platz, wenn dieselben überall bloss durch zwei Schichten von Wassermolekülen getrennt sind.

Unter den beiden genannten Voraussetzungen ist die folgende Tabelle berechnet. Die erste Verticalcolumne gibt die Grösse der Micelle durch die Zahl der in ihnen enthaltenen Kohlenstoffatome an, die zweite die Menge solcher Micelle auf einem Areal von 0,1 qmik in runden Zahlen, die dritte die procentische Wassermenge, welche das Idioplasma unter der Voraussetzung enthält, dass die Micelle nicht länger als breit sind, ebenfalls in runden Zahlen.

Grösse der Micelle	Menge der Micelle auf 0,1 qmik	Wassergehalt des Idioplasmas %
72 C	25000	74
2·72 C	18700	66
3·72 C	15200	62
5·72 C	12100	57
10·72 C	8300	49
20·72 C	5700	42
50·72 C	3400	34
100·72 C	2300	28

Die Mengen der Micelle auf der Querschnittsfläche eines Idioplasmakörpers, welche in der zweiten Columne enthalten sind, stellen, da in jeder Beziehung die günstigsten Bedingungen angenommen wurden, für die angegebenen Micellgrössen Maxima dar, welche wohl nie erreicht werden. Zur Vergleichung will ich noch einige Zahlen beifügen, die für den Fall, dass die prismatischen Micelle durch die doppelte Wassermenge (durch je 4 Wassermolekülschichten) getrennt sind, berechnet wurden.

Grösse der Micelle	Menge der Micelle auf 0,1 qmik	Wassergehalt des Idioplasmas %
72 C	13700	89
2·72 C	11000	85
5·72 C	7800	78
20·72 C	4100	64
100·72 C	1800	47

Aus den beiden Tabellen ergibt sich, dass zwar nicht, wie man häufig für moleculare Verhältnisse sich irrthümlich vorstellt, eine unendliche Menge von materiellen Theilchen zur Verfügung stehen, sondern dass gerade für die Substanz, in welcher alle Eigenschaften eines Individuums auf seine Kinder vererbt werden, die Anzahl jener Theilchen ziemlich enge Grenzen hat. Doch möchte ich glauben, dass die Menge der Micelle, namentlich wenn dieselben kleiner (zu 72 C oder zu 2·72 C) angenommen werden dürfen, für die Function, die sie zu erfüllen haben, ausreicht, auch wenn die strangförmigen Idioplasmakörper einen kleineren Querschnitt als 0,1 qmik besitzen sollten [1]).

Sie reicht aus unter den früher festgestellten Bedingungen, dass nicht die zusammengesetzten Erscheinungen, wie wir sie an den Organismen wahrnehmen, sondern die einfachen Elemente, aus denen sie sich zusammensetzen, als Anlagen im Idioplasma enthalten sind. Während im ersteren Falle das Idioplasma allerdings aus fast unendlich vielen Theilen bestehen müsste, genügt im letzteren Falle eine begrenzte Zahl, in gleicher Weise wie die Sprache aus einer begrenzten Menge von Wörtern, die Musik aus einer begrenzten Menge von Tönen zusammengesetzt ist.

Die unendliche Mannigfaltigkeit in den Eigenschaften der Organismen kann im Anlagezustand um so leichter von einer begrenzten Zahl von Micellen dargestellt werden, als diese Micelle, wenn sie so gebaut sind, wie ich es angedeutet habe, auch bei geringer Grösse einer grossen Mannigfaltigkeit in Gestalt und chemischer Beschaffenheit fähig sind. Da aber die Micelle oder die Micellreihen der Idioplasmakörper für sich allein noch keine Anlagen sind, sondern nur durch ihre Zusammenordnung zu Gruppen, die durch ihre Configuration auf dem Querschnitt der Körper sich charakterisiren, zu Anlagen werden, so ist für das Idioplasma eines reich differenzirten Organismus immerhin eine erhebliche Anzahl von Micellen nothwendig; — und damit komme ich auf die Constitution des Eiweissmoleküls zurück.

Würde dasselbe entsprechend der Neigung der heutigen Chemie in Folge von Polymerisation 3·72 C enthalten, so kämen auf das grösste Querschnittsareal der Idioplasmakörper von 0,1 qmik und mit der kleinsten Wassermenge (2 Molekülschichten zwischen den Micellen) bloss etwa 6000 Micelle (zu 6 Molekülen) und auf den Durchmesser kaum 80 Micelle (gegen 25000 Micelle auf dem Querschnitt und 160 auf dem Durchmesser, wenn das Eiweissmolekül bloss 12 C enthält). Unter ungünstigeren Voraussetzungen (geringere Grösse und grösserer Wassergehalt der Idioplasmakörper) würden diese Zahlen in entsprechenden Verhältnissen kleiner. Die eben angegebenen numerischen Werthe motiviren ausreichend das Bedürfniss

---

[1]) Bei einem Querschnittsareal von 0,05 qmik (Dm = 0,23 mik) würden die Zahlen der zweiten Columne auf die Hälfte reducirt.

der Physiologie, das Idioplasmamicell und damit auch das Eiweissmolekül möglichst klein anzunehmen.

Ich habe es oben wahrscheinlich zu machen gesucht, dass das Idioplasma entweder durch die ganze Pflanze wandert oder durch die ganze Pflanze in unmittelbarer Berührung sich befindet, und dass zu diesem Behufe alle Zellmembranen siebartig durchbrochen sein müssen. Es frägt sich noch, wie sich diese Annahme zu den eben besprochenen absoluten Maassen des Idioplasmas verhält. Wenn die Idioplasmakörper den grössten Querschnitt von $0{,}1^{\text{qmik}}$ erreichen, so müssen die Oeffnungen in den Zellmembranen wohl $0{,}4^{\text{mik}}$ Weite haben. Beträgt der Querschnitt jener Körper bloss $0{,}05^{\text{qmik}}$, so genügt eine Weite der Oeffnungen von nahezu $0{,}3^{\text{mik}}$. In dieser Grösse bleiben sie unsichtbar, so lange sie mit Plasma erfüllt sind. Kommen, wie ich glaube, die Siebporen wirklich allgemein im Pflanzenreiche vor, so begreifen wir, dass dieselben in der Regel bloss in der nächsten Umgebung der Siebröhren, wo sie etwas grösser werden, zu sehen sind. — Was dagegen die Diosmose der Eiweissmicelle betrifft, so müssen die für sie bestimmten Canälchen in der Zellmembran kaum einen Durchmesser von $0{,}01^{\text{mik}}$ besitzen, um Micelle, die selbst bis zu 300 · 72 C enthalten, frei passiren zu lassen.

In diesem Abschnitte habe ich versucht, eine Hypothese über die materielle Natur der erblichen Anlagen aufzustellen, welche nach den jetzt bekannten molecularphysiologischen Thatsachen in jeder Beziehung als möglich erscheint und, wie ich hoffe, als erster Schritt zur Lösung des Räthsels führen kann. Die heutige wissenschaftliche Einsicht verlangt die unbedingte Annahme, dass die erblichen Anlagen in der physikalischen und chemischen Beschaffenheit der Albuminate begründet sein müssen, also in der Zusammensetzung des einzelnen Micells aus den Molekülen und in der Zusammenordnung der gesammten Micelle zum Idioplasma. Wenn aber auch über die Theorie im allgemeinen kein Zweifel bestehen kann, so ist rücksichtlich der bestimmten Anordnung und rücksichtlich der Frage, wie das Idioplasma seine Anlagen zur Entfaltung bringe, den Hypothesen noch ein weites Feld geöffnet. Ich lege daher auch dem Versuche, den ich gemacht habe, die unbestreitbar vorhandenen allgemeinen Eigenschaften des Idioplasmas in eine concrete Form zu bringen, keinen absoluten Werth bei. Die Vermuthung betreffend seine Strangnatur, für welche bloss eine grosse Wahrscheinlichkeit besteht, könnte ungegründet sein; deswegen ist doch die Existenz des Idioplasmas mit seiner Beschaffenheit im allgemeinen durch die Thatsachen sicher gestellt.

Ich habe die Theorie eingehender entwickelt und ihre Ausführbarkeit nachgewiesen, weil in neuerer Zeit zwei Versuche gemacht wurden, sich die erblichen Anlagen materiell vorstellbar zu machen, — Versuche, die allerdings nicht den Namen von Theorien verdienen, da sie nicht von physiologischen Thatsachen, sondern von willkürlichen und unmöglichen Meinungen ausgehen. Sie werden auch von ihren Urhebern selbst bloss als »provisorische Hypothesen«, also gleichsam als hypothetisch in der zweiten Potenz bezeichnet. Es sind die Pangenesis von Darwin und die Plastidulperigenesis von Häckel.

Darwin nimmt an, dass alle Zellen oder auch Theile von Zellen während des erwachsenen Zustandes und ebenso alle Zellen während aller Entwicklungszustände des Organismus »kleine Körnchen oder Atome abgeben, welche durch den ganzen Körper frei circuliren, und welche, wenn sie mit gehöriger Nahrung versorgt werden, durch Theilung sich vervielfältigen und später zu Zellen entwickelt werden können, gleich denen, von welchen sie herühren«. Diese Keimchen oder Zellenkeimchen werden von den Eltern den Nachkommen überliefert und entwickeln sich meist in der unmittelbar folgenden Generation, können aber auch durch viele Generationen hindurch im schlummernden Zustande verharren. Ihre Entwicklung hängt ab von der Vereinigung mit anderen theilweise entwickelten Zellen oder Keimchen, welche ihnen in dem regelmässigen Verlauf des Wachsthums vorausgehen. Die Keimchen haben in ihrem schlummernden Zustande eine gegenseitige Verwandtschaft zu einander und vereinigen sich zu Knospen oder Sexualorganen.

Dass diese mit den Worten ihres Autors wiedergegebene Hypothese alle Erscheinungen der Vererbung vollständig erklärt, ist sofort einleuchtend, auch ohne die von demselben angeführten verschiedenartigen Beispiele. Da jeder auch noch so geringfügige und winzige Theil des Organismus, der eine besondere Qualität oder Quantität darstellt, seine Keimchen aussendet, die sich vermehren, überallhin verbreiten, während unbegrenzter Zeit im latenten Zustande verharren und unter günstigen Umständen den Theil, von dem sie ursprünglich herstammen, wieder hervorbringen, so ist der den thatsächlichen Verhältnissen entsprechende Erfolg gesichert, wenn die Keimchen am richtigen Ort, in der richtigen Weise und zur richtigen Zeit sich vereinigen und entwickeln.

Die Hypothese erweist sich also, wie dies übrigens bei dem so praktischen und gesunden Sinne ihres Urhebers nicht anders möglich ist, mit Rücksicht auf ihre Leistungsfähigkeit als untadelhaft, — und es ist bloss die Frage, ob die Eigenschaften, die den Keimchen zugeschrieben werden, von Seite der Physiologie als möglich zugestanden werden. Darwin selbst geht auf diesen Punkt nicht ein, indem er sich bloss an allgemeine Analogien hält und sogar gelegentlich gewisser Thatsachen die Aeusserung thut, er wisse nicht, wie die Physiologen dieselben betrachten, nach der Pangenesis aber sei die Erklärung einfach und glatt.

Die Beurtheilung der Hypothese kann einmal die theoretische Zulässigkeit und dann die praktische Ausführbarkeit derselben prüfen, und in jeder Beziehung wieder verschiedene Punkte betrachten. Ich will nur je einen Punkt besprechen und zwar zunächst die Ausführbarkeit in molecularphysiologischer Beziehung.

Was die Beschaffenheit der Pangenesiskeimchen betrifft, welche »Körnchen oder Atome« genannt und nicht weiter charakterisirt werden, so können dieselben weder chemische Atome noch Moleküle sein, da Kohlenstoffatome und Eiweismoleküle selbstverständlich die gleichen Eigenschaften haben, ob sie von dieser oder jener Zelle herstammen. Es können auch nicht einzelne Micelle (krystallinische Molekülgruppen) sein, denn, wenn diese auch als Gemenge von verschiedenen Albuminatmodificationen ungleiche Eigenschaften besässen, so würde ihnen doch die Fähigkeit, sich zu vermehren und neue gleiche Micelle zu bilden, mangeln. Wir finden alle Bedingungen für die Beschaffenheit der Keimchen bloss in unlöslichen und festverbundenen Gruppen von Albuminatmicellen; nur diese können vermöge ihrer ungleichen Anordnung alle erforderlichen Eigenschaften annehmen und vermittelst Einlagerung von Micellen in beliebigem Maasse wachsen und durch Zerfallen sich vermehren. Die Pangenesiskeimchen müssten also kleine Mengen von Idioplasma sein.

Nach der Pangenesis-Hypothese, sollen von allen Zellen eines Organismus Keimchen abgegeben werden; dieselben sollen sich vervielfältigen, überall vorhanden sein und bei der Fortpflanzung mit der Keimanlage sich verbinden. Diese Annahme ist nothwendig; es kann nicht etwa eine Gattung von Zellen durch eine einzige Art von Keimchen, sondern jede einzelne Zelle muss durch ihre eigenartigen Keimchen vertreten sein, und zwar aus zwei Gründen, einmal weil jede Zelle besondere Eigenschaften enthalten kann und nach Zeit und Ort wirklich etwas Besonderes ist, ferner weil nur auf diesem Wege die gesetzmässige Folge der Zellen gesichert ist, denn »die Entwicklung der Keimchen hängt ab von der Vereinigung mit anderen theilweise entwickelten Zellen oder Keimchen, welche ihnen in dem regelmässigen Verlauf des Wachsthums vorausgehen«. Jedes Keimchen ist also gleichsam orientirt und es vermag seine richtige Rolle in der individuellen Entwicklungsgeschichte eben dadurch zu spielen, dass es dann lebendig wird, wenn es nach der ihm innewohnenden Orientirung an die Reihe kommt.

Dieser Umstand erlaubt uns, einen Schluss auf das numerische Minimum der Keimchen in der Keimzelle eines bestimmten Organismus zu machen. Ich habe früher einmal die Zahl der Zellen eines grossen Lindenbaums berechnet und 2000 Billionen erhalten [1]). Da im Pflanzenreiche das Wachsthum durch Zelltheilung geschieht und mit e i n e r Zelle beginnt, so beträgt die Zahl der verschwundenen Zellen früherer Stadien genau die Zahl der jeweilen vorhandenen Zellen weniger 1. Der fragliche Lindenbaum musste also, wenn jede Zelle nur einerlei Keimchen erzeugte, 4000 Billionen verschiedener Keimchen enthalten und bei der Fortpflanzung mussten eben so viele sich in dem Keim vereinigen, ausser den noch viel zahlreicheren Keimchen, welche von früheren Individuen und von früheren Varietäten herstammten. Vernachlässigen wir diese letzteren und halten wir uns an die Zahl von 4000 Billionen als ein Minimum.

Nun ist es sicher, dass in dem Befruchtungsstoff, welchen die Linde bei der Fortpflanzung verwendet und in welchem alle Anlagen enthalten sind, nur eine sehr beschränkte Zahl von Idioplasmaportionen (wie sie die Physiologie als Keimchen verlangen würde) und zwar kaum der billionste Theil jener Zahl Platz findet, — dass von den unzulässigen Micellen, selbst wenn man ihnen die denkbar kleinste Grösse gibt, kaum der hundert millionste Theil Raum hätte.

---

[1]) Die Individualität in der Natur. 1856.

Angenommen nämlich, die Keimchen enthielten bloss 72 C, wären also die Eiweismoleküle der Chemiker oder nach meiner Ansicht die kleinsten Micelle und besässen somit die kleinste denkbare, aber für Uebertragung von Anlagen vollständig untaugliche Form, so müsste für das Minimum von 4000 Billionen Keimchen das befruchtende Ende des Pollenschlauches hundertmillionenmal mehr Substanz enthalten, als es in Wirklichkeit der Fall ist.

In diesem Beispiel habe ich eine viel zu geringe Zahl von Keimchen in Rechnung gebracht. Wird ihre Menge so hoch angenommen als es die Darwin'sche Theorie wirklich verlangt, so ergibt sich auch für kleinere Phanerogamen, dass ihre einzelligen Keime millionenmal grösser sein müssten, um alle Keimchen bloss in der Form von Eiweissmolekülen oder kleinsten Micellen aufzunehmen. Hierdurch ist die Unmöglichkeit der Pangenesishypothese mit Rücksicht auf die numerischen und quantitativen Verhältnisse dargethan. Sie wäre nur ausführbar, wenn man den Keimchen nicht physische, sondern metaphysische Beschaffenheit, Gewichtslosigkeit und Ausdehnungslosigkeit zuschreiben und damit die Frage auf ein für den Naturforscher undiscutirbares Gebiet hinüberschieben wollte.

Was die theoretische Zulässigkeit der Pangenesishypothese betrifft, so gründet sich dieselbe auf die Annahme, dass die Zellen die Einheiten der organischen Natur seien. Diese Annahme von Schleiden und Schwann, die noch von manchen Morphologen festgehalten wird, ist aber nicht nur im Princip unrichtig, sondern auch namentlich für die Physiologie unbrauchbar. Die Zelle ist für den morphologischen Aufbau eine sehr wichtige Einheit, aber nicht etwa allgemein die Einheit schlechthin.

Unter Einheit müssen wir, physikalisch aufgefasst, ein System von materiellen Theilen verstehen. Es gibt demnach in der organischen Welt eine grosse Zahl von über- und untergeordneten Einheiten[1]: die Pflanzen- und Thierindividuen, — die Organe, — Gewebstheile, — Zellgruppen (im Pflanzenreiche z. B. die Gefässe und Siebröhren), — die Zellen, — Theile von Zellen (Pflanzenzellmembran, Plasmakörper, Plasmakrystalloide, Stärkekörner, Fettkügel-

[1]) Ich habe diese bei allseitiger Würdigung der Thatsachen fast selbstverständliche, aber immer noch nicht zu richtiger und allgemeinerer Anerkennung gelangte Anschauung schon 1853 (Systematische Uebersicht der Erscheinungen im Pflanzenreich) und besonders 1856 (Die Individualitat in der Natur) ausgesprochen.

chen u. s. w.), — die Micelle, — die Moleküle, — die Atome. Bald tritt die eine, bald die andere Einheit in morphologischer und physiologischer Beziehung charakteristischer und ausgeprägter hervor. Somit ist kein Grund, warum bei einer allgemeinen Theorie eine besondere Stufe der Gestaltung begünstigt sein sollte.

Darwin verbindet aber mit dem Begriff der Einheit offenbar noch den Nebenbegriff der inneren Gleichartigkeit, und er scheint dafür zu halten, dass die Zellen als innerlich homogen in der Regel durch eine einzige Art von Keimchen hervorgebracht werden können. Denn er sagt, wenn ein Protozoon aus einer homogenen Masse gebildet sei, so werde ein von irgend einer Partie desselben abgelöstes Keimchen das Ganze reproduciren. Wenn aber die obere und untere Fläche in ihrer Textur von den centralen Theilen abweichen, so müssen alle drei Theile Keimchen abgeben, welche vereinigt wieder das Ganze hervorbringen.

Nach der Meinung Darwin's muss also jeder materiell verschiedene Theil einer Zelle seine besondern Keimchen erzeugen, um dereinst wieder in seiner Eigenartigkeit sich verwirklichen zu können. Nun gibt es nicht nur viele Pflanzenzellen, die aus einer grossen Menge schon durch das Mikroskop nachzuweisender verschiedener Theile bestehen; sondern es lässt sich darthun, dass nicht zwei der kleinsten Plasmapartien, selbst nicht zwei Micelle einander ganz gleich sein können, und dass, um eine neue gleiche Zelle zu erzeugen, wenigstens jedes Micell durch seine Keimchen vertreten sein müsste. So wird die Pangenesishypothese, welche nach allgemeinen morphologischen Vorstellungen ausgedacht und nicht physiologisch erwogen wurde, ad absurdum geführt, — ein Resultat, das allerdings der Nichtphysiologe unmöglich voraussehen konnte.

Wir bedürfen, um die Erblichkeit zu begreifen, nicht für jede durch Raum, Zeit und Beschaffenheit bedingte Verschiedenheit ein selbständiges besonderes Symbol, sondern eine Substanz, welche durch die Zusammenfügung ihrer in beschränkter Zahl vorhandenen Elemente jede mögliche Combination von Verschiedenheiten darstellen und durch Permutation in eine andere Combination derselben übergehen kann.

Darwin hat viel Mühe und Scharfsinn darauf verwendet zu zeigen, dass seine Hypothese die mannigfaltigen Thatsachen der Vererbung zu erklären vermag, oder wenigstens nicht in Widerspruch mit denselben geräth. Dies ist ihm nun auch vollkommen gelungen[1]); deswegen wird aber die Hypothese um nichts sicherer. Denn es steht zum voraus fest, dass, wenn eine Theorie das Allgemeine erklärt, sie auch alle Einzelheiten zu erklären vermag, die jener Allgemeinheit untergeordnet sind.

Der Pangenesis wurde von Häckel die Plastidulperigenesis entgegengestellt. Ich kann die letztere nicht unerwähnt lassen, da sie sich als »ein Versuch zur mechanischen Erklärung der elementaren Entwickelungsvorgänge« eingeführt hat und somit als in naher Beziehung zu dem Motiv dieser Abhandlung erscheint. Der Gedankengang mit den eigenen Worten des Autors ist folgender:

»Der ganze Weltprocess ist bedingt durch Gesetze der Mechanik. Um in die Mechanik des biogenetischen Processes einzudringen, muss die bewirkende Ursache in der Bewegung der »Plastidule«[2]) (Plasmamoleküle) gesucht werden. Vom höchsten Gesichtspunkte aus betrachtet, verläuft der biogenetische Process als eine periodische Bewegung, deren anschaulichstes Analogon das Bild einer verwickelten Wellenbewegung ist. Die phylogenetische Ahnenreihe gleicht einer Wellenlinie, in welcher das individuelle Leben jeder einzelnen Person einer Welle entspricht, und der ganze Stammbaum erhält das Bild einer verzweigten Wellenbewegung. In gleicher Weise ist die Ontogenie eine verzweigte Wellenbewegung, in welcher die »Plastiden« (Zellen) den einzelnen Wellen entsprechen, und da die »Plastide« das Product aus den activen Bewegungen ihrer constituirenden »Plastidule« ist, so muss auch die unsichtbare Plastidulbewegung eine verzweigte Wellenbewegung sein. Diese wahre und letzte causa efficiens des biogenetischen Processes nennen wir Perigenesis der Plastidule oder die periodische Wellenbewegung der Lebenstheilchen.«

Diese ganze scheinbare Analyse der Lebenserscheinungen beruht darauf, dass die verschiedenen Stufen derselben in das nämliche Bild gebracht werden, welches in der Form einige mechanische

---

[1]) Wenn Häckel behauptet, dass die Pangenesis-Hypothese mit den Erfahrungen über Differenzirung, Arbeitstheilung, Generationenfolge unvereinbar sei, so scheint dem deutschen Naturphilosophen der rothe Faden in den nüchternen Auseinandersetzungen des praktischen Engländers entgangen zu sein.

[2]) »Plastidule (Plassonmoleküle) = Plasmodule (Protoplasmamoleküle) + Coccodule (Coccoplasmamoleküle).«

Anklänge hat, dessen Berechtigung aber mehr als fraglich ist. Wenn die individuelle Erscheinung (Art, Individuum, Zelle, Molekül) einer Welle verglichen wird, so ist dieses einigende Band die Welle der Poeten, nicht die der Physiker. Die Individuen einer Ahnenreihe beispeilsweise sind nach Zeit und Stoff scharf von einander geschieden; jedes besteht bis auf einen meistens minimalen Theil aus anderer Materie. Die nach einander durch ein Medium verlaufenden Wellen der Physiker dagegen werden durch die nämliche Materie bewirkt und entsprechen bloss verschiedenen Schwingungszuständen der gleichen und nicht von der Stelle rückenden materiellen Theilchen. Eine Analogie zwischen den beiden Erscheinungen, welche über den äusseren Anschein hinausginge und für mehr als eine dichterische Vergleichung benutzbar wäre, besteht in keiner Weise. Wenn ferner deswegen, weil die Ahnenreihe sich verzweigt, auch von einer verzweigten Wellenbewegung gesprochen wird, so entfernt sich das Gleichniss der Perigenesis-Hypothese vollends von dem physikalischen Boden, indem die Physik wohl von einer Kreuzung der Wellen, aber nichts von einer Verzweigung derselben im Sinne jener Hypothese weiss.

Die verzweigte Wellenbewegung der »Plastidule« (Moleküle) wird bloss durch einen Schluss vom Ganzen auf den Theil vermuthet. Weil die Entwickelung der »Plastide« (Zelle) das Product aus den Plastidulbewegungen ist, so sollen diese nach der Meinung des Autors den nämlichen Charakter besitzen wie die Lebensbewegungen der Plastiden, Personen, Arten u. s. w. Nun kommt es wohl ausnahmsweise vor, dass der Theil die Bewegung des Ganzen hat. In der Regel besteht aber zwischen beiden eine Verschiedenheit, indem ja die Bewegung des Ganzen in der Summe der Bewegungen seiner Theile besteht. So haben auch die Wassermoleküle ganz andere Bewegungen, als sie die ganze wellenbewegte Wasserfläche zeigt, und die Bewegung des Wassertropfens ist gänzlich verschieden von den Bewegungen seiner Moleküle.

Der Irrthum, der in dem Schlusse vom Ganzen auf den Theil liegt, wird noch bedeutender, da die Perigenesis-Hypothese Bewegung und materielle Beschaffenheit in causale Beziehung zu einander bringt. Die Folge davon ist, dass das Molekül nicht bloss die Bewegung, sondern auch das ganze Wesen des Organismus in sich vereinigen soll. Wenn der Autor beispielsweise sagt, dass bei den

Moneren »jedes Theilchen alles leisten könne, was das Ganze leistet«, und somit »jedes Molekül in physiologischer oder physikalisch-chemischer Beziehung gleich dem ganzen Körper sei«, so ist dies eine für die ganze Naturanschauung verhängnissvolle Behauptung, die nur einer ausschliesslich morphologischen Betrachtung als möglich vorkommen kann, vor jeder etwas eingehenderen physiologischen Analyse aber sich als nichtig erweist. Plasmamolekül und Plasmamasse können rücksichtlich der Gestaltung und der Verrichtung gar nicht mit einander verglichen werden; sie sind noch viel mehr von einander verschieden, als ein Eisenmolekül und ein complicirter, aus eisernen Rädern und Federn bestehender Mechanismus. Ich werde auf diesen Punkt bei der Urzeugung näher eintreten.

Indem die Perigenesis-Hypothese mit der Veränderung der Organismen in der phylogenetischen Reihe in entsprechendem Maasse die Wellenbewegung und die Zusammensetzung der Plastidule sich verändern lässt, so gewinnt sie eine von den jetzigen chemischen Vorstellungen wesentlich abweichende Anschauung von den Albuminaten. Nach ihrer Annahme müssen in allen verschiedenen Pflanzen und Thieren auch ungleiche Albuminatmoleküle, also ungleiche Albuminatverbindungen, vorkommen, und namentlich könnte bei niederen und höheren Pflanzen oder Thieren nicht die gleiche Verbindung die Plastidule bilden. Im Gegensatze hiezu weisen alle Erfahrungen der Chemie entschieden darauf hin, dass die grosse Mannigfaltigkeit in den Albuminaten durch Gemenge weniger Verbindungen bewirkt wird.

Betrachten wir nun die Rolle, welche die Moleküle nach der Perigenesis-Hypothese übernehmen sollen, um den Lebensprocess der Organismen hervorzubringen, so fällt uns zunächst der Mangel an Uebereinstimmung zwischen den Prämissen und den Folgerungen auf. Weil die Entwickelungsbewegung der Stämme, Classen, Ordnungen, Familien, Gattungen, Arten, Individuen und Zellen die verzweigte Wellenbewegung sei, müsse auch dem Theilchen des letzten Theils, dem Molekül, die gleiche Form der Bewegung zukommen. Diese besteht nun, wie in Wort und Zeichnung ausgeführt wird, darin, dass ein in Wellenbewegung befindliches organisches Individuum wächst und sich dann durch Verzweigung der Wellenbewegung in zwei oder mehrere neue Individuen theilt. Man erwartet also, dass die »verzweigte Wellenbewegung des Moleküls« ebenfalls durch Wachsthum und Theilung sich äussere. Dies würde die Consequenz verlangen und der Lehre einen logischen Gehalt geben, während eine anders geartete verzweigte Wellenbewegung des Moleküls keinen Daseinsgrund hat.

Der Autor glaubt aber in diesem Punkte der Chemie eine Concession machen zu müssen. Die Plastidule der Perigenesis sind Einzelmoleküle, welche nicht wachsen und sich nicht vervielfältigen. »Sie können bloss ihre individuelle Plastidulbewegung auf die benachbarten Plastidule übertragen und durch Assimilation in ihrer unmittelbaren Umgebung neue Pastidule von derselben Beschaffenheit bilden, ... sie können ferner ihre atomistische Zusammensetzung infolge äusserer Einflüsse sehr leicht ändern und damit auch ihre Plastidulbewegung. ... Indem die schwingende Molecularbewegung der Plastidule sich als Vererbung überträgt, gestaltet sie sich zu einer verzweigten Wellenbewegung.« So steht also die verzweigte Wellenbewegung der Moleküle, die aus der Bewegung der Individuen höherer Grade abgeleitet wurde, in keinem nothwendigen Zusammenhang mit ihren Prämissen; sie steht vielmehr im Gegensatz zu denselben und verdiente daher auch einen neuen griechischen Namen.

Diese Inconsequenz, durch die freilich die ganze vorausgehende Deduction des Autors hinfällig wird, lassen wir uns aber gerne gefallen; denn damit sind wir aus dem Dunkel der nicht vorstellbaren Ideen von verwickelten und verzweigten Wellenbewegungen, die den Zellen und Personen zukommen sollen, in das klare Licht der thatsächlichen Begriffe getreten. Die Schwingungen der Moleküle, wenn anders darunter die bekannte physikalische Erscheinung verstanden wird, bieten eine sichere Grundlage für eine naturwissenschaftliche Hypothese. Hier also erwarten wir, dass der »Versuch zur mechanischen Erklärung der elementaren Entwickelungsvorgänge« beginnen werde. Aber dieser Versuch wird nicht unternommen; die angeführten Worte sind das Einzige, was zur besagten Erklärung beigebracht wird.

Da der Urheber der Perigenesis-Hypothese nicht zu zeigen versucht, wie aus den Schwingungen der Moleküle die Erscheinungen des organischen Lebens zu Stande kommen, da also die Möglichkeit, dass es geschehe, immer noch vorausgesetzt werden könnte, will ich kurz zeigen, dass diese Möglichkeit nicht besteht.

Der Autor nimmt an, dass die Plastidule (Moleküle) vereinzelt seien, und er meint, dass jedes wahrscheinlich von einer Wasserhülle umgeben werde. Dadurch würde wohl Raum für seine biogenetischen Schwingungen und für die Erzeugung neuer Moleküle zwischen den schon vorhandenen geschaffen. Eine solche Annahme ist aber unmöglich, wie ich schon vor 22 Jahren für Stärkekörner und Pflanzenzellmembranen nachgewiesen habe, und wie sich aus analogen Gründen auch für die übrigen micellösen Substanzen ergibt. Die Moleküle der jetzigen Chemie, wie sie auch der Autor annimmt, sind in den organisirten Körpern nicht vereinzelt, sondern zu krystallinischen, das polarisirte Licht doppeltbrechenden, auch für das Mikroskop unsichtbar kleinen Micellen vereinigt[1]). In den letzteren spielen die Moleküle die gleiche Rolle wie in den sichtbaren Krystallen. Die nächsten Elemente der organisirten Substanzen sind also nicht die Moleküle, sondern die festen aus mehreren oder vielen Molekülen bestehenden Micelle. Diese letzteren sind von dem Imbibitionswasser umspült; unter ihrem Einflusse geschehen die Lebensprocesse der organisirten Körper, namentlich auch das Wachsthum durch Einlagerung neuer Micelle.

Wäre aber auch die Micellarconstitution nicht vorhanden und wären wirklich, wie der Autor annimmt, die vereinzelten Moleküle die constituirenden Elemente der organisirten Substanz, so könnten sie doch unmöglich in der von der Perigenesis-Hypothese vorgeschlagenen Weise die Organisation erklären, wie sich aus einer Analyse der Molecularbewegungen ergibt. Die Physik kennt fortschreitende, drehende und schwingende Bewegungen des ganzen Moleküls, und andere sind überhaupt nicht denkbar. Die Perigenesis-Hypothese nun knüpft an die Schwingungen an, und gewiss wären die fortschreitenden und drehenden Bewegungen noch weniger brauchbare Elemente.

Die verschiedene Wirkung der Plastidule, welche Infusorium oder Säugethier, Alge oder Phanerogamenpflanze hervorbringt, muss also nach der genannten Hypothese in der Verschiedenheit ihrer Schwingungen begründet sein; und diese besteht bekanntlich bloss

[1]) Ich nannte die Micelle damals in Uebereinstimmung mit den Thierphysiologen, welche die kleinsten Theilchen als Molekeln bezeichneten, Moleküle, bestehend aus einer grösseren Zahl von (zusammengesetzten) Atomen der damaligen oder Molekülen der jetzigen Chemie.

in der ungleichen Schwingungsdauer und der ungleichen Schwingungsintensität (Schwingungsweite). Es unterliegt keinem Zweifel, dass wie bei der Farben- und Tonerzeugung die Schwingungsdauer die Qualität, die Schwingungsintensität die Stärke der Wirkung bedingen müsste; es müssten beispielsweise die niederen Organismen eine längere, die höheren eine kürzere Schwingungsdauer der Moleküle besitzen, sodass sie sich wie tiefe und hohe Töne zu einander verhalten würden. Nun wird niemand verkennen, dass eine solche Vorstellung ganz unhaltbar wäre; denn niedere und höhere Organismen verhalten sich zu einander wie Einfaches und Zusammengesetztes, was mit der Schwingungsdauer, mit Tönen und Farben nicht der Fall ist; und ferner gibt es bei den Organismen stets mehrere oder viele, die der gleichen Stufe der Zusammensetzung angehören und also, obgleich unter einander verschieden, doch der nämlichen Schwingungsdauer ihrer Plastidule entsprechen würden.

Offenbar verbindet aber die Perigenesis-Hypothese, wenn sie von »schwingenden Molecularbewegungen« als der bewirkenden Ursache der Organisation spricht, damit eine ganz andere Meinung als die Physik. Denn sie schreibt denselben verschiedene mechanisch unmögliche Eigenschaften zu. Die Plastidule sollen Moleküle ganz besonderer Art sein; ihnen kommen active Bewegungen zu, die sie übertragen können, während den übrigen Substanzmolekülen nur passive Bewegungen zugestanden werden, welche die Schwingungen der Plastidule nicht beeinflussen; die letzteren ändern ferner ihre Molecularschwingungen, wenn sich die Atome in ihrem Innern umlagern.

Nach mechanischen Principien können Verschiebungen des Schwerpunktes eines materiellen Systems (Moleküls), somit auch Schwingungen oder Schwingungsänderungen des Systems nur durch äussere, nicht durch innere Kräfte, nur durch Druck oder Zug, der von aussen wirkt, nicht durch Configurationsänderungen oder Umlagerungen im Innern erfolgen. Ferner werden, wenn Körper mit ungleichen Schwingungen auf einander einwirken, nicht etwa die Schwingungen des einen (activen) auf den andern (passiven) Körper übertragen; sondern beide sind mechanisch gleich berechtigt, beide sind in gleichem Maasse activ und passiv und beide verändern ihre Schwingungen. Es müssen also nach mechanischen Gesetzen nicht nur die Schwingungsintensität, sondern auch die Schwingungsdauer eines Plastiduls verändert werden, sowie die Wassermenge, die Menge und Natur der darin gelösten Verbindungen, die Anordnung und Beschaffenheit der übrigen Moleküle in seiner Umgebung sich ändert, weil, um mich bildlich auszudrücken, durch alle diese Momente die Länge des Molekülpendels verändert wird. Im Widerspruche mit dieser Thatsache muss die Perigenesis-Hypothese eine specifische Schwingungsdauer der Plastidule annehmen.

Diese Hypothese legt also ihren Molecularschwingungen nicht die bekannten physischen, sondern neue unphysikalische Eigenschaften bei, und sie hätte dies in vermehrtem Maasse thun müssen, wenn sie, statt auf einige allgemeine Andeutungen sich zu beschränken, es versucht hätte, aus den Molecularschwingungen der Plastidule die verschiedenen Eigenschaften der Organismen wirklich zu construiren. Wird sie ja schon, um sich die Vererbung zurecht zu legen, veranlasst, den Plastidulen ein Gedächtniss zu ertheilen; die Moleküle sollen ihre Erfahrungen nicht vergessen, daher es ihnen denn auch nicht schwer fallen kann, wieder das zu thun, was sie früher oder was ihre Vorfahren gethan haben.

Die Perigenesis-Hypothese macht sich in allen Stücken frei von den engen Fesseln der exacten Wissenschaft. Sie schreibt ihren Molekülen andere Eigenschaften zu als die Physik und Chemie. Wenn sie verlangt, dass »jede zusammengesetzte und verwickelte Erscheinung nur durch Auflösung in ihre einzelnen Bestandtheile und genaueste analytische Untersuchung dieser letzteren zum Verständniss gebracht und erklärt werde; deswegen müssen wir nothwendig auch in der mechanischen Entwicklungstheorie bis in die letzten Elementarvorgänge eindringen«; — so glaubt sie diese Aufgabe dadurch erfüllen zu können, dass sie mit jeder Eigenschaft des zusammengesetzten Organismus (Gedächtniss etc.) schon die einfachsten Bestandtheile desselben (die Moleküle) ausstattet. Während die strenge Wissenschaft eine mechanische Erklärung erst dann als gegeben erachtet, wenn eine Erscheinung als die nothwendige Folge bestimmter Ursachen nachgewiesen wird, versteht die Perigenesis-Hypothese unter mechanischer Erklärung schon die blosse Hindeutung, dass etwas auf mechanischem Wege geschehen könnte. So sagt sie: »dass der biogenetische Process eine verzweigte Wellenbewegung darstellt, wird wohl allgemein zugegeben werden; da wir nun aber die bewirkende Ursache dieser höchst zusammengesetzten

Wellenbewegung nur in der molecularen Plastidulbewegung finden können, so müssen wir auch die letztere als eine Undulation auffassen«; — und damit soll die mechanische Erklärung geleistet sein.

Die Plastidulperigenesis ist ein Product der Naturphilosophie und als solches so gut wie jedes andere aus der gleichen Quelle erflossene Product. Ihr Fehler wie bei jeder naturphilosophischen Lehre ist der, dass sie ihre Ahnungen als Thatsachen ausgibt und für dieselben unpassende naturwissenschaftliche Bezeichnungen braucht und in unberechtigter Weise naturwissenschaftliche Bedeutung in Anspruch nimmt.

Ich habe den Hypothesen der Pangenesis und der Plastidulperigenesis eine einlässlichere Besprechung gewidmet, weil durch dieselbe am besten die Nothwendigkeit der Idioplasmatheorie sich herausstellt. Wenn ein grosser, in zahlreiche Theile gegliederter und mit zusammengesetzten Functionen begabter Organismus bei der Fortpflanzung seine ganze Eigenthümlichkeit vermittels einer winzigen Partie scheinbar homogener Substanz vererbt, so sind dafür überhaupt nur zweierlei Erklärungen möglich.

Entweder sind die kleinsten Theilchen der Keimsubstanz in Folge besonderer und übernatürlicher Begabung die individuellen Träger der Eigenschaften des Ganzen und dadurch im Stande diese Eigenschaften wieder ins Leben zu rufen, — oder die kleinsten Theilchen sind gewöhnliche Moleküle, die bloss mit ihren natürlichen Kräften und Bewegungen ausgestattet sind und die einen specifischen Organismus nur dadurch hervorzubringen vermögen, dass sie der Entwicklung desselben durch ihre besondere Zusammenordnung mit Nothwendigkeit eine eigenthümliche Bahn anweisen.

Die erstere Erklärung ist die Folge morphologischer und naturphilosophischer Anschauung. Sie personificirt wie die Pangenesis-Hypothese jede einzelne Theileigenschaft in besonderen mystischen Keimchen, oder wie die Perigenesis-Hypothese complicirte Functionen in den durch besondere mystische Bewegungen (und Kräfte) ausgezeichneten Molekülen. Das eine und das andere führt logisch zu metaphysischen Voraussetzungen.

Die zweite Erklärung sucht auf dem Boden der natürlichen Dinge die Entwicklung organisch zu gestalten. Die Idioplasma-Theorie macht keinen Anspruch darauf, eine mechanische Erklärung zu geben, denn dazu fehlen noch alle Anhaltspunkte; wohl aber gestattet sie die einzig mögliche Vorstellung, wie die Vererbung und die phylogenetische Veränderung auf natürlichem, somit auf mechanischem Wege erfolgen kann.

II.

Urzeugung.

Die Entstehung des Organischen aus dem Unorganischen ist in erster Linie nicht eine Frage der Erfahrung und des Experiments, sondern eine aus dem Gesetze der Erhaltung von Kraft und Stoff folgende Thatsache. Wenn in der materiellen Welt alles in ursächlichem Zusammenhange steht, wenn alle Erscheinungen auf natürlichem Wege vor sich gehen, so müssen auch die Organismen, die aus den nämlichen Stoffen sich aufbauen und schliesslich wieder in dieselben Stoffe zerfallen, aus denen die unorganische Natur besteht, in ihren Uranfängen aus unorganischen Verbindungen entspringen. Die Urzeugung leugnen heisst das Wunder verkünden.

Sowie die Abkühlung der früher feurig-heissen Erdoberfläche bis zu der das Leben gestattenden Temperatur fortgeschritten war, entstanden die ersten Organismen an den die nöthigen Bedingungen enthaltenden Stellen; und auch später und jetzt noch muss Urzeugung überall stattfinden, wo die Verhältnisse die nämlichen sind, wie in der Urzeit. Die dagegen vorgebrachten Beobachtungen und Versuche, welche das Nichteintreten der Urzeugung ergaben, beweisen nichts, da sie nur für bestimmte Annahmen gültig sind, für welche die Theorie selbst schon das freiwillige Entstehen als unmöglich behaupten muss.

Man hat die Nothwendigkeit der Annahme, dass die ersten Organismen auf der abgekühlten Erde sich gebildet haben, durch den Einwurf zurückweisen wollen, dass dieselben möglicherweise von andern Weltkörpern hergeflogen kamen. Sie konnten die Reise auf Meteorsteinen machen, und es ist nicht undenkbar, dass in der

Vertiefung eines grösseren solchen Körpers die Temperatur beim Durcheilen der Erdatmosphäre nicht so hoch stiege, um die darin befindlichen Lebewesen oder deren Keime zu zerstören, da dieselben einer trockenen Hitze von ziemlich mehr als 100 Graden widerstehen. Damit wurde aber, meiner Ansicht nach, nicht die Hauptschwierigkeit beseitigt.

Die grosse Gefahr, welche Organismen auf einer Wanderung von einem Weltkörper auf den andern bedroht, besteht wohl nicht in extremen Temperaturen, selbst nicht in der grossen Kälte des Weltraumes, obgleich wir über die Wirkung der letzteren nichts wissen, sondern in dem vollständigen Austrocknen, wovor sie im luftleeren Raume nicht bewahrt bleiben können. Die widerstandsfähigsten Organismen, die wir kennen, die Spaltpilze, welche die feuchte Siedhitze ertragen, gehen durch längeres scharfes Austrocknen zu Grunde, und ich bin überzeugt, dass selbst ihre Sporen nach einem nicht sehr langen Aufenthalt in dem Vacuum des Weltraumes, wo sie ihren Wassergehalt vollständig verlieren würden, leblos auf der Erde anlangten. Es ist daher, wenn es nicht noch andere, mit anderen Eigenschaften begabte, niedere Organismen, als die uns bekannten, gibt, keine Hoffnung, dass ein Weltkörper den andern mit organischem Leben besame, aber auch keine Gefahr, dass einer den anderen mit den (in Spaltpilzen bestehenden) Keimen seiner Infectionskrankheiten anstecke.

Sollte aber gleichwohl die organische Welt unserer Erde aus dem Weltraume eingewandert sein, so wäre damit die Nothwendigkeit der Annahme einer spontanen Entstehung nicht beseitigt, sondern nur in andere Zeiten und Räume verlegt. Die Frage aber, ob das organische Leben von Ewigkeit her von der unorganischen Natur gesondert sein konnte, ist wie etwa diejenige über die Ewigkeit des Kohlenstoffs transcendenter Natur und daher nicht besprechbar. Was wir sicher wissen, — dass das Unorganische in den Organismen zu organischer Substanz wird und dass die organische Substanz wieder vollständig in unorganische Verbindungen sich zurückverwandelt, — genügt, um vermöge des Causalgesetzes die spontane Entstehung der organischen Natur aus der unorganischen abzuleiten.

Mit Hülfe dessen, was uns über das Leben und die Entwickelungsgesetze der Organismen bekannt ist, können wir die Urzeugung auf gewisse Formen beschränken, indem wir darthun, dass sie bei den übrigen unmöglich ist. Zu den physiologischen Bedingungen gehört, dass der entstehende Organismus existenzfähig sei, d. h. dass er von der ihm dargebotenen unorganischen Nahrung leben könne. Da nur die grünen Pflanzen diese Bedingung erfüllen, da die Pilze und die Thiere von den unveränderten oder sich zersetzenden Stoffen leben, welche jene gebildet haben, so habe ich früher angenommen, die spontan entstehenden Wesen müssten Chlorophyll oder einen verwandten Farbstoff enthalten, um Kohlensäure und Ammoniak als Nahrung verwenden zu können [1]). Die Erfahrungen, welche seitdem über Ernährung der niederen Pilze von mir [2]) und Anderen gemacht wurden und welche zeigten, dass für dieselben eine einfachere Stickstoffkohlenstoffverbindung oder Ammoniak mit einer organischen Säure ausreicht, haben jene Meinung erschüttert. Es kann also auch ein farbloser Organismus, wenn er diese Stoffe dauernd vorfand, die organische Welt begonnen haben.

Eine andere sowohl physiologische als morphologische Bedingung für die Urzeugung ist die, dass das entstehende Wesen sich nicht in einem Zustande befindet, welcher die vorhergehende Thätigkeit eines anderen lebenden Wesens voraussetzt. Es können daher keine mehrzelligen Organismen als solche ursprünglich entstehen, denn diese entwickeln sich naturgemäss aus einzelligen Keimen. Auch diese einzelligen Keime mehrzelliger Wesen können sich nicht spontan bilden, denn sie sind von ihren Eltern mit organischen Nährstoffen ausgestattet, und ferner sind sie mit Rücksicht auf eine bereits durchgeführte, wenn auch noch wenig weit reichende Arbeitstheilung angelegt. Aus dem nämlichen Grunde ist auch die grosse Mehrzahl der zeitlebens im einzelligen Zustande verharrenden Organismen von der Urzeugung auszuschliessen.

Wir können überhaupt als Bedingung aussprechen, dass das spontan entstehende Wesen noch vollkommen einfach und ohne Differenzirung sei, dass keinerlei Theilung der Verrichtungen bestehe, dass es nicht verschiedene Zustände durchlaufe, dass also in seinem Idioplasma noch keine Anlagen vorhanden seien, denn diese sind

---

[1]) Entstehung und Begriff der naturhistorischen Art. 1865.

[2]) Ernährung der niederen Pilze durch Kohlenstoff- und Stickstoffverbindungen (Untersuchungen über niedere Pilze aus dem pflanzenphysiologischen Institut in München. 1882).

das Product physiologischer und morphologischer Gliederung, somit das Ergebniss vorausgehender Arbeit.

Wenn ich von diesem Gesichtspunkte aus die Frage aufwerfe, welche Formen der organischen Reiche durch Urzeugung entstehen können, so ergibt sich die Antwort, dass keiner der bekannten Organismen dazu fähig sein möchte. Die niedersten Pflanzen (Chroococcaceen und Schizomyceten) sind schon wegen der Zellmembran, welche den Plasmainhalt umhüllt, lange nicht einfach genug. Und was die Moneren betrifft, deren spontane Entstehung von Häckel als gewiss angenommen wird, so scheint mir, wie ich später zeigen werde, deren geringe Grösse und ausgebildete Bewegung auf einen längeren vorausgehenden phylogenetischen Entwickelungsprocess hinzudeuten, abgesehen davon, dass dieselben sicher nicht allein, d. h. ohne die Zersetzungsproducte anderer Organismen, leben können.

Die Wesen, die einer spontanen Entstehung fähig sind, kennen wir also noch nicht. Sie müssen eine noch einfachere Beschaffenheit haben, als die niedrigsten Organismen, welche uns das Mikroskop zeigt; darin liegt zugleich auch der Grund, dass sie noch nicht entdeckt sind. Je einfacher die Organismen, um so kleiner sind sie auch. Da nun die Grösse der bekannten niedrigsten Pflanzen und Thiere schon an der Grenze der Sichtbarkeit sich befindet und da es so kleine Spaltpilze gibt, dass sie kaum gesehen und bloss durch ihre zersetzenden Wirkungen sicher erkannt werden, so können, wenn es noch einfachere Wesen gibt, dieselben unter der mikroskopisch erkennbaren Grösse sich befinden.

Für derartige Wesen haben alle Versuche über Urzeugung keine Beweiskraft. Diese Versuche bestehen immer darin, dass man eine gärungs- und fäulnissfähige Flüssigkeit durch Erhitzen von allen lebenden Keimen befreit, und dann zeigt, dass bei hinreichendem Verschluss keine Zersetzung eintritt. Es ist damit nur bewiesen, dass unter den angewendeten Verhältnissen keine Pilze entstehen, während die Bildung von nicht zersetzenden organischen Wesen, die eine geringere oder selbst ebenso beträchtliche Grösse haben als die kleinsten Spaltpilze, sowie die Bildung von ziemlich grossen, aber noch mikroskopischen primordialen Plasmamassen immerhin möglich wäre.

Da das durch Urzeugung entstehende Wesen vollkommen einfach sein muss, so kann es nur ein Tröpfchen von homogenem

Plasma sein, das bloss aus Albuminaten ohne Beimengung von anderen organischen Verbindungen als den Nährstoffen, ohne äussere Formbildung und ohne innere Gliederung besteht und durch die unorganischen oder einfachen organischen Verbindungen, aus denen es selbst entstanden ist, sich vergrössert und ernährt.

Die Urzeugung setzt also die spontane Bildung von Albuminaten voraus. Das Problem, Eiweiss auf synthetischem Wege darzustellen, ist zwar der organischen Chemie noch nicht gelungen. Dieser Mangel ist aber um so begreiflicher, als die künstliche Zusammensetzung der organischen Verbindungen überhaupt noch eine so junge Wissenschaft ist und diejenige des so räthselhaften Eiweissmoleküls von noch unbekannter Atomformel jedenfalls die schwierigste sein wird.

Was aber die Entstehung in freier Natur betrifft, so gibt es keinen Grund, warum dieselbe als unmöglich oder auch nur als unwahrscheinlich zu bezeichnen wäre. Der Einwurf, dass spontane Eiweissbildung nicht beobachtet sei, hätte nur einigen Werth, wenn zugleich wahrscheinlich gemacht wäre, dass ihr Vorhandensein nicht verborgen bleiben könnte — was aber, da aus verschiedenen Gründen eine Beschränkung auf mikroskopische Mengen sehr nahe liegt, nicht zutrifft. Wahrscheinlich geschieht sie nicht in einer freien Wassermasse, sondern in der benetzten oberflächlichen Schicht einer fein porösen Substanz (Lehm, Sand), wo die Molecularkräfte der festen, flüssigen und gasförmigen Körper zusammenwirken. Wie sehr die Flächenkräfte eines in sehr feiner Vertheilung befindlichen festen Körpers die chemische Umsetzung befördern können, ist ja durch die Beispiele von Platinschwamm und Kohle bekannt. Wahrscheinlich wird ferner die spontane Eiweissbildung durch einen bestimmten Wärmegrad begünstigt, so dass sie in der Urzeit nach der Abkühlung der Erdoberfläche auf Brutwärme an zahlreichen Stellen, in unserer Zeit aber wohl noch da und dort in wärmeren Klimaten, sowie in der wärmeren Jahreszeit kälterer Gebiete geschehen kann.

Für die Art und Weise, wie sich Eiweiss spontan bilden könnte, gibt uns seine Entstehung in den Pflanzen aus einfachen Stickstoffkohlenstoffverbindungen und aus Verbindungen von Ammoniak mit organischen Säuren einigen Aufschluss. Der eine oder andere Weg ist denkbar; in jedem Fall wird kohlensaures Ammoniak der Ausgangspunkt der spontanen Bildung sein und einerseits durch Harnstoff oder cyansaures Ammoniak und weiterhin durch stickstoffhaltige Verbindungen wie Asparagin u. s. w., anderseits durch weinsaures Ammoniak u. s. w. zu eiweissartigen Körpern hinüberführen, wie dies auch bei der Ernährung der Pilze der Fall ist.

Wenn nun irgendwo Albuminate spontan entstehen, so ist damit von selbst auch Wachsthum und Fortpflanzung, also Urzeugung gegeben. Das Wachsthum besteht darin, dass zwischen den vorhandenen Eiweissmicellen neue sich bilden, und diese Bildung muss unter dem Einfluss der bereits vorhandenen um so eher fortdauern, als sie schon ohne diesen Einfluss begonnen hat. Die Fortpflanzung aber geschieht dadurch, dass die Plasmamasse in Folge ihres Anwachsens früher oder später zum Zerfallen in zwei oder mehrere Massen veranlasst wird.

Eine solche Plasmamasse kann der Anfang einer Reihe sein, die zu einem Organismus führt. Sie selber verdient noch kaum den Namen eines Organismus, denn Wachsthum und Fortpflanzung sind noch nicht innerlich geordnet. Die ursprünglich entstandenen Eiweissmicelle haben eine durchaus ungeordnete oder eine von den äusseren Einflüssen bedingte Anlagerung, und die anfänglich zwischen dieselben eingelagerten verhalten sich im wesentlichen ebenso. Auch hat die Plasmamasse noch keine bestimmte Gestalt und Grösse und ihr Zerfallen in kleinere Massen hängt von zufälligen äusseren Umständen ab.

Wachsthum und Fortpflanzung gewinnen aber nach und nach durch innere Verhältnisse mehr Bestimmtheit. Da die Zunahme der Substanz durch Einlagerung von Micellen unter der moleculären Einwirkung der bereits vorhandenen geschieht, so muss mit der Zeit, wenn auch vielleicht sehr langsam, ein bezüglicher Einfluss auf ihre gegenseitige Stellung sich geltend machen. Die ursprüngliche regellose oder von äusseren Umständen bewirkte Anlagerung muss zuletzt in eine geordnete und bloss von der Natur der Eiweissmicelle bedingte übergehen. Und dieses geordnete Wachsthum muss auch beim Zerfallen der sich vergrössernden Massen maassgebend mithelfen, also auch eine geordnete Fortpflanzung zur Folge haben.

Bezeichnen wir erst diesen Zustand als den eigentlichen, durch Urzeugung entstandenen Organismus und die vorausgehenden Zustände als die Einleitung dazu, so gibt es schon eine Mehrzahl von verschiedenartigen spontan gebildeten Organismen. Denn die Bildung der einleitenden Zustände geschieht unter sehr ungleichen physikalischen und chemischen Verhältnissen. Berücksichtigen wir bloss die letzteren, so ist schon eine fast unendliche Mannigfaltigkeit denkbar, einerseits weil verschiedene unorganische Verbindungen in verschiedenen Combinationen in die Plasmamassen eintreten und auf die sich gestaltende Anordnung ihrer Micelle Einfluss ausüben, anderseits weil die eiweisserzeugenden Verbindungen verschiedener Art sein können und dieser Umstand sich ebenfalls geltend machen wird. Wir wissen zwar, dass die Ernährungseinflüsse die höheren Organismen während sehr langen Zeiträumen nicht bemerkbar zu verändern vermögen, dass sie also keine Macht auf das Idioplasma haben. Aber dieses Idioplasma ist durch erdperiodenlange Ausbildung festgeordnet und zwar mit Rücksicht auf diese verschiedenen Einflüsse, während in der einleitenden Periode der Urzeugung die bestimmte Ordnung erst gesucht und daher auch von allem mit bestimmt wird, was die moleculären Anziehungen und Bewegungen modificirt. Die organischen Reiche nehmen also ihren Ursprung nicht mit einem einzigen bestimmten Organismus sondern mit vielen, die aber noch wenig von einander abweichen.

Die Eigenschaften der organisirten Substanz werden bedingt durch die Zusammenordnung der Micelle und durch die physikalisch-chemischen Vorgänge zwischen denselben. Beide Momente haben Einfluss auf einander. Mit einer veränderten Anordnung der Micelle werden auch die wirksamen Molecularkräfte, von denen die chemischen und physikalischen Processe abhängen, andere, und durch die veränderten chemischen und physikalischen Processe wird wiederum die fernere Einlagerung der Micelle, also das Wachsthum und die Structur modificirt. Diese beiden Bedingungen ändern sich stetig von dem Beginne des ersten Wesens mit noch ungeordneten Micellen an und führen durch eine Reihe von Zuständen der einleitenden Periode zu den niedrigsten und einfachsten der uns bekannten Organismen; sie wirken in diesen fort und veranlassen deren Weiterbildung zu höheren und complicirteren Organismen.

Die im vorstehenden entwickelte Ansicht von der Urzeugung weicht von der jetzt herrschenden, namentlich durch Häckel vertretenen, wesentlich ab. Häckel betrachtet seine Moneren als die einfachst denkbaren Organismen, noch ohne alle Differenzirung, so dass jedes Molekül in physiologischer Beziehung gleich dem Ganzen sei. Ich möchte dagegen die Behauptung aufstellen, und ich glaube bei den Physiologen wohl allgemeine Zustimmung zu finden, dass von der Bildung des Eiweissmoleküls (oder »Plastiduls«) bis zur Organisation des Moners, welche beiden Vorgänge nach Häckel zusammenfallen, der Abstand in qualitativer Beziehung nicht geringer sondern eher grösser ist als zwischen dem Moner und dem Säugethier, wenn auch die phylogenetische Entwicklung dort rascher und in viel weniger Stufen durchlaufen wird als hier. Alle Eigenschaften des Säugethieres sind im Moner wenigstens als Andeutungen schon vorhanden, während die Eigenschaften des Moners aus dem Eiweissmolekül erst neu geschaffen werden müssen.

In der einleitenden Periode, welche zwischen der unorganischen Natur und den uns bekannten niedrigsten Organismen sich befindet, haben wir zwei Stufen zu unterscheiden. Die erste Stufe besteht in der Synthese der Eiweissverbindungen und in der Organisation derselben zu Micellen, mit welcher die primordiale Plasmamasse gegeben ist. Die zweite Stufe besteht in der Fortbildung der primordialen Plasmamasse bis zu den uns bekannten einfachsten Organismen. Die Wesen dieser zweiten Stufe will ich, um einen kurzen Ausdruck zu haben, als Probien bezeichnen, da sie den aus Erfahrung bekannten Anfängen des Lebens vorausgehen. Eigentlich sind sie selber die ersten Lebewesen, somit Protobien, ein Ausdruck, den ich nicht gebrauchen kann, da der Name Protisten bereits von einer Gruppe später auftretender und höher organisirter Wesen in Anspruch genommen ist.

Was die erste Stufe der einleitenden Periode betrifft, so werde ich später von derselben sprechen und versuchen, die physiologischen Probleme, welche sich an dieselbe knüpfen, einigermassen aufzuklären. Vorher will ich, im Anschluss an das Vorhergehende, das Verhältniss zwischen dem Wesen der zweiten Stufe und den eigentlichen Organismen betrachten. In dieser Beziehung mangeln die Anhaltspunkte durchaus nicht, um wenigstens im allgemeinen die Unterschiede zwischen der primordialen Plasmamasse und den niedrigsten bekannten Organismen, den Moneren, Schizomyceten und Chroococcaceen feststellen zu können. Welche von diesen drei Gruppen als die unterste und einfachste in Anspruch zu nehmen sei, lässt sich bei der unvollkommenen Kenntniss derselben nicht entscheiden; aber jede derselben hat sich schon sehr weit von dem primordialen, noch vollkommen undifferenzirten Plasma entfernt.

Ich will nicht ausführen, dass in den bekannten Organismen die Substanz in Hautschicht und innere Masse geschieden, und dass sie wenigstens aus zwei Formen von Plasma, aus Idioplasma und Ernährungsplasma bestehen muss, noch auch, dass die Cellulosemembran der niedrigsten Pflanzen schon auf eine gewisse Organisation des Inhaltes hinweist. Dagegen will ich, indem ich mich bloss an die als so einfach erklärten Moneren halte, auf zwei Erscheinungen hinweisen, welche den grossen Abstand derselben von der primordialen Plasmamasse jedem physiologischen Verständniss darthun müssen, nämlich auf die bestimmte Grösse und Form und auf die Bewegung.

»Wenn eine einfachste Plastide, ein homogenes Moner, bis zu einer gewissen Grösse herangewachsen ist, so zerfällt der structurlose Plassonkörper bei fortdauerndem Wachsthum in zwei gleiche Hälften, weil die Cohäsion der Plastidule nicht mehr ausreicht, um die ganze Masse zusammenzuhalten.« Ich führe diese Worte Häckel's an, weil sie zugleich die Veranlassung des Irrthums andeuten, warum er die Moneren trotz bestimmter und geringer Grösse als einfach und structurlos erklärt. Derselbe ist offenbar der Ansicht, dass ein structurloser Körper wegen der geringeren Cohäsion der kleinsten Theilchen bei einer bestimmten Grösse zerfalle, während ein organisirter Körper noch Widerstand leisten könne, womit allerdings die Thatsache übereinstimmt, dass die meisten höher organisirten Körper auch eine viel beträchtlichere Grösse besitzen als die Moneren. Indessen verhält es sich doch in der That auf den allerersten Stufen der Organisation gerade umgekehrt.

Eine vollkommen structurlose Masse kann, eben wegen der mangelnden Organisation, nur durch äussere Ursachen zerfallen. Structurlos ist Wasser oder eine Lösung; nehmen wir die Grösse eines kleinen Moners vor der Theilung zu 20 ^{mik} Durchmesser an, so bleibt ein Tropfen Wasser oder ein Tropfen Eiweisslösung, welcher 8 Millionen mal mehr Masse enthält als jenes Moner, selbst in der Luft noch vollkommen cohärent[1]); und doch ist die Cohäsion des Moners als unlöslicher Substanz gewiss beträchtlich grösser als die des Wassers oder der Eiweisslösung. Verhältnissmässig grosse Tropfen dieser Flüssigkeiten sind vor dem Zerfallen geschützt, weil ihre

[1]) Die grössten Moneren werden von Wassertropfen im Volumen um das 300fache übertroffen.

Cohäsionskraft grösser ist als die entgegenwirkenden äusseren Kräfte (Luftströmungen, Schwerkraft).

Eine structurlose Plasmamasse muss aber in ruhigem Wasser wegen des geringen Unterschiedes im specifischen Gewicht noch weit mehr vor dem Zerfallen gesichert sein als ein Flüssigkeitstropfen in der Luft; es ist überhaupt gar kein Grund vorhanden, warum sie entgegen dem Beharrungsvermögen sich in Stücke theilen sollte. So verhält es sich auch mit dem ersten Stadium der Probien; die primordiale Plasmamasse wächst zu unbestimmter Grösse an. Da sie aber etwas schwerer ist als Wasser, so bildet sie einen Ueberzug auf dem Grunde. Sie befindet sich also in einem ähnlichen Zustande, wie man ihn im Bathybius gefunden zu haben glaubte; nur würde dieser in anderen Eigenschaften über das Primordialplasma hinausgehen.

Damit eine Plasmamasse zerfalle, müssen, um mich so auszudrücken, die centrifugalen Kräfte organisirt sein. Es ist unnöthig, auf die Art und Weise dieser Organisation einzugehen, die man sich übrigens, bei dem Vorhandensein von verschiedenen Möglichkeiten der mechanischen Wirkung, auch verschieden denken kann. So viel bleibt gewiss, dass die Organisation um so weiter fortgeschritten und um so bestimmter sein muss, je kleiner die individuellen Massen werden, da zugleich mit der Grössenabnahme die Widerstandskraft gegen das Zerfallen zunimmt. Wir sind daher zu der Annahme genöthigt, dass das Moner, das zu den kleinsten mikroskopischen Objecten gehört, schon eine ziemlich ausgesprochene Structur d. h. eine bestimmte Anordnung der Micelle wenigstens stellenweise erlangt habe.

Aus der eben angestellten Betrachtung erhalten wir folgende Vorstellung von der Veränderung in den Grössenverhältnissen der Individuen während der Entwicklungsgeschichte der ganzen Reiche. Die primordialen Plasmamassen erlangen eine beträchtliche aber ganz unbestimmte Grösse, weil ihr Zerfallen von zufälligen äusseren Ursachen abhängt. Ihre Abkömmlinge werden mit der beginnenden und zunehmenden inneren Organisation, weil dieselbe immer mehr die Theilung zu beherrschen und die Cohäsion zu überwinden vermag, nach und nach kleiner bis zu einem Minimum. Von hier an nimmt die Grösse der Individuen wieder stetig zu, weil die wachsende Organisation auch eine stets grössere Menge Substanz verlangt.

Die einfachsten bekannten Pflanzen und Thiere sind auch die kleinsten; das Minimum der individuellen Grösse dürfte aber noch innerhalb des ihnen vorausgehenden Reiches der Probien sich befinden. Es versteht sich, dass die Veränderung der Grösse, wie ich sie geschildert habe, nur im Grossen und Ganzen gültig ist, und dass im Einzelnen durch besondere Ursachen viele Ausnahmen von der Regel bedingt werden.

Eine andere ausgezeichnete Eigenschaft, durch die sich das Moner gegenüber dem primordialen Probium auszeichnet, beruht in seiner Bewegung. Die structurlose Plasmamasse, deren Theilchen ungeordnet, d. h. nach allen Seiten unterschiedslos orientirt sind, kann nur regungslos sein. Mag die Bewegung der Moneren zu Stande kommen, wie sie will, immerhin muss sie ihren Sitz in den kleinsten Theilchen haben und diese können nur bei einer bestimmten Orientirung eine bemerkbare Wirkung ausüben. Ein einzelnes Theilchen vermag nur eine äusserst geringe Kraft zu entwickeln, und wenn die Theilchen nach verschiedenen Seiten gerichtet sind, so heben sich ihre Wirkungen um so sicherer auf, je grösser ihre Zahl ist.

Um einen Begriff von der Menge der Plasmatheilchen zu geben, die ein Moner zusammensetzt, bemerke ich, dass ein grosses Individuum von 0,6 mm Durchmesser, wenn die Trockensubstanz bloss zu 10 % angesetzt wird, über 5000 Billionen Eiweissmoleküle der jetzigen Chemie (zu 72 C angenommen) und also jedenfalls über 100 Billionen Micelle enthält. Bei den allerkleinsten Moneren beläuft sich die Zahl der Micelle in die Millionen. — Man wird daher unschwer einsehen, dass eine Plasmamasse von gleicher Grösse und gleichem Gewicht, wenn dieselbe structurlos ist und aus ungeordneten Theilchen besteht, der Ortsbewegung und der periodischen Gestaltsänderung (Contractilität) durchaus ermangelt. Auch das kleinste und leichteste sich bewegende Moner muss in der taktischen Anordnung seiner Theilchen schon sehr weit fortgeschritten sein und somit eine lange Ahnenreihe hinter sich haben.

In der bisherigen Darstellung habe ich die Urzeugung vorzüglich mit Rücksicht auf die aus derselben hervorgehenden Organismen betrachtet und gezeigt, dass diese, soweit sie uns bekannt sind, ohne

Ausnahme verhältnissmässig schon sehr zusammengesetzt sind und aus viel einfacheren, uns noch unbekannten Anfängen abgeleitet werden müssen. Eine andere Aufgabe der Physiologie ist es, diese einfachsten Anfänge des Organischen mit der unorganischen Natur zu vergleichen und die Beziehungen zwischen beiden festzustellen. Aus dieser Untersuchung muss vorzüglich der Unterschied zwischen unorganisirten und organisirten, ferner zwischen todten und lebenden Körpern sich ergeben.

Zu diesem Ende müssen wir zuerst einen Blick auf die Gestaltung des Unorganisirten werfen. Es kann sich hier nur um feste Gebilde handeln, da der flüssige und der gasförmige Zustand, in welchen die Moleküle getrennt sind und sich durch einander bewegen, keine individuelle Gestaltung der Massen erlauben. Die Ursachen der Ortsbewegungen und gegenseitigen Verschiebungen der Moleküle im flüssigen Zustande sind die Wärme oder ein Lösungsmittel. Werden diese Ursachen beseitigt, so legen sich die Moleküle zu festen Massen an einander. Dieselben sind krystallisirt, wenn die Molecularkräfte bei der Bildung ungestört wirken können; amorph, wenn dabei Störungen eintreten.

Die ungestörte Wirksamkeit der Molecularkräfte bei der Krystallisation besteht darin, dass die Moleküle, indem ihre Bewegungen zur Ruhe gelangen, sich so neben einander anlagern, wie es die stärksten Anziehungen verlangen. Der Krystall beginnt mit einer Gruppe von einigen wenigen Molekülen; alle folgenden, die hinzutreten, orientiren sich, indem sie die Ortsbewegung verlieren, entsprechend ihren dynamischen Beziehungen zu den bereits angelagerten Molekülen. Da nun alle Moleküle einer Verbindung einander gleich sind, so muss auch die Orientirung, die sie annehmen, stets die nämliche bleiben, und der Krystall muss nach verschiedenen Richtungen des Raumes aus parallelen Schichten und Reihen von Molekülen bestehen. Es ist daher begreiflich, dass er auch äusserlich gewöhnlich von ebenen Flächen und geraden Kanten begrenzt ist.

Die Krystallmoleküle lagern sich so nahe aneinander, als es das Gleichgewicht zwischen den gegenseitigen anziehenden und abstossenden Kräften verlangt. Man bezeichnet dies bildlich als unmittelbare Berührung, da ihre Wirkungssphären aneinander stossen. Es können daher in einen fertigen Krystall keine Moleküle eindringen; derselbe ist für Flüssigkeiten und Gase undurchdringlich.

Das Wesen des Krystalls, welches in der regelmässigen Anordnung seiner Moleküle besteht, wird bloss durch die diesen Molekülen eigenthümlichen Kräfte bedingt, und ist innerhalb bestimmter Grenzen unabhängig von den äusseren Einflüssen (Temperatur, Lösungsmittel, Concentration der Lösung u. s. w.). Die letzteren spielen übrigens immer auch eine Rolle bei der Krystallisation, indem sie derselben, soweit es die inneren Kräfte erlauben, zu verschiedenartigem Ausdruck verhelfen. Sie bedingen die Grösse und die Gestalt der einzelnen Krystalle, ferner den Umstand, ob dieselben einzeln auftreten oder mit einander verwachsen, und ob eine festwerdende Substanz wenige grosse oder viele kleine Krystalle bilde. Geht das Festwerden der Substanz bei hinreichend grosser Beweglichkeit der Moleküle langsam von Statten, so können sich dieselben alle zu einem einzigen Krystalle vereinigen.

Die chemische Natur einer Substanz, insofern dieselbe löslich oder schmelzbar ist, macht keinen Unterschied rücksichtlich des Zustandekommens der Krystallisation. Die complicirten Kohlenstoffverbindungen (Säuren, Zucker, Fette etc.) verhalten sich wie die unorganischen Verbindungen und die Elemente. — Bisweilen legen sich die Moleküle verschiedener Verbindungen zunächst zu Molekülgruppen (Pleonen[1]) aneinander. Besonders häufig ist dies bei den sog. Hydraten der Fall, indem Substanzmoleküle mit Wassermolekülen Hydropleone bilden. Die Pleone krystallisiren genau so wie die einzelnen Moleküle.

Jeder krystallartige Körper muss vor seiner Bildung sich im flüssigen (geschmolzenen oder gelösten) Zustande befunden haben. Dies gilt auch von dem Diamant, obgleich der Kohlenstoff gegenüber den bis jetzt angewendeten Mitteln sich als unschmelzbar und unlöslich erwiesen hat. — Es gibt einige complicirte kohlenstoffhaltige Verbindungen, die weder molecular löslich noch schmelzbar sind, und von denen man auch nicht vermuthen kann, dass man sie je in diesen Zustand wird versetzen können, da sie durch die energischeren Lösungs- und Schmelzungsmittel zersetzt werden. Zu denselben gehören die Kohlenhydrate mit Ausnahme der Zuckerarten, die Albuminate, die leimgebenden, elastischen und hornartigen, die muskel- und nervenbildenden Substanzen. Alle diese Verbindungen

[1]) Theorie der Gärung. Anmerkung betr. die Molekülvereinigungen.

entstehen leicht aus einfacheren, in Wasser löslichen Verbindungen und haben selber eine sehr grosse Verwandtschaft zu Wasser, obgleich sie sich unter keinen Umständen in wässrigen Flüssigkeiten molecular vertheilen lassen.

Aus den Eigenschaften der genannten Verbindungen, dass sie leicht in wässrigen Lösungen sich bilden und zu denselben eine grosse Anziehung besitzen, aber darin molecular unlöslich sind, geht ein neuer Zustand hervor, welcher als der organisirte, imbibitionsfähige oder micellöse bekannt ist. Um den Vorgang anschaulich zu machen, will ich den ersten Anfang eines Stärkekorns schildern.

Die Stärke entsteht in einer Zellflüssigkeit, welche Zucker enthält. Von den Stärkemolekülen, die sich zuerst bilden, legen sich immer diejenigen, die unmittelbar beisammen liegen, wegen ihrer Unlöslichkeit an einander an und bilden einen winzigen Krystallanfang, ein kleines Micell. Da die Stärke wie der Zucker, aus dem sie entstanden ist, das Wasser energisch anzieht, so umgibt sich jedes Micell mit einer verdichteten Hülle von Wassermolekülen. Wenn ein Stärkemolekül sich nicht in unmittelbarer Nähe von anderen Molekülen bildet, an die es sich krystallinisch anlegen kann, so stellt es, indem es von einer Wasserhülle umschlossen wird, ein einmoleküliges Micell dar.

Ueber die Wasserhülle hinaus ist die Anziehung des Micells zur Stärkesubstanz grösser als zu Wasser; deswegen treten immer einige zunächst neben einander entstandene Micelle zusammen und bilden ein festes System, den Anfang eines Stärkekorns. Die Micelle mit ihren Wasserhüllen verhalten sich bezüglich des Gleichgewichts in diesem System analog wie die Moleküle mit ihren Aethersphären in einem Krystall oder in einem Micell. Die Stärkekörner sind mit Wasser durchdrungen (imbibirt), indem die Micelle durch Wasserschichten von bestimmter Mächtigkeit getrennt werden.

Sowie Anfänge von Stärkekörnern vorhanden sind, geht die Stärkebildung in ihrem Innern leichter von Statten als bis auf eine gewisse Entfernung von ihrer Oberfläche in der umgebenden Zellflüssigkeit. Die mittels des Imbibitionswassers fortwährend eindringenden Zuckermoleküle werden unter dem Einfluss der Molecularkräfte in Stärkemoleküle übergeführt. Dabei kann zweierlei geschehen entweder legen sich die neugebildeten Stärkemoleküle an die vorhandenen Micelle an und vergrössern dieselben, oder sie bilden Anfänge von neuen Micellen.

Ob das eine oder andere geschehe, hängt von verschiedenen Umständen ob, wie z. B. von den Bewegungen im Imbibitionswasser, vorzüglich aber von der Stelle, wo das Stärkemolekül sich bildet. Da wo zwei parallele Micellflächen mit ihren Wasserhüllen an einander stossen, ist kein Raum für eine Neubildung, die ebenfalls ihrer Wasserhülle bedürfte. In den Ecken dagegen, wo zwischen 3 oder 4 Micellen ein grösserer Zwischenraum sich befindet, legen sich die entstehenden Stärkemoleküle leichter zu einem neuen Micell zusammen, als dass sie zu den entfernteren Micelloberflächen hinwandern. Im allgemeinen kann man vielleicht sagen, dass die Stärkemoleküle, die in den Wasserhüllen der Micelle selbst entstehen, die Micelle vergrössern, dass diejenigen dagegen, die ausserhalb der Wasserhüllen (resp. zwischen denselben) sich bilden, neue Micelle erzeugen. Ferner dürfen wir annehmen, dass die grossen Micelle ihre Wasserhüllen energischer anziehen als die kleinen, dass daher die kleinen Micelle eine stärkere Neigung haben, durch Anlagerung neuer Moleküle zu wachsen, als die grossen, und dass besonders die einmolekügen Micelle bald in mehrmolekülige übergehen. Diese Bildungsweise macht die ungeheure Kleinheit und die ungeheure Anzahl der Micelle erklärlich.

Aehnlich wie die Stärkekörner verhalten sich die übrigen organisirten Substanzen, und wie ich besonders hervorhebe, es gilt, was ich von der Entstehung der Stärkekörner gesagt habe, Punkt für Punkt für die Urzeugung der Plasmamassen. Mag die wässrige Lösung, in welcher die ursprüngliche Eiweissbildung vor sich geht, wie immer beschaffen sein, mag die Synthese des Eiweissmoleküls so oder anders erfolgen und das Molekül selbst eine beliebige Zusammensetzung haben, — es werden die (unlöslichen) Moleküle stets sich sofort zu Micellen vereinigen und die Micelle in Menge neben einander entstehen. Jedes Micell ist mit einer Wasserhülle umgeben und viele Micelle stellen zusammen eine mit der wässrigen Lösung imbibirte kleine Plasmamasse dar, innerhalb welcher die Eiweissbildung unter dem Einfluss der daselbst wirksamen Molecularkräfte leichter erfolgt als ausserhalb derselben. Die Plasmamasse wächst durch Vergrösserung ihrer Micelle, vorzüglich aber durch Einschaltung neuer Micelle zwischen den vorhandenen.

Wie das eigentliche Wesen der Krystalle nur durch die Beschaffenheit ihrer Moleküle bestimmt wird, so hängt auch die Entstehung und das Wachsthum der organisirten Substanzen im wesentlichen von den Molecularkräften ab, welche die Vereinigung der Moleküle zu Micellen und die Zusammenlagerung der Micelle bewirken. Die Urzeugung der Plasmamassen und ihr weiteres Wachsthum ist das Product der dem Eiweissmolekül anhaftenden Eigenschaften. Die äusseren Einflüsse verhalten sich den organisirten Substanzen gegenüber noch viel ohnmächtiger als gegenüber den Krystallen, weil bei jenen das Wachsthum in ihrem Innern, bei diesen aber an der Aussenfläche stattfindet. So muss die Gestalt und mehr noch die Structur der frei im Wasser befindlichen primordialen Plasmamassen und ihrer nächsten Abkömmlinge von den äusseren Umständen ziemlich unabhängig sein, sofern dieselben nicht so grosse Dimensionen erreichen, dass das grössere specifische Gewicht (im Vergleich mit Wasser) und die Strömungen im Wasser die äussere Form der weichen Massen zu modificiren vermögen.

Unter Umständen lassen sich die organisirten Substanzen in ihre einzelnen Micelle trennen, welche dann mit der Flüssigkeit eine micellare Lösung darstellen und sich darin wie Lösungsmoleküle verhalten, nur mit dem Unterschiede, dass sie wegen ihrer beträchtlicheren Grösse mit einer entsprechend geringeren Beweglichkeit begabt sind. Diese Lösungsmicelle hängen sich leicht in Ketten und andere Verbände zusammen, oder bilden Krystalloide, oder es geht die ganze Lösung, wenn sie concentrirter ist, in einen festen Zustand von verschiedener Structur über.

Das Zerfallen einer organisirten Substanz in eine Micellarlösung findet dann statt, wenn die Verwandtschaft der Micelle zur Flüssigkeit und die Bewegungsursachen so sehr zunehmen, dass die Adhäsion der Micelle unter einander überwunden wird. Sind diese Verhältnisse schon bei der Entstehung der Micelle vorhanden, so bildet sich kein fester organisirter Körper, sondern eine Micellarlösung, die aber nachher zu einer mehr oder weniger festen Substanz sich umbilden kann. Dies gilt namentlich für die plasmatischen Substanzen, welche in allen Uebergangsstufen von der vollkommenen Micellarlösung bis zum festen Körper erzeugt werden.

Die Albuminatmicelle vereinigen sich unter den verschiedensten Umständen und in der mannigfaltigsten Weise. Sie stellen bald ein ganz flüssiges, bald ein halbflüssiges Plasma, bald ziemlich feste mit Wasser durchdrungene Substanzen dar, deren Micelle bald leicht bald sehr schwer sich wieder lostrennen. So sind die Eiweissmicelle einer unendlich verschiedenen Gruppirung und zudem einer grossen Beständigkeit rücksichtlich der einen Anordnungen und einer grossen Veränderlichkeit bezüglich anderer Anordnungen fähig, und sie besitzen somit, wenn wir noch die leichte und vielfache chemische Umsetzung der Albuminate hinzufügen, alle die Eigenschaften, welche das Plasma für seine mannigfaltigen Aufgaben befähigen.

Die physiologischen Bedingungen der Urzeugung bestehen, wie aus der ganzen bisherigen Betrachtung sich ergibt, darin, dass Eiweiss in einer wässrigen Lösung unter Umständen sich bilde, welche die Vereinigung der Micelle zu einem nicht allzu weichen Plasma gestatten, und dass in der Lösung die Möglichkeit der Eiweissbildung dauernd gegeben sei, um das Wachsthum des Plasmas zu unterhalten. Treffen diese Voraussetzungen ein, so muss jedes Mal Urzeugung stattfinden.

Wenn man die Bedingungen der Plasmabildung erwägt, so erklärt sich das scheinbar grösste Räthsel, warum in den unzähligen Fällen, in denen Eiweiss unter den verschiedensten Umständen sich in einer wässrigen Flüssigkeit befindet, doch nie Organismen zu Stande kommen. Die theoretische Meinung, die ich früher ebenfalls theilte, dass bei Anwesenheit von Eiweiss oder wenigstens von lebendem Eiweiss unter übrigens günstigen Umständen Urzeugung möglich sei, ist deshalb unrichtig, weil das Eiweiss nicht in molecularer Lösung, sondern nur in Form von Micellen vorkommt. Die Eiweissmicelle aber, mit denen wir Versuche anstellen, haben sich in irgend welchen Organen gebildet, und können sich nicht so zusammenordnen, wie es nöthig wäre, um den wachsthumsfähigen Keim eines Organismus darzustellen. Nehmen wir selbst den günstigsten Fall an, es verwandle sich ein Keim selbst in eine Micellarlösung, so wären zwar alle Bausteine in der nöthigen Form und Beschaffenheit gegeben, aber sie könnten sich nicht wieder zum Keime reconstruiren. Die Micelle würden sich ebensowenig in die richtige Anordnung zusammenfinden, als die pulverartigen Trümmer eines Krystalls, die in einer Flüssigkeit von gleichem specifischem Gewicht suspendirt wären, wieder zu einem Krystall zusammentreten könnten.

Auch Peptonlösungen sind unfähig, Urzeugung einzuleiten. Mögen dieselben irgend eine chemische Constitution besitzen, jedenfalls sind es nicht die Molecularlösungen der Albuminate. Man kann die letzteren wohl in Peptone spalten; aber dieser Vorgang hat sicher mehr Analogie mit der Spaltung der Stärke in das micellar gelöste Dextrin, als mit der Spaltung des Dextrins in den molecular gelösten Zucker. Die Peptonlösungen krystallisiren ebensowenig als die Dextrinlösungen. Wenn auch eine Synthese des Dextrins aus Zucker im Bereiche der Möglichkeit liegt, so erscheint dagegen die Ueberführung des Dextrins in Stärke und ebenso des Peptons in Eiweiss als unmöglich wegen der micellaren Beschaffenheit der Dextrin- und Peptonlösungen.

Die Urzeugung setzt also nicht das Vorhandensein einer eiweissartigen Substanz, sondern die Eiweiss**bildung** voraus. Denn nur wenn das Eiweiss entsteht, können die Micelle zu einer ihren Molecularkräften entsprechenden Configuration zusammentreten und nur durch fortgesetzte Eiweissbildung können sie beim Wachsthum diesen Charakter bewahren.

Aus dem gleichen Grunde ist es unmöglich, irgend etwas Organisirtes auf künstlichem Wege darzustellen. Denn alle Organisationen sind unter dem Einfluss von micellaren Verhältnissen und molecularen Kräften entstanden, welche bloss in dem betreffenden Organismus vorhanden sind und sich nicht nachahmen lassen.

Die nämliche Betrachtung gibt uns, wie ich glaube, auch Aufschluss über den sonst so räthselhaften Unterschied zwischen dem lebenden und todten Zustand einer organisirten Substanz. Man kann das lebende Plasma durch schädliche Einwirkungen verschiedener Art und oft sehr geringer Intensität tödten, ohne dass die mikroskopische Untersuchung die kleinste Veränderung an demselben wahrnimmt. Um die merkwürdige Erscheinung des Lebens zu erklären, ist man bis auf das Molekül zurückgegangen und hat von lebendem und todtem Eiweissmolekül gesprochen. Eine solche Aufstellung braucht kaum widerlegt zu werden; denn das Molekül ist weder todt noch lebendig; es wirkt immer mit den Kräften seiner Atome und behält seine Eigenthümlichkeit, bis die gesteigerten Eingriffe seine Zersetzung oder Umsetzung verursachen. Auch dem Micell können wir keine specifische Lebensfähigkeit zuschreiben. Als feste Vereinigung von Molekülen bewahrt es entweder seine

Beschaffenheit, oder es zerfällt unter zerstörenden Einflüssen in Stücke, wohl auch in die einzelnen Moleküle, gerade so wie ein Krystall.

Anders verhält es sich mit einer Zusammenordnung von Micellen; dieselbe kann durch leichte Verschiebungen ihrer Theile so verändert werden, dass, obgleich das Aussehen das nämliche bleibt, doch die Functionen eine Störung erfahren. Wenn auf eine lebende Plasmamasse nachtheilige Einflüsse einwirken, so wird die Zusammenordnung der Micelle entweder nur wenig, gleichsam nur innerhalb ihrer Elasticitätsgrenzen, verschoben und kann, wenn die Einflüsse aufhören, wieder hergestellt werden; in diesem Falle tritt ein vorübergehender krankhafter oder scheintodter Zustand ein. Oder die Verschiebung ist so bedeutend, dass sie nicht wieder rückgängig gemacht werden kann; dann ist der Tod die Folge derselben. Es versteht sich, dass, um den Tod des Organismus oder eines Organs herbeizuführen, nicht alle Micellaranordnungen, sondern nur diejenigen, von denen die normalen Functionen der übrigen abhängen, gestört werden müssen.

Das Leben einer Plasmamasse beruht also darin, dass die eigenthümliche Configuration ihrer Structur unangetastet bleibe, und zwar kommt es dabei sicher nur auf die Configuration des idioplasmatischen Systems an. Erleidet dasselbe eine dauernde Dislocation seiner Theile, so kann es nicht mehr in der normalen Weise auf das Ernährungsplasma einwirken und sich selber vermehren; als nothwendige Folge tritt der Tod ein.

III.

Ursachen der Veränderung.

Die Ursache der Varietätenbildung wird von den Systematikern gewöhnlich den äussern Einflüssen des Klimas und der Nahrung, die Ursache der Rassen- und Speciesbildung von der Darwin'schen Schule nach Willkür, Bedürfniss oder Wahrscheinlichkeit bald denselben bald inneren Dispositionen und Anstössen zugeschrieben. Nach meinen früheren Untersuchungen musste ich die unmittelbare Wirkung der äusseren gegenüber den inneren Ursachen für unmerklich gering halten[1]. Ich will hier zunächst bloss von den klimatischen und Ernährungseinflüssen sprechen, die man so häufig im Munde führt und als die Ursachen der Veränderung bezeichnet, ohne sich darüber Rechenschaft zu geben, ob und welche bestimmte Wirkung einer bestimmten Ursache entsprechen könnte. Später werde ich unter den äusseren Einflüssen eine Classe von solchen ausscheiden, welche nach meiner Ansicht mit Nothwendigkeit Anpassungsveränderungen hervorbringen.

In erster Linie ist also hervorzuheben, dass es zweierlei Arten der Veränderung gibt, deren stete Vermengung die vielfachen unrichtigen Urtheile veranlasst. Die eine ist vorübergehend und währt nur so lange als die Ursache anhält; die andere ist dauernd und bleibt, nachdem die Ursache aufgehört zu wirken. Nur die letztere ist der Vererbung fähig und kommt bei der Abstammung in Betracht.

Die äusseren klimatischen und Nahrungseinflüsse bewirken als unmittelbare Folge nur vorübergehende Veränderungen. Reichliche

[1]) Sitzungsber. d. k. bayr. Akad. d. Wiss. 18. Nov. 1865.

Nahrung kann fett machen, Nahrungsentziehung führt die frühere Magerkeit wieder herbei; ein warmer Sommer macht eine Pflanze aromatischer oder ihre Früchte süsser, ein darauf folgendes kaltes Jahr bringt Blätter mit weniger Geruch und saure Früchte hervor. Von zwei ganz gleichen Samen erzeugt der eine auf gedüngtem Humusboden einen grossen, stark verzweigten, vielblüthigen Stock mit ansehnlichen Blättern, der andere auf Sandboden einen kurzen, unverzweigten, einblüthigen Stengel mit kleinen Blättern; die Samen aber der einen oder anderen Pflanze verhalten sich ganz gleich; sie haben von der Ungleichheit ihrer Eltern gar nichts geerbt.

Die äusseren Ursachen vermögen die Eigenschaften, welche sie in dieser Weise unmittelbar hervorbringen, auch nicht dauernd zu machen, wenn sie durch noch so viele Generationen eingewirkt haben. Alpenpflanzen, von denen man annehmen muss, dass sie von jeher (wenigstens seit der Eiszeit) unter den nämlichen Verhältnissen gelebt und die charakteristischen Eigenschaften der Hochgebirgspflanzen besessen haben, verlieren diese Eigenschaften bei der Verpflanzung in die Ebene vollständig schon im ersten Sommer, wobei es gleichgültig ist, ob man sie aus Samen oder ausgegrabenen Stöcken erzieht. Statt des früheren gedrungenen unverzweigten Wuchses und der geringen Zahl von Organen sind sie nun in die Höhe geschossen, stark verzweigt und mit zahlreichen Blättern und Blüthen versehen; und sie behalten die neu erlangten Eigenschaften, so lange sie in der Ebene leben, ohne dass eine neue Veränderung an ihnen bemerkbar würde[1]). Auch andere Merkmale, welche die Pflanzen durch die äusseren Einflüsse auf verschiedenen Standorten (im feuchten Schatten, an trockenen sonnigen Hängen, auf ungleicher geologischer Unterlage) gewinnen, gehen unter geänderten Einflüssen sogleich verloren.

Diese vorübergehenden Eigenschaften bilden die Merkmale der Standortsmodificationen. Dass sie keine Beständigkeit haben, ist übrigens begreiflich, weil sie nicht in neuen besonderen Er-

[1]) Auf die Frage Darwin's, wer könne behaupten, dass die Zwergpflanzen der Alpen nicht in einigen Fällen auf wenigstens einige Generationen vererbt werden? antworte ich, dass dies niemand geringerer behauptet als der Versuch selbst, welcher zeigt, dass nur diejenigen Alpenpflanzen in der Ebene ihre Zwerghaftigkeit beibehalten und oft noch steigern, welche daselbst nicht gedeihen und in Folge mangelhafter Ernährung wieder aussterben. Es gibt bis jetzt aber keine solchen, die in der Ebene anfänglich klein sind und nachher grösser werden.

scheinungen, sondern nur darin bestehen, dass die nämlichen Erscheinungen, durch die äusseren Einflüsse in ungleichem Maasse unterstützt, dem entsprechend auch in ungleicher Quantität auftreten, dass die nämlichen chemischen und Gestaltungsprocesse hier nur während kurzer Zeit und wenig intensiv, dort mit grösserer Energie und während längerer Zeit anhalten. — Die von den äusseren Ursachen bewirkten Veränderungen sind den Veränderungen vergleichbar, welche elastische Körper innerhalb der Elasticitätsgrenze erleiden; wenn die Spannungen noch so oft sich wiederholen oder noch so lange andauern, lassen sie den Körper schliesslich doch unverändert.

Sehen wir aus den mitgetheilten Thatsachen, dass Erscheinungen, welche durch äussere Ursachen unmittelbar hervorgebracht werden, nicht beständig sind, so gibt es eine andere Reihe von Erfahrungen, welche uns zeigen, dass ungleiche äussere Ernährungseinflüsse neben diesen unbeständigen auch keine beständigen und oft überhaupt keine Veränderungen bewirken. Es gibt Pflanzen, welche seit der Eiszeit an verschiedenen Orten der Erdoberfläche und unter sehr verschiedenen Verhältnissen gelebt haben und trotzdem ganz gleich sind, woraus wir schliessen müssen, dass dieselben durch die Ernährungseinflüsse nicht verändert wurden. Es könnten hierfür viele Beispiele angeführt werden; ich will die beiden Alpenrosen unserer Gebirge erwähnen, weil es bekanntere Pflanzen sind und weil sich eine pflanzengeographische Theorie an sie knüpft.

Von den beiden Arten kommt die eine (Rhododendron ferrugineum) vorzugsweise auf Urgebirgen und überhaupt auf kalkarmer Unterlage, die andere (Rh. hirsutum) auf kalkreichem Boden vor. Man hat die Verschiedenheiten von diesem ungleichen Vorkommen abgeleitet, und es wäre daher denkbar, dass ein langer Aufenthalt unter den einen oder anderen Verhältnissen eine Veränderung bewirken möchte. Nun lässt sich aber von der rostigen Alpenrose nachweisen, dass sie seit der Eiszeit einerseits auf feuchter Granit- und Gneisunterlage in der Nähe der Gletscher, ebenso auf kalkarmem Boden an den oberitalienischen Seen unter Kastanienbäumen und in der Nähe der Weinreben und Feigen, dann aber andrerseits auch auf trockenen sonnigen Kalkfelsen in den Apenninen und auf dem Jura gelebt hat. Trotz dieser langdauernden ungleichen Ernährung, welche, wie man meinen sollte, die empfindlichste Seite der Pflanze berührte, ist nicht die geringste Veränderung bemerkbar geworden[1]).

Man könnte aber rücksichtlich dieser Pflanzen sowie vieler anderer den Einwurf erheben, dass dieselben nicht im Zustande der Veränderlichkeit sich befinden, vielleicht überhaupt veränderungsunfähig geworden seien. Ich will daher, obgleich diese Theorie nicht ohne weiteres annehmbar ist, noch als Beispiel diejenige Gattung anführen, welche unter allen Pflanzen die grösste Veränderlichkeit der Formen zeigt. Einzelne Varietäten der Gattung Habichtskraut (Hieracium) haben seit der Eiszeit in der alpinen Region der Alpen, der Karpathen, des hohen Nordens, in der Ebene, auf verschiedener geologischer Unterlage gewohnt und sind ganz gleich geblieben, obgleich die von ihnen nach verschiedenen Seiten ausgehenden gleitenden Uebergänge zu andern Formen auf eine geringe Beständigkeit hindeuten möchten.

Eine besondere Kategorie von Beispielen, welche uns das nämliche Ergebniss liefern, finden wir in den Schmarotzergewächsen. Ausser einigen Arten von Orobanche und von parasitischen Pilzen ist besonders die Mistel (Viscum) zu nennen, welche aus Gegenden, wo sie von jeher auf Birken, und aus solchen, wo sie auf Apfelbäumen gelebt hat, ganz gleich aussieht; und wenn die auf Coniferen vorkommenden Mistelpflanzen in geringen Merkmalen abweichen, so ist es noch sehr fraglich, ob diese Merkmale nicht beim Verpflanzen auf Birken und auf Obstbäume sich sofort verlieren und somit als nicht beständig erweisen würden.

Es ist überhaupt eine ganz allgemeine Erscheinung, dass einerseits ganz die gleichen Varietäten auf verschiedenen Standorten und unter sehr ungleichen äusseren Einflüssen, andrerseits zwei oder mehrere noch so wenig verschiedene Varietäten beisammen auf dem gleichen Standort, also unter gleichen äusseren Umständen getroffen werden. Daraus liegt der Schluss nahe, dass die unmittelbar wirkenden äusseren Ursachen in keiner Beziehung zu den beständigen und erblichen Varietätsmerkmalen stehen, dass die Ernährungsursachen diese Merkmale weder hervorbringen noch austilgen können. Die viel selteneren Fälle, wo auf andern Localitäten andere Varietäten auftreten, beweisen nichts, weil dieses Vorkommen durch die Concurrenz und die gegenseitige Verdrängung geregelt wird.

[1]) Sitzungsber. d. k. bayr. Akad. d. Wiss. 18. Nov. 1865.

Wir können die Frage noch von einem andern Gesichtspunkt aus betrachten. Wenn die Ernährungsursachen, wie es so häufig dargestellt wird, in bemerkenswerther Weise auf die Organismen einwirken, so muss sich nachweisen lassen, welche Wirkung einer bestimmten Ursache zukommt; es müssen bei den Gewächsen gewisse Merkmale einem warmen oder kalten, einem trockenen oder feuchten Klima, einem kalkreichen oder kalkarmen, einem viel oder wenig Kieselerde enthaltenden Boden entsprechen. Man hat in der That solche Wirkungen finden wollen, man hat beispielsweise wollige und flockige Behaarungen aus trockenen warmen Standorten, Mangel an Haaren sowie drüsige Behaarung aus feuchten und schattigen Wohnplätzen abgeleitet. Das mag bei gewissen Arten zutreffen, bei andern aber ist gerade das Gegentheil der Fall; selbst die gleichen Arten verhalten sich in verschiedenen Gegenden ungleich.

Mit den Formen der so veränderlichen Gattung Hieracium könnte man sowohl die eben angeführte als auch die gegentheilige Regel begründen. In Süddeutschland (München), um nur ein Beispiel anzuführen, macht man vielfach die Beobachtung, dass von den mit Hieracium silvaticum (murorum) verwandten Formen die drüsigen Varietäten im Waldschatten, die drüsenlosen mit reichlicheren Haaren und Flocken versehenen Varietäten dagegen an trockenen sonnigen Abhängen wachsen. Die euganeischen Hügel in der Nähe von Padua gehören zu den trockensten und heissesten Localitäten, wo die betreffenden Hieracien noch wachsen können; ich habe dort nur Varietäten mit reichlichen Drüsen, ohne Haare und mit wenig Flocken gefunden[1]).

So verhält es sich mit allen Eigenschaften, welche man den äusseren Ursachen zuschreibt. Wenn man in dieser Beziehung eine Entdeckung gemacht zu haben glaubt, so kann man sicher sein, in anderen Fällen das Gegentheil zu finden. Man macht mit den

[1]) Die Scheidung der verschiedenen Varietäten nach den Standorten in Süddeutschland rührt von der Concurrenz her, welche die gegenseitige Verdrängung bewirkt. Wenn auf den euganeischen Bergen drüsenlose Varietäten vorkämen, so hätten sie die drüsigen entweder ganz verdrängt oder auf einige feuchte und schattige Stellen eingeschrankt. — Eine Menge anderer Fälle zeigt in ganz gleicher Weise, dass die Ernährungsursachen keine unmittelbare Wirkung auf die Behaarung ausüben, wohl aber zuweilen durch Verdrängung bestimmter Formen den Schein einer solchen Wirkung hervorbringen.

Einflüssen der Aussenwelt auf die Organismen die nämliche Erfahrung wie mit den Wetterregeln; sobald man die Sache kritisch und statistisch verfolgt, so ergeben sich ebenso viele Ausnahmen als Bestätigungsfälle für jede Regel.

Wenn die klimatischen und Ernährungsursachen auf die Veränderung der Individuen und somit auf die Varietätenbildung Einfluss hätten, so müssten die Pflanzen von bestimmten ausgezeichneten Standorten einen übereinstimmenden Charakter rücksichtlich ihrer Varietätsmerkmale zeigen, und es müssten die Floren eines ausgezeichneten Klimas in ihren Arten und Gattungen etwas Gemeinsames in sich tragen. Das Pflanzenreich widerspricht in allen Beziehungen einer solchen Voraussetzung.

Die Pflanzengeographen schildern zwar die Physiognomien der verschiedenen Vegetationsgebiete. Aber das Auffällige und Unterscheidende besteht nicht etwa in übereinstimmenden Merkmalen der Gewächse, sondern in dem zufälligen Vorhandensein von grossen baumartigen und massenhaft vertretenen kleineren Pflanzen. Der Charakter einer Vegetation wird nicht dadurch bedingt, dass die äusseren Verhältnisse den Pflanzen (abgesehen von den Standortsmodificationen) einen besondern Charakter aufprägten, sondern dadurch, dass die Vegetation von bestimmten vorweltlichen Floren abstammt, und ferner dadurch, dass die Concurrenz nur bestimmten Pflanzen und zwar solchen von sehr verschiedenem Gepräge ein genau bemessenes Vorkommen gestattet.

Schliessen wir aus allen den angeführten Beobachtungen nicht mehr als sie wirklich beweisen, so steht Folgendes fest. Alle uns aus Erfahrung bekannten bedeutenden Veränderungen, welche die äusseren (klimatischen und Ernährungs-) Einflüsse auf die Organismen ausüben, treten sogleich in ihrer ganzen Stärke auf; sie dauern ferner nur solange als die Einwirkung währt, und gehen schliesslich ganz verloren, indem sie nichts Bleibendes hinterlassen; dies ist selbst dann der Fall, wenn die äusseren Einflüsse seit der Eiszeit ununterbrochen in gleichem Sinne thätig waren. Von irgend einer erblichen Eigenschaft oder von irgend einer Sippe (Rasse, Varietät, Species), welche den Ernährungsursachen ihr Entstehen verdankten, wissen wir nichts.

Damit möchte ich indess nur die landläufigen unmotivirten Meinungen, betreffend die unmittelbare und ersichtliche Wirkung von Nahrung und Klima, zurückweisen. Die Behauptung liegt mir ferne, dass die äusseren Ursachen für die Veränderung gleichgültig seien und dass sie nicht in irgend einer Weise dabei eine Rolle übernehmen.

Zunächst ist, nachdem wir uns die Frage gestellt haben, was die Erfahrung über die Wirkung der äusseren Ursachen ergibt, die Gegenfrage zu prüfen: Was wissen wir aus Erfahrung über die Veränderung durch innere Ursachen? In dieser Beziehung muss sogleich eingeräumt werden, dass Beobachtung und Versuch ebenso wenig die Entstehung einer Species oder auch nur einer Varietät aus inneren Ursachen darthun. An der organischen Welt lässt sich ja seit der Eiszeit und sogar seit noch viel längerer Zeit eine bemerkenswerthe Veränderung nicht darthun. Selbst manche Varietäten sind nachweisbar in dieser ganzen Periode die nämlichen geblieben; und wenn sich, was nicht bezweifelt werden kann, Varietäten gebildet haben, so lassen sich die Ursachen ihrer Entstehung auf empirischem Wege nicht nachweisen.

Die dauernden und erblichen Eigenschaften, von deren Bildung wir empirisch etwas wissen, gehören alle der individuellen Veränderung im Culturzustande und der Rassenbildung an und hängen meistens mit der Kreuzung zusammen. Dieselben rühren sämmtlich, soweit etwas Sicheres darüber bekannt ist, von inneren und nie von äusseren Ursachen her; sie sind immer das Product der Vererbung und stammen von den Eltern oder früheren Vorfahren her.

Wir erkennen dies bestimmt daraus, dass unter den gleichen äusseren Umständen die Individuen sich ungleich verhalten, dass auf dem nämlichen Gartenbeet von den Sämlingen einer Mutterpflanze die einen unverändert bleiben, die andern verschiedene Veränderungen zeigen. Die Erdbeere mit einzähligen (statt dreizähligen) Blättern erschien bei einer Aussaat im vorigen Jahrhundert unter vielen anderen Sämlingen. Aus den zehn Kernen einer Birne erhielt van Mons ebenso viele verschiedene Birnsorten. Die zahlreichen Rassen der Nutz- und Zierpflanzen sind fast alle durch Aussaat und zwar unter den nämlichen äusseren Einflüssen entstanden.

Besonders deutlich aber tritt die ausschliessliche Wirkung der inneren Ursachen dann hervor, wenn an demselben Pflanzenstock die Aeste sich ungleich verhalten. An einem Rosskastanienbaume in Genf trug ein Zweig gefüllte Blüthen; von diesem Zweige stammen durch Vermehrung vermittelst Pfropfreisern die über Europa verbreiteten gefüllten Kastanienbäume. Im botanischen Garten in München steht eine Buche mit schmalen geschlitzten Blättern; ein Ast derselben hat die gewöhnlichen breiten ungetheilten Blätter. Es sind viele solcher Beispiele bekannt; manche Ziergewächse wurden auf diese Weise gewonnen. Der Vorgang lässt sich nur so erklären, dass die Zelle oder Zellgruppe, aus welcher der anders geartete Zweig hervorgeht, durch innere Ursachen eigenthümlich modificirt wird.

Die Eigenschaften, welche dauernd sind und sich somit vererben, sind in dem Idioplasma enthalten, welches sie von den Eltern auf die Kinder überträgt. Eine Ursache, welche die Organismen bleibend verändert, muss das Idioplasma umbilden. Wie ohnmächtig in dieser Beziehung die Ernährung, der wirksamste unter den äusseren Einflüssen, gegenüber den inneren Ursachen ist, ergibt sich am überzeugendsten aus den Erscheinungen bei der Fortpflanzung. Auf den Gegensatz zwischen Vererbung und Ernährung habe ich schon im Jahre 1856 hingewiesen (»die Individualität in der Natur«), indem ich sagte, dass nur die erste Keimanlage durch feste (organisirte) Substanz der Eltern erzeugt werde, und dass dieselbe fortan gemäss ihrer Organisation selbständig und ungestört durch die von der Mutter empfangene, gelöste (nicht organisirte) Nahrung sich entwickle.

Bei den Menschen erben die Kinder im allgemeinen gleichviel vom Vater wie von der Mutter. Nach den uns zugänglichen Merkmalen zu schliessen, scheinen sie bald von der einen, bald von der andern Seite mehr empfangen zu haben, und sie gleichen in jedem einzelnen Merkmal bald dem Vater, bald der Mutter. Da aber viele Eigenschaften latent bleiben und die wesentliche Erbschaft in der Beschaffenheit des Idioplasmas beruht, so ist eine ziemlich gleiche Betheiligung von väterlicher und mütterlicher Seite im höchsten Grade wahrscheinlich. Um jedoch jeder Meinung zu genügen, so wählen wir für unsere Betrachtung ein Kind, welches sowohl in der Jugend als im Alter ganz besonders dem Vater ähnlich ist, und das von der Mutter nur wenig bekommen zu haben scheint. Jedermann wird in diesem Falle das väterliche Erbe dem mütterlichen mindestens gleich gross, wenn nicht überlegen erachten. An die Substanz aber, aus welcher dieses Kind bei der Geburt oder, wenn es von der Mutter gestillt wird, einige Zeit nach der Geburt besteht, hat der

Vater nur etwa den hundertbillionsten Theil, die Mutter alles Uebrige geliefert.

Wenn irgend ein Factum Aufschluss über das Verhältniss der inneren Ursachen zur Ernährung zu geben vermag, so ist es dieses. Hätte die Ernährung einen bemerkbaren Einfluss, so müsste sie ihn hier bethätigen; sie müsste sich am wirksamsten in den ersten Stadien des individuellen Lebens erweisen, in welchen sich das Idioplasma stark vermehrt und in welchen sich die in ihm enthaltenen Anlagen entfalten. Wenn die Mutter aus ihrer eigenen Substanz den Keim auf das Hundertbillionenfache vermehren kann, ohne dem Kind dadurch das geringste Plus von ihren Eigenschaften mitzutheilen, wie soll dann die Ernährung späterhin, wenn der Organismus aus dem bildsamen Jugendzustand in den gefestigten erwachsenen Zustand übergegangen ist, noch irgend welche erhebliche Wirkung vollbringen können?

Wir dürfen daher mit grösster Gewissheit behaupten, dass die Ernährung, vorausgesetzt dass sie ausreichend ist, in jedem Zustande ziemlich indifferent sich verhält, dass der Vegetarianer bezüglich aller dauernden Eigenschaften ebenso gesichert ist, wie derjenige, der sich ausschliesslich von Fleisch nährt, und dass auch die Meinung von der vererbenden Wirkung der Ammenmilch nicht mehr ist als ein Ammenmährchen.

Die nämliche Schlussfolgerung, wie für den Menschen, gilt für die geschlechtliche Fortpflanzung aller Organismen. Die Mutter übernimmt die ausschliessliche Ernährung in den ersten Lebensstadien entweder unmittelbar, wie bei den Säugethieren und den Embryopflanzen (Phanerogamen), oder mittelbar, indem sie den Keim mit Reservenahrung ausstattet, wie bei den eierlegenden Thieren und den Sporenpflanzen. Der aus dem Ei ausschlüpfende Vogel ist seiner Substanz nach ebensowohl ein Erzeugniss der Mutter, wie das lebendig geborene Kalb. Gleichwohl zeigt sich, wenn ausgeprägte individuelle Merkmale bei Thieren und Pflanzen vorhanden sind (wie z. B. ungleiche Farbe oder in einzelnen Fällen auch ungleiche Behaarung), die väterliche und mütterliche Erbschaft als Durchschnittsergebniss ziemlich gleichgross.

Besonders deutlich tritt die Regel der gleichen Vererbung bei der Kreuzung verschiedener Sippen (Rassen, Varietäten, Arten) hervor. Und gerade hier sollte man, wenn die Ernährung gegenüber den inneren Ursachen etwas vermöchte, einen überwiegenden Einfluss der Mutter erwarten, weil bei der Kreuzung zwei verschieden geartete Idioplasmen zusammentreten, weil in Folge des daraus hervorgehenden Conflictes das vereinigte Idioplasma für anderweitige Einflüsse empfänglicher sein muss, und weil es wohl begreiflich wäre, dass die mütterliche Ernährung ihrem eigenen Idioplasma den Vorrang sicherte. In der That beweisen ja alle Erfahrungen, dass durch die Kreuzung die Variabilität in den folgenden Generationen gesteigert wird; aber von einem Ueberwiegen der mütterlichen Erbschaft in früheren oder späteren Generationen tritt nirgends die geringste Spur hervor.

Die Vererbung bei der geschlechtlichen Fortpflanzung lässt nur die eine Erklärung zu, dass die Anlagen bloss durch feste (unlösliche), nicht durch gelöste Stoffe übertragen werden. Bei dem Befruchtungsact vereinigt sich das väterliche mit dem mütterlichen Idioplasma zur idioplasmatischen Anlage des Kindes, wobei die beiderseitigen Antheile quantitativ wohl ziemlich gleich sein und der Ueberschuss der mütterlicherseits gelieferten Substanz aus indifferentem Ernährungsplasma bestehen dürfte. Alles, was von diesem Augenblicke an die Mutter zur Ernährung der Keimanlage und des Embryos beiträgt, tritt in gelöster Form in dieselben ein.

Dass aber die gelösten Stoffe sich indifferent verhalten und dass sie nicht Träger von bestimmten Eigenschaften sein können, geht nothwendig aus dem Umstande hervor, dass das Idioplasma seine Eigenschaften der Anordnung fester Theilchen verdankt und dass die eintretenden gelösten Substanzen sich unter dem Einfluss der bereits vorhandenen festen Theilchen einordnen. Es ist daher für die eigenartige Entwicklung vollkommen gleichgültig, woher das Eiweiss, durch welches das Kind wächst, stamme, ob von der Mutter, von der Amme, von der Kuhmilch oder vom Kindermehl, wiewohl diese Nahrungsmittel wegen ihrer Mischung mehr oder weniger zuträglich sein können. Wir begreifen daher auch, warum die verschiedenartige Ernährung keinen Einfluss auf die individuelle Veränderung und die Sippenbildung ausübt, warum das Pfropfreis auf seiner Unterlage fast immer unverändert bleibt, und warum der Schmarotzer nichts von seinem Ernährer annimmt. Wir können andrerseits den Schluss ziehen, dass bei der Befruchtung immer (ungelöste) Idioplasmen sich vereinigen und dass der befruchtende

Stoff niemals in der indifferenten Form der Lösung (wie so oft für die phanerogamischen Pflanzen angenommen wurde) eindringen kann.

Wenn ich bis jetzt von inneren Ursachen gesprochen habe, so war es in der Meinung, dass etwas Inneres vorhanden sei, ohne welches eine bestimmte Veränderung nicht erfolgen würde. Auch die Darwin'sche Schule spricht, wohl in gleichem Sinne, hin und wieder von inneren Ursachen. Ein Gegner der Abstammungslehre entgegnete hierauf, die inneren Ursachen seien logisch erschlichen. Ich will zunächst nicht im Namen der Logik, sondern mit einem Beispiel antworten und an dasselbe die weiteren Bemerkungen über die Wirkung der inneren Ursachen anknüpfen.

Der Inhalt des Hühnereis verwandelt sich im Brütkasten innerhalb drei Wochen in ein Küchlein. Was ist die Ursache dieser Veränderung? Gewiss nicht die Wärme, obgleich dieselbe eine nothwendige Bedingung ist, wie jeder chemische Process nur innerhalb gewisser Temperaturgrenzen stattfindet. Ein paar Grade mehr oder weniger als Brütwärme würden die Entwicklung des Keims verhindern; der Inhalt des zerschlagenen Eies aber würde bei Brütwärme in Fäulniss übergehen und bei höherer Temperatur im besten Fall zum Eierkuchen werden. Ob während der Brützeit von dem Ei etwas Wärme aufgenommen oder abgegeben wird, ist für die Beurtheilung der Ursachen gleichgültig. Das Küchlein, das bereit ist, aus der Schale auszuschlüpfen, wird nahezu die nämliche Verbrennungswärme geben wie der Inhalt des unbebrüteten Eies; eine nennenswerthe Vermehrung oder Verminderung der Kraftsumme hat während der Entwicklung nicht stattgefunden.

Niemand wird bestreiten wollen, dass im Ei der ganze Umwandlungsprocess durch innere Ursachen erfolgt. Derselbe beginnt, wenn die Brütwärme die Keimanlage erreicht, und dann folgen die Entwicklungsstadien regelmässig auf einander, indem jedes mit mechanischer Nothwendigkeit aus dem nächst früheren hervorgeht. Wenn aber innerhalb der Eischale durch innere Ursachen aus einem Plasmatröpfchen sich ein Vogel entwickeln kann, warum sollten nicht in ganz analogen Entwicklungsprocessen innere Ursachen aus einem Urplasmatröpfchen durch eine Reihe von Organismen ebenfalls ein organisirtes Wesen zu Stande bringen können?

Allerdings besteht ein Unterschied zwischen beiden Fällen; das Plasmatröpfchen des Eies stammt von einem Vogel und enthält alle dauernden Eigenschaften desselben als Anlagen; das Urplasmatröpfchen dagegen besitzt noch gar keine Anlagen, sondern nur die Fähigkeit, solche zu erlangen. Dieser Unterschied macht aber für die Logik oder vielmehr für die Mechanik, welche hier im Spiele ist, nichts aus. Das Hauptgewicht beruht darin, dass in der Keimanlage eine eigenthümliche Beschaffenheit der Substanz gegeben ist, welche durch Einlagerung neuer Substanz wächst und sich dabei verändert, und dass eine Veränderung die andere mit Nothwendigkeit ablöst, bis der Vogel fertig ist. In dem Urplasmatröpfchen des ersten Wesens ist ebenfalls eine bestimmte, nur viel einfachere Beschaffenheit der Substanz vorhanden, welche dadurch, dass sie sich verändert, fernere Veränderungen bedingt und somit nothwendig zum Ausgangspunkt einer ganzen Reihe von verschiedenen Organisationen wird.

Um ein Bild zu gebrauchen, so ist die letztgenannte oder die phylogenetische Veränderungsbewegung in einer Abstammungslinie zu vergleichen der Fortpflanzung eines Lichtstrahles, während die ontogenetischen Veränderungsbewegungen der Individuen den Schwingungen der einzelnen Aethertheilchen entsprechen. Der Unterschied ist der, dass der Lichtstrahl auf seinem Wege und ebenso seine Elemente, die Aetherschwingungen, die nämlichen bleiben, dass dagegen die phylogenetische Bewegung in einer steten Veränderung nach einem bestimmten Ziele besteht, und dass in entsprechendem Maasse auch die Träger derselben, die Individuen, sich verändern.

Wenn der Anhänger der unveränderlichen Arten die Veränderung in jeder Organisationsstufe auf einen bestimmten Kreis beschränkt, so ist dies eine Glaubenssache und wenig übereinstimmend mit der Logik. Denn wenn einmal Veränderung innerhalb der Species besteht (was unbestritten ist), so kann nach mechanischen Principien, wenn der Zustand *a* den Zustand *b* hervorbrachte, der Zustand *b* nicht abermals den Zustand *b* oder gar *a* hervorbringen, sondern nur einen folgenden Zustand der Reihe, also *c*, und so weiter ins Unendliche. Es muss daher von dem Idioplasma eines Organismus zu dem seines Kindes ein gewisser Fortschritt stattfinden; es kann die individuelle Entwicklung mit dem Keim, den sie bildet, nicht genau auf den nämlichen Punkt zurückkehren, von dem sie selber ausgegangen ist. Würde dies einmal geschehen, so müsste gemäss dem Trägheitsgesetze die Entwicklungsbewegung immer wieder auf denselben Punkt zurückgehen, und eine Veränderung wäre auch innerhalb der Species unmöglich.

Im Ei bildet sich der Embryo aus, indem er die umgebende Masse aufnimmt und assimilirt. Diese liefert ihm Stoff und Kraft, aber das eigentliche Agens, welches die Bewegung veranlasst und ihr die specifische Richtung ertheilt, ist die Keimanlage in ihren aufeinanderfolgenden Zuständen. Ebenso verhält es sich mit dem pflanzlichen und thierischen Embryo, der sich im Mutterleib entwickelt, und mit dem einzelligen Pflanzenkeim, der auf feuchter Erde keimt und wächst, nur dass ersterer die Lebensbedingungen aus der Mutter, letzterer aus der unorganischen Natur bezieht.

Bei allen Organisationsveränderungen ist das Idioplasma das Maassgebende, während ihm die äusseren Einflüsse, besonders in der Nahrung, den Stoff und die Kraft liefern. Die Wirkung des Idioplasmas wird nicht verändert, mag die Nahrung sammt den übrigen Umständen so oder anders beschaffen sein, wie eine Maschine immer die gleiche Arbeit verrichtet, ob sie durch Wasser, Wind oder Dampf, durch ein fallendes Gewicht, eine gespannte Feder oder durch thierische Kraft in Bewegung gesetzt wird. Das Idioplasma lenkt die complicirte Entwicklungsmaschine; es ist zugleich ihr kunstvoll construirtes Räderwerk.

Das Charakteristische in der Entwicklung der Organismen tritt uns noch deutlicher entgegen, wenn wir sie mit dem Wachsthum des Krystalls vergleichen. Der letztere vergrössert sich in der Mutterlauge nach den seiner Substanz eigenthümlichen Krystallisationsgesetzen (vgl. S. 94); die bereits im festen Zustande angelagerten kleinsten Theilchen ziehen die gleichartigen Moleküle der Lösung an und veranlassen deren Anlagerung übereinstimmend mit der bereits bestehenden Ordnung. In analoger Weise wird durch die bereits vorhandene Anordnung der Idioplasmamicelle die eigenartige Einlagerung der aus der Nährflüssigkeit sich neubildenden Micelle bedingt. Der Unterschied ist nur der, dass beim Krystall wegen dessen Undurchdringlichkeit die Moleküle an der Oberfläche sich anlagern, in dem von der Nährflüssigkeit durchdrungenen Idioplasma aber die Moleküle theils zur Vergrösserung der schon vorhandenen, besonders aber zur Bildung von neuen Micellen verwendet werden, welche zwischen jene sich einordnen.

Bei einer Anlagerung der Moleküle auf der Oberfläche des Krystalls ist eine vollkommen gleichbleibende Stellung derselben möglich und nothwendig; bei einer Einlagerung von Micellen oder krystallinischen Molekülgruppen aber, die ihrer Natur nach, wie die verschiedenen Krystalle in der nämlichen Mutterlauge, ungleich gross und ungleich gestaltet und überdem auch chemisch ungleich beschaffen sind, ist die Beibehaltung einer vollkommen gleichen Anordnung unmöglich, und es muss daher sowohl bei der Entwicklung des Individuums als bei der Entwicklung der Stämme das sich vermehrende Idioplasma, wenn auch noch so wenig, doch stetig seine Beschaffenheit verändern.

Beim Wachsthum des Krystalls besteht die Beharrung darin, dass die neu angelagerte Substanz vollkommen die nämliche Beschaffenheit hat wie die schon vorhandene, indem die letzten Schichten an der Oberfläche genau den ersten Schichten im Innern entsprechen. Die Ursache davon ist die strenge Regelmässigkeit in der Anordnung der kleinsten Theilchen (Moleküle), welche eine gleiche strenge Regelmässigkeit in den neu sich ansetzenden Schichten bedingt. Beim Wachsthum des Idioplasmas besteht die Beharrung in einer steten Veränderung. Die Bedingung dafür, dass auch hier die wachsende Substanz die gleichen Eigenschaften behielte, wäre eine vollkommen regelmässige Anordnung der kleinsten Theilchen (Micelle), in welcher die neuen Micelle mit gleicher Regelmässigkeit sich einordnen könnten; und diese regelmässige Anordnung wäre nur dadurch zu erfüllen, dass die Micelle unter sich gleiche Grösse, Gestalt und chemische Beschaffenheit hätten, dass sie wie die Moleküle eines Krystalls nach drei Richtungen des Raumes in parallelen Schichten gelagert wären und dass die Einlagerung der neuen Micelle auf allen Punkten in gleicher Weise erfolgte. Thatsächlich ist diese Bedingung nirgends erfüllt, mit Ausschluss der Proteïnkrystalloide, die aber nicht zum Idioplasma gehören.

Das Plasma, aus dem sich die Zellen gestalten und die Organismen hervorgehen, besteht aus ungleichartigen und nicht geometrisch zusammengeordneten Micellen. Da die Einlagerung der neuen Micelle zwischen die schon vorhandenen durch die Natur und Anordnung der letzteren bedingt wird, so kann aus einer nicht geometrischen Configuration bloss wieder eine nicht geometrische aber ungleiche Configuration hervorgehen, auf welche abermals eine andere Zusammenordnung folgen muss. Während also die mechanische Beharrung beim Wachsthum des Krystalls das Ausbleiben einer Veränderung bedingt, so verursacht sie beim Wachsthum des Idioplasmas dessen stete Veränderung.

Die Lagerung der Micelle in dem durch Urzeugung entstandenen primordialen Plasma ist ganz ungeordnet, wie dieselben eben durch die äusseren Umstände zufällig zusammenkamen. Mit dem Wachsthum durch Einlagerung von Micellen beginnt die Veränderung durch innere Ursachen. Die Micelle ordnen sich in Gruppen, deren Configuration mehr und mehr durch ihre eigene Natur bedingt ist und die nothwendig zu immer grösseren, aus zahlreicheren und mannigfaltiger geordneten Schaaren bestehenden Micellgruppen führen müssen. Dies ist die Vervollkommnung oder die Steigerung der Zusammensetzung im Idioplasma durch innere Ursachen.

Verschiedene äussere Verhältnisse haben Einfluss auf die Grösse, Gestalt und die Verwachsungen der Krystalle, indess das Wesentliche, die eigenartige Anordnung der kleinsten Theilchen, immer dieselbe bleibt bei der nämlichen Substanz. Ebenso muss das eigenthümliche Verhalten des Idioplasmas in gewissen wesentlichen Eigenschaften, nämlich in den Grundzügen der Organisation von seiner eigenen Beschaffenheit vorgezeichnet sein, während sie in andern Beziehungen durch die äusseren Ursachen modificiert wird. Ich werde nachher von der Wirkung der letzteren sprechen.

Wie aus dem Vorstehenden sich ergibt, sind die inneren Ursachen, welche die stete Veränderung des Idioplasmas und zwar im Sinne einer mannigfaltigeren Gliederung desselben und dem entsprechend auch die stete Veränderung der Organismen im Sinne einer zusammengesetzteren Organisation und Function bedingen, nichts anderes als die der Substanz anhaftenden Molecularkräfte. Diese inneren Ursachen, die von den Anhängern der Abstammungslehre im Sinne Darwin's und auch von den Gegnern derselben als unlogisch und als mystisch missachtet und verspottet wurden, beruhen auf jenen unscheinbaren aber unwiderstehlichen Wirkungen der kleinsten Theilchen, welche von der morphologischen und der naturphilosophischen Anschauung in Descendenzsachen zwar im Allgemeinen als dunkles Mysterium anerkannt, sonst aber von ihr so gut wie für nichts gehalten werden, und die gleichwohl in so sichtbarer und fühlbarer Weise die Welt regieren.

Wir können uns die Wirkungen der inneren Ursachen am besten deutlich machen, wenn wir für einen Augenblick annehmen, dass die äusseren Ursachen, welche erbliche Veränderungen bedingen, gar nicht existiren. Dann würde das spontan entstandene Plasma bloss in indifferenter Weise ernährt, indem die Aussenwelt ihm nur die chemischen Verbindungen lieferte, aus denen es die neuen Eiweissmicelle für sein Wachsthum erzeugte.

Unter dieser Voraussetzung geht, sowie auf der unorganischen Unterlage sich etwas primordiales Plasma gebildet hat, die Bildung der Micelle im Innern desselben unter dem Einfluss seiner Molecularkräfte leichter von Statten als ausserhalb. Es hört daher die Substanzbildung in der nächsten Umgebung der bereits vorhandenen Massen ganz auf, indem die eindringende Nährlösung schon bei einer geringeren Concentration Eiweiss bildet, als sie es ohne den Einfluss der Micelle ausserhalb zu thun vermag.

Ferner, da die ursprüngliche Lagerung der Micelle in der spontan entstehenden Substanz ungeordnet ist, und da die von nun an im Innern der Substanz sich bildenden Micelle sich so einlagern, wie es die Molecularkräfte der vorhandenen Micelle verlangen, so ändert sich nothwendig die Anordnung, und die veränderte Anordnung bedingt auch wieder eine Veränderung der Molecularkräfte, welche eine abermalige Modification in der Anlagerung verursachen u. s. f. So erzeugt in nicht endender Folge die neue Configuration der Theilchen neue Combinationen von Kräften, und die neuen Kräfte-Combinationen wieder eine neue Configuration der Theilchen. — Aber nicht nur die Zusammenordnung der Micelle wird stetig geändert, sondern auch ihre Beschaffenheit. Denn die unter dem Einfluss anderer Molecularkräfte sich bildenden Micelle müssen nothwendig in den Mengenverhältnissen und in der Lagerung ihrer Bestandtheile (Eiweissmoleküle und fremdartige organische und unorganische Verbindungen) und somit auch in ihrer Grösse und Gestalt etwas anders ausfallen.

Dies Alles müsste erfolgen, auch wenn die äusseren Einwirkungen keine dauernden und erblichen Veränderungen hervorbrächten. Die wachsende organische Substanz, in der fortwährend die veränderte Wirkung zur Ursache einer neuen Wirkung wird, stellt also nicht bloss ein perpetuum mobile dar, insofern der Substanz ohne Ende Kraft und Stoff von aussen geboten wird, sondern auch durch innere Ursachen ein perpetuum variabile. Durch die inneren Ursachen verändert sich die Substanz der Abkömmlinge der Urwesen beständig, auch wenn die Generationenreihe eine unendliche Dauer erreichte.

Diese Behauptung steht nun im Widerspruch mit den herrschenden Ansichten. Gewöhnlich wird gelehrt, dass ein Organismus bloss unter dem Einfluss von äusseren Ursachen sich verändern könne, und wenn innere Ursachen angenommen oder zugegeben werden, so denkt man sich unter denselben lediglich latente Anlagen, die zur Entfaltung gelangen, also gleichsam Spannungen, die in Bewegung übergehen, welche aber früher durch äussere Ursachen erzeugt wurden. Damit meint man wohl ein eminent mechanisches Princip ausgesprochen zu haben.

Es ist aber durchaus keine Forderung der Mechanik, dass ein System von Stoffen und Kräften nur durch äussere Einwirkung verändert werde. Vielmehr kann sich die Configuration eines materiellen Systems im allgemeinen stets durch die Wirkung seiner Theile auf einander umwandeln, und bloss die Lage des ganzen Systems oder mit anderen Worten die Lage seines Massencentrums vermag nicht durch innere Kräfte verschoben zu werden.

Unter den in der Natur stattfindenden Processen gibt es einerseits solche, welche in irgend einer Weise kreisförmig verlaufen, so dass das materielle System schliesslich wieder in seinen Anfangszustand zurückkehrt, und andrerseits solche, welche die Natur mit Vorliebe in einer bestimmten Richtung erfolgen lässt und bei denen ein Körper sich nicht in den Anfangszustand zurückverwandeln kann, indem, wenn wir die begünstigte Richtung als positiv bezeichnen, die positiven Schritte der Veränderung entweder grösser oder häufiger sind, als die negativen. Im ersten Falle bleibt ein materielles System während unbestimmter Zeit im allgemeinen gleich; im zweiten Falle verwandelt es sich stetig in der nämlichen Weise und sein Verwandlungsinhalt nimmt immer mehr zu.

Im grossen und ganzen ist die Tendenz zu einer bestimmten Veränderung als zweites Gesetz der mechanischen Wärmetheorie oder als Gesetz der Entropie von Clausius begründet worden. Das unserer Erfahrung zugängliche Weltall wandelt sich unaufhörlich in dem nämlichen Sinne um und strebt, während es strenge dem Gesetz von der Constanz der Energie unterworfen bleibt, einem Maximum der Entropie zu.

Bei der Entwicklung der organischen Reiche herrschen ebenfalls die beiden Gesetze der Energie und der Entropie. Die Constanz der Energie regelt die Beziehungen der Organismen zur Aussenwelt, das Gesetz der Entropie weist der phylogenetischen Entwicklung eine bestimmte Richtung an. Die spontane Entstehung der allereinfachsten Wesen aus den Eiweissverbindungen und ihr Fortschritt zu etwas weniger einfachen Wesen zeigt uns, dass unter gewissen Bedingungen die Albuminate die Neigung haben, aus dem ungeordneten Zustand in den einfacher geordneten und aus diesem in complicirtere Zustände überzugehen. Es vermehrt sich also in den Abstammungsreihen der Organismen der Verwandlungsinhalt oder die Entropie. Der Umstand, dass die Organismen von aussen Kraft und Stoff aufnehmen, gehört zu den Bedingungen der Erhaltung der Energie und ändert nichts an der Bedeutung der entropischen Bewegung. Der andere Umstand, dass auch äussere Ursachen als ein zweites Moment auf die Verwandlung der Organismen einwirken, beeinträchtigt ebensowenig jene Bedeutung, indem es bloss den Verwandlungsinhalt in den einzelnen Abstammungsreihen modificirt und ihm ein gewisses Gepräge aufdrückt.

Das Gesetz der Entropie bewährt sich im Weltall und im organischen Mikrokosmus in der nämlichen Weise. Während die Energie constant bleibt, verändert sich die Anordnung der materiellen Theilchen und die Form ihrer Bewegungen stetig nach einem bestimmten Ziele hin. Es besteht zwischen den beiden mit einander verglichenen Systemen nur der Unterschied, dass das unserer Erfahrung bekannte Weltall als abgeschlossen gedacht wird, die phylogenetischen Reihen aber in ihren Ontogenien mit der Aussenwelt in einem ununterbrochenen Kraft- und Stoffwechsel stehen und im allgemeinen ebensoviel von aussen aufnehmen als sie nach aussen abgeben.

Fragen wir uns nun, worin denn eigentlich die entropische Veränderung in den Abstammungsreihen bestehe, so können wir uns mit Hilfe der Thatsachen, welche uns die Morphologie und Physiologie der organisirten Substanzen darbietet, folgende Vorstellung davon machen. — Das aus der unorganischen Unterlage hervorgehende primordiale Plasma ist homogen und seine Micelle sind durchaus ungeordnet, also nach allen möglichen Richtungen orientirt. Die Einlagerung der neuen Micelle muss, da dieselbe durch die Molecularkräfte bedingt wird und diese Kräfte an den verschiedenen Punkten ungleich combinirt sind, auch an den verschiedenen Punkten einen ungleichen Charakter annehmen.

An den einen Stellen nämlich stimmen die sich einlagernden Micelle in ihrer Orientirung mehr oder weniger überein; an den dazwischenliegenden Stellen dagegen behalten sie ihre ungeordnete und widersprechende Orientirung. Jene Stellen sind nothwendig die dichteren, diese die wasserreicheren; denn die übereinstimmende Lagerung der Micelle gestattet eine stärkere Wirkung ihrer Molecularanziehungen und verursacht daher ein engeres Aneinanderschliessen. Dieser Gegensatz von dichteren und weicheren Partien tritt um so entschiedener auf, als die ursprünglichen Plasmamassen sicher schon, gleich ihren späteren Nachkommen, den einzelligen Pflanzen, die Neigung haben, Wasser aufzunehmen, welches sich in den Partien mit den ungeordneten Micellen ansammelt.

Es ist ferner eine mechanische Nothwendigkeit, dass die dichteren oder die wasserreicheren Stellen oder beide unter einander zusammenhängen und eine netzartige Anordnung annehmen. Wir sehen daher ähnliche netzartige Anordnungen immer entstehen, wenn eine micellöse Substanz wächst. Das anfänglich homogene Plasma in der Zellhöhlung und in den Zellkernen wird schaumig und netzartig; ebenso gewähren die Schichten der Zellmembranen, von der Fläche betrachtet, bei hinreichend starker Vergrösserung ein netzartiges Aussehen; und auf eine noch feinere und daher unsichtbare netzartige Structur müssen wir auch in den Schichten der Stärkekörner schliessen.

Das primordiale Plasma würde schon in seinen nächsten Abkömmlingen, wenn man es hinreichend vergrössert ansehen könnte, einen netzartigen Bau zeigen, bestehend aus einem Balkenwerk von dichterer Masse und einer dazwischen liegenden wasserreichen halbflüssigen Substanz. Jenes ist das Idioplasma, diese das Ernährungsplasma. Das erste Auftreten des Idioplasmas zeigt also im allgemeinen die nämliche Anordnung, die ich aus den Eigenschaften, welche man demselben nach seiner Function höchst wahrscheinlich zuschreiben muss, für die Organismen überhaupt abgeleitet habe (S. 41). Aber wenn auch die beiden Anordnungen sich äusserlich gleichen, so können sie doch einen verschiedenen Charakter haben, und wir dürfen die spätere nicht ohne weiteres als aus der ersteren folgend betrachten.

Für die Beurtheilung des Vorganges, wie das primordiale Idioplasma des probialen Reiches sich in dasjenige der Pflanzen und Thiere umwandelt, stehen uns keine entscheidenden Analogien zu Gebote. Alle organisirten Substanzen, deren Entwicklungsgeschichte wir beobachten können, gehören den Ontogenien an und gehen mit den Individuen zu Grunde. Sie sind immer Neubildungen und von verhältnissmässig sehr kurzer Dauer. Das Idioplasma ist der einzige Körper, der durch alle Ontogenien sich fortsetzt und eine unbegrenzte Dauer hat; denn das Idioplasma des letzten und höchst entwickelten Organismus ist das stetig fortgewachsene Idioplasma des ersten probialen Wesens. Kein organischer Elementarkörper gibt uns also in seinem Verhalten ein Vorbild dafür, wie die phylogenetische Ausbildung des Idioplasmas erfolgen muss; er kann uns aber ebensowenig irgend eine Annahme verbieten. Die Lösung dieser Frage wird immer nur auf theoretischem Wege möglich sein. Bei der noch so mangelhaften Kenntniss der Molecularkräfte lassen sich vorerst nur einige allgemeine Gesichtspunkte feststellen.

Die übereinstimmende Orientirung der Idioplasmamicelle und mit ihr die Dichtigkeit des Idioplasmas nimmt, wie sie begonnen hat, nach und nach zu bis zu einem Maximum. In gleichem Maasse vermindert sich das Wachsthum durch Einlagerung. Es ist nämlich eine aus der Natur der Micellarstructur nothwendig sich ergebende Folge, dass unter übrigens gleichen Umständen neue Micelle um so schwieriger zwischen den schon vorhandenen sich bilden, je gedrängter diese beisammen liegen. Daher muss das Ernährungsplasma von Anfang an stärker wachsen als das dichtere und geordnetere Idioplasma, und die Ungleichheit im Wachsthum muss mit der Ausbildung des letzteren sich steigern. Durch das stärkere Wachsthum des Ernährungsplasmas wird aber Druck und Zug auf das netzförmige Idioplasma ausgeübt. Diese mechanische Action muss dazu beitragen, dass die Balken des Netzes stärker in die Länge wachsen als in die Dicke, und dass, wenn das Maximum der Dichtigkeit erreicht ist, die Micelleinlagerung fast ausschliesslich für das Längenwachsthum derselben verwendet wird.

Wir könnten also ohne Anstand annehmen, dass das ontogenetische Wachsthum des Idioplasmas lediglich durch die mechanische Einwirkung der Substanzzunahme bei der individuellen Entwicklung erfolge und daher mit der letzteren gleichen Schritt halte. Damit wäre das erforderliche Maass des idioplasmatischen Wachsthums in genauester Weise erfüllt. Gleichwohl ist es möglich, dass die mechanische Action nur einen gewissen Anstoss gibt und in dieser indirecten Weise das Maass bestimmt, dass es aber im wesentlichen innere Kräfte sind, welche das ontogenetische Wachsthum des Idioplasmas bedingen. Der Gegensatz zwischen dem fast ausschliesslichen ontogenetischen Längenwachsthum und dem fast verschwindend geringen phylogenetischen Dickenwachsthum hängt dann ohne Zweifel mit dem Umstand zusammen, dass in der Querrichtung die Micelle fest zusammenschliessen, während sie in der Längsrichtung durch grössere wassergefüllte Zwischenräume getrennt sind. Wir beobachten auch bei anderen ontogenetischen Erscheinungen zuweilen ein überwiegendes und bestimmt bemessenes oder selbst ein ausschliessliches Wachsthum in einer gewissen Richtung. So besitzen beispielsweise manche Zellmembranen bloss Flächenwachsthum durch Micelleinlagerung (ohne Dickenwachsthum), einige selbst (z. B. Spirogyra) bloss Längenwachsthum (ohne Breiten- und Dickenwachsthum). Auch bei diesen Zellmembranen ist mechanische Einwirkung durch den Druck der Zellflüssigkeit mit im Spiele; aber sie ist nicht allein maassgebend, wie sich aus dem Umstande ergibt, dass das Wachsthum in den beiden Richtungen der Fläche ein ungleiches Maass einhält, und in der einen zuweilen ganz mangelt. Das Dickenwachsthum der Zellmembranen aber ist, ähnlich wie dasjenige der Idioplasmastränge, eine von der mechanischen Action und von dem Flächenwachsthum unabhängige Erscheinung.

Es wäre nicht unmöglich, dass das Netz, als welches sich das Idioplasma ursprünglich ausscheidet, unmittelbar zu dem spätern Netz von Idioplasmasträngen sich ausbildete. Wahrscheinlicher ist es, dass die Entwicklungsgeschichte vorher durch analoge Zwischenbildungen hindurchgeht. Im ersten Stadium mag nämlich das Idioplasma noch wenig dichter als das Ernährungsplasma sein und selbständig in allen Richtungen wachsen. Dann muss die Substanz seiner Balken selber netzartig werden, da die Einlagerung nicht überall gleichmässig geschieht, und diesem secundären Netz folgt vielleicht noch ein tertiäres. Die Netzbildung hört auf, wenn in der Substanz der Balken die Uebereinstimmung in der Orientirung der Micelle hinreichend gross geworden ist und das Dickenwachsthum fast aufgehört hat. — Ob diese wiederholte Netzbildung wirklich eintrete oder nicht, macht für das schliessliche Ergebniss keinen Unterschied. Das letzte Product derselben ist zwar anfänglich als ein feines Netz vorhanden, welches seinem Ursprunge gemäss die Maschen eines gröberen Netzes darstellt. Aber diese Anordnung, welche gleichsam als die Einschachtelung eines Netzes in die Elemente eines andern bezeichnet werden könnte, verliert sich mit dem Wachsthum des letzten Netzes und mit der fortwährenden Theilung der Plasmamassen bald, so dass dann in dem Plasma nur noch dieses letzte Idioplasmanetz gegeben und wirksam ist.

Wenn das Idioplasma den geschilderten netzartigen Ursprung hat und die Stränge desselben bloss in die Länge wachsen, so müsste, wenn nicht ein neues Moment hinzukäme, wegen der starken ontogenetischen Zunahme der Substanz die netzartige Anordnung in den einzelnen Partien derselben sich bald ganz verlieren und in unverzweigte nicht anastomosirende Stränge übergehen, und es müssten wegen der mit der Zunahme verbundenen fortwährenden Zelltheilung viele Zellen selbst ausserhalb der Stränge zu liegen kommen und daher des Idioplasmas ganz entbehren. Die vorgetragene Theorie verlangt daher die Annahme, dass zur beständigen Erhaltung des feinen überall ausgebreiteten Netzes sich Verbindungsstränge bilden, welche unter dem Einfluss der Hauptstränge eine diesen ganz gleiche Structur und Beschaffenheit annehmen. Dass nachträgliche Verbindungen entstehen, kommt auch bei andern netzförmigen Bildungen der Ontogenien vor und hat nichts Unwahrscheinliches. Dass ferner die neuen Verbindungsstränge den schon vorhandenen identisch werden, ist um so eher anzunehmen, als ja die geringsten Abänderungen des Idioplasmas in irgend einem Theil des Organismus an die übrigen Theile übermittelt und eine beständige Ausgleichung in dem ganzen idioplasmatischen System eines Individuums zu Stande gebracht wird.

Ich habe oben (S. 42) einer anderen Ursache Erwähnung gethan, welche das Idioplasma, auch ohne die jetzt besprochene molecularphysiologische Entstehung des Idioplasmanetzes, netzförmig zu gestalten vermag. Die beiden Ursachen schliessen sich nicht aus; sie können neben einander bestehen und einander unterstützen.

Die Netzbildung, die eine Folge der Zelltheilung sein muss, wird die Bildung der anastomosirenden Stränge fördern und vielleicht als selbständigen Process überflüssig machen.

Was das Verhalten des Idioplasmas rücksichtlich Form und Bau des Querschnittes betrifft, so wird dasselbe wesentlich davon abhängen, ob seine Stränge unmittelbar aus den Balken des primordialen Idioplasmanetzes entstehen oder nicht. Die Balken des ursprünglichen Netzwerkes müssen, da sie aus einer ziemlich weichen Substanz in einer wasserreicheren Umgebung bestehen, eine cylindrische Gestalt und infolge der Oberflächenwirkung eine concentrische Anordnung ihrer Micelle besitzen. Dies gilt überhaupt für nicht sehr feste Körper, die frei in einer Flüssigkeit sich bilden und durch Einlagerung wachsen. Ich erinnere beispielsweise an die Stärkekörner und an die Cellulosestränge, welche durch die Zellhöhlung von Caulerpa ausgespannt sind.

Wenn dagegen die einzelnen Balken des ursprünglichen Netzes infolge ihres allseitigen Wachsthums selbst in Netze zerfallen, und noch mehr, wenn der Process sich wiederholen sollte, hat der Querschnitt der Stränge, weil dieselben schon im Augenblick ihrer Bildung aus einer Substanz von geordneterer Micellarstructur und festerer Consistenz bestehen, keinen concentrischen Bau mehr, sondern er wird im allgemeinen dem Sector einer concentrischen Anordnung entsprechen und somit eine grössere Uebereinstimmung in der Orientirung der Micelle zeigen.

Im einen und andern Falle müssen die Idioplasmastränge nach und nach die bei der gegebenen Configuration möglich grösste Uebereinstimmung in der Lagerung der Micelle auf dem Querschnitt und die möglich grösste Dichtigkeit und Festigkeit der Substanz erlangen; und zwar wird dieser Zustand in nicht sehr späten Abkömmlingen der primordial entstandenen Plasmamassen eintreten. Von jetzt an wachsen die Stränge fast ausschliesslich in die Länge, soweit es nämlich die ontogenetische Zunahme verlangt.

Das äusserst langsame Dickenwachsthum der Stränge, welches die phylogenetische Zunahme des Idioplasmas darstellt, führt mit Nothwendigkeit eine immer complicirter werdende Configuration des Querschnittes herbei. Die Ursachen der sich steigernden Zusammensetzung liegen im Idioplasma selber; es sind die ungleichmässige Anordnung der Micelle im Querschnitt, die durch das ungleichmässige

Längenwachsthum bedingten Spannungen und die dynamischen Einwirkungen der Micellgruppen des Querschnitts auf einander. Wenn Configuration und Spannungen vollkommen regelmässig wären und die Regelmässigkeit auch nicht durch das Längenwachsthum gestört würde, so könnte das Dickenwachsthum keine Veränderung hervorbringen, und die Micelle behielten fortwährend eine Anordnung, wie sie die Moleküle in den Krystallen zeigen.

Da diese Regelmässigkeit nicht vorhanden ist, so erfolgen die Einlagerungen ungleichmässig, indem sie an gewissen Stellen stärker oder allein thätig sind.

Die gesteigerte Einlagerung an irgend einem Punkte in einer Schaar von ziemlich gleichartig geordneten Micellen kann nur dazu führen, dass innerhalb jener Schaar eine neue Schaar etwas anders geordneter Micelle sich ausbildet. Wir sehen dies in einem vergrösserten Maassstabe deutlich an der Entwicklungsgeschichte der Stärkekörner, welche, da sie frei in einer Flüssigkeit oder weichen Plasmamasse liegen, ebenfalls fast nur unter dem Einfluss ihrer eigenen Molecularkräfte sich ausbilden. Tritt eine Störung in der regelmässigen Substanzeinlagerung ein, so ist die Folge davon ein neuer eigenthümlicher Complex von Schichten oder selbst ein neues Theilkorn innerhalb der Substanz des ganzen Korns.

Die phylogenetische Fortbildung des Querschnittes muss daher im allgemeinen den gleichen Charakter zeigen, ob dieser Querschnitt anfänglich ein concentrisch geschlossenes System oder ein offenes System von Micellen darstellt. In jedem Falle können wir seine ursprüngliche Beschaffenheit gleichsam als eine einzige Micellschaar betrachten, und das fortgesetzte Dickenwachsthum bringt nun stets neue eigenartige Schaaren zu Stande. Vorerst kommt es ja nicht darauf an, dass bestimmte Anordnungen entstehen, sondern nur darauf, dass die Anordnungen immer complicirter werden.

Die Nothwendigkeit einer ungleichmässigen Einlagerung auf dem Querschnitt ist am einleuchtendsten bei concentrischem Bau der Stränge, weil hier die übereinstimmende Lagerung der Micelle nach innen hin sich vermindert und im Centrum vollständig gestört ist. An der letzteren Stelle liegen also die Micelle lockerer beisammen und haben mehr Wasser zwischen sich, so dass sich leichter neue Micelle einlagern. Nach und nach kann aber, indem der ursprünglich kreisförmige Querschnitt eine andere Gestalt annimmt und grössere

Abweichungen von der concentrischen Anordnung erfährt, auch die Substanz im Centrum eine ziemlich grosse Festigkeit erlangen. Immerhin bleibt für alle Zeiten die Micellanordnung mehr als unregelmässig genug, um stets da oder dort ein gesteigertes Wachsthum zu gestatten.

Eher möchte man, wenn der Querschnitt nicht ein concentrisch geschlossenes, sondern ein offenes System darstellt, für denkbar halten, dass die Regelmässigkeit der Anordnung möglicherweise hinreichend gross wäre, um ein ungleichmässiges Wachsthum auszuschliessen. Die genaue Ueberlegung zeigt aber, dass dies nie der Fall sein kann. Denn die Micelle sind ihrer Natur nach nie unter einander gleich an Grösse, Gestalt und chemischer Beschaffenheit und wirken nicht überall mit gleichen Kräften auf einander ein. Es gibt daher immer einzelne Stellen, welche der Einlagerung den geringsten Widerstand darbieten und wo ein die regelmässige Anordnung störendes Micell sich einschieben kann. Dieses erste störende Micell ist der Anfang einer ganzen von der übrigen Anordnung mehr oder weniger abweichenden Micellschaar, und mit der ersten eigenartigen Micellschaar sind zahlreiche Stellen gegeben, wo wieder die Einlagerung beginnen kann. Dieser Process wiederholt sich unaufhörlich, und die Zahl der Micellschaaren wird immer grösser.

Zu den Störungsursachen, welche dem Querschnitt als solchem angehören, gesellen sich noch die Spannungen, welche durch das ungleiche Längenwachsthum und die ungleiche Erregung der verschiedenen micellaren Längsreihen hervorgebracht werden (S. 49). Diese in der Längsrichtung thätigen Kräfte müssen mit irgend einer Componente auch in der Querrichtung wirken, und an gewissen Stellen die Einlagerung fördern, an andern sie verhindern.

Man könnte vielleicht den Einwurf machen, dass, da die Veränderung der Querschnittsconfiguration von dem mehr oder weniger festen Zusammenhang der Micellreihen und von dem durch deren ungleiches Längenwachsthum bewirkten Spannungen verursacht werde, nicht nothwendig die Einlagerung neuer Micellreihen und die Bereicherung des Querschnittes erfolgen müsse, sondern dass unter Umständen auch die Unterdrückung von Micellreihen und die Verarmung des Querschnitts eintreten könne. Diesen Einwurf halte ich nicht für gerechtfertigt; denn es ist weniger wahrscheinlich, dass eine Micellreihe, die sich in der ganzen Länge des Idioplasmastranges ausdehnt und mit den übrigen parallelen Micellreihen durch Einschaltung von neuen Micellen zwischen die schon vorhandenen sich verlängert, durch den hier möglichen Druck verschwinden kann, während es sehr begreiflich ist, dass an einer Stelle, wo durch Zug Raum geschaffen wird, sich eine neue Reihe einzulagern beginnt.

Unter den Ursachen, welche auf die Veränderung der Structur der Idioplasmastränge Einfluss haben, sind von besonderer Bedeutung die dynamischen Einwirkungen, welche die Micellreihen oder die Micelle des Querschnitts auf einander ausüben, und welche mit der zunehmenden Organisation der Stränge stets stärker und mannigfaltiger werden. Dieselben haben nothwendig eine schärfere Sonderung der Micellgruppen und neue Differenzirungen der Micellreihen zur Folge. So bewirkt die mannigfaltigere Organisation eine mannigfaltigere dynamische Einwirkung und diese wiederum eine Steigerung der Organisation, besonders wenn eine Vermehrung der Micellreihen nebenhergeht. Ist die phylogenetische Entwicklung einmal im Gang, so muss sie in gleicher Richtung fortschreiten. Wir haben, worauf ich bereits hingewiesen habe (S. 118), in der Veränderung des Idioplasmas ein analoges Beispiel für die in der unorganischen Welt als Entropie der mechanischen Wärmetheorie bekannte Erscheinung, wonach ein Zustand in einen andern übergeht, während der Uebergang in umgekehrter Richtung nicht möglich ist. In beiden Fällen bedingt die Vertheilung von Stoff und Kraft oder Configuration des ganzen Systems mit Nothwendigkeit die Umwandlung nach einem Ziele.

Die Hypothese, welche ich bezüglich der phylogenetischen Entwicklungsgeschichte aus dem primordialen Netzwerk der spontan entstandenen Plasmamassen aufgestellt habe, hält sich lediglich an Erscheinungen, welche in den Ontogenien der Organismen vorkommen. Ich habe kein Moment angeführt, das nicht in einem ontogenetischen Vorgange seine Analogie fände. Damit ist jedoch nicht gesagt, dass die Entwicklung nicht auch in anderer Weise geschehen könnte. Diese Möglichkeiten sind aber sehr beschränkt, und durch diese Beschränkung erhält die Hypothese eine erhöhte Bedeutung.

Wenn ich das Idioplasma aus der netzförmigen Ungleichheit von dichteren und weicheren Partien, welche mit absoluter Nothwendigkeit als erste Differenzirung im primordialen Plasma sich einstellt, hervorgehen lasse, so steht dieser Annahme noch die andere

Möglichkeit gegenüber, dass das Idioplasma als eine von dem ursprünglichen Netzwerk unabhängige Bildung auftrete und ebenfalls ein von den übrigen Wachsthumserscheinungen unabhängiges Wachsthum besitze. Es ist recht wohl denkbar, dass innerhalb der dichteren Partien des primordialen Plasmas sich besondere Körper bilden, welche durch noch grössere Dichtigkeit und Festigkeit ausgezeichnet sind und eine selbständige, nur von ihrer eigenen Natur bedingte Entwicklung zeigen. Diesen idioplasmatischen Körpern müssten wir ebenfalls ein fast ausschliessliches Längenwachsthum und somit strangförmige Beschaffenheit zuschreiben; wir müssten ferner annehmen, dass sie sich netzförmig an einander legen, und dass sie sich, um die netzförmige Anordnung bei der ontogenetischen Vermehrung zu erhalten, regelmässig theilen und neu anordnen.

Die zwei wesentlich neuen Momente dieser zweiten möglichen Hypothese, das Zerfallen der Idioplasmastränge und ihre neue Anordnung, finden ebenfalls in vorhandenen Erscheinungen thatsächliche Anhaltspunkte. Das Zerfallen eines micellösen Körpers in zwei tritt bei der Vermehrung der Chlorophyllkörner und Zellkerne, sowie meistens bei der Fortpflanzung einzelliger Organismen, das Ablösen von Zellen bei der Fortpflanzung mehrzelliger Organismen ein. Die Ursachen für einen solchen Process sind offenbar je nach den obwaltenden Verhältnissen ungleich; bei den Idioplasmasträngen müsste, wenn dieselben eine gewisse Länge erreicht haben, an der Theilungsstelle eine vermehrte Wassereinlagerung stattfinden, wodurch die Cohäsion vermindert und gegenüber den mechanischen Einwirkungen unmächtig wird.

Was das Zusammentreten getrennter Idioplasmastränge zu einem Netz betrifft, so kommen solche netzförmige Anordnungen bei Plasmakörpern (z. B. Chlorophyllkörnern) vor. Die Ursachen der letzteren Erscheinung sind unbekannt; die netzförmige Anlagerung der Idioplasmastränge könnte nur durch die gegenseitige Anziehung ihrer Enden erfolgen, wofür die Analogie nicht mangeln würde. Ich werde bei Anlass der Anpassung gewisser Fortpflanzungserscheinungen von Phanerogamen und bei der Befruchtung zeigen, dass solche Anziehungen und ebenfalls Abstossungen zwischen Idioplasmapartien wirklich angenommen werden müssen.

Die zweite Hypothese über die phylogenetische und ontogenetische Entwicklung des Idioplasmas enthält somit ebenfalls nichts, was nicht anderweitig schon vorkäme. Die beiden Hypothesen, ausser denen es wohl keine andere denkbare Annahme gibt, stimmen in der Hauptsache unter einander überein. Sie zeigen beide in gleicher Weise die Möglichkeit der mechanischen Vorstellung, dass das Idioplasma, der Träger der specifischen Eigenthümlichkeiten, trotz seiner ungeheuren ontogenetischen Zunahme, phylogenetisch seine Configuration äusserst langsam verändert, und dass diese Veränderung stetig und sicher durch die unendliche Zahl der Generationen verläuft und mit Nothwendigkeit einer zusammengesetzteren Beschaffenheit, also einer höheren Vollkommenheit zustrebt.

Ich habe darzulegen versucht, wie das primordiale Plasma durch die in ihm gegebenen Molecularkräfte sich umbilden und wie das aus diesem Process hervorgehende Idioplasma gleichfalls durch seine eigenen Molecularkräfte sich entwickeln muss, wenn man die äusseren auf die Organismen einwirkenden Ursachen als nicht vorhanden betrachtet. Die nächste Frage ist nun, welche Folgen aus dieser selbständigen Configurationsänderung des Idioplasmas für das gesammte physiologische Verhalten, für die chemischen Processe, die plastischen Bildungen und die verschiedenen Bewegungen sich ergeben.

Die aus der unorganischen Unterlage ursprünglich gebildeten Eiweissmicelle haben wegen ihrer ungeordneten Lagerung noch keine andere Wirkung, als dass unter dem Einfluss jedes einzelnen oder einiger weniger die Eiweissbildung leichter vor sich geht, als in der umgebenden unorganisirten Flüssigkeit. Massenwirkungen sind noch nicht vorhanden, weil die Molecularkräfte der nach allen möglichen Richtungen orientirten Micelle bloss in unmittelbarer Nähe sich geltend machen können, darüber hinaus aber sich gegenseitig aufheben.

Sowie jedoch die Micelle sich zu gleich orientirten Schaaren ordnen und somit die Anfänge des Idioplasmas darstellen, so werden auch ihre Molecularkräfte übereinstimmend gerichtet und zu einer gemeinsamen Wirkung summirt. Diese Wirkung steigert sich in dem Maasse, als in dem sich weiter entwickelnden Idioplasma die Anordnung an Bestimmtheit und Umfang zunimmt. Es treten ferner mehrere ungleichartige Wirkungen auf, wenn das Idioplasma sich in mehrere ungleichartige Micellschaaren gliedert.

Diese verstärkte Action der vereinten Molecularkräfte macht sich namentlich nach aussen bemerkbar. Im Innern des Idioplasmas selbst kann sie wegen der Dichtigkeit und Festigkeit seiner Structur nur die sehr langsame phylogenetische Aenderung in der chemischen Beschaffenheit, Gestalt und Anordnung der neu eingelagerten Micelle mitbedingen. In den Zwischenräumen und in der nächsten Umgebung der Idioplasmakörper dagegen verursacht sie neue chemische Processe, ferner plastische Bildungen und Ortsveränderungen ganzer individueller Massen und ihrer Theile.

Der Einfluss auf den Chemismus ist leicht erklärlich, da durch stärkere Kräfte oder durch Zusammenwirken von verschiedenen Kräften Verbindungen und Zersetzungen veranlasst werden, welche sonst nicht zu Stande kämen. Ebenso verhält es sich mit dem Gestaltungsprocess, welcher, wenn wir auf den Grund zurückgehen, immer von der Anlagerung der Micelle und Moleküle abhängt. Es ist klar, dass stärkere Kräfte und Zusammenwirken verschiedener Kräfte das Vermögen besitzen, die entstehenden Micelle in bestimmte Lagen zu rücken, den sich ansetzenden Molekülen bestimmte Stellen anzuweisen, und somit am Organismus einen grösseren oder kleineren Körper von besonderer Gestalt, Structur und Beschaffenheit zu erzeugen, der sich sonst nicht bilden würde.

Auf den untersten Entwicklungsstufen wird zwischen den Idioplasmakörpern bloss wasserreicheres Ernährungsplasma erzeugt, und diese Bildung erfolgt auch auf allen höheren Stufen unter dem Einfluss sowohl des Ernährungsplasmas selber, als des angrenzenden Idioplasmas in reichlichem Maasse, so dass das Ernährungsplasma stetsfort den grössten Theil der in den Organismen vorhandenen plasmatischen Substanzen ausmacht. Dasselbe ist stets weicher als das Idioplasma, und wenn unter der Einwirkung des letzteren auch festere Partien von Ernährungsplasma sich bilden, so ist denselben sowohl durch ihre kurze ontogenetische Dauer, als durch die chemische Beschaffenheit der Albuminate eine Schranke gesetzt, welche sie verhindert, über einen bestimmten Grad der Organisation, der Dichtigkeit und Festigkeit hinaus zu gehen.

Sind die ersten Entwicklungsstufen überschritten und die geeinten idioplasmatischen Kräfte theils stärker, theils verschiedenartig geworden, so entstehen neben dem Ernährungsplasma auch andere Verbindungen, die ihrer Natur nach eine micellöse Structur annehmen. Es sind dies dem Eiweiss verwandte Substanzen, die namentlich im Thierreiche, und Kohlenhydrate, die besonders im Pflanzenreiche vorkommen. Diese nicht plasmatischen Substanzen, obgleich nur von kurzer ontogenetischer Dauer, erlangen doch zuweilen in Folge ihrer chemischen Beschaffenheit mit Hilfe der idioplasmatischen Einwirkung eine hoch entwickelte Organisation; in andern Fällen können sie entweder in Folge ihrer eigenen Beschaffenheit, oder weil andere, vorzüglich unorganische Verbindungen, sich an die Micelle anlagern, eine ausserordentliche Dichtigkeit und Festigkeit erreichen.

Was die Bewegungen betrifft, so ist unzweifelhaft, dass unter übrigens gleichen Umständen um so grösseren Massen eine um so schnellere Ortsveränderung mitgetheilt wird, je mehr die dabei thätigen Micelle übereinstimmend geordnet sind, wie ich schon anlässlich der vermeintlichen Urzeugung der Moneren hervorgehoben habe (S. 93). Da die gleichsinnigen Orientirungen zuerst im Idioplasma auftreten und von demselben dann auf die übrigen Substanzen übergehen, so haben alle Massenbewegungen im Idioplasma ihren Ursprung. Nur in seltenen Fällen ist das letztere, durch die Anziehung, die es ausübt, die unmittelbare Ursache der Bewegung oder ihrer Richtung, wie dies ohne Zweifel bei Spermatozoiden der Fall ist, die ihren Lauf im Wasser nach der Eizelle hin nehmen. Gewöhnlich verursacht das Idioplasma Ortsbewegungen von Massen nur auf indirectem Wege, indem es andere Substanzen mit den nöthigen Mitteln dazu ausstattet.

Die chemischen Processe, die plastischen Bildungen und die Bewegungen werden, wie sich aus der vorstehenden Betrachtung ergibt, in dem Maasse mannigfaltiger, als die verschiedenartigen Micellschaaren in dem Idioplasma an Zahl zunehmen. Die Menge der eigenthümlichen Erscheinungen, die einen Organismus zusammensetzen, nimmt daher zu, so lange die phylogenetische Entwicklung andauert. Ort und Zeit für das Auftreten einer jeden Erscheinung aber hängt, wie ich früher ausgeführt habe (S. 30), von dem wechselnden Erregungsstande, in dem sich das Idioplasma befindet, und von der Einwirkung, die es von der ihm angewiesenen Stelle in der Ontogenie empfängt, ab. So bewirkt das nämliche Idioplasma die Bildung von Stärkekörnern im Innern vom Ernährungsplasma, die Bildung von Cellulosemembranen an der Aussenfläche desselben, die Entstehung von Wurzeln an bestimmten und die Entstehung von Blättern an bestimmten andern Stellen des Gefässstengels, die Erzeugung von Niederblättern am Anfange und diejenige der Fruchtblätter am Ende des Stengelwachsthums.

Die vorstehende Betrachtung wurde unter der Voraussetzung angestellt, dass die äusseren Einwirkungen, welche erbliche Veränderungen verursachen, ganz gemangelt und nur eine indifferente Ernährung stattgefunden hätte. In diesem Falle musste die organische Welt aus dem primordialen Plasma durch innere Kraft zu immer höheren Organisationsstufen und zu immer grösserer Vollkommenheit gelangen, wenn wir unter Vollkommenheit eine reichere Gliederung in Bau und Function verstehen. — Von der Beschaffenheit der auf solche Weise zu Stande gekommenen Organisationen können wir uns aber bloss eine ganz allgemeine und unklare Vorstellung machen; die Gestaltung eines concreten Bildes ist aus zwei Gründen unmöglich: 1. weil wir die Beschaffenheit der Micelle nur ganz im allgemeinen kennen, und daher nichts Specielles damit construiren können, und 2. weil alle unsere Vorstellungen über Organisation an Organismen gebildet wurden, die unter dem Einfluss der von aussen wirkenden Kräfte ein bestimmtes Gepräge angenommen haben, und weil wir uns dieses Gepräge nicht wegzudenken vermögen. Dies thut indessen der Gewissheit, dass die inneren Kräfte bei der phylogenetischen Entwicklung der Reiche eine ganz entscheidende Rolle gespielt haben, keinen Eintrag, — und ebenso wenig kann es uns zweifelhaft sein, welches diese Rolle gewesen sei.

Die bisherige Betrachtung hat zu dem Ergebniss geführt, dass die nothwendige Folge der inneren mechanisch wirkenden Ursachen eine stetige in bestimmter Bahn fortschreitende Entwicklung der Stammbäume sein muss; auch die äusseren Einflüsse wirken, wie wir später sehen werden, während grösserer Zeiträume langsam verändernd ein. — Wir möchten daher erwarten, dass die Erfahrung diese continuirliche Entwicklung bestätige. Nun ist dies aber bekanntlich dem Anscheine nach nicht der Fall, und nach der Darstellung der Darwin'schen Schule soll die Veränderung während langer Zeiträume ruhen und dann in Folge eines inneren oder äusseren Anstosses wieder beginnen; so sind viele Arten und Varietäten seit der Eiszeit und länger sicher so gleich geblieben, dass wir keinen Unterschied an ihnen bemerken (S. 104). Dabei bleibt uns nur unverständlich, welcher Natur der Anstoss sein möchte, der nach einem langen Zeitraum plötzlich von innen oder aussen kommen soll. Besonders unbegreiflich ist der Anstoss von aussen, da ja die äusseren Ursachen fortwährend die nämlichen sind und nicht in einem bestimmten Jahr etwas bewirken können, was sie in Tausenden von Jahren vorher nicht zu bewirken vermochten.

Schon diese Betrachtung zeigt uns, dass die Organismen, obgleich sie den greifbaren Merkmalen nach vollkommen gleich zu bleiben scheinen, doch in Wirklichkeit nicht still stehen, dass eine innere Umbildung in ihnen vorgeht, welche sie mit der Zeit für die Anstösse empfänglicher macht. Müssen wir aber eine solche Umbildung annehmen, so brauchen wir überhaupt die räthselhaften besonderen Anstösse nicht mehr; sondern die äussere Veränderung tritt unter gewöhnlichen Umständen von selbst ein, wenn in Folge der inneren Umbildung eine Disposition auf eine gewisse Höhe gediehen ist. Natürlich kann dieser Zeitpunkt durch die Combination der inneren Verhältnisse und in erheblichem Maasse wohl auch durch die äusseren Einflüsse viel früher eintreten oder lang verschoben werden.

Wir sind somit auf diesem Wege genau dahin gekommen, wohin uns auch die Theorie des Idioplasmas geführt hat. In demselben sind, wie alle Erfahrungen zeigen, stets fertige, werdende und vergehende Anlagen enthalten. Bei der langsamen Umbildung des Idioplasmas werden alte Anlagen nach und nach geschwächt und gehen verloren, indess neue beginnen und sich ausbilden, bis sie nach einer Zahl von Generationen zu äusserlich bemerkbaren physiologischen und morphologischen Merkmalen sich entfalten. Es hat somit durchaus nichts Befremdendes, wenn uns die organischen Reiche das Schauspiel von Sippen darbieten, welche eine Zeit lang stille stehen und dann auf einmal sich zu verändern beginnen. Man könnte bloss allenfalls das Bedenken hegen, ob ein so gar langes Stillstehen denkbar sei, ob die Anlagen vieler Tausende von Jahren bedürfen, um actionsfähig zu werden.

Wir stehen da wieder vor der Zeitfrage, die bezüglich der Abstammungslehre schon viel unnöthigen Staub aufgeworfen hat. Da wir über die ganze für den vollständigen Stammbaum zur Verfügung stehende Zeit, über die Zeit, während welcher organisches Leben auf der Erde möglich war, im Unklaren sind, so vermögen wir auch kein Urtheil zu haben über die Zeit, welche durchschnittlich auf jeden einzelnen Schritt im Stammbaum trifft, und wir könnten ebensowohl durch Annahme zu grosser als zu kleiner Zeitabschnitte irre gehen. Uebrigens ist nicht gesagt, dass jeder Schritt in der sichtbaren Veränderung gleich viel Zeit erfordere. Im Gegentheil spricht die Wahrscheinlichkeit dafür, dass periodenweise die äusserlich wahrnehmbaren Schritte rascher auf einander folgen und mit längeren Stillständen abwechseln, — wie dies auch in der Entwicklungsgeschichte der Individuen, welche offenbar so viel Aehnlichkeit mit der Geschichte der Stammbäume hat, der Fall ist.

Das Idioplasma verändert sich unaufhörlich; aber wie in der unorganischen Materie bald eine geringe, bald eine grosse Menge von Spannkraft sich anhäuft, ehe sie als Bewegung frei wird, so mögen im Idioplasma bald die einzelnen Anlagen, sowie sie fertig gebildet sind, die entsprechenden äusseren Veränderungen hervorrufen, bald mögen sie durch eine längere Periode in Mehrzahl sich anstauen und dann rasch nach einander sich in ihren morphologischen und physiologischen Merkmalen verwirklichen.

Was aber die andere Seite der theoretischen Frage betrifft, ob es denkbar sei, dass die Veränderung im Idioplasma so langsam vor sich gehe und dass die jährlichen Schritte so klein seien, um erst nach vielen tausend Jahren eine fertige Anlage zu Stande zu bringen, so hängt dies von der Vorstellung ab, die wir uns über diese Schritte, somit über die micellare Beschaffenheit des Idioplasmas, namentlich über Grösse, Zahl und Anordnung der Micelle zu machen haben. Je zahlreicher und kleiner dieselben sind, um so geringer vermag der einzelne Schritt in der Veränderung auszufallen, und um so mehr solcher Schritte bedarf es, bis eine merkliche Umbildung in der Substanz erreicht ist. Was nun diesen Punkt betrifft, so sind in dem einzelligen Keim unter allen Umständen viele Millionen von Idioplasmamicellen enthalten. Hat das Idioplasma überdem die strangförmige Structur, wie ich es angenommen habe, und wird demnach die phylogenetische Bereicherung des Querschnitts von dem ontogenetischen Längenwachsthum bloss durch die Verursachung von schwachen Spannungen berührt, so können wir uns die Einschiebung eines einzigen Micells sehr langsam denken, indem zuerst eine locale Spannung nach und nach zunimmt und erst, wenn sie eine gewisse Höhe erreicht hat, die beginnende Bildung des Micells bewirkt. Ebenso verhält es sich mit der Umbildung der Querschnittsconfiguration durch die dynamische Einwirkung der Micellgruppen auf einander, indem die Verstärkung der Anlagen, die schärfere Sonderung derselben und die Differenzirung in ihrem Innern in jedem beliebig langsamen Zeitmaass gedacht werden kann. Es ist uns also gestattet, die unaufhörlich thätige und nie stillstehende Entwicklung des Idioplasmas anzunehmen, und wir dürfen bezüglich der Frist, die wir für die Bildung einer fertigen und entfaltungsfähigen Anlage zugestehen, auch vor Eiszeitweiten nicht zurückschrecken.

Endlich lässt sich die Zeitfrage noch von einigen Erfahrungsthatsachen aus beleuchten. Es ist bekannt, dass bei Menschen nach mehreren Generationen frühere Merkmale wieder zum Vorschein kommen. Wenn nun eine Anlage ein Jahrhundert latent bleiben und dann in Qualität und Quantität scheinbar unverändert wieder hervorbrechen kann, so begreifen wir, dass zu ihrer Bildung möglicherweise viele Jahrtausende erfordert werden. Und wenn gar, nach der Annahme der Darwin'schen Schule, Merkmale von vorweltlichen Organismen abermals auftreten, so müsste, wie dem Verborgensein und dem Verschwinden, auch dem Werden der Anlagen eine Erdperiodenzeit zugestanden werden.

Es steht also der mechanischen Forderung, dass die begonnene Veränderungsbewegung nicht zeitweise stille stehe und dann willkürlich wieder beginne, sondern dass sie durch alle Generationen thätig bleibe, nichts im Wege, wenn wir uns nicht bloss an die äusserlich hervortretenden Ereignisse, sondern an die im Verborgenen wirkenden Ursachen derselben halten. Die gewöhnliche Betrachtungsweise, welche die Veränderung bloss nach den wahrnehmbaren Merkmalen abschätzt, gleicht der Geschichtschreibung, welche nur von Kriegen und Eroberungen, Verträgen und Friedensschlüssen, Revolutionen und Parteikämpfen, Beginn und Ende der Reiche und der Dynastien berichtet, aber sich um den im Stillen arbeitenden, die Ereignisse vorbereitenden und, wenn zur Reife gediehen, auch unwiderstehlich durchführenden Fortschritt in der Bildung und Sitte der Individuen nicht kümmert.

Es ist noch ein Punkt zu besprechen, über den die gewöhnliche

Betrachtungsweise, welche sich an das Aeusserliche hält, nicht weniger im Irrthum sich befindet; dieselbe nimmt an, dass die Veränderung mit der Fortpflanzung zusammenfalle. Dies rührt von dem schon früher erwähnten Umstande her, dass man durch unmittelbare Beobachtung die Veränderungen bloss bei der Vermischung ungleicher Individuen und bei der Kreuzung kennt. Hier muss man nun begreiflicherweise die neue Combination von Eigenschaften mit dem Moment beginnen lassen, in welchem die beiden verschieden gearteten Idioplasmen des Vaters und der Mutter zusammentreten und den Charakter des Kindes zu Stande bringen. Aber diese Veränderung bedeutet nur ein Hin- und Herschwanken zwischen den sich vermischenden Individuen und den sich kreuzenden Sippen; sie erzeugt bloss die individuellen und die Rassentypen, aber nicht die Varietäten und Species.

Die innere Veränderung, welche die neuen Anlagen hervorbringt, erfolgt nicht mit der Zeugung, denn diese ist eigentlich nur ein Augenblick, welcher den Beginn eines neuen Daseins bezeichnet. Das Idioplasma bildet sich während der ganzen Lebensdauer um, und bloss weil dasselbe in den Eltern mit der Zeit etwas anders geworden ist, sind auch die Keime etwas anders angelegt als die Keime der Eltern. Bei geschlechtlicher Zeugung ist es nicht so leicht, sich eine klare Vorstellung von diesem Vorgang zu machen, wie bei der ungeschlechtlichen Fortpflanzung. Indem bei der letzteren das Idioplasma sich stetig verändert, hat der Uebergang von einer Generation in die folgende keine andere Bedeutung, als dass nur ein kleiner Theil des vermehrten und veränderten Idioplasmas in dem sich ablösenden Keim sein Wachsthum und seine Veränderung getrennt vom elterlichen Individuum fortsetzt.

Die inneren Ursachen machen sich also dadurch geltend, dass das Idioplasma, indem es sich vermehrt, sich auch umbildet, wobei jede Veränderung mit Nothwendigkeit eine neue weitergehende Veränderung in der Richtung einer gesteigerten Zusammensetzung veranlasst. Die Organismen sind aber nicht bloss auf sich selbst angewiesen; sie stehen in mannigfaltigen Beziehungen zur Aussenwelt und es ist möglich, dass sie aus derselben nicht bloss Kraft und Stoff für ihr Wachsthum und ihre Veränderung schöpfen, sondern dass ihr Entwicklungsgang selbst dadurch modificirt wird. Somit ist die Frage zu erörtern, was die äusseren Dinge in den Organismen bewirken. Die letzteren empfangen von aussen verschiedenartige Nahrung und mannigfaltige immaterielle Einflüsse. Es versteht sich, dass jede dieser Einwirkungen eine entsprechende Folge innerhalb der Substanz hat, dass die aufgenommenen Stoff- und Kraftmengen verarbeitet werden und dass nichts davon verloren gehen kann. Aber die Grösse des Eindruckes, den dadurch die von inneren Ursachen bedingte Entwicklungsbewegung erfährt, kann eine dreifache sein.

Eine erste Möglichkeit ist die, dass diese Bewegung gar keine Störung erfährt. Wenn ein Stab innerhalb der Elasticitätsgrenze gebogen wird, so kehrt er in seine ursprüngliche Lage zurück, ohne eine materielle Veränderung erlitten zu haben. Ebenso ist es denkbar, dass ein Organismus eine Menge äusserer Einwirkungen erfährt, ohne dass sein Entwicklungsgang im geringsten modificirt wird. Ungleiche Nahrung, ungleiche Temperatur, ungleiche Feuchtigkeit der Luft, ungleiche Lichteinwirkung, ungleiche sinnliche Eindrücke aller Art verursachen dann bloss einen rascheren oder langsameren Gang des Lebensprocesses; aber ihre Angriffe bleiben gleichsam innerhalb der Elasticitätsgrenze und hinterlassen keine dauernden und vererbbaren Eindrücke.

Eine zweite Möglichkeit besteht darin, dass ein äusserer Einfluss zwar eine bleibende Einwirkung hinterlässt und die Entwicklungsbewegung ablenkt. Aber da diese Ablenkung äusserst gering ist und da andere Ablenkungen in anderen und zum Theil in entgegengesetzten Richtungen eintreten, so ist der Gesammterfolg ein unmerklich geringer und kann deshalb vernachlässigt werden.

Endlich haben wir noch die dritte Möglichkeit, dass die äusseren Einwirkungen, welche geringe bleibende Veränderungen zur Folge haben, während langer Zeiträume beständig in dem gleichen Sinne thätig sind, so dass die Umstimmung zu einer bemerkbaren Grösse sich steigert, d. h. zu einer Grösse, welche in sichtbaren äusseren Merkmalen sich kund gibt. Zwei phylogenetische Stämme, die den gleichen Ursprung haben, können, wenn sie während hinreichend langer Zeit unter solchen ungleichen äusseren Einflüssen lebten, auch ungleiche Merkmale erlangt haben.

Es ist einleuchtend, dass die beiden ersten Kategorien sich bloss theoretisch unterscheiden lassen, und dass sie praktisch für uns auf das Gleiche herauskommen. Nach allen Erfahrungen müssen wir die Ernährungseinflüsse, zu denen auch die meisten klimatischen Einwirkungen gehören, ihnen zuzählen (S. 102). Die genaue Ausscheidung der indifferenten Einflüsse von denen, welche wahrnehmbare Veränderungen bewirken, ist aber deshalb schwierig, weil beide fast immer gemeinsam vorkommen.

Was nun diese dritte Kategorie von äusseren Einwirkungen, nämlich diejenigen, welche deutliche und bleibende Merkmale an den Organismen hervorbringen, betrifft, so sind zwei Fragen zu beantworten: 1. Welche äusseren Ursachen hierher gehören und 2. welche Merkmale durch sie hervorgebracht werden. Die letztere Frage beantwortet sich leichter, und hilft dann auch zur Lösung der ersteren mit. Schon eine allgemeine Uebersicht der Merkmale deutet uns den Weg an. Die Gesammtheit der Eigenschaften, die wir an den Organismen beobachten, lassen sich nämlich unter zwei Gesichtspunkte bringen: 1. die Organisation und Arbeitstheilung im allgemeinen; 2. die Anpassung an die Aussenwelt.

Der organisatorische Aufbau im allgemeinen besteht darin, dass von den unteren zu den oberen Stufen eines Reiches immer zahlreichere Zellgenerationen mit einander zu einem Individuum verbunden bleiben, dass in gleichem Maasse die Gliederung in demselben und damit die Zahl der Organe und ihrer Theile zunimmt. Die Arbeitstheilung im allgemeinen geht mit der Organisation parallel und ist eine Folge derselben; sie bewirkt eine räumliche Trennung der früher vereinigten Functionen und in Folge derselben eine Zerlegung der Functionen in Partialfunctionen. Die Anpassung an die Aussenwelt bestimmt die specielle Gestaltung der Organisation und die specielle Beschaffenheit der Arbeitstheilung und damit das charakteristische Gepräge und den Localton des Organismus.

Die inneren Ursachen bedingen ein stetiges Fortschreiten der micellaren Beschaffenheit des Idioplasmas vom Einfacheren zum Zusammengesetzteren, und da die äusseren Veränderungen aus den inneren micellaren Anlagen hervorgehen und denselben entsprechen, so muss die fortschreitende Organisation und Arbeitstheilung im allgemeinen durch die inneren Ursachen bewirkt werden; aus den äusseren Ursachen wäre uns dieselbe überdem ganz unerklärlich. Dagegen erscheint fast als selbstverständlich, dass die Anpassung an die Aussenwelt, die Mannigfaltigkeit und specielle Beschaffenheit der Gestaltung, Organisation und Arbeitstheilung nur Folge der äusseren Einflüsse sein können; zudem liessen sich dieselben kaum aus inneren Ursachen ableiten, da diese für sich allein unter allen Umständen eine übereinstimmende Beschaffenheit bewirken würden.

In dieser Weise scheint mir sowohl vom theoretischen als vom Erfahrungsstandpunkte aus der Antheil der inneren und äusseren Ursachen ziemlich richtig geschieden zu sein; jenen ist die wesentliche Construction, der Aufbau aus dem Groben, diesen die äussere Verzierung, jenen das Allgemeine, diesen das Besondere auf Rechnung zu setzen. Dieser Gegensatz wird in der Folge weiter ausgeführt und begründet werden. Ich bemerke nur im voraus, dass ich die Wirkung der Aussenwelt nicht im Darwin'schen Sinne auf dem Umwege der Concurrenz und Verdrängung, sondern als unmittelbares Bewirken verstehe, und dass die Verdrängung und mit ihr die Sonderung der Stämme erst nachträglich in Betracht kommt.

Viel schwieriger und dunkler als die Frage, was die äusseren Einflüsse zu Stande bringen, ist die Frage, wie sie es thun, wie sie mechanisch in den Organismus eingreifen. Diese Frage ist bekanntlich von Darwin, der alle Organisation als Anpassung betrachtet, so beantwortet worden, dass von den zufällig eintretenden Abänderungen nur die unter den bestehenden Verhältnissen existenzfähigeren erhalten bleiben, indess die anderen unterdrückt werden. Die äusseren Einflüsse hätten nach dieser Theorie bloss eine negative oder passive Wirksamkeit, nämlich die, das Unpassende zu beseitigen. Nach meiner Ansicht bringen sie in activer Weise direct diejenigen Erscheinungen zu Stande, die man als eigentliche Anpassungen bezeichnen kann, indem sie mechanisch in den Organismus eingreifen.

Aber die Art und Weise, wie dieses Eingreifen geschieht, bleibt uns noch verborgen. Da nämlich alle Anpassungserscheinungen erblich sind und aus Anlagen hervorgehen, so muss die Einwirkung auf die micellare Beschaffenheit des Idioplasmas stattfinden und kann um so weniger vorstellig gemacht werden, als ja alle Vorstellung über den Mechanismus plasmatischer Substanzen noch mangelt. Es lassen sich daher nur ganz allgemeine Möglichkeiten und Wahrscheinlichkeiten darthun.

Vorerst ist denkbar und fast gewiss, dass der gleiche äussere Einfluss, er mag seinerseits irgend eine Beschaffenheit haben, in verschiedenen Organismen oder zu verschiedenen Zeiten in dem nämlichen Organismus die dauernden Eigenschaften in ganz ungleicher Weise modificirt, weil der Weg von der Angriffsstelle bis zur Organisation des Idioplasmas durch zahllose Verschlingungen und Umsetzungen verläuft und daher nothwendig zu verschiedenen, selbst scheinbar entgegengesetzten Resultaten führen muss.

Im Anschluss hieran ist festzustellen, dass, wenn alle die Organismen treffenden Einflüsse berücksichtigt werden, jedenfalls zwei Arten der äusseren Einwirkung zu trennen sind, die unvermittelte und die vermittelte. Bei der unvermittelten Einwirkung ist der Process im wesentlichen mit den Folgen beendigt, welche sofort und zwar in analoger Weise wie in der unorganischen Natur zu Stande kommen, so dass man sie auch unschwer als die Folgen der bestimmten Ursache erkennt. Intensiveres Licht vermehrt in den grünen Pflanzengeweben den Reductionsprocess und die Ausscheidung von Sauerstoff, Kälte verlangsamt den Chemismus der Gewächse, Mangel an Wasser bringt Verwelkung, reichliche Nahrung lebhafteres Wachsthum hervor. Diese unmittelbare Einwirkung wird im allgemeinen keine dauernde Veränderung im Idioplasma zurücklassen.

Bei der vermittelten Einwirkung, die man im allgemeinen als Reiz bezeichnen kann, tritt eine mannigfaltige Uebersetzung ein. Die Ursache bewirkt eine ganze Reihe aufeinander folgender molecularer Bewegungen, die uns verborgen bleiben und die in eine sichtbare Erscheinung auslaufen, deren ursächliche Beziehung zu dem ursprünglichen Angriff wir uns nicht mehr vorstellen können und die vielfach etwas ganz anderes ist, als was wir von demselben erwartet haben.

Sehr häufig erzeugt der Reiz eine Reflexbewegung und gewöhnlich macht sich seine Hauptwirkung gerade an der gereizten Stelle geltend, und zwar bei einem schädlichen Eingriff in der Weise, dass der Organismus sich bereit macht, denselben abzuwehren. Es findet ein Zudrang von Säften nach der Stelle statt, welche von dem Reiz getroffen wurde, und es treten diejenigen Neubildungen ein, welche geeignet sind, die Integrität des Organismus wieder herzustellen und allenfalls verloren gegangene Theile, so weit es möglich ist, wieder zu ersetzen.

Ausser der allgemein bekannten Reaction, welche im thierischen Organismus auf eine Verletzung oder einen heftigen Reiz mit Blutandrang und Neubildung von Gewebe antwortet, erinnere ich an die Reaction lebender Pflanzengewebe, welche um die verletzte Stelle Zellbildung beginnen lässt und das gesunde Gewebe mit einer vielschichtigen undurchdringlichen Korkhaut (Wundkork) abschliesst und schützt, an das Ueberwallen von Schnittflächen, und an die Reaction, welche um die winzige Stelle im Innern des Gewebes, in die ein Insectenstich ein Ei mit einer ätzenden Flüssigkeit gelegt hat, reichliche und mit dem Reiz, den die sich entwickelnde Larve ausübt, andauernde Zelltheilung und Gallenbildung hervorbringt, — dann an die bei Thieren bekannte Erscheinung, dass der vermehrte Gebrauch eines Organs Knochen und Muskeln stärker macht, während der Nichtgebrauch sie schwächt u. s. w.

Nicht immer bewirkt der Reiz das Herbeiströmen von plastischen Stoffen und das Auftreten von Neubildungen; ist er schwächer, so veranlasst er bloss eine vermehrte oder auch eine abnormale moleculare Thätigkeit chemischer oder physikalischer Natur. So verhält es sich mit den schwächeren Reizen, welche Licht, Wärme, Kälte, mechanische Angriffe ausüben. Ueberhaupt haben alle äusseren Einwirkungen, auch diejenigen, welche wir als unvermittelte unterscheiden können, nebenbei die Bedeutung von schwächeren Reizen.

Ein Reiz, der nur eine geringere Zahl von Malen oder nur eine kürzere Zeit lang einwirkt, hinterlässt, wenn er auch von heftigen Reactionen begleitet ist, keinen bemerkbaren Eindruck auf das Idioplasma. Eine Person, die noch so oft von Wespen gestochen wurde, oder eine Eiche, die auf den Stich der Gallwespen noch so viele Galläpfel erzeugt hat, vererbt davon nichts Sichtbares auf die Nachkommen. Eine Familie, deren Glieder in mehreren aufeinander folgenden Generationen die Blatternkrankheit bestanden oder mit Kuhpocken geimpft wurden, hat davon keine bemerkbaren erblichen Folgen.

Dauert der Reiz aber während sehr langer Zeiträume, also durch eine sehr grosse Zahl von Generationen an, so kann er, auch wenn er von geringer Stärke ist und keine wahrnehmbaren sofortigen Reactionen hervorruft, das Idioplasma doch so weit verändern, dass erbliche Dispositionen von bemerkbarer Stärke gebildet werden. Dies scheint wenigstens für die Wirkung des Lichtes zu gelten, welche viele Pflanzentheile der Sonne zu-, einige auch von derselben abwendet, und für die Wirkung der Schwerkraft, welche die meisten Stengel emporrichtet, die Wurzeln nach unten zu wachsen veranlasst. Man könnte zwar meinen, dass diese Wirkungen in ihrer vollen Stärke unmittelbare Folgen der äusseren Ursachen seien und dass es nicht der Annahme einer erblichen Disposition bedürfe. Doch ist diese Meinung unmöglich, weil es Pflanzentheile gibt, die sich gegenüber von Licht und Schwerkraft gleichgültig, und auch solche, die sich gerade umgekehrt verhalten als andere ähnliche Pflanzentheile, z. B. Stengel, die statt nach oben nach unten wachsen (manche Rhizome und die Stiele der kleistogamen Blüthen von Cardamine chenopodifolia), und solche, die statt nach dem Lichte hin, von demselben sich abwenden. Daraus geht wohl hervor, dass das Idioplasma unter dem Einfluss der Reize in verschiedenen Pflanzen sich ungleich ausgebildet hat und dass es vermöge dieser ungleichen erblichen Beschaffenheit den einen Pflanzenstengeln das Vermögen gibt, auf den Reiz, den das Licht oder die Schwerkraft ausübt, in einer bestimmten Weise, andern Stengeln in entgegengesetzter Weise, und noch andern gar nicht zu reagiren.

In den eben angeführten Fällen haben die äusseren Einwirkungen eine bestimmte Reizbarkeit erzeugt. Dies führt uns auf den Umstand, dass ihre erblichen Folgen in den Organismen überhaupt doppelter Art sind. Entweder werden Organisation und Function in sichtbarer Weise verändert, oder es wird, indem der Organismus scheinbar gleich bleibt, bloss die moleculare Beschaffenheit so weit modificirt, dass dieselbe ein anderes Vermögen erlangt, auf Reize zu reagiren. Von den ersteren Veränderungen, zu denen alle Anpassungen im Bau und in den Verrichtungen gehören, werde ich nachher sprechen. Was die Reizbarkeit (im weiteren Sinne) betrifft, so besteht dieselbe darin, dass eine Erscheinung nur dann eintritt, wenn eine gewisse äussere Einwirkung ihr vorausgeht. Dies ist der Fall nicht bloss bei den bekannten momentanen Reactionen, die im Thierreiche allgemein sind und im Pflanzenreiche mehr ausnahmsweise vorkommen, sondern auch bei den vorhin erwähnten, durch das Licht und die Schwerkraft bedingten Wachsthumsrichtungen. Die letzteren werden durch langsam eintretende Krümmungen verursacht, indem beispielsweise an der beleuchteten Seite gewöhnlich das Wachsthum verlangsamt ist, so dass sie concav wird, selten gefördert, so dass sie convex wird.

Als ein anderes Beispiel, dass in der Pflanze bloss das Vermögen ausgebildet wurde, auf eine äussere Einwirkung zu reagiren, will ich die Wurzelbildung anführen, die bei bestimmten Pflanzenarten dann eintritt, wenn gewisse Stengeltheile mit Wasser in Berührung kommen, während anderen Stengeltheilen der gleichen Arten und den nämlichen Stengeltheilen anderer Gattungen diese Erscheinung mangelt. Abgeschnittene Zweige von Weiden und Pappeln, die man ins Wasser stellt, bewurzeln sich sehr schnell, während der Erfolg bei Zweigen von gleicher Stärke, die auf dem Baume dauernd benetzt werden, langsamer und oft nicht eintritt. Ein im Frühjahr vor dem Austreiben der Knospen abgenommener Weidenzweig, der sich nur in feuchter Luft befindet, verhält sich ziemlich so wie im natürlichen Zustande auf dem Baume; er führt die in der Rinde aufgespeicherten plastischen Stoffe nach oben, um zunächst die Endknospe zur Entfaltung zu bringen. Sowie aber ein solcher Zweig mit seinem untern Ende ins Wasser gebracht wird, so bewirkt dieses die Umkehr der strömenden Nährstoffe; dieselben bewegen sich nun nach unten, um in der Nähe der Schnittfläche Wurzeln zu bilden, worauf dann die Strömung nach oben zur Knospenentwicklung fortgesetzt wird. Der Zweig eines Apfelbaumes verhält sich anders. Die Wurzelbildung unter dem Einfluss der Benetzung setzt also eine Disposition voraus.

Die Fähigkeit der Pflanzenorgane, sich durch Wachsthum zu drehen und zu krümmen, damit sie eine günstige Lage und Richtung erlangen, oder Wurzeln zu treiben, ist offenbar nicht durch innere Ursachen erzeugt worden. Sondern es hat sich das Idioplasma unter dem langdauernden Einflusse des Lichtes und der Schwerkraft sowie des Wassers (letzteres bei Sumpfpflanzen) allmählich so umgebildet, dass es nun auf den Reiz dieser Agentien zu antworten vermag.

Was Licht und Gravitation betrifft, so ist zu bemerken, dass Kräfte, welche die Richtung beeinflussen, leicht, je nach den Umständen, den entgegengesetzten Erfolg bewirken. Grüne Schwärmzellen (Algen) bewegen sich gewöhnlich mit der beleuchteten Seite voran, also dem Lichte entgegen, bei sehr intensiver Wirkung des Lichtes aber von demselben weg. In gleicher Weise kann das Licht und die ebenfalls linear wirkende Schwerkraft die entgegengesetzten Krümmungen bewirken, je nach dem Grade der Empfindlichkeit des Objects und der Intensität des Angriffes. Es wäre nun denkbar, dass in einem noch unbestimmten Organ je nach dem Ausschlage, welcher von der Combination der Molecularkräfte abhängig ist, unter den gleichen Verhältnissen die einen Individuen der nämlichen Sippe sich positiv, die anderen negativ krümmten, und dass dann die Concurrenz die Entscheidung gäbe, welche Individuen Bestand haben und welche zu Grunde gehen, somit welche heliotropische und geotropische Richtung späterhin dem Organ der betreffenden Sippe zukommt.

Auch die übrigen Formen der Reizbarkeit, namentlich diejenige, welche vorzugsweise als solche bezeichnet wird und die sich in einer sofortigen deutlichen Reaction kund gibt, verdanken ihr Dasein sehr wahrscheinlich den nämlichen Ursachen, welche nach Ausbildung der Empfindlichkeit die Reaction hervorrufen. So dürfte die Fähigkeit des Blattes von Dionaea muscipula, sich auf den Reiz eines Insectes zu schliessen und dasselbe zu fangen, nach und nach durch die krabbelnden Insecten selber entwickelt worden sein.

Weniger gewiss als die Ursachen der Reizbarkeit sind im allgemeinen diejenigen, welche die sichtbaren Anpassungen in der Organisation und Function bewirkt haben. Ueber einige derselben wird zwar kaum ein Zweifel bestehen können. Den Schutz, den die Thiere kalter Klimate in ihrer dicken Behaarung und diejenigen weniger kalter Gegenden in ihrem Winterpelz finden, hat ihnen die Einwirkung der Kälte auf das Hautorgan gegeben. Die verschiedenen Waffen zur Abwehr und zum Angriff, den die Thiere in den Hörnern, Krallen, Stosszähnen u. s. w. besitzen, sind durch den Reiz, der beim Angriff oder bei der Vertheidigung auf bestimmte Stellen der Körperoberfläche ausgeübt wurde, nach und nach entstanden und grösser geworden.

Die Ursachen anderer und namentlich der bei den Pflanzen vorkommenden Anpassungen, von denen ich einige anführen will, liegen weniger offenkundig da. — So sind die Landpflanzen durch eine Korkbedeckung an ihrer Oberfläche mehr oder weniger vor Verdunstung geschützt. Die Wirksamkeit derselben ist jedermann durch die Erfahrung bekannt, wie z. B. dass ein Apfel, der den ganzen Winter frisch bleiben würde, rasch eintrocknet, nachdem er geschält wurde. Die frühesten Gewächse waren Wasserbewohner; sie acclimatisirten sich nach und nach an eine feuchte, dann an eine trocknere Luft; es gibt jetzt noch viele niedere und auch einige höhere Pflanzen, die im Wasser und ausserhalb desselben leben können. Sowie nun in der Urzeit die Gewächse aus dem Wasser kamen, wirkte die Verdunstung als Reiz auf die Oberfläche. Das partielle Austrocknen verursachte daselbst eine negative Spannung, die man beispielsweise auch in der Rindenschicht eines austrocknenden Tropfens von Gummischleim leicht nachweisen kann. Ausser dieser veränderten Combination der Molecularkräfte bestand der Reiz ferner noch in der reichlicheren Zufuhr von Sauerstoff, wohl auch in der energischeren Wirksamkeit des zwischen den äussersten Membranmicellen verdichteten Sauerstoffs und verursachte die chemische Umwandlung der oberflächlichsten Celluloselage in Korksubstanz.

So haben die Landpflanzen die erbliche Fähigkeit erlangt, die äusserste Celluloseschicht ihrer Epidermiszellen zu verkorken. Wachsen die Organe mit dem Aelterwerden in die Dicke, so wird das aus Kork bestehende Oberhäutchen zerrissen; die Verdunstung und der Zutritt von Sauerstoff wirken nun auf das unterliegende Zellgewebe ein und der Reiz veranlasst die Bildung einer mehrschichtigen Korkzellenhaut, welcher Vorgang bei andauerndem Dickenwachsthum sich von Zeit zu Zeit wiederholt. Man kann die Bedingungen künstlich herstellen. Wenn man Kartoffeln, welche, gleich den übrigen Landpflanzen, die Fähigkeit erlangt haben, eine solche Korkhaut (die Kartoffelschale) zu bilden, quer durchschneidet und die Schnittfläche der Verdunstung und der Einwirkung der Luft aussetzt, so entsteht innerhalb derselben eine schützende Korkhaut. Bewahrt man dagegen die Schnittfläche vor der Verdunstung und der Lufteinwirkung, indem man sie auf eine Glasplatte oder einen Teller legt oder in Wasser bringt, so bleibt die Korkbildung aus und es tritt Fäulniss ein.

Der Reiz hat bei verschiedenen Pflanzen und verschiedenen Organen einen sehr ungleichen Grad der Verkorkung verursacht. Pflanzen, die für eine feuchte Atmosphäre bestimmt sind, Organe, die nur eine kurze Lebensdauer erreichen, haben eine dünne Korkbedeckung, während Pflanzentheile von längerer Dauer und in sehr trockener Luft auch sehr gut geschützt werden.

Die Landpflanzen haben ausser dem weichen Zellgewebe, welches die Ernährung und auch die Leitung der Stoffe besorgt, dickwandige durch Verholzung festgewordene Zellen, die das Holz und den Bast zusammensetzen. Diese verholzten Gewebe verrichten mechanische Functionen und sind deshalb auch mechanische genannt worden[1]). Sie tragen und stützen die weichen Gewebe, sie bewahren die Organe vor dem Zerbrechen und Zerreissen. Den Wasserpflanzen, welche weder ihr eigenes Gewicht zu tragen, noch der Gewalt der Winde zu widerstehen haben, mangeln die mechanischen Zellen fast gänzlich. Dieselben bildeten sich erst und zwar vorzugsweise aus den dünnwandigen, langen und engen Zellen der Gefässstränge, als die ursprünglichen Wasserbewohner zu Landbewohnern wurden.

Da die mechanischen Gewebe genau so angeordnet sind, wie es für freistehende oberirdische Organe die Druck- und Biegungsfestigkeit, für die unterirdischen und für einige oberirdische Organe die Zugfestigkeit verlangt, da also ihre Lage den mechanischen Anforderungen entspricht, so ist es nicht unwahrscheinlich, dass sie durch die Spannungen, welche Druck und Zug bewirkten, entstanden sind. Denn diese Spannungen waren gerade da am stärksten, wo sich jetzt die mechanischen Zellen befinden. Ferner mussten die Spannungen vorzugsweise in den langgestreckten Zellen der Fibrovasalmassen (Gefässstränge) sich geltend machen, weil die kurzen und weiten Parenchymzellen mit ihren grösseren Zwischenzellräumen leichter durch Gestaltsänderung der mechanischen Gewalt nachgeben können. Es ist also wohl denkbar, dass die wichtige Einrichtung der mechanischen Gewebe im Pflanzenreiche unter dem Einfluss des von äusseren Kräften bewirkten Reizes zur Ausbildung gelangte.

Während die meisten Pflanzen durch den aufgerichteten festen Stengel in den Genuss von Licht, Luft und Thau gelangen, klettern andere mit schwachen Stengeln versehene an den ersteren empor,

---

[1]) Schwendener, Das mechanische Princip im anatomischen Bau der Monocotylen.

um sich in den Genuss der nämlichen Vortheile zu setzen. Sie bedienen sich dazu verschiedener Mittel, die aber alle phylogenetisch den nämlichen Ursprung haben konnten. Denken wir uns, es befinden sich Gewächse, die eines beträchtlichen Längenwachsthums fähig sind, aber aus irgend einem Grunde keinen tragfesten Stengel gebildet haben oder bilden konnten, im Gebüsch. Der Lichtmangel und die grössere Feuchtigkeit des Schattens macht sie einigermaassen vergeilen; ihre Organe werden in Folge dessen länger, dünner, mit weicherem Gewebe und schwächerem Korküberzug; zugleich wird durch diese Eigenschaften die Empfindlichkeit für Reize gesteigert. Der schlaffe Stengel legt sich da und dort, sowie er wieder ein Stück in die Höhe gewachsen ist, auf die festen Aeste des Buschwerks. An diesen Stellen entsteht schon durch die mechanische Wirkung eine schwache Biegung, welche durch den Reiz der Berührung vermehrt wird, indem derselbe an der betreffenden Seite eine relative Verkürzung (geringere Streckung) bewirkt. Die Reizbarkeit wird erblich und bildet sich von Generation zu Generation weiter aus. Sie kommt nicht bloss dem Stengel, sondern auch den Blättern zu, weil diese ebenso häufig mit fremden Körpern in Berührung treten und zu Biegungen veranlasst werden. Die Biegungen der Stengel und Blätter dienen den Pflanzen als Stützpunkte, vermittelst welcher sie in allerdings noch einfacher und primitiver Weise im Buschwerk emporklettern.

Dies mag der ursprüngliche, aber erst nach langen Zeiträumen erreichte Zustand der Kletterpflanzen gewesen sein; derselbe hat sich durch noch längere Zeiträume in verschiedener Weise um- und ausgebildet. Die Veränderungen bestanden einmal darin, dass die Reizbarkeit, indem sie sich steigerte, nur in bestimmten Organen oder auch nur auf einer bestimmten Seite eines Organs erhalten blieb und sich im übrigen verlor; — ferner darin, dass die reizfähigen Organe ihre Gestalt veränderten und rankenförmig (dünn und lang) wurden; — endlich darin, dass die Biegung, die früher auf den Reiz erfolgte, später von selbst eintrat, und dass sie, da keine Seite des Organs einen Vorzug hatte, und da rotirende Processe in den Pflanzen überhaupt häufig und in verschiedener Form auftreten, naturgemäss zur Circumnutation wurde.

Bei den einen Gewächsen traten diese, bei anderen jene Aenderungen ein. Die Ursachen des verschiedenen Verhaltens bestanden jedenfalls einerseits in der verschiedenen Natur der Pflanzen, andrerseits in der verschiedenen Beschaffenheit des Buschwerkes, in dem sie sich befanden, sowie in dem Wechsel dieser Umgebung, dem sie bei Wanderungen unterworfen waren. Die ursächliche Erklärung aber lässt sich wohl noch nicht im einzelnen ausführen; wir haben einstweilen nur das Resultat der Veränderungen vor uns. Die Blattkletterer umschlingen mit den reizbaren Stielen oder verlängerten Spitzen der grünen Blätter die Stütze. Bei den Rankenkletterern ist das ganze Organ oder der Endtheil desselben fadenförmig und reizbar, umschlingt in Folge des Reizes und rollt sich am freien Theil schraubenförmig ein. Die Stengelkletterer (windende oder Schlingpflanzen) mögen anfänglich einen reizbaren Stengel gehabt und sich mit demselben in der Art um die Stütze gewunden haben, wie es Mohl irrthümlich für die jetzigen Schlinggewächse annahm, nämlich so, dass das sich verlängernde Ende fortwährend durch Berührung mit der Stütze gekrümmt und somit an dieselbe angedrückt wurde. Die Reizbarkeit ging dann ganz verloren, indem an die Stelle der Reizbiegung die autonome Circumnutation trat, welche in Verbindung mit anderen Wachsthumsvorgängen zur Befestigung der kletternden Pflanzen ausreichte.

Die grünen Blätter zeigen eine bemerkenswerthe Verschiedenheit zwischen der oberen dem Lichte zugekehrten und der unteren im Schatten befindlichen Fläche. Dort ist das Gewebe fester, mit wenigen oder ohne Spaltöffnungen, somit vor der Verdunstung geschützt; die Aushauchung von Wasserdampf geschieht fast ausschliesslich an der unteren, aus lockerem Gewebe bestehenden und mit zahlreichen Spaltöffnungen versehenen Seite, wo sie nie durch das directe Sonnenlicht zu einem verderblichen Grade gesteigert wird. Diese ungleiche Beschaffenheit in Bau und Verrichtung kann eine Folge der ungleichen Einwirkung von Licht und strahlender Wärme sein, indem der stärkere Reiz an der oberen Seite das festere Gefüge des Zellgewebes verursachte.

Es gibt auch grüne flachgedrückte Stengel, welche die gleiche Function besitzen wie die grünen Blätter, die aber an beiden Flächen gleich gebaut sind. Man könnte nun vielleicht fragen, warum dieselben nicht, analog den Blättern, zwei verschiedene Seiten, eine Sonnen- und eine Schattenseite besitzen. Bei den Stengeln konnte sich aber die Ungleichheit nicht ausbilden, weil die Orientirung derselben mit jeder Generation und selbst bei dem nämlichen Stengel in Folge der Drehung um seine Achse von unten nach oben wechselt, während bei den Blättern die Orientirung durch die Anheftung am Stengel morphologisch bestimmt ist und daher durch alle Generationen die nämliche bleibt.

Besondere Aufmerksamkeit haben von jeher die mit der Fortpflanzung verbundenen Einrichtungen erregt und sind in neuester Zeit bestimmt als Anpassungen an die Aussenwelt in Anspruch genommen worden. So sehen wir bei der Mehrzahl der Phanerogamen die Geschlechtsorgane umgeben von grossen glänzend gefärbten Blumenkronen, welche keinen anderen Nutzen gewähren, als dass sie die blüthenbesuchenden, Blumenstaub und Honig sammelnden Insecten anlocken und dadurch die Kreuzung zwischen den Individuen gegenüber der Selbstbefruchtung befördern. Sie mangeln den Gefässcryptogamen und den Gymnospermen, welche die niedrigste Abtheilung der Phanerogamen darstellen, sowie einigen Gruppen der Monocotylen (z. B. den grasartigen Gewächsen) und der Dicotylen (z. B. den kätzchentragenden Bäumen).

Staubgefässe und Kronblätter sind mit einander nahe verwandt; die ersteren verwandeln sich leicht in die letzteren, welche Umwandlung bei den doppelten oder gefüllten Blumen sichtbar wird. Die Staubgefässe sind blattartige Organe; sie treten auch in ihrer einfachsten und ursprünglichsten Form als kleine schuppenförmige Blätter auf. Aus solchen schuppenartigen Staubgefässen, in einigen Fällen vielleicht auch aus sterilen, dieselben umhüllenden Deckblättern sind durch beträchtlich gesteigertes Wachsthum die Kronblätter hervorgegangen. Diese Steigerung des Wachsthums mag wesentlich durch den Reiz veranlasst worden sein, welche die blüthenstaub- und säfteholenden Insecten fortwährend durch Krabbeln und kleine Stiche verursachten. Wenn ein einmal wirkender Reiz eine Wucherung des Zellgewebes erzeugt, wie wir sie bei der Gallenbildung durch Gallwespenstich, bei den haarförmigen Bildungen aus den Epidermiszellen an verschiedenen Blättern durch eine Colonie winziger Milben kennen, so muss auch ein durch zahllose Generationen fortdauernder schwacher Reiz die Umwandlung einer kleinen Schuppe in ein grosses Kronblatt zu Stande bringen können.

Zu den merkwürdigsten und allgemeinsten Anpassungen, die wir an der Gestalt der Blüthen beobachten, gehören die langröhrigen Kronen in Verbindung mit den langen Rüsseln der Insecten, welche im Grunde der engen und langen Röhren Honig holen und dabei die Fremdbestäubung der Pflanzen vermitteln. Beide Einrichtungen, die vegetabilische und die animalische, erscheinen so recht wie für einander geschaffen. Beide haben sich allmählich zu ihrer jetzigen Höhe entwickelt, die langröhrigen Blüthen aus röhrenlosen und kurzröhrigen, die langen aus kurzen Rüsseln. Beide haben sich ohne Zweifel in gleichem Schritt ausgebildet, so dass stets die Länge der beiden Organe ziemlich gleich war.

Wie könnte nun ein solcher Entwicklungsprocess nach der Selectionstheorie erklärt werden, da in jedem Stadium desselben vollkommene Anpassung bestand? Die Blumenröhre und der Rüssel hatten beispielsweise einmal die Länge von 5 oder 10 ^{mm} erreicht. Wurde nun die Blumenröhre bei einigen Pflanzen länger, so war die Veränderung nachtheilig, weil die Insecten beim Besuche derselben nicht mehr befriedigt wurden und daher Blüthen mit kürzeren Röhren aufsuchten; die längeren Röhren mussten nach der Selectionstheorie wieder verschwinden. Wurden andrerseits die Rüssel bei einigen Thieren länger, so erwies sich diese Veränderung als überflüssig und musste nach der nämlichen Theorie als unnöthiger Aufwand beseitigt werden. Die gleichzeitige Umwandlung der beiden Organe aber wird nach der Selectionstheorie zum Münchhausen, der sich selbst am Zopfe aus dem Sumpfe zieht.

Nach meiner Vermuthung konnten die langen Blumenröhren aus kurzen in gleicher Weise entstehen wie die grossen Blumenblätter aus kleinen. Durch die beständigen Reize, welche die kurzen Rüssel der Insecten ausübten, wurden die kurzen Röhren veranlasst sich zu verlängern. Dieses Wachsthum erfolgte als nothwendige Wirkung ihrer Ursache, obgleich es zunächst für die Pflanzen sich unvortheilhaft erwies. Mit der wachsenden Länge der Blumenröhre, welche, weil durch die nämliche Ursache bewirkt, eine allgemeine Erscheinung bei den Individuen einer Sippe war, verminderte sich für die Insecten die Leichtigkeit des Nektarholens. Dieselben wurden zu grösseren Anstrengungen gezwungen, und der damit verbundene Reiz, sowohl der physische, den das Organ bei der Arbeit erlitt, als der psychische, welcher in der gesteigerten Begierde nach dem Ziele lag, verursachte eine Verlängerung des Rüssels, so lange, als eine Verlängerung der Blumenröhre ihr vorausging. Dabei ist selbstverständlich, dass jede Pflanze nur zu einem begrenzten Wachsthum der Blume und jedes Insect nur zu einem begrenzten Wachsthum des Rüssels sich befähigt zeigt.

Die Honigabsonderung, die im Grunde der meisten nicht stäubenden Blüthen stattfindet, ist offenkundig eine für die Pflanzen nützliche Einrichtung, weil sie den Insectenbesuch ganz besonders befördert. Honigdrüsen kommen aber nicht bloss in den Blüthen, sondern auch an den Laubblättern einiger Pflanzen (Viburnum Tinus, Clerodendron u. s. w.) vor und sind daher keine eigens für die Befruchtung hergestellte Anpassung. Was die Ursache betrifft, welche diese Organe erzeugte, so möchte ich vermuthen, dass sie ebenfalls in dem durch die Insecten ausgeübten Reiz zu suchen ist, welche mit Bohrwerkzeugen an ihren Mundtheilen versehen sind (Fliegen, Bienen, Schmetterlinge) und Pflanzenzellen anbohren, um den Saft derselben zu gewinnen.

Es erscheint mir nun sehr plausibel und ganz in Uebereinstimmung mit den bekannten ontogenetischen Reactionen auf ähnliche Verwundungen, wenn wir annehmen, dass der mit dem genannten Angriff verbundene und durch eine lange Generationenreihe sich stets wiederholende Reiz schliesslich zu der phylogenetischen Bildung eines besonderen Drüsenorgans geführt habe. Dass dasselbe fast bloss im Grunde der Blüthen sich findet, erklärt sich daraus, dass diese Region wie keine andere an der Oberfläche des Pflanzenkörpers aus einem weichen saftigen Gewebe besteht.

Die Nützlichkeit der Erscheinung für die Fortpflanzung hatte keinen Einfluss auf die Entstehung des Organs, und wenn die Selectionstheorie durch ihr Princip sich genöthigt sieht, auch in den an grünen Blättern befindlichen Honigdrüsen eine für die betreffenden Pflanzen besondere vortheilhafte Einrichtung zu vermuthen, so dürfte sie sich wohl einer Täuschung hingeben. Der Organismus hat in diesem Fall, wie in allen anderen, lediglich auf einen Reiz geantwortet. Eine solche Reaction ist, wenn sie sich phylogenetisch zu einer Einrichtung entwickelt, allerdings vortheilhaft, indem sie einen ferneren Reiz unmöglich oder unwirksam macht. Durch die Bildung eines Honig absondernden Organs hat sich die Pflanze auf eine natürliche Art gegen die störenden Eingriffe der Insectenbohrwerkzeuge geschützt, da an dieser Stelle eine derbe hautartige Bedeckung mit dem Organisationsplan unvereinbar war. Wenn ausser diesem unmittelbaren Nutzen ein ganz anderer mittelbarer Vortheil für das Befruchtungsgeschäft aus der Einrichtung gezogen wird, so ist dies weiter nichts als ein glücklicher Zufall.

Es gibt noch eine Einrichtung in den meisten Blüthen der Phanerogamen, welche ich von der Einwirkung der Insecten ableiten möchte. Pflanzen mit kleiner unscheinbarer oder mangelnder Blüthendecke und ohne Honigabsonderung, die deswegen auch von den Insecten im ganzen wenig oder nicht besucht werden, verstäuben ihren Pollen durch den Wind. In den Blüthen dagegen mit grossen Blumenblättern mit Honigdrüsen und mit reichlichem Insectenbesuch hängen die Pollenkörner durch eine klebrige Substanz mehr oder weniger zusammen und werden vom Winde nicht zerstreut. Die erste Erscheinung ist die ursprüngliche, die letztere hat sich phylogenetisch aus jener herausgebildet.

Die Insecten, welche auf den Blüthen herumkrochen, um Blüthenstaub und Säfte zu holen, übten bei dieser Beschäftigung nicht bloss auf die Blätter und den Grund der Blüthe einen Reiz aus, sondern namentlich auch auf die Staubbeutel, sowohl durch die Tritte ihrer Füsse und die Stiche ihrer Bohrwerkzeuge, als durch verschiedene andere mechanische Angriffe. Die Folgen solcher Reize sind im allgemeinen Wucherung des Zellgewebes bei stärkerer Einwirkung, Vermehrung verschiedener Thätigkeiten bei schwächerer Reizwirkung. Die genannten Eindrücke, welche während langer Zeiträume auf die Staubbeutel ausgeübt wurden, haben denn auch eine phylogenetische Veränderung derselben hervorgebracht. Die Staubbeutel sind grösser, die Wandungen der Zellen, in denen sich die Pollenkörner bilden, dicker geworden, und aus der desorganisirten Substanz dieser Wandungen ist die klebrige Substanz hervorgegangen, welche die Pollenkörner zusammenhält. — Zwar kann man das Bedenken äussern, dass die Staubbeutel den Reiz in der Regel erst zu der Zeit in sehr wirksamer Weise empfingen, als die Pollenkörner schon gebildet waren. Allein in protogynischen Blüthen erfolgte derselbe doch in verhältnissmässig früher Zeit und ferner hatten auch die noch ungeöffneten Blüthenknospen verschiedene Angriffe der Insecten zu bestehen. Ueberdem ist es sicher, dass ein säcularer Reiz, welcher eine phylogenetische Wirkung hat, das

Organ nicht bloss in dem Zustande, in dem er es trifft, sondern auch in früheren Entwicklungsstadien zu verändern vermag.

Ausser der Grösse und Gestalt der Blumenkronen, der Honigabsonderung und dem klebrigen Blüthenstaub gibt es bekanntlich noch zwei Erscheinungen, welche die Anpassung der Blüthen an den Insectenbesuch vervollständigen, nämlich die Farbe und der Geruch dieser Organe. Aber diese beiden Erscheinungen können am allerwenigsten als eigens für die Fortpflanzung bestimmt gelten, da sie nur ganz allgemeine Vorkommnisse der vegetativen Organe in der reproductiven Sphäre wiederholen.

Was die Farbe betrifft, so ist, wie ich zuerst erwähnen will, von Wichtigkeit, dass die Blumenblätter in Bau und Verrichtung der Gewebe genau mit dem sterilen Theil der Staubgefässe übereinstimmen, und dass sie von den übrigen Blättern vorzüglich durch die nicht grüne Farbe, die zartere Structur der Zellen und den Mangel der Spaltöffnungen sich unterscheiden. Diese Eigenthümlichkeiten der Staubgefässe hängen ohne Zweifel mit ihrer kurzen Dauer zusammen; und sie kommen als Erbtheil auch den aus den Staubgefässen hervorgegangenen Blumenblättern zu. Ein Organ, welches kein Chlorophyll bildet und also nicht grün wird, muss entweder farblos (weiss) sein oder irgend eine andere Farbe zeigen. Das sterile Gewebe der Staubgefässe ist öfters schwach gefärbt; die Blumenblätter nehmen ähnliche, nur intensivere Farben an, was mit auf die viel stärkere Einwirkung des Lichtreizes zu setzen sein dürfte. Die nämlichen Farbstoffe, wie sie in den Blüthen gebildet werden, sind übrigens häufig auch in anderen Organen enthalten. Wir finden die rothen und blauen Farbstoffe, die im Zellsaft der meisten Blumenblätter gelöst sind, nicht nur in Früchten (Kirschen, Trauben), sondern auch in Laubblättern schon im Sommer oder erst im Herbst (Ampelopsis), in Stengeln (Cornus), in Haaren und Wurzeln (rothe Rüben). Wir finden sie selbst abwärts durch das ganze Pflanzenreich bis zu den einfachsten Gewächsen (einige Florideen enthalten neben dem rothen unlöslichen Farbstoff einen rothen gelösten, einige Oscillariaceen ausser dem spangrünen unlöslichen einen violetten oder blauen gelösten Farbstoff).

Die Ursachen, welche die genannten Farbstoffe erzeugen, sind also nicht auf die Blüthen beschränkt, sondern allgemein durch das Pflanzenreich verbreitet. Sehr wahrscheinlich liegen sie nicht schon in der Substanz selber, sondern in äusseren Einflüssen. Da diese Einflüsse sich unserer Erkenntniss entziehen, so vermögen wir auch den unmittelbaren Vortheil, der vielleicht durch die fragliche Farbstoffbildung für die Pflanzen erlangt wird, nicht einzusehen. Der weitere Nutzen aber, den sie unzweifelhaft bei der Fortpflanzung gewähren, kann, wie derjenige der Honigabsonderung, nur ein mittelbarer und zufälliger sein.

Ganz ebenso wie mit den Farben verhält es sich mit den Gerüchen der Blüthen. Die Gewissheit, dass ihre Ursachen keine direkte Beziehung zu der Befruchtung und Fortpflanzung haben, tritt hier noch überzeugender hervor, weil die Gerüche der Blumen an Intensität und allgemeinem Vorkommen sogar von den aromatischen Verbindungen der vegetativen Organe, namentlich der grünen Blätter, übertroffen werden.

Wenn ich die Ursachen für die mit dem Insectenbesuch zusammenhängenden Anpassungen bei der Fortpflanzung der Phanerogamen richtig erkannt habe, so wurden die Abänderungen der ursprünglichen Blüthen wesentlich durch die bei diesem Besuche stattfindenden mannigfaltigen Reize hervorgebracht. Man könnte vielleicht entgegnen, warum die Gallwespen, die jährlich ihre Eier in die vegetativen Organe der Eichbäume und anderer Pflanzen legen, nicht ebenfalls Anpassungsveränderungen hervorgebracht haben. Aber die Verhältnisse sind in den beiden Fällen doch wesentlich verschieden. In den Blüthen erfährt das nämliche Organ durch alle Generationen hindurch ganz in der gleichen Weise den Insectenreiz. In den vegetativen Organen ist es bald diese, bald jene Stelle, welche getroffen und welche bald in der einen, bald in der andern Weise verletzt wird. Genau die gleiche Stelle an dem Stammgerüste oder der nämliche Theil des gleichen, durch seine Stellung am Stammgerüste bestimmten Blattes wird kaum alle zehn, vielleicht kaum alle hundert Jahre einmal von dem nämlichen Insect gestochen. Ueberdies ist der Reiz der Insecten auf die Blüthentheile ein dauernder und schwacher, und als solcher für Erzeugung phylogenetischer Umbildung viel geeigneter als ein einmaliger heftiger Eingriff.

Indem die Insecten die Veranlassung zur Vergrösserung der Blumenkrone, zur Honigabsonderung und zum Klebrigwerden des Pollens gaben, war ihre Wirkung für die Pflanzen nachtheilig, weil für die ersten zwei Erscheinungen eine grössere Arbeit aufgewendet werden musste, und weil die dritte Erscheinung die regelmässige Befruchtung beeinträchtigte. Besonders der letztere Umstand hat wohl unter den Myriaden ausgestorbener Pflanzensippen die Vernichtung mancher derselben verursacht, und er würde noch gründlicher aufgeräumt haben, wenn nicht der Insectenbesuch durch Vermittelung der Bestäubung die Nachtheile, die er gebracht, selber aufgewogen hätte.

Während die meisten auffallenden Abänderungen der ursprünglichen kleinen und unscheinbaren Blüthen auf Rechnung der Insecten zu setzen sind, lässt sich dasselbe nicht auch für Farbe und Geruch annehmen, wie ich gezeigt habe. Wenn zwar auch diese Erscheinungen den Insecten als Selectionsresultat zugeschrieben werden, so ist dafür doch nicht der geringste Beweis geleistet. Bezüglich der Farben, welche von den Pflanzen durch Auswahl festgehalten worden sein sollen, um gewisse Classen von Insecten vom Besuche auszuschliessen, sind die Beobachter selber ganz ungleicher Meinung. Dass bestimmte Blumenfarben deswegen Bestand gewonnen haben, weil bestimmte Insecten eine Vorliebe für sie besassen, ist im Grunde weiter nichts als eine willkürliche Annahme, und wenn H. Müller in consequenter Verfolgung dieses Gedankens u. a. sagt, dass »Bienen und Hummeln sich Blumen der verschiedensten Farben gezüchtet haben« und dass beispielsweise dieselben »auch in der Familie der Primulaceen sich ausser rothen und violetten auch gelbe Blumen gezüchtet haben«, so könnte man wohl mit mehr Recht annehmen, dass die Aufmerksamkeit dieser Insecten von jeder Farbe erregt wird und dass sie sich gar nichts züchteten.

Um die Frage sicher zu entscheiden, ob gewisse Farben mehr als andere, und gewisse Gerüche mehr als andere, bestimmte Insecten anzulocken vermögen, müsste der Weg des Experiments eingeschlagen werden. Es müssten künstliche Blumen von verschiedener Farbe, theils ohne Geruch, theils mit verschiedenen aromatischen Verbindungen wohlriechend gemacht, an grüne Zweige befestigt und der Insectenbesuch genau beobachtet werden. Ich habe mit Erfolg eine solche experimentelle Behandlung schon in den Jahren 1863 und 1864, aber nur für einen ganz allgemeinen Zweck angewendet[1]) und mich dabei überzeugt, dass die Insecten durch die Farbe und den Geruch der papiernen Blumen herbeigelockt wurden. Dieser Weg hätte für specielle Zwecke weiter verfolgt werden sollen; derselbe hätte wohl zuverlässigere Ergebnisse versprochen, als die blosse Beobachtung der natürlichen Blumen, in denen immer verschiedene Momente zusammenwirken. Er würde zwar nicht gezeigt haben, welche Farben und Gerüche den Insecten ihr Dasein verdanken, aber ganz bestimmt, für welche Farben und Gerüche jede Art Vorliebe besitzt.

Zu den merkwürdigsten Anpassungen, die bei der Fortpflanzung der Phanerogamen vorkommen, gehört die Einrichtung der dimorphen und trimorphen Blüthen. Um diese Einrichtung dem nicht botanischen Leser in Erinnerung zu bringen, bemerke ich, dass bei Dimorphismus (z. B. Primula) die einen Blüthen kurze, die anderen lange Griffel besitzen. In den kurzgriffeligen Blüthen befinden sich die Staubgefässe oben, in den langgriffeligen aber tiefer in der Kronröhre, so dass also Narbe und Staubbeutel in der gleichen Blüthe in zwei Stockwerken befindlich und möglichst von einander entfernt sind, in verschiedenen Blüthen aber in gleicher Höhe liegen, indem die einen Blüthen im untern Stockwerk die Narbe, im obern die Staubbeutel, die andern dagegen im untern Stockwerk die Staubbeutel, im obern die Narbe enthalten. — Bei Trimorphismus (z. B. Lythrum Salicaria) gibt es dreierlei Blüthen, nämlich solche mit kurzem, solche mit mittellangem und solche mit langem Griffel. Von den meist 10 Staubgefässen hat die eine Hälfte einen höheren, die andere einen tieferen Stand, in der Weise, dass die männlichen und weiblichen Geschlechtsorgane in jeder Blüthe drei Stockwerke einnehmen. Die Narbe befindet sich im unteren, mittleren oder oberen Stockwerk und je die beiden anderen Stockwerke sind von den Staubgefässen besetzt.

Dieser morphologischen Anordnung entspricht in physiologischer Beziehung die Erfahrung, dass männliche und weibliche Organe, die dem gleichen Stockwerk angehören, in den Blüthen also einen gleich hohen Stand zeigen, sich am leichtesten befruchten und die grösste Menge von Samen liefern, während Geschlechtsorgane ver-

[1]) Entstehung und Begriff der naturhistorischen Art. 1865.

schiedener Stockwerke eine Abneigung gegen die Begattung kund thun und eine weniger zahlreiche Nachkommenschaft geben; die Abneigung kann so weit gehen, dass die Befruchtung ganz ausbleibt. Die Begattungen zwischen den Organen des gleichen Stockwerkes sind legitime, diejenigen zwischen ungleichen Stockwerken illegitime genannt worden. Aus der morphologischen Anordnung ergibt sich, dass die legitimen Befruchtungen nur durch Kreuzung verschiedener Blüthen zu Stande kommen, und dass Selbstbestäubung immer illegitim ist.

In bemerkenswerther Uebereinstimmung mit der physiologischen Erfahrung steht die Anpassung an die Insectenwelt. Die Insecten, welche nacheinander verschiedene Stöcke einer Pflanzenart besuchen, und, um ihr Ziel, den Honig im Grunde der Blumenröhre, zu erreichen, immer gleichweit in dieselbe eindringen, bedecken sich in dimorphen Blüthen auf zwei, in trimorphen auf drei Zonen ihres Körpers, welche den zwei oder drei Stockwerken der Blüthen entsprechen, mit Blüthenstaub. Bei fortgesetztem Blüthenbesuche bewirken sie fast ausschliesslich legitime Kreuzungsbefruchtungen, indem jede mit Blüthenstaub beladene Körperzone mit Narben des nämlichen Stockwerkes in Berührung kommt.

Was nun die Ursache der sonderbaren morphologischen Anordnung betrifft, die sich so nützlich für die Befruchtung erweist, so sollte man meinen, dass man hier, wie bei kaum einer anderen Einrichtung, auf zufällige Variation und auf die Auslese der günstigen aus den ungünstigen Combinationen angewiesen sei. Doch gibt es einen Weg, der, wie mir scheint, auf direct bewirkende Ursachen zu führen vermag. Um dieselben klar zu legen, muss ich zuerst einige Punkte feststellen.

Der erste Punkt, den wir ins Auge zu fassen haben, ist der, dass die Lagerung der Geschlechtsorgane in zwei oder drei Stockwerke eine erbliche Erscheinung ist, indem sie sich in den verschiedenen Combinationen immer wiederholt; ferner, dass für jedes Stockwerk eine besondere männliche und weibliche Anlage im Idioplasma vorhanden sein muss. Letzteres ist um so nothwendiger, als die Pollenkörner und die Narbenpapillen auf den verschiedenen Stockwerken ungleich ausgebildet sind. Es gibt also im Idioplasma der dimorphen Pflanzen je zwei, in demjenigen der trimorphen Pflanzen je drei Anlagen sowohl für die Staubgefässe als für die

Griffel. Diese Anlagen oder, wenn dieselben entsprechend der früher ausgesprochenen Vermuthung in ihre Componenten aufgelöst sind (S. 44), diejenigen Componenten, welche die örtliche Lage bestimmen werden wie ihre Entfaltungsmerkmale räumlich getrennt sein.

Der zweite Punkt betrifft die Abneigung gegen illegitime Begattung, welche sich deutlich in der verminderten Samenzahl ausspricht. Diese Abneigung muss in den Pollenkörnern und in den Narbenpapillen begründet sein, indem die Substanz dieser Organe wenn sie von verschiedenen Stockwerken herstammt, sich gegenseitig weniger anzieht, als wenn sie dem gleichen Stockwerk angehört. Die nämliche Eigenschaft ist aber auch den betreffenden idioplasmatischen Anlagen zuzuschreiben. Zur Begründung dieser Folgerung führe ich an, dass wirkliche Anziehung zwischen verschiedenen Idioplasmen vorkommt, nämlich zwischen dem Spermatozoid und dem Keimfleck der Eizellen, wie ich später zeigen werde Und wenn Anziehung erwiesen ist, so muss auch die Möglichkeit von vorkommender Abstossung angenommen werden. Für das Vorhandensein von dynamischen Beziehungen zwischen den Geschlechtsorganen spricht auch der Umstand, dass bei manchen Pflanzen die Staubgefässe und die Griffel sich zur Zeit der Befruchtung gegeneinander neigen.

An diesen zweiten Punkt schliesst sich dann die Thatsache an, dass bei manchen Pflanzen Abneigung gegen Selbstbefruchtung besteht, indem Fremdbestäubung mehr Samen hervorbringt als Selbstbestäubung. Daraus geht deutlich hervor, dass die ganze Einrichtung der dimorphen und trimorphen Blüthen, wie dies übrigens bereits feststehende Annahme ist, ihre physiologische Bedeutung nur in der verhinderten Selbstbefruchtung und in der beförderten Kreuzung erhält.

Aus dem Zusammenhalte der eben angeführten Momente ziehe ich nun folgenden Schluss für die phylogenetische Entstehung der dimorphen Blüthen. Diese waren ursprünglich homomorph; die Vorfahren von Primula hatten nur einerlei Blüthen, deren Staubbeutel und Narben in gleicher Höhe lagen. Die beginnende Abneigung gegen Selbstbefruchtung bewirkte in den Idioplasmareihen, welche die örtliche Stellung bestimmen, eine Scheidung in zwei Anlagen und in Folge der gegenseitigen Abstossung eine Entfernung dieser Anlagen von einander oder wenigstens eine Entfernung der entfalteten Organe. Die beiden bloss örtlichen und die Stellung in den zwei Stockwerken bedingenden Anlagen sind beiden Geschlechtern gemeinsam; und die Abneigung gegen Selbstbefruchtung hat nun die nothwendige Folge, dass, wenn in einem bestimmten Pflanzenindividuum bei der Staubgefässbildung die eine Anlage wirksam wird, sie für die Griffelbildung latent bleibt, und dass für die letztere dann die andere Anlage in Thätigkeit versetzt wird, dass also Staubbeutel und Narben immer zwei verschiedenen Stockwerken angehören.

Die trimorphen Blüthen von Lythrum Salicaria waren in den Vorfahren ebenfalls homomorph. Der Scheidungsprocess gestaltete sich aber etwas complicirter, indem er nicht nur zwischen den Staubbeuteln und Narben, sondern auch zwischen den Staubbeuteln unter sich auftrat. Was die letztere Scheidung betrifft, so kommt es überhaupt nicht selten vor, dass, wenn die Staubgefässe in zwei Kreise gestellt sind, die Staubbeutel des einen Kreises höher liegen als die des anderen. Ich nehme hier diese Thatsache als gegeben an, ohne ihre Ursache ergründen zu wollen. In den trimorphen Blüthen besteht, zugleich mit der Thatsache, dass die nämlichen Anlagen im Idioplasma die Höhenlage der männlichen und weiblichen Organe bedingen, Scheidung der beiden Staubbeutelkreise neben der Abneigung zwischen den letzteren und der Narbe. So mussten sich drei idioplasmatische Anlagen für den örtlichen Sitz der Geschlechtsorgane bilden, die sich in jeder Pflanze möglicher Weise in anderer Combination verwirklichen. Nimmt die Narbe den unteren, den mittleren oder den oberen Stand ein, so werden die zwei Staubbeutelkreise wegen ihrer Abstossung gegen die Narbe und untereinander in die beiden übrigbleibenden Stockwerke verwiesen.

Die Entstehung der heteromorphen aus den homomorphen Blüthen lässt sich auf mechanischem Wege denken, wenn die örtliche Stellung der männlichen und weiblichen Geschlechtsorgane durch eine gemeinsame Gruppe im Idioplasma bestimmt wird, welche, sobald die der Abneigung gegen Selbstbefruchtung entsprechende innere Abstossung einen gewissen Grad erreicht hat, in zwei oder drei Anlagen aus einander weicht. Ob dann in dem einzelnen Individuum die eine oder andere Stellung dem weiblichen Organ zufalle (durch welche selbstverständlich auch die der männlichen Organe bestimmt ist), hängt von unbekannten bei der Keimbildung schon entscheidenden Ursachen ab, in ähnlicher Weise wie bei

Arten mit getrenntem Geschlecht in jenem Zeitraum ebenfalls durch unbekannte Ursachen entschieden wird, ob das entstehende Individuum männlich oder weiblich sein wird. Daraus folgt aber nicht, dass jede Pflanzenart, die eine entschiedene Abneigung gegen Selbstbefruchtung erlangt, nothwendig auch heteromorph in der Blüthenbildung werde. Die Abstossung kann sich auch einfach dadurch bethätigen, dass Staubbeutel und Narben aus einander weichen, wodurch die Selbstbefruchtung erschwert wird und die Art, sofern nicht Fremdbestäubung auf irgend einem Wege statt findet, zu Grunde geht. Ob die Blüthen bei Eintritt der Abneigung gegen Selbstbestäubung homomorph bleiben oder heteromorph werden, hängt von dem Umstande ab, ob die beiden Geschlechtsorgane für ihre örtliche Stellung gemeinsame oder getrennte Anlagen im Idioplasma besitzen.

Man kann sich die phylogenetische Entstehungsweise der verschiedenen Vorkommnisse in folgender Weise denken. Auf den niederen Stufen der Phanerogamen verhalten sich die Höhenlagen der Staubbeutel und der Narben sowie ihre getrennten Anlagen im Idioplasma indifferent gegen einander, wobei die beiden Organe bald in gleicher, bald in ungleicher Höhe sich befinden. Dann treten dynamische Beziehungen zwischen denselben auf: Abstossung der Anlagen unter einander in Folge von Abneigung gegen Selbstbefruchtung bewirkt die Entfernung der Staubbeutel von den Narben; Anziehung dagegen bedingt die Lagerung dieser Organe in gleicher Höhe oder eine gegenseitige Annäherung durch Krümmung der Staubfäden und Griffel unmittelbar vor der Befruchtung.

Die Anziehung der beiden Anlagen hat aber noch eine andere wichtige Folge. Steigert sich dieselbe zu einem gewissen Grade, so verursacht sie die Vereinigung derselben, so dass nunmehr für die Höhenlage der beiden Geschlechtsorgane eine einzige Anlage besteht, deren Erregung sowohl die Stellung der Staubbeutel als der Narbe bedingt. Später kann dann im Verlaufe der Generationen Abneigung gegen Selbstbefruchtung auftreten, und es ist nicht unmöglich, dass diese Abneigung durch eine mit der Annäherung der Geschlechtsorgane verbundene, allzu ausschliessliche Bestäubung mit eigenem Pollen hervorgerufen wird. Sie bewirkt, dass die gemeinschaftliche Anlage im Idioplasma sich in zwei trennt, und dass die Staubbeutel und die Narbe sich von einander entfernen. Aber die beiden neuen Anlagen sind nicht die nämlichen, wie diejenigen, aus denen ursprünglich die einfache Anlage zusammengeflossen ist, sondern es sind ihrem Ursprunge entsprechend, gemeinschaftliche Anlagen für die Lagerung der Staubbeutel und Narben, so dass die Blüthen bald lange Griffel und tiefliegende Staubbeutel, bald kurze Griffel und hochliegende Staubbeutel enthalten. — Was die trimorphen Blüthen betrifft, so entstehen dieselben entweder aus dimorphen, indem mit dem Auseinandergehen der beiden Staubbeutelkreise die eine der beiden gemeinschaftlichen Anlagen im Idioplasma sich noch einmal in zwei theilt. Oder die ursprünglich einfache Anlage theilt sich sofort in drei gemeinschaftliche, indem gleichzeitig die Narbe und die beiden Staubbeutelkreise, die bis dahin das gleiche Stockwerk einnahmen, in drei Stockwerke mit alternirender Besetzung auseinander weichen.

Die räumliche Trennung der Geschlechtsorgane in der hermaphroditischen Blüthe, welche durch den Widerwillen gegen Selbstbestäubung herbeigeführt wird, hat bei eintretendem Heteromorphismus noch die weitere Folge, dass auch Geschlechtsorgane anderer Blüthen, welche der Stellung nach den gemiedenen Organen der eigenen Blüthe entsprechen, zur Befruchtung weniger geeignet sind, und dass nur Kreuzung von Staubbeuteln und Narben gleicher Stockwerke eine vollkommene Fruchtbarkeit ergibt. Diese Erscheinung erklärt sich leicht aus dem Umstande, dass sowohl die Pollenkörner als die Narbenpapillen der verschiedenen Stockwerke etwas ungleich ausgebildet sind, was man aus der verschiedenen Grösse und theilweise auch aus der verschiedenen Farbe erkennt.

Was die ungleiche Grösse betrifft, welche mit dem höheren Stand wächst, so hat man sie als ein Ergebniss der Zuchtwahl erklären wollen, indem man annahm, dass Pollenkörner, die für eine höher gelegene Narbe bestimmt sind und daher längere Schläuche bilden müssen, dazu auch mehr Stoff verbrauchten. Diese Erklärung ist physiologisch unhaltbar. Die Pollenschläuche empfangen die für ihr Wachsthum nothwendigen Stoffe im gelösten Zustande aus den Secreten der Narbe und des Griffelcanals. Dies ergibt sich deutlich daraus, dass die Substanz des Pollenschlauches oft das Vielfache des Pollenkorns beträgt, sowie ferner daraus, dass bei verschiedenen Pflanzengattungen Grösse der Pollenkörner und Länge des Griffelweges in keinem von einander abhängigen Verhältniss stehen, dass oft lange Griffel und kleine Pollenkörner und andrerseits kurze Griffel und grosse Pollenkörner zusammengehören. Die ungleiche Grösse der Pollenkörner in heteromorphen Blüthen scheint mir daher nicht die angenommene Bedeutung und überhaupt keine grosse Wichtigkeit zu haben. Vielleicht lässt sie sich einfach aus der bei den Vegetationsorganen allgemein gültigen und auch bei Fortpflanzungsorganen zuweilen eintreffenden Erscheinung erklären, dass bei übrigens gleicher Beschaffenheit höher gelegene Theile stets rascher sich entwickeln und eine beträchtlichere Grösse erreichen als die entsprechenden tiefer liegenden Theile.

Bei allen den Beispielen, die ich angeführt habe, und die sich übrigens leicht vermehren liessen, befriedigt die Anpassung, welche als Reaction auf einen äusseren Reiz eintritt, stets ein Bedürfniss und erweist sich somit als nützlich. Oft ist der Mangel, welchem abgeholfen wird, viel deutlicher zu erkennen, als die von aussen kommende Einwirkung, und man verfällt naturgemäss auf den Gedanken, dass das Bedürfniss oder der Mangel selbst als Reiz wirken können. Wenn ich von dieser Möglichkeit spreche, so denke ich natürlich nicht an neue Bedürfnisse, die der Organismus gar nicht kennt, sondern an solche, die bei den Vorfahren befriedigt waren und von denen gleichsam eine Erinnerung vorhanden ist. Ein Beispiel wird meinen Gedanken deutlich machen.

Es handle sich um den Schutz der Landpflanzen gegen das Verdunsten. Dieselben sind die Nachkommen von Wasserpflanzen, die von Wassermangel nichts wussten. Ihr Idioplasma war so beschaffen, dass es einen Organismus erzeugte, welcher das Durchdrungensein mit Wasser und somit das Vorhandensein dieses Mediums voraussetzte. Als die Gewächse das bisherige Medium mit feuchter Luft vertauschten, wurde die genannte Voraussetzung nicht mehr erfüllt. Die aus dem Idioplasma hervorgehende Pflanzensubstanz, welche nun etwelcher Verdunstung ausgesetzt war, empfand also den Mangel von etwas, das ihr bisher nicht mangelte, und dieser Mangel konnte als Reiz wirken, welcher zu den von aussen wirkenden Reizen hinzukam, — oder, um mich anders auszudrücken, dieser Mangel konnte der Reaction des Organismus auf die äusseren Reize die bestimmte Richtung geben, so dass die Anpassung in einer zur Befriedigung des empfundenen Bedürfnisses dienenden Weise erfolgte.

Es gibt nun aber auch Anpassungen, wo dem Anscheine nach die äusseren Einflüsse keine Rolle spielen und wo das Bedürfniss, welches befriedigt wird, nicht als Reiz wirken kann. Hieher gehören die zahllosen Erscheinungen, die sich unter dem Namen Sorge für die Brut zusammenfassen lassen. Um nur von dem einen und wichtigsten Punkt zu sprechen, so werden die Keime von den Eltern entweder eine Zeit lang ernährt, oder sie werden von denselben mit Nährstoffen ausgestattet, von denen sie leben, bis sie sich selbst nähren können. Man wird wohl zu der Behauptung geneigt sein, dass die äusseren Einwirkungen hier sich nicht geltend machen, so dass als Reiz nur das Bedürfniss übrig bliebe; aber dasselbe müsste gleichsam eine Fernwirkung in die Zukunft zu Stande bringen. Das Bedürfniss nach Nahrung, welches der Keim empfindet, müsste eine derartige Umstimmung im Idioplasma hervorbringen, dass das erwachsene Individuum die Neigung empfände, seine Keime besser mit Nährstoffen zu versehen.

Eine so complicirte Vermittlung des durch das Bedürfniss bewirkten Reizes, so dass die Reaction erst viel später und zwar in dem Zeitpunkte eintreten würde, wo sie sich als vortheilhaft erwiese und das von neuem auftretende Bedürfniss zu befriedigen vermöchte, ist zwar vielleicht nicht als absolut unmöglich zu verwerfen, aber sie hat doch nur eine sehr geringe Wahrscheinlichkeit. Es erhebt sich daher die Frage, ob wir für die ganze Kategorie von Erscheinungen, welche die Sorge für die Brut betreffen, auf die direct bewirkenden Ursachen verzichten müssen? Vor dieser Misslichkeit vermag uns, wie ich glaube, folgende Erwägung zu bewahren.

Von jeder Anpassungserscheinung ist Zeit und Ort ihres Entstehens aufzusuchen und hier ist sie nach ihren ursächlichen Momenten zu beurtheilen; denn allen späteren Organismen wurde sie wenigstens theilweise als Erbschaft überliefert. Um die Anfänge der Sorge für die Brut aufzufinden, müssen wir zu dem Ursprunge der niedrigsten bekannten Organismen und selbst noch weiter in das Reich der Probien hinuntersteigen. Auf der ersten Stufe dieses Reiches findet bloss Zunahme des primordialen Plasmas statt; auf der zweiten kommt regelmässige Theilung hinzu und zwar, wie ich später zeigen werde, vermittels des aus geordneten Micellen bestehenden Plasmahäutchens, welches die kleinen individuellen Plasmatröpfchen umschliesst; auf den folgenden Stufen schreitet die Organisation des Rindenplasmas fort bis zur Beweglichkeit des ersten Thieres (Moners) und zur Cellulosemembranbildung der ersten Pflanze.

Schon auf der zweiten Stufe mochte die Ausstattung für die Zukunft und somit die Sorge für die Brut beginnen, insofern schon hier aus irgend einem Grunde (Eintritt kälterer Temperatur, theilweiser Wassermangel, Ausgehen der Nährstoffe) ein periodisches Stillstehen der Vegetation statthatte. Dabei konnte selbstverständlich nicht einfach das Wachsthum oder die Theilung in jedem beliebigen Stadium aufhören, um später an dem gleichen Punkte wieder fortzufahren. Da die ungünstige Veränderung der äusseren Umstände allmählich eintrat, so mussten zuerst diejenigen Lebensprocesse zur Ruhe gelangen, die am empfindlichsten davon getroffen wurden, indessen die anderen noch einige Zeit fortdauerten. Es musste die Theilung als das Spätere und Complicirtere schon aufhören, indess die Substanzzunahme als das Ursprüngliche und Einfachere noch thätig war. So finden wir auch bei den Gewächsen als allgemeine Erscheinung, dass schädliche Einflüsse, welche die Fortpflanzung unterdrücken, das Wachsthum noch gestatten.

Beim periodischen Uebergang in die Vegetationsruhe fand also jedesmal eine Störung des regelmässigen Wechsels zwischen Theilung und Wachsthum statt, wobei das letztere begünstigt war und die in den Ruhestand sich begebenden Individuen durch Umfang und Masse sich vor den übrigen Generationen auszeichneten. Diese Störung musste sich in dem Idioplasma geltend machen und eine entsprechende Veränderung desselben bewirken, also erblich werden. Die erbliche Eigenschaft aber musste, da die bewirkenden Ursachen stets eintraten, sich allmählich steigern; und diese Ursachen sind wenigstens im Pflanzenreiche auf allen Stufen thätig, da jährlich durch äussere Umstände eine Vegetationsruhe veranlasst wird. Es musste also die Neigung, unter gewissen Verhältnissen die Zelltheilung aufhören und an ihrer Stelle eine Vermehrung des Inhaltes eintreten zu lassen, immer grösser werden und bemerkbarere Folgen hervorbringen.

Ueberdies ist daran zu erinnern, dass die verschiedenen Anlagen im Idioplasma nicht unabhängig neben einander liegen, sondern dass sie zusammen ein einziges System bilden, in welchem die Theile sich gegenseitig bedingen. Wenn nun auch eine äussere Ursache zu wirken aufhört, so kann doch die Anlage, die sie erzeugt hat, mit dem fortschreitenden Complicirterwerden des Idioplasmas sich weiter aus- und umbilden. Was uns daher bei den höheren Organismen als voraussehende Sorge und, wenn hier allein betrachtet, als unverständliche Einrichtung erscheint, ist nichts anderes als eine ererbte, durch natürliche Ursachen hervorgerufene und weitergebildete Eigenschaft.

Auf eine eigenthümliche Art der Reizwirkung, die darin besteht, dass mangelnde Organe ersetzt werden, dass also der empfundene Mangel dem Bildungstrieb die einzuschlagende Bahn vorzeichnet, werde ich bei der Entfaltung latenter Anlagen zu sprechen kommen.

Im Thierreich wirkt der Reiz noch auf eine andere, dem Pflanzenreiche fremde Weise, nämlich durch die Sinnesorgane. Es kann keinem Zweifel unterliegen, dass sinnliche Eindrücke sammt den dadurch bedingten Empfindungen, Vorstellungen und Willensäusserungen, wenn sie durch lange Zeiträume sich stets in der nämlichen Weise wiederholen, gleich so vielen anderen Reizen eine dauernde Umstimmung im Idioplasma und somit auch sichtbare Veränderungen in Bau und Verrichtung hervorbringen. Indem ich übrigens dieses Feld den Thierphysiologen überlasse, will ich nur auf eine Erscheinung aufmerksam machen. Bekanntlich gibt es manche Thiere, welche in ihrer Färbung die Farbe der Umgebung nachahmen und sich dadurch der Aufmerksamkeit sei es ihrer Verfolger, sei es der von ihnen verfolgten Beute entziehen. Ist es nun nicht denkbar, dass bei dieser Anpassung der Gesichtssinn zu der Zeit, als sich die Färbung des Thieres ohnehin durch andere Ursachen veränderte, einen bestimmenden Einfluss ausgeübt hat? und dies um so eher, als Verfolgung und Verfolgtsein von den heftigsten Empfindungen begleitet sind. Ueberdem ist auch denkbar, dass die durch Färbung angepassten Thiere von Vorfahren abstammen, welche, wie die Cephalopoden und das Chamäleon, ihre Farbe willkürlich oder in Folge unwillkürlicher Reflexe wechseln konnten und dass späterhin eine Fixirung der Farbe eintrat, wobei wieder die Gesichtsempfindung den Ausschlag gab. Als beachtenswerthe, für die Theorie der Sinneseinwirkung günstige Thatsache darf erwähnt werden, dass dem Pflanzenreiche eine solche Anpassung mangelt, dass es keine Pflanzen oder Pflanzenorgane gibt, welche dadurch, dass sie die Farbe der Umgebung annehmen, vor den Blicken ihrer Feinde Sicherheit finden.

Nachdem ich zu zeigen versuchte, dass die von aussen auf die Organismen wirkenden Einflüsse die verschiedenen Anpassungen derselben verursachen, will ich noch auf einige Punkte, welche das Zustandekommen betreffen, näher eintreten. Die genannten Einwirkungen haben immer vielfach vermittelte Bewegungen in der organisirten Substanz zur Folge, deren Endresultat als Reaction bemerkbar wird, weshalb ich sie allgemein als Reize bezeichnete. Die Reactionen sind in der Regel nützliche Einrichtungen, und es wirft sich nun zunächst die Frage von principieller Wichtigkeit auf, ob dieselben nothwendig und allein eintraten, oder ob sie die nützlichste Auswahl von verschiedenen Reactionen sind. Da nämlich der Reiz sehr complicirte Molecularbewegungen verursacht, so kann auch das Endresultat ein verschiedenes sein. Es wäre möglich, dass bei den einen Sippen oder bei den einen Individuen der nämlichen Sippe diese, bei andern aber andere Reactionen einträten, die sich naturgemäss weiter ausbildeten, und je nach ihrer Nützlichkeit das Bestehen oder den Untergang der Träger zur Folge hätten.

Wenn beispielsweise das Klima in einem Lande kälter wird, so könnte die Temperaturerniedrigung bei den Säugethieren die verschiedensten Reactionen bewirken, gleichwie beim Menschen eine Erkältung sehr ungleiche Folgen hat. Nur diejenigen blieben in dem angenommenen Falle als existenzfähig übrig, welche in der dichter gewordenen Behaarung oder in dem erlangten Fettpolster unter der Haut hinreichenden Schutz gegen die Kälte gewonnen hätten.

Als zweites Beispiel will ich noch die Verletzungen anführen, welche bei Thieren und Pflanzen ein Herbeiströmen von plastischen Stoffen und Neubildungen an der verletzten Stelle hervorrufen. Es wäre nun denkbar, dass ursprünglich die Reactionen auf einen mechanischen Eingriff sehr ungleich waren; — dass, um nur von der Bewegung der Stoffe zu sprechen, dieselbe nach dem einen oder anderen Punkte, auch wohl nach der dem Angriffe abgekehrten Seite hin stattfand, da ja in dem so unendlich complicirten Räderwerk des Organismus ein Druck auf der vorderen Seite je nach Umständen auch in eine Summe von Bewegungen auf der hinteren Seite, statt auf der Angriffsstelle, ausgehen könnte. Waren die Reactionen ursprünglich verschieden, so mussten bei den so häufig eintretenden Verletzungen immer diejenigen Individuen zu Grunde gehen, welche mit einer schädlichen Gegenwirkung antworteten, und zuletzt blieben nur diejenigen übrig, welche die nützliche Gegenwirkung an der angegriffenen Stelle selbst eintreten liessen.

Man möchte vielleicht denken, dass sich diese Frage durch Versuche entscheiden lasse, indem man künstliche Verletzungen herbeiführt, wie sie sonst in der Natur nicht vorkommen, so dass also die Organismen sich nicht darauf vorbereiten konnten. Wenn man Blätter von manchen Pflanzen abschneidet und in feuchten Sand steckt, so bildet sich am Grunde des Blattstieles unmittelbar neben der Schnittfläche ein Wulst von Gewebe und daran eine Knospe, welche sofort in einen sich bewurzelnden Stengel auswächst. Der Reiz, den das Wasser und die Luft auf die Schnittfläche ausüben, bewirken diese Erscheinung; ein analoger Vorgang kommt in der Natur nicht in der Art vor, dass die bestimmte Reaction als ein Auslesefall zu erklären wäre. Aber sie ist im Princip nichts Neues; die Pflanzen haben im allgemeinen das Vermögen, plastische Stoffe an die verletzte Stelle zu senden und daselbst zur Zellbildung zu verwenden. Schon bei den einzelligen Gewächsen finden wir ähnliche Reactionen, indem an dem Punkte, wo eine Verletzung stattgefunden hat, ein neues Stück Plasmaschlauch und Cellulosemembran entsteht, so dass die Zelle gegen die zu Grunde gehende verletzte Partie in gleicher Weise sich abschliesst, wie sie sich bei der ersten Bildung gegen die äusseren Medien abgeschlossen hat.

Man könnte also immerhin an die Möglichkeit denken, dass die äusseren Einwirkungen vorzugsweise bei den niedersten, aber auch noch bei den höheren Organismen die verschiedenartigsten Folgen hatten und dass von allen Folgen nur diejenigen übrig blieben, welche ihren Trägern nützlich waren und sie existenzfähig machten. Dieser Möglichkeit glaube ich aber die andere als die viel wahrscheinlichere und wohl einzig berechtigte gegenüberstellen zu dürfen, dass die vortheilhaften Reactionen allein eingetreten sind und dass es einer Auswahl und Verdrängung unter denselben nicht bedurfte. Jede äussere Einwirkung, die eine dauernde Veränderung verursacht, hat nämlich nicht etwa überhaupt die Bedeutung eines allgemeinen Reizes, der irgendwelche Reaction zur Folge hat, sondern sie trifft in ganz bestimmter Weise ein besonderes Organ, eine besondere Function, eine besondere Stelle, und erweckt hier ein dem Reiz entsprechendes bestimmtes Bedürfniss, wie ich dies bereits an einem Beispiel (Schutz der Landpflanzen gegen Verdunstung S. 145) erörtert habe und wie es auch für alle anderen Fälle gilt. Es scheint mir ganz natürlich, dass die Reaction unter dem Einflusse dieses Bedürfnisses sich so gestaltet, dass demselben abgeholfen wird, — dies um so mehr, als alle diese äusseren durch lange Zeiträume dauernden Einwirkungen so schwach sind, dass sie von den Organismen nicht als wirklicher Eingriff, sondern bloss als Bedürfniss oder Mangel empfunden werden.

Wir können kurz sagen, dass die Wirkung eines Reizes abhängen muss von der Beschaffenheit des getroffenen Organismus und von allen übrigen Verhältnissen, unter denen sich derselbe befindet. Da nun die Individuen einer natürlichen Sippe (die künstlichen oder Cultursippen, die meistens Rassenmerkmale besitzen, verhalten sich anders) unter sich in morphologischer und physiologischer Beziehung bis auf verschwindend kleine individuelle Verschiedenheiten gleich sind und unter den nämlichen klimatischen Einflüssen sowie in der nämlichen Umgebung anderer Organismen leben, so muss der Reiz ebenso gewiss eine ganz bestimmte Veränderung hervorbringen, als gleiche Ursachen gleiche Wirkungen bedingen. Er wird dagegen mehr oder weniger verschiedene Veränderungen verursachen, wenn entweder die nämliche Sippe an ungleichen Orten oder zwei noch so nahe verwandte Sippen beisammen vorkommen. Die Theorie der directen Bewirkung, im Gegensatz zur natürlichen Auslese, kann also rücksichtlich aller durch Reize erfolgten Anpassungen Anspruch auf Gültigkeit machen.

Eine andere Frage betrifft den Grad der Veränderung, den eine unaufhörliche und endlose äussere Einwirkung hervorzubringen vermag, und im Gegensatz dazu die Nachwirkung eines nur eine Zeit lang dauernden Reizes. Was den ersteren Punkt betrifft, so könnte man leicht meinen, dass ein von aussen kommender Einfluss, der eine Veränderung bewirkt, die Veränderung endlos, wenn auch in sehr geringem Maasse, steigern müsste, wie eine mechanisch wirkende Ursache, welche einer Bewegung in der Zeiteinheit eine gewisse Beschleunigung ertheilt, ihr die nämliche Beschleunigung in jeder folgenden Zeiteinheit hinzufügt, so dass die Bewegung immer schneller wird. Bei den Veränderungen der Organismen tritt dieser Fall nie ein, wodurch indessen nicht etwa das Gesetz von der Erhaltung der Kraft alterirt wird. Denn bei einem organischen Process ist die von aussen kommende Reizwirkung nur eine der vielen mitwirkenden Ursachen; sie dient nur als Veranlassung und Richtschnur, indess die vom Organismus anderswoher bezogenen Kräfte und Stoffe als die eigentlichen mechanischen Ursachen arbeiten.

Wenn eine äussere Einwirkung endlos fortdauert, so hört die Veränderung, die sie in den Organismen hervorruft, stets nach einer gewissen Zeit auf. Der Grund davon ist häufig der, weil in Folge der von den Organismen getroffenen Gegenmaassregeln und der in ihnen aufgetretenen Veränderungen der von aussen kommende Angriff nicht mehr als Reiz zu wirken vermag und somit kein Bedürfniss mehr erweckt. In diesem Falle ist der Reizwirkung volles Genüge geschehen; in anderen Fällen hört die Veränderung früher auf, weil der Organismus an der Grenze seiner Leistungsfähigkeit angelangt ist. Der von aussen kommende Angriff wird zwar noch als Reiz empfunden, aber die Beschaffenheit der lebenden Substanz erlaubt keine Steigerung der Abwehr.

Was den Reiz betrifft, der nur eine Zeit lang eine Generationenreihe trifft, so ist bezüglich seiner Wirkung zweierlei möglich. Entweder wächst die ihm entsprechende Anlage im Idioplasma nur so lange als der Reiz vorhanden ist, oder die durch denselben hervorgerufene Anlage entwickelt sich in Folge des erlangten Anstosses auch, nachdem der Reiz aufgehört hat, noch weiter. Da die werdenden Anlagen im Idioplasma meistens eine gewisse Ausbildung erlangt haben müssen, um in sichtbare Merkmale des Baus oder der Function überzugehen, so kann es geschehen, dass ein während einer begrenzten Zeit wirksamer Reiz bloss das Idioplasma, nicht aber die sichtbaren Eigenschaften des Organismus modificirt, und es kann ferner geschehen, dass beim Vorhandensein einer Nachwirkung die äusseren bemerkbaren Veränderungen erst eintreten, nachdem der Reiz bereits längere Zeit aufgehört hat.

Eine fernere Bemerkung ist über den Charakter der Reaction zu machen, mit welcher der Organismus auf eine äussere Einwirkung antwortet. Die Reize, welche man als die Veranlassung von erblichen Veränderungen betrachten kann, sind im allgemeinen schwach und werden von dem Organismus auch für eine längere Dauer noch leicht ertragen. Die meisten von ihnen haben je nach ihrer Intensität und je nach der Beschaffenheit, in der sich der Organismus befindet, bald einen günstigen, bald einen ungünstigen

Einfluss auf das Leben. Es ist daher begreiflich, dass auch die Gesammtreaction, für welche sich der Organismus entscheidet, ungleicher Natur sein, und dass von den ursprünglich gleichen primordialen Anfängen des organischen Reiches verschiedene Anpassungsreihen ausgehen können.

Im grossen und ganzen ist die Reaction auf die äusseren Einwirkungen eine doppelte. Entweder schliesst sich der Organismus gegen die Reize so viel als möglich ab; er schützt sich gegen dieselben durch einen reizfesten Panzer. Oder er macht sich den Reiz, so weit es geht, dienstbar, und wo dies nicht möglich ist, sucht er ihm auszuweichen. Die erste Art der Reaction finden wir bei den Pflanzen, die zweite bei den Thieren. Die Probien, die weder Pflanzen noch Thiere waren, bestanden aus einem nackten, unbeweglichen, für Reize beinahe unempfindlichen Plasmatropfen. Die auf ihre Oberfläche einwirkenden Reize hatten bei den einen nach und nach die Ausscheidung einer Cellulosemembran zur Folge: damit war die erste Pflanzenzelle geschaffen, starr und für Reize unempfänglich. Bei den anderen aber steigerten sich Reizbarkeit und Beweglichkeit besonders durch entsprechende Anordnung der die Rindenschicht bildenden Micelle, so dass die Oberfläche vor den Reizen sich zurückziehen oder denselben entgegenkommen konnte: damit war die erste thierische Zelle entstanden, amöbenartig, membranlos, beweglich und reizbar.

Entsprechend diesen Anfängen haben sich die beiden Reiche entwickelt. Das Pflanzenreich verdankt verhältnissmässig wenig den Reizen, da es sich denselben gegenüber mehr passiv verhält; die Mannigfaltigkeit der Anpassungen ist daher auch sehr gering. Die Starrheit der Zelle bedingte die Beschränkung der Lebensprocesse auf Ernährung und Fortpflanzung und dem entsprechend eine ziemlich ärmliche Arbeitstheilung. Die Umhüllung jeder einzelnen Zelle mit einer Cellulosemembran verhinderte die Vereinigung einer Mehrzahl von Zellen zu einer energischen gemeinsamen Aeusserung. Deswegen finden wir im Pflanzenreiche eine im Verhältniss zu den physiologischen Verrichtungen sehr reiche morphologische Gliederung und einen mannigfaltigen Chemismus. Auch diejenigen Gewächse, die sich bezüglich ihrer Ernährung wie Thiere verhalten (Schmarotzerpflanzen, Pilze), vermögen sich doch nicht über die von der Natur gezogenen Schranken zu erheben.

Im Thierreich dagegen konnte wegen der Nacktheit der Zellen die Empfänglichkeit für Reize sich weiter ausbilden, und der Mangel einer trennenden Membran gestattete den Zellen sich zu sehr wirksamen Massen zu vereinigen. Die thierische Substanz hat denn auch unter dem Einflusse der Reizbarkeit die wichtigsten Veränderungen erfahren. Die Reize haben manche besondere Einrichtungen, worunter namentlich die Sinnesorgane zu nennen sind, veranlasst; sie haben überdem die rein morphologische Weiterbildung zu einem complicirteren Bau befördert und die Theilung der Arbeit bis in die feinsten Einzelheiten durchgeführt. Wegen des Ueberwiegens der Reizwirkungen zeigt jedoch die morphologische Differenzirung im Verhältniss zur physiologischen eine verhältnissmässig geringere Mannigfaltigkeit als im Pflanzenreiche. Und weil die Reizwirkungen die Verrichtungen, soweit es möglich ist, beherrschen, so beschränkt sich im Thierreich die Assimilation organischer Substanz aus unorganischen Verbindungen auf einige Formen der niedrigsten Stufen (z. B. Euglena); die Weiterbildung dieser Anlage wurde verhindert durch Verdrängung von Seite der mit grösserer Beweglichkeit und Reizbarkeit ausgestatteten und zur Aneignung fremden organischen Eigenthums befähigten Formen.

Schliesslich will ich bezüglich der äusseren Einflüsse noch die Frage erörtern, ob dieselben in erster Linie die Eigenschaften des entwickelten Organismus oder das Idioplasma verändern. Man dürfte vielleicht allgemein zu der Antwort geneigt sein, dass zuerst das Merkmal im entfalteten Zustand sich ausbilde, und dass dann dem entsprechend das Idioplasma umgestimmt werde, dass beispielsweise zuerst die Behaarung sich ändere und dann erst sich als Anlage vererbe, — und man könnte zur Begründung anführen, die äussere Ursache wirke ja auf den entwickelten Organismus.

Diese Ansicht wäre kaum zu bestreiten, wenn die Umbildung am Individuum gleichen Schritt mit der äusseren Einwirkung hielte, sei es, dass die ganze Veränderung in einem einzigen Individuum, sei es, dass sie durch eine Reihe von Generationen stufenweise erfolgte. Dies ist aber häufig nicht der Fall; manche Veränderung tritt erst ein, nachdem eine ganze Reihe von Generationen die äussere Einwirkung erfahren hat, weil gewisse Eigenschaften des entfalteten Zustandes nicht allmählich, sondern sprungweise in einander übergehen, wie wir später sehen werden. Hier handelt es sich nur darum, wie wir uns die Wirkung der äusseren Einflüsse in einem solchen Fall zu denken haben.

Es treffe ein dauernder Reiz irgend einen Theil des Organismus; die Veränderung, die er während der ganzen Lebensdauer eines Individuums hervorzubringen vermag, ist im Vergleich mit der Eigenschaft, die er schliesslich bewirkt, äusserst gering, denn es bedarf, wie alle Erfahrung zeigt, zur Abänderung einer Varietät im natürlichen Zustande langer Zeiträume und zahlreicher aufeinanderfolgender Individuen. Die neue Eigenschaft kann nun in dem fraglichen Falle am entwickelten Individuum nicht allmählich, sondern nur auf einmal auftreten, weil sie mit der Eigenschaft, die sie ersetzen soll, unverträglich ist. Der Reiz, der auf die bestimmte Einrichtung des Organismus trifft, kann also nur auf die dieser bestimmten Einrichtung entsprechende Idioplasmagruppe einwirken. Er ändert dieselbe in der ersten Generation nur sehr wenig um. Das Idioplasma wird auf die folgende Generation vererbt und hier geht die Veränderung stufenweise weiter.

So bildet sich unter dem Einfluss des bestimmten Reizes vielleicht durch tausend und mehr Generationen eine Anlage aus, die, wenn sie fertig ist, zur sichtbaren Eigenschaft sich entfaltet und die bisherige Eigenschaft, die nun latent wird, verdrängt. Für die Theorie des Reizes ist es natürlich gleichgültig, ob derselbe das entwickelte Organ oder das Idioplasma verändere, da ja das Idioplasma durch den ganzen Körper verbreitet und in jedem Theil vorhanden ist, also von dem Reiz unstreitig afficirt wird.

Um den Vorgang deutlicher zu machen, will ich zwei Beispiele anführen, die ich weniger deswegen, weil sie in aller Strenge hieher gehören, als wegen der allgemeinen Verständlichkeit auswähle. Ich habe bereits von den Farben der Blüthen gesprochen als von einer Erscheinung, deren Ursache noch unbekannt ist; sehr wahrscheinlich aber verdanken sie ihre Entstehung äusseren Einflüssen. Das Nämliche gilt auch von der Füllung der Blüthen. Nun geschieht es, dass in einer roth oder blau blühenden Sippe plötzlich einzelne Individuen mit weissen Blüthen auftreten, ebenso dass unter Pflanzen mit normalen Blüthen plötzlich eine solche mit gefüllten Blüthen zum Vorschein kommt. Beide Veränderungen werden nicht bloss in der Cultur, sondern auch auf natürlichen Standorten beobachtet. Beide sind erblich und somit auch im Idioplasma enthalten.

Für die Bildung der idioplasmatischen Anlage bedarf es im einen und andern Falle zwar nicht einer grossen Zahl, aber doch sicher wenigstens einiger Generationen. Dies ist anzunehmen wegen der Grösse der Veränderung, wegen ihres erblichen Charakters und weil in Ausnahmefällen der Uebergang von der intensiven Färbung zu weiss oder von den einfachen Blüthen zu gefüllten wirklich durch mehrere Abstufungen, also durch mehrere Generationen verläuft. Hat bei plötzlichem Umschlag die Bildung der Anlage vorher schon durch mehrere Generationen gedauert, so wurde während dieser Zeit durch die Einwirkung von aussen bloss das Idioplasma getroffen.

Aber wenn auch die allerkürzeste Einwirkung der äusseren Einflüsse angenommen wird und wenn die ganze Veränderung in einem einzigen Individuum sich vollzieht, so enthält doch der Same, aus dem die erste weissblühende oder gefüllte Pflanze erwächst, schon die neue Eigenschaft, welche somit jedenfalls im Idioplasma vorhanden ist, ehe sie als Merkmal sichtbar wird. Die von aussen wirkenden Ursachen führen also in längerer oder kürzerer Zeit eine molecularphysiologische Umstimmung herbei, welche als erbliche Eigenschaft im Idioplasma des Samens an die Nachkommen überliefert wird und wenn die Anlage hinreichend stark geworden, als entfaltetes Merkmal zum Vorschein kommen kann.

Da nun, wie eben gezeigt wurde, für gewisse Fälle die Annahme nothwendig ist, dass der Reiz unmittelbar nur das Idioplasma und den entwickelten Organismus bloss durch das Idioplasma verändere, so dürfte es sich mit Recht fragen, ob dies nicht ein allgemeiner Vorgang sei, und ich glaube, es stehe nichts der Theorie im Wege, dass alle von aussen angeregten erblichen Veränderungen primär durch Umbildung des Idioplasmas geschehen. Dies ist um so wahrscheinlicher, als die durch innere Ursachen erfolgenden Veränderungen sicher zuerst als Anlagen im Idioplasma auftreten, welche früher oder später zur Entfaltung gelangen.

Nachdem ich die Wirkung der zwei Ursachen, welche die erblichen Veränderungen der Organismen und somit die Entwicklungsgeschichte der organischen Reiche bedingen, nämlich die Wirkung der Beschaffenheit des Idioplasmas, welche eine fortschreitende Complication zur Folge hat, und diejenige der äusseren Einflüsse einzeln besprochen habe, will ich noch zeigen, wie aus deren Zusammenwirken die Eigenthümlichkeiten der Organismen hervorgehen.

In dem durch Urzeugung entstehenden primordialen Plasma scheidet sich das Idioplasma aus, welches durch die in ihm wirkenden Ursachen stets complicirter und reicher gegliedert wird. Bezeichnen wir den ursprünglichen und einfachsten Zustand des Idioplasmas mit J, so kann die stufenweise Ausbildung und Vervollkommnung desselben durch J, J_1, J_2 . . . J_n dargestellt werden. Wären die äusseren Einwirkungen gar nicht vorhanden und würde das Idioplasma bloss auf eine völlig indifferente Weise ernährt, so müsste dasselbe vermöge seines Wachsthums eben diese Stufen $J \ldots J_n$ durchlaufen. — Die Configuration des Idioplasmas ist das getreue Abbild des zugehörigen Organismus. Es müsste also, wenn die Aussenwelt weiter gar nichts bewirkte, als dass sie gleichgültiges Material zum Wachsthum lieferte, die sichtbare Organisation mit jeder höheren Stufe zusammengesetzter werden und eine reichere Differenzirung aufweisen, insoweit als ohne äussere Einwirkung überhaupt eine Organisation nach der Vorstellung, die wir damit verbinden, möglich ist.

Nun ist aber schon das primordial entstehende Plasma und dann das in demselben sich ausbildende Idioplasma mannigfaltigen äusseren Einwirkungen ausgesetzt, welche auf seine Beschaffenheit Einfluss haben. Machen wir zuerst die Annahme, die äusseren Verhältnisse blieben vollkommen die nämlichen, und bezeichnen wir dieselben mit a, so wird das durch Urzeugung entstehende Plasma in der bestimmten Modification aJ erscheinen (worin a nicht als Factor, sondern als Index zu betrachten ist) und sich durch die inneren Vervollkommnungsursachen zu aJ_1, aJ_2 . . . aJ_n weiterbilden. Die Veränderung erfolgt unabhängig von äusseren Einflüssen, weil diese sich nicht ändern. Die Anpassung kann auf jeder Stufe vollkommen sein; dieselbe behält auf allen Stufen ihren allgemeinen Charakter, ist aber auf jeder derselben modificirt entsprechend der neuen complicirteren Organisation. Das organische Reich hätte in diesem Falle eine analoge Gliederung, wie beim gänzlichen Mangel der äusseren bestimmenden Einwirkungen, aber es besässe einen ausgesprochenen Anpassungscharakter und zwar den gleichen in allen seinen Gliedern. Es ist unzweifelhaft, dass einzelne kleine Gruppen der jetzigen Reiche sich in der eben geschilderten Weise entwickelt haben und daher dem angegebenen Typus folgen, d. h. dass diese

Gruppen ohne modificirenden Einfluss von aussen bloss durch den inneren Bildungstrieb umgewandelt worden sind.

In Wirklichkeit bleiben die äusseren Verhältnisse nicht, wie soeben angenommen wurde, die gleichen; sondern sie verändern sich, oder die Organismen gelangen durch Wanderung unter andere äussere Umstände, — in ein wärmeres oder kälteres Klima, mit grösserem oder geringerem Temperaturwechsel, an hellere oder dunklere Orte, in eine trocknere oder feuchtere Luft, auf einen Boden mit mehr oder weniger Wasser, auf eine chemisch verschiedene Unterlage und damit in den Genuss einer chemisch verschiedenen Nahrung, endlich in eine andere Umgebung von lebenden Organismen. Wirken die veränderten Verhältnisse als hinreichend starke Reize, so bildet sich eine neue Anpassung mit einer entsprechenden Veränderung in der Anordnung der Idioplasmamicelle, wobei die frühere Anordnung, welche die Anpassung darstellte, je nach dem Grade ihrer Verträglichkeit mit der neuen, mehr oder weniger ausgelöscht wird. Sind die äusseren Einwirkungen aus a zu b geworden, so wird das Idioplasma aJ_n zu bJ_{n+1} oder zu abJ_{n+1}. Die Anpassung a wird durch b vollständig vernichtet also $=0$, wenn die diese Anpassungen bewirkenden Reize a und b in der nämlichen Weise, aber der eine positiv, der andere negativ wirken. Dagegen bleibt a neben b unversehrt, wenn die entsprechenden Micellaranordnungen einander unbedingt dulden. Unter der Einwirkung neuer äusserer Einflüsse kann das Idioplasma abJ_{n+1} zu $abcJ_{n+2}$, $abcdJ_{n+3}$ u. s. w. werden.

Aus dem Wechsel der äusseren Verhältnisse, vorausgesetzt dass dieselben immer so lange andauern, um erbliche Eigenschaften hervorzubringen, geht eine grosse Mannigfaltigkeit in den Anpassungsformen hervor. Wenn schon bei der Annahme, dass die verändernden äusseren Einflüsse gänzlich mangeln oder dass sie fortwährend die nämliche Beschaffenheit behalten, durch die inneren Ursachen eine in geometrischer Progression steigende Zahl der Formen auf den successiven Organisationsstufen bedingt wurde, so steigt nun die Anzahl in viel stärkeren Verhältnissen, wenn die äusseren Einflüsse, wie es in Wirklichkeit der Fall ist, wechseln. Wir finden daher auf der nämlichen Organisationsstufe im Pflanzenreich und im Thierreich oft eine fast unendliche Menge von Sippen (Gattungen, Arten, Varietäten); ich erinnere bloss an die Moose und die Compositen im Pflanzenreich und an die Insecten im Thierreich.

Ich glaube in dem Vorstehenden die Wirkung der dem Idioplasma von Natur innewohnenden und der von aussen kommenden Ursachen hinreichend deutlich unterschieden zu haben. Um aber nicht abermals Missverständnisse über das Vervollkommnungsprincip aufkommen zu lassen, will ich noch ausdrücklich beifügen, dass ich demselben keine bestimmte Einrichtung an den Organismen zuschreibe, weder den langen Hals der Giraffe und den Greifschwanz der Affen, noch die Scheeren des Krebses und das Gefieder des Paradiesvogels, weder die Gliederung des Individuums in Organe, noch die Zusammensetzung der Organe aus Zellen. Das Alles wurde durch das Zusammenwirken der beiden Ursachen hervorgebracht. Ich kann mir nicht vorstellen, wie die äussern Ursachen, und ebenso wenig wie die inneren Ursachen für sich allein auf mechanischem Wege aus der Monade ein Säugethier, aus der einzelligen Alge einen Apfelbaum oder eine Palme zu erzeugen vermöchten, — nicht einmal wie durch die einen oder andern allein ein einzelliger pflanzlicher oder thierischer Organismus aus dem primordialen Plasma hervorgehen könnte.

Wenn aber einmal auf irgend einer Organisationsstufe die eine der beiden Kategorien von Ursachen ganz aufhören sollte, so würden nach meinem Dafürhalten die äusseren Ursachen, wenn sie allein vorhanden wären, das Lebewesen auf der erreichten Organisationsstufe beharren lassen, aber seine Anpassung fortwährend verändern; das Lebermoos würde beispielsweise nicht zur Gefässcryptogame, ein Wurm nicht zum Fisch werden können, sondern sie würden ewig Lebermoos und Wurm bleiben. Wären dagegen die Vervollkommnungsursachen allein vorhanden, so würden sie innerhalb der erlangten Anpassung die Organisation und Verrichtung weiter bilden, ohne Neues zu leisten: die Zellen und Organe würden vermehrt mit Beibehaltung ihrer Form und Anordnung; die Functionen, die früher vereinigt waren, würden nach Zellen und Organen getrennt, aber es entständen keine neuen Functionen; es würde sich also ein grösserer und differenzirterer Organismus bilden, ohne das Gepräge zu ändern. In beiden Fällen könnte die gesammte Nachkommenschaft eines Wesens zwar zu einer zahlreichen Mannigfaltigkeit, jedoch nur innerhalb einer trostlosen Einförmigkeit gelangen.

Die Vorstellung, die ich mir von dem Zusammenwirken der inneren und äusseren Ursachen mache, wird noch deutlicher hervortreten, wenn ich dasselbe in seinen molecularphysiologischen Beziehungen von den ersten Anfängen aus verfolge, wie ich es früher (S. 117) bezüglich der inneren Ursachen allein gethan habe.

Unter dem Einfluss der Molecularkräfte, welche als die inneren Ursachen wirken, bilden sich in der Substanz des primordialen Plasmas, indem dieselbe im übrigen zu Ernährungsplasma wird, Gruppen oder Körper von Plasmamicellen. Diese Körper, welche in den Nachkommen stetig aber langsam complicirter werden, stellen das Idioplasma dar. Durch die gleichzeitig als Reize wirkenden äusseren Ursachen werden die Idioplasmakörper modificirt, indem unter ihrem Einfluss die Micelle sich theilweise eigenthümlich orientiren und zusammenlagern.

Die noch ungeordneten Micelle des spontan entstandenen Plasmas vermögen nichts Anderes als die Eiweissbildung und somit das Wachsthum durch Micelleinlagerung zu vermitteln. Die unter dem gleichzeitigen Einfluss der inneren und der äusseren Ursachen zu Schaaren orientirten Idioplasmamicelle vermögen durch die geeinten Molecularkräfte neue chemische Processe, plastische Bildungen und Bewegungen verschiedener Art zu erzeugen, die alle entsprechend den von aussen erfolgten Reizwirkungen angepasst sind.

Da die äusseren Einwirkungen sehr mannigfaltig sind, so kann das durch die inneren Ursachen zu einem gewissen Grad differenzirte Idioplasma ein sehr verschiedenes Anpassungsgepräge annehmen und sehr verschiedene Producte hervorbringen. Schon die niedrigsten Organismen, die wir kennen, die einzelligen Pflanzen und Thiere, treten uns in einer grossen Mannigfaltigkeit entgegen. Sie entsprechen zwar in ihrer Gesammtheit mehreren Graden der inneren Vollkommenheit (oder mehreren Organisationsstufen), so dass also ihre Verschiedenheiten nicht allein von den äusseren Einflüssen abzuleiten sind. Allein es gibt immer eine Zahl von einzelligen Pflanzen und Thieren (z. B. die Chroococcaceen, Schizomyceten und Moneren), welche unter einander in der Organisationsstufe (ihres Idioplasmas und ihrer Zellen) übereinstimmen, so dass ihre Unterschiede bloss auf Rechnung der Aussenwelt kommen.

Die erste Anpassung, welche die äussere Einwirkung am primordialen Plasma vollbringt, dürfte die Bildung einer Hautschicht sein. Man erinnert sich hierbei unwillkürlich an die Thatsache, dass das Plasma, welches aus zerrissenen Pflanzenzellen in das umgebende Wasser heraustritt, sofort ein dünnes Häutchen an seiner Oberfläche bildet. Die Entstehung dieses Häutchens ist eine unmittelbare Reaction des Plasmas auf die Einwirkung des chemisch verschiedenen Wassers, und vielleicht als eine Art Rückschlag des früheren phylogenetischen Vorganges zu betrachten. An den letzteren erinnert ferner die Thatsache, dass die Plasmakörper in den Pflanzenzellen (Zellkern, Chlorophyllkörner u. s. w.) sich gleichfalls mit einem Plasmahäutchen umgeben. Von diesen ontogenetischen Erscheinungen unterscheidet sich die Bildung der fraglichen Hautschicht an den Abkömmlingen des primordialen Plasmas dadurch, dass die letztere durch die anhaltende Reizwirkung verursacht wurde, welche das Wasser während langer Zeiträume ausübte, wobei auch das in dem primordialen Plasma sich ausscheidende Idioplasma modificirt und damit eine erbliche Anlage erzeugt wurde, welche immer zur Entfaltung kommt, wenn bei freier Zellbildung Plasmamassen im Innern einer Zelle selbständig und zu besondern Zellen werden, und ebenfalls, wenn irgend welche Plasmakörper innerhalb der Zellen sich ausscheiden und ein beschränktes individuelles Dasein beginnen.

Diese Hautschicht der niedersten Thiere kann der mikroskopischen Beobachtung leicht verborgen bleiben, und wenn sie nicht gesehen wird, so ist dies noch kein Beweis dafür, dass sie nicht vorhanden sei. Ihre Anwesenheit wird durch die physiologischen Verrichtungen bewiesen. Sie wird sich aber der optischen Wahrnehmung entziehen, wenn sie die gleiche Dichtigkeit besitzt, wie das übrige Plasma oder wenn sie allzudünn ist. Bei der unsichtbaren Dicke von 0,3 ^{mik} und einem Wassergehalt von 80 % besteht sie aus 120 Schichten von Eiweissmicellen mit je 72 Atomen C oder aus 60 Schichten von Micellen mit je 144 C u. s. w.

Die Hautschicht, die an der Oberfläche der frühesten Plasmamassen entsteht, hat je nach der verschiedenen Wirkung der äusseren Reize einen ungleichen Charakter. Dieselbe bedeckt sich bei den einzelligen Pflanzen mit einer starren Cellulosemembran; bei den einzelligen Thieren bleibt sie nackt und bildet sich nebst ihren

Anhängen zu grosser Beweglichkeit aus, die auch den cilienartigen Anhängen der Plasmahaut von manchen Pflanzenzellen zukommt. Aber die Natur der verschiedenen äusseren Reize und der verschiedenen Umstände, welche das eine und das andere bewirken, ist uns noch unbekannt.

Sowie das Idioplasma durch die inneren Ursachen complicirter wird, so nimmt unter Mitwirkung der äusseren Reize für den Fall, dass dieselben gleichbleiben, die frühere Anpassung des Idioplasmas unter Beibehaltung ihres Charakters eine neue, der stattgehabten Weiterbildung entsprechende Form an. Und in gleichem Maasse, wie das Idioplasma, verändert sich der entfaltete Organismus, indem er sich in zahlreichere Theile gliedert und seine Anpassung demgemäss weiter ausbildet und verbessert. — Wenn aber während der inneren Vervollkommnung die äusseren Reizwirkungen sich verändern und lange genug andauern, so wird natürlich sowohl die Anpassung des Idioplasmas als die des entfalteten Organismus eine andere.

Die anschaulichsten Belege für die Weiterbildung und die Veränderung der Anpassung finden wir im Thierreiche, weil hier die Anpassungen viel ausgesprochener und leichter verständlich sind als bei den Pflanzen. Zu den bemerkenswerthesten Producten, an denen die äusseren Einwirkungen Theil haben, gehören die Sinnesorgane. Sie behalten während der ganzen Phylogenie des Thierreiches den nämlichen Charakter, da sie die gleichen Bedürfnisse zu befriedigen haben; sie werden aber entsprechend der höheren Organisation des ganzen Individuums immer complicirter. Die Ausbildung des so hoch entwickelten Gesichts- und Gehörorgans der Wirbelthiere aus den einfachsten Anfängen bei den niederen Thieren ist nicht durch den Einfluss der Licht- und Tonschwingungen erfolgt; sondern, indem das Idioplasma durch die inneren Ursachen eine reichere Gliederung gewinnt, bewirkt es die entsprechende reichere Gliederung auch an den genannten Organen, wobei die fortdauernde Einwirkung der Licht- und Tonschwingungen bloss den Anpassungscharakter der Organe erhält und möglicherweise noch steigert. — Beispiele wie auf gleicher Organisationsstufe das Idioplasma und die entsprechenden Organe sich ungleich anpassen können, geben uns bei niederen und höheren Thieren die Anhangsorgane, welche für die verschiedensten Bewegungen ausgebildet wurden.

Im Pflanzenreiche besteht die Vervollkommnung (die reichere Gliederung der Organismen) in einer grösseren Zahl von Zellen und Organen, die eine grössere Zahl von Ordnungen darstellen. Die anschaulichsten Beispiele, wie bei gleicher äusserer Anpassung der vegetabilische Organismus zusammengesetzter wird, finden wir namentlich bei den Florideen, bei den Moosen, bei den Phanerogamen. Beispiele dagegen, wie auf der gleichen Organisationsstufe die Organe durch ungleiche Anpassung verändert werden, geben uns die Gattung Euphorbia, bei der die einen Arten einen dünnen holzigen Stengel und ausgebildete grüne Blätter, die anderen einen dicken fleischigen grünen, scheinbar blattlosen Stengel besitzen, — die Gattung Acacia, bei der die einen Arten mehrfach gefiederte Blätter tragen, die andern den grössten Theil dieser Blätter verloren und bloss den gemeinsamen Blattstiel behalten, diesen aber blattartig ausgebildet haben, — die Gattung Ranunculus, bei der die landbewohnenden Arten einen vermittelst verholzter Zellen für Trag- und Biegungsfestigkeit construirten Stengel und breite Blätter haben, indess bei den im Wasser lebenden Arten die verholzten Zellen im Stengel fehlen und die Blätter in schmale fadenförmige Lappen vielfach zertheilt sind, u. s. w.

Wenn es auch Arten von Ranunculus und anderen Gattungen gibt, die bald im Wasser bald auf dem Lande leben und mit dem Wechsel des Mediums ihre Merkmale ändern, so ist dies nicht als ein unmittelbares Bewirken durch die äusseren Einflüsse aufzufassen. Sondern diese Pflanzen haben von jeher als Amphibien gelebt und in Folge dieses Umstandes gleichzeitig zweierlei Anpassungsanlagen ausgebildet, von denen nun je nach dem Medium, in dem sich die Pflanze befindet, die entsprechenden manifest werden, indess die anderen latent bleiben.

Ich habe bis jetzt die Anpassung so dargestellt, als ob lediglich die entstehenden Vervollkommnungsanlagen unter dem Einfluss der äusseren Reize ein besimmtes Anpassungsgepräge annehmen. Die Anpassungsanlage wäre also nichts Selbstständiges, keine isolirte Micellgruppe im Idioplasma, die für sich entstände. Der Organismus könnte seine Anpassung nicht ändern, wenn er unter andere äussere Verhältnisse kommt, insofern nicht eine Weiterbildung des Idioplasmas durch die inneren Ursachen erfolgt, die unter den neuen Reizwirkungen einen denselben entsprechenden Charakter annimmt.

Es ist dies keine nothwendige Forderung der Theorie; denn diese würde es auch als plausibel erscheinen lassen, dass ein Organismus, während sein Idioplasma auf dem nämlichen Organisationsgrad verbleibt, unter dem Einfluss äusserer Reize die Anpassung seines Idioplasmas sowie seiner Organe ändere. Sondern die Erfahrung ist es, welche eine solche Annahme nicht zu gestatten scheint. Dies ergibt sich aus der Thatsache, die ich früher schon angeführt habe, dass viele Pflanzen seit der Eiszeit unter ganz verschiedenen klimatischen Verhältnissen und in Gesellschaft mit einer ganz verschiedenen Pflanzen- und Thierwelt gelebt haben und doch sich nicht im geringsten von einander unterscheiden, — obgleich unter diesen Umständen auch die Reizwirkungen, die sonst Anpassungen bewirken, verschieden sein mussten, und der Zeitraum hinreichend lange erscheint, um Anlagen hervorzubringen.

Wir müssen daher wohl schliessen, dass das Idioplasma nur insoweit, als es sich durch innere Ursachen weiter bildet, gegenüber den äusseren Reizwirkungen sich als bildsam erweise. Dabei ist zu bemerken, dass seit der Eiszeit die Weiterbildung durch innere Ursachen gewiss nicht unthätig gewesen ist, und dass die äusseren Einflüsse sicher auch bei der Prägung der entstehenden Micellgruppen betheiligt waren; aber die letzteren haben bei vielen Pflanzen noch nicht die entfaltungsfähige Höhe erreicht. Denn die selbständige Ausbildung des Idioplasmas geht, wie aus allem geschlossen werden muss, äusserst langsam vor sich und verzögert daher auch die Anpassungsumbildung desselben.

Die phylogenetische Entwicklung besteht also darin, dass das Idioplasma durch die inneren Ursachen stetig complicirter wird und dabei unter dem Einfluss der gleichbleibenden oder sich verändernden äusseren Reizwirkungen seinen Anpassungscharakter beibehält oder wechselt. Sowie die Micellschaaren in dem Idioplasma an Zahl zunehmen, wird nothwendig auch der Organismus complicirter, weil ja seine Ontogenie darin besteht, dass eine Schaar nach der andern in Wirksamkeit tritt und sich an dem Aufbau in der ihr eigenthümlichen Weise betheiligt. Der Weg von der Keimzelle bis wieder zur Keimzelle wird also in einer Abstammungsreihe immer länger, die Individuen erheben sich auf immer höhere Organisationsstufen und bilden eine grössere Menge von Organen, wobei sich die Verrichtungen scheiden und auf verschiedene Organe vertheilen. Die

Anpassungen an die Aussenwelt aber, welche die innere und äussere Beschaffenheit der Organe wesentlich bedingen, werden, weil nach und nach jeder einzelnen Anpassungsfunction ein eigenes Organ zur Verfügung gestellt wird, immer mehr localisirt, und können in Folge dessen ohne Störung der übrigen Verrichtungen sich der Reizwirkung entsprechend ausbilden.

IV.

Anlagen und sichtbare Merkmale.

Die unmittelbar vorausgehende Auseinandersetzung hatte den Zweck, das Zusammenwirken des Vervollkommnungstriebes und der äusseren Einflüsse, wodurch das Idioplasma in bestimmter Weise verändert wird, darzulegen. Es frägt sich nun zunächst, wie die zeitlich aufeinanderfolgenden Zustände des Idioplasmas und die in demselben entstehenden Anlagen sich zu den sichtbaren Merkmalen verhalten. Zwar geben uns die letzteren allein Kunde von der Beschaffenheit des Idioplasmas; aber deswegen dürfen wir dieses doch nicht etwa als ihr Spiegelbild betrachten und uns vorstellen, dass mit den Veränderungen der Organismen auch die Veränderungen in der Beschaffenheit des Idioplasmas genau übereinstimmen. Viele Thatsachen beweisen uns, dass beide Vorgänge nur bis auf einen gewissen Punkt einander entsprechen und dass die Kunde, welche uns der entfaltete Zustand von den Anlagen gibt, unvollständig ist, weil immer eine Anzahl von Anlagen latent bleibt.

Wir können die (phylogenetische) Ausbildung des Idioplasmas durch eine ganze Generationenreihe einem Strome vergleichen, der von kleinem Anfange aus immer mächtiger wird und dessen Oberfläche von mannigfaltigen Wellenzügen bewegt ist. Die fortschreitende Strömung, welche der Steigerung in der zusammengesetzten Anordnung des Idioplasmas entspricht, macht sich absatzweise in einer bestimmten Organisationsstufe geltend, welche so lange fortbesteht, bis die um einen gewissen Grad stärker gewordene Strömung zu einer folgenden Organisationsstufe drängt. Von den Wellenzügen, welche die Oberfläche modelliren und den Anpassungsveränderungen im Idioplasma entsprechen, werden nur die kräftigsten zu sichtbaren Merkmalen, indess die anderen latent bleiben, und jene sichtbaren Merkmale bleiben so lange, bis neue, hinreichend kräftige Wellenzüge, die in entgegengesetzter Richtung verlaufen, sie durch andere Merkmale verdrängen.

Wenn eine Anlage, sei es eine Vervollkommnungs- oder eine Anpassungsanlage, entsteht, so muss die Veränderung im Idioplasma bis auf einen gewissen Punkt gedeihen, ehe sie sich zu entfalten vermag. Dieser Punkt kann je nach Umständen früher oder später eintreten. Es verhält sich damit gleichsam wie mit einer verschlossenen Flasche, welche eine gärungsfähige Flüssigkeit enthält. Man bemerkt äusserlich nichts von der im Innern vor sich gehenden Bewegung, bis der Pfropf durch das gespannte Gas herausgeschleudert wird, was nach kürzerer oder längerer Zeit erfolgt, je nach der Intensität der Gärung und der Festigkeit des Verschlusses. So vergeht auch eine gewisse Zeit, bis die Spannung, welche eine werdende Anlage im Idioplasma verursacht, hinreichend intensiv geworden ist, um die Widerstände zu überwinden und manifest zu werden. Daher geschieht die phylogenetische Veränderung der Organismen im allgemeinen sprungweise, indem auf eine Zeit der Ruhe eine rasche äussere Umwandlung erfolgt.

Die Ursache, warum eine werdende Anlage im Idioplasma in so vielen Fällen nicht sofort auch als werdendes Merkmal äusserlich sich kund gibt, sondern eine gewisse Höhe erreichen muss, um dann plötzlich als fertiges Merkmal sich zu entfalten, liegt wohl immer darin, dass dieses Merkmal ein anderes verdrängt und die Uebergangsstufen von dem Organismus nicht oder nur schwer hervorgebracht werden. Es gibt eine Menge von Beispielen, wo man einen sprungweisen Uebergang beobachten kann, obgleich allmähliche Uebergangsstufen denkbar sind und auch ganz natürlich erscheinen würden. Man könnte leicht auf die Vermuthung kommen, dass die Zwischenglieder sich bei der phylogenetischen Umwandlung zwar gebildet haben, aber als nicht existenzfähig durch die Concurrenz beseitigt worden seien. Wenn aber dem so wäre, so müssten die Zwischenglieder bei der Kreuzung wieder zum Vorschein kommen, was nicht der Fall ist. Ich werde diesen Punkt in der Besprechung des Verhaltens der Anlagen bei der geschlechtlichen Befruchtung näher erörtern.

Für jetzt will ich nur zwei Merkmale kurz erwähnen, die ich früher schon angeführt habe, weil sie leicht zu beobachten sind, die Zahl und die Farbe. Manche Pflanzen mit fünfblättrigen Blumenkronen ändern mit vierblättrigen ab, aber es gibt keine Krone mit vier Blättern und einem Bruchtheil des fünften. Manche Pflanzen bringen neben rothen oder blauen Blüthen auch weisse hervor; bei den einen Arten mangeln die Zwischenstufen gänzlich, bei andern kommt ein hellrothes oder hellblaues Zwischenglied vor, bei wenigen mehrere Zwischenglieder mit abgestufter Intensität der Färbung. Ich nenne die blaublüthigen Gentianen, welche selten weiss oder überdem auch hellblau auftreten, die blaue Campanula barbata, die auf gewissen Standorten auch zahlreiche weisse und sehr spärliche hellblaue Blüthen trägt (andere Campanula-Arten zeigen im Gebirg ein gleiches numerisches Verhältniss von drei Blüthenfarben), Erica carnea und Rhododendron ferrugineum mit rothen und äusserst selten mit weissen Blüthen, Anemone hepatica blau blühend, selten auch weiss oder roth (in manchen Gegenden ohne Uebergänge), Achillea Millefolium, die auf hohen alpinen Standorten spärlich intensiv roth, häufig rein weiss und ebenfalls häufig hellroth in verschiedenen Abstufungen vorkommt.

Diese und viele andere Beispiele beweisen uns, dass manche Merkmale des entwickelten Organismus sich nicht allmählich in einander umwandeln können oder wenigstens eine Abneigung gegen die Bildung der Uebergangsglieder zeigen. Ohne Zweifel gilt dies auch schon für die Anlagen im Idioplasma, indem nicht die alte Anlage in die neue umgewandelt wird, sondern indem vielmehr neben jener die neue sich allmählich heranbildet und dann, wenn sie hinreichend stark geworden, an der Stelle derselben sich entfaltet. Dies ist als sicher zu betrachten für die vielen Fälle, wo das neue Merkmal gelegentlich wieder in das frühere zurückschlagen kann.

Eine Veränderung im Idioplasma oder eine werdende Anlage muss also bis auf einen gewissen Grad anwachsen, ehe sie eine fertige Anlage darstellt, welche sich zum sichtbaren Merkmal entfalten kann. Sie behauptet diese Höhe so lange, bis sie durch das Auftreten einer anderen verwandten Anlage, die nun ihrerseits manifest werden kann, oder durch anderweitige Umbildungen im Idioplasma geschwächt wird. Sie kehrt nun in denjenigen Zustand zurück, in welchem sie gleichsam bloss eine Spannung darstellt, die nicht mehr in Bewegung überzugehen vermag. Sie bleibt längere oder kürzere Zeit in diesem Zustande, nimmt nach und nach ab und verschwindet zuletzt ganz, oder nimmt auch wieder zu und wird von neuem entfaltungsfähig.

Mit Rücksicht auf dieses weitere Schicksal müssen wir übrigens zwischen Vervollkommnungs- und Anpassungsanlagen unterscheiden. Was die ersteren betrifft, so wird mit der Einlagerung neuer Micelle beim Wachsthum die Structur des Idioplasmas immer zusammengesetzter, und von Zeit zu Zeit wird diese innere Bewegung als weitergehende Gliederung im Bau und in den Functionen des Organismus sichtbar. Man nimmt nun vielfach an, dass ein Organismus in der phylogenetischen Entwicklungsreihe zuweilen auch wieder auf eine niedrigere Organisationsstufe zurücksinken könne, und es ist daher die Frage, ob es denkbar sei, dass das Idioplasma ausnahmsweise eine frühere, einfachere Beschaffenheit annehme, oder dass die späteren Vervollkommnungsanlagen in demselben latent werden.

Die erstere Annahme halte ich für unmöglich, da die Fortschrittsbewegung in der Configuration des Idioplasmas ausschliesslich auf die demselben innewohnenden Eigenschaften beschränkt und die Wirkung äusserer Ursachen davon ausgeschlossen wurde. Es kann daher jene Bewegung weder stille stehen, noch eine entgegengesetzte Richtung einschlagen, indem dafür die bewirkenden Ursachen mangeln.

Dagegen lässt sich denken, dass ein Rückschlag des Organismus auf die nächst einfachere Organisationsstufe durch Latentwerden der letzten Vervollkommnungsanlagen stattfindet. Dann werden, wenn wir die Anpassung vernachlässigen, in einem Organismus mit dem Idioplasma J_n nur die dem Zustande J_{n-1} entsprechenden Merkmale verwirklicht. Mit Berücksichtigung der Anpassung und unter der Annahme, es verändere sich ein bestimmtes Merkmal derselben gleichzeitig mit der Organisation, haben wir folgendes Beispiel. Das Idioplasma aJ_5 sei in $(a)bJ_6$ übergegangen, indem die Organisation um eine Stufe gestiegen ist (von J_5 auf J_6) und die äussere Anpassung sich geändert hat (von a zu b). Die Anpassungsanlage a ist im Idioplasma noch vorhanden, aber latent, daher in $()$ eingeschlossen. J_6 enthält J_5 vollständig in sich, aber vermehrt durch neue Micellschaaren und damit zugleich mit einem etwas anderen Gesammtgleichgewicht. Wenn beispielsweise aJ_5 eine bestimmte einzellige Pflanze mit der Anpassung a darstellt und $(a)bJ_6$ die erste und niedrigste Stufe der Vielzelligkeit mit der Anpassung b, so kann diese Form wieder einzellig werden, stellt nun aber in diesem Zustande nicht die Form der Stufe J_5 dar, aus der sie hervorgegangen ist, sondern eine andere Anpassungsform derselben Stufe. Hätte sich aJ_5 in aJ_6 (nicht in $(a)bJ_6$) umgewandelt, so würde beim Rückschlag wieder der beinahe unveränderte Vorfahr aJ_5 zum Vorschein gekommen sein.

Die neuen Micellschaaren, welche den Fortschritt des Idioplasmas von J_5 zu J_6 bedingten und die Vervollkommnungsanlage in sich fassen, müssen, um in Merkmalen manifest zu werden, zu einer gewissen Höhe anwachsen. Der Wendepunkt wird früher oder später eintreten können; die Ursachen, die auf das Manifestwerden einwirken, sind uns unbekannt; die Ernährung und andere äussere Einflüsse mögen dabei eine Rolle spielen. Die nämlichen Ursachen, die das Manifestwerden der Anlage beschleunigten, versetzen dieselbe, wenn sie in entgegengesetzter Richtung wirken, wieder in den latenten Zustand. Die neuen Micellschaaren, welche die einzellige Pflanze in eine mehrzellige verwandelten, lassen, wenn sie unwirksam werden und im Spannungszustande verbleiben, den mehrzelligen Organismus wieder einzellig werden. Sie verschwinden aber nicht aus dem Idioplasma, sondern sie verstärken sich, vermöge des inhärenten Forschrittes zur Complication, immer mehr und führen nothwendig wieder zur mehrzelligen Pflanze, welche nun aber viel schwieriger wieder zur Einzelligkeit zurücksinken kann.

Wenn die vorgetragene Theorie richtig ist, so tritt ein Zurückfallen auf frühere Organisationsstufen höchstens vorübergehend, aber nie für dauernd ein. Damit stimmt die Entwicklungsgeschichte der organischen Reiche überein, soweit sich dieselbe sicher beurtheilen lässt, da überall ein Fortschritt zum Zusammengesetzteren, aber nirgends mit Gewissheit ein Rückschritt zum Einfacheren dargethan ist. — Ferner findet in der Regel nur ein Rückschlag auf die nächst frühere Organisationsstufe statt und auch dies nur, wenn die neue Vervollkommnungsanlage nicht vollständig durchgebildet und gefestigt ist. Wenn daher auch ein mehrzelliger Organismus der niedrigsten Stufe (J_6) einzellig wird, so ist die nämliche Umwandlung für einen solchen der Stufe J_7 und noch weit mehr für höhere Stufen (J_8 u. s. w.) als nahezu unmöglich zu betrachten.

Die Norm des Rückschlages wird gewöhnlich anders aufgefasst, indem man annimmt, dass allgemein der vollkommnere Zustand auch wieder in den unvollkommneren übergehen könne. Dabei handelt es sich aber meistens nicht um Erscheinungen, die der von mir unterschiedenen Vervollkommnungs- oder Progressionsbewegung angehören, sondern um Anpassungen, die nach den Umständen als mehr oder weniger vollkommen erscheinen. Rückschläge auf frühere Organisationsstufen, die nicht als Anpassungen zu betrachten sind, finden im Pflanzenreiche jedenfalls nur höchst selten und zwar in der angegebenen Beschränkung, vielleicht auch gar nicht statt; so schlägt die geschlechtliche Befruchtung nicht in die Conjugation, die beblätterte Pflanze nicht in die Thallompflanze zurück. — Es gibt freilich einen scheinbaren Rückgang in der Vervollkommnungsbewegung, indem ein Organismus zur Vermehrung gelangt, ehe er alle ontogenetischen Entwicklungsstadien durchlaufen hat, so dass also ein Abschnitt der Ontogenie constant ausbleibt. So bringen unter ungünstigen äusseren Umständen manche Pflanzen keine Blüthen hervor, sondern vermehren sich auf geschlechtslosem Wege. Dies kann wahrscheinlich Jahrtausende lang fortdauern; aber die Pflanzen haben deshalb phylogenetisch keinen Rückschritt gemacht. Sie besitzen alle idioplasmatischen Anlagen, die ihrer Organisationsstufe zukommen, und es bedarf bloss der günstigen äusseren Einflüsse, um sie wieder zur Blüthenbildung zu veranlassen. In ähnlicher Weise kann bei niederen, mit Generationswechsel begabten Pflanzen, z. B. bei Pilzen, ausnahmsweise die eine Generation während langer Zeiträume ausfallen.

Während uns die Erfahrung über das Schicksal der Vervollkommnungsanlagen bloss die Aussicht eröffnet, dass die Merkmale, die der Anlage einer niederen Stufe entsprechen, durch solche verdrängt werden, die der Ausdruck der nächsthöheren Anlage sind, so ist das Verhalten der Anpassungsanlagen und ihrer manifesten Merkmale ein höchst mannigfaltiges, — und was über Veränderung der Merkmale und über Rückschlag in frühere Formen wirklich beobachtet wurde, gehört alles dieser Kategorie an. Dies ist begreiflich; die Anpassungsanlagen werden durch äussere Einwirkungen erzeugt und gestärkt, sie werden durch dieselben auch wieder geschwächt und vernichtet. Ebenso haben die äusseren Umstände auf das Manifest- und Latentwerden dieser Anlagen einen entschiedenen Einfluss.

Wenn das Idioplasma sich gewissen äusseren Einwirkungen angepasst hat, so besitzt es eine denselben entsprechende partielle Anordnung, welche die Anpassungsanlage darstellt und unter günstigen Umständen als Merkmal manifest wird. Kommen nachher andere äussere Einflüsse zur Geltung, so tritt eine neue partielle Anordnung im Idioplasma auf, welche je nach Umständen jene frühere unverändert lässt oder schwächt oder vernichtet; im ersten Fall bleibt das Merkmal der früheren Anpassungsanlage neben dem neuen Merkmal fortbestehen; in den andern Fällen verschwindet es und das neue Merkmal tritt an seine Stelle. Die geschwächte Anlage beharrt noch längere oder kürzere Zeit als partielle Anordnung im Idioplasma; sie kann später wieder gestärkt werden und als Rückschlag ein sichtbares Merkmal hervorbringen, das dem ursprünglichen Merkmal mehr oder weniger gleicht.

Um dies in einem schematischen Beispiel auszuführen, so komme ein Organismus mit dem Idioplasma aJ_n unter neue äussere Verhältnisse b und die neue Anpassungsanlage lasse die frühere unversehrt. aJ_n geht also über in abJ_{n+1} und die Entfaltung zeigt die beiden Merkmale (a und b) neben einander. Darauf entstehen durch abermalige Anpassungen an veränderte äussere Verhältnisse die partiellen idioplasmatischen Anordnungen c und d; dabei werde a durch das verwandte c, und b durch das verwandte d geschwächt. Es verwandelt sich somit abJ_{n+1} in $(a)c(b)dJ_{n+2}$, wozu ich bemerke, dass die geschwächten, nicht mehr entfaltungsfähigen Anlagen wieder in $()$ eingeschlossen sind, indess die nicht eingeschlossenen offenbar werden. Der Organismus hat somit die Merkmale a und b mit c und d vertauscht. — Noch später wird durch die neue Anpassungsanlage e die frühere c und durch die neue Anlage f die frühere d geschwächt, so dass das Idioplasma sich von $(a)c(b)dJ_{n+2}$ in $(a,c)e(b,d)fJ_{n+3}$ umwandelt, und am Organismus die Merkmale c und d durch e und f ersetzt werden. — Im Idioplasma befinden sich nun die latenten Anlagen a, c, b, d, von denen die eine oder die andere unter günstigen Umständen wieder zur Entfaltung gelangen kann, wobei dann das entsprechende unverträgliche Merkmal verdrängt wird. Beispielsweise geht das Idioplasma in den Zustand

$(c, e)\, a\, (b, f)\, d\, J_{n+4}$ über, indem an dem Organismus die Rückschläge a und d auftreten, zwei Merkmale, die früher nicht gleichzeitig bestanden.

Während das Idioplasma durch die äusseren Einflüsse in der angegebenen Weise verändert wurde und einen mehrmaligen Wechsel der Anpassungsmerkmale am Organismus bewirkte, bildete sich dasselbe durch den Vervollkommnungstrieb stetig weiter aus und erreichte möglicherweise eine neue entfaltungsreife Stufe. Es trat also in dem vorletzten der angeführten Stadien als $(a, c)\, e\, (b, d)\, f\, J_{n+3}$ auf und der Organismus zeigte ausser den neuen Anpassungsmerkmalen e und f auch eine der Stufe J_{n+3} entsprechende vermehrte Gliederung seiner Organisation.

Ich wiederhole hier, dass, wie ich früher schon ausführte, die Organisationsanlagen und die Anpassungsanlagen zu einem combinirten System vereinigt zu denken sind, in welchem dieselben nicht neben einander liegen, sondern in welchem die Organisationsanlagen, welche die Grundlage des Idioplasmas bilden, von den Anpassungsanlagen gleichsam durchdrungen und bestimmt gemodelt werden. Gleichwohl erscheinen die Merkmale, welche den beiderartigen Anlagen entsprechen, in gewissem Sinne selbständig, so dass die einen ohne die andern sich umwandeln können. Wenn auch, wie ich anzunehmen genöthigt bin (S. 181), die Anpassung des Idioplasmas sich nur ändert nach Maassgabe als dasselbe in innerer Umwandlung begriffen ist, so dauert doch dieser innere Umwandlungsprocess, bis er eine neue Organisation am entwickelten Organismus bewirkt, so lange Zeiträume an, dass das Idioplasma indessen mehrmals neue Anpassungsanlagen bilden kann. Daher vermag auch der Organismus, indem er in seinen allgemeinen Merkmalen auf der nämlichen Organisationsstufe verbleibt, seine Anpassungsmerkmale zu wechseln. Dass aber auch die Anpassung sich nur sehr langsam umwandelt, beweist der wiederholt angeführte Umstand, dass viele Pflanzen seit der Eiszeit dieselbe nicht zu ändern vermochten.

Wie der auf der gleichen Organisationsstufe beharrende Organismus seine Anpassungen ändert, kann umgekehrt ein Wechsel der Organisationsstufe bei gleichbleibender Anpassung stattfinden. Ich erwähne als verständlichstes Beispiel einzellige Pflanzen, die ohne irgend eine weitere Modification mehrzellig werden. In diesem Verhältniss stehen zu einander die (einzelligen) Chroococcaceen und die übrigen (mehrzelligen) Gruppen der Nostochinen (Nostochaceen, Oscillariaceen, Scytonemaceen, Rivulariaceen), — gewisse (einzellige) Palmellinen und verwandte Gattungen der (mehrzelligen) Confervoïden, — die (einzelligen) Desmidiaceen und die (mehrzelligen) Zygnemaceen.

Es gibt also, wenn wir von den beiden der Organisation und der Anpassung entsprechenden Kategorien absehen, zweierlei Anlagen im Idioplasma, entfaltungsfähige und entfaltungsunfähige, solche, die am Organismus sichtbare Merkmale veranlassen können und solche, die im geschwächtem oder unfertigem Zustande sich befinden und nothwendig latent bleiben. Unter den entfaltungsfähigen Anlagen gibt es wieder zwei Gruppen, solche mit unausbleiblicher oder nothwendiger und solche mit zufälliger Entfaltung; man kann sie, in Analogie mit der Bezeichnung der auf bestimmten Bodenarten vorkommenden Gewächse, entfaltungsstet und entfaltungsvag nennen. Die entfaltungssteten Anlagen kommen in jedem Individuum zur Entwicklung, während die entfaltungsvagen bald latent bleiben, bald manifest werden. Unter den letzteren gibt es übrigens alle Abstufungen zwischen der Entfaltungsstetigkeit und der Entfaltungsunfähigkeit, indem die einen nur selten verborgen bleiben und die anderen nur selten sichtbar werden, und man könnte daher unter ihnen wieder entfaltungsholde und entfaltungsscheue unterscheiden. Fast jede Pflanzenart hat entfaltungsvage Anlagen; sie betreffen vorzüglich die Grösse des Individuums und der Organe, die Zahl der Organe und Zellen, die Verzweigung, Bewurzelung, Behaarung, Färbung, die Vermehrung im Verhältniss zur Fortpflanzung, die Füllung der Blüthen, endlich verschiedene krankhafte und abnormale Erscheinungen, — und sind sehr geeignet den Systematiker irre zu führen.

Ob die entfaltungsvagen Anlagen zu manifesten Merkmalen werden oder nicht, hängt, wenn eine Pflanze normal und unverletzt ist, von den äusseren Einwirkungen, namentlich von der richtigen Ernährung ab. Die nämliche Pflanze, die auf magerem sandigem Boden kaum handgross wird mit unverzweigtem einblüthigen Stengel, erlangt auf fruchtbarem Boden die Höhe von einem Meter und reiche Verzweigung mit hunderten von Blüthen; sie bringt hier alle entfaltungsfähigen Anlagen zur Ausbildung. — Die äusseren Einflüsse führen dem Organismus vorzüglich Stoff und Kraft zu.

Sie haben die Bedeutung, welche das Brennmaterial für die Dampfmaschine hat. Wie die Vermehrung des Brennmaterials die Kraft der Maschine und die Geschwindigkeit der dadurch in Bewegung gesetzten Locomotive vermehrt, so steigert eine reichlichere Nahrung in Verbindung mit einer grösseren Menge von Wärme und Licht die Leistungen der lebenden Pflanze so sehr, dass dieselbe nun alle entfaltungsfähigen Spannungen in Bewegung übergehen lässt.

Wir begreifen diese Thatsache auch von der mechanischen Seite, wenn die Vermuthung, die ich früher über die Beziehung zwischen den Vorgängen im Idioplasma und am entfalteten Organismus äusserte (S. 47) richtig ist. Eine entfaltungsfähige Anlage wird dann zum sichtbaren Merkmal, wenn die ihr entsprechende Gruppe von Längsreihen im Idioplasma in activer Weise wächst, während die andern Gruppen nur so weit passiv folgen, als es die eintretende Spannung erfordert. Es ist in diesem Falle selbstverständlich, dass bei mangelhafter Ernährung nur diejenigen Gruppen des Idioplasmas zum activen Wachthum und somit zur Entfaltung ihrer Merkmale gelangen, welche dazu die grösste Neigung besitzen, und dass bei reichlichster Ernährung auch die andern, die überhaupt jene Fähigkeit besitzen, dazu angeregt werden.

Es gibt unter abnormalen Verhältnissen noch eine andere Art von Entfaltung sonst latent bleibender Anlagen. Zellen von Stengeln, Blättern, Wurzeln, die im normalen Zustande in Ruhe verharren, gelangen nach Verletzungen und Verstümmelungen des Individuums zur Entwicklung. Aus gekappten Stämmen, Aesten und Wurzeln, aus Stücken von solchen, an abgeschnittenen Blättern bilden sich Adventivknospen. Das Idioplasma bestimmter Zellen, das sonst ruhend bleibt, beginnt in diesem Falle sich sammt dem Ernährungsplasma zu vermehren und dadurch Zellenbildung einzuleiten. Die Erscheinung hat nichts Auffallendes und erklärt sich zum Theil in gleicher Weise, wie die Entwicklung der einzelnen entfaltungsvagen Anlagen. Durch die Verstümmelung häufen sich nämlich die Nährstoffe an, die unter normalen Verhältnissen nach denjenigen Organen, wo Neubildungen stattfinden, abfliessen, und veranlassen das Idioplasma, zu dem die stärkste Zufuhr stattfindet, zum Wachsthum. Ueberdem wird aber auch bei der Verstümmelung der Organismus durch verschiedene Einwirkungen getroffen, welche er im unversehrten Zustande nicht spürt.

Dagegen ist die Eigenartigkeit, in der diese adventiven Bildungen erfolgen, bemerkenswerth; aus dem nämlichen Gewebe können unter verschiedenen Umständen verschiedene Bildungen hervorgehen. Wird ein Stengel oben abgeschnitten, so dass ihm Zweige und Blätter mangeln, aber die Wurzeln bleiben, so bildet er Adventivknospen und aus denselben beblätterte Zweige; wird er unten abgeschnitten, so dass er die Zweige und Blätter behält aber die Wurzeln verliert, so erzeugt er aus denselben Zellen Adventivwurzeln. Aehnlich verhält es sich mit abgeschnittenen Wurzeln. Es ist als ob das Idioplasma genau wüsste, was in den übrigen Theilen der Pflanze vorgeht, und was es thun muss, um die Integrität und die Lebensfähigkeit des Individuums wieder herzustellen.

Diese merkwürdige Erscheinung erklärt sich mit Hilfe zweier Hypothesen, die ich oben aufgestellt habe und dient denselben zugleich als Stütze. Sie beweist einerseits wohl unzweifelhaft, dass das Idioplasma in einem beliebigen Theil des Organismus Kunde erhält von dem, was in den übrigen Theilen vorgeht. Dies ist dann möglich, wenn seine Veränderungen und Stimmungen auf materiellem oder dynamischem Wege überall hin mitgetheilt werden (S. 55). In diesem Falle muss es das locale Idioplasma sofort fühlen, wenn ein wesentlicher Theil des Individuums mangelt, weil von dorther keine Mittheilungen mehr anlangen. Sollte in dem pflanzlichen Organismus die Communication auf materiellem Wege erfolgen, was ich indess für wenig wahrscheinlich halte, so würde in dem angeführten Beispiel das Idioplasma des Stengels entweder keine Theilchen von den Wurzeln oder keine solchen von den Blättern und Zweigen erhalten.

Andrerseits beweist jene Erscheinung, dass das Bedürfniss als Reiz wirken kann (S. 162), und dass das bestimmte Bedürfniss auch eine bestimmte Reaction veranlasst. Während aber sonst ein solcher Reiz nach sehr langer Dauer Anlagen im Idioplasma erzeugt, dient er hier nach kurzer Einwirkung dazu, bereits vorhandene Anlagen zur Entfaltung zu bringen. Das Idioplasma des Stengels, welches keine Mittheilung von Wurzeln oder von beblätterten Zweigen erhält, empfindet diesen Mangel und reagirt darauf, wie es immer auf ein Bedürfniss reagirt; es hilft dem Mangel ab und wählt dazu die nach den Umständen geeigneten und ihm zu Gebot stehenden Mittel, in diesem Falle die Anregung zur Entwicklung von bestimmten Anlagen. Die Thatsache, dass aus dem nämlichen Gewebe von den verschiedenen Organen, die hier gebildet werden können, gerade dasjenige entsteht, welches dem Individuum genommen wurde, scheint mir auf keine andere Art sich deuten zu lassen, als dass der Mangel als Reiz zu wirken vermag, welcher der durch Anhäufung von Nährstoffen erfolgenden Neubildung die bestimmte Richtung anweist.

Eine eigenthümliche Kategorie von Anlagen, die gleichsam zwischen den entfaltungssteten und den entfaltungsvagen die Mitte halten, bilden je zwei oder mehrere zusammen gehörende Anlagen, von denen Eine mit Ausschluss der übrigen sich entfalten muss. Welche zur Entfaltung gelangen und welche latent bleiben, hängt bald von inneren bald von äusseren Ursachen ab. So sind es ohne Zweifel innere, aber noch unbekannte Ursachen, welche bei getrennt geschlechtigen Organismen bestimmen, ob in einem entstehenden Keim die männlichen oder die weiblichen Geschlechtsorgane zur Entwicklung gelangen werden. Dagegen tritt der Einfluss der äusseren Ursachen bei der Blattbildung einiger Wasserpflanzen ganz auffallend hervor.

Bei Ranunculus fluitans, der im Wasser wächst und nur seine Blüthen über die Oberfläche erhebt, sind alle Blätter untergetaucht und borstenförmig-vielspaltig. Bei R. hederaceus, der in fast ausgetrockneten Wassertümpeln auf Schlamm und Sand als kriechende Landpflanze lebt, befinden sich die Blätter in der Luft und haben eine nierenförmige, gelappte Spreite. Ein Mittelglied zwischen den beiden genannten Arten stellt R. aquatilis dar, welcher im Wasser, aber mehr an der Oberfläche desselben wächst. Hier sind die einen (unteren) Blätter untergetaucht und borstenförmig-vielspaltig wie bei R. fluitans, die anderen (oberen) Blätter sind auf dem Wasser schwimmend und haben eine nierenförmige gelappte Spreite wie bei R. hederaceus.

Die genannten drei Ranunculusarten stehen in sehr naher Verwandtschaft zu einander; sie zeigen im Vereine deutlich den Einfluss der beiden Elemente, des Wassers und der Luft, auf die Formbildung der Blätter. Aber nur bei R. aquatilis macht sich dieser Einfluss bei der Entwicklung der Blattanlagen jetzt noch in jeder Generation geltend. Das Idioplasma dieser Art enthält zwei entwicklungsfähige Anlagen, von denen sich bei jeder einzelnen Blattbildung die eine oder andere entfalten muss. Solange der Stengel tiefer im Wasser sich befindet, bringt er die Anlagen der borstenförmig-schmalen Blätter, kommt er aber an die Oberfläche, diejenigen der breiten Blätter zur Entfaltung.

In den zwei anderen Arten sind die Anlagen für die beiden Blattformen gewiss ebenfalls im Idioplasma vorhanden; aber in jeder vermag sich nur noch die eine Anlage zu entfalten. Während R. aquatilis jetzt noch für ein amphibisches Verhalten, um mich so auszudrücken, befähigt ist, hat sich R. hederaceus ganz als Landpflanze, R. fluitans ganz als Wasserpflanze angepasst: in R. hederaceus sind die Anlagen für die borstenförmig-vieltheiligen, in R. fluitans diejenigen für die nierenförmig-gelappten Blätter geschwächt und entfaltungsunfähig geworden.

Gleich wie der Einfluss des Wassers jetzt noch bei der ontogenetischen Entfaltung der Blattanlagen bemerkbar wird, hat er einst die phylogenetische Entstehung dieser Anlagen vollbracht. Es ist nicht unwahrscheinlich, dass hierbei die lichtmässigende Wirkung des Wassers die Hauptrolle spielte. Bekanntlich hat Lichtmangel eine starke Streckung des Stengels bei den höheren Pflanzen und ebenso der Blätter bei den Monocotyledonen zur Folge (Vergeilung). Allerdings bleiben in der Dunkelheit die Blätter der Dicotyledonen klein und unentwickelt; allein die Ursache hiervon besteht darin, dass bloss schuppenförmige Niederblätter sich bilden. Dass aber die Blattstiele von Dicotyledonen unter dem Einfluss der Dunkelheit sich ebenso sehr strecken können wie die Stengel, sehen wir an den im tiefen Wasser wachsenden Seerosen, welche ihre schwimmenden Blattspreiten auf den langen Blattstielen, wie ihre Blüthen auf den langen Blüthenstielen, an die Oberfläche des Wassers bringen. Es ist daher möglich, dass unter noch nicht näher bekannten Umständen die Blätter der Dicotyledonen bei Lichtmangel sich strecken und schmal bleiben, und dass bei ihrer ursprünglichen phylogenetischen Ausbildung die Blätter der Wasserpflanzen von unten nach oben am Stengel allmählich breiter wurden, worauf dann bei einer späteren phylogenetischen Umbildung der gewöhnliche Process eintrat, welcher mit Unterdrückung der Zwischenglieder nur einige extreme Typen beibehielt, nämlich bei den genannten Ranunculusarten die borstenförmig-vielspaltigen und die nierenförmig-gelappten Blätter, von denen bei einigen Arten zuletzt auch noch der eine dieser beiden Typen verloren ging.

Ehe ich das Verhältniss von Anlagen und sichtbaren Merkmalen weiter verfolge und dasselbe bei der geschlechtlichen Fortpflanzung betrachte, will ich hier noch zwei Bemerkungen einschieben, eine theoretische und eine praktische. Die theoretische betrifft das Verhältniss der Anlagen zum ontogenetischen Entfaltungszustand, welches uns, wenn wir nur die nächst liegenden Beispiele ins Auge fassen, leicht als etwas Mysteriöses erscheint. Wir können es nur richtig beurtheilen, wenn wir uns das Wesen der Anlagen auf den niedrigsten Stufen deutlich machen. Man möchte geneigt sein, den einzelligen Organismus als der Anlagen ermangelnd anzusehen; aber dies wäre nur im Vergleich mit den vielzelligen und höher ausgebildeten Wesen richtig. Selbst die erste Stufe des Probienreiches, das primordiale Plasma besitzt im Grunde schon eine Anlage, diejenige, nämlich neue gleichartige Micelle einzulagern, also zu w a c h s e n. Auf der nächsten Stufe, wo das primordiale Plasma sich zu Tropfen von bestimmter Grösse, die sich theilen, individualisirt hat, sind dem jugendlichen Zustande (nach der Theilung) zwei Anlagen eigen, nämlich auf die volle Grösse a n z u w a c h s e n und dann sich zu t h e i l e n.

In diesen einfachen Fällen liegt der mechanische Zusammenhang zwischen dem jugendlichen oder Anlagezustand und dem bestimmten entwickelten Zustande klar vor. Sowie nun die Wesen complicirter werden, mehren sich allmählich die Anlagen; das entwickelte Stadium lässt sich aber immer noch mehr oder weniger deutlich als die nothwendige Folge des jugendlichen Stadiums einsehen, wie dies bei allen einzelligen und den einfachsten mehrzelligen Organismen der Fall ist. Gehen wir stufenweise zu den complicirteren und dann zu den complicirtesten mehrzelligen Pflanzen weiter, so ändert sich im Princip nichts; es stellt sich stets die ganze Entwicklung aus dem Keime bis zum erwachsenen Zustande und die Absonderung neuer Keime in diesem Zustande wenigstens der Analogie nach als eine ebenso nothwendige Consequenz dar, wie das Wesen und die Theilung des primordialen Plasmatropfens.

Dies gilt für die Totalanlage, für den ganzen einzelligen Keim der Organismen. Was die Partialanlagen betrifft, so lässt sich die Nothwendigkeit der Entfaltung zu bestimmten Merkmalen für jede einzelne auf den untersten Stufen noch deutlich wahrnehmen. Sowie die Partialanlagen aber zahlreicher werden, geht der Faden für die einzelnen verloren, da wir die Beschaffenheit des Idioplasmas nicht kennen; und wir vermögen die Nothwendigkeit der bestimmten Entfaltung nur dadurch zu erweisen, dass das causale Gesetz, wo es die ganze Entwicklung beherrscht, auch für die Theile gelten muss.

Die andere Bemerkung, die ich als praktische bezeichnete, betrifft den Werth, den die Beobachtung des Entfaltungszustandes, im Vergleich zu den Anlagen, für die Beurtheilung des Wesens und der Verwandtschaft der Organismen hat. In dem einzelligen Keim, der nur die Anlagen in sich birgt, ist das ganze Wesen eines Organismus enthalten. Dieser Keim besitzt nicht nur das Geheimniss aller der Eigenschaften, die wirklich zur Entfaltung gelangen, sondern auch das Geheimniss aller derjenigen, die verborgen bleiben und vielleicht erst nach vielen Generationen zum Vorschein kommen.

Von dem wirklichen und vollständigen Wesen, das durch den Keim dargestellt wird, gibt uns die Beobachtung der uns zugänglichen morphologischen und physiologischen Merkmale nur eine dürftige Vorstellung. Selbst wenn wir die Entwicklungsgeschichte eines Organismus vom ersten Entstehen bis zum Tode lückenlos und in den feinsten Einzelheiten ergründen könnten, so hätten wir, da viele Anlagen latent bleiben, doch nur ein mangelhaftes Bild gewonnen. Von der ganzen Entwicklungsgeschichte sind uns aber nur die groben Merkmale zugänglich; alle feineren Merkmale, die sich aus dem Idioplasma entfaltet haben und welche die moleculare Physiologie und Morphologie der nicht idioplasmatischen Substanzen betreffen, bleiben uns verborgen. Es ergibt sich hieraus deutlich, wie vorsichtig die Systematik mit ihren Schlüssen über Verwandtschaft und Abstammung sein sollte.

Wo es sich um tiefgreifende Verschiedenheiten handelt, besonders wenn dieselben mit Hilfe allgemeiner Entwicklungsgesetze, von denen ich im letzten Abschnitt sprechen werde, sich feststellen lassen, mag die vergleichende Morphologie allerdings kaum irre gehen. Es kann, um nur vom Pflanzenreiche zu sprechen, beispielsweise kein Zweifel über das Verhältniss von einzelligen und mehrzelligen Gewächsen, wenn dieselben in der Beschaffenheit der Zellen übereinstimmen, ebenso über das Verhältniss von Algen, Moosen, Gefässkryptogamen, gymnospermen und angiospermen Phanerogamen bestehen. Wenn man aber von den grossen und allgemeinen Gruppen der Reiche zu den Classen und Ordnungen oder gar zu den Gattungen und Arten heruntersteigt, so ist in der Regel keine sichere Beurtheilung mehr möglich und alle phylogenetischen Hypothesen werden werthlos. In diesen Regionen des Pflanzenreiches werden die Unterschiede nach der äusseren Form, selten auch nach der anatomischen Structur, die wenig mehr Aufschluss gibt, bestimmt. Dies mag nothdürftig zur blossen Unterscheidung der Sippen ausreichen, aber für die Erfassung des Wesens haben die Merkmale der beschreibenden Botanik oft nicht mehr Werth, als wenn man das Wesen von Wohnhäusern, Scheunen, Kirchen, Fabrikgebäuden aus ihrer äusseren Form erkennen wollte.

Wie wenig die äusseren Unterscheidungsmerkmale dem inneren Werth entsprechen, sehen wir deutlich daraus, dass in gewissen Pflanzenordnungen (z. B. den Ranunculaceen) nahe verwandte Arten durch viel auffallendere Merkmale geschieden sind, als in anderen Ordnungen (z. B. den Cruciferen) die Gattungen. Es kommt selbst vor, dass die sichtbaren und definirbaren Unterschiede ganz mangeln, obgleich die innere Verschiedenheit unzweifelhaft ist. Apfelbaum und Birnbaum sind, wiewohl der gleichen Gattung angehörend, doch als Arten so weit von einander entfernt, dass es bis jetzt nicht gelungen ist, sie gegenseitig zu befruchten und einen Bastard zu erhalten, während Mandelbaum und Pfirsichbaum, die man in zwei Gattungen trennt, sich bastardiren lassen. Mit Ausnahme eines geringfügigen Unterschiedes in der Blüthe, wonach die Griffel beim Apfelbaum an der Basis zusammengewachsen, beim Birnbaum frei sind, weiss der Botaniker für diese beiden Bäume keine durchgreifenden, für alle Sorten geltenden Unterscheidungscharaktere, obgleich das Gefühl einem immer sagt, welche Art man vor sich habe, und kein Bauer sich täuscht, wenn man ihm die Bäume oder auch nur die beblätterten Zweige derselben zeigt.

Das Verhalten und die Bedeutung der latent bleibenden und manifest werdenden Anlagen wird in vorzüglicher Weise durch die Erscheinungen bei der digenen Fortpflanzung klar gelegt. Bei derselben sind es zwei elterliche Individuen, aus deren Zusammenwirken der einzellige Keim gebildet wird. Selten spielen die beiden Eltern bei diesem Process die gleiche Rolle (was bei der Conjugation niederer Algen und Pilze vorkommt); gewöhnlich ist ein Individuum das befruchtende, das andere das befruchtete, jenes bei der Keimbildung quantitativ schwach, dieses sehr stark betheiligt.

Wir haben hier zwei Fragen zu beantworten, die sich gegenseitig bedingen und auch vielfach verschlingen: Wie gross ist der Betrag an Anlagen, welche der Keim vom Vater und von der Mutter erbt? Wie verhalten sich die sichtbaren Merkmale des Kindes zu den ererbten Anlagen? Sehr häufig beurtheilt man das Maass der Erbschaft nach den sichtbaren Eigenschaften, und sagt, das Kind habe dies vom Vater, jenes von der Mutter, und überhaupt von dem einen oder anderen »Elter«[1]) mehr geerbt. Dies ist ja ganz richtig, wenn es sich nur um das Verständniss handelt, welches der alltägliche Verkehr verlangt. Aber es wäre ganz irrthümlich, wenn man damit eine wissenschaftliche Bedeutung verbinden und den väterlichen oder mütterlichen Einfluss bei der Zeugung ausdrücken wollte. Man würde dadurch zu falschen Schlüssen über die Vererbung und über das Verhältniss zwischen latenten und manifesten Eigenschaften gelangen.

Erfahrung und Theorie beweisen uns übereinstimmend, dass der Erbschaftsantheil nicht nach den sichtbaren Merkmalen bemessen werden darf. Was die Erfahrung betrifft, so mag nur an die zahlreichen bekannten Beispiele von Rückschlägen erinnert werden. Ich will, um die Art und Weise des Beweises darzuthun, einen die Vererbungsfrage in sehr wirksamer Weise erläuternden Fall anführen. Eine Angorakatze und ein gewöhnlicher Kater (erste Generation) erhielten in einem Wurf bloss gewöhnliche Katzen (zweite Generation); die alltägliche Anschauung würde in diesem Falle dem Vater ein

---

[1]) Sit venia verbo! Es mangelt der deutschen Sprache ein Wort, das synonym mit »erzeugendem oder elterlichem Individuum« und zugleich handlich für den Gebrauch ist. Bei der geschlechtslosen Fortpflanzung bezeichnet man den Erzeuger als Mutterindividuum, Mutterpflanze, Mutterzelle u. s. w.; man gebraucht diese Ausdrücke aber auch für weibliche und für hermaphroditische Individuen und wird dadurch oft zweideutig, denn bei Arten mit geschlechtslosen und geschlechtlichen Generationen bedeutet Mutterpflanze sowohl die mütterliche weibliche als die erzeugende geschlechtslose Pflanze und bei Arten, die eingeschlechtig und zweigeschlechtig vorkommen, bedeutet Mutterpflanze sowohl die mütterliche weibliche als die elterliche hermaphroditische Pflanze. Ueberdem klingen einige Zusammensetzungen wie Grossmutterzelle, Urgrossmutterpflanze sonderbar. Diese Unzukömmlichkeiten vermeidet man, wenn das Wort »der Elter« in die Sprache aufgenommen wird. Man hat dann Elterpflanze, Elterthier, Elterzelle, Grosselterzelle u. s. w. — Es versteht sich, dass dem entsprechend das Erzeugte, wenn es geschlechtslos ist, nicht als »Tochter«, sondern als »Kind« zu bezeichnen ist.

starkes Uebergewicht zuerkennen. Die jungen Katzen enthielten aber trotz ihres gewöhnlichen Aussehens viel Angorablut; denn aus der Begattung zweier derselben entsprang in der dritten Generation neben gewöhnlichen eine unveränderte weibliche Angorakatze. Vielleicht wäre in der vierten Generation das Verhältniss für das Angorablut noch günstiger geworden. Halten wir uns aber bloss an die berichtete Thatsache, so beweist sie uns, dass auf die äusseren Merkmale gar kein Verlass ist; denn wie sollten zwei gewöhnliche Katzen dazu kommen, eine Angorakatze zu erzeugen?

Was die Theorie betrifft, so sagt uns dieselbe, dass bei der geschlechtlichen Befruchtung das Idioplasma zweier Individuen sich vereinigt, um einen Keim zu bilden, und dass die Menge der idioplastischen Eigenschaften, die von dem Vater und der Mutter zum Keim abgegeben werden, den genauen Betrag der beiderseitigen Erbschaft darstellen. Es können daher dem Kinde keine Anlagen gänzlich mangeln, welche die Eltern besitzen, und es selber kann keine Anlagen besitzen, die den Eltern fehlen. Es ist nur ein scheinbarer Widerspruch gegen diese Forderungen der Mechanik, wenn das Kind sichtbare Merkmale zeigt, welche weder Vater noch Mutter haben, oder solche, die nur dem einen Elter zukommen, und wenn es Merkmale entbehrt, welche beiden Eltern gemeinsam sind. Zur richtigen Beurtheilung des väterlichen und mütterlichen Erbschaftsantheils kommt es bloss auf die Anlagen an. Für dieselbe ist es ganz gleichgültig, welche von diesen Anlagen zur Entfaltung gelangen; dieser Punkt betrifft eine andere, nachher zu besprechende Frage.

Da wir kein Mittel besitzen, um die Menge und die Stärke der Anlagen in einem Keim oder in dem daraus sich entwickelnden Individuum direct zu bestimmen, so sind wir bezüglich der Schätzung der vom Vater und der Mutter überkommenen Erbschaft auf die Wahrscheinlichkeitsrechnung angewiesen. Wenn auch im einzelnen Fall die sichtbaren Merkmale und die Anlagen keine Uebereinstimmung zeigen, so ist doch anzunehmen, dass die Uebereinstimmung um so mehr erreicht werde, je grösser die Zahl der beobachteten Fälle ist. Diese Vielzahl ist auf doppelte Art erhältlich.

Ich will an das vorhin angeführte Beispiel von gewöhnlicher und Angorakatze anknüpfen und die Annahme machen, dass wie in den ersten Generationen so auch in den folgenden eine Zwischenbildung in den äusseren Merkmalen nicht eintrete, sondern nur die reinen Rassenmerkmale sichtbar werden. Vermehrt sich die Nachkommenschaft bei strenger Inzucht, so muss das den Anlagen entsprechende Verhältniss sich um so sicherer einstellen, je grösser die Zahl und je später die Generation. Wäre unter den 1000 Individuen der 10. Generation die Hälfte Angorakatzen, so dürfte man mit ziemlicher Sicherheit annehmen, dass Männchen und Weibchen des ursprünglichen Paares gleich viel vererbt haben, obgleich die zweite Generation bloss aus gewöhnlichen Katzen bestand. Würde aber unter jenen 1000 Individuen die eine oder andere Rasse ein numerisches Uebergewicht zeigen, so wäre mit einiger Wahrscheinlichkeit auf ungleiche Erbschaftsantheile für die bestimmte Paarung des betreffenden Stammpaares zu schliessen. Es ist mir nicht bekannt, dass eine in dieser Weise durchgeführte Züchtung sicheren Aufschluss gäbe.

Eine andere Grundlage für die Wahrscheinlichkeitsrechnung geben uns zahlreiche Zeugungsfälle, wo die Kinder mit den Eltern verglichen werden ohne Rücksichtnahme auf die Herkunft der letzteren. Dies ist selbstverständlich nur beim Menschen, aber hier in ausgiebigster Weise möglich. Wenn man hier die Fälle, in denen die Kinder mehr sichtbare Eigenschaften vom Vater, und diejenigen, wo sie mehr von der Mutter besitzen, zählt, so nähern sich die beiden Summen sicher einander um so mehr, je grösser sie sind. Daraus dürfen wir wohl mit ziemlicher Gewissheit schliessen, dass die Kinder auch an Anlagen im Durchschnitt gleich viel von jedem der beiden Eltern erben, wobei es jedoch zweifelhaft bleibt, ob dies auch für jeden einzelnen Fall gelte.

Man sollte denken, dass das väterliche und mütterliche Erbtheil sich deutlich bei der Bastardzeugung erkennen lasse, wenn man die beiden elterlichen Sippen bei der Befruchtung vertauscht, wenn nämlich von den beiden Sippen *A* und *B*, das eine Mal *A* das andere Mal *B* die männliche Rolle übernimmt, so dass man die beiden Bastarde *AB* und *BA* erhält. Einen solchen Fall haben wir beim Maulthier und Maulesel; ersteres ist, wenn man den Bastard nach den Eltern benennt und den Vater voranstellt, ein Eselpferd, letzterer ein Pferdeesel. Gerade dieses Beispiel zeigt deutlich, dass die Bastarde *AB* und *BA* in den sichtbaren Merkmalen verschieden sein können. Aber über die vorliegende Frage der Anlagenvererbung gibt es keinen Aufschluss. Der Umstand, dass Maulthier und Maulesel in gleichem Grade unfruchtbar zu sein scheinen, macht es nicht unwahrscheinlich, dass beide den Anlagen nach mittlere Bildungen sind. Von Bastarden zwischen Pflanzenarten gibt Gärtner an, dass die Combinationen *AB* und *BA* einander so ähnlich sehen, wie ein Ei dem anderen.

Es gibt eine andere Betrachtung, die mir noch von grösserer Bedeutung zu sein scheint. Wenn wir die Vererbung der sichtbaren Merkmale bei den verschiedenen Pflanzenbastarden verfolgen, so zeigt dieselbe mit der abnehmenden Verwandtschaft der Eltern eine bemerkenswerthe Reihenfolge. Bei der grössten Verwandtschaft (wenn bloss ein Rassenunterschied zwischen den Eltern besteht) ist die Vererbung am unregelmässigsten, indem der Bastard bald dem Vater, bald der Mutter sehr ähnlich, selbst scheinbar gleich ist oder auch über beide Elterrassen hinausgeht. Bei der Kreuzung von natürlichen Varietäten ist die Unregelmässigkeit geringer und bei derjenigen von Species, namentlich von verwandtschaftlich entfernter stehenden Species, wird die Vererbung der sichtbaren Eigenschaften ganz regelmässig, indem alle Bastardindividuen *AB* unter einander gleich sind, ebenso alle Bastarde *BA*, und gleichfalls wird, wie schon bemerkt, der Unterschied von *AB* und *BA* sehr klein oder verschwindet ganz. Diese Thatsache, die übrigens nur für die Merkmale der zweiten Generation (d. h. der ersten Generation der hybriden Nachkommenschaft) gilt, spricht entschieden dafür, dass die väterlichen und mütterlichen Erbtheile an Anlagen einander gleich sind.

Aus den vorstehenden Betrachtungen ergibt sich, wie ich glaube, übereinstimmend die sehr grosse Wahrscheinlichkeit, dass Vater und Mutter in allen Fällen gleichviel oder nahezu gleichviel an Anlagen oder idioplastischen Eigenschaften auf das Kind übertragen. Dieses Ergebniss ist für die Lehre von der Vererbung und weiterhin auch für die Abstammungslehre von grosser Wichtigkeit. Die sichtbaren Merkmale des Kindes geben also im einzelnen Falle kein Zeugniss dafür, wie viel und welche Anlagen von einem Elter geerbt wurden; denn die von jenen sichtbaren Merkmale abweichenden Merkmale des andern Elters wurden gleichfalls vererbt, sind aber latent geblieben. Wenn beispielsweise das Kind eines Vaters mit rothen und einer Mutter mit schwarzen Haaren rothhaarig wird, so sagt man mit Unrecht, die Haare seien vom Vater allein vererbt worden. Auch die schwarzen Haare der Mutter wurden vererbt; sie befinden sich als Anlage in dem Kinde und kommen oft in den Enkeln wieder zum Vorschein.

Wenn daher Darwin neben dem gewöhnlich bestehenden Gleichgewicht auch ein »Gesetz des Uebergewichts« annimmt, welches darin besteht, dass gewisse Individuen, Rassen oder Species beiderlei Geschlechts oder auch nur diejenigen des einen Geschlechts bei der Kreuzung mehr als die Hälfte vererben, so gilt dies nicht für die Totalität der Eigenschaften, sondern nur für die sichtbaren Merkmale und für die erste Generation der Nachkommenschaft. Und wenn Häckel eine Mehrzahl von Vererbungsgesetzen unterscheidet, zunächst Gesetze der erhaltenden (conservativen) und fortschreitenden (progressiven) Vererbung, und innerhalb der conservativen Vererbung eine continuirliche, eine unterbrochene, eine geschlechtliche, eine gemischte (oder amphigone) und eine abgekürzte, ferner innerhalb der progressiven Vererbung eine angepasste, eine befestigte, eine gleichzeitliche und eine gleichörtliche, so sind diese Kategorien durch verschiedene Nebenumstände bedingt und dürfen logischerweise nicht als ungleiche Vererbungen in Anspruch genommen werden.

Was wir gewöhnlich bei Vergleichung der Kinder mit ihren Eltern als Vererbung und Nichtvererbung bezeichnen, verdient eigentlich diesen Namen gar nicht. Es ist ein unrichtiger Ausdruck für die Entfaltung und Nichtentfaltung der vererbten Anlagen. Merkwürdigerweise wird aber gerade diejenige Eigenthümlichkeit, worin die Kinder ganz vorzugsweise dem Vater oder der Mutter gleichen, nämlich das Geschlecht, nie als Vererbung bezeichnet. Man sagt wohl von zwei Geschwistern, der Knabe habe die braunen Augen und die krausen Haare von der Mutter, das Mädchen die blauen Augen und die schlichten Haare vom Vater geerbt, nicht aber, jener habe die männlichen Geschlechtsorgane vom Vater, dieses die weiblichen Organe von der Mutter erhalten. Schätzt man die Erbschaft nach den entfalteten Merkmalen ab, so sollte man eigentlich immer den Söhnen eine überwiegende väterliche Erbschaft, den Töchtern eine überwiegende mütterliche Erbschaft zuschreiben. Das Geschlecht bleibt aus Inconsequenz unberücksichtigt; und doch verhält es sich mit demselben genau wie mit allen übrigen Eigenschaften. Sowohl in dem Knaben als in dem Mädchen sind die Anlagen für braune und blonde Augen, für krause und schlichte Haare, für männliche und weibliche Geschlechtsorgane enthalten; von jedem Anlagenpaar entfaltet sich aber nur das eine Glied, indem das andere latent bleibt.

Der Zusammenhalt der Nachkommenschaft mit den Stammeltern zeigt uns, welche Eigenschaften unter bestimmten Umständen im latenten Zustande verbleiben und welche sich entwickeln, welche sichtbaren Merkmale mit einander verträglich sind und welche sich ausschliessen. Von diesem Gesichtspunkte aus verdiente die sogenannte Vererbungslehre aufgenommen und neu bearbeitet zu werden; sie würde bei kritischer Sichtung der in grosser Fülle bekannten Thatsachen und mit Hülfe neuer, mit richtiger Fragestellung angeordneter Versuche schöne und fruchtbringende Resultate versprechen. Ich will das allgemeine Problem bei Seite lassend, nur einige Punkte, die auf das Verhalten des Idioplasmas bei der Vererbung und Entfaltung der Anlagen bei der digenen Fortpflanzung Bezug haben, erörtern.

Zunächst möge im Vorbeigehen die nach dem Gesagten eigentlich überflüssige Bemerkung eine Stelle finden, dass die nicht wenig zahlreichen Fälle, wo das Kind in seinen sichtbaren erblichen Eigenschaften qualitativ und quantitativ über die beiden Eltern hinausgeht, nichts beweist gegen den in aller Strenge gültigen Satz, das Kind sei nichts Anderes als die Resultirende aus Stoff und Kraft der beiden Eltern. Denn es können sich in ihm Anlagen entwickeln, die bei diesen latent waren. Solche Anlagen sind sehr häufig in früheren Generationen entfaltet gewesen und nachher latent geworden, so dass also bei der abermaligen Entfaltung ein Rückschlag eintritt. In andern Fällen sind es Anlagen, die noch im Wachsthum begriffen waren und nun bei dem Anlass einer ihre Entfaltung begünstigenden Befruchtung zu sichtbaren Merkmalen werden.

Als Grundlage aller Betrachtungen über die Vererbung bei der geschlechtlichen Fortpflanzung muss ganz ausnahmslos der Satz festgehalten werden, dass das Wesen des Kindes das vereinigte Wesen der beiden Eltern ist, dass in ihm nichts enthalten sein kann, was den Eltern mangelt, und nichts verloren gegangen, was den Eltern zukommt.

Bei der digenen Fortpflanzung treten die Idioplasmen der beiden Eltern zusammen; es findet also Vereinigung von zwei Systemen geordneter Micelle statt. Die Erfahrung zeigt, dass eine entwicklungsfähige Vereinigung nur möglich ist, wenn die Eltern ziemlich nahe verwandt sind. Die Ursache mag eine doppelte sein. Es erscheint einmal sehr plausibel, dass idioplasmatische Systeme bloss wenn sie in allen Hauptzügen identisch sind und nur in ganz untergeordneten Gruppen von einander abweichen, sich mischen und durchdringen können. Ferner kommt noch folgendes in Betracht: von den beiden Eltern liefert der Vater bei dem Befruchtungsact bloss Idioplasma, die Mutter dagegen Idioplasma sammt den Nährsubstanzen, welche dem sich entwickelnden Keim eine Zeit lang Kraft und Stoff liefern. Es ist nun begreiflich, dass das vereinigte Idioplasma eine Nahrung verlangt, welche nur wenig von derjenigen abweicht, die genau den Bedürfnissen des väterlichen Idioplasmas entspricht.

Aus den beiden eben angeführten Gründen folgt, dass die geschlechtliche Befruchtung um so mehr Aussicht auf Gelingen und auf das Zustandekommen eines entwicklungsfähigen Keimes hat, je näher Männchen und Weibchen einander verwandt sind, — und dies mag für die ersten Zustände der Keimentwicklung auch ohne Ausnahme gültig sein. Dass bei allernächster Verwandtschaft die Nachkommenschaft weniger lebensfähig ist, dafür scheint mir der Grund, den ich schon vor langer Zeit angeführt habe[1]), ausreichend, und ich wüsste mir überhaupt keinen anderen zu denken. Unter allen äusseren Einflüssen, welche das Idioplasma verändern, befinden sich auch solche, welche eine krankhafte und die normalen Vorgänge störende Beschaffenheit bedingen. Ferner mag durch die in früheren Generationen erfolgte Kreuzung ungleich constituirter Individuen oft eine solche abnormale Beschaffenheit des Idioplasmas veranlasst worden sein. Aber auch bei ungestörter Umbildung im Idioplasma, die lediglich eine Folge der einmal bestehenden micellaren Anordnung ist, können partielle Anfänge einer Configuration entstehen, die sich für das Leben als nicht befähigt erweisen. In ganz nahe verwandten Individuen nun werden diese durch äussere und innere Ursachen bewirkten Störungen am ehesten gleichsinnig

[1]) Die Theorie der Bastardbildung. Sitzungsber. d. math.-phys. Classe d. k. b. Akad. d. W. 13. Januar 1866.

sein und daher in deren Nachkommenschaft leicht eine Steigerung erfahren, während in den Individuen mit geringerer Verwandtschaft die Störungen in ungleichem Sinne begonnen haben und somit bei der Vereinigung ihrer Idioplasmen sich mehr oder weniger aufheben.

Es ist theoretisch begreiflich, dass solche Störungen um so eher eintreten, je mehr das Idioplasma zusammengesetzt und von je zahlreicheren Momenten sein Gleichgewicht bedingt ist. Die Erfahrung bestätigt dies, indem die niedersten Pflanzen (Schizophyten) und ohne Zweifel das ganze Reich der ihnen vorausgehenden Probien der Conjugation und der geschlechtlichen Befruchtung ermangeln. Es hat also auf den untersten Stufen der Organisation die phylogenetische Entwicklungsgeschichte bei monogener Fortpflanzung zahllose Generationen ohne Nachtheil durchlaufen, und wir können daraus schliessen, dass für einfache Organismen die zeitweilige Vermischung durch Kreuzung überflüssig ist. Erst bei den höheren Pflanzen und Thieren bringt eine hin und wieder eintretende Kreuzung Nutzen. Doch dürften die schädlichen Folgen der Selbstbefruchtung und einer sehr engen Inzucht im allgemeinen allzuhoch angeschlagen worden sein, indem bei den wenigen thatsächlichen Erfahrungen auch noch andere nachtheilige Ursachen wirksam gewesen sein mögen.

Da bei der digenen Fortpflanzung alle Anlagen der Eltern auf das Kind übergehen, so müssen in diesem immer einige Anlagen latent bleiben, wenn die Eltern verschiedenartig sind, und die ungleichen Merkmale sich nicht zu Mittelbildungen zu verschmelzen vermögen. Wiederholte Kreuzung kann daher die Ansammlung einer grösseren Anzahl verborgen bleibender Eigenschaften verursachen, und sie ist auch der Grund, warum im Menschen, in den Hausthieren und Kulturpflanzen so viele latente Anlagen angehäuft sind. Man könnte zwar den logisch unanfechtbaren Satz aufstellen, dass in einem Organismus alle Eigenschaften seiner ganzen Ahnenreihe latent sein müssen. Allein es wäre dies eine rein ideale und unfruchtbare Theorie; denn es kann uns nicht interessiren, was der Idee nach, sondern nur was real vorhanden ist und was somit auch in der Nachkommenschaft irgendwie wirksam zu werden vermag. Je älter nun die latenten Anlagen werden, um so mehr werden sie geschwächt und ausgelöscht. Wenn auch das Pferd, vorzüglich in seiner Jugend, als seltene Ausnahme noch zebraartige Streifen zeigt, so stammen dieselben doch nur von seinen nächsten phylogenetischen Vorfahren her. Die ganze Reihe der noch früheren Ahnen hat im Idioplasma des Pferdes wohl keine wirklichen Zeugen, die gelegentlich als Rückschläge hervorbrechen könnten, hinterlassen, insofern nämlich die der Geburt vorausgehenden Entwicklungsstadien ausgeschlossen und nur die Merkmale des entwickelten Zustandes berücksichtigt werden.

Der Rückschlag oder die Entfaltung der durch Kreuzung oder wiederholte ungleiche Anpassung der Vorfahren angehäuften Anlagen tritt am leichtesten in Folge von neuer Kreuzung ein, sei es in den Kindern selbst, die von ungleichen Eltern erzeugt werden, sei es erst in deren Nachkommen, während sie in den Individuen, die auf geschlechtslosem Wege entstehen oder von gleichartigen Eltern abstammen, ausbleibt. Der ungleiche Einfluss der verschiedenen Fortpflanzungsarten auf die Entfaltung der latenten Anlagen ist besonders auffallend bei den phanerogamischen Gewächsen, wo sehr variable Rassen (Sorten von Culturpflanzen) bei geschlechtsloser Vermehrung fast unbegrenzt erhalten bleiben, während sie, aus Samen erzogen, wobei eine Kreuzung mit andern Sorten unvermeidlich ist, durch Entfaltung anderer Merkmale sofort ausarten.

Dass die Kreuzung die Entwicklung von verborgenen Eigenschaften befördert, ist begreiflich. Bei der Vereinigung zweier Systeme von verschiedener idioplasmatischer Anordnung müssen nothwendig Verschiebungen zwischen den Micellgruppen vorkommen, wodurch die Erregungsfähigkeit und in Folge davon die Entfaltungsfähigkeit derselben bald vermehrt, bald vermindert wird, so dass einzelne entfaltungsstete oder entfaltungsholde Anlagen zu entfaltungsunfähigen und anderseits entfaltungsunfähige oder entfaltungsscheue zu entfaltungssteten werden. So kann, statt dass ein Merkmal des Vaters oder der Mutter sich entwickelt, das entsprechende eines Grosselters oder eines noch früheren Ahnen zum Vorschein kommen.

Die Mischung des väterlichen und mütterlichen Idioplasmas und die Fertigstellung des kindlichen Idioplasmas vollzieht sich schon unmittelbar nach der Befruchtung. Schon bei diesem Acte entscheidet es sich, welche Anlagen des Vaters, der Mutter oder früherer Vorfahren zur Entfaltung kommen und welche latent bleiben werden. Dies geht daraus hervor, dass die verschiedenen der nämlichen Ontogenie angehörenden Abkömmlinge des Keimes sich in ihren Merkmalen ganz gleich verhalten, — eine Thatsache, die sich natürlich nur an Organismen beobachten lässt, welche wie die meisten Pflanzen aus dem durch Befruchtung entstandenen Keimling eine Reihenfolge von individuellen Sprossen entwickeln. Dauert aber diese geschlechtslose Vermehrung der Sprosse längere Zeit fort, so können geringe Configurationsänderungen im Idioplasma bemerkbar werden, indem die väterlichen und mütterlichen Merkmale an der entfalteten Pflanze ein etwas anderes Verhältniss annehmen. Sind es auch nur untergeordnete Eigenschaften, welche in den spätern Sprossen dem Vater oder der Mutter ähnlicher werden, so beweisen sie doch unzweifelhaft, dass das Idioplasma während der ontogenetischen Entwicklung sich verändert.

Das Idioplasma der natürlichen Sippen ist ein materielles System mit sehr stabilem Gleichgewicht, wie sich aus der Unveränderlichkeit der entfalteten Organismen während vieler Jahrtausende (S. 104) ergibt. Dieses Gleichgewicht wird bei der Kreuzung verschiedener Sippen um so mehr gestört, je ungleicher dieselben sind. Es kann auch in der Regel nicht schon in der ersten Generation wieder hergestellt werden; sondern es finden in den folgenden Generationen verschiedene Configurationsänderungen statt, bis endlich ein Gleichgewicht von einiger Beständigkeit gefunden wird. Die Configurationsänderungen treten gewöhnlich beim Befruchtungsacte ein, wie dies aus folgender Erwägung leicht begreiflich ist.

Das Idioplasma verändert sich während der Ontogenie, wie vorhin gezeigt wurde, und diese Veränderung ist natürlich um so bedeutender, je mehr das Gleichgewicht zwischen den idioplasmatischen Anlagen gestört worden ist. Ausnahmsweise kann sie bei geschlechtsloser Vermehrung des Bastardes so gross werden, dass das neue Gleichgewicht sich plötzlich in einer Umwandlung der entfalteten Merkmale Luft macht und Sprosse mit anderen Eigenschaften hervorbringt. Viel leichter geschieht aber die Umstimmung des Idioplasmas und die Herstellung eines neuen Gleichgewichts bei geschlechtlicher Fortpflanzung, strenge Inzucht vorausgesetzt. Die Bastardgeschwister der ersten Generation waren schon in ihren Keimen nicht ganz gleich; ihr Idioplasma ist dann durch Veränderung während der Ontogenie noch ungleicher geworden. Bei der Befruchtung findet nun eine Vermischung von zwei etwas ungleich constituirten Idioplasmen mit theilweise labilem Gleichgewichte statt, und bei der Reconstruirung des Systems tritt ein neues, vielleicht wieder bloss labiles Gleichgewicht ein, wobei bisher entfaltungsunfähige Anlagen entfaltungsfähig werden und umgekehrt.

Demgemäss bringen Bastarde von Pflanzenarten, die in ihrer ersten Generation eine mittlere Bildung zwischen Vater und Mutter zeigen, nach dem Zeugniss von Gärtner, wenn sie sich selbst zu befruchten vermögen, nicht selten in einer folgenden Generation andere und später wieder andere Merkmale zum Vorschein. Diese Merkmale sind selbstverständlich solche, die von den Stammeltern der hybriden Reihe herkommen, weshalb die Bastarde im Laufe der Zeiten bald dem einen, bald dem andern Stammelter ähnlich sehen. Der aus der Kreuzung von A und B entsprungene Bastard, der die sichtbaren Merkmale a und b besitzt, kann also in seinen Nachkommen den Sprung von $a + b$ zu $2a + b$ und in noch spätern Nachkommen den Sprung von $2a + b$ zu $a + 2b$ machen.

Was die umfangreiche und verwickelte Frage betrifft, welche Anlagen und in welcher Weise dieselben bei der Kreuzung zur Entfaltung gelangen, so will ich zuerst an einem schematischen Beispiel zeigen, wie das Idioplasma dabei betheiligt sein muss. Die zwei sich kreuzenden Individuen seien in dem Merkmal, um das es sich handelt (Behaarung, Gestalt, Farbe etc.), verschieden; und die betreffenden Anlagen seien durch M und m bezeichnet; andere Modificationen des nämlichen Merkmals seien als latente Anlagen ($\mathfrak{M}$, $\mathfrak{m}$, μ) von früheren Generationen her in jenen beiden Individuen vorhanden. So sind in dem Idioplasma der aus der Kreuzung entstandenen Keimzelle 5 verschiedene Anlagen von Abänderungen des einen Merkmals enthalten (M, m, $\mathfrak{M}$, $\mathfrak{m}$, μ), von denen, da sie im entwickelten Zustande sich gegenseitig ausschliessen, nur die eine oder andere sich entfalten kann.

Im allgemeinen haben M und m die grösste Neigung zur Entfaltung; die Micellanordnungen sammt dem chemischen Charakter im Idioplasma der Eltern sind ja so beschaffen, dass sie ihre Entwicklung begünstigen, indess die übrigen Anlagen unter dem Einfluss dieser Umstände latent geblieben sind. Im Kreuzungsproduct wird also am ehesten M oder m zum sichtbaren Merkmal. Indessen ist auch die Möglichkeit vorhanden, dass die beiden sich vereinigenden Idioplasmen eine derartige neue Zusammenordnung bedingen, dass mit derselben eine der von früher her latenten Anlagen (𝔐, 𝔪, μ) besser harmonirt und daher zur Entfaltung gebracht wird, während nun *M* und *m* als latent bleibende Gruppen im Idioplasma verharren.

Wenn aber die Abänderungen des Merkmals sich nicht gegenseitig ausschliessen, so können in dem Kreuzungsproduct zwei oder drei derselben neben einander auftreten. Es entfalten sich dann in der Regel *M* und *m*; seltener kommt neben *M* oder neben *m* oder auch neben beiden eine der älteren Anlagen (𝔐, 𝔪, μ) zur Entfaltung.

Das Manifestwerden und Latentbleiben der bei der Befruchtung zusammenkommenden Anlagen ist eine der merkwürdigsten Erscheinungen im Leben des Idioplasmas. Es kann bloss von zwei Ursachen abhängen: 1) von der Beschaffenheit der einzelnen Anlagen rücksichtlich ihrer Entfaltungsfähigkeit und 2) von dem Zusammenstimmen der einzelnen Anlagen mit der Beschaffenheit des ganzen bei der Befruchtung hergestellten Idioplasmas, besonders aber mit der Beschaffenheit desjenigen Theiles, dessen Entfaltung unmittelbar vorausgeht oder gleichzeitig stattfindet und zugleich auch örtlich nahe gerückt ist.

Was den ersten Punkt, die Beschaffenheit der einzelnen Anlagen selbst betrifft, so können dieselben einen verschiedenen Grad der Stärke besitzen, und wir können uns denselben, um eine concrete Vorstellung zu haben, von der Zahl der Micellreihen (der Micelle auf dem Querschnitt) abhängig denken. So wird eine Anlage, die unter übrigens gleichen Umständen aus 12 Micellreihen besteht, sich eher entfalten als eine solche aus 9 Reihen. Da nun jede Anlage während ihrer phylogenetischen Existenz von geringstem Anfange aus allmählich an Stärke zunimmt und dann wieder bis zu völligem Verschwinden allmählich abnimmt, so werden die väterlichen und die mütterlichen Anlagen für die ungleichen Modificationen des nämlichen Merkmals im allgemeinen eine verschiedene Stärke besitzen und daher auch im Kinde eine verschiedene Neigung sich zu entfalten äussern.

Bezüglich des zweiten Punktes oder des Zusammenstimmens der einzelnen Anlagen mit der Beschaffenheit des übrigen Idioplasmas mangelt uns eine bestimmte Vorstellung. Ohne Zweifel sind aber theils chemische, theils Configurationseigenschaften die

Ursache davon, dass die einen Anlagen leichter in den Erregungszustand versetzt und dadurch zur Entfaltung veranlasst werden als andere. Ich will dies den Grad der Stimmung nennen, indem ich mir vorstelle, dass, je besser die Substanz des ganzen Idioplasmas mit derjenigen einer einzelnen Anlage in der chemischen Zusammensetzung und in der Morphologie der Micelle übereinstimmt, um so eher die Entfaltungserregung auf diese Anlage übertragen werde.

Der Antheil, den im einzelnen Fall die Stärke der Anlage und ihre Stimmung an der Entfaltung haben, lässt sich fast niemals auseinander halten. Es gibt vielleicht nur einen einzigen Fall, wo der Einfluss der beiden Momente sicher ist, nämlich der Grenzfall, wo die beiden Anlagen, die sich um die Entfaltung streiten, gleiche Stärke und gleiche Stimmung besitzen. Dies gilt für das Geschlecht der getrennt geschlechtigen Organismen, wenn die männlichen und die weiblichen Geburten gleich zahlreich sind, wie dies beim Menschen der Fall ist. In diesem Falle kann es keinem Zweifel unterliegen, dass die Anlagen der männlichen und weiblichen Geschlechtsorgane in dem Idioplasma ihre volle Stärke besitzen und auch gleich gut zu der Gesammtstimmung passen. Wenn aber bei einer Art die männlichen oder die weiblichen Geburten der Zahl nach überwiegen würden, so müssten ihre Anlagen entweder stärker sein oder mit dem übrigen Idioplasma besser harmoniren.

Das Idioplasma des Keims und des aus ihm hervorgehenden männlichen oder weiblichen Individuums enthält die beiden Geschlechtsanlagen in unveränderter Stärke und Vollkommenheit, wenn auch die eine derselben sich in Ruhe befindet. Dies geht deutlich aus dem bekannten Umstande hervor, dass alle geschlechtlichen Eigenthümlichkeiten der Mutter ebensogut durch den Sohn als durch die Tochter, alle geschlechtlichen Eigenthümlichkeiten des Vaters ebensogut durch die Tochter als durch den Sohn auf die Enkel übergehen. Obgleich beide Sexualanlagen gleich stark sind und an und für sich gleich sehr mit dem Gesammtidioplasma stimmen, so geht doch diese Uebereinstimmung im Moment des Zusammenkommens bei der Zeugung für die eine derselben verloren. Diese wird gleichsam in den Hintergrund gedrängt, wo sie sich ausserhalb der Verkettung befindet, welche die Entfaltungsfolge der Anlagen bedingt.

Wenn also zwei Anlagen gleiche Stärke und gleiche Stimmung besitzen, sich aber nicht gleichzeitig und mit einander entfalten können, so hängt es lediglich vom Zufall ab, welche von ihnen, um mich eines Bildes aus der Elektricitätslehre zu bedienen, in die Leitung aufgenommen wird und welche ausserhalb derselben bleibt. Zufall aber nenne ich es, weil die entscheidenden individuellen Ursachen unbekannt sind und nur soviel ersichtlich ist, dass beim Menschen die Wahrscheinlichkeit für männliche oder weibliche Zeugung sich die Wage hält, gerade so wie beim Würfeln die Wahrscheinlichkeit für einen geraden oder ungeraden Wurf. — Können die beiden gleichstarken und gleichgestimmten Anlagen sich mit einander entfalten, so erzeugen sie ein Merkmal von genau mittlerer Beschaffenheit.

Haben aber die vom Vater und der Mutter geerbten Anlagen ungleiche Stärke bei gleicher Stimmung oder ungleiche Stimmung bei gleicher Stärke, so wird sich dieser Umstand bei der Entfaltung darin geltend machen, dass, wenn sich die Merkmale ausschliessen, das eine häufiger erscheint als das andere, und dass, wenn sie mit einander sich verwirklichen, eine Zwischenbildung entsteht, die dem einen Merkmal sich mehr nähert. Da sich Stärke und Stimmung der Anlagen nicht unterscheiden lassen und wir bloss das Ergebniss der beiden zusammenwirkenden Momente kennen, so lässt sich in jedem einzelnen Fall bloss sagen, ob das bei der Befruchtung zu Stande gekommene Idioplasma des Kindes eine grössere Vorliebe für die bestimmte Eigenschaft des Vaters oder der Mutter zeige.

Die merkwürdige Thatsache, dass von zwei (oder mehreren) zusammengehörenden Anlagen, welche verschiedenen Modificationen des nämlichen Merkmals entsprechen und durch geschlechtliche Befruchtung oder auf andere Weise im Idioplasma vereinigt sind, bald eine einzige bald alle zwei sich entfalten, muss schon in der Constitution des Idioplasmas liegen. Sie kann nur davon abhängen, ob eine allein oder beide in die Kette der Entfaltungsfolge eingeschaltet und demgemäss in den Zustand der Erregung, welcher die Entfaltung bedingt, versetzt werden. Dass nicht etwa die Verträglichkeit oder Unverträglichkeit der Merkmale im entfalteten Zustande daran schuld ist, ersehen wir deutlich aus denjenigen Beispielen, wo die verschiedenen Modificationen eines Merkmals bald in den Individuen vereinigt, bald auf verschiedene Individuen vertheilt auftreten. Ueberhaupt lässt sich die Unverträglichkeit zweier Merkmale kaum denken; denn selbst die Vereinigung der beiden Geschlechtsorgane wird in ausnahmsweisen Zwitterbildungen vollzogen und kann nur dadurch erklärt werden, dass die männliche und die weibliche Anlage sich gleichzeitig entfaltet haben.

Wenn von zwei Anlagen nur je die eine oder andere in einem Individuum zur Entfaltung gelangt, so müssen wir daraus schliessen, dass in dem Idioplasma eine irgendwie beschaffene Abneigung vor der gleichzeitigen Erregung derselben bestehe. Das Vorhandensein einer solchen Abneigung setzt eine vollständige Selbständigkeit und Trennung der Anlagen voraus. Erreicht die Abneigung nicht den erforderlichen Grad und gelangen demgemäss beide Anlagen miteinander in einem Individuum zur Entwicklung, so können je nach dem Grade der Zu- oder Abneigung ihre Merkmale auf verschiedene Weise vereinigt sein und somit ein verschiedenartiges Gesammtmerkmal darstellen. Die Verschiedenheiten bewegen sich in allen möglichen Abstufungen zwischen zwei extremen Fällen, von denen der eine die beiden Merkmale in unveränderter Beschaffenheit neben einander liegend, der andere sie vollständig zu einer mittleren Beschaffenheit durchdrungen zeigt. Man kann sich das Zustandekommen dieser verschiedenen Bildungen in einfachster Weise wohl so vorstellen, dass dieselben ein Bild der Anlagen selbst geben, dass entweder die ganzen Anlagen neben einander sich befinden, oder dass sie in grössere oder kleinere, selbst bis in die kleinsten Partien getrennt und durcheinander gemengt sind.

Um das Gesagte anschaulicher zu machen, will ich es an einem Beispiel erläutern und dazu wieder die Farbe wählen. Es giebt Pflanzen, deren Blüthen zwischen blau, roth, weiss und gelb abändern, und ich will annehmen, dass für diese Farben eben so viele verschiedene Anlagen im Idioplasma vorhanden seien. Obwohl diese Annahme ohne Zweifel nicht ganz den richtigen Ausdruck besitzt, mache ich sie dennoch, da es sich bloss um ein erläuterndes Beispiel handelt, und die Voraussetzung jedenfalls für verschiedene andere Merkmale gelten würde, die aber dem Verständniss schwerer zugänglich sind. Gewöhnlich ist eine der Blüthenfarben die dominirende und kommt, wenn jene einander ausschliessen, den meisten Individuen zu. So blüht das Leberblümchen (Anemone Hepatica) in der Regel blau, ausnahmsweise auch roth oder weiss. In den rothen und weissen ist sicher die blaue Anlage latent. Würden roth- und weissblühende gekreuzt, so hätten die Kinder rothe oder weisse oder hellrothe Blüthen; es kämen aber entweder schon in der ersten Bastardgeneration, oder bei strenger Inzucht gewiss in einer folgenden wieder blaublühende zum Vorschein, weil die Natur des Idioplasmas am meisten die Anlage dieser Farbe begünstigt. Die Kreuzung von blauen mit rothen oder mit weissen ergäbe aber eine ganz überwiegend blaublühende Nachkommenschaft. Dies gilt für den Fall, dass in einem Pflanzenindividuum nur eine einzige Farbenanlage sich entfaltet.

Können in der nämlichen Pflanze die Anlagen von zwei oder mehreren Blüthenfarben sich verwirklichen, so zeigen dieselben eine grössere oder geringere Verwandtschaft zu einander und treten einander mehr oder weniger nahe. Die Befruchtung einer roth- und einer gelbblühenden Pflanze kann bei ausgesprochener Abneigung der beiden Anlagen, welche dann ungetheilt oder in grösseren Partien neben einander liegen, Kinder erzeugen, welche zugleich rothe Blüthen und gelbe Blüthen tragen, oder Blüthen, an denen die einen Blumenblätter roth, die andern gelb, oder Blüthen, an denen die Blumenblätter zur Hälfte roth und zur Hälfte gelb sind (Cytisus Adami). Bei etwas geringerer gegenseitiger Abneigung der Anlagen liegen dieselben in grösseren oder kleineren Partien neben und durch einander. Die Kinder einer roth- und einer weissblühenden Pflanze haben dann bunt gestreifte oder gefleckte Blüthen, indem die rothen und weissen Stellen in verschiedener Gestalt mit einander wechseln. Bei grösster Verwandtschaft der Anlagen findet eine vollständige gegenseitige Durchdringung derselben statt, und die Blüthen haben eine hellrothe Farbe, weil jeder kleinste Theil Roth und Weiss gibt. Die Nebeneinanderlagerung von grösseren oder kleineren Partien der Merkmale, wie sie in den gestreiften und getupften Blumenblättern oder gar in den Blüthen, deren ganze Blumenblätter ungleich gefärbt sind, vorkommt, stellt eine eigenthümliche und ungewöhnliche Bildung dar, wie sie in den meisten Fällen bloss durch Kreuzung, nicht aber auf dem gemeinen phylogenetischen Wege entstehen kann.

Hat das Idioplasma eine grössere Vorliebe für die eine Farbenanlage, so nimmt, wenn die Farben getrennt sind, die eine derselben einen grösseren Flächenraum ein; die Blüthen sind beispielsweise weiss mit schmäleren rothen Streifen oder mit kleineren rothen Tupfen. Wenn aber die Farben sich durchdringen, so nähert sich die Mischfarbe mehr demjenigen Ton, welcher der begünstigten Anlage entspricht.

Wenn sich die von Eltern mit verschiedener Blüthenfarbe erzeugten Bastarde durch Inzucht fortpflanzen, so kann die Gunst des Idioplasmas für die Entfaltung der einen und anderen Farbe in dem Laufe der Generationen die nämliche bleiben oder sich verändern. Im letzteren Falle drängt die eine Farbe die andere mehr oder weniger zurück, sei es dass sie einen grösseren Flächenraum in Anspruch nimmt als früher, sei es dass sie einen grösseren Antheil an der Mischfarbe erlangt. Sind die Blumenblätter gescheckt und bleibt die Entfaltungsfähigkeit der beiden Farbenanlagen, somit auch das Areal der beiden Farben unverändert, so behält zuweilen die Zeichnung der Blumenblätter mehr oder weniger genau ihren Charakter bei. Häufiger wohl nimmt dieselbe in den auf einander folgenden Generationen einen anderen Charakter an; die Vertheilung der Farben hat dann die Neigung, die Streifen und Flecken zahlreicher und feiner zu machen und sich somit der Durchdringung (einem homogen erscheinenden Mittelton) zu nähern. Der letztere Vorgang kann als die natürliche Folge der Vermischung zweier Idioplasmen bei der Fortpflanzung erscheinen, so dass gleichsam bei jeder folgenden Inzuchtbefruchtung eines Bastards mit weiss- und rothgefleckten Blüthen ein ähnlicher Process stattfindet, wie bei der ursprünglichen Kreuzung einer weissen und einer rothen Blüthe, wobei die Farbenanlagen getheilt und partienweise neben einander gelagert wurden.

Bei der digenen Fortpflanzung (durch Conjugation oder geschlechtliche Befruchtung) vereinigen sich die beiden elterlichen Idioplasmen, um das Idioplasma des Kindes zu bilden. Es ist noch die schwierige Frage zu erörtern, wie diese Vereinigung geschehen könne. Man möchte wohl geneigt sein, den Vorgang allgemein als eine gegenseitige Durchdringung zu bezeichnen. Aber damit wäre bloss das Resultat richtig angegeben; die Schwierigkeiten beginnen, wenn man sich eine Vorstellung bilden will, wie das Resultat zu Stande komme. Wie ist eine gegenseitige Durchdringung möglich, da das Idioplasma ein complicirtes System mit festem Zusammenhang der Micelle sein muss?

Die Schwierigkeiten wären beseitigt, wenn die Meinung vieler Forscher, es könne die Befruchtung durch eindringende gelöste Stoffe erfolgen, gegründet wäre. Diese Meinung wurde nicht nur für die phanerogamischen Gewächse, sondern auch für einzelne Kryptogamen (so für Peronospora) wurde die ausdrückliche Behauptung ausgesprochen, dass der Befruchtungsstoff diosmotisch durch die Zellmembranen hindurchgehe, während bei der Mehrzahl der Kryptogamen sich bekanntlich das männliche Stereoplasma mit dem weiblichen vermischt.

Ich habe zwar bereits in einem früheren Abschnitt kurz bemerkt, dass die Befruchtung nur durch eine organisirte ungelöste Substanz erfolgen könne, will aber hier die Gründe für diese Behauptung noch ausführlicher darlegen wegen der entscheidenden Bedeutung, welche diese Frage in mehr als einer Beziehung hat. Denn so lange man die Befruchtung durch Diffusion annehmbar findet, kann man unmöglich einen richtigen Begriff von der Beschaffenheit der Anlagen, von der Vererbung und den damit verbundenen Vorgängen haben.

Um durch Membranen diosmiren zu können, muss eine Substanz vorher sich in die Moleküle auflösen. Da das Eiweiss molecular unlöslich ist, so zerfallen die Albuminate, die transportirt werden sollen, in Asparagin, vielleicht auch in Peptone. Ein solcher Transport ist für Ernährungszwecke sehr brauchbar, weil die gewanderten Stoffe am Ort ihrer Bestimmung sich wieder zu Eiweiss zusammensetzen. Aber für die Uebertragung von specifischen Eigenschaften ist er durchaus ungeeignet. Das Asparagin- oder Peptonmolekül, selbst das Eiweissmolekül des männlichen Befruchtungsstoffes hat nichts voraus vor jedem andern Asparagin-, Pepton- oder Eiweissmolekül, so wenig als das Thonmolekül von einer zerbrochenen griechischen Vase irgend etwas mehr wäre als das Thonmolekül von einem ganz gewöhnlichen Backstein.

Man könnte aber annehmen wollen, dass der männliche Stoff bloss in die Micelle zerfalle und ausnahmsweise in dieser Form bei der Befruchtung diosmire, da es sich neuerdings gezeigt hat, dass unter besonderen Umständen auch das Eiweiss als solches durch Membranen hindurchgeht (so bei der Gärung). Doch würde auch diese Annahme ihren Zweck nicht erfüllen. Die Micelle haben zwar das vor den Molekülen voraus, dass sie eine grosse Verschiedenheit in Grösse, Gestalt, Structur und chemischer Zusammensetzung gestatten, während die Moleküle der nämlichen Verbindung unter sich identisch sind. Würden aber die einzelnen Micelle des männlichen Zeugungsstoffes in die weibliche Zelle eintreten, so könnte nur eine geringe allgemeine Umstimmung in dem Inhalte derselben eintreten.

Damit wäre für die Zwecke der Befruchtung nichts erreicht; denn diese besteht ja darin, dass in dem weiblichen Idioplasma die einen Anlagen ungeändert bleiben, andere sich mehr oder weniger verändern und dass neben die vorhandenen weiblichen auch neue männliche Anlagen eingeordnet werden. Das einzelne Albuminatmicell, wenn es auch durch die ungleiche Zusammensetzung verschiedene Eigenschaften annehmen kann, vermag doch ebensowenig als das einzelne Molekül der Träger von besondern Anlagen zu sein. Das vermag bloss eine eigenthümliche Zusammenordnung oder Gruppe von solchen Micellen. Nur diese kann durch Einlagerung neuer Micelle, die unter dem Einfluss ihrer Molecularkräfte vor sich geht, in beliebigem Maasse sich vermehren und dabei ihre Eigenthümlichkeit bewahren oder in selbständiger Weise umbilden. Nur eigenthümliche Gruppen von Micellen können sich als Anlagen bewähren und die plastischen Bildungen hervorbringen, in welche sich die Anlagen entfalten.

Diese theoretische Betrachtung wird in ausreichendem Maasse durch die Erfahrung bestätigt, welche uns zeigt, dass die Diosmose von Albuminaten bloss als Ernährung wirkt und nicht den geringsten Einfluss auf die erblichen Anlagen hat. Ich verweise auf die frühere hierauf bezügliche Erörterung (S. 109—111). — Die »Befruchtung durch Diffusion« beweist, wie wenig in diesen Gebieten der Physiologie noch die Meinungen geklärt sind.

Zum Ueberfluss gibt es noch eine Erwägung ganz anderer Natur, welche zu dem gleichen Ergebniss führt, die phylogenetische. Die geschlechtliche Befruchtung ist aus der Conjugation hervorgegangen. Auf den untersten Stufen des Pflanzenreiches sind es zwei gleiche sich conjugirende Zellen, deren ganzer Inhalt sich zur Bildung einer Spore vereinigt. Auf den nächstfolgenden Stufen wird die eine dieser beiden Zellen grösser und zur Eizelle, die andere wird kleiner und zum Spermatozoid, das sich bei der Befruchtung mit dem Inhalt der Eizelle vereinigt. Das letztere aber kann nicht mehr als alles Ernährungsplasma verlieren, so dass es fast bloss aus Idioplasma besteht; ein weiterer Uebergang vom Spermatozoid zum gelösten Befruchtungsstoff ist eine physiologische und somit auch eine phylogenetische Unmöglichkeit.

Man wird mir vielleicht entgegenhalten, dass in einzelnen Fällen der Uebergang des Befruchtungsstoffes auf dem Wege der Diosmose als Erfahrung zu betrachten sei, indem man in den Membranen nicht die kleinsten Oeffnungen zu entdecken vermöge. Damit wären wir denn auf dem Gebiete der »negativen Beweise« angelangt, mittels deren die neueren Forschungen der Morphologen im Widerspruche mit der klaren Forderung einer logischen und exacten Methode so manche unhaltbare Meinung in die Wissenschaft einführen wollen. Der negative Beweis kann nichts Positives darthun; er sagt uns weiter nichts, als dass auf diesem Wege der Forschung die Grenze des Könnens erreicht sei. Für den vorliegenden Fall bleiben immer noch verschiedene Möglichkeiten offen, entweder dass der Beobachter den rechten Moment versäumt hat, oder dass das Oeffnen der Membran und das Uebertreten der festen Substanz in einer noch nicht erkannten Weise erfolgt, oder dass die Oeffnungen in der Membran zu klein sind, um direct gesehen zu werden u. s. w.

Wir sind also zu der Annahme genöthigt, dass bei der geschlechtlichen Befruchtung in jedem Falle das männliche Idioplasma in die weibliche Zelle eindringe, und wir können die Schwierigkeiten der Frage, wie sich zwei idioplasmatische Systeme von ziemlich fester Consistenz in ein einziges vereinigen, nicht umgehen. Denn die allfällige Vermuthung, dass im Inneren der weiblichen Zelle das männliche Idioplasma sich auflöse und in das weibliche hineindiffundire, wäre nicht besser als die bereits widerlegte Vermuthung, dass die Diffusion von Zelle zu Zelle geschehen könne.

Auch dürfen wir nicht etwa auf die abenteuerliche Idee verfallen, dass die beiden Systeme in die einzelnen Micelle zerfallen, welche nach gegenseitiger Vermengung sich wieder zu einem gemeinsamen System zusammenfügen. Die Zahl der Micelle der beiden Idioplasmen kann hundert Millionen weit übersteigen. Aber wenn es auch viel weniger wären, so mangeln doch die organisirenden Kräfte, die sie in der richtigen Weise vereinigen würden, — und wir dürfen den Organismen nicht ansinnen, dass sie sich auf ein solches Zusammensetzspiel einlassen. Es sind zwar, wenn nach der früher entwickelten Hypothese das idioplasmatische System strangförmig ist und die Configuration des Querschnittes seine eigenthümliche Begabung ausmacht, möglicher Weise nicht zwei Micelle des Querschnittes einander ganz gleich und mit den nämlichen Kräften ausgestattet. Diese Ungleichheit der genau zusammenpassenden Micelle erlaubt den Systemen eine grosse Festigkeit und zugleich eine grosse Mannigfaltigkeit zu erlangen. Aber die specifische Micellanordnung wurde durch phylogenetisches Wachsthum gewonnen und könnte nach einer Auflösung in die einzelnen Bausteine schon wegen der geringen Verschiedenheit ihrer Molecularkräfte nicht wieder hergestellt werden. Damit aus zwei verschiedenen idioplasmatischen Systemen sich ein solches von mittlerer Beschaffenheit bilde, muss wenigstens das eine seine Configuration ziemlich intact bewahren, um als Norm für die eintretenden Veränderungen zu dienen.

Wiewohl wir noch weit davon entfernt sind, uns eine befriedigende Vorstellung über die bei der Befruchtung stattfindenden molecularen Processe zu bilden, so lassen sich doch die Möglichkeiten, welche dafür in beschränkter Zahl vorliegen, erwägen. Dies erscheint um so eher thunlich, als die Vermischung von erblichen Eigenschaften bei der Keimbildung mit einem verwandten Vorgang in der individuellen Entwicklungsgeschichte, nämlich mit der Mittheilung von erblichen Veränderungen, die in den einen Theilen des Organismus erfolgen, an die anderen Theile desselben (S. 54 bis 60) verglichen werden kann, und die Vorstellungen über die beiden Erscheinungen einander zu ergänzen und zu berichtigen im Stande sind.

Beide Vorgänge müssen entweder auf materiellem oder auf dynamischem Wege geschehen; entweder findet eine Vermischung des Stoffes oder nur eine gegenseitige Einwirkung der Kräfte statt. Was den materiellen Weg betrifft, so habe ich bei Anlass der Mittheilung von erblichen Abänderungen innerhalb desselben Individuums bloss den Transport durch den Organismus berücksichtigt und die Mischung des verschiedenartigen Idioplasmas dort nicht besprochen, sondern auf den analogen Vorgang bei der Befruchtung verwiesen, weil hier die Umstände und Bedingungen viel klarer vorliegen. Ich will nun auf den Vorgang, wie man sich die materielle Vermischung vorstellen kann, etwas weitläufiger eintreten, da der allgemeinen Meinung dieser Weg der Befruchtung wohl näher liegt.

Wenn das männliche und das weibliche idioplasmatische System sich materiell mit einander vermischen, so muss eine Wanderung ihrer Micelle und eine gegenseitige Durchdringung ihrer Substanz stattfinden. Fragen wir zunächst nach den Kräften, die eine solche Bewegung der Idioplasmen gegen einander bewirken könnten, so ist uns aus Erfahrung nur eine Kraft bekannt, welche beim Befruchtungsact sich offenbart. Zwischen den sich conjugirenden Zellen, ebenso zwischen den männlichen und weiblichen Zellen, besteht eine materielle Anziehung (nicht etwa Anziehung im figürlichen Sinne einer biologischen Schwärmerei). Dieselbe äussert sich in der Orientirung und Ortsveränderung der räumlich getrennten beweglichen Elemente, bei der Conjugation auch in einem dadurch veranlassten Zellwachsthum. Die sich conjugirenden Zellen wachsen gegen einander und nach stattgefundener Vereinigung der Zellhöhlungen fliesst der Inhalt der beiden Zellen zusammen und vermischt sich zu einer Masse. Bei der eigentlichen geschlechtlichen Befruchtung richtet sich das Spermatozoid so, dass sein vorderes Ende nach der Eizelle gekehrt ist; es bewegt sich in dieser Richtung vorwärts, legt sich an das vordere etwas vorspringende hellere Ende der Eizelle (»Keimfleck«) an und dringt in dasselbe ein.

Diese geschlechtliche Anziehung lässt sich auf mikroskopische Entfernungen nachweisen, wobei zu berücksichtigen ist, dass auch die anziehenden Massen von mikroskopischer Kleinheit sind. Bei einigen niedern Algen (z. B. einzelnen Arten von Oedogonium) finden die in sehr geringer Zahl gebildeten selbstbeweglichen schwärmzellenartigen Spermatozoide sicher ihren Weg zu der kleinen Oeffnung des Oogoniums, obgleich unter Berücksichtigung der Entfernung und des Umstandes, dass sie im Wasser nach allen Richtungen hin fortschwimmen können, die Wahrscheinlichkeit, am Ziele anzulangen, sich für sie nicht auf $^1/_{100}$ berechnet. Wenn also nicht eine bestimmte Anziehung mitwirken würde, so könnte unter 100 Fällen kaum ein Mal Befruchtung eintreten, während sie im allgemeinen nie ausbleibt. — Auch von den unbeweglichen Spermatozoiden der Florideen, von denen man annimmt, dass sie durch die Bewegung des Meerwassers zu den weiblichen Organen hingeführt werden, würde man nicht begreifen, wie sie stets die Befruchtung verursachen könnten, wenn nicht eine besondere Anziehung mit im Spiele wäre.

Da eine Anziehung zwischen anderen Zellen als den Geschlechtszellen, soviel uns bekannt ist, nicht statthat, und da diese von den übrigen Zellen nur durch das männliche und weibliche Idioplasma sich unterscheiden, so müssen wir schliessen, dass es dieses Idioplasma sei, an welchem die anziehenden Kräfte haften. Welcher Natur diese Kräfte seien, ist zwar durch irgend welche Erscheinungen nicht bekannt; da aber eine andere bekannte Kraft, die man in Anspruch nehmen könnte, mangelt, so dürfte man vielleicht elektrische Anziehung vermuthen. Dieselbe würde von geringen Mengen freier (positiver und negativer) Elektricität herrühren, die aber, bei der Annäherung bis zur Berührung, die Substanz doch nicht gänzlich verlassen und sich nicht vollständig neutralisiren können. Wie dem nun sei, die beiden Geschlechtszellen legen sich an einander an und dringen in einander ein, weshalb wir annehmen müssen, dass in Folge der gleichen Anziehung die männlichen und die weiblichen Idioplasmakörper ebenfalls sich dicht an einander anlegen.

Wenn zwei materielle Systeme sich anziehen, so besteht die Anziehung selbstverständlich zwischen den einzelnen Theilchen derselben, also in dem vorliegenden Falle zwischen den Idioplasmamicellen. Wenn ferner die ganzen Systeme durch ihre Structur verhindert werden, in einander einzudringen, so haben die Micelle die Neigung, sich von ihren Complexen loszulösen und einzeln dem Zuge zu folgen. Nun besitzen die Idioplasmakörper allerdings einen ziemlich festen Zusammenhang, aber derselbe muss in beiden Systemen durch die zwischen denselben herrschende Anziehung gelockert werden, — und das um so eher, wenn, wie soeben als möglich bezeichnet wurde, die Anziehung durch ungleichnamige Elektricitäten bewirkt wird und diese Elektricitäten bei der Annäherung der beiden Systeme noch eine Vertheilung von neutralen Elektricitätsmengen in denselben verursachen. Es besteht ferner die Wahrscheinlichkeit, dass das männliche System als das beweglichere zu betrachten und dass in demselben schon an und für sich der Zusammenhang etwas lockerer und der Widerstand gegen die Trennung etwas geringer sei. Daher wäre es vielleicht möglich, dass von dem männlichen

Idioplasma nach und nach sich Micelle ablösten, in das weibliche System hinüber wanderten und sich in die entsprechenden Micellgruppen einlagerten.

Wollen wir uns eine bestimmtere Vorstellung von diesem Vorgange machen, so müssen wir an eine bestimmte Vorstellung von der Structur des Idioplasmas anknüpfen. Ich habe die Hypothese entwickelt, dass dasselbe aus strangförmigen Körpern, die aus parallelen Längsreihen von Micellen zusammengesetzt seien, bestehen könne. Die Längsreihen stehen seitlich in inniger Berührung, so dass durch diesen Contact gleichsam Leitungen zwischen ihnen hergestellt werden, welche ähnlich wie Nervenleitungen functioniren. Sowie nun das männliche System sich an das weibliche angelegt hat, so geht die Leitung aus einem System in das andere hinüber, und indem jede bestimmte Micellgruppe oder Anlage des weiblichen Systems mit der gleichnamigen des männlichen Systems gleichsam in Nervenverbindung sich befindet, so ist den sich ablösenden und hinüber wandernden Micellen des männlichen Systems der Weg, sowie der Ort der Bestimmung genau vorgezeichnet.

Einer solchen Einwanderung von Micellen in das weibliche Idioplasma scheint aber seine Structur hinderlich zu sein. Die Micellreihen sind nach der Darstellung, die ich früher zu geben versuchte, einander so sehr genähert, dass unmöglich Micelle zwischen ihnen sich hindurch bewegen könnten. Wenn auch der Idioplasmastrang keinen geschlossenen Querschnitt hat, wenn wir uns vielmehr vorstellen müssen, dass mit Ernährungsplasma ausgefüllte Längsspalten vielleicht tief in denselben hinein reichen, so ist damit die Wanderung der männlichen Idioplasmamicelle bis zur Einlagerungsstelle doch nicht ermöglicht. Es bleibt daher wohl nur die allerdings nicht ganz unwahrscheinliche Annahme übrig, dass zur Zeit der Befruchtung das weibliche System ebenfalls gelockert sei und dass es sich bald da bald dort öffne, um die männlichen Micelle eintreten zu lassen.

Hat das Idioplasma eine strangförmige Beschaffenheit, so sind, wie ich früher ausführte, zwei Annahmen möglich: entweder sind, die Stränge getrennt, von bestimmter und gleicher Länge und zu einem Netz zusammengeordnet, oder sie sind von unbestimmter Länge, verzweigt und netzförmig verwachsen. Bei der ersteren Annahme müssten wir uns vorstellen, dass je ein männlicher und ein weiblicher Strang zusammentreten, dass also gleiche Mengen von männlichem und weiblichem Idioplasma sich mit einander vermischen. Da nun ohne Zweifel die weiblichen Zellen und die sie befruchtenden Spermatozoide ungleich viel Idioplasma enthalten, so würde aus dieser Vorstellung weiter zu folgern sein, dass ein allfälliger Ueberschuss von männlichem oder weiblichem Idioplasma beim Befruchtungsact aus dem idioplasmatischen System ausgeschlossen, als unwirksam beseitigt und zu Ernährungsplasma umgewandelt werde. Nach dieser Hypothese wäre also die väterliche und die mütterliche Erbschaft im Kinde ohne Ausnahme gleich gross, was mit der früher erwähnten Erfahrung übereinstimmte, dass die Kinder dem Vater und der Mutter ziemlich gleiche Antheile von beständigen Eigenschaften verdanken (vgl. S. 199—202), und dass unter zahlreichen Bastarden zweier Arten die Individuen oft bis auf die geringsten Kleinigkeiten einander ähnlich sehen.

Die zweite Annahme, dass nämlich die Idioplasmastränge eine unbestimmte Länge besitzen, würde dagegen die Folgerung ergeben, dass, da bei der Befruchtung gewöhnlich ungleiche Mengen von Idioplasma zusammenkommen, auch männliche und weibliche Stränge von ungleicher Länge sich mit einander vereinigen. Die väterliche und mütterliche Erbschaft wäre somit im Princip ungleich, und es könnte die eine oder andere in einzelnen Fällen merklich überwiegen, obgleich dieser Ueberschuss gewiss nie einen sehr hohen Betrag erreichen wird.

Ein Umstand, der bei der Vereinigung der von den Eltern stammenden idioplasmatischen Systeme noch zu berücksichtigen ist, betrifft das Volumen des Productes. Das Idioplasma des entstehenden Keimes hat in Folge dieses Vorganges ungefähr das doppelte Volumen von dem Idioplasma jedes der Eltern. Das würde nun weiter nichts ausmachen; es könnte in der neuen vergrösserten Auflage ebensogut sich vermehren und die Entfaltung der Anlagen besorgen. Wenn aber bei jeder Fortpflanzung durch Befruchtung das Volumen des irgendwie beschaffenen Idioplasmas sich verdoppelte, wenn speciell die Idioplasmastränge durch Vereinigung einen doppelt so grossen Querschnitt erlangten, so würden nach nicht sehr zahlreichen Generationen die Idioplasmakörper so sehr anwachsen, dass sie selbst einzeln nicht mehr in einem Spermatozoid Platz fänden. Es ist also durchaus nothwendig, dass bei der digenen Fortpflanzung die Vereinigung der elterlichen Idioplasmakörper erfolge, ohne eine den vereinigten Massen entsprechende dauernde Vergrösserung dieser materiellen Systeme zu verursachen.

Dieser Forderung kann wohl nur durch die Annahme der strangförmigen Natur des Idioplasmas Genüge gethan werden, weil nach derselben die phylogenetische Zunahme des Querschnitts und die ontogenetische Zunahme in der Längsrichtung strenge geschieden sind, und weil somit die Vereinigung bei der Befruchtung sich in der Weise denken lässt, dass sie zum grössten Theil als der Ontogenie angehörig und als der erste Schritt des individuellen Wachsthums erscheint.

Damit der Querschnitt im allgemeinen unverändert bleibe, müssen die von den Eltern stammenden strangförmigen Idioplasmakörper sich zu Strängen vereinigen, deren Länge der Summe jener gleichkommt. In diesem Falle wird je aus einer väterlichen und einer mütterlichen Anlage eine kindliche Anlage von gleicher Stärke, d. h. eine Gruppe von gleich viel Micellreihen (von gleich viel Micellen auf dem Querschnitt). Nur wenn einzelne väterliche und mütterliche Anlagen wesentlich verschieden sind, wie dies bei der Kreuzung von Rassen, Varietäten und Arten vorkommt, legen sich dieselben in voller Stärke neben einander und dadurch erfährt der Querschnitt eine Vergrösserung. Da aber selbst bei der Kreuzung von möglichst ungleichen Individuen stets die grosse Mehrzahl der Anlagen sammt der ganzen Configuration des Idioplasmas in den beiden Eltern gleich beschaffen ist und nur wenige Anlagen ungleicher Natur sind, so ist die Vergrösserung des idioplasmatischen Querschnittes in dem Kinde immerhin eine sehr geringe, und sie beträgt nicht mehr, als wenn die neu hinzugekommenen Anlagen durch den gewöhnlichen phylogenetischen Bildungsprocess entstanden wären. Diese dem Zuwachs an Anlagen entsprechende Querschnittszunahme stellt gleichsam die phylogenetische Componente des Befruchtungsactes bei der Kreuzung dar. Die Zunahme in der Längsrichtung dagegen ist nichts anderes als der erste Wachsthumsschritt der neuen Ontogenie. Haben die Idioplasmastränge, gemäss der einen Hypothese, eine bestimmte und gleiche Länge, so würden zunächst Stränge von genau der doppelten Länge entstehen und diese dann sogleich in je zwei zerfallen, wie dies für die ontogenetische Vermehrung überhaupt anzunehmen wäre.

Die Vereinigung der strangförmigen Idioplasmakörper in dem eben angegebenen Sinne, nämlich zu verlängerten Strängen mit nahezu gleichem Querschnitt, kann nach zweierlei Typen vor sich gehen. Der eine Typus besteht darin, dass sich gemischte Micellreihen bilden, indem die männlichen Idioplasmamicelle alternirend zwischen die Micelle der weiblichen Reihen sich einlagern. Fig. 9 a und b stellen eine männliche und eine weibliche Anlage in der Längsansicht dar; c zeigt dieselben nach ihrer Vereinigung. Der

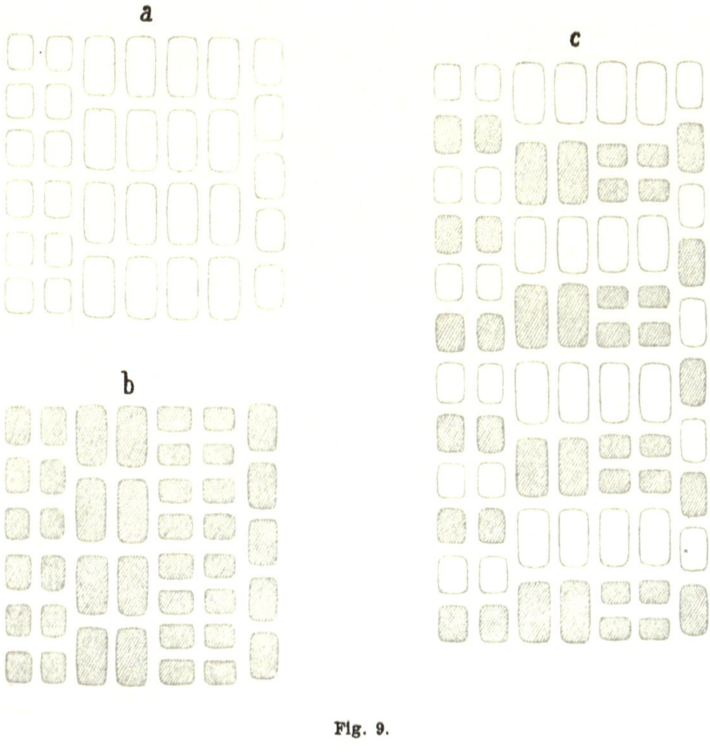

Fig. 9.

Vorgang kann regelmässig erfolgen, wenn, wie in den gezeichneten Stücken, die männlichen und die weiblichen Idioplasmastränge gleiche Länge besitzen. Sind sie aber ungleich lang, so müssen, statt des regelmässigen Alternirens von einzelnen Micellen, stellenweise Paare des längeren Stranges mit einzelnen Micellen des kürzeren Stranges wechseln; oder, was wohl wahrscheinlicher ist, der überschüssige Theil des längeren Stranges wird ausgeschieden und in Ernährungsplasma umgewandelt.

Indem die gemischten Längsreihen beim ontogenetischen Wachsthum durch Micelleinlagerung sich verlängern, nehmen die sich neu bildenden Micelle, wenn Ungleichheit zwischen der männlichen und weiblichen Anlage besteht, eine mittlere Beschaffenheit an. Da die ontogenetische Zunahme des Idioplasmas ins Tausend- und Millionenfache geht, so besteht die gemischte Anlage im entwickelten Individuum fast ausschliesslich aus solchen Micellen von mittlerer Beschaffenheit. Dieser erste Typus der Vereinigung bringt also mittlere Anlagen und dem entsprechend auch mittlere entfaltete Merkmale hervor; er entspricht dem Vorgange, den ich als Durchdringung der Eigenschaften bezeichnet habe (S. 214); ein Rückschlag zu dem unveränderten väterlichen oder mütterlichen Merkmal ist für alle Zukunft unmöglich. Man könnte vermuthen, dass eine solche Durchdringung für den Fall, dass die Vereinigung auf materiellem Wege geschieht, immer dann eintrete, wenn die Anlagen des männlichen und weiblichen Idioplasmas vollkommen oder nahezu gleich beschaffen sind, dass sie aber bei grösserer Ungleichheit der Anlagen nur ausnahmsweise erfolge.

Der zweite Typus der Vereinigung besteht darin, dass die männlichen Micellreihen sich neben die unveränderten weiblichen Micellreihen einordnen, so dass die entstehende Anlage beispielsweise eine der in Fig. 10 c und d dargestellten Längsansichten zeigt, wenn

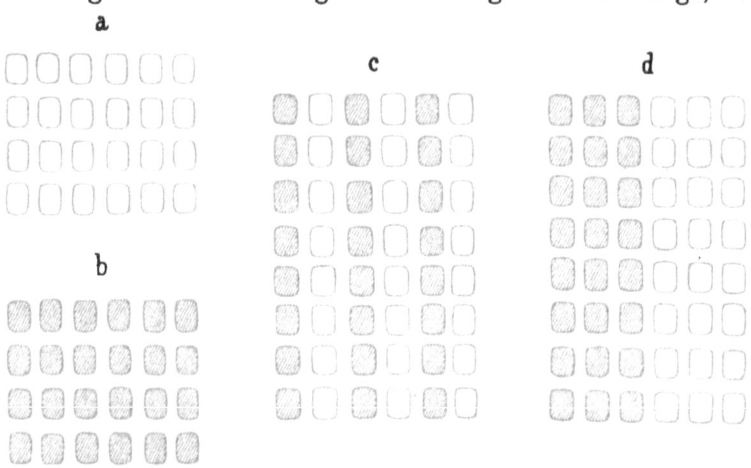

Fig. 10.

a und b die männliche und weibliche Anlage bedeuten. Er muss als der gewöhnliche Vorgang für die Vereinigung von merklich ungleichen Anlagen betrachtet werden, wie sie vorzüglich bei der Kreuzung von verschiedenen Rassen, Varietäten oder Arten vorkommt. Da auch bei der Kreuzung die grosse Mehrzahl der elterlichen Anlagen sich nicht oder nur wenig von einander unterscheidet daher dem ersten Vereinigungstypus folgt und eine allgemeine Zunahme der Idioplasmastränge auf ungefähr die doppelte Länge bedingt, so müssen die wenigen dem zweiten Typus folgenden Anlagen in ihrer Länge sich nach der allgemeinen Zunahme richten. Dies kann einmal dadurch geschehen, dass je zwei weibliche Micellreihen durch Wanderung ihrer Micelle zu einer einzigen Reihe von doppelter Länge werden, und dass ebenso je zwei männliche Micellreihen sich als eine einzige doppelt längere Reihe einordnen, wobei die Reihen des kürzeren Idioplasmastranges durch Micellbildung zur Länge der Reihen des längeren Stranges anwachsen müssen. Ein solcher Vorgang reducirt die Reihen der männlichen und diejenigen der weiblichen Anlage auf die Hälfte ihrer Zahl, und die vereinigten Anlagen haben keinen grösseren Querschnitt als jede der elterlichen Anlagen (Fig. 10). Jede Anlage hat dann also im Kinde bloss die Hälfte der Stärke, die sie in den Eltern besass.

Wenn dies auch in manchen Fällen mit den entfalteten Merkmalen übereinstimmt, so entspricht es doch offenbar nicht der Sachlage, wie wir sie in so vielen Kreuzungsproducten voraussetzen müssen, wo einzelne Anlagen im Kinde sich eben so stark erweisen wie im Vater oder in der Mutter. Um diese Bedingung zu erfüllen, muss dann angenommen werden, dass die eine elterliche Anlage ihre Reihenzahl behalte und durch Einlagerung von Micellen auf die erforderliche (im allgemeinen doppelte) Länge sich ausdehne, indess die andere elterliche Anlage entweder ebenfalls in ihrer unveränderten Reihenzahl sich einordnet, indem sie durch Micellbildung sich zu gleicher Länge streckt, oder durch Micellwanderung auf eine verminderte Zahl von Micellreihen reducirt wird.

Die eben erwähnten beiden Arten der Vereinigung, in denen sich der zweite Typus verwirklichen kann, — wobei die väterliche und die mütterliche Anlage das eine Mal auf die halbe Stärke beschränkt, das andere Mal in voller Stärke neben einander gelagert werden, — stellen zwei Extreme dar, zwischen denen alle Zwischenstufen möglich sind. Es können nämlich beide Anlagen mehr oder weniger geschwächt werden, oder die eine kann ihre volle Stärke behalten, während die andere geschwächt wird. — Bei dieser dem zweiten Typus eigenthümlichen Nebeneinanderordnung der väterlichen und mütterlichen Micellreihen bewahrt jede derselben ihr besonderes Wachsthum und bleibt bei der ontogenetischen Vermehrung unverändert, indem sie Micelle von ihrer eigenen Beschaffenheit einlagert.

Es ist noch zu bemerken, dass die männlichen und die weiblichen Micellreihen sich in verschiedener Weise zu einer vereinigten Anlage zusammen ordnen können. Die zwei denkbaren Extreme sind in Fig. 10, c und d, in der Längsansicht dargestellt; in d liegen die beiden Anlagen getrennt neben einander, in c sind ihre Reihen alternirend mit einander gemengt. Was den Querschnitt betrifft, so lassen sich für die beiden Anlagen alle mögliche Arten der Configuration denken. Sind dieselben ungetheilt, so können sie mit gleichem Umriss aneinander stossen, oder die eine kann die andere mehr oder weniger umfassen. Sind sie in grössere oder kleinere Partien aufgelöst, so können diese Partien in der verschiedensten Weise neben einander liegen. — Aus der ungleichen Anordnung, sowie aus dem Umstande, dass die beiden Anlagen mit dem umgebenden Idioplasma molecular-physiologisch ungleich zusammenstimmen, erklärt sich zur Genüge das mannigfaltige Verhalten, das wir an den Merkmalen der Kreuzungsproducte beobachten (vgl. S. 209—215).

Nachdem ich gezeigt habe, wie man sich die materielle Vermischung der beiden geschlechtlichen Idioplasmen allenfalls zu denken hat, will ich im Gegensatze hierzu untersuchen, wie das Idioplasma des Kindes durch dynamische Einwirkung entstehen kann. Soll die letztere eintreten, so legen sich ebenfalls in Folge der gegenseitigen Anziehung, die als Thatsache zu betrachten ist, die männlichen und weiblichen Idioplasmakörper an einander an. Aber, statt zu zerfallen und sich materiell zu durchdringen, bleiben sie intact und wirken bloss gegenseitig auf das Wachsthum der einen und anderen so ein, dass dasselbe zu einer mittleren Bildung hinstrebt. Die Berührung und die wechselseitige Beeinflussung dauert so lange, bis in Folge des Wachsthums durch Micelleinlagerung die ursprünglich ungleichen, männlichen und weiblichen Idioplasmakörper einander ganz gleich geworden sind, was im allergünstigsten Falle schon bei einer Zunahme auf die doppelte Länge erreichbar ist.

Die Umbildung der Idioplasmakörper erfolgt entweder dadurch, dass die einzelnen Reihen, in denen eine Ungleichheit besteht, nach und nach durch Einlagerung andersartiger Micelle sich umformen, oder dadurch, dass neue Micellreihen neben die vorhandenen Reihen, welche qualitativ unverändert bleiben und welche durch Micellwanderung in ihrer Zahl mehr oder weniger reducirt werden können, sich einordnen. Im ersteren Fall gehen aus dem Umbildungsprocess Micellreihen und Anlagen hervor, welche die Mitte halten zwischen den männlichen und weiblichen Reihen und Anlagen. Im letzten Falle enthält das Idioplasma des Kindes die väterlichen und mütterlichen Micellreihen und Anlagen in unveränderter Beschaffenheit neben einander. Das Resultat ist ganz das nämliche wie dasjenige, welches auf dem Wege materieller Vermischung erzielt wurde, so dass es überflüssig ist, darauf noch weiter einzutreten.

Noch ist zu bemerken, dass wir uns die Berührung der männlichen und weiblichen Idioplasmastränge auf zweierlei Art denken können. Die eine Art ist die, dass sie sich der Länge nach an einander legen, und dass die dynamische Einwirkung in der Querrichtung statt hat. Hiebei verändern sich entweder der weibliche und der männliche Strang gleichzeitig und werden zuletzt einander gleich, so dass das Idioplasma des befruchteten Keimes die doppelte Strangzahl besitzt. Oder es verändert sich bloss der eine Strang z. B. der weibliche, indem der männliche lediglich die Umbildung desselben bis zum Schlusse beeinflusst und dann in Ernährungsplasma sich auflöst. Die andere denkbare Art der Vereinigung ist die, dass die männlichen und die weiblichen Stränge sich mit den Enden an einander legen, und dass eine gegenseitige dynamische Einwirkung in der Längsrichtung erfolgt. Da die beiden Stränge eine beinahe gleiche Querschnittsconfiguration besitzen, so können sie sich so gegeneinander stellen, dass die homologen Anlagen auf einander treffen und demnach unmittelbar auf einander wirken. Auch in diesem Falle lässt sich denken, dass der männliche Strang sich in gleicher Weise umbilde wie der weibliche, oder aber dass er bloss die Umwandlung des letzteren veranlasse und dann seine eigene Idioplasmanatur verliere.

Die beiden Theorien des materiellen oder dynamischen Vorganges bei der digenen Bildung des kindlichen Idioplasmas umfassen alle Möglichkeiten; eine von ihnen muss die richtige sein. Welche aber von beiden den Vorzug verdiene, bleibt vorerst noch eine offene Frage. Ich habe bereits bei einem nahe verwandten Vorgange, bei der Ausgleichung des während der Ontogenie verschiedenartig umgewandelten Idioplasmas mich für den dynamischen Weg als den wahrscheinlicheren ausgesprochen (S. 59). Auch bei der Befruchtung erscheint mir diese Theorie als die einfachere und annehmbarere, und zwar namentlich auch desswegen, weil die Theorie der materiellen Vermischung fast eben so viel dynamische Einwirkung verlangt als der rein dynamische Weg selber, und ausserdem genöthigt ist, noch ein neues hypothetisches Moment, die Wanderung der gesammten männlichen Idioplasmamicelle, anzunehmen.

Ein Argument für die Befruchtung auf dynamischem Wege finden wir auch in dem eigenthümlichen Vorgange bei der geschlechtlichen Fortpflanzung der Florideen, wo die Zelle, in welcher die durch die Befruchtung angeregte Zellbildung beginnt, um einige Zellen von der das Spermatozoid aufnehmenden Trichogyne entfernt ist. Hier muss entweder das Idioplasma des Spermatozoids durch die Zellen des Trichophors hindurch wandern, um an den Ort seiner Bestimmung zu gelangen. Oder es müssen die Eigenschaften des männlichen Idioplasmas durch die Idioplasmastränge der zwischenliegenden Zellen auf dynamischem Wege dem Idioplasma der weiblichen Zelle mitgetheilt werden, in gleicher Weise wie wir uns vorzustellen haben, dass die erblichen Eigenschaften, die eine Wurzel gewinnt, auf das Idioplasma der Fortpflanzungsorgane vermittelst Erregung übertragen werden. Der Vorgang bei den Florideen deutet auch darauf hin, dass, wenn die Befruchtung bei den Organismen überhaupt auf dynamischem Wege geschieht, die Leitung eher in der Längsrichtung als in der Querrichtung zu denken ist, und dass daher die männlichen und weiblichen Idioplasmastränge eher sich mit ihren Enden als mit den Seiten an einander legen werden.

Zu den gleichen Erwägungen führt auch die Befruchtung von Flechten und Pilzen, und möglicher Weise selbst die Befruchtung der Phanerogamen, insofern die Zellen im Embryosack, welche von S t r a s s b u r g e r als Gehülfinnen bezeichnet wurden, das Geschäft von Vermittlerinnen zwischen dem Ende des Pollenschlauches und der Eizelle übernehmen.

V.

Varietät, Rasse, Ernährungsmodification.

Die erblichen Eigenschaften der Organismen wurden von mir direct (ohne die Mithilfe der Zuchtwahl) aus zwei Ursachen abgeleitet: aus dem Vervollkommnungstrieb, welcher die Configuration des idioplasmatischen Systems beim Wachsthum durch Einlagerung von Micellen und Umlagerung der Micelle stetig aber langsam complicirter macht, und den äusseren Einflüssen, welche dieser Configuration ein bestimmtes Gepräge aufdrücken und ihrer Umbildung besondere Richtungen anweisen. Die erste Ursache bedingt die Organisationsstufe, die zweite die Anpassungen; damit sind im grossen und ganzen die Organismen mit ihren Eigenschaften gegeben.

Innerhalb dieses Rahmens bewirkt die Kreuzung nichts weiter als veränderte Combinationen untergeordneter Anpassungsmerkmale, denn sie findet nur zwischen nächst verwandten Sippen statt. Da die Kreuzung vorzugsweise der Domestication angehört und im wilden Zustande nur ausnahmsweise vorkommt, so können die durch sie hervorgebrachten Merkmale, die von eigenthümlicher Beschaffenheit sind und im allgemeinen dem wilden Zustande fehlen, als »abnormale« bezeichnet werden.

Ausser diesen Kreuzungsmerkmalen gibt es noch eine Gruppe besonderer Merkmale, die ich bis jetzt nicht berücksichtigt habe und die sich ebenfalls als »abnormale« darstellen. Sie verdienen eine eigene Besprechung, nicht weil sie bezüglich der Ursachen eine Ausnahme machten, sondern weil sie im allgemeinen nur unter den

Verhältnissen der Domestication vorkommen und weil sie zu der bisherigen Abstammungslehre in inniger und verhängnissvoller Beziehung stehen.

Bei den Culturpflanzen und Hausthieren bilden sich erbliche Abänderungen aus, die den Pflanzen und Thieren im wilden Zustande fast gänzlich mangeln. Dieselben bestehen in Schwächungen gewisser physiologischer Processe, in krankhaften Umbildungen und Monstrositäten, überhaupt in mehr oder weniger abnormalen Erscheinungen. Bei den Pflanzen sind es beispielsweise gefüllte Blüthen, anders gebaute (metamorphosirte) Blüthen, panaschirte oder krause oder zerschlitzte Laubblätter, hängende Zweige (Trauerbäume), aufrechte Aeste (Pyramidenbäume), übermässig verdickte Stengel, Wurzeln und Früchte.

Auch diese Merkmale treten zuerst als werdende Anlagen auf, die, wenn sie fertig gebildet sind, sich entfalten und nachher wieder für längere oder kürzere Zeit latent werden. Der erste Entfaltungszustand zeigt uns entweder das vollendete Merkmal oder nur einen Anfang, der sich durch eine Zahl von Generationen bis zur vollkommenen Höhe steigert.

Was die Ursachen dieser Anlagen betrifft, so sind sie theils innere theils äussere und gehören nach meiner Ansicht zu jener grossen Kategorie von Ursachen, von denen ich bereits früher gesprochen habe, welche, überall vorhanden, stets kleine Störungen veranlassen, aber meistens durch die geschlechtliche Kreuzung unschädlich gemacht werden (S. 205). In einzelnen Fällen aber gehen die Störungen weiter, indem sie entfaltungsfähige Anlagen in merkbarer Weise modificiren oder Anlagen, die sonst latent geblieben wären, zur Entwicklung bringen. Dies geschieht dadurch, dass sich eine Micellgruppe im Idioplasma in abnormaler Weise umbildet, sei es, dass die einmal bestehende micellare Anordnung dazu disponirt war, sei es, dass bei einer vorgängigen Kreuzung ungleiche Systeme sich unnatürlich gemischt haben, oder endlich in Folge tief eingreifender äusserer Einflüsse. Meistens werden mehrere dieser Umstände zusammentreffen, und sehr oft dürften die Kreuzungen, die bei den Hausthieren und Culturpflanzen fast nie mangeln, den Anfang der Störung und der abnormalen Anlage gebildet haben.

Der Grund, warum die abnormalen Merkmale fast nur im domesticirten Zustande auftreten, mag einmal in der eben angeführten Thatsache der viel häufigeren und viel wirksameren Kreuzung liegen. Denn bei den Pflanzen und Thieren des natürlichen Zustandes bleibt die Kreuzung im allgemeinen auf die Individuen derselben engen Varietät beschränkt; selten findet geschlechtliche Befruchtung zwischen verschiedenen Varietäten oder Arten statt, indem dieselbe im ganzen gewiss nicht den millionsten Theil aller Befruchtungen ausmacht.

Ueberdem ist aber ein anderer maassgebender Umstand vorhanden, der, wenn auch die Kreuzung nicht in Betracht gezogen wird, für sich allein die Beschränkung der abnormalen Merkmale auf die domesticirten Organismen erklären würde. Der Mangel der Concurrenz im Culturzustande gestattet, dass auch Träger unvortheilhafter und nicht existenzfähiger Eigenschaften Bestand haben und sich vermehren, während dieselben im wilden Zustande sofort beseitigt werden und daher keine Nachkommen hinterlassen.

Ueber die Ursachen der in der Cultur entstandenen abnormalen Eigenschaften hegt Darwin eine andere Meinung. Dieselben werden als die Wirkung minder einförmiger Lebensbedingungen betrachtet. In der Natur seien die Individuen einer und derselben Species nahezu gleichförmigen Umständen ausgesetzt; die domesticirten Producte dagegen seien aus ihren natürlichen Verhältnissen und oft aus ihrem Heimathlande entfernt worden, werden auch häufig von District zu District geführt, wo sie eine verschiedene Behandlung erfahren. In Uebereinstimmung hiermit stehe die grössere Variation der domesticirten Producte.

Es scheint mir dies ein Kreisschluss zu sein. Die grössere Variabilität der Pflanzen und Thiere im Culturzustande wird aus der Mannigfaltigkeit ihrer Lebensbedingungen erklärt; aber eigentlich wird diese Mannigfaltigkeit, die an und für sich sehr fraglich ist, nur wegen der grösseren Variabilität angenommen. Wenn wir die Verhältnisse der Cultur nicht bloss in Bausch und Bogen nach der Veränderlichkeit der Producte beurtheilen, sondern eine genauere Analyse und Vergleichung mit dem wilden Zustande vornehmen, so kommen wir sicher auf ein ganz anderes Resultat.

Für die Pflanzen, und ich glaube kaum, dass es bezüglich der Thiere viel anders sein sollte, gilt Folgendes. Ein Gewächs in Cultur nehmen heisst, im Gegensatz zu der Annahme Darwin's und seiner Schule, vielmehr, dasselbe aus vielförmigen unter sehr einförmige

Umstände versetzen. Auf den verschiedenen natürlichen Standorten zeigt die Nahrung nach Mischung und Menge alle möglichen Abstufungen von derjenigen Gunst, welche die Individuen selbst grösser und üppiger werden lässt als die Cultur, bis zu jener Ungunst, wo sie zwerghaft sich gerade noch kümmerlich zu erhalten vermögen. Auf den verschiedenen natürlichen Standorten herrschen ferner bezüglich der Feuchtigkeitsmenge, der Temperatur, der Beleuchtung, der Luftströmungen viel grössere Ungleichheiten als in Garten und Feld. Endlich sind im natürlichen Zustande die Vergesellschaftung und Concurrenz, welche auf die Abänderungen so energisch einwirken sollen, äusserst mannigfaltig, während sie in der Cultur wirkungslos gemacht wurden.

Dem entsprechend variirt eine Pflanzenvarietät auf den verschiedenen natürlichen Standorten wohl hundert Mal mehr als in der Cultur, soweit es sich um die nicht erblichen, unmittelbar durch die äusseren Einflüsse verursachten Merkmale (Standorts- oder Ernährungsmerkmale) handelt. Wenn nun trotzdem in der Cultur die erblichen Eigenschaften mannigfaltiger und reichlicher vorhanden sind, so müssen wir geradezu schliessen, dass diese Variationen nicht als der reine Ausdruck der äusseren Verhältnisse, sondern aus besonderen Umständen, welche die Cultur vor dem natürlichen Zustande voraus hat, zu erklären sind, und zwar, wie ich bereits ausgeführt habe, aus der Kreuzung verschiedener Varietäten und Arten und aus dem Mangel an Concurrenz. Ich werde den Unterschied zwischen natürlichem und domesticirtem Zustande in der Folge noch weiter erläutern.

Die Ergebnisse, zu denen die Betrachtung der aus der Kreuzung und den übrigen Einflüssen der Domestication hervorgehenden »abnormalen« Merkmale geführt hat, veranlassen mich zu einer Vergleichung zweier Kategorien von Sippen, die oft mit einander zusammengeworfen, oft auch ziemlich richtig auseinander gehalten, aber noch nie ihrem inneren Wesen nach richtig erkannt wurden. Es sind die Begriffe Rasse und Varietät, deren Wesen bestimmt wird durch die Natur ihrer Merkmale und somit eigentlich durch die Natur ihres Idioplasmas.

Die Rassen gehören der Cultur, die Varietäten dem wilden Zustande an, wie dies ebenfalls von Darwin festgehalten wird, welcher, um den Unterschied noch besonders hervorzuheben, die ersteren auch als »domesticirte Rassen« den letzteren als »natürlichen Varietäten« gegenübergestellt.

Die Rassen bilden sich rasch und verlieren sich ebenso geschwind; sie dauern nur bei Ausschluss der Concurrenz und oft auch nur bei gehöriger Pflege durch eine Reihe von Generationen. Sie sind in ihren erblichen Merkmalen wenig beständig, werden durch äussere Einflüsse leicht verändert, durch Kreuzung mit anderen Rassen vernichtet, arten selbst bei geschlechtlicher Befruchtung mit ihres Gleichen leicht aus. So erzeugten beispielsweise nach der Mittheilung von Darwin in 216 Fällen, wo gleichfarbige Pferde gepaart wurden, 11 Paare (also 5 Proc.) Junge mit anderer Färbung.

Die Varietäten dagegen entstehen äusserst langsam und haben eine seculare Dauer; sehr viele Arten sind nachweisbar unter den verschiedensten äusseren Umständen und in ganz ungleicher gesellschaftlicher Umgebung seit der Eiszeit unverändert geblieben oder nur so äusserst wenig modificirt worden, dass man kaum von der leichtesten Varietätenbildung sprechen kann. Die Varietäten, so weit sie durch äussere Merkmale erkennbar sind, beginnen und bilden sich weiter aus trotz der Concurrenz nächst verwandter Formen, mit denen sie gemeinsam vorkommen. Sie sind in ihren erblichen Eigenschaften ausserordentlich beständig und werden durch die wirksamsten äusseren Einflüsse selbst während der längsten Zeiträume nicht verändert, ebenso nicht durch Kreuzung mit verwandten Varietäten oder Arten, wie dieselbe in der freien Natur hin und wieder eintritt. Die Varietäten lassen sich erfahrungsgemäss nicht von den wirklichen Arten unterscheiden, und wenn wir ihnen eine geringere Constanz zuschreiben als diesen, so geschieht dies, weil die Consequenz der Theorie es unabweislich verlangt, nicht weil es durch bestimmte Thatsachen sich beweisen lässt.

Diese Darstellung der unterscheidenden Merkmale von Rasse und Varietät bedarf einer näheren Begründung, da sie von den herrschenden Ansichten wesentlich abweicht. Was die Eigenthümlichkeiten der Rasse betrifft, so besteht darüber zwar keine Meinungsverschiedenheit, da die vielen Versuche, die wir den praktischen Thierzüchtern verdanken, und die Erfahrungen der Pflanzencultur darüber hinreichend Aufschluss geben. Anders verhält es sich mit den Varietäten, weil man dieselben thatsächlich gar nicht oder höchstens aus dürftigen und ungenügenden Versuchen kennt und sie daher meistens bloss nach oberflächlichen Beobachtungen und vorgefassten Meinungen beurtheilt.

Ziemlich übereinstimmend wird die Varietät als wenig constant betrachtet, aber aus ganz verschiedenen Motiven. Die Darwinisten, welche von der Beweglichkeit und Veränderlichkeit der Rasse ausgehen, sehen in der Varietät die der Rasse analoge Erscheinung des wilden Zustandes und schreiben ihr daher eine grosse Veränderlichkeit zu. Gründe für dieses auf blosser Vermuthung beruhende Verfahren vermögen sie nicht anzugeben. Die Art ist ihnen dann begreiflicher Weise, als fortgeschrittene und gefestigtere Varietät, ebenfalls noch ziemlich veränderlich.

Die Systematiker der alten Schule dagegen, welche die Arten für absolut beständig halten, betrachten die Varietäten innerhalb der Art als das einzig Veränderliche in der organischen Welt. Da aber thatsächliche Anhaltspunkte für dieses Verfahren ebenfalls mangeln, so werden die Grenzen zwischen dem vermeintlich Beharrenden und dem vermeintlich allein Vergänglichen nach subjectivem Gutfinden oder auch ganz willkürlich gezogen.

Die Ursachen der unrichtigen Ansichten bezüglich der Varietäten beruhen vorzüglich in der Verwechslung von Rasse und Varietät, ferner in der Verwechslung von Standortsmodification und Varietät und endlich in der Verwechslung von zeitlicher und räumlicher Constanz, resp. Veränderlichkeit; sie entspringen aus dem Mangel an gründlichen Beobachtungen und aus dem Mangel an genauen Culturversuchen. Ich werde dies im folgenden nachweisen und dabei an die Ergebnisse anknüpfen, zu denen vorzüglich langjähriges Beobachten und Züchten der vielförmigsten aller Pflanzengattungen geführt hat. Bei dem fast gänzlichen Mangel an sicheren Thatsachen, betreffend die wildwachsenden Formen, halte ich es für zweckmässig, etwas einlässlicher darüber zu berichten.

Ich hatte mich schon in den Jahren 1840—1846 mit der Abtheilung Piloselloiden der Gattung Hieracium beschäftigt und den Versuch gemacht, die Formen derselben als Stammarten und Bastarde zu unterscheiden, in ähnlicher Weise, wie es für die Gattung Cirsium geschehen war. Nachher verlor ich zwar diese Pflanzen nicht aus den Augen, ohne mich jedoch einlässlicher damit zu beschäftigen. Mit dem Jahr 1864, als die Speciesfrage durch die Schriften Darwin's eine brennende wurde, nahm ich das Studium der Gattung Hieracium wieder auf, mit besonderer Rücksicht auf die Erscheinungen, welche über die Entstehung der Varietäten und Arten Aufschluss geben könnten. Von 1864—1876 brachte ich jeden Sommer meistens in Begleitung meines Sohnes einige Monate im Gebirge zu, ausschliesslich mit Beobachten und Sammeln von Hiaracien beschäftigt. Zu gleichem Zweck machte seit 1876 Dr. A. Peter jährlich einen längeren Gebirgsaufenthalt. Unsere Stationen befanden sich in der Alpenkette vom Wallis bis zum Karst, in den Apenninen, den Seealpen und den Gebirgen von Mähren, Schlesien und Galizien. Ausserdem wurde die bayerische Hochebene bis zum Frankenjura und bayerischen Walde durchforscht.

Von diesen Reisen wurden eine grosse Menge von Formen theils in lebenden Stöcken, theils durch Samen in den botanischen Garten von München gebracht. Gegenwärtig befinden sich ca. 2500 Nummern der Gattung Hieracium in Cultur. Im ganzen wurden ungefähr 4450 Nummern ausgepflanzt und während kürzerer oder längerer Zeit, manche während 5 bis 17 Jahren, beobachtet, theils am gleichen Stock, theils in mehreren durch Aussaat erhaltenen Generationen. Von den kultivirten Pflanzen wurden womöglich jedes Jahr Exemplare eingelegt und getrocknet, um dieselben mit der ursprünglichen Pflanze und untereinander zu vergleichen. Da dieser Vergleich von besonderer Wichtigkeit war, so wurden die wilden Pflanzen im Herbarium, von denen Samen ausgesäet wurden, bezeichnet, und es wurden von den aus dem Gebirg gebrachten Stöcken die blühenden Stengel eingelegt und ebenfalls bezeichnet.

Die meisten Arten gedeihen gut im Garten. Davon machen eine Ausnahme einige Arten der höheren Alpen, wie namentlich H. glanduliferum, H. piliferum, H. albidum und H. alpicola, ferner auch H. alpinum und H. glaciale, dann einige südliche und östliche Arten, wie H. echioides, H. stuppeum, H. barbatum, indem dieselben kümmerlich wachsen und nach einigen Jahren ausgehen[1]). Mit dem kränklichen Befinden können auch andere Abweichungen von dem

[1]) Von H. albidum gibt es eine in den botanischen Gärten befindliche Form, die sich gut hält, während die aus den Alpen importirten Stöcke und Samen stets ein wenig haltbares Product liefern.

Verhalten der übrigen kräftig vegetirenden Arten zusammentreffen. Die letzteren stimmen alle in den Ergebnissen der Cultur überein, welche sich unter folgende Gesichtspunkte zusammenfassen lassen:

I. Die möglichen Veränderungen, soweit dieselben unserer Wahrnehmung zugänglich sind, treten schon im ersten Culturjahr ein und sind ganz gleich, ob ein ausgegrabener Stock in den Garten verpflanzt oder Samen ausgesäet werden[1]). Sie sind um so grösser, je mehr die Ernährungsfähigkeit des natürlichen Standortes und des Gartens verschieden ist. Die kleinen Alpenhieracien werden gross, stark verzweigt und reichblütig, so dass man sie oft kaum wieder erkennt. Versetzt man die in dieser Weise auf dem Gartenbeet veränderten Pflanzen auf einen mageren Kiesboden, so erhält man wieder die ursprünglichen alpinen Exemplare. Diese Veränderungen sind also nicht erblich, und bestehen bloss in einem kümmerlichen oder üppigen Wachsthum. Sie bewegen sich innerhalb der ontogenetischen Elasticitätsgrenze und bedingen die Standorts- oder Ernährungsmerkmale.

II. Die Merkmale, wodurch sich zwei auf dem nämlichen Standorte wachsende Arten oder Varietäten unterscheiden, bleiben im Culturzustande durchaus constant, so dass also die üppig und gross gewordenen Alpenpflanzen die nämlichen charakteristischen Unterscheidungsmerkmale zeigen, wie die kleinen Pflanzen, von denen sie herstammen. Man könnte erwarten und es würde den herrschenden Ansichten entsprechen, dass bei einem so eingreifenden Wechsel der Ernährungs- und der klimatischen Einflüsse, wie er beim Verpflanzen aus den Alpen oder dem Norden, aus Italien oder Ungarn in den Münchner Garten eintreten muss, kleine Verschiedenheiten verschwinden oder entstehen möchten. Dies ist nicht der Fall; auch die geringsten erblichen Merkmale erweisen sich als beständig.

Für diese Beständigkeit innerhalb einer fast unendlichen Vielförmigkeit finden wir die besten Beweise in den Ergebnissen einer systematischen Bearbeitung, welche ich begonnen hatte und die von Dr. Peter seit 7 Jahren fortgesetzt und in der einen Gattungs-

---

[1]) Um vollständige Gewissheit zu erhalten, habe ich mehrmals eine Pflanze aus dem Gebirg lebend in den Garten versetzt und zugleich Samen, die von der nämlichen Pflanze abgenommen worden, ausgesäet.

abtheilung beendigt wurde. Von der Section der Piloselloiden allein, welche Grisebach in 25 Arten und 12 Varietäten, Fries in 42 Arten getheilt hatte, sind jetzt 2800 unterscheidbare Varietäten bekannt, welche alle nach den Culturresultaten, die ein Theil derselben ergeben hat, als durchaus constant betrachtet werden müssen.

Aus den beiden unter I und II angeführten Thatsachen geht einmal klar hervor, dass man die Verschiedenheiten zweier Arten oder Varietäten nur dann richtig berurtheilen kann, wenn sie entweder unter ganz gleichen Ernährungs- und klimatischen Einflüssen, also auf dem gleichen Standorte vorkommen, oder wenn man sie auf den gleichen Standort verpflanzt hat. Als passendster gemeinsamer Standort ist aber der Garten zu betrachten, weil er einen mittleren, gleichsam neutralen Charakter hat und die Pflanzen vor der Concurrenz schützt. — Wenn zwei Pflanzen neben einander wachsen, so sind die durch verschiedene Ernährung und verschiedenes Klima bedingten, veränderlichen Merkmale gleichgemacht und die übrig bleibenden Verschiedenheiten müssen erbliche sein. Vergleicht man aber Pflanzen von verschiedenen Standorten und aus verschiedenen Gegenden mit einander, so läuft man Gefahr, Ernährungsverschiedenheiten als erbliche zu betrachten, und man kann dieser Gefahr, wenn die Cultur nicht ausführbar ist, nur dann entgehen, wenn man sich durch die Cultur verwandter Pflanzen ein Urtheil bilden konnte, was hier erblich und was veränderlich ist. Ich finde mich zu dieser Bemerkung besonders deswegen veranlasst, weil bei der herrschenden und gewiss gerechtfertigten Neigung der Systematik, immer mehr Formen zu unterscheiden, es auch immer häufiger vorkommt, dass man nicht constante Standorts- oder Ernährungsmerkmale irrthümlicher Weise in die Diagnosen aufnimmt und zur Unterscheidung benützt.

Aus den Beobachtungen an der Gattung Hieracium ergibt sich ferner auf das deutlichste, dass man strenge zwischen Einförmigkeit und Constanz unterscheiden muss, und ebenso zwischen Vielförmigkeit und Veränderlichkeit. Es sind dies Begriffe, die stets von den Systematikern verwechselt werden. Eine Sippe mit zahlreichen Formen, besonders wenn diese in einander übergehen, heisst variabel, und ein Merkmal, das sich allmählich abstuft, wird ebenfalls als ein veränderliches bezeichnet; man sollte aber in diesen Fällen bloss von Vielförmigkeit sprechen. Die Beobachtung und Vergleichung vieler gleichzeitiger Individuen gibt ja nur über die räumliche Beständigkeit, um mich dieses Ausdrucks zu bedienen, nicht über die eigentliche oder zeitliche Constanz Aufschluss.

Man kann zwischen manchen Hieracienarten aus Exemplaren verschiedener Standorte eine ununterbrochene Reihe herstellen, so dass man von einem gleitenden Uebergang von der einen zur andern Art sprechen darf. Man hat aber Unrecht, dies als Veränderlichkeit zu bezeichnen, denn jedes einzelne Glied der Reihe bringt eine ganz gleiche Nachkommenschaft hervor und verhält sich bei der Fortpflanzung durch eine Reihe von Generationen ebenso constant als eine Pflanzenart, die durch keine Uebergangsglieder mit anderen Arten zusammenhängt. Die Gattung Hieracium ist offenbar die vielförmigste aller Pflanzengattungen; aber wir haben keinen Grund, ihr eine grössere (zeitliche) Veränderlichkeit zuzuschreiben als anderen Pflanzen. Desgleichen scheinen die Gattungen Rubus und Rosa wohl vielförmig, aber nicht variabel zu sein.

Was von der ganzen Pflanze, gilt auch von jeder einzelnen Eigenschaft. Ein Merkmal, das in allen Individuen einer Varietät oder einer Art sich ganz gleich verhält, darf deswegen noch nicht auch als wirklich constant betrachtet werden. Die Uebereinstimmung kann ja daher rühren, dass die Ernährungseinflüsse die nämlichen sind; das angeblich constante Merkmal würde sich dann unter anderen Einflüssen verändern. Es wäre zweckmässig, der räumlichen Constanz eine besondere Bezeichnung zu geben und sie etwa »Permanenz« zu nennen. Der Systematiker, der nicht im Falle war, seine Pflanzen hinreichend durch die Cultur zu prüfen, weiss in der Regel nur, ob die Merkmale mehr oder weniger permanent sind. Manchmal zwar wird die Permanenz auch der Constanz entsprechen; sehr häufig aber wird dies nicht der Fall sein. Immerhin wäre die Unterscheidung schon im Interesse des besseren Verständnisses wünschbar, indem man beim jetzigen Sprachgebrauch nicht weiss, ob ein constant genanntes Merkmal sich bei der Fortpflanzung unter verschiedenen Umständen als erblich erweist, oder ob es nur bei allen beobachteten Individuen unverändert, also permanent gefunden wurde.

Die Cultur der Hieracien hat, wie ich zeigte, das Ergebniss geliefert, dass die Ernährungs- oder Standortsmodificationen nicht die geringste Constanz erlangen, auch wenn dieselben durch noch so lange Zeiträume gleich geblieben sind. Kleine einköpfige Alpenpflanzen nehmen im Garten schon während des ersten Sommers den Habitus der Ebenenpflanzen an und werden gross, verzweigt und vielköpfig, während ihre erblichen Merkmale sich ganz unverändert erhalten. Dies gilt nicht bloss für morphologische Charaktere, deren man sich gewöhnlich bei der Vergleichung bedient, sondern auch für physiologische und biologische Eigenschaften. Ich will noch die Ergebnisse bezüglich einer der letzteren mittheilen, weil hier eine viel grössere Genauigkeit möglich ist als bei Merkmalen der Gestaltung.

Die Blüthezeit ist ein leicht zu beobachtendes Merkmal, das auch als sehr constant zur Charakteristik einzelner Pflanzenarten benutzt wird. Es war von Interesse zu erfahren, wie sich die zahlreichen, neben einander cultivirten Hieracienformen in dieser Beziehung verhalten, ob und welche constante Verschiedenheiten sie zeigen, und ob ein langer Aufenthalt auf Standorten, die eine frühe oder eine späte Blüthezeit bedingen, irgend eine dauernde Veränderung zurückgelassen habe. Es wurde daher seit dem Frühjahr 1869 jährlich an allen Sätzen des Gartens das Aufblühen notirt.

Bezüglich der letzten Frage war die einstimmige Antwort aller Varietäten und Arten, dass die äusseren Einflüsse, die während einer säcularen Dauer auf die Pflanzen einwirken, und eine eben so lange Gewohnheit, frühe oder spät zu blühen, bedingen, keine erbliche Veränderung hervorbringen. Die gleichen Varietäten, die im Hochgebirg einen Monat später, im Süden fast einen Monat früher blühen als in der bayerischen Ebene, gelangen, nachdem sie von diesen drei verschiedenen Standorten in den Garten gebracht wurden, am nämlichen Tage zur Blüthe. Dies gilt für alle kleineren Hieracien. — Von den hochwüchsigsten, als Accipitrinen bezeichneten Sippen blühen die an der mittelländischen Küste auf trockenen und heissen Standorten lebenden in ihrer Heimath erst im Herbst, etwa 4 Wochen später auf als die ihnen verwandten Formen in unserer Gegend; in den Garten verpflanzt entwickeln sie ihre Blüthen zu gleicher Zeit mit unseren Accipitrinen[1]). Ebenso blüht das aus Dalmatien in mehreren Stöcken in den Münchener Garten gebrachte H. stuppeum, das auf dem heissen felsigen Boden seiner Heimath

[1]) Hiervon machen unter vielen Sätzen nur zwei eine Ausnahme.

erst Ende September zur Blüthe gelangt, bei uns schon 6 Wochen früher und stellt sich damit seinen Verwandten ziemlich gleich.

Versuche, die einen gleichen Zweck verfolgten, hat A. de Candolle im Jahre 1872 veröffentlicht[1]). Derselbe säete Samen der nämlichen Arten aus verschiedenen Gegenden Europas aus und beobachtete die Zeit des Keimens und Blühens. Er glaubte daraus auf Verschiedenheiten, die oft erblich seien, schliessen zu dürfen, welche die Pflanzen an ihren verschiedenen Wohnorten erlangt hätten. Seitdem sind auch andere ähnliche Versuche bekannt gemacht worden.

Der Grund, warum die Experimente de Candolle's Verschiedenheiten zwischen den Samen aus verschiedenen Gegenden und somit einen Einfluss des Wohnortes, also ein abweichendes Resultat von den Beobachtungen an den Hieracien, ergeben haben, ist nicht etwa darin zu suchen, dass verschiedene Pflanzen sich ungleich verhalten, sondern eher in der Mangelhaftigkeit der Fragestellung und Ausführung bei jenen Versuchen. Wenn Samen der nämlichen Pflanzenart, beispielsweise, wie es geschehen ist, solche, die in Moskau, Edinburg, Montpellier und Palermo von wildwachsenden Pflanzen gesammelt worden, mit einander ausgesäet werden, so wird die Zeit des Keimens und Blühens nicht von einer, sondern von mehreren Ursachen bedingt. Das Ergebniss ist daher vieldeutig, und wenn jene Ursachen nicht durch Elimination auf eine einzige reducirt werden, so müssen die Versuche stets ungleich und zweifelhaft ausfallen.

Die Ursachen, welche auf das Resultat Einfluss haben, sind vorzüglich dreierlei. 1. Die Pflanzen einer Art, die in einer Gegend oder in verschiedenen Gegenden wachsen, können verschiedenen, morphologisch vielleicht nur schwer erkennbaren, Varietäten angehören. Man muss sich daher vor allem und durch die geeigneten Mittel davon überzeugen, wie es sich in dieser Beziehung verhält. Es ist möglich, dass in einer Gegend zwei Varietäten vorkommen und in einer anderen Gegend nur eine derselben, und dass man, wenn einem der Zufall die ungleichen Varietäten in die Hand spielt, die Verschiedenheit mit Unrecht auf Rechnung der Gegend setzt[2]).

---

[1]) Arch. des sc. de la bibl. univ. Juin 1872.

[2]) Bezüglich der Hieracien fällt dieser Einwurf schon deswegen hinweg, weil die Blüthezeit von Formen verschiedener Herkunft, wenn sie sich unter gleichen

2. Die Samen, die in dem nämlichen Jahre in verschiedenen Gegenden Europas gesammelt werden, haben sich unter Witterungseinflüssen von ungleicher Gunst gebildet. Es ist möglich, dass in dem einen Jahr die Moskauer, in einem anderen Jahr die Palermitaner Samen im Vortheil sind. Man muss also die Versuche durch eine Reihe von Jahren wiederholen. 3. Die Auspflanzungen, die neben einander auf einem Pflanzenbeet oder in Töpfen bewerkstelligt werden, sind häufig nicht strenge vergleichbar, weil die chemische und physikalische Beschaffenheit des Bodens oder die Befeuchtung desselben etwas ungleich ausfallen. Säet man Samen vom gleichen Stock, selbst aus der gleichen Blüthe, anscheinend unter ganz gleichen Verhältnissen aus, so erhält man bezüglich der Zeit des Keimens und Blühens oft Abweichungen von einigen Tagen. Vergleichende Versuche haben daher nur dann Werth, wenn jede Samenart nicht ein Mal, sondern ein Dutzend Mal ausgesäet wird, um ein Durchschnittsverhalten zu bekommen.

Aus diesen kritischen Bemerkungen geht deutlich hervor, dass die Aussaaten, die bis jezt gemacht wurden, resultatlos bleiben mussten. Um zu sicheren Ergebnissen zu gelangen, sind die Versuche mit anderen Methoden und in einem viel umfassenderen Maassstabe auszuführen. Da es sich dabei besonders auch um die Frage handelt, ob allfällige Verschiedenheiten erblich sind, so müssen endlich die Aussaaten durch eine Reihe von Generationen an dem nämlichen Orte fortgesetzt werden.

Ich bin auf diese Versuche von A. de Candolle näher eingetreten, weil durch dieselben die so häufig ohne Begründung behauptete Einwirkung der Ernährung und des Klimas auf die Varietätenbildung in anscheinend exacter Weise ermittelt werden soll, und weil es für die Theorie der Abstammung von so grosser Wichtigkeit ist, diejenigen äusseren Einflüsse, welche den Organismen bloss Kraft und Stoff für die physiologische Arbeit zuführen, und welche die Standortsmodificationen verursachen, von denjenigen, welche als Reize wirken und dauernde Veränderungen hervorzubringen im Stande sind, zu scheiden.

---

klimatischen Einflüssen befinden, übereinstimmt und es sich also nicht um die Erklärung von Abweichungen handelt. Uebrigens ist die kritische Prüfung der Formen nach allen Richtungen hin ausgeführt worden.

Die Gültigkeit der an den Hieracien gewonnenen Resultate wird durch die übergrosse Zahl von übereinstimmenden Beobachtungen über jeden Zweifel erhoben. Während 13 Jahren wurden mehr als 16000 Aufzeichnungen gemacht. Es ist besonders auffallend, wie die meisten Piloselloiden (eine Ausnahme machen namentlich die grösseren Formen mit beblättertem Stengel, die entschieden später blühen) ohne Rücksicht auf ihre Herkunft, nordische, südliche, alpine und campestre, gleichzeitig ihre Blüthen öffnen. Die Alpenbewohner, die in ihrer Heimath gleichzeitig, aber je nach der Meereshöhe 3 bis 5 Wochen später aufblühen als ihre Verwandten der Ebene, verhalten sich in der Ebene genau wie diese letzteren. Dies ist um so bemerkenswerther, als einige von den Alpenbewohnern (wie H. Hoppeanum) nicht nur seit der Eiszeit sondern viel länger unter einem Alpenklima gelebt, und ebenso einige von den Bewohnern der Ebene (wie H. collinum) die Einwirkung des Ebenenklimas schon seit einer voreiszeitlichen Epoche erfahren haben. Es sind das nämlich einerseits diejenigen Arten, die ausschliesslich den Alpen angehören und während der Eiszeit in der Ebene lebten, andererseits diejenigen, die nur in der Ebene fortkommen und nach der Eiszeit aus dem Osten eingewandert sind.

Bei diesen Beobachtungen an den Hieracien zeigte sich auf das deutlichste, wie wichtig es ist, dieselben an einer grösseren Zahl von Sätzen anzustellen und durch eine Reihe von Jahren fortzusetzen. Einige wenige Beobachtungen geben immer ein unsicheres Resultat, indem nicht nur die äusseren Umstände, sondern auch das von unbekannten Ursachen abhängige Wohlbefinden der Pflanzen einen merkbaren Einfluss ausübt. Man versteht leicht, dass ein etwas schattigerer Standort, das spätere Wegschmelzen der Schneedecke, ein etwas feuchterer Boden die Blüthezeit um Tage, selbst um eine Woche verzögert. Aber es kommt stets vor, dass, obgleich ein Unterschied in den äusseren Umständen nicht wahrnehmbar ist, die unmittelbar nebeneinander befindlichen Pflanzen sich doch etwas ungleich verhalten. Man theilt beispielsweise einen Satz von Hieracien in zwei Sätze, die bloss einen Meter von einander entfernt sind, und dennoch blüht zuweilen der eine etwas früher als der andere. Dass diese Verschiedenheit nicht constant ist, sondern nur von unbekanntem Wohlbefinden abhängt, geht daraus hervor, dass in einem andern Jahr das Verhältniss sich umkehrt und dass der Satz, der in einem vorhergehenden Jahr um einige Tage früher blühte, jetzt um einige Tage später blüht. Ein ähnliches wechselndes Verhalten zeigen nun auch die Sätze von verschiedenem Ursprung; bald ist der eine, bald der andere der geförderte, bei einem Durchschnitt von 8 und mehr Jahren aber verschwinden die Verschiedenheiten gänzlich.

Eine solche Uebereinstimmung besteht aber nur zwischen den Pflanzen, die sich in voller Vegetationskraft befinden. Man muss sich wohl hüten, nicht solche von ungleicher Vegetation mit einander zu vergleichen. Es gibt immer einzelne Stöcke, oft auch ganze Sätze, die mehr oder weniger leidend sind, nicht kräftig sich entwickeln und die auch zu anderer Zeit blühen. Man unterscheidet solche Stöcke und Sätze leicht an der Farbe, Grösse und Zahl der Laubblätter, sowie an dem schwächlichen Wuchs. Hieracien, die sich in diesem abnormalen Zustande befinden, blühen später, wenn es kleinere Arten mit Blattrosette und schaftartigem Stengel sind, früher, wenn es grössere Arten mit beblättertem Stengel sind, wobei dann der Stengel kürzer oder spärlicher beblättert wird.

Die Beobachtung an den Hieracien ergibt unzweifelhaft, dass erbliche, sowohl morphologische als physiologische Eigenschaften durch ein noch so langes Verweilen unter besondern klimatischen und Ernährungseinflüssen nicht geändert werden. Die Accommodation an die äusseren Umstände dauert nur so lange, als diese vorhanden sind. Werden die äusseren Umstände andere, so verändert sich auch die Accommodation, und von einer Gewohnheit, welche die Dauer einer Erdperiode hatte, bleibt nichts zurück. Die Hieracien, die in Cultur genommen werden, besitzen noch die Natur der wilden Pflanzen und offenbaren uns das Verhalten der natürlichen Varietäten. Es unterliegt aber keinem Zweifel, dass, wenn ihre Cultur ein praktisches Interesse gewähren und durch lange Zeiträume fortgesetzt würde, sie in den nämlichen Zustand gelangen müssten, wie die übrigen domesticirten Pflanzenarten. Durch reichliche Kreuzung und durch das Aufhören der Concurrenz würden variable Rassenmerkmale entstehen, und auch die Blüthezeit, die jetzt in den natürlichen Varietäten eine so zähe Constanz zeigt, könnte dann zu einer leicht veränderlichen Grösse werden. Dies beweist uns, dass bei Beobachtungen über die Beständigkeit der Eigenschaften eines Organismus vor allem festzustellen ist, ob er sich noch in dem natürlichen Zustand befinde, oder ob er eine mehr oder weniger lange Culturperiode durchgemacht habe.

Der Unterschied zwischen Varietät und Rasse, die Einförmigkeit und Beständigkeit der ersteren, die Vielförmigkeit und Unbeständigkeit der letzteren, kann nur begriffen werden, wenn man auf die Ursachen dieser Erscheinungen eingeht. Die Meinungen, die man darüber ausgesprochen hat, betreffen entweder Nebenumstände oder sind auch ganz ungegründet, wie ich dies bezüglich der vermeintlichen Einförmigkeit der Lebensbedingungen im Naturzustande und ihrer vermeintlichen Vielförmigkeit in der Domestication ausgeführt habe (S. 233). Der Schlüssel zu dem Räthsel findet sich lediglich in dem Umstande, dass die Rassen, im Gegensatze zu den Varietäten, entweder das Product vielfacher vorausgehender Kreuzung oder ungehemmter und geschützter Entwicklung von Störungen im normalen Lebensprocess sind.

Es gibt wohl keine Culturpflanze und kein Hausthier mit vielen Rassen, welches nicht von zwei oder mehreren wilden Arten abstammte und bei welchem nicht die Kreuzung so erfolgreich gewesen wäre, dass die Grenze zwischen jenen Arten vollkommen verwischt wurde. So kommen unsere fast zahllosen Birnsorten wahrscheinlich von zwei wilden Pyrus-Arten, die Apfelsorten ebenfalls von zwei wilden Arten, die Sorten der Weinrebe von zwei oder drei Arten von Vitis her. — Durch die wiederholte Kreuzung der Nachkommenschaft zweier oder mehrerer Arten werden nicht nur die sichtbaren Merkmale der letzteren in der mannigfaltigsten Weise combinirt und abgestuft, sondern es werden auch latente Anlagen derselben zur Entfaltung gebracht oder unter Betheiligung der latenten Anlagen und unter dem Einfluss der durch die hybride Mischung abgeänderten Constitution des Idioplasmas die Merkmale der Stammeltern in vielfacher Weise umgebildet.

Durch die Beseitigung aller Concurrenz und die Pflege der Cultur vermögen ferner Metamorphosen und Monstrositäten sich auszubilden. Dieselben haben wohl immer in latenten, nun zu abnormaler Entwicklung gelangenden Anlagen ihren Ursprung, weshalb sie auch sich stets gewissermassen als Rückschläge kund geben. Dieselben bieten, namentlich wenn Kreuzung hinzukommt, die Veranlassung zu vielfach vermehrter Abänderung.

Bei der Rassenbildung in Folge von hybrider Kreuzung und von Metamorphosirung werden also nicht wirklich neue Anlagen erzeugt, sondern bereits vorhandene in anderer Weise combinirt und bisher latent gebliebene wieder lebendig gemacht. Deswegen geht die Veränderung der Rassen so ausserordentlich rasch vor sich.

Bei der Varietätenbildung dagegen entstehen neue Anlagen, indem das Idioplasma durch den innewohnenden Vervollkommnungstrieb und durch die als Reize wirkenden äusseren Einflüsse stetig sich verändert. Diese Veränderung geschieht in allen Individuen, weil die Ursachen die nämlichen sind, gleichsinnig; daher zeigen die Varietäten eine so auffallende Einförmigkeit. — Ferner haben die äusseren Einflüsse häufig, da die Organismen denselben bereits angepasst sind, keine Gelegenheit, ihre Wirksamkeit zu äussern, und wenn sie auch eine andere Anpassung verlangen, so scheinen sie die Veränderung doch nur nach Maassgabe, als das Idioplasma durch innere Ursachen sich umbildet, bewirken zu können (vgl. S. 181). Diese durch den Vervollkommnungstrieb erfolgende Complication in der Configuration des Idioplasmas steigert sich aber äusserst langsam, bis die fertig gewordenen Anlagen sich als sichtbare Merkmale zu entfalten vermögen; daher bleiben die Varietäten durch lange Zeiträume äusserlich unverändert. Kreuzungen und Rückschläge durch Störungen finden in den Varietäten wohl statt, — aber, da ihre Träger durch die Concurrenz sofort beseitigt werden, nur vereinzelt und ohne Wirkung auf die ganze Sippe; sie vermögen also die Einförmigkeit und Stetigkeit der Varietäten nicht zu trüben.

Kurz ausgedrückt können wir sagen: Bei der (künstlichen oder domesticirten) Rassenbildung wird nicht die Summe der idioplasmatischen Anlagen, sondern nur das Gleichgewicht zwischen denselben oder das Verhältniss von manifest werdenden und latent bleibenden Anlagen geändert; bei der (natürlichen) Varietätenbildung dagegen vermehrt sich die Summe der Anlagen. Bei der ersteren wird die Configuration des idioplasmatischen Systems durch Verschiebung von Micellgruppen bloss modificirt, bei der letzteren aber durch Einschiebung neuer Gruppen, durch schärfere Scheidung der vorhandenen Gruppen und durch Differenzirung in ihrem Innern erweitert und bereichert.

Die Varietäten unterscheiden sich von den Rassen im allgemeinen durch ihre Einförmigkeit und Beständigkeit. Die Einförmigkeit rührt daher, dass die nämlichen abändernden Ursachen auf die Individuen einer Sippe einwirken, die Beständigkeit daher, dass Kreuzung zwischen Varietäten nicht häufig stattfindet und dass die Bastarde in der Concurrenz bald unterliegen und verdrängt werden. Als Beispiel und Beweis hiefür kann die grosse Mehrzahl der Pflanzensippen angeführt werden. Gleichwohl gibt es Fälle, welche bezüglich der Einförmigkeit der Varietäten scheinbar eine Ausnahme machen; es gibt in wenigen Gattungen auch vielförmige Varietäten.

Um diese Ausnahme zu verstehen und in das richtige Verhältniss zur Regel zu bringen, müssen wir die Entstehung der Varietäten etwas genauer betrachten. Es wird sich dann zeigen, dass die Einförmigkeit und Vielförmigkeit derselben auf den nämlichen Ursachen beruhen und eigentlich die nämliche Erscheinung nur in verschiedener Abstufung sind. Wir müssen aber zum voraus festhalten, dass die Eigenschaften der Varietäten nur erbliche sein können, und dass also die mannigfaltigen, unendlich abgestuften, nicht erblichen Merkmale, welche die äusseren Einflüsse unmittelbar hervorbringen, nicht die Vielförmigkeit der Varietät, sondern die Vielförmigkeit der Modification bestimmen, von der ich nachher sprechen werde. Eine andere, durch die Kreuzung hervorgebrachte Vielförmigkeit ist, da dieselbe der Rassenbildung angehört, ebenfalls auszuschliessen; ich werde aber, weil es sich hier um erbliche Eigenschaften handelt, die Grenze zu bestimmen suchen, wo die Varietätenbildung aufhört und die Rassenbildung beginnt.

Die Vielförmigkeit der Varietäten gibt sich in den Anpassungsmerkmalen kund und beruht auf der Mannigfaltigkeit der äusseren Einwirkungen und auf den verschiedenartigen Reactionen, welche in den nämlichen Organismen eintreten können. Wir haben zwei allgemeine Fälle zu unterscheiden, je nachdem nächst verwandte Varietäten räumlich getrennt und somit isolirt, oder aber in der nämlichen Gegend gesellschaftlich entstehen.

Eine einförmige Sippe begebe sich auf die Wanderung und verbreite sich so über ein grosses Gebiet, dass ihre einzelnen Stationen zerstreut sind und nicht unter einander zusammenhängen. Da die äusseren Ursachen sich mannigfaltig combiniren und abstufen, so empfängt möglicher Weise die Anpassung der Sippe in jeder Station einen etwas anderen Impuls und geht in eine etwas andere erbliche Form über. Anfänglich sind die neuen erblichen Merkmale gering und verschwinden unter den unbeständigen Modificationsmerkmalen. Sie werden nach und nach deutlicher; die eingewanderte einförmige Sippe ist vielförmig geworden.

Aber die Vielförmigkeit besteht, wenn wir sie als Vielförmigkeit der Varietät auffassen, nur darin, dass die Formen der verschiedenen Stationen noch zu wenig von einander abweichen, um sie als eben so viele besondere Varietäten zu betrachten. In Wirklichkeit sind es beginnende Varietäten, die sich wie ächte Varietäten verhalten; denn jede ist selbst einförmig und zeigt sich unter verschiedenen Ernährungseinflüssen constant, wie uns das Beispiel der Gattung Hieracium aufs deutlichste zeigt. Bestehen die angegebenen Verhältnisse während hinreichend langer Zeiträume unverändert fort, so erlangen die Anpassungsmerkmale nach und nach ihre grösstmögliche Ausbildung, und die beginnenden Varietäten können schliesslich zu entschiedenen Varietäten und Arten werden.

In dem vorstehenden Falle wurde angenommen, dass die auf jede Station gekommene einförmige Sippe in allen ihren Individuen durch die daselbst herrschenden einförmigen Einflüsse die nämlichen Eindrücke empfangen und sich demgemäss gleichförmig umgebildet habe. Diesses Ergebniss wird aber nur ziemlich selten eintreffen, da aus verschiedenen Gründen eine ungleichartige Abänderung der Individuen, welche auf derselben Station leben, wahrscheinlich ist. Die nächstliegende Möglichkeit besteht darin, dass die äusseren Einflüsse, welche erbliche Abänderungen bedingen, nicht gleichartig sind und daher auch ungleiche Anpassungen bewirken. Eine andere Möglichkeit ist aber auch die, dass gleichartige äussere Einflüsse bei verschiedenen Individuen verschiedene Reactionen hervorrufen. Sind die Einflüsse schädlicher Natur, so stehen dem Organismus oft verschiedene Mittel zu Gebote, um sich dagegen zu schützen; sind sie günstig, so vermag er sich dieselben durch verschiedene neue Einrichtungen nutzbar zu machen. Es können also bei scheinbar gleichartigen Organismen auf scheinbar gleichartige äussere Einwirkungen hin ungleichartige Anpassungsmerkmale entstehen.

Dieser Ausspruch darf nicht missverstanden werden. Es ist selbstverständlich, dass identische Organismen unter identischen äusseren Verhältnissen auch nur in ganz gleicher Weise sich verändern. Aber es sind, wenn auch die als Reiz wirkende abändernde Ursache die nämliche ist, theils die Dispositionen in den Individuen, theils die äusseren Umstände, welche das Wachsthum der Individuen bedingen, ungleich. Bei den Pflanzen ist die Nahrung, die Feuchtigkeit, der Lichteinfluss, die Einwirkung der organischen Umgebung oft auf die kürzesten Entfernungen ungleich, und wenn dadurch auch bloss die Ernährung modificirt wird, so hat die Ernährung, wiewohl sie nicht in directer Weise erbliche Veränderungen bewirkt, doch ebenso wie auf die Entfaltung der idioplasmatischen Anlagen, auch auf die Bildung derselben einen fördernden oder hemmenden Einfluss. Machen wir beispielsweise die Annahme, eine Pflanze sei ihrer Natur nach befähigt, auf den Reiz, den der Angriff eines Thieres auf die Frucht ausübt, drei verschiedene Reactionen zum Schutze der Samen eintreten zu lassen: entweder bilden sich bittere und giftige Stoffe in der Fruchtwandung, oder die Fruchtwandung wird hart und fest, oder sie bewehrt sich mit stachlichen Auswüchsen. Hat die Pflanze eine gleiche Neigung zu diesen Reactionen, so kann die Wahl der einen oder andern durch die ungleiche Ernährung bestimmt werden.

Es kann also in den gesellschaftlich lebenden Individuen einer Sippe die Anpassung aus verschiedenen Gründen in ungleicher Weise beginnen. Wie ich früher wahrscheinlich gemacht habe, trifft die von äusseren Reizen bewirkte erbliche Veränderung zuerst das Idioplasma. Würde sie aber auch in primärer Weise den entfalteten Organismus treffen, so müsste doch gleichzeitig das Idioplasma mit verändert werden, weil sonst eine Vererbung unmöglich wäre. Ich kann also für alle Fälle die Veränderung des Idioplasmas der Betrachtung zu Grunde legen.

Sind nach Lage der Umstände mehrere Anpassungen möglich, so kann die begonnene Veränderung denkbarer Weise durch zwei Ursachen gestört werden, 1) dadurch, dass die Abstammungslinien, deren Anpassung unter bestimmten Einflüssen angefangen hat, durch die Verbreitung der Keime unter andere, eine verschiedenartige Anpassung bedingende, Einflüsse kommen, 2) dadurch, dass die Individuen jener verschiedenen Abstammungslinien sich mit einander kreuzen.

Um die erste Frage zu erörtern, nehmen wir am zweckmässigsten an, dass die Organismen sich auf ungeschlechtlichem Wege fortpflanzen, um dadurch die Complication der Kreuzung zu eliminiren. Wechselt nun eine Abstammungslinie ein- oder mehrmals ihren Aufenthalt, so dass bald die einen bald die anderen Einflüsse auf sie einwirken, so kann das Ergebniss sehr ungleich ausfallen, je nach dem gegenseitigen Verhalten der verschiedenen Anlagen, die den einen und den anderen Einflüssen entsprechen. Wir können in dieser Beziehung folgende vier Fälle unterscheiden.

1. Der einfachste Fall ist, dass die verschiedenartigen Einflüsse Anpassungsanlagen (*P*, *Q*, *R* ...) hervorbringen, welche unabhängig von einander sind, sich neben einander bilden und deren Entfaltungsmerkmale ebenfalls neben einander bestehen können. Der Erfolg wird nun von der Länge der Zeit abhängen, während welcher jede Abstammungslinie die einen und die anderen Einflüsse erfahren hat. Es grenzen beispielsweise zwei Standorte an einander, von denen der eine die Anpassungsanlage *P*, der andere die Anlage *Q* bewirkt; die Uebersiedelung von einem Standort auf den andern findet häufig statt. Auf den beiden Standorten kommen somit durch einander Individuen vor, in denen die beiden Anlagen *P* und *Q* ungleich weit entwickelt sind, deren Stärke selbstverständlich im umgekehrten Verhältniss zu einander steht. Geht die Entfaltung der Merkmale Hand in Hand mit der Entstehung der Anlagen, so finden sich auf jedem Standort alle möglichen Abstufungen der beiden Merkmale. Müssen aber die Anlagen eine gewisse Stärke erlangen, ehe sie entfaltungsfähig werden, so wird es ein Stadium geben, in welchem die einen Individuen bloss die Anlage *P*, die anderen bloss die Anlage *Q* zur Entfaltung bringen, indess in einer dritten Partie von Individuen sowohl *P* als *Q* noch nicht entfaltungsfähig sind. Dem entsprechend beherbergt jeder Standort drei dem äusseren Ansehen nach verschiedene Formen, von denen die eine die ursprüngliche, unveränderte Form darstellt, die beiden andern je ein neues Merkmal aufweisen. Hören die abändernden Einflüsse in diesem Stadium auf, indem z. B. eine neue Wanderung eintritt, so können die drei Formen für alle Zeiten verschieden bleiben.

2. Die äusseren Ursachen, welche auf zwei neben einander befindlichen Standorten thätig sind, bewirken zwei vicarirende Anlagen P und P_1, die sich zu einander verhalten wie die nämlichen Grössen mit positivem und negativem Vorzeichen. Dies ist beispielsweise dann der Fall, wenn die eine Ursache auf die Vergrösserung, die andere

auf die Verkleinerung eines Organs hin arbeitet, wenn die eine Ursache die Zahl der Zellen und der Organe vermehrt, die andere sie beschränkt, wenn die eine Ursache eine Eigenschaft hervorruft, die andere sie austilgt. Ist dies der Fall, so wird bei der Uebersiedelung von dem einen Standort auf den andern die bisherige Anpassungsveränderung wieder rückgängig gemacht, und die beide Standorte bewohnende Sippe bleibt um so gleichförmiger, je öfter ein solcher Wechsel eintritt.

3. Die zwei vicarirenden Anlagen *P* und *Q*, welche durch die äusseren Ursachen bedingt werden, sind zwei divergirende Bewegungen, die aber nicht diametral auseinandergehen und sich nicht gegenseitig aufheben, sondern nach einer Seite gewendet sind und daher eine Vereinigung in eine resultirende *PQ* zulassen. Es vereinigen sich also die beiden Anlagen zu einer gemeinschaftlichen Anlage, welche, wenn die Ursachen wieder auf zwei benachbarten Standorten getrennt sind, um so mehr von *P* oder um so mehr von *Q* enthält, je nach der Länge der Zeit, während welcher eine Abstammungslinie auf jedem der beiden Standorte gelebt hat. Viele Bastarde geben uns ein Bild von der Vereinigung der Merkmale, wie sie in der freien Natur ohne Kreuzung durch den Einfluss verschiedenartiger Ursachen zu Stande kommen kann. So gibt es auch Pflanzenbastarde zwischen Varietäten und Arten, die den natürlich und selbständig entstandenen Zwischenformen sehr ähnlich sind.

Wenn in den unter 2. und 3. aufgeführten Fällen die Entfaltung der Anlagen gleichen Schritt hält mit der Entstehung derselben, so finden sich einige Zeit, nachdem die einförmige Sippe auf die beiden Standorte gekommen ist, auf jedem derselben eine Reihe von Formen beisammen, die sich zwischen zwei Extremen abstufen. Muss aber die Anlage, um entfaltungsfähig zu werden, eine gewisse Stärke der Ausbildung erlangt haben, so stellt sich einige Zeit nach der Einwanderung neben der ursprünglichen unveränderten Form eine zweite abgeänderte ein.

4. Von den vicarirenden Merkmalen kann nur eines sich entfalten, während ihre Anlagen *P*, *Q*, *R* im Idioplasma entweder ungehemmt neben einander sich entwickeln oder aber sich gegenseitig mehr oder weniger beschränken, so dass, wenn die eine vorhanden ist, sie die Bildung der anderen verzögert oder verhindert. Der ungünstige Einfluss einer vorhandenen Anlage auf die entstehenden

vicarirenden Anlagen tritt leicht in den so häufigen Fällen ein, in denen diese Anlagen die verschiedenen Reactionen auf den nämlichen äusseren Reiz darstellen. Hat nun eine Abstammungslinie unter bestimmten Umständen die Anpassungsänderung *P* begonnen und gelangt sie unter Verhältnisse, welche der Anpassung *Q* günstiger sind, so fährt möglicher Weise die Anlage *P* dennoch fort zu wachsen, statt durch *Q* verdrängt zu werden. Das Nämliche kann mit der Anlage *Q* geschehen, deren Träger unter Verhältnisse kommen, welche die Anpassung *P* veranlassen. So bilden sich da und dort neben einander zwei Formen aus, von denen die eine die Anlage *P*, die andere die Anlage *Q* zur Entfaltung bringt.

Um den Vorgang dem Verständnisse noch näher zu bringen, will ich ein specielles Beispiel wählen. Es komme eine einförmige Pflanzensippe durch Wanderung in ein wärmeres oder kälteres Klima. Die ungewöhnliche Temperatur wirkt als Reiz und bringt je nach den begünstigenden Factoren (Feuchtigkeit oder Trockenheit des Bodens und der Luft, Beleuchtung oder Beschattung, ungleiche Nahrung, ungleiche vegetabilische Umgebung) verschiedene Anpassungen *P*, *Q*, *R* hervor. Hat die Anlage *P* auf einem trockenen, sonnigen, mageren, kalkreichen, mit kurzem Rasen bedeckten Standort begonnen, so setzt sie auf anderen Standorten, welche feuchter oder schattiger oder reicher an Nährstoffen oder kalkarm oder mit grossen Stauden besetzt sind, ihre Ausbildung gleichwohl ungestört fort. Die anderen Anpassungsanlagen *Q* und *R* verhalten sich ihrerseits ebenso; sie fangen auf bestimmten Standorten an und entwickeln sich nachher auf anderen Standorten weiter, da der Reiz, den die Temperatur ausübt, überall der nämliche ist. Es können also die verschiedenen, diesem Reiz entsprechenden Anpassungsformen in Gesellschaft nebeneinander auf verschiedenen Standorten sich ausbilden.

Dass der Vorgang in der geschilderten Art eintrete, müssen drei Bedingungen erfüllt sein: es müssen die vicarirenden Anlagen einander in ihrer Ausbildung in hinreichendem Maasse beschränken; es muss ferner die eine Anlage in hinreichend bestimmtem Grade angefangen haben; es müssen endlich, gegenüber der als Reiz wirkenden allgemeinen Ursache, die übrigen äusseren Einflüsse nicht so stark auf das Idioplasma einwirken, dass sie die Verdrängung der bereits vorhandenen Anlage und Entstehung einer neuen verursachen. Was das Verhalten der idioplasmatischen Anlagen vicarirender Merkmale zu einander betrifft, so kommt es in manchen Fällen möglicher Weise bloss auf den ersten Anstoss an; derselbe entscheidet dann, indem er bestimmte Spannungen im Idioplasma auslöst, ob die Reaction auf den Reiz fortan in der einen oder anderen Weise erfolge. Die Anpassung kann in diesem extremen Fall auch unter veränderten äusseren Umständen, vorausgesetzt dass der massgebende Reiz in der nämlichen Weise fortwirkt, nicht mehr umgewandelt werden.

Es ist kaum nöthig die Erscheinungen zu besprechen, welche in dem entgegengesetzten Extrem eintreten, wenn nämlich die vicarirenden Anlagen ungehindert neben einander im Idioplasma entstehen und bestehen können. Wechseln in diesem Falle die Abstammungslinien die Standorte, so steht die Weiterbildung der übrigen Anpassungsanlagen still, und es bildet sich nur die dem jeweiligen Standort entsprechende Anlage aus. Es kann also eine Anlage bloss auf ihrem Standorte entfaltungsfähig werden. Ist sie einmal in diesen Zustand gelangt, so entfaltet sie sich fortan ebenfalls, wenn die Abstammungslinie auf andere Standorte übersiedelt. Es kommen daher auch in diesem Falle auf den verschiedenen Standorten die verschiedenen Anpassungsformen (*P*, *Q*, *R*) und vielleicht die ursprüngliche noch unveränderte Form gesellschaftlich vor, obgleich man hier nicht von einem gesellschaftlichen Entstehen sprechen kann.

Ich habe bis jetzt die Ergebnisse betrachtet, welche eintreten müssen, wenn verschiedene äussere Einflüsse auf die Anpassung von gesellschaftlich beisammen lebenden Individuen einer Sippe einwirken, insofern dieselben auf ungeschlechtlichem Wege sich fortpflanzen. Der Mangel einer geschlechtlichen Fortpflanzung kommt aber normal nur den niedrigsten Pflanzen zu; die höheren Gewächse entbehren derselben höchstens ausnahmsweise und als abnormale Erscheinung. Die gesellschaftlich lebenden Pflanzen können sich, da sie Geschlechtsorgane besitzen, gegenseitig befruchten; es sind daher die gewonnenen Ergebnisse nicht ohne weiteres als die in Wirklichkeit vorhandenen in Anspruch zu nehmen, sondern es muss erst noch untersucht werden, ob und wiefern dieselben durch die Kreuzung modificirt werden.

Wir können uns die Wirkung der Kreuzung auf die Varietätenbildung am besten klar machen, wenn wir die möglichen Fälle, die ich unter Nr. 1—4 unterschieden habe, der Reihe nach getrennt betrachten. Sind die entstehenden Anlagen unabhängig von einander und können ihre Entfaltungsmerkmale neben einander bestehen, wie es unter Nr. 1 (S. 251) angenommen wurde, so hat die Kreuzung der Abstammungslinien, in denen eine ungleiche Anpassung begonnen hat, im allgemeinen keinen anderen Erfolg, als ein Wechsel der Standorte. Sie vereinigt die verschiedenen Anlagen und Merkmale, wobei als Grundsatz festzuhalten ist, dass der Erbtheil der beiden Eltern sich ziemlich die Wage hält und dass Vater und Mutter ihrem Wesen nach, d. h. mit ihren idioplasmatischen Anlagen je zur Hälfte in dem Kinde enthalten sind. Wir können uns von dem einzelnen Kreuzungsfall eine bestimmte Vorstellung machen, wenn wir die begonnenen Anlagen je nach der Stärke, die sie erlangt haben, durch numerische Werthe bezeichnen, und durch 1 diejenige Stärke ausdrücken, wodurch die Anlage eben entfaltungsfähig geworden ist. Folgendes Beispiel mag das Verhalten von 4 jungen Anlagen *P*, *Q*, *R*, *S* bei der Kreuzung deutlich machen.

	P	*Q*	*R*	*S*
Vater . . .	0,5	2,0	1,2	0,3
Mutter . . .	1,8	0,4	0,6	1,2
Kind . . .	1,15	1,2	0,9	0,75

Im Vater waren die Anlagen *Q* und *R*, in der Mutter die Anlagen *P* und *S* in den ersten Entfaltungszuständen sichtbar geworden; *P* und *S* waren im Vater, *Q* und *R* in der Mutter noch latent. Die Vermischung des väterlichen und mütterlichen Idioplasmas hat zur Folge, dass in dem Kinde ein Merkmal des Vaters (*R*) und eines der Mutter (*S*) wieder latent geworden sind. Solche Schwankungen werden durch die Kreuzung nothwendig im Entwicklungsgang der einzelnen Abstammungslinien hervorgebracht; dadurch wird aber die Bildung der Varietäten im grossen und ganzen nicht erheblich beeinträchtigt.

Wenn zwei vicarirende Anlagen eine Vereinigung gestatten, wie dies unter Nr. 2 und 3 (S. 251, 252) der Fall ist, so hat die Kreuzung zweier ungleich abgeänderter Abstammungslinien genau das gleiche Ergebniss, wie wenn die beiden Abstammungslinien während einer hinreichenden Zeitdauer auf den vertauschten Standorten lebten.

Der wichtigste und wohl auch am häufigsten vorkommende Fall ist der, dass die vicarirenden Merkmale sich gegenseitig ausschliessen, da eine Vereinigung derselben unzulässig ist, wobei ihre Anlagen meistens in ihrer Bildung sich gegenseitig mehr oder weniger beeinträchtigen (Nr. 4, S. 252). Tritt geschlechtliche Vermischung zwischen Abstammungslinien ein, welche ungleiche Anpassungsanlagen zu bilden angefangen haben, so wird je nach dem Grade der Unduldsamkeit entweder der schwächere Anfang aus dem Idioplasma des Keimes ganz ausgeschlossen, oder er wird zwar darin aufgenommen, aber in eine untergeordnete Stellung verwiesen, während der stärkere Anfang begünstigt ist und sich in der Folge unter der fortdauernden Einwirkung der allgemeinen Anpassungsursache auch unter verschiedenen anderweitigen Einflüssen allein oder vorzugsweise entwickelt. Sind aber die ungleichartigen Anpassungsanfänge in den beiden Eltern von gleicher Stärke, dann muss sich bei der Keimbildung entscheiden, welcher von den beiden Anfängen die bevorzugte Stellung im Idioplasma einzunehmen hat, gerade so wie in jenem Zeitpunkt auch die Entscheidung getroffen wird, ob das männliche oder das weibliche Geschlecht der Eltern in dem Keime Platz greifen soll. In dem extremen Fall, welcher darin besteht, dass die beiden verschiedenartigen Anpassungsanfänge der Eltern als gleichwerthige Bestandtheile in das Idioplasma des Kreuzungsproductes aufgenommen werden, entwickelt sich der eine oder andere je nach den anderweitigen äusseren Einflüssen weiter.

Von diesen verschiedenen Vorgängen können wir uns eine Vorstellung machen, wenn wir in zahlreichen Bastarden von natürlichen Varietäten und von Arten die einzelnen Merkmale genau mit denen der Eltern vergleichen. In diesem Falle liegt zwar die Sache etwas anders als bei entstehenden Varietäten, da das elterliche Idioplasma fertige Anlagen enthält, die mit grösserer Zähigkeit ihr Recht, in das kindliche Idioplasma aufgenommen zu werden, behaupten. Gleichwohl sehen wir oft das eine oder andere schwächere Merkmal, das nur dem einen von den Eltern zukommt, ganz verschwinden, während die stärkeren Merkmale zu unnatürlichen und für die Dauer unhaltbaren Vereinigungen zusammentreten.

Es unterliegt also keinem Zweifel, dass zwei oder mehrere Varietäten, deren unterscheidende Merkmale nicht nebeneinander sich zu entfalten vermögen, gesellschaftlich entstehen können, und dass die allfällige Kreuzung der verschiedenartigen Abstammungslinien keineswegs ein Hinderniss ihrer strengen Scheidung abgibt. Im ungünstigsten Falle enthalten die Individuen der einen Varietät die Anlagen der anderen Varietät im nicht entfaltungsfähigen Zustande.

In vielen Fällen aber sind diese Anlagen verkümmert oder mangeln auch gänzlich.

Dieses Resultat, das schon aus dem gegenseitigen Verhalten der Anlagen allein sich ergibt, wird durch zwei Umstände sehr merklich gefördert. Einmal treten wegen der räumlichen Vertheilung der Individuen die Kreuzungen zwischen den in ungleicher Weise abändernden Abstammungslinien besonders im Anfange seltener ein. Die ungleichen Anpassungen werden ja im allgemeinen stets unter verschiedenartigen äusseren Einflüssen beginnen, also wenigstens ursprünglich räumlich getrennt sein; diese räumliche Trennung wird jedoch durch die Verbreitung der Samen und durch die Verbreitung des die Kreuzung bewirkenden Blüthenstaubes bald gestört und dann immer mehr verwischt. Die in gleicher Weise abändernden Individuen sind also ursprünglich beisammen, und die Inzucht zwischen ihnen ist gegenüber der Kreuzung mit einer unter anderen Verhältnissen beginnenden Varietät ausserordentlich begünstigt. Es ist somit wenigstens ein bestimmter Anfang der Anpassungsveränderung gesichert.

Sowie nun die Veränderung des Idioplasmas in eine bestimmte Bahn eingelenkt hat, so tritt ein neues wichtiges Moment hiezu, welches das Verlassen dieser Bahn verhindern hilft. Die Individuen sind nunmehr ihrer Natur nach zur Begattung mit solchen Individuen, in denen eine andersartige Veränderung des Idioplasmas begonnen hat, weniger geneigt, und es erfolgt, auch wenn durch die Verbreitung der Samen eine räumliche Vereinigung der verschiedenartig abändernden Abstammungslinien eingetreten ist, die Kreuzung zwischen denselben viel spärlicher als die Befruchtung durch Inzucht. Wir dürfen dies mit Sicherheit aus der so vielfach bestätigten Thatsache schliessen, dass nächst verwandte Varietäten, deren verschiedene Merkmale eine Vereinigung in einem Bastard wohl zulassen würden, in der Natur gesellschaftlich auf den nämlichen Standorten ohne alle Kreuzungsproducte oder nur mit spärlichen Zwischenformen vorkommen. Diese Thatsache beweist, dass den (natürlichen) Varietäten schon in Folge geringster Verschiedenheit in der Constitution des Idioplasmas eine Abneigung vor geschlechtlicher Vereinigung einwohnen kann. Ich werde dies in dem folgenden Abschnitt bei der Beurtheilung der von Darwin gezogenen Schlussfolgerung von der Rassenbildung auf die Varietätenbildung weiter ausführen.

Ich habe in den vorstehenden Betrachtungen bezüglich der Varietätenbildung bloss die Entstehung der hervorragenden Anpassungsmerkmale berücksichtigt, weil darin jedenfalls der entscheidende Anstoss enthalten ist. Die Veränderung beschränkt sich freilich nicht hierauf, sondern gibt sich noch in einer Zahl von Erscheinungen kund, die aber als die Folgen jener Anpassung zu betrachten sind. Die Einfügung einer neuen idioplasmatischen Anlage, welche dem Anpassungsmerkmale entspricht, veranlasst selbstverständlich verschiedene grössere und geringere Umbildungen in der Configuration des Idioplasmas, führt Modificationen anderer Merkmale herbei und kann schliesslich den ganzen Habitus umgestalten. Es sind dies nach meiner Ansicht secundäre Erscheinungen, und die Varietätenbildung wird ursächlich nur durch die eigentlichen Anpassungsmerkmale bestimmt.

Ziehen wir die Summe, so ergibt sich, dass in vielen Fällen, wenn nämlich die Anpassungsmerkmale sich ausschliessen, die Entstehung mehrerer Varietäten und die divergirende Ausbildung derselben unter den gesellschaftlich beisammen lebenden Individuen einer Sippe durch die Kreuzung weder verhindert noch überhaupt gestört und auch durch hybride Zwischenformen nicht maskirt wird. Die beginnenden und sich entwickelnden Varietäten machen die Sippe zwar mehrförmig, sie selber aber sind einförmig. Mit diesem theoretischen Ergebniss stimmen die Erfahrungsthatsachen über das gemeinsame Vorkommen nächst verwandter Varietäten vollkommen überein.

In andern Fällen, wenn nämlich die Anpassungsmerkmale sich nicht beeinträchtigen, ist zwar das gesellschaftliche Entstehen zweier oder mehrerer Varietäten aus einer einförmigen Sippe keine Unmöglichkeit; sie wird aber meistens durch die Kreuzung verhindert. Solche Varietäten haben gewöhnlich einen räumlich getrennten Ursprung; wobei sie vor der Kreuzung gesichert sind. Kommen sie nachträglich durch Verbreitung der Samen zusammen, so entstehen durch Kreuzung Bastardformen, welche je nach Umständen eine vollständige Uebergangsreihe oder nur vereinzelte Zwischenglieder darstellen, aber, weil sie in viel zu geringer Zahl vorhanden sind, das gesellschaftliche Fortbestehen der Varietäten und ihre weitere Ausbildung nicht mehr zu verhindern vermögen. — Die genannten Kreuzungsproducte geben den Varietäten den Anschein der erblichen Vielförmigkeit, denn die einzelnen Formen bleiben bei Reinzucht erhalten. Es ist aber eigentlich nur die Rassenvielförmigkeit, welche sich zwischen die einförmigen Varietäten hineinlagert.

Die durch Kreuzung von Varietäten (oder Arten) entstehenden Bastarde sind für die Varietäten- und Artbildung beinahe ohne Bedeutung, indem sie nichts Neues und Selbständiges hervorbringen und auch die fernere Entwicklung der Sippen kaum modificiren. Dagegen ist ihr Vorhandensein für die Beurtheilung der Sippen von grossem Werth, indem es einen nahen Verwandtschaftsgrad und somit einen nicht allzufernen gemeinsamen Ursprung derselben anzeigt.

Die Varietät wird nur durch die erblichen Eigenschaften bestimmt; dies gilt auch von der **Rasse**, und wenn ich bis jetzt von Rasse gesprochen habe, so setzte ich bloss erbliche Merkmale als zum Begriff derselben gehörig voraus; nur in dieser Beschränkung hat der Begriff eine wissenschaftliche Bedeutung. Dies bleibt oft unbeachtet, und besonders die Praktiker nehmen als Rassenmerkmale auch Ernährungsmodificationen in Anspruch. Deswegen konnte mir auch, als ich vor Jahren die Behauptung ausgesprochen, die Ernährung verändere weder Varietäten noch Rassen, erwiedert werden, dass dies der Erfahrung widerspreche, nach welcher viele Rassen bloss bei einer bestimmten Ernährung constant bleiben. Der Einwurf war ja vollkommen richtig, wenn man dem Begriff eine unwissenschaftliche Ausdehnung gab. Artet die Rasse einer Pflanze, welcher bestimmte Düngung und Cultur, die Rasse eines Thieres, welchem bestimmtes Futter und Pflege entzogen werden, aus, indem sie gewisse Ernährungsmerkmale verliert, so liegt darin gerade der Beweis, dass man es nicht mit einer Rasse im strengen Sinne zu thun hat, dass ihre Eigenschaften, soweit dieselben ausarten, nicht erblich sind. Es mag nun für den Praktiker bequem und nützlich sein, mit dem Ausdruck Rasse auch die veränderlichen Ernährungsmodificationen zu bezeichnen, und dies um so mehr, als den letzteren, wenn sie in der Cultur entstehen, häufig etwas Beständiges und Erbliches beigemengt ist. Aber auf wissenschaftliche Erörterungen darf dieser Missbrauch keinen Einfluss gewinnen. Unter Rassenmerkmalen dürfen nur solche verstanden werden, welche unter verschiedenen äusseren Verhältnissen sich eine Zeit lang vererben; von ihnen muss man sorgfältig alle nicht vererblichen Eigenschaften ausscheiden.

Die Individuen, die einer Rasse angehören, haben selbstverständlich immer auch Modificationsmerkmale an sich, da sie sich in einem bestimmten Ernährungszustand befinden müssen, — und die Aufgabe der Wissenschaft ist es, die letzteren von den erblichen Eigenschaften zu unterscheiden. Im allgemeinen lassen sich die Merkmale zum voraus ziemlich scharf trennen. In den Formen, die durch Bastardirung entstanden sind, gehören die von den Eltern überkommenen hybriden Merkmale, in den Formen, die aus krankhaften Veränderungen hervorgegangen, diese krankhaften Merkmale der Rasse an. Was dagegen die sog. Pfropfbastarde betrifft, so lässt sich nach den meist wenig kritischen und wenig zuverlässigen Angaben nichts allgemein Gültiges aussagen. Es ist sicher, dass in der Mehrzahl der Fälle die Unterlage des Pfropfreises demselben nur Nahrung zuführt, und dass somit, wenn eine geringe Veränderung der Sorte eintritt, diese als vorübergehende Ernährungsmodification und nicht als erbliche Rasseneigenschaft zu betrachten ist; denn das Pfropfen dient ja gerade zur Conservirung der Rasse. In gewissen Fällen jedoch (Cytisus Adami, Pfropfhybriden von Kartoffeln) scheint das Pfropfreis und zwar unmittelbar durch das Pfropfen eine erbliche Veränderung zu erfahren, während es späterhin, für den Fall, dass die Vereinigung perennirend ist, nur indifferente Nahrung aus der Unterlage bezieht.

Im concreten Fall ist es oft nicht leicht, die Ernährungsmerkmale und die eigentlichen Rassenmerkmale genau von einander zu unterscheiden, weil die letzteren zwar erblich, aber doch, ihrem Ursprung entsprechend, von geringer Constanz sind. Man muss sich daher wohl hüten, aus unvollständigen Beobachtungen voreilige Schlüsse zu ziehen. Wenn man eine sog. Rasse von ihrem Ursprunge aus verfolgen, wenn man sie längere Zeit beobachten und mit ihr experimentiren kann, so mag es gelingen, die einzelnen Erscheinungen, welche an ihr bemerkbar sind, auf die ursächlichen Momente zurückzuführen. Ist aber das Erfahrungsmaterial für einen Schluss unzureichend, so läuft man immer Gefahr, Irrthümer zu begehen.

Um den Einfluss des Klimas auf die Pflanzen darzuthun, führt Darwin Beobachtungen von Metzger (Getreidearten S. 206) an einer amerikanischen Maissorte an, welche in Heidelberg im ersten Jahr eine Höhe von 12 Fuss erreichte, in den folgenden Jahren kleiner wurde und zugleich Gestalt und Farbe der Samen veränderte, und in der sechsten Generation vollständig einer europäischen Varietät glich. An zwei anderen Maissorten wurden geringere Umwandlungen beobachtet. »Diese Thatsachen,« lautet die Folgerung Darwin's, »bieten das merkwürdigste mir bekannte Beispiel der directen und sofortigen Einwirkung des Klimas auf eine Pflanze dar.«

Nach meiner Ansicht sind die in diesem Falle überlieferten Thatsachen viel zu unvollständig, um überhaupt zu einem Schluss auf die Ursachen zu berechtigen. Unbekannt ist der Ursprung und die Vorgeschichte der betreffenden amerikanischen Maissorten, — unbekannt die Verschiedenheit der klimatischen Einflüsse ihres Vaterlandes und deren Heidelbergs, — unbekannt, ob an der in Heidelberg erfolgenden Umwandlung Kreuzung mitgewirkt habe oder nicht. Es liegt also der Antheil der Ernährungs- und klimatischen Einflüsse gegenüber den Ursachen, welche erbliche oder eigentliche Rassenmerkmale erzeugen, umändern und vernichten, gänzlich im Dunkeln. Es wäre ja möglich, dass die fraglichen Sorten in Amerika unter Umständen eine gleiche Umwandlung erfahren. Damit soll natürlich nicht ausgesprochen werden, dass die Folgerung Darwin's an und für sich unmöglich sei; aber sie ist nur eine der verschiedenen Möglichkeiten, und somit keineswegs bewiesen.

Dass der Nichtbotaniker oder auch der Botaniker, der bis dahin die Wirkung der Ernährungs- und klimatischen Einflüsse nicht studirt hat, gerade auf diejenige Möglichkeit verfällt, die der herkömmlichen Meinung entspricht, ist ja sehr begreiflich. Nimmt man aber bei der Beurtheilung der Metzger'schen Beobachtungen auch die kritisch gesichtete Erfahrung über die genannten Einflüsse zu Hilfe, so wird jene Folgerung im höchsten Grade unwahrscheinlich.

Dieses Beispiel gibt zu zwei allgemeinen Bemerkungen Veranlassung, von denen die eine das Ergebniss, und die andere die Methode, mittels der es gewonnen wurde, betrifft. Bezüglich des Ergebnisses verdient die Aeusserung Darwin's, dass die Umwandlung der Maissorten das merkwürdigste ihm bekannte Beispiel von der directen und sofortigen Einwirkung des Klimas auf eine Pflanze darbiete, eine besondere Beachtung. Wenn ein Mann von der reichen Erfahrung, von der ausserordentlichen Findigkeit und dem grossen

Scharfsinn im Combiniren der Thatsachen, wie Darwin sie besitzt, zugesteht, dass er mit der Beobachtung Metzger's den besten Beweis für die Ursächlichkeit des Klimas bei den Umwandlungen der Pflanzensippen beigebracht habe, so muss es gewiss sehr schlimm stehen um die inductiven Beweise für diese Ursächlichkeit. Allerdings spricht Darwin nur von einer »directen und sofortigen Einwirkung«; wenn aber diese sich nicht darthun lässt, wie lassen sich indirecte und langwierige Einwirkungen nachweisen?

Rücksichtlich der Methode ist zu beachten, dass der Bericht Metzger's, wie ich bereits bemerkte, ein mageres Bruchstück aus der Geschichte der betreffenden Maissorten ist, aus welchem sich mit Sicherheit bloss schliessen lässt, dass die Maissorten leicht ausarten, aber nichts über die Ursachen dieses Vorganges. In der Leichtigkeit des Ausartens kommen aber viele Sorten von Culturpflanzen dem Mais gleich. Warum wird nun nicht, zur Ermittelung der Ursachen, das Ausarten einer Sorte benützt, die der eigenen Beobachtung zugänglich ist, über deren Geschichte sich mancherlei ermitteln lässt, die stetsfort unter verschiedenen Ernährungs- und klimatischen Einflüssen cultivirt wird, und die der allgemeinen Controlle unterstellt werden kann? Ich glaube, es geschieht deswegen, weil gerade solche Beispiele immer die vorgefasste Meinung täuschen, und weil dieselben in der Fülle der Thatsachen zeigen, dass man mit einer einfachen Formel nicht auskommt, sondern dass bei den beobachteten Umwandlungen mehrere und verschiedenartige Ursachen zusammenwirken, die sich nur auf dem mühsamen Wege exacter Forschung trennen und erkennen lassen.

Damit bin ich auf einen der wunden Punkte gekommen, an denen die Methode der heutigen Abstammungslehre überhaupt leidet. Man geht nicht immer auf streng inductivem Wege von den einzelnen sicher gestellten Thatsachen aus, sondern man baut sich mehr nach einem allgemeinen und oberflächlichen Ueberblick Theorien auf, für welche man dann die bestätigenden Thatsachen zusammensucht. Und da man — es gilt dies besonders von den natürlichen Varietäten und Arten — die gewünschte Bestätigung nicht in den zahllosen unzweifelhaften, jeder Beobachtung zugänglichen Vorkommnissen unserer nächsten Umgebung findet, so sucht man sie in den mangelhaften und fragmentarischen Berichten, die von früheren Beobachtern oder von Reisenden in fremden Ländern herstammen, und mit

Vorliebe auch in den mangelhaften und fragmentarischen paläontologischen Fünden, mit einem Wort in Ueberlieferungen oder Thatsachen, die verschiedene Deutungen und darunter auch die gewünschte zulassen.

Wie der Rassenbegriff nur dann deutlich und rein hervortritt, wenn man von ihm die vorübergehenden Merkmale ausscheidet, welche durch Ernährung und Klima unmittelbar hervorgebracht werden, so verhält es sich auch mit dem Begriff der Varietät; von demselben muss alles Nichtvererbbare ausgeschlossen werden. Die wirklichen Varietätsmerkmale lassen sich nur dann sicher erkennen, wenn eine natürliche Form unter die verschiedensten äusseren Verhältnisse gebracht wird. Nur die bei einer solchen Behandlung constant bleibenden Eigenschaften gehören der Varietät an; alle sich verändernden Eigenschaften sind als Ernährungs- und Standorts-Modificationen zu eliminiren.

Neben Rassen und Varietäten muss also noch eine Kategorie von Formen unterschieden werden, die durch nicht erbliche Merkmale charakterisirt ist, und die ich einstweilen in Ermangelung eines anderen Wortes mit der bisher bereits gebrauchten Benennung Modification bezeichnen will. Die Modificationen werden durch verschiedene äussere Einflüsse, durch Nahrung, Klima, Reize hervorgebracht und sind vorzüglich Standorts-, Ernährungs- und krankhafte Modificationen. Sie bestehen in Erscheinungen, die am Individuum entstehen und wieder vergehen, oder, wenn sie ihm bis zu seinem Ende anhaften, doch nicht auf die Kinder übertragen werden. Kommen sie auch den Kindern zu, so ist dies nicht Folge der Vererbung, sondern weil sie in ihnen durch die nämlichen Ursachen wie in den Eltern erzeugt werden.

Ich habe von den Alpen-Hieracien angegeben, dass dieselben in den Garten der Ebene verpflanzt, die Ebenenmodification annehmen, und wenn man sie von da auf einen mageren Sandboden bringt, wieder in die zwerghafte Alpenmodification zurückkehren. Die Hieracien sind krautartige Gewächse, welche aus dem ausdauernden kriechenden Wurzelstock jährlich einen im Herbste absterbenden oberirdischen Trieb bilden. Ein solcher Wurzelstock stellt ein langlebiges Individuum dar, mit demselben Rechte wie jeder Baum, besonders aber wie ein tropischer Feigenbaum mit seinen Luftwurzeln. Dieses Individuum geht nun beim Verpflanzen in eine andere Modification über. Manche Systematiker führen die zwerghaften einblüthigen oder einköpfigen Alpenformen als besondere Varietäten auf, wenn sie sich auch von den grösseren verzweigten mehrblüthigen Formen durch kein weiteres Merkmal unterscheiden. Bei einer solchen systematischen Behandlung wird der »Varietät« die allergeringste Constanz zugeschrieben; denn man kann das nämliche Individuum, das man jährlich in andere Ernährungsverhältnisse bringt, Jahr um Jahr in die alpine und wieder in die campestre »Varietät« überführen. Dieses Beispiel zeigt uns, wie wichtig es ist, die Begriffe Varietät und Modification auseinander zu halten; denn die auf erbliche Merkmale beschränkte, wirkliche Varietät hat eine Constanz, deren Dauer nahezu einer Erdperiode gleichkommt.

Die Modification unterscheidet sich also dadurch von der Varietät und der Rasse, dass sie nicht erblich ist. Sie hat Bestand, so lange sie sich unter den nämlichen äusseren Einflüssen befindet, weil diese Einflüsse in jeder Ontogenie wieder die nämlichen Merkmale hervorbringen. Es ist dies aber keine Constanz im naturwissenschaftlichen Sinne; in das Idioplasma wird nichts Erbliches aufgenommen, und wenn die Sippe unter andere Einflüsse kommt, ist ihr daher von den Wirkungen der früheren Einflüsse nichts zurückgeblieben. — Der Ausspruch, dass die Modification nicht erblich, die Rasse dagegen erblich sei, darf aber nicht so verstanden werden, dass alle Merkmale, welche bei der Fortpflanzung verloren gehen können, der Modification angehören. Es kommt ja bei der Fortpflanzung der Rassen, sei es durch Inzucht, sei es durch Selbstbefruchtung, nicht selten vor, dass Eigenschaften latent und dafür andere Eigenschaften manifest werden. Der Unterschied besteht darin, dass die Rasse das verschwindende Merkmal bloss äusserlich verliert, aber als idioplasmatische Anlage bewahrt, und dass das Verschwinden und Wiedererscheinen ihrer Merkmale nicht mit den äusseren Einflüssen parallel geht, während die Modificationen die bisherigen Merkmale bloss dann verlieren, wenn sie unter andere äussere Verhältnisse kommen, und stets wieder erwerben, sowie sie unter die früheren Verhältnisse zurückversetzt werden.

Ich will nun auf die merkwürdigen Erscheinungen eintreten, welche die Ernährungseinflüsse an den niederen Pilzen hervorbringen.

Diese Frage hätte eigentlich schon in dem Abschnitt über die Ursachen der Veränderung erörtert werden sollen; ich habe dies dort unterlassen, weil die Deutung der Ergebnisse nicht so sehr auf der flachen Hand liegt wie bei den übrigen Ernährungsresultaten, und nur nach einer kritischen Vergleichung der Begriffe Varietät, Rasse und Modification in befriedigender Weise festgestellt werden kann. Jene merkwürdigen Erscheinungen, von denen ich nun hier sprechen will, beruhen darin, dass die Wirkungsweise der niederen Pilze auf ihre Umgebung — eine Kraftäusserung, die bei anderen Organismen unbekannt ist — durch Ernährungs- und klimatische Einflüsse geändert werden kann.

Schon bei anderen Gelegenheiten wurde von mir darauf aufmerksam gemacht, dass die Spaltpilze, welche die Milch sauer machen, das Vermögen der Säuerung verlieren, wenn man sie verschiedenen schädlichen Einwirkungen aussetzt, namentlich wenn man sie mit der Milch auf 100° C. und darüber erhitzt, oder wenn man sie austrocknet. So wird beispielsweise Milch, die während einiger Zeit gekocht wurde, durch die Spaltpilze, die sie vor dem Kochen enthielt, nicht mehr sauer, sondern bitter. Das verlorene Vermögen, Zucker in Milchsäure überzuführen, kann aber den geschwächten Pilzen nach und nach wieder angezüchtet werden. Je nach dem Grad der Schwächung und je nach den mehr oder weniger günstigen Culturverhältnissen bedarf es einer geringeren oder grösseren Zahl von Generationen, bis die frühere Wirksamkeit einigermaassen hergestellt ist.

Aehnlich verhält es sich mit der Wirksamkeit anderer gärungserregender Spaltpilze und auch mit dem den Zucker in Alkohol und Kohlensäure spaltenden Sprosspilz. Dabei ist zu bemerken, dass die Verminderung und der Verlust der Gärtüchtigkeit als eine selbstständige und specifische Erscheinung auftritt und nicht etwa mit einer allgemeinen Schwächung zusammenhängt; denn die Pilze, denen das Vermögen, Gärung zu erregen, genommen wurde, haben oftmals von ihrem Wachsthums- und Fortpflanzungsvermögen nichts eingebüsst, wiewohl in anderen Fällen durch die nämlichen nachtheiligen Ursachen die Schwächung gleichzeitig in der einen und anderen Beziehung erfolgt.

Wie die Gärtüchtigkeit wird auch das Vermögen, als Contagien und Miasmen Krankheiten zu erzeugen, durch Ernährung und andere äussere Einflüsse von den Pilzen gewonnen und verloren. Gewöhnliche und unschädliche Fäulnisspilze werden in einer Wunde nach und nach zu äusserst gefährlichen septischen Contagien. — Der so häufige Fadenpilz Penicillium glaucum, der besonders auf schimmelndem Brod und auf schimmelnden Käsearten in grosser Menge ohne den geringsten Nachtheil verzehrt wird, lässt sich, wie Grawitz gezeigt hat, zu einem tödtlichen Contagium heranzüchten.

Besonders aber sind die Veränderungen an den Heubakterien von H. Buchner in exactester Weise erforscht. Diese Pilze, die in unendlicher Menge auf Gras und Heu vorkommen, von dem Vieh ohne die geringste üble Wirkung mit dem Futter gefressen werden und auch bei Einimpfungen keine Krankheit hervorbringen, werden durch 24stündige Züchtung in frischem Blut bei Brutwärme soweit umgebildet, dass sie nun, in grösserer Menge einem gesunden Thiere eingeimpft, Milzbrand erzeugen. Die Heubakterien verwandeln sich also in dem von dem Thierkörper getrennten Blut in Milzbrandbakterien von geringerer Wirksamkeit und gehen nachher in dem im lebendigen Körper circulirenden Blut in solche von vollkommener Infectionstüchtigkeit über; denn aus dem kranken Thier vermögen sie in geringster Menge Milzbrand zu verursachen. Zu bemerken ist, dass zwischen Stäbchen der einen und anderen Modification keine wesentlichen Verschiedenheiten wahrgenommen werden, weder in der Gestalt, noch im Inhalt, noch in der Theilung.

Wie die Heupilze in giftige Milzbrandpilze umgezüchtet werden können, so lassen sich durch den umgekehrten Process die letzteren in harmlose Heupilze überführen, wenn sie in Fleischextractlösung mit reichlichem Luftzutritt und zuletzt in Heuaufguss cultivirt werden. Die allmähliche Umwandlung gibt sich nicht nur in einigen Erscheinungen des Wachsthums, sondern namentlich auch in der stetig abnehmenden Infectionstüchtigkeit kund; denn während anfänglich die geringsten Mengen von Pilzen zur Ansteckung ausreichen, bedarf es dazu mit der fortschreitenden Umänderung steigender Mengen und späterhin vermag auch die grösste Anzahl von Pilzen nicht mehr Milzbrandkrankheit zu erzeugen.

Bei der Umwandlung auf dem angegebenen Wege hatten die Milzbrandpilze ungefähr mit der 360. Generation das specifische Vermögen, ein Thier milzbrandkrank zu machen, verloren und mit der 1500. Generation nach Verfluss eines halben Jahres waren sie zu vollkommenen Heupilzen geworden. Es kann aber den Milzbrandbakterien die Infectionstüchtigkeit, ohne sie zu tödten, in der nämlichen Generation genommen, und die vollständige Ueberführung in Heubakterien in einer viel geringeren Generationenzahl zu Stande gebracht werden, wie auch der umgekehrte Process, die Umbildung der Heupilze in vollendete Milzbrandpilze jedenfalls nicht mehr als 20 Generationen erfordert.

Beim Uebergang der gewöhnlichen Pilze in Krankheitspilze und der letzteren in die ersteren, sowie bei allen Veränderungen in der Wirksamkeit der Pilze sind Ernährungs- und klimatische Einflüsse allein maassgebend, nämlich die verschiedene Mischung der Nährlösung, der Temperaturgrad und die zutretende Sauerstoffmenge, — also gerade diejenigen Ursachen, welche bei andern Organismen die vorübergehenden, nicht erblichen Eigenschaften, die Merkmale der Modificationen bedingen. Nun haben aber die Eigenschaften, welche die Heubakterien und die Milzbrandbakterien unterscheiden, und ebenso die Eigenthümlichkeiten der Pilze, welche das Sauerwerden der Milch und das Bitterwerden derselben bewirken, einige Constanz und sind erblich. Darin beruht scheinbar eine Verschiedenheit dieser Pilzformen gegenüber den anderen Ernährungsmodificationen. Constanz und Erblichkeit kommt aber den genannten Pilzformen sicher zu, denn nur mit ihrer Hilfe ist eine Umwandlung durch eine Reihe von Generationen möglich, indem in jeder Generation die ererbte Eigenthümlichkeit wieder um einen kleinen Schritt gesteigert wird. Wären diejenigen Eigenschaften, welche die specifische Wirksamkeit der Pilze bedingen, nicht erblich, so müssten sie in einer einzigen Generation erlangt werden. Nun kann zwar das specifische Vermögen, sei es Gärtüchtigkeit, sei es Infectionstüchtigkeit, bei Anwendung von energischen Mitteln in einer einzigen Generation verloren gehen; aber zur Wiederherstellung bedarf es immer einer nicht geringen Anzahl von Generationen.

Während die durch ungleiche Wirksamkeit ausgezeichneten Pilzformen bezüglich der Vererbung von den Ernährungsmodificationen der übrigen Organismen abzuweichen scheinen, stimmen sie in einem anderen, ebenfalls die Vererbung betreffenden Punkte mit denselben überein. Ich habe angegeben, dass die Alpenmodification einer Pflanze in ihre Ebenenmodification, diese wieder in jene übergeführt werden kann und so weiter, ohne dass etwas Bemerkbares zurückbleibt. Ganz ebenso können die Heubakterien in Milzbrandbakterien oder die säurebildenden Spaltpilze in nicht säurebildende, diese wieder in jene übergeführt werden und so weiter, ohne dass diese Metamorphosen etwas Wahrnehmbares hinterlassen. Es unterscheiden sich also die genannten Pilzformen in gleicher Weise wie die Standortsmodificationen der höheren Pflanzen von den Varietäten und Arten, weil diese sich nicht zurückverwandeln können. Der Grund dieses verschiedenen Verhaltens liegt darin, dass dem Idioplasma bei der Varietätenbildung immer etwas Bleibendes, bei der Erzeugung von Modificationen dagegen nichts Bleibendes mitgetheilt wird.

Somit erscheint uns die Vererbung bei den Wirkungsmetamorphosen der Pilze in einem doppelten Lichte, je nachdem wir kürzere oder längere Abschnitte einer Generationenreihe ins Auge fassen. Während der Metamorphose vererben sich die Eigenschaften von Generation zu Generation. Der Pilz hat aber, wenn die Metamorphose wieder rückwärts gegangen ist, von der ganzen Umwandlungsperiode nichts Bleibendes behalten. Die ganze specifische Wirksamkeit der Pilze ist ein vorübergehender Zustand, gerade so wie die Standortsmodificationen der höheren Pflanzen. Die betreffenden Pilzformen sind daher ebenfalls als Modificationen zu bezeichnen, allgemein als Wirkungsmodificationen, specieller als Gärungs- und Ansteckungsmodificationen und ganz speciell als Säuremodification, Alkoholmodification, Milzbrandmodification u. s. w. Sie dürfen weder als Rassen noch als Varietäten oder gar als Species betrachtet werden, wie dies ziemlich allgemein von Morphologen und Aerzten geschehen ist.

Die scheinbare Verschiedenheit bezüglich der Vererbung von Generation zu Generation zwischen den Wirkungsmodificationen der Pilze und den Ernährungsmodificationen der höheren Pflanzen erklärt sich bei näherer Betrachtung in vollständig befriedigender Weise. Indem wir nämlich die Generationen der niederen Pilze und der Phanerogamen zusammenhalten, vergleichen wir ganz verschiedene Dinge und erhalten daher ein widersprechendes Resultat. Das Ergebniss ist sofort ein anderes, wenn wir nicht die Generationen der Pflanzenindividuen, sondern die Zellgenerationen mit einander vergleichen. Die unschädlichen Heubakterien verwandeln sich durch wenig mehr als 20 Zellgenerationen [1]) in Milzbrandbakterien mit höchster Infectionstüchtigkeit. Der Stock der Alpenpflanzen, den wir aus dem Gebirge in die Ebene versetzen, hat in allen seinen Zellen die Natur der Alpenmodification. Diese Natur verliert sich zwar schon mit dem ersten Trieb, aber nicht etwa mit der ersten Zellgeneration, die in der Ebene gebildet wird; sondern die Veränderung erfolgt unter dem Einfluss der neuen klimatischen und Ernährungseinflüsse durch eine Reihe von Zellgenerationen, und es ist recht gut möglich, dass dazu eine eben so grosse oder selbst eine grössere Zahl von Zellgenerationen erforderlich ist als für die Umwandlung der Heu- in Milzbrandpilze. Wir können aber dort die Veränderung nicht Schritt für Schritt verfolgen wie bei den letzteren, sondern wir erkennen bloss das schliessliche Resultat.

Wir haben also genügenden Grund zu der Annahme, dass die Bildung der Pilzmodificationen keinem andern Princip folgt als diejenige der übrigen Ernährungsmodificationen. Die Veränderung vollzieht sich durch eine Anzahl von Zellgenerationen, indem jede Generation die mehr und mehr veränderte Substanz auf die folgende Generation vererbt. Die Verschiedenheit besteht nur darin, dass bei den Spaltpilzen die einzelnen Zellen oder kleine Zellgruppen getrennt sind und ein individuelles Dasein führen, indess dieselben bei den höheren Pflanzen zu einem Gewebe vereinigt bleiben und Theile eines grossen und langlebigen Individuums darstellen, sodass an demselben sich nicht nur eine vollständige Metamorphose vollziehen kann, sondern dass selbst, wenn die äusseren Einflüsse wechselten, mehrere solcher Metamorphosen auf einander folgen könnten.

Die Vererbung der durch Veränderung gewonnenen Eigenschaften mangelt, wie aus dem Vorstehenden sich ergibt, den Modificationen durchaus nicht. Aber sie hat, da der Bestand

---

[1]) Die Heu- und Milzbrandbakterien sind Stäbchen aus mehreren hintereinander liegenden Zellen bestehend. Die Stabchen vergrössern sich durch Wachsthum und Theilung der Zellen auf ungefähr die doppelte Länge und die doppelte Zellenzahl, um dann in zwei Stäbchen zu zerfallen. Daraus folgt, dass die Generationenzahl der Stäbchen mit der Generationenzahl der Zellen identisch ist, — was nicht der Fall wäre, wenn die mehrzelligen Stäbchen sich durch einzelne Zellen fortpflanzten.

ihrer Eigenschaften nur unter der Bedingung gesichert ist, dass die bewirkenden Ursachen fortdauern, eine andere Bedeutung als die Vererbung bei den Varietäten und den Rassen. Diese Verschiedenheit in der Beständigkeit der ererbten Merkmale beruht darin, dass bei der Varietäten- und Rassenbildung das veränderte Idioplasma vererbt wird, bei der Bildung der Modificationen dagegen neben dem unveränderten Idioplasma nur verändertes Ernährungsplasma und andere nichtplasmatische Substanzen, welche bei der Zelltheilung selbstverständlich von einer Zellgeneration auf die andere übergehen.

Die Modificationen sind alle so beschaffen, dass für ihre Entstehung die Annahme einer Veränderung des Idioplasmas weder erforderlich noch auch nur wahrscheinlich ist. Das letztere regelt vorzugsweise den Gestaltungsprocess (nisus formativus) in den micellaren Gebieten des Ernährungsplasmas und der übrigen Substanzen und damit auch den Gestaltungsprocess in den gröberen, unseren Sinnen zugänglichen Gebieten. Mit der Veränderung in der micellaren Beschaffenheit ist natürlich in der Regel auch eine Veränderung im Chemismus verbunden. Aus der constanten und erblichen Veränderung im Gestaltungsprocess und im Chemismus schliessen wir auf die Umbildung des Idioplasmas. — Eine solche Veränderung findet nun bei der Umwandlung der Alpenmodification in die Ebenenmodification und umgekehrt nicht statt, sondern nur eine quantitative Zu- und Abnahme der Zelltheilung und des Zellwachsthums, der Organbildung und des Organwachsthums. Dabei wird ohne Zweifel auch der Zellinhalt verändert, aber, soviel wir wissen, nur in den Mengenverhältnissen der vorhandenen plastischen Stoffe und chemischen Verbindungen, indem die Bildungsprocesse zu- oder abnehmen, und indem die Zu- und Abnahme in ungleichem Verhältniss erfolgt. Das Idioplasma ist also bei der Umwandlung der Standortsmodificationen in keiner anderen Weise betheiligt, als dass in Folge der veränderten äusseren Einflüsse gewisse Anlagen in demselben häufiger oder energischer erregt werden und daher auch zahlreicher oder üppiger sich entfalten.

Was die Wirkungsmodificationen der niederen Pilze betrifft, so können dieselben, da der Gestaltungsprocess unverändert bleibt, aus einer blossen Veränderung in der Mischung des Ernährungsplasmas erklärt werden. Die verschiedene Wirksamkeit erscheint uns nur als etwas Ausserordentliches und Specifisches, so lange wir sie aus der Ferne als etwas Mysteriöses anstaunen. Ziehen wir den Schleier von dem Mysterium weg und zergliedern wir die demselben zu Grunde liegende Erscheinung, so haben wir es mit gewöhnlichen Ernährungsvorgängen zu thun, wie sie thatsächlich immer von Individuum zu Individuum wechseln können. Die Gärthätigkeit der Pilze beruht auf gewissen Bewegungszuständen des Ernährungsplasmas, welche auf das Gärmaterial übertragen werden. Die Infectionsthätigkeit der Krankheitspilze beruht entweder ebenfalls auf solchen specifischen Bewegungszuständen, welche die normalen Bewegungszustände der lebenden Substanz des inficirten Organismus stören, gleichwie von verschiedenen Gärpilzen der stärkere die übrigen stört und verdrängt. Oder die Krankheitspilze erweisen sich in der Verwandtschaft zu gewissen Nährstoffen als die stärkeren und entziehen dem Blut und den Gewebezellen Sauerstoff oder andere unentbehrliche Verbindungen. Wahrscheinlich treffen diese beiden Momente stets zusammen, da sie die Folge der specifischen physikalisch-chemischen Beschaffenheit des Ernährungsplasmas sind. Damit wäre nicht ausgeschlossen, dass die Infectionspilze auch sehr giftige Verbindungen in geringen Mengen erzeugten, welche ihre nachtheiligen Wirkungen auf den inficirten Organismus unterstützten.

Mag nun in Wirklichkeit das eine oder andere Moment allein vorhanden sein oder mögen sie vereint auftreten, so lassen sie sich durch geringe und vorübergehende Veränderungen in der Lebensweise der Pilzzellen erklären. Die veränderten Einflüsse in Nahrung, Temperatur und Sauerstoffzufuhr bewirken nicht eine Umbildung des Idioplasmas, sondern nur eine vermehrte Erregung der einen und eine verminderte Erregung der anderen idioplasmatischen Anlagen und in Folge dessen eine Zunahme der einen, eine Abnahme der anderen plastischen und chemischen Processe im Ernährungsplasma, also eine andere Mischung des Zelleninhaltes, eine Steigerung der einen Bewegungszustände und eine stärkere Anziehung auf gewisse Verbindungen in der Umgebung. Findet Bildung von giftigen Substanzen in den Krankheitspilzen statt, so mangelt dieselbe ihren gewöhnlichen und unschädlichen Modificationen nicht gänzlich, sondern ist in denselben nur auf ein Minimum, vielleicht auch auf eine latent bleibende Anlage beschränkt, wie die Bildung von

Amygdalin in den bitteren Mandeln nur viel stärker auftritt, als in den süssen Mandeln.

Die veränderte Wirksamkeit der niederen Pilze entspringt also aus einer anderen Mischung des Zelleninhaltes, wie dieselbe bei allen Ernährungsmodificationen auftritt. Wenn diese Mischungsänderung bei den höheren Pflanzen sich nicht in einer veränderten Wirkung kund gibt, wie bei den niederen Pilzen, so rührt dies einerseits daher, weil die letzteren durch einen besonders lebhaften Vegetationsprocess sich auszeichnen, indem unter günstigen Umständen ihre Substanz schon in 20 Minuten sich verdoppeln, in einer Stunde sich auf das Achtfache vermehren kann. Andererseits wird die Wirkung der niederen Pilze auf die Umgebung dadurch gefördert, dass sie in die Zellen oder in die einzelnen Zellreihen aufgelöst sind und somit mit einer sehr grossen Berührungsfläche an die umgebenden Substanzen angrenzen, während bei den höheren Organismen die zu einem Gewebe vereinigten Zellen nur einander selbst berühren und die Oberhautzellen wegen der geringen Thätigkeit ihres Ernährungsplasmas und wegen ihrer schwer durchdringbaren Bedeckung (Cuticula) für eine Wirkung nach aussen nicht befähigt sind.

Die Erörterung des Wesens der Varietäten, Rassen und Modificationen führt uns naturgemäss auf die Erörterung der Begriffe Vererbung und Veränderung, welche die Grundlage der Abstammungslehre bilden. Indem ich die Erwägung dieser allgemeinen Begriffe an den Schluss meiner gesammten Betrachtungen verweise, weil jene erst das Resultat der letzteren sind, so gehe ich den umgekehrten Weg gegenüber dem gewöhnlichen Verfahren. Gewöhnlich stehen in der Abstammungslehre die Vererbung und die Veränderung voran, nicht aber als Objecte der Untersuchung, sondern als allgemeine Gesetze, welche man als gegeben aus den allgemeinen Erfahrungen annimmt. Die Gesetze werden weder kritisch geprüft noch in ihrer Gültigkeit fest bestimmt; sondern sie dienen bloss als Ausgangspunkt für die weitere Behandlung.

So kommt es, dass in den Abstammungslehren der Darwin'schen Schule Vererbung und Veränderung als gleichwerthig einander gegenüber gestellt und als conservatives und progressives Princip unterschieden werden. Obgleich dies dem äusserlichen Anscheine entspricht und sich für die Darstellung einem Laienpublikum gegenüber als effectvoll erweist, so trifft es doch nicht den Kern der Sache. Die Vererbung und Veränderung, von denen der Darwinismus ausgeht, sind Erscheinungen, die bloss den Rassen angehören und bei der Kreuzung mehr oder weniger ungleicher Individuen bemerkbar werden. Sie beruhen hier, wie ich bereits gezeigt habe (S. 203), auf einer irrthümlichen Berurtheilung der thatsächlichen Erscheinungen, indem Vererbung und Veränderung nach den sichtbaren (entfalteten) Merkmalen geschätzt werden, während in Wirklichkeit bei der digenen Fortpflanzung alle idioplasmatischen Eigenschaften ohne Ausnahme und somit auch ohne Veränderung vererbt werden und alle möglicher Weise eintretenden Verschiedenheiten auf der Entfaltungsfähigkeit der vererbten Anlagen in der neuen idioplasmatischen Constitution des Keims beruhen.

Das Gesetz der V e r e r b u n g ist das Analogon des physikalischen Gesetzes der Trägheit oder der Beharrung. Wie eine fortschreitende Bewegung in ihrer Richtung und ihrer Geschwindigkeit beharrt, so behält auch die durch eine Abstammungslinie verlaufende, insbesondere die von den Eltern auf die Kinder übergehende Bewegung ihre Beschaffenheit bei. Da aber in dieser Beschaffenheit auch eine nothwendige Umbildung und Weiterbildung aus inneren Ursachen enthalten ist, so hat die Beharrung in der Abstammung oder die Vererbung nicht bloss einen erhaltenden sondern zugleich auch einen fortschrittlichen Charakter.

Was andrerseits die V e r ä n d e r u n g betrifft, so ist dieselbe, wie ich eben sagte, zu einem grossen Theil von der Vererbung untrennbar und bildet mit derselben einen einheitlichen Begriff; die Vererbung würde revolutionär gegen die Gesetze der Natur, wenn man ihr die Veränderung nehmen wollte. Ausser dieser mit der Beharrung identischen Veränderung gibt es in den Organismen noch andere durch die äusseren Einflüsse bewirkte Veränderungen, von denen die eine vergängliche, nicht vererbbare Merkmale, die andere dagegen bleibende Eigenschaften, die als Erbtheil auf die Nachkommen übergehen, hervorbringt.

Vererbung als allgemeiner Begriff gefasst ist eigentlich nichts Anderes als die mit dem Uebergang eines Zustandes in den nächstfolgenden nothwendig verbundenen Erscheinungen, und die ganze ontogenetische und phylogenetische Bewegung besteht aus einer continuirlichen Reihe solcher Uebergänge. Gewöhnlich bezeichnet man aber als Vererbung bloss bestimmte Schritte der ganzen Reihe, nämlich bloss die Uebergänge zwischen getrennten Individuen, indem man die viel zahlreicheren Uebergänge innerhalb der Entwicklungsgeschichte des nämlichen Individuums vernachlässigt oder wenigstens nicht als Vererbung ansieht. Es ist aber ebensogut Vererbung, wenn im Individuum eine Zelle, die sich theilt, ihre ganze Eigenthümlichkeit in die beiden neuen Zellen niederlegt, oder wenn der Pflanzenstock jährlich neue Zweige, Blätter und Blüthen treibt, oder wenn aus dem Kinde ein Mann und ein Greis wird.

Bei den folgenden Erörterungen will ich indessen, dem allgemeinen Sprachgebrauche folgend, mich an den engern Begriff der Vererbung als einer Uebertragung der Eigenschaften zwischen getrennten Individuen halten. In dieser Beziehung fragen wir uns zuerst: Was wird vererbt? Die Beantwortung dieser Frage fällt bei den verschiedenen Organismen nicht ganz übereinstimmend aus. Berücksichtigen wir zuerst die grosse Mehrzahl der Organismen, die sich auf geschlechtlichem Wege fortpflanzen, die also aus der Substanz der Eizellen und der Spermatozoide den Anfang der neuen Generation bilden, so wird eigentlich bloss Idioplasma vererbt und es gehen von den Eltern auf die Kinder nur Eigenschaften über, welche in dem Idioplasma enthalten sind. Alles, wodurch sich die Individuen auszeichnen, Gestalt, Bau, Grösse, Farbe, Krankheiten, Fertigkeiten, überhaupt alle Errungenschaften, welche durch die innere Begabung mit Hilfe der äusseren Gunst oder Ungunst erlangt wurden, gehen mit dem Individuum zu Grunde, wenn sie nicht einen entsprechenden Ausdruck in der Beschaffenheit des idioplasmatischen Systems gefunden haben.

Für die geschlechtlichen Organismen besteht also die Continuität von den Eltern auf die Kinder bloss durch das Idioplasma in den Spermatozoiden und Eizellen, und das neue Individuum bringt nur hervor, wozu es die vererbten idioplasmatischen Anlagen und die äusseren Einflüsse, die es selber aufnimmt, befähigen. Die Geschichte eines Stammbaumes von der einfachsten bis zur complicirtesten Pflanze, von dem niedersten bis zum höchsten Thier ist eigentlich nichts weiter als die Geschichte des idioplasmatischen Systems, welches in dem Laufe der Zeiten immer reicher gegliedert wird und daher mit der Generationenfolge immer reicher gegliederte Individuen erzeugt. Der ganze Stammbaum ist im Grunde ein einziges aus Idioplasma bestehendes, continuirliches Individuum, welches wächst, sich vermehrt und dabei verändert, und welches mit jeder Generation ein neues Kleid anzieht, d. h. einen neuen individuellen Leib bildet. Es gestaltet dieses Kleid, entsprechend seiner eigenen Veränderung, periodisch etwas anders und stets mannigfaltiger, und gibt jedes Mal mit dem Wechsel desselben auch den grössten Theil seiner eigenen Substanz Preis.

Diese Betrachtung des Stammbaumes als eines einzigen Individuums ist vollkommen correct, weil das bei der Urzeugung entstehende primordiale Plasma ebensogut als Idioplasma betrachtet wird, aus dem sich dann zunächst das Ernährungsplasma ausscheidet, weil ferner in den darauffolgenden Stadien das Idioplasma das fast allein Wesentliche der vererbten Substanz ausmacht und weil noch später bei den geschlechtlichen Organismen das Idioplasma allein die durch alle Generationen ununterbrochen fortdauernde Substanz darstellt. Betrachtet man eine Reihe von Generationen in diesem Lichte, so hat die Vererbung nur noch eine figürliche Bedeutung. Die wissenschaftliche Darstellung kann zwar des Bildes nicht wohl entbehren, ohne die bisherige Anschauung wesentlich zu ändern; aber gleichwohl stellt das Bild im Grunde die Wirklichkeit auf den Kopf. Denn statt dass die Eltern einen Theil ihrer Eigenschaften auf die Kinder vererben, ist es vielmehr das nämliche Idioplasma, welches zuerst den seinem Wesen entsprechenden elterlichen Leib und eine Generation nachher den seinem Wesen entsprechenden und daher ganz ähnlichen kindlichen Leib bildet.

Während bei den Organismen mit geschlechtlicher Fortpflanzung nur Idioplasma vererbt wird und alle Errungenschaften von bloss individueller Bedeutung mit jeder Generation wieder verloren gehen, verhält sich die Vererbung bei den niederen Organismen, die sich durch Theilung vererben, einigermaassen anders. Denn hier wird nicht bloss Idioplasma, sondern auch Ernährungsplasma und andere Substanzen auf die folgende Generation übertragen; die zwei Kinder theilen sich in die ganze Masse des Elters und empfangen somit auch alle individuellen Eigenschaften desselben. Die Vererbung ist also eine viel vollständigere als bei den grösseren und geschlechtlichen Organismen. Käme die nämliche Einrichtung auch bei den letzteren vor, würde beispielsweise der Mensch sich durch Theilung in zwei gleiche Hälften, die sich bloss zu vervollständigen brauchten, vermehren, so ist kein Zweifel, dass er viel vollständiger in den Kindern fortlebte als es jetzt der Fall ist, dass er auch das individuell Gewonnene, seine Erfahrungen und Gewohnheiten, sein Wissen und Können, seine Tugenden und Leidenschaften auf die Kinder vererbte.

Es gibt also zweierlei Arten der Vererbung, ein Umstand, der bei vergleichenden Betrachtungen wohl zu berücksichtigen ist und bei dessen Vernachlässigung man leicht in Irrthümer verfallen kann.

Der Gegensatz der beiden Vererbungen tritt am schärfsten hervor, wenn wir, wie es eben geschehen ist, die Zweitheilung der niedersten und die geschlechtliche Fortpflanzung der höchsten Organismen gegen einander halten. Die Vererbung durch Idioplasma kommt den Varietäten und Arten sowie den Rassen zu; es ist die phylogenetische. Die Vererbung durch Ernährungsplasma und nichtplasmatische Substanzen findet bei den Modificationen statt, und ist bloss bei einzelligen und wenigzelligen Organismen, die sich durch Theilung vermehren, bemerkbar, worüber ich auf das bezüglich der Spaltpilze Mitgetheilte verweise (S. 265); sie beschränkt sich bei den höheren Organismen auf eine Reihe von Zellgenerationen innerhalb der Ontogenien und ist somit nicht Vererbung im engeren Sinne (S. 268).

Die zweite Art der Vererbung ist für die Abstammungslehre gleichgültig. Sie kann immer Platz greifen, wenn die Fortpflanzungszellen neben dem Idioplasma noch andere Substanzen enthalten. Letzteres ist nun zwar auch bei aller geschlechtlichen Fortpflanzung der Fall; die Spermatozoide bestehen zwar fast bloss aus Idioplasma, aber die Eizellen besitzen ausser demselben noch eine viel grössere Menge von Substanzen, die als Nährstoffe verwendet werden. Daher wäre es möglich, dass von der Mutter etwas auf die Kinder überginge, was von dem Vater niemals vererbt wird. In der That sollen gewisse Krankheiten von mütterlicher, aber nicht von väterlicher Seite auf die Kinder übertragen werden. Aber dieses Erbe, das in dem Ernährungsplasma enthalten ist, stellt sich bei der geschlechtlichen Fortpflanzung im Allgemeinen gegenüber dem phylogenetischen Erbtheil durch das Idioplasma als so winzig heraus, dass es meistens gänzlich verschwindet und dass Vater und Mutter als gleichbetheiligt in dem Kinde erscheinen. Immerhin sind die beiden Arten der

Vererbung, wenn sie auch stets mit einander vereinigt auftreten, als verschieden in ihrer Bedeutung zu unterscheiden.

Die Veränderung, die gewöhnlich der Vererbung gegenüber gestellt wird, steht nicht im Gegensatz zu dieser, sondern zur Constanz. — Sie ist auch nicht gleichbedeutend mit Anpassung, wie es von der Darwin'schen Schule gelehrt wird; denn die Anpassungsveränderung ist nur ein Theil der Veränderungen, welche die Organismen erfahren.

Mit dem Ausdruck »Veränderung« bezeichnet man nicht nur den Vorgang, welcher von dem früheren zu dem späteren Zustand hinüberführt, sondern auch das Resultat dieses Vorganges, ausgedrückt durch den Unterschied zwischen den beiden Zuständen. In diesem Sinne heisst eine Veränderung constant, wenn das Gewonnene dauernd behalten, und vergänglich, wenn es bald wieder preisgegeben wird. Die constante oder die phylogenetische Veränderung, wiewohl sie nach den sich vererbenden Eigenschaften des entfalteten Organismus beurtheilt wird, ist eigentlich nichts anderes als die Constitutionsänderung des Idioplasmas, mit welcher diejenige der sichtbaren Merkmale gleichen Schritt hält. Die vergängliche oder transitorische Veränderung erfolgt durch die von aussen in ungleicher Weise angeregte Thätigkeit des Idioplasmas bei gleichbleibender Constitution desselben. — Die transitorischen Veränderungen bedingen die Modificationen, welche für die Bildung der Stammbäume ohne Bedeutung sind. Die constanten Veränderungen erzeugen die Rassen und Varietäten, von denen die ersteren ebenfalls keinen Werth für die Abstammung haben, indem der Aufbau der Reiche nur durch die Veränderung, die zur Varietätenbildung führt, erfolgt.

Die individuelle Veränderung bedeutet den Schritt, den die Veränderung von einer Generation zur nächstfolgenden zurücklegt. Die genaue Würdigung dieses Werthes ist für die Abstammungslehre von grösstem Interesse, weil aus demselben die Art und Weise sowie das Zeitmaass des phylogenetischen Fortschrittes sich ergibt. Zu diesem Zweck muss die individuelle Veränderung bei der Varietätenbildung von derjenigen bei der Rassen- und bei der Modificationenbildung strenge unterschieden werden. Die Verwechslung dieser verschiedenen Begriffe hat zu ganz irrigen Vorstellungen über die Abstammungsbewegung geführt. Ich will daher diesen Punkt etwas eingehender betrachten.

Der Fortschritt von einer Generation zur andern, der als individuelle Veränderung bezeichnet wird, ist gewöhnlich das Resultat eines stetigen Umbildungsprocesses während der ontogenetischen Entwicklung. Dies lässt sich für die Varietätenbildung nicht bezweifeln, mag die langsame Umbildung des Idioplasmas in autonomer Weise vermöge seiner eigenen Constitution oder in Folge der äusseren Einwirkungen geschehen; denn die abändernde Ursache mangelt gänzlich beim Fortpflanzungsacte. Für die Bildung der Modificationen aber ist es selbstverständlich, weil hier ja die Veränderung mit den Wachsthumsprocessen selbst verbunden ist.

Anders verhält es sich mit der Rassenbildung, wo die individuelle Veränderung wenigstens dem Anschein nach vorzugsweise mit der Befruchtung eintritt, weil bei der Kreuzung ungleiche Idioplasmen zusammenkommen, wodurch theils neue Combinationen der Anlagen entstehen, theils früher latente Anlagen manifest werden. Man kann aber hier nur insofern von individueller Veränderung sprechen, als die Resultirende (das Kind) von jeder der beiden elterlichen Componenten verschieden ist, nicht insofern, als dass durch sie etwas principiell Neues entstände. Diese Neues schaffende Veränderung, die während der Dauer der Ontogenien thätig ist, mangelt auch den Rassen nicht; aber nur soweit sie der Modificationenbildung angehört, macht sie sich deutlich bemerkbar, während die der Varietätenbildung angehörende idioplasmatische Veränderung wegen ihrer Geringfügigkeit vollständig gegenüber den Sprüngen der Kreuzung verschwindet.

Die individuelle Veränderung bei stattfindender Kreuzung darf nicht einfach durch die Verschiedenheit zwischen der Mutter und den Kindern oder durch die Verschiedenheit unter den Kindern als gegeben betrachtet werden, eine Bemerkung, welche für die Geschlechtspflanzen nicht ganz überflüssig ist. Ein solches Verfahren hätte nur Berechtigung, wenn man sicher wüsste, dass die Samen aus Selbstbefruchtung entsprungen sind. Hat aber, was immer möglich ist, wenn man nicht besondere Vorsichtsmaassregeln anwendet, Befruchtung durch andere Individuen statt gefunden und haben die Kinder somit zwei Eltern, so darf die individuelle Veränderlichkeit nur mit Berücksichtigung dieses Umstandes beurtheilt werden. Wenn das Individuum A durch das Individuum B befruchtet wurde, so sind die Kinder BA, und die individuelle Veränderung ist nicht etwa gleich der Differenz von A und BA, und wenn von den Kindern des Individuums A, was häufig vorkommt, die einen aus Selbstbefruchtung, die andern aus der Befruchtung durch B hervorgegangen sind, so kann selbstverständlich die individuelle Veränderlichkeit abermals nicht aus dem Unterschiede der Halbgeschwister AA und BA ermessen werden. — Sind die Kinder durch das Zusammenwirken zweier Individuen entstanden, so darf die individuelle Veränderung nicht durch Vergleichung des Kindes (BA) mit dem Vater (B) oder mit der Mutter (A), sondern nur mit der Summe des elterlichen Paares (B + A) oder auch durch Vergleichung der legitimen Geschwister unter einander beurtheilt werden.

Wenn die individuelle Veränderung nicht durch Kreuzung erfolgt, sondern in Folge des Wachsthumsprocesses während der ontogenetischen Entwicklungen thätig ist, so muss bei vergleichenden Untersuchungen der ungleiche Werth der Generationen bei den verschiedenen Organismen in Rechnung gebracht werden. Die Veränderung erlangt, da sie ununterbrochen arbeitet, einen grösseren oder geringeren Betrag je nach der Dauer der Ontogenien und je nach dem Bau und der Grösse der Individuen. Bei einzelligen Organismen, die sich durch Theilung vermehren, wirkt die individuelle Veränderung nur während der Dauer einer Zelle und während der Verdoppelung des Idioplasmas und der übrigen Substanz. Bei den höheren Organismen kann die Veränderung vom einzelligen Keimstadium bis zum Eintritt der Fortpflanzung während der Dauer von Hunderttausenden und Millionen' von Zellgenerationen und, während sich das Idioplasma und die übrige Substanz auf das Millionenfache vermehrt, thätig sein.

Es ist klar, dass im letzteren Falle eine viel beträchtlichere Umwandlung in jeder Beziehung möglich ist als im ersteren, und dass wir beispielsweise eine Million von Generationen einzelliger Organismen nicht als gleichwerthig neben eine Million von Generationen höherer Organismen stellen dürfen, sondern dass wir im Gegentheil eine Million Generationen der ersteren mit einer einzigen Generation der letzteren vergleichen müssen. Schon aus diesem Grunde konnte man rücksichtlich der oben besprochenen Umwandlung der Wirkungsmodificationen niederer Pilze (S. 265) auf die Vermuthung kommen, dass dieser Vorgang keine Varietätenbildung sein könne, weil bei demselben die Veränderung während hundert Zellgenerationen grösser ist als die phylogenetische Veränderung während hundert Generationen höherer Pflanzen, von denen jede hunderttausend oder eine Million Zellgenerationen durchläuft.

Vergleichen wir noch die individuelle Veränderung bei der Bildung der Modificationen, der Rassen und der Varietäten mit einander, so bedarf diejenige, welche zur Entstehung der Modificationen führt, keiner weiteren Erörterung. Je nach den äusseren Einwirkungen mangelt sie bald vollständig, wenigstens dem Anscheine nach, bald verursacht sie eine bis zur Unkenntlichkeit gehende Verschiedenheit. Ich habe bereits ausgeführt, wie sehr sie die Rassen- und die Varietätenbildung verdecken kann, und wie wichtig es ist, diese transitorische Veränderung von den dauernden Veränderungen strenge zu scheiden.

Was die individuelle Veränderung bei der Rassenbildung betrifft, so ist dieselbe meistens von deutlich wahrnehmbarer Grösse. Bald besteht sie in kleinen Schritten, die sich nach wenigen Generationen zu einem in die Augen fallenden Schritte summiren, bald in einem Sprunge, wodurch die Rasse auf einmal zu Stande kommt. Der Sprung kann so gross sein, dass die Merkmale der neuen Rasse bei verwandten natürlichen Sippen eine Art oder eine Gattung, sogar eine Ordnung oder eine Classe charakterisiren würden.

Als Beispiel für einen sehr grossen Sprung nenne ich die Metamorphose, welche bei der gewöhnlichen Unkrautpflanze Capsella bursa pastoris und bei einigen anderen Cruciferen (Iberis semperflorens, Matthiola annua, Cardamine pratensis) beobachtet worden ist. Die normale Blüthe mit 6 tetradynamischen Staubgefässen und 4 Blumenblättern verwandelt sich dabei in eine apetale Blüthe mit 10 Staubgefässen; es werden also die 4 Blumenblätter unterdrückt und dafür 4 Staubgefässe gebildet. Dies ist ein Sprung, der zu vollkommener Constanz gelangt, den Uebergang in eine andere Classe bedeuten könnte. — Unter den Sprüngen, welche zu den Merkmalen einer anderen natürlichen Ordnung führen, ist die Verwandlung unregelmässiger Blüthen in regelmässige zu nennen, oder die Pelorienbildung, wie sie beispielsweise bei Linaria und Antirrhinum vorkommt. — Oft treten diese Sprünge an einzelnen

Aesten oder Zweigen auf, sodass letztere in eine andere Varietät, Art oder Gattung umgewandelt scheinen; so trägt ein einzelner Zweig geschlitzte oder krause oder panaschirte Blätter oder gefüllte Blüthen u. dgl.

Wenn ich sage, dass die individuelle Veränderung bei der Rasse Eigenschaften hervorbringe, welche sonst Arten, Gattungen, Ordnungen und Classen unterscheiden, so meine ich natürlich nicht, dass diese Sippen wirklich gebildet werden. Denn das Wesen einer systematischen Einheit besteht nicht in den Merkmalen, sondern in dem Grade der Constanz. Die erwähnten, durch grosse Sprünge der individuellen Veränderung hervorgebrachten Merkmale haben aber nur eine sehr geringe Constanz und können daher auch nur die Bedeutung von Rassenmerkmalen in Anspruch nehmen.

Wie ich bereits oben ausgeführt habe (S. 246), bestehen die Sprünge der individuellen Veränderung bei den Rassen nicht darin, dass wirklich neue Merkmale entstehen, sondern darin, dass latente Anlagen zur Entfaltung gelangen. Wenn eine rothblühende Pflanze bei Selbstbefruchtung unter ihren Kindern auch weissblühende hat, so ist dies nicht ein Beweis dafür, dass durch einen individuellen Schritt rothe Blüthen weiss werden können, sondern dafür, dass die Anlage zu rothen Blüthen latent und dafür die früher latente Anlage zu weissen Blüthen manifest werden kann. — Was das vorhin erwähnte Beispiel von Capsella bursa pastoris und anderer Cruciferen betrifft, so erlaubt das Verschwinden von 4 Blumenblättern und das Auftreten von 4 neuen Staubgefässen eine doppelte Deutung. Man kann eine directe Umwandlung der Blumenblätter in Staubgefässe annehmen, und sich dabei auf den Umstand berufen, dass die Blumenblätter aus Staubgefässen entstanden sind, sodass also die Anlagen auf einen früheren Zustand zurückgehen, oder vielmehr, dass die noch im latenten Zustande vorhandenen Anlagen von Staubgefässen sich, anstatt der Anlagen von Blumenblättern, entfalten würden. Man kann sich aber auch denken, dass für die 4 Blumenblätter der Cruciferen keine besonderen latenten Anlagen von Staubgefässen mehr im Idioplasma enthalten sind, und dass beim Latentwerden der Blumenblätter die Anlage der Staubgefässe sich lediglich in vermehrter Zahl entfaltet, wobei die Architektur der Blüthe unverändert bleibt. Die Zahl, in der ein Organ auftritt, ist nämlich bei den Pflanzen sehr häufig Variationen unterworfen, und wir müssen wohl annehmen, dass für ein und dasselbe Organ nur ein Complex von Anlagen vorhanden sei und dass es von der Configuration und Beschaffenheit des Idioplasmas abhänge, ob dieser Anlagencomplex sich einmal oder vielmal, ob er in bestimmter oder in unbestimmter Zahl sich verwirkliche. Da nun die Natur des Idioplasmas für die Cruciferenblüthe 4 Blumenblätter und 6 Staubgefässe verlangt, so ist es begreiflich, dass die Anlage der Staubgefässe beim Verschwinden der Blumenblätter die entstehende Lücke auszufüllen bestrebt ist.

Während die individuelle Veränderung bei der (künstlichen) Rassenbildung in ganz gewaltigen Sprüngen bestehen kann, sind die individuellen Schritte bei der (natürlichen) Varietätenbildung unendlich klein, sodass man sie gar nicht wahrnimmt. Man weist zwar darauf hin, dass nicht zwei Bäume eines Waldes oder zwei Stöcke einer anderen wildwachsenden Pflanze gleich seien. Allein die Verschiedenheiten, die wir hier beobachten, gehören ausschliesslich den Standorts- oder Ernährungsmodificationen an und liegen innerhalb der ontogenetischen Elasticitätsgrenze. Eine wildwachsende Pflanze ist von ihren Eltern in wahrnehmbarer Weise bloss durch nichterbliche Eigenschaften unterschieden. Ich habe in früheren Zeiten die individuelle Verschiedenheit bei den natürlichen Sippen für ebenso sicher gehalten, wie dies jetzt noch allgemein der Fall ist. Aber die zahlreichen Erfahrungen, die ich bei der Cultur wildwachsender Pflanzen gemacht habe, waren so übereinstimmend und so schlagend, dass ich mich nunmehr zu der Behauptung gezwungen sehe: Die individuelle Verschiedenheit sei zwar theoretisch unanfechtbar und es können zwei Individuen, seien es Geschwister, seien es Elter und Kind, auch in ihren erblichen Eigenschaften nicht vollkommen identisch sein; allein die erblichen Verschiedenheiten beschränken sich auf nicht bemerkbare physikalische und chemische Molecularverhältnisse.

Da die Beobachtung am Individuum kein sichtbares Resultat gibt, so lässt sich das Maass der individuellen Veränderung bei den Varietäten nur in der Weise feststellen, dass man untersucht, wie weit dieselbe durch eine Reihe von Generationen sich häufen kann. Die Vergleichung der letzten vorweltlichen (nämlich der tertiären) Sippen mit den jetzt lebenden zeigt uns in vielen Fällen bloss einen Fortschritt zu nahe verwandten Species; die Vergleichung der seit der Eiszeit getrennten Pflanzen zeigt uns, dass unter den verschiedensten äusseren Verhältnissen die Varietäten gleich geblieben sind oder nur wenig sich verändert haben. Darnach wäre der Fortschritt, der auf die einzelne Generation trifft, wirklich unendlich klein. Hiebei ist aber zu berücksichtigen, dass die Beobachtung bloss beweist, die Veränderung sei in vielen Fällen sehr gering gewesen, während sie in andern Fällen grösser sein konnte; und ferner, dass, wenn meine Ansicht von der Ausbildung des Idioplasmas richtig ist, die innere und die äussere Veränderung nicht gleichen Schritt halten und dass in manchen scheinbar gleich gebliebenen Organismen möglicher Weise Anlagen erzeugt wurden, die zu einer grösseren äusseren Veränderung führen werden. Immerhin ist der individuelle Fortschritt bei der Varietätenbildung so gering, dass alle während einer Erdperiode auf einander folgenden Generationen zusammen bloss eine Strecke zurücklegen, die von der einzelnen individuellen Veränderung bei der Rassenbildung weit überholt wird.

VI.

Kritik der Darwin'schen Theorie von der natürlichen Zuchtwahl.

Ich habe die Berechtigung der Theorie darzuthun gesucht, dass einerseits die Configuration des idioplasmatischen Systems mit innerer Nothwendigkeit stetig complicirter und periodisch neue Organisationsanlagen fertig (entfaltungsfähig) werden, dass andrerseits die äussern Einflüsse, welche als directe Reize und indirect als Bedürfnissreize wirken, Anpassungsanlagen im Idioplasma erzeugen, — dass somit die Eigenschaften der Organismen die nothwendigen Folgen von bestimmten Ursachen seien.

Es ist nun auch die Berechtigung der gegentheiligen Theorie Darwin's zu prüfen, welche die Abstammungsveränderungen durch natürliche Zuchtwahl aus unbestimmten Wirkungen äusserer Ursachen entstehen lässt. Diese Frage wurde schon eingangs im allgemeinen besprochen; nun handelt es sich darum, sie im einzelnen rücksichtlich der Grundlagen und der Folgerungen mit meiner Theorie der bestimmten und directen Bewirkung zu vergleichen. Obgleich die entscheidenden Thatsachen in den vorstehenden Auseinandersetzungen bereits enthalten sind und den Leser in den Stand setzen, die Vergleichung vorzunehmen, so halte ich es, angesichts der so allgemeinen und begeisterten Zustimmung, welche das Darwin'sche Princip gefunden hat, doch für zweckmässig, die Unannehmbarkeit desselben noch in besonderen Ausführungen darzuthun.

Die Erfahrungen über die Rassenbildung werden von Darwin folgendermaassen zusammengefasst. Wenn die Individuen einer Rasse variiren und zwischen denselben ungehemmte Vermischung stattfindet, so bleibt die Rasse im wesentlichen dieselbe, weil beginnende neue Merkmale durch die Kreuzung wieder verloren gehen. Werden aber nur diejenigen Individuen, welche die neue Eigenschaft vollständig oder in einem Anfange besitzen, durch eine Reihe von Generationen zur Fortpflanzung ausgewählt, so wird die Eigenschaft nach und nach beständig, indem häufig zugleich eine Steigerung derselben eintritt. Dieser Vorgang wird nun weiter von Darwin zu der Theorie verwendet, dass im natürlichen Zustande ein analoger Process stattfinde; nur werde die Zuchtwahl hier durch die Concurrenz getroffen. Die Individuen der natürlichen Sippen sollen variiren; und indem die Träger der nützlichen Eigenschaften die übrigen verdrängen, sollen sie allein zur Vermehrung gelangen und vor der geschlechtlichen Vermischung mit den anderen weniger gut angepassten Individuen bewahrt bleiben. Wenn der Kampf ums Dasein nicht eine Auswahl träfe, so würden durch die Kreuzung die beginnenden Veränderungen immer wieder abgelenkt und vernichtet.

Zwischen dieser Selectionstheorie und derjenigen der directen Bewirkung ist scheinbar nur ein kleiner Unterschied, indem nach meiner Ansicht der jetzige Zustand der organischen Reiche ebenfalls durch die Veränderung der Individuen und durch die Verdrängung herbeigeführt wurde. Aber die causale Bedeutung dieser beiden Processe ist eine andere: nach Darwin ist die Veränderung das treibende Moment, die Selection das richtende und ordnende; nach meiner Ansicht ist die Veränderung zugleich das treibende und das richtende Moment. Nach Darwin ist die Selection nothwendig; ohne sie könnte eine Vervollkommnung nicht stattfinden und würden die Sippen in dem nämlichen Zustande beharren, in welchem sie sich einmal befinden. Nach meiner Ansicht beseitigt die Concurrenz bloss das weniger Existenzfähige; aber sie ist gänzlich ohne Einfluss auf das Zustandekommen alles Vollkommneren und besser Angepassten[1]).

---

[1]) Dabei übersehe ich keineswegs, dass Darwin die natürliche Zuchtwahl nur als das hauptsächlichste und nicht geradezu als das einzige Mittel zur Abänderung der Lebensformen bezeichnet; aber nach meiner Ansicht ist sie in keinem Falle ein Mittel dazu.

Der Unterschied zwischen den beiden Theorien offenbart sich am deutlichsten, wenn wir uns fragen, wie die Reiche wohl beschaffen wären, wenn die Concurrenz ganz mangelte. Ich habe diese Voraussetzung schon in der Einleitung (S. 17) gemacht. Nach der Selectionstheorie müsste mit dem Auftreten der Geschlechtsdifferenz die Entwicklung der Reiche bei mangelnder Concurrenz aufgehört haben, weil nun eine ungehemmte Kreuzung die organische Welt in einem Chaos festgebannt hätte. Nach meiner Ansicht dagegen würden sich auch bei fehlender Concurrenz alle Organismen, die wir jetzt kennen, gebildet haben; es wäre in der nämlichen Zeit aus der einzelligen Alge ein Eichbaum und aus dem Infusorium ein Säugethier geworden; aber es wären neben den jetzt lebenden Wesen auch noch die Abkömmlinge aller derjenigen vorhanden, welche der Kampf ums Dasein verdrängt und vernichtet hat.

Auf den untersten Stufen der lebenden Wesen, im Reiche der Probien und bei den niedrigsten Pflanzen und Thieren, geschieht die Vermehrung auf ungeschlechtlichem Wege. Hier hat die Selection noch keine Bedeutung, ein Umstand, der besondere Beachtung verdient. Hat nämlich eine Veränderung in einem Individuum begonnen, so kann sie sich stets in den Nachkommen desselben vererben und weiterbilden, weil keine Kreuzung sie stört. Der Kampf ums Dasein entfernt das weniger Existenzfähige und in zu grosser Zahl Vorhandene, aber er befördert nicht die Veränderung. Nach meiner Ansicht nun verhalten sich die geschlechtlichen Organismen ganz wie die ungeschlechtlichen, so dass der Fortschritt in der Organisation seinem Wesen nach überall der nämliche ist.

Der Grund der verschiedenen Ansichten liegt in der Vorstellung über die Natur der Veränderung, und hierin besteht der Kernpunkt der Differenz zwischen den beiden Theorien. Nach der Meinung Darwin's ist die Veränderung beliebig, richtungslos, daher in verschiedenen Individuen ungleich; nach meiner Ansicht hat sie einen bestimmten Charakter und daher in den verschiedenen Individuen eine gewisse Uebereinstimmung.

Der Erfolg der einen und der anderen Annahme lässt sich leicht einsehen. Eine Sippe variire in ihren Individuen und die Veränderungen seien, wie Darwin es voraussetzt, ganz ungleich geartet, so werden die extremen Formen in der Regel nicht erreicht. Die Möglichkeit hiezu ist zwar nicht ausgeschlossen, aber die Wahrscheinlichkeit ist ausserordentlich gering. Es müssten nämlich gerade zwei Individuen, die nach der nämlichen Richtung hin zu variiren angefangen haben, sich begatten, und es müssten ihre Nachkommen durch eine Reihe von Generationen immer nur unter einander sich kreuzen[1]). Da aber eine allgemeine Kreuzung zwischen den Individuen einer Sippe statthat, so erfolgt eine stete Ausgleichung zwischen den begonnenen Veränderungen und die Sippe bleibt in der Mitte ihres ganzen möglichen Formenkreises, wenn nicht die künstliche oder natürliche Zuchtwahl wirksam eingreift und einer bestimmten Veränderung durch Entfernung der übrigen das Feld einräumt.

Wenn aber dem entgegengesetzt in der fraglichen Sippe die Umbildung in allen Individuen nach der nämlichen Richtung stattfindet, so kann sie durch die Kreuzung nicht gestört werden. Verändern sich in einem bestimmten Falle die übrigen Eigenschaften in den verschiedenen Individuen allseitig, eine Eigenschaft dagegen einseitig, so macht die Kreuzung alle anderen Variationen unmöglich, lässt aber die eine sich ungehemmt ausbilden. Zeigt beispielsweise die Behaarung diese gleichmässige Abänderung, so wandelt sie sich in der ganzen Sippe so um, wie etwa in der Nachkommenschaft eines übereinstimmenden Paares, das sich nach der Migrationstheorie in die Einsamkeit begeben hätte, um da einen neuen Stamm zu gründen, oder dem es nach der Selectionstheorie gelungen wäre, im Kampfe ums Dasein alle übrigen Individuen zu vernichten.

Ein ähnliches Verhalten, wie eben für eine Sippe angenommen wurde, zeigen nun nach meiner Ansicht allgemein die natürlichen Sippen. Es gibt bei allen ein gewisses Gebiet von Eigenschaften, in welchem die Variationen allseitig, und andere Gebiete, in denen sie einseitig erfolgen. Die Variationen des ersten Gebietes unterliegen im grossen und ganzen den Gesetzen, die nach Darwin für alle Variationen maassgebend sein sollten. Sie sind die unmittelbaren Folgen von klimatischen und Ernährungseinflüssen, bestehen in mannigfaltigen Störungen der normalen Vorgänge und werden durch die Kreuzung zum Theil unschädlich gemacht (S. 205), entwickeln sich zuweilen aber zu abnormalen Merkmalen, die in der

[1]) Deshalb ist die Hypothese der Absonderung oder Migration ersonnen worden, wie denn immer eine unnatürliche und deshalb ungenügende Hypothese, um sich zu stützen, eine andere noch unhaltbarere Hypothese aufsucht.

Cultur erhalten bleiben und Rassen bilden (S. 232), im natürlichen Zustande jedoch von den normalen und lebenskräftigen Individuen durch die Concurrenz beseitigt werden. Kreuzung und Concurrenz haben in diesem Falle eine conservative, die Sippe in dem einmal bestehenden Zustande erhaltende Wirkung.

Die anderen Gebiete von Eigenschaften, diejenigen nämlich, in denen die Variationen gleichsinnig eintreten, werden dadurch bedingt, dass alle Individuen von den nämlichen Ursachen in derselben Weise getroffen werden. Diese Ursachen sind, wie ich früher ausgeführt habe, einerseits die Molecularkräfte, welche die in den Individuen einer Sippe übereinstimmende Configuration des Idioplasmas bei der fortwährenden, mit dem Wachsthum verbundenen Micell-Einlagerung und -Umlagerung zu einer complicirteren Organisation führen, und andrerseits die äusseren Einflüsse, die als Reize wirken und die Anpassungen zu Stande bringen. Bezüglich dieser beiden Gebiete können Kreuzung und Verdrängung die Veränderung weder beschleunigen noch verlangsamen.

Nachdem ich den Gegensatz der zwei Descendenztheorien dargelegt habe, will ich sie von den verschiedenen maassgebenden Gesichtspunkten aus vergleichend prüfen. Von zwei Theorien, die, wie es hier der Fall ist, einander ausschliessen, muss die eine falsch sein; die richtige aber muss sich als wahr erweisen, man mag sie von irgend einer Seite betrachten, und ihr darf keine Thatsache und kein Gesetz widersprechen, — während kein logischer Weg von einer Thatsache oder einem Gesetze aus zu der falschen Theorie führen kann. Ich glaube, dass die Selectionstheorie in jedem Falle, wo ein thatsächlicher Anhalt gegeben und ein logisches Verfahren möglich ist, sich entweder als unhaltbar oder als weniger wahrscheinlich erweist.

Es wurden früher schon von mir und Andern verschiedene Einwürfe gegen die Selectionstheorie gemacht, und Darwin selbst hat sich alle Mühe gegeben, dieselben zu entkräften, während die Darwinisten sie nicht beachteten oder flüchtig darüber hinweggingen. Dies ist nicht überraschend; der Meister kennt die Schwächen seiner Theorie, die er mühsam aufgerichtet hat, während die Jünger, auf die Worte des Meisters schwörend, Thatsachen und Gründe leicht der Autorität der Lehre unterordnen. Ich werde übrigens jetzt, nachdem ich meinen früheren vermittelnden Standpunkt verlassen und auch die Anpassungen von der Zuchtwahl befreit habe, die Einwände in vermehrter Zahl und in schärferer Form begründen können.

Ich hebe folgende sieben Gesichtspunkte hervor, welche uns die Abstammung durch Zuchtwahl unannehmbar machen:

1. Bezüglich der allgemeinen Bedeutung der Selectionstheorie ist die unbestimmte Wirkung unbestimmter Ursachen und die dem Zufall allzusehr überlassene Entscheidung durch die natürliche Zuchtwahl unserem naturwissenschaftlichen Bewusstsein weniger zusagend. Ferner setzt sich die Selectionstheorie, welche ihrem Princip gemäss nur nach dem erreichten Nutzen einer Erscheinung frägt, um dieselbe zu rechtfertigen, in Widerspruch mit der wahren und exacten Naturforschung, welche vor allem die bewirkenden Ursachen der Dinge zu erkennen sucht.

2. Die Folgerung von der (künstlichen) Rassenbildung auf die (natürliche) Varietätenbildung, welche die Grundlage der Selectionstheorie ausmacht, ist unzulässig, da beide wesentlich verschieden sind und namentlich sich rücksichtlich der Kreuzung ungleich verhalten. Die Varietäten nämlich vermischen sich sehr schwer mit einander und nehmen kein fremdes Blut in irgend wirksamer Menge auf, werden somit auch durch die ihnen gebotene Gelegenheit zur Kreuzung nicht verändert; mit diesen Eigenschaften stimmen ihre Vorkommensverhältnisse genau überein.

3. Nützliche Veränderungen können erst, wenn sie eine bemerkbare Höhe erreicht haben und in zahlreichen Individuen vorhanden sind, eine ausgiebige Verdrängung der Mitbewerber bewirken. Da sie aber im Anfange durch eine lange Reihe von Generationen jedenfalls noch sehr unbedeutend und nach der Selectionstheorie auch nur in einer kleinen Zahl von Individuen vertreten sind, so bleibt die Verdrängung aus und eine natürliche Zuchtwahl kommt, da ihr der wirksame Hebel mangelt, überhaupt nicht zu Stande.

4. Die Ernährungseinflüsse, welche die Selectionstheorie voraussetzt, bewirken thatsächlich keine erblichen Veränderungen, und wenn sie es thäten, so könnte eine Steigerung der begonnenen Abänderung nicht eintreten, weil die unvermeidliche Kreuzung eine natürliche Zuchtwahl unmöglich machen würde. Ferner lässt sich aus den unbe-

stimmten, in allen denkbaren Richtungen wirkenden Ernährungseinflüssen der so stetige phylogenetische Fortschritt zu einer complicirteren Organisation nicht erklären. Ebenso wenig werden durch dieselben die Erscheinungen der Anpassung verursacht; dies ergibt sich einerseits aus dem Umstande, dass Gebrauch und Nichtgebrauch die Zu- und Abnahme der Organe bedingen, da diese Ursache für sich vollkommen ausreicht und daher die Mitwirkung einer zweiten andersartigen Ursache ausschliesst, — und andrerseits durch den ferneren Umstand, dass Anfänge von Organen bis zu der Grösse, wo sie in Gebrauch kommen und ihre Nützlichkeit zu erproben vermögen, mangeln, obgleich sie durch die Ernährungseinflüsse in Menge hervorgebracht werden müssten.

5. Die Eigenschaften der Organismen müssten in Folge der natürlichen Zuchtwahl um so constanter sein, je nützlicher sie sind, und Einrichtungen, die keinen Vortheil gewähren, könnten keine Beständigkeit erlangen. Im Widerspruche hiemit gehören gewisse, rein morphologische, mit Rücksicht auf den Nutzen indifferente Merkmale zu den allerbeständigsten.

6. Aus der Selectionstheorie, nach welcher von den eintretenden richtungslosen Veränderungen bloss die nützlichen festgehalten würden, lassen sich weder die Divergenz der Reihen in den organischen Reichen, noch die bestehenden Lücken in und zwischen den Reihen erklären, indem vielmehr eine netzförmige Anordnung der Sippen zu Stande kommen müsste.

7. Ebenso widersprechen jener Theorie das Nichtvorhandensein der von ihr behaupteten gegenseitigen Anpassung der Bewohner eines Landes und die bestehenden Naturalisationen fremder Erzeugnisse.

Diese Einwürfe gegen die Selectionstheorie, die ich hier bloss ganz allgemein formulirt habe, sollen im folgenden des Näheren begründet werden.

I. Allgemeine Bedeutung der Theorie.

Ich stelle diesen Punkt wegen seiner Allgemeinheit voran, obgleich ich ihm keine entscheidende Wichtigkeit zugestehe. Es ist aber immerhin interessant zu untersuchen, in welchem Verhältniss die beiden Theorien zu unserer ganzen übrigen naturwissenschaftlichen Anschauung stehen und welche allgemeine Bedeutung sie haben.

Zunächst ist es zweckmässig, sich darüber klar zu sein, was die Theorien für die Abstammungslehre selbst zu leisten vermögen. Eine Richtigstellung dieses Punktes wird deshalb nothwendig, weil bezüglich der Selectionstheorie in Deutschland fortwährend viel gesündigt wird. Ich will nicht von den Ueberschwenglichen sprechen, welche die Selection als ein Evangelium preisen und als Dogma verkünden. Aber selbst besonnenere Beurtheiler behaupten, dass die Abstammungslehre durch die Selectionstheorie wissenschaftlich begründet und bewiesen werde, wiewohl sie doch durch nichts anderes begründet und bewiesen werden kann als durch die Allgemeingültigkeit des Causalitätsgesetzes. Wie die Undulationstheorie nicht die Fortpflanzung des Lichtes beweist, sondern bloss zeigt, wie man sich dieselbe vorstellen könne, so vermag auch die Selectionstheorie für die Abstammungslehre nicht mehr zu thun. Uebrigens wird dieser Lehre durch solche Behauptungen ein schlechter Dienst geleistet; denn würde die natürliche Abstammung wirklich begründet und bewiesen durch die Selectionstheorie, so müsste sie als falsch aufgegeben werden, sobald sich die Selection als Irrthum herausstellte. Die natürliche Abstammung steht aber als allgemeine Thatsache so fest, dass sie alle unhaltbaren Theorien überdauern wird, die man an sie anknüpft.

Der Unterschied der beiden Theorien lässt sich in seiner allgemeinsten Form folgendermaassen aussprechen. Nach der Selectionstheorie bringen unbestimmte und nicht zu analysirende Ursachen (die äusseren Einflüsse) in den verschiedenen Individuen unbestimmte und nicht zu analysirende Wirkungen (die individuellen Veränderungen) hervor, von denen eine, die nützlichste, durch Verdrängung der mit den übrigen Wirkungen behafteten Individuen allein Bestand gewinnt. Die Theorie der directen Bewirkung dagegen setzt bestimmte, theils bekannte, theils zu erkennende Ursachen voraus, welche bestimmte Wirkungen, die morphologischen und physiologischen Eigenschaften der Organismen unmittelbar zur Folge haben.

Die bestimmte Eigenschaft kommt nach der Selectionstheorie nur durch Elimination einer Menge von unbestimmten Eigenschaften zu Stande. Diese Elimination ist die Hauptsache; was Alles vor derselben entstehe, erscheint als gleichgültig, vorausgesetzt, dass darunter auch das Nützliche sich befindet. Deswegen begnügt sich die Theorie damit, bloss ganz im allgemeinen auszusprechen, dass in den klimatischen und Ernährungseinflüssen die Ursachen zu mannigfaltiger Veränderlichkeit gegeben seien. Sie beschäftigt sich eingehend mit der Verdrängung und Anpassung, erweist sich aber als unfruchtbar für die Erforschung der Ursachen und ihrer Wirkungsweise, also gerade für das, was sonst als die Hauptaufgabe der exacten Naturwissenschaft angesehen werden muss.

Nach der Selectionstheorie, welche die Veränderungen in unbestimmter Weise, also in jedem Theil des Organismus, selbst in jeder Zelle und nach allen Richtungen hin eintreten lässt, ist die bestehende organische Welt nichts anderes als ein Einzelfall von einer unendlichen Zahl von Fällen, von denen viele, vielleicht alle durchprobirt und bis auf den einen unbrauchbar befunden wurden. Dies hat als ein blindes Walten von Naturkräften Anstoss erregt. Allein von Seite der Naturforschung würde in dieser Beziehung allerdings kein Bedenken bestehen, da, wenn auch die Ursachen erforscht sind, doch ihr erster Grund uns unbekannt bleibt, und daher überall in der Natur schliesslich von einem blinden, d. h. uns unverständlichen Geschehen gesprochen werden kann.

Dagegen wird das naturwissenschaftliche Bewusstsein weniger befriedigt durch den Umstand, dass von der Selectionstheorie in den höchsten Regionen und in den kunstvollsten Einrichtungen der Natur dem Zufall ein so grosser Einfluss eingeräumt wird. Die phylogenetische Entwicklungsgeschichte eines Stammes besteht in einer grossen Zahl von Schritten. Die Eigenartigkeit jedes einzelnen Schrittes lässt jene Theorie bedingt werden durch die Beschaffenheit des Organismus, also durch die Eigenartigkeit der vorausgehenden Schritte, ferner durch die unbestimmte Beschaffenheit der äusseren Einflüsse, welche alle möglichen Veränderungen bewirken, und endlich durch diejenigen äusseren Verhältnisse, von denen es abhängt, welche der Veränderungen die anderen verdränge.

Bau und Function, die ein Organismus animmt, hängen also nach der Selectionstheorie bei jedem Schritt von verschiedenen zufälligen Umständen ab, und dem entsprechend hat sich die Monade in dem einen Stamm zum Räderthier, in einem andern zur Qualle, in noch anderen zum Insect, zum Fisch, zum Vogel, zum Säugethier und Menschen entwickelt. Hätten sich die Umstände anders combinirt, hätten die klimatischen Veränderungen einen anderen Verlauf genommen, wäre die Wanderung der Organismen in anderer Weise eingetreten, so wäre nach dieser Theorie auch die Veränderung in den Individuen und besonders die Verdrängung und die Zuchtwahl eine andere geworden; es hätten sich andersartige Stämme gebildet, und, was beispielsweise den Stamm der Säugethiere und des Menschen betrifft, so würde derselbe entweder ganz mangeln oder er hätte zu mehr oder weniger von der jetzigen Beschaffenheit abweichenden Organisationen sich entwickelt.

Wenn ich sage, dass die Selectionstheorie dem Zufall einen wichtigen Theil an der Abstammung überlasse, so meine ich nicht etwa, dass dieselbe nicht für jedes Geschehen die bestimmte Ursache voraussetze. Aber wenn auch von einem absoluten Standpunkte aus Alles Nothwendigkeit und ebensogut Alles Zufall ist, so gibt es doch in relativem Sinne neben der Nothwendigkeit einen Zufall von objectiver (nicht bloss subjectiver) Bedeutung, indem jedes Ereigniss nur zu gewissen anderen in causalem Verhältniss steht und in Bezug auf alle übrigen Ereignisse den Charakter der Zufälligkeit besitzt. Es ist dies die Zufälligkeit, welche von der Wahrscheinlichkeitsrechnung zum Object ihrer Untersuchungen gemacht wird, — und dieser Zufälligkeit gestattet die Selectionstheorie einen allzu grossen Spielraum.

Ich kann meinen Gedanken vielleicht am besten durch ein Bild anschaulich machen, das ich an ein Kindermärchen anknüpfen will. In demselben werden Zwerge in den Besitz der ersten Zeile eines Reimspruches gesetzt, zugleich mit der Bestimmung, dass sie so lange einem bestimmten Banne unterworfen sein sollen, bis sie eine dazu passende zweite Zeile gefunden. Sie singen nun beständig die erste Zeile, und keinem fällt etwas Gescheites ein, das sich dazu reimt. Endlich werden sie von einem Sonntagskind erlöst, welches in einfachster Weise den Spruch ergänzt. Die Zwerge hätten ihre Aufgabe auf dem Wege der Selection zu Stande bringen können, nämlich durch Probiren aller möglichen kleinen Zusätze zu der empfangenen Reimzeile, bis sich zuletzt eine zweite angepasst hätte.

Sie konnten, um mit den allergeringsten, gleichsam molecularen Abänderungen vorzugehen, aus einem Alphabet durchs Loos einen Buchstaben ziehen, dann aus dem wieder ergänzten Alphabet einen zweiten Buchstaben und so weiter. Durch Verwerfen aller unbrauchbaren Buchstaben wären sie zum ersten Wort, dann zum zweiten und den folgenden Wörtern gekommen. Es hätte also jeder Buchstabe und dann auch jedes Wort die Probe der Nützlichkeit bestanden, und alles wäre beseitigt worden, was mit Bezug auf den Sinn, die Construction, den Rhythmus und schliesslich den Reim sich als nicht existenzfähig erwiesen. In dieser Weise konnten die Zwerge sicher, wenn auch durch mühsame und langwierige Arbeit, sich von dem Banne befreien; aber es hing vom Zufall ab, welchen Vers sie auf das ihnen Gegebene machten und welche von den Dutzenden möglicher Reimzeilen sie fanden. — Dies ist das Bild des indirecten Weges, auf dem die Selectionstheorie durch Probiren von allen möglichen Veränderungen die kleinen brauchbaren Fortschritte gewinnt, welche sich zur Entwicklung der Reiche summiren.

Nach der Theorie der directen Bewirkung dagegen ist Bau und Function der Organismen in den Hauptzügen eine nothwendige Folge von den der Substanz innewohnenden Kräften und somit unabhängig von äusseren Zufälligkeiten. Auch wenn die klimatischen Veränderungen und die Wanderungen der Organismen in früheren Perioden sich wesentlich anders gestaltet hätten, so mussten die Organisationsstufen gerade so, und die Anpassungen konnten nicht viel anders werden, als sie jetzt sind. Damit treten die Organismen in Uebereinstimmung mit den anderen individuellen Gestaltungen der Materie, namentlich mit den Krystallen, deren Bau ebenfalls im Wesentlichen von den der krystallisirenden Substanz innewohnenden Kräften und nur in unwesentlichen Dingen von den äusseren Umständen abhängt.

Die Theorie der directen Bewirkung, welche alles Wesentliche an den Organismen aus bestimmten Ursachen hervorgehen lässt, setzt der Forschung ein klares und auf exacte Weise zu erreichendes Ziel, nämlich für die bekannten bestimmten Ergebnisse die noch unbekannten bestimmten Ursachen zu erforschen. Die Selectionstheorie hat sich, indem sie von unbestimmten kleinen Ursachen und unbestimmten kleinen Wirkungen ausgeht, ihre Aufgabe schwieriger gemacht als jene Theorie oder auch leichter, je nach der Art, wie sie dieselbe erfüllen will. Die Aufgabe wäre offenbar schwieriger, wenn sie in exacter Weise gelöst werden sollte. Eine solche Lösung müsste nämlich möglich sein, — denn auch die Herleitung von bestimmten Ergebnissen aus unbestimmten Anfängen gestattet eine präcise Formulirung und eine genaue Behandlung, — wenn überhaupt die Ergebnisse auf diesem Wege zu Stande gekommen wären.

Aber ein solches streng logisches Verfahren hätte zu unannehmbaren Folgerungen geführt und dadurch die Unhaltbarkeit der Prämissen dargethan.

Die Anhänger der Selectionstheorie haben sich denn auch ihre Aufgabe im allgemeinen wesentlich erleichtert, indem sie der Theorie selbst einen allzu wenig bestimmten Ausdruck gaben und bei der Ausführung häufig auf noch weniger bestimmten Bahnen wandelten, mitunter wohl auch auf exacte Forschung überhaupt schlecht zu sprechen waren. In dieser Weise wurde es möglich, trotzdem dass im einzelnen viel Treffliches geleistet wurde, den jedesmaligen thatsächlichen Bestand aus der Theorie plausibel zu machen und als Bestätigung derselben hinzustellen, wenn im einzelnen Fall die Thatsachen auch noch so sehr mit den streng logischen Consequenzen im Widerspruche waren. Ich werde dies bei der Besprechung der übrigen Punkte darthun.

Das Princip der Selectionstheorie, dass aus zufälligen und unbestimmten Abänderungen nur das Beste behalten werde, erzeugt naturgemäss die Meinung, dass jede Bestand gewinnende Erscheinung etwas Auserlesenes, etwas durch seine Nützlichkeit Erprobtes sein müsse. Deswegen geht die Forschung der Darwinschen Schule vor allem aus nach dem Nutzen einer jeden organischen Einrichtung. Ein solches Verfahren hat innerhalb rationeller Grenzen gewiss seine Berechtigung; denn zur vollständigen Erkenntniss eines Dinges gehört ja auch die Kenntniss seiner Wirkungen, insofern wir aus denselben eine bessere Einsicht in seine Natur erlangen.

Hier ist aber nun zuvörderst eine Einschränkung zu machen. Die Wirkungen eines Ereignisses sind mehr oder weniger unmittelbar und sie sind der Zahl nach unbestimmt, da von demselben eine Menge von nachfolgenden Ereignissen in grösserem oder geringerem Maasse beinflusst wird. Was uns wissenschaftlich interessirt, sind die unmittelbaren Folgen, die in der Kette von Ursachen und Wirkungen zunächst aus jenem Ereigniss hervorgehen und als deren bewirkende Ursache es erscheint. Einzig in dieser Beschränkung lege ich Werth auf die nützliche Function der Anpassungserscheinungen, weil aus ihr zuweilen ein Rückschluss auf die Ursachen möglich ist. Der Nutzen einer organischen Einrichtung ist aber manchmal nicht eine solche unmittelbare, sondern eine mehr oder weniger vermittelte, zuweilen selbst ziemlich weit abliegende Wirkung. Er bietet dann auch, indem er wenig zur Erkenntniss des Wesens jener Einrichtung beiträgt, nicht ein unmittelbar wissenschaftliches, sondern mehr ein praktisches Interesse mit Rücksicht auf das ontogenetische und phylogenetische Bestehen des bestimmten Organismus dar.

Der wissenschaftliche Werth, den das Forschen nach dem Nutzen der organischen Erscheinungen haben kann, wird oft noch verkümmert durch ein Verfahren, das man nicht immer als ein genaues und kritisches anzuerkennen vermag. Indem manche Anhänger der Selectionstheorie nicht unbefangen die Wirkungen prüfen, sondern um allen Preis in jedem Vorkommniss einen Nutzen auffinden wollen, welcher den Daseinsgrund und die phylogenetische Erklärung seiner Entstehung abgeben soll, verfallen sie in einen ähnlichen Fehler wie die auf einem ganz entgegengesetzten Standpunkte befindlichen Teleologen. So wird das Verfahren, statt wissenschaftlich zu bleiben, zur Manier. Es braucht ja nicht gar sehr viel Scharfsinn, um aus irgend einer organischen Erscheinung einen wirklichen oder eingebildeten Nutzen für ihren Träger herauszuklügeln. Aber welche Berechtigung liegt in einem solchen Erfolge, wenn man sich gestehen muss, dass, wenn die Erscheinung anders wäre, der Nutzen ebenso deutlich oder noch deutlicher hervorträte.

Man muss sich überhaupt damit bescheiden, dass die Dinge in der organischen Welt, gerade so wie in der unorganischen Natur, da sind, weil sie eben da sind, weil nämlich die sie bewirkenden Ursachen ihnen vorausgingen, und dass ihr Bestehen weiter nichts als ihre Existenzfähigkeit und den Mangel anderer verwandter Dinge mit grösserer Existenzfähigkeit beweist. Wenn man das Verfahren der Selectionstheorie auf die unorganische Natur anwenden wollte, was liesse sich nicht Alles über nützliche Anpassungen der Erscheinungen sowohl an andere unorganische als an organische Erscheinungen sagen? Welche Betrachtungen könnten nicht allein über die theilweise exceptionellen Eigenschaften des Wassers angestellt werden. Glücklicher Weise begnügen sich Physik und Chemie damit, die Ursachen zu erforschen, und niemand stellt Speculationen darüber an, welche Vortheile oder Nachtheile die sechseckige Form der Schneeflocken und die kugelige Gestalt der Regentropfen gewähren.

Die unorganische Natur im ganzen und im einzelnen wird von der exacten Wissenschaft jeweilen als ein System von Kräften und Bewegungen angesehen, die sich gegen einander ins Gleichgewicht gesetzt haben und, wo dasselbe gestört wird, einem neuen Gleichgewicht zustreben. Die organische Natur ist ebenfalls sowohl als Ganzes wie in jedem einzelnen Theil ein solches, nur viel complicirteres, System von Kräften und Bewegungen, und die Aufgabe der phylogenetischen Wissenschaft ist es vor allem, die Ursachen der Gleichgewichtsstörungen und damit der stetsfort eintretenden Veränderungen, nicht irgendwelcher anderer daraus sich ergebender Beziehungen, aufzusuchen.

Die Generationenreihen, die von den einfachsten organischen Formen und ihren Entstehungszeiten zu den jetzt bestehenden Organismen hinüber führen, sind, wie ich zu zeigen gesucht habe, nichts anderes als materielle Systeme aus Idioplasma bestehend, welche die ganze Zeit über andauern, ihren Gleichgewichtszustand unter dem Einfluss von inneren und äusseren Ursachen stetig ändern, durch Vermehrung sich vervielfältigen und in Folge der gegenseitigen Verdrängung jeweilen in den existenzfähigsten Gleichgewichtszuständen fortbestehen. Die Erkenntniss jedes spätern Gleichgewichtszustandes beruht auf der Erkenntniss des früheren Zustandes und der denselben abändernden Ursachen. Die Werthschätzung aber der Existenzfähigkeit und Verdrängungstüchtigkeit des Ueberlebenden ist im allgemeinen unmöglich, weil der Werth der unterlegenen und verdrängten Gleichgewichtszustände unbekannt ist; sie lässt sich möglicher Weise nur für den bestimmten Fall beurtheilen, wenn die Verdrängung noch nicht perfect geworden ist und somit die concurrirenden Zustände der Beobachtung zugänglich sind.

---

2. Schlussfolgerung von der Rassenbildung auf die Varietätenbildung.

Nachdem ich die allgemeine wissenschaftliche Bedeutung der Selectionstheorie betrachtet habe, scheint es passend, zuerst denjenigen Punkt ins Auge zu fassen, welcher zu der Theorie Veranlassung gegeben hat. Indem Darwin die Entstehung der (natürlichen) Varietäten aus der natürlichen Zuchtwahl erklärt, leitet er diese Annahme nicht etwa aus der Beobachtung thatsächlicher Verhältnisse ab, er stützt sie auch keineswegs durch thatsächliche Anhaltspunkte; sondern er beruft sich dafür lediglich auf die Analogie der (künstlichen) Rassenbildung. Wie eine neue Rasse nur dann entstehe, wenn die Kreuzung mit abweichenden Individuen verhindert werde, so soll eine neue Varietät nur dann Bestand gewinnen können, wenn die abweichenden Individuen durch die Concurrenz beseitigt und somit die Reinzucht durch natürliche Zuchtwahl ermöglicht werde.

Nun besteht aber zwischen Rasse und Varietät in den wesentlichen Eigenschaften ein scharfer Gegensatz, indem die erstere innerhalb weiter Grenzen äusserst variabel, die letztere in den engsten Grenzen sehr constant ist (S. 235). Es ist also bei Anwendung der Analogie die grösste Vorsicht geboten und vorher zu untersuchen, ob bezüglich der Kreuzung und deren Wirksamkeit die vorausgesetzte Uebereinstimmung bestehe. In der That waltet nun aber auch in dieser Beziehung, nach den zahlreichen Beobachtungen, die ich darüber angestellt habe, eine wesentliche Verschiedenheit ob.

Während die Rassen von gleicher Abstammung, auch wenn ihre sichtbaren Merkmale noch so weit von einander abweichen, sich äusserst leicht kreuzen, so haben Pflanzenvarietäten, die einander sehr nahe stehen, eine grosse Abneigung gegen geschlechtliche Vermischung. Es geht dies aus ihrem Verhalten in der Natur und im Garten deutlich hervor. Verfolgt man nahe und nächst verwandte Varietäten auf ihren Standorten, so findet man sie oft ohne alle Zwischenformen beisammen. Man darf freilich, besonders wenn sie bloss in einem einzigen Merkmal von einander abweichen, nicht ohne weiteres auf fehlende Kreuzung schliessen, weil möglicherweise das Unterscheidungsmerkmal sprungweise abändern könnte (S. 185, 199). In den meisten Fällen jedoch zeigt der Mangel von Mittelformen sicher an, dass keine Kreuzung stattgefunden hat. Andere Varietäten dagegen findet man, wenn sie in Gesellschaft leben, mit Uebergangsstufen, die offenbar hybriden Ursprungs sind. Aber diese Uebergänge kommen immer verhältnissmässig spärlich vor, oft nur in wenigen Exemplaren. Aus ihrer Zahl ergibt sich das Verhältniss der Kreuzungen zur Inzucht.

Setzen wir zuerst den hypothetischen Fall, dass zwei Sippen in gleicher Individuenzahl beisammen seien und die Kreuzung zwischen ihnen ebenso leicht erfolge, wie die Selbstbefruchtung und die Inzucht. Dann ist gemäss der Wahrscheinlichkeitsrechnung in der ersten Generation die Individuenzahl der Bastarde doppelt so gross als die Individuenzahl jeder Sippe; in der zweiten Generation beträgt die Zahl der hybriden Individuen 14mal so viel als die Individuenzahl jeder der beiden reinen Sippen, in der dritten Generation 254mal so viel, und so steigt das numerische Uebergewicht der hybriden Producte dermaassen rasch, dass nach wenigen Generationen die reinen Sippen verschwinden[1]).

Sind die beiden Sippen ursprünglich in ungleicher Individuenzahl vorhanden, so zeigen unter der nämlichen Voraussetzung die Bastarde natürlich andere Verhältnisszahlen. Immer aber steigt ihre Menge sehr rasch und die numerisch schwächere der reinen Sippen wird bald ganz verdrängt. Ist von diesen die eine anfänglich 10mal zahlreicher als die andere, so macht die letztere schon nach der ersten Generation bloss den 121., nach der zweiten den 14641., nach der dritten Generation den 214millionsten Theil aller Individuen aus, indess die zahlreichere Sippe schon nach der dritten Generation von den hybriden Producten numerisch übertroffen wird[2]).

---

[1]) Die beiden Sippen seien mit A und B, die ursprüngliche Individuenzahl einer jeden mit n bezeichnet, so zeigen die aufeinander folgenden Generationen nachstehende Verhältnisszahlen:

0. Gen. $n\ A + n\ B$. — Summe der Individuen $2n$.

1. Gen. $n\ A + n\ B + 2n\ (A + B)$. — Summe $4n$.

2. Gen. $n\ A + n\ B + 6n\ (A + B) + 4n\ (3A + B) + 4n\ (A + 3B)$. — Summe $16n$

3. Gen. $n\ A + n\ B + 70n\ (A + B) + 28n\ (3A + B) + 28n\ (A + 3B) + 8n\ (7A + B$. $+ 8n\ (A + 7B) + 56n\ (5A + 3B) + 56n\ (3A + 5B)$. — Summe $256n$.

Die in ( ) eingeschlossenen Formeln zeigen die Mischung des Blutes in den Bastarden an; $(5A + 3B)$ bedeutet also, dass in dem Bastard $^5/_8$ Blut von A und $^3/_8$ Blut von B enthalten ist.

Wenn die beiden Sippen und ihre Abkömmlinge zusammen in 1000 Individuen auf einem Standorte vertreten sein können, so kommen anfänglich (in der 0. Generation, d. h. ehe die hybride Begattung beginnt) $500\,A$ und $500\,B$ vor, in der 1. Generation $250\,A$, $250\,B$ und 500 Bastarde, in der 2. $62^1/_2\,A$, $62^1/_2\,B$ und 875 Bastarde und in der 3. Generation $4\,A$, $4\,B$ und 992 Bastarde.

[2]) Man hat in den aufeinander folgenden Generationen:

0. Gen. $n\ A + 10n\ B$. — Summe der Individuen $11n$.

1. Gen. $n\ A + 100n\ B + 20n\ (A + B)$. — Summe $121n$.

2. Gen. $n\ A + 10000n\ B + 600n\ (A + B) + 40n\ (3A + B) + 4000n\ (A + 3B)$. — Summe $14641n$.

3. Gen. $n\ A + 100000000n\ B + 700000n\ (A + B) + 2800n\ (3A + B) + 28000000n\ (A + 3B) + 80n\ (7A + B) + 80000000n\ (A + 7B) + 56000n\ (5A + 3B) + 5600000n\ (3A + 5B)$. — Summe $214358881n$.

Wenn die beiden Sippen mit ihren Abkömmlingen in der constanten Zahl von 1100 auf einer Localität leben können, so treffen auf die 0. Generation (vor

Aus dem Zusammenhalt dieser Berechnungen mit dem natürlichen Vorkommen geht deutlich die geringe Neigung der Varietäten, sich mit einander zu kreuzen, hervor. Wenn bei gleicher Individuenzahl der beiden Sippen auf je 1000 Individuen einer jeden derselben in einer bestimmten Gegend je 1 Bastard trifft und die Bastarde keine Nachkommen haben, so ist hier die Neigung zur Kreuzung 2000mal geringer als diejenige zur Inzucht. Würden die Bastarde sich fortpflanzen, so würde sich aus dem Vorkommensverhältniss 1:1000 eine noch geringere Neigung zur Kreuzung berechnen.

Ich bemerke noch, dass die Varietäten aus den verschiedensten Gruppen des Pflanzenreiches sich in dieser Beziehung gleich verhalten und dass auch die vielförmigsten Gattungen, bei denen man eine grössere Neigung zu geschlechtlicher Vermischung erwarten möchte, keine Ausnahme machen. Bei der Gattung Hieracium mit ihren zahllosen Varietäten sind die hybriden Formen, wie sich aus einem genaueren Studium ergibt, viel seltener als man beim ersten Anlaufe vermuthet.

Die Erfahrungen der Cultur stimmen mit dem Ergebniss der Beobachtungen im Freien überein. Es ist bekannt, dass, wenn mehrere verwandte Rassen neben einander cultivirt werden, aus den Samen derselben immer eine grössere Anzahl von Kreuzungsproducten aufgeht. Befinden sich aber aus dem Freien eingeführte Varietäten neben einander im Garten, so sind unter den Samen nur sehr selten solche hybriden Ursprungs. Wie ich angegeben habe, werden im Münchner Garten ca. 2500 Nummern von Hieracien gezogen. Aus den geernteten Samen wurden bis auf einige wenige Ausnahmen, die Bastarde ergaben, genau die Mutterpflanzen erhalten, und unter den vielen spontan aufgegangenen Samen befanden sich nur ganz vereinzelte Bastarde.

Der Grund, warum R a s s e n gemeinschaftlichen Ursprungs selbst bei grosser Verschiedenheit der Merkmale sich leicht, dagegen V a r i e t ä t e n gemeinsamen Ursprungs bei geringer Verschiedenheit der Merkmale sich schwer unter einander kreuzen, dürfte, insofern beide durch die nämlichen Merkmale unterschieden sind, in ihrem ungleichen Alter zu suchen sein. Die ersteren bestehen immer nur seit verhältnissmässig kurzer Zeit, die Blutsverwandtschaft zwischen

Beginn der hybriden Befruchtung) 100 *A* und 1000 *B*, auf die erste 9 *A*, 909 *B* und 182 Bastarde, auf die zweite $^1/_{18}$ *A*, 751 *B* und 349 Bastarde und auf die dritte Generation $^1/_{194871}$ *A*, 513 *B* und 577 Bastarde.

ihnen ist sehr nahe, die Constanz, die sie erlangt haben, sehr gering. Die Varietäten aber haben ein ganz ungleich höheres Alter, dementsprechend eine geringe Blutsverwandtschaft und eine grosse Beständigkeit. Die Wirkung dieser Momente geschieht durch das Idioplasma, welches bei der geschlechtlichen Befruchtung eine grössere oder geringere Neigung zur Vereinigung besitzt. Das Idioplasma der Rassen von gemeinsamem Ursprung hat die Configuration, die es in den Stammeltern besass, noch nicht wesentlich verändern und eigenthümlich gestalten können. Das Idioplasma der Varietäten dagegen hatte Zeit, sich specifisch auszubilden, und in Folge dessen ist die Uebereinstimmung in seiner Configuration geringer. — Es gibt übrigens auch Varietäten, die sich schon deswegen nicht kreuzen, weil ihre idioplasmatischen Anlagen an und für sich eine Vereinigung nur schwer oder gar nicht gestatten. Diese Varietäten haben, schon ehe sie fertig gebildet sind, eine Abneigung vor gegenseitiger Befruchtung (vgl. S. 255—257).

Es ist nun die Frage, welchen Einfluss werden zwei Sippen, die in dem beschränkten Connubium leben, wie es mit den natürlichen Varietäten thatsächlich der Fall ist, aufeinander ausüben? Wir können diese Frage sowohl theoretisch als durch Erfahrung beantworten. Was die Theorie betrifft, so lässt sich nach Wahrscheinlichkeitsrechnung bestimmen, wie viel Blut bei bestimmter Anzahl der hybriden Producte eine Varietät aus der andern aufnimmt. Sind keine hybriden Zwischenformen vorhanden, so geht natürlich kein Blut von einer Sippe in die andere über. Ebenso verhält es sich, wenn nur die Mittelform $(A+B)$ besteht, weil in diesem Fall eine weitere Bastardirung nicht statt hat.

Kommen aber ausser der Mittelform auch andere hybride Glieder zwischen dieser und den Stammsippen vor, so hängt der Erfolg von der Häufigkeit dieser weiteren Bastardirungen ab. Dieselbe lässt sich in der Praxis jedoch nicht ziffermässig angeben, weil die einzelnen Glieder nicht sicher erkannt werden. Wenn der primäre Bastard $(A+B)$ der beiden Sippen A und B sich weiter mit der Sippe A kreuzt, so hat die zweite hybride Generation die Formel $(3A+B)$, die dritte $(7A+B)$, die vierte $(15A+B)$, die fünfte $(31A+B)$ u. s. w. Schon die zweite Generation $(3A+B)$ lässt sich in der Regel nur schwer, die andern aber meist gar nicht nach ihrem Bastardirungsgrade erkennen.

Eine sichere Berechnung lässt sich daher nur in der Art ausführen, dass man für einen bestimmten Fall das Maximum des Blutes, das aus einer Varietät in die andere übergeht, feststellt. Dieses Maximum erhält man, indem man eine grössere Neigung zur Bastardirung zwischen der Mittelform und einer Stammsippe voraussetzt, als sie wirklich vorkommen kann. Zu diesem Behuf nehme ich an, dass die Neigung des primären Bastardes ($A+B$), sich mit A zu kreuzen, 100mal so gross sei als die Neigung zur Bastardirung zwischen A und B, was, nach der Seltenheit der Form ($3A+B$) bei allen natürlichen Pflanzenbastarden entschieden zu viel ist, und dass die Neigung der zweiten hybriden Generation ($3A+B$) sowie der folgenden zur geschlechtlichen Vermischung mit der Varietät A genau ebenso gross sei als die Neigung der letzteren zur Inzucht, was ganz sicher weit übertrieben ist. Wenn nun auf je 1000 Individuen von A und von B 1 Individuum der Mittelform ($A+B$) trifft, so ist die Neigung dieser beiden Formen, sich mit einander zu bastardiren, 2000mal geringer als die Neigung zur Inzucht, und die Neigung der Sippe A, sich mit dem primären Bastard zu kreuzen, 20mal geringer als die Neigung zur Inzucht. Solange nun dieses Verhalten andauert, geht mit jeder Generation $1/_{40000}$ Blut von der Varietät B in A über, oder mit andern Worten, 40000 Individuen von A nehmen das Blut von einem Individuum B auf. Ist die Individuumzahl von A nicht sehr gross, so wird die Form ($3A+B$), weil ihre Ziffer unter $1/_2$ sinkt, leicht ausbleiben, und dann auch der Uebergang von Blut gar nicht zu Stande kommen[1]).

Diese Berechnung gilt bloss für den Fall, dass die gemachten Annahmen wirklich erfüllt sind, dass nämlich in einer Gegend der primäre Bastard ($A+B$) den tausendsten Theil der Individuenzahl

---

[1]) Unter den obigen Voraussetzungen berechnen sich für die aufeinander folgenden Generationen folgende Verhältnisszahlen, wenn die beiden Stammsippen in gleicher Zahl vorhanden sind und die Gesammtindividuenzahl ungefähr 20000 beträgt:

0. Gen. $10000\,A + 10000\,B$.
1. Gen. $10000\,A + 10000\,B + 10\,(A+B)$.
2. Gen. $10000\,A + 10000\,B + 10\,(A+B) + 1\,(3A+B)$.
3. Gen. $10000\,A + 10000\,B + 10\,(A+B) + 1\,(3A+B) + 2\,(7A+B)$.
4. Gen. $10000\,A + 10000\,B + 10\,(A+B) + 1\,(3A+B) + 2\,(7A+B) + 4\,(15A+B)$.

Ich habe die kleinsten Glieder weggelassen, da sie gar keine Wirkung haben können; in der 3. Generation wäre nämlich noch $1/_{500}(5A+3B)$, in der 4. Genera-

von A ausmacht, dass auf je 10 Individuen desselben 1 Individuum des secundären Bastards $(3A+B)$ kommt, und dass die übrigen Glieder der hybriden Uebergangsreihe in der angegebenen Zahl vorhanden sind. Diese Bedingungen treffen aber fast nie ein, weil die Bastarde nicht das angegebene numerische Verhältniss erreichen, und es kann daher als ein höchst seltener Fall bezeichnet werden, wenn einmal eine Sippe wirklich $^1/_{40000}$ fremdes Blut in sich aufnimmt.

Man möchte vielleicht einwenden, dass die primären Bastarde in einzelnen Gattungen mehr als $^1/_{1000}$ der Individuenzahl einer Stammsippe betragen. Dies ist gewiss richtig für einzelne Standorte, Aber es gibt andere Standorte, wo die beiden Stammsippen ohne Bastarde vorkommen, und viele Standorte, wo nur eine derselben (ebenfalls ohne Bastarde) wächst, so dass das Verhältniss von $^1/_{1000}$ selten erreicht wird. — Sollte dieses Verhältniss aber auch da oder dort überschritten werden, so wächst wohl der Bruchtheil des aufgenommenen fremden Blutes in entsprechendem Maasse, ohne dass deswegen das allgemeine Resultat sich ändert.

Das wichtigste und das ausschlaggebende Moment besteht nämlich nicht in der Zahl der Bastarde überhaupt, sondern in der Thatsache, dass fast nie die ganze hybride Uebergangsreihe von dem primären Bastard $(A+B)$ bis zu einer der beiden Stammsippen vorkommt. Häufig findet man bloss den primären Bastard $(A+B)$; seltener beobachtet man neben demselben noch den secundären Bastard $(3A+B)$ oder einen anderen, der sich noch mehr der Sippe A nähert. Ein solches Verhalten lässt aber die Reinheit der Sippe ganz unberührt; nur wenn sich die ganze Uebergangsreihe bildete, könnte fremdes Blut in die Stammsippe übergeführt werden. Gewöhnlich sterben die Bastarde oder ihre Nachkommen, ohne dieses Ziel zu erreichen.

---

tion wären $^1/_{800}(5A+3B)+{}^2/_{800}(11A+5B)+{}^2/_{8000}(13A+3B)$ und drei andere noch viel kleinere Ausdrücke beizufügen.

Die Bedeutung dieser Reihe ist klar. Die Bastarde, die der Stammsippe A am nächsten kommen, haben in der 2. Generation die Formel $(3A+B)$, somit $^3/_4$ Blut von A und $^1/_4$ Blut von B, in der 3. Generation die Formel $(7A+B)$, also $^1/_8$ Blut von B, in der 4. Generation $^1/_{16}$ Blut von B und die Formel $(15A+B)$ u. s. w.; in gleichem Maasse, wie das Blut von B in den im Uebergange zu A am meisten fortgeschrittenen Bastarde sich verdünnt, nimmt die Zahl dieser Bastarde zu. Die 2. Generation hat 1 Individuum mit $^1/_4B$, die 3. 2 Indiv. mit $^1/_8B$, die 4. 4 Indiv. mit $^1/_{16}B$, die 5. Generation hat 8 Indiv. mit $^1/_{32}B$ u. s. w., so dass also mit jeder Generation das Blut von $^1/_4B$ in die $10000A$ übergeht.

Tritt nun aber einmal unter ganz besonders günstigen Umständen der Ausnahmefall ein, dass $^1/_{40000}$ oder auch etwas mehr fremdes Blut in eine Sippe übergeht, so erhebt sich erst die Frage, was denn ein solches Ereigniss eigentlich zu bedeuten habe. Darüber gibt uns folgende Erwägung hinreichenden Aufschluss.

Der primäre Bastard $(A + B)$ enthält $^1/_2$, der secundäre $(3A + B)$ enthält $^1/_4$, der tertiäre $(7A + B)$ $^1/_8$, die folgenden Glieder der hybriden Uebergangsreihe $^1/_{16}$, $^1/_{32}$, $^1/_{64}$, $^1/_{128}$, $^1/_{256}$, $^1/_{512}$, $^1/_{1024}$ u. s. w. Blut der andern Sippe (B). Je mehr das fremde Blut sich in einer Sippe ausbreitet, um so geringer wird sein Bruchtheil. Die Micellgruppen des Idioplasmas, welche die Anlagen darstellen, bestehen aus einer begrenzten Zahl von Micellen. Wenn das fremde Blut in dem Maasse, wie es die vorhin angeführte Reihe zeigt, abnimmt, so werden die demselben entsprechenden Micellgruppen bald so klein, dass sie nicht mehr die Bedeutung von Anlagen haben. Denn ein einzelnes Micell oder auch ein Paar, vielleicht noch 3 und 4 Micelle wirken nicht als fremdes Blut, sondern bloss als ernährende Substanz.

Man kann also nicht sagen, dass die Sippe A, wenn sie $^1/_{40000}$ Blut von B aufnimmt, sich um $^1/_{40000}$ ihrer Eigenschaften der Sippe B nähere; sie bleibt in Wirklichkeit ganz unverändert, weil das fremde Blut bei einer gewissen Verdünnung seine specifische Wirksamkeit ganz verliert. Auch die öfters wiederholte Aufnahme von so geringen Mengen fremden Blutes hätte keine Wirkung, weil dabei nicht etwa kleine Werthe, sondern Nullen summirt würden. Dies gilt für alle Anlagen des fremden Blutes, die in bemerkbarer Weise von denen des eigenen Blutes abweichen, denn dieselben werden unvermischt in das Idioplasma eingelagert, wie es auf Seite 226 der »zweite Typus der Vereinigung« angibt.

Anders als die (natürlichen) Varietäten und Arten verhalten sich die (künstlichen) Rassen, und man spricht mit vollem Rechte davon, dass eine Rasse fremdes Blut aufgenommen habe und dadurch verändert worden sei. Die Verschiedenheit rührt aber nur daher, weil die Mengenverhältnisse ganz andere sind. Wird eine Rasse durch fremdes Blut verbessert, so macht das letztere bei diesem künstlich eingeleiteten und überwachten Vorgang einen Bruchtheil von merklicher Grösse aus. Man begreift, dass $^1/_4$ bis $^1/_{16}$ oder selbst $^1/_{32}$ Blut einen Organismus in einer bestimmten Weise zu verändern vermag.

Uebrigens kommt bei diesem Vorgang noch ein anderer Umstand zur Geltung. Wenn beispielsweise eine Rasse *A* durch Einführung von bloss $^1/_{32}$ Blut von *B* merklich verändert wird, so besteht diese Veränderung nicht etwa nur in einem in der Grösse von $^1/_{32}$ nach *B* hin gemachten Schritt, sondern die Veränderung besteht namentlich auch darin, dass durch die Kreuzung Eigenschaften, die bisher in *A* latent waren, manifest werden. Würde aber, was allerdings keinem Thierzüchter einfällt, in eine Rasse bloss $^1/_{1000}$ bis $^1/_{40000}$ fremdes Blut eingeführt, so verschwände dasselbe darin wohl ebenso spurlos wie in einer natürlichen Varietät oder Art. Und wenn es eine geringe Wirkung haben sollte, so geschähe es gewiss bloss durch manifest werdende eigene Eigenschaften, nicht durch Uebertragung fremder Merkmale.

Die theoretische Betrachtung drängt uns also die Schlussfolgerung auf, dass natürliche Varietäten und Arten, die in dem beschränkten Connubium leben, wie es in der freien Natur der Fall ist, gar keine verändernde Wirkung auf einander auszuüben vermögen. Es ist dies ein sehr merkwürdiges Resultat, welches man bei einem allgemeinen Ueberschlag kaum erwarten würde, und das man erst begreift, wenn man den Verlauf der Kreuzungen in exacter Weise analysirt.

Dieses aus dem Vorkommen der Kreuzungsproducte abgeleitete Resultat ist übrigens in genauer Uebereinstimmung mit einer Reihe von Erfahrungsthatsachen. Wenn in einer Gegend eine Sippe *A* mit einer andern *B* im Connubium lebt und Blut aus ihr aufnimmt, so möchte man erwarten, dass sie in ihren Merkmalen etwas verschieden sei von ihren Sippenangehörigen, die in einer andern Gegend leben und daselbst Reinzucht halten. Dies ist nicht der Fall, und dadurch wird bewiesen, dass in der That entweder kein Blut aufgenommen wird, oder dass das aufgenommene Blut keine Veränderung der Merkmale verursacht.

Ich habe Hieracien-Varietäten von Standorten, wo sie durch gleitende Uebergänge verbunden zu sein scheinen und wo somit die Möglichkeit besteht, dass sie Blut von einander empfangen haben, mit solchen aus anderen Gegenden, wo keine Uebergänge vorkommen, genau verglichen und nicht den geringsten Unterschied auffinden können. Das gleiche Ergebniss erhielt ich bei Cirsien-Arten. Einige derselben bilden in gewissen Gegenden ziemlich zahlreiche Bastarde, so z. B. C. palustre und C. oleraceum, C. rivulare und C. oleraceum. Es gibt auch Individuen von C. oleraceum sowie von C. rivulare und C. palustre, welche unzweifelhaft den Einfluss wiederholter Bastardirung zeigen, so dass sie vielleicht der Formel $(31 A + B)$ oder $(63 A + B)$ entsprechen. Aber alle übrigen Individuen unterscheiden sich nicht von C. oleraceum, C. rivulare oder C. palustre aus Gegenden, wo diese Arten allein vorkommen und wo man eine von jeher bestehende Reinzucht sicher annehmen kann.

Aus den angeführten Thatsachen und Erwägungen geht unbestreitbar hervor, dass man aus den Erfahrungen an den (künstlichen) Rassen nicht auf das Verhalten der (natürlichen) Varietäten bei der Kreuzung schliessen darf. Die Rasse kann nur zu Stande kommen, wenn die schädliche Kreuzung vermieden ist. Die Ausbildung und Divergenz der Varietäten dagegen wird durch die Kreuzung nicht gestört. Diese Folgerung habe ich vor längerer Zeit schon aus der Thatsache gezogen, dass alle, auch die geringsten Grade der Variation von Pflanzenarten beisammen auf den nämlichen Standorten getroffen werden, und ich habe daraus weiter das mit der Selectionstheorie im Widerspruche stehende gesellige Entstehen der Varietäten gefolgert[1]). Dabei beurtheilte ich die Veränderung noch ausschliesslich nach den sichtbaren Merkmalen.

Ich habe nun die Entstehung der Varietäten auch von der einzig vorwurfsfreien und zulässigen Seite, nämlich mit Rücksicht auf das Verhalten des Idioplasmas, geprüft (S. 248—258) und gefunden, dass es Varietäten geben muss, die schon während der früheren Perioden ihres Entstehens ein gesellschaftliches Vorkommen und die beständige Möglichkeit gegenseitiger Begattung ohne Gefahr ertragen, weil die beiderseitigen idioplasmatischen Anlagen eine Vereinigung nicht oder nur schwer gestatten und daher die Begattung ohne Erfolg ist, — dass es dagegen andere Varietäten gibt, welche in den früheren Perioden durch Kreuzung vernichtet werden, und welche die Kreuzung erst dann ohne Gefahr bestehen, wenn ihre Anlagen bis zu einer gewissen Festigkeit gediehen sind.

---

[1]) Das gesellschaftliche Entstehen neuer Species. Sitzungsber. d. math.-phys. Classe d. k. b. Akad. d. W. 1. Febr. 1873.

Im letzteren Fall kann man bezüglich der Frage des gesellschaftlichen oder getrennten Entstehens leicht in Irrthum gerathen, wenn man dasselbe nach den sichtbaren Merkmalen beurtheilt. Der Irrthum ist zwar unmöglich, wenn die sichtbaren Merkmale mit den sich bildenden Anlagen gleichen Schritt halten, aber nicht zu vermeiden, wenn die Anlagen bis zu einer gewissen Stärke sich entwickeln müssen, ehe sie entfaltungsfähig werden (S. 184). Sieht man also eine oder mehrere neue Varietäten gesellschaftlich unter andern sich nicht abändernden Individuen zum Vorschein kommen, so muss die Möglichkeit ins Auge gefasst werden, dass vor dem Erscheinen der neuen Merkmale die Anlagen derselben vielleicht schon durch lange Zeiträume anderwärts sich herangebildet haben, und dass somit die Varietäten vor ihrem wahrnehmbaren Auftreten eine verborgene Vorgeschichte hatten, während der sie eine beträchtliche Constanz erlangen konnten.

Die Entstehung der Varietäten stellt sich in diesem Falle ganz verschieden dar, je nachdem wir sie von dem ersten sichtbaren Auftreten ihrer Merkmale oder von dem Beginne der Bildung ihrer Anlagen her datiren. Nehmen wir den letzteren Standpunkt ein, so entstehen die Varietäten, d. h. ihre Anlagen, bei getrenntem Vorkommen. Da alle mit einander vorkommenden Individuen einer Sippe die gleichen inneren Ursachen und die gleichen äusseren Einwirkungen erfahren, so bildet sich auch ihr Idioplasma in gleicher Weise um und wird durch die gleiche Anlage bereichert. Bleibt die Sippe während sehr langer Zeiträume unter den nämlichen äusseren Einflüssen, so entfaltet sich die Anlage da, wo sie sich gebildet hat, und die neue sichtbare Varietät tritt isolirt auf. Werden aber die Individuen jener Sippe vor dem Entfalten der Anlage durch Wanderung zerstreut und kommen sie mit Individuen der nämlichen Sippe, die unter anderen Verhältnissen eine andere entfaltungsfähige Anlage gebildet haben, zusammen, so werden sich die verschiedenen Anlagen auf dem nämlichen Platze entfalten, und es treten dann zwei verschiedene sichtbare Varietäten der nämlichen Sippe gemeinsam auf, so dass man nach der blossen Beurtheilung der entfalteten Merkmale auch hier ein gesellschaftliches Entstehen der Varietäten, wiewohl mit Unrecht, vermuthen könnte.

Wir müssen also s i c h t b a r e Varietäten mit entfalteten Merkmalen und u n s i c h t b a r e Varietäten mit noch unentfalteten Anlagen unterscheiden. Die letzteren entstehen in dem angenommenen Falle isolirt, die ersteren können isolirt oder gesellschaftlich zum Vorschein kommen; es hängt dies von der vorausgegangenen Wanderung ab. Der Zustand und die geographische Verbreitung der Varietäten kann daher nur dann richtig beurtheilt werden, wenn wir dabei von der letzten grossen Wanderung der Organismen ausgehen.

Das gegenwärtige Vorkommen der Pflanzen und Thiere besteht seit dem Aufhören der Eiszeit. Während derselben lebten die alpinen Pflanzen in der mitteleuropäischen Ebene und wanderten nachher theils auf die verschiedenen Gebirge, theils nach dem Norden, während aus dem Osten her Ebenenpflanzen einwanderten und sich mit den wenigen in der Ebene zurückgebliebenen alpinen mischten. Es gibt nun zwei Reihen von Thatsachen, welche uns über die Veränderung der Gewächse seit jener Wanderung einigen Aufschluss gewähren.

Die eine Reihe von Thatsachen, die schon wiederholt erwähnt wurde, zeigt uns die nämlichen sichtbaren Varietäten auf verschiedenen Gebirgen, in der Ebene und im Norden entweder genau gleich oder nur sehr wenig ungleich. Sie belehrt uns über die Zeiträume, welche für die Varietätenbildung erforderlich sind. Entweder ist die sichtbare Varietät seit der Eiszeit unverändert geblieben, oder sie war zur Eiszeit eine andere und ist mit den nämlichen Anlagen auf ihre jetzigen verschiedenen Wohnsitze gekommen, wo sich dieselben überall zu den nämlichen äusseren Merkmalen entfaltet haben. Zeigt die Varietät, die in der Ebene lebt, eine geringe Verschiedenheit von der in den Alpen wohnenden Varietät, so hat sich entweder seit der Eiszeit eine neue Anlage gebildet und auch bereits entfaltet, oder, was vielleicht wahrscheinlicher ist, die Pflanzen sind mit nicht ganz fertigen Anlagen in ihre neuen Wohnorte gekommen und haben dieselben unter den veränderten äusseren Umständen in etwas ungleicher Weise fertig gebildet und dann entfaltet.

Die zweite Reihe von Thatsachen beruht in dem vorhin erwähnten gesellschaftlichen Vorkommen naher und nächster sichtbarer Varietäten. Es ist durchaus unwahrscheinlich, dass sie alle durch Wanderung sich zusammengefunden haben; sie müssen sich zum Theil da, wo sie sich jetzt befinden, gebildet haben. Dies geht aus einer einfachen Erwägung hervor. Wären die sichtbaren Varietäten alle zusammengekommen, so müssten sie schon vor der Wanderung existirt haben. Bei jeder grossen Wanderung gehen aber viele Arten und Varietäten verloren, weil ja das Weiterwandern von mannigfaltigen Zufälligkeiten abhängt. Es müsste also unter jener Voraussetzung zur Eiszeit beträchtlich mehr Varietäten gegeben haben als jetzt. Dies ist durchaus unannehmbar. Die Zahl der Varietäten nimmt im Laufe der Zeiten eher zu als ab; und wenn sie auch nur gleich bleibt, so muss doch der Verlust, der bei einer grossen Wanderung eintritt, ersetzt werden. Es mussten also seit der Eiszeit ziemlich viele neue sichtbare Varietäten zum Vorschein kommen und zwar gesellschaftlich, da auch das jetzige Vorkommen ein gesellschaftliches ist.

Entweder haben sich nun die Anlagen dieser in Gesellschaft lebenden nächstverwandten sichtbaren Varietäten gesellschaftlich gebildet und entfaltet, oder die Anlagen haben sich bis zu einem gewissen Grad, der sie vor Vernichtung durch Kreuzung schützte, local getrennt gebildet. Die nämliche Sippe lebte beispielsweise während der Eiszeit unter verschiedenen Verhältnissen und an verschiedenen Orten der europäischen Ebene, auf der Nordseite und der Südseite der Alpen, und bildete daselbst verschiedene Anlagen. Von den verschiedenen Orten kamen beim Verschwinden der Eiszeit einzelne Individuen in die gleichen alpinen Wohnorte, und aus ihren Nachkommen gingen, indem sich die geerbten Anlagen entfalteten, verschiedene sichtbare Varietäten hervor.

Der gleiche Vorgang konnte in der Ebene mit den aus dem Osten eingewanderten Pflanzen stattfinden. Die nämliche sichtbare Varietät (A) konnte nach der Eiszeit aus drei verschiedenen östlichen Gegenden in drei noch unsichtbaren und bloss mit ungleichen Anlagen begabten Varietäten (A_1, A_2, A_3) westwärts wandern: dieselben konnten auf der Wanderung sich vermengen und dann gemeinsam sich festsetzen. Die drei unsichtbaren Varietäten entfalteten ihre Anlagen nach kürzerer oder längerer Zeit und stellten drei in Gesellschaft lebende sichtbare Varietäten dar.

Das Nämliche wird einst mit den jetzigen Varietäten geschehen. Es gibt solche, die eine weite Verbreitung haben; die Anlagen, die in ihnen entstehen, müssen je nach den wirksamen Einflüssen verschieden sein. Bleibt die jetzige Verbreitung der Gewächse während hinreichend langer Zeit die nämliche, so werden früher oder später an den bezüglich der Einflüsse ungleichen Orten, also in localer

Trennung, ebenso viele neue Varietäten auftreten; findet aber vorher eine grössere Wanderung und eine veränderte Vertheilung statt, so werden zwei oder mehrere der neuen Varietäten auf dem gleichen Standort sich entfalten können.

Das gesellschaftliche Entstehen der Varietäten erklärt uns auch die nicht zu verkennende Erscheinung, dass zuweilen die Varietäten oder Arten einer Gegend in gewissen Merkmalen oder im Habitus mit einander verwandt sind, dass sie gleichsam einen Gesellschaftstypus zeigen. Wir begreifen dies vollkommen für den Fall, dass sowohl die Bildung als die Entfaltung der verschiedenen Anlagen gesellschaftlich erfolgt. Es ist aber auch nicht unwahrscheinlich für den zuletzt besprochenen Fall, dass die Anlagen bis zu einem bestimmten Grade getrennt entstehen müssen. Ihre Träger bilden sie dann auf dem Wohnsitze, wo sie zusammenkommen, unter den nämlichen äusseren Einflüssen, vielleicht auch unter Mithülfe der Kreuzung, in übereinstimmender Weise vollständig aus, und dadurch erlangen die sich entfaltenden Varietäten einen gemeinsamen Typus.

Die Annahme Darwin's, dass die Varietätenbildung in analoger Weise erfolge wie die Rassenbildung, gibt keine Erklärung für die zahlreichen und mannigfaltigen in der Natur bestehenden Thatsachen, und die Theorie von der natürlichen Zuchtwahl lässt sich mit den Vorkommensverhältnissen nicht in Uebereinstimmung bringen. Man kann dieser Theorie gewiss nicht den Vorwurf machen, dass sie in der Studirstube entstanden sei, — wohl aber, dass sie Stall und Taubenschlag zwar gründlich untersucht, die freie Natur dagegen, namentlich das Pflanzenreich, aus der Vogelperspective angesehen habe.

---

3. Wirkung der Verdrängung auf die Zuchtwahl.

Nach der Selectionstheorie müssen die Einrichtungen, welche Bestand gewinnen sollen, bei der Concurrenz die anderen weniger günstigen verdrängen, um die schädliche Kreuzung unmöglich zu machen. Nun liegt es auf der Hand, dass eine Einrichtung erst dann die Zuchtwahl herbeiführen kann, wenn sie sich so weit entwickelt hat, um sich als nützlich zu bewähren und eine ausgiebige Verdrängung zu verursachen.

Aus diesem Grunde ist die Selectionstheorie im Widerspruch mit der Lehre vom Idioplasma, namentlich mit der Annahme, dass die Eigenschaften zuerst als idioplasmatische Anlagen entstehen und nachher erst sich entfalten, denn bei einem verborgenen Vorgange kann selbstverständlich eine Zuchtwahl nicht eintreten. Die phylogenetische Entwicklungsgeschichte vermag jedoch dieser den sichtbaren Merkmalen vorausgehenden Anlagen, wenigstens für viele Fälle, nicht zu entbehren.

Aber auch wenn wir, der bisher allgemeinen Anschauungsweise folgend, die phylogenetische Entwicklung bloss nach Maassgabe der sichtbaren Veränderungen sich vollziehen lassen, stellt sich die Selectionstheorie bei genauerer Analyse der eintretenden Erscheinungen als unhaltbar heraus. Diese Theorie beruhigt sich allzusehr mit der allgemeinen Ueberzeugung, dass das Nützliche das weniger Nützliche verdrängen und dadurch zur Zuchtwahl führen müsse, ohne sich den Process in seinen Einzelheiten klar zu machen.

Die angenommene Verdrängung tritt ja jedenfalls ein, aber immer erst in einem Stadium, in welchem sie nicht mehr durch Zuchtwahl wirkt. Sie würde die verlangte Aufgabe erfüllen können wenn die neuen Merkmale so zu sagen über Nacht, wenigstens in einer oder ein Paar Generationen und in einer überwiegenden Zahl von Individuen entständen. Aber, mögen die Veränderungen wie immer zu Stande kommen, so viel ist unbestreitbar, dass sie äusserst langsam sich vollziehen. Wird ja das scheinbare Stillstehen der Sippen in den beiden Reichen als ein Hauptgrund gegen die Abstammungslehre geltend gemacht. Erfolgt ausnahmsweise einmal, wenn der allmähliche Uebergang der Merkmale unmöglich ist, eine Veränderung rasch (sprungweise), so muss eine lange innere Vorbereitung (Bildung von Anlagen) vorausgehen, und dann haben wir den bereits besprochenen, die Zuchtwahl ausschliessenden Fall. — Was aber die andere Bedingung betrifft, dass die neue Eigenschaft in einer überwiegenden Anzahl von Individuen auftrete, so widerspricht sie der Annahme Darwin's, und sie würde auch die Selectionstheorie überhaupt überflüssig machen, weil sie die Anwesenheit einer bestimmten und allgemein wirkenden Ursache voraussetzte und somit das Gelingen an und für sich verbürgte.

In der Regel geschieht also die ganze Veränderung durch eine Menge sehr kleiner Schritte, die sich auf einen langen Zeitraum vertheilen. Der einzelne kleine Schritt kann aber auch nur einen entsprechenden winzigen Vortheil gewähren, der neben allen anderen die Existenzfähigkeit bedingenden Momenten gänzlich verschwindet und somit auch keinen Einfluss auf die Verdrängung hat. Dabei macht es keinen Unterschied, ob ein bereits vorhandenes Merkmal sich verändere oder ein neues sich bilde.

Als Beispiel einer ganz einfachen Veränderung will ich den Hals der Giraffe oder den Rüssel des Elephanten wählen, wo es sich bloss um eine Verlängerung handelt. In der vorweltlichen Sippe, von der die Giraffe abstammt, begann die Variation und einige Thiere erhielten dadurch einen unmerklich längeren Hals; bei einer Zunahme von 1^{mm} im Individuum, die wohl zu gross angenommen ist, würden etwa 1000 Generationen für die ganze Umwandlung in Anspruch genommen. Das konnte aber selbstverständlich auf die Zuchtwahl gar keinen Einfluss haben. Selbst eine ziemlich merkbare Verlängerung gab den Individuen kein so grosses Uebergewicht bei der Concurrenz, um eine Kreuzung mit anderen Individuen und den Rückfall in die frühere Form zu verhindern.

Nach der Theorie der directen Bewirkung war die Verlängerung Folge des Bedürfnisses, das auf verschiedene Weise einen mechanischen Reiz ausüben konnte, und das wir uns nur dann in einigermaassen sicherer Weise vorzustellen vermöchten, wenn wir die Beschaffenheit der Ahnensippe und die damals herrschenden Verhältnisse kännten. Gingen auch vielleicht zuerst zahlreiche Generationen vorbei, in denen bloss das Idioplasma sich veränderte, und dann wieder zahlreiche Generationen, in denen die Verlängerung jedesmal bloss 1^{mm} oder weniger betrug, so war der Erfolg doch gesichert, da die Ursache in allen oder doch weitaus in den meisten Individuen und durch alle Generationen thätig war.

Als Beispiel für ein neu auftretendes Merkmal will ich die Hörner der Wiederkäuer anführen. Ich möchte bezweifeln, dass 1000 Generationen hinreichten, um dieselben zu ihrer jetzigen Grösse auszubilden. Erfolgte deren Bildung nach der Selectionstheorie, so traten die ersten Abänderungen bei wenigen der ungehörnten Vorfahren auf; da sie aber von mikroskopischer Kleinheit waren, so konnten sie während der ersten fünfzig Generationen nur eine so unbedeutende Ausdehnung erreichen, dass sie keinen nennenswerthen

Vortheil gewährten. Was half es also den wenigen Individuen in einer Heerde, in denen diese, bei den Nachkommen erst als günstig sich erweisende Einrichtung anfing? Von einer Selection konnte keine Rede sein; die Kreuzung musste die begonnene Variation immer wieder stören.

Die Theorie der directen Bewirkung lässt die Hörner durch mechanischen Reiz entstehen. Die Thiere, denen kein anderes Mittel der Vertheidigung oder des Angriffes zu Gebote stand, stiessen mit dem Kopf. Wenn die dadurch bewirkte Veränderung auch zunächst sich auf das Idioplasma beschränkte, wenn sie dann äusserlich auch noch so klein war und noch so langsam fortschritt, so konnte sie, da sie bei allen Individuen gleichmässig stattfand und durch alle Generationen fortdauerte, nicht wieder verloren gehen und musste sich so lange und so weit ausbilden, als es alle in Betracht kommenden Umstände erlaubten.

Die natürliche Zuchtwahl kann also aus dem Grunde nicht zu Stande kommen, weil die Veränderungen im Anfange gering und ohne Nutzen sind. Aber wenn dieselben auch, was nie möglich ist, sofort beträchtlich genug wären, um einen erheblichen Vortheil zu gewähren, so könnten sie, weil nur in wenigen Individuen eintretend und noch ohne Constanz, keine ausgiebige Verdrängung und Reinzucht bewirken. Es zeigen beispielsweise 4 auf 1000 Individuen die allernützlichste Variation, so geht sie durch Kreuzung wieder verloren. Denn eine Reinzucht wäre ja nur möglich, wenn die vier Individuen und ihre Nachkommen so lange bloss unter einander sich paarten, bis sie die übrigen verdrängt hätten, was eine ziemliche Zahl von Generationen in Anspruch nehmen würde. Für eine solche Reinzucht ist aber kein Grund vorhanden.

Darwin hat den vorhin angeführten Fall der Giraffe gleichfalls erörtert, um an demselben die Möglichkeit der Zuchtwahl dazuthun. Er wiederholt aber nur die bekannten allgemeinen Sätze, welche nach meiner Ansicht, sowie man ihnen eine concrete und bestimmte Form geben will, zu Unmöglichkeiten führen. Unter den Vorfahren des genannten Thieres, sagt er, hätten sich wie gewöhnlich individuelle Verschiedenheiten in der Grösse gefunden; diejenigen Individuen, welche nur 1 bis 2 Zoll höher hinaufreichten, wären in Zeiten der Hungersnöthe allgemein am Leben geblieben und hätten sich gekreuzt, während die kleineren dem Aussterben allein ausgesetzt waren.

Hierauf könnte man erwidern, dass in der jährlich eintretenden Zeit der knappen Nahrung nicht ein allgemeines Sterben eintritt, sondern die Thiere magern ab, um sich in der günstigeren Jahreszeit wieder zu erholen. Sterben mehrere, so sind es nicht die um 1 bis 2 Zoll weniger hohen, sondern die ältesten und überhaupt die schwächsten.

Mit diesen 1 bis 2 Zoll Grössendifferenz Darwin's scheint übrigens der geringe Zuwachs von 1^{mm}, den ich in Anschlag gebracht habe, in sonderbarem Widerspruch zu stehen. Aber es ist zu bemerken, dass die genannten 1 bis 2 Zoll die individuelle Verschiedenheit innerhalb der Sippe, nicht die eintretende phylogenetische Variation bedeuten, und dass in der Vermengung dieser beiden Begriffe der Trugschluss Darwin's liegt. Nehmen wir einmal mit demselben an, dass die unbekannte Sippe, aus der die Giraffe hervorging, in ihrer Höhe um 1 bis 2 Zoll variirte, dass also beispielsweise die kleineren Individuen 12', die grösseren 12' 2'' hoch waren. Diese Verschiedenheit ist wohl mit Rücksicht auf die so auffallende Einförmigkeit der natürlichen Sippen gross genug angeschlagen; wäre sie aber auch viel grösser, so würde dies auf den Erfolg keinen Einfluss haben. Denn die nämliche Verschiedenheit war von jeher vorhanden und hatte keine andere Bedeutung, als wie sie die Grenzwerthe des Formenkreises in jeder Sippe haben. Es sind die Maasse, zwischen denen die Individuen hin und her schwanken und über die sie nicht hinaus können. Die Nachkommen der kleinsten Individuen werden wieder grösser, die Nachkommen der grössten wieder kleiner.

Wenn nun auch der unwahrscheinliche Fall eintrat, dass in einer Zeit der Hungersnoth alle kleineren Individuen zu Grunde gingen und nur die 12' 2'' hohen übrig blieben, was war die Folge? Keine andere als die, dass, entsprechend der Befähigung der Sippe, sich innerhalb eines bestimmten Formenkreises zu bewegen, unter den Nachkommen der 12' 2'' hohen Individuen sich auch wieder kleinere befanden, und dass in besseren Zeiten bei stärkerer Vermehrung der alte Formenkreis von 12' bis 12' 2'' Höhe wieder herrschend wurde. Dies ist ja der Wechsel, der an allen Varietäten und Arten beobachtet wird; geht bei natürlichen Sippen in Folge von ungünstigen Verhältnissen ein Theil des Formenkreises verloren, so wird er unter besseren Verhältnissen wieder hergestellt. Eine gleiche Reduction auf die grössten überlebenden Thiere musste ja während der langen Dauer der Ahnensippe der Giraffe wiederholt bei Hungersnoth eingetreten sein, und ungeachtet dieses wiederholten Ereignisses hat sich die angenommene Höhendifferenz in dem Formenkreis erhalten. Und sie musste sich so lange erhalten, als die erblichen, d. h. idioplasmatischen Eigenschaften unverändert blieben.

Diese individuelle Verschiedenheit, die uns der Formenkreis angibt, ist ohne Bedeutung für die phylogenetische Fortbildung zu einer neuen Sippe; sie bleibt ja, wie ich mich schon früher ausgedrückt habe, innerhalb der ontogenetischen Elastizitätsgrenze. Gingen auch einmal alle Individuen der Ahnensippe bis auf die grössten (von 12′ 2″ Höhe) zu Grunde, so musste nun zur Umänderung in eine neue Sippe noch die phylogenetische Variation hinzukommen, die ich zu 1 mm taxirte. Und wir stehen wieder vor der gewiss nicht zu bestreitenden Thatsache, dass 1 mm Höhenunterschied bei einem 12 Fuss hohen Thier ohne alle Wirkung bezüglich der Verdrängung ist.

Ich sehe recht wohl ein, dass, wenn in einer Gesellschaft von 10000 Individuen stetsfort auch nur ein einziges Individuum in nützlicher Weise sich dauernd (erblich) verändert, dann die ganze Gesellschaft wenigstens theoretisch mit mechanischer Nothwendigkeit in der gleichen Richtung nachfolgen wird. Denn die entstehenden Eigenschaften breiten sich durch Kreuzung in der Gesellschaft aus, und wenn sie sich soweit ausgebildet haben, um ihre Nützlichkeit zu bewähren, so müssen sie sich auch an der ohnehin stets thätigen Verdrängung mitbetheiligen. Ob jedoch und wie diese theoretische Nothwendigkeit in die Praxis übergehe, das würde von verschiedenen, hier nicht weiter zu erörternden Bedingungen, welche die Veränderung erblich machen, abhängen.

Sollte aber auch dieser Vorgang wirklich statthaben, — (ich bezweifle, dass dies je der Fall ist, weil die Ursachen, welche erbliche Veränderungen hervorbringen, gleichartiger Natur sind und wenigstens auf die grosse Mehrzahl der Individuen, wenn nicht auf alle, einwirken) — so dürfte er doch offenbar nicht als natürliche Zuchtwahl der künstlichen an die Seite gestellt werden, da die Kreuzung mit allen anderen Individuen der Gesellschaft nie gehemmt ist. Die Selectionstheorie, welche hier natürliche Zuchtwahl annimmt, verwechselt, wie mir scheint, Ursache und Wirkung. Die Veränderung findet nicht statt, weil die Verdrängung als Ursache mithilft; sondern, wenn die Veränderung durch ihre specifischen Ursachen hinreichend gross geworden, so führt sie als nothwendige Folge die Verdrängung herbei.

Dass eine phylogenetische Veränderung in der langen Periode ihres Beginnes nicht durch Verdrängung eine natürliche Zuchtwahl verursachen und dadurch sich die Existenz sichern kann, ist unbestreitbar, und daher ist es auch sehr begreiflich, dass ein begeisterter Anhänger der Selectionstheorie diese durch eine Hilfstheorie, die Separation oder Migration, retten wollte. Ich halte es für eine logische Nothwendigkeit, dass, wenn man an der Selection festhält, man die Migration mit in den Kauf nehmen muss.

Die Migrationstheorie habe ich für unmöglich erklärt, weil sie im Widerspruche steht mit den thatsächlichen Vorkommensverhältnissen der Pflanzen und noch mehr mit den klaren Forderungen natürlicher Gesetze. Diese Theorie ist auch der Darwin'schen Schule offenbar sehr ungelegen gekommen. Der schwache Punkt in der Selectionstheorie, den sie beseitigen will, lässt sich ja mit gutem Gewissen nicht wegleugnen; aber das Heilmittel ist doch für schlimmer angesehen worden als das Uebel. Denn die Unmöglichkeit der Migration ist viel leichter einzusehen als die Unmöglichkeit der natürlichen Selection. Jener schwache Punkt dieser letzteren, dass werdende Vortheile noch keine Verdrängung zu bewirken vermögen, lässt sich durch allgemeine Phrasen umgehen und verdecken. Aber die Vorstellung, dass die abändernden Individuen sich zur Reinzucht isoliren, ist so bestimmt und zugleich so unnatürlich, dass kein Zoolog oder Botaniker sie seinem Publikum ohne ganz entscheidende Belege und neue theoretische Erklärungen bieten dürfte. Immerhin gehört die Migrationstheorie, weil sie eine logische Folge der Selectionstheorie ist, zu den stärksten Widerlegungen der letzteren.

---

4. Wirkung der Ernährungseinflüsse.

Nach der Selectionstheorie ist die ganze Organisation eine Folge der Ernährungsursachen im weitesten Sinne oder überhaupt der äusseren Einflüsse. Dieselben wirken auf alle einzelnen Theile des Organismus und veranlassen vielerlei Variationen, aus denen dann die Zuchtwahl die nützlichen festhalte und fortpflanze.

Hierauf ist zunächst zu erwidern, dass man, was bisher nicht berücksichtigt wurde, zweierlei Ursachen trennen muss, diejenigen, welche Kraft und Stoff liefern, und diejenigen, welche der organisirenden Thätigkeit die Richtung geben und erbliche Veränderungen verursachen. Dass Kraft und Stoff aus der Ernährung geschöpft werden, ist längst unzweifelhaft, denn es gibt keine andere Möglichkeit. Was aber die organisirende und vererbende Thätigkeit bestimme, musste erst noch bewiesen werden.

Es ist eine beliebte Redensart, dass die den äusseren Verhältnissen angepassten Organismen unverändert bleiben, so lange sie in diesen Verhältnissen leben, dass sie aber, wenn sie wandern und unter andere äussere Einflüsse kommen, zu variiren anfangen, womit dann die Wirkung dieser Einflüsse dargethan wäre. Allein bezüglich des Pflanzenreiches ist dieser Satz in dem Sinne, wie er ausgesprochen wird, durch keine einzige Thatsache bewiesen, wohl aber durch viele widerlegt. Ich erinnere daran, dass manche Pflanzenarten am Ende der Eiszeit theils auf die Alpen, theils in den hohen Norden gewandert und jetzt noch an beiden Orten ganz gleich sind, dass andere zur nämlichen Zeit aus dem Osten nach Deutschland gekommen und jetzt noch unverändert sind, dass sehr nahe verwandte Varietäten seit der Eiszeit unter den verschiedensten äusseren Verhältnissen gleich geblieben sind (S. 104). Auch die Wanderungen aus einem Welttheil in den anderen in historischer Zeit sind zu erwähnen, obgleich die Dauer des neuen Aufenthaltes viel kürzer ist. Wenn die Ernährungsursachen im weitesten Sinne eine erbliche Veränderung bewirken würden, warum haben sie es in diesen Fällen nicht gethan?

Uebrigens könnten wir uns nur schwer vorstellen, wie die so unbestimmten Ursachen all die verschiedenen und charakteristischen Eigenschaften der Thiere und Pflanzen hervorgebracht haben sollten. Dies wäre jedenfalls nur in der Art möglich, dass sie entsprechend ihrer Natur mannigfaltige Veränderungen bewirkten, und dass dann in irgend einer Weise die passenden ausgewählt würden, wie dies auch die Selectionstheorie annimmt. In einer variirenden Sippe — und es ist kein Grund vorhanden, warum sie nicht alle und immer variirten — müssten in den verschiedenen Individuen Anfänge von allen möglichen Merkmalen entstehen, denn nur so ist Sicherheit geboten, dass auch das Richtige darunter sei. Sonst könnte es, da die Ernährungseinflüsse keine Beziehung zu bestimmten Eigenschaften haben, leicht geschehen, dass gerade diejenige, die in dem betreffenden Falle Bedürfniss ist, mangelte. Unter den Veränderungen in der Ahnensippe der Giraffe wären vielleicht stärkere Hörner, ein längerer Schwanz, dickerer Pelz, eine andere Farbe, verbesserte Sinnesorgane, eine kleinere Statur u. s. w., aber nicht der längere Hals und die höheren Beine, welche Nutzen gewährten, vertreten gewesen.

Um also den Erfolg zu sichern, müsste die Theorie annehmen, dass alle Veränderungen, die nach der vorhandenen Organisation denkbar und möglich sind, zu jeder Zeit auch wirklich eintreten, soweit es nämlich die Individuenzahl gestattet. Die Menge dieser Veränderungen geht aber nicht nur in die Tausende, sondern selbst in die Millionen, weil jede einzelne Zelle in verschiedener Weise sich umbilden kann. Man macht sich vielleicht diese Forderung nicht ganz klar; sie ist aber logisch und nothwendig, wenn sie auch wenig natürlich und vernünftig erscheinen mag. Die Theorie müsste nämlich ferner annehmen, dass die allseitig eintretenden Veränderungen erblich seien, was sie offenbar unbewusst thut, ohne sich Rechenschaft zu geben, dass die zahllosen kleinen Abweichungen, die wirklich in den Zellen vorkommen, innerhalb der Elastizitätsgrenze liegen und dem Gebiete der nicht erblichen Modificationen angehören, also auch für den phylogenetischen Fortschritt ohne Bedeutung sind.

Wie wird nun unter den vielen Variationen die richtige ausgewählt? Da, wie wir gesehen haben, eine Zuchtwahl durch Verdrängung unmöglich ist (S. 310 ff.), so müsste sie auf eine andere Art, z. B. durch Absonderung der wenigen in gleicher Weise und zugleich nützlich abgeänderten Individuen zu Stande kommen. Ich will die höchste Unwahrscheinlichkeit dieses oder jedes andern die Reinzucht bewirkenden Vorganges an dieser Stelle nicht darthun; es genügt zunächst auszusprechen, dass in keinem Falle eine Zuchtwahl zu Stande kommen kann.

Um den Erfolg der Zuchtwahl anschaulicher zu machen, setzt man gewöhnlich voraus, dass, wenn die Variation begonnen habe, sie leicht in den folgenden Generationen fortdauere und sich steigere. Es ist dies wieder eine Vorstellung, welche die Selectionstheorie mit Unrecht von der künstlichen Rassenbildung auf die natürliche Varietätenbildung übertragen hat. Die Vergleichung wäre nur gerechtfertigt bei Identität der ursächlichen Momente. Nun hat aber das leichte Variiren und das Fortdauern oder Steigern der begonnenen Variation bei der Rasse bestimmte physische Ursachen, während das plötzliche Auftreten der Veränderung und mehr noch die erfolgende Steigerung in den nächsten Generationen bei den natürlichen Sippen, wo es die Selectionstheorie ebenfalls annimmt, ein wahrer deus ex machina ist.

In der Rasse tritt, vornehmlich in Folge von Kreuzung, Variation ein, weil latente Anlagen, die von vorgängigen Kreuzungen her in Menge vorhanden sind, manifest werden, — und es ist sehr begreiflich, dass dieser Umbildungsprocess des gemischten Idioplasmas manchmal nicht mit einem Schlage beendigt wird, sondern durch einige Generationen fortdauert. Diese Ursachen sind bei den natürlichen Sippen nicht vorhanden. Für den Fall, dass Kreuzung mit anderen Sippen eintritt, so kann dieselbe im allgemeinen keine latenten Anlagen zur Entfaltung bringen, weil fast keine vorhanden sind, und wenn es etwa der Fall wäre, so bewirkt dieser Vorgang ja nur einen Rückschritt, nicht aber den Fortschritt, der zu erklären ist. — Es können daher für den Standpunkt der Selectionstheorie bloss äussere Einflüsse sein, welche die Variation einleiten. Warum sie es durch lange Zeiträume nicht thaten und nun auf einmal die Kraft dazu erlangen, bleibt ein Räthsel, dessen Auflösung uns die bereits erwähnte Hinweisung auf die geänderten Einflüsse nicht zu geben vermag. Denn wenn eine Sippe unter andere äussere Verhältnisse kommt, so könnten, wenn hierin die Ursache der Veränderung liegt, nicht nur einzelne Individuen, wie es die Selectionstheorie annimmt, sondern es müssten alle oder doch die grosse Mehrzahl sich verändern.

Setzen wir uns über dieses Räthsel hinweg, so stehen wir vor dem noch grösseren Räthsel, warum die begonnene Variation in den folgenden Generationen andauern soll. Da die Selectionstheorie von einer ganzen Gesellschaft, die sich unter den nämlichen äusseren Verhältnissen befindet, nur einzelne wenige variiren lässt, so muss angenommen werden, dass von allen auf die Individuen hier einwirkenden Combinationen der Ernährungseinflüsse nur eine ganz bestimmte und selten verwirklichte Combination die Veränderung hervorbringe. Die Individuen, die diese erste Stufe der Veränderung erfahren, übertragen die beginnende Eigenschaft durch Vererbung auf ihre Kinder. Ob aber in diesen abermals die gleiche Variation eintrete, ist ein Zufall; es geschieht nur, wenn die nämliche specifische Combination der Ernährungseinflüsse, die sich als günstig erwiesen hat, abermals eintritt. Die Aussicht, dass dies geschehe, lässt sich unter bestimmten Annahmen durch die Wahrscheinlichkeitsrechnung ermitteln. Der nämliche Wechselfall wiederholt sich dann bei jeder folgenden Generation.

Angenommen, es zeige durchschnittlich unter je 100 Individuen eines die günstige Variation, die Wahrscheinlichkeit, dass sie überhaupt eintrete, betrage also $^1/_{100}$, — und die Grösse der Veränderung in diesem Individuum, gleichsam die Menge neuen Blutes, die demselben durch die äusseren Einflüsse zugeführt wird, werde durch b bezeichnet. Ferner bestehe die Gesellschaft durch die auf einander folgenden Generationen constant aus 2000 Individuen, wovon die Hälfte Männchen, die Hälfte Weibchen, und jedes Paar habe gleich viele Kinder, ebenfalls zur Hälfte männlichen und zur Hälfte weiblichen Geschlechts. In der Generation, in welcher die Variation beginnt, befinden sich also unter den 2000 Individuen 20 abgeänderte (b) und zwar 10 männliche (mb) und 10 weibliche (wb). Zunächst ist zu bestimmen, in welchen Verhältnissen die Paarungen wahrscheinlich eintreten; dieselben sind Einblutpaarungen (b) zwischen mb und wb, Halbblutpaarungen $\left(\frac{b}{2}\right)$, indem nur das eine Glied b enthält, also mb oder wb ist, und Ohnblutpaarungen (o). Die denkbar möglichen Paarungen sind 1000000, darunter 100 (b), 19800 $\left(\frac{b}{2}\right)$ und 980100 (o). Die Zahl der wirklichen Paarungen beträgt 1000, darunter wahrscheinlich 0,1 (b), 19,8 $\left(\frac{b}{2}\right)$ und 980,1 (o); d. h. wenn das Ereigniss, nämlich die Variation unter den angenommenen Umständen zehn Mal einträte, so würde wahrscheinlicher Weise ein einziges Mal eine Einblutpaarung statthaben.

Die Nachkommenschaft der stattgefundenen Paarungen wird durch die Concurrenz auf die frühere Zahl (2000) vermindert, und da die abgeänderten Individuen noch keinen bemerkbaren Vortheil im Kampfe ums Dasein gewähren (S. 310 ff.), so ist das Zahlenverhältniss der Individuen in der zweiten Generation gleich dem der Paarungen. Nehmen wir, um die weiteren Ereignisse anschaulicher zu machen, die Zahlen 1000mal grösser, so haben wir für jedes Geschlecht

$$100\,(b) + 19800\left(\frac{b}{2}\right) + 980100\,(o) = 1000000. \qquad \text{(I}$$

Dies ist die Erbschaft aus der ersten Generation. Nun tritt die Variation hinzu, welche je einem unter 100 Individuen wieder b verleiht. Nachdem dies geschehen, besteht die zweite Generation auf 1000000 Individuen von jedem Geschlecht aus

$$1\,(2b) + 198\,(^3/_2 b) + 9900\,(b) + 19602\left(\frac{b}{2}\right) + 970299\,(o) = 1000000. \quad \text{(II}$$

Wenn sich diese Individuen paaren, so entstehen neben den nicht abgeänderten Paaren 8 Stufen der Abänderung, von denen die geringste $^1/_4\,b$, die höchste $2b$ hat. Die Zahl aller denkbaren Paarungen beträgt 1000000000000. Die Individuen der 3. Generation bestehen als Erbschaft der 2. Generation (vor eintretender neuer Variation) aus 9 Kategorien, deren Zahlenverhältniss genau dem der Paarungen entspricht. Ich theile das Resultat der Rechnung mit, weil es ein helles Licht verbreitet über die Vertheilung des Blutes durch die Kreuzung und über die Aussichtslosigkeit einer einigermaassen reinen Zucht der abgeänderten Individuen. Da es sich nur um die Verhältnisse handelt, so gebe ich dieselben als ganze Zahlen für eine Gesammtmenge von 1 Billion. Durch Theilung mit 1000000000 erhält man die Zahl, in der jede Kategorie durchschnittlich in einer Gesellschaft von 1000 Individuen vertreten ist, oder, insofern es ein Bruch ist, die Wahrscheinlichkeitsziffer für ihre Verwirklichung.

Es besteht nun also eine Gesellschaft von 1 Billion Individuen, die eine Veränderung während 2 Generationen erfahren hat, in der 3. Generation, bevor die Variation dieser Generation eingetreten ist, aus folgenden Individuen:

1	$(2b)$	(III
396	$(^7/_4\,b)$	
59004	$(^3/_2\,b)$	
3 959604	$(^5/_4\,b)$	
107 712990	(b)	
772 358004	$(^3/_4\,b)$	
19596 158604	$(^1/_2\,b)$	
38039 601996	$(^1/_4\,b)$	
941480 149401	(0)	
1 000000 000000		

Aus dieser Berechnung geht hervor, dass nach zweimaliger Variation und Kreuzung unter den angenommenen Umständen etwas über 6 % aller Individuen mehr oder weniger abgeändert sind; darunter befinden sich 4 % mit der geringsten Veränderung ($^1/_4 b$). Die grösste Veränderung ($2b$), welche die Reinzucht aller abgeänderten Individuen darstellt, ist unter 1 Billion nur mit 1 Individuum, die Abänderungen, die mehr als b betragen, also die Hälfte der grössten Veränderung überschreiten, nur mit 4 019 005 Individuen oder mit 4 Millionstel der Gesammtheit vertreten. Die Wahrscheinlichkeit einer Reinzucht aller abgeänderten Individuen innerhalb der Gesellschaft von 2000 Individuen beträgt für die erste Paarung 1 Zehntausendstel, für die zweite Paarung 1 Billionstel; für die dritte Paarung würde sie 1 Zehntausendquadrillionstel betragen[1]).

In Folge der Kreuzung verbreitet sich die Veränderung nach und nach über die ganze indifferente Gesellschaft und macht, je grösser diese ist, bezüglich der Steigerung um so langsamere Fortschritte. In dem vorhin angenommenen Beispiel, wo unter 100 Individuen sich je eines um einen Schritt verändert, würde, wenn der einzelne Schritt den 200. Theil der ganzen Umwandlung oder Varietätenbildung ausmacht, die Gesellschaft im günstigsten Falle nach 20000 Generationen umgewandelt sein. Aber dies wäre nicht eine Varietätenbildung durch Zuchtwahl, welche ohne Trennung der abgeänderten von den nicht abgeänderten Individuen sich als undenkbar erweist.

Doch auch die bloss einmalige Separation oder Migration, wie sie zur Rettung der Selectionstheorie erfunden wurde, hat keinen Erfolg. Angenommen, die abgeänderten Individuen der 1. Generation (mit der Veränderung b) emigriren in einem oder in mehreren Paaren und pflanzen sich in der Einsamkeit fort, so besteht allerdings die 2. Generation aus lauter gleichen Individuen auf der ersten Variationsstufe. Sowie jedoch die abermalige Veränderung, welche, um bei den Annahmen des ersten Beispiels zu bleiben, auf 100 Individuen bloss je eines trifft, stattgefunden hat, so ist auch die Un-

---

[1]) Wenn die Menge der abgeänderten Individuen in der 1. Generation $\frac{1}{q}$ ist und in den folgenden Generationen keine Variation mehr stattfindet, so beträgt die Wahrscheinlichkeit der Reinzucht für die 2. Generation $\frac{1}{q^2}$, für die 3. G. $\frac{1}{q^4}$, für die 4. Generation $\frac{1}{q^8}$ u. s. w.

gleichheit gegeben. Wenn die 2. Generation vor der Abänderung aus 2000 Individuen (b) besteht, so enthält sie nach derselben 20 ($2b$) und 1980 (b), und nun erfolgt die weitere Entwicklung genau so, wie ich sie für das erste Beispiel dargelegt habe. Der Unterschied ist bloss der, dass diesmal die Hauptmasse der Gesellschaft nicht aus Individuen ohne Abänderung, sondern aus solchen der ersten Variationsstufe, d. h. mit einer unmerklich geringen Veränderung besteht. Man hat dann in der 3. Generation vor der Veränderung, auf 1 Million Individuen, analog wie I auf S. 321

$$100\,(2b) + 19800\,(^3/_2 b) + 980100\,(b),$$

und nach der dieser Generation zukommenden Veränderung übereinstimmend mit II auf S. 321

$$1\,(3b) + 198\,(^5/_2 b) + 9900\,(2b) + 19602\,(^3/_2 b) + 970299\,(b).$$

Die 4. Generation besteht dann ferner vor ihrer Veränderung aus den unter III auf S. 321 aufgeführten 9 Kategorien von Individuen, nur dass die Bezeichnung einer jeden um b zu vermehren ist. Die Gesellschaft, die von einer emigrirten und mit Reinzucht beginnenden kleinen Schaar auserwählter Individuen abstammt, wäre von derjenigen, welche ohne Emigration und mit Kreuzung begonnen hat, gar nicht zu unterscheiden.

Damit die Migrationstheorie den von ihr gewünschten Erfolg habe, müsste von zwei Bedingungen eine erfüllt sein. Entweder müssten die von den Emigrirten abstammenden Individuen theils selbständig durch innere Ursachen, theils durch äussere auf alle gleichmässig einwirkende Ursachen weiter variiren, was im Widerspruche mit der Selectionstheorie steht, welche die Veränderung als zufällige von äusseren Einflüssen ableitet. Oder es müsste die Migration mit jeder Generation sich wiederholen und die Auserwählten isoliren, bis die neue Sippe fertig wäre. Es müssten also nach einander vielleicht 100 bis 1000 Migrationen eintreten, was natürlich nur dann möglich wäre, wenn Separation bei der Paarung und Migration in einem nothwendigen physiologischen Zusammenhang mit der Variation stände, wofür auch nicht die allergeringste Wahrscheinlichkeit besteht.

Wir mögen uns die Dinge noch so günstig zurechtlegen: wenn die erblichen Abänderungen in der von der Selectionstheorie geforderten Art und Weise stattfinden und nur in einzelnen Individuen auftreten, so kann eine natürliche Zuchtwahl und eine Steigerung der Abänderungen gar nicht zu Stande kommen.

Lässt man dagegen an die Stelle der Ernährungsursachen und der Zuchtwahl die Abänderung durch directe Bewirkung treten, so sind alle Schwierigkeiten beseitigt. Was die Vervollkommnung der Organisation durch Uebergang in eine höhere Organisationsstufe betrifft, so haben die einfacheren Organismen ein einfacheres, die complicirteren ein complicirteres Idioplasma. Am entwickelten Organismus vollzieht sich der Fortschritt entweder dadurch, dass die reproductive Zellbildung vegetativ wird, wodurch die individuelle Entwicklungsgeschichte um ein Stück sich verlängert und die Fortpflanzungszellen erst von einer späteren Generation erzeugt werden, oder dadurch, dass mitten in der individuellen Entwicklungsgeschichte Complexe von Zellen oder Organen eingeschoben und Differenzirungen herbeigeführt werden[1]). In beiden Fällen ist das idioplasmatische System um eine oder mehrere Micellgruppen reicher geworden.

Es ist nun einleuchtend, dass, wenn die Fortbildung des Idioplasmas das Ursprüngliche ist und seine Configuration durch den Zuwachs einer Micellgruppe complicirter wird, auch der entwickelte Organismus veranlasst wird, seiner Organisation ein neues Glied hinzuzufügen. Dieser Fortschritt tritt in allen Individuen einer Varietät ein, da sie das nämliche Idioplasma besitzen, und wenn auch einzelne Individuen den andern vorausgeeilt oder hinter den andern zurückgeblieben wären, so würde die Kreuzung nichts anderes als eine Ausgleichung unter den in der nämlichen Richtung sich verändernden Individuen zu Stande bringen.

Rücksichtlich der Anpassung ist das Verhalten noch klarer und einfacher. Die Veränderung einer Varietät kann nur durch einen allgemein wirkenden Reiz erfolgt sein, weil sie in diesem Falle ein allgemeines Bedürfniss befriedigt. Wenn aber alle Individuen und alle auf einander folgenden Generationen von dem nämlichen Reiz getroffen werden, so muss auch das Idioplasma, das ja ebenfalls das nämliche ist, in übereinstimmender Weise sich umbilden, so dass die Umbildung durch die Kreuzung nicht gestört wird und die Zuchtwahl keinen Boden für ihre Thätigkeit findet.

---

[1]) Ich verweise auf den folgenden Abschnitt »Phylogenetische Entwicklungsgesetze«.

Auf die Frage, wodurch die Anpassungserscheinungen erzeugt werden, wirft die Wirkung des Gebrauches und Nichtgebrauches der Organe ein helles Licht. Man ist bei Besprechung der bezüglichen Erfahrungen nicht immer sehr kritisch verfahren, man hat ferner mit den erblichen auch nichterbliche Wirkungen, mit der Uebung oder Nichtübung auch die reichlichere oder spärlichere Ernährung zusammengeworfen. Wenn die Thatsachen kritisch gesichtet und die nicht erblichen Wirkungen, wohin auch diejenigen der Ernährung gehören, ganz aus dem Spiele gelassen werden, so bleiben die erblichen Folgen des Gebrauches und Nichtgebrauches zwar ganz dieselben, wie sie schon Darwin angegeben hat, sie zeigen nun aber deutlich die Ursachen der Anpassungen.

Durch den Gebrauch bildet sich ein Organ oder eine Einrichtung mehr aus und nimmt an Grösse, Stärke, Schärfe, Feinheit zu, was eine bestimmtere Configuration der betreffenden Idioplasmagruppe anzeigt, — während durch den Nichtgebrauch die umgekehrte Veränderung des Organs stattfindet und zuletzt sein vollständiges Verschwinden eintritt. Es ist einleuchtend, dass der Gebrauch nur als Reiz wirken kann. Hat dieser andauernd einen bestimmten Stärkegrad, so steigt die Veränderung im Idioplasma bis auf eine demselben entsprechende Höhe. Nimmt der Gebrauch und mit ihm der Reiz zu, so wird auch die Wirkung grösser. Vermindert er sich stetig bis zum Aufhören, so wird die Anordnung der Micelle in der Idioplasmagruppe weniger bestimmt und die Gruppe wird durch andere Gruppen mehr zurückgedrängt, bis sie zuletzt ganz in den latenten Zustand übergeht.

Wie man die Folgen des Gebrauches und Nichtgebrauches aus Ernährungseinflüssen, Verdrängung und Zuchtwahl erklären kann, ist mir logisch unbegreiflich. Gebrauch und Nichtgebrauch haben nur die Zu- und Abnahme des betreffenden Organs im Verhältniss zu den übrigen zur Folge. Wäre neben dem gesteigerten oder verminderten Reiz noch eine andere Ursache für diese erbliche Wirkung vorhanden, so müsste ausser der Zu- und Abnahme auch irgend eine andere Veränderung an dem Organ stattfinden. Da dieselbe mangelt, so ist schon durch den Gebrauch und Nichtgebrauch die Wirkung vollständig erklärt. Uebrigens veranlassen die klimatischen und Ernährungseinflüsse, wenn sie qualitativ und quantitativ verschieden sind, wie ich gezeigt habe, selbst während der Zeit von Erdperioden keine erblichen Veränderungen. — Ferner, wenn die Anpassungen durch die Ernährungseinflüsse verursacht würden, wie kommt es denn, dass sie, obwohl diese Einflüsse andauern, durch Nichtgebrauch geschwächt werden, und verschwinden? Und wie kommt es, dass sie bis zu der Grösse heran zu wachsen vermochten, welche sie befähigt, in Gebrauch zu kommen, und dass sie nicht schon, ehe diese Grösse erreicht war, in ihrem Anfangszustande durch Nichtgebrauch wieder ausgelöscht wurden?

Es gibt noch eine andere Erwägung, welche gegen die Bewirkung der Anpassungen durch die Ernährungsursachen spricht. Diese müssten die Anfänge eines Organs bis zu der Grösse, wo der Gebrauch über die Nützlichkeit entscheidet, überall da hervorbringen, wo die Möglichkeit dazu gegeben ist. Um nur ein Beispiel zu erwähnen, so hätten Anfänge von Hörnern nicht bloss überall auf dem Kopfe der Wiederkäuer, sondern auch über den ganzen Rücken bis zur Schwanzspitze und ebenso auf andern Thieren entstehen müssen, und es müssten fortwährend Anfänge von allen möglichen Organen, wo sie die vorhandenen nicht beeinträchtigen, sich bilden. Thatsächlich sind solche Anfänge nicht vorhanden, und die Theorie der directen Bewirkung erklärt diesen Mangel vollständig: Auch die ersten Anfänge können nur da zum Vorschein kommen, wo ein Reiz dauernd wirkt, und wo dies der Fall ist, da gewinnt das Organ Bestand; sein Fortbestehen aber ist die Folge einer fortwährenden Reaction auf den bestimmten Reiz, welche durch den Gebrauch bedingt wird, ein Bedürfniss befriedigt und somit nützlich ist.

---

5. Morphologische Merkmale.

Nach der Selectionstheorie verdrängt ein Merkmal um so vollständiger die andern und die Inzucht tritt durch die Verdrängung um so früher und um so reiner ein, je nützlicher dasselbe ist. Die Constanz hängt nach dieser Theorie davon ab, dass ein Merkmal, bei Ausschluss der Kreuzung mit andersgearteten Individuen, sich längere Zeit vererbt hat. Dasselbe sollte daher unter übrigens gleichen Umständen um so constanter sein, je nützlicher es ist; eine Eigenschaft dagegen, die keinen Nutzen gewährt, sollte, indem sie keine Verdrängung bewirken und daher die Kreuzung nicht ausschliessen kann, auch zu keiner Constanz gelangen. Nun sind aber im Pflanzenreiche die allerbeständigsten Merkmale gewisse morphologische Eigenthümlichkeiten, wiewohl dieselben bei der Concurrenz gar keinen Nutzen gewähren.

Was die Bestimmung der Beständigkeit betrifft, so erinnere ich an die früher hervorgehobene Thatsache, dass alle, selbst die leichtesten Varietäten constant sind, indem ihre erblichen Merkmale, wenn die äusseren Verhältnisse auch noch so sehr sich ändern, in den auf einander folgenden Generationen nicht die geringsten Modificationen zeigen. Es lässt sich daher der Grad der Constanz auf directem Wege nicht erproben, sondern er muss aus der Permanenz erschlossen werden (S. 239, 240), indem ein Merkmal um so beständiger sein muss, je grösser seine Verbreitung in einem der beiden Reiche ist. Wir werden ihm nur geringe Beständigkeit zuschreiben, wenn es unter mehreren Gattungen einer Ordnung oder unter mehreren Arten einer Gattung nur je bei einer derselben vorkommt, dagegen eine sehr grosse, wenn es bei mehreren Classen oder gar bei mehreren Abtheilungen des Reiches permanent ist.

Nun zeigen ganz allgemein im Pflanzenreiche die Anpassungsmerkmale, welche durch die äusseren Reizeinflüsse hervorgerufen werden und mit Rücksicht darauf ihre Nützlichkeit erproben, eine geringere Permanenz als die Organisationsmerkmale, welche durch die selbständige Umbildung des Idioplasmas bedingt werden, und welche in Uebereinstimmung mit ihrem Ursprung sich den äusseren Verhältnissen gegenüber gleichgültig verhalten. Die letzteren habe ich früher gegenüber den »durch eine bestimmte Verrichtung bedingten« Erscheinungen als »rein morphologische« bezeichnet und gesagt, dass dieselben, obwohl indifferent, doch constanter seien als die ersteren, die sich als nützlich erweisen[1]).

Als solche rein morphologische Merkmale nannte ich die Stellungsverhältnisse und Zusammenordnung von Zellen und Organen. Als allgemein verständliches Beispiel führte ich die gegenüberstehenden Blätter im Vergleich mit den spiralständigen an; jene kommen beispielsweise bei den Labiaten, diese bei den Borragineen vor. Ich hatte aber besonders gewisse Anordnungen der

[1]) Entstehung und Begriff der naturhistorischen Art. 1865.

Zellen im Auge, deren ich, vor einem nicht eigentlich naturwissenschaftlichen Publicum, keine Erwähnung that. Ich will jetzt, statt zahlreicher Beispiele, bloss an die Theilung der Scheitelzellen durch horizontale und an diejenige durch schiefe Scheidewände erinnern, wodurch auch die Stellung der Hauptcomplexe des Zellgewebes be-

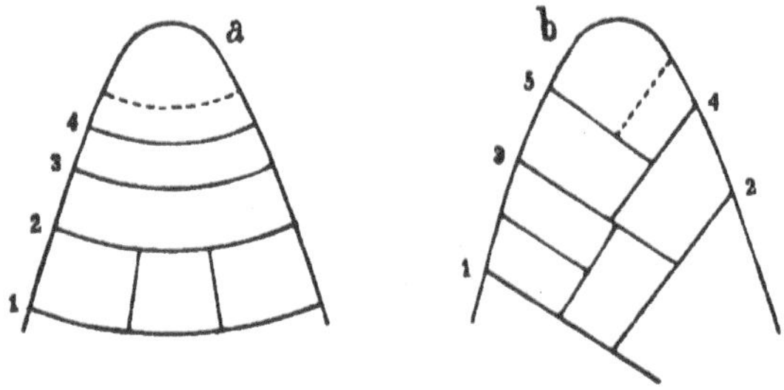

Fig. 11.

dingt wird. Die erstere kommt bei den meisten Algen, die letztere bei den Moosen mit cylindrischen Stämmchen und bei den Gefässcryptogamen vor (Fig. 11, a und b; die auf einander folgenden Scheidewände sind mit 1, 2, 3, 4, 5 bezeichnet, die nächstfolgende Scheidewand in der Scheitelzelle durch eine punktirte Linie angedeutet)[1].

Darwin geht ziemlich weitläufig auf diesen meinen gegen die Zuchtwahl gemachten Einwand ein, aber statt die von mir allerdings nur allgemein bezeichneten Fälle zu besprechen, führt er eine Menge morphologischer Erscheinungen an, die ich nicht gewagt haben würde, als Beweise für meine Ansicht anzuführen, da sie für mich zweifelhaft und wohl meistens als Anpassungen zu betrachten sind. Eine Erscheinung kann erst dann Gegenstand erfolgreicher Betrachtungen werden, wenn man sie bis auf den Ursprung zurückverfolgen kann. Dies ist aber der Fall mit der opponirten und spiraligen Stellung, indem beide Stellungen schon bei verzweigten einzelligen Pflanzen und bei solchen, die aus verzweigten Zellreihen bestehen (beides bei niederen Algen), vorhanden sind, — und mit der vorhin angeführten Stellung der Seg-

[1]) Für alle diese Stellungsverhältnisse ist es natürlich gleichgültig, durch welche mechanischen Mittel sie zunächst zu Stande kommen. Das für die vorliegende Frage Entscheidende besteht darin, dass sie in strenger Weise vererbt werden und also als Anlagen im Idioplasma enthalten sind. Das Idioplasma wirkt seinerseits auf das Ernährungsplasma derartig ein, dass in Folge einer längeren oder kürzeren Reihe von molecularen Processen schliesslich stets die nämlichen Stellungsverhältnisse resultiren.

mente in Folge der Theilung der Scheitelzelle. Bei beiderlei Stellungsverhältnissen ist weder eine Ueberlieferung von Vorfahren, für welche die Eigenschaft von Bedeutung war, noch eine unter dem Einfluss anderer Anpassungen zu Stande gekommene correlative Anpassung möglich.

Wie sehr übrigens Darwin selbst sich der Ueberzeugung hinneigt, dass es morphologische Erscheinungen gebe, die stets, auch bei ihrer Entstehung, ohne jeden Nutzen waren, geht daraus hervor, dass er für dieselben eine Erklärung erfindet: Er sei zu glauben geneigt, dass morphologische Differenzen zuerst in vielen Fällen als fluctuirende Abänderungen erschienen seien, welche früher oder später durch die Natur des Organismus und der umgebenden Bedingungen, ebenso wie durch die Kreuzung verschiedener Individuen, aber nicht durch die natürliche Zuchtwahl constant geworden; denn da diese morphologischen Charaktere die Wohlfahrt der Art nicht berührten, so könnten auch unbedeutende Abänderungen an ihnen nicht von natürlicher Zuchtwahl beeinflusst oder gehäuft worden sein.

Sollte diese Erklärung wirklich Grund haben, so würde sie die Selectionstheorie geradezu über den Haufen werfen. Wenn fluctuirende Abänderungen in vielen Fällen durch die Kreuzung und nicht durch die Zuchtwahl constant werden konnten, warum konnten sie es nicht in allen? Wenn die Kreuzung die Ausbildung und das Constantwerden eines indifferenten Merkmals nicht verhindert, so sollte ein nützliches Merkmal um so eher trotz der Kreuzung ohne weitere Beihilfe sich ausbilden und constant werden.

Während von Darwin mein Einwurf ernstlich behandelt wurde, haben ihn deutsche Darwinisten entweder einfach ignorirt oder in vollständiger Verkennung seiner Bedeutung meine rein morphologischen Eigenschaften mit den sogenannten »morphologischen Arten« zusammengestellt. Die letzteren unterscheiden sich durch ganz unbedeutende Merkmale, welche unbekannten Ursprungs und daher auch von zweifelhafter Bedeutung sind, indess meine morphologischen Merkmale die Hauptzüge an dem Gebäude ausmachen, welches die Entwicklungsgeschichte des Pflanzenreiches darstellt und an dem die nützlichen Anpassungen die Ausführung im einzelnen und die Verzierung bilden.

6. Systematischer Aufbau der ganzen Reiche.

Es ist eine allgemein anerkannte Thatsache, dass die Reiche aus aufsteigenden Reihen zusammengesetzt sind, welche divergiren und sich baumartig verzweigen, und dass in dem gegenwärtigen Bestand grosse Lücken, sowohl in den einzelnen Reihen als durch das Fehlen ganzer Verzweigungssysteme, bestehen; unter dem Aufsteigen der Reihen wird das Fortschreiten von einfacheren zu complicirteren Organisationsstufen verstanden. Ferner nimmt auch Darwin an, dass es keine absteigenden Reihen gebe und dass eine Art nicht in diejenige, von der sie entsprungen ist, noch in eine andere verwandte übergehen könne, was ich ebenfalls als sichere Thatsachen betrachte. Aber für alle diese Thatsachen hat die Selectionstheorie nicht nur keine Gründe anzugeben vermocht, sondern sie befindet sich selbst in scharfem Widerspruche mit denselben. Ich habe bereits früher [1]) auf den Kardinalpunkt hingewiesen, was aber von den Anhängern jener Lehre bei der wenig sorgfältigen Behandlung, die sie der mechanischen Seite der Abstammungslehre zuwenden, unbeachtet geblieben ist.

Wenn nach der Annahme der Darwinisten durch die unbestimmten Ernährungseinflüsse die molecularen Verhältnisse geändert werden und aus diesen die grossen und sichtbaren Abänderungen hervorgehen, so müssten die Umbildungen in jedem einzelnen Falle nach allen möglichen Seiten und in allen Theilen eines Organismus geschehen können, denn die molecularen Verschiebungen und Neubildungen können ja in jeder Zelle erfolgen, und thatsächlich wären ja alle die so verschiedenen Eigenschaften aus ihnen hervorgegangen. Wenn ferner die Häufung der Abänderungen bloss durch die Nützlichkeit geregelt wird, so müsste ein Organismus unter allen Umständen nach derjenigen Form und Function streben, bei der er unter den bestehenden Umständen am besten seine Rechnung findet.

Es ist eine mechanische Nothwendigkeit, dass eine bestimmte Kraft eine bestimmte Bewegung verursacht, dass auf eine in entgegengesetzter Richtung wirkende Kraft die entgegengesetzte Bewegung erfolgt, und dass eine Kraft, die in irgend einer anderen Richtung wirkt, auch die Bewegung nach dieser Richtung ablenkt.

---

[1]) Entstehung und Begriff der naturhistorischen Art. 1865.

Für die Selectionstheorie sind die Ernährungseinflüsse, welche die chemische und physikalische Beschaffenheit umbilden, und die Nützlichkeit, welche alle unvortheilhaften Umbildungen bis auf eine eliminirt, die einem Stosse zu vergleichenden treibenden Kräfte, und die durch kleine Schritte nach der nützlichen Seite erfolgende Abänderung entspricht der mechanischen Bewegungsrichtung.

Deswegen müsste eine Sippe je nach den wirkenden Ursachen in ihre Eltersippe, ebenso in eine andere verwandte Sippe übergehen können. Sie müsste ferner die ganze aufsteigende Entwicklungsreihe wieder zurückgehen, wenn die äusseren Umstände sich jeweilen so gestalteten, dass ein weiterer Schritt abwärts vortheilhaft wäre. Endlich müssten neben den aufsteigenden divergirenden auch alle möglichen seitlichen theils convergirenden theils anastomosirenden Reihen sich bilden; es hätten also keine Lücken entstehen dürfen, indem jeder sich bildende grössere Abstand früher oder später wieder ausgefüllt worden wäre. Statt der baumförmigen Anordnung müsste also eine vollständige netzartige Vertheilung der Sippen die Reiche darstellen. — Es ist auch sicher, dass, wenn Uebergänge einer Art in eine andere bestehende oder untergegangene Art, wenn ferner Convergenz und Anastomose der Reihen und lückenlose netzförmige Anordnung derselben vorhanden wären, die Selectionstheorie auf solche Vorkommnisse mit dem grössten Triumph als auf die schönsten Beweise ihrer theoretischen Voraussetzungen hinweisen würde.

Ganz anders als die Selectionstheorie steht die Theorie der directen Bewirkung den Thatsachen gegenüber, indem die strenge Consequenz ihrer Anwendung genau zu dem bestehenden Sachverhalte führt. Da das Idioplasma mit innerer Nothwendigkeit stetig complicirter wird, so kann die Veränderung nur zu einer höheren Organisationsstufe fortschreiten; daher gibt es nur aufsteigende Reihen. Da aber in Folge ungleicher Complication oder ungleicher Anpassungen auf jeder Stufe eine Reihe in mehrere Sippen auseinander gehen kann und jede dieser Sippen unter günstigen Umständen den Anfang einer neuen Reihe bildet, welche dem Beharrungsgesetze gemäss immer mehr von den Schwesterreihen sich entfernt, so verzweigen sich die Reihen mit divergirenden Aesten. Convergenz der Reihen sowie der Uebergang einer Sippe in eine andere Sippe ist principiell unmöglich.

Auch kann sich eine bloss durch Anpassung entstandene Sippe nicht in ihre Eltersippe zurückverwandeln, selbst wenn ihre Anpassungsmerkmale in die elterlichen Anpassungsmerkmale zurückgehen, weil mittlerweile die allgemeine Configuration des Idioplasmas in Folge der stetig fortschreitenden Vervollkommnungsbewegung eine etwas andere geworden ist und daher die darin entstehenden Anpassungsanlagen ebenfalls eine etwas veränderte Beschaffenheit annehmen müssen. Aus dem gleichen Grunde können die Sippen zweier Reihen um so weniger durch gleiche Anpassung sich nähern, je grösser die Divergenz und je grösser somit die Verschiedenheit in der allgemeinen Configuration des Idioplasmas geworden ist. Aber zwei Klassen oder Ordnungen können, je mehr ihre Ungleichheit auf Anpassungsmerkmalen beruht, in einzelnen Gattungen einander um so näher treten.

Die eben erörterte Frage ist schon von Darwin berührt worden, allerdings nur kurz und lediglich vom Standpunkte des praktischen Empirikers. Auf den Einwurf von Watson, dass auch Convergenz der Charaktere in Betracht gezogen werden müsse, sagt er bloss »es sei unglaublich, dass die Nachkommen zweier auffallend verschiedener Organismen später je so nahe convergiren sollten, dass sie sich einer Identität durch ihre gesammte Organisation näherten. Wäre dies eingetreten, so würden wir, unabhängig von einem genetischen Zusammenhang, derselben Form wiederholt in weit von einander entfernt liegenden geologischen Formationen begegnen, und hier widerspreche der Ausschlag des thatsächlichen Beweismaterials jeder derartigen Annahme.«

Mit dieser Antwort, die von Anhängern der Selectionstheorie als theoretische Widerlegung begrüsst worden ist, sagte Darwin weiter gar nichts und wollte auch nichts sagen, als dass die Erfahrung keine Bestätigung gebe. Aber die Berufung auf die Palaeontologie ist werthlos, da in dieser Wissenschaft bei der notorischen und von Darwin selbst zu anderem Zwecke hervorgehobenen Mangelhaftigkeit des Materials negative Resultate nichts beweisen.

Bei einer verwandten Gelegenheit sagt ferner Darwin: »Man begreife leicht, dass eine einmal zu Grunde gegangene Art nicht wieder zum Vorschein kommen könne, selbst wenn die nämlichen unorganischen und organischen Lebensbedingungen nochmals eintreten. Denn obwohl die neue Art die alte vollkommen ersetze, so können doch beide nicht identisch sein, weil sie gewiss von ihren Stammvätern auch verschiedene Charaktere mitgeerbt haben.« Dagegen möchte ich erwiedern, man begreife leicht, dass, wenn die Merkmale nur durch die Ernährungsursachen und die Zuchtwahl bewirkt werden, zwei Arten mit verschiedenen Merkmalen, nachdem sie lange genug unter ursächlichen Verhältnissen, die ihre Verschiedenheiten austilgen, gelebt haben, identisch werden. Es ist dies eine mechanische Nothwendigkeit, die gar nicht zurückgewiesen werden kann.

Ich habe eine das nämliche darlegende Antwort bereits in der »Entstehung der Art« gegeben. Dass Darwin darauf kein Gewicht legte, ist mir begreiflich, da er als reiner Empiriker nur Thatsachen anführt und dieselben seiner aus der Thierzüchtung abgeleiteten allgemeinen Theorie anzupassen sucht, ohne sie mit den strengen theoretischen Folgerungen aus derselben zu vergleichen. Weniger begreiflich ist es mir von deutschen Darwinisten, welche sich gerne auf mechanische Nothwendigkeit berufen und diese namentlich auch für die molecularen Veränderungen in Anspruch nehmen, die in Folge der Ernährungsursachen im Organismus eintreten und die ihrerseits die Entstehung und somit auch die Vernichtung der Merkmale bewirken sollen.

Eine hieher gehörende Thatsache ist das Aussterben ganzer Stämme wie der Lepidodendreen, der Calamiteen, der Asterophylliten, der Sigillarien. Nach der Theorie der directen Bewirkung ist die Möglichkeit leicht einzusehen. Die Vervollkommungsveränderung eines Stammes geschieht nur in einer Richtung und kann leicht einmal früher oder später ein nothwendiges Ende durch innere Ursachen finden. Es ist auch denkbar, dass sie, bevor dieses Ende erreicht ist, zu einer Organisationsstufe führt, welche ihrer Natur nach nicht oder wenig existenzfähig ist. In beiden Fällen muss der Stamm aussterben. Die Selectionstheorie aber hat dafür keine genügende Erklärung. Die nach allen Seiten hin stattfindende Veränderung hätte ja leicht den Ausweg zu einer nützlichen Anpassung finden sollen, und zwar um so mehr als keine Concurrenz mit nahen Verwandten zu bestehen war.

7. Anpassung der Bewohner eines Landes.

Ich will nicht weitläufig auf diese ziemlich dunkle Frage eintreten, sondern nur einige Gesichtspunkte hervorheben. Nach Darwin besteht unter den Bewohnern eines Landes eine bedeutende, wenn auch keineswegs vollkommene gegenseitige Anpassung. Dieselbe folgt auch logisch aus der Selectionstheorie, in der Weise, dass sie stetig zunehmen und nach hinreichend langer Zeit vollkommen werden soll. Nach Darwin sind ferner die Bewohner in grösseren und zusammenhängenden Gebieten vollkommner angepasst als in kleineren und isolirten; daher komme es, dass die Erzeugnisse des kleinen australischen Continents jetzt vor denen des grösseren europäisch-asiatischen Bezirkes im Weichen begriffen sind, und dass festländische Erzeugnisse allenthalben so reichlich auf Inseln naturalisirt werden. Darnach müsste die Anpassung der Bewohner von Europa-Asien und von Amerika als grosser Continente sehr beträchtlich sein. Es ist nun die Frage, ob die Thatsachen diesen Behauptungen entsprechen.

Bei der Anpassung spielen für die Selectionstheorie natürlich die klimatischen und Ernährungsverhältnisse eine wichtige Rolle; denn mit Rücksicht auf sie soll sich jede Art unter den übrigen Bewohnern so modificirt haben, dass sie die Concurrenz mit ihren Mitbewerbern erfolgreich bestehe und den Platz unter ihnen behaupte. — Lassen wir nun, immer im Sinne der Selectionstheorie, eine aremde Art aus einem fernen Lande einwandern; dieselbe hat sich auf ganz andere Verhältnisse, auf andere Pflanzen und Thiere, anderes Klima und anderen Boden seit vielen Jahrtausenden angepasst. Ihre ganze bisherige Anpassung nützt ihr in dem neuen Wohnsitze nichts; sie ist ihr vielmehr, je vollkommner sie war, um so hinderlicher; sie muss hier ausgetilgt und dafür eine neue Anpassung erworben werden. Was wäre daher natürlicher, als dass die fremde Art unter so ungünstigen Umständen keinen festen Fuss zu fassen vermöchte? Und könnte, wenn es keine Naturalisation gäbe, die Anpassungstheorie dann nicht diese Thatsache als eine nothwendige Folgerung und somit als einen vorzüglichen Beweis in Anspruch nehmen?

Nun bestehen aber die Naturalisationen in grosser Zahl und in umfassendstem Maasse. Europäische Pflanzen, die von jeher der alten Welt angehört hatten und hier geformt worden waren, sind nach der Entdeckung von Amerika dorthin verschleppt worden und haben sich unter einem fremden Klima und unter einer fremden vegetabilischen und animalischen Bevölkerung eingebürgert. Amerikanische Pflanzen, die seit der Lostrennung Amerikas von Europa Zeit hatten, sich amerikanisch anzupassen, sind zufällig nach Europa gebracht worden, und haben hier unter einer europäisch angepassten Einwohnerschaft sich einen Platz erobert und rasch eine weite Verbreitung gewonnen. Am merkwürdigsten ist dies von Erigeron canadense, weil die natürliche Pflanzenfamilie, der diese Pflanze angehört, auch in Europa unter allen Familien weitaus die grösste Menge von Arten enthält. Und was besondere Beachtung verdient, diese Pflanze hat sich in ihrem neuen Wohnsitze »angepasst«, ohne ihre Merkmale im geringsten zu ändern.

Wir könnten durch die letztere Beobachtung dazu veranlasst werden, an der gegenseitigen Anpassung überhaupt zu zweifeln. In der That hat eine solche, was ich schon wiederholt erwähnt habe, während des ungeheuer langen Zeitraumes, der seit der Eiszeit verflossen ist, nicht stattgefunden, insofern dieselbe in Eigenschaften besteht, welche unserer Wahrnehmung zugänglich sind. Während der Eiszeit lebten die alpinen und nordischen Pflanzen, mit Ausnahme der hochalpinen und hochnordischen, in der mitteleuropäischen Ebene. Als sie nach der Eiszeit in ihre früheren Wohnsitze zurückkehrten, wanderten manche nach beiden Gebieten, so dass die Alpen und der Norden eine Anzahl von Arten gemein haben. Trotzdem dass sie seitdem in ungleichen Klimaten und in ungleicher pflanzlicher und thierischer Gesellschaft gelebt haben, sind sie einander doch so gleich, dass man sie nicht einmal als die allerleichtesten Varietäten zu unterscheiden vermag. Das Nämliche gilt für einige östliche Pflanzen, die während des gleichen Zeitraumes in Mitteleuropa und im Osten, und für einige Alpenpflanzen, die seit der Eiszeit zugleich auch in der Ebene gelebt haben. Aus diesen und anderen ähnlichen Thatsachen ziehe ich den Schluss, dass eine gegenseitige Anpassung der Bewohner eines Landes nicht stattfindet, womit natürlich solche Anpassungen im einzelnen, namentlich zwischen einzelnen Thieren und Pflanzen, oder der Schmarotzer an den Wirth nicht beanstandet werden sollen.

Indem Darwin, um die reichlichere Naturalisation fremder Erzeugnisse auf Neuholland und auf andern Inseln zu erklären, die

Bewohner grösserer, mit mannigfaltigerer Pflanzen- und Thierwelt besetzter Länder als vollkommener angepasst, und demnach als concurrenzfähiger und stärker bezeichnet, legt er in nicht zu billigender Weise einem speciellen Begriff allgemeine Gültigkeit bei. Es gibt ja bestimmte Gebiete, in denen ein solches Verfahren nicht zu beanstanden ist. Wenn z. B. ein Handeltreibender sich irgendwo verwickelten Verhältnissen angepasst und zum geriebenen Geschäftsmann ausgebildet hat, so wird er, unter ganz andere und ihm neue Verhältnisse versetzt, auch hier seine Concurrenztüchtigkeit und seine Ueberlegenheit gegenüber einem Neuling im Geschäft beweisen. Die Anpassung war ihm eine Schule und hat ihm Anpassungsfähigkeit verschafft; die specielle Anpassung an bestimmte Geschäftsverhältnisse ist ihm zugleich eine allgemeine Anpassung an das Geschäftsleben überhaupt.

Dieses Beispiel gilt für viele andere Arten der Concurrenz, denen der Mensch, und auch noch für solche, denen die höheren Thiere ausgesetzt sind, aber nur soweit geistige Fähigkeiten, die durch Uebung und Erfahrung gefördert werden, mit im Spiele sind. Dagegen findet es keine Anwendung für alle bloss stofflichen oder körperlichen Anpassungen; diese gewähren keinen allgemeinen Vortheil für den Kampf ums Dasein überhaupt, sondern bloss für die bestimmten Verhältnisse, denen sie ihre Existenz verdanken. Unter anderen Verhältnissen sind sie dem Träger entweder eine überflüssige Last oder selbst geradezu ein Hemmniss. Eine Pflanze habe in einem trockenen Lande mit reichlicher Insolation, mit heissen Sommern und kalten Wintern unter ihren Mitbewerberinnen sich als concurrenzfähig erwiesen. Gesetzt, dass diese Tüchtigkeit eine Folge der Anpassung sei, was kann ihr denn diese Anpassung in einem fernen Lande mit feuchtem nebligem Klima und gleichmässiger mittlerer Temperatur gegenüber von Mitbewerberinnen nützen, die gerade diesen Verhältnissen angepasst sind und die überdem theilweise andern Gattungen, Ordnungen und Klassen angehören und daher auch eine andere Organisation und andere Verrichtungen haben?

Wir können uns die Frage am deutlichsten machen, wenn wir, was ja bei exacten Untersuchungen immer der sicherste Weg zur richtigen Beurtheilung ist, durch Elimination alles andere bis auf dasjenige Moment, worauf es ankommt, gleich machen. Die nämliche Pflanzenart sei vor Urzeiten theils nach Asien theils nach

Neuholland gekommen und habe sich an beiden Orten vollkommen angepasst. Sie ist also nun in zwei Anpassungsformen, die durch irgend welche materielle Eigenschaften sich von einander unterscheiden, vorhanden. Die asiatische Anpassungsform ist aber nach der Theorie Darwin's überhaupt die stärkere und vollkommnere, weil unter einer reichen Vegetation gemodelt. Wenn dieselbe durch Wanderung nach Neuholland kommt, so muss sie nach der nämlichen Theorie die unter einer ärmlichen Vegetation angepasste neuholländische Form verdrängen, während doch naturgesetzlich die letztere, weil ihren Verhältnissen vollkommen angepasst, ganz sicher die Oberhand behalten wird.

Diese Betrachtungen haben Gültigkeit für den Fall, dass es wirklich eine gegenseitige Anpassung im Sinne Darwin's gäbe. Wie schon gesagt, mangelt nach meiner Ansicht einer solchen Annahme sowohl die theoretische als die erfahrungsmässige Begründung und die vorhandenen Naturalisationen sind gleichfalls in anderer Weise zu erklären. Wie aus der Theorie der directen Bewirkung hervorgeht, gibt es in der Flora und Fauna eines jeden Landes, wie zahlreich auch ihre Sippen sein mögen, bezüglich der Ansprüche an die Aussenwelt immer zahlreiche Lücken, die von der Concurrenz nicht beherrscht werden. Tritt ein Fremdling in eine dieser Lücken ein, so naturalisirt er sich ohne Mühe. Daher finden in alle Länder Einwanderungen statt. Die Thatsache aber, dass auf Inseln diese Einwanderungen viel häufiger sind und leichter von statten gehen als auf Continenten, ist die nothwendige Folge des Umstandes, dass jene Lücken im allgemeinen um so zahlreicher und grösser sind, aus je weniger Sippen die Einwohnerschaft eines Landes besteht.

VII.

Phylogenetische Entwicklungsgesetze des Pflanzenreiches.

Die Abstammungslehre darf sich nicht darauf beschränken, im allgemeinen das Princip festzustellen, nach dem sich die Organismen aus einander entwickelten. Sie muss auch im einzelnen darlegen, wie dies geschehe. Ihr letztes, wohl immer unerreichbares Ziel wäre die Feststellung der Stammbäume für die bekannten Organismen. Es sind zwar bereits solche Versuche gemacht worden. Allein, soweit sie das Pflanzenreich in seiner Gesammtheit betreffen, müssen sie als reine Illusion bezeichnet werden, da sie nichts anderes vermögen, als von dem ersten besten sog. natürlichen Pflanzensystem die Hauptabtheilungen als Hauptäste eines Stammes, die Unterabtheilungen als deren erste Verzweigungen aufzutragen, und so weiter bis zu den Gattungen.

Wenn die Darwinisten den Satz aufstellen, dass ein wahrhaft natürliches System nur ein genetisches sein könne, so sind unsere »natürlichen Pflanzensysteme« durchaus künstliche, indem sie, und das ist ja das einzig Mögliche, die Pflanzen nach den sichtbaren morphologischen und physiologischen Merkmalen zusammenstellen und von den viel wichtigeren unsichtbaren Verhältnissen ganz absehen. Es gibt wohl nur wenige der jetzigen natürlichen Familien, die einen einheitlichen, von den übrigen gesonderten Ursprung besitzen, und sicher keine einzige höhere Gruppe, die nicht einen mehrfachen Ursprung hätte. Der Stammbaum des Gewächsreiches leistet also nicht mehr, als dass er, im Widerspruche mit sich selbst, die systematische Aehnlichkeit in eine genetische Form bringt. Uebrigens ist, wenn wir von den uns bekannten Organismen ausgehen und nicht in das Reich der Probien hinuntersteigen wollen, die monophyletische Abstammung der Pflanzen eine Unmöglichkeit, indem allein die Süsswasser-Algen mehrere Anfänge haben.

In ebenso unfruchtbarer Weise ist es in neuerer Zeit Sitte geworden, einer systematischen botanischen Monographie einen Stammbaum beizufügen, wobei gleichfalls bloss die gewonnene systematische Einsicht ins Stammbaumliche, das Räumliche ins Zeitliche, also ein Begriff in einen andern, mit dem er nichts zu thun hat, übersetzt wird. Wenn zwei jetzt lebende Pflanzen (*A* und *B*) mit einander verwandt sind, so lässt sich mit Ausnahme weniger Fälle, die den einfachsten Algen und Pilzen angehören, nichts Genaues über ihre genetischen Beziehungen aussagen, und es bleibt rein willkürlich, ob wir *A* von *B*, oder *B* von *A*, oder ferner *A* und *B* von einem dritten jetzt lebenden *C* oder von einem vierten untergegangenen *D* ableiten. Mit der Zunahme der Sippenzahl steigt die Zahl der Möglichkeiten in geometrischer Progression, indem sie für eine Gruppe von 3 Sippen schon mehr als 60 beträgt.

Dabei ist zu bemerken, dass auch alle Bearbeitungen von Gattungen und Gattungsgruppen nothwendig mehr oder weniger künstlich sind und schon aus diesem Grunde nicht das Material für einen Stammbaum liefern können, sowie, dass bei solchen Abstammungsschematen offenbar ein Irrthum über die Möglichkeit der Uebergänge besteht, indem nicht jede Pflanze in eine verwandte andere Pflanze durch die anscheinend geringe Aenderung der Merkmale, der es zu bedürfen scheint, sich umwandeln kann. Jedes noch so geringe Merkmal entspricht einer oder mehreren Micellgruppen im Idioplasma, die nur in bestimmter gesetzmässiger, von der Configuration des ganzen Systems abhängiger Art umgeändert werden können.

Die Wissenschaft verlangt nicht das Unmögliche, und mit Phantasiegebilden wird ihr mehr Schaden als Nutzen gebracht; dagegen ist es für sie ein entschiedener Gewinn, wenn einzelne sichere Stücke der phylogenetischen Entwicklungsgeschichte festgestellt werden, mögen dieselben den genetischen Zusammenhang von grossen Gruppen oder von Arten und Gattungen oder von einzelnen Merkmalen, also von Theilerscheinungen der Ontogenien betreffen. Eine solche

Behandlung vermag uns eine begründete Vorstellung zu geben, wie auf einzelnen Stufen des Reiches oder in einzelnen Abstammungsreihen die Organismen aus einander hervorgegangen sind, und sie wird mit der Zeit zu einer allgemeinen Entwicklungsgeschichte des Pflanzenreiches, wenigstens in ihren Hauptzügen, führen.

Sind die genannten Stücke des phylogenetischen Weges ganz kurz (bis zur nächsten Varietät oder Species), so müssen sie entweder in einem allmählichen Uebergang oder in einem Sprung, dessen Nothwendigkeit dann nachzuweisen ist, bestehen. Was längere Stücke betrifft, so muss die Möglichkeit gegeben sein, dass sie in eine ununterbrochene Kette solcher kleinen Schritte zerlegt werden. Die Abstammung aber muss entweder so sicher gestellt sein, dass eine andere Möglichkeit gar nicht vorliegt, oder es muss für sie eine der Gewissheit nahekommende Wahrscheinlicheit vorhanden sein. Solche Beispiele dürfen als Thatsachen betrachtet werden, aus denen allgemeine Entwicklungsgesetze abzuleiten sind, die um so grössere Gewissheit erlangen, je mehr Thatsachen übereinstimmen, und die ihrerseits wieder dazu benutzt werden können, um weniger deutliche Fälle aufzuklären.

Ich beschränke mich im folgenden um so eher auf einige wenige Beispiele, als es sich ja nur darum handelt, zu zeigen, wie die Thatsachen in Uebereinstimmung mit meiner Theorie zu bringen sind, und wie die beiden grossen Principien derselben, die Vervollkommnung durch innere Bewegung und die Anpassung durch directe Einwirkung von aussen, im einzelnen sich ausscheiden. Die Beispiele entnehme ich vorzüglich den untersten Stufen des Pflanzenreiches, weil hier die Thatsachen so überaus einfach vorliegen und der Deutung keine weiteren Möglichkeiten offen lassen.

Bei der Vervollkommnungsbewegung wird das idioplasmatische System stetig complicirter, indem es neue Micellgruppen an- oder einlagert. Jede derselben bedingt eine etwas höhere Organisationsstufe; die Entwicklungsgeschichte wird um einen Schritt länger und der Organismus um ein Organ reicher. Es sind mehrere Arten solcher Vervollkommnungsprocesse bekannt, die nachher als Entwicklungsgesetze I—VII aufgeführt werden.

Bei der Anpassungsveränderung dagegen werden Micellgruppen des idioplasmatischen Systems eigenthümlich ausgeprägt. Gehört die Anpassung einer neuen Kategorie an, so bereichert sich auch der Organismus um eine neue Einrichtung. Gehört sie aber einer schon vertretenen Kategorie an, so gehen die Micellgruppen der früheren Anpassung in den latenten Zustand über und die neue Einrichtung tritt an die Stelle der früheren.

Die Entwicklungsgeschichte der Reiche sollte eigentlich mit dem aus der Urzeugung hervorgehenden primordialen Plasma beginnen. Sie müsste aber für das probiale Reich rein theoretisch construirt werden. Ich will daher aus diesem Reich nur einige allgemeine Momente herausheben, die um so sicherer sind, da sie auch den bekannten Organismen angehören, und ich werde die Entwicklungsgesetze dann erst mit denjenigen Erscheinungen beginnen, die im Pflanzenreiche neu auftreten.

1. Das Primordialplasma nimmt gelöste Nährstoffe auf und lagert sie als Plasmamicelle zwischen die schon vorhandenen ein; darauf beruht ein stetiges Wachsthum durch Substanzzunahme.

Dieser Vorgang der Micelleinlagerung aus der aufgenommenen Nahrung bleibt auf allen Stufen der Reiche die erste Ursache des Wachsthums. Er geht aus der Natur des Plasmas ebenso nothwendig hervor, wie der krystallinische Niederschlag und die Schichtenauflagerung der Krystalle in der unorganisirten Natur aus den Gesetzen des Chemismus (S. 88).

2. Durch den Wachsthumsprocess erlangen die Micelle in dem Primordialplasma stellenweise bestimmte Anordnungen, und unter dem Einfluss der dadurch organisirten Molecularkräfte werden neue Functionen und damit neue Verbindungen erzeugt. In der Folge gestalten sich die Micellanordnungen immer ungleicher und die Functionen werden stets zahlreicher und mannigfaltiger.

Das primordiale Plasma hat anfänglich bloss die Function, aus den unorganischen Stoffen, aus denen es selber entstanden ist, neue gleiche Eiweissmicelle einzulagern und dadurch zu wachsen (§ 1). Durch diese Einlagerungen werden im phylogenetischen Verlaufe die Plasmamassen in ihrem Innern ungleich, stellenweise dichter oder weicher, stellenweise so oder anders geordnet. Unter dem Einflusse der verschiedenartig geeinten Molecularkräfte entstehen andere Modificationen von Albuminaten und denselben verwandte Stoffe (unorganisirte Fermente), sowie fernerhin verschiedene stickstoffhaltige und stickstofffreie Verbindungen. Da der Bau der Plasmasubstanzen durch ihre autonome Umbildung immer complicirter und durch die äusseren Anpassungseinflüsse mannigfaltiger wird, und da gleichen Schrittes auch die nicht plasmatischen Stoffe sich vermehren, so zeigt nothwendig als Folge dieser zusammenwirkenden Ursachen die Zahl der verschiedenen Functionen (chemische Processe, plastische Bildungen, Bewegungen) eine stete Zunahme. Dieser Entwicklungsprocess erreicht schon in dem probialen Reiche eine ziemliche Höhe, wie wir aus den Eigenschaften der einfachsten Pflanzen (Schizophyten) und der einfachsten Thiere (Moneren) erkennen. Er dauert aber weiter durch die phylogenetischen Reihen des Pflanzen- und Thierreiches fort, so dass die Gesammtheit der Functionen einen immer grösseren Umfang gewinnt (S. 129).

3. Das Primordialplasma erzeugt an der Oberfläche eine Hautschicht, deren Micelle übereinstimmend geordnet und nach der Oberfläche orientirt sind, und die im allgemeinen gleichen Schrittes mit dem umschlossenen Plasma durch Einlagerung wächst.

Diese Bildung erfolgt durch die Einwirkung des angrenzenden Wassers und ist somit eine Anpassungserscheinung. Das Häutchen war anfänglich unbestimmt, äusserst dünn und von gleicher Weichheit wie das Plasma; es wurde nach und nach bestimmter, dicker und von eigenthümlicher Consistenz. — Alle Plasmakörper der Organismen (Zellen, Kerne, Körner) besitzen diese Umhüllung.

Was die Bildungsursache betrifft, so wirkt das Wasser, in welchem das primordiale Plasma liegt, wie dies bei allen erblichen Reizwirkungen der Fall ist, nicht unmittelbar verändernd, sondern als dauernder, das Wachsthum modificirender Reiz. Die oberflächlichen Micelle zeigen zuerst, als Folge der zwischen Plasma und Wasser bestehenden Molecularbeziehungen, nur eine schwache Andeutung von Orientirung. Da aber die beim Wachsthum sich einlagernden Micelle stets die gleiche Einwirkung erfahren, so gewinnt die Anordnung immer mehr an Bestimmtheit und Mächtigkeit.

So lange die primordialen Plasmamassen sich ausschliesslich durch Theilung vermehren (§ 4), was in manchen Fällen bis zur Entstehung von einzelligen Pflanzen und Thieren fortdauern kann, findet ein Wechsel der Hautschicht nicht statt, so dass diejenige eines Moners in ununterbrochener Folge von dem beginnenden Häutchen des ersten Plasmatropfens abstammen kann. Tritt aber freie Zellbildung ein (§ 7), so muss auch eine Neubildung der Hautschicht stattfinden. In diesem Falle entsteht sie aber sogleich mit all den Eigenschaften, die ihre Vorgängerin hatte und die ihr erbschaftlich zukommen, weil das Idioplasma sich bei dem Bildungsprocess betheiligt. Da nämlich alle Theile eines Plasmatropfens unter einander in materieller und dynamischer Verbindung stehen, so hat auch die ursprünglich entstehende Hautschicht auf das eingeschlossene Primordialplasma, besonders auf die festeren Theile desselben, die sich als Idioplasma auszuscheiden anfangen, gewirkt. Wenn sich nun eine neue Hautschicht um die in dem Plasma sich besondernden Partien bilden muss, so übt seinerseits das Idioplasma seinen Einfluss auf diesen Process aus, so dass also die Neubildung der Hautschicht als die Entfaltung einer ererbten Anlage erscheint.

4. Periodisch tritt in der Hautschicht ein stärkeres Flächenwachsthum ein, das sich hauptsächlich auf eine ringförmige mittlere Zone concentrirt. Dadurch wird eine ringförmige, nach innen fortschreitende Einfaltung erzeugt, welche die Plasmamasse in zwei Hälften scheidet (Theilung).

Diesen Process der Einfaltung und Theilung finden wir im wesentlichen durch die ganzen Reiche als Theilung von Zellen, Kernen und Plasmakörnern. Ich habe als die mechanische Ursache desselben allgemein das vermehrte Wachsthum der Hautschicht bezeichnet, weil dies für die der sicheren Beobachtung zugänglichen Fälle thatsächlich richtig, und weil auch für alle übrigen Fälle eine andere Ursache in micellarphysiologischer Beziehung kaum denkbar ist.

Der geschilderte Vorgang ist aber jedenfalls nicht das Ursprüngliche und Ursächliche; dieses liegt vielmehr in der inneren Configuration der Plasmamassen. Das Primordialplasma ist anfänglich in seinen Micellen ganz ungeordnet und das Zerfallen seiner Massen noch zufällig: dieselben wachsen jeweilen an, bis sie durch äussere Ursachen getheilt werden. Gleichzeitig mit der Entstehung der

Hautschicht an der Oberfläche werden die Micelle im Innern, in Folge des Wachsthums durch Einlagerung, nach und nach geordnet (S. 116 ff.). Je bestimmter die Anordnung wird, um so entscheidender wirkt sie auf das Zerfallen der Plasmamassen ein; denn diese bilden sich zu mehr und mehr ausgesprochenen materiellen Systemen aus, deren Kräfte ein geschlossenes Ganze darstellen und somit um einen Mittelpunkt orientirt sind. Solche Systeme müssen ihrer Natur nach bezüglich der Grösse innerhalb einer untern und obern Grenze bleiben und zerfallen, wenn sie über ein bestimmtes Maass anwachsen, nothwendig in kleinere Systeme (vgl. auch S. 92). Es ist begreiflich, dass unter Mitwirkung der durch andere Ursachen gebildeten Hautschicht eine freiliegende Plasmamasse gewöhnlich in zwei Hälften sich theilt.

Die Richtung, in der die Theilung erfolgt, ist anfänglich unbestimmt. Denn die Plasmamasse hat eine kugelige Gestalt und bezüglich ihrer inneren Configuration verhalten sich alle Richtungen identisch. Es wird daher von irgend einem äusseren Anstoss abhängen, nach welcher Richtung sie sich verlängere und in zwei zerfalle; die Theilung der successiven Generationen hat noch keine Beziehung zu einander. Sowie aber mit der weiteren phylogenetischen Ausbildung der Configuration des Systems die Richtungen in der Plasmakugel ungleich werden, so wird dadurch ein Einfluss auf die Theilung ausgeübt. Diese ist keine Anpassung mehr, sondern in den wichtigsten Beziehungen eine Folge innerer Ursachen geworden.

Die Theilungsrichtung, resp. die Stelle, wo die Einfaltung der Hautschicht erfolgt, stellt sich jetzt als eine erbliche Eigenschaft dar; sie wird einzig durch das Idioplasma bestimmt, da für eine andere mechanische Ursache in den Verhältnissen der Zelle keine Möglichkeit geboten ist. So gibt es auf der tiefsten Stufe des Pflanzenreiches einzellige kugelige Organismen, die sich nach der Theilung von einander trennen und die durch nichts anderes von einander verschieden sind, als dass bei der einen Gattung (Gloeothece, Synechococcus) die Teilung immer in der nämlichen Richtung, bei einer anderen (Merismopedia) abwechselnd in den zwei Richtungen einer Ebene und bei der dritten (Chroococcus, Gloeocapsa) abwechselnd in den drei Richtungen des Raumes erfolgt, so dass, wenn die Zellen sich nicht von einander trennen oder durch Gallerte lose verbunden bleiben, im ersten Fall eine Reihe, im zweiten eine einfache Schicht und im dritten eine körperliche Zusammenordnung von Zellen entsteht. Fig. 12a und b zeigen den ersten, c, d, e, f, g successive Zustände des zweiten Falles.

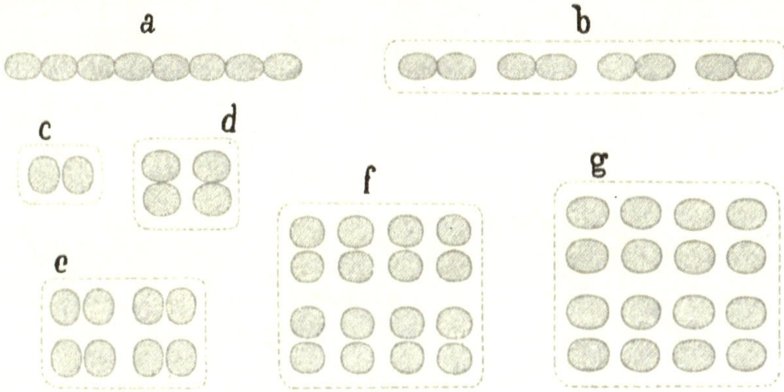

Fig. 12.

Dieser Charakter der Theilung, welcher sie als von äusseren Ursachen vollkommen unabhängig erscheinen lässt, erhält sich auf allen Stufen des Pflanzenreiches. Man hat die Theilungsrichtung von dem vorausgehenden Wachsthum ableiten wollen. Es ist unzweifelhaft, dass Wachsthum und Theilung in einer gewissen ursächlichen Beziehung zu einander stehen, da beide durch das Idioplasma zu Stande kommen. Das hindert aber nicht, dass das Verhältniss der Theilungsrichtung zu dem Wachsthum und den Dimensionen der Elterzelle thatsächlich ein ungleiches ist. Indess würde, wenn auch die Theilungsrichtung eine Function der Wachsthumsrichtung wäre, durch diesen Umstand nichts geändert in Bezug auf die vorliegende Frage; denn auch die Wachsthumsrichtung wird in den fraglichen Fällen von äusseren Ursachen nicht beeinflusst.

Wenn in dem vorhin angeführten Beispiel, wo die kugeligen Zellen einzeln im Wasser liegen, das Wachsthum das eine Mal parallel zu der vorausgehenden Wand, das andere Mal parallel dieser Wand, aber rechtwinklig zur vorvorigen Wand, das dritte Mal rechtwinklig zur vorigen und zur vorvorigen Wand erfolgt, so sind es nothwendig jedes Mal im Idioplasma liegende und mit demselben vererbte Anlagen, welche diese Wachsthumsrichtungen und somit auch die Theilungsrichtungen beherrschen. Auch ihr Ursprung lässt sich nicht von äusseren Einflüssen ableiten, sondern bloss von eigenthümlich verschiedenen Anordnungen der Micelle, welche bald ein Beharren der Wachsthumsrichtung, bald einen ein- oder zweimaligen Wechsel derselben bewirkten. Dadurch wird nicht ausgeschlossen, dass die Theilungsrichtung in gewissen Fällen auf allen Stufen des Reiches durch äussere Einflüsse mitbestimmt worden sei. — Auch die Grösse der ursprünglichen Plasmamassen, bei der die Theilung durch Einfaltung der Hautschicht eintrat, war wenigstens theilweise eine Folge innerer Ursachen, wobei die äusseren Verhältnisse allerdings ihre Mitwirkung geltend machten, so dass beispielsweise die Ungleichheit im Volumen der einzelligen Pflanzen, welche, selbst bei Ausschluss der durch Scheitelwachsthum sich verlängernden Algen (Siphoneen) und Pilze, bis auf das Millionenfache steigt, vielleicht eben so sehr als eine Anpassungserscheinung zu betrachten ist.

Der geschilderte Vorgang der Theilung reicht, wie ich schon angedeutet habe, zur Erklärung der betreffenden Erscheinungen für das ganze Pflanzenreich und wohl auch für das Thierreich aus. Es gibt Fälle, wo man die Einfaltung deutlich verfolgen kann, besonders wenn die entstehende Scheidewand mit hineinwächst; andere Fälle dagegen, wo sie sich vollzieht, ohne dass man wegen der ausserordentlichen Dünnheit der Hautschicht und wegen ihrer geringen optischen Verschiedenheit vom angrenzenden Plasma etwas zu sehen vermag. Auch mit den durch die neueren Beobachtungen Strasburger's und Flemming's festgestellten Thatsachen ist der Process nicht im Widerspruch, wohl aber mit den Deutungen, welche dieselben erfahren haben und die keineswegs nothwendig sind, sowie sie auch einer Analyse der micellarphysiologischen und mechanischen Möglichkeiten schwerlich Stand halten.

5. Die Hautschicht erzeugt, wo sie an äussere Medien oder an andere Hautschichten anstösst, einen aus nicht plasmatischen Substanzen bestehenden Ueberzug (Zellmembran), welcher die Zellen von einander trennt, und der bei der Theilung gleichzeitig mit der Einfaltung der Hautschicht sich zu bilden anfängt.

Die nicht plasmatische Membran war jedenfalls schon im probialen Reich vorhanden und ging dann auf Pflanzen und Thiere über. Wir müssen annehmen, dass sie, allerdings äusserst dünn und weich, auch bei der Entstehung der sogenannten nackten Zellen und stets bei der Einfaltung der Hautschicht vorkomme. Denn bei der bekannten halbflüssigen Beschaffenheit des Plasmas, die Hautschicht nicht ausgenommen, müssten nackte Zellen, die in einer Elterzelle gedrängt beisammen liegen, ebenso die beiden Blätter der eingefalteten Hautschicht zusammenfliessen, wenn nicht eine noch so dünne nichtplasmatische Substanz sie trennte. Das Vorhandensein einer solchen Substanz ergibt sich auch deutlich aus dem Umstande, dass man meistens eine trennende Linie wahrnimmt, die nichts anderes sein kann, als eine dünne Lage von optisch verschiedener Masse.

Die Membranbildung ist eine Anpassungserscheinung, die ursprünglich durch den Reiz der äusseren Medien auf die Hautschicht des Plasmas hervorgerufen wurde, dann aber durch die entsprechende Ausprägung des Idioplasmas erblich geworden ist.

6. Nach der Theilung sind die beiden Hälften (Zellen) zunächst mit einander verbunden. Im probialen Reich und bei den einzelligen Organismen trennen sie sich meistens von einander, bevor abermalige Theilung eintritt. Bei den mehrzelligen Organismen bleiben sie innig zu einem Gewebe vereinigt; Trennung oder Ablösung findet erst bei den Zellen der letzten Ordnung statt.

Diese Erscheinungen gehören nicht zu den Anpassungen, indem sie unabhängig von äusseren Einflüssen entstanden und zu erblicher Beständigkeit gelangt sind. — Was das mechanische Zustandekommen betrifft, so hängt dasselbe wesentlich von der Beschaffenheit der zwischen den Zellen befindlichen Membran ab. Hat dieselbe eine weiche schleimige Consistenz, so dass die Adhäsion sehr gering ist, so erfolgt die Trennung lediglich durch das physikalische Bestreben der Plasmamassen (Zellen) sich abzurunden und durch die mechanische Einwirkung des umgebenden Mediums (Strömungen, Stösse u. s. w.). Ist die Membran aber von festerer Beschaffenheit, so sind zur Trennung noch besondere Veränderungen in derselben, welche durch das Ernährungsplasma unter dem Einfluss des Idioplasmas bedingt werden, nothwendig. Entweder wird die Mittellamelle der Scheidewand so weich, dass dann das Abrundungsbestreben und die mechanische Aktion des Mediums zum Losreissen genügen. Oder dieselbe erlangt nicht die hierzu erforderliche Weichheit; dann muss noch eine selbständige Wölbung der Seitenlamellen zu Hülfe kommen. Die letzteren wölben sich gegen einander, wenn ihr Flächenwachsthum vom Centrum nach der Peripherie hin zunimmt, wobei eine hinreichend feste Beschaffenheit ihrer Substanz und eine regelmässige Anordnung der Membranmicelle vorausgesetzt wird. — In besonderen Fällen kommt die Trennung auch dadurch zu Stande, dass der ganze Inhalt aus der Membran ausschlüpft und als nackte Zelle frei wird.

Die eben gegebene Darstellung der mechanischen Vorgänge bei der Trennung der Zellen entspricht den jetzigen Vorstellungen über die Vereinigung derselben. Ich glaube jedoch, dass damit nicht der ganze Process erschöpft ist. Wie ich bereits bei Anlass der Uebertragung idioplastischer Anlagen an die verschiedenen Theile des Organismus ausgeführt habe, liegen die Zellen eines Gewebes wahrscheinlich nicht bloss unmittelbar neben einander, so dass zwischen ihnen ein diosmotischer Austausch von gelösten Stoffen möglich ist. Sondern die Zelleninhalte selbst sind in Communication, indem die Wand siebartig von kleinen Löchern durchbohrt ist, durch welche das Plasma entweder übertreten kann oder doch in direkter Berührung sich befindet. Der ganze Organismus würde also aus kleinen mit Inhalt gefüllten Höhlungen bestehen, welche unter einander communiciren, und das Zerfallen in Zellen oder die Ablösung von Zellen müsste damit beginnen, dass diese Communicationen unterbrochen werden, worauf dann die geschilderten Vorgänge in der Membran eintreten.

Die Art und Weise, wie die Zellen vereinigt sind, ist auch von besonderer Wichtigkeit für die Unterscheidung von ein- und vielzelligen Organismen. Die einzelligen Pflanzen kommen häufig zu Colonien vereinigt vor, wobei sie zuweilen gerade so wie in einem Zellgewebe neben einander liegen. Wenn meine Vermuthung über die Gewebebildung richtig ist, so würde sich die Zellreihe, zu welcher sich einzellige Pflanzen an einander legen (Desmidium, manche Diatomeen u. s. w.), dadurch von der einreihigen mehrzelligen Pflanze (Zygnemaceen u. s. w.) unterscheiden, dass bei jener die siebartigen Durchbrechungen der Scheidewände mangelten, bei diesen aber vorhanden wären. Nach dieser Anschauung wäre die vielzellige Pflanze ein zusammenhängendes System von Plasma, aus ebenso vielen Theilsystemen bestehend, als Zellen vorhanden sind, — und die Fortpflanzung bestände darin, dass je ein Theilsystem von Plasma als Fortpflanzungszelle seine vollständige Selbständigkeit erlangte.

7. In dem (formlosen) Plasma gewisser Individuen des probialen Reiches besondern sich im Innern einzelne Plasmatropfen. Sie bilden sich auf Kosten des umgebenden absterbenden Plasma aus, erzeugen eine umhüllende Hautschicht und werden, sowie das Elterindividuum zu Grunde geht, zu selbständigen Individuen. Diese Erscheinung vererbt sich auf Pflanzen und Thiere als freie Zellbildung.

In dem probialen Reich entstanden nach und nach verschiedene Sippen theils durch die selbständige divergirende Umbildung in der Configuration des primordialen Plasmas theils durch ungleiche Anpassungen. Unter diesen Sippen gab es einerseits solche von geringerer Grösse und festerer Consistenz mit derberer Hautschicht, andrerseits grössere aus weicherem Plasma mit zarterer Haut. Beim Eintritt einer relativen Vegetationsruhe, die von Temperaturerniedrigung, von theilweisem Austrocknen, von Nahrungsentziehung und dergleichen bedingt war, litten die letzteren Sippen mehr als die ersteren. Die Individuen der am wenigsten widerstandsfähigen gaben ab und zu kleine Partien, deren Vegetation am meisten gestört wurde, preis, ergänzten an der Grenze derselben ihre Hautschicht und verwendeten die aus der preisgegebenen Partie aufgenommene Nahrung zur Verdichtung ihrer Substanz.

Die Zeit der Vegetationsruhe war anfänglich von der Vegetationsperiode wenig verschieden; ihre Ungunst steigerte sich mit der langsamen Ausprägung der Jahreszeiten. Zugleich wurden einzelne Sippen durch zunehmende feinere Organisation ihrer Substanz und ihrer Hautschicht noch weniger widerstandsfähig und verloren beim Aufhören der Vegetationszeit immer grössere Partien, bis zuletzt nur eine oder einige innere Partien lebensfähig blieben, die dann aus der absterbenden Masse sich ausreichend verdichteten, um die Vegetationsruhe ohne Nachtheil zu überdauern. Dieser Vorgang, durch einen äusseren Reiz veranlasst, wurde erblich, — und damit war die freie Zellbildung, wenn wir hier schon von Zellen sprechen dürfen, gegeben und zugleich auch ein Generationswechsel für die betreffenden Sippen, indem beim Beginn der nächsten Vegetationszeit die Theilung wieder begann.

Die freie Zellbildung und der erste Generationswechsel waren also ursprünglich Anpassungserscheinungen, und zwar an die jährliche Periodicität der äusseren Einflüsse. Die erste Veränderung dazu erscheint lediglich als eine unmittelbare Folge der letzteren, indem unter den ungünstigeren Ernährungsverhältnissen nur mehr ein Theil des Plasmatropfens sich der Nahrung bemächtigte, und die übrige Masse zu Grunde ging. Der zurückbleibende lebenskräftige Theil verhielt sich aber etwas anders als das Plasma der früheren Generationen, da er nicht bloss unorganische Nahrung von aussen aufnahm und assimilirte, wie es bisher geschah, sondern auch gewisse Verbindungen aus dem absterbenden Plasma bezog und, was früher ebenfalls nicht vorgekommen war, eine neue Hautschicht bildete. Diese neuen Functionen, die sich jährlich wiederholten, mussten auch das Idioplasma etwas umbilden und eine erbliche Disposition erzeugen, vermöge welcher das Plasma zur freien Zellbildung immer geschickter wurde und zuletzt dieselbe, auf eine schwache Anregung von aussen, selbständig durchführte.

Durch lange Zeiträume trat die freie Zellbildung stets beim Eintritt der ungünstigen Jahreszeit, welche die Vegetationsruhe bedingte, ein, und dies mag jetzt noch bei gewissen sehr einfachen Pflanzen der Fall sein. Bei etwas complicirteren Organismen mit einjähriger Ontogenie traf mit der Vegetationsruhe der Schluss der ontogenetischen Entwicklungsgeschichte zusammen, so dass die Zeit der freien Zellbildung nicht bloss durch die äusseren Umstände, sondern auch durch die ererbten Anlagen, also durch zwei Ursachen bestimmt wurde. Bald erwies sich die letztere Ursache als die stärkere, und als die ontogenetische Entwicklungsgeschichte im weiteren Verlauf der phylogenetischen Stämme nicht mehr mit der jährlichen Periodicität übereinstimmte, so trat auch die freie Zellbildung, der Ontogenie entsprechend, zu jeder Jahreszeit ein.

Wir haben hier ein Beispiel, — das sich übrigens, namentlich bei Fortpflanzungserscheinungen, mehrfach wiederholt, — wie ein Vorgang, der ursprünglich durch äussere Ursachen herbeigeführt wurde und durchaus sich als Anpassung an dieselben kundgab, nach und nach in dem sich umbildenden Idioplasma so befestigt wird, dass er nun unabhängig von der Ursache, die ihn erzeugt hat, und im Widerspruch mit derselben sich verwirklichen kann.

Die in dem Vorhergehenden geschilderten 7 Erscheinungen (§ 1—7) fanden schon im probialen Reiche statt und wurden auf die ersten Pflanzen und Thiere vererbt. Sie dauern während der ganzen Entwicklungsgeschichte der Reiche an und vermitteln alle ontogenetischen und phylogenetischen Vorgänge derselben. Einlagerung von Micellen in die organisirte Substanz (§ 1) unter Vermehrung der Functionen (§ 2), ferner Theilung der Zellen (§ 4) mit der durch die Hautschichtbildung (§ 3) und die Membranbildung (§ 5) ermöglichten relativen Selbständigkeit derselben stellen das Wachsthum der Organismen dar, während die Lostrennung früher verbundener Zellen (§ 6) und die freie Zellbildung (§ 7), welche beide Vorgänge der Fortpflanzung angehören, der individuellen Wachsthumsgeschichte eine frühere oder spätere Grenze setzen. Eben so wie die genannten Erscheinungen die Ontogenien mit ihrer nothwendigen Begrenzung zu Stande bringen, so bilden sie auch die Elemente für den phylogenetischen Fortschritt.

Ich will nun versuchen, die Gesetze zu entwickeln, welche den genannten Fortschritt im Pflanzenreiche beherrschen. In diesen Entwicklungsgesetzen soll der geregelte Verlauf der Abstammungsgeschichte ausgesprochen sein; sie sollen die Normen angeben, nach denen aus kugeligen mikroskopisch kleinen einzelligen Pflänzchen die aus vielen Millionen von Zellen bestehenden und reich gegliederten höchsten Gewächse entstehen. Diese Gesetze gehören zwei verschiedenen Gebieten an.

1. Die einen betreffen diejenigen Veränderungen der Pflanzen im entfalteten Zustande, welche dem selbständigen Fortschritt des idioplasmatischen Systems zu einer immer complicirteren Configuration entsprechen (Ges. I—VII).

2. Die anderen umfassen die durch äussere Einflüsse hervorgebrachten Anpassungen (Ges. VIII).

Unter den Gesetzen der ersten Kategorie befinden sich einige, die uns zeigen, auf welche Weise die individuelle Entwicklungsgeschichte von Stufe zu Stufe um einen Schritt länger wird. Diese Schritte werden entweder am Ende angefügt, so dass das letzte Stück der Ontogenie auch der letzte und jüngste Schritt der Phylogenie ist (Ges. I—III). Oder sie werden irgendwo früher in die Ontogenie eingeschoben, so dass der letzte Zuwachs der Phylogenie irgend einem Stücke zwischen Anfang und Schluss der Ontogenie entspricht (Ges. V). Um ein Bild hierfür zu haben, kann die erstere Art des Fortschrittes dem Scheitelwachsthum, die letztere dem intercalaren Längenwachsthum der Organe durch Zellenbildung verglichen werden. Ich will die beiden Vorgänge auch als terminale und intercalare Zunahme unterscheiden. Die Gesetze des terminalen Zuwachses geben uns Aufschluss über die Entstehung der wichtigsten Organisationsverhältnisse. Sie lassen sich als folgendes allgemeines Gesetz zusammenfassen:

Die reproductive Erscheinung einer Stufe wird auf der höheren Stufe vegetativ. Die Zellen, die bei der einfacheren Pflanze sich als Keime lostrennen und die Anfänge neuer Individuen darstellen, werden bei der nächst höheren Pflanze Theil des individuellen Organismus, und verlängern die Ontogenie um einen entsprechenden Schritt.

Dies ist das fundamentale Gesetz der organischen Entwicklung, ohne welches die Organismen nicht aus dem einzelligen Zustande herausgekommen wären. Es verwirklicht sich auf dreierlei Weise:

I. Die durch Theilung entstehenden Fortpflanzungszellen werden zu Gewebezellen.

II. Die durch Sprossung (Abschnürung) entstehenden Fortpflanzungszellen werden zu Zellästen oder gegliederten Zellfäden.

III. Die durch freie Zellbildung entstehenden Fortpflanzungszellen werden zu Inhaltskörpern der Zelle.

Ich bemerke zum Voraus, dass diese Gesetze nicht etwa als naturphilosophische Analogien zu betrachten sind, sondern als reale Vorgänge, deren Zutreffen ich bis auf das letzte Molekül in Anspruch nehme. Das allgemeine Gesetz wurde von mir schon im Jahre 1853 ausgesprochen [1]), und zwar in folgender Weise:

»Ein erstes Gesetz . . . lautet, dass eine höhere Art oder Gruppe die Erscheinungen der tiefern wiederholt, aber darüber hinaus zu einer neuen Erscheinung fortschreitet.«

»Dieses erste Gesetz findet seine Erklärung und seinen Ursprung aus einem zweiten, welches mir überhaupt für die Aufeinanderfolge

---

[1]) Systematische Uebersicht der Erscheinungen im Pflanzenreich. Freiburg i. B. 1853.

der Gruppen im Pflanzenreiche von der höchsten Bedeutung zu sein scheint. Es heisst: Die reproductive Erscheinung einer Stufe wird auf einer höhern Stufe vegetativ. Dasselbe bewährt sich mit Rücksicht auf die Bildung der Zelle, des Organs und den Aufbau des Pflanzenstockes. Der nämliche Vorgang, welcher bei der niedern Gruppe die Fortpflanzung vermitteln hilft, stellt bei einer höhern Gruppe bloss eine Seite der vegetativen Entwicklung dar, indess hier ein neues, der tieferen Gruppe mangelndes Moment auftritt, um die neuen Individuen zu erzeugen.«

Unter den zahlreichen zur Erläuterung dienenden Thatsachen habe ich damals schon fast alle, die ich jetzt als Belege benützen werde, aufgeführt. Das Gesetz ist von den Botanikern, die in jenen Zeiten für solche Fragen noch kein Interesse hatten, und später von den Darwinisten unberücksichtigt geblieben. Diese hätten es auch nicht berücksichtigen können, da die Thatsachen nicht zu widerlegen waren, und da ja der gesetzmässige Fortschritt in meinem Sinne mit der Theorie der natürlichen Zuchtwahl aus unbestimmten Veränderungen im Widerspruche steht.

Was die Beweise für die Entwicklungsgesetze betrifft, so ist vor allem daran zu erinnern, dass jedenfalls nur sehr wenige, vielleicht keine einzige jetzt lebende Art von einer andern jetzt lebenden abstammt. Das Studium der jetzigen Verwandten einer Art gibt uns aber die einzige Möglichkeit, um bestimmt zu wissen, wie ihre Vorfahren ausgesehen haben müssen. Leider sind aber in dem jetzigen Pflanzenreiche auch die natürlichen Familien, denen die Vorfahren angehören mussten, nur spärlich vertreten. Wir können wohl sagen, dass kaum der hundertste Theil aller Familien gegenwärtig existirt, welche nothwendig wären, um die Abstammungslinien zu vervollständigen. Wenn man die Lücken überhaupt durch Uebergangsstufen ausfüllen will, so kann das nur durch Interpolation geschehen, was übrigens mit einiger Aussicht auf Erfolg erst dann versucht werden kann, wenn alle Entwicklungsgesetze und ihre Anwendung sehr genau erkannt sind.

Die zwei grössten und für die Abstammungslehre des Pflanzenreiches empfindlichsten Lücken befinden sich zwischen den fadenförmigen Algen (Confervoïden) und den Moosen einerseits, zwischen den letzteren und den Phanerogamen sammt Gefässkryptogamen andrerseits. Die Abstammungsreihe oder vielmehr der Büschel von parallelen Abstammungsreihen, welche von den Confervoïden durch die Moose zu den Gefässpflanzen aufsteigen, verschweigen in den beiden Lücken viel mehr als sie in dem Anfangs-, dem kurzen Mittel- und dem Endstück offenbaren. Unter den Süsswasseralgen gibt es eine einzige Gattung (Schizomeris), welche einen aus wirklichem Zellgewebe bestehenden Körper besitzt; alle übrigen, selbst Batrachospermum und Chara bestehen nur aus eng an einander gelegten Fäden, und das Gewebe von Lemanea ist wenigstens auf eine solche Entstehung zurückzuführen. Unter der ganzen Gruppe der Moose gibt es nur einige Lebermoose, welche Aehnlichkeit mit den ausgestorbenen Gliedern der zu den höhern Pflanzen führenden Abstammungsreihen in Anspruch nehmen können.

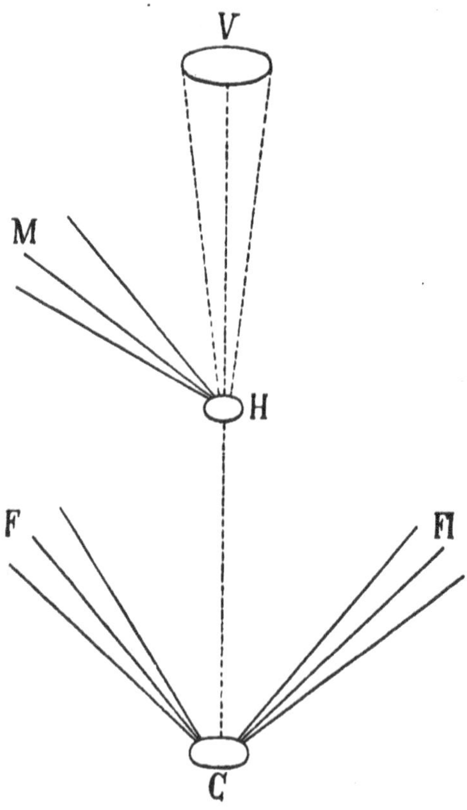

Fig. 13.

Was die Lücke über den Confervoïden betrifft, so steigen zwar die Fucoïden und Florideen von denselben aus ziemlich hoch auf; aber es sind dies Weiterbildungen in besonderen Richtungen, welche nicht zu den Lebermoosen hinüberführen. Dasselbe gilt von der Klasse der Moose, welche zwar von den niedrigsten Lebermoosen zu höheren Entwicklungsformen sich erhebt, aber durchaus nicht in der Richtung zu den Gefässkryptogamen hin verläuft. Wären die Lücken zwischen den Confervoïden und den Lebermoosen und zwischen diesen und den Gefässkryptogamen mit jetzt noch lebenden Pflanzen ausgefüllt, so ständen die Beispiele für die ausgesprochenen Gesetze I—III viel reichlicher zu Gebot, als es jetzt der Fall ist.

Die eben angeführten phylogenetischen Reihen sind in Fig. 13 graphisch dargestellt. C bedeutet die Sippe der Confervoïden. Von derselben gehen in drei Richtungen Abstammungslinien aus; die einen führen zu den Fucoïden (F), die andern zu den Florideen (Fl), die dritte zu den niedrigsten Lebermoosen (H). Die Reihen der zwei ersten Richtungen sind zum Theil erhalten und daher durch ausgezogene Linien wiedergegeben; die Reihe der dritten Richtung ist als ausgestorbene durch eine punktirte Linie angedeutet. Von den niedrigsten Lebermoosen (H) steigen nach zwei Richtungen Abstammungslinien auf; die einen Reihen, die theilweise noch leben, gehen zu den höheren Moosen (M); die anderen, von denen nichts mehr erhalten ist, führen zu den niedrigsten Gefässpflanzen (V).

Ich habe das allgemeine Entwicklungsgesetz der organischen Reiche mit Rücksicht auf den Fortschritt, welchen die entfalteten Organismen zeigen, ausgesprochen: Die reproductive Erscheinung (der sich ablösende Keim) einer Stufe wird auf der nächst höheren Stufe vegetativ (zu einem integrirenden Theil des individuellen Organismus). Das Gesetz lässt sich auch als idioplasmatischer Vorgang ausdrücken. Der entfaltete Zustand ist die Folge der Bewegungen im Idioplasma; wenn ein Reproductionsprocess sich verwirklicht, so gelangen nach einander verschiedene Anlagen zur Entfaltung, und zuletzt diejenige Anlage, welche die Lostrennung oder wenigstens die morphologische Selbständigkeit der Keimzellen bedingt. Wenn nun das Gesetz auf das Verhalten des Idioplasmas gegründet wird, so heisst es:

Die idioplasmatischen Anlagen, welche die Bildung der Keime bewirken und somit der allerletzten, die Ablösung der Keime bedingenden Anlage vorausgehen, entfalten sich auf der niederen Stufe nur einmal und bedingen mit der letzten Anlage zusammen die Fortpflanzung. Auf der höheren Stufe werden sie, mit Ausschluss der allerletzten Anlage, wiederholt erregt und zur Entfaltung gebracht, wodurch die Ontogenie einen entsprechenden Fortschritt erfährt.

Oder noch allgemeiner gefasst:

Die allerletzte Anlage der Ontogenie, welche die Ablösung der Keime bedingt, tritt auf der höheren Stufe um eine oder mehrere Zellengenerationen später ein.

Die phylogenetische Veränderung ist also möglichst gering, indem die Beschaffenheit des Idioplasmas sich nur so weit umbildet, dass ein Complex von Anlagen statt einmal sich mehrmals entfaltet, und dass die Entfaltungsproducte desswegen, weil die den Schluss dieses Complexes bildende Anlage latent bleibt, selbstverständlich einen etwas anderen, nämlich vegetativen Charakter annehmen. Die Verlängerung, welche dadurch der Ontogenie zugefügt wird, ist ursprünglich rein quantitativer Natur; sie wird aber in jedem Falle sehr bald etwas Besonderes, indem der neue Zuwachs der Ontogenie einerseits sich mit den übrigen Elementen der Ontogenie ins Gleichgewicht setzt und andrerseits durch die äusseren Anpassungseinflüsse eigenthümlich ausgeprägt wird.

Dass eine Anlage oder ein Anlagencomplex wiederholt oder andauernd zur Entfaltung kommt und dass die Zahl der Entfaltungen oder die Dauer des Entfaltungsprocesses in den auf einander folgenden Ontogenien sich ungleich verhält, ist eine im Pflanzenreiche ganz gewöhnliche Erscheinung. Gestattet die Beschaffenheit des Idioplasmas einen Wechsel innerhalb bestimmter Grenzen, so hängt es von äusseren Einwirkungen ab, ob die Entfaltung innerhalb dieser Grenzen sich mehr oder weniger oft wiederhole; und es ist begreiflich, dass, wenn schon die Einwirkung der nicht idioplasmatischen Substanzen einen solchen Erfolg hat, eine sehr geringe Aenderung im Idioplasma selbst genügt, um das zulässige Maass in der Dauer oder Zahl der Erregungen erblich, also phylogenetisch zu verändern.

Das allgemeine Gesetz, wie es S. 352 ausgesprochen wurde, gilt für den Fall, dass an die Ontogenie ein neues Stück gleichsam terminal angefügt wird, und ist dem andern Fall entgegengesetzt, in welchem die neuen Stücke vor dem Ende intercalar in die Ontogenie eingeschaltet werden (S. 351). Diese Form des Ausdruckes ist zutreffend, wenn die entfalteten Zustände mit einander verglichen werden, indem die sich ablösenden Keimzellen der niederen Stufe zur Vergrösserung des der höheren Stufe angehörenden Individuums dienen. Sprechen wir dagegen das Gesetz mit Rücksicht auf die idioplasmatischen Vorgänge aus, so können wir nicht sagen, dass ein Stück auf das Ende der Ontogenie aufgesetzt werde; denn die allerletzte Anlage, welche die Ablösung der Keime bedingt, bleibt die nämliche, und es wird nur unmittelbar vor derselben die Reihe der Entfaltungen verlängert. Das scheinbar terminale Wachsthum der Ontogenien ist also in aller Strenge ein intercalares, welches vor der Entfaltung der allerletzten Anlage eintritt.

I. phylogenetisches Gesetz.

Die durch Theilung entstehenden geschlechtslosen Fortpflanzungszellen bleiben verbunden und werden zu Gewebezellen.

In diesem Gesetze gelangt das eigentlich gewebebildende Princip zum Ausdruck. Zellen, die auf der niederen Stufe sich von einander trennen und zu eben so vielen Pflanzenindividuen oder Anfängen neuer Individuen werden, bleiben auf der höheren Stufe mit einander verbunden und sind bloss Theile eines und desselben Individuums. Auf diesem Wege gehen die einzelligen in mehrzellige Individuen, ferner Organe, die aus einer einzigen Zelle, einer einfachen Zellreihe oder einer einfachen Zellschicht bestehen, in körperliche Gebilde über.

Den Uebergang von einzelligen Pflanzen in mehrzellige können wir deutlich wahrnehmen bei der Vergleichung der Chroococcaceen mit den Nostochaceen, Oscillariaceen, Rivulariaceen und Scytonemaceen, welche alle zusammen die Klasse der Nostochinae ausmachen, bei der Vergleichung der Palmellinen (Protococcoiden) mit den Confervoïden und bei der Vergleichung der Desmidiaceen mit den Zygnemaceen. Die Klasse der Nostochinae ist deshalb bemerkenswerth, weil die einzelligen und die mehrzelligen einander so ähnlich

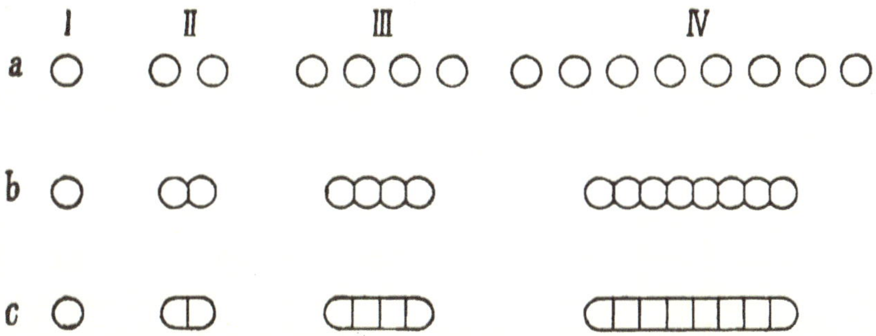

Fig. 14.

sind, dass man die ersteren als die noch jetzt lebenden Erzeuger der letzteren in Anspruch zu nehmen geneigt sein kann. Als Beispiel füge ich in Fig. 14 die bildliche Darstellung a) einer Chroococcacee

(Synechococcus oder Gloeothece), b) einer Nostochacee und c) einer Oscillariacee bei, je in 4 auf einander folgenden Generationen I, II, III, IV dargestellt.

Bei den Chroococcaceen (a) können die Zellen, nachdem sie sich von einander losgelöst haben, sich im Wasser zerstreuen oder durch Gallerte in geringer Entfernung von einander festgehalten werden. Bei den Nostochaceen (b) sind die mehr oder weniger kugeligen Zellen nur mit einer kleineren Stelle der Oberfläche, bei den Oscillariaceen (c) sind die cylindrischen Zellen mit den ganzen Endflächen verbunden.

Vergleicht man alle einzelligen Pflanzen mit den nächst verwandten mehrzelligen, so findet man alle möglichen Zwischenstufen in den Merkmalen, so dass es eigentlich unmöglich wird, einen strengen Unterschied zwischen Einzelligkeit und Mehrzelligkeit festzustellen. Die Zellen sind mehr oder weniger fest mit einander verbunden, wohl auch ziemlich weit von einander entfernt und durch Plasmastränge zusammenhängend, — und man ist oft im Zweifel, ob man ein mehrzelliges Gebilde als eine Colonie einzelliger Individuen oder als ein mehrzelliges Individuum ansprechen soll, da schon bei unzweifelhaft einzelligen Pflanzen (in den Coenobien von Hydrodictyon und Pediastrum) sehr innige Verwachsung vorkommen kann. Ich habe daher als unterscheidendes Merkmal zwischen beiden die (noch mangelnde oder bereits eingetretene) Differenzirung benutzt und die Einzelligkeit soweit ausgedehnt, als die Zellen in einer Gruppe physiologisch gleich sind[1]). Doch ist dies nur ein Nothbehelf. Wo die bei der phylogenetischen Umwandlung sich bildenden Formen noch reichlich vorhanden sind, ist eine Sonderung innerhalb der Abstammungsreihen immer mehr oder weniger willkürlich.

Die merkwürdige, in neuerer Zeit beobachtete Erscheinung, dass röhrenförmige und mehrzellige Algen zeitweise in einzellige, sogenannte Palmella- und Protococcus-Zustände übergehen können, beweist nichts dagegen, dass jene Pflanzen, wie es nach dem I. und II. phylogenetischen Gesetz geschehen soll, aus einzelligen entstanden sind. Denn wenn auch einzelne einzellige Formen durch jene Beobachtungen aus der Zahl der selbständigen Sippen gestrichen wurden, so

[1]) Einzellige Algen. 1849.

bleibt doch die Mehrzahl der einzelligen Organismen unangefochten; — und die genannte Erscheinung wird vielmehr zur Stütze der phylogenetischen Gesetze, da sie als ein ontogenetischer Rückschlag auf die frühere phylogenetische Stufe zu betrachten ist.

Als Beispiel dafür, wie in vielzelligen Pflanzen durch Vereinigung der Fortpflanzungszellen der früheren Stufe eine complicirtere Gewebestufe erreicht wird, will ich die Verwandlung einer Zellreihe in einen cylindrischen Zellkörper anführen. Die Confervoïden sind gegliederte Fäden und pflanzen sich durch Keimzellen fort, die zu mehreren innerhalb der Gliederzellen entstehen. Die Bildung der Keimzellen erfolgt in verschiedener Weise, manchmal bloss aus dem in kleinere Portionen zerfallenden Wandbeleg, bei den niedrigsten Sippen aber sicher durch normale Theilung des ganzen Zelleninhalts. Die Zellen trennen sich dann von einander und treten aus der Elterzelle heraus, oder werden in irgend einer anderen Art frei; aus ihnen erwachsen neue gleiche Pflanzen von fadenförmiger Beschaffenheit. Wird diese Zellbildung vegetativ, so entsteht ein cylindrischer Zellkörper, wie wir ihn unter den Süss-

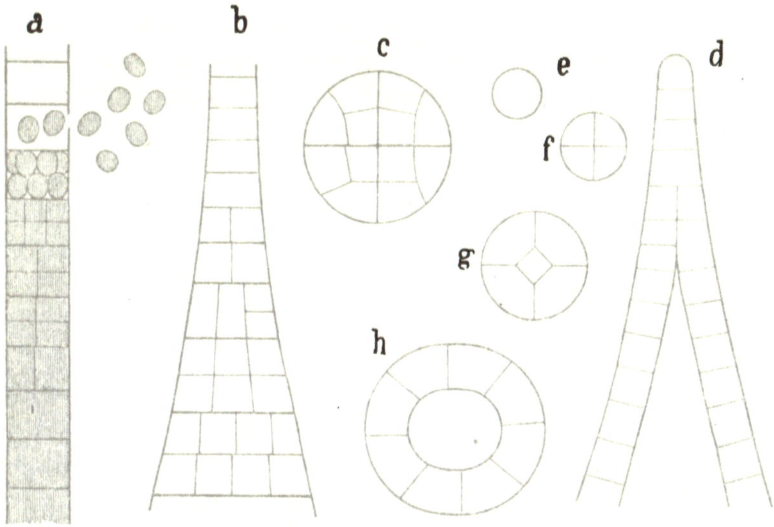

Fig. 15.

wasseralgen bei Schizomeris finden, die im Jugendzustande von einer Confervoïde nicht zu unterscheiden ist. In dieser Weise ist auch die Meeralgengattung Enteromorpha entstanden. Dieselbe tritt im jugendlichen Zustande ebenfalls als Zellreihe auf, die sich durch Theilung in den Gliederzellen in einen Zellkörper von einfachstem Bau und weiter durch Ausscheidung von Wasser zwischen den Zellen in einen einschichtigen Schlauch verwandelt.

In Fig. 15 stellt a eine Confervoïde dar; die unteren Zellen noch unverändert, die oberen keimzellenbildend; b den Endtheil einer Schizomeris, die oberen Glieder noch ungetheilt, die unteren in verschiedenen Theilungszuständen; c den Querschnitt durch die unterste Partie von b; d den Längsschnitt durch den Endtheil einer Enteromorpha, die oberen Glieder noch ungetheilt, die untern in Theilung begriffen und schlauchbildend; e, f, g, h Querschnitte durch d in zunehmender Entfernung vom Scheitel. Die Theilung erfolgt, wie aus d bis h ersichtlich, ausschliesslich durch Wände, welche die Oberfläche rechtwinklig berühren.

An Enteromorpha schliesst sich die so nahe verwandte Gattung Ulva an. Wie die niederen Confervoïden zu Schizomeris und den Ulveen, verhält sich Bangia zu Porphyra, welche offenbar von einer vorweltlichen Gruppe als einziges Glied übrig geblieben und dadurch ausgezeichnet ist, dass die vegetativen Theilungen ausschliesslich in einer Ebene vor sich gehen. Den gleichen Fortschritt finden wir auch in der Klasse der Fucoïden von Ectocarpus und andern Gattungen zu den mit körperlichem Thallom begabten, zunächst Sphacelaria u. s. w., während die phylogenetische Umwandlung in der Klasse der Florideen einen anderen Charakter zeigt.

Wie jeder phylogenetische Fortschritt, erfolgt auch die Umwandlung der Fortpflanzungszellen in Gewebezellen, die im Idioplasma ganz allmählich sich vollzieht, im entfalteten Zustande so successive, als es die Umstände erlauben. Die ungeschlechtlichen Fortpflanzungszellen der Algen sind auf der unteren Stufe lebhaft bewegte Schwärmsporen. Dann nimmt ihre Bewegungsfähigkeit stufenweise ab und erlischt schliesslich. Sie verlassen die Höhlung ihrer Elterzelle nicht mehr, sondern keimen in derselben; es trennen sich erst die Keimpflänzchen los (was bei Ulothrix beispielsweise vorkommt). Auf der höhern Stufe dient die Zelltheilung, welche die Keimpflänzchen erzeugte, zur Gewebebildung.

Den ersten Schritt eines solchen phylogenetischen Vorganges finden wir an dem Product der Oosporen von Coleochaete. Bei den Pflanzen der vorausgehenden Stufen (Sphaeroplea, Ulothrix, Oedogonium) theilt sich der Inhalt in den ruhenden, durch geschlechtliche Befruchtung entstandenen Sporen (Zygosporen und Oosporen) in mehrere Schwärmsporen. In den Oosporen von Coleochaete dagegen bleiben die durch Theilung entstandenen Zellen zu einem Gewebekörper vereinigt; aus ihnen tritt später je eine Schwärmspore aus. Wären die höheren Stufen dieser Algen unter den jetzt lebenden Pflanzen vertreten, so würden wir ohne Zweifel bei denselben sehen, wie der aus der Oospore hervorgehende Zellkörper seine vegetative Natur behält und durch Zelltheilung weiter wächst.

Manche Fucoïden und die meisten Florideen wachsen mit einer Scheitelzelle in die Länge, welche sich durch horizontale, unter einander parallele Wände theilt (wie Fig. 16a), die höheren Flori-

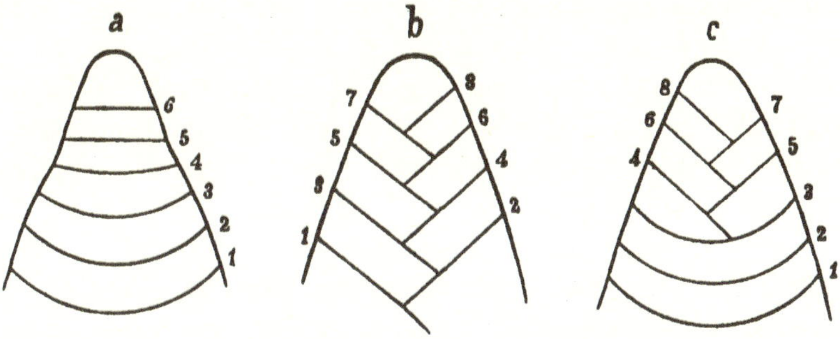

Fig. 16.

deen, die Moose und Gefässkryptogamen dagegen mit einer Scheitelzelle, welche sich durch schiefe, alternirend nach verschiedenen Seiten geneigte Scheidewände theilt (wie Fig. 16b). Bemerkenswerth ist nun, dass bei Plocamium, welches in dieser Beziehung zwischen den niederen und höheren Florideen in der Mitte steht, die vegetativen Theile des Thalloms das erste, die Fruchtäste aber das zweite Scheitelwachsthum besitzen. Fig. 16a zeigt den Scheitel eines vegetativen, b den Scheitel eines sporenbildenden Zweiges von Plocamium, und c den Anfang eines sporenbildenden Zweiges, an welchem die Scheitelzelle sich zuerst 3mal horizontal, dann schief getheilt hat. In den 3 Figuren sind die nach einander entstandenen Wände mit Zahlen bezeichnet.

Die schiefe Theilung der Scheitelzelle tritt also zuerst bloss in den reproductiven und erst auf der höheren phylogenetischen Stufe auch in den vegetativen Organen auf[1]). Sehr wahrscheinlich jedoch ist dieses schiefwandige Scheitelwachsthum in den Fruchtästen von Plocamium selber ein phylogenetischer Fortschritt von solchen Florideen aus, bei denen die Elterzellen der Tetrasporen durch schiefwandige Theilungen sich bildeten. Wenn dies richtig ist, so hätte die eigenthümliche Zellenbildung zuerst die Fortpflanzungszellen erzeugt, dann durch Vereinigung dieser Zellen zu einem Gewebe das Organ hervorgebracht, in welchem die Fortpflanzungszellen gebildet wurden, und schliesslich wäre aus diesem Organ der ganze vegetative Pflanzenkörper hervorgegangen.

Die Gefässkryptogamen stammen von lebermoosartigen Pflanzen ab; namentlich ist dies für die Farne sehr augenscheinlich, deren Prothallium, welches aus der keimenden Spore hervorgeht, die grösste Aehnlichkeit mit einem kleinen Lebermoos hat. Die grosse blättertragende Pflanze der Gefässkryptogamen ist der phylogenetische Abkömmling der Moosfrucht, welche vegetativ wird. Ich will auf die successiven Bildungen, die den weitläufigen Uebergang vermitteln mussten, hier nicht eintreten, sondern nur einen Punkt hervorheben. Das Moossporogonium ist entweder so gebaut, dass eine das Centrum einnehmende oder durchsetzende Zellgruppe die Sporen bildet, indess das äussere Gewebe zur Wandung der Sporenkapsel wird, — oder so, dass ein das Mittelsäulchen umgebender Cylindermantel, der von der Kapselwandung umschlossen ist, die Sporen erzeugt. Wenn die Moosfrucht bei der phylogenetischen Weiterbildung vegetativ und zu einem Stengel wird, so müssen die Zellen, die in jener die Sporen bildeten, vegetativen Charakter annehmen. Es ist mir nun sehr wahrscheinlich, dass sie zum Cambium und weiter zu Gefässmassen werden, welche im Stengel der Gefässkryptogamen bezüglich ihrer Lage ebenfalls einem doppelten Bauplan folgen. Bei den Lycopodien stellen sie einen marklosen Cylinder, bei andern einen das Mark umschliessenden Hohlcylinder resp. einen Kreis von Strängen dar.

Das I. Gesetz, und dies gilt auch für das II., beschränkt den phylogenetischen Fortschritt auf die Umbildung der geschlechtslosen Fortpflanzungszellen. Die geschlechtlichen Elemente sind nicht fähig, durch Vegetativwerden die gemeinsame Ontogenie

[1]) Der Umstand, dass viele vegetativ bleibende Sprossenden schon bei Plocamium ihr Scheitelwachsthum ebenfalls mit schiefen Wänden abschliessen, ist ohne Zweifel so zu deuten, dass dieselben als abortive Fruchtäste zu betrachten sind.

zu bereichern, weil sie unter einander verschieden sind. Aus der Umbildung der geschlechtlich differenzirten Zellen kann bloss eine höhere Entwicklung der bezüglichen Geschlechtsorgane erfolgen.

Auf der untersten Stufe jeder phylogenetischen Reihe sind die Geschlechtsorgane einander ganz gleich und unterscheiden sich nur durch die geschlechtlich differenzirten Fortpflanzungszellen von einander; häufig bestehen sie selbst bloss aus diesen Zellen. Sie können anfänglich noch keine anderen Verschiedenheiten zeigen, da sie aus dem nämlichen ungeschlechtlichen Organ hervorgingen. So sind bei Ulothrix die Zellen, welche die männlichen und die weiblichen Schwärmsporen erzeugen, so wie diese selbst, einander ganz gleich; ebenso bei Equisetum die Sporen, aus welchen männliche und weibliche Vorkeime (Prothallien) entstehen. Wenn man in einer Abstammungsreihe die Geschlechtsorgane nicht bis dahin zurückverfolgen kann, wo sie sich nicht mehr von einander unterscheiden, so ist dies stets ein Beweis, dass ein Stück der Reihe mangelt. So fehlen in der Reihe der Florideen die den Callithamnieen vorausgehenden Glieder, weil bei ihr die Antheridien und die Kapselfrüchte eine beträchtlich verschiedene Entwicklungsgeschichte darbieten[1]). Noch auffallender tritt dieser Umstand bei den Geschlechtsorganen der Moose hervor, während dagegen die männlichen und weiblichen Sporangien der höheren Gefässkryptogamen bis auf ihren Ursprung zurück verfolgt werden können.

Die Geschlechtsorgane lassen in den verschiedenen phylogenetischen Reihen eine Weiterbildung zu einem complicirteren Bau wahrnehmen. Neben anderen Ursachen spielt dabei ohne Zweifel auch das Vegetativwerden der männlichen und weiblichen Zellen, die sich auf den unteren Stufen ablösen, eine wichtige Rolle. Doch lässt sich dies noch nicht überzeugend darthun, weil die Entwicklungsgeschichten der Geschlechtsorgane für diesen Zweck nicht hinreichend genau erforscht sind. Aus einzelnen Beispielen erkennen wir aber deutlich die Neigung der Pflanzen, die in diesen Organen frei und

---

[1]) Von Bangia (ebenso von Porphyra), die jetzt zu den Florideen gestellt wird, bezweifle ich sehr, dass hier ihre richtige Stelle im System sich befinde. Aber ganz sicher ist es, dass sie mit den Callithamnieen nicht zur gleichen phylogenetischen Reihe gehören kann, da die erstere ein ganz überwiegendes intercalares Längenwachsthum, die letzteren ein ausschliessliches Scheitelwachsthum besitzen, und da die Bildung der Fortpflanzungsorgane nach ganz verschiedenen Typen erfolgt.

selbständig werdenden Zellen auf höheren Stufen in dem erzeugenden Organe festzuhalten und schliesslich als einen Gewebetheil demselben anzufügen.

Die weiblichen Fortpflanzungszellen trennen sich anfänglich als Schwärmsporen von der Elterpflanze los (Ulothrix). Auf einer höheren Stufe bleibt die Eizelle innerhalb ihrer Elterzelle und erst die aus ihr entstehende Oospore wird später selbständig (Oedogonium). Auf einer noch höheren Stufe steigert sich die Innigkeit der Verbindung, indem auch das ganze aus der befruchteten Eizelle hervorgehende Organ mit der erzeugenden Pflanze verwächst (Moose). — Die Gynospore der höchsten Gefässkryptogamen löst sich los; bei den Phanerogamen stellt sie als Embryosack eine Gewebezelle des elterlichen Organs dar. — Die Pollenkörner der meisten Phanerogamen, gleich den ihnen entsprechenden Androsporen der Gefässkryptogamen, trennen sich von einander; bei wenigen, wie bei den Orchideen und Asclepiadeen bleiben sie zu einem Gewebekörper (Pollenmasse) vereinigt.

II. phylogenetisches Gesetz.

Die durch Sprossung entstehenden geschlechtslosen Fortpflanzungszellen werden, statt sich abzulösen, zu Zellästen oder gegliederten Zellfäden.

Dieses Gesetz drückt das eigentliche Princip der Verzweigung aus, indem seitenständige Keime der niederen Stufe auf der höhern Stufe sich nicht ablösen, sondern zum seitlichen Organ der Pflanze werden. Doch hat es theilweise auch noch einen gewebebildenden Charakter wie das I. Gesetz.

Die Sprossung besteht darin, dass eine Zelle an einer Stelle ihrer Oberfläche in einen kurzen Fortsatz auswächst, welcher durch Entstehung einer Scheidewand zur besonderen Zelle wird. Die Sprossung ist durch Differenzirung aus der normalen Zweitheilung hervorgegangen, indem die eine der beiden Zellen an Grösse zunahm, die andere an Grösse abnahm, so dass die letztere schliesslich als der von der grösseren Zelle abgesonderte Keim erscheint (Gesetz VI). Einige wenige einzellige Algen und Pilze (Sprosspilze) vermehren sich durch Sprossung, wobei die auswachsende Stelle breiter oder schmäler und die erzeugte Zelle grösser oder kleiner ist; diese Zelle löst sich bald ab und wird zur selbständigen Pflanze (Fig 17 a, b, c, d, e mit schmaler, f, g[1]) mit breiter Sprossung). Wenn die durch

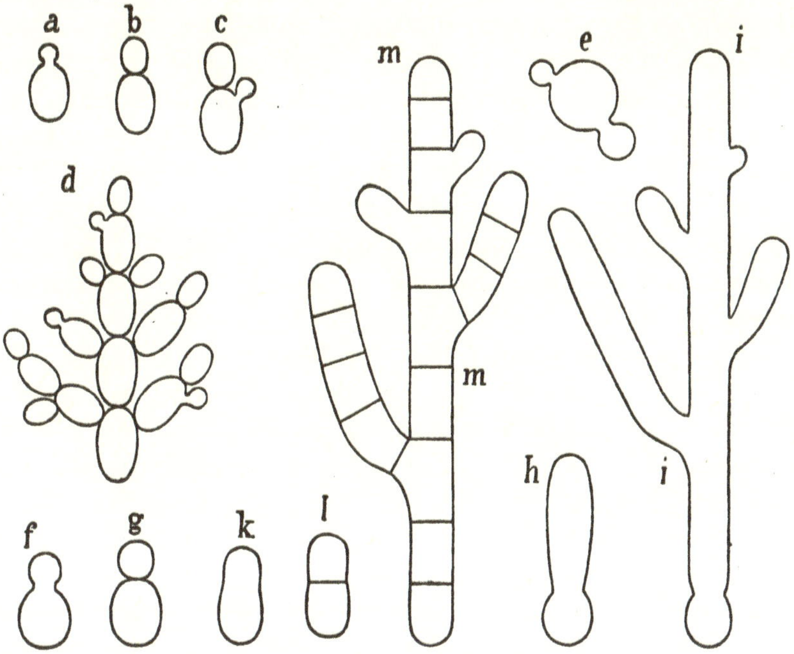

Fig. 17.

Sprossung entstandenen Zellen noch eine Zeit lang mit einander verbunden bleiben, so bilden sie baumförmige Colonien einzelliger Pflanzen, wie man sie oft in der Weinhefe findet (Fig. 17 d).

Dieser Fortpflanzungsvorgang wird vegetativ, indem der auswachsende Theil der Zelle, statt eine Wand zu bilden und sich abzulösen, in seinem Wachsthum fortfährt und zum röhrenförmigen Zellschlauch sich verlängert, welcher durch Wiederholung des nämlichen Processes sich verzweigt (Fig. 17 h, i). Auf diesem Wege sind die Siphoneen unter den Algen und die schlauchförmigen Fadenpilze entstanden.

---

[1]) a, b, c, d sind Saccharomyces; e, f, g sind einzellige Algen, die ich früher unter dem Namen Exococcus zusammengefasst habe, die aber wahrscheinlich als Sprossformen zu anderen Gattungen einzelliger Algen gehören. Diese systematische Frage ist bezüglich der phylogenetischen Bedeutung der Erscheinung ohne Belang.

Bei der Sprossung findet an der sich erhebenden Stelle der Oberfläche ein starkes Wachsthum der Membran durch Einlagerung statt, welches man im Gegensatze zu der übrigen nicht wachsenden Membran bildlich als Neubildung bezeichnen kann, und unter der entstehenden Membranausbuchtung eine Anhäufung und wohl auch Neubildung von Plasma. Durch diese Vorgänge wird die Sprossung, wenn sie in den vegetativen und dauernden Zustand übergeht, nothwendig zum Scheitelwachsthum der sich röhrenförmig verlängernden Zelle und ihrer Verzweigungen, indem nach dem Scheitel hin Wanderung von Plasma und am Scheitel Neubildung von Plasma und Membran stattfindet, indess rückwärts vom Scheitel Inhalt und Membran mit zunehmender Entfernung zunehmende Alterszustände zeigen.

Der Sprossungsvorgang kann auch erst in einem späteren Zustande, wenn nämlich die Scheidewand schon gebildet ist, vegetativ werden, indem die Kindzelle, statt sich abzulösen, mit der Elterzelle verbunden bleibt. Wiederholt sich die Sprossung an der neugebildeten Zelle und findet das Auswachsen mit der ganzen Breite der Zelle an ihrem Scheitel statt, so entsteht ein ausschliesslich durch Theilung der Scheitelzelle in die Länge wachsender Zellfaden (Fig. 17 k, l, m). Da die durch Sprossung sich vermehrende einzellige Pflanze das Vermögen besitzt, wiederholt zu sprossen (Fig. 17 c, e), so kann auch, wenn der Vorgang vegetativ geworden ist, jede Gliederzelle des Zellfadens in einen oder mehrere Aeste auswachsen (Fig. 17 m). Es gibt verzweigte confervenartige Pflanzen, welche den Sprosscolonien der einzelligen Pilze (Fig. 17 d) ganz ähnlich sehen. — Viele Algen und Schimmelpilze verdanken ihren phylogenetischen Ursprung der geschilderten Umwandlung. Es sind röhrenzellige Algen und Pilze, denen in der Septirung auch das zweite Element der Sprossung geblieben ist.

III. phylogenetisches Gesetz.

Die durch freie Zellbildung entstehenden Fortpflanzungszellen werden zu Inhaltskörpern der Zelle.

Es gibt bezüglich des Zelleninhaltes in den untersten Regionen des Pflanzenreiches drei ziemlich scharf geschiedene Stufen, 1. formloses Plasma, 2. Plasma mit einfachen Plasmakörpern, 3. Plasma mit zusammengesetzten Plasmakörpern. Bei den niedersten Pflanzen sowie wahrscheinlich in dem ganzen Reiche der Probien kommt nur formloses Plasma vor, noch ohne bestimmte Plasmakörper wie Zellkerne u. s. w. Die Fortpflanzung dieser ersten Stufe geschieht bald durch Theilung bald durch freie Zellbildung (S. 349). Wenn nun in dem letztern Falle die sich besondernde Plasmapartie, statt sich von dem Elterindividuum los zu machen und vollkommen selbständig zu werden, vegetativ wird und als integrirender Theil des Elterindividuums in dessen Inhalt verbleibt, so haben wir eine Zelle der zweiten Stufe mit einfachen Plasmakörpern in dem formlosen Plasma.

Zu den Zellen der ersten Stufe mit durchaus formlosem Plasma gehören alle Nostochinen (Chroococcaceen, Nostochaceen, Oscillariaceen, Rivulariaceen, Scytonemaceen), ferner ohne Zweifel die Spaltpilze und vielleicht die Sprosspilze (Saccharomyces). Zu den Zellen der zweiten Stufe mit einfachen Plasmakörpern im formlosen Plasma gehören viele Algen und Pilze, unter den letzteren vielleicht auch die Sprosspilze. Die Plasmakörper sind entweder farblos oder gefärbt und dann vorzugsweise Chlorophyllkörner oder andere Farbkörner darstellend. Die Kerne haben noch keine Kernchen (Kernkörperchen) oder andere geformte Plasmaeinschlüsse. Die niedrigsten Zellen dieser Stufe haben nur einen einzigen Kern oder nur ein einziges Chlorophyllkorn, welches dann gleichsam als der Kern der Zelle erscheint (Palmellinen). In höher entwickelten Zellen dieser Stufe finden sich mehrere Chlorophyllkörner, in noch höher entwickelten Kerne und Chlorophyllkörner zugleich, beide in grösserer oder geringerer Zahl. In den Chlorophyllkörnern bilden sich meistens Stärkekörner.

Die Plasmakörper, welche die zweite Stufe gegenüber der ersten Stufe unterscheiden, sind dadurch charakterisirt, dass sie sich im Innern des formlosen Plasmas ausscheiden. Auf der ersten Stufe kommt es auch wohl vor, dass, wenn das Plasma im Verhältniss zur Zellflüssigkeit in geringer Menge vorhanden ist, einzelne Partieen desselben mechanisch losgetrennt werden und scheinbare Plasmakörper darstellen; dieser Vorgang kommt häufig auch in den Zellen der zweiten und der dritten Stufe vor. Die eigentlichen Plasmakörper aber, welche diese zwei Stufen auszeichnen, sind im Entstehen von formlosem Plasma umschlossen; ihre Bildung setzt daher eine besondere organisirende Thätigkeit voraus, welche den Plasmakörper mittels eines hyalinen Häutchens isolirt.

Wenn die Zellen der zweiten Stufe durch freie Zellbildung sich vermehren, so enthalten die in ihrem Inhalte auftretenden neuen Zellen schon Plasmakörper wie die Elterzelle, oder sie besitzen wenigstens das Vermögen, später solche zu bilden. Werden aber diese neuen Zellen vegetativ, und bleiben sie, ohne eine Cellulosemembran zu bilden, als Zelleninhalt in der Elterzelle, so stellen sie Kerne dar, in denen sich Kernchen und auch andere einfache Plasmakörper befinden. Ausser diesen Kernen kommen dann noch die verschiedenen andern einfachen Plasmakörper der zweiten Stufe in den Zellen der dritten Stufe vor. Diese Zellen der dritten Stufe enthalten meistens nur einen einzigen Kern, der in jugendlichen Zuständen einen sehr ansehnlichen Theil des gesammten Zelleninhaltes ausmachen kann. Sie kommen schon bei einzelligen Pflanzen (Desmidiaceen) vor.

Die Phylogenie gibt uns Aufschluss über die ursprüngliche Bedeutung der organischen Erscheinungen, welche späterhin dann verschiedene Modificationen eingehen kann. Dieselbe vermag uns auch einige Aufklärung über die noch räthselhafte Bedeutung der Plasmakörper, namentlich des Zellkerns, zu verschaffen. Der Plasmakörper ist ursprünglich aus einem durch freie Zellbildung entstehenden Keim hervorgegangen; er enthielt somit Idioplasma mit Ernährungsplasma in concentrirterer Beschaffenheit. Diese Natur dürfte ihm überall geblieben sein, wo er in der ursprünglichen Einzahl verharrte. Wir werden daher den Kern gleichsam als ein Magazin von Idioplasma und Ernährungsplasma ansehen; die Anordnung der Plasmaströmchen, die von dem Kerne ausgehen und zu demselben zurückkehren, deutet ohnehin darauf, dass sich hier ein Centrum von Stoff und Kraft befindet, wenn auch noch jede Vorstellung mangelt, in welcher Weise dasselbe auf das Zellenleben einwirkt. Hat der Kern diese Bedeutung, so ist begreiflich, dass seine Theilung der Zelltheilung normal vorausgehen muss. Der auf den tieferen Stufen in der Einzahl vorhandene Kern oder Plasmakörper kann aber auch auf einer höheren Stufe sich theilen, ohne dass Theilung der ganzen Zelle nachfolgt. Je höher die Zahl der in einer Zelle vorhandenen Kerne oder Plasmakörper ansteigt, um so geringer wird selbstverständlich ihre Bedeutung für die Lebensvorgänge, und die Theilung der Zelle tritt ein, ohne dass vorher die Kerne oder Plasmakörper sich theilen müssen.

IV. phylogenetisches Gesetz.

Die durch Verzweigung entstehenden Theile eines Pflanzenstockes legen sich zusammen und bilden einen geflecht- oder gewebeartigen Körper.

Die phylogenetischen Vorgänge, welche den drei ersten Gesetzen sich unterordnen und die bis jetzt besprochen wurden, bestehen darin, dass einzellige Keime, die sich auf der unteren Stufe lostrennen, um sich zu selbständigen Individuen zu entwickeln, auf der höheren Stufe vereinigt bleiben und ein mehrzelliges Gebilde darstellen. Eine andere Wirkung, welche das organisatorische Bestreben der Phylogenie nach Vereinigung hervorbringt, besteht darin, dass durch Verzweigung entstandene Theile, die auf der unteren Stufe, mit Ausnahme der angewachsenen Basis, getrennt sind und den Pflanzenstock zusammensetzen, auf der höheren Stufe sich zu Einem Körper mehr oder weniger innig vereinigen.

Diese Vereinigung kommt schon bei den allerniedrigsten Pflanzen vor und ist hier auch am häufigsten. Die aus einer einzigen schlauchförmigen Zelle bestehenden Röhrenalgen (Siphoneen) breiten ihre Verzweigungen bei Vaucheria, Bryopsis, Caulerpa frei aus; bei den Codieen legen sie dieselben zu einem dichten Geflecht zusammen. In gleicher Weise bilden die einreihigen Fäden, deren Aeste bei den confervenartigen Algen und bei den Schimmelpilzen frei bleiben, auf einer höheren Stufe durch Verflechtung und Verwachsung körperliche Gebilde, welche bei den Schwämmen und Flechten alle Uebergänge von der lockeren, bloss durch Gallerte zusammengehaltenen bis zur innigsten gewebeartigen Vereinigung zeigen. Beispiele für das erstere Extrem der Vereinigung finden wir überdem in den Wurzelhaaren mancher Algen, welche sich als Berindungsfäden an die Stämmchen anlegen, Beispiele für das letztere Extrem in den Wurzelhaaren anderer Algen, die zu Haftscheiben verwachsen, und dann namentlich in dem Gewebe der Corallineen und überhaupt der Florideen.

Zugleich mit der Vereinigung tritt sowohl bei den röhrenförmigen (monosiphonen) als bei den einreihigen (gegliederten) Fäden meistens eine sehr reichliche Verzweigung ein, welche wohl theilweise die Veranlassung zu dem phylogenetischen Fortschritt ist. Im allgemeinen lassen sich drei Typen der Vereinigung unterscheiden. Der erste besteht darin, dass die Spitzen der Aeste an andere Aeste anwachsen, wo sie dieselben berühren; er tritt besonders ausgezeichnet bei der Algengattung Microdictyon auf, wo die verwachsenen Verzweigungen ein Netz bilden, ebenso bei Dictyurus, ferner bei Anadyomene, bei welcher auch die in einer Ebene liegenden Seiten der einzelligen Aeste sich vollständig berühren.

Der zweite Typus zeichnet sich dadurch aus, dass sich viele unter einander gleichwerthige Fäden zusammenlegen; der daraus entstehende Körper ist aus Fasern zusammengesetzt, die, mit der Achse im allgemeinen parallel laufend, nach oben bogenförmig auseinander gehen, und von denen jede gewissermaassen selbständig an der Spitze in die Länge wächst. Dabei ist der Körper entweder verkürzt und nimmt die mannigfaltigsten Gestalten an (mehrere Codieen, die Fruchtkörper der Pilze, viele Flechten, die aus Rhizoiden verwachsenen Haftscheiben mancher Algen), oder er streckt sich in die Länge und verzweigt sich (Codium tomentosum, Usnea).

Der dritte Typus für die Vereinigung von Fäden besteht darin, dass die Grundlage des ganzen Systems durch eine einzige axile Zellenreihe gebildet wird, mit der sich ihre seitlichen Auszweigungen vereinigen. Der daraus hervorgehende Körper ist immer verlängert und gewöhnlich verzweigt; er wächst mit einer Scheitelzelle in die Länge (Batrachospermum, Chara, Ceramium u. s. w.). Dieser Typus verwirklicht sich bloss unvollständig, wenn die seitlichen Verzweigungen nur unter sich, nicht mit dem Hauptstrahl verwachsen, so bei Acetabularia.

Das merkwürdigste Beispiel für den phylogenetischen Vereinigungsprocess gegliederter und verzweigter Fäden bieten uns die Florideen dar. Ich will die bezüglichen Erscheinungen nur für diejenige Abtheilung betrachten, deren vegetative Organe mit einer sich horizontal theilenden Scheitelzelle in die Länge wachsen (Callithamnion, Ceramium, Polysiphonia, Laurencia, Nitophyllum, Delesseria). Wenn wir diese Reihe der Florideen mit derjenigen Reihe der Fucoïden vergleichen, bei denen die Scheitelzelle ebenfalls durch horizontale Wände sich theilt (Ectocarpus[1]), Sphacelaria, Cladostephus, Dictyota, Halyseris, Fucus), so bemerken wir in der Gewebebildung einige auffallende und tiefgreifende Unterschiede.

Der eine Unterschied zwischen Fucoïden und Florideen zeigt sich in der Theilung der Gliederzelle. Bei jenen wird dieselbe durch eine mit der Achse zusammenfallende Längswand halbirt (Fig. 18 a), worauf jede Hälfte in gleicher Weise sich noch einmal halbirt (b), sodass zunächst 4 cylinderquadrantische Zellen von der Länge des Gliedes entstehen. Bei den Florideen dagegen theilt sich die Gliederzelle zuerst durch eine extraaxile, mit der Achse parallel laufende Wand (Fig. 18 c), worauf noch mehrere solcher Wände folgen (d, e), sodass sich eine Achsenzelle und ein Kranz von gleichlangen Aussenzellen, meistens in der Zahl von 4 oder 5, bilden. Dem entsprechend finden wir auch, wenn die Zelltheilung des Dickenwachsthums weitergeht, im Centrum des Querschnittes bei den Fucoïden ein Kreuz von Scheidewänden, bei den Florideen eine axile Zelle.

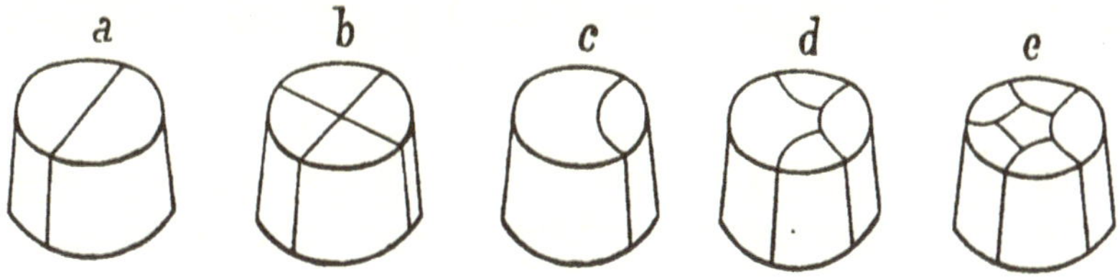

Fig. 18.

Der andere Unterschied zwischen Fucoïden und Florideen besteht darin, dass bei den ersteren neben der peripherischen auch intercalare Zelltheilung thätig ist, während die intercalare Zelltheilung bei den Florideen ganz mangelt. Bei den Ectocarpeen (Fucoïden) theilt sich die Scheitelzelle nur kurze Zeit; dann sind bloss noch die Gliederzellen theilungsfähig; es folgt also auf das Scheitelwachsthum intercalares Längenwachsthum. Bei den im Bau auf gleicher Stufe stehenden Callithamnieen (Florideen) wird das Längenwachsthum ausschliesslich durch die Theilung der Scheitelzelle bewerkstelligt. — Beim Breitenwachsthum von Dictyota (Fucoïden) theilen sich alle Flächenzellen, bei dem Breitenwachsthum von Nitophyllum und Delesseria (Florideen) theilen sich bloss die Randzellen. — Bei

[1]) Bei dieser Gattung hört die Theilung der Scheitelzelle schon frühzeitig auf.

den aus Zellkörpern bestehenden Fucoïden findet neben der Theilung der Aussenzellen auch Theilung der Innenzellen statt, wodurch intercalares Längen-, Breiten- und Dickenwachsthum erfolgen kann. Bei den körperlichen Florideen sind bloss die Aussenzellen theilungsfähig.

Die beiden erwähnten Unterschiede in der Gewebebildung der Fucoïden und Florideen erklärt sich daraus, dass die Phylogenie bei den beiden Gruppen gänzlich verschieden ist. Bei den Fucoïden kommt nämlich die Gewebebildung der Zellflächen und Zellkörper phylogenetisch durch Vegetativwerden von Keimzellen (nach Gesetz I), bei den Florideen dagegen durch Vereinigung von Verzweigungen zu Stande. Da wir von beiden Gruppen den genaueren Anschluss nach unten nicht kennen, so müssen wir den phylogenetischen Fortschritt mit den Ectocarpeen und Callithamnieen beginnen. Diese beiden Anfänge der Fucoïden und Florideen sind schon wesentlich verschieden. Bei den Ectocarpeen theilen sich, wie schon erwähnt, vorzugsweise die Gliederzellen; die Fortpflanzungszellen (geschlechtslose Schwärmsporen) entstehen durch wiederholte Zweitheilung des Inhaltes von Gliederzellen (Sporangien). Indem dieser Process der Fortpflanzung vegetativ wird, verwandelt sich der einreihige Faden von Ectocarpus in das anfänglich einschichtige Thallom von Dictyota und in das körperliche Thallom von Sphacelaria und Dasycladus.

Von einer ganz anderen Grundlage aus verläuft der phylogenetische Process in der Gruppe der Florideen. Bei den Callithamnieen theilen sich zum Behufe des Längenwachsthums bloss die Scheitelzellen. Die Gliederzellen können nur seitlich auswachsen und durch Abschnürung eine seitlich angeheftete Astzelle bilden, welche als erste Scheitelzelle den Anfang eines Astes darstellt. Dieses ausschliesslich peripherische Wachsthum (Theilung der Scheitelzelle und Bildung von Astzellen) ist auch bei der Erzeugung der Fortpflanzungszellen, resp. deren Elterzellen, ausschliesslich thätig. Da nun die geschlechtlichen Fortpflanzungszellen nicht zur Bereicherung der gemeinsamen Ontogenie beitragen können (S. 362—363), da ferner die Tetrasporen nicht endogen im Thallom entstehen, da endlich der Mangel eines intercalaren Wachsthums eine intercalare Fortbildung der Ontogenie ebenfalls nicht gestattet (vgl. Gesetz V und VI), so können die Callithamnieen nur dadurch sich phylogenetisch weiterbilden und namentlich nur dadurch zu einem flächenartigen und körperlichen Bau gelangen, dass die Verzweigung durch Vereinigung zur Gewebebildung wird. Dieser Vorgang tritt uns denn aúch aufs deutlichste entgegen.

Den ersten Schritt der Vereinigung zeigen, wenn wir von den nur sehr locker sich anlegenden Wurzelhaaren (Berindungsfäden) einiger Callithamnieen absehen, die Ceramieen. Hier legen sich die unmittelbaren Auszweigungen der Gliederzellen, sowie die weiteren (secundären, tertiären etc.) Auszweigungen alle an die Hauptstrahlen an und bilden die Rinde derselben. Das Thallom verzweigt sich bloss durch Dichotomie in den Scheitelzellen. Aber das Gewebe des Thalloms hat noch nicht den vollständigen Charakter eines wahren Zellgewebes, indem seine Zellen in ungleich innigem Grade unter einander zusammenhängen. Der Ursprung desselben aus einem System von Verzweigungen gibt sich deutlich dadurch kund, dass sich bloss zwischen denjenigen Zellen je ein Porus (Tüpfel) befindet, welche, wenn die Verzweigungsstrahlen frei wären, an einander grenzen würden.

Bei den Ceramieen trägt jede Gliederzelle einen Quirl von 4 bis 14, meistens 5 bis 8 primären Rindenzellen (Astzellen). Dieselben haben anfänglich die ganze Länge der Gliederzelle, berühren also auch die primären Rindenzellen des nächst unteren und nächst oberen Gliedes. Nachher bleibt ihr Wachsthum in der Richtung der Längsachse des Thalloms zurück; sie trennen sich von den primären Rindenzellen der angrenzenden Glieder, bilden somit einen Gürtel an den Gelenken, und sind durch Poren nur mit der Gliederzelle, nicht unter einander verbunden. Die Ceramieen sind jedenfalls aus einer Urform hervorgegangen, welche bloss den Gürtel von primären Rindenzellen an jedem Gelenke und weiter keine Berindung besass. Aus einer solchen Urform ist durch einen anderen phylogenetischen Fortschritt die Gattung Polysiphonia entstanden.

Das Thallom von Polysiphonia ist ein gegliederter Faden; jedes Glied besteht aus einer Achsenzelle und einem Kranz von gleichlangen Rindenzellen, welche nicht nur mit der axilen Zelle, sondern auch unter einander und namentlich auch mit den angrenzenden Rindenzellen des oberen und unteren Gliedes durch Poren verbunden sind. Die Bildungsweise der (primären) Rindenzellen erfolgt bei Ceramium und bei Polysiphonia ganz in der nämlichen Weise (vgl. Fig. 18c, d, e, auf S. 371), und die Jugendzustände der Glieder sind bei beiden identisch. Bei der weiteren Entwicklung erweist sich aber die Vereinigung der Zellen bei Polysiphonia viel inniger als bei den Ceramieen.

Bei Laurencia, Rhodomela u. a. theilen sich die primären Rindenzellen, sodass die axile Zellreihe von mehreren Zellschichten umschlossen ist, die von innen nach aussen kleinzelliger werden. Rings um jede Achsenzelle befindet sich ein Kreis von gleichlangen primären Rindenzellen; auf jeder von diesen liegen bei Laurencia 4 secundäre Rindenzellen, auf jeder secundären Rindenzelle 4 tertiäre; dann können wieder je 4 oder auch weniger quartäre Rindenzellen folgen. Bei andern Gattungen ist die Zunahme der Zellenzahl von innen nach aussen eine geringere. Die Zelltheilung erfolgt wie bei der Berindung der Ceramieen dadurch, dass von den Aussenzellen Ecken oder Kanten abgeschnitten werden, und entspricht somit im allgemeinen einer doldenförmigen Verzweigung; aber die Zellen nehmen vollständig die Eigenschaften von Gewebezellen an.

Auch bei den flächenförmigen Florideen hat die Gewebebildung in morphologischer Rücksicht den Charakter einer wiederholten Verzweigung. Bei Nitophyllum bilden sich an den Gliederzellen bloss 2 opponirte Astzellen; aus diesen setzen sich die weiteren Zellbildungen in einer Ebene fort und erzeugen eine einfache Zellschicht. Bei den Delesserieen entstehen zwar an jeder Gliederzelle 4 Astzellen (primäre Rindenzellen); aber von denselben sind 2 gegenständige gefördert und aus ihnen erfolgt die weitere Bildung von Zellreihen und deren Verzweigungen wie bei Nitophyllum in einer Ebene. In der auf diese Weise entstandenen Zellschicht kann stellenweise Dickenwachsthum beginnen und mehrschichtige Nervationen bilden. Die Nitophyllen und Delesserien sind phylogenetisch aus den Ptiloteen und weiterhin aus den in einer Ebene verzweigten Callithamnieen hervorgegangen. Die Zellbildung wiederholt sich auf diesen verschiedenen Stufen oft bis in die Einzelheiten genau.

Ich muss mich bezüglich der Phylogenie der Florideen auf die gegebene allgemeine Schilderung beschränken, da der Nachweis im einzelnen hier zu weit führen würde. Die Zusammenlegung ganzer Verzweigungssysteme zu einer ununterbrochenen Masse lässt sich Schritt für Schritt verfolgen, wobei namentlich zwei Stufen der Vereinigung hervortreten. Die ursprünglich freien Verzweigungsstrahlen legen sich zuerst locker aneinander und bilden ein Geflecht von Berindungsfäden, indem zwischen den Zellen verschiedener Strahlen eine innigere Verbindung durch Poren noch unterbleibt. Dann wird diese Verbindung, wie die auftretenden Poren anzeigen, eine physiologisch festere und das Geflecht geht in ein wahres Zellgewebe über.

Mit der fortschreitenden Vereinigung kann auch die Lage der Scheidewände, die sich bei der Zelltheilung bilden, nach und nach eine andere werden, sodass man in dem Endglied einer phylogenetischen Reihe kaum mehr den Anfang derselben erkennen würde, wenn nicht die verknüpfenden Zwischenstufen den Weg anzeigten. Der Charakter dieser Veränderung gibt sich in einzelnen Fällen bestimmt darin zu erkennen, dass die anfänglich zur Achse der Zellreihe rechtwinkligen Scheidewände mehr und mehr eine schiefe Lage annehmen, was durch die zunehmende Differenzirung zwischen den verschiedenen Zellendurchmessern zu erklären ist (vgl. Gesetz VI).

Da bei den Callithamnieen, die den Ausgang für die phylogenetischen Reihen der Florideen bilden, die Zellreihen bloss durch Theilung der Scheitelzelle wachsen, so mangelt auch bei den höheren Gruppen dieser Pflanzenklasse die intercalare Zelltheilung gänzlich. Damit soll aber nicht gesagt sein, dass bloss die am Rande oder an der Oberfläche befindlichen Zellen sich theilen. Denn bei der Zusammenlegung eines complicirten Verzweigungssystems kommen auch manche Strahlen desselben ins Innere zu liegen. Daher gibt es auch viele innere Zellen, die sich theilen; aber es ist dies niemals eine wirkliche intercalare Theilung, sondern, soweit man die Zellbildung im Raume genau verfolgen kann, nachweisbar stets entweder Theilung der Scheitelzelle eines oft sehr kurzen Fadens (Verzweigungsstrahles) oder Bildung von Astzellen an einem solchen Zellfaden[1]).

Es kommen nicht nur Vereinigungen von Zellfäden bei niederen Pflanzen (Algen, Pilzen, Flechten), sondern auch Verwachsungen von grösseren, aus Zellgewebe gebildeten Organen bei den Gefässpflanzen vor. Seltener sind dieselben an den Laubblättern und

---

[1]) Das geschilderte Wachsthum gilt für die genannten und die ihnen verwandten Florideen. Für andere Gruppen dieser Klasse mangeln mir hinreichende entwicklungsgeschichtliche Thatsachen, um zu entscheiden, ob sie dem nämlichen phylogenetischen Gesetze folgen. Wenn die Bangiaceen wirklich zu den Florideen gehörten, zu denen man sie jetzt stellt, so würden sie der Ausgangspunkt sein für eine zweite ganz verschiedene phylogenetische Reihe, welche Analogie mit der Reihe der Fucoïden haben könnte; denn die Bangiaceen unterscheiden sich von den Callithamnieen in ähnlicher Weise wie die Ectocarpeen.

treten hier vorzugsweise in der Art auf, dass quirlständige und opponirte Blätter röhrig verwachsen (Equisetum, Casuarina, Blattbasen bei Dipsacus, Chlora, Lonicera etc.). Bloss ausnahmsweise wird normale Verwachsung zwischen den auf einander folgenden spiralständigen Blättern beobachtet (Pycnophyllum molle), während dieselbe als abnormale Erscheinung etwas häufiger auftritt.

Es ist mir ferner nur eine Pflanze bekannt (Struthiopteris germanica), bei welcher die dicht über einander liegenden spiralständigen Laubblätter auf eine kurze Strecke nahe über ihrer Basis zu einem ununterbrochenen Gewebe verwachsen sind. Dieses Gewebe bildet einen Mantel, der den ganzen Stamm umschliesst, mit demselben verwachsen, aber von ihm durch zahlreiche kleine Lücken (je eine innerhalb einer Blattbasis) getrennt ist und das ganze Netz der Gefässstränge enthält, sodass der Stamm selbst bloss aus Parenchym besteht.

Bei den Phanerogamen treten Verwachsungen normal in der Blüthenregion häufig auf. Dieselben sind bei den Kelchblättern, Kronblättern, Staubgefässen und Fruchtblättern so bekannt, dass ich nur daran zu erinnern brauche. Ich beschränke mich auf eine Bemerkung über die Berechtigung der Bezeichnung. Mit Rücksicht auf die Entwicklungsgeschichte ist gegen die »Verwachsungen« Einsprache erhoben worden, weil die genannten Blüthentheile vom ersten Anfange an vereinigt sind und nicht erst aus einem freien Zustande unter einander verwachsen. Dagegen könnte erwiedert werden, dass die Ausdrücke »verwachsen« und »angewachsen« nicht nothwendig ein ursprüngliches Getrenntsein voraussetzen, sondern dass sie auch bloss eine innige Verbindung bedeuten. Aber die Ausstellung hat nur dann einen Schein von Begründung, wenn man sich auf die Betrachtung der einzelnen Ontogenie beschränkt. Erhebt man sich auf den Standpunkt der vergleichenden Morphologie und namentlich zu einem Urtheil über das phylogenetische Werden, so kann kein Zweifel über den Verwachsungsvorgang bestehen. Es waren die verwachsenen Organe bei den Vorfahren wirklich getrennt und führen also ihren Namen auch der subtilsten Kritik gegenüber mit vollem Rechte.

Was den unterständigen Fruchtknoten betrifft, so ist darüber noch folgendes zu bemerken. Derselbe soll nach der jetzt vorherrschenden Lehre lediglich der vertiefte becherförmige Blüthenboden sein, welcher auf dem Rande die beinahe auf die Griffel reducirten Carpelle, sowie die übrigen Blüthenblätter trage. Nach dieser Hypothese, welche sich einzig auf die mikroskopische Beobachtung der jungen Zustände stützt und die Vergleichung verwandter Bildungen vernachlässigt, wäre das Gynäceum bei Pflanzen mit oberständigem und unterständigem Fruchtknoten, die einander oft sehr nahe verwandt sind, nach einem wesentlich verschiedenen Plane gebaut. Die Carpelle wären von der Mitte des Blüthenbodens, wo sie sich bei Oberständigkeit befinden, ziemlich weit weg auf den vorstehenden Rand gewandert und hätten auf dieser Wanderung ihren wesentlichsten Theil, den Fruchtknoten eingebüsst; es wären dabei auch alle inneren Erscheinungen (Septirung u. s. w.), die sonst dem aus Carpellen gebildeten Fruchtknoten zukommen, auf den vertieften Blüthenboden übergegangen. Es scheint mir nun nicht, dass der Uebergang von so wesentlich verschiedenen Bildungen in nahe verwandten Familien phylogenetisch denkbar wäre.

Die gegentheilige Ansicht dagegen, nach welcher im unterständigen Fruchtknoten die Carpelle enthalten sind, stösst auf gar keine Schwierigkeiten. Wir sehen in der Familie der Rosaceen, dass die verschiedenen Formen des Blüthenbodens leicht in einander übergehen; denn es gibt hier Gattungen mit gewölbtem, flachem und becherförmig vertieftem Blüthenboden. Tritt Vertiefung ein, so rücken aber die Carpelle nicht etwa allmählich nach aussen, sondern sie behalten ihre Anheftung im Grunde des Bechers (Rosa) und verwachsen in dieser Stellung mehr oder weniger mit der Wandung des Bechers (Pomeen). Wird die Verwachsung noch inniger und reicht sie vollständig bis oben, so ist der wirklich unterständige Fruchtknoten fertig.

Die Ansicht von der theilweisen Carpellnatur des unterständigen Ovariums wird also durch Uebergangsbildungen begründet. Ueberdem gewinnt dieselbe eine ausserordentliche Wahrscheinlichkeit durch den Umstand, dass die Fächerung dieses Ovariums mit der Stellung und Zahl der Griffel übereinstimmt, und dass auch die Anheftung der Ovula ganz die gleiche ist wie im oberständigen Ovarium.

Ist einmal die Verwachsung phylogenetisch vollzogen, so ist es sehr begreiflich, dass die individuelle Entwicklungsgeschichte von dem Zustandekommen nichts mehr sehen lässt. Denn die Ontogenie ist zwar die Wiederholung der Phylogenie, aber nur in ganz summarischer Weise. Sie würde, ihrem Ursprunge gemäss, das Werden der Abstammungslinie bis ins Einzelne wiederholen, wenn nicht die phylogenetische Reduction (Gesetz VII) eine Menge von Uebergängen in den Ontogenien unterdrückt und nur die Hauptstadien übrig gelassen hätte. Die Wirkungen dieser Reduction liegen im Pflanzenreiche und namentlich in der individuellen Entwicklungsgeschichte der höheren Thiere in anschaulicher Weise und reichlicher Menge vor. Dem entsprechend sehen wir auch von den phylogenetisch erfolgten Verwachsungsprocessen im Individuum gewöhnlich nur noch das Resultat.

Die ontogenetische Entwicklungsgeschichte ist zwar für die Deutung der Erscheinungen ein absolutes Erforderniss, ohne welches ein Schluss nicht zulässig ist; aber sie ist dazu nicht ausreichend. Sie lässt, eben weil sie fragmentarisch ist, verschiedene Deutungen zu, und sie kann erst mit Hülfe der systematischen Verwandtschaft und vergleichenden Beobachtung zu der richtigen phylogenetischen Erklärung gelangen.

Wenn es sicher ist, dass in dem unterständigen Fruchtknoten Carpelle enthalten sind, so folgt daraus nicht nothwendig, dass immer auch der becherförmige Blüthenboden daran theilnehme. Es wäre möglich, dass, wie die Staubgefässe an die Blumenkrone oder an den Griffel anwachsen können, in manchen Fällen auch Kelch, Krone und Staubfäden mit dem Fruchtknoten, ohne Beihülfe des Blüthenbodens, verwachsen und denselben unterständig machen.

Die phylogenetischen Gesetze I—IV stimmen darin überein, dass Zellen, Zelläste oder vielzellige Organe, welche auf der früheren Stufe sich ganz von einander lostrennen oder nur stellenweise verbunden sind, auf der späteren Stufe sich zusammenlegen und mit einander verschmelzen. Wir können daher die 4 Gesetze als ein einziges allgemeines phylogenetisches Gesetz, nämlich das der Vereinigung, aussprechen.

Theile, die ganz oder theilweise getrennt sind, haben die Neigung, sich immer vollständiger und inniger in ein continuirliches Gewebe zu vereinigen.

Diese phylogenetische Vereinigung geschieht auf zweierlei Arten. Die eine Art besteht darin, dass Theile (Zellen), welche auf der früheren Stufe bei der Entstehung einander berühren und sich nachher trennen, um selbständig zu leben, auf der späteren Stufe zeitlebens vereinigt bleiben und einen zusammenhängenden Körper bilden (Ges. I—III). Mehrere individuelle Existenzen werden also zu einer einzigen. Die »Vereinigung«, wenn auf das Wort Gewicht gelegt wird, besteht nicht darin, dass getrennte Theile während der ontogenetischen Entwicklung in Berührung mit einander gelangen, sondern darin, dass die Trennung, die auf der unteren phylogenetischen Stufe eintritt, auf der höheren ausbleibt.

Die andere Art der Vereinigung besteht darin, dass Theile, die auf der unteren Stufe nicht in Berührung sind, auf der höheren Stufe sich an einander legen und mit einander verwachsen. Diese Theile hängen auf der unteren Stufe meistens durch Verzweigung zusammen, sodass der eine mit seinem Grunde an dem andern befestigt ist oder dass mehrere gleichwerthige auf einem gemeinsamen Träger stehen und mittelbar durch diesen zusammenhängen; auf der höheren Stufe berühren sie sich der Länge nach, entweder theilweise oder vollständig (Ges. IV). Auch dieser Process wird in der ontogenetischen Entwicklung der höheren Stufe gewöhnlich nicht mehr als Vereinigungs- oder Verwachsungsvorgang sichtbar, indem die Theile, die auf der früheren Stufe getrennt waren, auf der höheren schon bei ihrem Entstehen sich berühren (congenitale Verwachsung). — Hiervon gibt es jedoch Ausnahmen, indem es auch vorkommt, dass Theile während der nämlichen Ontogenie zuerst getrennt auftreten und nachher mit einander verwachsen. Ein Beispiel, wo dies mit selbständigen Zellen der Fall ist, finden wir bei den (einzelligen) Hydrodictyeen, deren Zellen bei der Entstehung sich berühren, dann sich loslösend einzeln schwärmen und nachher sich fest an einander anlegen.

Die phylogenetische Vereinigung spielt im Pflanzenreiche zwar eine überaus wichtige Rolle, da ohne sie die Pflanzen nicht aus der Einzelligkeit herausgekommen wären; aber sie ist hier doch in viel geringerem Umfange thätig als im Thierreich. In dem letzteren sind die Organe meistens zu einem Leib vereinigt, und es sind vorzugsweise nur die Bewegungsorgane, die sich in ihrer Freiheit erhalten haben. Im Pflanzenreiche verlangen die Assimilation, wegen ihres Lichtbedürfnisses, und die Aufnahme der Nahrung eine grosse Oberfläche, daher Verzweigung und Ausbreitung der Substanz. Diese

Existenzbedingungen verhindern die unbeschränkte Verwirklichung des Vereinigungsbestrebens. Die Vereinigung beschränkt sich, nachdem die Organe zu einer bestimmten Stärke gelangt sind, vorzüglich auf die Sphäre der Fortpflanzung.

Die Verlängerung der Ontogenie ist in den bis jetzt betrachteten Fällen (Ges. I—III) dadurch geschehen, dass am Ende derselben ein neues Stück angefügt wurde, was durch Vegetativwerden der geschlechtslosen Keime erfolgte. Ein solcher Vorgang erscheint uns aber, wie schon früher bemerkt wurde, als unmöglich, sobald die Fortpflanzung durch geschlechtlich differenzirte Elemente erfolgt, aus dem einfachen Grunde, weil eine gleichartige Weiterbildung durch Anfügung ungleichartiger Theile nicht denkbar ist. Erfolgt er gleichwohl, so hat er nicht mehr die Bedeutung einer Verlängerung der gemeinsamen Ontogenie, sondern nur die ungleichartige Verlängerung derselben in der Geschlechtssphäre, indem aus einfachen männlichen und weiblichen Fortpflanzungszellen nach den erörterten drei verschiedenen Normen (I, II, IV) vielzellige, eigenthümlich gebaute Geschlechtsorgane werden.

Die Verlängerung der gemeinsamen Ontogenie bei den Geschlechtspflanzen geschieht also durch Einschiebung neuer Theile an irgend einer Stelle zwischen dem Anfang und dem Ende der vegetativen Entwicklung vom Keimstadium bis zur Geschlechtssphäre und lässt sich allgemein ausdrücken als

V. phylogenetisches Gesetz.

Ein bestimmtes früher beschränktes Wachsthum dauert an, oder eine bestimmte früher nur einmal vorhandene Bildung von Theilen einer Ontogenie wiederholt sich (Ampliation).

Beispiele für dieses Gesetz der bloss quantitativen Zunahme sind überall vorhanden bei den Geschlechtspflanzen, indem jede einzelne mit der nämlichen Fortpflanzung begabte Reihe mit kleineren, aus einer geringeren Zahl von Zellen und Organen bestehenden Pflanzen beginnt und zu grösseren, mehr zusammengesetzten Pflanzen ansteigt, so bei den Phanerogamen, den Moosen, den Florideen und den anderen Algengruppen. Aber der reine gesetzmässige Vorgang der Ampliation tritt kaum je klar hervor, weil er immer mit anderen phylogenetischen Entwicklungsprocessen vergesellschaftet ist und durch sie verdeckt wird. Während nämlich die Weiterbildung der Configuration des Idioplasmas ein verlängertes ontogenetisches Wachsthum und eine vermehrte Bildung von Theilen des Individuums bewirkt, verursacht sie zugleich verschiedene Veränderungen in Bau und Verrichtung, die als Differenzirung und Arbeitstheilung, sowie als Bereicherung durch neue chemische und plastische Vorgänge uns entgegentreten und unsere Aufmerksamkeit fesseln, und die ich als VI. phylogenetisches Gesetz zusammenfassen werde. Ich habe die rein quantitative Zunahme einzelner Partien der Ontogenie als besonderes Gesetz ausgesprochen, weil dieselbe nicht nothwendig mit der qualitativen Veränderung des VI. Gesetzes verbunden, sondern bis zu einem gewissen Grad selbständig erscheint. Denn es kann einerseits eine starke Zunahme bei sehr geringer Veränderung, und andrerseits eine beträchtliche Veränderung bei geringer oder mangelnder Zunahme erfolgen. Desshalb sind diese beiden Componenten der phylogenetischen Entwicklung in der wissenschaftlichen Betrachtung auseinander zu halten.

Die quantitative Zunahme der Ontogenie ist überall als möglich zu denken, wo bereits ein Wachsthumsprocess thätig ist; denn sie setzt bloss voraus, dass dieses Wachsthum andauere, d. h. dass die Erregung der bezüglichen Anlage im Idioplasma sich öfter als bisher wiederhole. Desshalb kann jeder Organismus bloss in bestimmten Richtungen seine Ontogenie verlängern. Nur wenn beispielsweise eine bestimmte intercalare Zelltheilung schon vorhanden ist, kann sie im Verlaufe der Phylogenie häufiger eintreten; aber es kann keine andersartige intercalare Zelltheilung neben ihr erfolgen. Die Florideen, die der früher besprochenen Reihe angehören (S. 372—374), vermögen nicht auf dem Wege der intercalaren Zelltheilung sich weiter zu bilden, weil ihnen diese Zelltheilung ganz mangelt; ihre phylogenetische Entwicklung geschieht bloss durch Zunahme des Scheitelwachsthums und der Zweigbildung. Die Nostochaceen und Oscillariaceen, bei denen das intercalare Wachsthum bloss in Einer Richtung thätig ist, können auch nur in dieser Richtung sich weiter entwickeln, wie wir dies bei den Scytonemaceen und Rivulariaceen sehen; und wenn in einer Familie der Nostochinen (bei den Stigonemaceen) auch Zelltheilung in anderer Richtung auftritt, so kommt dabei noch eine andere phylogenetische Ursache zur Geltung.

Jeder Organismus und jede individuelle Partie desselben besteht, wenn wir die phylogenetischen Reihen weit genug rückwärts verfolgen, ursprünglich aus gleichen Theilen. Die Regionen einer Zelle, ebenso die Richtungen in derselben, unterscheiden sich nicht von einander, dessgleichen die Zellen eines vielzelligen Gebildes und die Organe eines Organcomplexes, indem jeder Theil die nämlichen Functionen ausübt wie die andern. Dann werden die Theile ungleich, indem die Functionen, die früher unterschiedslos allen zukamen, sich so scheiden, dass jeder einzelne bloss eine Partie derselben übernimmt, was gewöhnlich als Differenzirung bezeichnet wird. Die Ungleichheit der differenzirten Theile ist anfänglich gering; sie wird im phylogenetischen Verlaufe beträchtlicher, indem die Differenzirung in verstärktem Grade durchgeführt wird, indem ferner die geschiedenen Functionen eine Steigerung erfahren, und indem endlich als nothwendige Folge der stattgefundenen Umlagerung neue Functionen in den ungleich gewordenen Theilen auftreten (S. 341 § 2).

Jede Differenzirung kann eine räumliche oder eine zeitliche sein. Bei der räumlichen Differenzirung werden die neben einander vorkommenden Theile einer Ontogenie, mögen dieselben gleichzeitig oder ungleichzeitig entstanden sein, ungleich. Bei der zeitlichen Differenzirung werden die von einander abstammenden und einander ersetzenden Theile, mögen dieselben Generationen von selbständigen Individuen oder Entwicklungsstadien eines Individuums darstellen, ungleich. Gewöhnlich bezeichnet man nur die erstere Veränderung als Differenzirung; die letztere zeigt aber die gleichen Erscheinungen und folgt den nämlichen Gesetzen. Wir können somit die allgemeine Norm folgendermaassen aussprechen:

VI. phylogenetisches Gesetz.

Die Theile einer Ontogenie werden ungleich, indem die früher vereinigten Functionen aus einander gelegt, und indem in den verschiedenen Theilen neue ungleichartige Functionen erzeugt werden. Diese Differenzirung ist entweder eine räumliche zwischen den neben einander vorkommenden, oder eine zeitliche zwischen den von einander abstammenden Theilen der Ontogenie.

Von den im Pflanzenreiche äusserst zahlreich vertretenen räumlichen Differenzirungen will ich einige herausheben, bei denen der Vorgang klar hervortritt. Unter den Lycopodiaceen gibt es Arten (L. Selago), bei denen die Laubblätter nicht bloss die Assimilation vollbringen, sondern auch die Sporangien erzeugen. Bei anderen Arten (L. clavatum) hat sich die Scheidung der vegetativen und reproductiven Processe in der Weise vollzogen, dass die unteren Blätter grün und ohne Sporangien, die obersten, zu Fruchtähren oder vielmehr Blüthen zusammengestellten Blätter blassgrün und sporangientragend sind. — Eine analoge Differenzirung findet bei den Farnen statt. Die Mehrzahl derselben trägt die Fruchthäufchen auf den unveränderten grünen Blättern. Bei einigen (Osmunda, Schizaea, Lygodium, Aneimia) ist der untere Theil der Blätter ausgebreitet und grün, der oberste zusammengezogen und fruchttragend. Einige andere (Struthiopteris, Allosorus, Blechnum) haben, neben den breiteren, bloss assimilirenden Blättern schmälere, ganz mit Sporangienhäufchen bedeckte Blätter. — Weitergehende Differenzirungen, sowohl zwischen den Theilen eines Blattes als zwischen den ganzen Blättern, vollziehen namentlich sich bei den Phanerogamen, bieten aber in ihrer Mehrzahl einer genauen Analyse des Vorganges grössere Schwierigkeiten dar.

Die Verzweigungen einer Pflanze sind auf den untersten Stufen einer jeden phylogenetischen Reihe qualitativ einander gleich, indem sie gleichen Bau und gleiche Verrichtungen besitzen; auf den folgenden Stufen treten zwei, dann mehrere Ungleichheiten auf. Die erste Differenzirung besteht gewöhnlich darin, dass die einen Verzweigungen ausschliesslich vegetativ, die andern reproductiv werden, womit meistens der andere Unterschied verbunden ist, dass die vegetativen Strahlen (Achsen) ein stärkeres, häufig ein unbegrenztes Längenwachsthum zeigen, während die reproductiven Strahlen kürzer und immer begrenzt bleiben. — Als Beispiel will ich den Blüthenstand der Phanerogamen anführen. Bei manchen derselben geht der Laubblattspross in einen terminalen Blüthenstand aus, an welchem jeder Strahl mit einer Blüthe abschliesst (Fig. 19a); die Blüthen sind durch die kleinen Kreise angedeutet. Andere haben sich in der Weise weitergebildet, dass der mittlere Strahl des Blüthenstandes, indem seine Blüthe verkümmert, zum Träger für die blüthengekrönten Seitenstrahlen wird, wobei er sich gewöhnlich durch stärkeres Längenwachsthum auszeichnet (Fig. 19b). Die gleichzeitige Veränderung, die darin besteht, dass die Seitenstrahlen, von denen die unteren ursprünglich grösser und stärker verzweigt sind, einander gleich und unverzweigt werden (Fig. 19c), ist mittels vollständig durchgeführter Differenzirung unter Mitwirkung einer anderen Ursache (der Reduction), die in dem VII. phylogenetischen Gesetz dargelegt wird, zu erklären. Die gleiche Umbildung eines geschlossenen Systems (Fig. 19a) in ein ungeschlossenes (b, c) kommt bei lateralen Inflorescenzen vor. — Durch Rückschlag kann der ungeschlossene Blüthenstand abnormal zu einem geschlossenen werden, indem die phylogenetisch verküm-

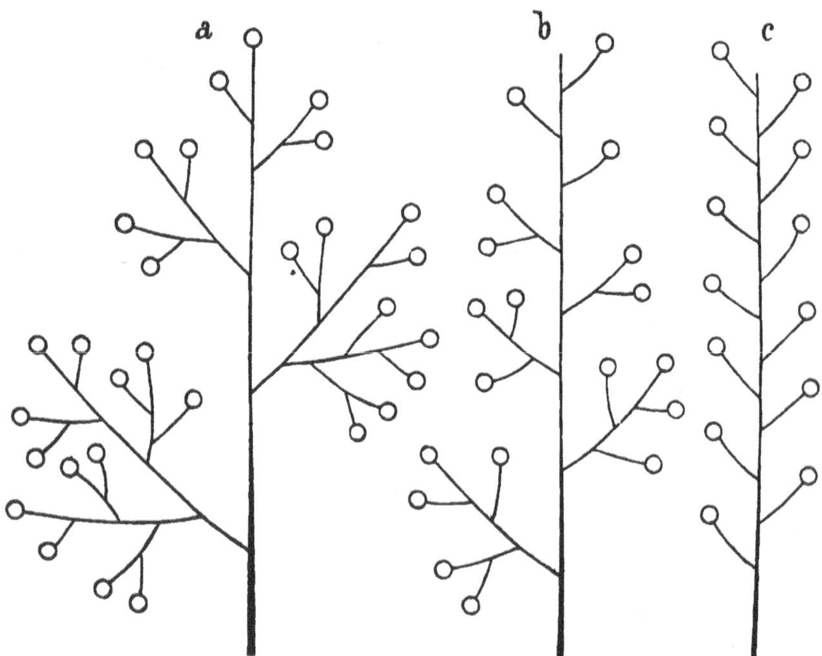

Fig. 19.

merte, aber noch als latente Anlage im Idioplasma vorhandene Mittelblüthe wieder zur Entfaltung gelangt (Scrophulariaceen, Umbelliferen).

In dem angeführten Beispiel findet eine möglichst geringe Differenzirung statt, indem der mittlere Strahl des Blüthenstandes, der auf den unteren Stufen einer phylogenetischen Reihe selber blüthenbildend ist und die blüthenbildenden Seitenstrahlen erzeugt, auf den höheren Stufen die erste Function vollständig den Seitenstrahlen überlässt und dafür die zweite um so ausgiebiger vollzieht. Eine bedeutendere Differenzirung besteht darin, dass auf den unteren Stufen die Laubblattsprosse in Blüthen oder Blüthenstände ausgehen, also zugleich vegetativ und reproductiv sind (Ranunculaceen, Cruciferen), indess auf den höheren Stufen ein ausschliesslich vegetatives Verzweigungssystem seitliche reproductive Verzweigungssysteme (Inflorescenzen) trägt (Papilionaceen). Auf den unteren Stufen endigt der Laubblattspross in eine Blüthe oder in eine Blüthenspindel mit seitlichen Blüthen, auf den höheren Stufen sind die Laubblattsprosse bis zur Spitze, die meistens unbegrenzt in die Länge wächst, mit Laubblättern besetzt. Die Differenzirung von den unteren zu den höheren Stufen hat sich ohne Zweifel allmählich vollzogen, in der Weise, dass die Hauptsprosse sich immer mehr verlängerten und zuletzt ausschliesslich vegetativ wurden, indess die seitlichen Sprosse sich verkürzten und am Ende unter Verlust der Laubblätter nur noch die Function der Blüthenbildung behielten. Hiebei hat ebenfalls die Reductionsursache des VII. Gesetzes mitgewirkt.

Eine Differenzirung der jährlich aus dem Wurzelstock aufschiessenden Triebe in vegetative und reproductive findet in der Gattung Equisetum statt. Die einen Arten (E. palustre) besitzen einen Laubstengel, der in eine Fruchtähre (Blüthe) ausgeht, während bei E. arvense u. s. w. die einen Triebe nicht fructifizirend und grün, die anderen nichtgrün, schaftartig und fructifizirend sind.

Wenden wir unsern Blick nach dem Aufbau der Organe aus den Zellen, so lässt die grosse Mannigfaltigkeit in der Gewebebildung der Gefässpflanzen auch auf eine vorausgegangene reichliche Differenzirung schliessen. Allein die Deutung ist meistens nicht so einfach, als es auf den ersten Blick scheinen möchte. Die wichtigsten Differenzirungen treten uns nämlich schon fertig entgegen und lassen sich nicht in ihrem Entstehen verfolgen, da ja die ganze phylogenetische Entwicklungsreihe vom Moossporogonium bis zur Gefässpflanze ausgestorben ist. Man spricht zwar bezüglich der Gewebebildung der Gefässpflanzen viel von Differenzirung, indem man den ursprünglichen gleichförmigen merismatischen Zustand als einen undifferenzirten bezeichnet, der sich dann zu der mannigfaltigen Beschaffenheit des fertigen Zustandes differenzire. Doch hat das Wort bei dieser Anwendung im Grunde bloss einen wissenschaftlichen Klang. Wenn wir mit demselben einen wissenschaftlichen Begriff verbinden wollen, so kann es wohl nur so geschehen, wie ich es im VI. phylogenetischen Gesetz ausgesprochen habe, dass nämlich gleichartige Theile durch Scheidung ihrer Functionen, also durch Arbeitstheilung, ungleich werden. Die Differenzirung ist ein phylogenetischer Vorgang; sie kommt nicht während der ontogenetischen Entwicklung zu Stande. Was man hier mit Unrecht als Differenzirung bezeichnet, ist nur die Entfaltung der ungleichen Anlagen. Die Zellen in den jüngsten Geweben sind bloss scheinbar gleich; in Wirklichkeit sind sie eben so sehr verschieden wie im entfalteten Zustande; aber die Verschiedenheiten entziehen sich unserer Wahrnehmung, weil sie sich noch im Zustande der Anlage befinden. — In manchen Fällen gibt uns zwar die ontogenetische Entwicklung Aufschluss über das phylogenetische Werden. Aber gerade rücksichtlich der Gewebebildung trifft diese Uebereinstimmung gewiss am seltensten und auch am wenigsten auffällig zu.

Wir müssen daher sichere Beispiele für Differenzirungen zwischen Zellen bei den sog. Zellenpflanzen aufsuchen, und wir finden sie da um so leichter, je einfacher und näher verwandt die phylogenetischen Stadien sind, die durch die jetzt lebenden Pflanzen angedeutet werden. Die augenfälligsten Thatsachen bietet uns auch hier die Scheidung der vegetativen und reproductiven Vorgänge, indem im allgemeinen auf den untersten Stufen jede Zelle zuerst vegetativ ist und nachher Keime bildet, indess auf den folgenden Stufen die einen Zellen ihre vegetative Natur zeitlebens behalten, andere Zellen aber die Assimilationsthätigkeit mehr oder weniger beschränken und dafür die Fortpflanzung übernehmen.

Eben so offen liegt die Arbeitstheilung zwischen den Fortpflanzungszellen selber. Auf der untersten Stufe sind die Schwärmsporen der Algen einander in jeder Beziehung vollkommen gleich; aus jeder entsteht eine neue Pflanze. Der erste Differenzirungsprocess gibt sich darin kund, dass die Schwärmsporen einander anziehen, in Folge dessen in Berührung kommen und vermöge ihrer weichen plasmatischen Beschaffenheit mit einander zu Einer Zelle verschmelzen.

Diese Anziehung kann nach unserer jetzigen Kenntniss der Naturkräfte bloss elektrischer Natur sein (S. 220). Jedenfalls muss, wie klar aus den beobachteten Thatsachen hervorgeht, die Anziehung durch Kräfte bewirkt werden, welche sich insofern wie die Elektricitäten verhalten, als die ungleichnamigen sich anziehen. Denn es gibt Algen, bei denen die Schwärmzellen des nämlichen Sporangiums (Ulothrix, Acetabularia) oder der nämlichen Pflanze (Dasycladus) unfähig sind, sich mit einander zu copuliren, die sich also nicht anziehen sondern abstossen. Die Vereinigung findet in diesen Fällen nur dann statt, wenn die Schwärmsporen mit solchen aus bestimmten anderen Sporangien oder von bestimmten anderen Pflanzenindividuen zusammenkommen.

Diese Erscheinung kann auf keine andere Weise erklärt werden als durch die Annahme, dass die Schwärmsporen von doppelter Beschaffenheit sind, a und b, dass nur a mit b sich zu copuliren vermag, und dass die einen Zellen oder die einen Pflanzenstöcke bloss a, die andern bloss b erzeugen. Wenn es im Gegensatze hiezu auch solche Algen gibt, bei denen Copulation zwischen den Schwärmzellen des nämlichen Sporangiums stattfindet (Hydrodictyon, Botrydium, Endosphaera, Chlorochytrium), so zeigt dieser Umstand bloss, dass schon Geschwisterzellen die ungleiche Natur a und b annehmen können.

Die einfachste und natürlichste Deutung des phylogenetischen Vorganges ist nun die, dass in den Schwärmsporen der ersten Stufe die beiden (a und b) Kräfte vereinigt sind und sich neutralisiren, dass dieselben auf der zweiten Stufe sich getrennt haben, so dass die einen Schwärmsporen negativ, die andern positiv, die einen männlich also Spermatozoide, die andern weiblich also Eizellen sind. Diese Deutung erleidet keinen Eintrag durch die Thatsache, dass zuweilen mehr als zwei Schwärmzellen sich mit einander vereinigen (Botrydium, Hydrodictyon). Es ist leicht denkbar, dass die positiven und negativen Kräfte der Geschlechtszellen quantitativ ungleich sind, und dass beispielsweise eine b-Zelle durch 2 bis 5 a-Zellen oder 2 b-Zellen durch 3 a-Zellen neutralisirt werden.

Die vorgetragene Theorie erklärt auch den sonst räthselhaften Umstand, dass die differenzirten und zur Copulation bestimmten Schwärmsporen für sich allein nicht keimfähig sind. Als Bedingung der Entwicklungsfähigkeit ist ein gewisses Gleichgewicht der elektrischen Kräfte nothwendig und dieses ist in den Geschlechtszellen gestört. Die Erscheinung, dass ausnahmsweise die Schwärmsporen der zweiten Stufe, ohne sich zu copuliren, zur Keimung gelangen, ist als Rückschlag auf die erste Stufe zu betrachten, indem die Scheidung der sexuellen Kräfte unterbleibt und die Geschlechtszellen parthenogenetisch oder, wenn es männliche Zellen sind, eïtheogenetisch sich entwickeln. Möglicher Weise ist ferner der allererste Schritt der Differenzirung nicht vollständig und der sexuelle Charakter der untersten Geschlechtspflanzen noch wenig ausgesprochen, indem die Fortpflanzungszellen neben neutralisirter Geschlechtselektricität geringe Mengen von positiven oder negativen Kräften enthalten und in Folge dessen eben so wohl zum Einzelleben als zur Copulation befähigt sind.

Die sich copulirenden Schwärmsporen der zweiten Stufe haben sich bloss rücksichtlich der Geschlechtselektricitäten differenzirt. Männliche und weibliche Elemente sind einander in Grösse, Gestalt und Beschaffenheit der Substanz vollkommen gleich. Desswegen wurde auch ihre Vereinigung als Copulation gleicher Zellen betrachtet. Insbesondere kommt ihnen die nämliche Beweglichkeit und der nämliche Gehalt an Ernährungsplasma und an nicht plasmatischen Substanzen zu. Diese Eigenschaften sind es nun, welche zu weiterer Differenzirung die Veranlassung geben. Den männlichen Elementen bleibt die Beweglichkeit, indess sie die nicht idioplasmatischen Substanzen verlieren und zuletzt bloss noch aus Idioplasma bestehen. Die weiblichen Elemente hingegen verlieren die Beweglichkeit und werden dafür mit Ernährungsplasma und mit nichtplasmatischen Stoffen ausgestattet. Die Verschiedenheit zwischen den männlichen und weiblichen Zellen wird übrigens noch sehr gesteigert durch die hinzutretenden Anpassungsveränderungen. — Die genannten Differenzirungen haben sich ganz allmählich vollzogen, was auch von Seite der Erfahrung durch die noch vorhandenen Uebergangsglieder bestätigt wird. Uebrigens ist noch zu bemerken, dass die angeführte Differenzirung einer bestimmten phylogenetischen Reihe angehört, und dass es überdem Andeutungen für andere mehr oder weniger abweichende Reihen bei den Algen gibt.

Eine gleiche Differenzirung wie an den Schwärmsporen vollzieht sich an den (ruhenden) Tetrasporen der Gefässkryptogamen. Diejenigen der Filices sind noch undifferenzirt; aus jeder Spore entwickelt sich ein gleicher Vorkeim (Prothallium). Bei den Equisetaceen haben sich die geschlechtlichen Kräfte geschieden; bei gleicher Grösse und Gestalt erzeugen die einen Sporen männliche, die anderen weibliche Vorkeime. Die höchsten Gefässkryptogamen haben männliche und weibliche Sporen, die ausserdem noch in Grösse und Zahl sich von einander unterscheiden, indem Anpassung (Gesetz VIII) und Reduction (Gesetz VII) zu der Geschlechtsdifferenz hinzugekommen sind.

Als Beispiel, wie die Differenzirung zwischen den Zellen erfolgt, will ich noch die Theilung derselben betrachten und zwar die Zweitheilung der gewöhnlichen, mit einer Cellulosemembran umkleideten Pflanzenzellen, so dass der Process charakterisirt wird durch die Gestalt und Beschaffenheit der Zellen und die Lage der Scheidewand. Die Art und Weise, wie eine Zelle sich theilt, hängt überhaupt von der Anordnung der scheidewandbildenden Stoffe und Kräfte ab, in diesem Falle, da es sich um die phylogenetischen Veränderungen der erblichen Eigenschaften handelt, von der Beschaffenheit und Anordnung des Idioplasmas und der durch die vorausgehende Thätigkeit des Idioplasmas erzeugten nicht idioplasmatischen Substanzen.

Auf den untersten Stufen der phylogenetischen Entwicklungsreihen sind die Stoffe und Kräfte in den einzelligen Pflanzen ganz gleichmässig um den Mittelpunkt vertheilt, wodurch die Kugelgestalt der Zelle und die Theilung derselben in zwei gleiche Hälften bedingt wird (manche Chroococcaceen und Palmellinen). Weiterhin findet eine Reihe von Differenzirungen zwischen den verschiedenen Richtungen innerhalb der Zelle statt, indem sich eine Achsenrichtung mit gleichen Achsenenden ausscheidet und die Dimensionen in den zur Zellenachse senkrechten Ebenen verschiedene Abstufungen der Symmetrie annehmen. Der Charakter der Theilung bleibt aber noch derselbe, indem die entstehende Scheidewand, welche die Achse stets rechtwinklig schneidet, die Zelle in zwei gleiche Hälften zerlegt. Beispiele hiefür finden wir bei einzelligen Pflanzen: Chroococcaceen, Palmellinen, Desmidiaceen, Diatomeen und Schizomyceten, und bei vielzelligen Familien: Nostochaceen[1]) Oscillariaceen, Zygnemaceen und anderen Algen.

[1]) Die Angabe, dass in den Hormogonien (Fadenstücken) von Nostoc die Zelltheilungen, statt in der Richtung der Achse des Fadens, auch senkrecht zu derselben geschehen, kann ich nach vieljährigen Beobachtungen nicht bestätigen,

Eine neue und wichtige Differenzirung tritt nun in der Achsenrichtung selber ein, so dass die Zelle zwei ungleiche Enden (Pole) hat und durch die zur Achse senkrechte Theilungswand in zwei ungleiche Hälften zerfällt. Die beiden Kindzellen können bei gleicher Grösse und Gestalt ungleichen Inhalt, d. h. ungleiche Mengen von Idioplasma und anderen Substanzen, enthalten, oder es können auch ihre Grösse und Gestalt verschieden sein. Diese Ungleichheit ist auf den tieferen Stufen einer bestimmten phylogenetischen Reihe gering; sie wird auf den folgenden Stufen beträchtlicher, bis sie zuletzt den ausgesprochensten Charakter der eigentlichen Sprossung angenommen hat (S. 365, Fig. 17 l, k, g, f, a).

Eine andere phylogenetische Reihe führt zum Scheitelwachsthum des einreihigen Zellfadens. Die Ungleichheit in der Vertheilung des Idioplasmas und Ernährungsplasmas auf die beiden Achsenseiten wird schliesslich so gross, dass von den beiden Kindzellen die eine vollkommen die Natur der Elterzelle hat und wieder eine Scheitelzelle ist, während die andere als Gliederzelle wesentlich andere Eigenschaften besitzt. Der Zelleninhalt der Scheitelzelle ist wie auf den vorausgehenden phylogenetischen Stufen in den die Achse rechtwinklig schneidenden Ebenen gleichmässig über die verschiedenen Radien vertheilt, und in Folge dessen schneidet die entstehende Theilungswand die Achse immer noch unter einem rechten Winkel (manche Confervoïden, Fucoïden, viele Florideen, die Characeen etc.; Fig. 20 a).

Die einzig noch mögliche Differenzirung in der Anordnung des Inhaltes der Scheitelzelle bezüglich der Richtung besteht darin, dass die zur Achse rechtwinkligen Ebenen ungleichhälftig werden, indem auf der einen, mit der Achse parallel laufenden Seite Idioplasma und Ernährungsplasma sich anders verhalten als auf der gegenüber liegenden Seite. Damit verträgt sich eine zur Achse senkrechte Theilungswand nicht mehr. Aus der ungleichen Anordnung des Inhaltes in der Längsrichtung und in der Querrichtung der Scheitelzelle ergibt sich mit mechanischer Nothwendigkeit eine schiefe Lage der Theilungsebene. Diese Differenzirung in der Querrichtung ging

---

und ich glaube, dass jener Angabe ein Irrthum, veranlasst durch die bei den Schizophyten nicht seltene Verschiebung der Zellen, zu Grunde liegt. Diese Verschiebungen sind oft so gross, dass man nur bei genauer Verfolgung der Entwicklungsgeschichte sich zurecht zu finden vermag.

ohne Zweifel phylogenetisch ganz allmählich vor sich (Fig. 20 b stellt eine Uebergangsstufe dar; Andeutungen hiezu finden sich bei Florideen), und führte zu dem Scheitelwachsthum durch schiefe Wände, welche auf der einen Seite die Aussenwand der Scheitelzelle, auf der andern Seite die frühere Theilungswand berühren (Fig. 20 c), wie es bei den höheren Florideen, den Moosen, Gefässkryptogamen und einigen Phanerogamen bekannt ist.

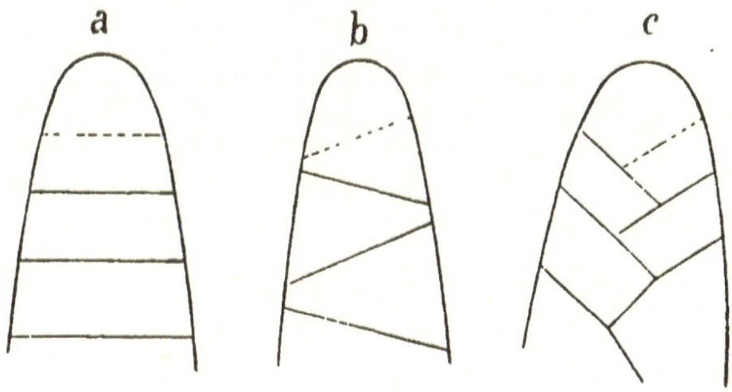

Fig. 20.

Eine analoge Differenzirung wie beim Scheitelwachsthum, welches als peripherisches Längenwachsthum gegenüber dem intercalaren zu bezeichnen ist, vollzieht sich ebenfalls bei dem übrigen peripherischen Wachsthum. Auch hier ist in den Zellen eine Achsenrichtung mit ungleichen Enden bereits ausgebildet; auf den tieferen Stufen besteht in den zur Achse rechtwinkligen Ebenen allseitiges Gleichgewicht der auf die Theilung einwirkenden Stoffe und Kräfte, indess auf den höheren Stufen dieses Gleichgewicht gestört ist.

Beim peripherischen Breitenwachsthum sind es die Randzellen eines einschichtigen oder eines flachen mehrschichtigen Organs, welche sich theilen. Wenn der bei der Theilung der Randzelle maassgebende Inhalt rings um ihre auf die Mitte des Randes treffende Medianlinie gleichmässig angeordnet ist, so zerfällt die Randzelle entweder durch eine mit der Randfläche parallele Wand in eine Flächenzelle und eine neue Randzelle (Fig. 21 a) oder durch eine mit der Medianlinie zusammenfallende halbirende Wand in zwei neue Randzellen (Fig. 21 b). — Ist der Inhalt in Folge eingetretener Differenzirung rings um die Medianline ungleichmässig vertheilt, so erfolgt schiefe Theilung und zwar gewöhnlich in der Weise, dass eine Kante (meist die akroskope) durch eine Wand abgeschnitten wird (Fig. 21 c), worauf dann die andere Kante ebenfalls durch eine schiefe Wand abgetrennt wird (Fig. 21 d). Das Resultat der zwei auf einander folgenden Theilungen ist eine von zwei Randzellen bedeckte Flächenzelle. In den Figuren ist der Rand mit ××, die zuletzt gebildete Wand durch eine punktirte Linie angegeben. — Das äussere Ende der schiefen Wand berührt nicht immer den Rand wie in Fig. 20 c, sondern in selteneren Fällen auch die andere Seitenwand. In Fig. 20 e sind die schiefen Wände nach einander von links nach rechts entstanden; nur die letzte trifft auf den Rand. Dies kommt bei Gelidium und einigen anderen Florideen vor.

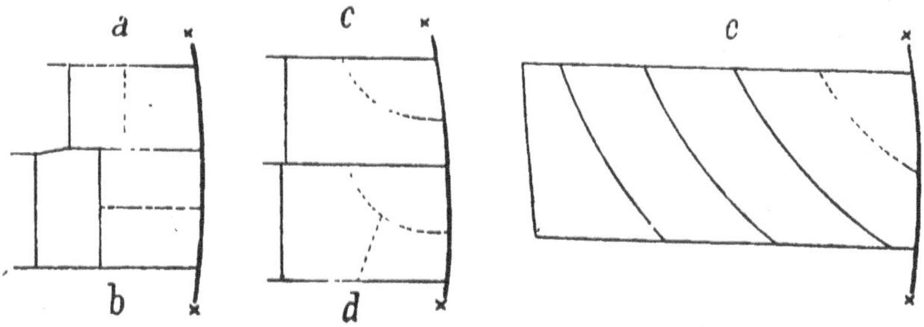

Fig. 21.

Das peripherische Dickenwachsthum geschieht durch Theilung der Aussenzellen. Wenn die scheidewandbildenden Elemente derselben in den zur Oberfläche parallelen Ebenen gleichmässig vertheilt sind, so erfolgt entweder Theilung vermittelst einer mit der Aussenfläche parallelen Wand in eine Innenzelle und eine neue Aussenzelle, oder Halbirung vermittelst einer auf der Aussenfläche rechtwinklig aufsitzenden Wand in zwei neue Aussenzellen; die Durchschnittsansichten sind die nämlichen wie in Fig. 20 a und b. — Ist aber Differenzirung in den mit der Oberfläche parallelen Ebenen eingetreten, so bilden sich schiefe Theilungswände, welche meistens entweder äussere Kanten oder äussere Ecken abschneiden; die Durchschnittsansichten gleichen den in Fig. 20 c und d gezeichneten. Aus einer Aussenzelle geht durch eine Folge von 2 bis 4 solchen schiefen Theilungen eine von 2 bis 4 Aussenzellen bedeckte Innenzelle hervor.

Die geschilderten Differenzirungen in den Rand- und in den Aussenzellen treten vorzüglich bei Algen auf, und vielleicht zuerst bei der Bildung von Anfangszellen seitlicher Organe. Bei einer grossen Gruppe der Florideen erfolgt die Gewebebildung fast ausschliesslich durch solche schiefe Zelltheilungen, welche hier bestimmt von der Verzweigung einfacherer Formen vererbt worden sind (S. 372—735).

Ich habe bis jetzt die Differenzirung der Zellen mit Rücksicht auf die Lage der bei der Theilung entstehenden Scheidewand betrachtet, wodurch die Gestalt und die Stellung der Geschwisterzellen bedingt wird. Die aus der Theilung hervorgegangenen Zellen werden auch in verschiedenen anderen Beziehungen mehr oder weniger ungleich. Die nächst liegende Eigenschaft, welche der Differenzirung unterliegt, ist die Dauer und Theilungsfähigkeit der Zellen. Der Vorgang lässt sich am einfachsten bei der Klasse der Nostochinen verfolgen.

Gewisse einzellige Chroococcaceen werden, indem die Zellen nach der Theilung vegetativ in Vereinigung bleiben, phylogenetisch zu einem einreihigen Faden (vgl. Ges. I S. 357), dessen Glieder auf der ersten Stufe vollkommen ihre frühere Theilungsfähigkeit bewahrt haben; alle Zellen eines Fadens wachsen und theilen sich in der nämlichen Weise; der Faden verlängert sich unbegrenzt (Nostochaceen). Die erste Differenzirung besteht darin, dass die beiden Endzellen eines Fadens etwas lebhafter wachsen und sich theilen als die übrigen Zellen, also gleichsam Scheitelzellen darstellen; die übrigen Zellen sind in dem unbegrenzt sich verlängernden Faden vollkommen gleich; bricht derselbe entzwei, so nehmen die Endzellen die angegebene Natur von Scheitelzellen an (Oscillariaceen)[1].

Eine fernere Differenzirung trifft die zwischen den Enden befindlichen Fadenstücke. Die beiden Scheitelzellen zeichnen sich

---

[1]) Man möchte vielleicht geneigt sein, das etwas stärkere Wachsthum der Endzellen bei Oscillaria als eine Folge der Wassereinwirkung, somit als Anpassung zu betrachten. Allein die Thatsachen, dass bei den Nostochaceen die Enden sich nicht von den übrigen Theilen des Fadens unterscheiden, dass bei den Scytonemaceen das Wachsthum der Enden ganz ausserordentlich gefördert ist, und dass bei den Rivulariaceen die Enden ein vermindertes und bald ersterbendes Wachsthum zeigen, — dass also bei so nahe verwandten Familien der Wachsthumsüberschuss der Enden bald in ungleichem Grade positiv, bald negativ und bald null ist, — beweisen wohl deutlich, dass hier innere Ursachen maassgebend sein müssen.

dann noch deutlicher durch stärkeres Wachsthum und häufigere Theilung aus; nach rückwärts von denselben vermindert sich Wachsthum und Theilungsfähigkeit allmählich und hört in einer gewissen Entfernung ganz auf. Hat der Faden eine grössere Länge erreicht, so besitzt er innerhalb der beiden vegetirenden Enden, die aus der Scheitelzelle, einer durch intercalare Theilung wachsenden und einer ausgewachsenen Partie bestehen, ein abgestorbenes Mittelstück. Da späterhin der Faden in zwei Fäden zerfällt, so gewinnt es den Anschein, als ob jeder derselben ein unteres und ein oberes Ende besitze (Scytonemaceen).

In der Klasse der Nostochinen erfährt diese Differenzirung keine weitergehende Steigerung. Dagegen tritt sie noch bestimmter bei manchen Confervoïden auf, bei denen ausser der unbegrenzt wachsenden und sich vermehrenden Scheitelzelle je die obersten Gliederzellen sich bloss noch einige Male theilen. Bei den Characeen ist das intercalare Längenwachsthum durch Zellenbildung auf ein Minimum beschränkt, indem die durch Theilung der Scheitelzelle abgeschnittene primäre Gliederzelle sich bloss einmal durch eine horizontale Wand in zwei secundäre Gliederzellen theilt. Hört auch diese Theilung auf, so hat die Differenzirung ihr Maximum erreicht und das Scheitelwachsthum bleibt ausschliesslich auf die Theilung der Scheitelzelle beschränkt, wie dies bei den Florideen so charakteristisch der Fall ist. — Dieses Ziel wird auch auf einem anderen phylogenetischen Wege, nämlich durch Vegetativwerden der durch Sprossung entstehenden Keimzellen erreicht (Ges. II S. 336).

Eine andere, gewissermaassen gegentheilige Differenzirung tritt in dem ursprünglichen aus ganz gleichen Zellen bestehenden Faden dadurch auf, dass Wachsthum und Zelltheilung in dem oberen Fadenende träger werden und dann ganz aufhören; dieses Ende wird zugleich dünner und seine Zellen, die sich nicht mehr theilen, strecken sich in die Länge, so dass der Faden in eine haarförmige Spitze ausgeht. Das Aufhören der Zelltheilung, die Streckung der Zellen und das Absterben derselben schreitet in basipetaler Richtung fort (Rivulariaceen, verschiedene Confervoïden).

Diese Differenzirung geht noch einen Schritt weiter, indem der Uebergang der Zellen in den Dauerzustand nicht bloss von der Spitze abwärts, sondern auch von der Basis aufwärts fortschreitet, so dass nur die Partie des Fadens, welche unterhalb der haarförmigen Spitze sich befindet, in fortdauernder Zelltheilung verharrt (Ectocarpus).

Die erörterten phylogenetischen Erscheinungen, die mit dem Wachsthum durch Zelltheilung verbunden sind, gehören einem ganz allgemeinen Differenzirungsvorgang an. Bei den niedrigsten Pflanzen sind alle Lebensfunctionen in Einer Zelle vereinigt. Die zuerst beginnende Differenzirung scheidet die vegetativen und die reproductiven Processe, welche in den Abstammungslinien immer strenger auf verschiedene Zellen vertheilt werden. Eine andere etwas später auftretende Differenzirung, die ebenfalls nach und nach schärfer ausgeprägt wird, scheidet die gesammte Vegetation in zwei Sphären, die wir als Assimilation und Wachsthum bezeichnen können. Die Vegetation hat nämlich im grossen und ganzen zwei Aufgaben zu erfüllen:

1. Die von aussen aufgenommenen Nahrungsstoffe in eine für den pflanzlichen Organismus verwendbare Form überzuführen: hieher gehört Aufnahme, Umsetzung, Transport, Ausscheidung.

2. Die assimilirten Verbindungen für den Aufbau zu verwenden, indem aus den molecular gelösten Stoffen molecular unlösliche Verbindungen gebildet und als Micelle eingeordnet werden: hieher gehört das Wachsthum des Idioplasmas, des Ernährungsplasmas und der nicht plasmatischen Substanzen.

Die Scheidung in Assimilation und Wachsthum beginnt schon bei einzelligen Pflanzen; sie bewirkt hier die Sprossung, indem, während die ganze übrige Zelle assimilirt, das Wachsthum auf einen peripherischen Punkt concentrirt wird. Das Andauern dieser Scheidung verursacht die Bildung der röhrenförmigen, mit Scheitelwachsthum begabten Zellen (Siphoneen) und die Bildung der durch ausschliessliche Theilung der Scheitelzelle ausgezeichneten niederen Florideen (Callithamnieen). Diese Scheidung geht als Erbtheil auf die höheren Pflanzen über, wo sie zunächst den Gegensatz des mit Wachsthum begabten Scheitels und der assimilirenden, unter der Scheitelregion befindlichen Partien bedingt. Daraus erklärt sich die Erscheinung, dass die normale Bildung der seitlichen Organe des Stengels auf die Scheitelregion desselben beschränkt ist, und dass die stärksten und wichtigsten seitlichen Organe (die Blätter sammt den Axillarknospen) ausschliesslich in akropetaler Folge entstehen. Dies betrifft das Wachsthum im allgemeinen; die verschiedenen

Modificationen desselben gehen aus weiteren untergeordneten Differenzirungen hervor.

Bis jetzt suchte ich die Art und Weise klar zu legen, wie die räumliche Differenzirung erfolgt: An die Stelle der neben einander befindlichen gleichartigen Theile treten ungleichartige, welche zusammen die Eigenschaften jener besitzen. Das Zustandekommen dieses Processes setzt voraus, dass die sich differenzirenden Theile auf einander einwirken, dass sie somit unter einander in Verbindung stehen. Meistens liegen dieselben unmittelbar neben einander, und dann ist kaum ein Zweifel über die Bedeutung des Vorganges möglich. Man darf aber wohl annehmen, dass die Differenzirung auch eintreten kann, wenn die Theile an dem nämlichen Individuum weiter von einander entfernt sind, weil ja die Differenzirung im Idioplasma geschieht und dieses durch den ganzen Organismus in dynamischer Verbindung steht. In diesem Falle wird die Bedeutung des phylogenetischen Vorganges sich leicht der Erkenntniss entziehen.

Bezüglich des weiteren Schicksals der differenzirten Theile können wir uns einmal die Frage stellen, ob dieselben, wie sie unter gegenseitiger dynamischer Einwirkung zn Stande gekommen sind, auch nur unter gegenseitiger Einwirkung, also nur gemeinsam, oder ob sie auch getrennt sich weiter zu entwickeln und zu entfalten vermögen. Dies hängt offenbar von der Beschaffenheit ihrer Eigenschaften ab. Können diese unabhängig von einander bestehen, so entfalten sich die idioplasmatischen Anlagen, nachdem sie sich geschieden haben, selbständig, und setzen auch ihre weitere Entwicklung in selbständiger Weise fort. Es kann somit von zwei ursprünglich zusammengehörigen und durch Differenzirung geschiedenen Eigenschaften jede sich eigenartig weiter ausbilden und ebenso für sich zur Entfaltung gelangen, indess die andere latent bleibt. Dadurch geht der Anschein der Zusammengehörigkeit und des gemeinsamen Ursprungs verloren, und es ist nur dann möglich, diesen Ursprung nachzuweisen, wenn alle phylogenetischen Uebergangsstufen der Beobachtung zugänglich sind.

Es gibt andere Eigenschaften, welche, gleich wie sie gemeinsam entstanden sind, auch stetsfort nur gemeinsam sich weiter entwickeln und auch nur gemeinsam zur Entfaltung gelangen können. Dies ist dann der Fall, wenn sie nicht über eine ontogenetische Periode hinaus unabhängig von einander zu bestehen vermögen, sondern periodisch wieder in Beziehung zu einander, gewissermaassen zu einer Vereinigung kommen müssen, um sich von neuem zu scheiden. Die Trennung der Geschlechter gibt uns ein Beispiel hiefür und wir finden dies nicht unbegreiflich, wenn gemäss der von mir ausgesprochenen Vermuthung die Trennung in einer Scheidung der beiden Elektricitäten besteht. Geschlechtliche Trennung und Vereinigung findet naturgemäss in jeder Ontogenie einmal statt.

Die Vereinigung der Geschlechter tritt je im Momente des Ueberganges von einer Ontogenie in die folgende ein. Die Scheidung derselben aber ist nicht an einen bestimmten Zeitpunkt gebunden; sie kann in einem frühern oder späteren Stadium erfolgen. Ursprünglich, d. h. auf der untersten phylogenetischen Stufe einer Reihe, findet die Differenzirung zwischen eben den Zellen statt, die sich dann als Geschlechtszellen mit einander vereinigen. Die Elterzelle ist geschlechtslos; von den in derselben entstehenden Zellen sind die einen männlich, die anderen weiblich (Hydrodictyon, Botrydium, Endosphaera, Chlorochytrium). Auf der nächst höheren Stufe geschieht die geschlechtliche Scheidung zwischen den Elterzellen der Geschlechtszellen und gibt sich dadurch kund, dass die einen Zellen nur männliche, die anderen nur weibliche Fortpflanzungszellen erzeugen (Ulothrix, Acetabularia, Oedogonium part., Volvox u. A.). Auf einer noch höheren Stufe sind schon vielzellige Organe des nämlichen Pflanzenstockes geschlechtlich getrennt, wie die Sporangien der höchsten Gefässcryptogamen, von denen die einen Androsporen, die andern Gynosporen enthalten, ferner die Staubgefässe und Carpelle der Phanerogamen.

Der letzte Schritt in dieser phylogenetischen Stufenleiter vollzieht sich dadurch, dass die Individuen selbst geschlechtlich geschieden werden. Ein solches geschlechtliches Individuum kann sich auf geschlechtslosem Wege vermehren und in dieser Weise eine ganze Reihe von Generationen innerhalb derselben Ontogenie durchlaufen. Ich führe als Beispiel die aus abgeschnittenen Zweigen erwachsenen Weiden und Pappeln an; eine grosse Zahl von Trauerweiden, ebenso von italienischen Pappeln, die in Europa fast ausschliesslich in männlichen Exemplaren vorkommen, gehört der nämlichen Ontogenie an. Zur Erzeugung eines Embryos aber ist die geschlechtliche

Neutralisirung vermittelst der Vereinigung von männlichen und weiblichen Fortpflanzungszellen erforderlich. Unmittelbar nach der Befruchtung besitzt auch das Product derselben schon wieder einen bestimmten, männlichen oder weiblichen, Charakter[1]).

Diese phylogenetische Stufenfolge zeigt uns jedenfalls, dass die Organismen das Bestreben haben, auch die geschlechtlichen Eigenschaften selbständiger zu machen. Denn die ungeschlechtliche, der Geschlechtsdifferenzirung vorausgehende Partie der ontogenetischen Periode wird immer kürzer. Zuletzt dauert sie nur noch einen Augenblick, indem mit der Vereinigung der von Vater und Mutter kommenden männlichen und weiblichen Zellen auch das Geschlecht des Kindes entschieden ist. Als ein weiterer Schritt in dieser Richtung ist die Parthenogenesis anzusehen, bei welcher die weiblichen Fortpflanzungszellen das Vermögen erlangt haben, ohne Ausgleichung mit einer männlichen Zelle eine neue Ontogenie einzuleiten und die Generationenreihe fortzusetzen. Auch die Apogamie[2]) der höheren

---

[1]) Die Beobachtungen, welche dafür angeführt werden, dass das Geschlecht nicht schon bei der Bildung des Keims, sondern erst späterhin durch äussere Einflüsse bestimmt werde, lassen allzusehr eine exacte experimentelle Behandlung vermissen, um gegenüber den andern Gründen und Erfahrungsthatsachen Berücksichtigung zu verdienen. Die Scheidung des Geschlechts besteht im Idioplasma, in welchem sich die männliche und weibliche Anlage befindet. Bei den hermaphroditischen und einhäusigen Pflanzen sind beide Anlagen entfaltungsstet; nur stehen sie bei den ersteren und letzteren mit ungleichen anderen Anlagen in Verbindung. Bei den zweihäusigen (eingeschlechtigen) Pflanzen ist nur die eine geschlechtliche Anlage entfaltungsfähig, die andere bleibt latent. Beim phylogenetischen Uebergang von der Einhäusigkeit zur Zweihäusigkeit befindet sich die eine Geschlechtsanlage, vor dem völligen Latentwerden, zuerst in einem geschwächten Zustande und vermag bloss unter günstigen innern und äussern Umständen sich zu entfalten, so dass die männliche Pflanze auch einzelne weibliche Blüthen hervorbringen kann und umgekehrt.

[2]) Unter dem neuen Namen Apogamie (Geschlechtsverlust) werden zwei Erscheinungen vereinigt, die in physiologischer und phylogenetischer Beziehung sich verschieden verhalten:

1. die Parthenogenesis, bei welcher die weibliche Zelle, ohne befruchtet zu werden, entwicklungsfähig ist;

2. die vegetative Wucherung mit geschlechtsloser Vermehrung, wobei die Geschlechtszellen entweder gar nicht gebildet oder, wenn vorhanden, functionslos werden. Diese Erscheinung tritt infolge des den Pflanzenzüchtern längst bekannten Wechselverhältnisses zwischen geschlechtlicher und ungeschlechtlicher Fortpflanzung ein und gehört sehr wahrscheinlich bloss der Cultur an. Die merkwürdigsten Fälle sind diejenigen, wo die vegetative Wucherung in unmittelbarer Nähe neben den steril bleibenden oder ganz geschwundenen Geschlechtszellen

Pilze (de Bary), bei denen sich Organe bilden, die den Geschlechtsorganen analog sind, aber keinen Befruchtungsact vollziehen, ist vielleicht als eine ähnliche weitere Stufe zu betrachten, aber physiologisch noch nicht sicher zu deuten.

Eine andere Erscheinung, die das weitere phylogenetische Schicksal der differenzirten Theile betrifft, ist die, dass zu den Eigenschaften, die ursprünglich sich geschieden haben, später noch andere ungleiche Eigenschaften sich gesellen und dass diese ungleiche Ausbildung nicht bloss die Theile selbst trifft, um die es sich bei der Differenzirung eigentlich handelt, sondern gleichsam mit rückwirkender Kraft auch diejenigen Theile, von denen sie erzeugt werden. Am besten lässt sich diese Erscheinung bei der geschlechtlichen Differenzirung nachweisen, weil die geschlechtlichen Eigenschaften so charakteristisch sich von den andern Merkmalen unterscheiden. Nicht nur die männlichen und weiblichen Fortpflanzungszellen werden in der phylogenetischen Reihenfolge immer ungleicher, sondern es tritt dies auch bei den Elterzellen derselben ein (Oedogonium etc.), bei den ganzen erzeugenden Organen (Phanerogamen) und bei den geschlechtlich geschiedenen Individuen (einige Pflanzen, fast alle Thiere). Wenn ich von Rückwirkung gesprochen habe, so besteht dieselbe nur scheinbar. Die geschlechtliche Differenzirung ist ja als Anlage im Idioplasma enthalten und somit in allen Theilen und allen Entwicklungsstadien vorhanden. Aber ihre Entfaltungsfähigkeit ist ursprünglich beschränkt, ihr Gebiet wird dann nach und nach grösser, und an die geschlechtlichen Eigenschaften schliessen sich theils infolge anderweitiger Differenzirungen, theils infolge anderweitiger phylogenetischer Vorgänge fernere Verschiedenheiten an.

Durch die zeitliche Differenzirung werden die von einander abstammenden Theile in ihren auf einander folgenden Generationen ungleich. Die geringste Veränderung besteht darin, dass eine Function, die auf früheren phylogenetischen Stufen in ihrer Richtung unbestimmt war, auf einer späteren Stufe in den successiven Genera-

erfolgt, wie im Embryosack der Phanerogamen (Strasburger) oder auf dem Prothallium der Farne (de Bary).

Ob die Apogamie der Pilze zur ersten oder zweiten Kategorie zu zählen sei, lässt sich noch nicht entscheiden.

tionen bestimmt ist, was sich sehr deutlich an der Zelltheilung nachweisen lässt. Es gab jedenfalls in jeder der verschiedenen phylogenetischen Reihen, die mit der Urzeugung begannen, eine Stufe, auf welcher die Richtung der Scheidewand bei der Zweitheilung bloss durch äussere Kräfte beeinflusst wurde. Die Bedingungen für eine solche noch ganz undifferenzirte Zelle sind offenbar eine kugelige Gestalt und eine auf den verschiedenen Radien gleiche Vertheilung von Kräften und Stoffen. Wenn eine solche Zelle sich theilt, so kann die Theilungsrichtung nicht durch innere Ursachen bestimmt sein.

Die erste Differenzirung erfolgt nun in der Weise, dass die auf die Bildung der Scheidewand einwirkenden Verhältnisse in der Zelle eine zur vorausgehenden Theilungsrichtung bestimmte Lage annehmen. Während auf der früheren Stufe alle durch den Mittelpunkt gelegten Ebenen für die Wandbildung gleich günstig gestimmt waren, besitzt jetzt bloss noch eine Ebene diese günstige Stimmung; alle anderen sind dazu nicht befähigt. Es ist selbstverständlich, dass diese Differenzirung nur mit Rücksicht auf die vorausgehende Theilung erfolgen kann, weil durch diese selbst die Stoffe und Kräfte in einer bestimmten Weise gerichtet werden. Hat dieser Vorgang eine Nachwirkung, so ist die nothwendig sich ergebende Theilungsrichtung entweder senkrecht auf die vorausgehende oder parallel zu derselben.

Der geringste Grad der Differenzirung, der am wenigsten von der vollständigen Unbestimmtheit der früheren Stufe abweicht, besteht darin, dass die Theilungsebenen der auf einander folgenden Generationen sich rechtwinklig schneiden und in den drei Richtungen des Raumes wechseln, so dass die vierte mit der ersten parallel läuft. Die Differenzirung wird bestimmter, indem die sich rechtwinklig schneidenden Wände in zwei Richtungen mit einander wechseln, so dass einerseits die Generationen mit geraden Ziffern, andrerseits diejenigen mit ungeraden Ziffern in der Theilungsrichtung übereinstimmen. Noch bestimmter scheidet sich die scheidewandbildende Richtung in der Zelle aus, wenn sie in allen Generationen die nämliche bleibt. Diese Verhältnisse lassen sich bei einzelligen Pflanzen bloss dann sicher entscheiden, wenn die Zellen nach stattgefundener Theilung sich nicht von einander trennen, sondern zu Colonien verbunden bleiben. Sie liegen dann entweder würfelförmig beisammen wie bei Chroococcus, Gloeocapsa, Sarcine u. a., oder in einschichtigen Täfelchen wie bei Merismopedia, Gonium u. a., oder in einreihigen

Fäden wie bei Gloeothece, Bacterium, bei einigen Diatomeen, Desmidiaceen und Palmellinen. Fig. 22 a u. b zeigen einreihige Colonien mit gleichbleibender Theilungsrichtung, Fig. 22 c—g eine einschichtige Colonie mit zwei alternirenden Theilungsrichtungen. — Ein-

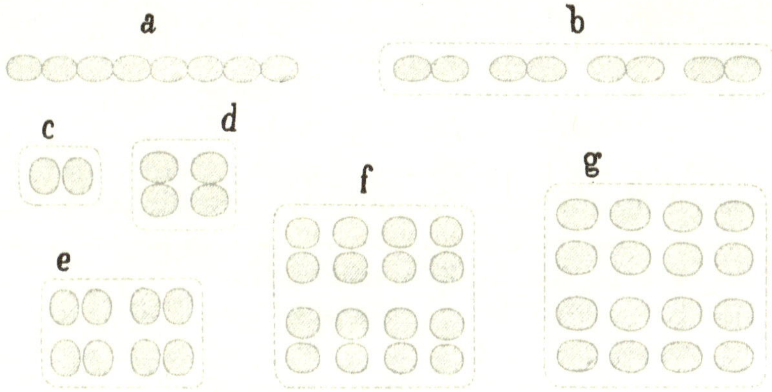

Fig. 22.

zellige Pflanzen, bei denen die Theilungsrichtung noch nicht idioplasmatisch bestimmt wäre, sondern von äusseren Einflüssen bedingt würde, sind nicht bekannt; denn die scheinbar unregelmässigen Zusammenlagerungen der Zellen kommen durch Verschiebung zu Stande.

Die besprochene Differenzirung zwischen den Theilungsrichtungen der auf einander folgenden Generationen geschieht übrigens, wie alle Differenzirung, möglichst allmählich. Damit ist nicht gesagt, dass die Theilungsebenen durch Mittelstellungen in einander übergehen, sondern dass der Wechsel zwischen den verschiedenen Stellungstypen zuerst unregelmässig auftritt und erst nach und nach zu einer constanten Regelmässigkeit gelangt. Der Uebergang durch mittlere schiefgestellte Theilungswände erscheint als eine mechanische Unmöglichkeit, da die Veränderung des Idioplasmas bei schiefwinkligem Wechsel offenbar grösser sein müsste als bei rechtwinkligem Wechsel. Die Erfahrung bestätigt die hier ausgesprochene theoretische Behauptung, indem die Zusammenordnung in den Colonien einzelliger Pflanzen in gewissen Fällen wohl die unregelmässige Folge der rechtwinkligen Kreuzung, aber nicht eine schiefe Stellung der Scheidewände darthut.

Der Fortschritt von solchen einzelligen Pflanzen, bei denen die Zelltheilung in allen drei Richtungen des Raumes regelmässig abwechselt, zu solchen, wo der Wechsel bloss in zwei Richtungen statthat, muss also in der Weise gedacht werden, dass die Theilungen in der dritten Richtung nach und nach seltener werden und zuletzt ganz unterbleiben. Auf einem analogen Wege kann aus einer Pflanze der ersten Art sich eine solche herausbilden, bei welcher die Zelltheilung nur in einer Richtung erfolgt, indem die Theilungen in den zwei andern Richtungen allmählich spärlicher eintreten und endlich ganz aufhören. Es wird nämlich in Folge der sich langsam vollziehenden Differenzirung im Idioplasma die Zelltheilung in den einen Richtungen immer mehr begünstigt und diejenige in den übrigen Richtungen in den latenten Zustand verwiesen.

Man könnte vielleicht zu der Ansicht geneigt sein, dass die Theilung mit gleichbleibender Richtung die einfachere und ursprünglichere sei und dass die Theilung mit wechselnder Richtung (in 2 oder 3 Dimensionen des Raumes) die complicirtere und abgeleitete sein müsse. Eine solche Meinung könnte man aber nur dann festhalten wollen, wenn man die genannten Theilungen bloss für sich betrachtet und dieselben gleichsam auf einer tabula rasa beginnen lässt. Wir dürfen eine phylogenetische Erscheinung jedoch nur mit Rücksicht auf die ihr vorausgehenden Zustände, aus denen sie entsprungen ist, beurtheilen. Diese Zustände bestanden nun ihrem Wesen nach darin, dass die Zellen sich in ganz gleiche Hälften theilten; dabei war die Theilungsrichtung unbestimmt, was mit der noch sehr einfachen und wenig bestimmten Anordnung der Kräfte zusammenhing. Als diese Anordnung complicirter und bestimmter wurde, stellte sich auch allmählich ein Unterschied zwischen den beiden Hälften einer Zelle, der alten, von der Elterzelle geerbten, und der neuen, nach der Theilung zugewachsenen, heraus. Wäre nun die Theilung z w i s c h e n der alten und neuen Hälfte, also parallel der früheren Theilung erfolgt, so wären die zwei sich bildenden Geschwisterzellen unter einander ungleich gewesen. Die Theilung in zwei gleiche Hälften war nur möglich, wenn die Scheidewand die alte und die neue Hälfte halbirte, also senkrecht zu der nächst vorausgehenden gerichtet war. Aus dem gleichen Grunde musste die folgende Theilung rechtwinklig auf ihren beiden Vorgängerinnen stehen. — Erst von diesen Zuständen aus konnte dann durch noch weiter gehende Differenzirung die Theilungsrichtung in einer und nachher in zwei Richtungen verloren gehen und der scheinbar einfachste Fall, die Theilung mit gleichbleibender Richtung eintreten.

Eine andere Art der zeitlichen Differenzirung betrifft die Dauer der auf einander folgenden Generationen. Am einfachsten stellt sich dieselbe bei einzelligen Pflanzen dar. Auf der unteren Stufe ist die Dauer der Generationen gleich gross; geschieht die Fortpflanzung durch Theilung, so wachsen die Kindzellen stets zum Volumen und zur Form der Elterzellen heran, ehe sie sich von neuem theilen (Chroococcaceen, viele Palmellinen). Dann tritt Ungleichheit ein, indem die einen Generationen ihre Lebensdauer verkürzen, die andern sie verlängern; diejenigen mit kürzerer Dauer erlangen auch eine geringere Grösse. Die Differenzirung erreicht den höchsten Grad, indem, im Gegensatz zu einer einzigen, langlebigen und wachsthumsfähigen Generation, eine ganze Reihe von Generationen eine sehr kurze Dauer und kein Wachsthum besitzt.

Es theilt sich beispielsweise bei Cystococcus eine kugelige Zelle in zwei halbkugelige, diese sogleich wieder in zwei, und die Theilung wiederholt sich sofort noch mehrmals, ohne dass die Zellen der auf einander folgenden Generationen eine Veränderung in der Grösse, Gestalt und im Inhalt erfahren. Die Theilung hört auf, wenn inner-

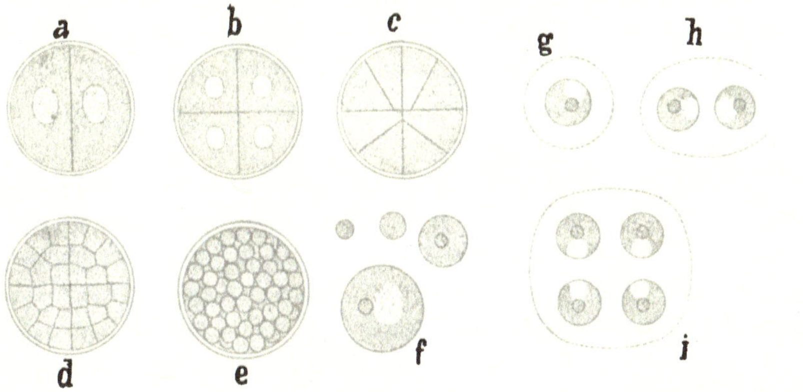

Fig. 23.

halb der Membran der ursprünglichen kugeligen Zelle eine grosse Menge von kleinen Zellen eingeschlossen ist. Diese Individuen der letzten Generation haben sich also in den Raum und die Substanz des Ahnenindividuums getheilt. Dieselben werden dann frei und trennen sich von einander, worauf jede allmählich zu der ursprünglichen Form und Grösse heranwächst; und nach längerer Dauer beginnt in ihr, als Ausgang einer neuen Reihe, wieder der Theilungsprocess. Die beistehende Figur (23a—f) zeigt den geschilderten Vorgang; a, b, c, d sind successive Theilungszustände; in e ist die Theilung beendigt und die Zellen der letzten Generation haben sich bereits von einander losgelöst und abgerundet; f successive Wachsthumszustände einer Zelle der Uebergangsgeneration. Zur Vergleichung sind in g, h, i drei Generationen einer einzelligen Alge, bei der die Differenzirung noch nicht eingetreten ist, dargestellt. Bei der letzteren sind die Individuen durch weiche Gallertmembranen mit einander verbunden; mit der Zunahme der Zellen wird die Gallertkugel in entsprechendem Maasse grösser.

Bei dieser Differenzirung tritt die Individualität der Reihengenerationen mehr und mehr zurück; zuletzt erscheint die ganze Reihe der Wiederholungsgenerationen bloss als der Fortpflanzungsakt der langlebigen Uebergangsgeneration. Die zeitliche Differenzirung hat in diesem, wie in andern Fällen, den nämlichen Erfolg, der dem phylogenetischen Organisationsprocess überhaupt zukommt, dass nämlich die individuellen und selbständigen Erscheinungen der untern Stufe Theile des Individuums der höheren Stufe werden.

Die Beispiele für die zeitlichen Differenzirungen, die ich angeführt habe, sind alle den einzelligen Pflanzen entnommen, weil der Vorgang hier nicht durch andere Erscheinungen verdunkelt wird. Auch bei den mehrzelligen Pflanzen kommen ohne Zweifel Differenzirungen zwischen den auf einander folgenden Generationen der Zellen und der Organe, also zwischen verschiedenen Entwicklungsstadien vor. Allein die Processe sind auf diesem Gebiete nicht leicht klar zu legen, weil die bestehenden Ungleichheiten meistens schon geerbt sind und weil Ort und Zeit, sowie die Art und Weise ihres Entstehens wegen der Lücken in den Abstammungsreihen und wegen Mangels an sicherem Beobachtungsmaterial verborgen bleiben.

Die Differenzirungen erfolgen, soweit es die Organisationsverhältnisse erlauben, ganz allmählich, so dass von dem undifferenzirten Zustande bis zu einem hohen Grade der Differenzirung alle Uebergangsstufen durchlaufen werden. Die Mittel hierzu werden, wenn sie nicht ohnehin vorhanden sind, durch die Vermehrung der Theile geliefert, welche vorgängig oder gleichzeitig eintritt (Gesetz V, S. 380). Es befinden sich daher bei der räumlichen Differenzirung zwischen den beiden Extremen zahlreiche Uebergangsbildungen; und bei der zeitlichen Differenzirung folgen diese Uebergangsbildungen durch Abstammung auf einander. Dieser Umstand gibt nun zu einem neuen phylogenetischen Process Veranlassung, zu der Reduction der differenzirten Theile.

VII. phylogenetisches Gesetz.

Die durch Differenzirung ungleich gewordenen Theile erfahren eine Reduction, indem die Zwischenbildungen unterdrückt werden, und zuletzt bloss die qualitativ ungleichen Gestaltungen mit qualitativ ungleichen Functionen erhalten bleiben.

Die Reduction der differenzirten Theile erscheint auch, weil sie die Uebergänge unterdrückt und die stärksten Gegensätze räumlich oder zeitlich unmittelbar neben einander bringt, als eine bestimmtere Differenzirung, lässt sich aber aus dem Gesetz der Differenzirung allein nicht erklären.

Die drei phylogenetischen Processe: die intercalare Ampliation der Ontogenie (V), die Differenzirung (VI) und die Reduction (VII) wirken in der Art, dass der erste die Theile quantitativ vermehrt, der zweite sie qualitativ verändert und der dritte sie quantitativ vermindert, so dass statt der ursprünglich beschränkten Zahl von gleichen Theilen zuletzt eine ebenfalls beschränkte Zahl von ungleichen Theilen vorhanden ist. Der höchste und letzte Organisationszustand, der durch Wiederholung der drei phylogenetischen Processe erlangt wird, ist eine möglichst grosse Zahl von qualitativen Ungleichheiten in einer möglichst geringen Zahl von Theilen.

Wenn ein Organ bei einer Pflanze in geringer, bei einer anderen in grösserer Zahl vorhanden ist, so kann die Deutung dieses Verhältnisses zweifelhaft sein. Die grössere Zahl zeigt möglicher Weise einen phylogenetischen Fortschritt an, wenn sie als Ampliation eine neue Differenzirung einleitet. Es stellt aber möglicher Weise auch die geringere Zahl die höhere Stufe dar, wenn sie die Folge des Reductionsprocesses ist. Es sind also in jedem Falle die beiden Möglichkeiten zu erwägen. Wenn die grössere Zahl keine beginnenden neuen Verschiedenheiten wahrnehmen lässt, so wird sie in der Regel als die tiefer stehende Stufe zu beurtheilen sein. Die kleinere Zahl ihrerseits kann um so eher als die höhere Entwicklung gelten, wenn mit ihr auch eine bessere morphologische Ausbildung und eine vollkommenere Function bemerkbar ist. Die Bedeutung der durch Reduction erlangten geringeren Zahl offenbart sich in sehr überzeugender Weise im Thierreiche, wo die Organe nach oben hin an Zahl abnehmen und auf der höchsten Stufe meistens bloss noch in der Einzahl oder Zweizahl vorhanden sind.

Die Endresultate der Reductionsprocesse treten uns überall im Pflanzenreiche entgegen, während die verschiedenen Stadien derselben nur selten bei verschiedenen Pflanzen noch erhalten sind. Doch gibt es einzelne Fälle, wo der Vorgang der Reduction sehr deutlich sich kundgibt.

Die verschiedenen Blattformen der Phanerogamen waren ursprünglich durch allmähliche Uebergänge verbunden. Es gibt jetzt noch Pflanzen, bei denen diese Uebergänge die Lücken zwischen einzelnen Blattformen überbrücken: zwischen Niederblättern und Laubblättern, zwischen Laubblättern und Hochblättern (Deckblättern), zwischen diesen und den Kelchblättern, zwischen Kelch- und Kronblättern, zwischen den letzteren und den Staubgefässen. So gehen bei den Cacteen die Hochblätter allmählich in die Kelch- und Blumenblätter, bei Nymphaea die Kelchblätter allmählich in die Blumenblätter und Staubgefässe über.

Der phylogenetisch höchste Organisationszustand ist erreicht, wenn die für den Lebensprozess nothwendigen Blattformen einerseits in geringster Stückzahl, andrerseits in grösster Ungleichheit und Vollkommenheit ohne Zwischenstufen neben einander liegen. So ist beispielsweise das Vorhandensein eines Blattkreises zwischen Blumenkrone und Staubgefässen oder eines Blattkreises zwischen Staubgefässen und Stempel nicht etwa als ein höher stehender Bereicherungszustand, sondern als die tiefer stehende, einer noch nicht vollständig gewordenen Reduction entsprechende Bildung zu betrachten.

Wenn der geschlossene rispige Blüthenstand durch Differenzirung in den ungeschlossenen traubigen Blüthenstand übergeht (S. 384), so findet eine Reduction der seitlichen Verzweigungen zu einfachen

Blüthenstielen statt. Die seitlichen Infloreseenzen (z. B. der Papilionaceen) waren ursprünglich die Enden von Laubsprossen; durch Reduction ging die Assimilation derselben verloren (S. 385).

Manche aus einreihigen Fäden bestehende Algen endigen in mehrzellige haarförmige Spitzen. Bei Bulbochaete sind dieselben auf eine einzige borstenförmige, am Grunde zwiebelförmig erweiterte Zelle reduzirt; die phylogenetischen Vorfahren von Bulbochaete hatten ohne Zweifel mehrzellige, allmählich in den Körper des Fadens übergehende Borsten.

Sehr deutlich zeigt sich der Reductionsprocess in der Zahl der weiblichen Sporen (Gynosporen, Makrosporen) der höchsten Gefässkryptogamen. Bei den Vorfahren waren anfänglich die Sporen geschlechtslos und gleichförmig, wie sie es jetzt noch bei der Mehrzahl der Gefässkryptogamen sind. Dann trat Differenzirung in männliche und weibliche Sporen ein, wobei dieselben in Grösse, Bau und Beschaffenheit einander noch gleich waren, wie dies jetzt noch mit den geschlechtlich differenzirten Sporen von Equisetum der Fall ist. Der weitere phylogenetische Entwicklungsgang bewirkte mit zunehmender Grösse der Gynosporen eine stetige Abnahme ihrer Zahl; die Art und Weise, wie dieser Reductionsprocess erfolgte, lässt sich noch aus den ontogenetischen Entwicklungsstadien der wenigen überlebenden Glieder der Abstammungsreihen erkennen.

Bei Isoëtes, wo die Reduction am weitesten fortgeschritten ist, bildet sich in jedem Fach der Androsporangien (Mikrosporangien) aus zahlreichen Elterzellen (Sporenmutterzellen) durch Viertheilung eine grosse Menge von Androsporen. In den Gynosporangien dagegen ist in jedem Fach die Zahl der Elterzellen auf eine einzige beschränkt, welche 4 Gynosporen erzeugt. — Das Androsporangium von Selaginella enthält im jugendlichen Zustande zahlreiche Elterzellen, von denen jede 4 Androsporen bildet. Das Gynosporangium verhält sich im Jugendzustande ebenso; aber nur eine einzige der Elternzellen theilt sich und bringt 4 Gynosporen hervor, sodass also das Gynosporangium bloss viersporig ist. — Bei den Marsiliaceen sind die beiderlei Sporangien in einem früheren Entwicklungsstadium ebenfalls gleich; in jedem treten 16 Sporenelterzellen auf, die sich je in 4 Zellen theilen. In den Androsporangien werden alle diese Zellen zu Androsporen, deren Zahl somit 64 beträgt. In den jungen Gynosporangien wächst anfänglich an jeder der 16 Tetraden eine

Zelle stärker als die 3 übrigen; nachher hören 15 Tetraden auf zu wachsen und gehen zu Grunde, und nur an einer Tetrade vergrössert sich die bevorzugte Zelle und wird mit Unterdrückung der drei Geschwisterzellen zur Gynospore, sodass das Gynosporangium 1sporig ist. Eine frühere phylogenetische Stufe hatte 16sporige, eine noch frühere 64sporige Gynosporangien.

Die wenigen bis jetzt angeführten Beispiele von Reductionen, die aus der Masse von Thatsachen aufs Gerathewohl herausgegriffen wurden, zeigen die numerische Abnahme der aus der räumlichen Differenzirung hervorgegangenen, neben einander liegenden Theile einer Ontogenie. Die durch Abstammung auf einander folgenden Theile werden in gleicher Weise reducirt. Die niedrigsten einzelligen Pflanzen theilen sich in den successiven Generationen durch Scheidewände, die in den 3 Richtungen des Raumes alterniren (S. 400). Der phylogenetische Fortschritt, der durch Differenzirung und Reduction zugleich bewirkt wird, besteht darin, dass zuerst eine, dann auch die andere Theilungsrichtung unterdrückt wird. Es fallen also von 3 Generationen gleichsam 2 aus; dadurch wird der Gegensatz zwischen der gleichbleibenden scheidewandbildenden Richtung und den übrigen Richtungen, in denen andere Functionen vor sich gehen, auf ein Maximum gesteigert.

Bei den niedrigsten einzelligen Pflanzen sind die auf einander folgenden Generationen an Dauer, Wachsthum und Grösse einander gleich. Durch Differenzirung und Reduction vermindert sich die Lebensdauer und das Wachsthumsvermögen aller Wiederholungsgenerationen (S. 403). Durch noch weitere Reduction geht, indem gleichsam die ganze Reihe der genannten Generationen verschwindet, die successive Theilung in Simultantheilung über, wie sie z. B. bei Hydrodictyon und Sciadium vorkommt.

Die Gefässpflanzen haben Generationswechsel; ihre Ontogenie besteht aus zwei Generationen, einer geschlechtslosen, Sporen erzeugenden und einer geschlechtlichen, männliche und weibliche Elementarorgane hervorbringenden Generation. Auf der untersten Stufe der Gefässpflanzen ist die Geschlechtsgeneration ein kleines assimilirendes Pflänzchen (Filices). Auf den folgenden Stufen wird die Grösse der Geschlechtspflänzchen mehr und mehr reducirt und die Assimilationsfähigkeit geht nach und nach verloren, bis auf der höchsten Stufe die männliche und weibliche Generation bloss noch aus einer oder einigen wenigen Zellen besteht. Noch viel deutlicher zeigt sich diese Reduction, wenn wir die phylogenetische Reihe von den lebermoosartigen Pflanzen beginnen lassen, aus denen die Gefässpflanzen hervorgegangen sind.

Neben der genannten Reduction der einen Generation verläuft ein Vergrösserungs- und Bereicherungsprocess der andern mit ihr alternirenden Generation. Dieses Wechselverhältniss zwischen den zwei Generationen, aus denen die Ontogenien der Hauptreihen des Pflanzenreiches bestehen, gehört zu den merkwürdigsten Erscheinungen der phylogenetischen Entwicklung. Diejenige Generation, welche aus der Vereinigung der Geschlechtszellen hervorgeht und auf geschlechtslosem Wege Sporen erzeugt, ist auf den untersten Stufen höchst einfach in Bau und Function, indem sie bei confervenartigen Algen bloss von einer einzigen Zelle dargestellt wird. Sie nimmt dann zu, ist aber bei den Moosen erst ein kugeliges bis längliches, äusserlich fast ungegliedertes Sporogonium mit sehr einfachem inneren Bau. Bis zu den Gefässpflanzen dagegen hat sie so sehr zugenommen, dass sie als der ganze, äusserlich und innerlich reich gegliederte Pflanzenstock auftritt.

Die andere Generation, welche aus einer geschlechtslos erzeugten Spore entspringt und selber die Geschlechtszellen hervorbringt, zeigt den umgekehrten Entwicklungsgang. Auf der untersten Stufe ist sie die ganze Pflanze (Confervoïden). Sie nimmt zwar auf den folgenden Stufen absolut etwas zu, aber relativ (im Verhältniss zur geschlechtserzeugten Generation) sehr deutlich ab. Bei den Moosen ist sie noch ein ziemlich hoch organisirter, antheridien- und archegonientragender Pflanzenstock. Bei den Gefässpflanzen aber hat sie, wie schon erwähnt, auch nach absolutem Maass abgenommen, und verhältnissmässig (im Vergleich mit der andern Generation) zeigt sie sich hier zuletzt auf das äusserste beschränkt.

Zur ursächlichen Erklärung dieses Wechselverhältnisses weiss ich nichts anderes als das Streben nach Differenzirung anzuführen. Es scheint, dass die Pflanze die Neigung hat, die Erzeugung der Geschlechtszellen von den übrigen Functionen zu trennen, um den Sexualact desto vollkommner ausführen zu können. Die Erzeugung der Geschlechtszellen ist anfänglich mit allen andern Functionen auf dem nämlichen Individuum vereinigt, während das mit demselben alternirende aus der Verschmelzung der Geschlechtszellen hervorgehende Individuum bloss einen einzelligen Uebergang darstellt. Dadurch nun, dass die geschlechtserzeugende Generation durch Reduction kleiner, die geschlechtserzeugte Generation aber durch Ampliation und Differenzirung grösser wird, gehen die vegetativen Functionen nach und nach auf die letztere über, und der ersteren bleibt auf der höchsten Stufe keine andere Function, als die Geschlechtszellen hervorzubringen.

Die Vorgänge, die in den drei vorhergehenden Gesetzen dargelegt wurden, die Ampliation (V), Differenzirung (VI) und Reduction (VII), stehen in inniger Beziehung zu einander und haben das gemeinsame Resultat, dass sie einen Organismus mit einfachem Bau und beschränkten Functionen in einen solchen mit zusammengesetzterem Bau und zahlreicheren Functionen umwandeln. In der Vorstellung lassen sich die Vorgänge stets aus einander halten; in der Wirklichkeit sind sie sehr häufig mit einander zu einem Gesammtprocess verbunden. Wir können daher die genannten drei Gesetze in ein einziges phylogenetisches Gesetz, nämlich das der *Complication* zusammenfassen.

Das gleichartige Stück einer Ontogenie wird, indem es sich vergrössert, innerlich ungleich, und die Ungleichheit steigert sich, indem die Uebergangsglieder der ungleich gewordenen Theile verschwinden und nur die extremen Bildungen übrig bleiben.

Der Gesammtprocess der Complication durchläuft also zwei Perioden, die meistens auch zeitlich auf einander folgen. In der ersten Periode findet Ampliation mit Differenzirung, in der zweiten Reduction mit zunehmender Differenz statt. Die *beginnende* Differenzirung, welche die Functionen auseinander legt, bedarf naturgemäss eines vergrösserten Feldes ihrer Thätigkeit, weil die räumlich neben einander befindlichen oder zeitlich auf einander folgenden Theile, die von dem gleichartigen in den ungleichartigen Zustand übergehen, zuerst eine Menge von Uebergängen zeigen. Die *fortgesetzte* Differenzirung, welche die Ungleichheiten erhöht, wird naturgemäss dadurch unterstützt, dass der Organismus die Uebergangsstufen preisgibt und bloss die extremen Bildungen beibehält, denen er nun mehr Kraft und Stoff zuführen kann.

Ist in diesen zwei Perioden auch, wie die Erfahrung zeigt, der gewöhnliche Verlauf ausgedrückt, so kann doch, wie es scheint, auch jedes einzelne Moment derselben, die Ampliation, die Reduction, die Differenzirung allein thätig sein, indem dasselbe in gewissen Fällen unzweifelhaft vorhanden ist, während die übrigen sich der Wahrnehmung entziehen.

Die phylogenetischen Processe, die gemäss den vorausgehenden Gesetzen (I—VII) erfolgen, haben das Bestreben, die Organisation der Pflanzen mannigfaltiger und den Zusammenhang ihrer Theile inniger zu machen. Diese Vervollkommnungsbewegung geht ohne Rücksicht auf die von aussen auf die Organismen einwirkenden Einflüsse vor sich. Sie erhält aber durch die letzteren ein bestimmtes Gepräge, sodass die concreten Pflanzenformen, wie sie in die Erscheinung treten, als die Resultirende der zusammentreffenden inneren und äusseren Kräfte zu betrachten sind. Die Wirkung der äusseren Ursachen gibt uns das letzte Gesetz der Abstammungsgeschichte.

VIII. phylogenetisches Gesetz.

Die äusseren Verhältnisse, unter denen die Pflanzen leben, wirken direkt als Reiz oder indirekt als empfundenes Bedürfniss verändernd ein, verleihen dadurch der Gestaltung und den Verrichtungen einen bestimmten zeitlichen und örtlichen Ausdruck und bringen somit verschiedene Anpassungen zu Stande. Die Anpassungen sind durch Vererbung beständig, gehen aber, wenn neue andere Anpassungen sie ausser Wirksamkeit setzen, wieder allmählich verloren.

Ich habe die sämmtlichen Anpassungen in Ein allgemeines Gesetz zusammengefasst, weil ich dasselbe nicht in die besonderen Gesetze zu zerlegen vermag. Es gibt offenbar verschiedene Arten, wie die Anpassungen zu Stande kommen, gleichwie es verschiedene Arten für den Fortschritt der Vervollkommnungsbewegung gibt. Man kann auch nach verschiedenen Gesichtspunkten bestimmte Kategorien der Anpassung unterscheiden; allein diese Gesichtspunkte beziehen sich weder auf die mechanischen Vorgänge noch auf die Ursachen der Veränderung, und haben daher für die vorliegende Betrachtungsweise der Abstammungslehre keinen Werth.

Die Erkenntniss der Anpassungsvorgänge wird dadurch erschwert, dass sie, weil auf dem langsamen phylogenetischen Wege erfolgend, dem Experiment nicht zugänglich sind, — ferner dadurch, dass die neuen Anpassungen oft gleichsam auf die von früher her vererbten Anpassungen gepfropft werden und eine Verbindung mit denselben bilden, — endlich dadurch, dass die Anpassungen mit den Errungenschaften des Vervollkommnungsprocesses ein einheitliches und untheilbares Ganze darstellen. Die Anpassungsursachen sind überdem so verschiedenartig und wirken in so mannigfaltigen Combinationen ein, dass es nur selten gelingt, eine Ursache in ihren Wirkungen zu erfassen.

Es wurden bereits oben (S. 142—165) mehrere Anpassungen, die auf directem Wege durch Reize oder auf indirectem Wege durch das Bedürfniss verursacht werden, besprochen. Um eine Anpassungsveränderung vollständig zu begreifen, muss man wissen, woraus sie geworden, welche Ursachen sie hervorgebracht haben, und wie diese mechanisch eingewirkt haben. Nur in wenigen Fällen sind uns alle drei Momente hinreichend bekannt. Wir wissen beispielsweise, woher die Wurzelhaare (Rhizoïde) der niedrigsten Algen herkommen. Es werden nämlich die Auswüchse der einzelligen Pflanze auf der untersten Stufe zur Fortpflanzungszelle (durch Sprossung); indem letztere vegetativ wird, wächst sie zum Thallom oder zum Trichom aus. Die Trichome sind zuerst reproductiv; auf einer höheren Stufe werden sie steril, in welchem Zustande sie verschiedene Anpassungsumbildungen erfahren, von denen eine das Wurzelhaar ist. Die Ursachen dieser Anpassung, unter denen sich jedenfalls die Schwerkraft befindet, entziehen sich noch unserer Einsicht.

Etwas deutlicher gibt sich die Wurzelbildung der Gefässpflanzen zu erkennen. Es ist unzweifelhaft, dass die eigentlichen Wurzeln aus unterirdischen Caulomen (Ausläufern) hervorgegangen sind. Die Veränderung in der Lage der mechanischen Gewebe, und die Umkehr des anfänglichen Wachsthums der Gefässstränge, welche dabei eingetreten sind, lassen sich aus den veränderten mechanischen Angriffen erklären (S. 146). Die wichtigste Anpassung aber besteht in der Unterdrückung der Blattbildung und in der Bildung einer Wurzelhaube; sie ist durch den Druck zu erklären, den die Spitze des sich verlängernden Organs in der Erde erfährt. Die Caulome der Gefässkryptogamen haben an der Spitze eine Scheitelzelle, die sich durch alternirend schiefe Wände theilt (v in Fig. 24 a). Wird während einer langen Reihe von Generationen fortwährend durch den Druck ein Reiz auf die Scheitelzelle ausgeübt, so reagirt dieselbe in der Art, dass das ihr specifisch zukommende Scheitelzellenplasma durch das Ernährungsplasma von dem Scheitelpunkt zurückgedrängt wird. Das letztere verdickt dann zunächst die Aussenwand, und in Folge stärkerer, d. h. noch länger andauernder Reizeinwirkung wird die äussere, das Ernährungsplasma enthaltende Partie durch eine Scheidewand als Zelle abgeschnitten, aus welcher die zum Schutz des Scheitels dienende Wurzelhaube sich bildet. (Fig. 24 b zeigt zwei mit r bezeichnete Initialzellen der Wurzelhaube). Dies stimmt mit der allgemeinen Thatsache überein, dass ein Reiz vermehrtes Wachsthum und vermehrte Zelltheilung bewirkt.

Durch den von aussen ausgeübten Druck wird ferner und zwar schon vor der Wurzelhaubenbildung das Wachsthum der Blätter unterdrückt. Die unterirdischen als Wurzeln functionirenden Caulome von Psilotum zeigen uns eine erste Stufe dieses Vorganges; dieselben haben bloss wenigzellige nicht über die Oberfläche vorspringende Blatt-

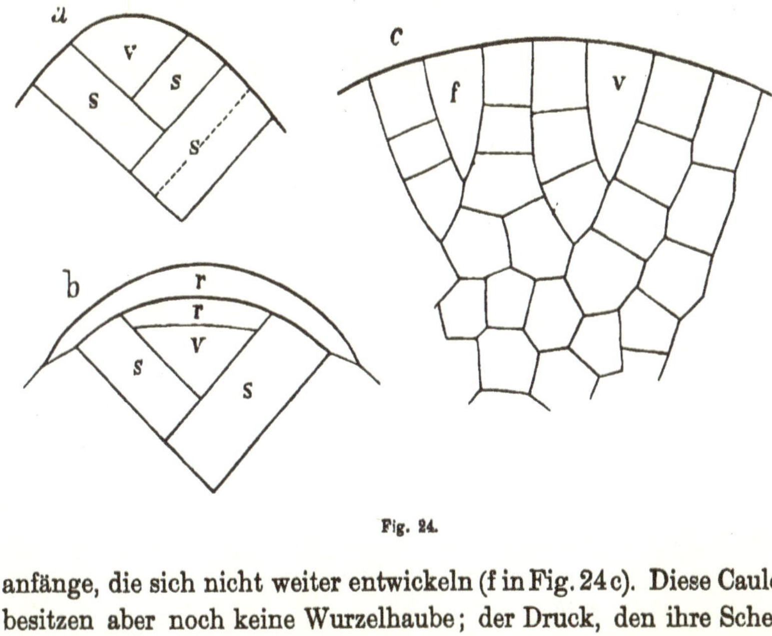

Fig. 24.

anfänge, die sich nicht weiter entwickeln (f in Fig. 24 c). Diese Caulome besitzen aber noch keine Wurzelhaube; der Druck, den ihre Scheitelzelle (v) erfährt, ist durch die beträchtliche Dicke des Caulomkörpers und die flache Gestalt der Scheitelregion bedeutend vermindert;

wenn aber Psilotum eine künftige Erdperiode erlebt, so wird es bis dahin wohl auch zur Bildung einer Wurzelhaube gelangen.

Ist die Wurzelhaubenbildung eingetreten, so sind die Segmente, aus denen die Blätter entstehen sollten (s in Fig. 24 b), mit einer Zelle bedeckt. Die Bildung der Blattanfänge unterbleibt nun in Folge der veränderten Umgebung gänzlich. Es ist aber noch unklar, auf welche mechanische Weise die Initialzelle der Wurzelhaube auf die unterliegende Segmentzelle einwirkt. Wir wissen nur, dass die Bildung der Blattanfänge immer in einer Aussenzelle erfolgt, und dass durch die Wurzelhaubenbildung die sonst blatterzeugende Zelle (s in Fig. 24 a) zur Innenzelle geworden ist.

Ein anderes Beispiel, wo wir den Ursprung einer Anpassungsveränderung kennen und auch ihre Ursache mit grösster Wahrscheinlichkeit vermuthen können, aber den mechanischen Vorgang nicht begreifen, geben uns die flächenförmigen Organe. Auf den tiefsten Stufen waren die in die Länge wachsenden Organe sämmtlich cylindrisch mit allseitiger Verzweigung. Es ist dies die ursprüngliche Form, die sowohl durch den Mangel einer Differenzirung in den zur Achse rechtwinkligen Ebenen als durch bekannte allgemeine mechanische Ursachen bedingt wurde. Auf den folgenden Stufen findet einerseits Verzweigung der noch cylindrischen Fäden in einer Ebene statt (Bryopsis, Ptilota etc.), andrerseits nehmen die Thallome in ihrer Totalität oder in einzelnen Theilen eine flächenförmige Gestalt an (Caulerpa, Udotea, Porphyra, Nitophyllum etc.). Der Erfolg dieser Veränderung ist eine ausgiebigere Einwirkung des Lichtes auf die Zellen.

Den Anstoss zu der Veränderung mag die durch innere Ursachen erfolgende Differenzirung geben; die Einwirkung des Lichtes bestimmt dann jedenfalls die Richtung, welche die flächenförmige Ausbildung annimmt. Vielleicht aber verursacht die letztere allein den ganzen phylogenetischen Umbildungsprocess. — Was nun das Vermögen des Lichtes in Bezug auf Veränderungen an den Pflanzen bedingt, so wissen wir, dass dasselbe ungleiche Wachsthumsprocesse an der beleuchteten und an der beschatteten Seite von verschiedenen assimilirenden Organen hervorbringt. Die nothwendige Consequenz hiervon ist, dass die beiden Seiten, welche in der zu den einfallenden Lichtstrahlen rechtwinkligen Ebene liegen, sich anders verhalten müssen als die beleuchtete und die beschattete Seite, und es ist nicht unmöglich, dass in dieser Ebene durch den Einfluss des Lichtes Wachsthum und Verzweigung begünstigt werden.

Von den verschiedenen Beziehungen, unter denen wir die Anpassungen betrachten können, ist der Nutzen, den sie gewähren, in der Regel die am besten bekannte. Aus demselben lässt sich in einzelnen Fällen auf die Ursachen schliessen, während in anderen Fällen die Wirkung keine Andeutung über die Ursache und deren mechanische Thätigkeit gibt. Als Beispiel für letzteres können manche Schutzeinrichtungen angeführt werden. Besonders sind es die Fortpflanzungsorgane, dann auch die jungen noch im Stadium der Zelltheilung befindlichen Partien, welche vor mechanischen Einwirkungen und vor den Angriffen von Thieren geschützt werden.

Eine Art des Schutzes besteht darin, dass die solche Theile tragende Oberfläche sich vertieft. Ist die Anpassung vollständig, so hat sich die Vertiefung zu einer mit engem Ausführungsgang versehenen Grube ausgebildet. Wir finden diese Einrichtung schon bei Algen, nämlich als Sorusgrübchen und Fasergrübchen bei den Fucaceen, als Antheridiengrübchen bei wenigen Florideen (Corallina, Gracilaria), als vertiefter Scheitel (Laurencia, Fucaceen). Der Nutzen der Einrichtung ist unverkennbar; die Ursache derselben dürften wohl Reize sein, denen die im Wachsthum begriffenen Theile ausgesetzt waren. Aber wir haben keine Vorstellung davon, wie durch einen solchen Reiz das Flächenwachsthum der Aussenzellen local gesteigert und das durch die Innenzellen bewirkte Dickenwachsthum an derselben Stelle vermindert wird.

Eine andere ähnliche Schutzvorrichtung besteht darin, dass ein Organ durch Einrollung der Spitze seinen zellenbildenden Scheitel umhüllt (unter den Algen Padina, Ceramium, Rhodomela). Sie schliesst sich an die vorhergehende Einrichtung in der Beziehung an, dass die Fortpflanzungsorgane sich auf der concaven, also geschützten Seite befinden. Der Grund aber, warum die (concave) Bauchseite anfänglich weniger stark in die Länge wächst als die (convexe) Rückenseite, bleibt zur Zeit noch ebenso unbekannt. — Viel häufiger wird der Schutz junger Theile dadurch zu Stande gebracht, dass ältere Organe dieselben umgeben und bedecken, was ebenfalls schon bei Algen vorkommt. Auch diese Einrichtung wird aus noch verborgenen Ursachen durch stärkeres Längenwachsthum auf der (convexen) Rückenseite der Schutzorgane bewirkt.

Wie bereits Eingangs dieses Abschnittes bemerkt wurde und wie sich auch aus den angeführten Beispielen ergibt, trifft die Anpassungsveränderung mit dem durch innere Ursachen bewirkten Vervollkommnungsfortschritt zusammen und verleiht dem letzteren den concreten specifischen Charakter. Es sind daher für eine Erscheinung sehr häufig zweierlei Ursachen aufzusuchen und man würde leicht in Irrthum gerathen, wenn man beispielsweise eine bestimmte Veränderung bloss als die Folge der Differenzirung oder bloss als die Folge der Anpassung betrachten wollte, während in Wirklichkeit die vollständige Erklärung nur durch die beiden zusammenwirkenden Momente gegeben wird.

Dies zeigt sich unter anderem deutlich bei den Anpassungen, welche durch den Wechsel der Jahreszeiten bedingt, durch die Differenzirung aber unterstützt oder eingeleitet werden. Dieselben treten uns bei allen Pflanzen in grösserem oder geringerem Umfange entgegen, am augenfälligsten bei den höheren Gewächsen, die im Winter wie unsere Bäume und Sträucher nach Verlust der Blätter, oder wie unsere ausdauernden Kräuter nach Verlust der sämmtlichen über der Erde befindlichen Theile einen Ruhezustand durchmachen. Die einfachsten Verhältnisse und das sicherste Urtheil gewähren aber die niederen, aus einer einzigen Zelle oder aus einer geringen Zahl von Zellen bestehenden Pflanzen.

Die niedrigsten Pflanzen in jeder Beziehung sind die Schizophyten, zu denen die Nostochinen (im weitesten Sinne) und die Spaltpilze gehören. Bei manchen derselben beschränken sich die Lebensvorgänge darauf, dass die Zellen, zwischen denen noch gar keine Verschiedenheit besteht, auf die doppelte Grösse anwachsen und dann sich theilen. Werden die äusseren Verhältnisse für diese Lebensvorgänge ungünstig, so stehen dieselben still, um jeder Zeit, wenn die äusseren Umstände sich wieder günstiger gestalten, von neuem zu beginnen. Bei den einen dieser Schizophyten ist gar kein Unterschied zwischen dem Vegetationszustand und dem Ruhezustand zu bemerken; bei den anderen wird mit der Abnahme der Vegetation der Zelleninhalt wenig dichter und die Membran etwas derber. In diesem Zustande verharren die Zellen während der Ruhezeit, wobei eine grössere oder kleinere Zahl derselben, je nach der Ungunst der äusseren Einflüsse, zu Grunde geht. Es ist hier noch ganz unbestimmt, welche Zellen ausdauern und die Sippe erhalten.

Auf der nächst höheren Stufe gehen die Zellen vor der Ruhezeit, theils durch die weiter gehende Anpassung, welche in Folge der fortgesetzten Einwirkung der äusseren Agentien statthat, theils durch zeitliche und räumliche Differenzirung in den Sporenzustand über, indem die Membran dick und fest, der aus Fett und Eiweiss bestehende Inhalt dicht (wasserarm) wird. In diesem Zustande sind die Zellen gegen die Unbilden, welchen sie während der Vegetationsruhe ausgesetzt sind, viel widerstandsfähiger. In der phylogenetischen Reihenfolge sind es zuerst alle Zellen, welche ohne eine Gestaltsveränderung zu Sporen sich umbilden, wie dies noch bei Nodularia der Fall ist. Dann tritt Scheidung zwischen den Zellen ein, indem in den einen die vegetative Zelltheilung fortdauert, während die andern, statt sich weiter zu theilen, beträchtlich an Grösse zunehmen und zu Sporen werden. Erst sind es unbestimmt viele Zellen, die in den Sporenzustand übergehen; dann ist es nur noch eine einzige in einem Faden oder Fadenstück (Rivularia).

Diese Anpassung an den Wechsel der Jahreszeiten hat einen Generationswechsel zur Folge. Sind die Pflanzen einzellig, so wird die Reihe der gewöhnlichen Generationen durch eine Generation abgeschlossen, welche als Ruhespore während des Vegetationsunterbruches ausdauert und beim Beginn der nächsten Vegetationszeit die Theilung in unveränderter Weise fortsetzt. Sind die Pflanzen mehrzellig, so vermehrt sich eine Reihe von Generationen durch Zerfallen der Fäden in Stücke, und die Uebergangsgeneration bildet Ruhesporen.

Auf der höheren Stufe tritt zu der Differenzirung und Anpassung, welche auf der untersten Stufe die Ruhesporen erzeugen, noch die weitere Differenzirung in Geschlechtszellen ein. Durch Copulation zweier äusserlich gleicher Zellen oder einer Eizelle mit Spermatozoiden entsteht eine Zelle, die zur Ruhespore (Zygospore oder Oospore) wird. Ist die Pflanze einzellig, so besteht der Generationswechsel darin, dass eine Reihe von Generationen sich auf ungeschlechtlichem Wege fortpflanzt, während die Uebergangsgeneration geschlechtlich differenzirt ist und sich zu einem den Vegetationsunterbruch überdauernden Product vereinigt (Volvox, Pandorina, Hydrodictyon). Ist die Pflanze mehrzellig, so bildet eine Reihe von Generationen Schwärmsporen; die letzte Generation der Vegetationszeit aber erzeugt

Geschlechtszellen, aus deren Vereinigung die Ruhesporen hervorgehen (Ulothrix).

Auf dieser Stufe trifft also Geschlechtsdifferenz und Bildung von Ruhesporen mit dem Wechsel der Jahreszeiten zusammen und zeigt demnach den Charakter der Anpassung. Die ganze Einrichtung verliert aber bald ihre Bedeutung als Anpassung, und beweist auch durch diesen Umstand, dass sie nicht bloss durch die von aussen wirkenden Einflüsse hervorgebracht wurde. Auf der nächst höheren Stufe nämlich findet Befruchtung und Bildung von Ruhesporen nicht nur am Ende der Vegetationszeit, sondern auch wiederholt während derselben statt (Vaucheria, Oedogonium).

Werden auf den folgenden Stufen die Pflanzen mehrjährig, so treten andere Anpassungserscheinungen in der vegetativen Sphäre und in der geschlechtslosen Fortpflanzung auf, welche die Ueberdauerung des Vegetationsunterbruches ermöglichen oder erleichtern. Die geschlechtliche Befruchtung aber hat den Charakter der Anpassung an den Wechsel der Jahreszeiten gänzlich eingebüsst; sie erfolgt während der Vegetationszeit und leitet sofort Wachsthum mit Zelltheilung ein (Moose, Gefässpflanzen).

Die Trennung der Geschlechter ist ursprünglich ein reiner Differenzirungsact, indem die männlichen und weiblichen Zellen mit Ausnahme der getrennten Geschlechtselektricität einander noch ganz gleich sind (S. 387). Die Differenzirung schreitet dann weiter fort; zugleich aber kommen Anpassungsveränderungen hinzu. Die Pflanzen, in denen die Geschlechtsdifferenzirung beginnt, haben schon von ihren Vorfahren das durch Anpassung erlangte Bestreben geerbt, ihre Keime mit Nährstoffen zu versehen (S. 163). Die ersten geschlechtlichen Schwärmzellen sind damit noch sehr spärlich ausgestattet. Indem Anpassung und Differenzirung sich steigern, werden die einen (die weiblichen) mit reichlicher Nahrung ausgerüstet und verlieren dadurch ihre Beweglichkeit; sie werden entweder bloss von der Mutterpflanze ausgestossen oder bleiben in derselben liegen, indem durch eine Oeffnung der Zugang für die Spermatozoide frei gemacht wird. Die andern geschlechtlichen Schwärmzellen (die männlichen) werden, gleichsam durch Compensation, von Nährstoffen ganz entblösst und gewinnen dafür an Beweglichkeit. Durch weitere Anpassung gehen sie in die längliche (Eudorina) und dann in die fadenförmige Gestalt (Chara) über, und werden mehr und mehr schraubenförmig, wie auch die lebhaft vorwärts gehenden und sich drehenden Pflänzchen von fadenförmiger Gestalt (Spirillum, Spirulina) zu Schrauben geworden sind.

Ein anderes Beispiel, wo mit der Anpassung auch Differenzirung durch innere Ursachen mitgewirkt hat, finden wir in der Veränderung der Gewebe durch mechanische Einwirkung. Ich habe aus der letzteren die Entstehung der sog. mechanischen Zellen abgeleitet (S. 146). Das Resultat hätte aber nicht so bestimmt und charakteristisch ausfallen können, die mechanischen Zellen wären von dem angrenzenden Gewebe nicht so scharf geschieden, wie es gewöhnlich der Fall ist, wenn nicht noch eine andere Ursache dabei thätig gewesen wäre. Es ist dies die Neigung des Idioplasmas zur Differenzirung; dieselbe übergab die einen Zellen gänzlich oder grösstentheils ihrem mechanischen Berufe, stattete sie mit dicken festen Membranen aus und entblösste sie an Inhalt, während die angrenzenden Zellen dünnwandig blieben und andere Verrichtungen übernahmen.

Ein solches Zusammenwirken der äusseren mechanischen Ursachen und der inneren Neigung zur Differenzirung glaube ich schon auf der untersten Stufe des Pflanzenreiches bei der Entstehung der Grenzzellen in den Familien der Nostochaceen, Scytonemaceen und Rivulariaceen annehmen zu dürfen. Werden einreihige Zellfäden durch allseitiges Wachsthum (Theilung aller Zellen) sehr lang, so brechen sie leicht entzwei, wenn irgend eine mechanische Ursache auf sie einwirkt (Oscillariaceen, Zygnemaceen). Dabei trennen sich entweder die Endzellen der beiden Hälften einfach von einander, oder es wird eine Zelle zwischen den beiden Hälften zerdrückt und stirbt ab.

Bei den genannten Familien der Nostochinen wird an der Stelle, wo die Trennung der Fadenstücke stattfinden soll, eine Zelle zur sog. Grenzzelle, indem sie ihre Membran verdickt, ihren Inhalt verliert und abstirbt. Von dieser Zelle lösen sich die Fadenstücke ab, und aus dem Umstande, dass dieselbe gewöhnlich noch an dem einen Faden haften bleibt, hat sie den Namen Grenzzelle erhalten. Dass bei deren Bildung die Differenzirung wesentlich betheiligt ist, ersieht man daraus, dass die der Grenzzelle anliegenden Zellen oft zu Sporen werden (Cylindrospermum, Rivularia), oder in Fäden auswachsen (Rivulariaceen, Scytonemaceen). Aber es liesse sich das

Entstehen der Grenzzellen aus der Differenzirung allein kaum begreifen.

Dass eine mechanische Ursache dabei mitgeholfen habe, ist mir desswegen wahrscheinlich, weil die Grenzzelle in der Regel sich in der Mitte des Fadens bildet, also da, wo Druck und Zug bei der Biegung des Fadens am stärksten empfunden werden, und weil die Grenzzelle die nämlichen Veränderungen erfährt wie die mechanischen Zellen. Die mechanische Wirkung ist jedoch nicht etwa als eine unmittelbare und ontogenetische aufzufassen. Sondern es hat die fortwährend wiederholte mechanische Einwirkung während einer langen Generationenreihe eine erbliche Anlage im Idioplasma geschaffen, die nun allen Zellen zukommt, und die sich in derjenigen Zelle eines Fadens entfaltet, auf welche die maassgebenden Einflüsse, wozu auch die durch mechanische Einwirkung hervorgerufene Spannung gehört, sich concentriren.

Das Vorhandensein der phylogenetischen Vorgänge, welche sich den 8 aufgestellten Gesetzen oder den 3 allgemeinen Gesetzen der Vereinigung, Complication und Anpassung unterordnen, ist deutlich zu erkennen, und es kann darüber kein Zweifel bestehen. Dagegen erhebt sich nun die wichtige Frage, ob damit der ganze Organisationsprocess erschöpft sei, oder ob es Erscheinungen gebe, welche sich daraus nicht erklären lassen und welche auf noch anderweitige Vorgänge hinweisen. Letzteres scheint mir nicht der Fall zu sein. Es gibt zwar eine Menge von Organisationsverhältnissen, über deren Zustandekommen wir uns vollkommen im Ungewissen befinden; aber nicht desswegen, weil sie uns etwas neues darbieten, sondern einmal weil sie noch zu wenig erforscht und erkannt sind, ferner weil wegen ihrer Complicirtheit und wegen der vorausgehenden Lücken in der phylogenetischen Reihenfolge keine bestimmte Andeutung gegeben ist, durch welche Combination und Stufenreihe der bekannten Vorgänge sie entstanden sein könnten. Damit ein Organisationsverhältniss mit anderen in genauer Weise verglichen und daraufhin phylogenetisch richtig gedeutet werden kann, muss seine Entwicklungsgeschichte bis in alle Einzelheiten klar gelegt sein.

Wenn ich sage, dass nach meiner Ansicht die 8 Gesetze ausreichen, um alle Erscheinungen im Pflanzenreiche zu erklären, so setze ich voraus, dass die niedrigsten Pflanzen, mit denen die phylogenetischen Reihen beginnen, bereits diejenigen Eigenschaften besitzen, welche sie aus dem Probienreich geerbt haben, und welche die allgemeinsten Erscheinungen des Wachsthums und der Fortpflanzung der Organismen umfassen (vgl. § 1—7 S. 341—350). Da die genannten 7 Erscheinungen als Anlagen im Idioplasma aller Pflanzen enthalten sind, so können sie unter günstigen Umständen auch stets zur Entfaltung gelangen, und ebenso werden sie je nach Umständen einen grösseren oder geringeren Antheil an der weiteren phylogenetischen Entwicklung des Idioplasmas geltend machen.

Diese phylogenetische Entwicklung des Idioplasmas besteht, wie sich aus der ganzen vorliegenden Untersuchung ergibt, darin, dass die Configuration desselben zusammengesetzter wird, dass die Zahl und die Verschiedenheit der idioplasmatischen Anlagen zunimmt, und dass zugleich die Anlagen in innigere Beziehung zu einander treten, indem die Idioplasmamicelle in bestimmten Richtungen des Querschnitts der Stränge fester zusammenschliessen und somit dynamisch besser auf einander einwirken können. Dabei erhält die ganze Zusammenordnung der Anlagen naturgemäss ein ihrer successiven Entstehung entsprechendes Gefüge; ihre ontogenetische Entfaltung wiederholt daher in gewissem Maasse die vorausgehende phylogenetische Reihe und ihre weitere Entwicklung bedingt einen entsprechenden Fortschritt in der Ontogenie.

Aus dieser phylogenetischen Entwicklungsgeschichte des Idioplasmas und aus ihrer Beziehung zur jeweiligen ontogenetischen Entfaltung ergeben sich die verschiedenen phylogenetischen Entwicklungsgesetze, wie sie mittels einer Vergleichung der entfalteten Organismen beurtheilt und abgeleitet wurden. Dieselben bestehen im allgemeinen darin, dass die den Ontogenien angehörenden Theile, welche auf den früheren Stufen zeitlich und räumlich sich ganz oder theilweise trennten, auf den späteren Stufen sich vereinigen und in dauernde Beziehung zu einander treten (Ges. I—IV), während zugleich Lebensvorgänge, die früher in jedem der getrennten Theile beisammen waren, nun in den zu einem Ganzen vereinigten Theilen aus einander gelegt werden (Differenzirung VI). Ferner erfolgen unter der Einwirkung des umgeänderten und complicirter gewordenen Idioplasmas andere chemische und plastische Processe (VI). Das Auftreten dieser neuen Processe und des eigentlichen Differenzirungsactes selber verursachen eine Verlängerung des betreffenden ontogenetischen Abschnittes (Ampliation V), während andere Abschnitte der Ontogenie, in denen die Differenzirung vollendet ist, durch Unterdrückung von Zwischenbildungen auf das qualitativ Verschiedene reducirt werden, so dass die Gegensätze schärfer hervor und einander näher treten (VII).

Ob nun der phylogenetische Fortschritt auf jeder Stufe in der einen oder anderen Weise erfolge, muss einmal von der ganzen vorausgehenden phylogenetischen Bewegung und somit von der Beschaffenheit der Ontogenie abhängen. Er kann aber auch von den äusseren Einflüssen bedingt werden, welche nicht nur bestimmte Anpassungen verursachen, sondern ohne Zweifel auch in vielen Fällen bestimmen, welche von den inneren Ursachen des phylogenetischen Fortschritts die Oberhand gewinnen. In dieser Beziehung dürften sich die Phylogenien gerade so verhalten, wie die Ontogenien. Die letzteren entfalten mit unbedingter Nothwendigkeit eine gewisse Summe von Anlagen, während es von den äusseren Ursachen (Nahrung, Feuchtigkeit, Licht, Wärme, Schwerkraft) abhängt, ob und welche von gewissen anderen Anlagen zur Entfaltung gelangen. So muss es in der Phylogenie bestimmte Entwicklungen des Idioplasmas geben, welche unbedingt durch die bisherige phylogenetische Bewegung bewirkt werden, während in Fällen, wo die inneren Ursachen fast mit gleicher Energie zwei verschiedene Entwicklungsvorgänge anstreben, die von aussen kommenden Reize den Ausschlag geben. Man muss also annehmen, dass, während in den einen Fällen die äusseren Einflüsse sich indifferent verhalten und eine Pflanzensippe sich überall in der nämlichen Weise fortbildet, in anderen Fällen die Abkömmlinge der nämlichen Sippe in einem warmen und einem kalten Klima, im Wasser und auf dem Lande, abgesehen von der ungleichen Anpassung, auch eine verschiedene phylogenetische Entwicklung durch innere Kräfte erfahren können.

Aus dem Zusammenwirken der verschiedenen phylogenetischen Processe erklären sich nicht nur alle einzelnen Erscheinungen, aus denen die Ontogenien zusammengesetzt sind, sondern es stellen sich auch die Ontogenien als Totalerscheinungen und ihr Wechsel in der Generationenfolge als eine nothwendige Folge jener Processe dar.

Um hier einen Hauptpunkt hervorzuheben, so möchte es uns, wenn wir die Individuen für sich betrachten, als ein fast unlösbares Räthsel vorkommen, warum dieselben bis zu einer bestimmten Grösse heranwachsen und nach einer bestimmten Dauer mit Ausnahme der winzigen Keime, die sie abgesondert haben, zu Grunde gehen.

Dies kann uns um so räthselhafter erscheinen, da die einfachsten Organismen in der genannten Beziehung sich anders verhalten. Während fast die ganze Substanz der höheren Pflanzen und Thiere nothwendig abstirbt, muss von der Substanz der niedrigsten Lebewesen mit Nothwendigkeit gar nichts absterben. Dies ist der Fall bei den meisten einzelligen und bei einigen mehrzelligen Pflanzen. Eine Chroococcus- oder Micrococcuszelle, die für sich ein selbständiges Individuum bildet, theilt sich in 2 Zellen, die sich wieder in gleicher Weise theilen. Von Substanz geht bei dieser Fortpflanzung nichts verloren, da die beiden Kinder sich stets in die ganze Substanz und Lebensfähigkeit ihres Elters theilen. Alles Absterben ist hier ein zufälliges, durch die Ungunst der äusseren Verhältnisse bedingtes, wobei nicht Theile der Individuen, sondern die ganzen Individuen zu Grunde gehen. — Mit den genannten Gattungen der Schizophyten stimmen die meisten einzelligen Gewächse überein, indem die bei ihnen mögliche zeitliche Differenzirung, welche die successiven Generationen ungleich macht und den Generationswechsel bedingt, die volle Existenzfähigkeit nnd Fortpflanzungsfähigkeit jeder einzelnen Generation nicht beeinträchtigt. Die räumliche Differenzirung aber, welche die Zellen der nämlichen Generation ungleich macht, bringt bei den einzelligen Organismen bloss geschlechtlich geschiedene Individuen hervor, welche an dem Befruchtungsprocess mit ihrer ganzen Plasmasubstanz sich betheiligen, so dass also auch bei der geschlechtlichen Fortpflanzung ausser den umhüllenden nichtplasmatischen Substanzen nichts zu Verlust geht.

Ein anderes Ergebniss hat die räumliche Differenzirung, nachdem durch andere phylogenetische Vorgänge aus den einzelligen mehrzellige Organismen geworden sind, indem nun die verschiedenen Functionen auf die verschiedenen Zellen sich vertheilt haben. Für die vorliegende Frage kommt nur Eine Scheidung in Betracht, diejenige nämlich in Zellen, welche die Fortpflanzung übernehmen, und in solche, welche die mannigfaltigen anderen Verrichtungen zur Erhaltung des Individuums besorgen. Schon bei den einzelligen

Pflanzen kommt eine analoge zeitliche Differenzirung vor, nämlich zwischen den übrigen Generationen und der Sporengeneration; aber hier haben alle Individuen (Zellen) zur bestimmten Zeit das Vermögen, in den Sporenzustand überzugehen. Bei den mehrzelligen Pflanzen wird die Differenzirung eine räumliche, und von vielen Zellen werden nur einzelne Zellen zu Sporen.

Auf der untersten Stufe der mehrzelligen Pflanzen unterscheiden sich die zu Ruhesporen werdenden Zellen bloss durch die Fähigkeit, während der Vegetationsruhe (resp. während des Winters) auszudauern, indess die übrigen Zellen zu Grunde gehen. Die Differenzirung hat hier durch die Anpassung ihren bestimmten Charakter erhalten; das Individuum stirbt mit Nothwendigkeit in seiner grösseren Partie ab. Bei der weiteren phylogenetischen Entwicklung wird, wie dies stets eintritt, die Anpassungsanlage selbständig und von der Anpassungsursache unabhängig. Sie kann sich nun zu jeder Zeit entfalten und ist in dieser Beziehung nicht mehr an das Ende der Vegetationszeit gebunden. Zunächst findet Ruhesporenbildung mehrmals während einer Vegetationsperiode statt, so dass mehrere Ontogenien während eines Jahres auf einander folgen und die Sporen der letzten Ontogenie überwintern. Auf höheren phylogenetischen Stufen dagegen gelangt häufig das Individuum erst nach mehreren Jahren zur Sporenbildung, so dass die Ontogenie einen grösseren Zeitraum in Anspruch nimmt.

Obgleich aber die Differenzirung in absterbende Zellen und in solche, welche während der Vegetationsruhe lebensfähig bleiben, ursprünglich eine Anpassung an den Wechsel der Jahreszeiten war, so behält sie, nachdem sie von den äusseren Einflüssen unabhängig geworden, doch mit Nothwendigkeit durch Beharrung (Vererbung) ihren vollständigen Charakter, welcher im Gegensatze der beiden Zellenarten besteht, bei. Mit der Sporenbildung oder allgemein mit der Fortpflanzung geht naturgemäss der übrige Theil des Individuums zu Grunde. Vermöge weiterer phylogenetischer Fortschritte geschieht es dann, dass die Individuen nicht mehr in Folge der Fortpflanzung sofort absterben, sondern dass sie wiederholt sich fortpflanzen können; aber die beschränkte Dauer ihrer Existenz ist ihnen nothwendig als Erbtheil geblieben.

Die genaue Erörterung der phylogenetischen Ursachen zeigt uns also, dass von allen Zellgenerationenreihen, in die ein Organismus sich gliedert, die meisten mit Nothwendigkeit einem durch die Differenzirung gesetzten Ende verfallen sind, während einige wenige das Vermögen besitzen, sich unbegrenzt zu verlängern, indem sie periodisch sich durch den Zustand von Fortpflanzungszellen erneuern. Mit anderen Worten, die Organismen sterben nach einer bestimmten Lebensdauer und bleiben nur in den von ihnen erzeugten Keimen lebensfähig.

VIII.

Der Generationswechsel in ontogenetischer und phylogenetischer Beziehung.

Das Pflanzenreich beginnt mit Zellen; es muss daher für die Betrachtung der phylogenetischen Entwicklung, insofern dieselbe als Generationenfolge aufgefasst wird, die Zelle als die einfachste uns bekannte selbständige Einheit zu Grunde gelegt werden. Die niedersten Pflanzen sind Zellen, die wieder ganz gleiche Zellen erzeugen; alle Generationen sind einander gleich, und die Kenntniss einer Generation genügt zur vollständigen Erkenntniss der Pflanze. Sowie die Zellgenerationen ungleich werden und somit ein Zellgenerationswechsel eintritt, bedarf es zu dieser Erkenntniss nunmehr der Kenntniss eines ganzen Cyclus von Generationen, nämlich der Reihenfolge von einer Zelle bis zur Wiederkehr einer ganz gleichen Zelle. Dieser Cyclus von Zellgenerationen ist das Element für die Vergleichung der Organismen und als ontogenetische Periode[1]) zu bezeichnen.

Die ontogenetische Periode umfasst also den Abschnitt der phylogenetischen Entwicklungsbewegung zwischen je zwei gleichen

---

[1]) Ich habe diesen Begriff früher (Systemat. Uebersicht der Erscheinungen im Pflanzenreich. 1853), um einen neuen Namen zu vermeiden, in weniger passender Weise als »Artperiode« bezeichnet. Die von Häckel eingeführten Worte »Ontogenie« und »Phylogenie« drücken die für die Abstammungslehre allgemeinsten Begriffe sehr gut aus, wenn unter Ontogenie nicht die Geschichte des Individuums, sondern der sich wiederholende Cyclus, mag er aus einem oder aus vielen Individuen bestehen, verstanden wird.

Punkten. Sie nimmt in den Abstammungsreihen an Länge, d. h. an Zahl der Zellgenerationen, im allgemeinen immer mehr zu. Die letzteren können entweder, nachdem sie sich gebildet haben, sich von einander trennen und einzellige Individuen darstellen, — oder sie können partienweise vereinigt bleiben, sodass die Ontogenie aus einer Anzahl mehrzelliger Individuen, häufig auch aus mehrzelligen und einzelligen Individuen besteht, — oder endlich sie können alle zu einem einzigen, die ganze Ontogenie ausfüllenden Individuum verbunden sein. Im letzteren Falle sind die auf einander folgenden Individuen einander gleich; in den beiden ersten Fällen sind sie nothwendig ungleich und es besteht Generationswechsel im gewöhnlichen Sinne.

Für die Darstellung und Beurtheilung des Generationswechsels kommt es darauf an, welchen Umfang man dem Pflanzenindividuum gibt. Wird beispielsweise, entsprechend der Vorstellung mancher Morphologen, der einzelne Spross als das Individuum der höheren Pflanzen angesehen, so folgt an einem Baum eine ganze Menge Generationen auf einander, während derselbe nach der gewöhnlichen Ansicht ein einziges Individuum und somit eine Generation darstellt.

Doch ist diese Verschiedenheit der Anschauung von geringerem Belang; es hat mehr eine formelle Bedeutung, ob wir eine Folge von individuellen Bildungen als ebenso viele Pflanzenindividuen oder als Theile eines einzigen Individuums, dem dann der Name Pflanzenstock beigelegt wird, ansehen. Dagegen ist es von Wichtigkeit, dass dem Begriff des Individuums und somit auch dem Generationswechsel, so weit es möglich ist, eine gleiche Ausdehnung gegeben werde, — und von noch grösserer Wichtigkeit, dass für den Generationswechsel und somit für die ontogenetische Periode der nämliche Ausgangspunkt gewählt werde, weil nur dadurch die verschiedenen Stufen der phylogenetischen Reihen sich richtig mit einander vergleichen lassen.

Da die grosse Mehrzahl der Pflanzen geschlechtlich differenzirt ist und auf eine ontogenetische Periode bloss einmal geschlechtliche Befruchtung trifft, so wechselt eine Geschlechtsgeneration mit einer oder mit vielen geschlechtslosen Generationen. Da ferner der geschlechtliche Befruchtungsact die Grenze zwischen zwei auf einander folgenden Individuen oder Generationen bildet, so ist es naturgemäss, denselben als Grenzstein zwischen den Cyclen des Generationswechsels zu setzen. Da endlich die Geschlechtszellen phylogenetisch auf die geschlechtslosen Zellen folgen und aus denselben durch Differenzirung entstehen, so muss die Bildung der Geschlechtszellen an das Ende des Generationencyclus oder der ontogenetischen Periode gesetzt werden.

Die ungleichen Generationen, welche den Generationswechsel verursachen, sind entweder in Einzahl vorhanden, sodass 2 oder 3 ungleichartige Individuen regelmässig mit einander abwechseln, oder eine der Generationen wiederholt sich eine unbestimmte Zahl von Malen in der nämlichen Weise; der Generationencyclus besteht dann aus einer Reihe von Wiederholungsgenerationen und einer Einzelgeneration, von denen die letztere bei Vorhandensein von Geschlechtsdifferenz entweder durch die männlichen und weiblichen Zellen allein dargestellt wird oder mit denselben beginnt. Meistens sind auch die der Geschlechtsgeneration oder der androgynen Generation, wie ich sie zur Vermeidung von Missverständnissen nennen will, vorausgehenden und nachfolgenden Einzelgenerationen von den Wiederholungsgenerationen verschieden.

Ehe ich auf die phylogenetische Bedeutung des Generationswechsels eintrete, will ich einige Beispiele betrachten, an denen die Folge der Generationen sicher und deutlich ist. Ich wähle sie vorzugsweise aus den niederen Stufen des Pflanzenreiches, weil hier ein Irrthum in der Beurtheilung am ehesten ausgeschlossen ist.

Die einfachsten uns bekannten Pflanzen sind die Schizophyten, denen die geschlechtliche Differenzirung noch mangelt. Unter den einzelligen Schizophyten gibt es solche ohne Generationswechsel; die auf einander folgenden Generationen sind einander ganz gleich, nicht bloss in der Beschaffenheit der Zellen, sondern auch darin, dass die Zelltheilung, wodurch je zwei neue Individuen erzeugt werden, in der nämlichen Richtung stattfindet; beim Aufhören der Vegetation dauern die Individuen unverändert bis zum Beginn der nächsten Vegetationsperiode aus (Gloeothece, Synechococcus, Micrococcus; Fig. 22a, b auf S. 401). — Andere haben einen einmaligen oder zweimaligen Generationswechsel, je nachdem die Theilungsrichtung regelmässig in 2 oder in 3 Richtungen des Raumes wechselt. Bei einmaligem Wechsel sind je die geraden und je die ungeraden

Generationen (also $n-2$, n und $n+2$) einander gleich (Merismopedia, Fig. 22c—g auf S. 401); bei zweimaligem Wechsel stimmt je die n^{te} Generation mit der $n-3^{ten}$ und mit der $n+3^{ten}$ überein (Chroococcus, Gloeocapsa). Auch bei diesen tritt eine Veränderung der Individuen beim Uebergang in die Vegetationsruhe meist nicht ein.

Nehmen aber am Ende einer Vegetationsperiode die Zellen der letzten Generation den Charakter von Sporen an, indem sie den Inhalt verdichten und die Zellmembran stärker und fester machen, wie dies bei Gloeocapsa und Bacterium vorkommt, so folgt auf eine Reihe von Wiederholungsgenerationen die einzelne geschlechtslose Sporengeneration, mit welcher der ontogenetische Cyclus abschliesst. Die Reihe der Wiederholungsgenerationen gliedert sich, wenn die Theilungsrichtung in 2 oder in 3 Richtungen des Raumes abwechselt, in 2 oder 3zählige Perioden.

Die mehrzelligen Schizophyten sind fast ausschliesslich einreihige Fäden. Diese Individuen vermehren sich durch Theilung, indem die Theilungsstellen durch Grenzzellen (S. 419) bestimmt werden, oder indem der Faden auch ohne Grenzzellenbildung in kurze Stücke (Hormogonien) zerfällt. Bei den einen tritt keine weitere Erscheinung auf, indem sie unverändert die Zeit des Vegetationsunterbruches überdauern; hier mangelt ein Generationswechsel (Oscillaria). Bei den andern bildet die letzte Generation einer Vegetationsperiode Ruhesporen, indem eine grössere oder kleinere Zahl von Zellen sich vergrössert, die Wandung verdickt und sich mit dichtem Inhalte anfüllt; hier folgt auf eine Reihe von Wiederholungsgenerationen eine einzelne sporenbildende Generation (Cylindrospermum, Rivularia).

Während bei den geschlechtslosen Pflanzen die einzelne Sporengeneration einer Reihe von ganz gleichen Wiederholungsgenerationen gegenübersteht, weichen bei den geschlechtlichen Pflanzen, welche einen Generationswechsel mit Wiederholungsgenerationen haben, die erste und letzte der ungeschlechtlichen Generationen mehr oder weniger von den übrigen ab. Bei diesen Pflanzen gilt folgendes Schema für die Folge der Generationen eines ontogenetischen Cyclus:

$$A \quad B_1 \ldots B_n \quad C \quad D,$$

wenn mit $B_1 \ldots B_n$ die Wiederholungsgenerationen, mit C die geschlechtserzeugende (gamotoke), mit D die androgyne und mit A die geschlechtserzeugte (gamogene) Generation bezeichnet wird.

Bezüglich des Umfanges der androgynen Generation könnte man verschiedener Meinung sein. Am deutlichsten stellen sich die zwei möglichen Ansichten bei den einzelligen Pflanzen heraus. Entweder betrachtet man die männliche und weibliche Zelle und ihr Vereinigungsproduct, die befruchtete Eizelle (Zygote), als eine einzige oder als zwei Generationen. Das erstere erscheint mir als das naturgemässe; denn der Befruchtungsact ist doch eigentlich keine Fortpflanzung. Es widerstrebt dem natürlichen Gefühl, die weibliche Zelle vor und nach der Befruchtung als zwei verschiedene Generationen zu bezeichnen und somit auch anzunehmen, dass bei der Parthenogenesis eine Generation ausfalle. Lässt man die Geschlechtszellen und ihre Zygoten als Eine Generation gelten, so muss man doch zwei Stadien derselben unterscheiden: die androgyne Generation als getrennte männliche und weibliche Zellen (D') und dieselbe nach der Verschmelzung dieser Zellen (D''). Damit ist jedem Bedürfniss Genüge geleistet und zugleich die Analogie mit den anderen Generationen gewahrt.

Als Beispiel der niedrigsten Geschlechtspflanzen mag zunächst Chlamydomonas pulvisculus dienen. Die Wiederholungsgenerationen ($B_1 \ldots B_n$) sind einzellige Pflänzchen, welche zeitlebens als zweiwimprige, mit einer Membran umhüllte Schwärmzellen herumschwimmen, und durch wiederholte Zweitheilung mehrere Kinder erzeugen. Darauf folgt eine Generation, die letzte der ungeschlechtlichen (C), deren Individuen sich ungleich verhalten. Die einen erzeugen nämlich 2 bis 4 grössere weibliche, die andern erzeugen 8 kleinere männliche Schwärmzellen. Von der Geschlechtsgeneration (D') legen sich je eine männliche und eine weibliche Pflanze mit ihren Wimperenden an einander an, verwachsen daselbst, indem sie ihre Wimpern verlieren, und nach Resorption der Zellmembran an der Verwachsungsstelle wandert der Inhalt der männlichen Zelle in die Höhlung der weiblichen Zelle über, worauf aus den vereinigten beiden Zellinhalten die Zygospore entsteht (D''). Aus der letzteren werden nach der Ruhezeit mehrere Schwärmzellen gebildet; es ist dies die geschlechtserzeugte Generation (A). — Die beiden Generationen C und A unterscheiden sich bei Chlamydomonas äusserlich noch nicht wesentlich von den Wiederholungsgenerationen $B_1 \ldots B_n$; man erkennt die erstere daran, dass sie ein andersartiges Zeugungsvermögen, die letztere daran, dass sie einen andersartigen Ursprung besitzt.

Bei der verwandten einzelligen Alge Pandorina morum sind die zweiwimprigen Individuen der Wiederholungsgenerationen zu 16 bis 64 in schwärmende kugelige Colonien vereinigt. Bei der Fortpflanzung entstehen durch wiederholte Theilung des Inhaltes aus den einzelnen Zellen eben so viele kugelige Colonien, die sich von einander trennen ($B_1 \ldots B_n$). Die letzte ungeschlechtliche Generation (C) unterscheidet sich auch hier von den vorausgehenden Wiederholungsgenerationen nur durch das Product; ihre Individuen erzeugen nämlich geschlechtlich differenzirte, bloss 8 zellige Colonien. Von diesen Colonien der androgynen Generation (D) sind die einen männlich, die andern weiblich, ohne übrigens sich äusserlich sonst von einander zu unterscheiden. Sie zerfallen schon im jugendlichen Zustande in die einzelnen Zellen, welche schwärmen und sich, je eine männliche und eine weibliche, vereinigen um eine kugelige Zygospore zu bilden. Nach der Ruhezeit erzeugt die Zygospore 1—3 grössere Schwärmzellen, welche die erste ungeschlechtliche Generation darstellen (A) und durch wiederholte Theilung in 16 Zellen die erste Wiederholungsgeneration (B_1) hervorbringen.

Die androgyne Generation von Pandorina durchläuft 3 Zustände: im ersten sind die Geschlechtszellen zu männlichen und weiblichen Colonien verbunden, im zweiten schwärmen sie einzeln, im dritten sind sie zu Zygosporen verschmolzen. Die zwei ersten Stadien werden auch als zwei Generationen betrachtet, indem man sagt, dass die Zellen der Colonie je ein geschlechtliches Individuum erzeugen, — eine Vorstellung, die mir bei Vergleichung mit andern verwandten Pflanzen nicht gerechtfertigt erscheint.

Das Wassernetz (Hydrodictyon) verhält sich bezüglich der Generationenfolge im Wesentlichen ebenso wie Pandorina. Die cylindrischen Zellen der Wiederholungsgenerationen sind in grosser Zahl zu weitmaschigen geschlossenen Netzen verwachsen. Die Fortpflanzung geschieht dadurch, dass in jeder Zelle des Netzes durch simultane Theilung des Inhaltes bis zu 20 000 Zellen entstehen, welche innerhalb der Membran ihrer Elterzelle schwärmen und sich dann zu einem Netz vereinigen, das, nachdem es frei geworden, sich stark vergrössert. Die geschlechtserzeugende Generation (C) bildet viel zahlreichere männliche und weibliche Zellen (bis zu 100 000), welche sich nicht zu einem Netz zusammenordnen, sondern einzeln schwärmen, dann zu 2 oder auch zu mehreren mit einander verschmelzen und ruhende kugelige Zygosporen darstellen. Beim Wiederbeginn der Vegetation erzeugt jede Spore einige wenige grosse Schwärmzellen, welche nach kurzer Zeit zur Ruhe gelangen und eine polyedrische Gestalt annehmen (*A*); aus ihnen entstehen die noch rudimentären Netze der ersten Wiederholungsgeneration (B_1).

Bei den der Gattung Pandorina nahe stehenden Gattungen Eudorina und Volvox zeigt der Generationswechsel eine bemerkenswerthe Verschiedenheit zwischen der männlichen und der weiblichen Geschlechtssphäre. In der letzteren wird nämlich eine Generation unterdrückt, indem die Zellen, welche sonst die geschlechtserzeugende Generation (*C*) darstellen, ungetheilt bleiben und zu weiblichen Geschlechtszellen (Eizellen) werden. In der männlichen Geschlechtssphäre dagegen erzeugt jede Zelle der Generation *C* durch wiederholte Theilung eine Mehrzahl von männlichen einzelligen Individuen (Spermatozoiden). Diese Verschiedenheit stimmt mit der bekannten Erscheinung der mehrzelligen Pflanzen überein, dass in der männlichen Geschlechtssphäre eine grössere Zahl von Zellgenerationen durchlaufen wird als in der weiblichen; nur gibt sie sich hier bei den einzelligen Pflanzen als eine Verschiedenheit in dem Wechsel der Individuen kund. — Aus dem Verhalten von Eudorina und Volvox ergibt sich übrigens auch für den Generationswechsel der einzelligen Pflanzen die Nothwendigkeit, die geschlechtserzeugende Generation *C* von den Wiederholungsgenerationen ($B_1 \ldots B_n$) zu trennen.

Gehen wir von den einzelligen zu den vielzelligen Geschlechtspflanzen über, so finden wir in der Algengattung Ulothrix ein höchst einfaches Vergleichsobject. Die Wiederholungsgenerationen, die im Herbst und Winter leben, sind unverzweigte einfache Zellreihen (gegliederte Wasserfäden). Dieselben pflanzen sich durch 4 wimprige, nackte Schwärmsporen, welche meistens zu 4 in den Gliedern des Fadens entstehen, fort. Die geschlechtserzeugende Generation (*C*) gleicht vollkommen den Wiederholungsgenerationen, aber sie bildet in ihren Zellen zahlreichere kleine Schwärmzellen, welche geschlechtlich differenzirt sind und sich je 2 oder auch je 3 zu einer Zygospore vereinigen (*D*). Letztere dauert den Sommer über aus und erzeugt im Herbst mehrere Schwärmsporen, welche den Anfang der geschlechtserzeugten Generation (A) darstellen und wahrscheinlich in ihrer weiteren Entwicklung sich analog den Wiederholungsgenerationen verhalten. — Bei Ulothrix unterscheidet sich also die androgyne Generation von allen andern Generationen dadurch, dass sie einzellig ist. Das Schema der Generationen, die zu einer Ontogenie gehören, ist das nämliche wie das oben (S. 429) für eine Gruppe von einzelligen Pflanzen aufgestellte

$$A \quad B_1 \ldots B_n \quad C \quad D.$$

Bei Oedogonium, für welche Gattung das nämliche Schema gilt, sind die Wiederholungsgenerationen ($B_1 \ldots B_n$) ebenfalls unverzweigte Zellreihen. Aus den Gliedern dieser Wasserfäden tritt je der ganze Zelleninhalt als nackte, mit einem Kranz von Wimpern versehene Schwärmspore heraus, welche sich sofort zu einem Wasserfaden entwickelt. Die letzte oder die geschlechtserzeugende Generation (C) besitzt zwei neue Organe, die durch Differenzirung aus den Schwärmsporen-bildenden Gliedern hervorgegangen sind. Einzelne bestimmte Gliederzellen sind angeschwollen (Oogonien); ihr Inhalt zieht sich etwas zusammen und stellt die Eizelle dar; seine der sich bildenden Oeffnung zugekehrte Seite ist der farblose Keimfleck. Einzelne höher gelegene, ebenfalls bestimmte Glieder des Fadens (wenn die Pflanzen monöcisch sind) theilen sich in wenige kürzere Zellen, welche je ihren ganzen Inhalt als kleines bewegliches, ebenfalls einen Wimperkranz tragendes Zellchen heraustreten lassen. Dies sind die Spermatozoide, welche durch die Oeffnung der Oogonien zu der Eizelle hineinschwimmen und mit dem Keimfleck verschmelzen. Die befruchtete Eizelle (D'') wird durch Bildung einer Membran zur Oospore, welche nach einer Ruheperiode 4 Schwärmsporen erzeugt, aus denen wieder gegliederte Wasserfäden (A) sich entwickeln.

Oedogonium stimmt mit Ulothrix in der Einzelligkeit der androgynen Generation und im ganzen Verhalten des Generationswechsels überein, unterscheidet sich aber von der letzteren Gattung durch die weitgediehene Ungleichheit der geschlechtlich differenzirten Zellen und darin, dass die geschlechtserzeugende Generation auch äusserlich von den Wiederholungsgenerationen abweicht, nämlich durch die angeschwollenen Oogonienglieder und die kurzen Antheridienglieder. Die androgyne Generation tritt weniger deutlich als besondere Generation hervor, weil die weiblichen Zellen (Eizellen) sich nicht von der Elterpflanze lostrennen.

Man nennt die geschlechtserzeugende Generation von Oedogonium die Geschlechtsgeneration, und dies ist insofern ganz richtig, als sie die Geschlechtsorgane trägt. Damit begeht man aber unwillkürlich eine Inconsequenz gegenüber dem Verfahren bei den einzelligen Pflanzen, wo die männlichen und weiblichen einzelligen Individuen unbestritten die Geschlechtsgeneration darstellen. Die allgemein als Geschlechtspflanzen bezeichneten Fäden von Oedogonium und anderen Algen sind eigentlich nur die geschlechtserzeugenden Individuen, und erst die einzellige androgyne Generation ist in Wirklichkeit die Geschlechtsgeneration. Um aber Missverständnisse zu verhüten, habe ich sie die androgyne Generation genannt, und diesen Ausdruck gewählt, um zugleich den Unterschied von dem Begriffe gynandrisch anzudeuten. Was ich soeben bezüglich einiger fadenförmiger Algen gesagt habe, gilt auch für alle übrigen vielzelligen Pflanzen mit Geschlechtsdifferenz; bei denselben sind die sogenannten geschlechtlichen Individuen stets die geschlechtserzeugenden und erst ihre Kindindividuen stellen die androgyne Generation dar.

Eine Gruppe von Oedogonium zeichnet sich dadurch aus, dass in der männlichen Geschlechtssphäre eine Generation eingeschaltet wird. Die geschlechtserzeugende Generation bildet ihre Oogonien und Eizellen ganz in der vorhin angegebenen Weise; aber statt der Spermatozoide bringt sie männliche Schwärmsporen (Androsporen) hervor, welche in der Grösse die Mitte halten zwischen den ungeschlechtlichen Schwärmsporen und den Spermatozoiden. Aus denselben entstehen Zwergmännchen, die meistens aus zwei Zellen bestehen, von denen die obere zum mehrgliedrigen Antheridium wird und Spermatozoide erzeugt. Diese eingeschaltete Generation gehört nicht dem gemeinsamen Generationswechsel an, sondern ist als eine phylogenetische Bereicherung der männlichen Geschlechtssphäre zu betrachten. Sie kann auf einer folgenden phylogenetischen Stufe dadurch, dass die Androsporen sich nicht lostrennen, sondern als Gewebezellen mit dem elterlichen Individuum verbunden bleiben, zum zusammengesetzten männlichen Geschlechtsorgan werden.

Das Thallom von Vaucheria ist in allen Generationen eine röhrenförmige (nicht septirte) verzweigte Zelle. Die Wiederholungsgenerationen ($B_1 \dots B_n$) lassen aus den keulenförmig angeschwollenen Enden der Schläuche je eine grosse, an der ganzen Oberfläche kurzbewimperte Schwärmspore heraustreten, die nach kurzer Zeit keimt.

Die geschlechtserzeugende Generation (C) bildet in kleinen Seitenzweigen die Geschlechtszellen, und zwar in dünnern gebogenen Antheridienzweigen mehrere sehr kleine zweiwimprige Spermatozoide, in den bauchigen Oogonienzweigen je eine nicht heraustretende Eizelle, welche nach der Befruchtung zur Oospore (D'') wird. Die nach einer Ruhezeit keimende Oospore wächst zu einer verzweigten Schlauchzelle aus.

Vaucheria unterscheidet sich in ihrem Generationswechsel dadurch von den bis jetzt angeführten Wasserfäden, dass sie nur 3 verschiedenartige Generationen besitzt: 1) die Wiederholungsgenerationen ($B_1 \ldots B_n$), 2) die geschlechtserzeugende Generation (C), welche sich von jenen auch morphologisch durch den Geschlechtsapparat unterscheidet, und 3) eine Generation, welche in drei verschiedenen Stadien auftritt, nämlich zuerst als Eizelle und als Spermatozoid (D'), dann als Ooospore (D'') und zuletzt als röhrenförmiges Thallom. Es sind also hier die androgyne Generation (D) und die geschlechtserzeugte Generation (A) in eine einzige vereinigt; der ontogenetische Cyclus zeigt folgendes Schema

$$B_1 \ldots B_n \quad C \quad (D + A).$$

Man kann die letzte Generation ($D + A$) bei Vaucheria nicht in zwei trennen; denn es würde zu ganz unannehmbaren Consequenzen führen, wenn man die Spore und ihr Keimproduct als zwei Individuen betrachten wollte. Andrerseits ist es ebenso unmöglich, die Ruhespore von Oedogonium und von Ulothrix sammt ihren Keimproducten als eine einzige Generation anzusehen, da aus einer Spore mehrere Individuen hervorgehen.

Als Beispiel einer Alge, bei welcher der Generationswechsel noch mehr reducirt ist, führe ich Acetabularia an. Diese Pflanze hat ein röhriges Thallom mit einem Quirl von Aesten, die zu einer schirmförmigen Scheibe verwachsen sind. In den Strahlen des Schirms bilden sich zahlreiche Ruhesporen auf ungeschlechtlichem Wege. Dieselben lassen nach einigen Monaten zahlreiche zweiwimprige Schwärmsporen heraustreten, welche geschlechtlich differenzirt und je nach den Pflanzen, von denen die Ruhesporen herstammen, männlich oder weiblich sind. Aus der Verschmelzung je zweier oder auch mehrerer dieser Geschlechtszellen entstehen Zygosporen, welche nach mehrmonatlicher Ruhe keimen und kleine Pflänzchen bilden. Von denselben überwintert der basale Theil, der, in den folgenden Jahren stärker werdend, auch an Stärke zunehmende Triebe hervorbringt, bis dieselben zur fortpflanzungsfähigen Schirmpflanze geworden sind.

Acetabularia hat also nur zweierlei Generationen, die beide sich nicht wiederholen. Die ungeschlechtlich entstandenen Ruhesporen stellen die kurzlebige geschlechtserzeugende Generation (C) dar. Die langlebige Generation durchläuft eine Reihe von Stadien, deren erstes die männlichen und weiblichen Schwärmsporen, das zweite die Zygosporen, die übrigen aber die auf einander folgenden Jahrestriebe sind. Vergleichen wir Acetabularia mit dem Schema des Generationencyclus, wie es für Chlamydomonas, Pandorina, Ulothrix, Oedogonium gilt, so entspricht die langlebige Generation in ihren Stadien zugleich der androgynen (D), der geschlechtserzeugten (A) und der ganzen Reihe von Wiederholungsgenerationen ($B_1 \ldots B_n$), so dass also das Schema der ontogenetischen Periode von Acetabularia sich also darstellt

$$C \quad (D + A + B_1 \ldots B_n).$$

Bei vielen höheren Algen mangelt der Generationswechsel gänzlich, so dass hier die getrennten Generationen der niederen Algen bloss noch mehr oder weniger deutlich als Entwicklungsstadien des nämlichen Individuums zu erkennen sind. Als Beispiele sind zu nennen Ectocarpus, Fucus, Chara.

Auch die Zygnemaceen haben keinen Generationswechsel. Aus der Zygospore entsteht eine unverzweigte Zellreihe (gegliederter Wasserfaden), welche zufällig in mehrere Fäden zerfallen kann und deren Zellen durch Conjugation Zygosporen bilden. — Die nahe verwandte Ordnung der Desmidiaceen dagegen, welche einzellig ist, besitzt Generationswechsel. Die Wiederholungsgenerationen vermehren sich durch Zelltheilung. Die letzten durch Theilung entstandenen Individuen bilden Zygosporen, in welchen nach der Ruhezeit wieder Zelltheilung beginnt. Das erste Product derselben ist die geschlechtserzeugte Generation, die sich durch einfacher gebaute Zellen von den darauffolgenden Wiederholungsgenerationen unterscheiden. Der Generationswechsel der Desmidiaceen stimmt also mit demjenigen anderer geschlechtlich differenzirter einzelliger Algen überein, nur mit dem Unterschiede, dass hier die androgyne Generation vor dem Conjugations- und Befruchtungsprocess vollkommen den Wiederholungsgenerationen gleicht, und dass somit auch die vorausgehende geschlechtserzeugende Generation nicht unterschieden werden kann.

Bei den Moosen nimmt man jetzt gewöhnlich zwei Generationen an. Die grüne, oft mit Blättern begabte, den Assimilationsprocess besorgende Moospflanze, welche die männlichen und weiblichen Organe (Antheridien und Archegonien) trägt, wird als die Geschlechtsgeneration bezeichnet. Die Moosfrucht, welche aus der befruchteten Eizelle entsteht und Tetrasporen erzeugt, ist die ungeschlechtliche Generation. Vergleichen wir die Moose bezüglich des Generationswechsels mit den Algen, so entspricht die Generation, welche mit den Spermatozoiden und der Eizelle beginnt und durch die befruchtete Eizelle zum Sporogonium fortschreitet, der vereinigten androgynen und geschlechtserzeugten Generation ($D + A$). Die andere Generation, welche mit einer Spore beginnt und mit Bildung von Antheridien und Archegonien abschliesst, stellt die vereinigten Wiederholungsgenerationen sammt der geschlechtserzeugenden Generation dar ($B_1 \ldots B_n + C$).

Bei den Gefässcryptogamen wechseln, genau wie bei den Moosen, regelmässig zwei Generationen mit einander ab. Das aus der Spore hervorgehende die Geschlechtsorgane tragende Prothallium wird als die geschlechtliche, der blättertragende aus der befruchteten Eizelle am Prothallium entspringende Stengel, welcher die Sporangien bildet, als die ungeschlechtliche Generation in Anspruch genommen.

Die angeführten Beispiele genügen, um einen deutlichen Begriff von dem Generationswechsel im Pflanzenreiche zu geben. Demselben kann, wie ich schon eingangs bemerkte, bei manchen Pflanzen eine verschiedene Form gegeben werden, je nach der Grundlage, von der man ausgeht. Es ist daher diese Grundlage, das Individuum, näher zu prüfen und festzustellen.

Die Auffassung der ontogenetischen Generationenfolge oder des Generationswechsels hängt davon ab, was wir unter Individuum verstehen. Beide Begriffe stehen in innigster Beziehung zu dem Verlaufe des phylogenetischen Entwicklungsvorganges; die Betrachtung des letzteren führt naturgemäss auch zu der Beurtheilung der Frage, was als Pflanzenindividuum in Anspruch zu nehmen sei.

Diese Frage ist in der verschiedenartigsten Weise beantwortet worden. Scheinbar hat sie für das Pflanzenreich eine andere Bedeutung und bietet viel grössere Schwierigkeiten dar als für das Thierreich. In Wirklichkeit aber sind die Schwierigkeiten nicht grösser, sondern liegen nur viel offenkundiger da und bieten daher auch Gelegenheit, leichter überwunden zu werden.

Als Pflanzenindividuum ist von Gallesio die ganze aus dem Samen hervorgehende Entwicklung betrachtet worden, sodass die ungeschlechtliche Vermehrung nicht im Stande wäre, neue Individuen hervorzubringen; nach dieser Theorie ist Individuum identisch mit Ontogenie. Manche Morphologen dagegen nehmen nach dem Vorgange E. Darwin's die Knospe und den daraus erwachsenden Spross als das Individuum in Anspruch, sodass der Baum eine zusammenhängende Colonie oder Familie von Individuen wäre. Endlich verkündete Schleiden, dem Anstoss von Turpin folgend, die Zelle als das eigentliche Pflanzenindividuum. Jede dieser Annahmen hat in ihrer Einseitigkeit eine gewisse Berechtigung; aber keine gibt die Lösung der allgemeinen Frage. Dies habe ich schon im Jahre 1853 ausgesprochen mit den Worten [1]:

»Jede individuelle Erscheinung im Pflanzenreich: Zelle, Organ, Pflanze oder Pflanzenstock, um die dazwischen liegenden Erscheinungen zu übergehen, hat ihre Berechtigung; keine aber darf als das Individuum schlechthin betrachtet werden. Bald ist die Selbständigkeit der Zelle, bald die des Organs, bald die der ganzen Pflanze überwiegend; und es ist gerade die Aufgabe der Wissenschaft, zu zeigen, wie nach und nach die Zelle und das Organ an Selbständigkeit verlieren und die Individualität des ganzen Pflanzenstockes erstarkt.«

Diese Theorie habe ich im Jahre 1856 allgemein begründet und weiter ausgeführt, dabei namentlich auch hervorgehoben, dass man im Pflanzenreiche verschiedene Begriffe der Individualität aus einander halten müsse. Ich unterschied morphologische und physiologische Individuen, indem ich unter morphologischem Individuum jede Erscheinung mit »einheitlichem Ursprung, eigenthümlicher Entwicklung und innerlich bestimmtem Abschluss«, unter

[1]) In einer Anmerkung zu »Systematische Uebersicht der Erscheinungen im Pflanzenreich« S. 33.

physiologischem Individuum jede Erscheinung, die »selbständig für sich leben kann«, verstand[1]).

Individuum ist seinem Wortlaute nach ein Ding, das nicht getheilt werden kann, ohne sein Wesen einzubüssen, womit nichts anderes gesagt wird, als dass es kein Conglomerat von gleichartigen Dingen sein kann. Mechanisch aufgefasst ist das Individuum ein materielles System, welches aus Theilsystemen besteht, die von dem Ganzen wesentlich verschieden sind. Ein Sandhaufen, eine Wassermasse, ein Gasvolumen können nicht als Individuen betrachtet werden. Desswegen habe ich auch die aus gleichen Zellen bestehenden Aggregate der niederen Algen nicht als mehrzellige Pflanzen, sondern als Colonien von einzelligen Pflanzen erklären zu müssen geglaubt, selbst in den Fällen, wo die Zellen, wie bei Pediastrum, Hydrodictyon u. A. fest mit einander verwachsen sind[2]).

Nun kann aber das einheitliche Wesen bei den Organismen, je nach dem Standpunkt, auf den man sich stellt, in verschiedener Weise aufgefasst werden. Die morphologische Einheit oder Individualität wird nach dem Bau und der Zusammensetzung aus Theilen beurtheilt; sie kann ein Ganzes oder irgend ein Theil eines Ganzen sein, muss aber stets von einem einheitlichen Ursprung ausgegangen sein. Insofern gibt es Individuen verschiedener Grade, wie ich schon oben erwähnt habe (S. 72), indem je das Ganze einem höheren Individualitätsgrad angehört als die dasselbe zusammensetzenden Theile. Man wird dies leicht zugestehen, soweit das individuelle Ganze aus zusammenhängenden Theilen besteht, wie beispielsweise der Pflanzenstock.

Aber nicht nur zusammenhängende Körper sind als Individuen zu betrachten, sondern auch getrennte Körper, die aus einander entstehen und in der Zeit regelmässig und mit innerer Nothwendigkeit auf einander folgen. Eine individuelle Erscheinung ist also jedes organische Individuum sammt einer grösseren oder kleineren Reihe von Vorfahren und von Nachkommen, somit eine Abstammungslinie oder ein Stammbaum, insofern nicht durch Befruchtung andere Abstammungslinien sich eingemischt haben. Solche Einheiten können, gegenüber den zusammenhängenden Individuen, als Ketten-

---

[1]) »Die Individualität in der Natur« in der Monatschrift des wissenschaftl. Vereins in Zürich.

[2]) Gattungen einzelliger Algen. 1849.

individuen unterschieden werden. Die Kettenindividuen sind entweder ontogenetische, insofern Generationswechsel besteht und die Generationen bis zur Wiederkehr der nämlichen Generation zusammengefasst werden (bei mangelndem Generationswechsel ist das ontogenetische Individuum ein zusammenhängendes), oder phylogenetische, insofern sie aus einer Reihe von Ontogenien bestehen.

Für die Ansicht, dass eine Folge von getrennten Organismen als ein Individuum betrachtet werden kann, spricht der Umstand, dass die Nachkommen aus einer Partie von Substanz der Vorfahren entstehen, und namentlich die Thatsache, dass durch die ganze Abstammungsreihe hindurch materiell das nämliche Idioplasma besteht und sich weiterbildet. Wenn aber auch ein ganzer Stammbaum als eine Einheit angesehen werden muss, so gilt dies nicht mehr für die frühere oder spätere Nachkommenschaft eines Individuums; dieselbe stellt, für sich betrachtet, ein Conglomerat dar und wird bloss in Verbindung mit allen Vorfahren bis zurück zum einheitlichen Ausgangspunkt zur wirklich individuellen Erscheinung. So können also die jetzt lebenden Arten einer natürlichen Familie, auch wenn sie alle von der nämlichen Urart abstammen, für sich allein betrachtet bloss als eine Zusammenhäufung von verwandten Dingen gelten, wie etwa die abgeschnittenen Zweigspitzen eines Baumes; erst in Verbindung mit ihren Abstammungslinien werden sie zum baumartigen Individuum, dessen Enden sie sind.

Die physiologische Einheit oder Individualität wird nach der Verrichtung beurtheilt, ohne Rücksicht auf Bau und Ursprung. Sie setzt immer den materiellen oder wenigstens den dynamischen Zusammenhang ihrer Theile voraus, stimmt sehr häufig mit dem morphologischen Individuum überein, kann aber auch von demselben abweichen. — Eine besondere Art des physiologischen Individuums wird durch die Berücksichtigung der Selbständigkeit gegeben. Organische Körper, die aus anderweitigen physiologischen oder aus morphologischen Gründen als individuell bezeichnet werden müssen, können selbständig oder unselbständig sein und somit als Individuen gelten oder nicht, je nachdem ihre Lebensvorgänge bloss mit den äusseren Medien oder mit anderen gleichen Individuen in Beziehung stehen. So ist die einzeln lebende Zelle selbständig, die im Gewebe befindliche unselbständig[1]). Ich habe früher den selb-

[1]) Vgl. über den Unterschied von ein- und mehrzelligen Pflanzen S. 348.

ständigen Organismus als das physiologische Individuum schlechthin angenommen, indem ich nur die eine physiologische Beziehung berücksichtigte. Es ist aber jedenfalls bezeichnender und dient zur Vermeidung von Missverständnissen, wenn der Ausdruck selbständiges Individuum gewählt wird.

Das unselbständige Individuum kann ebenso gut ein physiologisches oder ein morphologisches Individuum sein wie das selbständige. Die Zelle in einem Gewebe ist, wiewohl unselbständig, in morphologischer und physiologischer Hinsicht ebenso individuell als die selbständig im Wasser lebende einzellige Pflanze; die erstere ist ein materielles System, dessen Bewegungen und Veränderungen durch andere ähnliche materielle Systeme beeinflusst werden; die letztere ist ein materielles System, auf welches nur äussere Bewegungen und Kräfte einwirken. Das aus der befruchteten Eizelle der Moose hervorgehende Sporogonium und der aus der befruchteten Eizelle der Farne sich entwickelnde beblätterte Stengel sind zwar unselbständige Wesen, aber doch sonst in allen Beziehungen sehr ausgesprochene individuelle Einheiten.

Der Unterschied zwischen selbständigen und unselbständigen Individuen ist ein gradweiser, indem alle Uebergänge von der vollkommenen Selbständigkeit bis zur vollkommenen Unselbständigkeit vorkommen. Es gibt Zellen, die bloss von äusseren Medien umgeben und durch dieselben bedingt werden, — ferner solche, die ausserdem mehr oder weniger von anderen Zellen abhängen, — endlich solche, die ringsum in innigster Berührung mit Zellen stehen und bloss durch dieselben beeinflusst sind. Die gleiche Abstufung beobachtet man an vielzelligen Wesen.

Der Grad der Selbständigkeit des Individuums erweist sich für die Phylogenie der Pflanzen von grosser Wichtigkeit, indem das nämliche Gebilde auf der früheren phylogenetischen Stufe selbständig ist und auf der späteren Stufe unselbständig wird. Dabei lässt sich zuweilen eine schrittweise Verminderung der Selbständigkeit nachweisen. Auf diesen Vorgängen beruhen die oben aufgestellten phylogenetischen Gesetze I, II, III und IV (S. 357—380).

Für die Generationenfolge und den Generationswechsel ist die Selbständigkeit und Unselbständigkeit der morphologischen Individuen von wesentlicher Bedeutung; doch ist sie nicht allein entscheidend. Oefter muss ein unselbständiges morphologisches Individuum als besondere Generation betrachtet werden, weil es die Analogie, die aus der Vergleichung mit andern Pflanzen sich ergibt, fordert. Wir erhalten dadurch eine neue Kategorie von Individuen; ich will sie das systematische Individuum nennen, weil es durch das systematische Bedürfniss bestimmt wird.

Das systematische Individuum ist das Ergebniss eines Compromisses zwischen den widerstrebenden Forderungen der verschiedenen Standpunkte bezüglich der Individualität zu Gunsten einer consequenten Behandlung. Es hat desshalb nur Gültigkeit für eine zusammengehörende Gruppe von Pflanzen und kann in anderen Gruppen anders bestimmt werden. Als eine für das ganze Pflanzenreich gültige Regel muss festgehalten werden, dass jeder selbständig auftretende Theil ein Pflanzenindividuum darstellt, also jeder abgelöste ein- oder mehrzellige Keim und jeder auf natürlichem oder künstlichem Wege losgetrennte, entwicklungsfähige Spross.

Aber diese Regel lässt sich nicht umkehren; wir können nicht sagen, dass ein unselbständiger Theil kein Pflanzenindividuum sein könne. Die Erscheinungen, welche uns die Geschlechtspflanzen darbieten, zwingen uns unbedingt dazu, in manchen Fällen einen Theil, der mit der Elterpflanze verbunden bleibt, als besonderes Individuum anzusehen. Bei den niederen Algen lösen sich die männlichen und weiblichen Fortpflanzungszellen ab und stellen besondere Individuen dar. Bei etwas höher stehenden Algen und bei anderen Cryptogamen trennen sich nur die männlichen Zellen los, nicht aber die Eizellen. Gleichwohl müssen die letzteren ebenfalls als individuell gelten, selbst wenn sie auch nach der Befruchtung nicht selbständig werden. Denn der weiblichen Zelle kommt der gleiche Rang zu wie der männlichen, und nach der Befruchtung kann sie schon desswegen nicht als Theil des mütterlichen Individuums betrachtet werden, weil sie durch Aufnahme der Spermatozoide zur Hälfte die Fortsetzung des väterlichen Individuums geworden ist.

Die nämliche Rücksicht macht sich beim Uebergang von den Gefässcryptogamen zu den Phanerogamen geltend. Bei den ersteren beginnen mit den Sporen neue Individuen; und nachdem bei den höchsten Gruppen der Gefässcryptogamen die geschlechtliche Differenzirung der Sporen in Androsporen und Gynosporen eingetreten ist, stellen dieselben die Anfänge von männlichen und weiblichen Individuen dar. Bei den Phanerogamen trennen sich bloss noch die Androsporen (Pollenkörner) los, während die Gynosporen (Embryosäcke) zeitlebens mit dem Gewebe der Elterpflanze verwachsen bleiben. Gleichwohl müssen die Embryosäcke wegen der Analogie mit den Gynosporen der Gefässcryptogamen und mehr noch wegen der Analogie mit den den nämlichen Rang behauptenden Pollenkörnern als Pflanzenindividuen und als besondere Generation betrachtet werden.

Aus dem Umstande, dass jeder selbständige und lebensfähige Theil als Pflanzenindividuum anzusehen ist, folgt noch nichts für die Berücksichtigung, welche derselbe bei der Generationenfolge und dem Generationswechsel zu beanspruchen hat. Unter den Individuen und Generationen gibt es solche, die nothwendig zur Ontogenie gehören und ohne welche die phylogenetische Entwicklung undenkbar ist, und andere, welche diese Bedeutung nicht haben, wiewohl sie ebenfalls zur Erhaltung der Abstammungslinien dienen. Individuen der letzteren Art sind beim Generationswechsel nicht zu berücksichtigen. Um ein Beispiel anzuführen, so haben die Moose einen ganz bestimmten Generationswechsel, indem das geschlechtserzeugende und das sporenbildende Individuum mit einander alterniren. Es ist eine accessorische, nicht nothwendig in den ontogenetischen Cyclus gehörende Erscheinung, wenn das erstere der beiden Individuen, ehe es zur Bildung der Geschlechtsorgane gelangt, sich durch Brutkeime vermehrt. — Dessgleichen mangelt der Generationswechsel den Characeen, obgleich diese Pflanzen auch auf geschlechtslosem Wege sich vermehren können.

Will man aber, was sich principiell nicht beanstanden liesse, die eben erwähnten Erscheinungen als Generationswechsel bezeichnen, so muss man zwischen nothwendigem und zufälligem Generationswechsel unterscheiden. Dann kommt beispielsweise den Characeen und verschiedenen anderen Algen bloss ein zufälliger Generationswechsel zu. Ferner besteht dann bei den Moosen der nothwendige Wechsel darin, dass eine sporenerzeugte, geschlechtserzeugende Generation mit einer geschlechtserzeugten, sporenbildenden Generation alternirt, und der zufällige Wechsel darin, dass statt der erstgenannten Einzelgeneration eine Reihe von Generationen auftritt, von denen die erste aus Sporen, die folgenden aus Brutkeimen hervorgehen. Für den systematischen Gebrauch dürfte sich das Verfahren, welches den Generationswechsel einzig nach den nothwendig der Ontogenie angehörenden Generationen bestimmt, als das einfachere empfehlen.

Es scheint zweckmässig, die Anwendung des Begriffes vom systematischen Individuum und seine Bedeutung für den Generationswechsel bei einigen Pflanzengruppen näher zu betrachten. — Auf den untersten Stufen des Pflanzenreiches muss im allgemeinen das morphologische Individuum, nämlich die Zelle, als das Pflanzenindividuum gelten, weil Selbständigkeit und Unselbständigkeit der Zellen in allen Abstufungen vorkommen und somit keine durchgreifende Unterscheidung zulassen. Eine einzellige Pflanze in systematischer Beziehung ist daher eine solche, bei welcher alle Zellen einander gleich sind, mögen sie vereinzelt leben oder mehr und weniger innig mit einander zusammenhängen. Wollte man die Selbständigkeit der Zellen als Criterium berücksichtigen, so wären von nächst verwandten Sippen die einen einzellig, die andern mehrzellig; von anderen wäre es zweifelhaft, ob man sie als ein- oder mehrzellig erklären sollte; und bei noch anderen würden die Pflanzen in einem Stadium einzellige Individuen und in einem spätern Stadium nur noch Theile eines mehrzelligen Individuums sein (Hydrodictyon).

Man hat Volvox als mehrzellige Pflanze erklärt, weil von den zahlreichen, zu einer kugeligen Colonie zusammengeordneten Zellen regelmässig nur wenige der Fortpflanzung dienen. Wäre in diesem Verhalten wirklich eine bestimmte Differenzirung zwischen den Zellen in vegetative und reproductive ausgesprochen, so liesse sich allerdings erwägen, ob diese Gattung als Typus einer besonderen Familie aufzustellen sei. Bei der nahen Verwandtschaft zwischen Volvox einerseits und Eudorina, Pandorina etc. andrerseits ist aber, wie mir scheint, der genannten Verschiedenheit keine so grosse Bedeutung beizulegen. Es ist nämlich zu berücksichtigen, dass bei den einzelligen Organismen die Zellen qualitativ zwar einander gleich sind, und dass auch jede das Vermögen besitzt, unter günstigen Umständen sich fortzupflanzen. Aber dieses Vermögen kann sich nur sehr unvollständig verwirklichen, und zwar schon desswegen, weil behufs Erhaltung des numerischen Gleichgewichts stets die grösste Zahl zu Grunde gehen muss. Bilden die einzelligen Pflanzen Colonien, so werden häufig ganze Colonien aussterben; aber es kann auch der Fall sein, dass von einer Colonie die einen Zellen sich fortpflanzen, die anderen zu Grunde gehen, je nachdem sie in quantitativer Hinsicht besser oder weniger gut ausgerüstet sind. Möglicher Weise ist nun die beschränkte Zahl der fruchtbaren Zellen in der Volvoxkugel bloss quantitativ besser ausgestattet und deutet erst den Anfang einer Differenzirung an, wie ja der erste Schritt einer qualitativen Verschiedenheit stets in quantitativen Unterschieden besteht.

Dagegen ist in der Klasse der Conjugaten der Gegensatz zwischen einzelligen und mehrzelligen Pflanzen in bestimmter Weise durchgeführt. Die Desmidiaceen sind einzellig, da bei der grossen Mehrzahl die Zellen einzeln leben und nur bei wenigen in einreihige Colonien vereinigt sind (Desmidium). Die Zygnemaceen sind stets einreihige Fäden und können nicht als einzellig aufgefasst werden, weil jedes aus einer Zygospore hervorgehende Individuum einen andersartigen einzelligen Fusstheil besitzt. Die Spore theilt sich nämlich in zwei ungleiche Zellen, von denen die eine theilungsunfähig ist und zur Fusszelle wird, indess bei den Desmidiaceeen die Zygospore zwei gleiche, theilungsfähige Zellen erzeugt.

Wesentlich anders und eigenthümlich stellt sich das Bedürfniss für das systematische Individuum in der Klasse der Schizophyten heraus. Es kann hier kein Zweifel darüber bestehen, dass die Chroococcaceen, deren Zellen einzeln leben oder nur lose zusammenhängen, einzellig sind, eben so wenig, dass bei den Scytonemaceen und Rivulariaceen der ganze gegliederte (vielzellige) Faden das Individuum vorstellt, weil hier die Differenzirung zwischen den Zellen des Fadens so ausgesprochen ist (S. 393—394). Dagegen kann man bezüglich der Nostochaceen und Oscillariaceen im Zweifel sein, ob sie als einzellig oder mehrzellig zu erklären seien, weil manche Formen derselben kaum eine Verschiedenheit zwischen den Zellen eines Fadens erkennen lassen. Da jedoch andere Formen in den Grenzzellen, welche das Zerfallen der Fäden in Stücke einleiten, und ferner in den zu Sporen werdenden Zellen bestimmte Ungleichheiten gegenüber den übrigen Zellen zeigen, da endlich in den Oscillariaceen die Zellen eines Fadens sehr innig verbunden sind, da zudem die beiden Ordnungen unverkennbar sich viel näher an die Rivulariaceen und Scytonemaceen anschliessen als an die Chroococcaceen, so sind sie als mehrzellig zu betrachten.

Bezüglich der ebenfalls zu den Schizophyten gehörenden Schizomyceten stellt sich ein gegentheiliges Verfahren als nothwendig heraus. Fadenförmige und stäbchenförmige Zustände derselben haben zwar die grösste Aehnlichkeit mit den Nostochaceen und Oscillariaceen und empfehlen sich als vielzellige Pflanzen besonders dann, wenn einzelne und bestimmte Zellen, z. B. die Endzellen eines Stäbchens, zu Sporen werden oder wenn die Endzellen eine Wimper tragen. Da aber bei Culturen in geeigneten Nährflüssigkeiten die Stäbchen (Bacterien) kürzer und wenigzelliger werden und in den einzelligen Zustand übergehen, da ferner in manchen Fällen die Entscheidung, ob einzellige oder mehrzellige Zustände vorliegen, ganz willkürlich ist, sei es weil die Zellen der Fäden und Stäbchen sehr lose zusammenhängen, sei es weil einzellige und wenigzellige Zustände mit einander gemengt sind und in der Generationenfolge beliebig mit einander wechseln, so liegt unzweifelhaft das systematische Bedürfniss vor, allen Schizomyceten den nämlichen Character zuzuschreiben und zwar sie als einzellige Pflanzen zu betrachten, da ja für die einzelligen Zustände die Annahme der Mehrzelligkeit unmöglich ist.

Für die geschlechtlich differenzirten Pflanzen gilt, wie ich schon angedeutet habe, die Regel, dass mit den männlichen und weiblichen Zellen, die sich vermischen, ein neues Individuum beginnt; denn es kann ja immer der Fall eintreten, dass jene Zellen von verschiedenen Individuen herstammen, und dass das Befruchtungsproduct desshalb nicht als Theil der Pflanze, mit der es verbunden bleibt, angesehen werden darf. So muss also die Moosfrucht unbedingt ein Pflanzenindividuum darstellen und den Moosen Generationswechsel zukommen. Der Vorkeim aber stellt bei diesen Pflanzen keine besondere Generation dar, selbst wenn er wie bei den Laubmoosen einen ganz abweichenden Bau zeigt. Denn es kommt vor, dass ein Spross des confervenartigen Protonema nach oben sich unmittelbar in das beblätterte Moosstämmchen fortsetzt, und ebenso, dass das letztere selbst unmittelbar aus derjenigen Zelle des Vorkeims, welche der Spore entspricht, entsteht, so dass also in diesem Falle das Vorkeimstadium bei der ontogenetischen Entwicklung morphologisch übersprungen wird.

Die Gefässcryptogamen verhalten sich wie die Moose bezüglich des Generationswechsels; es sprechen die nämlichen Gründe für die Nothwendigkeit der Annahme, dass auch bei ihnen die Ontogenie zwei Individuen durchlaufe. — Rücksichtlich der Phanerogamen habe ich bereits dargethan, dass eine Generation mit den Pollenkörnern und den Embryosäcken beginnt. Eine zweite Generation muss mit der Befruchtung der Eizelle anheben. Dies wird, ausser dem früher angegebenen Grund, auch dadurch bewiesen, dass es einige wenige Phanerogamen gibt, welche im Embryosack 2 Eizellen bilden (Santalum). Die eine Generation, diejenige nämlich, die der geschlechtserzeugenden bei den niedern Cryptogamen entspricht, ist aber so sehr reducirt, dass sie nur einen kleinen Theil des Fortpflanzungsapparates ausmacht.

Ich will noch die Verhältnisse einer Pflanzengruppe besprechen, bei denen die Beschaffenheit des Generationswechsels zweifelhaft ist. Die Florideen haben 3 Fortpflanzungsorgane, die fast ausschliesslich auf verschiedene Pflanzen vertheilt sind. Es gibt männliche oder Antheridien-, weibliche oder Cystocarpien-, und ungeschlechtliche oder Tetrasporen-Pflanzen. Da die Tetrasporen bei den Moosen und bei den Gefässpflanzen den Anfang derjenigen Generation darstellen, welche die Geschlechtsorgane oder wenigstens die männlichen und weiblichen Zellen erzeugt, so scheint die Vermuthung sehr nahe zu liegen, dass auch bei den Florideen eine Tetrasporen- und eine Antheridien-Cystocarp-Generation mit einander alterniren. Es gibt aber wichtige Gründe gegen diese Auffassung.

Schon der Umstand erregt Bedenken, dass bei allen Florideen die geschlechtlichen und die ungeschlechtlichen Pflanzen einander ganz gleich sind. Hätte die Tetrasporenfortpflanzung die gleiche Bedeutung wie bei den Moosen und den Gefässcryptogamen, so möchte man erwarten, dass, wie es bei diesen der Fall ist (S. 408—409), auch bei den Florideen, sofern Abstammungsreihen sich unterscheiden lassen, das Verhältniss der Tetrasporengeneration zu der Geschlechtsgeneration sich stetig ändere.

Eine andere Thatsache, warum den Florideen ein regelmässiges Alterniren einer Tetrasporengeneration mit einer Antheridien-Cystocarp-Generation nicht zugeschrieben werden darf, besteht darin, dass, wenn auch die triöcische Vertheilung der drei Fortpflanzungsorgane die Regel ausmacht, doch in verschiedenen Ausnahmsfällen geschlechtliche und ungeschlechtliche Fortpflanzungsorgane auf der nämlichen Pflanze gefunden wurden. Das Verhältniss dieser Organe zu einander muss also ein anderes sein als bei den Moosen und Gefässcryptogamen;

denn es wäre unmöglich, dass auf dem Vorkeim (Prothallium) eines Farnkrautes Tetrasporen oder auf dem Farnblatt Antheridien und Archegonien enständen.

Der wichtigste Grund aber gegen die Gleichstellung der Tetrasporengeneration der Florideen mit der Tetrasporengeneration der Moose und Gefässcryptogamen beruht darin, dass die Florideen bereits eine der letzteren entsprechende Generation haben. Dieselbe beginnt mit der Befruchtung und endigt mit der Bildung der Cystocarpsporen. Das Sporogon der Florideen ist vollkommen demjenigen der Moose analog.

Es gibt nun zwei Möglichkeiten, zwischen denen noch keine bestimmte Entscheidung getroffen werden kann. Nach der einen stimmen die Florideen im Generationswechsel genau mit den Moosen überein, so dass die Ontogenie ihrem wesentlichen und nothwendigen Begriffe nach durch die Antheridien- und Cystocarp-tragenden Pflanzen erschöpft ist. Die Tetrasporenbildung erfolgt dann mehr zufällig auf derjenigen Generation, die eigentlich die Geschlechtsorgane erzeugen sollte, und ist analog der Bildung von Brutkeimen auf den Spitzen von Blättern und Stengeln von Jungermannien. Dabei ist anzunehmen, dass die Tetrasporenbildung regelmässig die geschlechtliche Sterilität des Individuums zur Folge habe, wie dies häufig auch bei den Jungermannien der Fall ist. Aus den Sporen der Kapselfrüchte müssten also sowohl männliche und weibliche als auch geschlechtslose Pflanzen erwachsen, und das Gleiche wäre auch mit den Tetrasporen der Fall. Es wäre ferner ganz begreiflich, dass es auch Florideen gibt, denen die Tetrasporen ganz mangeln (Lemaneaceen und Nemalieen).

Die andere Möglichkeit besteht darin, dass der Generationswechsel der Florideen so beschaffen sei, wie bei vielen anderen Algen (Ulothrix, Oedogonium etc.), dass nämlich auf mehrere Wiederholungsgenerationen eine einzelne geschlechtserzeugende und eine androgyne Generation folge. Die Tetrasporenpflanzen stellen dann die Wiederholungsgenerationen, und die Pflanzen, welche Antheridien und Cystocarpien tragen, die geschlechtserzeugende Generation dar; aus den Cystocarpsporen können bloss Tetrasporenpflanzen, aus den Tetrasporen aber entweder Tetrasporen- oder Antheridien-Cystocarppflanzen hervorgehen. Der Umstand, dass im allgemeinen die Tetrasporentragenden Pflanzen bei den Florideen viel häufiger sind als die mit

Geschlechtsorganen ausgerüsteten hätte, in dem Generationswechsel ihre natürliche Ursache. Dass die Wiederholungsgenerationen und die geschlechtserzeugende Generation vegetativ gleich entwickelt sind, erregt kein Bedenken, da dies auch bei den andern Algen eintrifft. Dass es Beispiele gibt, wo Tetrasporen mit Geschlechtsorganen auf dem nämlichen Individuum vorkommen, ist ebenfalls kein Grund mehr gegen die Annahme eines Generationswechsels, da auch bei Oedogonium die geschlechtserzeugenden Pflanzen noch Schwärmsporen (das Fortpflanzungsproduct der Wiederholungsgenerationen) hervorbringen können. Die Vereinigung der geschlechtlichen und ungeschlechtlichen Fortpflanzungsorgane auf dem nämlichen Individuum würde also bei den Florideen ebenfalls nur bei der geschlechtserzeugenden Generation möglich sein und den Wiederholungsgenerationen mangeln.

Der Generationswechsel wurde bis jetzt nach seinem ontogenetischen Verhalten beprochen. Wir fragen uns nun, welche phylogenetische Bedeutung ihm zukomme. Auf der alleruntersten Stufe des Pflanzenreiches sind die Generationen der einzelligen Individuen einander gleich. Eine Art der phylogenetischen Entwicklung besteht darin, dass durch innere Differenzirung und durch Anpassung an den Wechsel der Jahreszeiten beim Beginn der Ruhezeit eine andersartige Generation auftritt, die bis zum Beginn der folgenden Vegetationsperiode im ruhenden Zustande verharrt. Damit ist der Gegensatz zwischen der Reihe von Wiederholungsgenerationen, welche ein Stück der ursprünglichen endlosen Reihe darstellt, und der Uebergangsgeneration gegeben. Die letztere tritt gemäss ihrer Entstehung als Einzelgeneration und in der Form der Ruhespore auf.

Der Unterschied zwischen den Wiederholungsgenerationen und der Uebergangsgeneration wird nach und nach grösser; — am grössten, wenn diese sich in männliche und weibliche Zellen differenzirt und somit androgyn wird. Weicht die Uebergangsgeneration in bedeutendem Maasse ab, so wirkt sie auch auf die ihr zunächst vorausgehende und auf die ihr zunächst folgende Generation ein, die ebenfalls mehr oder weniger andersartig werden. Jene ist aus der letzten, diese aus der ersten der Wiederholungsgenerationen hervorgegangen. Es wird nun also der Uebergang zwischen je zwei Reihen von Wiederholungsgenerationen durch 3 Einzelgenerationen gebildet, und die ontogenetische Periode hat die allgemeine Form

$$A \quad B_1 \ldots B_n \quad C \quad D$$

wenn D die androgyne Generation bedeutet.

Ausser der soeben angeführten Differenzirung, welche mit der Anpassung an die Jahreszeiten zusammentrifft, spielt eine andere Differenzirung im Generationswechsel eine Rolle. Es tritt eine periodische Ungleichheit zwischen den durch Zweitheilung sich vermehrenden Zellen einer Generationenreihe auf, meist in der Weise, dass eine Generation in dem Maasse an Dauer und Wachsthum zunimmt, als die Periode der darauf folgenden Generationen darin beschränkt wird. Die Generationenreihe besteht nun also aus einer Reihe von (kürzeren oder längeren) Perioden; dies gilt auch für das obige Schema, in welchem für diesen Fall jedes Zeichen nicht eine einzelne Generation, sondern eine Periode von Generationen bedeutet. Mit der zunehmenden Differenzirung geht die Periode von Zellen, die sich durch Zweitheilung vermehren, in eine einzige, viele Fortpflanzungszellen erzeugende Generation über (S. 403).

Das Zustandekommen des Generationswechsels der einzelligen Pflanzen, wie er in dem obigen Schema ausgesprochen ist, wird durch die vorhandenen Beispiele, welche verschiedenen Stufen der Differenzirung angehören, klar begründet. Der nämliche Generationswechsel findet sich auch bei den einfacheren Formen der mehrzelligen Pflanzen. Für die Art und Weise, wie er hier zu Stande gekommen ist, wird einer der möglichen Wege durch die Thatsachen ebenfalls unzweifelhaft angezeigt. Derselbe nimmt seinen Ausgang von den vorhin erwähnten Perioden, welche durch Differenzirung in der Generationenreihe einer Ontogenie von einzelligen Pflanzen entstehen.

Denken wir uns eine einzellige Pflanze, welche wie Chlamydomonas zeitlebens schwärmt und Generationswechsel besitzt. Die Reihe der ursprünglich gleichen Wiederholungsgenerationen wird dann durch eintretende Ampliation und Differenzirung in Perioden gegliedert, in der Art, dass einzelne Generationen ihre Schwärmbewegung behalten, während die zwischen ihnen liegenden Perioden von Generationen die Beweglichkeit verlieren, mit einander erst lose, nachher fester verbunden bleiben und schliesslich zu mehrzelligen Individuen werden. Ist die phylogenetische Umwandlung fertig, so besteht die Ontogenie, statt aus einer Reihe von Perioden einzelliger Generationen, aus einer Reihe von eben so vielen mehrzelligen Individuen, die sich durch Schwärmzellen fortpflanzen. In der veränderten Ontogenie sind die der androgynen Generation vorausgehende und die ihr nachfolgende Generation (die geschlechtserzeugende und die geschlechtserzeugte) ebenfalls mehrzellig, wie dies von ihrer nahen Verwandtschaft mit den Wiederholungsgenerationen erwartet werden konnte. Dagegen ist die androgyne Generation nothwendig einzellig, da sie einer Einzelgeneration, nicht einer Periode von Generationen im ontogenetischen Cyclus der einzelligen Pflanze entspricht.

Auf dem eben angegebenen Wege ist der Generationswechsel einiger mehrzelliger Algen entstanden; ich habe von denselben Ulothrix und Oedogonium als Beispiele angeführt (S. 432—433). An diese beiden Gattungen schliesst sich Volvox (S. 432, 444) unter den einzelligen Algen so nahe an, dass man letztere Gattung fast als mehrzellig betrachten könnte. — Die androgyne Generation, die bei Ulothrix und Oedogonium einzellig ist, kann durch weitere phylogenetische Entwicklung mehrzellig werden, so dass dann der ganze Generationswechsel aus mehrzelligen Individuen besteht.

Es gibt noch einen andern Weg, wie aus einzelligen Pflanzen ein Generationswechsel von mehrzelligen Individuen entstehen kann. Für diesen Weg liegen bei dem dürftigen Beobachtungsmaterial, das zur Zeit vorhanden ist, noch keine Stationen vor, die wirklich durchlaufen werden. Aber er lässt sich von seinem Ausgangspunkte bis zu seinem Ziele verfolgen, indem man dazu keine anderen Vorgänge in Anspruch nimmt als solche, die erwiesenermaassen in der Natur vorkommen.

Zuerst geht die ganze ontogenetische Reihenfolge einzelliger Generationen in ein einziges mehrzelliges Individuum über, wie dies in den Klassen der Schizophyten (S. 357, 393, 445) und Conjugaten (S. 445) so augenscheinlich vorkommt. Hatte die Ontogenie der einzelligen Pflanzen die durch Differenzirung erlangte Form

$$A \quad B_1 \ldots B_n \quad C \quad D,$$

so zeigt das daraus hervorgegangene Individuum in seiner vegetativen Entwicklung die nämliche Form, indem aus der Spore zuerst eine eigenartige Zellgeneration ($= A$) hervorgeht, worauf eine Reihe von unbestimmt vielen gleichartigen Zellgenerationen ($=B_1 \ldots B_n$) und dann wieder eine andersartige Zellgeneration ($= C$) folgt, welche die Sporen ($= D$) erzeugt. Nahm bei der einzelligen Pflanze der ontogenetische Cyclus von Generationen eine Vegetationszeit in Anspruch und ging die androgyne Generation als Dauerzelle in den Ruhezustand über, so füllt auch das Individuum der mehrzelligen Pflanze eine Vegetationsperiode aus und bildet mit dem Ende derselben die Sporen zu Ruhesporen aus.

Die durch Differenzirung und Anpassung entstandene Ruhesporenbildung ist als erbliche Erscheinung in der Folge nicht mehr nothwendig an den Wechsel der Jahreszeiten gebunden und kann zu beliebiger Zeit eintreten. Wenn nun durch Ampliation die ganze Entwicklung beschleunigt wird, so folgen während einer Vegetationsperiode mehrere vielzellige Individuen mit Sporenbildung auf einander, wie auch die Ontogenien von Vaucheria, Oedogonium u. A. sich während einer Vegetationszeit öfter wiederholen können. Die vielzelligen Individuen, die während eines Jahres auf einander folgen, sind ursprünglich gleich; es bildet sich dann durch neue Differenzirung nach und nach ein Generationswechsel aus, worin die letzte Jahresgeneration sich andersartig verhält. Die Sporen der übrigen Generationen verlieren den Charakter von Ruhesporen gänzlich, ebenso ihre androgyne Beschaffenheit, indem sie nach Unterdrückung des männlichen Geschlechtes parthenogenetisch erzeugt werden. Ist die phylogenetische Umänderung vollendet, so folgt auf eine Reihe scheinbar geschlechtsloser Pflanzen eine Geschlechtsgeneration, welche Ruhesporen hervorbringt und die in ihren Merkmalen ebenfalls weiter fortgeschritten ist. Dieser Generationswechsel hat niemals eine einzellige Generation, kann übrigens in seiner allgemeinen Form ganz mit demjenigen übereinstimmen, dessen Entstehungsweise zuerst besprochen wurde.

Das weitere Schicksal des also beschaffenen Generationswechsels mehrzelliger Pflanzen, er mag auf die eine oder andere Weise entstanden sein, lässt sich nicht mehr Schritt für Schritt verfolgen. Die Beobachtung zeigt uns nur, dass derselbe auf den folgenden Stufen des Pflanzenreiches einfacher wird, dass zwei oder mehr Generationen der tieferen Stufe auf der höheren Stufe in eine einzige Generation vereinigt zu sein scheinen, und dass zuletzt bloss noch zwei Generationen mit einander alterniren oder dass der Generationswechsel ganz unterdrückt ist. Dabei sind augenscheinlich zwei phylogenetische Processe thätig, nämlich 1. die Vereinigung früher getrennter Zellen zu einem Gewebe, wodurch die androgyne Generation mit der geschlechtserzeugten verschmilzt und die Wiederholungsgenerationen zu einem Individuum mit Sprossgenerationen verwachsen, und 2. in andern Fällen die Reduction der (einander gleichen) Wiederholungsgenerationen auf eine einzige. — Um das Einfacherwerden des Generationswechsels anschaulich zu machen, will ich die sicher bekannten Fälle schematisch zusammenstellen, indem die zu einem Individuum vereinigten Generationen in ( ) eingeschlossen, und indem wie früher die androgyne Generation mit D, die geschlechtserzeugte mit A, die Wiederholungsgenerationen mit $B_1 \dots B_n$ und die geschlechtserzeugende Generation mit C bezeichnet sind.

1. $D \quad A \quad B_1 \dots B_n \quad C$
2. $(D + A) \quad B_1 \; . \; B_n \quad C$
3. $(D + A + B_1 \dots B_n) \quad C$
4. $(D + A + B_1 \; . \; . \; B_n + C)$
5. $(D + A) \quad (B_1 \; . \; . \; B_n + C)$

1. Ulothrix, Oedogonium.
2. Vaucheria.
3. Acetabularia
4. Chara, Fucus, Ectocarpus.
5. Moose, Gefässpflanzen.

Aus dem, was man bis jetzt sicher über den Generationswechsel im Pflanzenreiche weiss, geht dessen phylogenetische Bedeutung deutlich hervor. Er ist der Uebergangszustand von einzelligen zu vielzelligen und von einfacheren vielzelligen zu complicirteren vielzelligen Pflanzen. Der Vorgang besteht immer darin, dass die Generationen, die auf der unteren Stufe gleich sind, auf der höheren Stufe durch Differenzirung und Anpassung ungleich werden und einen Generationswechsel darstellen, und dass auf noch höheren Stufen diese ungleichen Generationen des ontogenetischen Cyclus sich zu einem innerlich gegliederten Individuum vereinigen, indem also der Generationswechsel zu einem Wechsel in der vegetativen Entwicklung wird.

Als Folge des phylogenetischen Umwandlungsprocesses ergibt sich, dass die morphologische und physiologische Bedeutung des Pflanzenindividuums auf den successiven Stufen einer Abstammungslinie sich stetig ändert, und dass die Theile, die anfänglich ihre volle Selbständigkeit besitzen, später immer weniger selbständig werden, indem sie auf der ersten Stufe ihrer Existenz vollständige Pflanzen sind und dann von Stufe zu Stufe einen kleineren Theil des Pflanzenindividuums ausmachen. Dies lässt sich am anschaulichsten für die Zelle nachweisen; es gilt aber ebensowohl für vielzellige Theile.

IX.

Morphologie und Systematik als phylogenetische Wissenschaften.

Die naturgeschichtlichen Disciplinen sind in der Neuzeit zu der Einsicht gelangt, dass irgend eine Erscheinung nur dann sicher erkannt werden kann, wenn man ihre Entstehungsweise erforscht. Es ist dies eigentlich nichts anderes als eine Anwendung des viel allgemeineren Axioms, dass die erste und unerlässliche Bedingung zur Erkenntniss eines Dinges in der Erforschung seiner Ursachen besteht. Die Entwicklungsgeschichte jedoch bildet nur den ersten Schritt und die unumgängliche Voraussetzung, um zu einer causalen Einsicht zu gelangen. Sie ist, wie man vielfach übersehen hat, nicht etwa schon die Erfüllung jener allgemeinsten Forderung. Denn wenn ich auch schon genau weiss, wie etwas geworden ist, so weiss ich desswegen noch nicht, warum und wodurch es geworden ist.

Aber auch die rationelle Forderung nach Entwicklungsgeschichte ist, wenigstens bezüglich des Pflanzenreiches, fast allgemein unrichtig aufgefasst worden, indem man darunter allein das Werden des Individuums verstanden hat. Es unterliegt nun keinem Zweifel, dass, wenn man eine Erscheinung, beispielsweise ein einzelnes Organ oder eine Zusammenordnung von Organen, von den kleinsten Anfängen, im günstigsten Falle von der ersten Zelle aus, Schritt für Schritt verfolgen kann, man über vieles aufgeklärt wird, was bei ausschliesslicher Beobachtung des entwickelten Zustandes verborgen bleibt. Allein man sollte nicht übersehen, dass damit das eigentliche Entstehen und die wirkliche genetische Bedeutung nicht erforscht sind. Im Individuum kommen grossentheils bloss Anlagen zur Entfaltung, die durch Erbschaft von den Vorfahren erhalten wurden. Dies gilt von allen individuellen Erscheinungen, die eine Entwicklungsgeschichte haben. Zwar ist ja jedes Individuum am phylogenetischen Fortschritt betheiligt; allein sein Antheil ist so winzig klein, dass er bei solchen Untersuchungen vollständig vernachlässigt werden kann.

Um die genetische Bedeutung irgend einer Erscheinung zu erfassen, muss man sie also in den Abstammungsreihen zurückverfolgen bis da, wo sie begonnen hat. Kann dies mit Hülfe der Beobachtung und der Combination geschehen, so ist auch die Möglichkeit gegeben, die Ursachen der Erscheinung zu erkennen, ob es innere (Vereinigung getrennter Theile, Complication) oder äussere (Anpassung an irgendwelche äussere Einflüsse) sind. Zur Zeit als man die Entwicklungsgeschichte noch nicht als Disciplin kannte, suchte man durch vergleichende morphologische Betrachtung der fertigen Zustände die systematische Bedeutung einer Erscheinung zu bestimmen, und es haben in dieser Beziehung besonders C. Schimper, A. Braun und Wydler sehr werthvolle Ergebnisse erlangt. Als dann die Entwicklungsgeschichte nicht nur in bewusster Weise als wissenschaftliche Forderung, sondern eben so sehr in unbewusster Weise als Modesache betrieben wurde, kam sie oft in Conflict mit der früheren vergleichenden Morphologie. Statt beide Methoden in rationeller Weise zu vereinigen, glaubten die Neuerer, dass die Entwicklungsgeschichte allein ausreichend sei, und dass sie sich über die vergleichende Behandlung, die ja auch mehr Kenntnisse, mehr Arbeit und Nachdenken erforderte, hinwegsetzen könnten.

Der Gegensatz trat nur im Gebiete der Phanerogamen recht auffallend zu Tage, da eigentlich bloss hier sich eine vergleichende Morphologie ausgebildet hatte, und war besonders für die Auffassung des Baues der Blüthe und des Blüthenstandes von Wichtigkeit. Mit Hülfe der ontogenetischen Entwicklungsgeschichte liessen sich die Phyllome (Blätter) und ebenso die Caulome (Sprosse) bis auf kleine Zellhöcker zurückverfolgen. Damit konnte man nun allerdings Blüthe nnd Blüthenstand einer Pflanze für sich und unabhängig von anderen Pflanzen besser als bisher construiren. Man konnte auch die unterscheidenden Merkmale zwischen dieser Pflanze und jeder andern in gleicher Weise untersuchten vollständiger als bisher angeben. Aber höher hinaus reichte die neue Methode nicht, und es war eine gedankenlose Ueberhebung, wenn man weiter gehen und verwandtschaftliche systematische Beziehungen, die nur durch die phylogenetische Bedeutung der Baupläne gegeben sind, im Widerspruche mit der vergleichenden Morphologie, feststellen wollte.

Die Beobachtung eines primordialen Zellgewebshöckers gestattet uns ja nicht einmal eine vollständige ontogenetische Entwicklungsgeschichte, indem derselbe in verschiedener Weise aus den Initialzellen entstehen und somit eine verschiedene ontogenetische Bedeutung haben kann. Vollends aber können wir aus einer Anordnung von primordialen Höckern nichts über deren phylogenetischen Zusammenhang mit andersartigen Anordnungen ersehen. Der einzelne Höcker stellt beispielsweise nicht immer eine Blatteinheit dar. Es ist möglich, dass er phylogenetisch aus 2 oder 3 getrennten Blatteinheiten hervorgegangen ist und somit ein Paar oder eine Dreiheit von Blatteinheiten, die im jüngsten Zustande mit einander verschmolzen sind, bedeutet. Es ist ferner möglich, dass zwei oder mehrere Höcker phylogenetisch aus einer einzigen Blatteinheit entstanden sind, und durch das mit dem Caulom verschmolzene Basalgewebe[1]) zusammenhängend, die Theile eines zusammengesetzten Blattes repräsentiren. Es ist endlich möglich, dass zwischen den vorhandenen primordialen Höckern andere durch phylogenetische Reduction abortiv geworden sind, sodass die mikroskopische Beobachtung nichts mehr von ihnen wahrnimmt.

Es sind dies alles nicht wegzuläugnende Möglichkeiten, und es ist gar keinem Zweifel unterworfen, dass bald die eine, bald die andere der Wirklichkeit entspricht. Ob und inwiefern sie in Betracht zu ziehen sind, muss durch ein vergleichendes Verfahren, das im wesentlichen nur ein phylogenetisches sein kann, festgestellt werden, und zwar, wie sich von selbst versteht, unter Berücksichtigung aller einschlägigen Thatsachen, mit grösster Umsicht und Vermeidung willkürlicher Hypothesen.

Wir kommen, mögen wir von allgemeinen Gesichtspunkten ausgehen oder eine bestimmte einzelne Erscheinung zu erklären versuchen, immer zu dem Satze, dass nur die phylogenetische Einsicht

[1]) Der unterste Theil eines Blattes ist in dem Gewebe des Stengels eingesenkt, wie sich sehr deutlich an den verkümmerten Blättern von Psilotum zeigt (f in Fig. 24c auf S. 413).

uns über die Bedeutung der organischen Einrichtungen und ihre Stellung im ganzen Bauplan der organischen Natur Auskunft zu geben vermag. Dabei dürfen wir aber natürlich nie aus dem Auge verlieren, dass dies nur für die erblichen Eigenschaften der Organismen gilt. — Ich habe in dieser ganzen Schrift stets darauf hingewiesen, dass es im Organismus zwei scharf zu trennende Gebiete gibt, welche aus ungleichen Ursachen hervorgehen und daher auch eine ungleiche wissenschaftliche Behandlung verlangen. Es sind 1. das Gebiet der ererbten Eigenschaften, welche die solide und unveränderliche Grundlage der ontogenetischen Entwicklung bilden, und 2. das Gebiet derjenigen Erscheinungen, welche an jedem Individuum durch die äusseren Ursachen ontogenetisch bewirkt werden und nicht im Idioplasma des Keimes als vererbbare Anlagen auf die Kinder übergehen.

Die scharfe Unterscheidung dieser zwei Gebiete ist die nothwendige Bedingung für eine richtige Orientirung in den physiologischen und morphologischen Wissenschaften. Man möchte wohl glauben, dass für das Gebiet der von äusseren Ursachen unmittelbar bewirkten Erscheinungen fast kein Raum übrig bleibe, da dem Anscheine nach alle sichtbaren Eigenschaften innerhalb der Art und selbst innerhalb der geringsten Varietäten constant sind, oft selbst die kleinsten Verschiedenheiten in Form, Grösse, Färbung. Aber es ist zu berücksichtigen, dass die vollständige Uebereinstimmung zwischen Eltern und Kindern zum Theil darauf beruht, dass sie die gleiche äussere Einwirkung namentlich des Lichtes und der Schwerkraft erfahren. Wenn wir von zwei Samen der nämlichen Pflanze den einen im Sonnenlichte, den andern in einem finstern Raume heranwachsen lassen, so werden die zwei Geschwister sehr ungleich, und fast noch grösser wäre die Verschiedenheit, wenn man die eine Pflanze wie gewöhnlich unter dem Einfluss der Schwerkraft und die andere ohne diesen Einfluss sich entwickeln lassen könnte.

Die erblichen Eigenschaften sind eben im Keime nur als Anlagen vorhanden, deren Entfaltung durch die äusseren Verhältnisse mehr oder weniger modificirt wird. Die experimentelle Physiologie zeigt uns, inwieweit die Erscheinungen im Individuum die unmittelbaren Folgen der äusseren Ursachen sind. Wenn die experimentelle Behandlung auf alle Erscheinungen in der Pflanze und zwar in allen Beziehungen ausgedehnt wird, und wenn es ihr gelingt, alles Veränderliche und die Normen desselben festzustellen, so entspricht ihr Inhalt genau dem Gebiet, das ich, als durch äussere Ursachen ontogenetisch bewirkt, dem Gebiet der erblichen Erscheinungen entgegengesetzt habe. Aber sie muss sich vor der Klippe bewahren, auch erbliche Dinge in ihren Bereich ziehen zu wollen.

So gehören beispielsweise fast alle Erscheinungen, welche das Licht an lichtempfindlichen Pflanzen und deren Theilen hervorbringt (auch die grüne Färbung der Lauborgane, zum Theil die Farben der Blüthen etc.), zu dem experimentellen Gebiet. Dagegen ist die Fähigkeit, in einer gewissen Weise auf den Lichtreiz zu reagiren, eine geerbte Eigenschaft; sie besteht in einer bestimmten chemischen und physikalischen Beschaffenheit der Substanz, welche durch die Anlagen im Idioplasma hervorgebracht wird und welche allen experimentellen Eingriffen unerreichbar ist. Nur wenn ein Versuch mit einer bestimmten Lichtwirkung durch Jahrtausende fortgesetzt werden könnte, möchte es vielleicht gelingen, eine bezügliche neue Anlage zu schaffen oder eine schon vorhandene abzuändern. Das experimentelle Verfahren kann also zugleich dazu dienen, um die Grenze der beiden Gebiete festzustellen. Da wo die Macht des experimentellen Eingriffes aufhört, beginnt die Herrschaft der erblichen Anlagen.

Dabei darf man sich natürlich nicht durch den Umstand täuschen lassen, dass es eine Kategorie von Anlagen gibt (die entfaltungsvagen), deren Entfaltung durch äussere Ursachen verhindert oder befördert werden kann. Wenn aber auch das Ergebniss eines Versuches bezüglich der Deutung zweifelhaft wäre, so kann durch ein fortgesetztes experimentelles Verfahren immer ermittelt werden, ob die beobachtete Veränderung von einer geerbten entfaltungsvagen Anlage oder von einer Neuwirkung der äusseren Einflüsse herrühre. — Die Versuche geben uns also nicht bloss Aufschluss über die Wirkungen der äusseren Agentien, sondern auch über die innere ererbte Natur der Organismen. Die letztere Bedeutung kommt auch allen Experimenten zu, die über Kreuzung und Bastardirung angestellt werden; dieselben zeigen, welche Anlagen bei der Vermischung ungleichen Blutes in den latenten oder manifesten Zustand übergehen und in welcher Weise die Entfaltung erfolgt.

Ich habe das Gebiet der experimentellen Wissenschaft nur desswegen erwähnt, um das Gebiet der Wissenschaft von den erblichen Eigenschaften, das hauptsächlich in der äusseren und inneren Morphologie besteht, genau zu umgrenzen. Von den rein morphologischen Erscheinungen gehören nur wenige zu den nicht erblichen Dingen. Wenn wir die Nahrung und das Klima, ferner das Licht und die Schwerkraft ausnehmen, welche auf Grösse, Gestalt und Richtung, überhaupt auf die Quantitäten unmittelbaren Einfluss ausüben, so gibt es wohl nur noch den Druck der Theile gegen einander, wodurch Verschiebungen, und den Druck äusserer Gegenstände, wodurch vollständige Gestaltsentstellungen entstehen können. Solche Verschiedenheiten werden immer beobachtet, wenn zwei Individuen der gleichen Varietät, am besten zwei Geschwister, unter verschiedenen Umständen sich befinden; sie lassen den Betrag der von den äusseren Ursachen hervorgebrachten Modificationen erkennen.

Wachsen aber zwei Individuen verschiedener Varietäten, Arten, Gattungen u. s. w. ungehindert unter den nämlichen äusseren Einflüssen, so sind die Verschiedenheiten als Ausdruck der geerbten Anlagen anzusehen. Handelt es sich nun bloss um die Feststellung der erblichen (constanten) Unterschiede, so genügt eine genaue Vergleichung, wobei aber wo möglich nicht bloss die entfalteten Individuen, sondern die ganzen Ontogenien zu vergleichen sind. Handelt es sich aber um die Bedeutung der Unterschiede im ganzen Aufbau des Organismus, also um die phylogenetische Bedeutung der betreffenden morphologischen Erscheinungen, so gibt es, wie ich bereits wiederholt betonte, nur einen einzigen wissenschaftlichen Weg.

Die genannten erblichen Erscheinungen sind da aufzusuchen und zu betrachten, wo sie in ihren Abstammungslinien entstanden sind. Denn von jenem Zeitpunkt an sind sie durch Vererbung überliefert, dabei aber möglicher Weise mehr oder weniger verändert worden. Da wo sie entstanden sind, müssen die Ursachen ihres Entstehens, und wo sie sich abgeändert haben, die Ursachen der Veränderung studirt werden. Es gibt nun manche Fälle, wo die Bedingungen für eine phylogenetisch-wissenschaftliche Untersuchung vorhanden sind, und wo sich mit ziemlicher Sicherheit oder doch mit grosser Wahrscheinlichkeit bestimmen lässt, in welchem Stadium der Abstammungslinien und auch durch welche Ursachen eine bestimmte Erscheinung hervorgebracht wurde. Ich unterlasse es, hier wieder einzelne Beispiele aufzuführen, da ich in früheren Abschnitten (III. Ursachen der Veränderung S. 102 und VII. Phylogenetische Entwicklungsgesetze S. 369) gezeigt habe, wie nach meiner Ansicht die verschiedenen Kategorien der organischen Bildungen aufzufassen sind.

Es ist früher und auch in neuerer Zeit versucht worden, organische Bildungen nach irgend welchem Axiom zu construiren. Das Axiom wurde ohne Begründung hingestellt, auf die Ursachen nicht eingetreten, die Hypothese auch den widerstrebenden Thatsachen aufgezwungen oder letztere ignorirt. Ein solches Verfahren ist ein Nachklang aus der naturphilosophischen Epoche, wenn auch der Flug minder kühn geworden ist. Wir verlangen aber jetzt einerseits ein streng objectives Verfahren mit genauer Beobachtung des Thatsächlichen und andrerseits streng logische Folgerungen aus sicheren Thatsachen oder Gesetzen. Soweit die sinnliche Wahrnehmung reicht, darf kein beobachtetes Factum der aufgestellten Theorie widersprechen, oder es müssen für die Ausnahmen die Ursachen nachgewiesen werden. Verhältnisse, welche jenseits der sinnlichen Wahrnehmung liegen, dürfen nur auf Grund ganz sicherer physikalischer und chemischer Thatsachen mit Hülfe eines exacten mechanischen Verfahrens beurtheilt und entschieden werden.

Dies sind ja die Grundsätze, die allgemein gültig für die moderne Wissenschaft sind, wodurch sie sich als exacte Methode von dem früheren Meinungsverfahren unterscheidet. Ist aber die zu beurtheilende Bildung organischer Natur, so muss nach den vorausgehenden Erörterungen zuerst entschieden werden, ob sie dem erblichen Gebiet angehöre oder nicht, und ob sie demnach nach der phylogenetischen oder nach der experimentellen Methode zu entscheiden sei.

Ich hebe noch einmal ausdrücklich hervor, dass nach meiner Ansicht die Bedeutung einer jeden vererbten, physiologischen oder morphologischen Erscheinung im Bauplane des ganzen Pflanzenreiches nur auf dem phylogenetischen Wege erforscht werden kann, und ich wiederhole dies, um bei der Besprechung der andern Aufgabe, nämlich der systematischen Bedeutung der einzelnen Pflanzensippen, nicht missverstanden zu werden. So leicht verhältnissmässig der phylogenetische Nachweis bezüglich der einzelnen Theilerscheinungen einer Ontogenie gelingt, so schwer oder unausführbar ist meistens der phylogenetische Nachweis für die ganze Ontogenie, und also auch für die Sippe. Man schlägt gewöhnlich das umgekehrte Verfahren von demjenigen ein, das man nach meiner Ansicht anwenden sollte. Man beschäftigt sich nämlich viel mit der Abstammung der Pflanzensippen, aber nicht mit der Herleitung der einzelnen Organe und Theile der Pflanzen, und doch muss diese vorausgehen und den Boden für jene bereiten. Um die phylogenetische Bedeutung jeder einzelnen Theilerscheinung der Ontogenie zu bestimmen, kann man dieselbe überall, wo sie vorkommt, benutzen. Um die phylogenetische Bedeutung der ganzen Ontogenie, also der Sippe, festzustellen, muss eine Reihe von Sippen gefunden werden, in der alle Einzelerscheinungen von einander abstammen, was sehr selten möglich ist.

Wenden wir uns nun zu der Frage, inwiefern die systematische Bedeutung der Pflanzensippen phylogenetisch erkannt werden könne, und was aus den bisherigen Ergebnissen bezüglich des Stammbaums oder besser der Stammbäume des Pflanzenreiches für die Construction des Pflanzensystems folge. Nach der bisherigen Abstammungslehre ist diese Frage, wenigstens theoretisch, entschieden; phylogenetische und systematische Verwandtschaft sollen identische Begriffe sein. Sagt doch Darwin, »die Gemeinsamkeit der Abstammung (die einzige bekannte Ursache der Aehnlichkeit organischer Wesen) sei, wie er glaube, das durch mancherlei Modificationsstufen verborgene Band, welches durch unsere natürliche Classification theilweise enthüllt werden könne«, und Häckel geradezu: »Das natürliche System ist der Stammbaum der Organismen«.

Dies wäre nun auch als theoretischer Satz unbedingt zuzugeben, wenn die Reiche einen einheitlichen (monophyletischen) Ursprung hätten, wie man sich das wohl ursprünglich vorstellte. Eine solche Vorstellung ist aber unnatürlich und darf bei wissenschaftlichen Erörterungen nicht in Betracht gezogen werden. Als die Verhältnisse auf der Erde sich so gestaltet hatten, dass Eiweiss spontan entstehen und sich organisiren konnte, musste Urzeugung überall auf der Erdoberfläche, wo die günstigen Umstände zusammentraten, stattfinden, und sie musste späterhin immer eintreten, wo die nämlichen Bedingungen gegeben waren. Wenn nun aber im Anfange einerseits am Nordpol, andrerseits am Südpol, wo die für organisches Leben nothwendige Temperaturerniedrigung zuerst eintrat, sich Organismen aus unorganischen Verbindungen bildeten, ferner wenn in der Urzeit, dann zur

Kohlenzeit und in allen andern Perioden unserer Erde Organismen entstanden sind, so kann man doch für die von diesen verschiedenen Anfängen ausgehenden phylogenetischen Linien keine Gemeinsamkeit der Abstammung und keine Blutsverwandtschaft in Anspruch nehmen, wenn sie einander auch noch so ähnlich ausfallen möchten.

Um diese unbequeme Consequenz abzuschwächen, sieht sich Häckel denn auch zu dem Ausspruche genöthigt, dass »der scheinbar sehr bedeutende Gegensatz zwischen der monophyletischen und der polyphyletischen Hypothese im Grunde von sehr geringer Wichtigkeit sei«, da ja beide auf Moneren zurückgehen müssten. Er nimmt übrigens den monophyletischen Ursprung der Organismen als den wahrscheinlicheren an, indem er behauptet, dass die Stammform einer jeden grösseren oder kleineren Gruppe nur einmal im Laufe der Zeit und nur an einem Orte der Erde entstehen konnte. — Mit Rücksicht auf die Bedürfnisse der Lehre ist es ja ganz klar, dass die monophyletische Hypothese für eine übersichtliche Darstellung sich als sehr bequem erweist, aber es ist zugleich wahr, dass eine solche Darstellung, indem sie die systematische Verwandtschaft in dem Prokrustesbett zustutzt, nur eine oberflächliche werden kann.

Gegen den monophyletischen Ursprung der Organismen sprechen eben so sehr die Gründe einer richtigen Theorie als die Thatsachen der Erfahrung. Was die Theorie betrifft, so ist der merkwürdige Ausspruch Häckel's, die Verschiedenheit zwischen dem einfachen und dem vielfachen Ursprung sei ohne Belang, offenbar eine Folge seiner Hypothese, dass die einfachsten Organismen mit den Eiweissmolekülen identisch seien. Die Unhaltbarkeit dieser Hypothese ist bereits in dem Abschnitt über die Urzeugung nachgewiesen worden. Wenn auch das allererste Product der Urzeugung als Eiweissmolekül überall das nämliche ist, so gestatten doch die vielen Millionen von Eiweissmolekülen, die ein ursprünglicher Plasmatropfen enthält, in der Micellbildung und in der Zusammenordnung der Micelle eine fast unendliche Zahl von Combinationen, welche durch die äusseren Einflüsse bestimmt werden. Wir können mit vollster Sicherheit annehmen, dass nicht zwei Urzeugungen identisch sind. Es werden somit den autonomen Entwicklungsbewegungen schon von Anfang an verschiedene Richtungen angewiesen, die, wenn auch zuerst und vielleicht durch lange Zeiträume unmerklich klein, doch sich stetig steigern und endlich deutlich hervortreten müssen. Ferner bedingen, sobald einmal einfachste Organismen gebildet sind, die äusseren Einflüsse Anpassungsänderungen, welche zu verschiedenen Zeiten und auf verschiedenen Punkten der Erdoberfläche ungleich ausfallen müssen, und die bei der weiteren phylogenetischen Ausbildung ebenfalls, wenn auch in geringerem Maasse, mitwirken.

Die polyphyletische Abstammung der Reiche hat also jedenfalls eine andere Bedeutung als die monophyletische, selbst dann, wenn nur in der Urzeit spontane Bildung von Organismen statt gefunden hätte. Von besonderer Wichtigkeit aber ist der Gegensatz zwischen einmaliger und fortdauernder Urzeugung; denn die Beschaffenheit der organischen Reiche in der Gegenwart muss offenbar wesentlich verschieden ausfallen, wenn alle Organismen ohne Ausnahme von Wesen der Urzeit abstammen, oder wenn je die Stammbäume der einfacheren Organismen in immer späteren Perioden ihren Ursprung hatten.

Die entscheidende Frage ist also: Hat die spontane Entstehung nur einmal, nämlich beim Beginn des organischen Lebens, oder hat sie zu allen Zeiten stattgefunden? Nach meiner Ansicht, — die ich stets gehegt und namentlich auch in der Schrift »Entstehung und Begriff der naturhistorischen Art« 1865 Anmerkung: »Gibt es eine Urzeugung?« verfochten habe, — lässt sich bloss die letztere der zwei Annahmen wissenschaftlich begründen. Die theoretischen Gründe dafür ergeben sich aus den Bedingungen der Urzeugung, die ich oben (S. 83 ff.) erörtert habe. Wenn einmal aus unorganischen Stoffen organische Verbindungen und Organismen entstehen konnten, so musste dies stets eintreten, wo und wann jene Bedingungen vorhanden waren.

Was die Erfahrung betrifft, so spricht die gegenwärtige Beschaffenheit der organischen Reiche entschieden zu Gunsten der Annahme, dass zu allen Zeiten Urzeugung stattgefunden habe. Im Pflanzen- und Thierreich sind alle Stufen der Organisation, auch die allereinfachsten, als Spaltpflanzen (Schizophyten) und Moneren vertreten, und wenn die noch einfacheren Wesen, die nach meiner Theorie den letztgenannten vorausgehen müssen und die ich Probien genannt habe, zu mangeln scheinen, so erklärt sich dies zur Genüge aus dem Umstand, dass sich dieselben wegen ihrer Kleinheit und wegen ihrer übrigen noch so wenig ausgesprochenen Eigenschaften der Beobachtung entziehen.

Das jetzige Vorhandensein einfachster Pflanzen und Thiere ist nach der gewöhnlichen Annahme dadurch zu erklären, dass sie seit der Urzeit auf der nämlichen Organisationsstufe stehen geblieben sind, nach meiner Theorie dagegen, dass sie erst in einer der letzten geologischen Perioden sich gebildet haben. Um die Wahrscheinlichkeit der einen und andern dieser beiden Annahmen zu prüfen, haben wir uns die zwei Fragen vorzulegen: Ist es denkbar, dass ein Organismus während der Dauer der organischen Reiche, also sozusagen während unbegrenzter Zeit, beinahe unverändert fortlebe? Wie muss eine sehr alte Sippe beschaffen sein?

Die erste Frage muss ich nach der Theorie, die ich in dieser ganzen Schrift ausgeführt habe, verneinen. Wenn wir die Consequenzen, die sich aus den inneren Ursachen der Veränderung ergeben, berücksichtigen, und damit dasjenige, was wir aus Erfahrung über die Entwicklungsgeschichte der organischen Reiche wissen, vergleichen, so müssen wir zu dem Schlusse gelangen, dass das Idioplasma sich sehr langsam aber stetig fortbildet und dass die Organismen dem entsprechend in Bau und Verrichtungen immer complicirter werden, — ferner dass, wenn in manchen Abstammungslinien das Idioplasma und mit ihm die Gesammtheit der Entfaltungsmerkmale auf einen Punkt kommen, wo ein weiterer Fortschritt nicht möglich ist, dann die Sippe längere Zeit, als es sonst der Fall wäre, unverändert fortbesteht, aber nach einer begrenzten Zeit nothwendig zu Grunde geht.

Diese Ansicht stimmt offenbar auch besser mit der Thatsache überein, dass zwischen Phylogenie und Ontogenie eine gewisse Uebereinstimmung herrscht und dass die Ontogenie die Entwicklungsstufen, welche die Phylogenie durchlaufen hat, in morphologischer Beziehung wiederholt. Die Ontogenie macht dabei keine langen Pausen und bringt ein Entwicklungsstadium nicht eine unbestimmte Zahl von Malen hervor, sondern geht stetig von einem Stadium zum folgenden. Man darf nun wohl erwarten, dass es sich mit ihrem Urbild ebenso verhalte und dass die Phylogenie ebenfalls nicht auf irgend einer Stufe unbegrenzt stehen bleibe, sondern nothwendig zu einem weitern Schritt oder zum Untergang gedrängt werde. Dabei kann allerdings die phylogenetische Fortschrittsbewegung in den verschiedenen Abstammungslinien eine ziemlich ungleiche Geschwindigkeit besitzen.

Prüfen wir nun die andere Frage, wie nämlich eine Sippe beschaffen sein müsse, die während ungewöhnlich langer Zeit unverändert blieb, somit als alt bezeichnet werden muss. Hiezu ist folgendes über die Sippenbildung zu bemerken. Die autonome Veränderung, welche, wenn sie weit genug gediehen ist, eine höhere Stufe der Organisation herbeiführt, findet gleichmässig in allen Individuen der einförmigen Sippe statt, weil ja alle das nämliche Idioplasma besitzen. Die Veränderung durch äussere Reizeinflüsse, welche die Anpassungen verursachen, erfolgt ungleichmässig und macht die Sippe vielförmig. Die entstehenden Formen bilden sich mit der Zeit weiter aus und werden zu Varietäten, Arten, Gattungen; zugleich variiren sie von neuem, sowie die äusseren Einflüsse sich dauernd verändern. Die Variation hält aber nur so lange an, als das Idioplasma in autonomer phylogenetischer Fortbildung begriffen ist und somit auch gegenüber den äussern Reizeinwirkungen sich als bildungsfähig erweist.

Es kann also zweierlei geschehen. Entweder dauert die autonome Entwicklung des Idioplasmas fort: dann gelangen die aus der ursprünglichen Sippe durch ungleiche Anpassung hervorgegangenen Sippen, die einen früher, die andern später, auf eine höhere Stufe des Baues und der Verrichtungen, wo die Variation durch äussere Einflüsse ein neues Feld der Thätigkeit findet. Oder die autonome Fortbildung des Idioplasmas wird aus irgendwelchen Ursachen unmöglich und hört auf: dann steht auch die Variation still, und da die von der ursprünglichen Sippe abstammenden Sippen sich nicht mehr vermehren, so nehmen sie an Zahl ab und verschwinden zuletzt ganz, weil bald die eine bald die andere verdrängt wird oder vor Altersschwäche zu Grunde geht.

Demnach wird es auf allen Organisationsstufen Sippen in jedem Entwicklungsstadium, also auch altersschwache und aussterbende geben, und viele Organisationsstufen sind in dem jetzigen Reiche gar nicht vertreten, weil ihre Repräsentanten entweder auf eine höhere Stufe vorgerückt oder ausgestorben sind. Als eine altersschwache und aussterbende Gruppe gibt sich im Pflanzenreiche die Familie der Cycadeen zu erkennen. Aber auch andere Familien stehen, wenn auch nicht in so offenkundiger Weise, auf dem Aussterbeetat, ebenso viele einzelne Gattungen und Arten.

Wenn entsprechend der gewöhnlichen Annahme die spontane

Entstehung der Pflanzen nur im Anfange stattgefunden hätte, so wären unter den jetzt lebenden Sippen die niedrigsten (einzelligen) als die ältesten, die höchsten dagegen (angiosperme Phanerogamen) als die jüngsten zu betrachten. Nun scheinen mir aber gerade die allerniedrigsten Pflanzen, die ganze Gruppe der Schizophyten, ganz entschieden den Charakter einer noch sehr jungen und nicht einer sehr alten Gruppe an sich zu tragen. Denn die Vielförmigkeit in den Sippen ist so gross, die Formen sind einander so nahe stehend und in einander übergehend, dass Varietäten, Arten, Gattungen sich nicht sicher trennen lassen. Die Chroococcaceen, die Nostochaceen, die Oscillariaceen, die Scytonemaceen, die Rivulariaceen, die Spaltpilze sind in dem Zustande, wie man es von noch ganz jungen Familien erwarten möchte. Wie die unterste Gruppe der Pflanzen, die Schizophyten, verhält sich im wesentlichen auch die nächst folgende, die der (einzelligen) Palmellinen (Protococcoïden), nur dass sich hier die einzelnen Sippen schon schärfer herausheben.

Meiner Ansicht nach haben die Abstammungslinien der jetzt lebenden Pflanzen zu den verschiedensten Zeiten der Erdgeschichte begonnen. Diejenigen der Schizophyten sind die jüngsten, die der Palmellinen sind im Durchschnitt etwas älter, die der Conjugaten und Diatomeen noch älter, u. s. f.; die ältesten Abstammungslinien sind die der Phanerogamen. Wenn von den in der Urzeit entstandenen Wesen noch Abkömmlinge vorhanden sind, so müssen wir sie jedenfalls unter den höchsten Phanerogamen suchen. Es ist aber auch möglich, dass alle Abstammungslinien der ersten Zeit schon in den Lepidodendreen, Calamiteen, Asterophylliten, Sigillarien oder noch früher in uns unbekannten Gruppen ausgestorben sind.

Die Abstammungsreihen der Pflanzen sind aber verschiedener Art. Es gibt solche Anfänge, die sich stets und überall bilden; ihre Abkömmlinge stellen scheinbar eine zusammenhängende Entwicklungsreihe dar. Hieher sind zu rechnen die Palmellinen', Confervoïden, Moose, Gefässkryptogamen, Phanerogamen. Andere Abstammungsreihen bilden sich seltener und haben auch eine beschränkte Fortbildungsfähigkeit. Hieher gehören nach meiner Vermuthung die Schizophyten; es gibt keine höhere Pflanzengruppe, die man mit einiger Wahrscheinlichkeit von einer schizophytenähnlichen Pflanze herleiten könnte. Ob und wie weit die Schizophyten sich phylogenetisch noch entwickeln werden, lässt sich nicht bemessen.

Die Diatomeen haben eine noch viel ausgesprochenere Eigenartigkeit; es gibt keine niedere Pflanze, von der man vermuthen dürfte, dass ihre Abkömmlinge diatomeenähnlich werden könnten, und keine höhere Pflanze, die von einer diatomeenähnlichen Pflanze abzuleiten wäre. Ich möchte glauben, dass die Diatomeen sich phylogenetisch überhaupt nicht weiter bilden können.

Je isolirter und eigenartiger eine Pflanzensippe ist, um so eher können wir annehmen, dass die ihr entsprechenden Anfänge sich selten bilden und dass die Abstammungslinien derselben eine beschränkte Entwicklungsfähigkeit besitzen. An die Diatomeen und Schizophyten schliessen sich in dieser Beziehung die Florideen und vor allem aus die Myxomyceten an, deren Zugehörigkeit zum Pflanzenreiche mir übrigens sehr zweifelhaft ist.

Es können aber auch von den gewöhnlichen und häufig sich bildenden Anfängen aus früher oder später sich eigenartige Abstammungslinien von beschränkter Entwicklungsfähigkeit abzweigen. Die Siphoneen, Conjugaten, Characeen geben uns Beispiele hievon.

Das Pflanzenreich in seiner historischen Totalität ist sonach nicht ein einziger, sehr stark verzweigter phylogenetischer Stamm, noch auch mehrere Stämme, die gleichzeitig von identischen Anfängen ausgegangen wären und somit gleichsam als Aeste desselben Stammes angesehen werden könnten. Sondern das Pflanzenreich, — und ebenso verhält es sich mit dem Thierreiche — als der Inbegriff aller der vegetabilischen Formen, die je gelebt haben, besteht aus einer Unzahl von phylogenetischen Stämmen, welche zu allen Zeiten und an den verschiedensten Stellen der Erdoberfläche ihren Ursprung genommen haben, eine ungleiche Dauer, Entwicklungshöhe und Verzweigung erreicht haben und zum grössten Theil ausgestorben sind. Die jetzt lebenden Pflanzen sind Enden von zahlreichen Abstammungslinien, welche verschiedene Geburtsstätten und ein verschiedenes Alter besitzen und somit in keiner genetischen Verwandtschaft zu einander stehen.

Wie viele verwandte Arten und Gattungen demselben Stamme angehören, lässt sich nie mit Sicherheit bestimmen. Wir sind geneigt, einförmige Familien, wie die Cruciferen, die Gramineen etc. als Abkömmlinge eines einzigen Stammanfanges zu betrachten; und wir können dafür wohl eine grosse Wahrscheinlichkeit, aber keine absolute Gewissheit in Anspruch nehmen. Es ist ferner ganz gut möglich, dass mehrere oder viele Pflanzenfamilien von einem Punkte ausgegangen und somit phylogenetisch verwandt sind; aber es ist ebenso gut denkbar, dass jede derselben einen besonderen Ursprung hat, dass die Gräser und Halbgräser, der Apfelbaum und der Kirschbaum, der Haselnussstrauch und der Eichbaum, ebenso im Thierreiche der Fisch und das Amphibium, der Affe und der Mensch in keinem genetischen Zusammenhange stehen und ihre besonderen Abstammungslinien besitzen. Das schliesst nicht aus, dass ihre Ahnen einander noch ähnlicher waren, als sie selbst es sind; es ist dies sogar gewiss, da die Abstammungslinien nicht anders als divergirend gedacht werden können. Wir dürfen auch immerhin sagen, die Phanerogamen stammen von Gefässkryptogamen, diese von Lebermoosen, der Mensch vom Affen u. s. w. ab; aber diese Redensart ist nur bildlich zu verstehen, insoferne die Ahnen der jetzigen Organismen, wenn wir sie etwa aus palaeontologischen Ueberresten kennten, allerdings in die Gruppe der Gefässkryptogamen, Lebermoose, Affen zu stellen wären; denn die systematische Verwandtschaft setzt keineswegs die genetische voraus.

Wenn Darwin sagt, die Gemeinsamkeit der Abstammung sei die einzige bekannte Ursache der Aehnlichkeit organischer Wesen, und wenn Häckel behauptet, dass die Stammform einer jeden grösseren oder kleineren Gruppe nur einmal und nur an einem Orte entstehen konnte, so ist solchen Aussprüchen gegenüber doch daran zu erinnern, dass die Erfahrung von keiner einzigen Art die Abstammung kennt, und dass die Theorie zur Sache nichts anderes beizubringen vermag als das unzweifelhafte Axiom, dass gleiche Ursachen gleiche Wirkungen und ähnliche Ursachen ähnliche Wirkungen haben. Es ist unbestreitbar, dass mehrere oder viele Urzellen, die unter den nämlichen Verhältnissen, aber unabhängig von einander, spontan entstanden sind, wenn ihre Abstammungslinien während gleichlanger Zeit unter gleichen Verhältnissen sich entwickeln, auch zu ganz ähnlichen Organismen führen müssen.

Ueber die Möglichkeit, dass zwei einander mehr oder weniger nahe stehende Organismen der gegenseitigen Blutsverwandtschaft entbehren, kann also kein Zweifel obwalten. Eine ganz andere Bewandtniss hat es mit dem Grade der Wahrscheinlichkeit, ob Blutsverwandtschaft bestehe oder nicht. Wenn wir alle Umstände in Betracht ziehen, die seit dem Ursprung einer Abstammungslinie bis auf den heutigen Tag mit deren Entwicklung verknüpft waren und auf die ich hier nicht näher eintreten will, so kommen wir nothwendig zu folgendem Schlusse. Für einen bestimmten Grad der systematischen Verwandtschaft nimmt wegen der Divergenz der Abstammungslinien die Wahrscheinlichkeit der gemeinsamen Abstammung zu, je höher entwickelt der Organismus ist, d. h. je länger die phylogenetische Entwicklung gedauert hat. Bei den allerniedrigsten Organismen können wir für zwei nahe verwandte Arten keine Blutsverwandtschaft behaupten, während wir sie für die Gattungen einer ganzen Familie in den höheren Regionen der Reiche für äusserst wahrscheinlich erachten. — Von grosser Wichtigkeit ist auch das Verhalten der Sippen zu einander. Zwei extremen Gattungen oder Arten, die nicht den niedrigsten Classen angehören, werden wir die Blutsverwandtschaft kaum absprechen können, wenn sie durch eine Reihe von Zwischengattungen oder Zwischenarten innig verbunden sind.

Die allseitige Blutsverwandtschaft der jetzt lebenden Organismen und ebenso das phylogenetische System sind also in Wirklichkeit nichts weiter als ein schöner Traum; sie können aber wegen der Einheit der gesetzmässigen Entwicklung, welche durch die ganzen organischen Reiche besteht, in symbolischer Weise als allgemeine Norm gelten, da die Organismen, wenn sie auch genetisch nicht verwandt sind, sich doch im grossen und ganzen so zu einander verhalten, als ob diese Verwandtschaft bestände.

Im einzelnen jedoch findet das Symbol der genetischen Verwandtschaft im Pflanzenreiche nur sehr beschränkte Anwendung. Soweit es aber zulässig erscheint, lässt sich der Werth der systematischen Verwandtschaft in einigermaassen theoretisch genauer Weise bestimmen, wenn wir von dem Anpassungsgepräge absehen und uns nur an die durch die autonome Entwicklung erzeugten Organisationsmerkmale halten. Die Verwandtschaft ist eine zweifache, je nachdem die zu vergleichenden Sippen der gleichen oder verschiedenen phylogenetischen Linien angehören. Im ersten Falle ist es Verwandtschaft in auf- oder absteigender, im zweiten Verwandtschaft in Collaterallinien, analog wie im Erbrecht.

Der Grad der erstgenannten Verwandtschaft wird bestimmt durch die Entfernung der zwei Sippen in ihrer Abstammungslinie, d. h. von der Zahl und Grösse der phylogenetischen Stufen, welche durchlaufen wurden, um die eine Sippe in die andere überzuführen, —

der Grad der collateralen Verwandtschaft dagegen durch die Entfernung von dem Punkte, von welchem die beiden Abstammungslinien ausgegangen sind, d. h. durch die Zahl der phylogenetischen Stufen, welche durchlaufen wurden, um die gemeinsame Ahnensippe in die beiden fraglichen Sippen umzuwandeln.

In beiden Verwandtschaftsfällen handelt es sich darum, ob die zu vergleichenden Sippen, sei es wirklich oder bildlich, von einander abstammend gedacht werden können. Ihre Beziehungen sind nach den oben festgestellten phylogenetischen Gesetzen (S. 336) zu beurtheilen, wobei als allgemeine Regel festzuhalten ist, dass die Organismen in ihrer ontogenetischen Entwicklungsgeschichte die vorausgehende phylogenetische Reihe in abgekürzter Form durchlaufen.

Letzteres gilt schon längst als Erfahrungssatz; die ursächliche Erklärung gibt uns die Theorie des Idioplasmas. Die Anlagen entstehen im Idioplasma nach Maassgabe, als sich die Abstammungslinie entwickelt, und gelangen in jeder Ontogenie, da die Art und Weise ihrer Einordnung eine phylogenetische ist, auch in gleicher Reihenfolge zur Entfaltung (S. 49 f.). Die Ontogenie ist deshalb die Wiederholung der Phylogenie; aber die früheren Stadien werden im allgemeinen wegen der Reduction, die fortwährend im Lauf der Abstammungslinie thätig war, rasch zurückgelegt. — Unter Umständen können ausnahmsweise aber auch einzelne frühere Stadien der Ontogenie auf höheren Stufen der phylogenetischen Reihe von längerer Dauer sein, eine Ampliation erfahren und neue Differenzirungen oder andere phylogenetische Fortbildungen eingehen, während diese Veränderungen gewöhnlich nur in den späteren Stadien der Ontogenie auftreten.

Die phylogenetische Erkenntniss einer Sippe setzt voraus, dass wir wissen, woraus sie entstanden ist, somit welcher Abstammungslinie sie angehört. Damit zwei Sippen als Stufen der gleichen phylogenetischen Reihe angesehen werden können, muss sich nachweisen lassen, dass die Ontogenie der tieferstehenden mit der entsprechenden Partie in der Ontogenie der höherstehenden übereinstimme und dass somit die letztere sich als phylogenetische Fortbildung aus der ersteren betrachten lasse. Dabei darf der Aehnlichkeit im äusseren Ansehen und im inneren Bau wenig Bedeutung beigemessen werden, da die eine und die andere auf verschiedenem Wege zu Stande kommen kann.

Um die Methode der Behandlung bezüglich der Abstammung deutlicher zu machen, will ich als Beispiel die phylogenetische Hauptreihe der Pflanzen betrachten, welche von den Confervoïden durch die Lebermoose zu den Gefässkryptogamen und Phanerogamen aufsteigt und deshalb Schwierigkeiten darbietet, weil sie nur sehr lückenhaft unter den lebenden Pflanzen vertreten ist.

Wenn wir von einer solchen phylogenetischen Reihe sprechen und als Durchgangspunkte derselben jetzt lebende Pflanzen bezeichnen, so hat das nach dem früher Gesagten nur bildliche Bedeutung, insofern als die jetzigen Phanerogamen von vorweltlichen Gefässkryptogamen, diese von lebermoosartigen Pflanzen einer früheren Periode und diese von Confervoïden einer noch früheren Zeit abstammten. Von den zwei grossen Lücken in dieser Reihe befindet sich die eine zwischen Lebermoosen und Algen. Wir fragen uns nun, welcher bekannten Alge die Ahnensippe, von der die Lebermoose herstammen, wohl ähnlich gewesen sein mag. Die äusseren Merkmale scheinen deutlich auf Coleochaete hinzuweisen. Diese Pflanze hat einige Merkmale, wodurch sie gleichzeitig von den übrigen Süsswasseralgen abweicht und den Lebermoosen ähnlich ist. Ihre gegliederten Fäden legen sich zusammen und bilden ein flächenförmiges Thallom, welches einige äussere Aehnlichkeit mit den einfachsten Lebermoosen hat; das Oogonium verlängert sich in einen Hals, so dass man es als die Urform der Archegonien in Anspruch nehmen möchte; nachträglich wird das Oogonium berindet, so dass die Oospore eingeschlossen ist, ähnlich wie die Eizelle im Archegonium.

Doch sind diese Analogien zwischen Coleochaete und den Lebermoosen nur scheinbar und dürfen uns nicht irreleiten. Vergleichen wir die Ontogenie der ersteren mit derjenigen der letzteren, so finden wir einen wesentlichen Unterschied im Generationswechsel. Die Ontogenie der Coleochaete besteht, in analoger Weise wie bei Oedogonium, in den Generationen (vgl S. 433, 453)

$$B_1 \ldots B_n \quad C \quad D \quad A,$$

diejenige eines Lebermooses in den zwei Generationen

$$(B_1 \ldots B_n + C) \quad (D + A).$$

Die Frage ist nun, ob die Generationenreihe von Coleochaete $B_1 \ldots B_n + C$ phylogenetisch in eine einzige Generation, mit anderen

Worten in das Thallom der Lebermoose übergehen könne. Dies stellt sich uns nach dem, was wir aus anderen Fällen wissen, als ganz unwahrscheinlich dar. Es kommt zwar häufig vor, dass auf der niederen Stufe die Ontogenie aus einer grösseren, auf der höheren Stufe aus einer geringeren Zahl von Generationen besteht. Der Uebergang geschieht aber dadurch, dass die Generationen vereinigt bleiben und ein vergrössertes Individuum darstellen. So wird aus einer Generationenreihe einzelliger Pflanzen eine einzige vielzellige Pflanze. Es ist mir nun kein sicheres Beispiel dafür bekannt, wie eine Generationenreihe vielzelliger Individuen zu Einem Individuum sich umbildet. Sehr plausibel wäre der Uebergang in eine Pflanze mit einer Mehrzahl von Sprossgenerationen, indem jede Generation der niederen Stufe zum Spross der höheren Stufe würde.

In dem vorliegenden Falle aber müsste eine ganze Reihe von Coleochaetethallomen zu einem einzigen denselben ähnlichen Lebermoosthallom werden, was nur durch Reduction geschehen könnte. Ob nun die Verminderung einer Generationenreihe auf eine einzige Generation wirklich durch Reduction erfolgen kann, lässt sich wohl noch nicht sicher entscheiden, ist aber nicht gerade wahrscheinlich. Wenn dies aber bei Coleochaete geschehen sollte, so müsste ihr Thallom zugleich in dasjenige eines Lebermooses sich umbilden, ein phylogenetischer Process, dessen Möglichkeit sich wohl ebenfalls noch nicht beurtheilen lässt. Ohne hierüber in eine Besprechung einzutreten, will ich bloss bemerken, dass mir, wenn ich alle Umstände berücksichtige, die Entstehung des Lebermoosthalloms aus einer Ulothrix-ähnlichen Pflanze viel wahrscheinlicher vorkommt.

Was die Abstammung des Moosarchegoniums aus dem Oogonium von Coleochaete betrifft, so ist die Berindung des letzteren, da sie erst nach der Befruchtung entsteht und eine andere morphologische Bedeutung besitzt, eher ein Grund gegen jene Abstammung; denn die fragliche Berindung hätte bei der phylogenetischen Umwandlung wieder verschwinden müssen. Aber auch die Umwandlung des Oogoniums in das Archegonium muss ich nach phylogenetischen Gesetzen für unmöglich halten, wenn es mir auch wahrscheinlich ist, dass die halsartige Verlängerung bei beiden durch analoge Ursachen herbeigeführt wurde.

Für die Abstammung der Lebermoose möchte ich im Anschluss an sichere bekannte Vorgänge folgende Vermuthung aufstellen. Die zu den Algen gehörende Ahnensippe hatte aussenständige einzellige Sporangien, von denen die einen männliche, die anderen weibliche Schwärmsporen in grösserer Zahl erzeugten. Durch das Zusammenwirken zweier phylogenetischer Processe, nämlich durch das Streben nach Differenzirung und nach Vereinigung, wurden die männlichen Sporangien zu Antheridien, die weiblichen zu Archegonien. Bei beiden ging die Schwärmsporenbildung, indem die Zelltheilung durch Ampliation zunahm, zum Theil in den vegetativen Zustand über, wobei die unteren und äusseren Zellen zu Stiel und Wandung wurden und nur die inneren, einer späteren Zellgeneration angehörenden Zellen ihren reproductiven Charakter beibehielten. Damit hatten die Antheridien im wesentlichen den Bau erreicht, den sie bei den Moosen besitzen. Die weiblichen Organe aber mussten überdem, um zu Moosarchegonien zu werden, die Zahl der Schwärmsporen auf Eine reduciren und diese zur grossen und unbeweglichen Eizelle machen, abgesehen von der Bildung des Halses, welche durch andere Vorgänge zu Stande kam.

Die Ahnensippe musste ferner einen Generationswechsel ohne Wiederholungsgenerationen besitzen: die geschlechtliche Pflanze erzeugte männliche und weibliche Schwärmsporen; die befruchtete Eizelle theilte sich in mehrere Ruhesporen. Der Generationswechsel war also übereinstimmend mit dem der Moose, mit dem Unterschiede, dass aus der befruchteten weiblichen Zelle nicht ein Sporogonium, sondern unmittelbar die Sporen entstanden. Dass dies so sein musste, dafür gibt es zwei Gründe, die aus der Entstehung und aus der Weiterbildung der Ahnensippe entnommen sind.

Wenn wir von unten zu der Ahnensippe zu gelangen suchen, so musste sie wohl aus einer Confervoïde entstehen, die einen Generationswechsel wie Ulothrix hatte und deren Zygosporen mehrere Schwärmzellen erzeugten. Alle Generationen mit Ausnahme der androgynen vereinigten sich dann zu einem Individuum; damit gingen nothwendig die von dieser androgynen Generation erzeugten Schwärmsporen in Ruhesporen über.

Suchen wir von oben zu der Ahnensippe zu gelangen, so ist der Umstand enscheidend, dass, sowie wir in der Abstammungslinie rückwärts gehen, von den Phanerogamen und Gefässkryptogamen zu den Moosen die sporenerzeugende Generation an Grösse und Dauer abnimmt, indem sie dort ein sporangientragender Pflanzenstock, hier nur noch ein Sporangium ist. Auf früheren Stufen musste die sporenbildende Generation noch kleiner, auf den frühesten eine einfache sporenbildende Zelle sein.

Der Fortschritt vom einzelligen Sporangium der Ahnensippe zum Sporogonium der Moose vollzieht sich in ähnlicher Weise, wie ich sie für die Bildung der Antheridien und Archegonien in Anspruch genommen habe. Die in der befruchteten Eizelle beginnende Zelltheilung nimmt durch Ampliation zu; durch das Bestreben zur Differenzirung und zur Vereinigung der früher getrennten Zellen werden die unteren und äusseren Zellen vegetativ, indem nur einer Gruppe von inneren Zellen die Sporenbildung bleibt.

Beträchtlich länger und auch schwieriger zu construiren ist der Weg von den Lebermoosen zu den Gefässkryptogamen. Während die geschlechtliche Generation auf diesem Wege mehr oder weniger reducirt wird, erfährt die sporenbildende Generation eine ganz gewaltige Bereicherung, die sich indess durch die phylogenetischen Vorgänge der Ampliation, Differenzirung und des Vegetativwerdens der reproductiven Erscheinungen erklären lässt.

Am meisten Schwierigkeiten machen, wenn wir die Umbildung des Moossporogons in den Stengel der Gefässpflanzen nicht bloss oberflächlich in Bausch und Bogen sich vollziehen lassen, sondern Schritt für Schritt genau verfolgen, die allerersten Schritte. Das Sporogon ist seiner morphologischen Bedeutung nach jedenfalls noch kein Caulom (Stengel), denn dieses setzt Phyllome (Blätter) voraus, welche es seitlich an seiner Spitze erzeugt. Richtiger vergleichen wir es mit dem Thallom vieler Lebermoose selber und der Algen. Es ist sonach schon von vornherein aus phylogenetischen Gründen gar nicht unwahrscheinlich, dass auch die Gefässpflanzen in ihrer Abstammungslinie zuerst ein Thallomstadium durchmachten und dasselbe auch jetzt noch in ihrer Ontogenie durchlaufen. Ich komme hier auf die nämliche Vermuthung, die ich schon früher aus rein ontogenetischen Gründen ausgesprochen habe, dass das erste Stadium einer phanerogamen Pflanze, nämlich das Stengelchen des Embryos sammt den Samenlappen, ein Thallom sei. Es gibt Lebermoossporogonien, welche genau die gleiche Zelltheilung besitzen, wie die Embryokugel von Capsella.

Schon innerhalb der Gruppe der Lebermoose vollzieht sich eine Fortbildung des Sporogons, welche für unsere Betrachtung von Wichtigkeit ist. Dasselbe bildet nämlich auf der untersten Stufe in seinem ganzen Innern Sporen; auf der höheren Stufe verlängert es sich und verwendet bloss eine kleine obere Partie des Gewebes für die Fortpflanzung. Es ist nun denkbar, dass später auch dieser Rest vegetativ wird und dass das Sporogon als eine Sprossbildung seitlich an der Spitze sich bildet; ferner dass dieses Sporogon durch weitere Umbildung in der sogleich zu erörternden Weise zum blättertragenden Stengel wird. In diesem Falle hätten wir als erstes Product aus der befruchteten Eizelle der Gefässpflanzen einen thallomartigen Embryo, aus dem ein beblätterter Stengel als zweite Sprossgeneration entspringt.

Es ist wahrscheinlich, dass es Abstammungslinien des Moossporogoniums gab, welche bloss ein durch Sprossung sich vermehrendes Thallom besassen, und dass die Lemnaceen noch Ueberbleibsel solcher Bildungen sind.

Es ist aber andrerseits auch denkbar, dass das thallomartige Sporogon, indem es vegetativ wird, unmittelbar (nicht erst durch seitliche Sprossung) zum blättertragenden Stengel sich verlängert, so dass der daraus hervorgehende Spross am Grunde Thallomnatur besitzt und weiter oben zum Caulom wird. Das ist ja nichts unerhörtes; denn an dem Protonema der Moose gibt es einzelne Aeste, welche, nachdem sie einen aus mehreren Gliedern bestehenden protonematischen, also thallomartigen Fuss gebildet haben, eine andersartige Zellbildung in der Scheitelzelle beginnen und als directe Fortsetzung das blättertragende Moosstämmchen erzeugen.

Hiezu können wir uns daran erinnern, dass in der Gruppe der Laubmoose das Sporogonium sich noch weiter bildet als es bei den jetzt bekannten Lebermoosen der Fall ist, indem das Längenwachsthum wenigstens in einem späteren Stadium durch alternirend-schiefe Theilung der Scheitelzelle erfolgt und auch Verzweigung als Ausnahmsfall schon vorkommt. Diese Thatsachen zeigen uns, dass die Moose ihre idioplasmatischen Anlagen, nämlich Längenwachsthum durch schiefe Theilung der Scheitelzellen und Verzweigung, auch auf das Sporogon übertragen können. Tritt die Verzweigung vereinzelt auf, so erscheint dieselbe als Sprossung und kann, wie vorhin angenommen wurde, seitlich unter dem Scheitel ein Sporogon bilden.

Tritt sie aber in Folge von Ampliation regelmässig und in Gemeinschaft mit fortgesetztem Scheitelwachsthum auf, so ist es begreiflich, dass sie in den der Scheitelzelle jeweilen zunächstliegenden Zellen, nämlich in den Segmentzellen, mit schiefen Theilungen beginnt, in analoger Weise, wie die erste schiefe Theilung im Moossporogonium in der Zelle statthat, welche den Scheitel einnimmt.

Mit dem fortgesetzten Längenwachsthum des Sporogons rückt der sporenbildende Theil desselben hinter dem Scheitel in die Höhe, so dass daraus ein gestieltes Sporogon wird. Die seitlichen Zweige werden ebenfalls fruchtbar und bilden sich zu sitzenden Sporogonien aus. Es entsteht also ein ährenförmiger Sporogonienstand, der die directe Fortsetzung, oder wenn, wie zuerst angenommen wurde, durch Sprossung ein laterales Sporogonium sich bildete, die seitliche Fortsetzung des ursprünglichen thallomartigen Körpers ist. Ob das eine oder andere erfolgt, dürfte davon abhängen, ob dieser Körper, nämlich das ursprüngliche Sporogon, eine einzige Scheitelzelle oder eine Mehrzahl gleichwerthiger Zellen am Scheitel besass.

Beim weiteren phylogenetischen Fortschritt wird durch Ampliation, Differenzirung und Reduction der ährenförmige Sporogonienstand, welcher als das erste phylogenetische Stadium gelten mag, länger, die seitlichen Sporogonien nehmen an Zahl zu, das terminale Sporogon schwindet, so dass die sterile Spindel nun ein fortgesetztes Längenwachsthum erlangt. Ferner vergrössern sich die Sporogonien, indem sie theilweise in den vegetativen Zustand übergehen. Diese seitlichen Sporogonien zeigen nun einen ähnlichen phylogenetischen Entwicklungsgang, wie das ursprüngliche Sporogon; ihr Hauptkörper, der nur noch an einzelnen Stellen Sporogonien erzeugt, wird überdem durch Anpassung blattartig. Die zweite Stufe ist also ein unverzweigter beblätterter Stengel; die noch höchst einfach gestalteten Blätter sind alle gleich und sporogonientragend; die Sporogonien befinden sich an verschiedenen Stellen des Blattes, auf der Rückseite, am Rande, auf der Bauchseite, auch einzeln am Grunde der Bauchseite. In der Abstammungslinie der Lycopodiaceen mag diese Stufe grosse Aehnlichkeit mit einem unverzweigten Lycopodium Selago gehabt haben.

Wenn auch die Sporogonien bei den meisten Selaginellen nicht wie bei Lycopodium aus der Blattbasis, sondern dicht über den Blättern aus dem Stengel zu entspringen scheinen, so muss ich sie doch für blattständig halten, denn ein Theil des morphologischen Blattes (im Gegensatz zum äusserlich erkennbaren) ist jedenfalls in das Gewebe des Stengels eingesetzt, wie ich schon früher bemerkt habe und wie sich aus den verkümmerten Blättern von Psilotum ergibt (f in Fig. 24c auf S. 413). Das die sichtbare Blattbasis zunächst umgebende Gewebe der Stengeloberfläche gehört also höchst wahrscheinlich dem Blatte an und trägt bei Selaginella die Sporogonien. Für diese Deutung spricht auch ganz entschieden die nahe phylogenetische Verwandtschaft zwischen Lycopodium und Selaginella.

Eine der möglichen phylogenetischen Weiterbildungen, die von der zweiten Stufe aus erfolgen, besteht darin, dass der Stengel, nachdem er eine grössere oder kleinere Zahl von Blättern gebildet hat, seitlich am Scheitel über dem obersten Blattanfang einen Ast bildet oder sich dichotomisch theilt, worauf er weiter wächst, um später die acrogene Verzweigung zu wiederholen. Diese dritte Stufe hat, wenn sie sich auf der Abstammungslinie der Lycopodiaceen befindet, schon grosse Aehnlichkeit mit dieser Familie.

Eine andere Fortbildung der zweiten Stufe geschieht dadurch, dass das Sporogon vegetativ wird und dass sich — was auf dieser Stufe die naturgemässe Art des Vegetativwerdens erscheint — an seiner Stelle eine Knospe bildet, die in einen beblätterten Stengel auswächst. Vorzüglich waren es die Blätter mit axillaren Sporogonien (wie bei Lycopodium und Selaginella), welche die Fähigkeit zur Reproduction gegen diejenige, axillare Knospen zu bilden, vertauschten. Damit ist die axillare oder phyllogene Verzweigung gegeben, welche principiell von der acrogenen verschieden ist. Ob die letztere den dichotomischen oder monopodialen Charakter annehme, ist von untergeordneter Bedeutung und vielleicht bloss eine nachträgliche ungleiche Fortbildung ursprünglich übereinstimmender Anfänge.

Die acrogene Verzweigung kommt bei den meisten Gefässkryptogamen, die phyllogene bei den Phanerogamen vor. Die letztere wurde zuerst wohl so geregelt, dass die oberen Blätter am Stengel reproductiv blieben, die unteren aber Aeste (resp. Knospen) erzeugten, so dass Stengel und Aeste in endständige sog. Fruchtähren ausgingen (wie dies unter den acrogen verzweigten Pflanzen bei Lycopodium vorkommt), aus welchen dann später durch mehrfache Differenzirungen in den Blättern die terminalen Blüthen sich ausbildeten.

Das Schwinden eines Sporogons hatte nicht nothwendig die Folge, dass an seiner Stelle die Fähigkeit, eine Knospe zu bilden, sich einstellte. Vielmehr scheint die phyllogene Verzweigung zu der acrogenen im Verhältniss der Ausschliessung zu stehen. Pflanzen, denen die letztere zukommt, entbehren gewöhnlich der ersteren und umgekehrt. Am ausgesprochensten findet sich die acrogene Verzweigung bei Lycopodium und Selaginella vor, wo die Axillaräste fehlen. In der Gruppe der Farne kommt acrogene und phyllogene Verzweigung vor, letztere aus allen Theilen des Blattes, wie auch die Sporogonien überall am Blatte stehen können. Die Equisetaceen und die Phanerogamen besitzen allgemein die blattbürtige Verzweigung, während ihnen die acrogene mangelt.

Bei der Abstammung der Gefässpflanzen von den Moosen und Algen kommen bloss ganz allgemeine Sippen in Betracht. Wir können weder bestimmte Confervoïden, noch bestimmte Lebermoose, noch bestimmte Gefässpflanzen in die Abstammungslinie einsetzen; denn dies würde das Vorhandensein einer Unzahl von vermittelnden Formen in der jetzigen Pflanzenwelt, die als Typen dienen könnten, voraussetzen. Selbst in Gebieten, wo dem Anschein nach eine Menge aller möglichen Formen uns zugänglich ist, wie z. B. in der Gruppe der Phanerogamen, lassen sich keine phylogenetischen Reihen feststellen, weil dieselben einen genau bestimmten Charakter haben müssten und weil dafür die uns bekannten Beispiele lange nicht ausreichen.

Dagegen bieten die Phanerogamen einen Ueberfluss von Thatsachen, um die phylogenetische Entwicklungsgeschichte der einzelnen Merkmale zu studiren. Das Princip ist natürlich das nämliche wie für den stufenweisen Fortschritt eines phylogenetischen Stammes, nur mit dem Unterschiede, dass beim letzteren immer alle seine Merkmale bezüglich ihres stillstehenden oder fortschrittlichen Verhaltens zu berücksichtigen sind. — Ich will die wichtigsten Merkmale der Phanerogamen der Reihe nach mit Rücksicht auf ihre phylogenetische Ausbildung betrachten. Es sind ausschliesslich Eigenthümlichkeiten des äusseren Baues, wie sie bisher stets von den Systematikern für die Beschreibung benutzt wurden. Der innere

Bau gibt bis jetzt nur wenige systematisch brauchbare Merkmale, und diese eignen sich noch keineswegs für eine phylogenetische Betrachtung.

A, B, C. Aufbau des Pflanzenstockes.

Auf der untersten Stufe sind die Verzweigungen unregelmässig und unbestimmt; jeder Caulomspross ist mit Laubblättern besetzt und endigt normal in eine Blüthe. Im weiteren phylogenetischen Verlaufe scheiden sich zwei gleichwerthige Typen A_1 und B_1 aus.

A_1. Die Verzweigung ist untergipflig und geschieht in der Art, dass je die Hauptstrahlen länger werden und sich stärker verzweigen als ihre Seitenstrahlen. Das Entwicklungsvermögen nimmt also in den successiven Strahlenordnungen stetig ab. Dies ist der racemöse oder botrytische Typus in seinen ersten noch durchaus belaubten Anfängen.

B_1. Die Verzweigung ist übergipflig, indem die Seitenstrahlen je über die Hauptstrahlen hinauswachsen, so dass also das Entwicklungsvermögen von einer Strahlenordnung auf die folgende ungeschwächt übertragen wird und in dieser somit länger andauert. Dies ist der cymöse Typus in seinen ersten noch belaubten Anfängen. Es sind stets die obersten Zweige einer Ordnung, welche das stärkste Entwicklungsvermögen besitzen.

Ich will zuerst die phylogenetische Fortbildung von A_1 verfolgen. Aus dieser ersten Stufe gehen nach einander die folgenden Stufen A_2, A_3, A_4, A_5 hervor.

A_2. Durch Differenzirung werden die obersten Theile der Verzweigung von A_1 zur Hochblattregion. Diese Veränderung erstreckt sich mehr oder weniger weit nach unten; der Uebergang von den Hochblättern in die Laubblätter der unteren Partien erfolgt zuerst allmählich, in den späteren phylogenetischen Stadien plötzlich. Die Laubblattcaulome endigen auf dieser Stufe in einen geschlossenen, rispigen Blüthenstand. — Ranunculus, Rosaceen, Alisma Plantago etc.

A_3. Durch Reduction werden die primären Seitenstrahlen der terminalen Inflorenscenz von A_2 einblüthig, so dass nun also die Laubblattcaulome in einfach traubige oder ährige Blüthenstände ausgehen. Durch weitere Differenzirung werden dieselben doldig oder kopfförmig. Durch Verkümmerung der Endblüthe wird früher oder später die Inflorescenz ungeschlossen. — Cruciferen, Scrophulariaceen part., Compositen part. etc.

Der Uebergang kann in doppelter Art stattfinden. Entweder verkümmert die Endblüthe, ehe die Reduction der Seitensprosse auf einfache Blüthen vollendet ist, so dass der Blüthenstand den Bau von Fig. 19 b auf S. 384 hat (Labiaten, Scrophulariaceen part., Aconitum, Delphinium). Oder der Blüthenstand behält seine Endblüthe, bis die genannte Reduction vollendet ist (Campanulaceen).

A_4. Die allgemeine, unter den Inflorescenzen befindliche Verzweigung in der Stufe A_3 geschah durchaus in der Laubblattregion. Durch Differenzirung werden die obersten Aeste zu Hochblattcaulomen; es vollzieht sich die nämliche Umwandlung wie in A_2, so dass nun die Laubblattsprosse in einen zusammengesetzten Blüthenstand ausgehen. Die Hauptverzweigung desselben ist ursprünglich, ihrer Entstehung aus A_1 gemäss, eine untergipflige Rispe; im phylogenetischen Verlaufe kann sie sich in eine gleich- oder in eine übergipflige Rispe umbilden. — Compositae part., rispige Gramineen, Cyperus.

A_5. Die seitlichen Hochblattäste von A_4 werden, abgesehen von ihrer terminalen Inflorescenz, durch Reduction unverzweigt, so dass der allgemeine Blüthenstand aus dem rispigen in den traubigen und ährigen Bau übergeht, also eine gleiche Fortbildung zeigt wie von A_2 zu A_3, wobei der Hauptstrahl ursprünglich in einen einfachen Blüthenstand endigt, im phylogenetischen Verlaufe aber durch Verkümmerung desselben blind aufhören kann. — Aehrige Gramineen wie Triticum, Lolium.

Sind die besonderen Blüthenstände von A_4 doldig oder kopfförmig, hat also die Pflanze, wie sich aus diesem Umstande ergibt, die Neigung, ihre obersten Internodien zu verkürzen, so tritt leicht eine Häufung der oberen Aeste des allgemeinen Blüthenstandes ein. Werden dieselben durch Reduction unverzweigt, so entstehen die der zusammengesetzten Aehre gleichwerthigen Inflorescenzen: die zusammengesetzte Dolde (Umbelliferen) und der zusammengesetzte Kopf (Echinops, Vernoniaceen).

Bei allen diesen Umbildungen endigt der Hauptstrahl ursprünglich in einen besonderen Blüthenstand und kann im phylogenetischen Verlaufe durch Verkümmerung desselben blind ausgehen. Durch Rückschlag kommt die verloren gegangene terminale Blüthe sowohl in den besonderen Blüthenständen als im allgemeinen Blüthenstand wieder zum Vorschein (Umbelliferen).

Die phylogenetischen Entwicklungen von B_1 erfolgen in analoger Weise, wie die eben betrachteten von A_1, so dass ich mich hier kürzer fassen kann.

B_2. Die laubige übergipflige Rispe von B_1 erfährt die nämliche Fortbildung, wie sie beim Uebergang von A_1 zu A_2 stattfindet, indem der oberste Theil der Verzweigung durch Differenzirung zum hochblatttragenden Blüthenstand wird, wobei wie in B_1 je die obersten Strahlen einer Ordnung am längsten werden und sich am stärksten verzweigen.

B_3. Durch Reduction schwinden in B_2 die unteren Strahlen einer Ordnung und es bleiben bloss die obersten und entwicklungsfähigsten in der Zahl von 1, 2 oder mehreren, ziemlich gleich hoch inserirten übrig. Die übergipflige Rispe verwandelt sich in das Pleiochasium, Dichasium, Monochasium.

Die heutige Morphologie geht bei der Darlegung der Blüthenstände von den sogenannten einfachen Inflorescenzen wie z. B. Traube und Dichasium aus und leitet daraus die zusammengesetzten ab, zu denen auch die Rispe gehören soll. Dies ist jedenfalls nicht der phylogenetische Entwicklungsgang; denn aus dem in eine Blüthe endigenden Blüthenstiel kann gewiss nie ein Blüthenstand sich entwickeln. Wenn wir einfache und zusammengesetzte Inflorescenzen unterscheiden wollen, müssten wir einfach diejenige nennen, die aus gleichen Strahlen besteht, zusammengesetzt diejenige, die aus verschiedenen Strahlen zusammengesetzt ist; dann wäre die Rispe ein einfacher, die Traube ein zusammengesetzter Blüthenstand. In diese Lehre kann überhaupt erst dann volle Klarheit kommen, wenn sie nach phylogenetischer Methode bearbeitet wird. Alle phylogenetische Entwicklung geht aber von dem undifferenzirten, unbestimmten und der Zahl nach mehrfachen aus; und dieses ist bezüglich der Verzweigung die Rispe.

C. Die beiden phylogenetischen Reihen, die in *A* und *B* betrachtet wurden, haben das gemeinsam, dass das laubblatttragende Caulom in eine Blüthe oder einen Blüthenstand endigt. Zu ihnen gehört die grosse Mehrzahl der Phanerogamen. Indessen gibt es eine Minderzahl, bei welchen die Laubblattsprosse unbegrenzt fortwachsen oder auch jedes Jahr durch einen mit Niederblättern beginnenden Trieb sich verlängern und die Blüthen oder Blüthenstände seitlich tragen. Man könnte meinen, dass diese unbegrenzten Laubblattcaulome eine ursprüngliche Bildung seien, und vom phylogenetischen Gesichtspunkte aus wäre dies ganz gut denkbar. Indessen erweist sich die Annahme für die meisten Fälle als unmöglich, weil bei nächst verwandten Pflanzen, die höchst wahrscheinlich von gleicher Abstammung sind, die Laubblattsprosse durch Blüthen oder Blüthenstände begrenzt werden.

Wir können uns nun recht gut vorstellen, dass jede Stufe der Reihe A sich phylogenetisch zu unbegrenzten Laubblattsprossen umwandelt. Am leichtesten freilich geschieht es bei der Stufe A_1 und überhaupt bei denjenigen Formen, wo die Laubblätter am höchsten hinaufreichen. Der Vorgang ist folgender: Der Hauptspross, der ohnehin eine grössere Entwicklungsfähigkeit besitzt als die von ihm seitlich erzeugten Strahlen, steigert sein Wachsthum vermöge der nun platzgreifenden Ampliation immer mehr und wird, indem durch einen andern phylogenetischen Process die Hochblätter und Blüthenblätter, die er trägt, vegetativ und zu Laubblättern werden, zuletzt unbegrenzt, wobei er selbstverständlich auch die Fähigkeit erlangt, seitliche unbegrenzte Laubblattcaulome zu erzeugen. Die übrigen Seitenstrahlen gehen, je nach der Stufe, von welcher die phylogenetische Abzweigung erfolgt ist, durch Reduction entweder in achselständige Blüthen (Viola, Tropaeolum) oder in axillare Blüthenstände (Papilionaceen, Plantago) aus.

Der hauptsächlichste phylogenetische Fortschritt, den die ganze vorstehende Auseinandersetzung darzulegen sucht, besteht darin, dass das Gerüste der Gefässpflanzen anfänglich aus gleichwerthigen Strahlen besteht, indem jedes Caulom unten Laubblätter und am Ende Blüthenblätter trägt, also in eine Blüthe ausgeht, und dass das Caulomgerüste auf den folgenden Stufen aus 2, 3 und 4 Strahlen von verschiedener Werthigkeit zusammengesetzt ist. Diese Werthigkeiten wurden im »Mikroskop« (II. Auflage S. 594 und 620) als Rangstufen und die verschiedenen Pflanzen als 1-, 2-, 3- und 4stufige (statt der unpassenden Benennung 1—4axige) bezeichnet. Ich habe diese Ausdrücke jetzt vermieden, um keine Verwechslung mit den phylogenetischen Stufen zu veranlassen, und will sie in der Folge haplocaulisch, diplo-, triplo-, tetrapocaulisch nennen. Es haben also von den angeführten Stufen A_1, A_2, B_1, B_2, B_3 einen haplocaulischen,

A_3, A_4, A_5 part. und C part. einen diplocaulischen, A_5 part. und C part. einen triplocaulischen Aufbau.

D, E, F. Gestaltung, Anordnung und Verwachsung der Blätter.

D. Die Gestaltung der Phyllome durchläuft 3 Stufen.

D_1. Ursprünglich stellt das Blatt ein Organ dar, das äusserlich noch keine Differenzirung wahrnehmen lässt (Lycopodiaceen).

D_2. Durch Differenzirung tritt Scheidung in Blattspreite, Blattstiel und Blattscheide ein. Die Blattspreite wird mehr oder weniger zertheilt und geht durch weitere Differenzirung in die folgende Stufe über.

D_3. Das zusammengesetzte Blatt besitzt auf dem verzweigten Blattstiel mehrere oder viele Spreiten.

Durch Anpassungsmetamorphosen und durch Reductionen werden die Stufen D_2 und D_3 in vielfacher Weise verändert. Unter den Reductionen gibt es solche, die als ein Uebergang auf eine höhere Stufe zu betrachten sind; dies ist dann der Fall, wenn bei gleichbleibender oder selbst sich vervollkommnender Qualität das quantitative oder numerische Verhältniss sich vermindert, wenn z. B. ein zusammengesetztes Blatt mit zahlreichen Blättchen ohne Veränderung des Verzweigungscharakters in ein solches mit wenigen grösseren Blättchen übergeht. — Die meisten Reductionen aber sind mit Anpassungsänderungen verbunden oder selbst eine Folge der Anpassung. Letzteres müssen wir annehmen, wenn ein Blatt Spreite und Stiel verliert und zur Schuppe wird, oder wenn ein zusammengesetztes Blatt, wie bei Acacia- und Oxalisarten, sich in ein Phyllodium umwandelt. Als Anpassungsreduction muss es wohl ebenfalls betrachtet werden, wenn ein Phyllom scheinbar ganz verschwindet, wie dies zuweilen mit den Tragblättern der Blüthenstiele der Fall ist. Man kann nicht sagen, dass das Blatt hier ganz fehle; denn ohne Zweifel ist es nur auf den im Stengelgewebe eingesenkten Theil beschränkt, und somit von ähnlicher Beschaffenheit wie die verkümmerten Phyllome an den wurzelartigen Caulomen von Psilotum (f in Fig. 24 c auf S. 413).

E. Gesammtbeblätterung des Pflanzenstockes.

E_1. Auf der untersten Stufe besteht die Beblätterung aus ganz gleichen Phyllomen, wie dies bei Lycopodium Selago vorkommt,

E_2. Durch Differenzirung in der Gestalt und in den Functionen gehen die gleichförmigen Blätter von *E_1* in Niederblätter, Laubblätter, Hochblätter und Blüthenblätter über. Diese verschiedenen Formen, von denen jede in grosser Zahl vertreten ist, sind noch durch allmähliche Uebergangsformen verbunden.

E_3. Durch Reduction der Zwischenglieder stellt sich ein sprungweiser Uebergang von einer Blattform zur andern ein. Im weitern phylogenetischen Verlauf vermindert sich die Zahl der einer Blattform angehörenden Phyllome immer mehr, bis auf der höchsten Stufe die einzelne Form nur noch durch ein einziges oder einige wenige Blätter vertreten ist. — Diese Reduction geschieht nicht, wie es bei dem vorhin (unter *D*) besprochenen Schwinden der Fall ist, durch Beschränkung auf das im Stengel verborgene Basalgewebe, sondern durch Verminderung der Caulomglieder (Internodien). Wir haben also, worauf ich hier Gewicht legen möchte, zweierlei Arten des Schwindens der Phyllome zu unterscheiden. Die eine erfolgt durch Reduction des Cauloms auf eine geringere Zahl von Gliedern, womit, da jedes Glied ein Phyllom oder einen Phyllomquirl trägt, indirect auch eine Beschränkung der Blätterzahl verbunden ist. Die andere Art des Schwindens ist eine Reduction der Phyllome selber, erst auf einen noch sichtbaren, dann auf einen unsichtbaren verkümmerten Rest. — Eine Reduction, wie die letztgenannte, auf eine im Caulom verborgene Partie ist auch dann anzunehmen, wenn, was in Blüthen nicht selten vorkommt, aus einem Quirl einzelne Phyllome oder zwischen zwei opponirten Quirlen der intermediäre mit ihnen alternirende Quirl so vollständig verkümmert, dass keine Spur davon sichtbar bleibt.

F. Stellung und Verwachsung der Phyllome. Diese beiden scheinbar so verschiedenen Erscheinungen stehen doch in sehr inniger Beziehung zu einander, indem die Verwachsung wohl nur eine Folge der bei der Entstehung sehr gedrängten Stellung ist.

F_1. Die unterste Stufe besitzt einzelnstehende Blätter (spiralige oder alternirende Stellung). Anfänglich sind dieselben durch ungefähr gleiche verticale Abstände (Internodien) getrennt; bei der phylogenetischen Weiterbildung zeigen sie regionenweise ungleiche Abstände, indem im allgemeinen die ersten und letzten Internodien eines Jahrestriebes verkürzt sind.

F_2. Durch Differenzirung werden alternirend die einen Internodien sehr stark verkürzt, und zwar zuletzt so sehr, dass sie ganz zu mangeln scheinen, indess die mit ihnen in verschiedener Weise abwechselnden Internodien sich verlängern. Dadurch entsteht die Quirlstellung der Phyllome.

F_3. Die Blätter eines Quirls verwachsen mit ihren Rändern unter einander und bilden dadurch ein zusammengesetztes röhriges Organ.

F_4. Die Blätter der aufeinander folgenden Quirle verwachsen mit ihren Flächen, sodass aus mehreren Quirlen eine einzige Röhre entsteht.

Ich betrachte also die alternirende Stellung der Blätter bei den Gefässpflanzen als die ursprüngliche und die quirlständige als die phylogenetisch daraus hervorgegangene. Dies bedarf eines erläuternden Zusatzes. Wenn ich den Quirl als aus einer Spirale entstanden erkläre, so ist dies nicht etwa eine Wiederholung der Lehre von C. Schimper und A. Braun, dass jeder Quirl aus einer den Abständen seiner Blätter entsprechenden Spirale sich gebildet habe, beispielsweise der 2-, 3- und 5zählige Quirl je aus dem Umlauf (resp. aus zwei Umläufen) einer Spirale mit der Divergenz $1/2$, $1/3$, $2/5$ oder $1/5$, und dass der Schritt vom letzten Blatt eines Quirls (Cyclur) zum ersten des folgenden (Cyclarch) durch einen positiven oder negativen Zuschlag (Prosenthese genannt) verändert (vergrössert oder verkleinert) worden sei. Solche Betrachtungen haben bloss geometrische Bedeutung und stehen in keiner Beziehung weder zur ontogenetischen noch zur phylogenetischen Entwicklungsgeschichte.

Nach meiner Ansicht sind alle Quirle aus einer ununterbrochenen gleichförmigen Spirale entstanden, deren Blätter gruppenweise zu Quirlen vereinigt blieben, wobei das regelmässige Alterniren der Quirle als mechanische Folge klar vorliegender Ursachen zu deuten ist. Durch diesen Process hat die ursprünglich gleiche Divergenz sowohl innerhalb der Quirle als in dem Uebergang vom Cyclur zum Cyclarch eine nothwendige Veränderung erfahren.

Die Divergenzen der ursprünglichen Spiralen waren verschieden; sie lassen sich unschwer aus den von ihnen herstammenden Quirlstellungen berechnen. Für die 2zähligen Quirle oder die opponirte Blattstellung beträgt der Abstand der erzeugenden Spirale

$$\text{I. Divergenz} = \left(\frac{1}{2} + \frac{1}{4}\right)\frac{1}{2}\pi = \frac{3}{8}\pi = 135^0.$$

Alle mehrzähligen Quirle können verschiedenartig aufgefasst und aus Spiralen mit ungleichen Divergenzen abgeleitet werden. Es hängt dies davon ab, ob man von dem letzten Blatt eines Quirls zu dem einen oder andern Blatt des folgenden Quirls übergehe, ob man also die »Prosenthese« grösser oder kleiner, positiv oder negativ annehme. Die 3zähligen Quirle lassen drei Annahmen (II, III und IV) zu.

$$\text{II. Divergenz} = \left(2 \cdot \frac{1}{3} + \frac{1}{2}\right)\frac{1}{3}\pi = \frac{7}{18}\pi = 140^{0}.$$

$$\text{III. Divergenz} = \left(2 \cdot \frac{1}{3} + \frac{1}{6}\right)\frac{1}{3}\pi = \frac{5}{18}\pi = 100^{0}.$$

$$\text{IV. Divergenz} = \left(2 \cdot \frac{1}{3} + \frac{1}{2} + 2 \cdot \frac{1}{3} + \frac{1}{6}\right)\frac{1}{6}\pi = \frac{1}{3}\pi = 120^{0}.$$

Zur Berechnung bemerke ich, dass die Divergenz gleich ist der Summe aller Schritte vom Cyclarch eines Quirls bis zum Cyclarch des folgenden Quirls, getheilt durch die Zahl dieser Schritte, also für die 3zähligen Quirle II und III: 2 mal $\frac{1}{3}\pi$ + der Abstand vom Cyclur zum Cyclarch, die ganze Summe getheilt durch 3. Bei II beträgt der Schritt vom Cyclur zum Cyclarch $\frac{1}{2}$ $\left(\text{also die »Prosenthese«} + \frac{1}{6}\right)$, bei III beträgt er $\frac{1}{6}\pi$ $\left(\text{also die Prosenthese} - \frac{1}{6}\right)$. Bei IV wechseln diese Werthe von Quirl zu Quirl, sodass zur Berechnung der mittleren Divergenz die Summirung von 2 Quirlen erforderlich ist.

Die Berechnung, sowie auch die Vorstellung der Entstehung von Quirlen aus ununterbrochenen Spiralen wird durch folgende Diagramme deutlicher werden, in welchen auf der flachgelegten Stengeloberfläche die Lage der Quirle angegeben ist. Der Stengel ist in horizontaler Lage dargestellt und die Oberfläche in 6 gleiche Längsstreifen getheilt. Auf den Grenzlinien dieser Streifen sind die Blätter inserirt und nach der Reihenfolge, die sie in der ursprünglichen Spirale hatten, numerirt. Die Quirle erscheinen, wegen der horizontalen Richtung des Stengels, als verticale Reihen.

II	III	IV
0 . . . . . . 8 .	. 0 . . . . . 7 .	. 0 . . 6 . . . 12
. . . . 3	. . . . 4	. . 3 . . 9 . .
1 . . . . . . 6 .	. 1 . . . . . 8 .	. 1 . . 7 . . . 13
. . . . 4	. . . . 5	. . 4 . . 10 . .
2 . . . . . . 7 .	. 2 . . . . . 6 .	. 2 . . 8 . . . 14
. . . . 5	. . . . 3	. . 5 . . 11 . .
(0) . . . . . . (8) .	. (0) . . . . . (7) .	. (0) . . (6) . . . (12)

Nimmt die Blätterzahl der Quirle zu, so vermehren sich die Möglichkeiten der Ableitung aus Spiralen. Zunächst ist die Frage, aus wie viel Umläufen der ursprünglichen Spirale ein Quirl gebildet sei; davon hängt am wesentlichsten die Grösse der Divergenz ab. Nach meiner Ansicht sind die 4- und 5zähligen Quirle stets 2umläufig. Wollte man sie 1umläufig nehmen, so betrüge die Divergenz der erzeugenden Spirale höchstenfalls 101,25° für die Vierzahl und 93,6° für die Fünfzahl. So kleine Divergenzen kommen, wie ich glaube, bei alternirenden Phanerogamenblättern wohl nicht vor; die unzweifelhaft sicheren befinden sich in den Grenzen von 120° und 180°, Div. $= \frac{1}{3}$ und $\frac{1}{2}$. Die kleinen Abstände der auf einander folgenden Blätter bei einigen Phanerogamen und Gefässkryptogamen (Lycopodiaceen und Equisetum mit zu einer Spirale aufgelösten Quirlen) sind wohl aus Spaltung (Verzweigung) der Blatteinheiten hervorgegangen und somit auch die Quirle von Equisetum gleich denen von Galium zu deuten.

Unter der eben erörterten Voraussetzung lassen die 5zähligen Quirle folgende fünf Möglichkeiten zu:

$$\text{V. Divergenz} = \left(4 \cdot \frac{2}{5} + \frac{1}{10}\right)\frac{1}{5}\pi = \frac{17}{50}\pi = 122{,}4^{\circ}.$$

$$\text{VI. Divergenz} = \left(4 \cdot \frac{2}{5} + \frac{3}{10}\right)\frac{1}{5}\pi = \frac{19}{50}\pi = 136{,}8^{\circ}.$$

$$\text{VII. Divergenz} = \left(4 \cdot \frac{2}{5} + \frac{1}{2}\right)\frac{1}{5}\pi = \frac{21}{50}\pi = 151{,}2^{\circ}.$$

$$\text{VIII. Divergenz} = \left(4 \cdot \frac{2}{5} + \frac{3}{10} + 4 \cdot \frac{2}{5} + \frac{1}{10}\right)\frac{1}{10}\pi = \frac{9}{25}\pi = 129{,}6^{\circ}.$$

$$\text{IX. Divergenz} = \left(4 \cdot \frac{2}{5} + \frac{3}{10} + 4 \cdot \frac{2}{5} + \frac{1}{2}\right)\frac{1}{10}\pi = \frac{2}{5}\pi = 144^{\circ}.$$

Der Abstand vom Cyclur zum Cyclarch ist bei V $\frac{1}{10}$, bei VI $\frac{3}{10}$ und bei VII $\frac{1}{2}\pi$; bei VIII alternirend $\frac{3}{10}$ und $\frac{1}{10}$, bei IX alternirend $\frac{3}{10}$ und $\frac{1}{2}\pi$. In dem folgenden Diagramm sind die Stellungen V, VI, VII und IX zur Anschauung gebracht.

V	VI	VII	IX
0 . . . . 14 .	. 0 . . . 13 .	. 0 . . . 12 .	. 0 . . 10 . .
. . . 6	. . . 8	. . . 5 . . .	. . . 8 . . . 18
3 . . . . 12 .	. 3 . . . 11 .	. 3 . . . 10 .	. 3 . . 13 . .
. . . 9	. . . 6	. . . 8 . . .	. . . 6 . . . 16
1 . . . . 10 .	. 1 . . . 14 .	. 1 . . . 13 .	. 1 . . 11 . .
. . . 7	. . . 9	. . . 6 . . .	. . . 9 . . . 19
4 . . . . 13 .	. 4 . . . 12 .	. 4 . . . 11 .	. 4 . . 14 . .
. . . 5	. . . 7	. . . 9 . . .	. . . 7 . . . 17
2 . . . . 11 .	. 2 . . . 10 .	. 2 . . . 14 .	. 2 . . 12 . .
. . . 8	. . . 5	. . . 7 . . .	. . . 5 . . . 15
(0) . . . . (14) .	. (0) . . . (13) .	. (0) . . . (12) .	. (0) . . (10) . .

Etwas complicirter wird die Sache bei 4 **zähligen** Quirlen, weil die Abstände in dem 2umläufig angenommenen Quirl ungleich ausfallen. Die Ableitung aus einer ununterbrochenen Spirale erlaubt hier drei Annahmen.

$$\text{X. Divergenz} = \left(\frac{1}{2} + \frac{1}{4} + \frac{1}{2} + \frac{1}{8}\right)\frac{1}{4}\pi = \frac{11}{32}\pi = 123{,}75^{\circ}.$$

$$\text{XI. Divergenz} = \left(\frac{1}{2} + \frac{1}{4} + \frac{1}{2} + \frac{3}{8}\right)\frac{1}{4}\pi = \frac{13}{32}\pi = 146{,}25^{\circ}.$$

$$\text{XII. Divergenz} = \left(\frac{1}{2} + \frac{1}{4} + \frac{1}{2} + \frac{1}{8} + \frac{1}{2} + \frac{1}{4} + \frac{1}{2} + \frac{3}{8}\right)\frac{1}{8}\pi = \frac{3}{8}\pi = 135^{\circ}.$$

Der Abstand vom Cyclur zum Cyclarch beträgt bei X $\frac{1}{8}$, bei XI $\frac{3}{8}$, bei XII abwechselnd $\frac{1}{8}$ und $\frac{3}{8}$.

X	XI	XII
0 . . . . . 11 .	. 0 . . . . 10 .	. 0 . . 8 . . 16
. . . 6	. . . 5	. . 6 . . 14 .
3 . . . . . 9 .	. 3 . . . . 8 .	. 3 . . 11 . . 19
. . . 4	. . . 6	. . 4 . . 12 .
1 . . . . 10 .	. 1 . . . . 11 .	. 1 . . 9 . . 17
. . . 7	. . . 4	. . 7 . . 15 .
2 . . . . . 8 .	. 2 . . . . 9 .	. 2 . . 10 . . 18
. . . 5	. . . 7	. . 5 . . 13 .
(0) . . . . . (11) .	. (0) . . . . (10) .	. (0) . . (8) . . (16)

Von 6 **zähligen** Quirlen, die stets 2umläufig zu nehmen sind und die schon eine grössere Zahl von Ableitungen aus den erzeugenden Spiralen offen lassen, will ich nur diejenigen drei Fälle anführen, die wohl am ehesten vorkommen.

$$\text{XIII. Divergenz} = \left(2 \cdot \frac{1}{3} + \frac{1}{2} + 2 \cdot \frac{1}{3} + \frac{5}{12}\right) \frac{1}{6} \pi = \frac{3}{8} \pi = 135^{0}.$$

$$\text{XIV. Divergenz} = \left(2 \cdot \frac{1}{3} + \frac{1}{2} + 2 \cdot \frac{1}{3} + \frac{1}{4}\right) \frac{1}{6} \pi = \frac{25}{72} \pi = 125^{0}.$$

$$\text{XV. Divergenz} = \left(2 \cdot \frac{1}{3} + \frac{1}{2} + 2 \cdot \frac{1}{3} + \frac{5}{12} + 2 \cdot \frac{1}{3} + \frac{1}{2} + 2 \cdot \frac{1}{3} + \frac{1}{4}\right) \frac{1}{12} \pi$$
$$= \frac{52}{144} \pi = 130^{0}.$$

Bei XIII beträgt der Schritt vom Cyclur zum Cyclarch $\frac{5}{12}$, bei XIV $\frac{3}{12}$, bei XV abwechselnd $\frac{5}{12}$ und $\frac{3}{12} \pi$.

XIII			XIV			XV				
0		16	0		17	0		14		25
	11			6			11		22	
3		14	3		12	3		17		28
	6			9			6		20	
1		17	1		15	1		12		26
	9			7			9		23	
4		12	4		13	4		15		29
	7			10			7		18	
2		15	2		16	2		13		24
	10			8			10		21	
5		13	5		14	5		16		27
	8			11			8		19	
(0)		(16)	(0)		(17)	(0)		(14)		(25)

Es können also Quirle mit der nämlichen Zahl von Blättern aus Spiralen mit verschiedener Divergenz entstehen, ebenso wie umgekehrt Quirle mit verschiedener Blätterzahl aus Spiralen mit der gleichen Divergenz sich bilden. Die Reihenfolge der Blätter in den successiven Quirlen und somit der Charakter der erzeugenden Spirale lassen sich zuweilen aus der Deckung der Blattränder und aus andern Erscheinungen direct bestimmen. — Wenn, was nicht selten vorkommt, an den Individuen der nämlichen Pflanze Quirle mit verschiedener Blätterzahl wechseln (die einen Stengel haben beispielsweise 2zählige, die andern 3zählige Blattquirle, die einen Blüthen sind 4-, die andern 5zählig, oder die einen 5-, die andern 6zählig), so müssen diese verschiedenen Zahlen aus der nämlichen Spirale entstanden sein, und daraus lässt sich oft ein Schluss von einem Quirl auf einen anderszähligen machen. Es sei beispielsweise durch irgendwelche Gründe festgestellt, dass 5zählige Quirle dem Schema VI folgen (Divergenz der erzeugenden Spirale 136,8°), so können 4zählige Quirle, die bei den nämlichen Pflanzen stellvertretend vorkommen, nur nach dem Schema XII (Div. = 135°) und stellvertretende 6zählige Quirle nur nach dem Schema XIII (Div. = 135°) gebaut sein. Wir dürfen überhaupt folgende Schemate als vicarirend ansehen: I und II, dann II und VI oder auch II und IX, ferner VI, XII und XIII, endlich IV, X und V u. s. w.

Die soeben als stellvertretend genannten Schemata stimmen in den Divergenz-Werthen der erzeugenden Spirale nicht ganz überein. Aber es machen diese Werthe überhaupt keinen Anspruch auf absolute Geltung. Wenn sich beispielsweise für das so häufig bei den Dicotylen verwirklichte Schema VI die Divergenz 136,8° berechnet, so heisst das nichts anderes als dass Spiralen mit nahe kommenden, etwa zwischen 135—139° oder zwischen noch weiteren Grenzen befindlichen Divergenzen die jenem Schema folgende Anordnung erzeugen. Es ist sehr leicht möglich, dass die relative Häufigkeit der stellvertretenden Quirle theilweise von der Divergenz der erzeugenden Spirale bedingt wird, wofür ich folgendes Beispiel anführen will. Die 5zähligen Quirle nach Schema VI entsprechen der Divergenz 136,8°, die 4zähligen nach Schema XII der Divergenz 135°. Von zwei verschiedenen Arten, deren idioplasmatische Anlagen ebenso leicht die Fünfzahl als die Vierzahl sich entfalten lassen, und von denen die eine ursprünglich eine Blattspirale mit der Divergenz 137°, die andere eine solche mit der Divergenz 135° hatte, wird diejenige mit der ursprünglichen Divergenz 137° eine Menge 5zählige und wenige 4zählige, diejenige mit der ursprünglichen Divergenz 135° eine Menge 4zählige und wenige 5zählige Quirle in den Ontogenien verwirklichen. Das ist natürlich so zu verstehen, dass aus der einen ursprünglichen Divergenz sich normal die Fünfzahl, aus der andern die Vierzahl ergäbe, dass aber die inneren und äusseren Ursachen, welche noch auf Blattstellung Einfluss haben, die angeführten Variationen hervorbringen.

Von 4- und 6zähligen Quirlen wird meistens angenommen, dass sie aus zwei je 2- oder 3zähligen Quirlen zusammengesetzt seien, und selbst 5zählige Quirle sollen in gewissen Fällen aus einem 2- und einem 3zähligen Quirl gebildet sein. Wenn solche Vorstellungen bloss arithmetische und geometrische Bedeutung beanspruchen, so ist ja nichts dagegen einzuwenden. Aber ich glaube nicht, dass man sie als den Ausdruck des phylogenetischen Geschehens nehmen darf, zweifle auch, dass die Hypothese, es seien irgend einmal den 5zähligen Quirlen alternirende, 2- und 3zählige vorausgegangen, im Ernste behauptet werden könnte. Ebenso wenig ist anzunehmen, dass die 4- und 6zähligen Quirle aus 2- oder 3zähligen Quirlen entstanden seien, denn diese würden alterniren und bei ihrem Zusammenrücken opponirte (nicht alternirende) 4- und 6zählige Quirle erzeugen.

Die einfachste und natürlichste Annahme ist doch die, dass von der ursprünglichen Spirale in einem Fall je 4, im anderen je 5, im dritten je 6 Blätter zum Quirl vereinigt bleiben; und ebenso können noch grössere Zahlen von Phyllomen (10, 12 etc.) sich in alternirende Kreise ordnen. Der ursächliche Vorgang ist folgendermaassen zu erklären. Im Idioplasma bildet sich eine neue Anlage, vermöge welcher statt der ununterbrochenen Spirale nun die betreffende Quirlstellung sich entfaltet. Ist die Blätterzahl der Quirle nicht constant, variiren beispielsweise bei der nämlichen Pflanze 4-, 5- und 6zählige Quirle, so werden vermöge der idioplasmatischen Anlage unbestimmt grosse Abschnitte der ursprünglichen Spirale (nämlich je 4 bis 6 Blätter) zu Quirlen, und es hängt dann von verschiedenen inneren und äusseren Ursachen ab, ob die eine oder andere Zahl sich verwirkliche. So sehen wir nicht selten, dass mit dem Stärkerwerden des Cauloms die Blätterzahl der Quirle sich erhöht. Bei der phylogenetischen Fortbildung des Idioplasmas können die Anlagen sich dann so verändern, dass die quirlbildenden Abschnitte der ursprünglichen Spirale grösser oder kleiner, und dass sie numerisch mehr und mehr bestimmt werden.

Die Quirlbildung, die wir an den Pflanzen beobachten, ist rücksichtlich der Stellung der Phyllome zu mehr oder weniger genauer Vollendung gelangt. Manchmal erkennt man noch aus verschiedenen Merkmalen die Folge der ursprünglichen Spiralstellung; in anderen Fällen sind alle Spuren davon verwischt. Nur selten ist die Quirlbildung in ihren Anfangszuständen zu beobachten, wie z. B. bei Lycopodium-Arten. Die Auflösung der Quirle zu einer ununterbrochenen Spirale, welche als abnormale Erscheinung vorkommt, ist ein phylogenetischer Rückschlag und zeigt dann den ursprünglichen Zustand an.

Es ist nicht nothwendig, dass die Umbildung der Spiral- in die Quirlstellung sich bei der ontogenetischen Entwicklung wiederhole, da ja von allen andern, in einer Abstammungslinie vorausgegangenen phylogenetischen Stadien eine Menge vollständig unterdrückt wird. Möglich wäre aber auch, dass die ursprüngliche Spiralstellung in der ontogenetischen Entwicklungsgeschichte gesehen würde, wenn diese bis auf die ersten Zellen zurückverfolgt werden könnte.

Wenn eine continuirliche Spirale in Stücke zerfällt, welche zu alternirenden Quirlen sich gestalten, so finden Verschiebungen der Blätter in horizontaler Richtung statt, um die gleichmässigen Abstände zu gewinnen. Es sind dies aber, ebenso wie die relativen Lageänderungen in verticaler Richtung, nicht etwa durch eigentlichen Druck bewirkte Verrückungen, sondern die Folgen ungleichen Wachsthums. Die Blattanfänge haben auf dem engen Umfang der Caulomspitze ungleiche horizontale Abstände; mit dem Dickerwerden des Cauloms wachsen die Zwischenräume in ungleichem Maasse und dadurch gelangen die Blätter in gleiche Entfernungen von einander. Dies war wenigstens der phylogenetische Vorgang, als die Quirle sich aus der Spirale bildeten und blieb gewiss lange der ontogenetische Entwicklungsvorgang. Es ist aber möglich, dass, wenn die Quirle phylogenetisch so gefestigt sind, dass die Fähigkeit der Umbildung in anderszählige Quirle oder des Rückschlages in die Spiralstellung verloren gegangen ist, dann schon die allerersten Blattanfänge eines Quirles in der späteren regelmässigen Vertheilung auftreten.

Die Annahme von phylogenetisch ursprünglicher (nicht aus der Spiralstellung hervorgegangener) Quirlbildung ist in keiner Beziehung berechtigt. Die ontogenetische Entwicklungsgeschichte gibt uns, wie schon gesagt, in vielen Fällen keinen Aufschluss über das phylogenetische Werden. Die Berufung auf die unzweifelhaft originäre Quirlbildung bei Characeen und Florideen ist müssig, da ja die Organisationsverhältnisse ganz andere sind, und unstatthaft, weil keine genetischen Beziehungen zwischen den Gefässpflanzen und jenen Algen bestehen. — An und für sich würde ja Quirlstellung für die aus dem Moossporogonium hervorgehenden Organcomplexe ebenso möglich erscheinen als Spiralstellung. Aber darum handelt es sich nicht, sondern um das, was aus einer Vergleichung und sorgfältigen Erwägung sich als wirklich ergibt. Nun haben wir vier Thatsachen, welche das Nämliche darthun und nach meiner Ansicht für die vorgetragene Theorie bezüglich der Phanerogamen entscheidend sind:

1. der ganz allmähliche Uebergang von einem oder zwei Umläufen einer Spirale bis zu dem ausgesprochensten Quirl, wenn man viele Pflanzen mit einander vergleicht;

2. das Vorkommen der Spiralstellung und der Quirlstellung bei dem nämlichen Organ ganz nahe verwandter Pflanzen;

3. die Unmöglichkeit, eine phylogenetisch zusammengehörige Gruppe von Pflanzenfamilien auszuscheiden, bei welcher in einer bestimmten Region des ontogenetischen Aufbaues ausschliessliche Quirlstellung vorhanden wäre;

4. der zuweilen als Abnormität auftretende Rückschlag einer Quirlstellung in die Spiralstellung.

Die Umänderung der Spiralstellung in die Quirlstellung ist, wie schon gesagt, ein phylogenetischer und nicht etwa ein ontogenetischer Process. Sie kommt nach und nach durch lange Zeiträume zu Stande, indem zuerst unbestimmte und unregelmässige Quirle, dann solche, denen man noch deutlich ihre Herkunft aus einer Spirale ansieht, endlich Quirle, in denen die Phyllome vollkommen gleichwerthig erscheinen, auftreten. Jede dieser Entwicklungsstufen vererbt sich durch zahllose Generationen. Ueber die Ursache der Veränderung wissen wir nichts anderes, als dass eben ein im Idioplasma beruhender Antrieb die Differenzirung bewirkt. Wenn etwa von Morphologen das Schwendener'sche Gesetz der mechanischen Veränderung der Blattstellung angezogen wird, um zu erklären, dass in einer Familie bei den einen Pflanzen spiralige, bei den anderen cyklische Stellung der Phyllome vorkommt, so liegt darin eine Verkennung der Tragweite jenes Gesetzes. Nach demselben können nur die Stellungen gedrängt stehender Blätter in bestimmte andere Stellungen, auch spiralige in quirlständige übergehen, also die ursprünglichen morphologisch gegebenen Stellungen der Ontogenien verändert werden; aber die beim ontogenetischen Wachsthum an den Caulomspitzen primär auftretenden Stellungen sind beständig und durch Vererbung bestimmt, was sich namentlich bei der vergleichenden Morphologie der Blüthen klar herausstellt. Somit sind auch die in den jüngsten Zuständen schon vorhandenen spiraligen und cyclischen Stellungen verwandter Pflanzen als erbliche und demnach als phylogenetische zu betrachten.

Da die Ursachen der Quirlbildung innere sind, so entzieht sich auch unserer Beurtheilung der Grund, warum oft an der nämlichen Pflanze die einen Caulome oder Caulomregionen spiralige, die anderen cyclische Blätter tragen, warum der nämliche Unterschied zuweilen zwischen Arten der gleichen Gattung beobachtet wird und ebenso wie die zwischen so weiten Grenzen variirende Zahl der Phyllome eines Quirls zu erklären ist. In letzterer Hinsicht möchte ich jedoch auf eine Beziehung zu einer anderen, ebenfalls durch innere Ursachen bedingten Erscheinung, nämlich zu der verhältnissmässigen Breite der Blattbasis aufmerksam machen. Ich habe bereits bemerkt, dass mit dem ontogenetischen Stärkerwerden des Cauloms zuweilen eine Erhöhung der Blätterzahl in den Quirlen eintritt. Es scheint mir nun, dass die Zunahme des Caulomumfanges, wenn dieselbe eine individuell veränderliche Erscheinung ist, stets grösser ausfällt, als die Zunahme, welche die Breite der Blattanheftung zeigt, und hieraus leitet sich unschwer folgende Theorie ab.

Es gibt bezüglich der Constanz zwei Arten der Quirlbildung; bei der einen ist die Zahl der Phyllome in einem Quirl idioplasmatisch bestimmt und unabhängig von der individuellen Veränderlichkeit. Bei der anderen Quirlbildung treten stets soviel Blätter zu einem Quirl zusammen, als es das Verhältniss zwischen der Breite der Blattbasis und dem Caulomumfang erlaubt. Daraus erklärt sich, dass beim Stärkerwerden des Cauloms auch die Phyllomzahl in den Quirlen wächst, ferner dass im allgemeinen die Laubblattquirle wenigzähliger sind, als die Quirle in der Blüthe (die Laubblätter haben breitere Anheftungsstellen) und dass in Blüthen mit dicken Caulomen die Phyllomzahl in den Quirlen hoch ansteigen kann (Sempervivum und andere Crassulaceen), endlich dass die Laubblattquirle bei den Monocotylen verhältnissmässig viel seltener sind als bei den Dicotylen (jene haben breitere Blattbasen als diese; und Blätter, die mehr als den halben Stengelumfang einnehmen, scheinen zur Quirlbildung unfähig zu sein). Es liegt nun die Annahme nahe, dass die zweite Art der Quirlbildung — d. h. diejenige, bei welcher die Pflanze idioplasmatisch erst überhaupt Neigung zu cyclischer Anordnung der Phyllome erlangt hat und jeweilen die nach den

Umständen gestattete Maximalzahl verwirklicht — phylogenetisch zuerst auftrete, und dass aus ihr dann im weiteren phylogenetischen Verlauf die erstgenannte Quirlbildung — d. h. diejenige, bei welcher das Idioplasma eine Beziehung zu der Zahl der Quirlphyllome gewonnen hat — sich entwickle. Die numerische Beziehung im Idioplasma besteht zuerst darin, dass der Zahl gewisse nicht übersteigbare Grenzen gesetzt werden, und schreitet dann durch Beschränkung dieser Grenzen zu bestimmten Zahlen fort. Durch Rückschlag kann abnormal die bestimmte Zahl zur früheren unbestimmten oder die Quirlstellung zur früheren Spiralstellung zurückkehren.

Es wurden im vorstehenden die phylogenetischen Stufen, welche die Entwicklung der Caulome und Phyllome im allgemeinen wahrnehmen lässt, dargelegt. Die Beschaffenheit der Blüthe und ihrer Theile verlangt noch eine besondere Besprechung.

G. Aufbau der Blüthe.

Der Blüthenbau zeigt die nämlichen Verhältnisse, die ich schon bezüglich der Beblätterung des Pflanzenstockes (S. 484) und bezüglich der Stellung der Phyllome (S. 485 ff.) erörtert habe. Es lassen sich zunächst folgende Stufen in der Stellung der Blüthenblätter unterscheiden.

G_1. Alle Blüthenphyllome spiralständig: acyclische oder spiroidische Blüthen.

G_2. Die einen Phyllome spiral-, die andern quirlständig: spirocyclische Blüthen[1]).

G_3. Alle Phyllome in alternirenden Quirlen: holocyclische oder schlechthin cyclische Blüthen.

Jede dieser drei Stellungen kann durch Reduction mehr oder weniger verändert werden. Die spiralständigen Blüthenphyllome treten zuerst in grosser und unbestimmter Zahl auf und werden

---

[1]) Die spiroidischen Blüthen werden auch weniger passend »aphanocyclische« genannt. Da dieses Wort »mit undeutlichen, unscheinbaren oder unsichtbaren Quirlen« bedeutet, so liesse es sich eher da anwenden, wo die Quirle durch Verschiebung undeutlich geworden sind. — Ebenso ist die Bezeichnung »hemicyclisch« statt spirocyclisch zu beanstanden, da Hemicyclus ein Halbkreis ist.

zuletzt auf wenige beschränkt; es lässt sich bei ihnen eine Anfangs- und eine Endstufe unterscheiden:

1. polymer, 2. oligomer.

Die cyclischen Blüthenphyllome erscheinen zuerst in grösserer und unbestimmter Quirlzahl und werden dann auf eine bestimmte oder gesetzmässige Zahl von Quirlen reducirt, die regelmässig alterniren. Eine weitere Reduction führt eine Verminderung ohne Stellungsänderung herbei, so dass, wenn nur ein Quirl oder wenn drei Quirle ausfallen, Opposition der Cyclen eintritt. Daraus ergeben sich drei phylogenetische Stufen:

1. polycyclisch, 2. nomocyclisch, 3. oligocyclisch.

In dem einzelnen Quirl können durch Reduction einzelne oder mehrere Phyllome schwinden, so dass aus diesem Umstande zwei Stufen unterscheidbar werden:

1. mit vollständigen, 2. mit unvollständigen Quirlen.

Die angedeuteten phylogenetischen Stufen des Blüthenbaues verlangen eine weitere Auseinandersetzung. Der Beginn der Blüthenbildung ist gegenwärtig noch in der Gattung Lycopodium erhalten. Während bei Lycopodium Selago die Laubblätter Sporangien tragen, sind bei den anderen Arten die fruchttragenden Phyllome auf das Ende der Caulome beschränkt, und damit ist die Blüthe in ihrer einfachsten Constitution und zugleich der allgemeine Begriff der Blüthe gegeben als ein Caulomende oder kurzes laterales Caulom, das mit fruchttragenden Phyllomen besetzt ist.

Von diesem einfachsten Stadium bis zu den phylogenetisch am weitest fortgeschrittenen Bildungen gibt es viele Entwicklungsreihen. Da die Ausbildung in verschiedenen Beziehungen geschehen kann, welche sich vielfach verschlingen, so lässt sich wohl in jeder einzelnen Beziehung eine stufenweise Gliederung feststellen, aber für die Gesammtheit des Aufbaues lassen sich keine gemeinsamen Stufen unterscheiden, sondern nur eine Anfangsstufe und eine Menge von Endstufen.

Die Anfangsstufe ist die vorhin genannte, nämlich ein Caulomende mit gleichartigen Sporenblättern und einigen, denselben vorausgehenden unfruchtbaren Hochblättern, alle in ununterbrochener Spirale. Berücksichtigen wir zuerst diejenigen Entwicklungsreihen, in denen die ununterbrochene Spirale erhalten bleibt und fassen wir sie als eine Gruppe zusammen, so finden sich in dieser Gruppe schon ziemlich hoch entwickelte Blüthen.

Ein erster Schritt besteht darin, dass die Sporenblätter sich in männliche und weibliche scheiden, welche später in die Staubgefässe und Carpelle übergehen. Bemerkenswerth ist, dass die unteren Stufen bei den lebenden Gefässpflanzen (Gefässkryptogamen, gymnosperme Phanerogamen) bloss eingeschlechtige Blüthen besitzen, so dass also die einen Blüthen (Fruchtähren) der untersten Stufen männlich, die anderen weiblich wurden.

Es musste aber auch von den ursprünglichen ungeschlechtlichen Blüthen der Gefässkryptogamen aus Entwicklungsreihen geben, in welchen die Sporogonien der oberen Blätter weiblich, die der unteren Blätter männlich wurden, und welche weiterhin in die hermaphroditischen Phanerogamenblüthen übergingen. Wahrscheinlich befand sich zwischen den beiden Geschlechtsblättern ursprünglich eine Anzahl durch Geschlechtsvermischung steril gewordener Blätter. Diese sterilen Blätter haben sich in einigen Fällen noch sehr lange erhalten, insoferne die zwischen Androeceum und Gynaeceum vorhandenen sterilen Blätter nicht etwa als umgewandelte Staubgefässe oder Fruchtblätter zu deuten sind. Meistens aber sind sie verschwunden, indem die Caulomglieder (Internodien) sich verminderten und somit die Stellen der geschwundenen Phyllome von den einander sich nähernden Staubgefässen und Carpellen eingenommen wurden.

In manchen, möglicherweise in allen Sippen der Anfangsstufe gingen die unfruchtbaren Hochblätter zuerst allmählich in die fruchtbaren über: ein Zustand, der in den meisten der von hier aufsteigenden Reihen bald ein Ende nahm, indem die unteren Blätter dieser Uebergangszone ganz unfruchtbar, die oberen ganz fruchtbar wurden. In einigen Reihen blieb er erhalten, so dass noch zwischen den unfruchtbaren Hochblättern oder den Kelchblättern und den Staubblättern und noch später, als die Blumenkronen sich gebildet, zwischen den Kelchblättern und den Kronblättern abgestufte Uebergangsglieder vorhanden waren.

Die jetzt besprochene Gruppe zeichnet sich, wie gesagt, dadurch aus, dass die Phyllome der Blüthe in einer ununterbrochenen Spirale stehen. Diese Gruppe enthält viele divergirend aufsteigenden Reihen. Von jedem Punkte einer jeden Reihe kann nun der phylogenetische Fortschritt in anderen Bahnen beginnen, indem Quirlbildung und darauf Schwinden von ganzen Quirlen oder von Theilen derselben erfolgt.

Bezüglich der Beschaffenheit der Quirle zeigt die Blüthenbildung die merkwürdige Thatsache, dass jeder derselben schon bei der Entstehung aus ganz gleichen Elementen zusammengesetzt ist. Man möchte vielleicht ein ganz anderes Verhalten erwarten. Eine spiroidische Blüthe bestehe aus m Kelchblättern, n Kronblättern, p Staminodien, q Staubgefässen und r Carpellen, wenn m, n, p, q, r Zahlen bedeuten. Es wäre nun gewiss nicht auffallend, wenn daraus gleichzählige Quirle hervorgingen, unter denen sich auch einzelne gemischte befänden, z. B. einer aus Kelch und Kronblättern, ein anderer aus Kronblättern und Staminodien, einer aus Staminodien und Staubgefässen und einer aus Staubgefässen und Carpellen gemischt. Dies würde wohl auch eingetreten sein, wenn die Zahlen der verschiedenen Phyllome (m, n, p, q, r) bestimmt wären. Sie sind aber bei Spiralstellung immer u n b e s t i m m t.

Es variire nun beispielsweise die Zahl der Staubgefässe (q) in einer gewissen Sippe zwischen 26 und 42 und es trete bei deren Nachkommen Quirlbildung ein, so muss die Zahl der Quirle ebenfalls unbestimmt sein. Die Pflanze hat aber zugleich das Bestreben, jeden Quirl g l e i c h a r t i g zu gestalten. Daher ist in dem angegebenen Falle die Zahl der sich bildenden 5gliedrigen Staubgefässquirle gleich $\frac{q}{5}$ oder $\frac{26-42}{5}$, mit der Beschränkung, dass mit Vernachlässigung der Brüche nur die ganzen Zahlen Geltung haben; es kommen also den Abkömmlingen der Sippe unmittelbar nach der phylogenetischen Umbildung 5—8 fünfzählige Staubgefässquirle zu. Und so verhält es sich mit den übrigen Organen der Blüthe. Wenn Ungleichartigkeit der Quirle vorkommt, indem z. B. die einen Elemente eines Quirls Staubgefässe, die anderen Staminodien sind, so ist dies keine ursprüngliche Bildung, sondern erst nachträglich durch Differenzirung oder Reduction entstanden.

Die Quirlbildung in der Blüthe kann entweder nach und nach (succedan) eintreten, so dass zuerst bloss einzelne Organe, z. B. Kelch und Krone quirlständig werden, indess die nachfolgenden Blätter (Geschlechtsphyllome) noch spiralständig sind. Oder sie kann auf einmal (simultan) perfect werden. Letzteres beobachtet man schon auf der niedrigsten Stufe, noch bevor die Differenzirung der Geschlechter eintritt, nämlich bei Equisetum, wo allerdings auch schon die Laubblätter Quirlstellung zeigen. In den anderen Fällen, wo alle Blüthenphyllome in Quirlen stehen, ist es oft zweifelhaft, ob nicht phylogenetische Zustände mit partieller Quirlstellung vorausgegangen sind.

Das vorhin angeführte Beispiel von Equisetum gibt die Veranlassung zu einer Bemerkung über das Verhältniss der Blattstellung in den Blüthen zu der in den übrigen Theilen der Pflanze. Eine volle Uebereinstimmung zwischen beiden kommt im allgemeinen nur bei durchgehender Spiralstellung vor. Ist dagegen Quirlstellung eingetreten, so mangelt diese Uebereinstimmung, sei es dass in den einen Partien die Phyllome noch schraubenständig, in den anderen quirlständig sind, sei es dass die Quirlstellung in den verschiedenen Partien ungleich ausgefallen ist. Häufig ist Quirlstellung in den Blüthen allein vorhanden; es können aber auch die Laubblätter quirlständig sein, während die Hochblätter oder Theile der Blüthen alternirend stehen.

Equisetum bietet ein seltenes Beispiel für übereinstimmende Quirlstellung an der ganzen Pflanze. Es ist mir unwahrscheinlich, dass dieselbe erst eingetreten sei, nachdem die Differenzirung zwischen vegetativen und reproductiven Blättern schon stattgefunden hatte, denn in einem solchen Falle sehen wir sonst immer, dass Laubblätter und Fortpflanzungsblätter in ungleicher Weise Quirle bilden. Ich vermuthe daher, dass in der Abstammungslinie von Equisetum sich eine Ahnensippe befand, in welcher alle Blätter einander gleich (also sporogonienbildend) und überdem spiralständig waren, dass diese Spiralstellung bei einer folgenden Sippe zur Quirlstellung wurde, und dass erst in einer noch späteren Sippe Differenzirung in sterile und fertile Blätter statt hatte, wobei dann natürlich beide die nämliche Quirlstellung zeigen mussten.

Ebenso sehr als durch die Quirlbildung wird der Aufbau der Blüthe verändert durch die Reduction der Phyllome oder der Phyllomquirle. Dieselbe kann auf die früher erörterte doppelte Art geschehen, entweder durch Verminderung der phyllomtragenden Caulomglieder oder durch Verkümmerung der Phyllome; im ersteren Falle gehen die entsprechenden Stellen am Caulom verloren, im letzteren bleiben sie erhalten (S. 485). In den spiraligen sowie in den cyclischen Blüthen können ganze Abtheilungen der Blüthenblätter schwinden, wodurch die Blüthen beispielsweise apetal oder eingeschlechtig werden. In den spiroidischen Blüthen können die Phyllome der einzelnen Abtheilungen, die ursprünglich vielzählig sind, bis auf eine Minimalzahl verloren gehen.

Die quirligen Blüthen sind ursprünglich polycyclisch mit unbestimmter Quirlzahl besonders im Androeceum und Gynaeceum. Die Reduction der Quirle zeigt, wie ich glaube, zwei scharf zu trennende Vorgänge, zuerst Verminderung auf eine bestimmte beschränkte Zahl von Cyclen, welche durch Reduction der Caulomglieder erfolgt und die polycyclischen Blüthen in nomocyclische umwandelt. Es bleibt dabei die ursprüngliche Alternanz der Quirle, insofern sie gleichzählig waren, oder ein anderweitiges ursprüngliches Stellungsverhältniss der successiven Quirle, insofern die Zahl ihrer Elemente wechselte, erhalten. Der zweite Reductionsprocess nimmt aus den nomocyclischen Blüthen einzelne Quirle hinweg, deren Stelle frei bleibt (oligocyclische Blüthen). Dabei wird das Stellungsverhältniss der auf einander folgenden Quirle möglicherweise verändert; aus drei alternirenden Quirlen werden beispielsweise durch Schwinden des mittleren Quirls zwei opponirte.

Endlich besteht eine Art des Schwindens darin, dass aus den vollständigen Quirlen ein oder mehrere Elemente verloren gehen, was gewöhnlich mit einer starken Ausbildung der Dorsiventralität der Blüthe zusammenhängt.

Die höchsten Stufen der Entwicklungsreihen sind erreicht, wenn in der Blüthe die Quirlbildung vollständig und die Reduction am weitesten durchgeführt ist. Wir müssten es als das nicht zu überschreitende Ende ansehen, wenn jedes qualitativ verschiedene und als nothwendig erscheinende Organ, nämlich Kelch (als Schutz der Blüthenknospe), Krone (zur Anziehung der Insekten), Staubgefässe und Stempel bloss je in einem einzigen Quirl vertreten, und wenn dieser Quirl bis auf ein einziges Phyllom geschwunden wäre, was beim Androeceum und Gynaeceum zuweilen der Fall ist.

Der phylogenetische Aufbau der Blüthe, wie ich ihn dargelegt habe, weicht von den bisherigen Vorstellungen über die Blüthenbildung wesentlich ab. Die vergleichende Morphologie geht jetzt von verschiedenen »Typen« aus und erklärt daraus namentlich mit Zuhülfenahme von Abort, Vervielfachung (Verdoppelung, Spaltung) und Verschiebung das abweichende Verhalten verwandter Pflanzen. Damit ist gegenüber dem rein beschreibenden Verfahren sehr viel gewonnen, indem der Blüthenbau ganzer Familien oder ganzer Gruppen von Familien auf einen einheitlichen Plan zurückgeführt wurde. Aber es wird durch dieses Verfahren nur das gegenseitige Verhältniss derjenigen Bildungen erklärt, die von einem Typus abgeleitet werden können. Für die Beziehung der verschiedenen Typen unter einander ist damit noch nichts geschehen, ebenso wenig für die überall so zahlreich auftretenden Ausnahmen und Variationen.

Unter »Typus« versteht man ferner nicht bloss ein Vorbild, dem andere nachgebildet sind, sondern sehr häufig auch überhaupt diejenige Form, die am häufigsten vorkommt oder die den Vorstellungen der Schule am congruentesten ist. Man sagt beispielsweise: »In dieser Familie sind 5 Carpelle typisch; aber es kommen auch bloss 4, 3 und 2 und andrerseits 10 und mehr Carpelle vor; ferner können die 2 Carpelle auf verschiedene Arten orientirt sein u. s. w.« Bei solchen Vorkommensverhältnissen hätte das Wort typisch nur dann einen rationellen Sinn, wenn aus der einen Bildung die anderen erklärt werden könnten. Dies wird aber nicht versucht und könnte auch nicht durchgeführt werden.

Es muss also, abgesehen von allen anderen Abweichungen in der Blüthe, schon wegen des Gynaeceums für eine solche Familie ein Obertypus aufgesucht werden, aus dem sich alle Vorkommnisse begreifen lassen; — denn dass man nicht einfach neben den als typisch erklärten Bildungen von Ausnahmen und Variationen gleichsam als von einem Naturspiel sprechen darf, liegt doch auf der Hand. Jede Bildung hat ihre reale Existenz, ihre bestimmten Ursachen und muss erklärt werden. Erst wenn für alle Variationen in einer Familie die phylogenetischen Ursachen nachgewiesen sind, kann von systematischer Erkenntniss die Rede sein.

Ich will bloss im allgemeinen zeigen, wie nach meiner Ansicht die phylogenetische Methode sich gestalten dürfte. Die Hauptschwierigkeiten beginnen erst mit der Quirlbildung; diese kommt, wie ich bereits erwähnt habe, jedenfalls auf zweierlei Art zu Stande, entweder simultan oder succedan. Den einfacheren Fall stellt die simultane Bildung dar, wenn nämlich alle Blätter der Blüthen gleichzeitig oder in rascher Folge (etwa von unten nach oben) zu Quirlen sich ordnen. Dann werden alle Quirle gleichzählig sein und regelmässig alterniren. Ferner werden die Quirle ziemlich zahlreich sein. Bloss allenfalls von Kelch und Krone ist anzunehmen, dass sie ursprünglich schon einquirlig sein konnten, denn sie sind schon bei spiraliger Stellung meistens wenigzählig. Die Staubgefässe und die Carpelle dagegen sind bei Spiralstellung gewöhnlich vielzählig und daher ist für dieselben auch eine Mehrzahl von ursprünglichen Quirlen sehr wahrscheinlich.

Die Quirlzahl war ferner ursprünglich eine unbestimmte. Erst im phylogenetischen Verlaufe wurde sie, indem sie sich verminderte, constant und zwar zuerst für die Staubgefässe; denn es wurde zugleich die früher unbestimmte Orientirung des ersten Carpells (und somit des ersten Carpellquirls) eine mit Rücksicht auf Kelch und Krone bestimmte. Damit war die constante Zahl der Staubgefässquirle von selbst gegeben. Für die Limitirung der Carpellzahl war keine solche Ursache vorhanden; daher sehen wir denn, dass dieselbe in so vielen Fällen noch variirt, in denen das Androeceum ganz beständig ist. Da die Carpelle aber, wenn sie verwachsen, nur in wenigen Fällen eine Sonderung in hinter einander stehende Quirle gestatten, so beobachten wir, statt der Unbeständigkeit der Quirle, eine Unbeständigkeit in der Zahl der Ovariumfächer oder der wandständigen Placenten sowie der Narben.

Simultane Quirlbildung fand wohl bei den Ahnen der meisten Monocotylen statt, da bei denselben gleichzählige Quirle durch die ganze Blüthe so häufig sind, ferner wahrscheinlich auch bei manchen Dicotylen. — Nehmen wir beispielsweise an, eine bestimmte Blüthe habe, nachdem die Quirlzahl des Androeceums fixirt war, folgendes Schema gehabt:

sep (v), pet (v), stam ($v + v + v$), carp (unbestimmt).

Bedeutet v einen 2umläufigen Quirl, so können bei Vierzahl oder Sechszahl auch 2 zweizählige oder 2 dreizählige Quirle dafür eintreten. Werden die Carpelle auf v reducirt, so stehen sie über den Blumenblättern. Schwindet der untere Staubgefässquirl, so hat man bei Fünfzahl der Quirle eine typische obdiplostemonische, schwinden die 2 oberen Staubgefässquirle, eine typische haplostemonische Blüthe: ersteres bei den Ericaceen, Geraniaceen, Zygophyllaceen, Crassulaceen etc., letzteres bei den Convolvulaceen, Solanaceen, Campanulaceen etc.; von diesen beiden Typen ist weder der eine noch der andere als nomocyclische Bildung einer quirligen Blüthe zu betrachten.

Von der vorhin schematisirten Blüthe kann auch der diplostemonische Typus herstammen. Die in unbestimmter Zahl vorhandenen Carpelle schwanden anfänglich auf die nomocyclische Zahl von zwei Quirlen ($v + v$); ging nun der untere Carpellquirl und der oberste Staubgefässquirl verloren, so ist die typische diplostemonische Blüthe gegeben: Primulaceen, Plumbaginaceen, Sapotaceen.

Um die Herleitung der 3 genannten Typen von dem nomocyclischen Bau anschaulicher zu machen, will ich den letzten noch einmal und zwar mit Andeutung der Alternanz schematisiren:

1	2	3	4	5	6	7
sep		stam		stam		carp
	pet		stam		carp	

Die Zahlen 1—7 bezeichnen die auf einander folgenden Quirle. Die in der oberen Horizontalreihe befindlichen Quirle sind einander superponirt, ebenso diejenigen der unteren Reihe; 3, 5, 7 stehen also über den Kelchblättern, 4 und 6 über den Kronblättern. Das Schwinden von Quirl 4, 5 und 7 gibt die haplostemonischen (I), das Schwinden von 3 und 7 den obdiplostemonischen (II) und das Schwinden von 5 und 6 den diplostemonischen Typus (III):

	1	2	3	4	5	6	7
I	sep		stam				
		pet				carp	
II	sep				stam		
		pet		stam		carp	
III	sep		stam				carp
		pet		stam			

Man wird mir wohl von morphologischer Seite antworten, dies sei eine blosse Hypothese; die Annahme, dass bei dem haplostemonischen und diplostemonischen Typus (I und III) je zwei Quirle geschwunden seien, erscheine überflüssig; wenn auch beim letzteren die Carpelle ursprünglich zahlreicher waren, so sei es doch unwahrscheinlich, dass der unterste Quirl derselben schwinde und der zweite übrig bleibe. Ich verkenne keineswegs, dass, wenn man sich auf die Betrachtung der einem Typus angehörenden Blüthen und deren ontogenetischer Entwicklungsgeschichte beschränkt, diese Einwürfe als gegründet gelten können. Aber sie verlieren ihren Halt, sowie man alle verwandten Bildungen mitberücksichtigt. Ich betrachte meine Annahme aus folgenden Gründen als die wahrscheinlichere.

Erstens gibt es viele Fälle, wo einer der drei genannten Typen bei verwandten Gattungen oder verwandten Familien mit polymeren oder polycyclischen Staubgefässen wechselt. Dies ist ein deutlicher Fingerzeig, dass jene Typen sich durch Reduction des Androeceums gebildet haben, und es steht der Annahme, dass bei ihnen freie Stellen von geschwundenen Staubgefässquirlen vorhanden seien, nichts im Wege.

Zweitens ist zu bemerken, dass, wie sich aus zahlreichen Beispielen ergibt, die Stellung der unter die nomocyclische Zahl (auf einen Quirl oder weniger) reducirten Carpelle, nicht von der Stellung der vorausgehenden Staubgefässe, sondern von derjenigen des Kelches und der Orientirung der ganzen Blüthe bedingt wird. Daraus ergibt sich, dass für diese Fälle zwischen Androeceum und Gynaeceum Elemente durch Schwinden verloren gegangen sind. Es gibt nun nicht wenige Familien unter den Choripetalen (Polypetalen), in denen in Blüthen mit gleichzähligen Quirlen bald epipetale, bald episepale Carpelle vorkommen. Dies beweist uns, dass hier das Gynaeceum ursprünglich dicyclisch war und dass bald der äussere, bald der innere Carpellkreis geschwunden ist.

Drittens ist hervorzuheben, dass, wenn in Blüthen mit 5zähligen Quirlen das Gynaeceum noch mehr reducirt wird, dann die in der Zahl von 4, 3 und 2 vorhandenen Carpelle verschiedene Stellungen zeigen können, die aber für die Gattungen constant sind; es haben z. B. 3 Carpelle die Stellung $\frac{2}{1}$ oder $\frac{1}{2}$, indem 2 hinten, 1 vorne sich befindet und umgekehrt. Diese verschiedenen Stellungen lassen sich nicht als Ueberbleibsel eines einzigen Quirls, wohl aber die einen als Ueberreste des episepalen, die anderen als Ueberreste des epipetalen Quirls von Carpellen erklären. Würden die einen Stellungen bloss mit episepalem, die anderen bloss mit epipetalem Gynaeceum in der nämlichen Familie vorkommen, so bestände mit Rücksicht auf diese oligomeren Carpelle kein Grund zur Annahme zweier ursprünglicher Carpellkreise. Da aber die verschiedenen reducirten Stellungen mit einander einerseits in der nämlichen Familie mit episepalem Gynaeceum und andrerseits ebenso in einer und derselben Familie mit epipetalem Gynaeceum sich finden, so muss man annehmen, dass sowohl die erstere als die letztere Familie ursprünglich ein 2quirliges Gynaeceum hatte. Es gibt selbst reducirte Gynaeceen, nämlich die 2- und die 4zähligen (bei sonstiger 5Zähligkeit der Quirle), von denen man annehmen möchte, dass die eine Hälfte ihrer Carpelle von dem episepalen und die andere Hälfte von dem epipetalen Quirl des Gynaeceums übrig geblieben sei.

Viertens ist noch daran zu erinnern, dass in vielen Familien mit typischem episepalem oder epipetalem Carpellquirl einzelne Gattungen mit doppeltzähligem oder mehrzähligem Gynaeceum vorkommen. Da nun die zwei- und mehrquirligen Bildungen nicht aus dem einfachen Quirl, wohl aber der letztere aus den ersteren auf naturgemässem phylogenetischem Wege entstehen kann, so sind die genannten typischen Bildungen nicht als ursprüngliche, sondern als secundäre, aus einem dicyclischen Gynaeceum hervorgegangene zu betrachten.

Die eben angestellten Betrachtungen betreffen vorzugsweise Blüthen mit ursprünglich gleichzähligen Quirlen und von denen allenfalls angenommen werden kann, dass die cyclische Anordnung simultan stattgefunden habe. Wenn die Quirlbildung in der Blüthe succedan eintritt, so beginnt sie gewöhnlich unten mit den Kreisen des Perigons, während die Staubgefässe und Carpelle noch in grosser Zahl und in schraubenförmiger Stellung vorhanden sein können. Tritt Verwachsung im Gynaeceum ein, so ordnen sich die Carpelle in einen Kreis, und lassen bloss aus den unbestimmten Zahlenverhältnissen wahrnehmen, dass der nomocyclische Typus noch nicht eingetreten sei. Dies ist unverkennbar, wenn beispielsweise die Zahl der im Kreise stehenden Carpelle bei Nymphaea alba zwischen 12 und 20, bei Papaver somniferum zwischen 7 und 15 wechselt. Ich möchte also ein solches Gynaeceum noch für polycyclisch halten und dasselbe erst dann als in das nomocyclische Stadium eingetreten ansehen, wenn die Zahl der Carpelle eine absolut oder relativ (nämlich im Verhältniss zu anderen Quirlen der Blüthe) bestimmte geworden ist. Wie das Gynaeceum vermindert auch das Androeceum mit dem phylogenetischen Fortschreiten die Zahl der Phyllome und ordnet sie dann cyclisch an. Die Zahl der Quirle ist wahrscheinlich zuerst unbestimmt und wird dann bestimmt.

Eine Blüthe, in der die Quirlbildung succedan stattgefunden hat, wird also nach der ersten Fixirung der Quirlzahl jedes Organs in das gleiche Stadium eingetreten sein, in welches die Blüthen mit simultaner Quirlbildung auf kürzerem Wege gelangen; und möglicher Weise sind in diesem Zustande beide nicht von einander zu unterscheiden. Oft aber wird darin ein Unterschied bestehen, dass, während die letzteren gleichzählige, die ersteren ungleichzählige Quirle besitzen.

Von dem nomocyclischen Stadium aus verläuft die phylogenetische Weiterbildung in allen Blüthen, sie mögen durch simultane oder succedane Quirlbildung sich entwickelt haben, in gleicher Weise durch Schwinden ganzer oder auch partieller Quirle, und ferner, wenn ein Gegensatz zwischen Rücken- und Bauchseite sich geltend macht, durch Schwinden einzelner Quirltheile und Differenzirung sowohl der vollständigen als der defecten Quirle in Gestaltung und Function.

Ich kann den Process nicht weiter ins Einzelne verfolgen. Das Bisherige wird genügen, um die phylogenetische Methode für den Aufbau der Blüthe verständlich zu machen. Die Aufgabe besteht also darin, Reihen zu begründen, in denen die Anordnung von der ursprünglich spiraligen und vielzähligen zu der cyclischen und reducirt wenigzähligen Blüthe, Stufe für Stufe, fortschreitet, und weiterhin festzustellen, welcher Reihe jeder einzelne, genetisch zusammengehörige Complex von Phanerogamen angehöre. Man möchte vielleicht meinen, dass diese Aufgabe zu unbestimmt gefasst sei und der Willkür grossen Spielraum gestatte. Bei näherer Ueberlegung wird man aber finden, dass dies durchaus nicht der Fall ist. Die phylogenetische Methode, wie ich sie entwickelt habe, hilft zwar leicht über einige Schwierigkeiten der bisherigen Betrachtungsweise hinweg, indem sie die betreffenden Vorkommnisse (z. B. Wechsel verschiedenzähliger Quirle bei verschiedenen Individuen) in einfachster Weise erklärt, aber im allgemeinen bleiben die Rücksichten des bisherigen vergleichenden Verfahrens in unveränderter Kraft. Es kommen ausserdem noch viele neue Rücksichten hinzu, indem alles, was bisher als Ausnahmen und als Variationen unerklärt blieb, durch die phylogenetische Methode erklärt und dafür die Norm festgestellt werden muss. Diese Methode erfordert also viel mehr Umsicht in der Beurtheilung der thatsächlichen Vorkommnisse im Blüthenbau als das bisherige vergleichende Verfahren, verspricht dafür aber auch um so sicherere Resultate.

Das bisherige vergleichende Verfahren beschäftigte sich vorzüglich damit, die Zahl der Quirle nach dem Gesetz der Alternanz festzustellen, nöthigenfalls zu emendiren, und die Art und Weise der Aufeinanderfolge zu bestimmen, ferner namentlich mit Rücksicht auf das häufigste Vorkommen den sogenannten Typus zu fixiren. Das phylogenetische Verfahren benutzt dazu ausserdem alle Variationen und sucht namentlich aus den polymeren Variationen die innerhalb einer Gruppe von verwandten Pflanzen vorkommen, und aus der Stellung der nach der Reduction übrig bleibenden Organe den ganzen Entwicklungsgang und besonders den nomocyclischen Aufbau als Grundplan, aus dem die verschiedenen sogenannten typischen Bildungen durch Reduction hervorgehen, festzustellen.

So ergibt sich beispielsweise mit Rücksicht auf den vielbesprochenen Blüthenbau der Cruciferen aus dem polymeren Androeceum, das bei einigen Cruciferen selber, dann bei anderen Familien der Rhoeadeen (Papaveraceen, Capparideen, Resedaceen) vorkommt, die wahrscheinliche Folgerung, dass in der Abstammungslinie dieser Klasse die Quirlbildung succedan (zuletzt im Androeceum) eingetreten ist, dass die Quirle ursprünglich 4zählig und in grösserer Zahl vorhanden waren, dass sie sich dann im Androeceum auf die Zahl von 2 limitirten, und dass schliesslich das Androeceum durch Schwinden zweier Phyllome des unteren Quirls in den für die Cruciferen »typischen« Zustand überging, — wobei ich die Vervielfachung (»Verdoppelung«) der Staubgefässe in einzelnen Fällen durchaus nicht leugnen will, wenn sie nicht eher als Rückschlag zu erklären ist.

Das Gynaeceum der Cruciferen bestand ursprünglich ebenfalls aus zahlreichen Phyllomen (Papaveraceen, Capparideen, Resedaceen) und wurde wohl zuerst auf zwei, dann auf einen einzigen 4zähligen Quirl reducirt, der bei den Cruciferen durch Schwinden der zwei medianen (bei den Resedaceen auch durch Schwinden der zwei transversalen) Carpelle 2zählig geworden. Die Variationen in den Blüthen der Rhoeadeen mit 3-, 5- und 6zähligen Quirlen würden eine besondere Betrachtung mit genauer Berücksichtigung der Stellungsverhältnisse verlangen, sind aber wahrscheinlich so zu deuten, dass, während in dem einen Zweig der Abstammungslinie, der zu den Cruciferen führt, strenge Vierzahl herrscht, in einem anderen die Zahl der Quirlelemente zwischen 4, 5 und 6 wechselt, und dass die 6- und 3zähligen Gynaeaceen der Resedaceen, wie ihre Orientirungen beweisen, die Reste eines gesetzmässig doppelt 6zähligen Carpellkreises sind.

H, I, K. Einzelne Theile der Blüthe.

Nachdem der Aufbau der Blüthe im allgemeinen betrachtet worden ist, verlangen die Besonderheiten ihrer Theile noch eine eigene kurze Besprechung.

H. Perigon. Die Phyllome des Perigons durchlaufen die bereits besprochenen Stufen der Stellung:

1. spiralig, 2. cyclisch,

die Stufen der Verwachsung:

1. alle Phyllome getrennt, 2. die einen Cyclus bildenden röhrig verwachsen, 3. die successiven Quirle mit einander verwachsen

und endlich die Stufen der Reduction. Im übrigen ist das Perigon wesentlich durch Anpassung entstanden; deshalb möchte ich namentlich darauf aufmerksam machen, dass man nicht etwa

1. Perigonmangel, 2. gleichartiges Perigon, 3. in Kelch und Krone geschiedenes Perigon

als drei phylogenetische Stufen ansehe. Diese drei Bildungen stehen nach meiner Ansicht in keiner genetischen Beziehung zu einander, da ursprünglich auf die Hochblätter (Bracteen) die Staubblätter folgten, dann Kelch oder kelchartiges Perigon aus den obersten Hochblättern, Krone oder kronartiges Perigon aus den untersten Staubblättern und Zwischenbildungen zwischen Kelch- und Kronblättern aus Uebergängen zwischen Hochblättern und Staubblättern hervorgingen.

I. Androeceum. Rücksichtlich der Gestaltung der Staubblätter, welche mehr Schwierigkeiten darbietet als diejenige der übrigen Phyllome, liegen zwei Stufen klar vor:

I_1. Staubblätter schuppenförmig mit mehreren Staubsäcken (Cycadeen und einige Coniferen);

I_2. Staubblätter differenzirt in einen Staubkolben (Anthere) mit zwei Staubsäcken und einen Staubfaden, zuweilen mit nebelblattartigen Gebilden am Grunde.

Diese beiden Stufen scheinen mir Anfang und Ende der phylogenetischen Umbildung zu bezeichnen. Auf die erste Stufe folgt die Verzweigung oder Theilung des Staubblattes, auch wohl Vervielfachung (»Verdoppelung«, basale Verzweigung), aber, wie ich glaube, zuletzt immer Rückkehr durch Reduction zum unverzweigten, in Stiel und Anthere differenzirten Staubgefäss. Es gibt noch, abgesehen vom inneren Bau, verschiedene Modificationen in der Gestaltung der Staubblätter, deren phylogenetische Bedeutung zweifelhaft ist, und die vielleicht als Anpassungen zu betrachten sind.

Im übrigen finden wir beim Androeceum die früher besprochenen Stufen der Stellung und Verwachsung

1. spiralig, 2. cyclisch,

1. frei, 2. mit den Staubfäden oder mit den Staubbeuteln verwachsen,

1. bodenständig, 2. kelchständig oder kronständig oder pistillständig, d. h. mit Kelch, Krone oder Pistill verwachsen, letzteres in den gynandrischen Blüthen,

und die verschiedenen Stufen der Reduction

1. polymer, 2. oligomer (bei spiraliger Stellung),

1. polycyclisch, 2. nomocyclisch, 3. oligocyclisch (bei Quirlstellung),

1. mit vollständigen, 2. mit unvollständigen Quirlen.

Die Pollenkörner sind 1. frei oder 2. in Gruppen oder 3. in ganze Pollenmassen verwachsen.

K. Gynaeceum. Gestaltung und Verwachsung der Carpelle zeigen vier Stufen:

K_1. Carpelle schuppenförmig, flach (Gymnospermen).

K_2. Carpelle in Scheide, Stiel und Spreite differenzirt, die Scheide mit den Rändern zum Fruchtknoten verwachsen (Ranunculaceen, Papilionaceen etc.).

K_3. Wie 2, aber die quirlständigen Carpelle mehr oder weniger hoch mit einander verwachsen; Fruchtknoten mehrcarpellig, mehrfächerig (Liliaceen, Solanaceen, Geraniaceen etc.).

K_4. Durch Reduction oder Zurückziehen der Scheidewände auf den Rand verwandelt sich der mehrfächerige Fruchtknoten von K_3 in einen typisch einfächerigen mehrcarpelligen, indem nun die Fruchtblätter in gleicher Weise wie die Kelchblätter in dem röhrigen Kelch klappig verwachsen sind (Papaveraceen, Violarieen, Cruciferen; — Uebergang von K_3 in K_4 bei den Caryophyllaceen).

Bezüglich der Stellung der Carpelle haben wir den gewöhnlichen Fortschritt von der Spiral- zur Quirlstellung; aber die letztere unterscheidet sich von der der übrigen Phyllome dadurch, dass nur in Ausnahmefällen über einander stehende Quirle auftreten, und dass gewöhnlich alle Carpelle sich in einen einzigen Kreis ordnen

(S. 506). Daher lässt denn auch die Reduction bloss eine Verminderung der Elemente dieses Kreises wahrnehmen und das nomocyclische Gynaeceum besteht bloss in einem bestimmten Vielfachen der in der Blüthe herrschenden Gliederzahl der Quirle (z. B. 2×5). Wir haben somit rücksichtlich der Stellung und Reduction die Stufen:

1. spiralig a) polymer, b) oligomer,
2. cyclisch a) polycyclisch oder polymer, b) nomocyclisch oder nomomer, c) oligomer.

Mit Rücksicht auf die Lage zu den übrigen Phyllomen der Blüthe sind zwei Stufen zu unterscheiden

1. Fruchtknoten oberständig, 2. Fruchtknoten unterständig.

Das unterständige Ovarium ist jedenfalls die höhere Entwicklungsstufe, mag dasselbe durch Verwachsung mit dem Kelch und den übrigen Blüthenphyllomen oder mit dem vertieften Blüthenboden zu Stande kommen (vgl. S. 376—377).

Das Ovulum (Samenknospe) scheint bezüglich seiner Umhüllung drei Stufen zu durchlaufen

1. mit nacktem Kern, 2. mit 1 Eihülle, 3. mit 2 Eihüllen.

Rücksichtlich der Gestaltung schreitet das gerade (orthotrope) Ovulum einerseits zum umgebogenen (anatropen), andrerseits zum zusammengebogenen (campylotropen) Ovulum fort.

L. Samen. Ein phylogenetischer Fortschritt gibt sich in der zunehmenden Grösse der Samen kund, indem darin die vermehrte Sorge für die Brut ausgesprochen ist. Von gleich grossen Samen sind unter übrigens gleichen Umständen diejenigen, welche einen grossen Embryo enthalten, phylogenetisch weiter fortgeschritten als diejenigen, welche mit dem kleineren Keimling noch einen Eiweisskörper besitzen. — Vorstehendes ist in Uebereinstimmung mit der Thatsache, dass die höheren Thiere (Vögel) grössere Eier haben als die niederen, und dass die höchsten Thiere (Säugethiere) einen Embryo im Mutterleib bilden.

Was die Samenlappen betrifft, so scheinen mir die bekannten Verhältnisse drei Stufen anzudeuten.

L_1. Mehrere quirlständige Samenlappen (Coniferen).

L_2. Zwei opponirte Samenlappen mit schmaler Basis (Dicotylen).

L_3. Ein einziger Samenlappen mit scheidenförmiger Basis (Monocotylen).

Dies ist keineswegs im Widerspruch mit der früheren Annahme, dass quirlständige Blätter phylogenetisch höher stehen als schraubenständige. Fünf einzelstehende Blätter erfahren einen Fortschritt, wenn sie zum Quirl sich vereinigen, und abermals einen Fortschritt, wenn sie durch Reduction auf zwei und auf eines sich vermindern. Ueberdem ist eine breite Anheftung seitlicher Organe als die vollkommenere zu betrachten, weil sie eine innigere Vereinigung anzeigt. Die mannigfaltigen Umhüllungen der Samen mit den Samenhäuten und weiterhin mit den verschiedenartigen Fruchtgehäusen werden wesentlich durch Anpassungserscheinungen verursacht und erlauben keine Gliederung in phylogenetische Stufen.

Die vorstehende Aufzählung macht keineswegs Anspruch auf Vollständigkeit. So fehlt Lage und Gestalt der Placenta mit der Anheftung der Ovula. Ich habe dieselbe übergangen, weil ich darüber in phylogenetischer Beziehung nichts Treffendes zu sagen weiss. Man darf jedoch die Bedeutung der hierher zählenden Merkmale nicht überschätzen. Denn es ist wohl keinem Zweifel unterworfen, dass der morphologische Werth der Placenten und der Eichen überall der nämliche ist. Die Placenta ist nichts anderes als eine verdickte Stelle des Fruchtblattgewebes und das Ovulum ist ein auf dem Carpell entstehendes Trichom oder Emergenzgebilde.

Die Ovula sind phylogenetisch die Fortsetzung der weiblichen Sporogonien der heterosporen Gefässkryptogamen, wie die Staubsäcke die Abkömmlinge der männlichen Sporogonien sind. Die Sporogonien der Gefässkryptogamen aber gehen aus einer oder mehreren oberflächlichen Zellen verschiedener Regionen des Sporenblattes hervor (S. 477) und haben somit trichomatische oder Emergenz-Natur. Ihre Nachkommen, die Ovula, müssen die nämliche Natur besitzen und Theile der Fruchtblätter sein[1]). Eine andere

[1]) Gegen diese Deutung der Natur der Ovula wird wohl der Einwurf erhoben werden, dass sie einen Gefässstrang besitzen und daher keine Trichome sein können. Es ist ja ein nicht mehr seltenes Verfahren, dass man Anwesenheit und Verlauf der Gefässstränge als Merkmal für die Natur, den Ursprung und die Stellung eines Organs verwendet. Ein solches Verfahren kann aber nur als ein irrthümliches bezeichnet werden, welches seinen Grund in der Begriffsverwirrung findet, die noch so vielfach bezüglich der Erscheinungen im Pflanzenreiche herrscht. Was die morphologische Bedeutung eines Organs (als Caulom, Phyllom, Wurzel, Trichom) betrifft, um die es sich hier handelt, so wird dieselbe durch die Rolle bestimmt, die es beim Aufbau des Pflanzenstockes einnimmt,

Bedeutung könnten sie auf phylogenetischem Wege bloss etwa scheinbar durch Reduction erlangen, indem das Carpell bis auf ein Minimum schwände und somit fast nur das Ovulum übrig bliebe, in ähnlicher Weise wie das männliche Prothallium bei den höchsten Gefässkryptogamen fast bis auf das Antheridium schwindet. Das Ovulum erschiene uns dann fälschlich in der Würde eines Phylloms. Bei den Primulaceen wären, wenn die centrale Placenta als Caulomspitze sich erweisen sollte, die daran befestigten Ovula solche reducirte Carpelle. Doch halte ich für wahrscheinlicher, dass die Placenten in allen Fällen Blatttheile sind und im angeführten Falle durch die Basis der Carpelle gebildet werden.

Das Ovulum aber für ein Caulom resp. für eine Knospe (Samenknospe) zu erklären, scheint mir phylogenetisch ganz unhaltbar, wie auch keine einzige der verschiedenen ontogenetischen Beziehungen nur einigermaassen dafür spricht.

Wenn man zwei Pflanzenfamilien der Phanerogamen nach den phylogenetischen Stufen ihrer Merkmale vergleicht, so findet man fast ausnahmslos, dass die eine in den einen, die andere in den anderen Merkmalen eine höhere Stufe erreicht hat. Dies beweist, dass sie verschiedenen Abstammungslinien angehören; denn wären sie auch nur bildlich Stufen der nämlichen Linie, und würde somit die eine von der anderen abstammen, so könnte selbstverständlich die erzeugende Familie in keinem Merkmale höher entwickelt sein als die erzeugte, sondern ihr höchstens gleichkommen. Daraus geht hervor, dass die Phanerogamen einer grösseren Menge von Abstammungslinien angehören und dass fast jede der jetzigen natürlichen Familien das Ende einer solchen Linie bildet.

Die zwei Fragen, welche uns nun am meisten interessiren würden, — 1. wie die Familien genetisch mit einander verwandt

---

nämlich durch den Ort, wo es entsteht, und durch die Art und Weise, wie es selber Organe hervorbringt. Die Bildung der Gefässstränge dagegen ist eine nachträgliche, durch physiologische Functionen hervorgebrachte Erscheinung, die mit jener Rolle in keiner Beziehung steht. Daher gibt es ausnahmsweise Phyllome, Caulome (S. 376), Wurzeln ohne Gefässstränge, — und es ist kein Grund vorhanden, warum Trichome, die zu grösserer und ungewöhnlicher Entwicklung gelangen, nicht solche bekommen könnten.

sind und wie der ganze Stammbaum sich aufbaut, und 2. wie sich die Familien, welche ungleichen Abstammungslinien angehören, bezüglich ihrer Vollkommenheit zu einander verhalten und welche als die höchst entwickelte zu erklären ist, — lassen sich noch gar nicht beantworten. Was die erstere Frage betrifft, so haben wir als Grundlage der genetischen Verwandtschaft bloss die systematische Affinität und als Grundlage für den Stammbaum einzig das System, welches wohl in einigen Hauptzügen feststeht und dem Stammbaum entsprechen dürfte, in allen anderen Beziehungen aber willkürlich gestaltet wird.

Was aber die Schätzung der grösseren oder geringeren Vollkommenheit der Familien betrifft, so hängt dieselbe von der Beurtheilung der Merkmale ab, und man kann daher, da die Familien bald in den einen, bald in den anderen Merkmalen eine höhere phylogenetische Stufe erreicht haben, ganz ungleiche Familien als die vollkommensten erklären, je nachdem man dem einen oder anderen Merkmale den Vorrang einräumt. In dieser Beziehung liegt das Pflanzenreich der Erkenntniss ungleich ferner als das Thierreich, weil bei diesem eine bestimmte Gruppe (die Wirbelthiere) so deutlich sich als die vollkommenste darstellt, und in dieser Gruppe sich der vollkommenste Organismus so deutlich heraushebt.

Wenn wir wüssten, welches die vollkommensten Pflanzen sind, so wären wir um einen grossen Schritt dem Ziele näher gerückt, und wir könnten wenigstens in allgemeinen Zügen das phylogenetische System der Phanerogamen zu entwerfen versuchen. Man hat aber über jene Frage die verschiedenartigsten Ansichten. Verdienen die Papilionaceen, die Pomaceen, die Ranunculaceen, die Umbelliferen oder irgend eine andere Familie den Rang der höchsten Pflanzen? — Wir können zwar mit Sicherheit sagen, dass diejenige als die höchste Pflanze erkannt wird, in welcher Differenzirung, Reduction und Vereinigung am weitesten fortgeschritten sind; aber wenn wir nach diesen Merkmalen zu vergleichen suchen, so gibt es keine Gruppe, welche in allen Beziehungen über die anderen hinausragt. Es stellt denn auch fast jeder Systematiker eine andere Familie an die Spitze seines Systems. Allerdings mag dies zuweilen nur eine unabsichtliche Folge der systematischen Anordnung sein; von anderen Autoren aber wird ausdrücklich eine bestimmte Familie als die höchste in Anspruch genommen.

Da die einen Pflanzenfamilien in den einen, andere in anderen Merkmalen als die höherstehenden sich erweisen, so erhebt sich die für alle systematische Vergleichung so bedeutungsvolle Frage, welche von den verschiedenen Eigenschaften als die wichtigeren zu betrachten seien. Die Praxis hat darauf die Antwort gegeben, dass die Merkmale der Blüthe und der Frucht einen viel grösseren Werth besitzen als die der vegetativen Organe. Es ist selbst fast allgemein als Axiom festgehalten worden, dass nur die ersteren zu Gattungsunterschieden benutzt werden dürfen, indess die Speciesunterschiede überall genommen werden, wo man sie findet.

Versuchen wir die Lösung der eben gestellten Frage auf den zwei Wegen, deren Uebereinstimmung allein die Wahrheit verbürgt, nämlich mit Hilfe der Erfahrung und der Theorie. Von Seite der Erfahrung ist von zwei Merkmalen stets demjenigen die grössere Wichtigkeit zuzuerkennen, welches die grössere Constanz, oder, da wir die letztere eigentlich nicht zu beurtheilen vermögen, die grössere Permanenz (vergl. S. 239—240) besitzt. Von diesem Standpunkte aus rechtfertigt sich nun das Verfahren der Systematiker, der Blüthe und Frucht eine grössere Bedeutung beizulegen, als den vegetativen Organen, wenn auch nicht in der Ausschliesslichkeit, mit der es durchgeführt wird. Manche Blüthen- und Samenmerkmale zeichnen sich durch eine sehr grosse Permanenz aus, indem sie in ganzen Familien oder in grösseren Abtheilungen des Pflanzenreiches unveränderlich jedem Individuum zukommen. Dagegen gibt es allerdings auch Merkmale der Blüthe und namentlich der Frucht, welche selbst in den Arten einer Gattung variiren; und andrerseits Eigenthümlichkeiten in der vegetativen Sphäre, welche sich als sehr permanent erweisen.

Von Seite der Theorie ist, wenn wir von den früheren misslungenen Versuchen der Naturphilosophie absehen, eine Lösung der vorliegenden Frage nicht unternommen worden. Dieselbe kann nur auf phylogenetischem Wege gelingen, und vielleicht ist folgende Erwägung geeignet, die maassgebenden Gesichtspunkte anzudeuten.

Eine Abstammungslinie — der Einfachheit halber will ich geschlechtslose Fortpflanzung voraussetzen — ist eine Kette von aufeinander folgenden Individuen, von denen jedes an dem endlichen Resultat, nämlich an der Beschaffenheit der Individuen der letzten Generation, die ich als A bezeichnen will, betheiligt ist. Alle anderen

Abstammungslinien, die von früheren Punkten der genannten Linie abgegangen sind, mögen sie ausgestorben sein oder zu anderen Resultaten (*B*, *C*, *D* . . . .) geführt haben, fallen ausser Betracht, wenn es sich bloss um *A* und die Ursachen von *A* handelt. — Es gibt selbst Individuen, die an keiner Abstammungslinie überhaupt Theil nehmen; es sind dies die von Natur zur Unfruchtbarkeit bestimmten, wie die Arbeiterinnen der Ameisen und Bienen. Irgendwelche Veränderungen in diesen Individuen würden für das Resultat der Abstammungslinien indifferent bleiben.

Wir können eine Abstammungslinie statt als eine Kette von Pflanzen- oder Thierindividuen, auch als eine Kette von Organen oder von Zellen ansehen. Dann ist es von allen Organen oder Zellen der auf einander folgenden Ontogenien verhältnissmässig nur eine geringe Zahl, welche dieser Kette angehört; alle anderen stellen appendiculäre Theile derselben dar. — Nehmen wir die Zelle als das Element der Abstammungslinie und lösen wir also das Individuum in die einzelnen Zellen auf, so beginnt mit der befruchteten Eizelle eine wiederholte Zweitheilung; es geht von ihr ein fast ins Unendliche verzweigter Stammbaum von Zellen aus. Aber nur wenige der so zahlreichen Abstammungszellreihen führen zu den befruchteten Eizellen, mit denen die Individuen der folgenden Generation beginnen; alle übrigen Abstammungszellreihen sind accessorische und haben keine Nachkommen. Jene wenigen Reihen bezeichnen den unmittelbaren Weg der durch das Individuum verlaufenden phylogenetischen Entwicklung. Insoferne können wir die ihr angehörigen Zellen als phylodische bezeichnen, während alle übrigen Zellen des Individuums, als ausserhalb des phylogenetischen Weges liegend, parodisch genannt werden können. Eine verwandte Betrachtung diente mir oben (S. 423) dazu, um die Nothwendigkeit des Absterbens der Individuen darzuthun.

Wie mit den Zellen verhält es sich mit den Organen. Nur wenige derselben befinden sich bei den höheren Pflanzen auf dem directen phylogenetischen Wege, sind also phylodisch, nämlich der aus dem Samen erwachsende Stengel sammt den zu den Blüthen führenden Verzweigungen und die Fortpflanzungsphyllome (Staubgefässe und Carpelle). Alle übrigen Organe liegen abwegs und sind parodisch, nämlich alle Trichome, alle Wurzeln, alle Phyllome mit Ausnahme der die Staubsäcke und Ovula tragenden und manchmal auch gewisse

Caulome; nur ausnahmsweise wird etwa das eine oder das andere der parodischen Organe in den phylodischen Weg aufgenommen (Sprossung aus Wurzeln, aus Laubblättern).

Man wird es nun an und für sich nicht unwahrscheinlich finden, dass die phylodischen und die parodischen Organe oder Zellen nicht die nämliche phylogenetische Bedeutung besitzen, womit dann zugleich ausgesprochen ist, dass die Bedeutung der phylodischen Theile grösser sein muss. Dies stimmt vollkommen mit der Theorie des Idioplasmas, wie ich sie in dieser Schrift entwickelt habe, überein. Den phylodischen Theilen einer Pflanze müssen die Hauptzüge der idioplasmatischen Configuration, den appendiculären oder parodischen Theilen müssen mehr untergeordnete idioplasmatische Gruppen entsprechen. Daraus folgt, dass die ersteren beständiger, also auch permanenter sind als die letzteren.

Die einen und die anderen Organe besitzen zweierlei erbliche Merkmale, solche, welche durch innere, und solche, welche durch äussere Ursachen hervorgebracht wurden. Die letzteren oder die Anpassungsmerkmale haben eine viel geringere Permanenz (Constanz) und somit auch eine geringere Wichtigkeit; aber es macht keinen Unterschied, ob sie den phylodischen oder den parodischen Organen zukommen. Wohl aber sind sie an den parodischen Theilen ungleich häufiger, was sich leicht daraus erklärt, dass diese im allgemeinen gleichsam als seitliche Anhängsel die phylodischen Theile umgeben und dieselben wenigstens in den jüngeren Stadien vollständig einhüllen und somit vor äusseren Angriffen schützen, indem sie selber diese Angriffe aushalten. Man denke an die zahllosen Modificationen der Phyllome und der Trichome, zum Theil auch der Wurzeln. Den phylodischen Organen kommt ebenfalls die Fähigkeit der Anpassung zu, da sie in den älteren Stadien frei und den äusseren Einflüssen ausgesetzt sind; sicher aber erfahren in ihnen nur die aus parodischen Zellen gebildeten Gewebe eine Anpassung.

Es entspricht also vollkommen der Theorie, wenn den Blüthen und Samen sammt Blüthenstand die höchste Bedeutung in der Systematik eingeräumt wird; denn in ihnen sind die meisten phylodischen Theile der Pflanze enthalten. Es fehlt sogar gar nichts von den phylodischen Theilen, wenn das Wesentliche des Blüthenstandes im Verhältniss des Blüthencauloms zu den übrigen Caulomen der Pflanze, also im Aufbau des ganzen Pflanzenstockes gefunden wird (S. 480—483).

In der obigen Betrachtung über die phylogenetischen Entwicklungen in der Gruppe der Phanerogamen (S. 479—513) sind die wichtigsten phylodischen Merkmale, welche sich auf die äussere Gestaltung beziehen, aufgezählt. Dieselben können im allgemeinen als sehr permanent und wichtig gelten. Dabei ist aber nicht ausgeschlossen, dass jedes Merkmal in denjenigen Familien variiren kann, in welchen der Fortschritt von der niederen zu der höheren Stufe noch im Werden begriffen oder noch jung und nicht hinreichend befestigt ist.

Man darf ferner nicht etwa den Einwand machen, dass die Stellung und Verwachsung der Phyllome (*F* S. 485), soweit dieselben nicht Staubblätter oder Carpelle sind, die Zahl der Samenlappen (*L* S. 511), die Beblätterung der Pflanze (*E'* S. 484) nach meiner eben gemachten Auseinandersetzung keine wichtigen Merkmale wären, da sie von parodischen Theilen entnommen seien. Allerdings sind die Phyllome im allgemeinen parodische Organe; aber ihre Stellung und ihre Zahl gehören, weil dieselben unmittelbar von dem erzeugenden Caulom abhängen, eigentlich zu den Merkmalen des Cauloms, somit zu den phylodischen Merkmalen. Die Verwachsung der Blätter unter einander, besonders der Perigonblätter, ist eine Folge der Quirlstellung und tritt wohl immer, wenn nicht etwa die schmalen Blattstiele ein Hinderniss bilden, im phylogenetischen Verlaufe ein; sie wird also ebenfalls durch das Verhalten des Cauloms, eines phylodischen Organs, bestimmt. Dagegen ist die Gestaltung der Phyllome sowie der übrigen parodischen Organe (Trichome, Wurzeln) von geringer phylogenetischer Bedeutung.

Schliesslich will ich noch bezüglich einiger Pflanzen, denen man den höchsten Rang im Reiche einräumen wollte, und bezüglich einiger anderer, die wohl ebenso sehr diesen Rang hätten beanspruchen können, untersuchen, inwiefern ihre Merkmale überhaupt zu einem Schlusse auf grössere Vollkommenheit berechtigen. Ich wiederhole hier, dass wir als die vollkommensten diejenigen Pflanzen zu betrachten haben, in welchen in den wichtigsten Organen die Differenzirung und zugleich die Reduction sowie ferner die Vereinigung am weitesten fortgeschritten sind. Die grössere Zahl der

Organe ist also nicht das Merkmal einer höheren Stufe, sondern im allgemeinen das Gegentheil davon, und die quantitative Verschiedenheit, welche in einer Menge von Abstufungen besteht, ist unvollkommener als der Zustand, in welchem nach Unterdrückung aller Uebergänge bloss die wenigen ausgeprägten Bildungen übrig bleiben und unvermittelt neben einander liegen.

Die Ranunculaceen, die als die vollkommensten Pflanzen an der Spitze des Systems von A. P. de Candolle stehen, erreichen in keinem einzigen Merkmale einen hohen phylogenetischen Rang. Der Aufbau des Pflanzenstockes bleibt auf der untersten Stufe, indem die Blüthen an den Laubblattsprossen terminal sind. Ebenso stellen das Androeceum und Gynaeceum bezüglich Stellung und Verwachsung niedrige Bildungen dar, da die Staubgefässe und Carpelle gewöhnlich zahlreich, schraubenständig und nicht mit einander verwachsen sind.

Die Pomaceen, von Oken für die höchsten Pflanzen gehalten, befinden sich bezüglich des Aufbaues des Pflanzenstockes auf der nämlichen niedrigen Stufe wie die eben genannte Familie. Androeceum und Gynaeceum jedoch stehen etwas höher, indem die Staubblätter kelchständig und in Quirle geordnet sind, deren Zahl aber noch nicht normirt ist, und indem die (zwar unter sich freien) Carpelle mit dem vertieften Blüthenboden zu einem unterständigen Fruchtknoten verwachsen sind.

Bei den Papilionaceen, die von Endlicher an die Spitze des Systemes gestellt wurden, erreicht der Aufbau des Pflanzenstockes die höchsten Stufen (er ist diplo-triplo- und tetraplocaulisch), ebenfalls die Gestaltung der Laubblätter. Dagegen bleiben die Blüthen rücksichtlich der Verwachsung ihrer Theile auf niederen Stufen stehen, und das Gynaeceum, wenn es auch die höchste Reduction (auf 1 Carpell) erlangt hat, ist, wie sich aus seinem Bau und aus der ganzen Verwandtschaft schliessen lässt, als der Rest einer Mehrzahl von getrennten Carpellen, also einer niederen Bildung zu betrachten.

Die Umbelliferen, gleichfalls schon für die vollkommensten Pflanzen gehalten, stehen zwar bezüglich des Aufbaues des Pflanzenstockes etwas hinter der vorhergehenden Familie zurück, indem sie zwar diplo- und triplocaulisch sind, aber leicht durch Rückschlag auf die haplocaulische Stufe zurücksinken, wie auch die Dorsiventralität der Blüthe noch wenig ausgebildet ist. Dagegen befindet sich im übrigen die Blüthe entschieden auf einer höheren Stufe. Was den Bauplan betrifft, so ist das Androeceum und Gynaeceum wahrscheinlich durch Reduction aus der nomocyclischen Zahl 3 mal 5 Staubblätter und 2 mal 5 Carpelle entstanden, wie es durch Monstrositäten und durch das Verhalten der verwandten Araliaceen nahe gelegt wird. Besonders aber ist es der streng unterständige Fruchtknoten mit ursprünglich 2, durch Verkümmerung auf 1 beschränkten Eichen in jedem der beiden Fächer, welcher die Umbelliferen über alle vorhergenannten Familien erhebt.

Die bisherigen Familien, deren ich deswegen erwähnt habe, weil sie schon an die Spitze von Pflanzensystemen gestellt wurden, gehören den Choripetalen an, welche die Systematiker gewöhnlich für die höchste Pflanzengruppe halten. Ich will damit noch eine Familie der Gamopetalen vergleichen. Die Compositen, bereits von E. Fries für die vornehmste Familie erklärt, können in mehreren Beziehungen mit den Umbelliferen zusammengestellt werden. Der Aufbau des ganzen Pflanzenstockes ist etwas weiter fortgeschritten, nämlich diplocaulisch oder triplocaulisch ohne Rückschlag zu einer terminalen Blüthe. Der Bauplan der Blüthe scheint mir durchaus identisch mit dem der Umbelliferen und die typische Zahl (5 Sep. 5 Pet. 5 Stam. 2 Carp.) aus der nämlichen nomocyclischen Zahl durch Reduction entstanden. Die Compositen stehen aber höher als die Umbelliferen, indem die Staubfäden mit den Blumenblättern röhrig verwachsen und ebenso die Antheren unter sich in eine Röhre verschmolzen sind, und indem ferner das unterständige aus 2 Carpellen verwachsene Ovarium 1fächerig und 1eiig ist.

Obgleich die Monocotylen ausnahmslos als den Dicotylen untergeordnet behandelt werden, will ich doch zur Vergleichung zwei Familien derselben heranziehen. Die Orchideen stehen bezüglich ihres ganzen Aufbaues ziemlich auf derselben Stufe mit den Papilionaceen und Compositen, indem sie diplo- und triplocaulisch sind. Viele zeichnen sich durch eine starke Reduction ihrer Phyllome aus, indem die Zahl der Laubblätter nicht selten auf 2 oder ein einziges sich beschränkt. Der cyclische Aufbau der Blüthen zeigt im Androeceum die grösstmögliche Reduction auf ein Staubblatt, im Gynaeceum die Reduction auf 3 (fruchtbare) Carpelle. Einen sehr hohen Entwicklungsgrad zeigen auch die Unterständigkeit des Ovariums, dessen klappige Verwachsung und die Gynandrie an. Dagegen bieten die Samen wegen ihrer grossen Zahl und wegen der geringen Ausbildung des Embryos ein bei Phanerogamen seltenes Beispiel der Unvollkommenheit; denn es ist ja ein Merkmal der niederen Organismen, zahlreiche, schlecht ausgestattete Keime hervorzubringen, während die höheren Organismen ihre wenigen Keime viel besser versorgen.

Die Gramineen, meistens an eine der untersten Stellen im System der angiospermen Phanerogamen verwiesen, sind im ganzen Aufbau diplocaulisch, und zeigen eine selten in solchem Maasse erreichte Scheidung zwischen Laub- und verkümmerten Hochblättern. Die cyclisch gebauten Blüthen sind im Perigon aufs äusserste, im Androeceum meist auf 3, im Gynaeceum auf 1 (vielleicht auf 2) Carpelle reducirt. Jedenfalls ist das Ovarium, auch wenn es 1 carpellig ist, phylogenetisch aus mehreren klappig verwachsenen Carpellen entstanden, wie aus den verwandten Cyperaceen zu ersehen ist, und entspricht somit bezüglich seines Baues und ebenso, weil es ein einziges Ovulum einschliesst, der höchsten Entwicklungsstufe, während es in der Oberständigkeit hinter den Orchideen zurückbleibt.

Der Grund, warum den Gramineen gewöhnlich eine so tiefe Stelle im System angewiesen wird, liegt in der rudimentären Beschaffenheit des Perigons und wohl auch in der Spelzennatur der Hochblätter, sowie in der Gestalt und Consistenz der Laubblätter. Doch sind dies alles Anpassungseigenschaften und von geringerer systematischer Bedeutung; und ebenso wenig darf den Orchideen wegen ihres grossen, bunten und mannigfaltig gestalteten Perigons ein höherer Platz im System eingeräumt werden. Welche von den beiden Familien die andere überrage, wüsste ich nicht zu entscheiden; und wie sich dieselben zu den höher stehenden Familien unter den Dicotylen verhalten, hängt vorzüglich von dem gegenseitigen Werthe der Dicotylen und Monocotylen ab.

Was nun die Stellung dieser beiden grossen Pflanzengruppen betrifft, so datirt sich die tiefere Stellung der Monocotylen von Jussieu, dem Begründer des natürlichen Pflanzensystemes her, dessen drei Hauptabtheilungen Acotyledonen, Monocotyledonen, Dicotyledonen in dieser Anordnung die natürliche Reihenfolge gefunden zu haben schienen. Als man dann zu der Einsicht kam, dass in den Dicotylen von Jussieu eine Pflanzengruppe, die Gymnospermen, enthalten sei, welche zwischen den übrigen Phanerogamen und den

Kryptogamen stehe, so räumte man ihnen diesen Platz ohne weitere Aenderung im System ein, so dass nun auf die Gefässkryptogamen nach einander Gymnospermen, Monocotylen, Dicotylen folgten; während doch die richtigere Reihenfolge unter den Phanerogamen gewesen wäre:

1. Gymnospermen oder Polycotylen. Mit 2 bis vielen am Grunde schmalen Samenlappen, Gefässstränge des Cauloms zu fortgesetztem Dickenwachsthum und zur Verschmelzung in einen Ring befähigt.

2. Dicotylen. Mit 2 (selten mehreren) am Grunde schmalen Samenlappen, Gefässstränge des Cauloms zu fortgesetztem Dickenwachsthum und zur Verschmelzung in einen Ring befähigt.

3. Monocotylen. Mit 1 am Grunde scheidenförmig verbreiterten Samenlappen, Gefässstränge des Cauloms zerstreut, weder zu fortgesetztem Dickenwachsthum noch zur Verschmelzung in einen Ring fähig.

Dass der monocotyle Embryo als das höhere phylogenetische Merkmal zu betrachten sei, habe ich oben gesagt (S. 511). Doch würde aus diesem einen Merkmal noch nichts für die ganzen Pflanzen und die ganzen Gruppen folgen. — Man kann die Vergleichung der Monocotylen und Dicotylen nach drei Gesichtspunkten vornehmen: 1. nach dem Ursprung derselben, 2. nach dem durchschnittlichen Bau der zu ihnen gehörenden Pflanzen, 3. nach dem Bau der höchst entwickelten Pflanzen.

Was zuerst den Ursprung betrifft, so wäre der genetische Werth entschieden, wenn wahrscheinlich gemacht werden könnte, dass die Dicotylen aus den Monocotylen oder diese aus jenen entstanden seien. Aber es ist weder das eine noch das andere möglich, soweit es sich um den jetzigen Umfang der Gruppe handelt. Man muss jedenfalls die Abstammungslinien der Gymnospermen, der Monocotylen und der Dicotylen sehr weit zurückverfolgen, ehe man zu dem gemeinsamen Ausgangspunkte kommt. Möglicher Weise ist jede dieser Gruppen mit mehreren oder vielen getrennten Stämmen von den niedersten ausgestorbenen Gefässkryptogamen ausgegangen, oder alle ihre Abstammungslinien waren auf der Stufe der niedersten Gefässkryptogamen in einen einzigen oder in einige wenige Stämme vereinigt. Ob das eine oder das andere der Wirklichkeit entspricht, macht aber keinen Unterschied für den phylogenetischen Werth.

Bezüglich des durchschnittlichen Baues kann wohl kein Zweifel bestehen, dass die Monocotylen den höheren Rang einnehmen, da bei übrigens gleichen Verhältnissen die Blüthen in der grossen Mehrzahl cyclisch, und zwar meist nomocyclisch oder oligocyclisch (die Quirle und Quirlelemente durch Reduction auf eine geringe Zahl vermindert) sind. Die durchschnittliche hohe Ausbildung der Monocotylen deutet aber vielleicht bloss darauf hin, dass sie die ältere Gruppe sind und ihre niederen Familien meistens durch Aussterben verloren haben.

Fragen wir uns endlich, ob die höchst organisirte Pflanze bei den Monocotylen oder Dicotylen sich finde, so ist dies jetzt wohl noch nicht mit Sicherheit zu beantworten. Nach meiner Ansicht muss als der höchste Organismus derjenige betrachtet werden, der den zusammengesetztesten Bau und die grösste Theilung der Functionen besitzt, oder mit anderen Worten derjenige, dessen Organisation die grösste Zahl von vorausgegangenen Entwicklungsstufen voraussetzt. Nun sind aber bei den phanerogamischen Gewächsen mehrere Organe an dem phylodischen Theil der Ontogenie betheiligt und jedes derselben kann eine grössere oder geringere Zahl von Entwicklungsstufen zurückgelegt haben. Es handelt sich also bei jeder Pflanze um eine Summirung, für deren exacte Ausführung es noch an einer wissenschaftlichen Methode fehlt. Die Werthschätzung hängt somit zum guten Theil von subjectiver Meinung ab. Nach meinem Gefühle würde ich den Compositen einen, wenn auch nur geringen, Vorrang vor allen anderen Dicotylen und Monocotylen einzuräumen geneigt sein. Man könnte auch daran sich erinnern, dass dieselben jedenfalls diejenige Pflanzenfamilie darstellen, welche in der jüngsten Zeit die stärkste phylogenetische Vermehrung erfahren hat, in der jetzigen Pflanzenwelt alle anderen an Zahl der Sippen übertrifft und wahrscheinlich zu dem Maximum ihrer numerischen Vertretung gelangt ist, so dass in Zukunft wohl wieder Verminderung der Sippenzahl eintreten wird. Aber aus dieser Thatsache, durch welche sich die Compositen so charakteristisch im Pflanzenreiche herausheben, lässt sich kaum etwas auf ihren Rang in demselben entnehmen.

X.

Zusammenfassung.

In dieser Zusammenfassung verfolge ich im allgemeinen den umgekehrten Weg von dem, welchen die Abhandlung eingeschlagen hat. Ich gehe nämlich von dem unorganischen Urzustande aus und suche zu zeigen, wie in demselben die micellös-organisirte Substanz und aus dieser die Organismen mit ihren mannigfaltigen Eigenschaften entstanden sind. Da eine solche Synthese noch weit von einer streng naturgesetzlichen Folgerung aus den gegebenen Stoffen und Kräften entfernt ist, so wird sie auch nur durch die genaue Kenntniss der vorausgegangenen Erörterungen verständlich und einleuchtend. Obgleich das synthetische Verfahren die Mängel der Theorie offener darlegt als die analytischen Untersuchungen, so hielt ich es doch für nützlich, diese Darstellung zu versuchen, um ein anschaulicheres Bild der ganzen mechanisch-physiologischen Lehre zu geben und zugleich ihre Leistungsfähigkeit zu prüfen.

I. Aufbau der unorganisirten Körper (Krystallbildung).

Wenn die getrennten und sich durch einander bewegenden Moleküle des gelösten oder geschmolzenen Zustandes irgend einer Substanz nach Verminderung der Trennungs- und Bewegungsursachen (der Wärme oder des Lösungsmittels) in den ruhenden Zustand übergehen, so legen sie sich zu festen, für Flüssigkeiten undurchdringlichen Massen an einander, welche durch Auflagerung an der Oberfläche wachsen und, wenn die Molecularkräfte ungestört wirken können, den regelmässigen inneren Bau und die regelmässige äussere Gestalt der Krystalle annehmen. Von den äusseren Umständen hängen Zahl und Grösse, die Modification der äusseren Gestalt und die Verwachsungen der Krystalle ab.

S. 93—95.

2. Aufbau der lebenden organisirten (micellösen) Körper.

Einige organische Verbindungen, darunter das Eiweiss, sind weder molecularlöslich, trotz ihrer grossen Verwandtschaft zu Wasser, noch auch schmelzbar und werden deshalb im micellösen Zustande erzeugt. Dieselben bilden sich in Wasser, wobei sich die unmittelbar neben einander entstehenden Moleküle zu Krystallanfängen oder Micellen an einander legen. Von den in der Folge sich bildenden Molekülen können nur solche, die ein Micell berühren, zur Vergrösserung desselben beitragen, während die übrigen wegen ihrer Unlöslichkeit neue Micelle erzeugen. Daher bewahren die Micelle eine auch für das bewaffnete Auge unsichtbare Kleinheit.

Die Micelle umgeben sich, wegen der Verwandtschaft ihrer Substanz zu Wasser, mit einer verdichteten Wasserhülle. Ueber dieselbe hinaus überwiegt die Anziehung zu gleicher Substanz. Daher vereinigen sich die mit Wasser umhüllten Micelle zu festen (von Wasser durchdrungenen) Massen, wenn nicht die bewegenden Kräfte die Anziehung überwinden und eine micellare Lösung herstellen (Eiweiss, Leim, Gummi), wobei die wenig beweglichen Micelle die Neigung zeigen, in kettenartigen und anderen Verbänden zusammen zu hängen. Sehr häufig kommen, namentlich beim Eiweiss, halbflüssige, zwischen dem ersteren und dem letzteren Zustand befindliche Modificationen vor.

Die innere und äussere Beschaffenheit der micellösen Körper hängt wesentlich von der Grösse, Gestalt und dynamischen Natur ihrer Micelle ab, indem diese Momente die Anordnung der ursprünglich sich vereinigenden und die Einordnung der später sich bildenden Micelle bedingen. Die äusseren Umstände haben auf die Structur geringen und auf die äussere Gestalt vorzüglich nur insofern maassgebenden Einfluss, als sie die freie Ausbildung mechanisch hemmen können.

Die Eiweiss- oder Plasmamicelle sind der grössten Mannigfaltigkeit fähig, sowohl rücksichtlich der Gestalt und Grösse als rücksichtlich der chemischen Zusammensetzung, da sie aus ungleichartigen Gemengen von verschiedenen Eiweissverbindungen bestehen und überdem mit verschiedenen organischen und unorganischen Stoffen als Auf- oder Zwischenlagerungen vermengt sind. Deswegen verhalten sich auch die chemischen und physikalischen Eigenschaften des Plasmas so sehr verschieden; dasselbe zeigt in Folge der ungleichen Verwandtschaft der Micelle zu Wasser alle Abstufungen von der Micellarlösung bis zu ziemlich festen Massen.

S. 35—37, 60—68, 95—99.

3. Urzeugung. Leben. Wachsthum.

Wenn in einer unorganischen Unterlage die Molecularkräfte so combinirt sind, dass spontane Eiweissbildung stattfindet, so sind mit der Vereinigung der Micelle die primordialen Plasmamassen der Urzeugung gegeben. Im Inneren der letzteren geht fortan unter dem Einfluss ihrer Molecularkräfte die Erzeugung von Albumin noch leichter von Statten als ausserhalb in der Flüssigkeit. Es treten daher die in der unorganischen Unterlage vorhandenen, der Eiweissbildung fähigen Verbindungen vorzugsweise in die Plasmamassen ein und bewirken durch Einlagerung von Eiweissmicellen das Wachsthum derselben. Hierin besteht das organische Leben in seiner einfachsten Form.

Die Urzeugung setzt die Entstehung von Plasmamicellen aus den Molekülen voraus und kann daher nicht durch Eiweiss- oder Peptonlösungen, da dies micellare Lösungen sind, eingeleitet werden. Das Leben setzt die Einlagerung von Plasmamicellen voraus; es hört daher auf, sobald durch schädliche Einflüsse die Micellaranordnung so weit gestört ist, dass jener Wachsthumsprocess unmöglich wird.

Das durch Urzeugung entstehende Wesen muss vollkommen einfach, eine Plasmamasse mit noch ungeordneten Micellen sein, weil jede Organisation ohne eine vorausgehende organisirende Thätigkeit undenkbar ist. Deswegen können die bekannten Organismen nicht spontan entstanden sein; es muss ihnen ein Reich von einfacheren Wesen (Probien) vorangegangen sein.

Das Wachsthum der Plasmamassen dauert an, so lange die Ernährungsverhältnisse günstig sind. Werden diese ungünstig, so tritt je nach Umständen (Nährstoffmangel, Temperaturerniedrigung, relatives Austrocknen) Vegetationsruhe (latentes Leben) oder partieller oder vollständiger Tod ein. Das Wachsthum der Pflanzen und Thiere ist nichts anderes als die Fortsetzung des im primordialen Plasma begonnenen Wachsthums, welches jeweilen in den lebensfähigen Resten weiter geht.

S. 83—101.

4. Partielles Absterben der Individuen. Fortpflanzung.

Da die primordialen Plasmamassen in unbegrenzter Weise die Nährstoffe anziehen und zum Wachsthum verwenden, so gehen bald da bald dort die Nährstoffe aus und die Substanz, die nicht mehr ernährt wird, geht grösstentheils zu Grunde. Es stellt sich nun ein allgemeiner Gleichgewichtszustand ein, indem die lebenskräftigen Plasmamassen stets ungefähr so viel durch Wachsthum zunehmen, als abgestorbenes Plasma zersetzt und in die ursprünglichen Nährstoffe zurückverwandelt wird.

Dieses Bilanzverfahren ist im primordialen Zustande und auch noch später bei manchen der niedrigsten Organismen ungeregelt und zufällig. Es wird phylogenetisch nach und nach regelmässiger, in der Weise, dass die Individuen nur mehr ein bestimmtes Maass der Grösse und der Dauer erreichen und dann zu Grunde gehen, indem bloss die von ihnen abgesonderten Keime lebensfähig bleiben. Diese als Fortpflanzung bekannte Erscheinung hat einen doppelten Ursprung.

A. Das zu beträchtlicher Grösse anwachsende primordiale Plasma, als eine weiche fast halbflüssige Masse, zerfällt durch die mechanische Wirkung der äusseren Umstände in kleinere Partien von unbestimmter Zahl und Grösse. Damit ist die unregelmässige und zufällige Fortpflanzung der untersten Stufe gegeben.

In den Abkömmlingen des primordialen Plasmas wird in Folge der Organisirung der Substanz, besonders in Folge der Hautbildung an derselben, die Theilung nach und nach regelmässiger, bis endlich in mikroskopisch kleinen Massen, die nunmehr Zellen heissen, die Zweitheilung stets eintritt, nachdem dieselben etwa auf das Doppelte der ursprünglichen Grösse angewachsen sind. Nach der Theilung trennen sich die beiden Hälften von einander und stellen selbständige Individuen dar.

Im weiteren phylogenetischen Verlaufe tritt die Zweitheilung der Zellen zwar in der nämlichen regelmässigen Weise ein. Aber die Zellen bleiben mit einander verbunden und bilden mehrzellige, durch Zelltheilung sich vergrössernde Individuen, welche auf den untersten Stufen zuweilen in regelmässigen Intervallen in kleinere Individuen, wohl auch zuletzt in die einzelnen Zellen zerfallen, aus denen aber sonst sich periodisch Zellen ablösen, die sich als Keime zu neuen mehrzelligen Individuen entwickeln.

B. Eine andere Erscheinung, welche am primordialen Plasma oder dessen nächsten Abkömmlingen eintritt, ist die, dass unter gewissen ungünstigen Ernährungsumständen der grössere Theil des Plasmas zu Grunde geht, indess ein kleinerer Theil auf dessen Unkosten noch ernährt wird und dann während der Vegetationsruhe lebenskräftig bleibt.

Diese Erscheinung wird in den Nachkommen nach und nach zur freien Zellbildung, welche vor der Vegetationsruhe oder vor dem Absterben vieler ein- und mehrzelliger Organismen stattfindet und aus einem Theil des Inhaltes der betreffenden Elterzellen Keime bildet.

Die Keimbildung durch Zelltheilung (*A*) oder durch freie Zellbildung (*B*) ist die Fortpflanzung der Organismen. Die Keime sind die Elemente, in denen sich das Leben und das Wachsthum des elterlichen Individuums fortsetzt.

S. 342 ff. § 3 u. 4; 349.

5. Morphologie des Idioplasmas im allgemeinen.

Von dem ungeordneten, weichen und gleichartigen primordialen Plasma, das durch Micelleinlagerung wächst, wird der grössere Theil zu wasserreichem Ernährungsplasma mit ungeordneten und leicht beweglichen Micellen. Der kleinere Theil verwandelt sich phylogenetisch in Idioplasma, indem an einzelnen günstigen Punkten die unter dem Einfluss der Molecularkräfte sich einlagernden Micelle zu Schaaren mit gleicher Orientirung sich anordnen und daher Körper von geringerem Wassergehalt und grösserer Festigkeit bilden. Jeder Idioplasmakörper besteht anfänglich nur aus einer Micellschaar, die aber mit der zunehmenden Einlagerung nothwendig in mehrere Schaaren zerfällt. Die Micellschaaren des Idioplasmas werden vermöge ihrer dynamischen Einwirkung auf ihr eigenes Wachsthum theils schärfer ausgeprägt und bestimmter geschieden, theils durch neue abweichende Einlagerungen in ihrem Innern abermals differenzirt. Dieser phylogenetische Process, bei welchem die neue Kräftecombination eine neue Configuration erzeugt und umgekehrt, setzt sich ohne Ende fort, so dass der Idioplasmakörper lediglich durch innere Ursachen, d. h. durch die Molecularkräfte der Eiweissmicelle, unter deren Einfluss das Wachsthum vor sich geht, eine stets zunehmende Complication der Configuration annimmt: autonome Vervollkommnung oder Progression des Idioplasmas, Entropie der organisirten Substanz (vgl. § 8).

B. Die eben charakterisirte phylogenetische Vervollkommnung des Idioplasmas durch innere Ursachen wird kaum beeinträchtigt durch die verschiedene Ernährung und durch die klimatischen Einflüsse, welche die Ernährung modificiren. Dagegen sind alle diejenigen äusseren Kräfte, welche während langer Zeiträume in gleicher Weise als Reize einwirken, bei der Einlagerung der Micelle in das Idioplasma und bei den molecularen Vorgängen zwischen den Micellen in sehr bemerkbarer Weise betheiligt (§ 11). Die Reizwirkungen veranlassen die eigenartige Ausbildung der unter dem Einfluss des Vervollkommnungstriebes sich neu einordnenden Micellschaaren. So nimmt die stetig complicirter werdende Configuration des Idioplasmas auch stetig einen den äusseren Verhältnissen entsprechenden Localton an: Anpassung des Idioplasmas.

S. 22—29, 115—119, 173—182.

6. Function des Idioplasmas im allgemeinen.

Die ungeordneten Eiweissmicelle des spontan entstandenen Plasmas haben vor dem unorganisirten Zustande, aus dem sie hervorgegangen, noch keinen anderen Vorzug, als den, dass unter dem Einfluss ihrer Molecularkräfte die Bildung neuer gleicher Eiweissmicelle leichter erfolgt. So wie sich aber durch die fernere Wirkung der Molecularkräfte Idioplasmakörper mit Schaaren gleich orientirter Micelle bilden, so werden die Molecularkräfte dieser letzteren zu Massenwirkungen summirt und dadurch neue chemische Processe eingeleitet, plastische Bildungen aus plasmatischen und nicht plasmatischen Substanzen erzeugt und Massenbewegungen hervorgebracht; — und da die Idioplasmakörper unter dem Einfluss der äusseren Reizwirkungen sich ausbilden, so treten auch ihre eben genannten Producte stets mit einem bestimmten Charakter der Anpassung an die Aussenwelt auf.

Sowie dann im weiteren phylogenetischen Verlauf die Idioplasmakörper immer complicirter werden und aus einer grösseren Zahl unter sich verschiedener Micellschaaren bestehen, so müssen auch die Organismen zusammengesetzter werden und sich in eine grössere Zahl von Theilen gliedern, weil jede Micellschaar des Idioplasmas ihre specifische Wirkung rücksichtlich des inneren Baus, der äusseren Gestaltung und der Verrichtungen ausübt.

S. 30—35, 43—53, 129—132, 173—182.

7. Anlagen; Entstehen und Verschwinden derselben.

Da eine eigenartige Gruppe oder Schaar von Micellen des Idioplasmas eine eigenartige Erscheinung am Organismus hervorbringt, so wird die erstere als die Anlage der letzteren bezeichnet. Der Organismus muss also mindestens so viele Anlagen in seinem Idioplasma enthalten, als seine erbliche Ontogenie aus verschiedenen Erscheinungen zusammengesetzt ist, und wenn in derselben neue Erscheinungen auftreten, so müssen vorher neue Micellgruppen in das Idioplasma eingelagert oder schon vorhandene bezüglich der Orientirung und Anordnung der Micelle umgewandelt werden. Die Bildung einer solchen Anlage, sie mag die Vervollkommnung der Organisation oder die Anpassung an die Aussenwelt betreffen, geht immer sehr langsam vor sich; und in der Regel wird sie erst, wenn sie fertig ist, auch entfaltungsfähig. Neben den fertigen Anlagen befinden sich daher immer werdende oder unfertige im Idioplasma.

Wenn eine Abstammungslinie unter andere äussere Verhältnisse kommt und andere äussere Reize auf sie einwirken als bisher, so tritt phylogenetisch eine denselben entsprechende neue eigenartige Micellanordnung im Idioplasma auf. Dabei bleiben die anderen Anpassungsanlagen entweder ungestört, oder die neue Anlage bildet sich auf Unkosten bereits vorhandener verwandter Anlagen aus, welche zuletzt ganz verschwinden können. Neben den werdenden und fertigen Anlagen enthält daher das Idioplasma immer auch geschwächte und verschwindende Anlagen. Dadurch dass ein phylogenetischer Stamm mehrmals unter andere äussere Verhältnisse geräth, kann er zuletzt in seinem Idioplasma eine grosse Zahl von werdenden, fertigen und vergehenden Anpassungsanlagen vereinigen. Diese Zahl vermehrt sich beträchtlich, wenn infolge von Kreuzung eine Verschmelzung der Idioplasmen verschiedener Sippen stattfindet.

8. Bestimmte Vorstellung über die Morphologie des Idioplasmas.

Indem bei der phylogenetischen Entwicklung des Plasmas sich in dem weicheren Ernährungsplasma das dichtere Idioplasma ausscheidet (§ 5), hat das letztere von Natur die Neigung, eine netzförmige Anordnung anzunehmen. Die Balken dieses Netzes bestehen ihrem Ursprunge gemäss aus parallelen, der Länge nach verlaufenden Micellreihen, welche zu Schaaren niederer und höherer Ordnungen vereinigt sind, so dass der Querschnitt der Balken die Configuration des Idioplasmas darstellt.

Jede Ontogenie (Individuum) beginnt mit einem winzigen Keim, in welchem eine kleine Menge von Idioplasma enthalten ist. Dieses Idioplasma zerfällt, indem es sich fortwährend in entsprechendem Maasse vermehrt, bei den Zelltheilungen, durch welche der Organismus wächst, in eben so viele Partien, die den einzelnen Zellen zukommen. Die ontogenetische Vermehrung des Idioplasmas geschieht durch das Längenwachsthum der Balken, nämlich durch intercalare Einlagerung von Micellen in jede Micellreihe der Balken, welche sich dadurch verlängern, ohne ihre Querschnittsconfiguration zu ändern. Demzufolge enthält jeder Idioplasmabalken alle Anlagen, die das betreffende Individuum im Keime geerbt hat, und jede Zelle des Organismus ist idioplasmatisch befähigt, zum Keim für ein neues Individuum zu werden. Ob diese Befähigung sich verwirklichen könne, hängt von der Beschaffenheit des Ernährungsplasmas ab. Das Vermögen hierzu kommt bei niederen Pflanzen jeder einzelnen Zelle zu; bei den höheren Pflanzen haben es manche Zellen verloren; im Thierreiche besitzen es im allgemeinen nur die zu ungeschlechtlichen oder geschlechtlichen Keimen normal bestimmten Zellen.

Die phylogenetische Fortbildung der Idioplasmastränge geschieht durch das Wachsthum in der Querrichtung. Ihre Querschnittsconfiguration, welche die Summe aller Anlagen enthält, ändert sich im allgemeinen nur dann, wenn neue Micellreihen eingelagert werden. Die Micellreihen des Idioplasmas schliessen aber, entsprechend der Dichtigkeit desselben, enge an einander, so dass nur selten neue Reihen eintreten können, und zwar nur an den bestimmten Stellen, wo der Zusammenhang weniger fest ist und daher von den Spannungen überwunden wird. Der Zusammenhang ist in unregelmässiger Weise ungleich, weil die Configuration des Querschnittes gemäss dem Ursprunge nie regelmässig ist; die Spannungen werden durch das ungleiche Längenwachsthum der einzelnen Micellreihen verursacht. Auf den Zusammenhang und die Spannungen haben einen entscheidenden Einfluss die dynamischen Einwirkungen, welche die Micellschaaren der bereits erlangten Configuration auf einander ausüben und welche durch die von aussen kommenden Reize modificirt werden können.

Das Idioplasma verändert mit der Zunahme in den auf einander folgenden Ontogenien seine Configuration stetig, aber verhältnissmässig äusserst langsam, so dass dieselbe von dem Keim einer Generation bis zum Keim der nächsten Generation einen winzigen Fortschritt macht. Die Summirung dieser Fortschrittsdifferentiale durch eine ganze Abstammungslinie stellt die Stammesgeschichte eines Organismus dar, indem derselbe allein durch sein Idioplasma in ununterbrochener Continuität mit dem einzelligen Anfang seines Stammes zusammenhängt.

S. 37—43, 60—68, 116—129, 177—182.

9. Bestimmte Vorstellung über die Function des Idioplasmas.

Eine plasmatische Substanz verursacht nur dann bestimmte chemische und physikalische Veränderungen, wenn sie sich in einem gewissen Bewegungszustande befindet. Die eigenartige Wirksamkeit, welche das Idioplasma in jedem ontogenetischen Entwicklungsstadium und in jedem Theil des Organismus vollbringt, hängt davon ab, dass jeweilen eine bestimmte Micellgruppe des Strangquerschnittes oder ein Complex von solchen Gruppen thätig wird, indem diese locale Erregung durch dynamische Einwirkung und durch Uebertragung eigenthümlicher Schwingungszustände bis auf eine mikroskopisch sehr geringe Entfernung die chemischen und plastischen Processe beherrscht.

Der wirksame Erregungszustand einer plasmatischen Substanz wird von ihrer eigenen Beschaffenheit und von der Einwirkung, die sie von aussen empfängt, bedingt. Welche Micellgruppe des Idioplasmas in Erregung gerathe, hängt von der Configuration desselben, von den vorausgegangenen Erregungen und von der Stelle im individuellen Organismus ab, an welcher sich das Idioplasma befindet. Die Anlagen sind während der ganzen Abstammungszeit von der Primordialzelle aus nach einander entstanden; die Configuration des Idioplasmas ist daher eine phylogenetische und die Anlagen in demselben haben von Natur die Neigung, in der Reihenfolge sich zu entfalten, in der sie sich gebildet haben. Indem ferner bei der Keimbildung die neue Ontogenie als einzelliges Individuum beginnt, so kommt diejenige Anlage des Idioplasmas zur Entfaltung, die in dem einzelligen Vorfahr entstanden war, und ebenso unterstützen die weiterhin folgenden Entwicklungsstadien die jeweilige Entfaltung der Anlagen, die in den ihnen analogen Vorfahren ihren Ursprung hatten. Die beiden zusammenwirkenden Ursachen, die phylogenetische Configuration des Idioplasmas und die durch dieselbe bedingten auf einander folgenden morphologischen Entwicklungsstadien des Individuums haben zur nothwendigen Folge, dass die Ontogenie die Wiederholung der Phylogenie ist.

Wenn in einer Ontogenie die ganze übrige Reihe der idioplasmatischen Anlagen zur Entfaltung gelangt ist, so folgt schliesslich sowohl nach der Configuration des Idioplasmas als nach der Beschaffenheit des Organismus die Erregung der keimbildenden Anlagen; das Individuum ist fortpflanzungsfähig und in den Keimen beginnen die neuen Ontogenien.

S. 30—35, 43—53, 129—132, 177—182.

10. Uebertragung der idioplasmatischen Anlagen bei localer Veränderung und bei der Befruchtung.

Die autonome, progressive (oder Vervollkommnungs-) Umwandlung des Idioplasmas ist wahrscheinlich in allen Entwicklungsstadien thätig und erfolgt in allen Theilen des Organismus gleichmässig, weil das Idioplasma seine Configuration während der Ontogenie stets und überall bewahrt. Die von aussen kommenden Reize treffen den Organismus gewöhnlich an einer bestimmten Stelle; sie bewirken aber nicht bloss eine locale Umänderung des Idioplasmas, sondern pflanzen sich auf dynamischem Wege auf das gesammte Idioplasma, welches durch das ganze Individuum in ununterbrochener Verbindung sich befindet, fort und verändern es überall in der nämlichen Weise, so dass die irgendwo sich ablösenden Keime jene localen Reizwirkungen empfunden haben und vererben.

Bei der Keimbildung der geschlechtlichen Fortpflanzung müssen die beiden elterlichen Idioplasmen in Berührung mit einander kommen, worauf entweder eine materielle Vereinigung und Bildung eines gemischten Idioplasmas oder eher eine dynamische Einwirkung und dadurch eine Umbildung, welche aber jenem gemischten Idioplasma vollkommen gleichwerthig ist, erfolgt. Befruchtung durch Diosmose des männlichen Zeugungsstoffes ist unmöglich.

In dem Idioplasma des bei Kreuzung ungleicher Individuen entstandenen Keimes haben die Micellreihen der einzelnen Anlagen bald eine mittlere Beschaffenheit und bringen Eigenschaften an dem Organismus hervor, welche zwischen den elterlichen Eigenschaften die Mitte halten. Bald liegen die väterlichen und die mütterlichen Micellreihen in dem Idioplasma des Kindes unverändert und in verschiedener Gruppirung neben einander und bringen am Organismus die beiderseitigen Merkmale entweder ebenfalls unvermittelt neben einander oder nur das eine der elterlichen Merkmale hervor, indem das andere latent bleibt.

Wegen der bei der Befruchtung erfolgenden Vereinigung der beiden Idioplasmen vermögen zwei zeugungsfähige Organismen um so eher mit einander einen entwicklungsfähigen Keim zu bilden, je näher sie genetisch mit einander verwandt sind, je mehr also das männliche und das weibliche Idioplasma in ihrer Configuration und chemischen Beschaffenheit übereinstimmen, weil in diesem Falle die Micellanordnungen am besten in einander passen und das Idioplasma des beginnenden Keims in der mütterlichen Ernährung den geeignetsten Unterhalt findet. Wenn trotzdem Selbstbefruchtung oder die engste Inzucht oft Producte von geringerer Existenzfähigkeit liefert und von der Natur vermieden wird, so ist dies die Folge von späterhin sich geltend machenden Nachtheilen, indem in allzu nahe verwandten Idioplasmen gleichsinnige Störungen vorhanden sein können, die bei ungehemmter Ausbildung gefährlich werden; dies trifft um so mehr zu, je complicirter das Idioplasma gebaut ist, während den einfachsten (ungeschlechtlichen) Organismen der absolute Mangel der Kreuzung keinen Schaden bringt.

S. 53—60, 205—206, 215—230.

II. Wirkung der äusseren Einflüsse.

Die Einflüsse der Aussenwelt liefern dem Organismus vor allem Kraft und Stoff für die Lebensvorgänge; sie verursachen, wenn bei den bezüglichen Eingriffen die idioplasmatischen Elasticitätsgrenzen nicht überschritten werden, keine bleibenden Veränderungen und haben nur ontogenetische Bedeutung; sie unterhalten das Wachsthum und den Stoffwechsel der Individuen und bedingen individuelle (nicht erbliche) Verschiedenheiten, welche die Ernährungsmodificationen ausmachen; die von ihnen hervorgebrachten Leistungen erscheinen als die unmittelbaren Folgen der wirkenden Ursachen.

Die Einflüsse der Aussenwelt bewirken ferner, indem ihre Angriffe die idioplasmatischen Elasticitätsgrenzen überschreiten, dauernde Veränderungen, welche in dem einzelnen Individuum zwar unmerklich gering, aber wenn sie durch lange Zeiträume in gleichem Sinne thätig sind, sich zu bemerkbarer Grösse steigern. Diese Veränderungen sind als erbliche von phylogenetischer Bedeutung und führen zur Varietäten- und Speciesbildung; sie erscheinen wohl immer als die Folgen von mehr oder weniger vermittelten Reactionen, welche auf die von den äusseren Ursachen ausgeübten Reize eintreten.

Die von der Aussenwelt auf den Organismus ausgeübten Reize werden auf das Idioplasma fortgepflanzt. Da der erstere bei jedem Wechsel der Ontogenien zu Grunde geht und nur das letztere ausdauert, so bewirken die äusseren Einflüsse einzig in dem Idioplasma bleibende Veränderungen, welche erst, nachdem sie zu fertigen und entfaltungsfähigen Anlagen sich entwickelt haben, an dem Organismus sichtbare Umbildungen hervorbringen.

Die phylogenetischen Wirkungen der äusseren Reize geben der durch innere Ursachen complicirter werdenden Configuration des Idioplasmas das bestimmte Anpassungsgepräge und vermögen dieses Gepräge wahrscheinlich nur nach Maassgabe der autonomen Ausbildung des Idioplasmas umzugestalten.

Wenn eine äussere Ursache endlos auf eine Abstammungslinie einwirkt, so erreicht die ihr entsprechende Veränderung des Idioplasmas nach einer gewissen Zeit ihr Maximum und damit ihr Ende, entweder weil in Folge der Umprägung, die den Charakter der Abwehr zeigt, die Ursache nicht mehr als Reiz empfunden wird, oder weil die Beschaffenheit der Substanz keine Steigerung der Umprägung erlaubt. Dauert die Reizeinwirkung nur kurze Zeit, so steht die begonnene Umbildung des Idioplasmas nachher entweder still, oder sie geht infolge des erlangten Anstosses selbständig fort und die Anlage wird entfaltungsfähig, nachdem ihre Ursache längst schon zu wirken aufgehört hat.

Da auf einen Reiz eine vielfach vermittelte Umsetzung im Organismus folgt, so kann das Endresultat, das als Reaction zum Vorschein kommt, sehr verschiedenartig ausfallen, und die nämliche äussere Ursache kann je nach der Beschaffenheit des Organismus und der übrigen Verhältnisse sehr ungleiche Veränderungen zur Folge haben. Sie bewirkt aber im bestimmten Falle immer auch ganz bestimmte Veränderungen.

Wegen der mannigfaltigen Vermittlung ist es oft schwer, die äussere Ursache einer bestimmten phylogenetischen Anpassungsveränderung aufzufinden; in manchen Fällen erkennen wir sie zwar unschwer in einer bestimmten mechanischen Action, oder in der Wärme, im Licht, in der Verdunstung. Meistens erweckt der Reiz in dem Organismus bloss ein Bedürfniss, dem letzterer durch Reaction abzuhelfen bestrebt ist, und es scheint, dass auch das Bedürfniss oder der Mangel allein schon eine solche Reaction hervorzurufen vermag. In der Geschlechtssphäre wirken ferner (elektrische?) Anziehungen und Abstossungen zwischen den idioplasmatischen Anlagen zu phylogenetischen Veränderungen mit.

Die Anpassungen des entfalteten Organismus, welche Folgen der äussern Einflüsse sind, bestehen entweder bloss in einer eigenthümlichen molecularen Beschaffenheit (Reizbarkeit), vermöge welcher das Individuum auf jene Einflüsse mit vorübergehenden oder dauernden Erscheinungen zu antworten befähigt ist, — oder in fertigen Einrichtungen. Die letzteren haben im allgemeinen eine doppelte Function: entweder schützen sie den Organismus vor den äusseren Einflüssen, deren Folgen sie sind, oder sie setzen ihn in den Stand, dieselben zu seinem Vortheil zu verwenden. Das Vorwiegen der einen oder anderen Reaction führte zu der Entwicklung des Pflanzen- und des Thierreiches. Im einen Falle bildete das primordiale Plasma in der Cellulosehaut eine reizfeste Bedeckung; wegen dieser für Reize unempfindlichen Zellmembran beschränkten sich die Anpassungen im Pflanzenreiche wesentlich auf die Ernährungs- und Fortpflanzungssphäre. Im anderen Falle steigerte sich die Reizbarkeit und Beweglichkeit des primordialen Plasmas in der Weise, dass es in den Stand gesetzt wurde, vor dem Reize zurückzuweichen oder denselben durch Entgegenkommen dienstbar zu machen; die reizempfängliche Zelle führte im Thierreich zur Bildung der Sinnesorgane und des Nervensystems.

S. 102—116, 132—182, 316—326.

12. Phylogenetische Entfaltungsfähigkeit der Anlagen. Rückschläge.

Im primordialen Zustande fällt Bildung und Entfaltung der Anlagen zusammen, indem das den Organismus constituirende Plasma die Fähigkeit besitzt, durch Einlagerung neuer Micelle zu wachsen und das Wachsthum durch innere und äussere Ursachen zu verändern. Sowie aber das primordiale Plasma sich in Idioplasma und Ernährungsplasma scheidet, so besteht die Anlagenbildung in der Veränderung des Idioplasmas und die Anlagenentfaltung in der Erzeugung von Ernährungsplasma und von nicht plasmatischen Substanzen unter dem Einfluss des Idioplasmas.

Nur die fertige Anlage vermag sich zu entfalten, zumal wenn zugleich eine verwandte, bisher wirksame Anlage in den entfaltungsunfähigen Zustand zurückgedrängt werden muss. Aber auch wenn es sich um eine ganz neue Anpassungserscheinung handelt, die nicht an die Stelle einer anderen tritt, muss ihre Anlage, ehe sie manifest werden kann, so weit heranwachsen, dass die Molecularkräfte eine hinreichend grosse Summe darstellen. Desswegen ändern sich die Merkmale des entfalteten Organismus meistens sprungweise, indess die Umbildung seines Idioplasmas ganz allmählich vor sich gegangen ist.

Da die Configuration des Idioplasmas durch die autonome Vervollkommnungsbewegung complicirter wird, wodurch der Organismus auf immer höhere Organisationsstufen sich erhebt, so müssen die entfaltungsfähigen Organisations- oder Vervollkommnungsanlagen durch jene Bewegung stets nach einer gewissen Zeit überholt und in den latenten Zustand versetzt, dann immer mehr geschwächt und zuletzt ganz vernichtet werden. Nur in der ersten Zeit nach ihrem Latentwerden vermögen solche Anlagen wieder in den entfaltungsfähigen Zustand überzugehen und somit den Organismus auf die nächst frühere Organisationsstufe zurückschlagen zu lassen.

Da die durch innere Ursachen complicirter werdende Configuration des Idioplasmas durch die äusseren Ursachen stets ein bestimmtes Anpassungsgepräge annimmt, so können die entfaltungsfähigen Anpassungsanlagen, wenn andere äussere Ursachen andere Anpassungsanlagen bewirken, stets geschwächt und latent gemacht werden; sie können aber auch jeder Zeit durch die früheren Ursachen wieder gestärkt und zur Entfaltung befähigt werden, und der Organismus kann daher bezüglich seiner Anpassung die verschiedenartigsten Rückschläge zeigen. Bei solchen Rückschlägen kommen aber nie wieder genau die früheren Formen zu Stande, weil mittlerweile das Idioplasma durch die autonome Fortbildung sich etwas verändert hat und desshalb auch den Anpassungen, die den früheren Charakter annehmen, einen etwas andern Ausdruck verleiht.

S. 132—136, 183—191, 330—333.

13. Ontogenetische Entfaltung der Anlagen.

Da die ursprünglich allein vorhandene Anlage die Fähigkeit des primordialen Plasmas zu wachsen ist, so besteht die ganze Ontogenie auf dieser ersten Stufe in der Zunahme der abgelösten Partie zu der früheren Grösse. In gleicher Weise ist auch auf allen folgenden Stufen die Entfaltung der Anlagen nichts anderes als das Wachsthum der als Keim abgelösten Substanz nach Maassgabe der im phylogenetischen Verlaufe veränderten Beschaffenheit ihres Idioplasmas, wobei auf den untersten Stufen alle Anlagen zur Entfaltung gelangen können, auf den höheren aber eine zunehmende Zahl von Anlagen latent bleiben muss.

Unter den entfaltungsfähigen Anlagen gibt es solche, die unbedingt während jeder ontogenetischen Periode, ferner stellvertretende, von denen unbedingt die eine oder andere, und endlich solche, die nur unter günstigen Umständen zur Entfaltung gelangen. Welche von zwei stellvertretenden Anlagen sich entfalte, hängt bald von inneren, bald von äusseren Ursachen ab, je nachdem die betreffende Anlage phylogenetisch durch innere oder äussere Ursachen entstanden ist. Auf das Manifestwerden von entfaltungsvagen Anlagen wirken vorzüglich die klimatischen und Ernährungs-Einflüsse ein. Ebenso kommt es, wenn eine Anlage, wie so häufig im Pflanzenreiche, sich wiederholt entfalten kann, vorzüglich auf die Ernährung an, ob die entsprechende Erscheinung sich spärlich oder häufig wiederhole. Eine geschwächte Anlage wird zuweilen durch eine bestimmte Reizwirkung zu vorübergehender Entfaltung gebracht.

Leidet die Integrität des Organismus durch abnormale Eingriffe Schaden, so entfalten sich ausnahmsweise Anlagen an solchen Stellen, wo dies im normalen Zustande nicht der Fall ist; der Vorgang wird angeregt durch Anhäufung von Nährstoffen und durch äussere Reize unter der maassgebenden Leitung des Bedürfnisses, welches der verstümmelte Organismus empfindet.

S. 191—196.

14. Wesen eines Organismus.

Das Wesen eines Dinges beruht in seinen Ursachen und in seinen Wirkungen. Die Organismen entstehen aus einem Keim, der aus Idioplasma besteht, und erzeugen wieder gleiche Keime. Ihr Wesen beruht also in ihrem Idioplasma, d. h. in der ganzen Summe ihrer idioplasmatischen Anlagen. Die Beobachtung der Organismen, selbst in der vollständigsten Entwicklungsgeschichte, gibt uns einen unvollkommenen und überdem einen ungetreuen Begriff von ihrem wahren Sein, da sie nur die äusseren groben Merkmale und diese in einer von zufälligen Ernährungseinflüssen abhängigen Modification, nicht aber die in der molecularen Physiologie und Morphologie begründeten feineren Eigenschaften und namentlich nicht die im Idioplasma latenten Anlagen zeigt.

Für die Beurtheilung der idioplasmatischen Eigenschaften sind wir aber auf die wahrnehmbaren Merkmale angewiesen. Die Erkenntniss des wahren Wesens setzt daher allerdings die vollständige Erforschung der Merkmale in ihrer Aufeinanderfolge während der ganzen Ontogenie voraus; die Ergebnisse müssen jedoch durch Vergleichung mit andern Organismen und durch ein möglichst umfassendes experimentelles Verfahren (Kultur unter verschiedenen Verhältnissen und Kreuzung mit näheren und entfernteren Verwandten) geprüft und ergänzt werden. Durch das experimentelle Verfahren sollen namentlich die Modifications- und allfällige Kreuzungsmerkmale von den specifischen Merkmalen geschieden und latente Anlagen zur Erscheinung gebracht werden. S. 197—198.

15. Fortpflanzung und Verhältniss zwischen Eltern und Kindern.

Die Fortpflanzung ist nichts anderes als der Uebergang von einer Generation zur nächstfolgenden, vermittelt durch das Idioplasma des Keims. Bei der ungeschlechtlichen (monogenen) Fortpflanzung besteht Continuität des nämlichen Idioplasmas; das elterliche Individuum setzt im Kinde sein specifisches Leben fort, wie der Stamm in seinem Aste, und es bleiben alle durch das Idioplasma bedingten Eigenthümlichkeiten im Kinde unverändert. Das letztere, als die unmittelbare Fortsetzung der vorhergehenden Ontogenie, knüpft an der Stelle an, wo der Keim dieselbe verlassen hat, sodass, je nachdem der Keim am Schlusse der Ontogenie oder früher sich ablöst, das Kind bald die ganze Ontogenie bald nur den Rest oder einen Theil derselben durchläuft (letzteres beim Generationswechsel und bei der geschlechtslosen Vermehrung der Geschlechtspflanzen).

Bei der geschlechtlichen (digenen) Fortpflanzung besteht die Keimbildung in der Vereinigung der beiden elterlichen Idioplasmen, und zwar zu gleichen Theilen; das Kind ist die Resultirende aus Kraft und Stoff der Eltern und stellt seinem Wesen nach die geeinte Fortsetzung ihrer Ontogenien dar. Die Entfaltungsmerkmale des Kindes aber hängen ab von der Entfaltungsfähigkeit der Anlagen in dem gemischten Idioplasma, in welchem sich ein neues Gleichgewicht gebildet hat. Wenn daher das Kind dem Vater oder der Mutter ähnlicher ist, so kommt dies daher, dass von den geerbten Anlagen die einen sich entfalten, die andern latent bleiben; und wenn das Kind in den wahrnehmbaren Merkmalen über beide Eltern hinausgeht, so wird dies nur dadurch möglich, dass in ihm Anlagen, die in diesen latent blieben, zur Entfaltung gelangen. Durch den Umstand, dass die Mutter den Keim mit Ernährungsplasma versieht oder selbst eine Zeit lang ernährt, wird weder der mütterliche Erbschaftsantheil an Anlagen, noch die Entfaltungsfähigkeit der von der Mutter herstammenden Anlagen erhöht.

Gerathen bei der geschlechtlichen Fortpflanzung zwei stellvertretende Merkmale, von denen das eine dem Vater, das andere der Mutter zukommt, mit einander in Conflict, so kann in dem Kind das eine oder das andere oder selbst ein drittes stellvertretendes Merkmal, das bisher in latenter Anlage vorhanden war, sich entfalten; es können aber auch die beiden elterlichen Merkmale zugleich und zwar in verschiedenartigen Vereinigungen auftreten. Ob die Entfaltung in der einen oder andern Weise erfolge, hängt ab von der Stärke der einzelnen Anlagen, von der Art ihrer idioplasmatischen Zusammenordnung und von ihrem Zusammenstimmen mit der Beschaffenheit des neu constituirten Idioplasmas.

S. 198—215.

16. Vererbung und Veränderung.

Vererbung und Veränderung sind, wenn sie nach dem wahren Wesen der Organismen (§ 14) bestimmt werden, nur scheinbare Gegensätze. Da von einer Ontogenie auf die nächstfolgende bloss Idioplasma übertragen wird, so besteht die phylogenetische Entwicklung lediglich in der continuirlichen Fortbildung des Idioplasmas, und der ganze Stammbaum von dem primordialen Plasmatropfen bis zu dem jetzt lebenden Organismus (Pflanze oder Thier) ist eigentlich nichts anderes als ein aus Idioplasma bestehendes Individuum, welches in jeder Ontogenie einen neuen, seinem Fortschritt entsprechenden individuellen Leib bildet.

In diesem idioplasmatischen Individuum ist die autonome oder Vervollkommnungsveränderung immer thätig, sodass das Idioplasma einer Abstammungslinie durch Vermehrung der darin enthaltenen Anlagen stets wächst, wie ein Baum während seiner ganzen Lebensdauer durch Verzweigung grösser wird. Die durch äussere Reize verursachte Anpassungsveränderung dagegen ist nur in denjenigen Perioden der Abstammungslinie wirksam, in welchen das Idioplasma und mit ihm die Individuen nicht das erreichbare Maximum der Anpassung an die jeweilige Umgebung besitzen. Diese beiden idioplasmatischen Veränderungen geschehen so langsam, dass erst nach langen Reihen von Generationen die neuen Anlagen entfaltungsfähig und durch Umwandlung der sichtbaren Merkmale manifest werden.

Ausser den genannten phylogenetischen Veränderungen, die nach Massgabe des ontogenetischen Wachsthums stattfinden, erleidet das Idioplasma in Folge der Kreuzung, somit beim Wechsel der Ontogenien, Kreuzungsveränderungen, die man als stillstehende bezeichnen kann, da durch die Vermischung der geschlechtlich verschiedenen Idioplasmen nur neue Zusammenordnungen der vorhandenen Anlagen (nicht Neubildungen von Anlagen) und damit auch neue Combinationen der Entfaltungsmerkmale entstehen (§ 15).

In Folge schädlicher äusserer Einwirkungen treten in dem Idioplasma abnormale oder Krankheits-Veränderungen auf, bestehend in Verschiebungen seines Gleichgewichts, ebenfalls ohne Neubildung von Anlagen; dadurch werden die vorhandenen Anlagen veranlasst, in abnormalen Verhältnissen und meistens in Rückschlägen sich zu entfalten.

Abgesehen von den aufgezählten erblichen Veränderungen des Idioplasmas und den damit zusammenhängenden Umwandlungen der sichtbaren Merkmale, erfahren das Ernährungsplasma und die nichtplasmatischen Substanzen durch die Einflüsse der Ernährung und des Klimas grössere oder geringere Veränderungen, welche die Ernährungsmodificationen darstellen und im grossen und ganzen, da das Idioplasma unberührt bleibt, nur so lange andauern als die Ursachen, die sie hervorgerufen haben.

Von Vererbung als einer specifischen Erscheinung kann, wenn wir das innere Wesen der Organismen im Auge haben, eigentlich keine Rede sein, da die Abstammungslinie ein continuirliches Individuum von Idioplasma ist. In diesem Sinne ist sie nichts anderes als die Beharrung der organisirten Substanz in einer sich verändernden Bewegung oder der nothwendige Uebergang einer idioplasmatischen Configuration in die nächstfolgende; und sie ist nicht bloss zwischen den ontogenetisch geschiedenen Pflanzen- und Thierindividuen, sondern auch innerhalb dieser Individuen überall da vorhanden, wo individuelle Theile (Zellen, Organe) der Zeit nach auf einander folgen. Erbliche Erscheinungen sind solche, die mit Nothwendigkeit auf die folgenden Generationen übergehen, und im allgemeinen solche, die im Idioplasma ihren Sitz haben, da die nichtidioplasmatische Substanz sich nur durch eine begrenzte Zahl von Zellgenerationen zu vererben vermag.

Gewöhnlich beurtheilt man Veränderung und Vererbung nicht nach dem innern Wesen, sondern nach dem Verhalten der entfalteten Individuen in den successiven Generationen, indem man

Vererbung annimmt, wenn die Entfaltungsmerkmale die nämlichen bleiben, Veränderung, wenn bisher latente Merkmale manifest werden. Diese Erscheinungen gehören aber einem andern Gebiete an; sie betreffen die Entfaltungsfähigkeit und Entfaltung der idioplasmatischen Anlagen.

S. 272—283.

17. Varietät, Rasse, Modification.

Aus den verschiedenartigen Veränderungen der Organismen gehen verschiedene Kategorien von Sippen hervor. Die Varietäten entstehen durch die äusserst langsamen Vervollkommnungs- und Anpassungsänderungen des Idioplasmas, welche, da sie von den nämlichen Ursachen bedingt werden, auch in allen Individuen der gleichen Varietät in gleichmässiger Weise erfolgen. Die Varietäten sind einförmig, unter den verschiedensten äusseren Verhältnissen durchaus constant, kreuzen sich im allgemeinen nur schwer mit verwandten Varietäten, werden durch allfällige solche Kreuzungen nicht verändert und haben eine Dauer von Erdperioden. Die Varietäten gehören, im Gegensatz zur Cultur, der freien Natur an; sie können, unbeschadet ihrer specifischen Merkmale, alle möglichen Modificationen annehmen, aber keine Rassenunterschiede zeigen, indem Anfänge zur Rassenbildung durch die Concurrenz stets vernichtet werden; ihr Verhältniss zu den Species beruht nur darin, dass sie als näher verwandte Species oder die Species als entfernter stehende Varietäten zu bezeichnen sind, während jeder andere unterscheidende Charakter mangelt.

Die Rassen entstehen durch die Kreuzungs- und Krankheitsänderungen des Idioplasmas; im ersten Fall setzen sie Kreuzung zwischen verwandten Varietäten oder Species, im zweiten Fall eine gesteigerte Empfindlichkeit und Schwächung des Idioplasmas voraus; sehr häufig unterstützen sich die beiden Momente, indem die Kreuzung leichter erfolgt, wenn das Idioplasma durch schädliche Einflüsse geschwächt wird, und indem die Reizbarkeit und Schwächung des Idioplasmas sich vermehrt, wenn Kreuzung vorausgegangen ist. Die Rassenbildung beginnt in einzelnen Individuen, und weil die Ursachen verschieden sind, bei mehreren Individuen in verschiedener Richtung, und kann daher eine grosse Vielförmigkeit zeigen. Die Rassen zeichnen sich durch mehr oder weniger abnormale Merkmale aus, sie entstehen rasch, oft in einer einzigen Generation, und besitzen eine sehr ungleiche

Constanz, die nur bei strengster Inzucht einigermaassen gesichert ist; durch Kreuzung gehen alle Rassen, manche aus Krankheitsänderungen entstandene Rassen gehen auch schon durch geschlechtliche Fortpflanzung (bei Selbstbefruchtung) zu Grunde. Die Rassen gehören ausschliesslich dem Culturzustande an, wo sie vor der Concurrenz geschützt sich entwickeln und bestehen können.

Während Varietäten und Rassen durch fortschrittliche oder stillstehende Veränderungen des Idioplasmas entstehen, werden die Modificationen durch solche Einflüsse der Ernährung und des Klimas erzeugt, welche bloss auf das Ernährungsplasma und die nicht plasmatischen Substanzen einwirken und daher nicht erbliche Eigenschaften an den Organismen hervorbringen. Die Modificationen haben nur so lange Bestand, als ihre Ursachen andauern, und gehen unter anderen Verhältnissen alsbald in die denselben entsprechenden Modificationen über; der Uebergang vollzieht sich bei den niedersten Pflanzen durch eine beschränkte Zahl von Zellengenerationen, bei den höheren Pflanzen am nämlichen Stock während der Bildung eines Jahrestriebes. Jede Varietät und jede Rasse tritt stets in einem bestimmten Modificationskleide auf und kann dasselbe in einem ihr eigenthümlichen Umfange wechseln.

S. 229—272, 297—310.

18. Gesellschaftliche und gesonderte Entstehung der Arten.

Die Art geht weder aus der Ernährungsmodification noch aus der Rasse hervor; sie ist stets eine weiter gediehene Varietät, und Artbildung daher mit Varietätenbildung identisch. Grund zur Veränderung und somit zur Varietätenbildung ist immer gegeben, wenn entweder, auch bei gleichbleibenden äusseren Verhältnissen, die autonome Veränderung des Idioplasmas soweit gediehen ist, dass die Ontogenie sich auf eine höhere Stufe der Organisation und Arbeitstheilung erhebt, oder wenn die von aussen kommenden Reizeinflüsse in einer mit der bisherigen Anpassung nicht übereinstimmenden Weise während hinreichend langer Zeit einwirken. Es entstehen daher leicht verschiedene Varietäten aus einer einförmigen Sippe, wenn diese durch locale Trennung unter ungleiche äussere Einflüsse geräth, weil an den gesonderten Orten einerseits die autonome Weiterbildung ungleich rasch vor sich geht und andrerseits die Anpassung ungleich ausfällt.

Im allgemeinen aber müssen die verschiedenen Varietäten aus einer einförmigen Sippe gesellschaftlich entstehen, weil die beisammen lebenden Individuen der letzteren wegen der grossen Ungleichheit der äusseren Einflüsse auf die kleinsten Entfernungen ungleich angeregt werden, und weil ferner auch bei geringer individueller Verschiedenheit auf die nämlichen äusseren Einwirkungen oft ungleiche Reactionen erfolgen. Wenn identische Individuen gleich sehr zu verschiedenen Reactionen auf den nämlichen Reiz geneigt sind, so entscheidet manchmal die Richtung der ersten Veränderung über den Charakter der Anpassung und somit über die Beschaffenheit der Varietät, weil die einmal begonnene Veränderung auch unter etwas verschiedenen Einflüssen unbeirrt weiter fortschreitet, — so dass also die auf benachbarten ungleichen Standorten durch Umbildung des Idioplasmas begonnenen verschiedenen Varietäten, welche wegen der leichten Verbreitung durch Samen räumlich bald vermengt werden, auf allen Standorten in Gesellschaft mit einander sich divergirend ausbilden.

Die gesellschaftliche Varietätenbildung wird durch die Kreuzung, welche allein die Rassenbildung beherrscht, im Allgemeinen nicht gestört. — Sie wird erfahrungsgemäss bestätigt durch die überall sich wiederholende Thatsache, dass mehrere Anfänge von allernächsten Varietäten nicht nur in der nämlichen Gegend, sondern selbst auf den nämlichen Standorten zusammen vorkommen, während die geographische Verbreitung der besseren Varietäten und der verwandten Arten keinen Aufschluss über deren Entstehen, sondern bloss über die letzten grossen Wanderungen der Pflanzenwelt bietet, weil sie, wie schon aus ihrer Verbreitung selbst sich ergibt, vor dieser Periode entstanden sind.

Ebenso wie verschiedene Varietäten gleichzeitig an dem nämlichen Orte aus einer Sippe sich bilden, so kann die nämliche Varietät an weit von einander entfernten Orten entstehen, wenn die analogen äusseren Reizeinflüsse im Idioplasma eine identische Umbildung verursachen. Die erfahrungsgemässe Bestätigung findet sich in der Thatsache, dass die gleichen Varietätsanfänge oft in weiten Entfernungen von einander auftreten.

Eine s c h e i n b a r e gesellschaftliche Entstehung der Varietäten ist dann gegeben, wenn dieselben die ungleichen Anlagen, die sie an verschiedenen Orten gewonnen haben, erst, nachdem sie durch

Wanderung zusammen gekommen sind, entfalten, — eine scheinbare gesonderte Entstehung der nämlichen oder auch verschiedener Varietäten dann, wenn die Bildung der Anlagen an einem und demselben Ort stattfindet, die Entfaltung der Anlagen aber erst, nachdem die Sippe durch Wanderung sich zerstreut hat, eintritt.

S. 248—259, 297—310.

19. Allgemeines Verhalten der phylogenetischen Stämme in den organischen Reichen.

Da das Wesen eines Organismus allein auf der Summe seiner idioplasmatischen Anlagen beruht (§ 14), so besteht die Entwicklung eines phylogenetischen Stammes in der Entwicklung des Idioplasmas, welche aus der mit ihr im allgemeinen parallel gehenden Umänderung der sichtbaren ontogenetischen Merkmale erkannt wird. Das Idioplasma verändert sich auf zweierlei Weise: 1. durch autonome Vervollkommnung, 2. durch die Anpassung an die äusseren Verhältnisse.

Vermöge der autonomen Veränderung des Idioplasmas erlangen die Ontogenien einer Abstammungslinie eine stets complicirtere Organisation und grössere Theilung der Functionen, wobei aber nur die qualitative Verschiedenheit, nicht die quantitative und numerische Vertretung maassgebend ist. Da das Zusammengesetztere mehr Combinationen zulässt als das Einfachere, so kann sich ein phylogenetischer Stamm, wenn er durch die autonome Entwicklung eine höhere Stufe erreicht, in mehrere Stämme spalten, von denen jeder als seine Fortsetzung erscheint.

Da die Anpassungsänderung nur von dem Wechsel der äusseren Verhältnisse abhängt, so kann ein Organismus auf eine höhere Stufe der Organisation und Arbeitstheilung sich erheben, indem er seine Anpassung behält und dieselbe bloss entsprechend seiner reicheren Gliederung weiterbildet. Er kann aber auch, indem er auf der nämlichen Organisationsstufe verharrt, seine Anpassung verändern; und da die Anpassungsänderung, obwohl im Verhältniss zur Dauer der Ontogenien äusserst langsam, doch im Vergleich mit der autonomen Entwicklung rasch sich vollzieht, so kann ein Organismus, so lange er auf der nämlichen Stufe der Organisation und Arbeitstheilung verharrt, mehrmals seine Anpassung wechseln. Da es ferner zahlreiche verschiedenartige Anpassungen gibt, so kann ein Stamm sich auf jeder Stufe in mehrere Anpassungsformen und selbst in ganze Verzweigungssysteme von Anpassungsformen spalten, die im System als Arten, Gattungen, oft selbst als ganze Familien erscheinen, wiewohl in andern Fällen innerhalb einer Familie auch verschiedene Organisationsstufen vertreten sind.

S. 129—132, 177—182, 197—198.

20. Entwicklungsgesetze des Pflanzenreiches.

In dem probialen Reich, das dem Pflanzen- und Thierreiche vorausgeht, bildet sich aus dem spontan entstandenen Plasma allmählich die selbständige Zelle mit ihren charakteristischen Eigenschaften: Wachsthum durch Micelleinlagerung, Bildung einer plasmatischen Hautschicht und einer nichtplasmatischen Membran um dieselbe, Theilung der Zelle, Trennung der so entstandenen Zellen, Zellbildung frei im Inhalte. Diese Eigenschaften vererben sich von den Probien auf die phylogenetisch ihnen folgenden Pflanzen und Thiere. Die Entwicklung des Pflanzenreiches geschieht durch folgende gesetzmässige Processe, die ihre Wirksamkeit durch die ganzen phylogenetischen Reihen bewahren.

G e s e t z d e r p h y l o g e n e t i s c h e n V e r e i n i g u n g. Die allereinfachsten Pflanzen sind Zellen von rundlicher Gestalt, welche wachsen und sich durch Theilung, Sprossung oder freie Zellbildung fortpflanzen. Dadurch, dass die Kindzellen, statt sich von einander zu trennen und zu selbständigen Pflanzenindividuen zu werden, mit einander vereinigt bleiben, entstehen aus den einzelligen Pflanzen vielzellige. Der nämliche Uebergang der Fortpflanzungszellen in (sich nicht ablösende) Gewebezellen wiederholt sich noch mehrmals bei vielzelligen Pflanzen und dient dazu, das Individuum zu vergrössern. In diesem phylogenetischen Process gibt sich das Bestreben der Pflanze kund, Theile, die auf den tieferen Stufen sich loslösen und selbständig werden, auf den höheren Stufen zu einem zusammengesetzten Körper zu verbinden. Ein gleiches Vereinigungsbestreben zeigt sich auch bei solchen Pflanzentheilen, die durch Verzweigung entstanden sind und nur stellenweise zusammenhängend ein ästiges System darstellen; dieselben legen sich auf den höheren

Stufen zusammen und verwachsen unter einander zu einem continuirlichen Gewebe.

Gesetz der phylogenetischen Complication oder der Ampliation, Differenzirung und Reduction. Die Zellen und überhaupt die Theile der Pflanzen, die räumlich neben einander liegen, oder zeitlich auf einander folgen, sind auf den tieferen Stufen stets einander gleich. Durch Differenzirung werden sie ungleich, so dass die Summe der Functionen, die unterschiedslos allen Theilen zukam, nun auf die einzelnen Theile geschieden ist, wobei jeder Theil die ihm zukommende Function um so besser auszuführen vermag. Die Differenzirung wiederholt sich im phylogenetischen Verlaufe, indem zuerst alle Theile einer Ontogenie sich in zwei oder mehr Partien, dann die Theile dieser Partien sich abermals scheiden u. s. f. — Neben diesem Scheidungsprocess ist stets ein anderer Vorgang thätig, der jenem gleichsam den Boden bereitet, nämlich die Ampliation, vermöge welcher das Wachsthum der ganzen Ontogenie oder einzelner Abschnitte derselben eine quantitative Steigerung erfährt, so dass ein Organ eine grössere Zahl von Zellen, ein Verzweigungssystem eine grössere Zahl von Organen gewinnt. Nach dieser numerischen Zunahme der Theile eines Ontogenieabschnittes erfolgt die Differenzirung, soweit es die Natur der Functionen zulässt, in der Weise, dass die am meisten geschiedenen Theile durch Zwischenbildungen in einander übergehen. Durch den weiteren phylogenetischen Process der Reduction werden dann die Zwischenbildungen unterdrückt, so dass zuletzt nur die extremen Producte der Differenzirung, und auch diese quantitativ und numerisch so viel als möglich beschränkt, räumlich neben einander liegen oder zeitlich auf einander folgen.

Neben den genannten phylogenetischen Processen, welche durch die autonome Fortbildung des Idioplasmas geschehen, ist eine stete Einwirkung der äusseren Einflüsse thätig, die dem Organismus jeweilen ein seiner Umgebung entsprechendes locales Gepräge verleihen und den Gesetzen der Anpassung folgen (§ 5, 11).

S. 338—425.

21. Der Generationswechsel in phylogenetischer Beziehung.

Da die einfachsten Pflanzen Zellen sind und die zusammengesetzteren aus Zellen sich aufbauen, so kann eine ganze Abstammungslinie als eine Reihe auf einander folgender Zellgenerationen betrachtet werden. Auf der untersten Stufe sind alle Zellgenerationen einander gleich; auf allen übrigen zeigen sie stets grösser und zahlreicher werdende Verschiedenheiten. Es besteht also Generationswechsel der Zellen, indem ihre Generationenreihe in immer mannigfaltigerer Weise sich in Perioden gliedert. Unter diesen Perioden umfasst die ontogenetische Periode oder Ontogenie alle Generationen von einer Zelle bis zur Wiederkehr der ganz gleichen Zellenart. Auf den untersten Stufen der Zellenungleichheit sind die Zellen der successiven Generationen alle selbständig; die ontogenetische Periode besteht aus einem Cyclus von Generationen einzelliger Pflanzen. Später sind die Zellgenerationen einer Ontogenie partienweise zu Pflanzenindividuen verbunden; die ontogenetische Periode besteht aus einem Cyclus von vielzelligen und einzelligen oder bloss von vielzelligen Pflanzengenerationen. Wenn alle Zellgenerationen einer ontogenetischen Periode zu einem einzigen Individuum sich vereinigt haben, so sind die auf einander folgenden Pflanzengenerationen gleich und der Generationswechsel hat aufgehört.

Die Ungleichheit der Generationen entsteht entweder durch die inneren Ursachen der zeitlichen Differenzirung allein, oder durch zeitliche Differenzirung, welche ein bestimmtes Gepräge durch den Wechsel der Jahreszeiten erhält. Im letzteren Falle geht aber das Merkmal der Anpassung im phylogenetischen Verlaufe wieder verloren und der Generationswechsel erfolgt dann ohne Rücksicht auf die Jahreszeit. Ist bei den niederen Pflanzen mit dem Generationswechsel die angegebene Anpassung verbunden, so wiederholt sich während der ontogenetischen Periode die eine der ungleichen Pflanzengenerationen eine unbestimmte Zahl von Malen (Wiederholungsgenerationen), während die andere nur einmal und zwar bei Beginn der Ruhezeit eintritt und in Form einer Dauerspore bis zum Anfang der nächsten Vegetationszeit latent bleibt. An diese eigentliche Uebergangsgeneration, welche auf den tieferen Stufen geschlechtslos, auf den folgenden durch Zusammentreten einer männlichen und einer weiblichen Zelle entstanden, also androgyn ist, reihen sich gewöhnlich später noch zwei Einzelgenerationen an, nämlich eine vor und eine nach der androgynen Generation, jene als geschlechtserzeugende, diese als geschlechtserzeugte Generation.

Die phylogenetische Bedeutung des Generationswechsels besteht darin, dass er eine Uebergangsstufe von den einzelligen zu den einfacheren vielzelligen und von diesen zu den zusammengesetzteren vielzelligen Pflanzen darstellt. Die Pflanzengenerationen auf irgend einer phylogenetischen Stufe vermehren sich durch Ampliation, werden durch zeitliche Differenzirung ungleich (Generationswechsel) und vereinigen sich zu einem gegliederten Pflanzenindividuum, dessen ungleiche Abschnitte den ungleichen Pflanzengenerationen der früheren Generationenreihe entsprechen.

S. 426—454.

22. Morphologie als phylogenetische Wissenschaft.

Alle Erscheinungen, welche die Organismen darbieten, gehören ihren Ursachen nach zwei verschiedenen Gebieten an. 1. Die einen sind in jeder Ontogenie die Folgen der äussern Einflüsse und vererben sich nicht; sie stellen die Ernährungsmodificationen dar, werden durch Versuche geprüft und machen den Inhalt der experimentellen Physiologie aus. 2. Die andern sind geerbt und vererben sich wieder; sie gehören der Physiologie des Idioplasmas an. Das Hauptgebiet der letzteren beschäftigt sich mit der Entstehung der Anlagen, sohin mit der Varietäten- und Artbildung; es ist allen Versuchen unzugänglich und macht die Phylogenie oder die Physiologie der Anlagenbildung aus. Ein kleineres Nebengebiet beschäftigt sich mit der Entfaltung der vorhandenen Anlagen, sohin mit der Rassenbildung; es wird vorzüglich durch Kreuzungsversuche gefördert und kann als Physiologie der Anlagenentfaltung bezeichnet werden.

Die morphologischen Erscheinungen, welche in der Systematik ihre Verwendung finden, gehören ausschliesslich dem phylogenetischen Gebiet an. Die ontogenetische Entwicklungsgeschichte gibt uns keinen Aufschluss über ihre wahre Bedeutung; diese kann bloss auf phylogenetischem Wege durch Vergleichung einer Erscheinung mit denjenigen, aus denen sie im Verlaufe der Abstammungslinie hervorgegangen ist, erkannt werden.

S. 455—462, 472—479.

23. Das Pflanzensystem vom phylogenetischen Standpunkt.

Die spontane Entstehung der Organismen hat zu allen Zeiten und an allen Orten stattgefunden, insofern die dazu nothwendigen Bedingungen vereinigt waren. Nach der Entstehung beginnt die autonome phylogenetische Entwicklung und schreitet beständig fort; in Folge dessen erhebt sich die Abstammungslinie von Zeit zu Zeit auf höhere Stufen der Organisation und Functionstheilung, stirbt aber, wenn die autonome Fortbildung aufhört, als altersschwach aus. Die Abstammungslinien der jetzt lebenden Organismen haben daher ein ungleiches Alter; diejenigen der höchst entwickelten Pflanzen und Thiere nahmen ihren Ursprung in den frühesten Perioden des organischen Lebens, diejenigen der niedrigsten Organismen in den letzten Perioden. Es besteht also keine allgemeine genetische Verwandtschaft zwischen den jetzt lebenden Sippen; bloss die nahe verwandten und ziemlich auf gleicher Organisationsstufe stehenden können als Zweige des nämlichen phylogenetischen Stammes betrachtet werden. Ein phylogenetisches Pflanzensystem besteht nicht wirklich, sondern bloss bildlich.

Wenn zwischen zwei Sippen genetische Verwandtschaft, in Wirklichkeit oder als Symbol, angenommen werden kann, so lässt sich ihr Verwandtschaftsgrad in theoretisch genauer Weise durch die Zahl und Grösse der phylogenetischen Schritte bestimmen, welche, je nachdem die Sippen der nämlichen oder collateralen Linien angehören, entweder zwischen ihnen beiden oder zwischen ihnen und dem gemeinsamen Ausgangspunkt sich befinden. — Die Zugehörigkeit zweier Organismen zur nämlichen Abstammungslinie ist daran zu erkennen, dass die Ontogenie des höher stehenden diejenige des tiefer stehenden umfasst und als deren naturgemässe Weiterbildung sich kund gibt.

Da wegen der grossen Lückenhaftigkeit der jetzigen Pflanzenwelt nur eine verhältnissmässig geringe Zahl von bekannten Formen als Symbole für die ausgestorbenen Entwicklungsstufen eintreten kann, so lassen sich nur wenige und ganz allgemein gehaltene Abstammungslinien feststellen; eine solche geht von den grünen Fadenalgen durch die Lebermoose zu den Gefässpflanzen. In dem Gebiete der scheinbar so reich vertretenen Phanerogamen können bloss phylogenetische Entwicklungsreihen der einzelnen Organe, aber keine

Abstammungslinien der Familien ermittelt werden. Ein phylogenetisches System der Phanerogamen ist nicht einmal in den rohesten Anfängen zu wagen; selbst das Rangverhältniss zwischen den beiden Hauptabtheilungen der angiokarpischen Phanerogamen, zwischen Monocotylen und Dicotylen, bleibt fraglich, und ebenso fraglich, welche Familie in jeder dieser beiden Abtheilungen als die vollkommenste zu betrachten sei.

S. 462—523.

Die Schranken

der

naturwissenschaftlichen Erkenntniss.

Die nachfolgende Abhandlung ist eine Gelegenheitsschrift, welche in dem Tageblatt der 50. Versammlung deutscher Naturforscher und Aerzte in München 1877 veröffentlicht und in verschiedenen Zeitungen und Zeitschriften abgedruckt wurde. Sie kam aber nicht bloss gelegentlich, sondern auch eilfertig zu Stande, wie ich schon bei der Veröffentlichung zur Erklärung der wenig sorgfältigen Ausarbeitung eines öffentlichen Vortrages in einer Anmerkung[1]) darzuthun veranlasst war. Ich lasse dem Vortrage seine ursprüngliche Form und schalte nur eine kurze Ausführung über die Grenze zwischen der unorganischen und organischen Natur ein, wie dieselbe schon in dem ersten Entwurf enthalten war.

Wenn aber auch die Abhandlung in ihrer Form das gelegentliche und flüchtige Machen verräth, so gilt dies nicht von ihrem Inhalte. Derselbe war nicht bloss Jahre lang erwogen worden, sondern er stellte selbst das Ergebniss der Gedankenarbeit eines ganzen Lebens dar, und auch seit der Abfassung haben weder fremde Einwürfe, noch eigene Ueberlegung mich zu irgend einer Aenderung zu veranlassen vermocht.

Es sei mir gestattet, den Entwicklungsgang meiner Erkenntniss in seinen allgemeinen Zügen darzulegen. Schon in meinen Lehr-

[1]) »Dieser Vortrag musste einen der Vorträge des Programms, für welche auswärtige Mitglieder aufgefordert worden, ersetzen. Am Schlusse des Sommersemesters machte Herr Prof. Tschermak die Anzeige, dass er verhindert sei, nach München zu kommen. In Folge dessen erhielt der Verfasser von den Geschäftsführern die Aufforderung, in die Lücke einzutreten. Derselbe war im Begriffe dringende Geschäfte zu erledigen und nachher eine Reise in die Alpen anzutreten. Der Vortrag trägt die Spuren seines Ursprungs, indem auf einer Gebirgsreise weder Gelegenheit, noch die nöthige Sammlung zu einer sorgfältigeren Ausarbeitung gegeben sind.«

jahren, als ich auf der Universität mich mit Naturwissenschaften zu beschäftigen begann, hatte ich den Drang, das Aufgenommene unter sich in Verbindung zu bringen und unter allgemeinen Gesichtspunkten zusammen zu fassen. Diese angeborene Neigung wurde durch das Colleg Oken's über Naturgeschichte gefördert und auf das Allerallgemeinste hingeleitet. Glücklicherweise fand sie eine Correctur in einer anderen angeborenen und ebenso starken Neigung zur Kritik, welche mir verbot, irgend eine Theorie als richtig anzuerkennen, wenn dieselbe nicht durch sichere Thatsachen begründet war oder wenigstens nicht in Widerspruch mit solchen sich befand. Deswegen war ich zwar von dem idealen Streben Oken's begeistert, konnte mich aber mit seiner willkürlich schematischen Ausführung nicht befreunden, ebenso wenig als ich es vermochte seine Naturphilosophie zu hören.

Ueberhaupt versagte mir ein strenger Realismus, welcher eine Verallgemeinerung nur dann begriff, wenn sie an concreten Beispielen klar gemacht werden konnte, jedes Verständniss für metaphysische Dinge. Am Schlusse meiner Studienjahre versuchte ich es zwar noch in Berlin, einem Colleg über Hegel'sche Philosophie zu folgen und aus den Schriften Hegel's mir eine Vorstellung über seinen Gedankenflug zu bilden. Es war dies aber ein ganz fruchtloses Bemühen; ich konnte in den vorgetragenen Abstractionen mit dem besten Willen nichts Verständliches und Vernünftiges finden. Ich erwähne dieses Umstandes namentlich auch deswegen, weil wenige Jahre nachher Schleiden mich als Hegelianer denunzirte. Bei Anlass einer Polemik über den Unterschied zwischen Flechten und Pilzen, in welcher ich zeigte, dass die thatsächlichen Verhältnisse im Widerspruche mit den Behauptungen Schleiden's seien, lenkte derselbe mit der ihm eigenen kecken Dialektik die Aufmerksamkeit des Lesers auf ein ganz fremdes Gebiet mit dem Ausspruch: »Mein Freund Nägeli ist Hegelianer«, womit wohl nahegelegt werden sollte, dass zwischen einem Kant-Friesianer und einem Hegelianer eine Verschiedenheit der Auffassung nicht überraschen könne. — Ich hatte seit jener Zeit keine Gelegenheit, über das Verhältniss der Naturforschung zur Philosophie zu sprechen und war darum auch nie im Falle, mich gegen den Ausspruch Schleiden's verwahren zu können. Da er in den »Grundzügen der wissenschaftlichen Botanik« enthalten war und daher auch allgemein bekannt geworden ist, so spreche ich jetzt noch davon; denn es möchte sonst wohl räthselhaft erscheinen, wie die einstige Heeresfolge Hegel's sich zu dem strengen Realismus und der nüchternen Kritik, wie sie in dieser Abhandlung vertreten sind, entwickeln konnte.

Was die Veranlassung zu der sonderbaren Aeusserung Schleiden's gegeben hat, weiss ich zwar nicht sicher, vermuthe aber, dass es der Ausdruck »absolute Begriffe« war, den ich gebraucht hatte, und mit dem ich — weit entfernt von einer Hegel'schen Abstraction — bloss den Charakter der absolut verschiedenen, specifischen Erscheinungen im Pflanzenreiche bezeichnen wollte. Ich befand mich nämlich damals noch auf dem bei den Botanikern und Zoologen allgemein herrschenden Standpunkt von absoluten, nicht durch Uebergänge verbundenen specifischen Unterschieden, ohne deswegen die schon von Lamarck gelehrte Abstammung der Arten von einander zu verwerfen. Damit komme ich nun auf die selbständigen Bestrebungen der Wanderjahre. Die genannten absoluten Begriffe gingen aus folgendem Gedankengang hervor, der mir in jenem Stadium der geistigen Entwicklung zu der richtigen Erkenntniss der natürlichen Dinge zu führen schien.

Die göttliche, alle Materie durchdringende Vernunft hat die realen Erscheinungen geschaffen; ihr Abbild, die menschliche Vernunft, vermag bloss die formalen Begriffe der Mathematik hervorzubringen. In beiden Gebieten des Schaffens müssen analoge Gesetze walten; das Verhältniss, in dem die Begriffe der natürlichen Dinge zu einander stehen, muss dem Verhältniss zwischen den formalen Begriffen entsprechen. Gleichwie die letzteren von der Mathematik aus einander abgeleitet werden, so müssen die Begriffe der materiellen Existenzen von den Naturwissenschaften aus einander sich entwickeln lassen. Da aber die mathematischen Begriffe zum Theil absolut von einander verschieden sind (z. B. die Linien oder Flächen verschiedener Ordnungen), so folgt eine gleiche absolute Verschiedenheit auch für viele natürlichen Erscheinungen, und für die Organismen eine sprungweise Aufeinanderfolge.

Dieser Standpunkt der Wanderjahre, in welchem ein Körnchen Wahrheit von einem grossen Irrthum umhüllt ist, wurde durch das genaue und gründliche Studium der concreten Dinge bald überwunden. Schon im Jahre 1853 war ich der Ueberzeugung, dass von absoluten Unterschieden in der Naturgeschichte füglich nicht die Rede sein könne, und im Jahre 1856 habe ich es bestimmt ausgesprochen, dass die Arten durch allmähliche Uebergänge sich in einander verwandeln müssten. Für das Absolute fand ich in dem wissenschaftlich zu erkennenden Gebiete keinen Platz mehr und setzte die Grenze für das Wissen überall da, wo die Unendlichkeit in Zeit, Raum und Theilbarkeit beginnt; »was ausserhalb der endlichen materiellen Erscheinung liege, liege auch ausserhalb der Macht der Naturwissenschaften«. Für das geistige Gebiet glaubte ich noch eine andere Behandlung als die der exacten naturwissenschaftlichen Methode fordern zu sollen[1]).

Seitdem gelangte ich immer mehr zu der klaren Ueberzeugung, dass es in der Natur keine Kluft gibt, welche verschiedene Gebiete trennte, dass in allen ihren Erscheinungen die nämlichen Gesetze herrschen, dass das geistige Leben nicht im Menschen oder im Thier als etwas principiell Neues beginnt, sondern dass die Elemente, aus denen es besteht, schon in der Pflanze und im Unorganischen vorhanden, aber nur viel einfacher combinirt sind. Daraus ergab sich als logische Folgerung, dass für die Erkenntniss in allen Erscheinungen ohne Ausnahme die gleichen Bedingungen und somit die gleichen Grenzen bestehen, dass mit dem Complicirterwerden der Erscheinungen die Schwierigkeiten des Erkennens zwar grösser aber nicht qualitativ andere werden, dass das Gebiet des Vorstellbaren und Wissbaren alles Endliche und Relative an den Dingen, das Gebiet des Mystischen und Unbegreiflichen aber das Absolute, Unendliche, Ewige, Göttliche ist. Dieser Gedanke nun wird in der vorliegenden Abhandlung ausgeführt und begründet.

Da ein exactes Urtheil nur so weit möglich ist, als der eigene Horizont reicht und als ein Jeder die Dinge wirklich zu überschauen vermag, so sind auch die Urtheile über das Gebiet, welches unserer Vorstellung und Erkenntniss zugänglich ist, verschieden. Ich unterlasse es, auf polemische Beurtheilungen, welche mein Vortrag erfahren hat, einzugehen. Bedingung für die Verständigung wäre ja stets ein gleicher geistiger Horizont, und es würde mir ohne Zweifel von einer der gegnerischen Seiten vorgehalten werden, dass der meinige nach der Seite des metaphysischen Gebietes hin beschränkt sei, was ich unbedingt zugebe, ohne deswegen einzuräumen, dass

---

[1]) In der Einleitung zu »Die Individualität in der Natur«. 1856.

der gegnerische um etwas anderes als um eine duftige und gestaltlose Ferne erweitert ist.

Die Bestimmung der Grenze, bei welcher grundsätzlich die Erkenntniss aufhören und der Glaube beginnen muss, hat als Lösung eines theoretischen Problems bloss wissenschaftliche Bedeutung. Sie gibt nur die unüberschreitbare Linie für das Wissbare überhaupt, nicht aber ein Maass des Gewussten und ebenso wenig eine Norm für das Glaubensgebiet des Einzelnen, welches stets durch den Umfang des verstandesmässigen Begreifens bestimmt wird. Das praktisch Verwerthbare findet sich höchstens in dem gewonnenen Bewusstsein, dass die Schranke, wo dem menschlichen Wissen für immer Halt geboten ist, uns so nahe liegt, und dass, wenn wir einige der diesseits gelegenen kleinen Räthsel wirklich zu lösen vermögen, die jenseitigen grossen Räthsel an und für sich unlösbar sind. Dieses Ergebniss zeigt nur im allgemeinen, dass die exacte wissenschaftliche Erkenntniss mit der im Menschen lebenden Ahnung nicht im Widerspruche steht. Dasselbe tritt in scharfe Opposition gegen die Ueberhebung, deren sich sowohl die Philosophie als der philosophische Materialismus schuldig machen, wenn sie den menschlichen Geist ganz oder zum Theil an die Stelle des Ewigen setzen und Fragen, die jenseits der Endlichkeit liegen, beantworten wollen; aber es lässt die den jeweiligen Bedürfnissen entsprechenden Glaubenssymbole unberührt. Es zeugte daher von keinem besonderen Verständniss, wenn meinem Vortrage materialistische, von der orthodox-protestantischen Kreuzzeitung sogar nihilistische Tendenzen vorgeworfen wurden, — wenngleich anderseits die gute Note, welche die ultramontan-katholische Germania dem Vortrag durch vollständigen Wiederabdruck ertheilt hat, nicht weniger überraschend war.

Hochgeehrte Versammlung!

Mein heutiges Thema wurde vor einigen Jahren bei der Zusammenkunft in Leipzig 1872 von Herrn Prof. Du Bois Reymond in ausgezeichneter Weise besprochen. Wenn ich den nämlichen Gegenstand wieder aufnehme, so geschieht es, weil ich denselben von einem etwas verschiedenen und umfassenderen Gesichtspunkte aus betrachten möchte.

Auch in Form und Sprache will ich mir eine Abweichung von den mannigfaltigen bisherigen Behandlungen erlauben. Der Gegenstand in seiner Allgemeinheit verleitet leicht zu Streifzügen auf das philosophische Gebiet und zu der entsprechenden Ausdrucksweise. Ich werde mich einer möglichst einfachen und nüchternen Sprache bedienen und nichts anderes voraussetzen, als die Kenntniss der elementarsten Erscheinungen in den verschiedenen Gebieten der Natur. In allgemeinen Dingen wird ja der Ausdruck stets um so einfacher und verständlicher, je mehr man sich der Klarheit und damit auch der Wahrheit nähert.

Ehe ich den Gegenstand selbst in Angriff nehme, scheint es zweckmässig, kurz der verschiedenen Arten zu gedenken, wie die Frage über die Schranken der naturwissenschaftlichen Erkenntniss von den Naturforschern meistens aufgefasst und beantwortet wird.

Es ist eine unter den sogenannten Praktikern weit verbreitete Ansicht, dass eine sichere und bleibende Erkenntniss natürlicher Erscheinungen überhaupt unmöglich sei. Dieselben wissen, dass ihre Systeme und Meinungen bisher keinen Bestand hatten, und sie denken sich, dass die wissenschaftlichen Theorien überhaupt nur Versuche seien, sich der unerreichbaren Wirklichkeit zu nähern, Versuche, welche mit den Anschauungen der Zeit Inhalt und Ausdruck verändern. Dies ist augenscheinlich keine grundsätzliche Ansicht, sondern die durch den Misserfolg hervorgerufene Verzweiflung, die nothwendige Folge der falschen Methode und der naturwissenschaftlichen Unfähigkeit.

Der Praktiker verlässt sich angeblich auf seine Erfahrung. Diese aber kommt auf folgende Weise zu Stande. Bei jeder Naturerscheinung sind verschiedene, oft zahlreiche Ursachen und begleitende Umstände betheiligt. Die Aufgabe des Naturforschers ist es, zu ermitteln, was von den einzelnen Ursachen und Umständen bewirkt wird; sie kann in den meisten Fällen durch Beobachtung allein nicht gelöst werden. Der Praktiker greift nun irgend eine Ursache oder einen Umstand heraus, der ihm gerade in die Augen springt und findet darin den Grund der Erscheinung; dies nennt er seine Erfahrung. Es ist daher begreiflich, dass die Praktiker unter einander verschiedener Ansicht über die nämliche Erscheinung sind, dass ihre Meinungen das Gepräge der wissenschaftlichen Epoche tragen und mit der Zeit wechseln. Es ist ebenfalls begreiflich, dass die auf sogenannte Erfahrung sich berufenden Theorien in denjenigen Gebieten noch ihre üppigsten Blüthen treiben, wo die Erscheinungen am verwickeltsten sind, in der organischen Morphologie, in der Physiologie und Pathologie.

Das Problem einer Naturerscheinung ist eine algebraische Gleichung mit vielen unbekannten Grössen. Der Praktiker sieht sich die Gleichung an und versucht die Lösung derselben, indem er für die eine oder andere Unbekannte einen meist grossen und entscheidenden Werth einsetzt; die Probe der Richtigkeit macht er nicht. — Es erfordert nicht viel zur Einsicht, dass auf diesem Wege allerdings die Lösung und damit die Erkenntniss in Ewigkeit nicht erreicht wird.

Die Lösung einer Gleichung mit vielen Unbekannten ist nur möglich, wenn man dazu ebenso viele Gleichungen zu gewinnen weiss, in denen die nämlichen Unbekannten enthalten sind. Da dies bei Naturerscheinungen gewöhnlich nicht möglich ist, so sucht man sich Gleichungen zu verschaffen, in denen nur eine unbekannte Grösse vorkommt. Dies geschieht durch den wissenschaftlichen Versuch, der mit dem sogenannten Versuch der Praktiker nichts gemein hat, da alle unbekannten Grössen bis auf eine einzige entfernt und dadurch der Werth und die Wirkung dieser einen sicher ermittelt werden.

Schon längst hat die Physik den Weg des wissenschaftlichen Experimentes eingeschlagen. Die Physiologie hat denselben erst in neuerer Zeit allgemeiner als den richtigen erkannt. Auf diesem zwar mühsamen und zeitraubenden, aber einzig sicheren und fördernden Wege werden allerdings nicht grosse Gebäude von Systemen aufgeführt, die nur das Schicksal haben könnten, bald wieder zusammenzustürzen; — sondern es werden bloss einzelne, an und für sich vielleicht unscheinbare Thatsachen gewonnen, die aber für immer ihren Werth bewahren und zur Auffindung neuer Thatsachen befähigen. So vermehrt sich der Stock der erkannten Thatsachen zwar langsam aber stetig. Eine Schnecke, die den geraden Weg nach ihrem Ziele einschlägt, kommt vorwärts, indess die Heuschrecke mit ihren Kreuz- und Quersprüngen auf der Stelle bleibt. So beweist die wissenschaftliche Empirie den praktischen Empirikern durch die That, dass vermittelst der exacten Methode sichere und bleibende Erkenntnisse der Naturerscheinungen gewonnen werden können.

Viele methodische Naturforscher, welche auf exactem Wege den Stock der feststehenden Thatsachen vermehren, geben auf die Frage nach den Grenzen der Naturerkenntniss, indem sie eine grundsätzliche Lösung für unzulässig halten, bloss die thatsächliche Antwort: »Der Glaube beginnt immer da, wo das Wissen aufhört.« Dabei verfolgen sie diesen Gedankengang. Die Menschheit tritt an die Gesammtheit der Natur heran. Ihre Einsicht bewältigt durch Forschung und Nachdenken stets neue Gebiete. So ist beispielsweise die Jetztzeit in der Erkenntniss der Natur viel weiter vorgedrungen als Mittelalter und Alterthum, und die europäische Cultur ist der übrigen Menschheit weit voran. Mit der fortschreitenden geistigen Arbeit wird also das Reich des Wissens immer umfangreicher, und das Reich, wo wir uns mit dem Glauben begnügen müssen, immer mehr beschränkt.

Diese Auffassung hat einen unverkennbaren Werth in gewisser Beziehung. Sie gibt uns den Maassstab für die Stufe, welche die naturwissenschaftliche Bildung im allgemeinen in jedem Jahrhundert erreicht hat, und ebenso den Maassstab im einzelnen für die verschiedenen Menschenrassen und Völker, für verschiedene Classen eines Volkes und endlich für jedes einzelne Individuum. Es gewähren solche Erhebungen ebenso grosses wissenschaftliches Interesse für den Geschichtsforscher und Anthropologen, als praktisches Interesse für den Theologen, den Politiker und selbst für eine Menge von Berufsarten.

Der Satz, dass unser Glaube da beginne, wo das Wissen aufhöre, ist eine thatsächliche Lösung für bestimmte Zwecke. Damit ist unser Interesse nicht befriedigt. Mit besonderer Theilnahme wenden wir uns der theoretischen Seite des Problems zu. Wir wünschen zu wissen, ob die Grenze, wo das menschliche Wissen Halt machen muss, überhaupt bestimmbar sei oder nicht, — wenn ja, wie weit die Erkenntniss überhaupt in die Natur einzudringen vermöge, wie viel die Menschheit von der Natur wissenschaftlich zu begreifen vermöchte, wenn sie eine ungemessene Zeit, sagen wir geradezu eine Ewigkeit, sich mit Naturwissenschaften beschäftigte und wenn ihr dazu alle denkbaren Hilfsmittel zu Gebote ständen, — welches also die Schranken seien, welche die wissenschaftliche Erkenntniss der Natur niemals und unter keinen Bedingungen zu überschreiten vermag, — welches die grundsätzliche Grenze zwischen dem Gebiete des Wissens und dem Gebiete des Glaubens sei.

Die strenge Untersuchung dieser Frage verdient um so mehr wiederholt in Angriff genommen zu werden, als bekanntlich von zwei entgegengesetzten Seiten mit vollkommener Bestimmtheit die absolute Herrschaft des menschlichen Geistes über die Natur in Anspruch genommen wird, — mit abnehmender Energie von der naturphilosophischen, mit zunehmender Energie von der materialistischen Geistesrichtung. Jene wähnt, die formale Natur aus sich construiren zu können, und das Naturerkennen besteht für sie in nichts anderem als darin, für die construirten abstracten Begriffe die concreten Naturerscheinungen aufzusuchen, — wobei ihr freilich in keinem Punkte die Selbsttäuschung erspart bleibt, die Begriffe nach Maassgabe der sinnlichen Wahrnehmungen, statt aus sich zu construiren. Diese lässt nichts anderes als Kraft und Stoff in Zeit und Raum gelten und es erscheint ihr daher eine vernunftgemässe Annahme, dass der aus Kraft und Stoff aufgebaute Mensch die aus den gleichen Factoren zusammengesetzte Natur bewältigt. Beide, die naturphilosophische und die materialistische Richtung stellen den Menschen auf eine für sein Selbstbewusstsein sehr schmeichelhafte Höhe; — sie erklären ihn zum Herrn der Welt, zwar nicht zum wirklichen Herrn, der die Welt macht, aber doch zum eingebildeten Herrn, der das Werk des wirklichen Herrn begreift. — Können wir diese Herrscherrolle mit Grund beanspruchen?

Diese Frage ist öfter und von verschiedenen Standpunkten aus zu beantworten versucht worden, wohl am besten von meinem Vorgänger in diesem Kreise, von Du Bois Reymond in der vielbesprochenen und vielfach missverstandenen Rede »Ueber die Grenzen des Naturerkennens«. Ich werde nur diese letztere Antwort berücksichtigen, welche in geistreicher Weise und in bilderreicher poetischer Sprache die Edelsteine der Gedanken mit den schönsten Redeblumen verziert und umhüllt. Es wäre nützlich gewesen und hätte manchen, der nicht so leicht den Kern aus der Schale löst, auf den richtigen Weg gewiesen, wenn Ergebniss und Begründung in einigen kurzen Sätzen zusammengefasst worden wären.

Der Redner will, gleich einem Welteroberer der alten Zeit an einem Rasttage, die wahren Grenzen des unermesslichen Reiches, welches die weltbesiegende Naturwissenschaft ihrer Erkenntniss unterworfen hat, klar vorzeichnen und kommt zu diesen drei Schlüssen: 1. Naturerkennen ist Zurückführen eines Naturvorganges auf die Mechanik der einfachen oder untheilbaren Atome. 2. Atome in diesem Sinne gibt es nicht und daher auch überhaupt kein wirkliches Erkennen. 3. Wenn aber auch die Welt aus der Mechanik der Atome erkannt werden könnte, so vermöchten wir doch Empfindung und Bewusstsein nicht aus derselben zu begreifen.

Es dürfte wohl das allgemeine Verständniss wesentlich erleichtert haben, wenn diese Ergebnisse sich nicht als Grenzen des Naturerkennens, sondern als Nichtigkeit oder Unmöglichkeit des Naturerkennens eingeführt hätten. Denn, da der Redner nicht über die Negation hinausgeht, so kann die erkennende Naturwissenschaft, wenn ihr das Reich, über das sie gebietet, mangelt, auch die Grenzen desselben nicht abstecken, — und wenn ihr sogar die Einsicht in die materiellen Vorgänge für immer abgeht, so verschlägt es ihr, als einer depossedirten Herrscherin, wenig, ob sie bei vorausgesetzter Herrschaft auch Ansprüche auf das geistige Gebiet erheben könnte.

Man kann mit den einzelnen Gedanken von Du Bois Reymond vollkommen einverstanden sein und doch die Ueberzeugung haben, dass sie nicht vollständig und umfassend genug sind, um die naturwissenschaftliche Erkenntniss nach allen Seiten hin abzugrenzen, dass sie in ihrer Unvollständigkeit zu falschen und mit dem naturwissenschaftlichen Bewusstsein im Widerspruche stehenden Folgerungen führen, und dass es wünschbar ist, die Frage nicht bloss nach der negativen Seite zu behandeln, sondern zu untersuchen, ob nicht der menschliche Geist zu naturwissenschaftlicher Erkenntniss befähigt sei, von welcher Beschaffenheit und in welchem Umfange?

Die Lösung der Frage: In wie fern und wie weit vermag ich die Natur zu erkennen? wird offenbar durch Dreierlei bedingt, durch die Beantwortung von drei Theilfragen: 1. die Beschaffenheit und Befähigung des Ich, 2. die Beschaffenheit und Zugänglichkeit der Natur und 3. die Forderung, welche wir an das Erkennen stellen. Es sind also Subject, Object und Copula bei der Lösung betheiligt.

Man möchte vielleicht eine solche Trennung für überflüssig, selbst für unstatthaft halten, weil ja das Erkennen des Objects durch das Subject ein untheilbarer Process sei. Indessen ist sie doch richtig, weil die Beurtheilung bald den einen, bald den andern Factor mehr in den Vordergrund rückt, und nützlich, weil sie eine erschöpfendere Behandlung fordert. Die Schwierigkeiten, die sich für das Erkennen mit Rücksicht auf das Subject oder das Object ergeben, treten selbst am deutlichsten hervor, wenn wir den andern Factor durch die Annahme, dass er keine Schwierigkeit darbiete, ganz bei Seite schaffen.

Was die Befähigung des Ich betrifft, die natürlichen Dinge zu erkennen, so ist dafür die unzweifelhafte Thatsache entscheidend, dass, mag unser Denkvermögen wie immer beschaffen sein, uns nur die sinnliche Wahrnehmung Kunde von der Natur gibt. Wenn wir nichts sehen und hören, nichts riechen, schmecken und betasten könnten, so wüssten wir überhaupt nicht, dass etwas ausser uns ist, noch auch dass wir selber körperlich sind.

Es besteht also für die Richtigkeit unserer Vorstellungen immer die Bedingung, dass unsere äusseren und inneren Sinne richtig berichten. Unsere Erkenntniss ist nur wahr, soferne die sinnliche Wahrnehmung und die innere Vermittelung wahr sind. Dass aber beide zuletzt auch zur objectiven, im Object begründeten Wahrheit führen, dafür besteht eine unendlich grosse Wahrscheinlichkeit deswegen, weil die Irrthümer, die der Einzelne, oder die Gesammtheit begeht, schliesslich stets als solche erkannt und nachgewiesen werden, und weil die Naturwissenschaften, je weiter sie fortschreiten, immer mehr die scheinbaren Widersprüche zu beseitigen und alles unter einander in Uebereinstimmung zu bringen wissen.

Halten wir uns in dieser Beziehung für beruhigt, so erhebt sich die Frage, in welcher Ausdehnung und in welcher Vollständigkeit die Sinne uns Kunde von den Naturerscheinungen geben. Rücksichtlich der Ausdehnung darf bloss an die Schranken erinnert werden, um sie jedermann klar vor die Seele treten zu lassen. In der Zeit ist uns nur die Gegenwart und im Raume nur dasjenige zugänglich, was unseren eigenen räumlichen Verhältnissen entspricht. Wir können unmittelbar nichts von dem bemerken, was in der Vergangenheit war und in der Zukunft sein wird, nichts von dem, was im Raume zu entfernt ist und was eine zu grosse oder zu kleine Ausdehnung hat.

Rücksichtlich der Vollständigkeit der sinnlichen Wahrnehmungen besteht eine andere Schranke, an die man gewöhnlich nicht denkt und auf die ich etwas näher eintreten muss. Die wissenschaftliche Zergliederung ergibt uns Folgendes: In der Gesammtheit von kraftbegabten Stoffen, welche wir die Welt nennen, steht jedes Stofftheilchen durch alle ihm eigenthümlichen Kräfte mit allen anderen in Beziehung; es wird von allen beeinflusst und wirkt seinerseits auf alle ein, natürlich nach Maassgabe der Entfernungen. Und wie das einzelne Stofftheilchen verhält sich selbstverständlich eine Vereinigung von solchen; die Wirkung, die sie empfängt und ausübt, ist die Summe der Wirkungen aller einzelnen Theilchen. Der Krystall, die Pflanze, das Thier, der Mensch empfindet die Anwesenheit aller Stofftheilchen, jedes einzelnen für sich und jeder Vereinigung von solchen, und zwar mit Rücksicht auf alle Kräfte, die denselben innewohnen, und in Folge dessen mit Rücksicht auf alle Bewegungen, welche dieselben ausführen. Aber diese Empfindungen sind in ihrer unendlichen Mehrzahl so schwach, dass sie als unmerklich vernachlässigt werden können.

Dem menschlichen Organismus steht also theoretisch die Möglichkeit offen, von allen Erscheinungen in der Natur körperliche

Wahrnehmungen zu empfangen. Wie gestaltet sich aber die Sache in Wirklichkeit? welche Eindrücke sind so mächtig, dass sie für uns bemerkbar werden, und welche gehen als zu geringfügig für uns verloren?

Unter den uns bekannten Wesen hat der Mensch mit den höheren Thieren das voraus, dass einzelne Theile sich zu Sinneswerkzeugen ausgebildet haben, welche für bestimmte Naturerscheinungen sehr empfindlich sind. Diese Sinnesorgane haben sich im Laufe zahlreicher auf einander folgender Arten und zahlloser Generationen innerhalb jeder einzelnen Art von unscheinbaren Anfängen aus auf hohe Stufen vervollkommnet.

Der geniale Gedanke Darwin's, dass in der organischen Natur nur solche Einrichtungen zur Ausbildung gekommen sind, welche dem individuellen Träger Nutzen gewähren, ist so einfach, so vernunftgemäss und so sehr in Uebereinstimmung mit aller Erfahrung, dass die hier allein competente Physiologie unbedingt zustimmt und sich höchstens verwundert, dass nicht schon längst ein Columbus dieses physiologische Ei festgestellt hat.

Demgemäss entspricht der Grad der Vollkommenheit, zu dem sich jedes Sinneswerkzeug ausgebildet hat, genau dem Bedürfnisse, und es gibt keines, in welchem der menschliche Organismus nicht von irgend einer Thierspecies sich weit übertroffen sähe, wenn derselben die ausserordentliche Feinheit einer besonderen Sinneswahrnehmung zur Bedingung des Daseins wurde. — Demgemäss hat aber auch der menschliche und der thierische Organismus nur für diejenigen äusseren Einwirkungen Sinnesorgane ausgebildet, welche seine Existenz im günstigen oder ungünstigen Sinn erfolgreich treffen.

Wir haben beispielsweise ein feines Gefühl für die Temperatur; es ist für unser Bestehen nothwendig, wir könnten sonst, ohne es zu ahnen, durch Kälte oder Hitze zu Grunde gehen. Wir haben ein feines Gefühl für das Licht; es gibt uns die beste und schnellste Kunde von allen Gegenständen, die uns umgeben, und die uns Schaden oder Nutzen bringen können. Dagegen haben wir kein Gefühl für die uns umgebende Elektricität. Während wir die Zu- und Abnahme der Wärme und des Lichtes wahrnehmen, wissen wir nicht, ob die Luft, in welcher wir athmen, freie Elektricität enthält oder nicht, ob diese Elektricität positiv oder negativ ist. Wenn wir den Telegraphendraht berühren, spüren wir nicht, ob die Theilchen desselben elektrisch in Ruhe oder in Bewegung sich befinden.

Es hatte keinen Nutzen, dass der Sinn für Elektricität in den höheren Thieren und im Menschen besonders ausgebildet wurde, weil es für die Species gleichgiltig ist, ob jährlich einige Individuen vom Blitze erschlagen werden oder nicht. Würde diese Gefahr alle Individuen täglich bedrohen, so hätte die Empfindung für Elektricität, welche die niedersten Thiere, geradeso wie die Empfindung für das Licht und die Wärme, in den ersten Anfängen besitzen, sich nothwendig weiter ausgebildet. Wir würden dann durch ein besonderes Sinnesorgan die Nähe einer in elektrischer Spannung befindlichen Substanz bemerken und dem Blitzschlage entfliehen können. Wir würden geringe Veränderungen des elektrischen Zustandes, schwache elektrische Ströme in unserer Nähe wahrnehmen und auch die Geheimnisse des Telegraphendrahtes abzufangen vermögen.

Der Mangel eines solchen Organs hätte leicht die Ursache sein können, dass wir von der Elektricität nichts wüssten. Wir können uns die Atmosphäre der Erdkugel ganz gut ohne Blitz und Donner denken. Diese grossen elektrischen Entladungen haben uns zur Elektricitätslehre verholfen. Wenn sie zufällig mangelten, wenn überdem einige ganz zufällige Erfahrungen, welche eine durch Reibung erzeugte anziehende oder abstossende Kraft offenbarten, nicht gemacht worden wären, so hätten wir vielleicht keine Ahnung von der Elektricität, keine Ahnung von derjenigen Kraft, welche in der unorganischen und organischen Natur wohl die grösste Rolle spielt, welche die chemische Verwandtschaft wesentlich bedingt, welche bei allen moleculären Bewegungen in den organisirten Wesen wohl entscheidender eingreift als irgend eine andere Kraft, und von welcher wir die wichtigsten Aufklärungen über physiologisch und chemisch noch räthselhafte Vorgänge erwarten.

Unsere Sinne sind eben nur für die Bedürfnisse der körperlichen Existenz, nicht aber dafür organisirt, dass sie unser geistiges Bedürfniss befriedigen, dass sie uns Kenntniss von allen Erscheinungen der Natur verschaffen und uns darüber belehren sollen. Wenn sie zugleich diese Function übernehmen, so geschieht es nur nebenbei. Wir können uns also nicht darauf verlassen, dass die sinnlichen Wahrnehmungen uns über alle Erscheinungen in der Natur Kunde geben. Wie wir auf die elektrischen Vorgänge, die in jedem Stofftheilchen ihren Sitz haben, gleichsam nur durch Zufall etwas erfahren haben, so ist es leicht möglich, selbst sehr wahrscheinlich, dass es auch noch andere Naturkräfte, noch andere moleculäre Bewegungsformen gibt, von denen wir keine sinnlichen Eindrücke bekommen, weil sie sich nie zu einer für unsere unvollkommenen und unvollständigen Sinnesorgane bemerkbaren Summe vereinigen, und die uns deshalb verborgen bleiben. — Wenn uns einer der Sinne, wenn uns besonders der Gesichtssinn fehlte, so wären wir über die Naturerscheinungen viel mangelhafter unterrichtet, als wir es wirklich sind. Hätten sich aber ausser den fünf Sinnen noch einige andere an unserem Organismus ausgebildet, so würden wir wohl von den natürlichen Dingen Manches erfahren, was uns jetzt verborgen bleibt.

Unser Vermögen, die Natur unmittelbar durch unsere Sinne wahrzunehmen, ist somit in zwei Beziehungen sehr beschränkt. Es mangelt uns wahrscheinlich die Empfindung für ganze Gebiete des Naturlebens, und so weit wir sie wirklich haben, trifft sie in Zeit und Raum nur einen verschwindend kleinen Theil des Ganzen.

Freilich beschränkt sich unsere Naturerkenntniss nicht auf das sinnlich Wahrnehmbare. Wir können durch Schlüsse auch Kenntniss von dem bekommen, was die Sinne nicht erreichen. Der fernste Planet unseres Sonnensystems, der Neptun, war seiner Stellung, seiner Grösse und seinem Gewichte nach durch Rechnung bekannt, ehe die Astronomen ihn mit dem Fernrohr entdeckt hatten. Wir wissen, obgleich wir es auch mit den besten Mikroskopen nicht sehen, dass das Wasser aus kleinsten in Bewegung befindlichen Theilchen oder Molekülen besteht, und wenn es Zuckerwasser oder Salzwasser ist, so kennen wir auch genau das verhältnissmässige Gewicht und die verhältnissmässige Zahl der Wasser-, Zucker- und Salztheilchen, welche es zusammensetzen.

Durch Schlüsse aus Thatsachen, die mit Hilfe der Sinne erkannt werden, gelangen wir zu ebenso sicheren Thatsachen, die sinnlich nicht mehr wahrnehmbar sind. Man könnte deshalb allenfalls die sanguinische Hoffnung hegen, dass von dem kleinen Gebiete aus, welches uns die Sinne aufschliessen, nach und nach das Gesammtgebiet der Natur durch den Verstand erobert werde. Aber diese Hoffnung kann niemals in Erfüllung gehen. Wie die Wirkung einer Naturkraft mit der Entfernung abnimmt, so vermindert sich auch die Möglichkeit der Erkenntniss, nach Maassgabe, als die zeitliche und räumliche Entfernung wächst. Ueber die Beschaffenheit, die Zusammensetzung, die Geschichte eines Fixsterns letzter Grösse, über das organische Leben auf seinen dunklen Trabanten, über die stofflichen und geistigen Bewegungen in diesen Organismen werden wir nie etwas wissen. In gleicher Weise vermindert sich die Möglichkeit, eine noch unbekannte Naturkraft, eine noch unbekannte Bewegungsform der kleinsten Stofftheilchen zu erkennen, je weniger dieselbe ihrer Eigenthümlichkeit nach befähigt ist, zu einer grösseren Gesammtwirkung zusammen zu treten. Wir werden uns glücklich schätzen dürfen, wenn wir nur eine Ahnung davon erlangen.

Die beschränkte Befähigung des Ich gestattet uns somit nur eine äusserst fragmentarische Kenntnissnahme des Weltalls.

Gehen wir nun von der Betrachtung des Subjectes zu der des Objectes, der Beschaffenheit und Zugänglichkeit der Natur über. Die Schranken, welche die Natur selbst unserer Erkenntniss entgegensetzt, springen am deutlichsten in die Augen, wenn wir die hypothetische Annahme machen, der Mensch hätte seinerseits die vollkommenste Befähigung für die Naturerkenntniss. Dies wäre dann der Fall, wenn das Hemmniss von Zeit und Raum für ihn nicht bestände, wenn er jede Vergangenheit so gut beurtheilen könnte wie die Gegenwart, wenn der fernste Gegenstand ihm nicht mehr Schwierigkeit machte, als derjenige in seiner unmittelbaren Nähe, wenn er die grössten Fixsternsysteme und die kleinsten Atome ebenso leicht übersehen würde als einen Körper seiner eigenen Grösse, wenn er endlich mit so vollständigen Sinnen ausgerüstet wäre, dass alle Erscheinungen der Natur, alle Kräfte und alle Bewegungsformen von ihm unmittelbar empfunden würden.

Eine in dieser Weise ausgestattete Menschheit könnte allenfalls sich vermessen, an die Lösung des berühmten Problems von Laplace zu gehen. Derselbe sagt: »Ein Geist, der für einen gegebenen Augenblick alle Kräfte, welche in der Natur wirksam sind, und die gegenseitige Lage der Wesen, aus denen sie besteht, kennte, wenn sonst er umfassend genug wäre, um diese Angaben der Analysis zu unterwerfen — würde in derselben Formel die Bewegungen der grössten Weltkörper und des leichtesten Atoms vereinigen. Nichts wäre ungewiss für ihn, und Zukunft wie Vergangenheit wäre seinem Blicke gegenwärtig. Der menschliche Verstand bietet in der Vollendung, die er der Astronomie zu geben vermochte, ein schwaches Abbild solchen Geistes dar.«

Aber auch ein so universeller Geist, wie Laplace ihn voraussetzt, würde die ihm gestellte Aufgabe nicht lösen können. Denn die andere Voraussetzung, von der Laplace nicht spricht, von der er aber stillschweigend ausgeht, ist die Endlichkeit der Welt nach allen Beziehungen, und diese ist nicht gegeben. Die Schwierigkeit, welche die Natur der menschlichen Erkenntniss entgegensetzt, ist ihre Endlosigkeit, Endlosigkeit des Raumes und der Zeit, und von allem, was als nothwendige Folge dadurch bedingt wird.

Die Natur ist räumlich nicht bloss unendlich gross; sie ist endlos. Das Licht legt in 1 Secunde eine Strecke von 42000 geographischen Meilen zurück; um die ganze uns jetzt bekannte Fixsternwelt zu durcheilen, bedürfte es nach wahrscheinlicher Schätzung 20 Millionen Jahre. Versetzen wir uns in Gedanken an das Ende dieses unermesslichen Raumes, auf den fernsten uns bekannten Fixstern, so würden wir nicht ins Leere hinausblicken, sondern es thäte sich ein neuer gestirnter Himmel vor uns auf. Wir würden glauben, wieder in der Mitte der Welt zu sein, wie jetzt die Erde uns als deren Centrum erscheint. Und so können wir in Gedanken den Flug vom fernsten Fixstern zum fernsten Fixstern endlos fortsetzen, und unser jetziger Sternenhimmel ist schliesslich gegenüber dem Weltall noch unendlich viel kleiner als das kleinste Molekül im Vergleich zum Sternenhimmel.

Wie mit dem Raum verhält es sich mit der Gruppirung im Raum, mit der Zusammensetzung, Organisirung und Individualisirung des Stoffes, welche das Object der beschreibenden oder morphologischen Naturwissenschaften ist. Jedes der uns bekannten Dinge besteht aus Theilen und ist selbst Theil eines grösseren Ganzen. Der Organismus ist zusammengesetzt aus Organen, diese aus Zellen, die Zellen aus kleineren Elementartheilen. Indem wir weiter zerlegen, kommen wir bald zu den chemischen Molekülen und den Atomen der chemischen Elemente. Die letzteren widerstehen zwar zur Zeit noch der Scheidekunst, aber schon ihrer Eigenschaften wegen müssen sie als zusammengesetzte Körper angesehen werden. So können wir in Gedanken die Theilung weiter und endlos fortsetzen. In der That kann es keine physischen Atome im strengen Sinne des Wortes geben, keine Körperchen, die wirklich untheilbar wären, keine Ur- oder Punktatome[1]). Alle Grösse ist ja nur relativ; der kleinste Körper, von dessen Dasein wir Kunde haben, das Theilchen des Licht- und Wärmeäthers wird beliebig gross für unsere Vorstellung, selbst unendlich gross, wenn wir uns daneben hinreichend klein denken. Wie die Theilbarkeit nicht aufhört, so müssen wir nach Analogie dessen, was wir im ganzen Bereiche unserer Erfahrung bestätigt finden, annehmen, dass auch die Zusammensetzung aus individuellen, von einander gesonderten Theilen nach unten sich endlos fortsetze. Ebenso sind wir genöthigt, eine endlose Zusammensetzung nach oben zu immer grösseren individuellen Gruppen vorauszusetzen. Die Weltkörper sind die Moleküle, welche sich zu Gruppen niederer und höherer Ordnungen vereinigen, und unser ganzes Fixsternsystem ist nur eine Molekülgruppe in einem unendlich viel grösseren Ganzen, das wir uns als einheitlichen Organismus und wieder nur als Theilchen eines noch grösseren Ganzen vorzustellen haben[2]).

Wie der Raum nach allen Richtungen endlos ist, ist es die Zeit nach zwei Seiten; sie hat nicht begonnen und sie wird nicht aufhören. Die Bibel sagt: Im Anfang schuf Gott Himmel und Erde, und die Geologie sagt: Im Anfang war die Welt eine gasförmige Masse, aus welcher sich die Weltkörper verdichteten. Aber dieser Anfang ist nur ein relativer, der Anfang einer Endlichkeit, und die Zeit, die seit diesem Anfang verfloss, ist nur ein Augenblick im Vergleich zur Ewigkeit vor demselben.

Aus der Vereinigung von Zeit und Raum geht ein Reich von Erscheinungen hervor, welches neben den beschreibenden Naturwissenschaften den Inhalt der andern Hälfte der Naturbetrachtung, der physikalischen und physiologischen Wissenschaften ausmacht. Der den Raum erfüllende Stoff ist nicht in Ruhe, sondern in Bewegung befindlich, und da die Stofftheilchen mit verschiedenen (anziehenden und abstossenden) Kräften auf einander einwirken, so setzt jeder sich bewegende Körper auch die anderen in Bewegung, vielmehr er verändert deren Bewegungen. Er gibt von seiner Bewegung und potentiellen Energie an andere ab, diese wieder an

[1]) S. Zusatz 1: Physische und metaphysische Atomistik.

[2]) S. Zusatz 2: Unendliche Abstufung in der Zusammensetzung und Organisation des Stoffes.

andere und so fort. Dies ist die Kette von Ursache und Wirkung, gleichfalls endlos, da sie für unsere Vorstellung weder mit einer ersten Ursache ihren Anfang nehmen, noch mit einer letzten Wirkung abschliessen kann.

Die Natur ist überall unerforschlich, wo sie endlos oder ewig wird. Sie kann daher als Ganzes nicht erfasst werden, denn ein Process des Erkennens, welcher weder Anfang noch Ende hat, führt nicht zur Erkenntniss. — Deswegen erscheint auch das Problem von Laplace von vornherein als nichtig. Es ist zwar erlaubt, jede Voraussetzung zu machen, die aus irgend einem Grunde unmöglich, aber keine, die undenkbar ist. Undenkbar aber ist eine Formel, für welche selbst die einzuführenden Grössen mangeln, und welche, wären dieselben gegeben, nie zu Ende käme. Die Kenntniss aller Kräfte, welche für die Formel von Laplace gefordert wird, setzt voraus, dass die Körper bis in ihre letzten kraftbegabten Stofftheilchen zerlegt werden, was wegen der endlosen Theilbarkeit unmöglich ist. Es fehlen also die Elemente, aus denen die Formel sich zusammensetzen soll, die einfachen Naturkräfte; man kann mit dem Ansetzen der Formel nicht einmal beginnen, — und wenn man es könnte, so vermöchte man, wegen der räumlichen Endlosigkeit des Weltalls, dieselbe niemals fertig zu bringen. Du Bois Reymond hat bereits die erste Endlosigkeit als eine unüberwindliche Grenze bezeichnet; die andere wäre, könnte auch die erste überwunden werden, immer noch eine ebenso unübersteigbare Schranke.

Wenn die Formel von Laplace nur etwa das uns sinnlich bekannte Weltall oder auch ein unendlich viel grösseres (aber kein wirklich endloses) umfasste, und wenn in dieselbe etwa die Kräfte der uns bekannten chemischen Elemente und der supponirten Aethertheilchen oder auch noch viel kleinerer Stofftheilchen eingesetzt werden könnten, so vermöchte sie besonders für die Mitte des Systems und für die grösseren Erscheinungen vielleicht für sehr lange Zeiträume von der Gegenwart aus vor- und rückwärts auszureichen. Es müssten aber sofort einerseits von dem Umfange aus Störungen eintreten, welche zuletzt die Formel auch für die Mitte unbrauchbar machten; anderseits müssten die Störungen auch auf jedem einzelnen Punkte beginnen und, da sie sich fortwährend steigerten, schliesslich zu merklichen Ungenauigkeiten führen, weil ja die angenommenen »Atome« keine wirklichen Einheiten sind und weil die Resultirende, mit der jedes einzelne »Atom« als ein aus gesonderten Theilen zusammengesetzter Körper in die Gesammtheit eingreift, nicht constant bleibt, sondern mit der wechselnden Umgebung einen ebenfalls stetig wechselnden Werth annimmt. Immerhin brächte uns eine solche Formel, wie es die astronomische Berechnung wirklich thut, eine innerhalb gewisser Grenzen richtige, — eine praktische, aber keine grundsätzliche Lösung.

Der Naturforscher muss sich wohl bewusst werden, dass seine Forschung nach allen Beziehungen innerhalb endlicher Grenzen gebannt ist, dass von allen Seiten das unerkennbare Ewige ihm ein kategorisches Halt gebietet. Dass dies nicht immer klar eingesehen, dass namentlich das unendlich Grosse und unendlich Kleine mit dem Endlosen und dem Nichts verwechselt werden, hat zu mehrfachen irrigen Vorstellungen geführt. Zu denselben gehören die Theorien über die physischen Atome im kleinen, über Anfang und Ende der Welt im grossen. Ich will nur von den letzteren sprechen.

Man nimmt an, dass die Masse der Weltkörper im Anfang gasartig vertheilt gewesen sei; und Du Bois Reymond findet daran nur die eine Schwierigkeit: Wäre diese Materie, wie es theoretisch gefordert wird, ruhend und gleichmässig vertheilt gewesen, so wüsste er nicht, woher Bewegung und ungleiche Vertheilung gekommen.

Seit unendlicher Zeit nun, d. h. seit jenem vorausgesetzten Anfange, geht Verdichtung der Materie vor sich, erst zu Nebeln, dann zu feurig-flüssigen Tropfen, welche zu dunkeln Körpern erkalten. Wir befinden uns in der Gegenwart auf einem solchen erstarrten, nicht mehr leuchtenden Welttropfen. Nach den uns bekannten Naturgesetzen müssen die noch feurigen und die schon verdunkelten Weltkörper ihren Wärmevorrath mehr und mehr an den Weltraum abgeben. Sie müssen später auf einander stürzen, und wenn auch dabei local wieder Erwärmung stattfindet, so dient dieselbe nur dazu, um den Erkaltungsprocess im grossen und ganzen zu beschleunigen. Am Ende aller Dinge aber werden die Weltkörper zu einer dunklen, starren, eiskalten Masse vereinigt sein, auf der es keine Bewegung und kein Leben mehr gibt.

Dieses ist das Ergebniss einer nach unseren jetzigen Kenntnissen correcten physikalischen Betrachtung. Sie zeigt uns das trostlose Ende der bewegungsreichen und wechselvollen, der farbenglühenden und lebenswarmen Gegenwart. — In der That aber ist dieses Ergebniss nur die Folge unserer menschlich beschränkten Einsicht; es wäre nur dann eine logische Nothwendigkeit, wenn wir alles wüssten und daher unser Wissen zu einem Schluss auf den Anfang und das Ende benutzen dürften. Da wir aber nur einen winzigen Theil des Weltalls übersehen und auch nur eine mangelhafte Kenntniss der Kräfte und Bewegungsformen in diesem winzigen Theil besitzen, so können zwar die Schlüsse rückwärts und vorwärts für gewisse allgemeine Verhältnisse vielleicht auf Billionen Jahre ohne merkbaren Fehler sein. Sie müssen aber mit der grösseren Zeitferne unsicherer und zuletzt ganz fehlerhaft werden. Es lässt sich dies besonders für die Vergangenheit sehr anschaulich machen.

Das Sicherste, was wir von der Vergangenheit wissen, ist der feurig-flüssige Zustand, in dem sich einst unser Erdball befand, und wir ziehen daraus den nahe liegenden Analogieschluss, dass auch die übrigen Planeten unseres Systems leuchtende Körper waren, wie es die Sonne zur Zeit noch ist. Von diesen Sonnen rückwärts gelangen wir durch weitere Schlüsse zu zusammengeballten Wolken, den Embryonen der späteren Sonnen, zu Wolkenringen und weiterhin zu der ziemlich gleichmässig vertheilten gasförmigen Masse, dem Anfangszustande, über den mit unserer jetzigen Einsicht nicht hinauszukommen ist.

Dies alles zeigt uns deutlich, dass, wie auf der Erde ein steter Wechsel herrscht, auch der Himmel sich verändert. Jede Veränderung besteht in einer Summe von Bewegungen, und setzt voraus eine frühere Veränderung oder Summe von Bewegungen, aus der sie mit mechanischer Nothwendigkeit hervorging, und weiterhin eine von Ewigkeit her dauernde Kette von Veränderungen. So muss auch dem gasförmigen Zustande unsers Sonnensystems eine continuirliche und endlose Reihe von Veränderungen vorausgegangen sein, und wenn unsere wissenschaftliche Einsicht uns nicht dazu führt, uns nicht einmal dazu berechtigt, so beweist sie damit nur ihre Mangelhaftigkeit.

Aus der Ewigkeit der Veränderungen im Weltall müssen wir vielmehr schliessen, dass der ganze Entwicklungsprocess unseres Sonnensystems oder des ganzen Sternenhimmels von der ursprünglichen Gasmasse durch die kugeligen Nebelmassen, feurigen und dunkeln Bälle zur kalten, dichten und starren Masse nur eine der zahllosen auf einander folgenden Perioden ist, und dass analoge

Vorgänge ohne Ende vorausgegangen sind und nachfolgen werden. Nun ist uns zwar nach den jetzigen physikalischen Kenntnissen ganz begreiflich, dass eine sich verdichtende Gasmasse Wärme erzeugt und dass die heisse verdichtete Masse diese Wärme abgibt, bis sich ihre Temperatur mit der Umgebung, in unserem Falle mit dem kalten Weltenraume ausgeglichen hat. Aber es ist uns unbegreiflich, wie die feste Masse wieder gasförmig werden, wie sich die dazu nöthige, im Weltenraume vertheilte Wärme wieder sammeln soll.

Es besteht hier offenbar eine Lücke in unseren Kenntnissen, die vielleicht, trotz der fast vollständigen Unwissenheit der Physik und Chemie über die Eigenschaften der chemischen Elemente und der Aethertheilchen, in folgender Weise auszufüllen ist. Den chemischen Atomen muss, wie aus ihren mannigfaltigen, unter einander abweichenden Eigenschaften hervorgeht, eine complicirte Zusammensetzung aus zahlreichen, mit verschiedenen Kräften begabten Theilchen zukommen. Sie müssen ferner, wie alles Endliche und Zusammengesetzte, sich verändern, indem ihre Theilchen in andere Zusammenordnungen übergehen. Dadurch wird die Verwandtschaft der Atomoberfläche für den Wärmeäther grösser oder kleiner und die physikalisch umgestimmte Substanz bindet neue Wärme oder lässt Wärme austreten, so dass auch der Aggregatzustand bei gleicher Temperatur ein anderer werden kann. Die jetzt festen oder geschmolzenen Elemente und Verbindungen, welche die Planeten zusammensetzen, waren in der nebularen Urzeit gasförmig trotz der grossen Kälte des Weltenraumes. Wie sie nun ihre damalige Natur aus uns unbekannten Gründen geändert haben und unter Wärmeabgabe flüssig und fest geworden sind, so können sie auch durch die entgegengesetzte Veränderung wieder Wärme binden und gasförmig werden[1]).

Dieses Beispiel zeigt uns, dass wir unsere Erfahrungen über das Endliche auch nur zu Schlüssen innerhalb des Endlichen benutzen dürfen. Sowie der Mensch dieses Gebiet, das ihm seine Sinne eröffnen und das seinem Erkennen zugänglich ist, überschreiten und sich eine Vorstellung vom Ganzen machen will, so verfällt er dem Aberwitz. Entweder er lässt das durch Anschauung und Nachdenken Gewonnene unberücksichtigt, dann geräth er in willkürliche und haltlose Phantasien; oder er geht consequent von den Gesetzen

---

[1]) S. Zusatz 3: Naturphilosophische Weltanschauungen. Entropie.

des Endlichen aus, dann langt er schliesslich bei ganz absurden Folgerungen an.

Um letzteres anschaulich zu machen, mag mir wieder das vorhin angeführte Beispiel dienen. Die uns bekannte Welt verändert sich. Verfolgen wir diese Veränderung nach dem Gesetze der Causalität rückwärts in die Vergangenheit und vorwärts in die Zukunft, so ergeben sich, wenn wir uns auf den früher besprochenen physikalischen Standpunkt der Nebulartheorie stellen und das uns Bekannte als maassgebend betrachten, nach beiden Zeitrichtungen Zustände, welche sich der vollkommenen Ruhe immer mehr nähern, ohne dieselbe je vollständig zu erreichen. Wenn wir uns aber auf einen weiteren Standpunkt stellen und annehmen, dass Weltkörper und Weltkörpersysteme ohne Ende im Weltenraume entstehen und vergehen, so stehen uns wieder zwei Wege offen: entweder haben die auf einander folgenden Zustände, nach materialistisch-philosophischer Auffassung, den gleichen Werth; oder sie verändern, nach idealistisch-philosophischer Auffassung, ihren relativen Werth continuirlich, indem sie vollkommener werden, wobei das Weltall in der ewigen Vergangenheit der absoluten Unvollkommenheit (somit der Ruhe) und in der ewigen Zukunft der absoluten Vollkommenheit (somit wieder der Ruhe) immer näher kommen würde. — Alle drei Annahmen sind in gleichem Grade widersinnig. Die erste (physikalisch-philosophische) und dritte (idealistisch-philosophische) lassen die Welt von todter Ruhe erwachen und wieder zu solcher einschlafen. Die zweite (materialistisch-philosophische) verurtheilt sie zu ewiger Ruhe, denn eine gleichbleibende Veränderung bedeutet für die Ewigkeit nichts anderes als Ruhe[1]).

Nicht besser als mit der Zeit geht es uns mit dem Raum. Es ist ein naheliegender Wunsch, sich das Weltganze als von endlicher räumlicher Ausdehnung zu denken und damit unserer Vorstellung zugänglich zu machen. Da aber der stofferfüllte Raum überall wieder an stofferfüllten Raum angrenzen muss, so kommen wir auf die absurde Folgerung, die endliche Welt grenze an ihrem Umfange überall an sich selber an. — Lassen wir aber dem Weltenraum die Endlosigkeit, die er nach räumlichen Begriffen haben muss, so folgen

[1]) S. Zusatz 3: Naturphilosophische Weltanschauungen.

ohne Ende Weltkörper auf Weltkörper in verschiedener Grösse, verschiedener Zusammensetzung, verschiedenem Entwicklungszustande. Da nun Grösse, Zusammensetzung und Entwicklungszustände innerhalb endlicher Grenzen sich bewegen, so machen auch die möglichen Combinationen zwar eine nach sprachgebräuchlichem Ausdruck unendlich grosse, aber doch nicht endlose Zahl aus. Wenn diese Zahl erschöpft ist, müssen sich die gleichen Combinationen wiederholen. Wir können dagegen nicht aufkommen mit der Ueberlegung, dass Centillionen von Weltkörpern oder Weltkörpersystemen nicht genügen, um die Zahl der möglichen Combinationen voll zu machen. Denn Centillionen sind ja in der Endlosigkeit weniger als ein Tropfen Wasser im Ocean. — Wir langen somit bei der mathematisch richtigen, aber für unsere Vernunft abgeschmackten Folgerung an, dass unsere Erde, gerade so wie sie jetzt ist, im endlosen Weltall mehrfach, ja zahllos vorkomme und dass auch das Jubiläum, das wir feiern, auf vielen andern Erden jetzt gerade ebenso begangen werde.

Die logischen Folgerungen dieser Art lassen sich vervielfältigen. Die Beispiele genügen, um zu zeigen, dass unser endlicher Verstand nur endlichen Vorstellungen zugänglich ist und dass, wenn er noch so folgerichtig sich zu Vorstellungen über das Ewige erheben will, ihm die Schwingen versagen, und dass er, ein zweiter Ikarus, ehe die sonnige Höhe erreicht ist, in die endliche und begriffsdunkle Tiefe zurückstürzt.

Nachdem ich die Befähigung des Subjects und die Zugänglichkeit des Objects erörtert habe, handelt es sich noch um die Forderungen, welche an das Bindeglied, an das Erkennen zu stellen sind.

Da alle Vorstellungen, welche wir von der Natur haben, uns durch die sinnliche Wahrnehmung vermittelt werden, so kann auch unser Erkennen nicht weiter gehen, als dass wir die wahrgenommenen Erscheinungen mit einander vergleichen und sie mit Rücksicht auf einander beurtheilen. Wenn eine besonders geartete Erscheinung nur einmal vorkäme, wenn wir beispielsweise die einzigen Organismen wären, so würde unsere Einsicht äusserst beschränkt sein; denn wir schöpfen ja die Kenntniss des menschlichen Organismus wesentlich aus dem Zusammenhalte mit allen andern organischen Wesen. — Die Vergleichung vieler Erscheinungen lässt uns eine Einheit oder einen Maassstab gewinnen, mit dem wir jede einzelne messen und bestimmen. Wir erhalten also eben so viele Maasse, als es sinnlich wahrnehmbare oder durch das Urtheil aus den sinnlichen Wahrnehmungen abziehbare Eigenschaften in der Natur gibt. Da diese Maasse endlichen Thatsachen entnommen sind, so haben sie auch nur einen relativen Werth, und unsere Erkenntniss bleibt auch aus diesem Grunde in der Endlichkeit befangen.

Wir erkennen also eine Erscheinung, wir begreifen ihren Werth in Beziehung zu den übrigen Erscheinungen, wenn wir sie messen, zählen, wägen können. Wir haben eine klare Vorstellung von der Grösse des niedersten Pilzes, von welchem wir 2 bis 3 Millionen Individuen hinter einander legen müssen, um die Länge eines Meters voll zu machen, — von der Grösse des Elephanten, — der Erde, — unseres Sonnensystems, dessen Halbmesser etwa 622 Millionen geographische Meilen beträgt. Wir haben eine klare Vorstellung von der Zeit, in welcher der Lichtstrahl die Schrift eines Buches, das wir lesen, in unser Auge führt, und die etwa den 800 millionsten Theil einer Secunde beträgt, — von der Lebensdauer des niedersten Pilzes, welcher im Brütkasten und im menschlichen Körper schon nach 20 Minuten von einer neuen Generation abgelöst wird, — von der Lebensdauer eines mehrtausendjährigen Eichbaums, — von den 500 Millionen Jahren, welche nach einer Hypothese seit Entstehung der Organismen auf unserer Erde verflossen sein sollen.

Die Naturkörper sind aus Theilen zusammengesetzt; der Werth ihrer innern Beschaffenheit, ihrer Organisation wird genau bestimmt durch die Menge, Natur und Zusammenordnung der Theile. Diese geben uns also das Maass, nach dem wir das zusammengesetzte Ganze beurtheilen, mit dem wir gleichsam seine Organisation messen. Die morphologischen oder beschreibenden Naturwissenschaften haben durch dieses Messen ihren wissenschaftlichen Inhalt. Die Chemie, die zur Zeit noch eine vorzugsweise morphologische Wissenschaft ist und die Zusammenordnung der Elementatome zu Verbindungen erforscht, und die Mineralogie, welche die gleichartige Lagerung der Moleküle zur Voraussetzung hat, stehen auf einer hohen Stufe der Ausbildung. Das allgemeine Maass für die Organismen finden wir in der Zelle, und weiterhin im Organ, das allgemeine Maass für die systematischen Einheiten der organischen Natur (für Varietäten, Arten, Gattungen) in den Individuen und den Generationen[1]).

Wir können aber nicht nur die verschiedenen Dinge mit einander vergleichen und durch einander messen, sondern wir können auch ein System, eine einheitliche Gruppe von zusammengehörigen Dingen, insofern sie sich verändert, in verschiedenen auf einander folgenden Zeiten mit sich selbst vergleichen und durch sich selbst messen. Die Erkenntniss der Veränderung ist vollendet, wenn der spätere Zustand als die nothwendige Folge des früheren, oder dieser als der nothwendige Vorgänger des späteren nachgewiesen, wenn einer aus dem andern construirt, wenn also die beiden Zustände in das Verhältniss von Ursache und Wirkung gebracht werden können.

In den elementaren Gebieten des Stofflichen ist dieses ursächliche Verhältniss die mechanische Nothwendigkeit, welche für zwei auf einander folgende Zustände die gleiche Summe von Bewegung mit bestimmter Richtung (von lebendiger Kraft) und von potentieller Energie fordert. Die Astronomie nimmt unter den hieher gehörenden Wissenschaften den ersten Rang ein; an sie schliessen sich mehrere Disciplinen der Physik würdig an, besonders die mechanische Wärmelehre und die Optik. Die Physiologie oder die Physik des Organischen sucht in den Fusstapfen ihrer älteren Schwester auf einem viel verwickelteren und schwierigeren Gebiete vorzudringen.

In den höheren Gebieten des Stofflichen lässt sich für das ursächliche Erkennen nicht mehr die Forderung dieser mechanischen Nothwendigkeit festhalten. Vielleicht gilt dies selbst für alle Gestaltung. Sogar die Entstehung der chemischen Verbindung und des Krystalls wird wohl nie mit aller Strenge sich als das nothwendige Ergebniss von bekannten Kräften und Bewegungen der Elementatome und der Moleküle darthun lassen. Noch viel weniger wird dies mit der Bildung der Zellen, mit dem Wachsthum der Organismen, mit der Fortpflanzung, mit der Vererbung der Merkmale der Fall sein. Dennoch lässt sich auch in diesen Gebieten mit einigem Rechte von ursächlichem Erkennen sprechen; nur sind die Elemente, von denen dasselbe ausgeht, nicht einfache Kräfte

[1]) S. Zusatz 4: Bedingungen für empirisches Wissen und Erkennen. Morphologische Wissenschaften.

und Bewegungen, sondern deren sehr verwickelte Combinationen, die nicht weiter analysirt werden. Das ursächliche Erkennen wird seine Probe bestehen, wenn es ihm gelingt, mit derselben Sicherheit und Bestimmtheit künftige Ereignisse vorherzusagen, wie es die Astronomie thut. Andeutungen hiezu finden wir jetzt schon in der Chemie der Verbindungen und in der organischen Morphologie, indem es möglich ist, aus gewissen Entwicklungszuständen eines Organismus auf frühere oder spätere Zustände desselben zu schliessen. Und wir werden einmal, wenn die organischen Gesetze der noch so jungen Entwicklungsgeschichte des Individuums und der noch viel jüngeren Entwicklungsgeschichte der Species besser erforscht sind, nicht bloss von ontogenetischer und phylogenetischer Nothwendigkeit als von einer selbstverständlichen Voraussetzung sprechen, sondern dieselbe auch erkennen können.

Man wird mir wohl einwenden, dass das ursächliche Erkennen in der Einsicht der Nothwendigkeit bestehe, wie dies in der Mechanik der Fall sei, aber nicht in Gebieten, wo man von unerforschten zusammengesetzten Dingen ausgehen müsse. Die Mechanik des Himmels ist gegründet auf die allgemeine Gravitation und die Centrifugalkraft, beides einfache, gradlinig wirkende Kräfte. Aber beides sind Annahmen, die bloss auf unserer Erfahrung beruhen und für die wir den Grund nicht kennen. Die Astronomie lässt uns nicht die Nothwendigkeit an und für sich, sondern nur unter der Voraussetzung von Erfahrungsthatsachen einsehen. Wenn wir für unser Begreifen die Forderung erheben wollten, dass uns das Warum klar sei, so gäbe es auch kein astronomisches und kein physikalisches Erkennen.[1])

Die nämliche Berechtigung wie in der Physik und Astronomie hat das ursächliche Erkennen in den organischen Gebieten. Aus Erfahrung ist uns ein System von Kräften und Bewegungen bekannt, beispielsweise die Zelle. Wir setzen für dieses System gewisse allgemeine Thatsachen fest (wie es die Gravitation und die Centrifugalkraft für den Himmelsraum sind), und wir benutzen dieselbe für unsere weiteren Schlüsse. Die Einsicht in die Nothwendigkeit eines Wachsthumsprocesses besteht darin, dass derselbe als eine nothwendige Folge jener Thatsachen erkannt wird.

Die Erkenntniss der natürlichen Dinge beruht also darauf, dass wir sie messen entweder durch einander oder durch sich selber. Ein

[1]) S. Zusatz 5: Apriorität des Gravitationsgesetzes.

anderer Weg der Betrachtung führt uns zu dem gleichen Ergebniss. Wir begreifen und beherrschen etwas vollständig, wenn wir es selbst schaffen, denn in diesem Falle sehen wir seinen Grund ein. Das einzige im Gebiete des Wissens, was wir, gestützt auf unsere sinnlichen Wahrnehmungen, vollbringen, ist die Mathematik. Der Inhalt dieser formellen Wissenschaft ist uns vollkommen klar, denn er ist ja mit Hilfe der allgemeinsten Erfahrung das Product unseres Geistes. Wir können daher auch die realen Dinge sicher erkennen, so weit wir an ihnen mathematische Begriffe, Zahl und Grösse mit allem, was die Mathematik daraus ableitet, verwirklicht finden. Das Naturerkennen beruht also in der Anwendung des mathematischen Verfahrens auf die natürlichen Erscheinungen; einen Naturvorgang begreifen heisst gleichsam nichts anderes, als ihn denkend wiederholen, ihn in Gedanken hervorbringen[1]).

Indem ich die naturwissenschaftliche Erkenntniss als eine mathematische und zugleich als eine relative bezeichne, welche die Dinge jeweilen nach einem aus ihnen selbst abgeleiteten Maass beurtheilt, weiche ich wesentlich von meinem Vorgänger, Du Bois Reymond, ab. Derselbe stellt als Bedingung für das Naturerkennen auf, dass es gelinge, die Veränderungen der Körperwelt auf Bewegungen von Atomen, die durch deren von der Zeit unabhängige Centralkräfte bewirkt werden, zurückzuführen, oder mit andern Worten die Naturvorgänge in Mechanik der Atome aufzulösen. Indem Du Bois Reymond hiebei von der unbestreitbaren Forderung ausgeht, dass etwas Zusammengesetztes nur aus seinen Theilen zu erkennen ist, bleibt er jedoch nicht bei den endlichen und wirklichen Theilen stehen, sondern verfolgt die Theilung bis zu den für uns undenkbaren absoluten Einheiten und stellt damit die Bedingungen für das unmögliche absolute Erkennen auf. Da es sich aber für uns nicht um göttliche, sondern um menschliche Erkenntniss handelt, so dürfen wir von dieser auch nicht mehr verlangen, als dass sie in jeder endlichen Sphäre bis zum mathematischen Begreifen vordringe, — und der Ausspruch von Kant, dass in jeder besonderen Naturlehre nur so viel eigentliche Wissenschaft angetroffen werden könne, als darin Mathematik anzutreffen sei, muss immer noch als richtig gelten.

[1]) S. Zusatz 5b: Apriorität der Mathematik.

Wenn Du Bois Reymond die Analyse des Stoffes bis auf Atome mit einfachen Centralkräften fortsetzen will, so treibt er ein beliebtes Verfahren der neueren Physik und Physiologie zur äussersten Consequenz, und wenn er zeigt, dass dieses Verfahren nicht zur Erkenntniss führt, so bricht er den Ansprüchen auf ausschliessliche Wissenschaftlichkeit, welche dasselbe zuweilen erhebt, die grundsätzliche Spitze ab. Wenn Physik und physikalische Physiologie auf supponirte Atome, materielle Punkte, Volumelemente, die man sich unendlich klein denkt, zurückgehen, so ist dieser Versuch berechtigt, insoferne die wirklichen chemischen Moleküle so klein sind, dass man ohne Rechnungsfehler sich den Raum als continuirlich mit Materie erfüllt denken kann. Man kann beispielsweise an die Stelle eines aus zahlreichen Kohlenstoff-, Wasserstoff-, Stickstoff- und Sauerstoffatomen bestehenden Eiweissmoleküles ein Massendifferential dieser Verbindung einsetzen. Jedenfalls ist der Versuch nützlich, indem erprobt werden muss, wie weit eine solche Vorstellung für die mathematische Behandlung sich als brauchbar erweist, und indem aus dem Erfolg wieder rückwärts Schlüsse auf die Zusammensetzung des Stoffes gezogen werden können.

Aber wir müssen uns vor der Meinung hüten, die nicht selten mit diesem Verfahren verbunden wird, als ob dasselbe allein Naturwissenschaft wäre und allein zur Erkenntniss führte. Wir würden sonst unsere Ansprüche, die Natur zu erfassen, für immer auf ein einziges Gebiet beschränken müssen und andere Gebiete, die einer sicheren Begründung fähig sind, verlieren. Die naturwissenschaftliche Erkenntniss muss nicht nothwendig mit hypothetischen und unbekannten kleinsten Dingen beginnen. Sie finden ihren Anfang überall, wo der Stoff sich zu Einheiten gleicher Ordnung gestaltet hat, die unter einander verglichen und durch einander gemessen werden können, und überall, wo solche Einheiten zu zusammengesetzten Einheiten höherer Ordnung zusammentreten und das Maass für deren Vergleichung unter einander und mit sich selbst abgeben. Die naturwissenschaftliche Erkenntniss kann auf jeder Stufe der Organisation oder Zusammensetzung des Stoffes beginnen; beim Atom der chemischen Elemente, welches die chemischen Verbindungen bildet, beim Molekül der Verbindungen, welches den Krystall zusammensetzt, beim krystallinischen Micell, welches die Zelle und deren Theile, bei der Zelle, welche den Organismus aufbaut, beim Organismus oder Individuum, welches das Element der Speciesbildung wird. Jede naturwissenschaftliche Disciplin findet ihre Berechtigung wesentlich in sich selber.

Unser Naturerkennen ist also immer ein mathematisches und beruht entweder auf einfachem Messen, wie in den morphologischen und beschreibenden Naturwissenschaften, oder auf ursächlichem Messen, wie in den physikalischen und physiologischen Wissenschaften. Mit Hilfe der Mathematik, mit Maass, Gewicht, Zahl können aber nur relative oder quantitative Unterschiede begriffen werden. Eigentliche Qualitäten, absolut verschiedene Eigenschaften entziehen sich unserer Erkenntniss, da wir keinen Maassstab dafür haben. Eigentlich qualitative Unterschiede vermögen wir nicht zu erfassen, weil die Qualitäten nicht verglichen werden können. Es ist dies eine wichtige Thatsache für die Erkenntniss der Natur. Es folgt daraus, dass, wenn es innerhalb der Natur qualitativ oder absolut verschiedene Gebiete gibt, ein wissenschaftliches Erkennen nur gesondert innerhalb jedes einzelnen möglich ist, und dass keine vermittelnde Brücke von einem Gebiet in das andere hinüber führt. Es folgt daraus aber auch ferner, dass, so weit wir die Natur zusammenhängend erforschen können, so weit unser messendes Erkennen lückenlos fortschreitet, so weit wir namentlich eine Erscheinung aus einer anderen begreifen oder als aus derselben entstanden nachzuweisen vermögen, absolute Unterschiede, unausfüllbare Klüfte in der Natur überhaupt nicht bestehen.

Ich habe versucht, die Fähigkeit des Ich, die Zugänglichkeit der Natur und das Wesen des menschlichen Begreifens festzustellen. Es ist nun leicht, die Schranken der naturwissenschaftlichen Erkenntniss abzustecken.

Wir können nur das erkennen, wovon uns die Sinne Kenntniss geben, und dies beschränkt sich nach Raum und Zeit auf ein winziges Gebiet und wegen mangelnder Ausbildung von Sinnesorganen wahrscheinlich nur auf einen Theil der in diesem Gebiete befindlichen Naturerscheinungen. An dem, wovon wir überhaupt Kenntniss erhalten, können wir ferner nur das Endliche, Wechselnde, Vergängliche, nur das gradweise Verschiedene und Relative erkennen, weil wir nur mathematische Begriffe auf die natürlichen Dinge übertragen und die letzteren nur nach den an ihnen selber gewonnenen Maassen beurtheilen können. Für alles Endlose oder Ewige, für alles Beständige, für alle absoluten Verschiedenheiten haben wir keine Vorstellungen. Wir wissen genau, was eine Stunde, ein Meter, ein Kilogramm bedeutet, aber wir wissen nicht, was Zeit, Raum, Kraft und Stoff, Bewegung und Ruhe, Ursache und Wirkung ist[1]).

Umfang und Grenze unserer möglichen Naturerkenntniss lässt sich kurz und genau so angeben: Wir können nur das Endliche, aber wir können auch alles Endliche erkennen, das in den Bereich unserer sinnlichen Wahrnehmung fällt.

Sobald wir uns dieser Einsicht klar bewusst sind, so befreien wir die Naturbetrachtung von manchen Schwierigkeiten und Irrthümern, die darin bestehen, dass man einerseits nicht bloss das wirklich Endliche erforschen will, sondern demselben Ewiges beimischt und es dadurch unergründlich macht, — dass man anderseits das Endliche nicht strenge und unaufhaltsam verfolgt, sondern mitten in demselben, da oder dort anhält, indem man dasselbe mit Ewigem verwechselt.

Es würde mich weit führen, wenn ich die Folgen im einzelnen betrachten wollte, welche aus dem Mangel eines richtigen grundsätzlichen Verfahrens entsprungen sind. Die bemerkenswerthesten, die gleichzeitig ein ganz allgemeines Interesse in Anspruch nehmen, sind die Meinungen, dass die endliche Natur in grundsätzlich geschiedene Gebiete getrennt sei, dass namentlich zwischen der unorganischen und organischen Natur oder zwischen der materiellen und geistigen Natur eine unüberschreitbare Grenze bestehe.

Die Frage, ob zwischen den natürlichen Dingen der endlichen Welt absolute oder bloss relative Verschiedenheiten bestehen, kann nur dadurch entschieden werden, dass entweder von der einen Seite gezeigt wird, wie unsere Erkenntniss irgendwo auf eine nicht zu überspringende Grenze trifft, und wie von dieser Grenze an eine neue Kraft in die Combinationen eintritt, — oder dass von der anderen Seite dargethan wird, wie das Erkennen ungehindert durch das ganze Gebiet fortschreitet, immer das eine aus dem anderen begreifend, und wie die nämlichen Naturkräfte überall thätig sind.

[1]) S. Zusatz 6: Kraft. Stoff. Bewegung.

Die Antwort hierauf ist bestimmt und sicher: Wenn wir die ganze Natur von den einfachen unorganischen bis zu den complicirtesten organischen Wesen durchlaufen, so finden wir überall die gleichen Stoffe und Kräfte, indem das Zusammengesetzte aus dem Einfachen sich aufbaut; die neuen Qualitäten, die auf jeder höheren Stufe auftreten, erscheinen uns zwar nicht als nothwendige, aber doch auch nicht als unmögliche Ergebnisse der integrirenden Bestandtheile; sie bekunden ihren bloss relativen Werth dadurch, dass sie sichtlich aus blossen quantitativen Verhältnissen hervorgehen [1].

Die Behauptung, dass in der materiellen Welt eine unausfüllbare Kluft zwischen Unorganischem und Organischem bestehe und dass das letztere nicht aus dem ersteren begriffen werden könne, stützt sich im wesentlichen auf drei Gründe, 1. dass zwischen den niedrigsten Organismen und den unorganischen Körpern die verbindenden Mittelglieder mangeln, 2. dass in den Organismen andere Qualitäten oder Principien zur Geltung kommen als in der unorganischen Natur, 3. dass organisirte Körper nicht auf künstlichem Wege aus unorganischen Stoffen hervorgebracht werden können.

Der erste Einwurf ist unbedingt zuzugeben; wir kennen kein selbständiges Gebilde, welches zwischen dem einfachsten Organismus und dem Eiweismolekül stände. Es besteht hier für unsere objective Wahrnehmung eine ungeheuere Lücke, denn die Theorie, dass die einfachsten einzelligen Wesen aus Eiweiss hervorgegangen, verlangt die Annahme einer ganzen Reihe von vermittelnden Gliedern [2]. Aber dieser Mangel in unserer Erfahrung beweist nichts, weil er nur zu wohl motivirt ist.

Bekanntlich werden die Organismen im allgemeinen um so kleiner, je einfacher sie sind. Unter den einzelligen Pflanzen besteht eine sehr grosse Verschiedenheit bezüglich der Organisation und der Grösse. Die einfachsten sind so klein, dass sie für die besten Mikroskope an der Grenze der Wahrnehmbarkeit liegen, dass sie unter den stärksten Vergrösserungen nur als Punkte erscheinen, und dass sie zuweilen selbst, ihren Wirkungen nach, vorhanden sein müssen, obgleich man sie nicht sicher erkennen kann (Formen von Micrococcus). Diese unsichtbar kleinen Pflanzen haben einen Inhalt von Eiweiss und eine Membran von Cellulose. Wir können aus

---

[1]) S. Zusatz 7: Qualität in der Natur.

[2]) Mechanisch-physiologische Theorie der Abstammungslehre, Urzeugung S. 83.

diesem Umstande ganz sicher schliessen, dass es unter den einzelligen Organismen ohne Zellhaut solche geben muss, die für das bewaffnete Auge immer unsichtbar bleiben. Um so mehr aber müssen alle Gebilde von noch einfacherem Bau, welche den Uebergang zu den Eiweissmolekülen bilden, auch wenn sie vorhanden sind, ihrer Kleinheit wegen sich jeder mikroskopischen Beobachtung entziehen. Diese Lücke in unserer Erfahrung hat also keine grössere Beweiskraft für den Mangel an Uebergangsgliedern, als der Umstand, dass das Teleskop uns keine Bewohner auf den Planeten zeigt, für deren Unbewohntsein.

Der zweite Einwurf, dass in der organischen Natur neue Qualitäten oder Principien auftreten, findet im Unorganischen strenge mathematische Gesetzmässigkeit und todte starre, ausgefüllte, regelmässige Formen, während in der organischen Gestaltung mehr Freiheit herrsche und die hohlen (zellenartigen) organischen Formen zu stetiger Veränderung in ihrem Innern, zum Wachsthum und zur Fortpflanzung befähigt seien. Die Richtigkeit dieses thatsächlichen Gegensatzes kann nicht bestritten werden, wohl aber die Folgerung, dass er einen grundsätzlichen und absoluten Gegensatz beweise. Denn einmal stellt sich selbstverständlich die Ungleichheit zwischen Organischem und Unorganischem viel greller dar, weil das verbindende Uebergangsgebiet uns noch unbekannt ist, — wie etwa das Thierreich, wenn bloss die Wirbelthiere und die Infusorien für unsere naturhistorische Beobachtung vorhanden wäre, aus zwei kaum mit einander zu verbindenden Gebieten zu bestehen schiene.

Ferner sind die angegebenen Unterschiede zwischen den unorganischen und den organischen Wesen doch in der That keine andern, als wir sie zwischen dem Einfachen und dem Zusammengesetzten für wahrscheinlich anzunehmen berechtigt sind. Die starre Form des Krystalls ist an der Zelle in den zahllosen unsichtbar kleinen krystallinischen Körperchen (Micellen) vertreten, aus denen alle organisirten Substanzen bestehen und deren regelmässiger krystallartiger Bau durch das polarisirte Licht dargethan wird, — und die ganze Zelle verhält sich so, wie wir es von einer Zusammenhäufung solcher von Wasser umgebener Körperchen erwarten können, die wegen der leichten Beweglichkeit ihrer Theilchen eine weiche, zu runden hohlen Formen und zu Gestaltsveränderungen geneigte Substanz darstellt, und wegen der leichten chemischen Umsetzbarkeit ihrer Verbindungen auch stetig in ihrem Innern sich verändert und dadurch Wachsthum und Fortpflanzung bedingt.

Damit ist auch der Unterschied, wonach das Unorganische in der regelmässigen Form und Bewegung der strengen mathematischen Gesetzmässigkeit gehorchen, das Organische aber auch in der Gestaltung bis zu einem gewissen Grade der Naturnothwendigkeit sich entziehen und unregelmässige Bewegungen annehmen soll, auf sein relatives Maass zurückgeführt. Dies ist um so mehr der Fall, als in der unorganischen Natur selber nirgends strenge Regelmässigkeit offenbar wird. Zwar wirkt jede Naturkraft für sich mit mathematischer Genauigkeit; aber da immer noch andere Kräfte in ungleicher, theilweise fast verschwindender Stärke mitwirken und nicht sämmtlich in die Rechnung aufgenommen werden können, so vermag uns auch die exacteste Forschung nur Näherungswerthe zu geben, — und da für jeden einzelnen Fall wegen der steten Bewegung und Veränderung in allen Gebieten der Natur die bedingenden Ursachen mit jedem Zeitdifferential etwas andere werden, so gibt es keine Form und keine Bewegung, welche nicht innerhalb gewisser Grenzen variirte. Es ist nun begreiflich, dass eine Erscheinung sich scheinbar um so mehr von der mathematischen Regelmässigkeit entfernt, je zusammengesetzter sie ist und je mannigfaltiger und veränderlicher die maassgebenden Kräfte zusammenwirken, und dass die Einsicht in die Ordnung uns bei der Zelle um so sicherer abgehen muss, als sie schon beim struktur- und formlosen Mineral mangelt.

Der dritte Einwurf, dass man keinen Organismus, keine Zelle, keine Muskelfaser aus den Bestandtheilen zusammensetzen, die abgestorbenen nicht beleben, durch das Experiment nicht umgestalten könne, ist an und für sich richtig, aber unrichtig, wenn er von den unorganischen Körpern das Gegentheil annimmt. Wir vermögen keinen natürlichen Gegenstand, mag er dem Unorganischen oder dem Organischen angehören, künstlich zu machen; wir vermögen ihn bloss entstehen zu lassen, und dies in keiner anderen Weise, als dass wir die Umstände gerade so herstellen, wie er in der Natur von selbst (ohne unser Zuthun) entsteht. Wir lassen den Krystall in der Mutterlauge anschiessen; wir ziehen aus dem Samen eine Pflanze, indem wir ihn in die feuchte Erde legen und ihm weitere Pflege angedeihen lassen; wir verwandeln das Eiweiss des Hühnereis in Muskeln, Nerven und andere Organe dadurch, dass wir das Ei in den

Brütkasten bringen. Und wenn die Chemie einmal die Constitution des Eiweissmoleküls erforscht hat, wird sie auch das Eiweiss zu machen wissen, wie ihr die Synthese so vieler organischer Verbindungen bereits gelungen ist; — und wenn einmal die Physiologie tiefer in die Elemente des organischen Lebens eindringt, wird sie auch die Bedingungen erkennen, unter denen die Uranfänge desselben entstehen, und sie wird im Stande sein, dieselben beliebig entstehen zu lassen. Bleibt es denn so verwunderlich, dass die Kunst die unendlich complicirten organischen Gebilde nicht hervorbringen kann, während ihr die Erzeugung so vieler einfacher Krystalle noch nicht gelungen ist. Ich erinnere nur an einen der einfachsten, an den Kohlenstoffkrystall oder Diamant, dessen Herstellung so vielfach, aber noch immer vergeblich versucht wurde. Es ist gar nicht unmöglich, dass die Chemiker das Eiweiss, die Grundlage der Organismen, und dass die Physiologen die Uranfänge des organischen Lebens entstehen lassen werden, ehe man in den glücklichen Fall kommt, selbstgefertigte Brillanten zu tragen.

Es ist wahr, dass kein todtes organisches Gebilde wieder zum Leben zurückgerufen werden kann; aber es kann auch kein durch mechanische Gewalt oder durch Hitze zerstörter Krystall wieder hergestellt werden, er kann nur aus dem flüssigen Zustande auf natürlichem Wege neu entstehen. — Es ist ferner richtig, dass der entstehende oder wachsende Organismus durch kein Experiment, durch keine äussere Einwirkung sich wesentlich umgestalten lässt. Ebenso wenig lässt sich aber die Krystallform einer Substanz durch irgendwelche Mittel abändern. Man kann in beiden Reichen durch künstliche Einwirkung die Bildung ganz verhindern, man kann sie verkrüppeln oder sonstwie krankhaft und abnormal werden lassen; dabei bleibt aber die innere Natur des Krystalls wie die des Organismus im wesentlichen unverändert.

Erweisen sich somit die Einwürfe, welche gegen die Annahme einer bloss relativen Verschiedenheit zwischen dem Unorganischen und dem Organischen gemacht wurden, als unstichhaltig, so haben wir anderseits für diese Annahme einen unwiderleglichen Beweis in der Thatsache, dass das Organische aus dem Unorganischen aufgebaut wird. Wir sehen täglich, wie in den Pflanzen organische Substanz aus unorganischen Verbindungen entsteht, und ebenso mussten beim Ursprunge des Pflanzen- und Thierreiches die Bildungsstoffe für die ersten Organismen ausschliesslich der unorganischen Natur entnommen werden. Da nun alle Kraft untrennbar mit der Materie verbunden ist, da es keine Kraft gibt, die sich von der Materie loslösen, für sich bestehen und wieder mit derselben sich vereinigen könnte, so folgt, dass die unorganischen Stoffe in der organischen Substanz nur in neuer complicirterer Combination auftreten und dass Bewegung und Gestaltung in den Organismen nichts grundsätzlich und absolut Verschiedenes zeigen kann.

Die andere Behauptung, welche den innigen Zusammenhang zwischen materieller und immaterieller Natur leugnet, zieht die trennende Kluft an verschiedenen Stellen. Einmal soll die belebte Natur überhaupt (oder die »beseelte« Natur, insofern man auch den Pflanzen eine Seele zuschreibt), dann die mit Empfindung begabte Thierwelt, endlich das geistig bewusste Menschengeschlecht etwas absolut Besonderes darstellen, indem auf der höheren Stufe neue immaterielle oder ewige Principien zur Geltung kommen. Du Bois Reymond huldigt der mittleren Ansicht. Mit der ersten Regung von Behagen, sagt er, die im Beginn des thierischen Lebens auf Erden ein einfachstes Wesen empfand, ist eine unübersteigbare Kluft gesetzt, — während er von hier bis zur erhabensten Seelenthätigkeit aufwärts, anderseits von der Lebenskraft des Organischen bis zur einfachen physikalischen Kraft abwärts nirgends eine Kluft mehr entdeckt.

Gegen die Behauptung von immateriellen Principien, die da oder dort plötzlich in der Natur auftauchen sollen, ist für den Naturforscher schwer aufzukommen, da sich dieselbe von vornherein auf einen Standpunkt stellt, der ausserhalb der Naturwissenschaft in der Luft schwebt und von ihr nicht direct angegriffen und widerlegt werden kann. Die Naturwissenschaft vermag nur zu zeigen, dass die Behauptung überflüssig ist, weil alles sich auf natürlichem Wege erklären lässt, und wahrscheinlich, weil sonst in die endliche Natur ein Widerspruch eingeführt wird, der unserer ganzen Erfahrung widerspricht und unser geistiges Bedürfniss, überall causale Verhältnisse aufzufinden, verletzt.

Die Erfahrung zeigt uns, dass von dem klarsten Bewusstsein des Denkers durch das dunklere Bewusstsein des Kindes zur Bewusstlosigkeit des Embryos und zur Gefühlslosigkeit des menschlichen Eis, — durch das dunklere Bewusstsein unentwickelter Menschenrassen und höherer Thiere zur Bewusstlosigkeit der niederen Thiere und Sinnpflanzen und zur Gefühlslosigkeit der übrigen Pflanzen eine allmähliche Abstufung ohne vollziehbare Grenze statt hat, und dass die nämliche Abstufung von dem Leben des thierischen Eis und der Pflanzenzelle durch mehr oder weniger leblose organisirte Elementargebilde (Theile der Zelle) zu den Krystallen und chemischen Molekülen sich fortsetzt.

Der Analogieschluss aber sagt uns Folgendes. Wie alle Organismen nur aus Stoffen bestehen und gebildet worden sind, die in der unorganischen Natur vorkommen, so sind selbstverständlich auch die den Stoffen anhaftenden Kräfte mit in die Bildung eingegangen. Wenn Stoffe zusammentreten, so vereinigen sich ihre Kräfte zu einer Resultirenden, welche die neue, allerdings nur relative Eigenschaft des entstandenen Körpers darstellt. So ist Zinnober Quecksilber + Schwefel — Wärme; Schwefelkohlenstoff ist Kohle + Schwefel + Wärme; Zucker ist Kohle + Wasserstoff + Sauerstoff — Wärme. So sind auch Leben und Gefühl neue relative Eigenschaften, die den Eiweissmolekülen unter besonderen Umständen zukommen. Dem entsprechend zeigt uns die Erfahrung, dass das Geistesleben überall aufs innigste mit dem Naturleben zusammenhängt, dass das eine das andere beeinflusst und ohne dasselbe nicht bestehen kann. Es ist daher nothwendig, dass, wie überall in der Natur Kräfte und Bewegungen nur an die Stofftheilchen gebunden sind, auch die geistigen Kräfte und Bewegungen dem Stoffe anhaften, mit anderen Worten, dass sie aus den allgemeinen Kräften und Bewegungen der Natur zusammengesetzt sind und nach Ursache und Wirkung mit denselben zusammenhängen[1]).

Dieser Forderung eines causalen Zusammenhanges kann sich kein Naturforscher, welcher nicht bewusst oder unbewusst seinem obersten Princip untreu wird, entziehen. Die Aufgabe wäre also die, zu erkennen, wie die Kräfte des unorganischen Stoffes in dem zu Organismen gestalteten Stoffe sich combiniren, dass ihre Resultirenden Leben, Gefühl, Bewusstsein darstellen. Die Erfüllung dieser

---

[1]) S. Zusatz 8: Zurückführung geistiger Bewegungen auf stoffliche Bewegungen.

Aufgabe liegt in weiter Ferne; aber sie ist möglich. Es lassen sich für jeden einzelnen Punkt genügende Andeutungen geben.

Es sei mir gestattet, einen dieser Punkte näher zu besprechen, denjenigen nämlich, in welchem mein Vorgänger eine Grenze des Naturerkennens erblickt. Dies ist um so einladender, als Du Bois Reymond sich im übrigen, wenn auch nicht mit so nackten Worten, doch ebenso bestimmt und unbedingt auf den Boden des Causalprincips stellt, und dass daher, wenn diese eine Lücke ausgefüllt wäre, eine andere für seinen Standpunkt nicht mehr bestände. Die ganze Weltgeschichte, selbst die Weltordnung ist ihm eine Folge der Mechanik der Atome. Es gebe keine Geistesthat, welche nicht aus den Kräften und Bewegungen des Stoffes sich berechnen liesse, wenn es möglich wäre, diese zu kennen. Die materiellen Vorgänge, die mit der Lösung eines Rechenexempels, mit der Seligkeit des musikalischen Empfindens, mit dem geistigen Vergnügen über eine wissenschaftliche Entdeckung verbunden sind, seien Produkte der Hirnmechanik. Der Geist könne sogar, wie Karl Vogt und vor ihm Cabanis ausgesprochen haben, als die Absonderung der Gehirnsubstanz betrachtet werden, ebenso wie die Galle das Secret der Leber ist.

Alles dieses erklärt Du Bois Reymond als im Princip begreiflich; allein, sagt er, wir lernen nur die Bedingungen des Geisteslebens kennen, nicht aber wie aus diesen Bedingungen das Geistesleben selbst zu Stande kommt. Die Empfindung und das Bewusstsein begleiten wohl nothwendig die materiellen Vorgänge im Gehirn, aber sie stehen ausserhalb des Causalgesetzes und bleiben uns ewige Räthsel.

Es ist nicht ohne Interesse, die eben dargelegte Ansicht von Du Bois Reymond, die er des weiteren in Bildern und Beispielen ausführt, in ihre Consequenzen zu verfolgen und uns das allgemeine Ergebniss klar vorzulegen. Wir kommen dann auf dieses: Der endliche Geist, wie er durch das Thierreich bis zum Menschen sich entwickelt hat, ist ein doppelter — einmal der handelnde, erfindende, die Muskeln in Bewegung setzende, in die Weltgeschichte eingreifende, bewusstlose, materielle Geist; derselbe ist nichts anderes als die Mechanik der Stofftheilchen und unterliegt dem Causalgesetz, — dann der unthätige, beschauliche, Lust und Schmerz, Liebe und Hass empfindende, sich erinnernde, phantasirende, bewusste, immaterielle Geist; derselbe liegt ausserhalb der Mechanik des Stoffes und kehrt sich nicht an Ursache und Wirkung.

Gewöhnlich fasst man beide Seiten des Geisteslebens als Geist zusammen. Du Bois Reymond bezeichnet den letzteren ausschliesslich als Geist, und derselbe wäre, wenn die Trennung in der angegebenen Art bestände, wirklich die allerdings unbegreifliche Absonderung des materiellen Geistes oder der Gehirnatome; er wäre nichts als seine nutzlose Verzierung, der ihm unfehlbar folgende; wesenlose Schatten. Denn er steht ausserhalb der Verkettung von Ursache und Wirkung; er ist ohnmächtig und ohne Einfluss auf die Handlungen; ohne ihn hätte sich die Weltgeschichte genau so abgesponnen, wie sie es gethan. Auch ohne Bewusstsein wären die mathematischen Formeln erfunden, aufgeschrieben, gelehrt und angewendet, Telegraphen und Dampfmaschinen gebaut worden, — auch ohne Bewusstsein wären theologische und philosophische Disputationen gehalten, gedruckt, gelesen und ihre Verfasser unter Umständen verbrannt worden, — auch ohne bewusstes Gedächtniss wäre in den Schulen auswendig gelernt und überhört worden, — auch ohne musikalische Empfindung wäre Musik componirt, in den Proben wiederholt, aufgeführt und mit allen äusseren Zeichen des Entzückens oder Unbehagens angehört worden, — auch ohne poetische und künstlerische Empfindung wäre gedichtet, gemalt und geformt, wären die Werke der Künstler bewundert und kritisirt worden. Man hätte also ohne empfundenes und bewusstes Geistesleben alles gedacht, gethan und gesprochen, aber bloss mechanisch und nicht anders, als ein sehr künstlich erfundener todter Automat denken, handeln und sprechen würde.

Die Grossartigkeit dieser Weltanschauung lässt sich nicht leugnen; sie kann auf den Naturforscher um so grösseren Eindruck machen, als sie überall folgerichtig verfährt und gegen kein naturwissenschaftliches Princip verstösst, da ja das Immaterielle und Unbegreifliche in ein Gebiet verlegt wird, welches ausserhalb des Zusammenhanges der natürlichen und wirklichen Dinge liegt. Aus diesem Grunde ist auch die Anschauung naturwissenschaftlich nicht discutirbar. Doch drängen sich gerade dem Naturforscher verschiedene Einwürfe auf.

Ist es wohl denkbar, dass so viele Vorgänge, die ganz augenscheinlich aus Empfindung und Bewusstsein entsprungen sind, einen anderweitigen, einen empfindungs- und bewusstlosen Ursprung haben? Ist es wohl denkbar, dass Empfindung und Bewusstsein so ganz umsonst da seien, dass, während überall die Zweckmässigkeit in der organischen Natur so deutlich hervortritt, eine so zwecklose und überflüssige Erscheinung gerade da eintrete, wo wir die höchste Zweckmässigkeit erwarten? Ist es wohl denkbar, dass das Causalprincip, das die ganze Natur regiert, gerade an der wichtigsten Stelle seinen Dienst versage? Ist es wohl denkbar, dass der organisirte Stoff beliebig und ohne Ursache eine Eigenschaft (Empfindung und Bewusstsein) erlange, und dass er sie beliebig und ohne Wirkung wieder verliere; denn im Ei und im Embryo wäre das empfundene und bewusste Geistesleben nicht vorhanden, es würde nach und nach auftreten, im Schlafe jede Nacht verloren gehen, im wachenden Zustande mehr oder weniger vollständig wieder gewonnen und beim Tode für immer vernichtet werden?

Das naturwissenschaftliche Bewusstsein wird durch diesen neuen Dualismus, wenn es ihn auch nicht direct widerlegen kann, doch wenig befriedigt. Derselbe ist zwar himmelweit verschieden von dem gewöhnlichen Dualismus, indem er den Naturkräften die Alleinherrschaft, dem Geiste eine thatenlose nichtige Würde zutheilt, und somit in keiner Weise die streng causalistische oder materialistische Betrachtung aller stofflichen Vorgänge, auch derjenigen, die das Geistesleben zu Stande bringen, behindert. Gleichwohl wünschen wir eine Lösung, die mehr mit unseren Erfahrungen und unseren theoretischen Vorstellungen übereinstimmt. Und diese Lösung liegt, wie ich glaube, ziemlich nahe, wenn wir das Urtheil über die Erscheinungen in der organischen Natur auch auf diejenigen in der unorganischen Natur ausdehnen.

Es ist ganz richtig, wenn Du Bois Reymond sagt, dass wir nur die materiellen Bedingungen des Geisteslebens erkennen können, dass uns aber das Zustandekommen desselben aus den Bedingungen für immer verborgen bleibt. Aber es wäre ein Irrthum, anzunehmen, dass wir das Zustandekommen des Naturlebens überhaupt aus seinen Ursachen begreifen. Die gleiche Schranke, wie in den geistigen, finden wir in allen rein materiellen Vorgängen. Wir wissen aus Erfahrung, dass in der unorganischen Welt die Ursache in der Wirkung aufgeht, aber es ist uns unfassbar, wie die Uebertragung geschieht. Wir wissen aus Erfahrung, dass ein in die Luft geworfener

Stein auf die Erde fällt, und wir sagen, es geschehe deshalb, weil die Erde ihn anziehe; allein diese Anziehung ist für uns unbegreiflich.

Was wir wissen, ist, dass zwei von einander entfernte Körper so auf einander wirken, dass sie, wenn kein Hinderniss entgegensteht, sich bis zur Berührung nähern. Worin aber diese Einwirkung besteht, wie dieselbe die gegenseitige Bewegung zu Stande bringt, ist uns gerade so unbegreiflich und wird uns gerade so ein ewiges Räthsel bleiben, wie das Zustandekommen der Empfindung und des Bewusstseins aus den materiellen Ursachen.

Das nämliche finden wir bei allen materiellen, physikalischen und chemischen Vorgängen. Ein positiv und ein negativ elektrischer Körper bewegen sich gegen einander, zwei Körper mit gleichnamiger Elektricität bewegen sich von einander weg. Wenn wir sagen, dass im ersten Falle Anziehung, im zweiten Abstossung stattfinde, so sind dies nur kurze Ausdrücke, welche Reihen von gleichartigen Vorgängen zusammenfassen, aber keine Erklärungen. Wir gewöhnen uns aber an solche Ausdrücke; sie werden uns nach und nach so geläufig, dass wir glauben, wir begriffen wirklich die durch sie bezeichneten Vorgänge. Deswegen ist denn auch die Ansicht ganz allgemein verbreitet, die Natur in ihren einfacheren unorganischen Erscheinungen biete unserer Erkenntniss keine Schwierigkeiten dar, während die Schwierigkeiten grundsätzlich überall die nämlichen sind.

Man wird mir hier vielleicht einwenden, die Sache liege doch nicht ganz gleich. Bei den rein materiellen Vorgängen sei uns allerdings die Beziehung zweier Stofftheilchen, welche deren Bewegung veranlasst, unbegreiflich. Bei den geistigen Vorgängen sei diese unbegreifliche Beziehung der Stofftheilchen ebenfalls gegeben; es komme aber noch etwas anderes, etwas neues hinzu, die geistige Regung, welche den materiellen Vorgang begleitet. Dieser Einwurf, wenn er wirklich sich erhöbe, wäre aber ungegründet; man würde dabei übersehen, dass die zwei Seiten, in welche man den geistigen Vorgang zerlegt, bei dem rein materiellen Vorgang ebenfalls vorhanden sind, hier aber nicht getrennt, sondern als eins aufgefasst werden, nämlich die Empfindung und die Reaction, welche durch die Empfindung hervorgebracht wird.

Diese Thatsache, dass die einfachsten unorganischen Vorgänge in ihrem Zustandekommen ebenso unzugänglich sind, wie die zusammengesetztesten Vorgänge im menschlichen Gehirn, baut uns die Brücke, die zu einer einheitlichen Auffassung der Natur zu führen vermag. Gehen wir von dem Bekannten aus — in diesem Falle ist es die complicirte geistige Erscheinung —, um daraus eine Vorstellung über das uns noch Unbekannte zu gewinnen.

Wir kennen das Geistesleben nur aus unseren subjectiven Erfahrungen; wir wissen, dass wir Schlüsse machen, dass wir uns erinnern, dass wir Lust und Schmerz empfinden. Dass verwandte, aber unentwickelte Vorgänge bei Kindern und höheren Thieren vorkommen, schliessen wir aus ihren Handlungen und aus ihren körperlichen Aeusserungen, die wir als Ausdruck von Gemüthsbewegung und Empfindung deuten. Dafür, dass auch die niederen Thiere noch Empfindung besitzen, die nur gradweise von der bewussten Empfindung des Menschen verschieden ist, haben wir thatsächliche Beweise bloss in ihren auf einen Reiz erfolgenden Bewegungen und in dem wichtigen Umstande, dass diese Reizbewegungen mit den aufsteigenden Thierclassen durch alle Abstufungen in die complicirtesten Vorgänge des menschlichen Gehirns übergehen. Von den Reizbewegungen der niedersten Thiere kommen wir unvermerkt zu denen der einzelligen Pflanzen und der Sinnpflanzen, und von da zu den Vorgängen der scheinbar reizlosen Gewächse, welche von den Vorgängen in der unorganischen Natur nicht zu trennen sind. Zwischen den Reizbewegungen der Pflanzen und Thiere und den scheinbar reizlosen unorganischen Bewegungen ist aber kein anderer Unterschied als der, dass beim Reiz eine mächtige Ursache auf zahllose gleichartig geordnete Stofftheilchen einwirkt und dadurch eine unseren Sinnen bemerkbare Orts- oder Empfindungsbewegung hervorbringt, während beim Mangel dieser bemerkbaren Bewegung die Ursache der molecularen, nach verschiedenen Richtungen erfolgenden Bewegungen nicht als Reiz bezeichnet wird.

Mit den Reizbewegungen ist in der höheren Thierwelt deutlich Empfindung verbunden. Wir müssen dieselbe auch den niederen Thieren zugestehen, und wir haben keinen Grund, sie den Pflanzen und den unorganischen Körpern abzusprechen. Die Empfindung versetzt uns in Zustände des Wohlbehagens oder Missbehagens. Im allgemeinen entsteht das Gefühl der Lust, wenn den natürlichen Trieben Befriedigung gewährt, das Gefühl des Schmerzes, wenn diese Befriedigung versagt wird. Da alle materiellen Vorgänge aus

Bewegungen der Moleküle und Elementatome zusammengesetzt sind, so müssen Lust und Schmerz in diesen kleinsten Theilchen ihren Sitz haben, sie müssen durch die Art und Weise bedingt werden, wie die kleinsten Theilchen den auf sie einwirkenden Zug- und Druckkräften folgen können. Die Empfindung ist also eine Eigenschaft der Eiweissmoleküle; und wenn sie den Eiweissmolekülen zukommt, müssen wir sie auch denen der übrigen Stoffe zugestehen.

Betrachten wir nun die Beziehung zweier Moleküle ungleicher chemischer Elemente (z. B. eines Sauerstoff- und eines Wasserstoffmoleküls), die in geringer Entfernung von einander sich befinden. Jedes besteht nach der Annahme der jetzigen Chemie aus zwei nicht weiter zerlegbaren, aber doch sicher zusammengesetzten Atomen. Vermöge seiner Zusammensetzung besitzt das Atom verschiedene Eigenschaften und Kräfte, es übt somit auch verschiedene Reize (Anziehungen und Abstossungen) auf die anderen Atome aus. Die fraglichen zwei Moleküle spüren oder empfinden in verschiedener Weise ihre gegenseitige Anwesenheit, sie wirken in verschiedener Weise anziehend und abstossend auf einander ein.

Untersuchen wir, was bei einer bestimmten Anziehung (z. B. der chemischen) geschieht. Es ist dreierlei möglich, entweder folgen die Moleküle ihrer Neigung und nähern sich einander, oder sie sind durch andere, der Anziehung das Gleichgewicht haltende Kräfte zur Ruhe verurtheilt, oder sie entfernen sich von einander, indem die ihrer Neigung feindlichen Kräfte das Uebergewicht erlangen. Die nämlichen drei Möglichkeiten sind für eine bestimmte Abstossung (z. B. durch Wärme) gegeben: die beiden Moleküle folgen ihrem natürlichen Triebe und entfernen sich von einander, oder sie beharren in der gleichen Entfernung, oder sie werden mit Ueberwindung ihres Triebes durch andere Ursachen gegen einander gestossen.

Wenn nun die Moleküle irgend etwas besitzen, was der Empfindung wenn auch noch so ferne verwandt ist, — und wir können nicht daran zweifeln, da jedes die Gegenwart, die bestimmte Beschaffenheit, die besonderen Kräfte des anderen empfindet und entsprechend dieser Empfindung den Trieb zur Bewegung hat und unter Umständen auch wirklich sich zu bewegen anfängt, gleichsam lebendig wird, da ferner solche Moleküle die Elemente sind, welche Lust und Schmerz im Thier und im Menschen bedingen, — wenn also die Moleküle etwas der Empfindung Verwandtes spüren, so muss es Wohlbehagen sein, wenn sie der Anziehung oder der Abstossung, ihrer Zuneigung oder Abneigung folgen können, Missbehagen, wenn sie zu einer gegentheiligen Bewegung gezwungen sind, weder Wohlbehagen noch Missbehagen, wenn sie in Ruhe bleiben.

Da nun die Moleküle mit mehreren ungleichen Zug- und Druckkräften auf einander einwirken, so werden, wenn sie in Bewegung gerathen, von ihren Neigungen immer die einen befriedigt, die andern beleidigt. Diese verschiedenen Empfindungen sind aber nothwendig nach Beschaffenheit und Stärke ungleich, je nachdem sie durch die allgemeine Gravitations- und Elasticitätsanziehung, durch die allgemeine Abstossung der Elasticität und der Wärme, durch elektrische und magnetische Anziehung und Abstossung, durch chemische Verwandtschaft verursacht werden. Die einfachsten Organismen, wenn ich diesen Ausdruck brauchen darf, die wir kennen, die Moleküle der chemischen Elemente und Verbindungen, werden also gleichzeitig von mehreren qualitativ und quantitativ verschiedenen Empfindungen bewegt, die sich zu einer Gesammtempfindung der Lust oder des Schmerzes zusammensetzen.

Wir finden somit auf der niedersten und einfachsten Stufe der Stofforganisation, die wir kennen, wesentlich die nämliche Erscheinung wie auf der höchsten Stufe, wo sie uns als bewusste Empfindung entgegentritt. Die Verschiedenheit ist nur eine gradweise; auf der höchsten Stufe sind die Affecte infolge der reichen Gliederung nur viel zusammengesetzter und feiner und infolge massenhafter Zusammenordnung der Stofftheilchen viel lebhafter geworden.

Fassen wir das Geistesleben in seiner allgemeinsten Bedeutung als den immateriellen Ausdruck der materiellen Erscheinung, als die Vermittlung von Ursache und Wirkung, so finden wir es überall in der Natur. Geistige Kraft ist das Vermögen der Stofftheilchen, auf einander einzuwirken. Der geistige Vorgang ist die Vollziehung dieser Einwirkung, welche in Bewegung, somit in Lageveränderung der Stofftheilchen und der ihnen anhaftenden Kräfte besteht, und dadurch unmittelbar zu einem neuen geistigen Vorgang führt. So schlingt sich das nämliche geistige Band durch alle materiellen Erscheinungen.

Der menschliche Geist ist nichts anderes als die höchste Entwicklung der geistigen Vorgänge, welche die Natur überall beleben und bewegen, auf unserer Erde. Er ist aber nicht das Absonderungsproduct der Gehirnsubstanz; als solches wäre er ohne weiteren Einfluss auf das Gehirn, wie die abgesonderte Galle ohne weitere Bedeutung für die Leber ist. Empfindung und Bewusstsein haben vielmehr ihren festen Sitz im Gehirn, mit dem sie unauflöslich verbunden sind, und in welchem durch ihre Vermittlung neue Vorstellungen gebildet und in Thaten umgesetzt werden. Wie der Stein nicht zur Erde flöge, wenn er die Anwesenheit der Erde nicht empfände, so würde auch der getretene Wurm sich nicht krümmen, wenn ihm die Empfindung mangelte, und das Gehirn würde nicht vernünftig handeln, wenn es ohne Bewusstsein wäre.

Diese Anschauung befriedigt auch vollständig unser causales Bedürfniss. Es ist für den Naturforscher eine logische Nothwendigkeit, in der endlichen Natur nur gradeweise Unterschiede gelten zu lassen. Wie es für alles Räumliche, ebenso für alles Zeitliche ein Maass gibt, so muss es auch ein gemeinsames Maass für die geistigen Vorgänge geben. Wie die materielle Natur sich vom Einfachsten zum Zusammengesetztesten allmählich abstuft, so muss auch in der ihr parallel gehenden geistigen Natur eine ähnliche Abstufung bestehen. Wir finden in den Atomen und Molekülen zwar noch nicht Lust und Schmerz, noch nicht Liebe und Hass ausgesprochen, aber doch die ersten Keime, gleichsam die Uranfänge zu diesen Affecten, und es wäre die Aufgabe einer vergleichenden Psychologie, das Bewusstsein durch die unbewusste Empfindung bis zum empfindungslosen Reiz der Stofftheilchen zu verfolgen [1]).

Das geistige Gebiet bietet aber der Erkenntniss viel grössere Schwierigkeiten dar als das materielle, weil wir als unmittelbare Erfahrung bloss unsere subjectiven Wahrnehmungen benutzen können, und weil uns ein besonderes Sinnesorgan mangelt, um an anderen Körpern objective Wahrnehmungen zu machen. Die Beobachtung mit unsern für andere Zwecke eingerichteten Sinnen gibt uns nur auf Umwegen und in sehr mangelhafter Weise Kunde von den geistigen Vorgängen in anderen Wesen, und unser Urtheil über dieselben wird um so unsicherer, je weiter wir uns abwärts in der Natur von uns selber entfernen. Es wird daher vielleicht nie möglich,

[1]) S. Zusatz 9: Vergleichung der thierischen Affecte mit analogen unorganischen Erscheinungen.

das Maass für die geistigen Vorgänge wirklich aufzufinden und zu begründen, und die vergleichende Psychologie zu einer Naturwissenschaft zu erheben.

Die naturwissenschaftliche Erkenntniss bleibt in der Endlichkeit befangen, der Naturforscher muss sich daher strenge auf das Endliche beschränken. Die Forderung, die man wohl an ihn stellt, dass er mehr philosophische Bildung haben, dass er philosophische Kritik üben müsse, weil die metaphysische Speculation doch nicht ganz zu umgehen sei, zeigt nur, wie schwer es ist, zwei absolut verschiedene Gebiete, die einmal zur allgemeinen Verwirrung mit einander vermengt waren, von einander loszulösen. Die Macht der Erziehung und Gewohnheit war auch bis in die neueste Zeit ein Hinderniss, dass diese Scheidung sich vollständig und grundsätzlich vollziehe, und doch ist ja von vornherein und aus Erfahrung sicher, dass jeder metaphysische Zusatz die Naturforschung nur zu einer trüben und unklaren Legirung macht.

Die Naturforschung muss exact sein; sie muss sich durchaus von allem, was die Grenze des Endlichen und Erkennbaren überschreitet, von allem Transscendenten fern halten; sie muss, da ihr Object nur der endliche kraftbegabte Stoff ist, streng materialistisch verfahren, ohne zu vergessen, dass dieser richtige Materialismus ein empirischer und kein philosophischer ist, und dass ihm die gleichen Grenzen gesteckt sind, wie dem Gebiete, auf dem er sich bewegt.

Damit soll nicht gesagt werden, dass der Naturforscher nicht philosophiren, dass er sich nicht auch auf idealen und transscendenten Gebieten bewegen dürfe. Aber er hört auf Naturforscher zu sein, und was ihm dabei etwa aus seinem Berufe zu Gute kommt, ist nur das, dass er die beiden Gebiete streng auseinander hält, dass er das Eine als das reine Gebiet des Forschens und Erkennens, das Andere aber, indem er es von allem Endlichen befreit, als das verborgene Gebiet der Ahnung zu behandeln weiss. — Während für ihn die Endlichkeit nur monistisch sein kann, so steht ihm für die Ahnung des Ewigen der Monismus wie der Dualismus offen. Der letztere mag ihm vielleicht selbst besser behagen, und es mag ihm vielleicht annehmbarer erscheinen, dass in der ihm sinnlich bekannten Welt nicht das ganze grosse Geheimniss eingeschlossen sei, dass dieselbe vielmehr nur eine der vielen Gedankenreihen des höchsten Wesens darstelle.

Dem menschlichen Geiste, seinem Forschungstriebe und seiner Erkenntniss steht die ganze sinnlich wahrnehmbare Welt offen. Er dringt vermittelst Teleskop und Rechnung in die grössten Entfernungen, vermittelst Mikroskop und Combination in die kleinsten Räume. Er erforscht den zusammengesetztesten und verwickeltsten Organismus, der ihm selber angehört, nach den mannigfaltigsten Richtungen. Er erkennt die in der Natur herrschenden Kräfte und Gesetze, und macht sich dadurch die unorganische und organische Welt, so weit er sie erreichen kann, dienstbar. Wenn er die bisherigen Errungenschaften in den Gebieten des Wissens und der Macht überblickt und an die künftigen noch grösseren Eroberungen denkt, so kann er mit Stolz sich als den Herrscher der Welt fühlen.

Aber was ist diese Welt, die der menschliche Geist beherrscht? Nicht einmal ein Sandkörnchen in der Raumewigkeit, nicht eine Secunde in der Zeitewigkeit und nur ein Aussenwerk an dem wahren Wesen des Alls. Denn auch an der winzigen Welt, die ihm zugänglich ist, erkennt er nur das Veränderliche und Vergängliche. Das Ewige und Beständige, das Wie und das Warum des Alls bleibt dem menschlichen Geiste für immer unfassbar, und wenn er es versucht, die Grenze der Endlichkeit zu überschreiten, so vermag er nur sich selbst zum lächerlich ausgestatteten Götzen aufzublähen oder das Ewige und Göttliche durch menschliche Verunstaltungen zu entwürdigen. Selbst der zu vollkommener naturwissenschaftlicher Einsicht gereifte Geist vermöchte in seiner Beschränktheit aus der Gottheit, die er von allem Endlichen und Vergänglichen frei machen will, nur einen constitutionellen Scheinkönig zu bilden, welcher nach dem bekannten Ausspruche eines jüngst dahingegangenen Staatsmannes »herrscht, aber nicht regiert«.

In der endlichen Welt walten unabänderlich die ewigen Naturkräfte, deren Wirkungen wir als Gesetze der Bewegung und Veränderung erkennen. Ob und wie sie Inhalt und Ausfluss eines in Ewigkeit beharrenden, bewussten Zweckes sind, übersteigt unser Fassungsvermögen.

Wenn mein Vorgänger Du Bois Reymond seinen Vortrag mit den niederschmetternden Worten: Ignoramus und Ignorabimus geschlossen, so möchte ich den meinigen mit dem bedingten aber tröstlicheren Ausspruche schliessen, dass die Früchte unseres Forschens nicht bloss Kenntnisse, sondern wirkliche Erkenntnisse sind, welche den Keim eines fast unendlichen Wachsthumes in sich tragen, ohne deshalb der Allwissenheit um den kleinsten Schritt sich zu nähern. Wenn wir eine vernünftige Entsagung üben, wenn wir als endliche und vergängliche Menschen, die wir sind, uns mit menschlicher Einsicht bescheiden, statt göttliches Erkennen in Anspruch zu nehmen, so dürfen wir mit voller Zuversicht sagen:

Wir wissen und wir werden wissen.

Zusätze.

I. Physische und metaphysische Atomistik (S. 572).

Die physikalischen Erörterungen über Atome und Atomistik werden häufig von den philosophisch Gebildeten aber chemisch nicht Unterrichteten missverstanden. Dies war auch mit meinem Vortrage der Fall, indem man das, was ich über die chemischen Atome sagte, als für die von Alters her bekannten metaphysischen Atome gültig ansah. Ich bemerke deshalb zunächst zur Aufklärung, dass das Wort Atom in doppeltem Sinne gebraucht wird und dass die beiden Bedeutungen gar keine Beziehung zu einander haben, wiewohl selbst Physiker und Physiologen der Neuzeit von einer Vermengung der Begriffe nicht frei zu sprechen sind.

Das absolut einfache, imaginäre oder metaphysische Atom der alten und neuen philosophischen Materialisten ist ein untheilbares Kraftcentrum. Das reale oder physische Atom der neueren Chemie ist ein kleines ausgedehntes individuelles Körperchen, ohne allen Zweifel aus Theilen bestehend, aber mit den jetzigen Hülfsmitteln noch nicht zerlegbar. Den Materialisten des Alterthums waren die Atome zwar unendlich ungleich nach Grösse und Gestalt, aber doch nicht qualitativ-verschieden, — ferner ohne innere Zustände und wirklich untheilbar. Die mathematische Physik der neuern Zeit hat sie als ausdehnungslose Kraftpunkte gedacht. — Im Gegensatze hiezu sind die Atome der neueren Chemie Körper wie alle andern; nur sind es die kleinsten bis jetzt sicher bekannten. Es sind die für unsere Hülfsmittel nicht weiter theilbaren Partikeln der chemischen

Elementarstoffe, mit den Kräften und Eigenschaften dieser letzteren begabt, — Individuen, welche, sobald es gelingen wird, sie zu zerlegen, in Theile zerfallen, die von dem Individuum (dem ganzen Atome) verschieden sind. Zwei oder mehrere solcher Atome (die Zahl ist genau bekannt, wenn die chemische Constitution ermittelt ist) verbinden sich zu einem Molekül. Die reale Existenz der chemischen Atome und Moleküle kann als Gewissheit betrachtet werden (vgl. Zusatz 3).

Es ist allerdings sehr unthunlich, dass zwei so ganz verschiedene Begriffe, nämlich das, was man wegen Unzulänglichkeit der Hülfsmittel zur Zeit nicht mehr theilen kann, und das, was man zum Voraus als untheilbar erklärt, den gleichen Namen tragen. Ich habe daher, um sie zu unterscheiden, die einen Atome als metaphysische, philosophische oder imaginäre (Punkt- oder Ur-)Atome und die andern als chemische, physische oder reale (Element-)Atome bezeichnet.

Es gehört zum Merkmal des metaphysischen Begriffes überhaupt, dass er nur so lange etwas zu erklären scheint, als man sich an die oberflächliche Allgemeinheit hält, dass er sich aber nirgends greifen lässt, sowie man ihm näher tritt und etwas Reales daraus gestalten oder begreifen will. So verhält es sich auch mit der philosophischen Atomistik, einer mehr als 2000 Jahre alten Lehre, die in der neueren Zeit wieder aufgenommen wurde. Sie hat von dem mystischen Dunkel, das sie von Natur umhüllt, auch in der den Anschauungen der fortgeschrittensten Naturwissenschaft entsprechenden Umbildung nichts verlieren können, da jenes Dunkel in der Nichtvorstellbarkeit des Begriffes besteht. Wir können uns weder etwas Untheilbares noch etwas Raumloses als wirkliches Ding denken.

Wenn die Materialisten des Alterthums ihren einfachen Atomen Ausdehnung gaben, so liegt darin eine logische Unmöglichkeit, weil der Begriff der Grösse ein relativer ist und weil etwas Ausgedehntes nicht untheilbar gedacht werden kann. Mit den neueren Materialisten die Atome als ausdehnungslose Kraftpunkte anzunehmen, erscheint ebenso unmöglich, da wir nicht begreifen, wie ausdehnungslose Dinge sich zu etwas Ausgedehntem an einander legen können, denn dazu ist Anziehung erforderlich und zwei oder viele sich anziehende Punkte müssten sich zu einem ausdehnungslosen Punkt vereinigen.

Von dem philosophischen Atom zur realen Welt gähnt eine Kluft, deren Ueberschreitung um so mehr als eine Unmöglichkeit eingesehen wird, je schärfer wir einerseits das Atom zu fassen suchen und je tiefer wir andrerseits in die Erkenntniss der realen Welt eindringen. Es nützt der philosophischen Atomistik auch nichts, wenn man sie mit dem Gesetz von der Erhaltung der Kraft in Beziehung bringt; denn dieses Gesetz muss für jede andere Anschauung ebenfalls als Bedingung vorausgesetzt werden.

Wäre das einfache und untheilbare Atom etwas Wirkliches und Denkbares, so würde der Traum der Naturphilosophen, die Natur philosophisch zu construiren, in Erfüllung gehen können. Man hätte ja das einheitliche Element, aus dem die Dinge mit ihren Eigenschaften eben so exact sich aufbauen liessen, als irgend eine mathematische Operation vollzogen wird. Der Umstand, dass der Naturphilosophie auch nicht die ersten Schritte gelungen sind, rührt nicht etwa daher, weil die Aufgabe für jetzt noch zu schwer wäre und erst in der Zukunft ihre Lösung erhoffen dürfte, sondern daher, weil sie überhaupt nicht zu lösen ist. Der Beweis dafür fällt nicht sehr schwer.

Die Uratome als Kraftpunkte müssen eine absolut einfache Wirkung ausüben. Kämen ihnen verschiedene Eigenschaften und mehrfache Wirkung zu, so müssten sie innerlich zusammengesetzt sein. Sie können also bloss entweder anziehen oder abstossen, wie schon Demokrit angenommen. Wenn wir uns nun die Aufgabe stellen, die einfachen Atome als brauchbare Bausteine zurecht zu legen, so erinnern wir uns zunächst eines Versuches der neuern Physik. Dieselbe hat wohl, um überhaupt eine Vorstellung zu gewinnen, die Annahme gemacht, dass es zweierlei kleinste Theilchen gebe, solche, die die wägbaren Stoffe, und solche, die den Licht- und Wärmeäther zusammensetzen. Die ersten sollten sich gegenseitig anziehen, die zweiten sich gegenseitig abstossen, zwischen den ersten und zweiten aber sollte Anziehung bestehen. Mit dieser Annahme liess sich die Elasticität, die Gravitation der Massen und die Beschaffenheit des Weltäthers anschaulich machen, aber nur unter der unphysikalischen Voraussetzung, dass Anziehung und Abstossung bei wachsender Entfernung in ungleichem Grade abnehmen; ferner blieb auch die Elektricität unerklärt. Endlich war damit eine philosophische Lösung der Frage weder beabsichtigt noch erreichbar;

denn abgesehen davon, dass den wägbaren Atomen der verschiedenen chemischen Elemente ungleiche Eigenschaften zugeschrieben werden müssen, sind die Beziehungen zwischen den Theilchen nicht symmetrisch und daher unbefriedigend. Wenn *a* und *a* (die wägbaren Atome) sich anziehen, *b* und *b* (die Aethertheilchen) sich abstossen, so fragen wir uns, warum *a* und *b* sich gegenseitig anziehen und nicht ebenso gut sich abstossen.

Unser Bedürfniss nach einer vernünftigen Weltordnung verlangt entweder Identität aller Uratome oder eine Ungleichheit mit symmetrischer Vertheilung der Functionen. Identität wäre gegeben, wenn alle Atome mit gegenseitiger Attraction oder Repulsion begabt wären; im ersten Falle wäre die scheinbare Abstossung der Körper ein Minus von Anziehung, im zweiten Falle die scheinbare Anziehung ein Minus von Abstossung. — Beide Annahmen sind unmöglich. Bei gegenseitiger Anziehung aller Kraftpunkte müsste mit der Störung der gleichmässigen Vertheilung und mit dem Beginn der Bewegung eine successive Vereinigung der Kraftpunkte eintreten, bis zuletzt alle in einen einzigen Punkt zusammengeflossen wären. Bei gegenseitiger Abstossung könnte die anfängliche gleichmässige Vertheilung nicht gestört, und wäre sie einmal gestört, so müsste sie nach und nach wieder hergestellt werden.

Wir werden daher, wenn überhaupt ein Versuch zu naturphilosophischer Lösung gemacht werden soll, sogleich mit Nothwendigkeit auf die Forderung ungleicher Uratome geführt, zwischen denen theils Attraction, theils Repulsion wirksam ist. Dieselbe setzt zwar schon einen philosophisch schwerlich nachzuweisenden Dualismus voraus und ist jedenfalls nur zulässig, wenn die Atome jeder Gruppe unter sich identisch und wenn die Beziehungen der beiden Gruppen gleichmässig vertheilt sind. Diese Bedingungen sind denkbar auf drei verschiedene Arten zu erfüllen.

I. Von den beiden Gruppen (*a* und *b*) stossen die gleichnamigen Atome (*a* und *a*, ebenso *b* und *b*) sich ab, während die ungleichnamigen (*a* und *b*) sich anziehen (Fig. 25, I).

II. Von den Atomen der beiden Gruppen (α und β) ziehen die gleichnamigen sich an (α und α, ebenso β und β), indess die ungleichnamigen (α und β) sich gegenseitig abstossen (Fig. 25, II).

III. Die Atome der einen Gruppe (*A*) ziehen sich an, die der andern (*B*) stossen sich ab, während die ungleichnamigen (*A* und *B*) sich indifferent verhalten, also einander weder anziehen noch abstossen (Fig. 25, III).

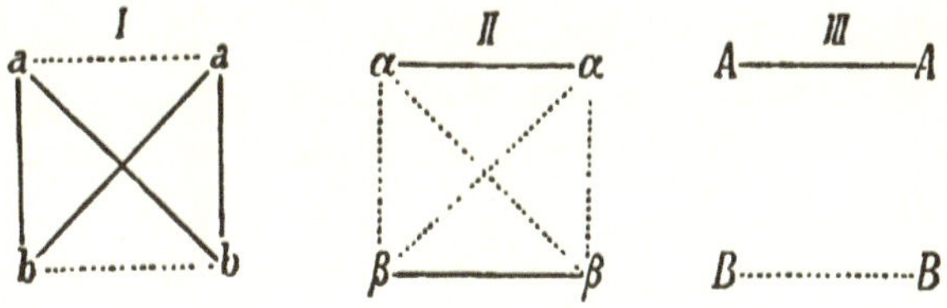

Fig. 25.

In den vorstehenden Figuren I, II, III sind die Anziehungen zwischen je zwei Uratomen durch ——, die Abstossungen durch ..... angegeben.

Jedes der drei symmetrischen Verhältnisse ist logisch unanfechtbar; und wenn es möglich wäre, auf einer der drei Grundlagen etwas zu construiren und von den dynamisch einfachen Uratomen aus, nach kürzerer oder längerer Operation, zu den uns physisch bekannten kleinsten Theilchen, nämlich den Aethertheilchen und den wägbaren Atomen der chemischen Elementarstoffe mit ihren Eigenschaften zu gelangen, so müsste diese Errungenschaft als der grösste Triumph des menschlichen Geistes gefeiert werden. Allein die Construction ist unmöglich; sie kann nicht über den allerersten Schritt hinauskommen. Keines der drei symmetrischen Verhältnisse vermag uns den Schlüssel zu den wirklichen Dingen zu geben.

Was das erste derselben betrifft, so käme es uns um so annehmbarer vor, als wir es schon in der Elektricität verwirklicht finden. Aber wenn die metaphysischen oder Uratome, welche ausdehnungslose Punkte sein müssten, seinem Schema folgten, so würde zunächst immer ein *a*- und ein *b*-Punkt sich zu einem neutralen Punkt vereinigen, und es ergäbe sich, bei gleicher Anzahl von *a*- und *b*-Punkten, als erstes und letztes Product der Veränderung eine ebenso grosse Zahl von neutralen *ab*-Punkten, die sich weder anziehen noch abstossen, also nicht mehr auf einander einwirken würden.

Wollte man aber die Uratome als ausgedehnte kleine Massen mit einfachen (anziehenden und abstossenden) Centralkräften auffassen, so würden sich dieselben zunächst ebenfalls zu Paaren und weiterhin zu Ketten mit alternirenden *a*- und *b*-Gliedern vereinigen,

— diese Ketten würden, je nach der gegenseitigen Lage ihrer Glieder, das Bestreben haben, sich bis zur Berührung zu nähern oder immer weiter von einander zu entfernen, und da mit der Bewegung selbst die gegenseitige Lage wechselte, so könnte dieses Spiel des Sichsuchens und Fliehens nie zur Ruhe kommen. Aber eine weitere Organisation und Differenzirung der Materie wäre auch in diesem Falle nicht möglich.

Ueberhaupt lässt sich, selbst wenn man von den angeführten principiellen Folgerungen absehen wollte, gar keine Anordnung der nach dem ersten Schema wirkenden *a*- und *b*-Atome denken, woraus die meisten allgemeinen physikalischen Thatsachen, wie namentlich die Gravitationsanziehung, die Elasticität, die Wärme, die verschiedenen Aggregatzustände, erklärt werden könnten.

Was das zweite der drei symmetrischen Verhältnisse betrifft, so müssten, wenn die ganze materielle Welt aus α- und β-Uratomen zusammengesetzt wäre, nach und nach einerseits Gruppen von α-Atomen, andrerseits solche von β-Atomen zu Sammelpunkten, oder bei Annahme von ausgedehnten Atomen zu Massen sich vereinigen. Diese Massen könnten Weltensysteme bilden, welche durch Bewegung, durch Anziehung und Abstossung im Gleichgewichte erhalten würden.

Aber abgesehen hievon besteht keine Möglichkeit, die nach dem zweiten Schema wirkenden α- und β-Atome so anzuordnen, dass dadurch die Elektricität, das Verhalten des Licht- und Wärmeäthers, die Elasticität, die flüssigen und gasförmigen Aggregatzustände erklärt würden.

Würde endlich die Welt nach dem dritten der symmetrischen Verhältnisse gebaut sein und aus Uratomen, die wie A und B sich verhalten, bestehen, so ist einleuchtend, dass ganze Gruppen von A-Atomen (wie es mit den α- und β-Atomen des zweiten Schemas der Fall war) sich zu Sammelpunkten oder, wenn den Atomen Ausdehnung gegeben wird, zu Massen zusammenballen müssten, während die sich abstossenden B-Atome in dem übrigen Raum gleichmässig verbreitet wären.

Man erhielte somit gravitirende Weltkörper in einem äthererfüllten Raum, wie sie wirklich bestehen. Aber es mangelten der Materie nicht nur die Elektricität, sondern auch, da zwischen A- und B-Atomen keine Beziehung besteht, die Elasticität und die nicht starren Aggregatzustände.

Somit lässt sich aus den einfachen metaphysischen Atomen, man mag sich die Sache zurecht legen, wie man will, nichts der Wirklichkeit Entsprechendes construiren; und wenn man sie ohne weitere Ueberlegung und ohne Bezugnahme auf die reale Welt hypothetisch als die letzten Elemente gelten lässt, so stellt man einen unbrauchbaren und werthlosen Begriff auf.

Verlassen wir die luftigen Regionen der metaphysischen Atome und begeben wir uns auf den Boden der wirklichen Welt. In derselben kennen wir bloss Materie, die mit verschiedenen Kräften begabt ist, und darüber kommen wir weder mit unserer Theorie noch mit unserer Erfahrung hinaus. Man mag die Bausteine der Materie so klein annehmen als man will, so dürfen sie, wenn man etwas in der Natur Vorhandenes damit herstellen will, nie einfach, sondern immer nur schon zusammengesetzt und mit verschiedenen Kräften ausgestattet sein. Diese Einsicht wird uns sowohl durch die Deduction aus den Principien als durch die Induction aus den Thatsachen aufgenöthigt.

In ersterer Beziehung müssen wir jede Deduction dem Werthe nach einer unbestreitbaren Thatsache gleich achten, wenn sie aus einem vernünftigen Axiom[1]) in logisch richtiger Weise die Folgerungen entwickelt. Ein glänzendes Beispiel liegt uns in der Mathematik und Mechanik vor. Aus den drei Ausdehnungen des Raumes ist die ganze Geometrie abgeleitet. Wird in vollkommen strenger Weise verfahren, so muss alles, was als vernünftig, und dessen Gegentheil als unvernünftig dargethan werden kann, sammt den Folgerungen daraus auch wirklich sein.

Wenden wir nun die Deduction auf die in der Natur waltenden elementaren Kräfte an. Das Axiom, von dem dieselbe ausgehen muss, sagt uns, dass die Kräfte zwischen zwei materiellen Theilchen nur als Anziehung oder Abstossung wirken können, und dass die beiden zusammengehörigen und sich widersprechenden d. h. einander aufhebenden Kräfte ein symmetrisches Verhältniss darstellen

[1]) Ich gebrauche diesen allgemein verständlichen Ausdruck und beziehe mich auf den Zusatz 5. Apriorität, wo ich zu zeigen suche, dass die Axiome nichts anderes sind, als ganz allgemeine und unbestreitbare Erfahrungsthatsachen.

müssen, wie wir dies z. B. in der Elektricität finden. Wir erhalten auf diesem Wege drei Paare von Elementarkräften; es sind die nämlichen drei symmetrischen Verhältnisse, die ich oben schon in hypothetischer Weise für die Uratome unterschieden habe. Ich wiederhole sie hier, indem ich ausdrücklich bemerke, dass jetzt nicht mehr von Atomen, sondern von wirklichen Kräften, die in der Natur überall vorhanden sein müssen, die Rede ist. Die Buchstaben *a* und *b*, *α* und *β*, *A* und *B*, welche oben Uratome bezeichneten, bedeuten jetzt Kräfte und zwar je die entsprechenden und in symmetrischem Verhältniss zu einander stehenden. Während oben die zwei Uratomarten des einen oder andern Verhältnisses (*a* und *b* oder *α* und *β* oder *A* und *B*) für sich die materielle Welt aufbauen sollten, wirken hier die 6 Elementarkräfte (*a*, *b*, *α*, *β*, *A*, *B*) zusammen, um die dynamischen Erscheinungen im Weltall zu begründen.

I. Die gleichnamigen Kräfte stossen sich ab, die ungleichnamigen ziehen sich an. (Fig. 26, I.)

II. Die gleichnamigen Kräfte ziehen sich an, die ungleichnamigen stossen sich ab. (Fig. 26, II.)

III. Die einen gleichnamigen Kräfte (*A* und *A*) ziehen sich an, die andern gleichnamigen (*B* und *B*) stossen sich ab; die ungleichnamigen (*A* und *B*) verhalten sich indifferent, indem sie sich weder anziehen, noch abstossen. (Fig. 26, III.)

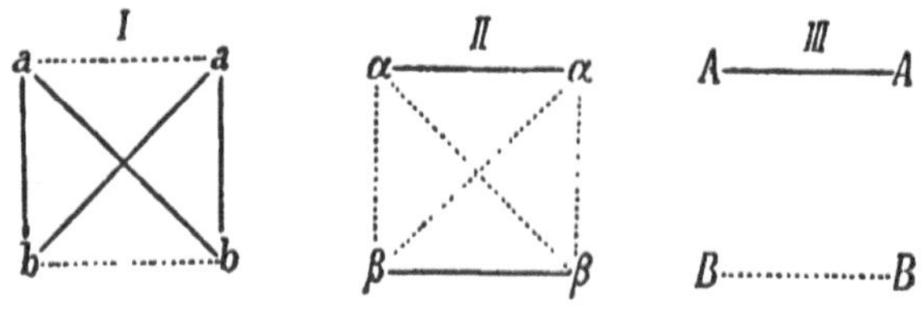

Fig. 26.

Ein viertes symmetrisches Verhältniss von Kräften ist überhaupt undenkbar; es gibt nur diese drei. Die Deduction verlangt also, dass in der Natur diese drei Kategorien oder Paare von Elementarkräften und überdem keine anderen wirksam seien.

Die Deduction verlangt ferner, dass in jedem materiellen Theilchen Kräfte der drei Kategorien vereinigt vorkommen. Eine Trennung derselben auf verschiedene Theilchen lässt sich nicht annehmen, weil sonst die dynamischen Beziehungen zwischen diesen mangeln würden. Wäre in dem einen materiellen Theilchen *a* oder *b*, in einem zweiten *α* oder *β* und in einem dritten *A* oder *B* allein vorhanden, so könnten die drei Theilchen gar nicht auf einander einwirken, und aus solchem Material könnte auch nichts construirt werden. Wir müssen also schon a priori annehmen, dass in einer Masse von beliebiger Grösse *a* und *b*, *α* und *β*, *A* und *B* vereinigt seien, und dass, wenn wir dieselbe auch in noch so kleine Splitter theilen, in jedem derselben alle Kräfte als der Substanz inhärente Eigenschaften sich vorfinden.

Ich will die Deduction hier nicht weiter fortzuführen suchen. Vergleichen wir mit den eben dargelegten Ergebnissen derselben die auf inductivem Wege gewonnenen wissenschaftlichen Thatsachen und Gesetze, so sehen wir alsbald ein, dass die Physik von den drei Kategorien von Elementarkräften bis jetzt nur zwei kennt, nämlich die erste als Elektricität (mit Magnetismus) und die dritte als Gravitationsanziehung der wägbaren Stoffe und als Abstossung des Aethers. Die zweite Kategorie von Kräften, die sich dadurch auszeichnet, dass die gleichnamigen sich anziehen, die ungleichnamigen sich abstossen, und die ich deshalb Isagität[1]) nennen will, ist als solche durch directe Beobachtung noch nicht erkannt. Die Ursache dieses Mangels besteht darin, dass die isagische Anziehung und Abstossung sich nirgends in der Natur zu merkbaren Grössen summiren. Dass dieselben aber vorhanden sein müssen, ergibt sich aus dem Umstande, weil ohne sie die molecularen Erscheinungen nicht erklärt werden könnten.

Die Wissenschaft kennt nämlich Eigenschaften der kleinsten Theilchen, die Elasticität und die chemische Affinität, welche nicht aus den bisherigen Elementarkräften zu begreifen sind. Beide, besonders aber die chemische Verwandtschaft, sind Anziehungen, die sich weder auf die Gravitation und Elektricität allein zurückführen, noch als besondere einfache Elementarkräfte definiren lassen. Vielmehr müssen wir sie als zusammengesetzte Erscheinungen betrachten, die aus dem Zusammenwirken aller Elementarkräfte hervorgehen, was auch keinen Anstand findet, sobald noch die bis jetzt unbekannte Kategorie von Elementarkräften, die Isagität, zu Hülfe genommen

[1]) Von ἴσος, gleich und ἄγειν, anziehen.

wird. Ich verweise hierüber auf die am Schlusse folgende Abhandlung: Kräfte und Gestaltungen im molecularen Gebiet.

---

2. Unendliche Abstufung in der Zusammensetzung und Organisation des Stoffes (S. 572).

Während es mit Rücksicht auf Raum und Zeit verhältnissmässig leicht ist, sich der Endlichkeit im Gegensatz zur Ewigkeit bewusst zu werden, scheint es dagegen nicht leicht, darüber volle Klarheit zu erlangen, dass die uns bekannte Welt auch rücksichtlich der Zusammensetzung oder der Organisation des Stoffes sich in einer gleichen Endlichkeit befindet. Denn während man von unendlicher Theilbarkeit spricht, spricht man oft gleichzeitig von untheilbaren Atomen; das Eine schliesst aber das Andere selbstverständlich aus. Sogar die Annahme von ausdehnungslosen Kraftpunkten (vgl. Zusatz 1) setzt einen Anfang in der Zusammensetzung, somit ein Ende in der Theilbarkeit voraus. Die unendliche Theilbarkeit besteht ja darin, dass man mit dem Theilen nicht fertig wird und somit niemals bei dem absolut Einfachen anlangt.

Mit der nicht endenden Theilbarkeit ist auch eine unendliche Abstufung in der Zusammensetzung und Organisation verbunden. Die unaufhörliche Theilbarkeit hat nur dann wirkliche Bedeutung, wenn die Theile früher oder später dem Ganzen ungleich werden.

Ein Liter Wasser kann zwar lange getheilt werden und man hat immer wieder Wasser. Würde dies ohne Ende so fortgehen, so wäre das Wasser ein homogener, den Raum continuirlich erfüllender Körper. Ist man aber etwa beim 25-quadrillionsten Theil des Liters angekommen, so kann derselbe nicht mehr in Wassertheilchen zerlegt werden. Man hat jetzt das Wassermolekül vor sich, welches in 1 Sauerstoff- und 2 Wasserstoffatome zerfällt.

In welcher Art die Atome der chemischen Grundstoffe zusammengesetzt seien, ob sie nach Analogie der chemischen Moleküle aus einer beschränkten Zahl von Theilen, die dem Ganzen unähnlich sind, oder nach Analogie des Wassertropfens, des Krystalls, des Weltkörpers zunächst aus zahlreichen, dem Ganzen ähnlichen, Theilen bestehen, bleibt vor der Hand ein Räthsel. Bei der durchaus relativen Bedeutung aller Grössenverhältnisse ist es immerhin nicht unmöglich und sogar nicht unwahrscheinlich; dass man bei der wiederholten Theilung der chemischen Atome früher oder später bei individuellen Körperchen anlangte, welche einen den Weltkörpern ähnlichen Bau besitzen, an ihrer Oberfläche mit kleinen Wesen bevölkert sind und in ihrer Vereinigung den gestirnten Himmel nachahmen.

Wie die endlose Theilbarkeit des Raumes auf stets neue und kleinere individuelle Theile führt, so ist mit der endlosen Ausdehnung des Raumes auch eine nicht endende Zusammensetzung zu immer grösseren Ganzen mit individueller Besonderheit, also eine nicht endende Organisation gegeben. Die Gesammtheit des gestirnten Himmels, die aus immer grösseren Systemen sich aufbaut, kann ein solches individuelles Ganzes sein, welches als Theil eines grösseren Ganzen sich entweder wie ein Atom in einer chemischen Verbindung oder wie ein Molekül in einem Krystall oder wie ein Molekül in einer Gasmasse oder wie ein Weltkörper selbst oder in irgend einer andern Weise verhält. Möglich, dass die Weltensysteme zu kunstvollen Organismen zusammengefügt sind, die unseren eigenen Organismus an Intelligenz weit übertreffen.

Man möchte vielleicht die Vorstellung von einer endlosen Zusammensetzung und Organisation sowohl nach dem Kleinen als nach dem Grossen hin für die Ausgeburt einer ungezügelten Phantasie halten. Gleichwohl ist sie nichts anderes als die von der nüchternsten Ueberlegung gewonnene Consequenz, deren man sich vorzüglich deswegen nicht so leicht bewusst wird, weil die natürliche Neigung besteht, sich auf die unseren Sinnen und unserem Erkenntnissvermögen erfahrungsgemäss zugängliche Welt zu beschränken. Dadurch wird man zu dem falschen Schluss verleitet, das Kleinste, von dem man durch Wahrnehmung und Ueberlegung Kunde erlangt, als einfaches und untheilbares Element — und andrerseits den gestirnten Himmel, so wie wir ihn kennen, wenn auch in noch viel grösserer Ausdehnung, als das Universum zu betrachten. Und dieser doppelte falsche Schluss liegt um so näher, als die neuen Kraftcombinationen und Bewegungsformen, welche ohne Zweifel sowohl im Kleinsten als im Grössten wirksam sind und die neuen Organisationsformen erklären helfen, uns verborgen bleiben.

Dafür, dass wirklich eine endlose Zusammensetzung mit entsprechender Organisation anzunehmen ist, spricht einmal die Analogie.

Wir sind, je allgemeinerer Natur ein Gesetz ist, um so mehr zu der Annahme gezwungen, dass es auch in den uns noch unbekannten Gebieten Gültigkeit habe. So besteht für uns die Nothwendigkeit, dass jenseits des durch sinnliche Wahrnehmung bekannten Raumes wieder Raum, dass vor und nach der bekannten Zeit wieder Zeit zu setzen ist, und es wird uns die Endlosigkeit von Raum und Zeit zum Axiom.

Bezüglich der Organisation wissen wir, dass alles, was uns hinreichend bekannt ist, einerseits aus Theilen zusammengesetzt (organisirt), andrerseits Theil einer grösseren Organisation ist. Wir können diese Zusammensetzung durch eine grosse Zahl von Stufen verfolgen und wir müssen logischer Weise annehmen, dass diese Stufenreihe sich nach unten und nach oben endlos fortsetze. Das Aufhören nach der einen oder anderen Seite wäre etwas Neues, für das wir keine Analogie haben, sowenig als für das Aufhören von Raum und Zeit.

Für die Annahme einer endlosen Zusammensetzung und Organisation spricht ferner der Umstand, dass uns das Aufhören derselben als Unmöglichkeit erscheint. Alles Endliche und Reale bewegt und verändert sich. Nehmen wir einem Ding für immer Bewegung und Veränderung, so befindet es sich in absoluter Ruhe; es hört auf, wirklich zu sein und für unser Begriffsvermögen zu existiren. Diese absolute Ruhe müsste aber da beginnen, wo die Organisation zu Ende ginge. Würde beispielsweise das Aethertheilchen oder das chemische Atom oder ein Theilungsstück dieser kleinsten Körperchen bei der Theilung endlos in gleiche Stücke zerfallen, so wäre es in seinem Innern homogen, ohne Bewegung und ohne Veränderung. Es wäre in todter Ruhe und wir würden nicht begreifen, dass es sich in lebendiger Wechselbeziehung zu andern Körpern befindet. Jedenfalls könnte es nach aussen nur eine einfache Wirkung ausüben, also bloss anziehen oder abstossen, und mit so einfach gedachten Elementen lässt sich nichts Reales construiren (vgl. Zusatz 1).

Bezüglich der endlosen Zusammensetzung im Grossen besteht eine umgekehrte Schlussfolgerung. Würden sich die Weltkörpersysteme bloss jedes für sich in seinem Innern verändern und im Uebrigen in endloser Folge sich gleichartig an einander reihen, so wäre dies allerdings wieder die todte Ruhe. Aber dies ist unmöglich, weil die einzelnen Weltkörper und daher auch die ganzen

Systeme auf einander einwirken und somit eine gegenseitige Veränderung bedingen. Mit einer unendlichen Zahl von Weltkörpern, die durch den endlosen Raum vertheilt sind, muss es sich ähnlich verhalten wie mit der ursprünglichen Gasmasse, mit der unser Sonnensystem begonnen hat. Wie die letztere durch die in ihr wirksamen Kräfte nothwendig sich verdichtete und organisirte, so müssen auch die Weltkörper sich zu niederen und höheren Gruppen vereinigen; es muss, wenn auch einmal kaum eine Andeutung einer Gruppirung bestand, dieselbe immer deutlicher hervortreten und zu einer immer mehr ausgesprochenen Organisation führen.

Es versteht sich, dass mit der Abstufung in der Zusammensetzung und Organisation auch eine Abstufung in der Zeitdauer parallel geht, und dass unser Zeitmaass in dem unendlich Kleinen, sowie in dem unendlich Grossen nicht mehr anwendbar ist. Für die Veränderungen in dem organisirten Aethertheilchen oder chemischen Atom mag eine Secunde fast eine Ewigkeit, für die Veränderungen in dem Organismus dagegen, in welchem der gestirnte Himmel einen Theil ausmacht, mag eine Million von Jahren gleich einem Augenblicke sein. Zeit- und Raumgrössen sind ja nur relative Begriffe. Die Grösse eines Raumabschnittes wird nach der Menge von Dingen, die Grösse eines Zeitabschnittes nach der Menge von Ereignissen, die wir darin unterscheiden, beurtheilt und nach den gegebenen Wahrnehmungen das Maass von Raum und Zeit bestimmt.

---

3. Naturphilosophische Weltanschauungen. Entropie. (S. 577).

Unter den Weltanschauungen hat für uns die physicalische einen besondern Werth, weil sie die Consequenz exacter Forschung ist. Aus dem allgemeinen Princip, dass Wärme nicht von selbst d. h. nicht ohne Compensation aus einem kälteren in einen wärmeren Körper übergehen kann, und dem andern allgemeinen Princip, dass bei den unaufhörlich in der Natur stattfindenden Verwandlungen die in Wärme verwandelte mechanische Energie nie vollständig wieder in diese überzugehen vermag, wird geschlossen, dass alle in der Natur vorkommenden Veränderungen in einer gewissen (»positiven«) Richtung von selbst (ohne Compensation) eintreten können, und dass sie in der entgegengesetzten (»negativen«) Richtung nur dann möglich sind, wenn sie durch gleichzeitige positive Veränderungen compensirt werden. Die Grösse dieser Neigung, welche die Natur hat, einen Process in einer gewissen (positiven) Richtung auszuführen und einen Körper in einem gewissen (positiven) Sinne umzubilden, wurde von Clausius »Entropie« genannt.

Diese Schlussfolgerung ist auf das Universum angewendet und behauptet worden (zuerst von W. Thomson), dass die Verwandlungen in positivem Sinne immer die negativen an Grösse übertreffen, und dass das Weltall sich stetig einem Grenzzustande nähere, in welchem alle Energie die Form von Wärme angenommen und alle Temperaturdifferenzen sich ausgeglichen hätten.

Diese Behauptung wäre richtig, wenn das Gesetz der Entropie ganz allgemein d. h. für alle Kräfte und Bewegungen in allen möglichen Zuständen als gültig nachgewiesen wäre. Hiezu muss bemerkt werden, dass das Gesetz physicalischer Natur ist, dass es allein durch die Erfahrung gewonnen wurde und dass es nur irrthümlich etwa als mathematisch bewiesen aufgefasst wird, woran die Urheber wohl kaum gedacht haben. Ein Princip d. h. eine allgemeine Thatsache von wirklicher, nicht bloss formaler Bedeutung kann in Differentialgleichungen nie seine Begründung, sondern nur seinen genauen Ausdruck finden. Die mathematische Behandlung dient immer bloss dazu, für bestimmte Voraussetzungen die Folgerungen in quantitativ normirten Verhältnissen darzulegen, und wenn es wohl den Anschein gewinnt, als ob die Thatsache selbst dadurch bewiesen werde, so geschieht es nur deshalb, weil dieselbe schon in die ersten Ansätze hineingelegt wurde.

Um das Gesetz der Entropie in ganz allgemeiner und absoluter Gültigkeit physicalisch zu begründen, reichen unsere Kenntnisse sicherlich nicht aus. Selbst Elektricität und Magnetismus bleiben vorerst ausgeschlossen, so lange die entsprechenden molecularen Kräfte und Bewegungen durch Erfahrung so wenig bekannt sind, als es gegenwärtig der Fall ist. Viel mehr aber gilt dies von den unzweifelhaft vorhandenen, aber noch ganz unbekannten Kraftcombinationen und Bewegungsformen, welche die Verschiedenheit der chemischen Elementarstoffe mit Rücksicht auf ihre Affinität, Werthigkeit und die übrigen physicalischen Eigenschaften, und welche ferner das Verhältniss zwischen den wägbaren (chemischen) und unwägbaren (Aether-) Theilchen bedingen. So lange diese Lücke in unserer Erkenntniss besteht, kann auch kein allgemeines Gesetz für den Verwandlungsinhalt des Universums aufgestellt werden.

Dass aber dem Gesetz der Entropie eine absolute Gültigkeit in der That nicht zukommen kann, geht aus den Consequenzen desselben hervor. Wenn das Universum sich in einer bestimmten Richtung verwandelt, wenn seine Entropie einem Maximum zustrebt und somit von einem Minimum ausgegangen ist, so haben wir einen endlichen Process vor uns mit einem Anfang und einem Ende. Das Ende ist der allgemeine Tod; was kommt nachher? Was ist ferner der Anfang und was ist demselben vorausgegangen? Offenbar könnten wir zu dem Anfang nur durch die Hypothese gelangen, dass in einem bis dahin unveränderlichen und ebenfalls todten Zustande Bewegung begonnen habe, also nur durch die Annahme eines Wunders und Preisgebung des Causalgesetzes. Dies beweist uns, dass die (positive) Entropie keine ganz allgemeine Erscheinung sein kann und dass sie ihre Compensation in uns noch unbekannten Gebieten finden muss.

Es wäre möglich, dass, sobald dereinst die in der uns umgebenden Natur jetzt thätige entropische Umwandlung eine gewisse Höhe erreicht hat, Kräfte, die uns wegen ihrer gegenwärtig geringen Wirkung verborgen bleiben, intensiver wirken und eine neue Zerstreuung des Stoffes verursachen werden, wobei Wärme wieder in mechanische Energie übergeht. Es wäre möglich, dass diese letztere Umwandlung einst dadurch befördert wird, dass unser Sonnensystem mit der Zeit in Regionen des Universums gelangt, in denen andere Intensitäten jener noch unbekannten Kräfte und Bewegungen herrschen; dass also, mit andern Worten, auf die Periode der positiven Entropie eine wahrscheinlich rascher verlaufende Periode negativer Entropie folgen wird, und dass dann andere Intelligenzen jener künftigen Periode die negative Entropie als ein der Erfahrung entsprechendes allgemeines Gesetz des Universums aufstellen werden.

Um diese Möglichkeit anschaulich zu machen, muss ich noch etwas näher auf die molecularen Verhältnisse eintreten. Die Atome der chemischen Verbindungen sind nothwendig als sehr zusammengesetzte Körper zu betrachten; dafür sprechen ihre verschiedenen Eigenschaften (ungleiches Gewicht, ungleiche chemische Affinität, ungleiche Werthigkeit, ungleiche Aggregatzustände, ungleiches Leitungsvermögen für Licht, Wärme, Elektricität und noch manche andere Verhältnisse), ferner auch der Umstand, dass sie die Aethertheilchen an Grösse und Masse fast unendlich übertreffen. Wir können uns die innere Beschaffenheit der Atome nur so denken, wie wir alle zusammengesetzten Körper kennen, nämlich als begabt mit einer gewissen Beweglichkeit der Theilchen und sohin mit einer gewissen Veränderlichkeit.

Alles in der endlichen Welt ist veränderlich und wenn auch die Sonne und die Planeten seit Jahrtausenden gleiche Gestalt und gleiches Gewicht besitzen und noch viele Jahrtausende besitzen werden, so hindert das die Physik nicht, anzunehmen, dass dieselben in der Urzeit eine ganz andere, und zwar gasförmige, Beschaffenheit hatten und dass zu jener Zeit auch die astronomische Weltordnung eine ganz andere war; — und die Physik beweist ferner, dass auch in ferner Zukunft wichtige Veränderungen eintreten müssen und dass die Weltordnung abermals eine andere sein wird. Die Welt im Grossen ist also in einer Umwandlung begriffen, die aber so langsam vor sich geht, dass wir einen stationären und unveränderlichen Zustand vor uns zu haben glauben.

Da alle Systeme von materiellen Theilen, die wir hinreichend kennen, vom grössten bis zum kleinsten, sich verändern, so sind wir genöthigt, dies auch von den chemischen Atomen anzunehmen. Ihre Veränderungen können in verschiedener Weise erfolgen, verschiedene ihrer Eigenschaften betreffen und somit auch eine verschiedene Bedeutung haben. Für die vorliegende Frage ist das Verhalten in einer Beziehung, nämlich rücksichtlich des Vermögens Wärme zu binden, wichtig. Vergleichen wir z. B. Kohlenstoff und Wasserstoff; ersterer behält bei den höchsten Temperaturgraden, letzterer bei den niedrigsten seinen Aggregatzustand; ersterer ist ein permanent fester, letzterer ein permanent gasförmiger Körper. Unter den chemischen Elementen besitzen die Kohlenstoffatome die geringste, die Wasserstoffatome die grösste Menge von gebundener Wärme, und dies in Folge ihrer ungleichen Beschaffenheit. Wenn der Kohlenstoff seine Natur in dieser Beziehung änderte und diejenige des Wasserstoffes annähme, so würde er eine entsprechende Menge freier Wärme binden, d. h. in Bewegung verwandeln, und er wäre bei gewöhnlicher Temperatur gasförmig.

Bestehen die chemischen Atome aus zahlreichen Theilchen, denen verschiedene anziehende und abstossende Elementarkräfte eigenthümlich sind, was als die einzig mögliche, naturgesetzliche Annahme erscheint[1]), so hängt es von der Anordnung dieser kraftbegabten Theilchen ab, ob die Atomoberfläche eine grössere oder geringere Zahl von andern, beweglicheren Theilchen, eine Aetherhülle von grösserer oder geringerer Mächtigkeit anzuziehen und festzuhalten vermag. Hiedurch aber wird der festere oder lockerere Zusammenhang mit den andern Atomen und die Fähigkeit, mehr oder weniger Wärme aufzunehmen, somit auch der Umstand bedingt, ob die Substanz bei gewöhnlicher Temperatur im gasförmigen, flüssigen oder festen Zustande auftritt. Und wenn die Anordnung der Theilchen, wozu die Möglichkeit durch ihre Beweglichkeit und Verschiebbarkeit gegeben ist, in einem Atom sich verändert, so wird auch die Mächtigkeit der Aetherhülle sammt der Adhäsion an andere Atome und damit die Schmelz- und Verdampfungstemperatur und schliesslich der Aggregatzustand bei gewöhnlicher Temperatur ein anderer.

Diese Umlagerung der Theilchen in den Atomen erfolgt möglicher Weise ohne äussere Einwirkung, sodass bei der Configurationsänderung die Gesammtenergie sich weder vermehrt noch vermindert; sie befähigt aber das Atom, äussere Arbeit in positivem oder negativem Sinne zu leisten, d. h. mehr oder weniger Anziehung auf andere Atome auszuüben. Möglicher Weise wird jene Umlagerung durch Einwirkung von aussen angeregt, indem das Atom Substanz aufnimmt oder abgibt. Dadurch wird natürlich die Anziehung auf andere Atome viel sicherer und energischer geändert als im ersten Falle. Geht die Veränderung in allen oder in den meisten chemischen Elementen im gleichen Sinne vor sich, nämlich so, dass die Aetherhüllen der Atome mächtiger und der Zusammenhang unter den Atomen geringer wird, so kann ein Zustand herbeigeführt werden, welcher im Grossen und Ganzen eine Umwandlung von Wärme in mechanische Energie, somit die negative Entropie bedingt[2]).

Die Configurationsänderung in den Atomen und damit die Veränderung ihrer physicalischen Natur ist nicht bloss aus allgemeinen Analogiegründen möglich und wahrscheinlich; sie wird auch durch

[1]) Vgl. die folgende Abhandlung: Kräfte und Gestaltungen im molecularen Gebiet.

[2]) Vgl. Kräfte und Gestaltungen im molecularen Gebiet. 9. Entstehung, Beschaffenheit und Veranderung der Atome.

bestimmte Erwägungen geradezu gefordert. Wenn die Materie der Körper unsers Sonnensystems in der Urzeit sich in einem gasförmigen Zustande befunden hat, so fragen wir uns, wodurch dies möglich war. Die Hauptmasse dieser Materie ist ja bei gewöhnlicher Temperatur fest und geht erst bei den höchsten uns bekannten Hitzegraden (Glühhitze) in den flüssigen Zustand über. Es ist ganz undenkbar, dass jemals eine Temperatur geherrscht habe, welche das Gestein zu Gas verflüchtigte. Wo wäre diese Wärme hingekommen, wenn der ganze Himmelsraum damit erfüllt war? Und wie hätte sie sich zusammenhäufen können, wenn es nur eine locale, den Raum unsers Sonnensystems erfüllende Hitze war. Ueberdem hat ja die Wärmebildung, die uns bekannt ist, erst mit der Zusammenballung der ursprünglich gasähnlich zerstreuten Materie begonnen.

Die Annahme eines ursprünglichen gasförmigen Zustandes verlangt, wenn wir nicht viel weiter gehende und kühnere Hypothesen aufstellen wollen, nothwendig die weitere Annahme, dass die chemischen Elemente der die Sonne und die Planeten zusammensetzenden Materie damals eine andere Beschaffenheit hatten und in Folge derselben bei einer Temperatur des Himmelsraumes, die weit unter der jetzigen stand, in luftförmiger Zerstreuung auftraten. Indem diese Natur sich änderte, ballten sich die Gase zusammen zu flüssigen und festen Körpern und gaben ihre gebundene Wärme als freie Wärme ab. Dieser Process dauert noch immer fort und wird so lange dauern, bis überall gleichmässige Temperatur herrscht und die Erstarrung der Welt eingetreten ist, oder bis durch neue Aenderung der Natur der chemischen Stoffe in entgegengesetztem Sinne wieder freie Wärme gebunden wird und unser Planetensystem durch die rückläufige negative Entropie zum gasförmigen Zustande zurückkehrt.

Es wäre denkbar, dass die Umlagerung der Theilchen in den Atomen ein langsam vor sich gehender, wesentlich durch innere Entwicklung geregelter und von äusseren Umständen wenig abhängiger Process ist. Dann würde sie in den verschiedenen chemischen Elementen zu ungleicher Zeit beginnen und somit zu der nämlichen Zeit in ungleichem Sinne verlaufen, z. B. im Kohlenstoff in positiver, im Wasserstoff in negativer Richtung. Es ist aber auch denkbar, dass eine neue Umlagerung erst beginnt, wenn die äusseren Umstände in gewissem Sinne andere geworden sind; —

wenn z. B. durch die fortschreitende Abkühlung die Annäherung der Moleküle und Atome und die Verlangsamung der molecularen Bewegungen einen bestimmten Grad erreicht haben und damit gewisse Kräfte, die bis jetzt weniger wirksam waren, eine entscheidende Bedeutung gewinnen; — oder wenn unser Sonnensystem mit der Zeit in andere Regionen des Universums gelangt, in denen der Aether eine etwas andere Beschaffenheit besitzt, welche die Umstimmung in den Atomen anregt.

Clausius hat sich ein grosses Verdienst erworben durch die Begründung, die mathematische Formulirung und die Anwendung des Gesetzes der Entropie. Aber es darf nicht vergessen werden, dass seine Gültigkeit im Sinne des Autors nur für die uns bekannten Verhältnisse nachgewiesen ist und daher wegen der Lückenhaftigkeit unserer Kenntnisse auch nicht einmal für die Endlichkeit als allgemein betrachtet werden darf.

Im entschiedenen Irrthum aber befinden sich diejenigen, welche die Entropie für die Ewigkeit in Anspruch nehmen. Würde sie selbst alle Naturprocesse in unserer Zeit und in unserem Raum beherrschen, so dürfte sie doch nicht als Grundlage einer absoluten oder philosophischen Weltanschauung benutzt werden. Diese liesse sich, wie ich bereits angedeutet habe, noch anschaulicher in ihrer Absurdität nachweisen als die übrigen naturphilosophischen Weltanschauungen. Der Grund dieses Vorzuges ist einleuchtend. Da aus dem Endlichen nicht auf das Ewige geschlossen werden kann, so lässt sich der Trugschluss um so leichter als solcher durchschauen, je klarer und exacter das Endliche gedacht wird.

Wir können, um uns die philosophischen Weltanschauungen vorstellbarer zu machen, dieselben als Curven verzeichnen. Für die physicalisch-philosophische, welche die Welt aus einer ursprünglichen Gasmasse sich verdichten und zuletzt erstarren lässt, geben die Ordinaten den Grad der Verdichtung an, während die Zeiten auf der Abscissenaxe aufgetragen werden (Fig. 27). Die Curve nähert sich von dem Nullpunkt der Gegenwart aus rückwärts nach der unendlichen Vergangenheit immer mehr der Abscissenaxe, vorwärts nach der unendlichen Zukunft immer mehr einer Abscisse, deren Ordinaten dem grössten Grad der Verdichtung entsprechen. — Die idealistisch-philosophische Weltanschauung gibt uns die gleiche

Curve, wenn wir den zu jeder Zeit erreichten Grad der Vervollkommnung als Ordinate auftragen.

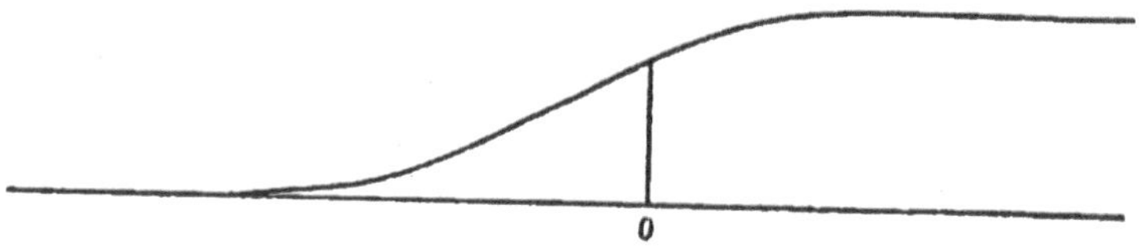

Fig. 27.

Wir können aber auch die Grösse (Intensität) der Veränderung während der Zeiteinheit als Maass für die Ordinaten benutzen, indess die Zeiten wieder als negative oder positive Entfernungen auf der Abscissenaxe erscheinen (Fig. 28). Die Curve der beiden vorgenannten Weltanschauungen nähert sich dann sowohl in der unendlichen Vergangenheit als in der unendlichen Zukunft immer mehr der Abscissenaxe, während ihr Höhepunkt in einer endlichen Entfernung vor oder nach dem zeitlichen Nullpunkt der Gegenwart sich befindet; die aufsteigende und die absteigende Hälfte der Curve können einander mehr oder weniger ungleich sein.

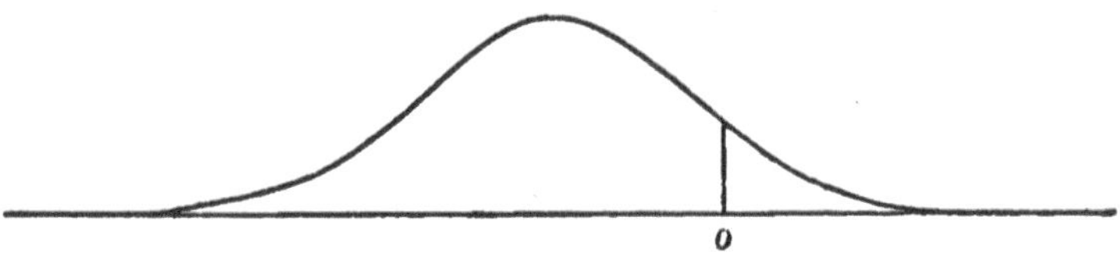

Fig. 28.

Für die materialistisch-philosophische Weltanschauung wird die Curve, wir mögen die Vollkommenheit oder einen anderen Zustand der Welt oder die Intensität der Veränderung während der Zeiteinheit durch die Länge der Ordinaten ausdrücken, eine mit der Abscissenaxe im allgemeinen parallel laufende Linie, die je nach der Vorstellung gerade oder wellenförmig sein kann, aber sich der Abscissenaxe auf die Dauer weder nähert, noch sich von derselben entfernt.

---

4. Bedingungen für empirisches Wissen und Erkennen. Morphologische Wissenschaften (S. 580).

Es herrschen bezüglich des Wissens und Erkennens innerhalb des Gebietes der Erfahrung verschiedene Ansichten, die denn auch für die Feststellung der Schranken maassgebend sind. Ich bin von folgenden Gesichtspunkten ausgegangen, wobei ich alle Vorstellungen als ursprünglich aus der Erfahrung herstammend betrachtete; ich verweise hierüber auf den folgenden Zusatz: »Ueber die Apriorität der Erkenntnisse«.

Dem Erkennen muss das Wissen vorausgehen, dem Wissen die Wahrnehmung. Das Nervensystem empfängt sinnliche Eindrücke und macht Wahrnehmungen, indem es durch die Schwingungen des Aethers und der Luftmoleküle, durch Berührung von gasförmigen, flüssigen und festen Körpern eigenartig afficirt wird. In Folge einer langen Erfahrung und einer langen Arbeit von geistiger Vermittlung gelangt das Kind zu der Vorstellung äusserer Gegenstände von verschiedener Gestalt, verschiedener Beschaffenheit und verschiedener räumlicher Lage. Damit sind die ersten Beobachtungsthatsachen gewonnen, welche in der Folge mannigfaltiger, complicirter und genauer werden.

Die Beobachtungsthatsachen oder Thatsachen schlechthin, wie sie häufig genannt werden, sind durchaus concreter Natur. Sie sind aber nicht unmittelbar gegeben und nicht als solche auch unbedingt richtig; vielmehr werden sie erst durch die allerdings unbewusst erfolgenden Schlüsse eines geschulten Verstandes erlangt. Ein Blindgeborener, der plötzlich die Sehkraft gewinnt, muss, obgleich er bereits eine Menge richtiger Vorstellungen über die Aussenwelt besitzt, doch ziemlich lange Erfahrungen erwerben, bis er richtig sieht. — Auch der Geübte macht unrichtige Beobachtungen, wenn Sinnesstörungen vorkommen oder wenn sein Verstand unrichtig urtheilt. Eine Beobachtung kann aber dann als ganz sicher und als Thatsache gelten, wenn der Beobachter bei normaler Beschaffenheit seiner sinnlichen und geistigen Anlagen sie immer wieder in der gleichen Weise macht, und wenn auch Andere dasselbe Resultat erhalten.

Aus den concreten oder Beobachtungsthatsachen werden durch weitere Schlussfolgerungen allgemeine (abgeleitete) Thatsachen, gewöhnlich Gesetze oder Regeln, auch Principien genannt, gewonnen. Sie sind gewiss, wenn die zu Grunde gelegten Beobachtungsthatsachen gewiss, und wenn das logische Verfahren richtig ist. Letzteres kann inductiv sein, indem aus einer Vielheit von Einzelfällen, oder deductiv, indem aus einem durch Erfahrung gewonnenen Princip ein Gesetz abgeleitet wird. Die Mathematik hat bloss ihre allerersten

Sätze inductiv erlangt; von da aus verfährt sie rein deductiv. Die Physik bedient sich abwechselnd der Induction und der Deduction. Die beschreibenden Naturwissenschaften kennen nur das inductive Verfahren; sie vermögen wegen der Complicirtheit der Erscheinungen die Ableitung aus allgemeinen Principien noch nicht anzuwenden.

Unsere Vorstellungen über allgemeine (abgeleitete) Thatsachen sind um so sicherer, je mehr sie auf Deduction fussen, weil wir den deductiven Schluss als einen Vorgang, der unserem Verstande allein angehört, vollständiger überwachen können. Dabei wird natürlich vorausgesetzt, dass die Principien, aus denen geschlossen wird, richtig seien. Daher ist die Mathematik die festbegründetste Wissenschaft. Ihr folgt im Range die Physik, deren Inhalt eben dadurch einen so hohen Grad der Gewissheit erlangt, weil sie zugleich auf inductivem und deductivem Wege zu ihren Resultaten gelangt (experimentelle und mathematische Physik). Die Naturphilosophie hat das deductive Verfahren, statt wie die Physik auf einzelne Naturprocesse, auf die Totalität der Natur anwenden wollen und ist mit allen ihren Versuchen gescheitert, weil sie nicht von sicheren Principien auszugehen vermochte. So musste sie denn auch, um die Theorie einigermaassen mit der Wirklichkeit in Uebereinstimmung zu bringen, die willkürlich gesetzten Principien durch willkürliche und unlogische Deductionen corrigiren.

Die Deduction gibt nur auf dem formalen (mathematischen) Gebiet und auf den einfachsten realen Gebieten, die Induction überhaupt nur in wenigen Fällen vollkommene Gewissheit. Die nicht vollkommene Gewissheit wird als Wahrscheinlichkeit bezeichnet. Wo auch Wahrscheinlichkeit nicht gewonnen werden kann, lässt sich meistens ermitteln, ob eine bestimmte Vorstellung möglich oder unmöglich ist. Man kann die Vorstellungen von den natürlichen Dingen somit in drei Gruppen bringen, in gewisse, wahrscheinliche und mögliche.

In manchen Beziehungen ist es von Nutzen, die Vorstellungen in zwei Kategorien zu scheiden. Dann sind die einen die Thatsachen, die andern die Meinungssachen. Wir betrachten die ersteren als sicher, weil sie direct bewiesen sind oder weil das Gegentheil als unmöglich erscheint. Zu ihnen gehören im strengen Sinne nur die concreten oder Beobachtungsthatsachen und die allgemeinen oder abgeleiteten Thatsachen (Gesetze). Gewöhnlich rechnen wir aber zu den Thatsachen auch diejenigen Vorstellungen, für welche bloss eine sehr grosse Wahrscheinlichkeit besteht. — Jeder menschliche Körper besitzt, soweit wir darüber Erfahrung haben, Herz, Lunge, Magen. Es muss im strengeren Sinne als Thatsache angesehen werden, dass auch alle anderen Menschen, von denen wir aus directer Erfahrung nichts wissen, mit diesen Organen begabt sind, weil sie ohne dieselben nicht leben könnten. Alle menschlichen Körper, welche zergliedert wurden, enthielten auch eine Milz, und die Anatomen betrachten es ebenfalls als gewiss, dass es keinen milzlosen Menschen gebe, obgleich in dieser Beziehung zur Zeit nur eine sehr grosse Wahrscheinlichkeit besteht, da man nicht weiss, wozu die Milz dient, daher die Nothwendigkeit ihres Daseins nicht darthun und ihren Mangel nicht als unmöglich erweisen kann.

Diejenigen Vorstellungen, denen nur ein geringerer oder grösserer (aber nicht überwältigender) Grad von Wahrscheinlichkeit zukommt, oder die bloss als möglich erscheinen, werden als Meinungssachen bezeichnet. Sie schliessen das Gegentheil nicht aus, und es sind daher über das nämliche Ding verschiedene Meinungen gestattet, indem weder die eine noch die andere einen logischen Fehler begeht. So ist es beispielsweise möglich, dass die Planeten bewohnt sind, und wahrscheinlich, dass Thiere und Pflanzen von den nämlichen oder wenigstens einander sehr ähnlichen Urwesen abstammen.

Die Thatsachen und die Meinungssachen umfassen zusammen das Gebiet des Wissens, d. h. alles dessen, was als dem Wissen nicht unzugänglich erachtet werden muss. Daneben gibt es ein ganzes Gebiet von Vorstellungen, die entweder als mit den Natur- und Denkgesetzen unverträglich, demnach als physisch unmöglich erscheinen, oder die nach den Natur- und Denkgesetzen gar nicht beurtheilt werden können, somit ausser oder über denselben stehen. Alle diese Vorstellungen werden als Glaubenssachen bezeichnet und stellen in ihrer Gesammtheit das Gebiet des Glaubens, im Gegensatze zu dem des Wissens dar.

Offenbar sind die in dem Glaubensgebiete vereinigten Vorstellungen ganz ungleicher Art und scheiden sich in zwei scharf geschiedene Gebiete. Das eine umfasst alle Vorstellungen von den übernatürlichen Dingen und ist transcendenter Glaube. Das andere enthält die unnatürlichen und widernatürlichen Vorstellungen von den wirklichen endlichen Dingen und ist Aberglaube.

Richtiger als die Dreitheilung in Thatsachen, Meinungssachen und Glaubenssachen wäre daher die Unterscheidung der Gesammtheit unserer Vorstellungen in solche über die Dinge der endlichen physischen Welt und solche über die ewige metaphysische Welt. Die ersteren gehören dem Gebiete des Wissens an, wenn sie vernunft- und naturgemäss sind (Thatsachen und Meinungssachen) oder dem Gebiete des Aberglaubens, wenn sie vernunft- und naturwidrig sind. Die letzteren sind transcendenter Glaube, wenn sie das Ewige und Göttliche anerkennen, und Unglaube, wenn sie es leugnen.

Nicht Alles, was wir wissen, ist auch Erkenntniss. Gerade die concreten oder Beobachtungsthatsachen, die der objective Naturforscher oft als das Sicherste oder selbst als das einzig Sichere in unserem Wissen betrachtet, sind am weitesten davon entfernt, erkannt zu sein. Um von dem blossen Wissen zum Erkennen fortzuschreiten, muss eine Vorstellung mit anderem Wissen zusammengehalten werden und eine Reihe von Denkprocessen durchlaufen. Sehr häufig knüpft man an die Erkenntniss eines Dinges die Bedingung, dass seine Nothwendigkeit begriffen, dass also dargethan werde, wie es die logische Folge von etwas Anderem sei. Dies ist das begreifende oder ursächliche Erkennen. Diesem Erkenntnissgebiete gehört der Inhalt der Mathematik vollständig an und aus den realen Wissenschaften alle Gesetze, insofern die Thatsachen, aus denen sie als nothwendig gefolgert werden, Gewissheit oder wenigstens eine der Gewissheit nahe kommende Wahrscheinlichkeit gewähren. Die Astronomie und die übrigen Theile der Physik bieten uns viele Beispiele des ursächlichen Erkennens dar.

Die ursächliche Erkenntniss ist mehr oder weniger vollständig bezüglich aller der Momente, die bei complicirten Erscheinungen in Betracht kommen, und mehr oder weniger vollkommen bezüglich der einzelnen Vorstellungen, aus denen sie sich zusammensetzt. Daher ist Umfang und Grenze des Erkenntnissgebietes verschieden je nach den mehr oder weniger strengen Anforderungen, die man stellt. Es lassen sich selbst diese Anforderungen so hoch schrauben, dass das Erkennen zur Unmöglichkeit wird. Dies ist dann der Fall, wenn man verlangt, dass die Ursachen einer Erscheinung nicht nur als gewiss nachgewiesen, sondern auch selber ursächlich erkannt seien. — Die astronomische Erkenntniss beruht auf der Combination der Kräfte, mit denen sich die Weltkörper nach Masse und Entfernung anziehen, und derjenigen Kräfte, die aus Masse und Bewegung sich ergeben. Hieraus lässt sich, was am Himmel vorgeht, begreifen und auch voraussagen, was in der Folge dort geschehen wird. Die Astronomie wäre aber nicht mehr Erkenntniss, sondern bloss Wissen und Kunst, wenn zur Erkenntniss auch das Begreifen der Gravitation und der Bewegung gefordert würde.

Die Berechtigung so weit gehender Forderungen kann an und für sich nicht bestritten werden, wohl aber die Berechtigung, sie als die Bedingung der Erkenntniss zu erklären. Denn unter Erkenntniss versteht der Sprachgebrauch etwas anderes, nämlich menschliches und nicht unmögliches Begreifen. Das mögliche ursächliche Erkennen begnügt sich damit, je auf die nächsten Ursachen zurückzugehen. Das göttliche oder transcendente Erkennen, welches bis auf die erste Ursache sich versteigen will, gehört nicht mehr der menschlichen Erkenntnisslehre an.

Nur wenige Gesetze der Physik gewähren eine so vollkommene ursächliche Erkenntniss wie die astronomischen. Von manchem der physicalischen Gesetze wird für unsere Einsicht nicht viel mehr geleistet, als dass die Erfahrungsthatsachen einen mathematischen Ausdruck erhalten, welcher es möglich macht, das Resultat eines natürlichen Vorganges im Voraus arithmetisch genau festzustellen. Man kann aber auch im letztern Falle mit einem gewissen Recht von Erkenntniss sprechen, weil das Erfassen eines Dinges nach seinen genauen Maassen über das gewöhnliche Wissen hinausgeht.

So verhält es sich auch, wenn zwei verschiedene Dinge nach einem bestimmten Maass verglichen und ihre Verschiedenheit, somit der relative Werth jedes einzelnen, in exacter Weise ausgedrückt werden können, mag nun das Maass in der Längen- und Gewichtseinheit oder in der Zahl und Anordnung gleichartiger Theile oder in irgend etwas Anderem bestehen. Desswegen habe ich von messendem Erkennen gesprochen und dasselbe als eine dem Wissen nach (mit Rücksicht auf Gewissheit) gleichwerthige, aber für die Bedürfnisse des Verstandes tiefere Stufe dem begreifenden oder causalen Erkennen vorausgehen lassen.

Ich glaube damit um so eher das Richtige getroffen zu haben, als wir sonst den morphologischen Wissenschaften, trotz ihrer hohen Ausbildung, den Erkenntnissgehalt ganz absprechen müssten. Anerkanntermaassen ist ein blosses Aggregat von Thatsachen, also von Gewusstem, noch keine Wissenschaft; wenigstens müssen die Thatsachen verglichen und geordnet werden, damit man von wissenschaftlicher Behandlung sprechen darf. Stellt man nun an diese Behandlung die strengen Forderungen der exacten Methode und gesteht man dann derselben die Berechtigung des (messenden) Erkennens zu, so können wir den eigentlich wissenschaftlichen Gehalt einer Disciplin ihrem Erkenntnissgehalte gleichsetzen.

Unter den morphologischen Wissenschaften nimmt die Chemie den ersten Rang ein. Von ihr sagt Du Bois Reymond, dass sie in unserer Zeit von dem Ziele, eine Wissenschaft in seinem Sinne zu werden, scheinbar weiter entfernt sei als zu Kant's Zeiten. Die Chemie hat sich seit 30 und mehr Jahren fast ausschliesslich mit der Constitution der Verbindungen beschäftigt. Sie ist nicht, wie man früher wohl erwarten mochte, zunächst eine physicalische (vorzugsweise thermische und elektrische), sondern eine beschreibende oder besser morphologische Wissenschaft geworden. Den Namen einer Wissenschaft aber verdient sie gewiss in hervorragender Weise, wenn wir unter wissenschaftlicher Methode das Verbinden von sicheren Beobachtungsthatsachen durch logisch richtige Schlüsse und das nach Maass und Zahl exacte Erkennen verstehen. Dies müsste selbst als unanfechtbar gelten, wenn die chemischen Moleküle und Atome eine Hypothese wären, wofür sie noch von manchen, besonders von beschreibenden Naturkundigen gehalten werden. Da dieselben aber nicht mehr zu den Meinungssachen, sondern zu den wirklichen Thatsachen gehören[1]), so hat die Chemie eine höhere Stufe wissen-

[1]) Ich will nicht die verschiedenen Gründe wiederholen, die uns zu der Annahme nöthigen, dass die Materie nicht homogen ist, sondern aus discreten Theilchen besteht. Dagegen weise ich darauf hin, dass die neuere mathematische Physik von diesen Theilchen, soferne sie gasförmig sind, die in einem gegebenen Raume enthaltene Anzahl, das Gewicht jedes einzelnen und die mittlere Geschwindigkeit seiner fortschreitenden Bewegung ermittelt hat, dass aus dem Gewicht der Theilchen unmittelbar auch das Volumen, welches ein jedes im flüssigen und festen Zustande einnimmt, hervorgeht, dass dieses Volumen mit dem nach anderer Methode für den flüssigen und festen Zustand berechneten Volumen der kleinsten Theilchen übereinstimmt, — dass ferner Physik und Chemie die kleinsten Theilchen der gasförmigen Elemente oder die Moleküle als aus zwei gleichen Hälften (Atomen) bestehend nachgewiesen haben, dass also die kleinsten Theilchen der chemischen Elemente im flüssigen und festen Zustande die gleiche Beschaffenheit besitzen, und dass von dieser Grundlage aus der morphologische Aufbau der

schaftlicher Ausbildung erlangt als irgend eine andere morphologische Disciplin, und zwar desswegen, weil ihr morphologischer Inhalt durch ein viel grösseres Maass causalistischen (physicalischen) Gehaltes gestützt wird.

Als Wissenschaft erweist sich die Chemie namentlich auch durch den Umstand, dass sie vermöge ihrer Einsicht in das Wesen der Verbindungen den sicheren Weg, auf dem noch unbekannte und bisher nicht existirende Verbindungen dargestellt werden, sowie deren Eigenschaften nebst der genauen Zusammensetzung zum Voraus angeben kann.

Die Chemie baut ihre Verbindungen (Moleküle) aus den Elementatomen auf. Dass diese Atome rücksichtlich ihrer Eigenschaften noch wesentlich unbekannte Körperchen sind, thut der messenden Erkenntniss der chemischen Verbindungen keinen Eintrag. Es genügt, dass die Existenz der Elementatome gewiss ist, dass ihr relatives Gewicht genau und ihre gegenseitige Verwandtschaft genügend bekannt sind. Dadurch werden dieselben befähigt, als exactes Maass zu dienen, so gut als Meter, Gramm, Secunde vollkommene Maasse sind, ohne dass wir weiter etwas von ihrem Wesen wissen.

Einer hohen morphologischen Ausbildung ist auch die Botanik fähig. Ihre Bausteine, nämlich die Zellen, sind zwar sehr complicirte und in Folge dessen auch in ihrem ursächlichen Wesen ganz unbekannte Körper. Für die messende Erkenntniss der pflanzlichen Bildungen, besonders auf den einfacheren Stufen des Reiches, eignen sie sich aber in vorzüglicher Weise. Da hier die ganze Pflanze und meistens auch ihre einzelnen Organe mit einer einzigen Zelle beginnen und durch Zelltheilung (Scheidewandbildung in den Zellen), die in ganz bestimmten und constanten Richtungen erfolgt, wachsen, so lässt sich der morphologische Aufbau wenigstens auf die allernächste Ursache zurückführen und daher die Bedeutung der verschiedenen oft sehr complicirten Bildungen aus der Entwicklungsgeschichte erkennen. Dabei bleibt die ursprüngliche Regelmässigkeit in der Anordnung der Zellen oft zeitlebens erhalten und weist deutlich auf eine regelmässige Entwicklung hin. Oft aber wird die ursprüngliche

---

chemischen Verbindungen, nicht bloss der einfachen, sondern selbst ziemlich zusammengesetzter, ausgeführt wird, was in vielen Fällen mit vollkommener Gewissheit geschehen kann, weil die Moglichkeit einer anderen Annahme ausgeschlossen ist.

regelmässige Anordnung späterhin gestört, und man kann in der scheinbar chaotischen Zusammenlagerung der Zellen bloss mit Hilfe des erkannten gesetzmässigen Wachsthums sich zurechtfinden. — Auf den höheren Stufen des Pflanzenreiches, wo der innere Bau wegen der grossen Complicirtheit scheinbar ganz unregelmässig geworden ist, lässt sich auf seine Gesetzmässigkeit aus der vollkommen regelmässigen Anordnung der seitlichen Organe schliessen.

Noch deutlicher tritt uns das gesetzmässige Werden entgegen, wenn wir die morphologischen Erscheinungen in der Pflanzenwelt nicht bloss nach ihrer ontogenetischen, sondern auch nach ihrer phylogenetischen Entwicklungsgeschichte betrachten. Ich habe in der Abhandlung: Mechanisch-physiologische Theorie der Abstammungslehre (VII. Phylogenetische Entwicklungsgeschichte des Pflanzenreiches und IX. Morphologie und Systematik als phylogenetische Wissenschaften) die Entwicklungsgesetze und ihre Anwendung darzulegen versucht. Obgleich diese Wissenschaft noch im ersten Kindheitsstadium und wegen Mangels an hinreichendem brauchbaren Beobachtungsmaterial noch sehr unvollkommen ist, so lässt sich doch jetzt schon von vielen Pflanzenformen mit Sicherheit angeben, wie die Formen, aus denen sie phylogenetisch hervorgegangen sind, gebaut waren, und wie die Formen, in welche sie sich phylogenetisch umwandeln werden, beschaffen sein müssen.

Schon die Einsicht in bestimmte ontogenetische und phylogenetische Gesetze ist ein Beweis von Wissen und Erkennen; als ein noch besseres Zeugniss davon muss es angesehen werden, wenn wir die phylogenetische Entwicklungsbahn eines Organismus — analog wie die Bahn eines Kometen — sei es auch vorerst nur auf eine kurze Strecke zu bestimmen und in der künftigen Gestaltung eines Organismus ein kommendes Ereigniss — analog wie eine Sonnenfinsterniss — vorauszusagen vermögen.

---

5. Apriorität.

a) Des Gravitationsgesetzes (S. 581).

Man hat das Gravitationsgesetz als unabhängig von unserer Erfahrung und schon in unserer Vernunft begründet darstellen wollen. Allein es ist klar, dass die Anziehung im Verhältniss des umgekehrten

Quadrats der Entfernung nichts anders ist als das Gesetz der Erhaltung der Kraft mit Beziehung auf den Raum[1]). Wie die Summe der lebendigen und Spannkräfte in einem bestimmten System durch alle Zeiten die nämliche bleibt und sich somit als unabhängig von der Zeit darstellt, so sagt uns das Gravitationsgesetz bloss, dass die Gesammtanziehung, die von einer bestimmten Masse ausgeübt wird, auf jede Entfernung die nämliche bleibt, also unabhängig vom Raume ist.

Von den Versuchen, das Gravitationsgesetz a priori zu erklären, führe ich den von Kant an. Derselbe sagt: dieses Gesetz scheine als nothwendig in der Natur der Dinge selbst zu liegen und pflege daher auch als a priori erkennbar vorgetragen zu werden, und fährt fort: »So einfach nun auch die Quellen dieses Gesetzes sind, indem sie bloss auf Verhältnisse der Kugelfläche von verschiedenen Halbmessern beruhen, so ist doch die Folge davon so vortrefflich in Ansehung der Mannigfaltigkeit ihrer Zusammenstimmung, dass kein anderes Gesetz der Attraction, als das des umgekehrten Quadratverhältnisses der Entfernungen zu einem Weltsystem als schicklich erdacht werden kann. Hier ist also Natur, die auf Gesetzen beruht, welche der Verstand a priori erkennt, und zwar vornehmlich aus allgemeinen Principien der Bestimmung des Raumes. — So ist der Verstand der Ursprung der allgemeinen Ordnung der Natur, indem er alle Erscheinungen unter seine eigenen Gesetze fasst.«

Man vermisst in diesem Beweise, da er etwas Unmögliches leisten soll, die gewohnte Klarheit und Schärfe des Philosophen. Was sagt uns das Gravitationsgesetz? Dass die Anziehung zwischen einem Gravitationscentrum und verschiedenen Kugelschalen von gleicher Dicke und Dichtigkeit aber ungleichen Radien gleich gross ist, und dass somit die Anziehung zur Masseneinheit in den verschiedenen Kugelschalen sich umgekehrt wie das Quadrat der Radien verhält. Die Gravitation wirkt nach allen Richtungen und die Summe aller Anziehungen, die ein Gravitationscentrum auszuüben vermag, ist auf alle Entfernungen dieselbe. Eben so verhält es sich mit allen andern Kräften. Bei allen bewährt sich der Satz der Identität. Gäbe

[1]) Ueber die Apriorität der Mathematik s. den zweiten, über die Apriorität des Causalgesetzes (und des Gesetzes der Erhaltung der Kraft) s. den dritten Theil dieses Zusatzes.

es eine Kraft, die nur nach Einer (linearen) Richtung wirkte, so wäre die Anziehung oder Abstossung auf die Masseneinheit unzweifelhaft in allen Entfernungen die gleiche.

Das Gravitationsgesetz ist ein Erfahrungssatz. Um seine Apriorität nachzuweisen, um es unmittelbar aus unserer Vernunft abzuleiten, müsste gezeigt werden, dass in den Begriff der Anziehung auch schon die besondere Art ihrer Wirkung eingeschlossen und dass eine andere Art unlogisch und unmöglich sei. Nun wäre es aber nichts Absurdes für unsern Verstand, wenn die Gesammtanziehung mit der Entfernung zu oder abnehmen, wenn also die Anziehung zur Masseneinheit sich in grösserem oder geringerem Verhältniss als nach dem umgekehrten Quadrat der Entfernung verhalten würde. Dies möchte wohl eben so »schicklich« für die Erhaltung des Gleichgewichtes im Weltensystem sein; nur würde das Gleichgewicht eine etwas andere Gestalt annehmen.

Im Gegensatz zu der eben besprochenen Annahme, wonach das Gravitationsgesetz nicht bloss durch die Erfahrung, sondern auch durch die Logik bewiesen wäre, steht die Behauptung Anderer, dass dieses Gesetz eine untere Grenze wirklich besitze und möglicher Weise auch eine obere Grenze haben könne, d. h. dass es für unmessbar kleine Entfernungen nicht mehr gelte und vielleicht auch nicht für die allergrössten Entfernungen. Diese Behauptung ist rationell unwahrscheinlich und wird auch durch die Erfahrung nicht wahrscheinlich gemacht. Allerdings wird die Anziehung in unmessbar kleinen Abständen anders, aber nicht weil das Gravitationsgesetz sich ändert, sondern weil jetzt überdem Molecularkräfte wirksam werden.

Dass aber Molecularkräfte in geringster Entfernung gegenüber der Gravitation eine gesteigerte Wirksamkeit erlangen, rührt nicht etwa davon her, dass dieselben bezüglich des Raumes ein anderes Verhalten zeigen, und dass sie, wie man etwa sich ausdrückte, im umgekehrten Verhältniss einer höheren Potenz der Entfernung wirken. Die moleculare Anziehung und Abstossung hat gleichfalls den Coefficienten $\frac{1}{d^2}$, wenn d den Abstand zweier Kraftcentren bedeutet. Da aber die verschiedenen molecularen Kraftcentren sehr nahe beisammen liegen, so ändert sich ihr Effect auf einen fernen Körper, sobald dieser sich so sehr nähert, dass d der gleichen Grössenordnung angehört wie die molecularen Entfernungen. Die Differenz zwischen Anziehung und Abstossung, welche 2 moleculare Kraftcentren auf einen andern Körper ausüben, sei $\frac{K}{d^2} - \frac{K^1}{(d-e)^2}$, worin e die geringe Grösse ausdrückt, um welche das eine von dem betreffenden Körper weiter absteht. Solange nun e im Verhältniss zu d verschwindend klein ist, wird die Gesammtwirkung bloss durch d beeinflusst. Erreicht aber in Folge der Annäherung e gegenüber von d einen bemerkbaren Werth, so übt es auch auf die Gesammtwirkung einen entscheidenden Einfluss aus und kann dieselbe selbst bis zum entgegengesetzten Vorzeichen verändern [1]).

Es liegt also in dem scheinbar abweichenden Verhalten der Molecularkräfte kein Grund vor zu der Behauptung, dass die Wirkung der Kräfte zu sehr kleinen Entfernungen eine andere Beziehung zeige als zu grösseren.

---

b) Apriorität der Mathematik (S. 582).

Die Philosophen streiten sich über die Apriorität der Mathematik. Die Naturforscher werden wohl unbedingt die Neigung haben, die mathematischen Vorstellungen in gleicher Weise zu Stande kommen zu lassen, wie alle übrigen. Ein Mensch, der ohne Sinnesorgane aufwüchse und keine Eindrücke von aussen empfinge, also auch nichts von seinem körperlichen Ich erführe, wäre wie eine Pflanze beschaffen; er hätte auch keine Vorstellung von Zahl und Grösse. Er könnte weder die Zahl 5 seiner Finger, noch ein Dreieck und einen Kreis construiren. Solche Vorstellungen erlangt er bloss durch die sinnliche Wahrnehmung. Ohne letztere wüsste er nicht, dass es Dinge ausser ihm gibt; ohne sie wüsste er nicht einmal von seiner eigenen Existenz, denn dieses Bewusstsein entspringt aus dem Gegensatze des Ich mit der Aussenwelt.

Die Mathematik wie alles andere Wissen kann also nur aus der Erfahrung hervorgehen; ihre Grundlagen sind die allgemeinsten Begriffe derselben, und in dieser weitest gehenden Verallgemeinerung beruht ein wesentliches Moment ihrer Stärke. Die allgemeinste

---

[1]) Ich verweise übrigens auf die folgende Abhandlung: Kräfte und Gestaltungen im molecularen Gebiet.

Abstraction der sinnlichen Wahrnehmung ist die, dass es überhaupt Dinge gibt und dass dieselben mehr oder weniger verschieden von einander sein können.

Ein anderes Moment der Stärke der Mathematik beruht darin, dass sie innerhalb der eben angeführten Abstraction die einfache Identität zur Basis ihrer Operationen macht und daraus ihre Sätze logisch ableitet. In der That kann nichts Unzweifelhafteres vorausgesetzt werden, als dass etwas sich selbst (oder einem Andern, das es selbst ist) gleich sei, $a = a$.

Eine solche Identität gilt auch für den Satz, mit dem die Mathematik des Raumes beginnt, dass zwei parallele Linien sich nicht schneiden und keinen Raum einschliessen. Es ist zwar die Behauptung aufgestellt worden, dass in diesem Satze ein unbewiesenes, von unserem Verstande hineingelegtes Axiom enthalten sei und dass aus dem Parallelismus das Sichnichtschneiden noch nicht nothwendig folge. Das Irrthümliche einer solchen Behauptung rührt augenscheinlich daher, dass der Begriff der Linie in doppelter Weise gefasst werden kann, und dass beim Ueberspringen von dem einen auf den andern leicht der Eindruck einer Lücke erhalten wird.

Die Linie ist einmal die Begrenzung einer Fläche; ferner ist sie die Bewegung eines Punktes (z. B. des Schwerpunktes eines Körpers). Halten wir uns ausschliesslich an den einen oder an den andern dieser beiden Begriffe, so tritt die Identität als einzige Voraussetzung in dem Satze des Parallelismus klar zu Tage. Sind die zwei parallelen Linien die Seiten eines Rechteckes, wodurch ja eben der überall gleiche Abstand postulirt ist, so bleiben sie parallel, behalten den gleichen Abstand, schneiden sich nicht, wenn wir uns das Rechteck länger und länger, zuletzt unendlich lang denken. Sind die zwei parallelen Linien dagegen zwei sich bewegende Punkte, was nichts anderes heisst, als dass die Bewegungen eine Strecke weit den gleichen Abstand einhalten, so müssen sie parallel bleiben, auch wenn die Bewegung ins Unendliche sich fortsetzt; denn mit der Abweichung vom Parallelismus würden sie den vorausgesetzten Charakter verlieren.

Der Parallelismus und das Nichtschneiden sind also identische Begriffe, was nur dann nicht sofort ersichtlich wird, wenn man die linienförmige Begrenzung in die linienförmige Bewegung (die beiden einzigen Begriffe, unter denen uns die Linie anschaulich ist) übergehen lässt. Zeichnen wir zwei parallele Striche auf das Papier, so dürfen wir uns nicht einfach die Frage vorlegen, wie sich dieselben verhalten werden, wenn wir sie ins Unendliche verlängern; sondern wir müssen uns zuerst darüber klar sein, wie sie zu Stande gekommen sind und was sie bedeuten, und ferner müssen wir uns ebenfalls klar machen, was ihre Verlängerung bedeuten soll.

Auf den Einwurf, dass die Identität selber ein aprioristisches, vor aller Erfahrung unserem Verstande angehöriges Gesetz sei, wäre zu erwidern, dass der Vorstellung von der Gleichheit zweier Dinge doch unbedingt diejenige von dem Dasein von Dingen vorausgehen muss. Nun erfahren wir erst durch die sinnliche Wahrnehmung, dass es überhaupt Dinge gibt, und gleichzeitig erfahren wir durch die nämliche sinnliche Wahrnehmung, dass diese Dinge einander sehr unähnlich, aber auch wieder so ähnlich sein können, dass wir sie nicht von einander zu unterscheiden vermögen. Es ist somit der Grundsatz aller mathematischen Betrachtung auf empirischem Wege gewonnen worden.

---

c) Apriorität als allgemeines Princip.

Die allgemeine philosophische Streitfrage, ob alles Wissen durch Vermittlung sinnlicher Wahrnehmung gewonnen werde, oder ob es auch Erkenntnisse a priori gebe, würde hier keine Erwähnung finden, da sie durch die Beschränkung des Wissens auf das Endliche und durch die fernere Erwägung, dass das Endliche nur monistisch aufgefasst werden kann, erledigt scheint, — wenn nicht neuere deutsche Physiologen sich für die Apriorität und somit indirect, vielleicht ohne volles Bewusstsein, in dualistischem Sinne ausgesprochen hätten.

Die Frage ist also, ob es Denkgesetze gebe, die aller Erfahrung vorausgehen, ob unserem Verstande Ideen angeboren seien, ob das Gesetz der Causalität schon ursprünglich in uns liege, ob das Gesetz von der Erhaltung der Kraft uns von der Natur geschenkt und nicht durch die mühsame Arbeit von Jahrtausenden errungen worden sei, ob die Idee des Raumes und der Zeit unserem Verstande von der Natur vorgeschrieben und nicht erst aus der Natur geschöpft wurden.

Es ist zweckmässig, sich vollständig der Folgen bewusst zu werden, zu denen diese Annahmen nothwendig führen. Wenn unser Verstand von sich aus den Begriff des Allgemeinen hat, so müssen ihm auch schon die Theilbegriffe eigen sein, die dem Allgemeinen untergeordnet sind, oder er muss sie wenigstens ohne äussere Hilfe entwickeln können. Wenn die Idee des Raumes schon ursprünglich in ihm ist, so besitzt er auch die Vorstellung der 3 räumlichen Dimensionen und die Vorstellung ihrer partiellen und gänzlichen Negation, also den Begriff des Körpers, der Fläche, der Linie, des Punktes, und ebenso die Vorstellung der durch diese Begriffe bestimmten besonderen Raumgrössen, der verschiedenen Linien, Flächen und Körper.

Mit der Vorstellung bestimmter Raumgrössen ist zugleich die Idee der Vielheit und Einheit, der Verschiedenheit und Gleichheit gegeben. — Aus dem allgemeinen Begriffe des Raumes und der Zeit entspringt ferner nothwendig der Begriff der Bewegung und zwar nicht bloss der Bewegung im Allgemeinen, sondern abermals die Begriffe aller besonderen, von Raumgrössen möglicher Weise auszuführenden Bewegungen. — Nach dem Gesetz der Causalität, das schon ursprünglich in unserem Verstande wach werden soll, hat jede Ursache eine ihr entsprechende Wirkung und jede Wirkung setzt eine entsprechende Ursache voraus. Also muss auch die Bewegung im allgemeinen durch eine Ursache, die man hier Kraft nennt, und jede besondere Bewegung durch eine Kraft von bestimmter Grösse und Richtung bewirkt werden — und unser Verstand vermag dies alles aus sich, ohne Zuthun von aussen, zu construiren.

Somit muss, wenn es angeborene Ideen gibt, der menschliche Geist die gesammten mathematischen und mechanischen Wissenschaften ohne vorausgehende sinnliche Anschauung entwickeln können, — und soweit möchte wohl Mancher beistimmen, indem er die Apriorität der Erkenntniss auf die formalen Wissenschaften beschränken zu können meint.

Indessen sind hiemit die Consequenzen in der That nicht vollendet; sie umfassen vielmehr auch das Gebiet der realen Wissenschaften. Wenn das Causalgesetz oder das Gesetz von der Erhaltung der Kraft Kräfte voraussetzt, die eine Wirkung ausüben und Bewegungen veranlassen, so müssen diese Kräfte auch mit den besonderen Raum- und Zeitbegriffen in Beziehung gesetzt werden; sie müssen irgendwo und irgendwann wirksam werden; sie müssen von bestimmten Raumelementen (Punkten, Linien, Flächen, Körpern) ausgehen und andere Raumelemente in Bewegung setzen.

Nun ist die Physik immer mehr zu der Gewissheit gelangt, dass alle Erscheinungen, wenn sie hinreichend analysirt und erkannt werden, nur aus wirksamen (positiven oder negativen) Zugkräften und aus Bewegungen bestehen. Der Unterschied zwischen den formalen und den realen Wissenschaften besteht eigentlich nur darin, dass die ersteren einzelne Begriffe (Zahl, Gestalt, Kraft, Bewegung) von den wirklichen Dingen ablösen und für sich betrachten, während die letzteren die Vereinigungen der einzelnen Begriffe, wie sie uns als natürliche Dinge entgegentreten, zum Object haben. Die formalen Wissenschaften verhalten sich daher zu den realen Wissenschaften wie das Abstracte zum Concreten, wie das Allgemeine zum Besonderen, und wie das Einfache zum Zusammengesetzten. Wenn der menschliche Geist die ersteren aus sich entwickeln kann, so muss er aus den aprioristisch gegebenen Ideen auch die letzteren sammt ihrem Inhalte darstellen können, denn in der Natur ist nichts Denkbares vorhanden, welches nicht formell aus den ihm eigenthümlichen Begriffen construirbar wäre.

Mit dieser unabweisbaren Consequenz ist die Naturwissenschaft theoretisch auf den Kopf gestellt und gewissermaassen in die Naturphilosophie zurückgeworfen, welche in aprioristischer Ueberhebung vermeinte, die Natur in Gedanken erschaffen zu können, und der Erfahrung keine andere Aufgabe überliess als diejenige, für ihre Phantasiegebilde die entsprechenden Realitäten aufzusuchen.

Die Wissenschaft von den realen und endlichen Dingen verträgt einmal keine dualistische Auffassung. Alles steht in so nothwendigem und innigem Zusammenhang, dass, wenn ein einziger Begriff oder ein einziges Gesetz ohne Erfahrung gewonnen wird, auch alle andern derselben nicht bedürfen.

Die Frage, ob es angeborene Ideen gebe, ist ferner im Lichte der Entwicklungsphysiologie zu betrachten. Dieselben müssten irgendwie an der Substanz des Organismus haften; sie müssten als Kräfte oder Bewegungen materieller Theilchen, resp. als Combinationen von solchen vorhanden sein. Sie müssten entweder seit aller Zeit in der organisirten Substanz enthalten sein, oder sie müssten in jedem Individuum neu entstehen, und in diesem Falle, nach dem durch sie selbst gegebenen Causalgesetz, durch bestimmte Ursachen nothwendig hervorgebracht werden. Weder das Eine noch das Andere scheint mir mit einer monistischen Auffassung der endlichen und messbaren Natur verträglich zu sein.

Eigentlich ist das Neuentstehen der angeborenen Ideen in jedem Individuum schon durch den auch im Namen ausgedrückten Begriff ausgeschlossen. Doch will ich weniger Gewicht auf das Wort »angeboren« legen, als auf den Umstand, dass schon vom ersten Beginne des Individuums an die aus Eiweiss bestehenden Substanzen, die späterhin als die Träger der Ideen angesehen werden müssen, vorhanden sind, und dass in der Entwicklungsgeschichte des menschlichen Individuums sich kein so wichtiger Organisationsact vollzieht, mit dem das Auftreten einer absolut neuen, in der übrigen Natur mangelnden Qualität vereinbar wäre. Die angeborenen Ideen müssten also nicht nur dem Fötus, sondern auch dem unbefruchteten Keimbläschen und den befruchtenden Samenkörperchen zukommen. Sie müssten ferner auch den dem Menschen vorausgehenden Thierklassen und ihren Entwicklungsstadien angehören; und es wäre die Frage, ob man die Pflanzen, ob man überhaupt ein Gebilde mit lebendigen Eiweissmolekülen davon freisprechen könnte.

Diese Consequenz lässt sich nicht bestreiten; es würde als ein Wunder erscheinen, wenn an irgend einer Stelle einer continuirlichen phylogenetischen oder ontogenetischen Entwicklungsgeschichte etwas principiell Neues auftreten sollte, und mit diesem Wunder wäre das neuangeborene Causalprincip selbst im Widerspruch. Kämen aber die aprioristischen Ideen jedem eiweisshaltigen Organismus zu, so würden sie sich selbst verneinen. Sie wären wohl aprioristisch, aber sicher nicht Ideen, wie man sie für das geistige Bewusstsein zu bedürfen meint.

Wir könnten uns noch die Frage vorlegen, was wohl geschehen möchte, wenn einem Menschen alle sinnlichen Eindrücke mangelten. Ein solcher Mensch müsste blind und taub geboren, des Geschmackes, Geruchs und des Tastsinns beraubt, von Lust und Schmerz frei sein. Er würde vegetiren wie eine Pflanze. Wäre aber sein Gehirn gehörig ausgebildet, so müsste er vermöge der angeborenen Ideen nicht nur die formalen Wissenschaften, sondern auch die Begriffe der realen Wissenschaften construiren können und es würde ihm nur das Organ abgehen, für seine Begriffe die entsprechenden realen Dinge aufzusuchen. Er könnte aber ein vollkommener Mathematiker, theoretischer Mechaniker, mathematischer Physiker werden. Glaubt wohl Jemand an eine solche Möglichkeit?

Die Begriffe, welche eine philosophische Anschauung als schon ursprünglich in uns liegend voraussetzt, sind die allerallgemeinsten, die wir besitzen. Die entgegengesetzte Anschauung, die ich als die naturwissenschaftliche bezeichnen will, betrachtet sie als die letzten Producte einer langen geistigen Arbeit. Sie lässt sie entstehen wie Alles, was in der Natur entsteht, durch allmähliche Veränderung, durch stetige Entwicklung und Vervollkommnung.

Die Idee des Raumes z. B. beginnt im Thier und Kinde mit sinnlichen Eindrücken, welche dadurch, dass sie sich wiederholen, verändern und combiniren, allmählich zu bestimmteren Vorstellungen führen. Das Thier empfängt nach und nach eine Menge verschiedener sinnlicher Wahrnehmungen von einem Gegenstand. Es sieht ihn anders, wenn es sich ihm nähert oder von ihm entfernt; es sieht ihn von verschiedenen Seiten und mit verschiedenen optischen Eindrücken combinirt. Es nimmt wechselnde Geruchsempfindungen von ihm auf. Derselbe hemmt, wenn es sich allzusehr nähert, sein Fortschreiten; er verursacht ihm Schmerz, wenn es mit einiger Geschwindigkeit anstösst. Das Thier lernt allmählich den Gegenstand umgehen und den Anstoss vermeiden. Dient er ihm als Nahrung, so lernt es ihn aufsuchen und erfassen, indem die sich steigernden Gesichts-, Geruchs- und Gehörsempfindungen ihm von der Annäherung Kunde geben. Solche sich täglich wiederholende Vorgänge bewirken nach und nach selbst bei den niedersten Thieren einzelne, wenn auch noch so unklare räumliche Vorstellungen. Diese Vorstellungen werden mit der höheren Entwicklung des Thierreiches intensiver, deutlicher und mannigfaltiger, bis sie sich im Menschen und selbst schon in den höchsten Thieren zum räumlichen Bewusstsein steigern. Das Bewusstsein des Begriffes Raum als reiner Abstraction ist aber die letzte Stufe, die von der grossen Mehrzahl der Menschen gar nicht erreicht wird, und es scheint mir des Umgekehrte des wirklichen und naturgemässen Vorganges zu sein, wenn man diesen Begriff schon als vor aller Erfahrung vorhanden annimmt.

Was man als Beweise für die Apriorität der Idee des Raumes ausgibt, sind doch eigentlich nichts als Behauptungen, die erst bewiesen werden müssten, und die man jedenfalls mit ebenso viel Recht beanstanden kann. Es sind vorzüglich drei Beweisgründe, welche seit Kant von den Philosophen geltend gemacht werden.

Der eine Beweisgrund beruft sich auf die Apriorität des Causalgesetzes, in welchem schon die Idee des Raumes enthalten sei. Ich werde nachher auf die Ursprünglichkeit dieses Gesetzes zurückkommen.

Der andere Beweisgrund sagt, dass wir die Eigenschaften des Raumes erkennen, ohne dazu der Erfahrung zu bedürfen, und dies wäre ja unmöglich, wenn der Raum ein Attribut der Dinge wäre und nicht bloss unserem Vorstellungsvermögen angehörte. Man stellt, wie es bei den allgemeinsten Streitfragen nicht selten geschieht, um eine Behauptung glaubhaft zu machen, eine andere tautologische Behauptung auf. Denn den Begriff des Raumes erkennen und seine Eigenschaften erkennen ist doch das Nämliche, da der Begriff eben auf den Eigenschaften beruht. Man nimmt hiebei die Mathematik in Anspruch, wo räumliche Begriffe a priori entwickelt werden sollen. Dass aber die Mathematik nichts Ursprüngliches voraussetzt, sondern mit den allerallgemeinsten Abstractionen der Erfahrung beginnt, habe ich bereits in dem ersten Theil dieses Zusatzes zu zeigen gesucht.

Ein dritter Beweisgrund soll endlich der sein, dass man alle Dinge wegdenken könne, nur nicht Raum und Zeit; also könnten diese Begriffe nicht dem Object, sondern nur dem denkenden Subject angehören. Ich meine gerade, dass, wenn ich alle einzelnen Dinge der Welt wegdenke und mir vorstelle, dass nichts existire, dann auch Raum und Zeit abhanden gekommen sind. Mit diesen Begriffen verhält es sich ja wie mit jeder Abstraction. Wir haben das Vermögen, einzelne Eigenschaften, die für sich keinen realen Bestand haben, von den Dingen in Gedanken zu trennen, ohne dass wohl jemand behaupten möchte, alle diese Abstractionen liegen schon ursprünglich und unabhängig von den Objecten in unserem Geiste. Wir denken alle einzelnen Farben, alle Töne der Tonleiter hinweg und es bleiben uns doch die allgemeinen Begriffe der Farbe und des Tons; wir abstrahiren von allen besonderen Thier- und Pflanzenarten und halten bloss die allgemeinen Begriffe Thier, Pflanze, Organismus fest. Ganz das Nämliche findet statt, wenn wir die Begriffe Raum und Zeit gewinnen. Alle Abstractionen gehören nicht den Dingen als solchen, aber auch nicht dem denkenden Subject an, sondern bestehen bloss als Beziehungen zwischen Object und Subject. Zeit und Raum unterscheiden sich nicht principiell, sondern nur gradweise von den übrigen abstracten Vorstellungen; es sind die allerallgemeinsten Abstractionen und daher lässt man sich leichter über ihre wahre Natur täuschen, als es bei den andern allgemeinen Begriffen möglich wäre.

Wie mit der Ursprünglichkeit des Raumbegriffes verhält es sich mit der Apriorität der übrigen allgemeinsten Vorstellungen, namentlich auch mit derjenigen des Causalgesetzes, welche ich noch eingehender besprechen will. Auch hier ist es zweckmässig, zuerst einen entwicklungsgeschichtlichen Ueberblick zu gewinnen. Jedes Ding in der Natur, von den Aethertheilchen und den Atomen der wägbaren Stoffe an, wird durch Ursachen, die ihm äusserlich sind, afficirt. Die Pflanze wendet sich dem Lichte zu und richtet sich in einer der Gravitation entgegengesetzten Richtung auf. Das Thier, von dem niedrigsten an, wird in seinen Handlungen durch äussere Einwirkungen bestimmt; aber das Gefühl des ursächlichen Zusammenhanges ist im Thierreich noch sehr unbestimmt. Es steigert sich im Menschen und gelangt nach langer Erfahrung und Uebung allmählich zum Bewusstsein. Das volle und klare Bewusstsein des allgemeinen Causalitätsgesetzes aber kommt nur in sehr wenigen Menschen zum Durchbruch, so dass selbst die Mehrzahl der Naturforscher es da oder dort verläugnen, und dass mehrere Physiker erst in neuerer Zeit es in der Form des Gesetzes von der Erhaltung der Kraft entdeckt zu haben glauben.

Diese Thatsachen müssten mehr als befremden, wenn die Idee des Causalitätsprincips angeboren wäre. Ebensowenig würden wir begreifen, warum gerade Ursache und Wirkung so häufig verwechselt werden, sodass mit Ausnahme derjenigen Gebiete, in denen man recht eigentlich eingeschult ist, es in allen übrigen Gebieten für die Mehrzahl der Sterblichen geradezu als Lotterie bezeichnet werden muss, ob sie bei der Bezeichnung dessen, was Ursache und was Wirkung ist, das Rechte treffen oder nicht.

Mit Rücksicht auf die entwicklungsgeschichtlichen Thatsachen sowohl der ganzen organischen Welt als des Individuums wäre es für die Klärung der Streitfrage ungemein förderlich, wenn die Verfechter der Apriorität angeben wollten, welchen Geschöpfen der inhärente Causalitätsbegriff zukomme, welchen nicht. Diese Untersuchung müsste ihnen selber die Ueberzeugung aufdrängen, dass sein Auftreten auf keiner Stufe der Entwicklungsgeschichte möglich ist, sondern dass er ganz allmählich mit den vollkommener werdenden Vorstellungen von den objectiven Dingen aus einem unbestimmten Gefühl zum klaren Begriff herauswächst.

Bis die Anhänger des angeborenen Causalprincips sich auf die naturwissenschaftliche Erörterung einlassen, wo dasselbe im natürlichen Entwicklungsgange zuerst auftrete und woraus es werde, da doch alles wirklich Bestehende seine natürliche Ursache haben muss, — bleiben wir auf die Versuche einer philosophischen Begründung angewiesen. Ich halte mich hiebei an die Ausführungen von Helmholtz, der wohl in der treffendsten und dem naturwissenschaftlichen Bewusstsein am meisten zusagenden Weise die Apriorität verfochten hat. Wenn derselbe sagt: »Es ist klar, dass wir aus der Welt unserer Empfindungen zu der Vorstellung von einer Aussenwelt niemals kommen können, als durch einen Schluss von der wechselnden Empfindung auf äussere Objecte als die Ursachen dieses Wechsels .... Demgemäss müssen wir das Gesetz der Causalität, vermöge dessen wir von der Wirkung auf die Ursache schliessen, auch als ein aller Erfahrung vorausgehendes Gesetz unseres Denkens anerkennen«, — so ist der Nachsatz nicht eine nothwendige Consequenz des Vordersatzes, wohl aber eine durch denselben eingeräumte Möglichkeit, eine erlaubte Hypothese. Er könnte ebenso gut lauten: Demgemäss müssen wir das Vermögen, von der Wirkung auf die Ursache zu schliessen, durch Erfahrung erlangen können. Ob die eine oder die andere Hypothese in der Wirklichkeit begründet sei, ist durch anderweitige Betrachtungen zu entscheiden.

Es springt in die Augen, dass in den beiden eben angeführten möglichen Schlusssätzen dem Worte »Erfahrung« eine ungleiche Bedeutung beigelegt wird. Wenn Helmholtz das Denkgesetz der Causalität vor alle Erfahrung setzt, versteht er unter Erfahrung eben die Vorstellung der äusseren Objecte oder den Schluss von der Empfindung auf das Ding, welches die Empfindung verursachte. Wenn ich dagegen das Denkgesetz aus der Erfahrung entstanden ansehe, so verstehe ich unter Erfahrung jede Empfindung, die eine Erinnerung zurücklässt und somit bei neuen Empfindungen und Willensäusserungen, ebenso bei der erwachenden Verstandesthätigkeit als Erfahrung benutzt werden kann.

Es würde sehr lehrreich sein, die beiden entgegengesetzten Schlussfolgerungen mit den geistigen Erscheinungen auf den verschiedenen Stufen des Thierreiches und in den verschiedenen Entwicklungsstadien des menschlichen Individuums zu vergleichen. Ich will dies nicht versuchen und bloss bezüglich meiner Ansicht Folgendes beifügen. Schon das Infusorium macht Erfahrungen, indem die äusseren Einflüsse, die auf dasselbe einwirken, mehr oder weniger bemerkbare Erinnerungsspuren hinterlassen. Insofern verhält es sich der Aussenwelt gegenüber etwas anders als die Pflanze, welche zwar ebenfalls durch jeden äusseren Anstoss einen für ihr ferneres Leben wirksamen Eindruck erhält; aber dieser Eindruck ist nicht mit Erinnerung verbunden und kann sich nicht zu geistigem Leben steigern. Das dunkle Gefühl einer Aussenwelt, das in dem Infusorium beginnt, wird bei den höheren Thierklassen lebhafter, klarer, bewusster und gelangt beim Menschen zum vollen Bewusstsein. In dem niederen Thier steckt ein Minimum, gleichsam ein Differenzial von geistigem Leben, welches durch die Thierklassen hindurch bis zu den fortgeschrittensten Menschen zur klaren Verstandesthätigkeit integrirt wird. Diese ist wie jede Qualität in der Natur nicht auf einmal gegeben, sondern durch quantitative Steigerung allmählich geworden; ich verweise hierüber auf den Zusatz 7 über Qualität in der Natur.

Ich möchte somit entgegen der Theorie, dass der Causalitätsbegriff selbst schon in der menschlich organisirten Substanz enthalten sei, derselben nur die F ä h i g k e i t zugestehen, durch eine Reihe allmählicher Stufen von der ersten Empfindung an bis zu demselben zu gelangen, und diese Fähigkeit naturgemäss in dem Umstande begründet finden, dass wir selber ein Stück Natur sind, und dass die Eindrücke, die wir von aussen aufnehmen und verarbeiten, in unserem Nervensystem räumlich, zeitlich und causalgesetzlich verlaufen, weshalb auch das Denken, wenn es richtig von statten geht, zu der Erkenntniss von dem causalen Zusammenhang, sowie von Raum und Zeit führen muss.

Diese Erkenntniss ist nun, wie unbedingt zugestanden werden muss, nicht eine Frucht wissenschaftlicher inductiver Forschung, wie denn auch H e l m h o l t z mit Recht betont, »dass es mit dem empirischen Beweise des Gesetzes vom zureichenden Grunde äusserst misslich aussehe; denn die Zahl der Fälle, wo wir den causalen Zusammenhang von Naturprocessen vollständig glauben nachweisen zu können, sei verhältnissmässig gering gegen die Zahl derjenigen, wo wir dazu durchaus noch nicht im Stande sind.« Daraus folgt aber keineswegs die Nothwendigkeit, einen inneren Ursprung des Gesetzes anzunehmen. Die Ueberzeugung von der Richtigkeit allgemeiner Wahrheiten kommt uns wohl nie durch strenge wissenschaftliche Induction, sondern durch die populäre Erfahrung von Jahrhunderten und Jahrtausenden. Je allgemeiner und einfacher die Wahrheit ist, um so weniger bedarf sie des exacten empirischen Beweises, um die Zustimmung Aller zu gewinnen. Die Annahme, dass jedes Ding in dem Zustande, in dem es sich befindet, beharre, wenn es nicht durch eine Ursache verändert wird, und dass der Grad der Veränderung dem Maass der Ursache entspreche, wird als allgemein gültiges Gesetz betrachtet, nicht weil dasselbe durch Versuche und Rechnung sich bewährt hat, sondern weil unsere ganze Erfahrung von jeher damit übereinstimmte, — weil wir von jeher wissen, dass alles unverändert und unverrückt auf seinem Platze bleibt, es werde denn durch eine bemerkbare Ursache innerlich oder äusserlich in Bewegung gesetzt, weil wir wissen, dass wir, um einen Gegenstand zu verschieben, um so mehr Kraft aufwenden müssen, je grösser und schwerer er ist, dass seine Zertrümmerung um so mehr Gewalt erfordert, je fester sein Zusammenhang.

Gerade deswegen, weil wir uns seit dem ersten Erwachen des Denkens in das ursächliche Geschehen aller Dinge, die auf uns einwirken, eingelebt haben, beachten wir gar nicht, wie wir zu der Vorstellung vom Beharrungsvermögen und vom zureichenden Grund der Veränderung gelangt sind, und wir werden leicht veranlasst, als ein in unserem Geiste liegendes Gesetz vorauszusetzen, was uns unbewusst von aussen aufgedrängt wurde.

Uebrigens ist die Erkenntniss von dem ursächlichen Geschehen zuerst nicht als solche, sondern gemeinsam mit der Erkenntniss der Analogie oder vielmehr nach derselben erlangt worden. Wir gewöhnten uns, ein Ereigniss mit um so grösserer Sicherheit wieder zu erwarten, je öfter es sich bereits wiederholt hatte, wie den Aufgang der Sonne, den Wechsel der Jahreszeiten, das Sprossen im Frühjahr und das Welken im Herbst, das Reifen der Frucht aus der Blüthe. Von einem Bestimmtwerden unseres Verstandes durch das angeborene Causalgesetz konnte in den meisten Fällen nicht die Rede sein, da der ursächliche Zusammenhang unbekannt und fraglich war. Ist doch die Analogie die maassgebende Grundlage der beschreibenden Naturwissenschaften geworden, indem man sich lediglich an die Erfahrung hielt und nach der ursächlichen Begründung nicht einmal fragte. — Die Regelmässigkeit der Erfahrungen bewirkte also zunächst nur eine Gewöhnung, und erst als es sich durch neue Erfahrungen ergab, dass diese Regelmässigkeit in manchen Fällen nur beim Zusammentreffen mit anderen Ereignissen sich bewährt, dass sie in anderen Fällen modificirt wird, und dass dabei die Grösse und Beschaffenheit der Veränderung von bestimmten Umständen bedingt wird, entwickelte sich aus der Erkenntniss der Analogie diejenige der Causalität.

Die Apriorität wird von Helmholtz noch durch folgenden bemerkenswerthen Ausspruch verfochten: »Endlich trägt das Causalgesetz den Charakter eines rein logischen Gesetzes auch wesentlich darin an sich, dass die aus ihm gezogenen Folgerungen nicht die wirkliche Erfahrung betreffen, sondern deren Verständniss, und dass es deshalb durch keine mögliche Erfahrung je widerlegt werden kann. Denn wenn wir irgendwo in der Anwendung des Causalgesetzes scheitern, so schliessen wir daraus nicht, dass es falsch sei, sondern nur, dass wir den Complex der bei der betreffenden Erscheinung mitwirkenden Ursachen noch nicht vollständig kennen.«

Es ist klar, dass die gemachten Beobachtungen in unserem Geiste nur eine dem Verständnisse entsprechende Gestalt annehmen. Deswegen kann die nämliche Beobachtung bei verschiedenen Individuen und in verschiedenen Perioden sehr ungleiche Vorstellungen hervorbringen. Wenn aber auch Alle übereinstimmen, so ist deswegen ein Widerspruch zwischen dem wirklichen Geschehen und unserer Deutung, also ein Irrthum, nicht ausgeschlossen. Es hängt nun alles davon ab, ob die Frage: Unter welchen Bedingungen muss die objective Wirklichkeit und die subjective Auffassung derselben sich decken? einer Lösung fähig ist oder nicht. Die Wissenschaft nimmt im allgemeinen an, dass dies möglich sei, und sie spricht von Thatsache und Naturgesetz, wo sie voraussetzt, dass unser Verständniss der wirklichen Erfahrung entspreche, von Hypothese, wo dies zweifelhaft ist.

Wir müssen Identität zwischen der Wirklichkeit und unserer Vorstellung immer dann in Anspruch nehmen, wenn überhaupt nur eine einzige Vorstellung möglich ist, oder wenn alle anderen Vorstellungen als unmöglich dargethan werden. So ist beispielsweise für die Bewegungen der Himmelskörper nur die Vorstellung möglich, welche die Astronomie davon erlangt hat, und die Behauptung wäre ganz unmöglich, dass die Bewegungen gar nicht oder dass sie in anderer Weise vor sich gingen. Die Prüfung, ob unser Verständniss mit der wirklichen Erfahrung harmonire, gelingt um so sicherer, je allgemeiner und einfacher die Vorstellung ist, wie gerade diejenige über den causalen Zusammenhang. Dass in der Natur Gesetzmässigkeit und nicht etwa das Gegentheil, Willkür und Regellosigkeit, herrsche, darüber kann doch wohl kaum ein Zweifel bestehen, und jedenfalls liesse es sich gegenüber einem Widerspruche in der strengsten Art beweisen. Der Ausdruck für diese Gesetzmässigkeit lautet in naturwissenschaftlicher Form, dass in einem System materieller Theilchen die Summe der Energien nicht beliebig wechselt. Es wäre nun noch möglich, entweder, dass dieselbe gleich bleibt, was man als Causalgesetz bezeichnet, oder dass sie sich stetig, sei es in zunehmendem sei es in abnehmendem Sinne, ändert. Die letztere Annahme könnte man um so eher als logisches Gesetz in Anspruch nehmen, da sie bestimmten philosophischen Theorien entgegenkäme. Sie ist aber gegenüber der Erfahrung nicht haltbar; es bleibt uns somit nur eine einzige Deutung, und wir dürfen behaupten, dass bezüglich des Causalgesetzes Verständniss oder Vorstellung und wirkliches Geschehen identisch sind.

Ich habe in den bisherigen Auseinandersetzungen als selbstverständlich angenommen, dass die äussere Welt, die uns umgibt, wirklich besteht, dass wir selber ihr als Theile nach Raum und Zeit angehören, dass wir von ihr durch unsere Sinne subjectiv modificirte Eindrücke erhalten und mit der fortschreitenden Erkenntniss das Subjective an diesen Eindrücken immer mehr abzustreifen und das wahre Wesen der Dinge zu erfassen vermögen. Es wird nun aber mit der Frage über die Apriorität der Erkenntnisse wohl auch die Streitfrage über die Wirklichkeit der objectiven Natur, wie sie unserer Vorstellung zugänglich ist, verbunden und die eine als durch die andere bedingt dargestellt, wie dies gewissermaassen schon in der zuletzt erwähnten Aeusserung von Helmholtz der Fall war.

Der Physiologe wird unbedingt zugeben, dass unsere sinnlichen Wahrnehmungen, Farben, Töne, Geruchs-, Geschmacks- und Tastempfindungen ebensowohl dem Subject als dem Object angehören, dass die Dinge an sich nicht warm und nicht kalt, nicht süss oder sauer, nicht fest oder weich, nicht schwer oder leicht sind. Wenn aber Helmholtz sagt: »Jede Wirkung hängt ihrer Natur nach ganz nothwendig ab sowohl von der Natur des Wirkenden als von der desjenigen, auf welches gewirkt wird. Eine Vorstellung verlangen, welche unverändert die Natur des Vorgestellten wiedergäbe, also in absolutem Sinne wahr wäre, würde heissen eine Wirkung verlangen, welche vollkommen unabhängig wäre von der Natur desjenigen Objects, auf welches eingewirkt wird, was ein handgreiflicher Widerspruch wäre«, — so ist dieser Schluss richtig für den Fall, dass dem Subject, welches die Wirkung empfängt, eine andere Natur zukommt als dem Object, von dem die Wirkung ausgeht. Er hat aber keine Gültigkeit, wenn beide die gleiche Natur besitzen, wenn das Subject ein Theil des Ganzen ist, das ihm als Object bloss scheinbar gegenüber steht. Der Schluss ist richtig für eine dualistische, nicht aber für die monistische Naturbetrachtung, welche nach meiner Meinung im Gebiete des Endlichen allein logisch zulässig ist.

Wenn Helmholtz aus der eben erwähnten Betrachtung weiter folgert, »dass es gar keinen möglichen Sinn haben könne, von einer andern Wahrheit unserer Vorstellungen zu sprechen, als von einer praktischen; dass unsere Vorstellungen von den Dingen gar nichts anderes sein könnten als Symbole, welche wir zur Regelung unserer Bewegungen und Handlungen benutzen lernen«, — so scheint mir dies doch ein allzuhoher Grad von Skepsis, ich möchte fast sagen von wissenschaftlichem Pessimismus. Ursprünglich sind ja alle Vorstellungen symbolisch und sie können selbst in der weitest gehenden wissenschaftlichen Verarbeitung eine durchaus symbolische Form behalten, wie dies beispielsweise mit manchen Gebieten der mathematischen Physik (einige Partien der mechanischen Wärmelehre und der Optik, sowie die Astronomie machen eine vortheilhafte Ausnahme) der Fall ist. Aber die wissenschaftliche Betrachtung emancipirt sich von der Symbolik und dringt von der subjectiven Annahme zur objectiven Gewissheit vor, wenn die letztere entweder direct bewiesen oder als die einzige Möglichkeit dargethan werden kann.

Die Chemie in Verbindung mit der mechanischen Wärmetheorie beweist die objective Existenz von Molekülen der wägbaren Substanzen, die aus Atomen der chemischen Elemente zusammengesetzt sind. In Verbindung damit beweisen die Wärmelehre und die Optik die objective Existenz der einer andern Grössenordnung angehörenden Aethertheilchen, aus denen die den Weltenraum erfüllende und die wägbaren Körper durchdringende Substanz besteht. Wir befinden uns nun auf dem sicheren Wege zur objectiven Erkenntniss, wenn es gelingt, unsere anfänglichen Symbole auf einfache Beziehungen der kleinsten Theilchen zurückzuführen, und wir müssen sie als erreicht ansehen, wenn diese Beziehungen in die einzig mögliche Form gebracht sind. Allerdings dürfen diesen Betrachtungen nicht willkürlich gedachte kleinste Theilchen oder Massendifferenziale zu Grunde gelegt werden, sondern nur die wirklich existirenden Theilchen, die chemischen Atome mit den ihnen zukommenden verschiedenen Eigenschaften und die Aethertheilchen. So wird die Wissenschaft dereinst als moleculare Physik des Organischen und Unorganischen zu objectiver Wahrheit werden.

Die blaue Farbe, mit der die Kornblume geschmückt ist, wird durch Schwingungen der Aethertheilchen hervorgebracht, welche sich in der Secunde 700 Billionen mal wiederholen, während das Roth des Ackermohns durch 500 Billionen Schwingungen zu Stande kommt. Sind die Aetherschwingungen langsamer, so bewirken sie das Gefühl von Wärme. Unser Ohr hat die Tonempfindung des eingestrichenen c, wenn die Moleküle der Luft 264 Schwingungen in der Secunde machen, während die anderthalbfache Schwingungszahl den harmonischen Ton der Quinte und die doppelte Schwingungszahl die Octave bewirkt. Die verschiedenen Zustände, in denen wir das Wasser kennen, als festes Eis, als Flüssigkeit und als gasförmigen Wasserdampf, und die man früher als ebensoviele Elemente unterschied, sind nichts anderes als verschiedene Bewegungszustände der nämlichen Wassermoleküle.

So gelingt es, die mannigfaltigen Symbole, als welche sich zunächst die Dinge und ihre Eigenschaften uns darstellen, auf ein einheitliches Maass zurückzuführen; und die praktische oder subjective Wahrheit, die den anfänglichen rohen Vorstellungen allein zukommt, muss um so mehr eine theoretische und objective werden, je mehr dieselben die scheinbaren Qualitäten der sinnlichen Wahrnehmung abgestreift und die Form der einfachsten quantitativen Unterschiede, die unmöglich eine weitere Zerlegung in Componenten zulassen, angenommen haben.

Wir können geradezu sagen, dass unsere Vorstellungen von den Dingen so lange symbolisch bleiben, als sie für uns in der Form von Qualitäten erscheinen, und dass sie der Wirklichkeit entsprechen, sobald die Qualitäten in Quantitäten aufgelöst sind[1]). Alle endlichen Erscheinungen bestehen aus Bewegungen grösserer und kleinerer Massen; jede Bewegung aber, — mag es die Drehung der Erde um ihre Achse, oder die Bahn derselben um die Sonne und die Bahn der Gasmoleküle, oder die Schwingung des Pendels, der Atome in den Molekülen und die Schwingung der Aethertheilchen sein, — hat für uns nicht bloss praktische oder symbolische, sondern reale und objective Wahrheit.

Es gibt, wie ich bereits angedeutet habe, ein Moment, welches der philosophischen Theorie, dass die allgemeinsten Vorstellungen und Gesetze schon ursprünglich unserem Geiste angehören, einigermaassen entgegenkommt. Die Uebereinstimmung der sinnlichen Wahrnehmung und der inneren geistigen Vermittlung mit den bewirkenden Objecten beruht für den Monismus der endlichen Welt darin, dass in uns die nämlichen Kräfte thätig sind und die nämlichen Gesetze herrschen, wie in den Dingen ausser uns. Es kann daher das Bild, das unsere Sinne uns geben, dem Object nicht widersprechen, und die weiteren Umbildungen, die dasselbe beim Urtheilen erfährt, müssen dem wahren Wesen des Objects immer näher kommen. Dies ist die naturwissenschaftliche Erklärung des Factors, welcher nach Kant in aller Erkenntniss sich findet und welcher nicht von der äusseren Einwirkung, sondern von dem Subject abzuleiten sei, weswegen er als nothwendig und beständig erscheine. — Die Bewegungen der materiellen Theilchen, wodurch unsere Vorstellungen und unsere Urtheile zu Stande kommen, verlaufen in Zeit und Raum und erfolgen nach mechanischen Gesetzen, also in streng causaler Weise. Die sinnlichen Wahrnehmungen, die wir von aussen aufnehmen und in uns verarbeiten, finden also einen ihrer Natur durchaus gleichartigen Boden, auf welchem die Vorstellungen ihrer wirklichen Eigenschaften, ihrer Räumlichkeit, Zeitlichkeit und Causalität mit Nothwendigkeit sich ergeben.

[1]) Vgl. Zusatz 7. Qualität in der Natur.

Die scheinbare Apriorität allgemeiner Vorstellungen beruht also darauf, dass in dem Subject als Theil des Ganzen die nämliche Gesetzmässigkeit, die nämliche Logik gebietet wie in dem Universum. Aus dieser Uebereinstimmung folgt aber nicht, dass die Ideen angeboren sind, sondern nur, dass die geistige Thätigkeit bloss zu ihnen und zu keinen anderen führen kann; gäbe es angeborene Ideen, so müssten sie eben so wohl dem Stein und der Pflanze als dem Thier und dem Menschen zukommen.

Vorstehende Erörterungen richten sich gegen diejenigen Verfechter der Apriorität, welche am wissenschaftlichsten und exactesten urtheilen. Es gibt indess viele Naturforscher, welche, nachdem sie zu einer consequenten Betrachtung der Natur zu gelangen suchten, sich als Anhänger der aprioristischen Erkenntnisse bekennen und sich dabei einer Schlussfolgerung bedienen, wie sie in der jetzigen Abstammungslehre öfter angewendet wird. Sie lautet ungefähr folgendermaassen.

Erkenntniss sei das Bestimmtwerden durch äussere Einwirkung. Dieselbe komme also auch dem Thier und der Pflanze, selbst dem Mineral und dem einzelnen Molekül zu; denn das Eisentheilchen erkenne den Magnet, der sich in seiner Nähe befindet. Die Erkenntniss werde gefördert und complicirt durch das Gedächtniss, sei aber durch dasselbe nicht nothwendig bedingt, wiewohl auch den Molekülgruppen von jeder Einwirkung eine gewisse Veränderung, die als Erinnerung in Anspruch zu nehmen sei, zurückbleiben müsse. Auch das Bewusstsein sei nicht erforderlich für den Erkenntnissprocess; denn dasselbe verarbeite bloss die zurückgebliebenen Erinnerungen.

Zum Zustandekommen einer Erkenntniss seien zwei Dinge erforderlich, die Einwirkung des Objects auf die erkennende Substanz und die Fähigkeit der letzteren, zu erkennen. Das Object bilde die materielle unveränderliche Unterlage jeder Erkenntniss; die specifisch-individuelle Beschaffenheit des erkennenden Subjects sei das Veränderliche oder Formelle der Erkenntniss. So werde beispielsweise Essigsäure von Kali, von Lackmuspapier (welchem sie als rothe Substanz erscheint), von dem Geschmacks- und dem Geruchsorgan in ganz ungleicher Weise erkannt; die rothe Farbe werde von dem normalen Menschen als solche, von dem rothblinden als grün und von dem Verstande als Aetherschwingungen erkannt. Die Form der Erkenntniss sei daher der erkennenden Substanz angeboren, sie sei a priori, vor aller Erfahrung vorhanden und ermögliche erst die Erfahrung. Zu den angeborenen Erkenntnissen oder Ideen gehören also die Fähigkeit der wägbaren Substanzen, einander als schwer zu erkennen, — der elektrischen Substanz, eine andere Substanz als feindlich oder freundlich zu erkennen, — des Lackmuspapiers, die Welt als blau oder roth zu erkennen, — der Geschmackspapillen, die Speisen als süss, sauer, bitter, fade zu erkennen, — der Tastwärzchen, die Dinge als hart und weich, glatt und rauh, warm und kalt zu erkennen, — der sensiblen Nerven, Schmerz und Lust, der motorischen Nerven, die Willensregung der centralen Nervenorgane zu erkennen, — endlich die Fähigkeit der Gehirnzellen, welche den Denkprocess vollziehen, die Existenz der Dinge, ihre Zahl und Anordnung im Raume, ihre Folge in der Zeit, ihre Bewegungen und dynamischen Beziehungen, somit Raum, Zeit und ursächlichen Zusammenhang zu erkennen.

Diese Auseinandersetzung entbehrt augenscheinlich nicht einer gewissen äusseren Logik. Wir haben, seitdem durch die Abstammungslehre Darwin's die Einheit der Natur mehr zum allgemeinen Bewusstsein gelangt ist, von den Anhängern derselben, namentlich von Häckel mehrfach verwandte Schlussfolgerungen gehört. Die ununterbrochene Reihe, in welche wir die natürlichen Dinge von dem Atom und Molekül an bis zu den complicirtesten Organismen neben einander stellen können, ist sehr verführerisch, um die Eigenschaften der einen auf die andern zu übertragen, und da keine feste Grenze sichtbar ist, allen Dingen die gleichen Eigenschaften zuzuschreiben. Man muss sich daher wohl hüten, über einer scheinbaren Identität nicht die natürlichen Verschiedenheiten zu übersehen; denn jene ununterbrochene Reihe wird für das Urtheil leicht zur schiefen Ebene, auf der es unaufhaltsam ins Bodenlose hinuntergleitet. Obgleich ich hievon schon in der »Abstammungslehre« gelegentlich gesprochen habe, und obgleich die wesentlichen Elemente, welche die eben angeführte Auseinandersetzung widerlegen, eigentlich schon in diesem Zusatz über die aprioristische Erkenntniss enthalten sind, scheint es doch nothwendig, sie noch zu einer besonderen Beleuchtung zusammenzustellen.

Das Fehlerhafte an der Auseinandersetzung besteht darin, dass die Eigenschaft des Ganzen dem Theil, die Eigenschaft des Zusammengesetzten dem Einfachen zugeschrieben wird. Nun fällt es niemandem ein, diesen Fehler in morphologischer Beziehung zu begehen; niemand sagt, dass das Molekül oder das Mineral gebaut sei, wie das Thier oder der Mensch, wie die Zelle, wie der Muskel oder Nerv, wie das Sinnesorgan, wie das Gehirn. Man darf aber eben so wenig sagen, dass das Molekül oder Mineral die Functionen der Zelle, des Muskels, des Nerven, des Sinnesorgans und des Gehirns besitze, dass es wahrnehme, empfinde, höre, sehe, denke, erkenne; — und wenn man einen dieser Ausdrücke gebraucht, so ist es nur in bildlicher Weise zulässig. Da die Beziehungen zwischen den Molekülen, so viel wir wissen, nur darin bestehen, dass sie sich anziehen und abstossen, so muss man, wenn diese Beziehungen Wahrnehmung oder Empfindung genannt werden, sich ihrer Verschiedenheit gegenüber der wirklichen Wahrnehmung und Empfindung, wie sie dem thierischen Organismus zukommt, bewusst bleiben.

Das Zusammengesetzte oder das Ganze besteht nur in der Summe seiner Theile. Es ist dies eine Wahrheit, welche, soweit es sich um den morphologischen Aufbau handelt, als Trivialität bezeichnet werden kann, welche aber mit Rücksicht auf die Function leicht übersehen wird. Sie entzieht sich dem Blick, weil die Elemente der zusammengesetzten Function, die nichts anderes als die Kräfte und Bewegungen der morphologischen Theile sind, uns nicht so deutlich in ihrer Sonderung entgegentreten, weil die Functionen der zusammengesetzten Dinge uns bezüglich ihres Zustandekommens nicht so bekannt sind, und weil die Wissenschaft die Functionen noch nicht so systematisch gegliedert darzustellen vermag, wie den morphologischen Aufbau. Man darf also die Function des Ganzen eben so wenig auf die Theile übertragen als seine Organisation. So wie man nicht sagt, dass das Eiweissmolekül ein Gehirn sei, so wenig darf man ihm die Function des Gehirns, Denken und Erkennen, zuschreiben.

Vergleicht man Einfaches und Zusammengesetztes, so kommt dem Ganzen, weil der Theil in ihm enthalten ist, immer auch die Eigenschaft des Theils zu; aber der Theil hat nie die Eigenschaft des Ganzen. Da die Functionen der Moleküle in Anziehungen, Abstossungen und Bewegungen bestehen, so können wir mit Sicherheit behaupten, dass die Functionen des Gehirns, somit das Erkennen, auf jenen Elementarfunctionen begründet seien; aber es mangelt uns jede Berechtigung für die Annahme, dass den Molekülen auch das Erkennen zukomme. Das Gemeinsame in den Functionen aller Dinge darf also nicht in dem Erkennen, sondern nur in dynamischen Beziehungen und Bewegungen gefunden werden. Man kann ja wohl, wenn man sich eines kühnen Bildes bedienen will, von dem Sauerstoffatom sagen, es erkenne das Wasserstoffatom, von dem Eisentheilchen, es erkenne den Magneten, von dem Ohr, es erkenne den bestimmten Ton. Aber, wie ich bereits sagte, auf eine bildliche Sprache darf kein wissenschaftlicher Schluss errichtet werden.

Man wird nun zwar einwenden, dass die Erkenntniss, die allen natürlichen Dingen zugeschrieben werde, nicht identisch sei, sondern nur etwas Gemeinsames habe; sie unterscheide sich nämlich in der Form, sei aber dem Inhalte oder dem Wesen nach dieselbe. Hierin liegt jedoch eine Verkennung der wirklichen Beziehungen. Das Wesen eines materiellen Systems besteht, sowohl rücksichtlich des Baues als der Function, in der Beschaffenheit, Zahl und Anordnung seiner Theile. — Schon die ungleiche Anordnung allein, bei gleicher Zahl und Beschaffenheit der Theile, genügt in vielen Fällen, um eine wesentliche, nicht bloss formelle Verschiedenheit zu begründen. So sind ein Gemenge von Wasserstoff und Sauerstoff und eine entsprechende Portion Wasser oder Wasserdampf, ebenso Zucker und Milchsäure, endlich, um alles Uebrige zu überspringen, der lebende Organismus und derselbe im todten Zustande gewiss wesentlich verschiedene Dinge. Um so grösser muss die Verschiedenheit werden, wenn, wie dies gewöhnlich der Fall ist, zu der ungleichen Anordnung auch ungleiche Zahl und Beschaffenheit der Theile sich gesellen.

Wir begehen daher einen Fehler, wenn wir allen natürlichen Dingen Erkenntniss zuschreiben und dieselbe bloss in formeller Beziehung als verschieden gelten lassen. Ein exactes Verfahren gesteht als das Gemeinsame in den Functionen der Dinge nur die dynamischen Beziehungen sammt den daraus hervorgehenden Bewegungen zu, und wenn wir dies allgemein als »Erkennen« bezeichnen wollten, so würden wir uns in Widerspruch mit dem Sprachgebrauche setzen, und weiter nichts gewinnen, als dass für diejenige Function, die bisher Erkennen genannt wurde, eine neue Benennung gefunden werden müsste. Denn die Verstandesoperation, welche das eigentliche Wesen der Dinge ergründet, bedarf sicher gegenüber allen andern Functionen einer besonderen Bezeichnung. Unter diesen Umständen scheint es aber gerathener, den Begriffen, die man nicht ändern kann, ihre altbewährte und allbekannte Firma zu lassen.

Die Erkenntniss ist die Frucht des Denkens und das Denken setzt Erinnerung voraus; denn es besteht aus dem Zusammenwirken von geistigen Eindrücken, die zu verschiedenen Zeiten aufgenommen wurden. Das Erkennen mangelt also sicher allen denjenigen natürlichen Dingen, welche keine Erinnerungen haben. Nun nimmt zwar Häckel an, dass auch das Molekül Gedächtniss besitze, und diese Vorstellung liegt auch durchaus in dem Sinne der angeführten Auseinandersetzung, welche allen Dingen Erkenntniss zuschreibt. Denn mit gleich berechtigter Folgerichtigkeit, wie die Reaction des Moleküls auf eine Ursache ein Erkennen dieser Ursache genannt wird, kann auch jede dauernde Veränderung, die einem Molekül oder einer Molekülgruppe von einer Einwirkung zurückbleibt, als eine Erinnerung an jenen Vorgang betrachtet werden. Nach dieser Auffassung wären alle Veränderungen an den Dingen Erinnerungen, und diese neue Definition würde uns nichts anderes eintragen, als dass wir, ebenfalls wie für das Erkennen, nunmehr für den unentbehrlichen Begriff, den man bis jetzt Erinnerung genannt hat, ein neues Wort erfinden müssten.

Dass aber nicht jede Veränderung eine Erinnerung sein kann, wird uns besonders klar, wenn wir die für eine wirkliche Erinnerung nothwendige materielle Unterlage uns vergegenwärtigen. Dieselbe muss jedenfalls in einer solchen materiellen Veränderung bestehen, dass sie den geistigen Eindruck gelegentlich wieder aufleben lässt, ohne Mithülfe der ursprünglichen Ursache, welche den ersten Eindruck und mit ihm jene materielle Veränderung hervorgerufen hat. Dies ist nur denkbar, wenn die ursprüngliche Vorstellung in einer bestimmten Erregung (durch dynamische Einwirkung hervorgebrachten Bewegung) einer Partie von Theilchen besteht, verbunden mit einer bestimmten dauernden Orientirung derselben, welche es ermöglicht, dass die nämliche Erregung durch irgend welche verwandte Ursachen wieder zu Stande kommt[1]).

[1]) Ich verweise hierüber auf den 8. Zusatz: Zurückführung geistiger Vorgänge auf stoffliche Bewegungen.

Hieraus ergibt sich unwiderleglich, dass die Erinnerung nicht dem einzelnen Molekül zukommt, und dass sich unter den zusammengesetzten materiellen Systemen nur solche dazu befähigt erweisen, welche eine hinreichend grosse Zahl verschiedenartiger Theilchen besitzen, um materielle Erinnerungsspuren zu bilden, dass also beispielsweise die krystallinischen Körper wegen ihrer regelmässigen und gleichartigen Structur jedenfalls ausgeschlossen sind. Wir sehen aber ferner ein, dass, wenn auch in manchen unorganisirten Körpern die erforderliche Anordnung verschiedenartiger Moleküle eine analoge Erscheinung gestatten sollte, was uns unbekannt ist, dieselbe jedenfalls von ganz anderer Beschaffenheit sein muss, als die Erinnerung, welche in den organisirten (micellösen) Körpern zu Stande kommt. Die Verschiedenheit zwischen den beiden Vorgängen muss eben so gross sein, als die Verschiedenheit zwischen unorganisirtem (nicht micellösem) und organisirtem (micellösem) Bau. Wir begreifen übrigens leicht, dass bei dem letzteren die unendliche Mannigfaltigkeit in der chemischen Zusammensetzung und in der Gestalt der Micelle und die ungleiche Verwandtschaft der verschiedenen Micellseiten zu Wasser und zu Substanz wohl im Stande sind, Spuren von so leichter Beweglichkeit bei hinreichender Festigkeit und von so grosser Mannigfaltigkeit darzustellen, wie wir sie für die Erinnerungen voraussetzen müssen.

Durch die Ueberlegung, wie die Erinnerung zu Stande kommt, wird sie auf die organisirten Wesen beschränkt. Ob sie aber allen Organismen und somit in ihren Uranfängen auch den Pflanzen zukomme, — ob sie bloss den aus Albuminaten und deren Abkömmlingen bestehenden Theilen oder in einfacheren Modificationen auch anderen Theilen angehöre, — ob nur eine bestimmte Organisation zur Erinnerung befähige, — wie sich die Erinnerung und die Gewohnheit zu einander verhalten, — sind weitere Fragen, in deren Erörterung ich nicht eintreten will.

Die Ausdehnung der Erkenntniss und der Erinnerung auf alle Körper ist die Folge einer unrichtig angewendeten Analogie. Man meint, es könne in der Reihe der natürlichen Dinge, da ja alle aus derselben Substanz bestehen, nicht irgendwo etwas gänzlich Neues auftreten, und es müssen daher die Eigenschaften der zusammengesetzten Körper auch schon den einfachen zukommen. Aber die Identität in allem Seienden beschränkt sich auf die elementaren Kräfte und Bewegungen. Von solchen kann allerdings in dem Zusammengesetzten nichts Neues beginnen. Das Neue liegt in der Zusammensetzung selbst. Auf jeder höheren Stufe der Zusammensetzung sind die elementaren Kräfte und Bewegungen auf eine vorher nicht da gewesene Art combinirt, und in dieser Combination ist das gänzlich Neue in der Function mit logischer Nothwendigkeit gegeben. Es ist eine unabweisliche Forderung, dass in dem Krystall andere Eigenschaften zu Stande kommen als in dem einzelnen Molekül oder Pleon (Molekülgruppe), und dass in den micellösen Körpern der organisirten Welt neue, der unorganischen Natur vollständig fremde Functionen (d. h. Combinationen von elementaren Kräften und Bewegungen) auftreten. Zu diesen Functionen gehören das Wahrnehmen, Empfinden, Erinnern, Denken, Erkennen.

Die Eingangs dieses letzten Abschnittes angeführte Auseinandersetzung (S. 650) stellte das Erkennen als etwas Aprioristisches, den Dingen schon ihrer Natur nach Anhaftendes dar, weil es allen ohne Ausnahme zukomme und in den einfachsten Körpern offenbar nicht durch Erfahrung gewonnen werde, sondern unmittelbar gegeben sei. Diese Schlussfolgerung hat nach dem Gesagten keine Berechtigung. In dem Unorganischen sind nicht einmal die Anlagen, sondern bloss die Materialien enthalten, aus denen auf den höheren Stufen die Anlagen für die Werkzeuge des Erkennens zusammengesetzt werden. Erst mit dem Auftreten des Organischen erscheinen diese Anlagen, welche anfänglich bloss ein Minimum der einfachsten Functionen (der Wahrnehmung und Angewöhnung) vollbringen, aber die Fähigkeit besitzen, immer weiter und zuletzt zu Organen sich auszubilden, in denen die Möglichkeit des Erkennens begründet ist.

Der micellöse Bau der Organismen gestattet eine den unorganisirten Körpern unbekannte Isolirung der auf eine äussere Einwirkung erfolgenden inneren Bewegungen und dadurch eine vielfache Umsetzung derselben. Er gestattet ferner eine diesen Bewegungen entsprechende eigene Orientirung besonderer Reihen und Gruppen von Micellen, welche bei wiederholter Erregung zu Gewohnheiten und Erinnerungen werden. Mit der bei den höheren Organismen immer weiter gehenden Complication in der Configuration eines Systems werden auch die besonderen Orientirungen in demselben mannigfaltiger, treten unter einander in zahlreichere Verbindungen und führen zu Erfahrungen von steigender Sicherheit und Benutzbarkeit, aus denen als höchstes Product die Erkenntnisse hervorgehen.

---

6. Kraft. Stoff. Bewegung. (S. 585.)

Nach einem von Aristoteles her sich datirenden Vorurtheil, das aber später sich noch erheblich steigerte, betrachten Viele heute noch die Materie als eine träge, todte, absolut passive Substanz, welche erst durch die Kraft zu Bewegung und Leben gelange. Diese dualistische Auffassung des Endlichen erhielt bei Nichtphysikern eine scheinbare Bestätigung durch das allzuwörtlich verstandene physicalische Gesetz der Trägheit, welches richtiger als Beharrungsvermögen bezeichnet wird und eigentlich nur sagt, dass eine bewegte Masse ohne fremde Kräfte ebensowenig in Ruhe, als eine ruhende in Bewegung kommen kann, oder genauer ausgedrückt, dass die Bewegung, in der ein Körper sich befindet, in Richtung und Geschwindigkeit nur durch eine äussere Kraft geändert werden kann.

In dem endlosen Streit über Kraft und Stoff hat man fast immer Physisches und Metaphysisches vermengt; und so lange die beiden Standpunkte nicht streng geschieden werden, dürfte auch der Streit nicht zu Ende kommen. Halten wir uns streng an die physische oder endliche Natur, so ist die Sache klar und anschaulich. Unter Kraft verstehen wir die Eigenschaft eines Körpers, eine bestimmte Wirkung auf andere Körper auszuüben. Materie oder Stoff dagegen ist uns die Substanz des Körpers abgesehen von einer bestimmten Wirkung. Materie im naturwissenschaftlichen Sinne ist also nichts Einfaches, Unterschiedsloses, sondern immer etwas Zusammengesetztes, in welchem zahlreiche Kräfte ihren Sitz haben, die wir aber vorläufig nicht berücksichtigen. So unterscheiden wir am magnetischen Eisen die magnetische Kraft und das materielle Substrat derselben, das Eisen, in welchem zwar verschiedene Kräfte die physicalischen und chemischen Eigenschaften bedingen, bei der vorgenommenen Abstraction aber nicht in Betracht kommen.

Wenn wir einen Körper in seine Theile zerlegen, so wird entweder Kraft frei oder gebunden, so dass die Theile zusammen mehr oder weniger Kraft enthalten als das Ganze. Dies wiederholt sich bei jeder Zerlegung bis zur Zerstreuung in die einzelnen Moleküle und chemischen Atome. Dabei wechselt der Stoff seine Eigenschaften je nach der Summe, der Beschaffenheit und Anordnung der in demselben befindlichen Kräfte. Wir beobachten also an einem Körper nichts anderes als seine Kräfte. Nehmen wir in der Abstraction diejenigen weg, deren Wirkung wir erkennen, so bleibt uns als Rest die Materie, nämlich eine Summe von gebundenen, sich das Gleichgewicht haltenden und nach aussen keine merkbare Wirkung ausübenden Kräften.

Wir können an einem Gegenstand jede einzelne Kraft in Gedanken isoliren, aber wir können nie etwas von demselben trennen, was wir als Stoff ohne Kraft bezeichnen dürften. Der Begriff der Kraft reicht aus, um einen Gegenstand zu begreifen. Deshalb konnten die mathematischen Physiker den Begriff des Stoffes an sich ganz aufgeben und von ausdehnungslosen Kraftpunkten ausgehen. Auf diesem Wege erhalten wir die Ausfüllung des Raumes durch anziehende und abstossende Punkte, wodurch die Körper dargestellt und in allen ihren Eigenschaften erklärt werden könnten, wenn wir uns nicht zugleich auf ein Gebiet begeben hätten, wo alle Erkenntniss aufhört. Die letzte Consequenz der mathematischen Physik, welche auf die einfachen Elemente zurückgehen will, ist nicht mehr eine physische, sondern eine metaphysische Theorie, wie jede andere Theorie von Kraft und Stoff, die nicht in der vorstellbaren Endlichkeit bleibt, metaphysischer Natur ist.

Ich habe Kraft im allgemeinen als dasjenige angenommen, was eine Wirkung auszuüben im Stande ist. Noch anschaulicher wird die Vorstellung von dem realen Stoff im Sinne des Naturforschers, wenn wir den allgemeinen Begriff der Kraft in seine besonderen Begriffe zerlegen. Wir unterscheiden dann an einem Körper die Bewegung des Ganzen, womit seine lebendige Energie (lebendige Kraft) gegeben ist, ferner die Bewegung der materiellen Theilchen, wodurch theilweise die potentiellen Energien (Spannkräfte) hervorgebracht werden, und endlich die anziehenden und abstossenden Elementarkräfte, die in den materiellen Theilchen ihren Sitz haben, unabhängig von der Bewegung derselben sind, und theils auf die materiellen Theilchen des Körpers selbst, theils auf andere entfernte Körper wirken, und welche einen anderen Theil der potentiellen Energien darstellen. Die (lebendigen und potentiellen) Energien wechseln in ihrer Intensität mit der Bewegung ihrer Träger und können auch Null werden, während Anziehung und Abstossung in den materiellen Theilchen unveränderliche Grössen sind. — Stoff oder Materie ist also eine Summe von potentiellen Energien (Bewegungen der Theilchen sammt den anziehenden und abstossenden Elementarkräften, insofern die bemerkbare Gesammtwirkung auf die Substanz des Gegenstandes beschränkt bleibt).

Die sinnliche Wahrnehmung zeigt uns unmittelbar nur die Existenz von Körpern, die sich bewegen; ihre Substanz nennen wir Stoff oder Materie. Die Bewegung führt uns auf das Vorhandensein von Bewegungsursachen oder Kräften. Jeder Körper besteht also aus Stoff, er bewegt sich und steht durch Kräfte mit anderen Körpern in Wechselwirkung. Der Stoff des Körpers selbst erscheint uns dabei als indifferente Masse ohne Kraftäusserung, oder wir betrachten ihn wenigstens als solche. Analysiren wir ihn aber, so besteht er aus Theilen, die ihre gegenseitige Lage verändern, also Bewegung besitzen, und die durch Kräfte auf einander einwirken. Den Stoff dieser Theile können wir oft wieder in der nämlichen Weise in kleinere mit Bewegung und Kräften begabte Theile zerlegen, und die Zerlegung noch weiter fortsetzen.

In Wirklichkeit hört die Analyse bald auf, nicht deswegen, weil sie beim Einfachen, sondern weil sie bei Grössen anlangt, welche für unsere Sinne und für unsere übrigen Hilfsmittel nicht weiter zerlegbar sind. In der Vorstellung aber kann die Zerlegung fortgesetzt werden, ohne jedoch ein Ende zu erreichen. Während wir daher auf den einzelnen Stufen der Analyse Bewegung und Kraft deutlich erkennen, ist uns der Stoff immer nur der nicht weiter zerlegte oder auch der für uns nicht weiter zerlegbare Rest, der aber immer wieder aus Bewegung, Kraft und Stoff zusammengesetzt ist.

Innerhalb dieser Realität muss auch das Gesetz von der Erhaltung der Kraft bleiben. Dasselbe darf nicht an raumlose Kraftpunkte oder metaphysische Atome anknüpfen; auch bedarf es dieser Voraussetzung keineswegs, wie man wohl irrthümlich vermuthete. Jede grössere oder kleinere Stoffeinheit, der Weltkörper sowohl als des Molekül, wirkt durch Kräfte und Bewegungen auf andere Stoffeinheiten, und jede Wirkung erfolgt so, als ob sie von einem Punkte ausginge, weil sie die lineare Componente aller wirksamen Theile ist.

Die Elemente, über die unsere Analyse nicht hinauskommt und die auch zur Erklärung unserer Vorstellungen in jeder Beziehung vollauf genügen, sind also Stoff in irgendwelcher (fortschreitender, schwingender, drehender) Bewegung und an demselben haftende (positive und negative) Zugkräfte, deren Differenz als Anziehung oder Abstossung zur Geltung kommt. Jede Stoffeinheit (sowohl die Sonne, als das Eisenatom und das Aethertheilchen) hat die Fähigkeit, auf jede andere Stoffeinheit mit bestimmten Zugkräften einzuwirken. Diese anziehenden und abstossenden Elementarkräfte sind unveränderlich, solange nicht etwa die Stoffeinheit selber durch Hinzufügung oder Hinwegnahme anderer Stoffeinheiten zu- oder abnimmt, und sie sind unabhängig von dem Umstande, ob und in welcher Weise die Fähigkeit, anzuziehen und abzustossen, durch die Anwesenheit anderer Stoffeinheiten sich verwirklichen kann oder nicht. Hierin beruht das Gesetz von der Erhaltung des Stoffes, das wir auch das Gesetz von der Erhaltung der Elementarkräfte nennen könnten.

Eine Folge dieses Gesetzes ist das andere, das man gewöhnlich als das Gesetz von der Erhaltung der Kraft oder Energie bezeichnet, und welches darin besteht, dass die Summe der lebendigen und potentiellen Kräfte in einem beliebigen, durch äussere Kräfte nicht beinflussten und keine äussere Wirkung ausübenden System die nämliche bleibt. Während die lebendige Kraft immer die durch ihre Geschwindigkeit wirkende Gesammtmasse eines Körpers darstellt $\left(\frac{v^2 m}{2}\right)$, so besteht die potentielle Energie aus drei verschiedenen Factoren: 1) der Wirkung, welche die Zugkräfte eines Körpers mit Bezug auf alle fremden Körper zu vollbringen vermögen, und welche eine Function der Entfernung ist; 2) der Wirkung, welche die Zugkräfte der Theilchen eines Systems auf einander ausüben, insofern sie sich nicht im Gleichgewichte befinden, oder insofern sie aus einem Gleichgewichtszustande in einen neuen Gleichgewichtszustand übergehen können; 3) der Wirkung, welche die in Bewegung befindlichen Theilchen eines Systems als eben so viele lebendige Kräfte vollbringen.

Ein Körper, der um eine gewisse Strecke von der Erde entfernt wird, vermehrt seine potentielle Energie um einen dieser Weglänge entsprechenden Betrag. Indem er fallend den nämlichen Weg zurücklegt, erlangt er eine lebendige Kraft, die genau das Aequivalent jener potentiellen Energie ist.

Die Gase üben durch ihre sich bewegenden Moleküle, von denen jedes mit einer seinem Gewicht und seiner Geschwindigkeit entsprechenden lebendigen Kraft dahinfliegt, einen Druck auf die angrenzenden Körper. Die Summe aller in der Zeiteinheit auf die Flächeneinheit treffenden Stösse stellt die Spannkraft des Gases dar. Wird das Gas zusammengedrückt, so werden die Molecularstösse in entsprechendem Maasse zahlreicher und erhöhen die Spannkraft, welche gemäss der Zunahme wieder äussere Arbeit leisten kann. Die potentielle Energie besteht also in diesem Falle aus einer Summe von lebendigen Kräften, die in den verschiedensten Richtungen wirken. Sie darf nicht als lebendige Kraft des Gases bezeichnet werden; diese wäre nur dann gegeben, wenn die Gasmoleküle ausserdem noch in einer gemeinsamen Richtung sich bewegten und wenn somit die Gasmasse als Wind dahinführe.

In einem geraden Stahlband herrscht Gleichgewicht zwischen den anziehenden und abstossenden Kräften seiner Moleküle. Krümmt man dasselbe, so werden die Theilchen auf der concaven Seite einander genähert, auf der convexen Seite von einander entfernt. Dort sind jetzt die abstossenden, hier die anziehenden Molecularkräfte im Uebergewicht und stellen zusammen eine Summe von Spannkräften dar, welche durch die Verschiebung jedes Theilchens aus der Gleichgewichtslage genau bestimmt sind. Die Summe dieser Spannkräfte ist gleich der lebendigen Kraft, welche zur Krümmung des Stahlbandes erforderlich war und welche dieses bei der Rückkehr in den ungespannten Zustand wieder zu leisten vermag.

Die (grüne) Pflanze verwandelt Kohlensäure und Wasser, indem Licht und Wärme aufgewendet wird, in Holz (Cellulose) und in frei werdenden Sauerstoff. Beim Verbrennen des Holzes wird die gleiche Menge Sauerstoff aufgenommen; es wird wieder die nämliche Menge von Kohlensäure und Wasser gebildet und eine Summe von Licht und Wärme entbunden, welche der bei der Holzbildung verschwundenen Menge von Licht und Wärme äquivalent ist. Letzteres ist wenigstens nach dem Gesetze von der Erhaltung der Kraft anzunehmen. Die Verbrennungswärme stellt eine Summe von frei werdender Energie dar; sie kann mechanische Arbeit leisten. Holz und Sauerstoff enthalten eine gewisse Menge von potentieller Energie, welche beim

Uebergang in Kohlensäure und Wasser frei wird, und welche aus einem Ueberschuss von chemischer Anziehung und gebundener Wärme besteht. Wenn man aber gewöhnlich sagt, in dem Holze sei von der Pflanze Kraft aufgespeichert worden, so ist dies nur in figürlichem Sinne richtig; denn die aufgespeicherte Spannkraft ist nicht in dem Holze, sondern in dem gasförmigen Sauerstoff enthalten.

---

7. Qualität in der Natur (S. 586).

Die Qualitäten, wodurch die natürlichen Dinge sich von einander unterscheiden, sind nicht absolut, sondern nur relativ, da sie sämmtlich aus quantitativen Verhältnissen hervorgegangen sind.

Dieser Satz ist so wichtig für die Naturbetrachtung, dass es wünschbar erscheint, durch eine nähere Beleuchtung sich vollständige Klarheit zu verschaffen. Betrachten wir zuerst die Begriffe der Mathematik, da uns diese Wissenschaft bei aller Beurtheilung der natürlichen Dinge den Weg erhellen soll.

Die Mathematik, die Wissenschaft von Zahl und Grösse, hat es vorzugsweise mit quantitativen Verhältnissen zu thun. Doch mangeln ihr die eigentlichen, absoluten Qualitäten nicht. Diese können, soweit es sich um reelle (nicht imaginäre) Grössen handelt, dadurch entstehen, dass ein Werth in einer Gleichung Null (nicht etwa bloss unendlich klein) wird. — Es seien a und b die Axen einer Ellipse. Setzen wir $b = a - m$ und lassen wir m zu Null werden, also $b = a - 0$ oder $b = a$, so verwandelt sich die Ellipse in einen Kreis. Ist dagegen m nicht 0, sondern $\frac{1}{\infty}$, also $b = a - \frac{1}{\infty}$, so haben wir eine kreisähnliche Ellipse. Wird anderseits a auf Null reducirt, so geht die Ellipse in die gerade Linie b über, und wenn $b = 0$, in die Linie a. Schwindet dagegen a oder b nicht zu 0, sondern zu $\frac{1}{\infty}$, so erhalten wir nicht gerade Linien, sondern unendlich schmale Ellipsen. Es macht also begrifflich einen Unterschied, ob ein Werth zu Nichts oder ob er nur unendlich klein wird. Ein Viereck, dessen eine Seite sich auf $\frac{1}{\infty}$ verkürzt hat, ist dem Begriffe nach immer noch ein Viereck; zum wirklichen Dreieck wird es erst, wenn die Seite 0 und damit zur Spitze des Winkels geworden ist. Ein Körper, dessen eine Dimension unendlich klein ist, bleibt immer noch ein Körper; er schlägt erst in Fläche um, wenn jene Dimension Null wird.

Aber diese begrifflichen oder absoluten Unterschiede haben keine reale Bedeutung; sie sind für die Rechnung werthlos. Deswegen werden sie von der Mathematik nicht weiter beachtet, welche, obgleich rein formal, dennoch in hohem Grade praktisch verfährt. Sie fragt sich bloss, ob etwas für die weitere Rechnung vernachlässigt werden kann, und während sie zwischen unendlich Kleinem der ersten, zweiten, dritten Ordnung unterscheidet, macht sie keinen Unterschied zwischen unendlich Kleinem und Nichts. Das mathematische Verfahren kann also, indem es gleichsam transcendent wird, einen Begriff in einen absolut verschiedenen überführen, aber es vermeidet diese Consequenzen zu ziehen. — Uebrigens setzt das Nullwerden eines Werthes nicht immer das Entstehen einer neuen Qualität voraus; man bleibt innerhalb der quantitativen Verhältnisse, wenn man durch Addition oder Subtraction zur Null kommt. In der Zahlenreihe von $-\infty$ bis $+\infty$ hat die Null keine andere Bedeutung, als die einer jeden positiven oder negativen Zahl, und 0 ist von $+1$ oder von -1 nicht anders verschieden, als 2 von 3 oder 3 von 2.

Gehen wir von den formalen zu den realen Dingen der Natur über, so können die letzteren schon deswegen nur durch relative Qualitäten sich von einander unterscheiden, weil sie durch Addition und Subtraction aus einander entstehen. Es sind die nämlichen chemischen Elemente, welche in wechselnden Mengen zusammentreten, um die natürlichen Körper zu bilden, deren Bewegungen und Wirkungen dem entsprechend auch nur gradweise, nur durch ein Mehr oder Weniger von einander abweichen. Wenn uns gleichwohl Erscheinungen, die durch quantitative Ursachen bedingt werden, als verschiedene Qualitäten entgegentreten, so liegt der Grund davon theils in der eigenthümlichen Organisation unserer Sinnesorgane, theils in dem Umstande, dass die Objecte nicht immer allmählich, sondern mitunter sprungweise in einander übergehen. Der sprungweise Wechsel aber rührt entweder davon her, dass die Uebergangsglieder, weil die Combination nach **Zahl** und nicht nach Grösse erfolgt, unmöglich sind, oder davon, dass die möglichen Uebergangsglieder aus irgend einem Grunde mangeln.

Die schönsten Beispiele, wie rein quantitative Verhältnisse unseren Sinnesorganen bald als Quantitäten, bald als Qualitäten erscheinen, geben uns die Farben und Töne. Schwingungen von gleicher Dauer, aber mit ungleicher Schwingungsweite (also mit ungleicher Geschwindigkeit der schwingenden Theilchen), lassen uns den **gleichen** Ton oder die **gleiche** Farbe, nur schwächer und stärker, empfinden. Wir sind uns vollkommen bewusst, dass wir die gleiche Qualität in ungleicher Intensität wahrnehmen. Dagegen fassen unsere Sinne die Schwingungen mit ungleicher Dauer als **verschiedene** Töne und Farben auf. Obgleich durch allmähliche Zunahme der in der Zeiteinheit erfolgenden Schwingungen der Ton *c* gleitend in den Ton *g*, die gelbe Farbe gleitend in die blaue übergeht, so ist für unser Gefühl das *g* niemals ein bloss vermehrtes *c*, das Blau niemals ein bloss gesteigertes Gelb, sondern ein (qualitativ) anderer Ton und eine andere Farbe.

Die verschiedenen Aggregatzustände der gleichen chemischen Substanz erscheinen uns als qualitativ verschieden, so das **Eis**, — das **Wasser** in zusammenhängender Masse oder in Nebelbläschen vertheilt, — der unsichtbare gasförmige **Wasserdampf**. Diese ungleichen Eigenschaften werden bloss durch die ungleichen Mengen von gebundener Wärme bewirkt, welche die Bewegungszustände der Moleküle verändern. 1 Kilogramm Eis (von 0^0) + 79 Wärmeeinheiten = Wasser. 1 Kilogramm Wasser (bei der Siedhitze) + 536 Wärmeeinheiten = Wassergas.

Die Eigenschaften der chemischen Elemente sind zwar nur dem Grade nach, aber doch sprungweise verschieden. Gold, Silber, Eisen, Quecksilber, Chlor, Sauerstoff, Kohlenstoff werden durch keine Zwischenglieder verbunden. Der Nachweis, dass sie nur quantitativen Ursachen ihr Dasein verdanken, lässt sich nicht ausführen, da die Elemente jetzt noch der Scheidekunst widerstehen. Aber nach den Thatsachen, welche uns die chemischen Verbindungen in so reicher Menge darbieten, ist es gar nicht unmöglich, dass die verschiedenen Elemente aus den nämlichen Stofftheilchen mit ungleichen Mengen gebundener Kräfte bestehen.

Alle chemischen Verbindungen geben uns Beispiele dafür, dass aus zwei oder mehreren chemischen Elementen unter Abgabe oder Aufnahme von Wärme Körper entstehen, die unsere Sinne als neue Qualitäten empfinden. Metallisches Eisen verbindet sich mit dem gasförmigen Sauerstoff der Luft unter Abgabe von Wärme zu Eisenrost. Kohle und Schwefel verbinden sich unter Aufnahme von Wärme zu Schwefelkohlenstoff. Besonders aber finden wir in der organischen Chemie eine Menge von Fällen, wo bestimmte Mengen verschiedener Elemente uns als etwas ganz anderes sich darstellen je nach der Wärmetönung (nach der Menge von Wärme, die gebunden oder frei wird). So sind beispielsweise 12 At. Kohlenstoff + 24 At. Wasserstoff + 12 At. Sauerstoff = Kohle + Wasser = Traubenzucker = Essigsäure = Milchsäure = Rohrzucker + Wasser = Stärkemehl (Gummi, Cellulose) + Wasser = Glycerin + Kohlenoxyd = ölbildendes Gas + Sauerstoff = Weingeist + Kohlensäure = Fett + Wasser + Sauerstoff, wenn jeweilen die bestimmte Wärmedifferenz beigefügt wird. Dass dabei die räumliche Anordnung der Elementatome jedesmal eine andere ist, erscheint als selbstverständlich und ändert an der bloss quantitativen Verschiedenheit der Ursachen nichts; denn die verschiedenen Lagerungen sind, wie die Permutationen gegebener Grössen jedenfalls nicht qualitativer Natur.

Die Eigenschaften der chemischen Verbindungen wechseln, wie diejenigen der chemischen Elemente, sprungweise, da sie nach der Zahl der Atome (Aequivalente) erfolgen und somit sich numerisch abstufen. Kupfer und Sauerstoff geben zu 1 *Cu* und 1 *O* verbunden das schwarze Kupferprotoxyd, zu 2 *Cu* und 1 *O* verbunden das rothe Kupfersuboxyd (Rothkupfererz). Kohlenstoff, Wasserstoff und Sauerstoff stellen in der Verbindung $1\,C + 2\,H + 3\,O$ Kohlensäure, in der Verbindung $1\,C + 2\,H + 2\,O$ Ameisensäure dar. Es ist begreiflich, dass die qualitativen Verschiedenheiten um so undeutlicher werden, je höher bei gleichen Differenzen und unter übrigens gleichen Umständen die Zahl der Atome in den Verbindungen steigt. So weichen in den Reihen der Fette und Fettsäuren die niedern Glieder viel weiter von einander ab, obgleich der Unterschied zweier auf einander folgender Glieder der nämliche ist (z. B. $1\,C\ 2\,H$). Dieser Unterschied muss eben bei kleinen Zahlen ($2\,C\ 4\,H$) fühlbarer hervortreten als bei grossen ($18\,C\ 36\,H$).

Sind die chemischen Verbindungen noch alle sprungweise verschieden, was in der Zusammensetzung und gewöhnlich auch in den physicalischen Eigenschaften leicht wahrnehmbar ist, so können dagegen überall gleitende Uebergänge auftreten, wo die Stoffe (Elemente oder Verbindungen) nach wechselnden Gewichtsmengen sich vermischen, wie dies bei vielen Mineralien, besonders aber bei den Organismen der Fall ist. Bei den letzteren wird die ungeheuere Mannigfaltigkeit der Eigenschaften durch die quantitative Mischung der wenigen maassgebenden Eiweissverbindungen des Plasmas bedingt, wodurch uns die allmähliche Veränderung der Organismen in einander begreiflich wird. Die bestehenden Lücken in den organischen Reichen können einen dreifachen Ursprung haben: 1. Sie sind durch Aussterben der Zwischenglieder entstanden, was der gewöhnlichste Fall ist; 2. die Zwischenglieder am ausgebildeten Organismus sind nicht möglich, weil die Sprünge durch die verschiedene Zahl der Organe oder Theile erfolgen (z. B. 4 und 5 blättrige Blumenkronen); 3. die Zwischenglieder am ausgebildeten Organismus erscheinen zwar nicht als unmöglich, aber sie sind nicht vorhanden, weil die (unmerklichen und gleitenden) Veränderungen im Plasma der Keime bei der Entwicklung des Individuums zu bemerkbaren Sprüngen auswachsen.

---

8. Zurückführung geistiger Vorgänge auf stoffliche Bewegungen (S. 591).

Bei der Behandlung des Problems betreffend die Zurückführung des Geisteslebens auf das körperliche Leben müssen wir zwei Fragen streng unterscheiden 1) ob das Zustandekommen geistiger Bewegungen aus stofflichen Bewegungen als Thatsache angenommen werden müsse, 2) wie wir uns dasselbe vorzustellen haben. Die erste Frage ist ganz unabhängig von der zweiten; sie kann längst entschieden sein, ehe man über die zweite eine nur einigermaassen annehmbare Hypothese aufzustellen vermag. Der Einwurf, das ist unmöglich, weil ich mir es nicht erklären kann, hat gar keine Bedeutung, da wir ja gewöhnlich von dem Vorhandensein einer Erscheinung überzeugt sind, ehe wir eine Vorstellung über das Geschehen besitzen.

Bezüglich der ersten Frage wissen wir bestimmt, dass materielle Bewegungen durch Vermittelung der Sinnesorgane auf den Geist wirken und Bewegungen in demselben veranlassen, und dass diese letzteren hinwieder materielle Bewegungen in Nerven und Muskeln erzeugen. Der endliche Geist und die kraftbegabte Materie stehen also in Wechselwirkung mit einander, wie die Materie unter sich in Wechselwirkung steht. Wollten wir den Geist als etwas für sich bestehendes Immaterielles betrachten, so müsste er als ausdehnungslose Kraftpunkte zwischen den Molekülen der Nervensubstanz vertheilt sein, und diese geistigen Kraftpunkte müssten von den materiellen Theilchen durch Druck und Zug beeinflusst werden, und sie müssten selber auf dieselben durch Druck und Zug einwirken. Die geistigen Elemente müssten also gerade so sich verhalten, als ob es kraftbegabte Stofftheilchen wären. Da nun an den letzteren der Stoff uns eigentlich werthlos und ohne Bedeutung ist, da es nur auf die Kräfte ankommt, welche darin ihren Sitz haben, so ändern wir an der ganzen Causalreihe (von der Materie durch den Geist zur Materie) nichts, wenn wir auch den geistigen Kraftpunkten eine materielle Unterlage geben und wenn wir sie in die Moleküle der Nervensubstanz selbst verlegen.

Der Naturforscher wird die letztere Annahme vorziehen, da sie Uebereinstimmung in das ganze endliche Sein bringt. Wollte man aber sich das intellectuelle Opfer auflegen und mystische geistige Punkte zwischen die Stoffmoleküle einschieben, so würde dadurch an der materialistischen Auffassung der endlichen Welt nichts Wesentliches geändert; denn diese besteht bloss in der strengen Durchführung des Causalgesetzes, nicht in irgend einer Theorie über Kraft und Stoff. Die Mechanik der Gehirntheilchen zur Hervorbringung geistiger Processe bleibt mit oder ohne geistige Punkte dieselbe.

Die andere Frage, in welcher Weise das Geistesleben aus den materiellen Bewegungen hervorgehe, gehört vorderhand noch dem Gebiet der Hypothesen an und kann wohl nur bezüglich der elementarsten Erscheinungen einigermaassen befriedigend gelöst werden. Das Gefühl (angenehme und unangenehme Empfindung) lässt sich aus den Erregungen, welche die materiellen Theilchen bei ihrer Bewegung spüren müssen, ableiten, wie dies im Text (S. 597) ausgeführt wurde.

Die Empfindung, welche die Peripherie des Nervensystems durch einen Reiz erhält, pflanzt sich durch die Nervenstränge auf das Centralorgan fort, durchsetzt dasselbe, und geht als motorischer Strom durch die Nerven wieder nach der Peripherie, wo derselbe bei hinreichender

Stärke als Bewegung sichtbar wird. Im Gehirn erscheint aber die Empfindung nicht unverändert als solche, sondern als deren Bild, als Vorstellung. Die meisten Vorstellungen bleiben scheinbar innerhalb des Gehirns; nur wenige, welche qualitativ und quantitativ dazu befähigt sind, bringen bemerkbare Muskelbewegungen hervor. — Das nächst Höhere, das auf die blosse Empfindung und deren Vorstellung folgt, ist dann die Erinnerung, aus welcher unmittelbar das Bewusstsein hervorgeht; denn dieses ist nichts anderes als das Zusammenwirken vieler Erinnerungen.

Die Erinnerung kommt dadurch zu Stande, dass die frühere Vorstellung einer Empfindung sich wiederholt. Wir können uns diesen Vorgang etwa in folgender Weise denken. Die wirksame, die Empfindung wahrnehmende Nervensubstanz des Gehirns (Sensorium) besteht, wie alle organisirten Substanzen, aus Micellen (krystallinischen Molekülvereinigungen), die von Wasser umgeben sind. Die Micelle können sich etwas verschieben und ziemlich nach allen Richtungen um ihren Mittelpunkt drehen, da sie nach allen Richtungen orientirt und durchaus ungeordnet sind. Eine Empfindung, die zum Sensorium geleitet wird, durchsetzt dieses auf irgend einem Weg, der durch eine oder eher durch einige benachbarte Micellreihen gebildet wird. Dabei orientiren sich die Micelle dieser leitenden Reihen mit ihren Axen in bestimmter Weise zur Leitungsrichtung, indem sie kurze Zeit um ihre Gleichgewichtslage schwingen. Es bildet sich also eine Vorstellungsbahn, deren Micelle bestimmt geordnet sind und in Folge von Wasseraustritt, welcher mit der Orientirung verbunden ist, fester zusammenhängen.

Diese richtende und festigende Veränderung in der Stellung der Micelle kann alle möglichen Abstufungen von einem kaum sichtbaren Anfang bis zur vollendeten Uebereinstimmung in der Richtung und zum festesten Zusammenhalt betragen. Ist der Eindruck, den die Empfindung gemacht hat, schwach, so erfolgt durch den schwachen Vorstellungsstrom nur eine sehr unvollständige Orientirung, die bald wieder verloren geht. Ist der Eindruck stärker, so wird die Orientirung der Micelle bestimmter und dauernder. Aeusserst lebhafte Vorstellungen können in dieser Weise eine Spur hinterlassen, die zeitlebens bleibt. Jede neue Empfindung macht sich im Sensorium eine neue Vorstellungsbahn; wiederholt sich aber die ganz gleiche Empfindung, so schlägt sie den Weg ihrer Vorgängerin ein und macht die Orientirung der Micelle bestimmter und haltbarer (Auswendiglernen).

Die Vorstellung selbst ist ein momentaner Nervenstrom, und besteht in bestimmten (schwingenden) Bewegungen der Micelle, ihrer Moleküle und Elementatome sammt den zugehörigen Aethertheilchen. Die Erinnerung besteht darin, dass die Elemente einer Spur auf äussere oder innere Veranlassung wieder erregt werden und zu schwingen beginnen, wodurch sich die frühere Vorstellung erneuert.

Finden zwei Vorstellungen (*A* und *B*) gleichzeitig statt, d. h. mit einem Zeitunterschied, der geringer ist als die Dauer ihrer Erregung, und sind sie lebhaft genug, so wirken die zwei schwingenden Spuren auf einander ein und werden auf dem kürzesten Weg durch eine Querspur verbunden. Wiederholt sich später die Vorstellung A allein, so geschieht es leicht, dass vermittelst der Verbindungsspur auch die Spur von B in Schwingung versetzt und damit die Vorstellung *B* wieder lebendig wird.

Schliesslich sind in dem Sensorium unzählige Vorstellungsspuren vorhanden, jede durch ungeordnete Substanz isolirt und somit im Stande allein schwingen zu können, aber auch jede durch eine Menge von Verbindungsspuren mit andern Vorstellungsspuren zusammenhängend und fähig, dieselben zu beleben oder von denselben belebt zu werden. Es können daher bei jeder Vorstellung durch directe Vermittelung viele andere und durch weitere Vermittelung nach und nach alle Vorstellungen, die im Sensorium als Spuren vorhanden sind, erwachen. Ich sehe beispielsweise ein Feuer, dadurch bekomme ich möglicher Weise die Vorstellung von Wärme, von Thermometergraden und Wärmeeinheiten; von Kälte und Einheizen; von Brennen, Feuersbrunst, Löschen und Löschanstalten; von Sieden, Braten und Dörren; von der rothen Farbe des Feuers und von andern Farben, von verschiedenen rothgefärbten Gegenständen, von rother Republik und rothen Kardinälen; von Rauch, von rauchgeschwärzten Gegenständen und Personen; ferner die Vorstellung des Wortes Feuer und seiner Buchstaben, der von Feuer abgeleiteten Wörter, der Wörter, die den gleichen Reim geben oder die gleiche Alliteration haben, der Wörter in anderen Sprachen, welche Feuer bedeuten, u. s. w.

Die im Sensorium enthaltenen Vorstellungsspuren geben uns Aufschluss darüber, ob eine Empfindung, die wir erhalten, neu ist oder ob wir sie schon empfunden haben, und zu welcher Zeit. Trifft uns eine Empfindung zum ersten Mal, so muss ihre Vorstellung sich eine besondere Spur bahnen und damit ist für unser Bewusstsein ihre Neuheit gegeben. Sie erscheint uns auch neu, wenn sie zwar früher schon da war, wenn aber ihre Spur mit der Zeit gänzlich verschwunden ist. Findet eine Empfindung eine ihr entsprechende Spur bereits vor, so wissen wir, dass wir die nämliche Empfindung früher schon hatten, und je nachdem die Spur noch frisch ist oder mehr oder weniger gelitten hat, wissen wir auch, ob die Empfindung erst kürzlich oder schon vor längerer Zeit statt fand. Vorzüglich aber werden wir über die Zeit derselben belehrt durch die mit ihrer Spur unmittelbar verbundenen Spuren, also durch die Vorstellungen, die wir gleichzeitig mit jener Empfindung hatten. Und den ganz genauen Zeitpunkt erfahren wir, wenn die Vorstellungsspur der Empfindung entweder selbst oder wenn eine mit ihr verbundene gleichzeitige Spur in Zusammenhang steht mit Zeitspuren d. h. mit solchen, welche uns das Jahr, den Monat, den Tag, die Stunde angeben. — Eine Empfindung kann sich mehrere Male wiederholen, und möglicher Weise erinnern wir uns an jedes einzelne Mal. Dies ist dann der Fall, wenn ihre Spur sich jedesmal mit Zeitspuren oder überhaupt mit andern Spuren, die über die Zeit Auskunft geben, in Verbindung gesetzt hat.

Die Vorstellungen hängen im Sensorium zuweilen in der Art zusammen, dass die eine unwillkührlich die andere hervorruft. Dieser Vorgang stellt sich am reinsten dar, wenn ein Kind das Abc, oder die Zahlenreihe oder einen Spruch auswendig lernt, von dem es gar nichts versteht, der ihm also nichts anderes als eine Reihe von Wörtern ist. Jeder Laut macht sich beim Memoriren eine Spur und wird mit dem nächstfolgenden oder mit den zwei und drei nächstfolgenden, sofern ihre Vorstellungen zeitlich noch zusammentreffen, durch Querspuren verbunden. Da die Laute nicht gleichzeitig gesprochen oder gehört werden, so wird immer die ausschwingende Spur mit einer solchen, die zu schwingen beginnt, verbunden. Die Verbindungen zwischen den Gliedern einer Reihe sind also nach vorn und nach hinten ungleichartig, Wenn nun ein Laut mitten aus der Reihe angegeben wird, so leitet seine Spur beim Ausschwingen naturgemäss nach dem folgenden und nicht etwa nach dem vorhergehenden Glied der Reihe. Sind alle Verbindungen in Ordnung, so wird die Reihe ohne Fehler und ohne Unterbruch hergesagt.

Ich habe bis jetzt nur von den Vorstellungen gesprochen, insofern dieselben durch äussere Eindrücke veranlasst werden und Spuren im Sensorium zurücklassen, welche in Folge späterer Eindrücke wieder in Schwingung gerathen und Erinnerungen wach rufen. Es werden aber auch durch innere Anregung die vorhandenen Vorstellungsspuren in Bewegung gesetzt und neue Vorstellungen gebildet, die bei hinreichender Lebhaftigkeit ihre Spuren hinterlassen. Es wäre nun weiter zu untersuchen, wie es geschieht, dass man fast beliebige Spuren schwingen lässt und Erinnerungen erweckt, — dass man von den zahlreichen, nach Association schwingenden Spuren die einen festhält, die andern unbemerkt vorübergehen lässt, — dass man ohne äussere Einwirkung die vorhandenen Vorstellungen zur Bildung neuer Vorstellungen benutzt, die demnach rein innerliche sind, da ihnen keine von aussen kommende Empfindung entspricht, — dass man also sinnlich gegebene Vorstellungen zu Abstractionen und Schlüssen benutzt, die eben so viele neue Spuren im Sensorium erzeugen können, — dass man von den Vorstellungen und Schlussfolgerungen zu Entschlüssen gelangt und dieselben durch den Willen zu Thaten werden lässt. Alles dies sind Aufgaben der physiologischen Psychologie, welche, wie ich glaube, auf dem angegebenen Weg (vermittelst der Vorstellungsspuren) gelöst werden können. Dabei ist für den Naturforscher selbstverständlich, dass das Princip der Freiheit nicht als etwas dem Causalgesetz Widersprechendes und Transcendentes eingreifen darf, sondern dass die Freiheit etwas Reales und Vorstellbares ist, in der Weise, dass immer materiell gegebene Dispositionen vorhanden sind und dass der Ueberlegung die Auswahl zwischen verschiedenen Entschlüssen offen steht. Die Ueberlegung ist aber nichts anderes als die gleichzeitige Thätigkeit verschiedener Vorstellungsspuren, namentlich auch derjenigen, welche die voraussichtlichen Folgen und die Gründe für und gegen zum Bewusstsein bringen, und welche dann den Entschluss zur Ausführung gelangen lassen. — Der Versuch zur Beantwortung der genannten Probleme auf molecular-physiologischem Weg würde hier viel zu weit führen. Dagegen will ich noch einige Einwürfe beantworten, welche vielleicht gegen die Elemente der allgemeinen Theorie erhoben werden.

Man wird vielleicht die Frage aufwerfen, wodurch sich denn die unzähligen Spuren im Sensorium materiell unterscheiden, da jede eine andere Vorstellung gibt, und man wird vielleicht die

Möglichkeit bestreiten, die Aufgabe durch Combinationen der molecularen Verhältnisse zu lösen. Allerdings ist die Molecularphysiologie noch lange nicht im Stande, die erste Frage in irgend einer plausibeln Weise zu beantworten. Dagegen lässt sich die Möglichkeit einer solchen Lösung unbestreitbar darthun, weil in den Nerven wirklich stattfindet, was für das Sensorium vorausgesetzt wird. Da die Nerven die verschiedensten Empfindungen leiten, so muss jede qualitativ und quantitativ verschiedene Empfindung in anderer Art geleitet werden. Bedenken wir, wie die von dem Gesichtsorgan aufgenommenen zahllosen Formen und die mannigfaltigsten Zeichnungen, Schattirungen und Färbungen auf denselben durch den Sehnerven, wie von dem Gehörorgan die verschiedenen Töne und Geräusche und die Tausende von Wörtern durch den Hörnerven, wie ferner die Gerüche, die Geschmacksempfindungen und die Wahrnehmungen des Tastorganes von den andern Nerven zum Sensorium geleitet und demselben in unterscheidbarer Weise übergeben werden, so müssen wir auch dem Sensorium selbst die Fähigkeit zugestehen, die Vorstellungen aller dieser Empfindungen in unterscheidbarer Weise zu reproduciren.

Ein anderes Bedenken könnte darin bestehen, ob das Sensorium wohl Raum für die Unzahl von räumlich geschiedenen Vorstellungsbahnen besitze. Nehmen wir an, für jede Bahn sammt der umgebenden passiven (ungeordneten) Substanz sei ein prismatischer oder cylindrischer Strang erforderlich, dessen Querschnitt 100 Micelle (Molekülgruppen) enthält (was wohl eher zu viel ist), nehmen wir ferner an, auf die Eiweissmicelle treffen durchschnittlich 360 Kohlenstoffatome (womit ihre Grösse bestimmt ist) und die Stränge enthalten 78 bis 57 Procent Wasser, so liegen auf dem Raum von jedem Quadratmillimeter 78000 bis 121000 Millionen von Micellen neben einander, und es finden somit auf diesem Raum 780 bis 1210 Millionen von Vorstellungsbahnen Platz[1]). Bei grösserer Ausdehnung des Sensoriums wächst diese Zahl zu einer so überwältigenden Menge an, dass sie allen Anforderungen genügen muss.

Ueberdem ist zu bemerken, dass nicht jede einzelne, von den übrigen etwas verschiedene, concrete Wahrnehmung auch ihre besondere Spur im Sensorium hervorbringen wird; dafür wäre allerdings

---

[1]) Vgl. über diese Berechnung die Abhandlung über die Abstammungslehre S. 66.

kein Raum hinreichend gross. Sondern es muss jedenfalls angenommen werden, dass die sinnliche Gesammtwahrnehmung, die stets eine zusammengesetzte ist, sich in ihre Elemente zerlege. Dies ist schon behufs der Leitung zum Centralorgan erforderlich und hier bildet sich dann jedes Element seine eigene Vorstellungsbahn. Die zum Bewusstsein gelangende Gesammt-Vorstellung wird aus den gleichzeitig erregten Bahnen dieser Elemente zusammengesetzt. — In dieser Weise bedarf es allerdings für die Vorstellung der einzelnen concreten Wahrnehmung einer Mehrzahl von Spuren im Sensorium; dafür aber kann aus 50 Elementen eine Unzahl von verschiedenen concreten Wahrnehmungen und Vorstellungen durch ungleiche Combination zusammengesetzt werden[1]).

Diese Theorie erklärt uns manche Erscheinungen im Geistesleben, die unserem Verständniss sonst Schwierigkeiten bereiten würden. Ich erwähne beispielsweise der mehr oder weniger unklaren Erinnerung. Dieselbe begreift sich leicht durch den Umstand, dass nur ein Theil der sie zusammensetzenden Elementarbahnen erregt wird. Ist uns ein Name entfallen und wir erinnern uns nur, dass derselbe mit S anfängt oder dass in demselben ein U vorkommt, so rührt dies daher, dass die andern, auf den Namen hinweisenden Vorstellungen im Augenblick bloss die Bahnen dieser zwei Buchstaben, die seiner Zeit unsere Aufmerksamkeit besonders erregt haben, in Schwingung zu setzen vermögen. — Die Theorie, dass die Vorstellungen im Sensorium in ihre Elemente zerlegt sind, gewährt uns auch sofort eine Einsicht in das Zustandekommen der Abstractionen. Der allgemeine Begriff wird dann lebendig, wenn die ihm angehörigen speciellen Begriffe in gleichem Maasse zur Vorstellung gelangen. Wenn die Bahnen, welche die Vorstellungen der besonderen Zahlen darstellen, gleichzeitig und gleich stark erregt sind, so haben wir die Vorstellung der Abstraction Zahl, wenn die Bahnen der Farben gleichmässig erregt sind, die Abstraction Farbe.

---

[1]) In analoger Weise muss die Theorie über das Zustandekommen der Erblichkeit in der Abstammungslehre, mit der die Theorie über das Zustandekommen der Vorstellungen und Erinnerungen in allen Beziehungen grosse Analogie zeigt (mit der Ausnahme jedoch, dass jenes ein phylogenetischer, dieses ein ontogenetischer Vorgang ist), ebenfalls eine solche Zerlegung der Erscheinungen in ihre Elemente zur Erzeugung der idioplasmatischen Anlagen annehmen (S. 43—45).

Endlich muss ich noch von einem Einwurf sprechen, der wirklich gemacht wurde und auf den ich schon Eingangs hingewiesen habe. Derselbe bestreitet die Berechtigung der materialistischen Betrachtung an und für sich, weil es undenkbar sei, dass sich die Empfindungen getrennter kleinster Theilchen zur Einheit unserer Empfindung und unseres Bewusstseins summiren; weil also der atomistischen Theorie das Zusammenfassende mangle, welches aus der quantitativen Vielheit ein qualitatives Ganzes mache. Können die Motive dieses Einwurfs nicht bestritten werden, so ist damit nur die Unzulänglichkeit unseres Erkennens, nicht die Unmöglichkeit des Geschehens bewiesen. Es wäre sehr kurzsichtig zu sagen: Das begreife ich nicht, darum leugne ich seine Existenz. Wir begreifen weder die Gravitationsanziehung, noch die elektrische Anziehung und Abstossung, noch die chemische Verwandtschaft, und doch machen die zugehörigen Vorgänge den Inhalt von wissenschaftlichen Disciplinen aus. Wir begreifen nicht, wie aus den Schwingungen der Lichtäthertheilchen für unser Auge Farben, aus den Schwingungen der Luftmoleküle für unser Ohr Töne entstehen, aber es fällt niemanden ein, deshalb das Vorhandensein von Schwingungen zu bestreiten.

Geradeso verhält es sich auch mit dem Zustandekommen der Qualität eines Ganzen aus den Eigenschaften seiner Theile. Wir vermögen nicht einzusehen, wie aus Kohlenstoff, Wasserstoff und Sauerstoff die Säure des Essigs, die Süsse des Zuckers, das Aroma des Kamphers, das Belebende und Berauschende des Weingeistes zusammengesetzt wird, und doch wird niemand so unwissenschaftlich sein und deswegen die Zusammensetzung dieser Substanzen aus Kohlenstoff, Wasserstoff und Sauerstoff bestreiten wollen. Gleichwohl sind diese Zusammensetzungen um nichts weniger unbegreiflich, als die Zusammensetzung unserer einheitlichen Empfindungen und Vorstellungen aus den Empfindungen zahlreicher Moleküle und die Zusammensetzung unseres einheitlichen Bewusstseins aus zahlreichen Vorstellungen.

Was den Träger und die Verbreitung des Geisteslebens in der Natur betrifft, so wissen wir, dass dasselbe an die Nervensubstanz gebunden ist. In den meisten Thieren ist diese Substanz in leitende Stränge und in ein Centralorgan geschieden, in welchem sich die Vorstellungen bilden. Im Menschen hat sie ihre höchste Differenzirung erreicht, wiewohl wir nur die Functionen der Nervenstränge bestimmt kennen, welche die Leitung zum und vom Centralorgan übernehmen, und wiewohl über die Vertheilung der Functionen im Centralorgan nur wenig bekannt ist. — Es versteht sich, dass jeder Theil des Nervensystems entsprechend seiner Verrichtung molecular organisirt ist. Die feinste Organisation verlangt das Sensorium. Besonders muss die Beweglichkeit der Micelle ein sehr bestimmtes Maass einhalten, damit in der ungeordneten Substanz die Vorstellungsbahnen entstehen, als Spuren dauernd werden, und auf Anstösse wieder in Schwingung gerathen. Die Beweglichkeit darf weder zu gross sein, weil in einer allzu weichen Substanz die Orientirung der Micelle zwar leicht erfolgt, aber nicht haltbar ist und die Erinnerung verloren geht; noch darf die Beweglichkeit zu gering sein, weil in einer allzufesten Substanz die Micelle nur schwer ihre Gleichgewichtslage verlassen, die Vorstellungen nur unvollkommen und die Erinnerung gar nicht zu Stande kommt.

Vom Menschen im Thierreiche abwärts werden die Functionen des Geisteslebens einfacher und die Nervensubstanz in sich gleichartiger. Auf der niedrigsten Stufe muss auch die elementarste Differenzirung in leitende und vorstellungbildende Masse verschwinden; die nämliche Substanz übernimmt beide Verrichtungen, und die Vorstellungen, die bloss durch äussere Reize veranlasst werden, sind von der allereinfachsten Art. Hier sind wir bei der Grenze angekommen, wo das eigentliche Geistesleben im engeren Sinne beginnt: Ein äusserer lebhafter Eindruck bleibt in der Substanz als Spur zurück, und kann bei entsprechenden späteren Eindrücken als Erinnerungsvorstellung einer angenehmen oder unangenehmen Empfindung wach werden, so dass die erfolgende Bewegung nicht bloss durch den gegenwärtigen äusseren Reiz, sondern auch durch Erinnerungsvorstellungen beeinflusst wird. Dies ist das geringste Maass von geistigem Leben, das wir von einem Thier verlangen müssen Die Pflanze besitzt keine Erinnerungsvorstellungen; ihre Bewegungen werden durch äussere und innere Ursachen bestimmt, an denen aber die Vorstellung von einer früheren Erfahrung keinen Theil hat. Wir können der Pflanze die Empfindung nicht absprechen; aber wir dürfen ihr keine Seele zuschreiben, insofern als Seele ohne Vorstellungen und Erinnerung nicht denkbar ist.

Von den beiden Unterscheidungsmerkmalen Empfindung und

willkürliche Bewegung, durch welche man früher das Thier gegenüber der Pflanze charakterisirte, ist nur das letztere stichhaltig. Die Bewegung erscheint uns dann willkürlich, wenn sie nicht durch die uns sichtbaren Ursachen allein erklärt werden kann, und dies ist beim Thier der Fall, wo nicht bloss die äusseren Eindrücke, sondern auch die inneren Vorstellungen dabei maassgebend mitwirken. Bei der Pflanze dagegen lassen sich die Reizbewegungen vollständig auf den von aussen kommenden Reiz und auf die Organisationsverhältnisse zurückführen. Die Schwärmbewegungen der einzelligen Pflanzen und der einzelligen Thiere sind, so ähnlich sie bei oberflächlicher Betrachtung erscheinen, doch darin verschieden, dass die vegetabilischen Schwärmzellen sich viel regelmässiger bewegen und dass die Abweichungen von der Regelmässigkeit sich aus dem ungleichen Bau und den ungleichen äusseren Widerständen erklären lassen, während die viel grössere Unregelmässigkeit der thierischen Schwärmzellen offenbar noch durch andere Ursachen bedingt wird. Im Thier tritt also eine neue allgemeine, dem Pflanzenreiche mangelnde Qualität auf, die aber, wie alle Qualitäten in der Natur, aus quantitativen Verhältnissen entsteht und die auch keinen absoluten Unterschied begründet, da von dem mit einfachster Vorstellung begabten Thier zur vorstellungslosen Pflanze ein allmählicher Uebergang denkbar und auch wohl vorhanden ist.

Dagegen besteht zwischen Thier und Pflanze rücksichtlich der Empfindung nur ein Unterschied im Grade. Wir haben keinen Grund, den Sinnpflanzen dieselbe abzusprechen, wenn wir sie manchem noch empfindungsloseren niederen Thier zuschreiben, welches in dieser Beziehung vom Menschen und den höchsten Thieren so ungeheuer weit absteht. — Ob zwischen der Empfindung der Thiere und Pflanzen und der Empfindung der Moleküle und Elementatome ebenfalls nur ein gradweiser Unterschied anzunehmen sei, oder ob die erstere eine neue Qualität darstelle, die aus der letzteren durch Zusammensetzung hervorgeht (wobei das Zusammengesetzte nicht als blosse Summirung erscheint, vgl. Zusatz 7 S. 662), lässt sich wohl noch nicht übersehen, doch ist das Vorhandensein eines qualitativen Unterschiedes wahrscheinlich.

Wie die Empfindung in dem gesammten organischen Reich nur eine gradweise Abstufung zeigt und wie in den scheinbar ganz empfindungslosen Pflanzen schon die Anfänge der Eigenschaft, die uns im Menschen so sehr gesteigert nnd differenzirt entgegentritt, vorhanden sind, so verhält es sich mit dem Bewusstsein für das ganze Thierreich. Die Anfänge desselben, welche durch die wenigen und einförmigen Erinnerungsvorstellungen der niedersten, uns ganz bewusstlos erscheinenden Thiere dargestellt werden, führen durch eine continuirliche Reihe zu dem so hoch entwickelten Bewusstsein des Menschen.

---

9. Vergleichung der thierischen Affecte mit analogen unorganischen Erscheinungen (S. 599).

Die Vorstellung, wie das Geistes- und Gefühlsleben des Menschen mit analogen Affecten in der unorganischen Natur in Beziehung zu bringen sei, hat seit Empedocles keinen wesentlichen Fortschritt gemacht. Derselbe nahm zwei Grundkräfte an, Liebe und Hass, von denen die eine Vereinigung und Aufbau, die andere Trennung und Zerstörung bewirkt, denen also im allgemeinen die gleiche Aufgabe zukommt wie den zwei Kraftkategorien der jetzigen Physik, Anziehung und Abstossung. Wenn im Anschluss an den griechischen Philosophen von heutigen Naturphilosophen Anziehung und Abstossung der kleinsten Theilchen geradezu als Liebe und Hass bezeichnet oder damit verglichen werden, so geschieht das wohl ohne nähere Ueberlegung. Eine solche Idee mag als poetisches Gleichniss mitgehen, aber wissenschaftliche Bedeutung kommt ihr nicht zu. Weder lässt sie sich für die Molecularerscheinungen durchführen, noch lassen sich Liebe und Hass als die zwei Grundkräfte eines psychologischen Systems verwerthen.

Wenn Anziehung und Abstossung Liebe und Hass wären, so kämen diese Empfindungen den Elementatomen und Molekülen im nämlichen Moment in gleicher Stärke zu; denn die Theilchen der festen Körper werden ja durch das Gleichgewicht der anziehenden und abstossenden Kräfte in ihrer Lage erhalten. Man sollte nun meinen, dass die Annäherung der Moleküle ein Zeichen der Liebe sei; dann wäre die Liebe bei grösster Kälte, bei welcher die Moleküle in den kleinsten Abständen sich befinden, am wärmsten und bei grösster Hitze, bei welcher die Moleküle sich am weitesten von einander entfernen, am kältesten. Dasselbe würde aber auch für den

Hass gelten; er müsste in gleichem Maasse wie die Liebe zu- und abnehmen, denn bei jeder Temperatur ist ja Anziehung und Abstossung einander wieder gleich. — Um diesen wenig plausiblen Consequenzen zu entgehen, hätte man noch den Ausweg, Liebe und Hass als die quantitative Differenz von Anziehung und Abstossung, also nur dann als wirklich vorhanden anzunehmen, wenn die eine oder andere dieser Kräfte überwiegt. Dann würde in einem elastischen Körper, den man zusammendrückt, mit der Annäherung der Moleküle ihr Hass erwachen, und beim Auseinanderziehen würde die Liebe der Moleküle im Verhältniss der Entfernung sich steigern, was gleichfalls nicht als sehr natürlich erscheint.

Anziehung und Abstossung sind Eigenschaften der Stofftheilchen, welche ihnen beständig und in unveränderlicher Stärke zukommen, sie mögen sich in Ruhe oder in Bewegung befinden. Liebe und Hass aber sind offenbar nicht unveränderliche und bleibende Eigenschaften des Stoffes, sondern nur mit besonderen Bewegungszuständen derselben verbunden; diese Gefühle treten nur bei bestimmten Vorstellungen auf; sie mangeln im Schlafe oder wenn der Geist anderswie beschäftigt ist. Liebe und Hass, sowie überhaupt die Erscheinungen des Gefühls- und Geisteslebens können also nicht aus den Kräften (als constanten Eigenschaften) der materiellen Theilchen, sondern aus Regungen, welche den letzteren in der Bewegung zukommen, also aus vorübergehenden und wechselnden Eigenschaften der Theilchen abgeleitet werden, — in analoger Weise, wie das materielle Leben des menschlichen Körpers aus den Bewegungen der Moleküle und Elementatome hervorgeht.

Liebe und Hass können nicht als die elementarsten und einfachsten, sie müssen vielmehr schon als sehr zusammengesetzte und vielfach vermittelte Erscheinungen des Seelenlebens betrachtet werden. Mit vollem Recht lässt Du Bois Reymond dasselbe mit dem Behagen beginnen. Wohlbehagen und Missbehagen, angenehme und unangenehme Empfindung sind die einfachsten psychischen Affecte, die wir uns zu denken vermögen. Wir können daher auch den kleinsten Theilchen nichts anderes als Wohl- oder Missbehagen oder vielmehr Regungen zuschreiben, die das Behagen in seiner elementarsten Form darstellen; wir können es nur mit den moleculären Bewegungen auftreten lassen, und wir müssen es selbstverständlich, wie dies im Texte geschehen ist, dadurch bedingt sein lassen, dass den verschiedenen motorischen Trieben (Anziehung und Abstossung) durch die Bewegung in positivem oder negativem Sinne entsprochen wird.

Ein solches elementares Wohlbehagen wird also von zwei gleichnamig-elektrischen Theilchen empfunden, die ihrer Neigung folgend sich von einander entfernen, Missbehagen dagegen, wenn sie im Widerspruch mit ihrer Neigung einander genähert werden. Zwei ungleichnamig-elektrische Theilchen verhalten sich, wegen ihrer gegenseitigen Anziehung, umgekehrt; das Näherrücken befriedigt sie, das Auseinanderrücken aber, um wieder bildlich zu sprechen, verdriesst sie. Dies hätte unbeschränkte Giltigkeit, wenn es schlechthin elektrische Theilchen gäbe. Da jedoch die Elektricität nur mit andern Kräften zugleich an den Stofftheilchen haftet[1]), so kann man für den angegebenen Fall nicht einfach von Behagen, sondern bloss von elektrischem Wohl- und Missbehagen sprechen. Zwei Atome mit gleichnamiger Elektricität stossen sich in Folge der Elektricität ab, sie ziehen sich aber vermöge ihrer Gravitation an, und sie müssen daher, so oft sie ein elektrisches Wohlbehagen empfinden, ein Gravitationsmissbehagen fühlen, und umgekehrt. Die Bewegung, welche zwei Atome einander näher oder ferner rückt, verursacht, wie viele anziehende und abstossende Kräfte in denselben ihren Sitz haben, eben so viele Arten des Behagens, welche als Theilempfindungen zusammenwirken und deren Summirung die Gesammtempfindung darstellt.

Wenn meine Theorie richtig ist, so gibt es für unser Nervensystem weder eine reine Lust noch einen reinen Schmerz, sondern jede Empfindung ist aus angenehmen und unangenehmen Gefühlen gemischt, und zwar, wenn wir sie merklich spüren, fast immer so, dass die einen oder andern, weil sie überwiegen, allein vorhanden zu sein scheinen. — Ueber das Zustandekommen der Empfindungen in der Nervensubstanz lässt sich bloss sagen, dass die kleinsten Theilchen — nämlich die Eiweissmicelle, deren Bausteine die Eiweissmoleküle und die Theile der letzteren die Elementatome — als die Träger der Empfindung angesehen werden müssen; aber wegen der unendlichen Complication der Erscheinungen ist nicht einmal die allgemeinste und oberflächlichste Analyse ausführbar. Schon die

[1]) Vgl. Zusatz 1. Physische und metaphysische Atomistik S. 609.

Empfindung eines einzelnen Eiweissmicells gegenüber einem andern Eiweissmicell gestaltet sich sehr verwickelt. Bezeichnen wir das Behagen, das ein Atom in Beziehung zu einem andern Atom empfindet, als Atomempfindung, und nehmen wir an, jedes Eiweissmicell enthalte 360 Kohlenstoffatome, somit im Ganzen ungefähr 1125 Atome (*C*, *H*, *N*, *S*, *O*): so hat jedes Atom des einen Micells mit Rücksicht auf das ganze andere Micell 1125 Atomempfindungen, und die Gesammtempfindung des einen Eiweissmicells, das einem andern Eiweissmicell sich nähert oder von demselben sich entfernt, besteht schon aus der Summe von mehr als einer Million Atomempfindungen. Die Zahl der Atomempfindungen, welche einem Eiweissmicell in einem Plasmatropfen oder einzelligen Organismus kleinster Grösse zukommen, erreicht eine nicht mehr zu übersehende Grösse.

Die Gesammtempfindung des einzelnen Micells ist quantitativ unendlich gering. Die Empfindung in einer einzelnen Zelle oder in einem Complex von Zellen kann dadurch zu merklicher Intensität anwachsen, dass zahlreiche Micelle zu Schaaren niederer und höherer Ordnungen zusammentreten und eine übereinstimmende Wirkung ausüben. Die mannigfaltige und feine Abstufung in den Empfindnngen aber rührt von den unendlichen Modificationen in der Zusammensetzung her, verbunden mit dem Umstande, dass jede Empfindung die Differenz von zwei (positiven und negativen) Summen zahlloser Theilaffecte ist.

Kräfte und Gestaltungen

im

molecularen Gebiet.

Ein theoretischer Versuch.

In dem 1. Zusatz zu der Abhandlung »Die Schranken der naturwissenschaftlichen Erkenntniss«, welcher die »Physische und metaphysische Atomistik« bespricht (S. 603), habe ich es versucht, den Grund für eine neue Theorie der Lehre von den Kräften und Gestaltungen im molecularen Gebiet zu legen. Da die Theorie dort nur in ganz allgemeinen Umrissen entworfen werden konnte, so scheint es mir zweckmässig, in einer weiteren Ausführung zu zeigen, dass sie einer Anwendung bis in alle Einzelheiten fähig ist, und den Beweis zu unternehmen, dass die neue Anschauung einerseits in theoretischer Beziehung unserem naturwissenschaftlichen Bewusstsein vollkommen entspricht, was nach meiner Ansicht mit keiner der bisherigen atomistischen Hypothesen der Fall ist, und dass sie andrerseits die erfahrungsmässige Wirklichkeit ausreichend zu erklären vermag. Namentlich halte ich es für nothwendig darzuthun, dass die Annahme einer noch unbekannten Kategorie von Kräften, welche ich aus Vernunftgründen gefordert habe, eine Lücke in unserem Wissen ausfüllt und dieses in den Stand setzt, die allgemeinsten physicalischen Thatsachen wie Elasticität und chemische Verwandtschaft zu begreifen. Selbstverständlich soll an den empirisch gewonnenen Gesetzen und Thatsachen der Physik, Chemie und Physiologie nichts geändert, sondern bloss der Versuch gemacht werden, dieselben auf ein einheitliches und rationelles Princip zurückzuführen [1].

---

[1]) Bei der Abfassung dieser Abhandlung hatte ich, wie bei den beiden vorhergehenden (»Mechanisch-physiologische Theorie der Abstammungslehre« und »Die Schranken der naturwissenschaftlichen Erkenntniss«), ein allgemein naturwissenschaftlich gebildetes Publikum im Auge, das sich auch um die allgemeinsten Fragen, die als principielle oder naturphilosophische zu bezeichnen sind, interessirt. Es ist daher manches ausgeführt und wiederholt worden, was gegenüber dem speciell physicalisch Gebildeten überflüssig und unstatthaft wäre.

Wenn man bis jetzt die Deduction auf die molecularen Verhältnisse anwenden wollte, so meinte man von absolut einfachen Individuen (Atomen) ausgehen zu müssen und gerieth dabei immer auf unbegreifliche und für den Aufbau der concreten Dinge unbrauchbare metaphysische Existenzen, wie ich in dem genannten Zusatz nachgewiesen habe. Es lässt sich weder aus Kraftpunkten noch aus kleinsten Massen mit Centralkräften, die beide als metaphysische oder Uratome zu bezeichnen wären, etwas Reales construiren.

Das aus Kraft und Stoff bestehende Individuum kann auf jeder Stufe der Organisation und in jeder Grössenordnung nur ein zusammengesetztes und ein in der Endlichkeit befangenes Ding sein; es muss, man mag es sich noch so klein denken, immer theilbar bleiben, ferner muss auch das winzigste Theilchen alle in der Natur wirksamen Elementarkräfte in sich vereinigen; denn sonst gäbe es Theilchen, die nicht auf einander wirken würden und, weil ohne dynamische Beziehung unter einander, nicht zu einem zusammengesetzten Ding zusammentreten könnten. Endlich können die Elementarkräfte nicht gleichmässig durch die Materie verbreitet sein; denn sonst wären kugelige Theilchen derselben mit Centralkräften begabt, und Theilchen von nicht kugeliger Gestalt würden nach allen Richtungen und auf alle Entfernungen dynamisch so wirken, als ob sie nur eine einzige Kraft enthielten. Um etwas wirkliches zu construiren, muss man annehmen, dass in einer Masse von beliebiger Grösse die Elementarkräfte ungleichmässig und unregelmässig verbreitet seien, so dass auch jedes Theilstück ebenfalls eine ungleichmässige Anordnung derselben enthalte. Denn nur in dieser Weise wird es möglich, dass, wie es in der That der Fall ist, die dynamische Wirkung auf gleiche Entfernung nach den verschiedenen Richtungen ungleich ausfällt, und dass sie nach der nämlichen Richtung auf ungleiche Entfernungen einen anderen Werth annimmt, als es das Verhältniss des umgekehrten Quadrats der Entfernung verlangen würde.

Aus diesen Gründen ist es unmöglich, dass eine deductive Theorie gleichartige individuelle Dinge als kleinste Theilchen oder Atome zur Grundlage ihrer Betrachtungen mache und daraus etwas ableite. Ich habe daher einen andern Weg versucht und die Deduction mit den abstracten Eigenschaften der Dinge, nämlich mit den Kräften begonnen. Ich wiederhole kurz die Herleitung der elementaren

Kräfte. Dieselben können nur in gradliniger Richtung als Anziehung und Abstossung wirken, und ihre Wirkung muss entsprechend dem umgekehrten Quadrat der Entfernung abnehmen. Die beiden zusammengehörigen und sich widersprechenden (einander neutralisirenden) Kräfte müssen ferner ein symmetrisches Verhältniss darstellen, in analoger Weise, wie es mit den beiden elektrischen Kräften der Fall ist. Es muss endlich so viele Kategorien von Kräften geben, als symmetrische Verhältnisse zwischen zusammengehörigen Kraftpaaren denkbar sind. Es gibt nur drei solcher Verhältnisse.

1. Elektrische Anziehung und Abstossung. Die gleichnamigen Kräfte (*a* und *a*, ebenso *b* und *b*) stossen sich ab, die ungleichnamigen (*a* und *b*) ziehen sich an (Fig. 29, I).

2. Isagische Anziehung und Abstossung. Die gleichnamigen Kräfte (α und α, ebenso β und β) ziehen sich an, die ungleichnamigen (α und β) stossen sich ab (Fig. 29, II).

3. Gravitationsanziehung und Aetherabstossung (Dominantenkräfte). Die einen gleichnamigen Kräfte (*A* und *A*) ziehen sich an, die andern gleichnamigen (*B* und *B*) stossen sich ab; die ungleichnamigen (*A* und *B*) verhalten sich indifferent, indem sie sich weder anziehen noch abstossen (Fig. 29, III). Ich habe, um eine Gleichförmigkeit in der Benennung zu erhalten, die beiden Kräfte der dritten Kategorie Dominantenkräfte genannt, weil sie ihrer Natur nach die Anziehung und Abstossung in der Natur beherrschen.

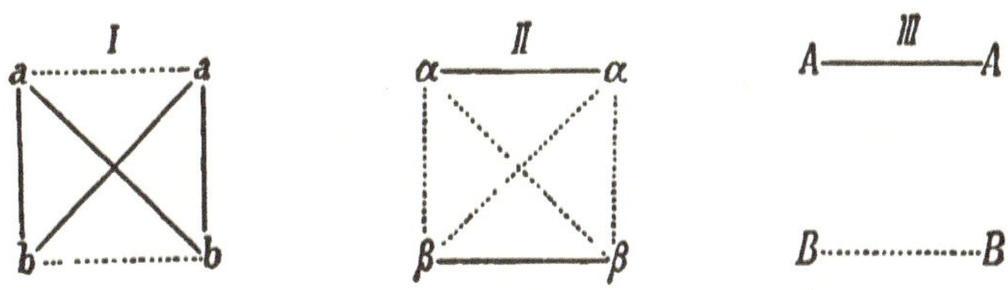

Fig. 29.

In den Figuren I, II und III sind die Anziehungen zwischen je zwei Kräften (d. h. die Anziehungen zwischen zwei beliebigen, mit den fraglichen Kräften begabten Massen durch ———, die Abstossungen durch ..... angezeigt.

Es gibt also theoretisch 3 Kategorien oder 3 Paare einfacher, gradlinig wirkender Naturkräfte, die elektrischen, die isagischen und die Dominanten-Kräfte, wobei die Kräfte eines Paares nicht auf die der andern Paare wirken. Diese 6 Elementarkräfte sind die nothwendigen und die einzigen Eigenschaften der Materie; kein materielles Theilchen, es mag noch so klein angenommen werden, lässt sich ohne dieselben denken, und zwar müssen in jedem alle 6 Kräfte, aber in ungleichen Mengen, vereinigt sein. Aus dieser Annahme sollen alle uns bekannten Erscheinungen ohne weitere Hypothesen sich ableiten lassen.

Ueber die quantitative Vertheilung der Kräfte gibt uns die Erfahrung einigen Aufschluss. Sie zeigt, dass die beiden gegensätzlichen Kräfte eines Paares bald in ziemlich gleicher Menge in einem kleinsten Theilchen vereinigt sein können, wie dies häufig mit der Elektricität der Fall ist, bald fast vollständig getrennt zu sein scheinen, wie dies an der Gravitationsanziehung und der Aetherabstossung beobachtet wird, von denen jene den wägbaren Stoffen, diese dem Aether zukommt. Die Erfahrung zeigt uns ferner, dass das Nämliche auch bezüglich der Kräfte verschiedener Paare gilt, indem dieselben in ungefähr gleicher Menge vorhanden sein oder auch die einen mehr oder weniger vorherrschen können.

Die kleinsten uns aus Erfahrung bekannten Theilchen der Materie sind die Aethertheilchen und die Atome der chemischen Elemente. Beide gehören zwei verschiedenen Grössenordnungen an. Dieser Ausspruch wird durch folgende Betrachtung gerechtfertigt. Der Weltäther verursacht keine bemerkbare Verzögerung in der Bewegung der Himmelskörper, er muss also eine äusserst dünne Substanz sein. Er leitet aber mit der grössten Regelmässigkeit Licht und Wärme, also müssen seine Theilchen so dicht beisammen liegen, dass sie mit Leichtigkeit auf einander einwirken können. Beides zusammen ist nur durch die Annahme erreichbar, dass die Aethertheilchen äusserst klein seien. Damit steht in Verbindung, dass die Fortpflanzung von Bewegungen durch die Aethertheilchen (Licht, Wärme, Elektricität) ungefähr eine Million mal schneller erfolgt als die Fortpflanzung von Bewegungen durch die wägbaren Moleküle (Schall). Die Aethertheilchen werden also in entsprechendem Maasse kleiner sein als die Moleküle und Atome.

Es pflanzen sich nämlich die Schwingungen, welche den Schall erzeugen, in der Luft mit einer Geschwindigkeit von 332^{m} in der Secunde fort, während die Luftmoleküle nach Clausius bei 0^{0} mit einer mittleren Geschwindigkeit von 485 ^{m} dahinfliegen. Die Schallgeschwindigkeit in Gasen beträgt ungefähr $^{3}/_{4}$ der fortschreitenden Moleculargeschwindigkeit, und die letztere ist von dem Gewichte der Gasmoleküle abhängig. Die Fortpflanzung des Lichtes hat eine Geschwindigkeit von 311 540 000 ^{m} in der Secunde. Wenn auch das Verhältniss zwischen diesem Werthe, der mittleren fortschreitenden Bewegung der Aethertheilchen (diese fliegen ohne Zweifel in gleicher Weise wie die Gasmoleküle durcheinander) und der mittleren Grösse der Aethertheilchen unbekannt ist, so müssen diese drei Werthe doch von einander abhängig sein, und es müssen, wie die Geschwindigkeiten des Schalles und des Lichtes, auch die Grössen ihrer Träger, der Moleküle und der Aethertheilchen, verschiedenen Grössenordnungen angehören. Diese Schlussfolgerung wird noch dadurch unterstützt, dass die Fortpflanzung des elektrischen Stromes fast die gleiche Geschwindigkeit hat wie das Licht, nämlich 463 000 000 ^{m} in einem Kupferdraht von 1,5 ^{mm} Dicke. Wenn der elektrische Strom, wie ich es später darzuthun suchen werde, auf einer fortschreitenden Bewegung von Theilchen beruht, welche den Aethertheilchen an Grösse gleichkommen, so wäre eine directe Vergleichung ihrer Geschwindigkeit mit der Geschwindigkeit der Luftmoleküle möglich.

Da es für die fernere Auseinandersetzung vortheilhaft ist, für diese kleinste bekannte Grössenordnung einen besonderen Namen zu haben, so will ich die individuellen oder untheilbaren Theilchen derselben Amere[1]) nennen, wobei es vorerst unentschieden bleibt, ob die Theilchen des Wärme- und Lichtäthers einzelne Amere oder Gruppen von solchen seien. — Was die wägbaren bekannten Stofftheilchen oder die Atome der chemischen Elemente betrifft, so sind dieselben jedenfalls sehr zusammengesetzt, wie aus ihrer ungleichen Werthigkeit und namentlich aus der Abstufung ihrer chemischen Anziehung, ihres Gewichtes und aller übrigen physischen Eigenschaften sich ergibt. Ueber die Art und Weise der Zusammensetzung wissen wir nichts. Um die Vertheilung der Elementarkräfte anschaulicher zu machen, nehme ich an, dass die Atome aus Theilchen von der Grössenordnung der Aethertheilchen, also aus Ameren, zusammengesetzt seien.

Diese Annahme präjudicirt nichts; sie lässt die reale Sachlage

[1]) Amer von α privativum und μέρος Theil.

unberührt und bietet zunächst bloss einen formalen Vortheil. Hätten die chemischen Atome irgend eine andere Zusammensetzung, so könnten wir gleichwohl in Gedanken ihre Substanz in Theilchen von der Grösse der Amere zerlegen und mit Rücksicht hierauf die Vertheilung der Elementarkräfte vornehmen. — Es möchte vielleicht Manchem voraussetzungsloser erscheinen, die Substanz in materielle Punkte von unbestimmter oder unendlicher Kleinheit zu zerlegen. Diese Operation bleibt immer noch vorbehalten, sofern sie für irgend einen Zweck wünschbar erscheint. Ehe sie aber in Anwendung kommen kann, müssen vorerst die Eigenschaften der Theilchen, welche der kleinsten bekannten Grössenordnung angehören, also der Amere, bestimmt werden, und wenn dies geschieht, so scheint es nicht, dass irgend eine physicalische Frage eine weitere Zerlegung verlangen würde. — Uebrigens ist es aus Gründen der Analogie wahrscheinlich, dass die Atome der chemischen Elemente wirklich aus Theilchen von der Grössenordnung der Amere zusammengesetzt seien, gerade so wie auf einer höheren Stufe alle wägbaren Stoffe aus Atomen und Molekülen, und auf einer noch höheren Stufe alle organisirten Substanzen aus Micellen zusammengesetzt sind.

Die Aufgabe ist nun, aus den gegebenen Prämissen ohne andere theoretische Voraussetzungen oder Hypothesen, als solche, die aus den durch die Erfahrung festgestellten Thatsachen nahe gelegt werden, die Folgerungen abzuleiten. Die Prämissen sind aber keine anderen, als die, dass jedem Theilchen der kleinsten Grössenordnung die 6 Elementarkräfte anhaften.

I. Vertheilung der Elementarkräfte[1]) auf die Amere.

Um diese Vertheilung vornehmen zu können, müssen wir uns zunächst eine Vorstellung bilden, wie sich die in der Natur vorhandenen Gesammtmengen der beiden Elementarkräfte eines zusammengehörenden Paares verhalten. — Es ist an und für sich wahrscheinlich,

---

[1]) Ich werde die 6 Elementarkräfte der Kürze halber wie in dem früheren Schema (S. 685) häufig durch Buchstaben bezeichnen, und zwar die positive und negative Elektricität durch a und b, die positive und negative Isagität durch α und β, und von den Dominantenkräften die Gravitationsanziehung durch A, die Aetherabstossung durch B.

dass die positive Hälfte der negativen Hälfte quantitativ gleichkomme; diese Annahme liegt eigentlich schon in dem Satze der Symmetrie. Auch die Erfahrung spricht entschieden dafür. Die freien positiven und negativen Elektricitäten machen nur einen sehr kleinen Theil der positiven und negativen Elektricitätsmengen aus, die in den Körpern sich das Gleichgewicht halten und zu neutraler Elektricität verbunden sind, und die durch Vertheilung frei zu werden vermögen. Könnte man die in einem bestimmten Moment freien Elektricitäten zusammenlegen, so würde man sicher um so eher auf Null kommen, je weitere Gebiete man umfasste. Wir müssen also annehmen, dass die in der Welt vorhandene Summe der positiven Elektricität gleich sei der negativen, also $Sa = Sb$, — ferner, dass gleichfalls die Menge der positiven Isagität gleich sei der negativen, also $S\alpha = S\beta$, — und endlich, dass die gesammten Gravitationskräfte den gesammten Aetherabstossungskräften gleichkommen, also $SA = SB$[1]).

Die in der Welt vorhandene Menge einer jeden Elementarkraft ist auf alle Amere und zwar in verschiedenen Mengen vertheilt, so dass jedes Amer davon eine beliebige Quantität von einem Minimum bis zu einem Maximum enthält. In jedem einzelnen Amer sind also die Kräfte a, b, α, β, A, B vertreten, und da die Quantitäten beliebig wechseln, so überwiegt in einem Amer im allgemeinen stets die eine Hälfte eines Kräftepaars, a oder b, α oder β, A oder B. Der Fall, dass a und b, oder α und β, oder A und B in einem Amer sich das Gleichgewicht halten, ist der Grenzfall einer

[1]) Wenn die wirksamen Kraftmengen einander gleich sind, so sind auch die Summen der dadurch bewirkten Anziehungen und Abstossungen einander um so eher gleich, je grösser die Zahl der wirksamen Theilkräfte ist. Wirken n positive (a) und n negative (b) elektrische Elemente, jedes von gleichem Betrag, auf einander, so ist der Coefficient für die Summe der Anziehungen (ab) gleich n^2, derjenige für die Summe der Abstossungen zwischen den elektrisch-positiven Elementen (a) gleich $\frac{n^2-n}{2}$ (nämlich die Anzahl der Combinationen ohne Wiederholungen für n Elemente und für die zweite Klasse), der Coefficient für die Summe der Abstossungen zwischen den elektrisch-negativen Elementen (b) ebenfalls $\frac{n^2-n}{2}$, also die Gesammtsumme der elektrischen Abstossungen n^2-n, welcher Ausdruck dem Ausdruck für die Anziehungen n^2 um so näher kommt, je grösser n wird. Im Universum, wo n unendlich gross ist, verschwindet die Differenz zwischen den beiden Ausdrücken.

unendlichen Menge von möglichen Fällen und kann somit nach der Wahrscheinlichkeitsrechnung vernachlässigt werden.

Jedes Amer erhält also seinen dynamischen Charakter durch die überwiegende Menge der einen Hälfte eines jeden der drei Kräftepaare. Mit andern Worten, jedes Amer ist 1. elektrisch positiv (a) oder negativ (b), 2. mit überwiegender α- oder β-Isagität, 3. mit vorherrschender Gravitationsanziehung (A) oder Aetherabstossung (B) ausgerüstet. Daraus folgt, dass es 8 verschiedene Arten von Ameren gibt; dieselben sind, wenn bloss die ausschlaggebende Hälfte eines jeden Kräftepaars notirt wird, folgende:

$$a\alpha A,\ a\alpha B,\ a\beta A,\ a\beta B,\ b\alpha A,\ b\alpha B,\ b\beta A,\ b\beta B.$$

Der Ausdruck $a\alpha A$ heisst nichts anderes, als dass in dem betreffenden Amer mehr a als b, mehr α als β und mehr A als B vorhanden sei, und so verhält es sich mit den übrigen Ausdrücken.

Da die Zahl aller Amere unendlich ist, so hat mit grösster Wahrscheinlichkeit ziemlich genau die eine Hälfte a, die andere b in ihrem Ausdruck. Ebenso lassen sich alle Amere in zwei (andere) Hälften zerlegen, von denen die eine mit α, die andere mit β bezeichnet ist. Endlich besitzen von zwei (abermals anderen) Hälften die eine A, die andere B. — Ferner wird wegen der unendlichen Anzahl der Combinationen ziemlich genau die eine Hälfte aller a-Amere mit α, die andere mit β behaftet sein, und desgleichen ziemlich genau die eine Hälfte aller $a\alpha$-Amere mit A, die andere mit B. Das Nämliche gilt für die übrigen Combinationen, so dass also im allgemeinen gesagt werden kann, jeder der obigen 8 Ausdrücke umfasse den 8. Theil aller in der Welt vorhandenen Amere.

Die Vertheilung der 6 Elementarkräfte auf alle Amere kann, wie es eben geschehen ist, deswegen strenge nach den Principien der Wahrscheinlichkeitsrechnung vorgenommen werden, weil die drei Kräftepaare keine dynamischen Beziehungen zu einander haben und also kein mit ihrer Natur in Beziehung stehendes causales Verhältniss bei der Gruppirung wirksam sein konnte.

---

2. Agglomeration und Dispersion der Amere.

Wir haben aus der Vertheilung der Elementarkräfte 8 Gruppen von Ameren erhalten, jede mit einer anderen Combination von Kräften. Die Amere wirken auf einander durch Anziehung und

Abstossung; sie machen gleichsam ihre Wahlverwandtschaften geltend. Um dieses Spiel von Kräften zu überblicken, müssen wir annehmen, dass die Amere irgend einmal getrennt von einander waren, gleichsam im gasförmigen Zustande sich befanden. Die Beschaffenheit der chemischen Atome spricht auch von Seite der Erfahrung aus entschieden für diese Annahme, wie ich später zeigen werde; — und die Kant-Laplace'sche Theorie von der Entstehung der Himmelskörper durch Verdichtung dürfte auf keine andere Weise zu denken sein, als durch allmähliche Zusammenballung von früher getrennten Ameren. Damit meine ich jedoch nicht etwa, dass das ganze unendliche Weltall einmal gleichzeitig in die Amere aufgelöst gewesen sei; es ist im Gegentheil viel wahrscheinlicher, dass die Zerstreuung und der darauf folgende Verdichtungsprocess immer nur local, d. h. in Räumen, die zum mindesten ganzen Sonnensystemen entsprechen, stattgefunden haben.

Ob die Amere in der ursprünglichen Zerstreuung bleiben, oder ob sie sich zusammenballen, hängt davon ab, ob die anziehenden oder abstossenden Kräfte überwiegen. Betrachten wir zuerst die Wirkungen der einzelnen Elementarkräfte, wie sie sich geltend machen würden, wenn in jedem Amer nur eine der 6 Kräfte enthalten wäre, und wie sie annähernd auch eintreten, wenn jedem Amer zwar alle 6 Kräfte zukommen, aber eine davon die übrigen an Stärke beträchtlich übertrifft. Die Amere sind in diesem Fall durch die vorherrschende Kraft charakterisirt und tragen die Signatur

$$a,\ b,\ \alpha,\ \beta,\ A,\ B.$$

Von diesen 6 Kategorien wirken nur a und b, ferner α und β auf einander ein; im übrigen verhalten sie sich indifferent. Was zuerst die elektrischen Kräfte a und b betrifft, so bemerken wir sogleich, dass dieselben weder im Sinne der Zusammenballung, noch im Sinne der Zerstreuung thätig sind. Zwei Amere a und b (von denen also das eine positiv, das andere negativ-elektrisch ist) ziehen sich zwar an und haften fest an einander. Aber, sofern a und b gleich stark sind, kann das Doppelamer ab kein anderes Amer fesseln, weil es dasselbe in gleichem Maasse anzieht und abstösst. Nur wenn a oder b in dem gepaarten ab viel stärker und somit die eine oder andere Elektricität im Ueberschuss vorhanden wäre, könnte ein drittes Amer hinzutreten. Es bilden sich also im allgemeinen durch die elektrischen Kräfte bloss neutrale Doppelamere, zwischen denen weder anziehende noch abstossende Beziehungen bestehen[1]).

Ganz anders verhalten sich die isagischen Kräfte α und β. Wenn zwei α sich mit einander vereinigt haben, so kann sich noch ein drittes, viertes und eine beliebige Menge von α-Ameren anlegen. Dasselbe ist andrerseits mit den β-Ameren der Fall. Es haben also alle durch die Kraft α ausgezeichneten Amere die Neigung, sich in eine einzige Masse zu vereinigen, ebenso alle durch β ausgezeichneten Amere, und die beiden α- und β-Massen entfernen sich von einander. — Von den Dominantenkräften gleicht A den beiden Isagitäten; alle Gravitations- oder A-Amere haben die Neigung, sich zu einer einzigen Masse an einander zu legen. Dagegen kommt den Aetherabstossungs- oder B-Ameren das Bestreben zu, sich von einander zu entfernen und somit möglichst gleichmässig im Raume zu vertheilen.

Unter den Elementarkräften ist die Gravitationsanziehung (A) die eigentliche Agglomerationskraft, die unter allen Umständen in dem gleichen Sinne wirkt. Die Aetherabstossung (B) ist die eigentliche Dispersionskraft, die ebenfalls ihren Charakter nie verleugnet. Dagegen haben die isagischen und die elektrischen Kräfte einen doppelseitigen Charakter. Sind nur a- oder nur b-Amere irgendwo vorhanden, so wirken sie zerstreuend, während a und b einander anziehen. Sind nur α- oder nur β-Amere in einem Raum, so wirken sie zusammenballend, während α und β sich von einander entfernen.

Nun trifft aber die gemachte Annahme, dass eine einzelne Elementarkraft in einem Amer so sehr überwiege, dass die anderen neben ihr fast verschwinden, jedenfalls nur selten ein. In der Regel wird die combinirte Wirkung der drei vorherrschenden Kräfte entscheiden. Es ist also die Frage, wie sich die Amere, die den

---

[1]) Wenn zwei Körper, von denen der eine positive, der andere negative freie Elektricität enthält, einander bis zur Berührung genähert werden, so findet Ausgleichung der Elektricitäten statt und die beiden Körper werden mehr oder weniger neutral. Dies ist selbstverständlich bei der Vereinigung der Amere nicht der Fall, weil sonst die elektrische Kraft die Materie verlassen müsste. Wenn bei grösseren Körpern Elektricität aus- oder eintritt, so ist es nicht die Kraft allein, sondern die mit Kraft begabte Materie, welche diese Bewegung ausführt; es sind elektrische Amere, welche dem Körper gegeben oder entzogen werden.

8 Kräftecombinationen (S. 690) entsprechen, zu einander verhalten. Schreiben wir die 8 Ausdrücke folgendermaassen an

$$Aaa,\ Aab,\ A\beta a,\ A\beta b$$
$$Baa,\ B\beta a,\ Bab,\ B\beta b,$$

so ist sogleich ersichtlich, dass alle Amere, welche durch die beiden ersten Ausdrücke der obern Reihe bezeichnet werden, sich unbedingt vereinigen, da sie die Attractionselemente A und A, ferner α und α enthalten, während a und b sich einzeln zwar anziehen, in Mehrzahl aber neutral verhalten. Es wäre also begreiflich, wenn alle $A\alpha a$ und $A\alpha b$ sich zu einer einzigen Masse zusammenballten. Das Nämliche gilt von den zwei letzten Ausdrücken der oberen Reihe. — Ferner müssen alle Amere mit den beiden ersten Ausdrücken der unteren Reihe sich unbedingt zerstreuen, weil sie die Repulsionselemente B und B, dann a und a führen, während α und β einzeln zwar sich abstossen, in Mehrzahl aber sich das Gleichgewicht halten. Ganz ebenso verhalten sich die zwei letzten Ausdrücke der unteren Reihe.

Für die Combinationen der verschiedenen Amere, wie ich sie eben vorgenommen habe, ist der Effect unzweifelhaft, und wir vermögen jedenfalls zu erkennen, dass einerseits Agglomeration, wie wir sie in den wägbaren Stoffen finden, andrerseits Zerstreuung, wie wir sie in dem den Weltenraum erfüllenden Aether kennen, stattfinden muss, und dass jene im allgemeinen auf den (A-haltigen) Ausdrücken der oberen Reihe, diese auf den (B-haltigen) Ausdrücken der unteren Reihe beruht. Für alle anderen Combinationen ist der Erfolg zweifelhaft, weil es dabei auf die Grösse der einzelnen Kräfte ankommt, die uns unbekannt ist. So ziehen sich z. B. der erste und dritte Ausdruck der oberen Reihe ($A\alpha a$ und $A\beta a$) an, wenn die Anziehung AA grösser ist als die beiden Abstossungen $\alpha\beta$ und aa, und im umgekehrten Falle findet Abstossung statt; ist eine Mehrzahl von so beschaffenen Ameren ($A\alpha a$ und $A\beta a$) vorhanden, so kommen für die Gesammtheit die isagischen Kräfte (α und β) nicht mehr in Betracht, weil sie sich gegenseitig aufheben, und es tritt Agglomeration oder Dispersion ein, je nachdem die Anziehung zwischen den A-Kräften grösser oder kleiner ist als die Abstossung zwischen den a-Kräften. Es ist überflüssig, von andern Combinationen zu sprechen, da die Bedingungen des Erfolges leicht ersichtlich sind.

Wenn auch die Wirkung der meisten Combinationen, sei es, dass sie in Mehrzahl beisammen oder dass sie vereinzelt vorkommen, wegen der ungleichen Grösse der den Ameren anhaftenden Elementarkräfte zweifelhaft ist, so würden wir doch die Wirkung im Grossen und Ganzen einigermaassen beurtheilen können, wenn wir die Gesammtmenge jeder einzelnen in der Welt vorhandenen Kraft kennten. Ich habe bereits davon gesprochen, dass ohne Zweifel die beiden (positiven und negativen) Glieder einer Kategorie gleiche Summen geben, also $Sa = Sb$, $S\alpha = S\beta$ und $SA = SB$ (S. 689). Dies sagt uns aber nur, dass gleich viel positive und negative Elektricität, ferner gleich viel α- und β-Isagität, endlich gleich viel Gravitationsanziehung und Aetherabstossung im Universum wirksam sei und sich das Gleichgewicht halte. Die Frage wäre aber nun, wie sich Sa, $S\alpha$ und SA zu einander verhalten.

Man wird wohl a priori zu der Annahme geneigt sein, dass das Gesetz der Symmetrie auch auf die verschiedenen Kategorien von Elementarkräften Anwendung finde, und dass gleiche Mengen von elektrischen, von isagischen und von Dominantenkräften existiren. Dann ist aber die Frage, wie die Symmetrie zu deuten sei, ob Gleichheit zwischen den wirksamen Kräftemengen oder Gleichheit zwischen den Mengen der hervorgebrachten Anziehungen und Abstossungen bestehen soll. Denn in dem vorliegenden Fall sind dies zwei verschiedene Begriffe, da die beiden Kräfte des Dominantenpaares sich zu einander neutral verhalten, während die Kräfte der übrigen Paare auf einander wirken. Wir können uns dies, da das Zurückgehen auf einfache Kraftpunkte auf das metaphysische Gebiet führen würde, am besten deutlich machen, wenn wir die Amere der Betrachtung zu Grunde legen.

Um diese Betrachtung möglichst einfach und verständlich zu gestalten, will ich als Beispiel eine Anzahl von Ameren voraussetzen, von denen jedes eine der 6 Elementarkräfte in gleicher Menge als Ueberschuss enthalte. Es seien also n Amere mit a, eben so viele mit b, und eben so viele mit α, mit β, mit A und mit B im Ueberschuss ausgerüstet; dann sind die Summen der wirksamen Kräfte a, b, α, β, A und B gleich gross. Die Summen der Anziehungen und Abstossungen aber werden durch folgende Coefficienten ausgedrückt: die Summe der elektrischen Anziehungen ab durch n^2, die Summe der elektrischen Abstossungen aa und bb durch

n^2-n [1]), die Summe der isagischen Anziehungen $\alpha\alpha$ und $\beta\beta$ durch n^2-n, die Summe der isagischen Abstossungen $\alpha\beta$ durch n^2, die Summe der Gravitationsanziehungen AA durch $\frac{n^2-n}{2}$ und die Summe der Aetherabstossungen BB durch $\frac{n^2-n}{2}$. Die Summen der Dominanten-Anziehungen und Abstossungen sind also nur halb so gross als die Summen der Anziehungen und Abstossungen jeder der übrigen Kräfte, wenn alle Kräfte in gleicher Menge wirksam sind, und wir haben für das Universum

Summen der wirksamen Kräfte $SA = S\alpha = Sa = SB = S\beta = Sb$,

Summen der Anziehungen und Abstossungen

$$SAA = \frac{S(\alpha\alpha + \beta\beta)}{2} = \frac{Sab}{2} = SBB = \frac{S\alpha\beta}{2} = \frac{S(aa + bb)}{2}.$$

Dieses Resultat, welches uns unerwartet und vielleicht unwahrscheinlich ist, rührt daher, weil den Dominantenkräften A und B nur eine einfache Wirkung (auf sich selber), den übrigen Kräften dagegen eine doppelte Wirkung (auf sich selber und auf die Schwesterkraft) zukommt. Es würde daher die Forderung der Gleichheit und Symmetrie ebensowohl befriedigen, wenn den mit einfacher Wirkung begabten Elementen A und B die doppelte Kraftmenge zukäme. Sowie ein Element a die übrigen a-Elemente abstösst und zugleich die b-Elemente anzieht, so würde dann ein Element A, welches bloss auf die A-, nicht auf die B-Elemente einwirkt, jene mit doppelter Kraft anziehen und B würde die B-Elemente mit doppelter Kraft abstossen, so dass also jedes A- und B-Element gegenüber den Krafteinheiten die nämliche Arbeit zu leisten vermöchte wie jedes der Elemente a, b, α und β. Bei dieser Annahme wächst die Summe der Gravitationsanziehungen für die vorhin vorausgesetzten n Amere auf $2(n^2-n)$, und den gleichen Betrag hat auch die Summe der Aetherabstossungen, sodass also die Summen der Dominanten-Anziehungen und Abstossungen jetzt doppelt so gross sind als die Summen der Anziehungen und Abstossungen jeder der übrigen Kräfte. Wir haben daher für das Universum

[1]) Vgl. die Anmerkung auf S. 689.

Summen der wirksamen Kräfte $\frac{SA}{2} = S\alpha = Sa = \frac{SB}{2} = S\beta = Sb.$

Summen der Anziehungen und Abstossungen

$$\frac{SAA}{2} = S(\alpha\alpha + \beta\beta) = Sab = \frac{SBB}{2} = S\alpha\beta = S(aa + bb).$$

Die beiden soeben besprochenen Annahmen über das quantitative Verhältniss der Summen der 6 Elementarkräfte sind wohl die einzigen, die unsere theoretische Naturanschauung zu befriedigen vermögen. Es ist nun leicht zu bestimmen, welches Resultat die eine und andere Annahme bezüglich der Vertheilung der Amere im grossen und ganzen gibt. Setzen wir wieder die 8 Kategorien der letzteren wie oben in zwei Reihen an

$$A\alpha a,\ A\alpha b,\ A\beta a,\ A\beta b$$
$$B\alpha a,\ B\beta a,\ B\alpha b,\ B\beta b$$

und halten wir uns zunächst an die erste Annahme, nämlich dass $SA = S\alpha = Sa = SB = S\beta = Sb$. Dabei ist im Auge zu halten, dass, wie früher angegeben, die 3 in jedem Amer im Ueberschuss vorhandenen und demselben die Signatur gebenden Kräfte jedes beliebige Verhältniss ihrer Grösse zu einander zeigen können, so dass also beispielsweise in $A\alpha a$ jede Kraft bald grösser bald kleiner als die beiden andern ist. Denken wir uns, um einen leichteren Ueberblick zu gewinnen, es seien in einem Raum nur solche Amere, die zwei Ausdrücken der oberen Reihe entsprechen, befindlich, so müssen, wie schon für den allgemeinsten Fall erörtert wurde, ohne Ausnahme alle Amere sich vereinigen, wenn sie den zwei ersten Ausdrücken ($A\alpha a$ und $A\alpha b$) angehören, — ebenso, wenn sie den zwei letzten Kategorien ($A\beta a$ und $A\beta b$) angehören, — ferner die grosse Mehrzahl der Amere, wenn sie der 1. und 4. Kategorie ($A\alpha a$ und $A\beta b$) und desgleichen, wenn sie der 2. und 3. Kategorie ($A\alpha b$ und $A\beta a$) entsprechen. Sind Amere des 1. und 3. Ausdruckes ($A\alpha a$ und $A\beta a$) beisammen, so hängt es von der Grösse der (anziehenden) A-Kräfte und der Grösse der (abstossenden) a-Kräfte ab, ob Zusammenballung oder Zerstreuung eintritt.

Sind aber sehr zahlreiche Amere aller Kategorien der obern Reihe in einem Raum beisammen, so gravitiren sie unbedingt alle gegen einander. Denn je grösser ihre Zahl ist, um so vollständiger heben sich die anziehenden und abstossenden Kräfte α und β,

a und b auf, und kommen bloss die anziehenden A-Kräfte zur Geltung.

Analog wie die Amere der oberen Reihe bezüglich der Annäherung an einander, verhalten sich diejenigen der unteren Reihe bezüglich des Auseinanderweichens. Wenn nur je zwei Kategorien in einem Raume vertreten sind, so zerstreuen sich die Amere der beiden ersten Ausdrücke (*Baa* und *Bβa*) unbedingt, ebenso die der beiden letzten (*Bab* und *Bβb*); — ferner die grosse Mehrzahl des 1. und 4. Ausdrucks (*Baa* und *Bβb*) und des 2. und 3. (*Bβa* und *Bab*). Sind Amere der 1. und 3. Kategorie (*Baa* und *Bab*) oder der 2. und 4. Kategorie (*Bβa* und *Bβb*) in einem Raum vereinigt, so entfernen sich dieselben von einander oder nähern sich einander, je nachdem die (abstossenden) B-Kräfte oder die (anziehenden) α-, resp. β-Kräfte die Oberhand haben. Ist aber eine grosse Anzahl von Ameren der 4 Ausdrücke der unteren Reihe beisammen, so tritt im allgemeinen Zerstreuung ein, weil die α- und β-, die a- und b-Kräfte sich gegenseitig neutralisiren.

Folgen wir der anderen Annahme bezüglich der quantitativen Verhältnisse der 6 Elementarkraftsummen, wonach $\frac{1}{2} SA = S\alpha = Sa = \frac{1}{2} SB = S\beta = Sb$, so ist der Erfolg bezüglich der Zusammenballung und Zerstreuung ein ganz ähnlicher, nur viel entschiedener, indem jetzt einerseits die Gravitationsanziehung, andrerseits die Aetherabstossung in vielen Fällen überwiegend wird, in denen sie bei der ersten Annahme durch andere Kräfte überwunden wurde.

Es führen also beide Annahmen auf dem Wege der Deduction zu der Vertheilung der Substanz, die wir aus Erfahrung kennen, und die uns einerseits die zusammengeballten wägbaren Stoffe, andrerseits den alles erfüllenden Weltäther zeigt. Nach der letzten Annahme ist es nahezu die Hälfte der Amere, welche der Gravitation folgend, sich einander nähert, während nahezu die andere Hälfte in Folge der Aetherabstossung sich zerstreut, und ein kleinerer Theil von weniger ausgesprochenem Charakter je nach Umständen an der Zusammenballung oder Zerstreuung Theil nimmt. Nach der ersten Annahme ist die Zahl der Amere von unentschiedenem Verhalten viel beträchtlicher. — Diese Resultate treten um so deutlicher hervor, je mehr

Amere auf einander einwirken, indess bei einer geringeren Menge derselben bestimmte Kategorien vorherrschen und den Erfolg modificiren können.

Wir können uns ferner die Frage stellen, wie hoch verhältnissmässig die Summen der Gravitationskräfte und der Aetherabstossungskräfte einerseits in den Agglomerationsmassen und andrerseits in dem Weltäther sich belaufen mögen. Die Prämissen, welche uns die Amertheorie für einen solchen Schluss darbietet, sind folgende: Jedes der unendlich zahlreichen Amere enthält eine gewisse Menge von Gravitationsanziehung und von Aetherabstossung; diese Mengen schwanken zwischen einem Maximum und einem Minimum, sind in jedem Amer mit einander combinirt und in der Gesammtzahl aller Amere symmetrisch vertheilt; nahezu die eine Hälfte der Amere bildet, da in ihnen die Gravitation überwiegt, die Agglomerationsmassen, nahezu die andere Hälfte mit überwiegender Aetherabstossung setzt den Weltäther zusammen. Wäre Maximum und Minimum bekannt, so liesse sich das Verhältniss der beiden Kräfte nach der Wahrscheinlichkeitsrechnung ziemlich genau angeben. Da wir das Maximum und Minimum nicht kennen, so lässt sich nur ein extremes Verhältniss feststellen, das jedenfalls nicht überschritten seiu kann.

Dieses extreme Verhältniss stellt sich am grössten heraus, wenn wir die freilich als unmöglich erscheinende Annahme machen, es enthalten alle Amere der wägbaren Massen mehr als die halbe, durchschnittlich einem Amer zukommende Gravitationsanziehung und weniger als die halbe durchschnittliche Aetherabstossung, und wenn wir ferner, was nicht undenkbar ist, voraussetzen, dass das Minimum einer Elementarkraft in den Ameren sehr klein und das Maximum im Vergleich damit sehr gross, dass also in dem vorliegenden Fall die kleinste Aetherabstossung äusserst gering und die grösste Gravitationsanziehung vielmal beträchtlicher sei. In diesem Falle betrüge, wegen der unendlichen und ohne Zweifel gleichmässig vertheilten Abstufung der Amerkräfte, in den wägbaren Massen die Summe der Gravitationsanziehungen $\frac{3}{4}$ aller Gravitationsanziehungen überhaupt und die Summe der Aetherabstossungen $\frac{1}{4}$ aller im Universum enthaltenen Aetherabstossungen. Die Berechnung ist die nämliche, wie beispielsweise die Summirung der Zahlenreihe 1 bis 50 die Zahl 1275 und diejenige der Zahlenreihe 51 bis 100 die Zahl 3775, also fast 3 mal so viel ergibt.

Indessen ist die zu Grunde gelegte Voraussetzung, wie bereits gesagt, kaum denkbar. Wir müssen vielmehr annehmen, dass die 6 Elementarkräfte in der unendlichen Menge von Ameren nicht nur in allen möglichen Verhältnissen combinirt, sondern dass auch die einzelnen Verhältnisse in gleicher Zahl verwirklicht seien. Dann ergibt sich folgende Grundlage für die Berechnung. In der Hälfte aller Amere ist die Gravitationsanziehung (A) grösser als die Aetherabstossung (B); in der andern Hälfte verhält es sich umgekehrt. Die Amere der ersten Hälfte mit der Signatur $A > B$ setzen die ponderabeln Massen zusammen; die der zweiten Hälfte mit der Signatur $A < B$ gehören dem Weltäther an. — Ferner lassen sich alle Amere in 4 gleichgrosse Gruppen scheiden, je nachdem einerseits die Gravitationsanziehung und andrerseits die Aetherabstossung grösser oder kleiner ist als die einem Amer im Mittel zukommende Kraftmenge (m). Diese 4 Gruppen sind also

1 Gr. $A < m$; $B < m$.
2 Gr. $A < m$; $B > m$.
3 Gr. $A > m$; $B < m$.
4 Gr. $A > m$; $B > m$.

In den Ameren der 1. und 4. Gruppe überwiegt bald die Gravitationsanziehung, bald die Aetherabstossung. Es haben daher alle Amere der 3. Gruppe und je die Hälfte der 1. und 4. Gruppe die Signatur $A > B$ und bilden die Agglomerationsmassen, während der Weltäther aus allen Ameren der 2. Gruppe sammt der Hälfte je der 1. und 4. Gruppe, welche alle die Signatur $A < B$ haben, besteht.

Unter der Voraussetzung, dass die in den Ameren vorkommenden Minima der beiden Dominantenkräfte einander gleich seien, ebenso die Maxima, und dass das Minimum sehr klein und das Maximum vielmal grösser sei, ergibt die Summirung, dass von der Gesammtmasse der im Universum enthaltenen Gravitationsanziehungskräfte $\frac{2}{3}$ den ponderabeln Massen, $\frac{1}{3}$ dem Weltäther, und von der Gesammtmasse der Aetherabstossungskräfte $\frac{1}{3}$ den ponderabeln Massen und $\frac{2}{3}$ dem Weltäther zukommen.

Um das Resultat dem Verständniss näher zu legen, führe ich noch eine andere Art der Berechnung mit bestimmten numerischen Werthen an. Die Kraftintensitäten von A und von B variiren z. B. zwischen 1 und 20 und zwar in Abstufungen, die den ganzen Zahlen 1....20 entsprechen. In einer Anzahl von 400 Ameren können alle möglichen Combinationen der A- und B-Kräfte vertreten sein, indem immer je 20 Amere die Gravitationsanziehung in der Intensität 1, resp. 2....20 enthalten, und indem die 20 Amere jeder dieser Gruppen der Reihe nach die Aetherabstossung in der Intensität 1....20 besitzen. Die so beschaffenen 400 Amere geben uns ein Bild aller im Universum vorkommenden Amere und stellen einen Bruchtheil der letzteren dar. Die Summirung ihrer Kräfte gibt daher ein Verhältniss, das auch dem Ganzen für die angenommenen numerischen Werthe entsprechen muss.

Die weitere Rechnung ist einfach. Die 400 Amere enthalten eine Gesammtintensität der Gravitationskräfte und der Aetherabstossungskräfte von je 4200. Von den 400 Ameren haben 20 gleich intensive A- und B-Kräfte (nämlich 1 und 1, 2 und 2 etc.), sind also rücksichtlich der Dominantenkräfte isodynamisch und indifferent; dieselben besitzen eine Gesammtintensität der A- und B-Kräfte von je 210. Die übrigen 380 Amere sind heterodynamisch; 190 Amere mit überwiegender A-Kraft ballen sich zu ponderabeln Massen zusammen, 190 mit überwiegender B-Kraft zerstreuen sich als Aether. Die Summirung ergibt für die 190 ponderabeln Amere eine Gesammtintensität der Gravitationskräfte von 2660, der Aetherabstossungskräfte von 1330, — für die 190 Aetheramere eine Gesammtintensität der Gravitationskräfte von 1330 und der Aetherabstossungskräfte von 2660: also die vorhin angegebenen Verhältnisse von $\frac{2}{3}$ und $\frac{1}{3}$. Diese Verhältnisse werden durch die 20 isodynamischen Amere, die sich neutral verhalten, und je nach Umständen den ponderabeln Massen oder dem Weltäther angehören können, nicht geändert.

Geben wir aber die Bedingung preis, dass das Minimum der Amerkräfte sehr klein und das Maximum vielmal grösser sei, so wird das Verhältniss zwischen den A- und B-Kräften in den ponderabeln und in den imponderabeln Massen kleiner als $\frac{2}{3}:\frac{1}{3}$. Es wechsle beispielsweise in den 400 Ameren die Intensität jeder

der beiden Dominantenkräfte von 11 bis 30 (statt von 1 bis 20), so dass also jedes Amer 10 Einheiten von A- und B-Kräften mehr hat als in dem vorhin betrachteten Fall. Die Gesammtintensität der A- und B-Kräfte in den 400 Ameren beträgt je 8200; die Gesammtintensität in den 20 isodynamischen Ameren (Intensität in jedem Amer $11 + 11$, $12 + 12$ etc.) beträgt 410. Die 190 heterodynamischen Amere, welche sich zu ponderabeln Massen vereinigen, enthalten eine Gesammtintensität der A-Kräfte von 4560 und der B-Kräfte von 3230, während in den 190 heterodynamischen Ameren, welche sich als Aether zerstreuen, eine Gesammtintensität der A-Kräfte von 3230 und der B-Kräfte von 4560 vorhanden ist. Das Verhältniss der Gesammtmengen der beiden Kräfte in den ponderabeln, sowie in den imponderabeln Massen, das in dem 1. Beispiel 1 : 2 war, wird hier 1 : 1,41.

Das Verhältniss 1 : 2 stellt einen Grenzfall der denkbaren Möglichkeiten dar. Wenn wir uns daher auf die Deduction aus vernunftmässigen Principien verlassen dürfen, so lässt sich mit Gewissheit annehmen, dass von allen Gravitationskräften höchstens $\frac{2}{3}$ den wägbaren Massen und mindestens $\frac{1}{3}$ dem Weltäther, und von allen Aetherabstossungskräften mindestens $\frac{1}{3}$ den wägbaren Massen und höchstens $\frac{2}{3}$ dem Aether zukommen. In den ponderabeln Substanzen ist also wenigstens halb so viel Aetherabstossung als Gravitationsanziehung enthalten; möglicher Weise ist der quantitative Unterschied zwischen beiden sogar viel geringer. Diese grosse Menge von Aetherabstossungskräften innerhalb der Agglomerationskörper ist von grosser Bedeutung für die Theorie von dem Zustandekommen der Elasticität (§ 3) und für die Beurtheilung des Wesens der Schwerkraft (§ 4).

Die bisherige Betrachtung ergibt uns nur ganz im allgemeinen das Resultat bezüglich Zusammenballung und Zerstreuung der Amere. Um eine Vorstellung über das Verhalten der Amere im besondern, namentlich über ihre grössere oder geringere Annäherung, ihr Zusammentreten zu individuellen Gruppen und die Beständigkeit ihrer

Anordnung zu gewinnen, müssen wir die maassgebenden Umstände, die dynamische Beschaffenheit der Amere und ihre Bewegungen etwas näher berücksichtigen.

Was die dynamische Bechaffenheit betrifft, so ist zu beachten, dass ausser den die Signatur bestimmenden Kräften (S. 691), auch andere in geringerer Menge vorhanden sind, dass also in jedem mit A bezeichneten und den Gravitationsmassen angehörenden Amer auch die Aetherabstossung B in geringerem Betrage enthalten ist, dass die Aetheramere auch etwas Gravitationsanziehung besitzen, dass mit positiver immer auch negative Elektricität und mit α-Isagität immer auch β-Isagität combinirt ist. In einem Amer z. B., welchem der leichteren Uebersicht wegen die Bezeichnung $A\beta a$ gegeben wurde, zeigen die Werthe A, β und a nur die überwiegenden Glieder in den drei Kräftepaaren an. Eigentlich lautet seine vollständige Charakteristik $AB\alpha\beta ab$, wobei aber $A > B$, $\alpha < \beta$ und $a > b$ ist.

Die vollständige dynamische Wirkung zweier Amere auf einander, die mit $AB\alpha\beta ab$ und mit $A_1B_1\alpha_1\beta_1a_1b_1$ bezeichnet sind, ergibt folgendes Resultat:

$$\text{Anziehungen } AA_1 + \alpha\alpha_1 + \beta\beta_1 + ab_1 + ba_1$$
$$\text{Abstossungen } BB_1 + \alpha\beta_1 + \beta\alpha_1 + aa_1 + bb_1.$$

Die Summe der Anziehungen weniger die Summe der Abstossungen ist

$$AA_1 - BB_1 + \alpha\alpha_1 - \alpha\beta_1 + \beta\beta_1 - \beta\alpha_1 + ab_1 - aa_1 + ba_1 - bb_1$$

oder nach leicht zu übersehender Umbildung

$$AA_1 - BB_1 + (\alpha - \beta)\,(\alpha_1 - \beta_1) + (a - b)\,(b_1 - a_1).$$

Von den beiden isagischen (α und β) und den beiden elektrischen (a und b) Kräften kommen also, wie dies übrigens selbstverständlich ist, nur die betreffenden Ueberschüsse in einem Amer in Betracht. Jeder der beiden Ausdrücke $(\alpha-\beta)\,(\alpha_1-\beta_1)$ und $(a-b)\,(b_1-a_1)$ kann ferner positiv oder negativ ausfallen und somit entweder die Gravitationsanziehung (AA_1) oder die Aetherabstossung (BB_1) verstärken.

Aus diesem Umstande ergibt sich bezüglich der Aetherzerstreuung, dass dieselbe nicht bloss aus einzelnen Ameren, sondern auch aus 2- und mehrzähligen Gruppen bestehen muss. An der Zerstreuung nehmen, wie wir bereits gesehen haben, im allgemeinen alle Amere Theil, in denen B grösser ist als A. Es müssen aber im Weltäther stets zwei Amere sich mit einander vereinigen, wenn die Aetherabstossung BB_1 von der Summe der Anziehungen aller Kräfte übertroffen wird, wenn also zwar $AA_1 < BB_1$ aber

$$AA_1 + (\alpha - \beta)(\alpha_1 - \beta_1) + (a - b)(b_1 - a_1) > BB_1,$$

oder mit andern Worten, wenn die Gesammtwirkung zwischen 2 Aetherameren

$$AA_1 - BB_1 + (\alpha - \beta)(\alpha_1 - \beta_1) + (a - b)(b_1 - a_1)$$

einen positiven Werth darstellt. Dies ist dann leicht der Fall, wenn BB_1 nur wenig grösser als AA_1 ist, wenn ferner in den beiden Ameren die gleichnamigen Isagitäten (entweder α und α_1 oder β und β_1) und die ungleichnamigen Elektricitäten (entweder a und b_1 oder b und a_1) überwiegen.

Wie zwei, können natürlich auch drei oder mehrere Aetheramere eine zusammenhängende Gruppe bilden, wenn die Anziehung innerhalb derselben die Abstossung überwiegt. Doch wird die Vereinigung um so schwieriger, je grösser die Zahl der Amere ist. Die ganze Gruppe aber, welche vorzüglich durch die isagischen und die elektrischen Kräfte zusammengehalten wird, nimmt an der Aetherzerstreuung gerade so Theil, wie ein einzelnes Aetheramer, weil gegenüber den Agglomerationsmassen die isagischen und die elektrischen Kräfte sich ziemlich indifferent verhalten und daher nur der Ueberschuss der Aetherabstossung über die Gravitationsanziehung den Ausschlag gibt.

Die zusammengesetzten Aethertheilchen müssen aber nicht nothwendig bloss aus Aetherameren bestehen; es können auch einzelne ponderable Amere d. h. solche, in denen $A > B$ ist, in die Gruppen eintreten und zwar um so eher, je mehr die Gravitationsanziehung quantitativ hinter der isagischen und elektrischen Anziehung zurückbleibt.

Wenden wir uns zu den ponderabeln Massen, so reicht die Kenntniss der dynamischen Beziehungen der Amere, wie sie aus den Beträgen aller ihrer Kräfte berechnet wurden, zu einer genauen Vorstellung über die Zusammenballung nicht aus. In dieser Beziehung ist die Entscheidung der Frage von grösster Wichtigkeit, ob die Amere sich bis zur Berührung nähern oder ob grössere und kleinere Zwischenräume zwischen ihnen bleiben. Dies hängt einmal von der Vertheilung der verschiedenen Elementarkräfte in der Substanz der einzelnen Amere ab; die Vertheilung aber lässt sich allgemein in doppelter Art denken. Entweder sind die verschiedenen anziehenden und abstossenden Kräfte in dem Amer gleichartig oder aber ungleichartig angeordnet.

Die gleichartige Anordnung der Kräfte, — mögen dieselben gleichmässsig durch die Substanz des Amers vertheilt, mögen sie in dessen Centrum vereinigt oder über seine Oberfläche ausgebreitet sein, — hat zur Folge, dass die Differenz der anziehenden und abstossenden Kräfte nach allen Seiten hin gleich wirkt, und dass die Anziehung oder Abstossung zweier bestimmter Amere lediglich eine Function der Entfernung ist. Denn wir müssen jedenfalls annehmen, dass Attraction und Repulsion aller Elementarkräfte sich in derselben Weise, nämlich nach dem reciproken Verhältniss des Quadrats der Entfernung bemisst. Bei gleichartiger Anordnung wird die dynamische Beziehung zweier Amere, die sich in irgend einer Entfernung (d) von einander befinden, einfach durch den Ausdruck

$$[AA_1 - BB_1 + (\alpha - \beta)(\alpha_1 - \beta_1) + (a - b)(b_1 - a_1)] \frac{1}{d^2}$$

dargestellt (vgl. S. 703).

Die ungleichartige Anordnung dagegen, bei welcher die Kräfte eine verschiedene Stellung im Amer haben, die einen auf dieser, die andern auf jener Seite, die einen im Innern, die andern an der Oberfläche vorherrschend sind, bedingt nothwendig eine wechselnde Gesammtwirkung nach verschiedenen Seiten und bei verschiedenen Entfernungen. Diese Gesammtwirkung wird um so ungleicher, je geringer die Entfernung zwischen den Ameren ist; erst bei einem Abstande, gegen welchen der Durchmesser des Amers verschwindet, wird die Gesammtwirkung constant. Bei ungleichartiger Anordnung der Kräfte lässt sich die dynamische Beziehung zweier Amere, die sich in einem bestimmten Abstande von einander befinden, nicht durch einen einfachen arithmetischen Ausdruck, wie dies bei der gleichartigen Anordnung der Fall ist, wiedergeben, da jedem einzelnen Kräfteproduct wahrscheinlicher Weise ein anderer durch die Entfernung bedingter Coefficient zukommt: $AA_1 \frac{1}{d^2}$, $BB_1 \frac{1}{d_1^2}$, $\alpha\alpha_1 \frac{1}{d_{11}^2}$ u. s. w.

Von den beiden eben erwähnten Möglichkeiten ist bloss die letztere annehmbar. Die ungleichartige Anordnung der Elementarkräfte im Amer ist einerseits schon im Voraus theoretisch nothwendig, und andrerseits entspricht sie allein der Erfahrung. Was zuerst die Theorie betrifft, so ist folgendes zu bemerken. Die Amere sind, wie alle endlichen Dinge, selbst wieder aus Partikeln zusammengesetzt, an denen die Kräfte haften. Sind diese Partikeln beweglich, so müssen die einzelnen Kräfte eine ihrer Wirksamkeit entsprechende Lage annehmen, die Gravitationsanziehung muss vorzugsweise im Innern des Amers concentrirt, die Aetherabstossung vorzugsweise in den oberflächlichen Partien ausgebreitet, die α-Isagität mehr auf der einen, die β-Isagität mehr auf der andern Seite des Amers angehäuft, und ausserdem müssen diese Kräfte nebst der Elektricität unregelmässig vertheilt sein. Sind aber die Partikeln unbeweglich, so muss eine solche ungleiche Anordnung der Kräfte zu Stande gekommen sein, als die Amere sich aus ihren Theilen aufbauten.

Was dagegen die Erfahrung betrifft, so wissen wir, dass die ponderabeln Massen aus Atomen und Molekülen bestehen, die durch Zwischenräume getrennt und gegen einander beweglich sind. Ein solcher Zustand ist wohl nur erklärlich, wenn die Elementarkräfte in den Ameren ungleichartig angeordnet sind. Denn bei gleichartiger Anordnung würden sie als Centralkräfte wirken und in diesem Falle könnte den ponderabeln Körpern keine Elasticität zukommen. Die Anziehung ihrer Amere wäre unter allen Umständen bloss eine Function der Entfernung zwischen den dynamischen Mittelpunkten derselben, und die Annäherung zweier Amere müsste stets bis zur Berührung fortschreiten, wo die Anziehung dann ihr Maximum erreichte. Es müssten aber nicht bloss je zwei, sondern überhaupt alle Amere, in denen die anziehenden Kräfte überwiegen, das Bestreben besitzen, sich bis zur Berührung zusammenzuballen und agglomerirte Massen zu bilden, die continuirlich, ohne Zwischenräume, ohne Gliederung in Theile, absolut starr, ohne Dehnbarkeit und Elasticität, ohne die Möglichkeit, in einen flüssigen und gasförmigen Zustand überzugehen, wären.

Erfahrung und Theorie sprechen also übereinstimmend gegen die Annahme einer gleichartigen Anordnung der Elementarkräfte im Amer. Bei der ungleichartigen Anordnung, mit der auch ein unregelmässiger innerer Bau und eine unregelmässige äussere Gestalt des Amers Hand in Hand gehen muss, ist besonders die überwiegend oberflächliche Lage der Aetherabstossung wichtig in Verbindung mit dem Umstande, dass dieselbe entsprechend der unregelmässigen Form des Amers an einzelnen Seiten und Stellen in grösserer Menge angehäuft ist (ähnlich wie freie Elektricität an der Oberfläche eines Körpers). Es wird daher, auch wenn die Amere sich in Ruhe befinden sollten, immer einzelne Stellen geben, wo ihre vollständige Annäherung an einander unmöglich ist, und dies um so mehr, wenn zufällig die isagischen und vielleicht auch die elektrischen Kräfte an den nämlichen Stellen abstossend wirken.

Die Summe der abstossenden Kräfte innerhalb der Agglomerationskörper, die ich oben im allgemeinen zu bestimmen gesucht habe (S. 698—701), wird noch dadurch erhöht, dass in ähnlicher Weise, wie ponderable Amere in die Amergruppen der Aetherzerstreuung aufgenommen werden, auch Aetheramere (d. h. solche, in denen die Aetherabstossung grösser ist als die Gravitationsanziehung) in die Agglomerationen eintreten müssen; denn es wird dies nur davon abhängen, dass in einer bestimmten Gruppirung von ponderabeln Ameren durch die überwiegende isagische und elektrische Anziehung die Einfügung von Aetheratomen ermöglicht werde.

Die Agglomerationsmassen könnten also schon dann, wenn ihre innere Beschaffenheit bloss von den daselbst befindlichen anziehenden und abstossenden Kräften abhängen würde, nicht durchaus solid sein; sondern sie müssten zahlreiche Lücken zwischen den Ameren enthalten und dadurch einige Dehnbarkeit und Elasticität besitzen. Dies ist aber um so mehr der Fall, als neben den wirksamen Elementarkräften noch ein anderer ebenso wichtiger Factor maassgebend ist, nämlich die B e w e g u n g. Die Amere sind an und für sich nicht in Ruhe, sondern in lebhaftester Bewegung (S. 687). Im Zustand der vollständigen Zerstreuung besitzen sie fortschreitende und rotirende Bewegungen. Vereinigen sie sich aber in zusammenhängende Gruppen, so bleiben die fortschreitenden und rotirenden Bewegungen nur den Gruppen, gestalten sich aber für das einzelne Amer unter dem hemmenden Einfluss der benachbarten Amere zu schwingenden Bewegungen.

Die Amere verhalten sich demnach bezüglich ihrer Bewegung gerade so wie die Atome und Moleküle, mit dem Unterschiede jedoch, dass ihre Geschwindigkeiten im allgemeinen die Moleculargeschwindigkeiten in dem Maasse übertreffen, als ihre Grösse hinter der Grösse der Atome und Moleküle zurückssteht. Die Bewegung wird daher der Vereinigung der Amere in noch höherem Grade entgegenwirken als es bei den unendlich viel grösseren Molekülen der Fall ist, und auch in den festesten Agglomerationen mögen die durchschnittlichen Entfernungen der hin und her schwingenden Amere ziemlich beträchtlich sein, und nirgends dauernde Berührungen bestehen.

Die Vereinigungen der ponderabeln Amere müssen überhaupt einerseits von der Grösse der anziehenden und abstossenden Kräfte und andrerseits von der Geschwindigkeit ihrer Bewegungen gerade so bestimmt werden, wie dies auf einer höheren Stufe bei den Atomen und Molekülen der Fall ist. Die Agglomerationen der Amere müssen, um die eben genannte Grössenordnung zur Vergleichung zu wählen, von der Härte des Diamants bis zur Flüchtigkeit des Wasserstoffs sich abstufen, also Zustände darstellen, welche dem festen, flüssigen und gasförmigen Aggregatzustande entsprechen. Wenn wir auch bloss scheinbar feste Agglomerationskörper, nämlich die chemischen Atome kennen, so lassen sich doch die andern Zustände nicht von der Hand weisen, und was die flüssigen Agglomerationen betrifft, so wäre es nicht unmöglich, dass dieselben sowohl im Innern als namentlich an der Oberfläche der Atome vorkämen.

Der gasförmige Zustand der Ameragglomerationen ist zwar wesentlich verschieden von der Aetherzerstreuung, da in dem ersteren die Anziehung, in der letzteren die Abstossung zwischen den Ameren und Amergruppen überwiegt, da somit der erstere sich wolkenartig zusammenballt oder Atmosphären um die festen Agglomerationen bildet, während die letztere stets soweit auseinander weicht als es der Raum gestattet.

Im Uebrigen hat das ponderable Amergas, wenn dieser Ausdruck gestattet ist, die grösste Aehnlichkeit mit dem imponderabeln Weltäther; es ist auch mit demselben an den Uebergangsstellen gemengt. und lässt sich meistens nicht scharf von demselben trennen. Ich werde es daher als p o n d e r a b e l n A e t h e r, oder, um einen bequemeren Ausdruck zu haben, als S c h w e r ä t h e r (Baryaether) im Gegensatze zum g e w ö h n l i c h e n oder L e i c h t ä t h e r (Weltäther) bezeichnen. Beide bestehen aus freien Theilchen, welche ziemlich entfernt von einander sind und nach allen Richtungen durch einander fliegen, und welche theils einfache Amere theils Amergruppen sind. Von diesen haben weder die einen noch die anderen Beständigkeit, indem jedes einfache Amer die Fähigkeit besitzt, sich unter günstigen Umständen mit einem oder mit mehreren anderen Ameren zu vereinigen, und jede Gruppe dem Zerfall ausgesetzt ist, wenn sie in die Nähe von Ameren mit hinreichend starker dynamischer Wirkung kommt, oder wenn sie einen hinreichend starken mechanischen Stoss erfährt, oder wenn beide Ursachen zusammentreffen.

Die Agglomerationskörper erster Ordnung, die sich zunächst aus den Ameren aufbauen, sind, so viel wir wissen, die Atome der chemischen Elemente. Dieselben verhalten sich zu den Ameren, ihrer Ausdehnung und ihrem Gewichte nach, wie eine endliche zu einer verschwindend kleinen Grösse; ein Atom besteht aus einer ungeheuren Zahl von Ameren, die sich wohl auf Billionen belaufen dürfte. Ist dasselbe vereinzelt, wie im Quecksilberdampf bei gewöhnlicher und in anderen Gasen bei sehr hoher Temperatur, so muss es mit einer Atmosphäre von ponderabelm Aether umgeben sein. Denn es zieht selbstverständlich von den flüchtigen Ameren diejenigen am stärksten an, bei denen die Gravitationsanziehung die Aetherabstossung am meisten überwiegt.

Diese Atmosphäre muss unmittelbar an der Oberfläche des Atoms die grösste Dichtigkeit besitzen, und hier müssen ihre Theilchen, indem sie von den anziehenden Kräften des Atomkörpers fester gehalten werden, auch die geringste Beweglichkeit zeigen. Es ist selbst nicht unmöglich, dass der Atomkörper allmählich in den Schweräther übergehe, und dass der Uebergang durch die flüssige Beschaffenheit seiner oberflächlichen Schicht vermittelt werde. Wahrscheinlich verhalten sich die verschiedenen chemischen Elemente rücksichtlich der mehr oder minder scharfen Sonderung dieser Partien ungleich. Für alle chemischen Elemente aber muss die Regel gelten, dass die Dichtigkeit des Schweräthers mit der Entfernung von der Oberfläche des Atomkörpers stetig abnimmt, und dass in der nämlichen Richtung die Beweglichkeit und Flüchtigkeit seiner Theilchen zunimmt. Die innere dichtere und weniger bewegliche Schale dieser nach aussen allmählich in den Leichtäther sich verlierenden Atmosphäre will ich als die eigentliche Schwerätherhülle bezeichnen[1]).

Vereinigen sich die Atome zu Molekülen und die Moleküle zu festen und flüssigen Massen, so sind alle Zwischenräume zwischen

---

[1]) Die Atmosphäre und die Hülle von Schweräther, von der ich hier spreche, dürfen nicht mit der jetzt häufig angenommenen Aethersphäre der Atome und Moleküle verwechselt werden. Die letztere werde ich in dem folgenden Abschnitt besprechen.

den Atomen und zwischen den Molekülen mit ihren Schweräther-atmosphären erfüllt. Zunächst ist jedes Atom mit seiner Schwerätherhülle umgeben; und was noch an Raum zwischen diesen Hüllen übrig bleibt, wird von der verdünnteren und beweglicheren äusseren Partie der Atmosphären eingenommen. Diese Partie zwischen den Schwerätherhüllen will ich den Zwischenhülläther nennen. — Die Stärke der beiden Partien des ponderabeln Aethers in den festen und flüssigen Körpern, nämlich der Schwerätherhüllen und des Zwischenhülläthers, wird je nach der Beschaffenheit und Anordnung der in den Atomkörpern befindlichen Kräfte, also nach der Natur der chemischen Elemente und Verbindungen, sehr ungleich sein und manchmal in einem gewissen Gegensatz zu einander stehen, sodass bei beträchtlicher Mächtigkeit der Hüllen wenig Raum für den Zwischenhülläther bleibt und umgekehrt. Das Grössenverhältniss beider ist namentlich für die Fortpflanzung des Lichtes und der Wärme (§ 5), sowie der Elektricität (§ 6) von Wichtigkeit.

---

3. Elasticität.

Die Elasticität besteht darin, dass die kleinsten Theilchen eines Körpers, wenn sie eine Dislocation durch Druck oder Zug erfahren haben, nach dem Aufhören des Druckes oder Zuges wieder in ihre frühere Gleichgewichtslage zurückkehren. Worin besteht die Ursache dieser Erscheinung? Man hat sie in der Aethersphäre finden wollen, welche jedes wägbare Theilchen umgebe, durch Abstossung die vollständige Annäherung der wägbaren Theilchen verhindere und in Verbindung mit den anziehenden Kräften derselben einen Gleichgewichtszustand bei einer bestimmten Entfernung bedinge, in der Art, dass bei geringerem Abstand die Repulsion, bei grösserem Abstand dagegen die Anziehung grösser werde.

Diese Theorie ist hervorgegangen aus der Annahme einfacher und starrer, mit Centralkräften ausgerüsteter kleinster Theilchen, und sie war für diese Annahme der einzig mögliche Ausweg. Sie theilt das Schicksal aller metaphysischen Vorstellungen über die kleinsten Theilchen, dass sie nämlich nur durch unnatürliche Vorstellungen haltbar wird. Ich war selber früher ein Anhänger dieser Theorie, und ich habe auch, nachdem ich mir schon die Amertheorie angeeignet hatte, mir noch alle Mühe gegeben, einen Weg zu finden, wie die Elasticität auf das Vorhandensein einer Hülle von Aetherameren um die Atome zurückgeführt werden könnte. Allein es hat sich dies als ganz unmöglich erwiesen.

Bezüglich der gewöhnlichen Aethersphärentheorie ist Folgendes zu bemerken. Nimmt man die ponderabeln Theilchen als kugelig und ihre Aethersphären als Kugelschalen an, und lässt man somit Anziehung und Abstossung vom Centrum aus wirken, so kann der Gleichgewichtszustand zweier Theilchen nicht anders als, wie dies auch versucht wurde, durch die Gleichung

$$\frac{A}{d^2} = \frac{R}{d^{2+n}}, \text{ oder allgemein } \frac{A}{d^p} = \frac{R}{d^{p+q}}$$

ausgedrückt werden, wenn A die Anziehung der beiden wägbaren Theilchen, R die Abstossung ihrer Aethersphären und d den Abstand ihrer Mittelpunkte bezeichnet. Es ist einleuchtend, dass, wenn man, vom Gleichgewichte ausgehend, d wachsen lässt, der erste Ausdruck oder die Anziehungsgrösse, wenn man dagegen d kleiner werden lässt, der zweite Ausdruck oder die Abstossungsgrösse das Uebergewicht erlangt.

Man kann dieser Lösung das Prädicat der einfachen Eleganz gewiss nicht versagen. Allein man muss dabei die unphysikalische Vorstellung in den Kauf nehmen, dass moleculare Anziehungen und Abstossungen oder wenigstens die letzteren nicht nach dem umgekehrten Verhältniss des Quadrats der Entfernung, sondern nach dem einer höhern Potenz wirksam seien. Dieser Umstand allein zeigt uns, dass der Gleichung nur eine empirische und bildliche, keine rationelle Bedeutung zukommt, und dass die Vorstellung, die sich in ihr ausspricht, eine real unmögliche ist.

Ein anderer bedenklicher Umstand besteht darin, dass für die Constituirung einer solchen Aethersphäre die Annahme einer neuen Kraft nothwendig wird, welche theoretisch sich nicht rechtfertigen lässt. Die ponderabeln Atome müssten nämlich die Aethertheilchen anziehen. Da zu einer solchen Anziehung die entsprechende Abstossung mangelt, so wäre dies ein Verstoss gegen das Gesetz der Symmetrie der Kräfte, welches doch als eine vernunftgemässe Forderung so lange festgehalten werden muss, als es zur Erklärung des Bestehenden ausreicht. Wir dürften daher zu dieser Vorstellung einer

Aethersphäre erst dann Zuflucht nehmen, wenn keine andere Vorstellung möglich wäre. — Ich will nur noch beiläufig bemerken, dass die fragliche Anziehung zwischen ponderabeln und Aethertheilchen grösser sein müsste als die andern bekannten Kräfte, da sie die Attraction, die zwischen den ponderabeln Theilchen besteht, überwinden und die Aethertheilchen trotz ihrer gegenseitigen Repulsion zusammenhäufen würde.

Verlässt man den metaphysischen Boden von kleinsten, durch Centralkräfte wirksamen Theilchen und betrachtet man die chemischen Atome oder die kleinsten uns bekannten Körperchen der wägbaren Materie als vielfach zusammengesetzt, so kann man zwar auch auf natürlichem Wege unter der Voraussetzung, dass kein ponderabler Aether vorhanden sei, eine Hülle von Ameren des eigentlichen oder Leichtäthers um dieselben construiren; allein diese Hülle vermag in keiner Weise das zu leisten, was zur Erklärung der Elasticität als Gleichgewichtszustand zwischen Anziehung und Abstossung nothwendig wäre. — Sind die Amere mit den 6 Elementarkräften ausgestattet, wie ich es angenommen habe, so werden sich Amere des Leichtäthers an die Oberfläche von Agglomerationskörpern anlegen, wenn der Ueberschuss der Aetherabstossung über die Gravitationsanziehung durch die Attraction der elektrischen und isagischen Kräfte mehr als aufgewogen wird. Es werden also solche Aetheramere an der Oberfläche eines Atoms festhaften, welche im Vergleich mit diesem die ungleichnamige Elektricität und die gleichnamige Isagität im Ueberschuss enthalten. Ist beispielsweise das Atom positiv elektrisch und vorwiegend α-isagisch, so legen sich Aetheramere an dasselbe an, die negativ elektrisch und ebenfalls vorwiegend α-isagisch sind. Aber in allen Fällen können diese Aetheramere nur eine sehr spärliche und wirkungslose Hülle bilden, da ihre natürliche gegenseitige Aetherabstossung, die hier noch durch ihre gleichnamigen Elektricitäten verstärkt wird, eine grössere Anhäufung verhindert.

Würde aber auch, im Widerspruch mit den gegebenen Verhältnissen, eine beliebige Zahl von Leichtätherameren jedes Atom zu umhüllen vermögen, so wäre damit für die Elasticität nichts gewonnen, wenn man nicht wieder die Abstossung nach einer höhern Potenz der Entfernung wirken lassen wollte als die Anziehung. Bloss wenn bei unregelmässiger Gestalt der Atome die Aethersphäre an besonderen Stellen eine grössere Mächtigkeit besässe, so könnte an diesen Seiten ein Gleichgewichtszustand für einen bestimmten Abstand (d) eintreten, nach der Gleichung $\frac{A}{d^2} = \frac{R}{(d-\delta)^2}$, indem hierin mit der Zunahme von d die Anziehung, mit der Abnahme von d die Abstossung grösser wird. An den übrigen Seiten dagegen, wo die Aethersphäre weniger mächtig wäre, würden sich die Atome bis zur Berührung nähern; denn, wollte man die Aetheramere auf allen Seiten in hinreichender Menge anhäufen, so müsste die Gesammtabstossung je zweier Atome grösser werden als ihre Gesammtanziehung und damit wäre ein Gleichgewichtszustand wieder unmöglich gemacht.

Es ist nach dem Gesagten sicher, dass die Elasticität der wägbaren Körper sich nicht durch die Leichtäthersphären ihrer Atome und Moleküle erklären lassen. Wir müssen jedenfalls das Geheimniss der Elasticität viel weiter rückwärts verlegen. Wir müssen nicht nur den Atomen und Molekülen, sondern auch den Ameren eine ähnliche Elasticität, wie wir sie an zusammengesetzten Körpern kennen, zuschreiben, und die Ursachen davon in inneren, mit dem zusammengesetzten Bau gegebenen Kräften suchen. Zwei Elfenbeinkugeln stossen sich beim Zusammenprall ab, ohne dass besondere Repulsionskräfte an ihrer Oberfläche wirksam wären. Es ist kein Grund vorhanden, warum die Moleküle und Atome der Gase, der Flüssigkeiten und festen Körper nicht ebenso sich verhalten sollten.

Wenn man eine Gasmasse zusammendrückt, so vermehrt sich ihre Spannung, sie übt ihrerseits einen entsprechend grösseren Druck aus, weil ihre Moleküle um so häufiger an einander und an die Wandungen anstossen, und sie nimmt nach dem Aufhören des Druckes wieder ihr früheres Volumen ein. Drückt man einen festen oder flüssigen Körper zusammen, so tritt die nämliche Erscheinung ein, weil die kleinsten Theilchen mit ihren schwingenden, zum Theil auch fortschreitenden Bewegungen häufiger an einander und an den Körper, der den Druck ausübt, anstossen. Wird der Körper, mag er gasförmig, flüssig oder fest sein, auseinander gezogen, so findet das Gegentheil statt, indem sich die Spannung vermindert und der Körper kehrt beim Aufhören des Zuges ebenfalls in seine früheren Dimensionen zurück.

Die Elasticität gestaltet sich aber für die verschiedenen Aggregatzustände etwas ungleich nach den besonderen Molecularbewegungen, durch welche dieselben bedingt werden. Einmal sind die Gase, entsprechend ihren ungleich grösseren durchschnittlichen Molecularabständen, viel dehnbarer, ändern somit bei Druck oder Zug ihre Dimensionen in viel stärkerem Grade als die flüssigen und festen Körper. In den Gasen und Flüssigkeiten ist ferner die Aenderung in der Spannung und damit die Ausdehnung oder Zusammenziehung in allen Richtungen gleich gross, weil ihre Theilchen nach allen Richtungen verschiebbar sind. In den festen Körpern, deren Theilchen bloss um eine Gleichgewichtslage schwingen und nicht verschiebbar sind, ändern sich die Spannungen und die Dimensionen in verschiedenen Richtungen in ungleichem Maasse.

Der kleinste zusammengesetzte feste Körper, den wir aus Erfahrung sicher kennen, ist das Molekül einfacher Gase, bestehend aus zwei Atomen. Diese Atome schwingen gegen einander in gleicher Weise, wie eine vollkommen elastische Kugel, die man auf einen vollkommen elastischen Boden fallen liesse, immer wieder auf die gleiche Höhe springen würde, wenn die Luft keinen Reibungswiderstand darböte. Die beiden Atome, welche gegen einander prallen, werden durch ihre Elasticität zurück und durch die gegenseitige Anziehung wieder gegen einander geworfen.

Wie die Atome verhalten sich die Amere. Dass der Weltäther elastisch ist, steht schon lange fest. Doch liesse sich die Elasticität seiner Theilchen auch bloss aus der Abstossung derselben erklären. Sind sie aber selber elastisch und fliegen sie wie die Moleküle eines Gases durcheinander, so verleiht ihnen die überwiegende Abstossung keine neue und besondere Eigenschaft; sie verhindert bloss bei hinreichender Stärke ihre Annäherung bis zur vollständigen Berührung. Die mit geringerer Repulsionskraft begabten Aethertheilchen aber und alle ponderabeln Amere können bloss durch ihren zusammengesetzten Bau elastisch sein.

Wenn die Amere selber elastisch sind, so erklärt sich die Elasticität der Atome in gleicher Weise wie die Elasticität einer Elfenbeinkugel. Die Amere, die ein Atom zusammensetzen, sind fortwährend in schwingender, vielleicht theilweise auch in fortschreitender Bewegung begriffen, und der Effect eines Stosses auf ein Atom ist kein anderer als der, dass seine Amere häufiger gegen einander und gegen den anstossenden Körper anprallen. — Mit Rücksicht auf andere Erscheinungen ist es wahrscheinlich, dass hierbei nicht die Atomkörper unmittelbar und allein wirksam sind. Vielmehr sind es ihre ponderabeln Aetherhüllen, welche den Stoss zunächst empfangen, durch denselben am stärksten zusammengedrückt werden, somit auch den meisten Widerstand leisten und erst mittelbar den elastischen Atomkörper in Mitleidenschaft versetzen.

Worauf die Elasticität der Amere beruhe, lässt sich nicht weiter verfolgen. Wir dürfen aber die sichere Ueberzeugung hegen, dass die Amere nichts starres und einfaches sein können und dass sie selber wieder aus Theilchen zusammengesetzt sein müssen. Aber da die Analyse des kraftbegabten Stoffes endlos ist und nicht bis zu den metaphysischen Einheiten vorzudringen vermag, so langt sie früher oder später bei der Grenze an, jenseits welcher das Unbekannte beginnt. Hinter dieser Grenze liegt in dem vorliegenden Fall die Elasticität der Amere.

In allen Gebieten der Zusammensetzung kann die Elasticität eines Körpers nur durch Anziehung und Abstossung in Verbindung mit Bewegung seiner Theilchen zu Stande kommen, und zwar muss es als um so günstiger erachtet werden, je mehr die abstossenden Kräfte quantitativ den anziehenden Kräften sich nähern. Nun enthalten die wägbaren Körper, wie aus der rein theoretischen Erwägung hervorgeht, von den beiden Elementarkräften, auf die es hier vorzugsweise ankommt, wenigstens halb so viel Aetherabstossung als Gravitationsanziehung (S. 698—701), und wie aus anderen Betrachtungen, die der Theorie durch Erfahrungsthatsachen zu Hülfe kommen, sich ergibt, kann in den genannten Körpern die Gesammtmenge der Aetherabstossungskräfte nur sehr wenig hinter der Gesammtmenge der Gravitationskräfte zurückbleiben (vgl. § 4 Schwerkraft).

Die anziehenden und die abstossenden Kräfte sind ungleich durch die Materie vertheilt; die abstossenden Kräfte haben, soweit sie beweglich, die Neigung, sich an der Oberfläche der Stofftheilchen und, da diese eine unregelmässige Gestalt besitzen, an den vorspringenden Ecken derselben, in gleicher Weise wie die freie Elektricität in einem Körper, anzuhäufen. An solchen Stellen müssen, auch wenn die Theilchen in Ruhe gedacht werden, Lücken zwischen ihnen bestehen, und diese müssen um so grösser und um so häufiger vorhanden sein, je beträchtlicher die Summe der abstossenden Kräfte im Verhältniss zu den anziehenden ausfällt. Auch die elektrischen und isagischen Kräfte müssen wegen ihrer ungleichen Vertheilung, wenn auch in geringerem Maasse, Veranlassung zu solchen Lücken geben. Die Substanz hat daher von Natur eine mehr oder weniger ausgesprochene, schwammige Beschaffenheit und ein grösseres oder geringeres Maass von Dehnbarkeit, in Folge dessen auch eine mehr oder weniger beträchtliche Elasticität.

Dies muss für alle Stufen der Zusammensetzung gelten und somit den Körpern höherer und niederer Grössenordnungen Elasticität zukommen, so auch den chemischen Atomen wegen der lückenhaften Zusammenordnung ihrer Amere und den Ameren selber wegen ähnlicher Zusammenordnung ihrer Theilchen.

Denken wir uns nun vorerst die Theilchen eines festen Körpers, beispielsweise die chemischen Atome, in Ruhe. Ihre Zusammenordnung muss den vorhin erörterten Charakter zeigen. Die beweglichen Kräfte, von denen in dem vereinzelten Atom die anziehenden sich im Innern, die abstossenden in den oberflächlichen Partien anhäufen würden, ordnen sich unter dem Einfluss der beweglichen Kräfte in den benachbarten Atomen dergestalt an, dass der grössten Anziehung eine Genüge geleistet und der festeste Zusammenhang hervorgebracht wird. Es berühren sich die Atome an einzelnen Stellen, während sich an anderen Stellen Lücken zwischen 3, 4 und mehr Atomen befinden, die mit Zwischenhülläther (S. 708) erfüllt sind. An den letzteren Stellen sind die beweglichen Repulsionskräfte angesammelt. An den Berührungsstellen liegen die Schwerätherhüllen (S. 709) dicht aneinander, sind auch nach Umständen theilweise verdrängt.

Durch mechanische Angriffe von aussen, welche das bestehende Gleichgewicht der Kräfte zu überwinden vermögen, nämlich durch Druck oder Zug, wird die Anordnung der Atome etwas verschoben. Durch Druck werden die hohlen Räume, und damit die Dimension des ganzen Körpers in der Druckrichtung verkleinert, dagegen in den zur Druckrichtung rechtwinkligen Ebenen, weil die beweglichen Abstossungskräfte an der Oberfläche der Hohlräume seitlich ausweichen, vergrössert. Zug bewirkt die entgegengesetzte Veränderung: Vergrösserung der Hohlräume und der Dimension des Körpers in der Richtung des Zuges und, weil in Folge dessen die beweglichen Repulsionskräfte nach den beiden Seiten der verlängerten Hohlräume hinströmen, Verkleinerung der letzteren und mit ihnen der Körperdimensionen in den zum Zug senkrechten Ebenen. Nach dem

Aufhören des Druckes oder Zuges kehren die Atome in die frühere Gleichgewichtslage zurück. Der Körper ist, wiewohl seine Theilchen sich in Ruhe befinden, elastisch.

Nun sind aber die Theile der Körper höherer und niederer Grössenordnungen nicht in Ruhe; die chemischen Atome befinden sich stets in lebhafter und die Amere in noch viel lebhafterer Bewegung. Dadurch wird die Elasticität der Körper gesteigert und in bestimmter Weise geregelt. In Folge der Bewegung sind die Atome nirgends in dauernder, sondern nur periodisch in momentaner Berührung, so oft sie gegen einander prallen, um durch ihre Elasticität wieder zurückgeworfen zu werden; sie schweben isolirt im Raume, wenn auch bestimmte Stellen stets nur durch sehr kleine Zwischenräume getrennt sind, und die Zahl der Stösse, die sie auf einander ausüben, bedingt das Maass der Expansion. Wird das Gleichgewicht, das zwischen den Wirkungen der Atomstösse, den abstossenden und anziehenden Kräften besteht, durch äusseren Eingriff (Stoss oder Zug) gestört, so tritt die Elasticität des Körpers in Wirksamkeit, indem dieselbe seine früheren Dimensionen und damit das Gleichgewicht herzustellen sucht. — So beruht also die Elasticität eines Körpers von fester oder flüssiger Beschaffenheit auf der ungleichen Vertheilung der in seinem Innern befindlichen, anziehenden und abstossenden Kräfte, sowie weiterhin auf der Bewegung und Elasticität seiner Theilchen.

---

4. Schwerkraft.

Das Gesetz der Schwere oder das Gravitationsgesetz wird so ausgedrückt, dass ein jeder Körper auf einen andern Körper nach dem Verhältniss seiner Masse einwirke, und dass die Anziehung zwischen zwei Körpern gleich sei dem Product aus den beiden Massen, getheilt durch das Quadrat der Entfernung, also $\frac{m \cdot m_1}{d^2}$. Masse aber wird als Quantität von Stoff oder Materie erklärt und die Gleichheit zweier Massen an die Bedingung geknüpft, dass sie durch die nämliche Kraft in der Zeiteinheit gleiche Beschleunigung erfahren. Diese Begriffe wurden durch Pendelversuche und durch die Bewegungen der Himmelskörper festgestellt.

Nach der in den beiden ersten Abschnitten dieser Abhandlung entwickelten dynamischen Amertheorie ist die Anziehung zweier ponderabeln Körper gleich der Summe der Anziehungen zwischen allen Ameren des einen und allen Ameren des andern Körpers weniger der Summe aller Abstossungen zwischen den Ameren der beiden Körper. Nehmen wir die Bezeichnungen, die früher für die Kräfte des einzelnen Amers gebraucht wurden, jetzt für die in einem Körper vorhandenen Summen dieser Kräfte, bezeichnen wir also die Summe der Gravitationskräfte in dem einen Körper mit A, in dem andern mit A_1, die Summen der Aetherabstossungskräfte mit B und B_1, ferner die Mengen der positiven Isagität mit α und α_1, die der negativen mit β und β_1, endlich die Mengen der positiven Elektricität mit a und a_1, die der negativen mit b und b_1, so sind in dem einen Körper die Kräftesummen A, B, α, β, a und b, in dem andern die Kräftesummen A_1, B_1, α_1, β_1, a_1 und b_1 wirksam und die gesammten dynamischen Einwirkungen der beiden Körper auf einander bestehen in den zwei Summen (wie S. 702)

$$\text{Gesammtanziehung } A A_1 + \alpha\alpha_1 + \beta\beta_1 + a b_1 + b a_1 \qquad \text{I}$$

$$\text{Gesammtabstossung } B B_1 + \alpha\beta_1 + \beta\alpha_1 + a a_1 + b b_1 \qquad \text{II}$$

und die Gesammtanziehung weniger die Gesammtabstossung ist

$$A A_1 - B B_1 + (\alpha - \beta)(\alpha_1 - \beta_1) + (a - b)(b_1 - a_1) \qquad \text{III}$$

Diese Formel enthält also den wirksamen Ueberschuss der Anziehung zwischen den beiden Körpern, welcher, wenn dieselben frei beweglich sind, ihre bestimmte Beschleunigung gegen einander bedingt. Wenn es sich um grössere Körper handelt, die aus verschiedenen chemischen Verbindungen bestehen, so können die zwei letzten Ausdrücke in der Formel III vernachlässigt werden, weil dann die beiden Isagitäten und ebenso die beiden Elektricitäten nahezu in gleichen Mengen vorhanden sind. Die Ausdrücke $(\alpha - \beta)$ $(\alpha_1 - \beta_1)$ und $(a - b)(b_1 - a_1)$ müssen nämlich jeder für sich um so eher Null werden, je umfangreicher die Körper und je zahlreicher ihre chemischen Elemente sind. Dies wird vor allem eintreffen bei der Einwirkung der Himmelskörper auf einander. Wäre es nicht der Fall, hätten z. B. die Planeten und die Sonne bedeutende Mengen freier Elektricität und wäre die Elektricität bei den einen positiv, bei den anderen negativ, so würde die Massenanziehung in den einen Combinationen durch die elektrische Anziehung vermehrt, in den anderen durch die elektrische Abstossung vermindert, und es müssten

Störungen in dem Gravitationsgesetz, welches nur die Massen berücksichtigt, bemerkbar werden.

Die von der Isagität und Elektricität bedingten dynamischen Einwirkungen dürfen aber, auch wenn grössere Körper (d. h. solche von nicht molecularer Kleinheit) in Frage kommen, nicht mehr vernachlässigt werden, wenn dieselben aus einem einzigen chemischen Element bestehen, weil dann sehr wahrscheinlich die eine der beiden Isagitäten und ebenso die eine der beiden Elektricitäten im Ueberschuss vorhanden ist. So verhalten sich beispielsweise 1g Schwefel, 1g Blei und 1g Magnesium gegenüber der elektrisch und isagisch neutralen Erde vollkommen gleich und sie würden, als Pendel benutzt, die nämliche Schwingungsdauer ergeben. Wären aber die Untersuchungsmethoden von hinreichender Genauigkeit, so würde sich ohne Zweifel nachweisen lassen, dass, wie es die Amertheorie verlangt, gleiche Gewichte der genannten Stoffe nicht die gleiche dynamische Bedeutung besitzen, dass 1g Schwefel auf 1g Schwefel, auf 1g Blei und auf 1g Magnesium eine ungleiche Einwirkung ausübt.

Bei der Anziehung grosser, aus vielen Elementen bestehender Körper, namentlich der Himmelskörper, kommen also bloss die Gravitationskräfte und die Aetherabstossungskräfte in Betracht und es reducirt sich die gegenseitige dynamische Einwirkung zweier Körper auf die Formel

$$AA_1 - BB_1 \qquad \text{IV}$$

Dürfte hierin der die Aetherabstossung enthaltende Ausdruck BB_1, wie es mit den Ausdrücken der Isagität und der Elektricität der Fall ist, ebenfalls als sehr klein vernachlässigt werden und wäre somit die bemerkbare dynamische Einwirkung bloss AA_1, so hätte man unmittelbar das, was das Gravitationsgesetz verlangt, indem dann A und A_1 die Massen der beiden Körper ausdrückten. Die Vernachlässigung von BB_1 ist aber nicht statthaft; die Aetherabstossung innerhalb der ponderabeln Körper muss einen im Verhältniss zur Gravitationsanziehung nicht unbeträchtlichen Betrag ausmachen, wie uns die Elasticitätserscheinungen zeigen, welche ohne sehr beträchtliche Repulsionskräfte im Innern der Atome und ihrer Bausteine der Amere gar nicht denkbar wären. Sind die Gravitations- und die Aetherabstossungskräfte nach der Amertheorie in abgestuften Mengen und nach allen möglichen Verhältnissen auf die unendliche Menge der Amere vertheilt, so kann schon aus rein theoretischen Gründen die gesammte Aetherabstossung in den ponderabeln Körpern nicht weniger als $\frac{1}{2}$ der gesammten Gravitationsanziehung ausmachen (S. 698—701).

Dem Gravitationsgesetz wäre auch in unmittelbarer Weise Genüge geleistet, wenn man annehmen dürfte, dass in einem Körper nur die Differenz der anziehenden und abstossenden Kräfte thätig sei. Diese Differenzen, in dem vorliegenden Fall $A—B$ und $A_1—B_1$, würden dann die Massen der Körper m und m_1 angeben und die Anziehung der beiden Körper wäre $(A—B)(A_1—B_1) = m m_1$. Ein solches Verfahren, das für die beiden Elektricitäten sowie für die beiden Isagitäten angewendet werden könnte, ist für die Gravitation und die Aetherabstossung nicht gestattet, da diese Kräfte nicht auf einander wirken. Wir können uns also der Folgerung nicht entziehen, dass das Product der beiden Massen $m m_1$, wie es die Mechanik annimmt, eigentlich die Differenz zweier Producte ist, nämlich

$$m m_1 = A A_1 — B B_1$$

Somit ist die Masse, wie sie in Gewichtseinheiten ausgedrückt wird, nicht unmittelbar gegeben, sondern eine Grösse, die sich durch Rechnung bestimmen lässt; sie ist kein realer, sondern ein symbolischer, für die Rechnung der Mechanik brauchbarer Werth. Nun sind aber wenigstens für die Himmelskörper unseres Sonnensystems die Massen constante Grössen. Die Erde beispielsweise tritt der Sonne, dem Mond und den Planeten stets mit der gleichen Masse entgegen, so dass die Gravitationswirkungen zwischen 4 Körpern, denen die Massen m, m_1, m_2 und m_3 zukommen, gleich sind den Producten $m m_1$, $m m_2$, $m m_3$, $m_1 m_2$, $m_1 m_3$, $m_2 m_3$. Berücksichtigen wir die gesammten anziehenden und die abstossenden Kräfte, so erhalten wir für die dynamischen Beziehungen zwischen den 4 Körpern folgende 6 Gleichungen

I. $m m_1 = A A_1 — B B_1$ und hieraus $m m_1 = A A_1\ (1 — n n_1)$
II. $m m_2 = A A_2 — B B_2$ „ „ $m m_2 = A A_2\ (1 — n n_2)$
III. $m m_3 = A A_3 — B B_3$ „ „ $m m_3 = A A_3\ (1 — n n_3)$
IV. $m_1 m_2 = A_1 A_2 — B_1 B_2$ „ „ $m_1 m_2 = A_1 A_2\ (1 — n_1 n_2)$
V. $m_1 m_3 = A_1 A_3 — B_1 B_3$ „ „ $m_1 m_3 = A_1 A_3\ (1 — n_1 n_3)$
VI. $m_2 m_3 = A_2 A_3 — B_2 B_3$ „ „ $m_2 m_3 = A_2 A_3\ (1 — n_2 n_3)$

In diesen Gleichungen ist mit A, A_1, A_2, A_3 die Summe der Gravitationskräfte in jedem der 4 Körper, mit B, B_1, B_2, B_3 die Summe der Aetherabstossungskräfte bezeichnet. Die Ausdrücke der letzten Verticalcolumne wurden dadurch erhalten, dass $B = nA$, $B_1 = n_1A_1$, $B_2 = n_2A_2$ und $B_3 = n_3A_3$ gesetzt wurden.

Die wichtigste Frage ist nun, wie sich die Summen der Attractionskräfte und ebenso diejenigen der Repulsionskräfte, im Vergleiche mit den berechneten Massen, zu einander verhalten, welches Verhältniss in dem vorliegenden Fall zwischen A, A_1, A_2 und A_3, ebenso zwischen B, B_1, B_2 und B_3 im Vergleich mit m, m_1, m_2 und m_3 bestehe. Schon der blosse Anblick der 6 Gleichungen gibt die Ueberzeugung, dass in den eben genannten drei Reihen von Ausdrücken die nämliche geometrische Proportionalität herrschen müsse. Es lässt sich dies übrigens leicht durch Bestimmung der Werthe von n, n_1, n_2 und n_3 beweisen. Ich will die Rechnung nicht ausführlich darlegen, sondern bloss andeuten, dass, wenn man die Gleichung II (S. 719), nämlich $mm_2 = AA_2(1-nn_2)$, durch die Gleichung IV, nämlich $m_1m_2 = A_1A_2(1-n_1n_2)$, ferner die Gleichung III durch die Gleichung V dividirt, die zwei Gleichungen erhalten werden

$$\frac{mA_1}{m_1A} = \frac{1-nn_2}{1-n_1n_2} \text{ und } \frac{mA_1}{m_1A} = \frac{1-nn_3}{1-n_1n_3},$$

dass also $\frac{1-nn_2}{1-n_1n_2} = \frac{1-nn_3}{1-n_1n_3}$, woraus durch Umformung die Gleichung $n = n_1$ sich ergibt.

Ebenso lässt sich mit Hilfe der Gleichungen I und IV, III und VI zeigen, dass $n = n_2$, ferner mit Hilfe der Gleichungen I, V, II, VI, dass $n = n_3$ u. s. w. Es ist also

$$n = n_1 = n_2 = n_3.$$

Dadurch erhalten die obigen 6 Gleichungen folgende Form

$$\begin{aligned}
\text{I.}\quad mm_1 &= AA_1\ (1-n^2)\\
\text{II.}\quad mm_2 &= AA_2\ (1-n^2)\\
\text{III.}\quad mm_3 &= AA_3\ (1-n^2)\\
\text{IV.}\quad m_1m_2 &= A_1A_2\ (1-n^2)\\
\text{V.}\quad m_1m_3 &= A_1A_3\ (1-n^2)\\
\text{VI.}\quad m_2m_3 &= A_2A_3\ (1-n^2)
\end{aligned}$$

Hieraus ergibt sich sofort $\frac{m}{m_1} = \frac{A}{A_1} = \frac{B}{B_1}$; $\frac{m}{m_2} = \frac{A}{A_2} = \frac{B}{B_2}$; $\frac{m}{m_3} = \frac{A}{A_3} = \frac{B}{B_3}$; $\frac{m_1}{m_2} = \frac{A_1}{A_2} = \frac{B_1}{B_2}$; $\frac{m_1}{m_3} = \frac{A_1}{A_3} = \frac{B_1}{B_3}$; $\frac{m_2}{m_3} = \frac{A_2}{A_3} = \frac{B_2}{B_3}$. Mit Worten: Die von der Mechanik des Himmels in Rechnung gebrachten Massen (m und m_1) zweier beliebiger Körper verhalten sich zu einander wie die Summen ihrer Gravitationsanziehung (A und A_1) und ebenso wie die Summen ihrer Aetherabstossung (B und B_1).

Ferner berechnet sich aus obigen Gleichungen, dass

$$m = A\sqrt{1-n^2}; \quad m_1 = A_1\sqrt{1-n^2}; \quad m_2 = A_2\sqrt{1-n^2} \text{ etc.}$$

Mit Worten: die Masse, welche die Mechanik in Rechnung bringt, ist ein constanter Bruchtheil der Gesammtsumme der in einem Körper befindlichen Gravitationsanziehung.

Das Gravitationsgesetz beweist uns also die wichtige Thatsache, dass in den einzelnen Himmelskörpern unseres Sonnensystems die Mengen der Gravitationskräfte und der Aetherabstossungskräfte in dem gleichen Verhältniss enthalten sind. Dies konnte allerdings von vornherein für wahrscheinlich gelten, da die Himmelskörper, die zusammen in dem nämlichen Weltenraum entstanden und aus einer Menge von verschiedenen chemischen Elementen zusammengesetzt sind, im grossen und ganzen den nämlichen dynamischen Charakter besitzen müssen. Dagegen ist es durchaus unwahrscheinlich, dass auch in den einzelnen chemischen Elementen die Dominantenkräfte das gleiche Verhältniss zeigen. Es wird sich damit wohl verhalten wie mit den Elektricitäten und Isagitäten, so dass jedem besonderen Element ein eigenthümliches Verhältniss zwischen den Gravitationskräften und den Aetherabstossungskräften zukommt. Dafür sprechen auch die so sehr ungleichen Atomgewichte bei nicht sehr ungleicher Grösse der Atome[1]).

Ich habe die Vermuthung ausgesprochen, dass gleiche Gewichte der verschiedenen chemischen Elemente auf grössere d. h. nicht moleculare Entfernungen sich ungleich stark anziehen, weil die isagischen und elektrischen Kräfte in ungleichen Mengen in ihnen enthalten sind (S. 718). Das verschiedene Verhältniss der Dominantenkräfte ergibt eine neue Ursache dafür, dass gleiche Gewichte der Elemente ungleich

[1]) Ich verweise auf den Abschnitt 8 ›Grösse, Gestalt und Zusammensetzung der Atome‹.

auf einander einwirken; diese Ursache kann in dem nämlichen oder in entgegengesetztem Sinne wirken wie jede der beiden ersteren.

Es seien A, A_1 und A_2 die Summen der Gravitationskräfte der Erde und zweier Atome verschiedener Elemente, ferner B, B_1 und B_2 die Aetherabstossungskräfte der nämlichen drei Körper, endlich $_1$ und g_2 die Atomgewichte der beiden fraglichen Elemente, so bestehen die beiden Gleichungen

$$g_1 = A A_1 - B B_1$$
$$g_2 = A A_2 - B B_2$$

Wären die beiden Dominantenkräfte in den verschiedenen Elementen im gleichen Verhältniss vorhanden, so würden sie in den Gewichtseinheiten der letzteren auch in gleicher Menge enthalten sein. Es wäre somit

$$\frac{A_1}{g_1} = \frac{A_2}{g_2}; \quad \frac{B_1}{g_1} = \frac{B_2}{g_2} \text{ und ebenso } \frac{A_1 - B_1}{g_1} = \frac{A_2 - B_2}{g_2}.$$

Dies ist nun aber nicht der Fall, und deswegen muss auch die von den Dominantenkräften ausgeübte Anziehung zwischen den Gewichtseinheiten verschiedener Elemente ungleich ausfallen. Im vorliegenden Fall beträgt die Gesammtanziehung

zwischen den Gewichtseinheiten des ersten Elements $\frac{A_1 A_1}{g_1 g_1} - \frac{B_1 B_1}{g_1 g_1}$

" " " " zweiten " $\frac{A_2 A_2}{g_2 g_2} - \frac{B_2 B_2}{g_2 g_2}$

" " " " ersten u. zweiten El. $\frac{A_1 A_2}{g_1 g_2} - \frac{B_1 B_2}{g_1 g_2}$

Diese 3 Gesammtanziehungen, beispielsweise die Anziehungen zwischen 1 g Eisen und 1 g Eisen, zwischen 1 g Schwefel und 1 g Schwefel und zwischen 1 g Eisen und 1 g Schwefel, stellen drei verschiedene Werthe dar, wenn bloss ihre Dominantenkräfte in Anschlag kommen, und Elektricität sammt Isagität unberücksichtigt bleiben.

Gewöhnlich werden der Gravitation die »Molecularkräfte« entgegengesetzt und den letzteren eine unvergleichlich grössere Stärke zugeschrieben. Dies trifft zu für den Fall, dass man, wie es in der Mechanik üblich ist, die Gravitationskraft als identisch mit der Schwere betrachtet. Nimmt man aber die Schwere, wie ich es als Consequenz der dynamischen Amertheorie versucht habe, bloss als einen Bruchtheil der wirklichen Gravitationsanziehung, so erlangt diese ganz die gleiche Bedeutung wie die übrigen elementaren Molecularkräfte. Wenn man irgendwo genau das Verhältniss zwischen einer dieser Kräfte und der Schwere für die Masseneinheit feststellen könnte, so ergäbe sich daraus, immer unter den Voraussetzungen der symmetrischen Kraftvertheilung, welchen Bruchtheil der gesammten Gravitationsanziehung die Anziehung durch die Schwere ausmacht. Man kann jedenfalls schon aus einer allgemeinen und oberflächlichen Vergleichung der Wirkungen der Schwerkraft mit den Wirkungen der Molecularkräfte schliessen, dass jener Bruchtheil fast verschwindend klein ist. In wenigen Fällen lässt sich derselbe entferntermaassen in Ziffern angeben, so beim Zusammenhalt der Schwere mit der Elektricität, was um so überzeugender ist, als die letztere ebenfalls auf grössere (nicht moleculare) Entfernungen wirkt. Aus dem Verhältniss der Schwere zur Gravitationsanziehung kann dann auch das Verhältniss der letzteren zu der zugleich mit ihr in den Körpern enthaltenen Aetherabstossung berechnet werden.

Reibt man ein kleines Stück Harz (Siegellack), so wird dasselbe elektrisch und zieht kleine Papierstückchen an, indem es dieselben in die Höhe hebt. Die Elektricität überwindet also die Anziehung, welche die Erde auf das nämliche Object ausübt. Für die Rechnung will ich die Wirkung der Elektricität auf ein Minimum herabsetzen, welches von der Wirklichkeit bei weitem übertroffen wird.

Ein rundliches, 4^{g} schweres Stück Siegellack, das auf einem gläsernen Halter sich befindet, zieht, nachdem es an einem wollenen Lappen schwach gerieben wurde, Papierstückchen von $0{,}3^{mm}$ Durchmesser, welche auf einer trockenen Glasplatte liegen, auf eine Entfernung von 3^{mm} in die Höhe. Die Erde, deren Gewicht zu 5 Quadrillionen Kilogramm und deren Halbmesser zu 6 Millionen Meter angenommen werde, übt auf ein solches Stückchen Papier, dessen Gewicht in Kilogrammen ich durch P ausdrücken will, eine

Anziehung aus, die $\frac{5 \text{ Quadrill.} \times P}{36 \text{ Billion.}}$ oder 140 000 000 000 P beträgt. Die Anziehung, welche das Stück Siegellack auf das nämliche Object vermöge der Schwere ausübt, beträgt $\frac{0{,}004 \times P}{(0{,}011)^2} = 33\, P$, da das Gewicht des Siegellacks 0,004 ^{k} und der Abstand der beiden Centren 0,011 ^{m} ausmacht.

Die Anziehung, die zwischen der Erde und dem Papierstückchen besteht, ist also $\frac{140\,000\,000\,000}{33}$ oder 4000 000 000 mal grösser als die Anziehung, welche vermöge der nämlichen Schwere zwischen dem Stück Siegellack und dem Papierstückchen herrscht. Da die erstere von der infolge des Reibens wirksam werdenden Elektricität überwunden wird, so ist die Macht der im Siegellack und im Papierstückchen frei gewordenen Elektricitäten auch mehr wie 4000 000 000 mal grösser als die Macht der Schwere in den beiden Körpern.

Vorausgesetzt nun, dass das Verhältniss zwischen der Elektricitätsmenge und dem Gewicht, im Siegellack und im Papier, das nämliche ist, so kann doch die eben berechnete Proportion von 1 : 4000 000 000 nur für die resultirenden Gesammtwirkungen, nicht für die einfachen Anziehungen der zwei Kräfte, der Schwere und der Elektricität, gelten. Denn die Wirkung der Schwere ist ein einfaches Product, die Wirkung der elektrischen Anziehung dagegen die Differenz von zwei Producten. Die am Harz erregte negative Elektricität ($-E$) zieht von den beiden im Papier durch Vertheilung frei gewordenen Elektricitäten die an der zugekehrten Seite befindliche positive ($+e$) an und stösst die an der abgekehrten Seite befindliche negative ($-e$) ab. Die Wirkung der Elektricität ist also für den vorliegenden Fall $\frac{Ee}{(0{,}003)^2} - \frac{Ee}{(0{,}0033)^2}$, da der Abstand vom Siegellack zum Papier 0,003 ^{m} und der Durchmesser des Papierstückcheus 0,0003 ^{m} beträgt. $\frac{Ee}{(0{,}003)^2} - \frac{Ee}{(0{,}0033)^2} = 110000\, Ee - 90000\, Ee$ oder $20000\, Ee$; mit Worten: die beobachtete Wirkung der am Siegellack frei gewordenen Elektricität ist 5 mal kleiner als die einfache Wirkung derselben auf eine der zwei am Papier frei gewordenen Elektricitäten. — Ferner ist zu berücksichtigen, dass die mit einander verglichenen Wirkungen der Schwere und der Elektricität für ungleiche Entfernungen, die der ersteren für einen Abstand von $0{,}011^{m}$ und die der letzteren für einen Abstand von $0{,}003^{m}$ berechnet wurden. Zur richtigen Vergleichung muss eine Reduction auf gleiche Entfernung vorgenommen werden; dadurch erfährt die Wirkung der Schwere eine Steigerung um $\frac{(0{,}011)^2}{(0{,}003)^2}$, d. h. um 13,4 mal.

Die Anziehung zwischen der frei gewordenen Elektricität des Siegellacks und der ungleichnamigen des Papiers ist also in Wirklichkeit nicht um 4000 Millionen, sondern in Folge der beiden Correcturen um $\frac{5}{13{,}4}$ mal diesen Werth, also um 1500 Millionen mal grösser als die Wirkung der Schwere. Ich habe aber in allen Beziehungen die ungünstigsten Ansätze für die Elektricität gemacht, namentlich auch darin, dass die gesammte freie Elektricität des Harzes an das dem Papier zugekehrte Ende, somit in die geringste Entfernung verlegt wurde. In der That ist die frei gewordene Elektricitätsmenge im Siegellack und im Papier weit beträchtlicher, als es für die berechnete Wirkung erforderlich erscheint. Gleichwohl macht dieselbe sicher nur einen kleinen Bruchtheil der in den beiden Körpern enthaltenen neutralen Elektricitätsmengen aus.

Aus dem Verhältniss der Elektricitätsmenge zum Gewicht lässt sich ein Schluss auf das Verhältniss der beiden Dominantenkräfte A und B zu einander machen, unter der oben (S. 694—696) als wahrscheinlich erklärten Voraussetzung, dass die Summe jeder der beiden Elektricitäten so gross oder halb so gross ist als die Summe jeder der beiden Dominantenkräfte. Nehmen wir die gewonnene Proportion 1 : 1500 000 000 einstweilen als das Verhältniss der Anziehung zweier Körper durch die Schwere zur elektrischen Anziehung an, so erhalten wir die Gleichung $m m_1 = \frac{ab}{1500\,000\,000}$, wenn m und m_1 die Massen im Sinne der Mechanik als Gewicht ausgedrückt, a und b die ungleichnamigen Elektricitäten des einen und andern Körpers bedeuten. Ferner haben wir die früher (S. 720) abgeleitete Gleichung $m m_1 = A A_1\ (1 - n^2)$. Also ist $\frac{ab}{1500\,000\,000} = A A_1\ (1 - n^2)$ und wenn, gemäss der vorhin erwähnten Voraussetzung, $A = a$ und $A_1 = b$ gesetzt wird, so ergibt sich die Gleichung $\frac{1}{1500\,000\,000} = 1 - n^2$.

Daraus folgt $n = \sqrt{1 - \frac{1}{1500\,000\,000}}$, somit $n = \sqrt{1 - 0{,}000\,000\,0007}$ oder $n = \sqrt{0{,}999\,999\,9993}$. Da $n = \frac{A}{B}$, so ist in dem vorliegenden Fall A weniger als um den tausendmillionsten Theil grösser als B, und der Unterschied zwischen der Gravitationsanziehung (A) und der Aetherabstossung (B) wäre noch viel geringer, wenn die Wirkung der ganzen gleichnamigen Elektricität (d. h. der frei gewordenen und der in der neutralen Elektricität gebundenen) der Rechnung hätte zu Grunde gelegt werden können.

Ein anderes Beispiel, in welchem wir die Wirkungen der Schwerkraft mit den Wirkungen der »Molecularkräfte« entferntermaassen in Ziffern vergleichen können, bietet uns die Cohaesion. Ein Eisendraht von 1^{qmm} Querschnitt wird durch ein Gewicht von 64^k zerrissen. Die Kraft, mit der seine Theilchen zusammenhängen, ist also der Kraft gleich zu setzen, mit der 64^k von der Erde angezogen werden. Durch Rechnung lässt sich zeigen, wie viel mal grösser diese Cohaesion im Eisen ist, als sie es wäre, wenn sie bloss durch die Schwerkraft zu Stande käme.

Die Anziehung zwischen der Erde (Gewicht 5 Quadrillionen Kilo, Halbmesser 6 Millionen Meter) und einem Gewicht von 64^k beträgt $\frac{64 \times 5 \text{ Quadrill.}}{(6 \text{ Mill.})^2}$ oder 9 Billionen Einheiten. Berechnet man die Summe der Anziehungen, welche alle Eisenatome der abgerissenen Drahthälfte auf alle Atome der andern Drahthälfte vermöge ihres Gewichtes ausüben, so erreicht dieselbe nicht einmal den hunderttausendbillionsten Theil jenes Betrages. Im Eisen ist also die Cohaesion durch die »Molecularkräfte« 100000 Billionen mal grösser als der Zusammenhang, welcher durch die Schwerkraft allein verursacht würde.

Dieses Ergebniss gewährt uns aber bloss im allgemeinen eine Vorstellung, wie sehr die Schwerkraft an Wirksamkeit den »Molecularkräften« nachsteht. Um etwas Bestimmteres darüber zu erfahren, müssten wir wissen, wie die Cohaesion zu Stande kommt. Wenn die dynamische Amertheorie richtig ist, so folgt aus derselben, dass die Cohaesion fast ausschliesslich durch die unmittelbar neben einander liegenden Atome bewirkt wird, und dass die Anziehung auf weiter entfernte Atome vorzugsweise nur als Wirkung der Schwerkraft in Betracht kommt[1]). Beim Zerreissen eines Drahts wird somit lediglich die Adhäsion der an den beiden Bruchflächen befindlichen Atome überwunden, und es lässt sich berechnen, wie gross die Anziehung je zweier einander gegenüber liegender, beim Zerreissen von einander getrennter Atome ist.

Da aus der mechanischen Gastheorie die absoluten Gewichte der verschiedenen Gasmoleküle bekannt sind, so kennt man auch die absoluten Gewichte der Atome aller übrigen Elemente. Das Eisenatom wiegt 130 Quadrilliontel ^{g}. Aus dem Atomgewicht und dem specifischen Gewicht berechnet sich das Volumen des Eisenatoms im Draht zu 17 Quadrilliontel ^{ccm} und der mittlere Querschnitt des Atomvolumens zu 650 Trilliontel ^{qcm}. Es befinden sich demnach auf der Fläche von 1 ^{qcm} 1500 Billionen Atome und auf dem Querschnitt des fraglichen Eisendrahts 15 Billionen, welche unmittelbar vor dem Zerreissen durch ihre Adhäsion an die angrenzenden 15 Billionen Atome dem vorhin berechneten Zug von 9 Billionen Einheiten das Gleichgewicht halten. Die Adhäsionsanziehung, welche das einzelne Atom auf das ihm gegenüberstehende ausübt, beträgt $\frac{9 \text{ Billionen}}{15 \text{ Billionen}}$ oder 0,6 Einheiten.

Der mittlere Abstand zwischen den Centren zweier benachbarter Atome im Eisendraht ist 0,000000026 ^{cm} oder 260 Billiontel $_{m}$, und da das Gewicht eines Eisenatoms 0,13 Quadrilliontel ^{k} beträgt, so ist die Gewichtsanziehung zweier benachbarter Atome im Eisendraht $\frac{(0{,}000000\,000000\,000000\,000000\,13)^2}{(0{,}000000\,00026)^2}$ oder 0,25 Quintillionstel einer Einheit. Dieselbe verhält sich zu der Adhäsionsanziehung wie 0,25 Quintillionstel : 0,6 oder rund wie 1 : 2 Quintillionen.

Ich habe angenommen, dass die Cohäsion der Substanz bloss durch die Anziehung der unmittelbar neben einander liegenden Atome hervorgebracht werde. Jedenfalls ist die letztere in ganz vorherrschendem Maasse dabei betheiligt, und wenn auch entferntere Atome

---

[1]) Ich verweise auf die Abschnitte: 8. Grösse, Gestalt und Zusammensetzung der Atome; 9. Entstehung und Beschaffenheit der Atome; 10. Chemische Beschaffenheit.

bei der Wirkung nicht ganz ausgeschlossen sind, so bleibt es doch unbestreitbar, dass zwei Eisenatome in der Lage, wie sie im Draht sich nebeneinander befinden, sich um das Quintillionfache stärker anziehen, als es der Fall wäre, wenn sie sich wie die Himmelskörper bloss vermöge ihrer Schwere anziehen würden. Dieses Verhältniss gilt aber nur für die Gesammtwirkung der Molecularkräfte gegenüber der Wirkung der Schwerkraft, nicht aber für die einzelnen Kräfte selbst. Denn die Gesammtwirkung, die uns in dem vorliegenden Fall als Cohäsion bemerkbar wird, ist nur der Ueberschuss der verschiedenen Anziehungen über die verschiedenen Abstossungen, welche zwei benachbarte Atome auf einander ausüben. Könnten wir die Attraction zwischen zwei Atomen ohne die zwischen ihnen bestehende Repulsion berechnen, so würde sie gegenüber der Attraction durch die Schwerkraft noch ungleich viel grösser ausfallen. — Was die beiden Dominantenkräfte betrifft, so lässt sich ihr gegenseitiges quantitatives Verhältniss in gleicher Weise berechnen, wie es bereits für einen andern Fall geschehen ist (S. 725). Wenn die Gravitationsanziehung, ebenso die Aetherabstossung im Universum eine eben so grosse Kraftsumme darstellt wie die positive oder negative Elektricität, wie die positive oder negative Isagität, so ergibt sich aus dem Verhältniss zwischen der Cohäsionsanziehung und der Schwereanziehung, dass die Summe der Gravitationsanziehungskräfte im Eisen bloss um ein Quintillionstel grösser sein kann, als die Summe der Aetherabstossungskräfte, wobei immer noch nicht berücksichtigt ist, dass die Cohäsion nur im Ueberschuss der Anziehung über die Abstossung besteht.

Aus den vorstehenden Betrachtungen geht eine allgemeine Schlussfolgerung hervor, die übrigens auch von vornherein als ziemlich sicher hätte angenommen werden können. In der Natur sind die 6 Elementarkräfte in unendlich grosser Menge an den Stoff gebunden, wiewohl sie unserer Wahrnehmung nur in verschwindend geringer Menge bemerkbar werden. Jeder grössere oder kleinere Körper bis herab auf die chemischen Atome und Aethertheilchen, diese mit inbegriffen, ist ein System von kraftbegabten Theilen, in welchen die verschiedenen Attractions- und Repulsionskräfte sich das Gleichgewicht halten, in der Art, dass stetsfort oder bei Störung des Gleichgewichts bloss ein winzig kleiner, nach aussen wirksamer Ueberschuss sich ergibt. Die Schwerkraft, die am allgemeinsten und am wuchtigsten sich kundgibt, entspricht kaum dem quintillionsten Theil aller in den wägbaren Massen befindlichen Gravitationskräfte, der von der Aetherabstossung nicht compensirt und somit für äussere Action disponibel ist.

---

5. Wärme.

Es gilt als ein allgemein angenommener und unbestreitbarer Satz der neueren Physik, dass die Wärme nichts anderes als eine Bewegung der kleinsten Theilchen ist. Jede Bewegung kann in Wärme verwandelt und durch Wärme gemessen werden, und im gasförmigen Zustande nimmt die lebendige Kraft der Molecularbewegung oder das Quadrat der molecularen Geschwindigkeit proportional der Temperatur zu. Indem man aber Wärme als Bewegung der kleinsten Theilchen bezeichnet, versteht man darunter doch zweierlei wesentlich verschiedene Dinge.

Einmal ist Wärme Bewegung des Aethers, sowohl des Weltäthers als auch des leichter beweglichen Schweräthers, wie er in den Körpern als Zwischenhülläther vorhanden ist: so die Wärme, die der Erde von der Sonne mitgetheilt wird, und ebenso die strahlende Wärme, die durch gasförmige, flüssige und feste Körper sich ausbreitet. Wenn man von Brechung, Interferenz und Beugung der Wärmestrahlen, von Polarisation und Doppelbrechung der Wärme, von Wärmespectrum spricht, so ist immer Bewegung der Aethertheilchen gemeint. — Ferner ist Wärme aber auch Bewegung der Moleküle und Atome, und zwar dies immer, wenn es sich um die Wärme oder Temperatur der Gase, der Flüssigkeiten und der festen Körper handelt.

Es können allerdings in vielen Fällen die beiden Wärmen einander gleich gesetzt werden, wenn nämlich die Bewegungen des Aethers und der wägbaren Theilchen sich ausgeglichen haben und sich somit im Gleichgewichte befinden. Dies ist aber nicht immer der Fall; in einem durchstrahlten Körper kann die Wärmebewegung der wägbaren Theilchen (der Luft, des Glases etc.) weit hinter der Wärmebewegung des Aethers zurückbleiben. Wird in diesem Falle die freie Wärme durch das Thermometer gemessen, so zeigt dieses vorzugsweise den Bewegungszustand der Atome und Moleküle des durchstrahlten Körpers an. Uebrigens werden nicht alle, sondern nur bestimmte Bewegungen der wägbaren Theilchen als freie Wärme bezeichnet, wie dies deutlich aus dem Umstande sich ergibt, dass Eis und Wasser von 0°, obgleich in ungleicher Molecularbewegung befindlich, doch die gleiche Temperatur besitzen, ebenso Wasser und Wasserdampf von 100°.

Ich werde im folgenden unter Wärme nur Bewegung der (eigentlichen und der ponderabeln) Aethertheilchen, also Aetherwärme verstehen, welche, indem sie den Atomen und Molekülen der wägbaren Stoffe schwingende, drehende und fortschreitende Geschwindigkeit ertheilt, in eine andere Form der Bewegung übergeht. Damit soll nicht gesagt werden, dass alle Bewegung des Aethers als Wärme zu betrachten sei; vielmehr scheint diese Function nur einer bestimmten Bewegung zuzukommen. Um dies deutlich zu machen, muss ich auf die Beschaffenheit des Aethers, wie sie die Amertheorie voraussetzen muss, etwas näher eingehen.

Nach Allem, was wir von dem eigentlichen Aether als Raum erfüllende, die Bewegungen der Gasmoleküle wie der Weltkörper nicht hemmende, Wärme und Licht in die grössten Entfernungen tragende Substanz wissen, muss derselbe vollkommen elastisch, vollkommen beweglich und ohne eine Spur von Cohäsion sein. Er muss die flüchtigen Eigenschaften eines Gases, nur in ungleich höherem Maasse, besitzen; den grösseren Grad der Flüchtigkeit verdankt er der grösseren Kleinheit seiner Theilchen und dem Umstande, dass er von abstossenden Kräften beherrscht wird, während in den Gasen die Schwere eine wichtige Rolle spielt. Ganz gleich wie der eigentliche Aether verhält sich die beweglichere Hälfte des ponderabeln Aethers rücksichtlich ihrer Bewegungen, da diese durch die nämliche Kleinheit und vollkommene Elasticität der Theilchen bestimmt werden. — Die übereinstimmenden wie die abweichenden Eigenschaften, welche uns die Vergleichung des Aethers und der Gase aufweist, sprechen also dafür, dass den Aethertheilchen die gleichen Bewegungen wie den Gasmolekülen, aber in erhöhtem Maasse, zukommen.

In den luftförmigen Körpern können wir 3 wesentlich verschiedene Bewegungen unterscheiden, 1. die selbständigen Molecularbewegungen oder Einzelbewegungen, 2. die schwingenden Massenbewegungen und 3. die fortschreitenden Massenbewegungen. Was die ersteren betrifft, so ist bekanntlich in neuerer Zeit von Krönig und namentlich von Clausius dargethan worden, dass eine Gasmasse aus einer Anzahl vereinzelter Moleküle besteht, welche nach allen Richtungen durcheinander fliegen und von denen jedes seine gradlinige Bahn verfolgt, bis es an ein anderes Gasmolekül oder an einen festen Körper anstösst und vermöge seiner Elasticität abgelenkt oder zurückgeworfen wird. Ausserdem drehen sich die Moleküle um ihre Axe, und die sie zusammensetzenden Atome schwingen hin und her, drehen sich wohl auch unter Umständen (intramoleculare Bewegungen). — Die Massenschwingungen der Luft sind uns durch die Fortpflanzung des Schalles, die fortschreitenden Massenbewegungen als Gasströmung, Wirbelströme und Winde bekannt.

Die Aethertheilchen müssen die nämlichen Erscheinungen zeigen. Sie führen einmal Einzelbewegungen aus, indem jedes nach einer andern Richtung dahin fährt, dabei sich um seine Achse dreht und, insofern es aus mehreren Ameren zusammengesetzt ist, auch innere Bewegungen, bestehend in Schwingungen und Drehungen seiner Amere, besitzt. Dass uns von diesen Einzelbewegungen aus Erfahrung noch nichts bekannt ist, begreift sich leicht aus dem Umstande, dass selbst die Einzelbewegungen der einer höheren Grössenordnung angehörenden Gasmoleküle erst seit kurzer Zeit als Ursache der Expansivkraft der Gase erkannt sind. — Die Massenschwingungen und die fortschreitenden Massenbewegungen, welche, gleichwie in den Gasen, unabhängig von den Einzelbewegungen sind, bedingen abwechselnde und räumlich verschiedene Verdichtungen und Verdünnungen des Aethers.

Von diesen verschiedenen Bewegungen der (eigentlichen sowie der ponderabeln) Aethertheilchen sind es die Massenschwingungen, welche die Erscheinungen der Wärme (und des Lichtes) hervorbringen. Sie ertheilen den Atomen und Molekülen die verschiedenen Bewegungen, die wir an ihnen kennen. Dabei geht die kinetische Energie der Aetherwellen auf die wägbaren Theilchen über, und es verschwindet so viel Wärme als das Quadrat der molecularen und atomalen Geschwindigkeit der letzteren zunimmt. Umgekehrt theilen die ponderabeln Partikeln, wenn der umgebende Aether Wärme verloren hat, demselben von ihrer Bewegung mit und stellen das gestörte Gleichgewicht wieder her. Wenn daher die schwingende Bewegung des Aethers als freie

Wärme betrachtet wird, so können wir die Bewegungen der Moleküle und Atome als gebundene Aetherwärme bezeichnen.

Dagegen vermögen die Einzelbewegungen der Aethertheilchen nicht die Atome und Moleküle, die ja einer anderen Grössenordnung angehören, in Bewegung zu setzen. Ihre Stösse sind gegenüber dem Koloss eines wägbaren Theilchens von verschwindend geringer Wirksamkeit, und überdem kommen sie von allen Seiten in so grosser Menge, dass sie sich gegenseitig aufheben [1]). Ganz anders wirken die Massenschwingungen, da bei ihnen eine sehr grosse Menge von Aethertheilchen, unbeschadet ihrer individuellen Bewegungen, in jedem Zeitmoment nach der gleichen Seite hin drückt.

Die Schwingungen des Aethers sind ungleich nach ihrer Dauer und nach ihrer Intensität. Ihr Effect wird bedingt durch die Summe der lebendigen Kräfte, mit denen sie auf ein wägbares Theilchen treffen. Von dieser Summe hängt die Bewegung der Moleküle und Atome, und wenn eine Ausgleichung eingetreten ist, auch die Höhe der Temperatur ab; denn die kinetische Energie der Aetherschwingungen verursacht in der Thermometerflüssigkeit die ihnen entsprechenden Bewegungen der Moleküle und Atome und damit eine bestimmte Raumerfüllung durch jene Flüssigkeit.

Es ist leicht, sich von den verschiedenen Erscheinungen, welche die Wärme verursacht, Rechenschaft zu geben, wenn wir im Auge behalten, dass die Schwingungen des Aethers einen ihnen entsprechenden Bewegungszustand der Moleküle und Atome bewirken, — dass umgekehrt die Moleküle und Atome, wenn dieselben sich schneller bewegen als es dem Bewegungszustand des umgebenden Aethers entspricht, von ihrer lebendigen Kraft an den letzteren abgeben und in freie Wärme umwandeln, — endlich, dass der zwischen den Molekülen und Atomen befindliche Zwischenhülläther durch den äussern Aether, mit dem er in Verbindung steht, in analoge Schwingungen versetzt wird, und dass er, wenn er in Folge irgend einer Ursache sich in lebhafteren Schwingungszuständen befindet, den Ueberschuss seiner Bewegungsintensität dem äusseren Aether mittheilt, dass also der intermoleculare und interatomale

---

[1]) Es verhält sich damit wie mit den Stössen der Gasmoleküle auf die in der Luft schwebenden Sonnenstäubchen, vgl. Sitzungsberichte der kgl. b. Akad. d. W. 7. Juni 1879 oder Untersuch. über niedere Pilze S. 78.

Schweräther theilweise das verbindende Mittelglied bildet zwischen den Atomen und den äusseren Aetherschwingungen.

In einer Gasmasse befindet sich der Wärmeäther in einem ähnlichen Zustande wie der Lichtäther bei diffusem Tageslicht. Es gehen die Wärmestrahlen nach allen Richtungen durcheinander. Licht und Wärme werden von dem nämlichen Aether getragen, indem sich ihre Wellen wie die Wellen auf einer Wasseroberfläche durchkreuzen. Mit den Aetherschwingungen befinden sich die fortschreitenden und drehenden Bewegungen der Gasmoleküle und die schwingenden Bewegungen ihrer Atome im Gleichgewicht. Dieser Zustand bleibt constant, bis sich die umgebende Temperatur ändert. Steigt dieselbe, so wird eine gewisse Menge der Energie der Aetherschwingungen zur Beschleunigung der Molecularbewegungen verwendet (specifische Wärme), und zwar bei Gasen von einfacherer Zusammensetzung etwa 63 % für die fortschreitenden Bewegungen der Moleküle und 37 % für die intramolecularen Bewegungen. Sinkt die Temperatur, so findet die umgekehrte Umwandlung statt.

Nimmt die Energie der Aetherschwingungen so sehr ab, dass sie den Molekülen nicht mehr die Bewegungen des Gaszustandes zu ertheilen vermögen, so verdichtet sich das Gas zur Flüssigkeit, indem der Ueberschuss der fortschreitenden, drehenden und intramolekularen Bewegungen in Aetherschwingungen übergeht, welche sich in den allgemeinen Aether verlieren. Beim Verdampfen setzt sich die nämliche Menge von Aetherbewegung wieder in moleculare Bewegung um. — Werden die Aetherschwingungen so schwach, dass sie nicht im Stande sind den Zusammenhang der Moleküle zu überwinden, so tritt der feste Aggregatzustand ein, wobei die Gesammtmenge der fortschreitenden und drehenden und ein grosser Theil der schwingenden Molecularbewegungen, die dem flüssigen Zustande eigenthümlich sind, zur Vermehrung der äusseren Aetherbewegung verwendet werden; beim Schmelzen wandelt sich diese Menge von Aetherwärme wieder in Molecularbewegung um.

Würde die Temperatur so sehr sinken, dass die Aetherschwingungen ganz aufhörten, so wäre der absolute Nullpunkt erreicht. Bei demselben kämen die Bewegungen der Moleküle und der Atome zur Ruhe; es wäre aber nicht alle Bewegung erloschen. Die Einzelbewegungen der Aethertheilchen würden fortdauern und ebenso die Bewegungen der Amere, aus denen die Atome bestehen.

Die Bedingungen für die drei Aggregatzustände sind, sofern es sich um das nämliche chemische Individuum handelt, bloss von der Energie der äussern Aetherschwingungen abhängig, indem diese Energie bis zu einem bestimmten Grad den festen, von da bis zu einem bestimmten höheren Grad den flüssigen und über einen bestimmten dritten Grad den gasförmigen Zustand bedingt. Bei verschiedenen chemischen Stoffen ist aber der Widerstand, den die wägbaren Theilchen den bewegenden Kräften entgegensetzen, sehr ungleich. Dieser Widerstand beruht in der Adhäsion, welche durch die Grösse und Vertheilung der anziehenden und abstossenden Molecularkräfte, durch die Gestalt und Zusammenordnung der Atome und Moleküle und das Verhalten des zwischen ihnen befindlichen Schweräthers bestimmt wird. So ist beispielsweise beim Wasserstoff, Sauerstoff und Stickstoff die gegenseitige Adhäsion der Moleküle so gering, dass schon die schwächste uns bekannte Energie der Aetherschwingungen hinreicht, um dieselben in der Bewegung des Gaszustandes zu erhalten. Beim Kohlenstoff dagegen erlangt die Adhäsion der Moleküle eine so beträchtliche Höhe, dass auch die grösste bis jetzt erreichbare Energie der Aetherschwingungen nicht im Stande ist, dieselben zu trennen und ihnen die Bewegungen des flüssigen oder gar des gasförmigen Zustandes zu ertheilen.

Aus der Anordnung und der Adhäsion der Moleküle in Verbindung mit der Beschaffenheit des zwischen ihnen befindlichen Aethers erklärt sich die verschiedene Ausbreitung der Wärme durch Strahlung und Leitung. Die Licht- und Wärmestrahlen, die von der Sonne kommen, gehen durch den mit Aether gefüllten Weltenraum; sie werden in der Atmosphäre durch den Aether zwischen den Gasmolekülen ungehindert weiter geführt, und ebenso durch den Zwischenhülläther vieler flüssiger und fester Körper, die man deswegen als durchsichtige und als diathermane bezeichnet.

Die Beschaffenheit des Aethers zwischen den Atomen und Molekülen ist aber in den verschiedenen festen und flüssigen Körpern, wie ich dies schon früher angedeutet habe, sehr ungleich, sowohl bezüglich der Lagerung der Theilchen als bezüglich ihrer Bewegungen, weil beides von der Natur und Stellung der Atome und der Stärke und Vertheilung der Atomkräfte abhängt. Im allgemeinen stellt der zwischen den Aetherhüllen der Atome befindliche und beweglichere Zwischenhülläther durch den ganzen flüssigen oder festen Körper ein ununterbrochenes Netz dar. Dieses Netz hat nun eine sehr mannigfaltige Gestalt und sein Schweräther steht mit den Atomen durch die Aetherhüllen in sehr ungleichen dynamischen Beziehungen; daher rührt das verschiedene Verhalten der Körper gegenüber den Licht- und Wärmestrahlen.

Der zwischen den Aetherhüllen befindliche Schweräther ist, wie schon gesagt, mit dem äusseren Aether in unmittelbarer Verbindung und befindet sich, wenn ein Beharrungszustand eingetreten, in gleichen Schwingungszuständen mit demselben. Findet nun in dem äusseren Aether eine besondere Erregung statt, kommen Licht und Wärmestrahlen heran, so gehen ihre Schwingungen, wenn die Anordnung und die Beschaffenheit des genannten Aethers günstig ist, fast ungeschwächt durch die Körper hindurch, d. h. ohne etwas Nennenswerthes von ihrer Energie abzugeben; die vollkommene Durchsichtigkeit und Diathermanität, wie sie den meisten Gasen und manchen festen und flüssigen Körpern zukommt, verhindert bei der Durchstrahlung eine bemerkenswerthe Erhöhung ihrer Temperatur. In den undurchsichtigen und adiathermanen Körpern dagegen können sich die Schwingungen der Licht- und Wärmestrahlen wegen der Spärlichkeit, der mangelhaften Continuität und überhaupt wegen des ungünstigen Verhaltens des Zwischenhülläthers nicht ungehindert fortpflanzen; ihre Energie geht auf die Moleküle und Atome über und dient dazu, die Temperatur des Körpers zu erhöhen. Günstig für die Durchstrahlung ist es, wenn hinreichend breite und zusammenhängende Bahnen eines sehr beweglichen Zwischenhülläthers vorhanden sind; ungünstig, wenn wegen der Stellung der Atome, wegen ihrer grossen Annäherung oder wegen der beträchtlichen Mächtigkeit ihrer Aetherhüllen nur enge und unvollständig zusammenhängende Bahnen für den Zwischenhülläther frei bleiben und wenn dieser eine geringere Beweglichkeit besitzt.

Während die strahlende Wärme ihre Schwingungen durch den Zwischenhülläther ausbreitet, werden bei der Leitungswärme die der Wärmequelle zunächst liegenden Atome in einen der einwirkenden Temperatur entsprechenden Bewegungszustand versetzt, welcher sich dann von Atom zu Atom weiter fortpflanzt. Von der Anordnung, dem Zusammenhang und der Bewegung der Atome hängt es ab, ob die Fortpflanzung rascher oder langsamer erfolge, ob der Körper ein guter oder ein schlechter Wärmeleiter sei.

In der vorstehenden Auseinandersetzung handelte es sich vorzüglich um die Uebertragung von Energie zwischen den Aethertheilchen und den Molekülen (Atomen) und zwischen den letzteren unter sich. Es ist also von Wichtigkeit, eine richtige Vorstellung über die Bedingungen der Energie bei diesen Theilchen zu haben. Wenn wir sagen, die Summe der lebendigen Aetherschwingungskräfte in der Raumeinheit, gegeben durch die Zahl und Beschaffenheit der schwingenden Theilchen, durch die Zahl der Schwingungen jedes einzelnen in der Zeiteinheit und durch die Schwingungsintensität bedinge die Höhe der Temperatur und verursache in den wägbaren Körpern die ihnen entsprechenden Bewegungen der Moleküle und Atome, so müssen wir uns darüber klar sein, wodurch die kinetische Energie eines Aethertheilchens und diejenige eines Moleküls (Atoms) in den verschiedenen Aggregatzuständen bestimmt werde. Denn es ist einleuchtend, dass bei den hier in Frage kommenden Umsetzungen der lebendigen Kraft nicht die Begriffe der gewöhnlichen Mechanik Gültigkeit haben. Namentlich lässt uns der Begriff der Masse, wie er allgemein angewendet wird, gänzlich im Stich.

Die Definition der Masse, dass zwei Körper gleiche Massen besitzen, wenn ihnen durch die nämliche Kraft in der Zeiteinheit gleiche Beschleunigungen ertheilt werden, ist zwar umfassend genug, um für alle Fälle auszureichen. Allein in der gewöhnlichen Mechanik hat man damit nur einen Fall im Auge; hier ist für den Betrag der lebendigen Kraft $\frac{1}{2}mv^2$ stets die Schwere d. h. der Ueberschuss der Gravitationsanziehung über die Aetherabstossung massgebend (S. 718); dieser Ueberschuss wird als Masse (m) bezeichnet. Eine solche Behandlung ist für alle Erscheinungen gestattet, wo die Schwere durch die übrigen Kräfte keine bemerkbare Aenderung erleidet. Sie hat also in den Gebieten der kleinsten Theilchen bloss noch für die fortschreitenden Bewegungen der Gasmoleküle Gültigkeit, weil diese Moleküle nur unter dem Einfluss der Erdanziehung stehen, gegenüber welcher die übrigen Kräfte verschwinden. In der Bestimmung ihrer kinetischen Energie, $\frac{1}{2}mv^2$, wird daher m durch das Moleculargewicht bemessen.

Diese Bestimmung der Masse ist aber nicht mehr entscheidend für alle übrigen Bewegungen der Moleküle und Atome, weil bei ihnen neben der Schwere auch andere Kräfte maassgebend werden, und zwar oft in dem Grade, dass gegenüber den anderen Kräften die Schwere selbst unmerkbar wird. So tritt das Wasserstoffatom bei vielen Vorgängen mit viel grösserer Wucht in die Bewegung ein als das Quecksilberatom, welches in gewöhnlichem Sinne 200mal mehr Masse enthält [1]. Die gewöhnliche Bestimmung der Masse ist ferner ganz ohne Bedeutung für die Mechanik des eigentlichen Aethers, weil hier in überwiegendem Maasse abstossende Kräfte zur Wirksamkeit gelangen.

Für die meisten Molecularbewegungen und für die Aetherbewegungen muss statt der Masse im gewöhnlichen Sinne die Potenz in Anschlag kommen, welche überhaupt in den nach Ort und Zeit wirksamen Kräften besteht und welche wegen der Kleinheit der sich verändernden Abstände nach Ort und Zeit stets in bemerkbarer Weise wechselt. Die Masse der gewöhnlichen Mechanik ist ein besonderer Fall der Potenz, welcher den Vorzug grosser Einfachheit besitzt, weil wegen der grossen Entfernungen die Schwere die Alleinherrschaft behält und daher die Masse als unveränderlich betrachtet werden kann.

Unter Masse versteht man häufig nicht bloss die dynamische Wirkung eines Körpers, sondern gewissermaassen auch seinen materiellen Inhalt. Doch liegt es auf der Hand, dass, wenn das Gold in der Volumeneinheit 21mal mehr Masse enthält als das Eis, es deswegen nicht nothwendig reicher an Stoff sein muss. Wir haben also neben Potenz und Masse, welche durch die Wirkungsfähigkeiten bestimmt werden, noch den Gehalt zu unterscheiden, welcher ein Product von Zahl und Grösse der in der Volumeneinheit befindlichen Amere ist. Möglicherweise hat das Wasserstoffatom einen gleichen „Gehalt“ wie das Jodatom, welches ihm an Masse um das 127fache überlegen ist; und möglicherweise steht selbst das zusammengesetzte Theilchen des Weltäthers an „Gehalt“ einem gleichgrossen Volumen des massigsten Körpers nahe, obgleich jenem nicht nur kein positiver, sondern sogar ein negativer Besitz an „Masse“ zukommt.

---

[1]) Vgl. bezüglich der Atomgewichte Abschnitt 7: Grösse und Zusammensetzung der Atome.

6. Elektricität.

Dieser schwierigste Theil der Molecularphysik wird durch den Umstand, dass unter Elektricität zweierlei verstanden wird, verwickelter als die Lehre von der Wärme, vom Licht, von der Gravitation. Sie ist einmal elementare Kraft, wie die Gravitationsanziehung und die Aetherabstossung, und ferner ist sie Bewegung, wie die Wärme, das Licht, der Schall, und soll selbst nach Maassgabe der Bewegung die Intensität ihrer elementaren Kraft verändern.

Was die Elektricität als Attractions- und Repulsionskraft betrifft, so hat sie ihren Sitz in den Ameren, von denen jedes die beiden Elektricitäten, im Allgemeinen aber die eine im Ueberschuss enthält. Die elektrischen Kräfte sind mit den Ameren untrennbar verbunden; sie können denselben nicht entzogen und nicht mitgetheilt werden. Jedes Amer ist daher, je nachdem die eine oder andere Elektricität überwiegt, vorherrschend positiv oder negativ elektrisch, und in gleicher Weise hat jede Vereinigung von Ameren, je nach dem Resultat der Summirung, positiven oder negativen Charakter.

Die Elektricität hat, wie ich früher anführte, keinen bemerkbaren Einfluss auf die Zusammenballung der wägbaren Massen und auf die Zerstreuung des Aethers. Denn es besitzen je zwei oder mehrere Amere mit vorherrschend positiver und negativer Elektricität das Bestreben sich zu vereinigen und somit elektrisch-neutrale Gruppen zu bilden, in welchen die Electricität sich gegenüber dem Agglomerations- und Dispersionsprocess indifferent verhält. Solche neutrale Gruppen müssen besonders im Aether, auch in dem ponderabeln Aether, der zwischen den Molekülen und Atomen sich befindet, vorkommen, weil seine Theilchen beweglich sind und sich somit stets entsprechend ihren Anziehungen und Abstossungen zusammengruppiren können.

Es bilden sich aber auch Vereinigungen mit ausgesprochener positiver oder negativer Elektricität; dieselben treten vorzugsweise in den wägbaren Massen auf, weil hier die Abstossung der gleichnamigen Elektricitäten leicht durch die Anziehung der Gravitations- und der isagischen Kräfte übertroffen wird. Dem entsprechend überwiegt auch in den Atomen der verschiedenen Elemente die eine oder andere Elektricität mehr oder weniger, aber immer nur in einem zur Gesammtmenge verhältnissmässig sehr geringen Betrage. Je nach dem grösseren oder kleineren Betrage nimmt das Element seine Stellung in der elektrochemischen Spannungsreihe ein. Diese überschüssige positive oder negative Electricität in den Atomen ist nicht frei, da sie die Atome nicht verlassen kann, worüber ich auf die späteren Abschnitte (9. Entstehung und Beschaffenheit der Atome und 10. Chemische Verwandtschaft) verweise. Sie ist aber auch nicht gebunden im gewöhnlichen Sinne, da „gebundene Elektricität" die von der ungleichnamigen festgehaltene Elektricität bedeutet.

Da die Amere mit positiver und negativer Elektricität in der Regel zu mehr oder weniger neutralen Gruppen vereinigt sind, so muss die elektrische Erregung darauf beruhen, dass diese neutralen Gruppen gespalten werden und dass ihre Componenten einerseits zu positiven, andrerseits zu negativen elektrischen Massen sich ansammeln. Der einfachste Fall der elektrischen Erregung ist derjenige durch Influenz, wobei durch die Fernwirkung eines elektrischen Körpers die neutrale Elektricität eines andern (influirten) Körpers in positive und negative zerlegt, und die ungleichnamige an der dem influirenden Körper zugekehrten, die gleichnamige an der abkehrten Seite angehäuft wird.

An der eben genannten elektrischen Vertheilung können nur Amere theilnehmen, die nicht unlösbar mit den Atomen verbunden sind, nämlich die Amere des zwischen den Atomen und Molekülen befindlichen Schweräthers, während diejenigen der Atomkörper ausgeschlossen sind. Eine elektrisch-neutrale Amergruppe dieses Aethers wird nun zerlegt, wenn die Anziehung, welche die positiven und negativen Amere dieser Gruppe auf einander ausüben, kleiner ist als die Anziehung einer in der Nähe befindlichen elektrischen Masse auf die ungleichnamig elektrischen Amere jener Gruppe sammt ihrer Abstossung auf die gleichnamig elektrischen Amere derselben. Indem diese gleichnamigen elektrischen Amere infolge der Abstossung durch den influirenden Körper nach der von demselben abgewendeten Seite des influirten Körpers sich entfernen, kommen von da neue elektrisch neutrale Amergruppen herbei und werden gleichfalls durch den influirenden Körper zerlegt. Dieser Process dauert so lange, bis allseitiges Gleichgewicht eingetreten ist. Wird der influirende Körper entfernt, so strömen die getrennten Massen positiver und negativer Amere gegen einander und vereinigen sich wieder zu neutralen Gruppen.

Wie ein elektrischer Körper im Grossen, so kann auch jedes Atom im Kleinen vertheilend wirken. Da dasselbe die eine oder andere Elektricität im Ueberschuss enthält, so muss es einen Theil der zunächst liegenden elektrisch neutralen Amergruppen seiner Aetherhülle zerlegen, sofern es die zusammenhaltenden Kräfte (elektrische, isagische und Gravitationsanziehung) zu überwinden vermag. Liegt das Atom frei, so befindet sich von den durch Zerlegung frei gewordenen Elektricitäten die ungleichnamige unmittelbar am Atomkörper, die gleichnamige an der Aussenseite der Aetheratmosphäre. Sind viele Atome von gleicher elektrischer Beschaffenheit zu einem Körper vereinigt, so befindet sich die in den Aetherhüllen freigewordene ungleichnamige Elektricität im Innern des Körpers (zwischen den Atomen), die gleichnamige an der Oberfläche desselben, so weit sie nicht etwa den Körper ganz verlässt. Dass eine solche Vertheilung wirklich erfolge, wird nicht nur durch die gegebenen Bedingungen angezeigt, sondern auch durch einen andern, ganz allgemein vorkommenden Fall elektrischer Erregung bestätigt.

Dieser andere Fall der elektrischen Erregung ist dann gegeben, wenn zwei elektrisch neutrale Körper von verschiedener Beschaffenheit in Berührung mit einander kommen. Bekanntlich wirkt jede Berührung mehr oder weniger elektromotorisch, indem sich die positive Elektricität über den einen, die negative über den andern Körper ausbreitet. Nach der Amertheorie erklärt sich diese Erscheinung folgendermaassen. Die Atomkörper der chemischen Elemente haben, wie schon gesagt, einen bestimmten elektrischen Charakter, den sie nicht verlieren können, und nehmen daher einen bestimmten Platz in der elektrischen Spannungsreihe ein. Ich will nun zuerst annehmen, der eine der beiden sich berührenden Körper besitze positive, der andere negative elektrische Atomkörper. Die Theilchen des zwischen den Atomen befindlichen Schweräthers haben in jedem der beiden Körper bereits eine durch die Elektricität der Atomkörper bewirkte theilweise Zerlegung erfahren, so dass elektrisches Gleichgewicht besteht, und die übrigen Aethertheilchen unzerlegt bleiben. Sowie nun aber Berührung der beiden Körper eintritt, so ist das Gleichgewicht an der Berührungsstelle gestört. Auf die elektrisch neutralen Amergruppen der beiderseitigen Grenzschichten wirken jetzt nicht mehr bloss je die Elektricität des eigenen Körpers, sondern zugleich die entgegengesetzten Elektricitäten der beiden Körper ein, indem der Körper mit positivem Charakter der Atome die negativen, derjenige mit negativem Charakter die positiven Amere anzieht und die gleichnamig elektrischen Amere abstösst. So wird durch die vereinte Action eine gewisse Menge neutraler Elektricität zerlegt. Es versteht sich, dass sich um so mehr freie Elektricität bildet, je ausgesprochener der positive und negative Charakter der beiden Körper ist, und dass, indem sich die beiden Elektricitäten über die Körper ausbreiten, der elektromotorische Process so lange fortgeht, bis allseitiges Gleichgewicht besteht.

In dem eben angeführten Beispiel waren die Atome des einen Körpers positiv, die des anderen negativ elektrisch. Haben beide Körper den gleichen (positiven oder negativen) Charakter, nur in ungleichem Grade, so erfolgt mit der Berührung ebenfalls Störung des elektrischen Gleichgewichts. Die an der Berührungsstelle befindlichen neutralen Amergruppen des Schweräthers erfahren von beiden Seiten her ungleiche Einwirkung; die gleichnamig elektrischen Amere werden von der einen Seite her stärker abgestossen, die ungleichnamigen stärker angezogen als von der andern, und so findet der nämliche Zerlegungsprocess statt, wie wenn die beiden Körper ungleichnamige wirksame Elektricitäten besitzen. Die Menge der zerlegten neutralen Elektricität hängt bloss von der Differenz der wirksamen Elektricitäten ab. Es habe in einem neutralen Amerpaar der Berührungsstelle das eine Amer 0,1 positive, das andere 0,1 negative elektrische Einheiten, und es wirken auf gleiche Entfernung von der einen Seite 2000, von der andern 1000 positive elektrische Einheiten ein, so ist die elektromotorisch wirkende Differenz der beiden Anziehungen 100 (nämlich $0{,}1 \times 2000 - 0{,}1 \times 1000$), die elektromotorische Differenz der beiden Abstossungen gleichfalls 100, ganz ebenso wie wenn auf der einen Seite 500 positive, auf der andern Seite 500 negative elektrische Einheiten wirksam wären (nämlich $0{,}1 \times 500 + 0{,}1 \times 500$).

Nachdem ich einige Fälle der elektrischen Erregung näher erörtert habe, ist es überflüssig, auf die übrigen einzutreten, bei welchen durch Reibung, mechanische Trennung, Druck und Zug, Erwärmung und Abkühlung, Capillarität u. s. w. die Elektricitäten frei werden und sich auf zwei Körper oder auf entgegengesetzte Seiten des nämlichen Körpers vertheilen. Jede äussere Einwirkung stört das bisherige Gleichgewicht der Molecularkräfte und damit auch dasjenige der Elektricitäten, dabei werden theils elektrische Amere der Aetherhüllen, die von den Atomkörpern festgehalten wurden, disponibel, theils elektrisch neutrale Amergruppen zerlegt.

Wenn in einem Körper freie bewegliche Elektricität auftritt, so haben die Amere, an welche sie gebunden ist, infolge der gegenseitigen elektrischen Abstossung das Bestreben sich von einander zu entfernen. Sie breiten sich deshalb erfahrungsgemäss über die Oberfläche aus und häufen sich an den vorragenden Stellen derselben um so mehr an, je kleiner der Krümmungshalbmesser ist. Bei übermässiger Anhäufung kann die Spannung sich so sehr steigern, dass ein Theil der elektrischen Amere fortgeschleudert wird. Im allgemeinen verlassen aber dieselben einen Körper nur dann, wenn mit ihm ein leitender Körper in Berührung gebracht wird.

Die Vorstellung, wie die Verbreitung der Elektricität in einem Körper und insonderheit die Leitung derselben erfolgt, beruht nach der Amertheorie auf der richtigen Würdigung des Gleichgewichts, in dem sich die Theilchen des interatomalen ponderabeln Aethers befinden. Dasselbe besteht in Verbindung mit den allseitigen dynamischen Beziehungen, gleichwie in einer eingeschlossenen Gasmasse, durch die Stösse, mit denen die Theilchen auf einander treffen. Es sind somit die Räume zwischen den Atomkörpern vollständig mit bewegten Aethertheilchen erfüllt; es kann kein Theilchen eintreten, ohne die Spannung zu vermehren, keines hinausgehen, ohne dieselbe zu vermindern, und eine Dislocation im Innern findet im allgemeinen nur statt, insofern als ein Theilchen an die Stelle des andern tritt. Bewegen sich in einem elektrisch neutralen Körper elektrische Aethertheilchen in einer bestimmten Richtung, so muss in entgegengesetzter Richtung eine Strömung von neutralen Theilchen eintreten. Die Leitung der Elektricität von einem Herde aus, wo dieselbe durch Vertheilung entsteht, ist also ein Platzwechsel von Aethertheilchen, die wie eine Kette durch den ganzen Körper verläuft.

Am anschaulichsten tritt uns das Wesen der elektrischen Leitung in der Thatsache entgegen, dass aus einem elektrischen Körper keine Elektricität an den leeren Raum abgegeben wird, dass dieser ein »Nichtleiter« ist. Man möchte erwarten, dass das bloss mit Aether erfüllte

Vacuum einer in Spannung befindlichen Masse von elektrischen Theilchen den geringsten Widerstand darböte. Nun drückt aber der äussere Aether mit der nämlichen Kraft auf den zwischen den Atomen und Molekülen befindlichen Aether wie dieser nach aussen. Es können also Theilchen von dem letzteren nur dann austreten, wenn dafür Aethertheilchen von aussen eintreten. Der Umstand, dass das Gleichgewicht zwischen dem inneren und dem äusseren Aether sich auch auf die Elektricität erstreckt und dass diese nicht einen Körper verlassen und in den äussern Aether entweichen kann, beweist uns die Richtigkeit der theoretischen Annahme, dass die Elektricität an Körperchen von der Grössenordnuug der Aethertheilchen, also an Amere gebunden sein muss.

Wäre aber der interatomale Aether und der Aether des Vacuums von gleicher Beschaffenheit und somit die elektrische Spannung allein maassgebend, so müssten die elektrischen Theilchen des ersteren infolge ihrer gegenseitigen Abstossung den Körper verlassen und es würden an ihre Stelle neutrale Theilchen des äusseren Aethers eintreten. Allein die Theilchen des interatomalen Aethers sind ponderabel, und werden also durch Gravitationsanziehung und wohl auch durch die Isagität mit einer gewissen Kraft festgehalten. Nur durch die Annahme, dass diese anziehenden Kräfte mächtiger sind als die elektrische Abstossung sammt der Aetherabstossung, wird die Thatsache erklärlich, dass der leere Raum ein Nichtleiter für die Elektricität ist. Die Theorie von dem ponderabeln Aether, der die Atome umgibt, hat damit eine Bekräftigung in der Erfahrung gewonnen.

Wenn die elektrischen Theilchen des ponderabeln Aethers in einem neutralen Körper ihren Platz verlassen, so müssen andere ebenfalls ponderable aber neutrale Aethertheilchen an ihre Stelle treten. Der Austausch findet stets zwischen den zunächst liegenden Theilchen statt; die dynamische Ursache desselben besteht darin, dass die aus einem bestimmten Raum austretenden elektrischen Theilchen abgestossen werden, während die eintretenden neutralen Theilchen eine Abstossung nicht erfahren. Diese dynamische Wirkung muss um so energischer stattfinden, je geringer die Entfernung zwischen den platzwechselnden Theilchen ist. — Nur wenig anders gestaltet sich die Leitung, wenn die Elektricität nicht in dem neutralen Körper selbst durch Vertheilung frei gemacht, sondern demselben von aussen zugeführt wird. In diesem Falle breitet sie sich möglicherweise in dem Körper aus, ohne dass neutrale Aethertheilchen sich in entgegengesetzter Richtung bewegen.

In beiden Fällen hat die grössere oder geringere Entfernung der Aethertheilchen noch eine andere Bedeutung als die vorhin angegebene. Je näher ein neutrales, aus zwei (oder auch mehreren) Ameren zusammengesetztes Theilchen sich bei einem oder mehreren elektrischen Theilchen befindet, um so eher wird es in der Weise orientirt, dass sein ungleichnamig elektrisches Amer diesen zugekehrt, das gleichnamige aber abgekehrt ist. Damit wird das neutrale Theilchen von den elektrischen Theilchen angezogen, weil die Attraction der letzteren zu dem näher liegenden ungleichnamigen Amer selbstverständlich grösser ist als die Repulsion auf das entferntere gleichnamige. Die Differenz dieser Attraction und Repulsion fällt aber um so beträchtlicher aus, je kleiner der Abstand ist. Bei wachsendem Abstand zwischen den elektrischen und neutralen Theilchen wird der Ueberschuss der Anziehung bald unmerklich gering.

Die Wanderung eines elektrischen Amers bei gedrängter Stellung der neutralen Theilchen lässt sich nun am natürlichsten so denken, dass dasselbe sich an das zugekehrte ungleichnamige Amer des nächsten (neutralen) Paars anlegt, wodurch das abgekehrte gleichnamige Amer dieses Paars frei wird und seinerseits in derselben Weise zu dem nächsten Paar, dasselbe zerlegend, übertritt. So findet eine Wanderung durch eine ganze Reihe von neutralen Paaren oder Gruppen statt, und am Ende derselben tritt aus dem letzten Paar ein freies elektrisches Amer aus. Im Moment der Zerlegung und Wiedergestaltung haben die neutralen Gruppen die umgekehrte Orientirung, nehmen aber durch Drehung sofort wieder die frühere Lage an.

Die Leitung der Elektricität muss also um so leichter erfolgen, je näher die Theilchen des ponderabeln Aethers beisammen liegen. Wir dürfen wohl mit ziemlicher Sicherheit annehmen, dass in den Körpern die Leitung durch die (dichteren) Aetherhüllen der Atome viel leichter als durch die zwischen denselben befindliche (lockere) Mittelsubstanz des Schweräthers erfolge. Wahrscheinlich hat die letztere gar keinen Theil daran. Am günstigsten wäre es aber für die elektrische Leitung, wenn die Aetherhüllen ganz oder doch in ihrer inneren Partie aus flüssigem (nicht aus gasförmigem) Schweräther beständen, weil in diesem Zustande die Aethertheilchen die grösste gegenseitige Annäherung mit vollkommener Beweglichkeit verbinden. Dagegen ist eine Leitung der Elektricität durch die Atomkörper hindurch überall nicht denkbar, soweit die Amere fest mit einander verbunden sind, weil dieselben weder durch Drehung sich in der erforderlichen Weise orientiren, noch ihren Platz wechseln können.

Wenn dies richtig ist, so lässt sich die Verschiedenheit der molecularen Beschaffenheit zwischen guten und schlechten Leitern leicht denken. Ein Körper leitet um so besser, in je unmittelbarer Verbindung sich die Aetherhüllen seiner Atome befinden, um so schlechter, je zahlreicher und grösser die Lücken zwischen diesen Hüllen sind. In Nichtleitern mangelt die unmittelbare Verbindung zwischen den Aetherhüllen gänzlich. Dies hängt theils von der Anordnung der Atome, vorzüglich aber von der sehr ungleichen Stärke ihrer Schwerätherhüllen ab (vgl. S. 734).

Die Bedingungen für die Leitung der Elektricität sind demnach ganz anderer Art als diejenigen für die Leitung des Lichtes und der Wärme, da die Schwingungen der letzteren vorzüglich durch die zwischen den Aetherhüllen befindliche Mittelsubstanz sich fortpflanzen. Die ununterbrochene Verbindung der Hüllen und diejenige der Mittelsubstanz befinden sich in einem gewissen Gegensatz zu einander, indem im allgemeinen die eine um so vollkommener vorhanden ist, je mehr die andere mangelt. Daraus erklärt sich der Umstand, dass durchsichtige und diathermane Körper (wie beispielsweise das Glas) gewöhnlich die Elektricität nicht oder schlecht leiten, und dass die guten elektrischen Leiter (wie die Metalle) undurchsichtig und adiatherman sind. Es ist aber nicht ausgeschlossen, dass Elektricität, Licht und Wärme von manchen Körpern gleich gut geleitet werden.

Ich habe bis jetzt den Fall betrachtet, in welchem freie Elektricität durch einen neutralen Körper fortgeleitet wird. Werden zwei Körper mit entgegengesetzter Elektricität in Berührung gebracht, so entsteht ein doppelter Strom, indem positive Elektricität nach der einen, negative nach der andern Richtung durch die leitende Substanz hindurchgeht, wobei die Intensität jedes der beiden Ströme von der Dichtigkeit der betreffenden Elektricität abhängt. Ein dauernder gegenseitiger Strom, bei welchem gleiche Mengen positiver und negativer Electricität in entgegengesetzter Richtung sich bewegen, bildet sich dann, wenn die durch Vertheilung entstehenden Elektricitäten in leitender Verbindung sich befinden, wie dies beim galvanischen Strom der Fall ist.

Nach der Amertheorie können wir uns von der galvanischen Leitung eine ähnliche Vorstellung machen, wie sie für Wanderung der Ionen bei der Elektrolyse besteht, und wie ich sie schon für die einseitige elektrische Leitung in Anspruch genommen habe. Die neutralen Amergruppen, die in dem Leiter ununterbrochene Reihen bilden und die wir uns der Einfachheit halber als Doppelamere vorstellen können, richten sich so, dass das positive Amer der negativen, das negative der positiven Elektricitätsquelle zugekehrt ist. Am einen Ende einer Reihe wird das der negativen Elektricitätsquelle zugekehrte positive Amer angezogen und weggerissen; infolge dessen rücken alle positiven Amere der Reihe um einen Schritt in gleicher Richtung vorwärts. Ebenso tritt am andern Ende der Reihe das letzte negative Amer zu der positiven Elektricitätsquelle über, und es folgen ihm alle negativen Amere der Reihe um einen Schritt nach. Die Amerpaare der Reihe sind im ersten Moment verkehrt gerichtet; sie gelangen sofort durch Drehung wieder in die richtige Orientirung. Durch den eben geschilderten Vorgang hat sich die Zahl der Glieder in der Reihe um eines vermindert; die Lücke muss durch ein neues neutrales Doppelamer ausgefüllt werden, was auf zweierlei Art geschehen kann. Entweder wandert aus dem nichtgereihten intermolecularen Schweräther eine Amergruppe ein, oder es treten aus den beiden Elektricitätsquellen je ein positives und ein negatives Amer in die Enden der Reihe über und veranlassen in derselben eine Wanderung der ungleichnamigen Amere in entgegengesetzter Richtung, bis dieselben zusammentreffend sich zu einem Doppelamer vereinigen.

Die eben entwickelte Hypothese macht die Voraussetzung, dass die beiden Elektricitäten durch die nämlichen Reihen von neutralen Amergruppen in entgegengesetzter Richtung wandern. Es ist aber eben so gut möglich und vielleicht noch wahrscheinlicher, dass von jeder Reihe nur eine Elektricität geleitet wird, dass also in gewissen Reihen neutraler Aethertheilchen die positive Elektricität in der einen Richtung, in andern Reihen dagegen die negative Elektricität in entgegengesetzter Richtung strömt. In diesem Fall gestaltet sich die Leitung genau so, wie es bereits für die einseitige Strömung angedeutet wurde (S. 744).

Die Erregung der Elektricität, die Verbreitung und Leitung derselben bietet, wie sich aus den vorstehenden Betrachtungen ergibt, für die Amertheorie keinerlei Schwierigkeiten dar. Dagegen vermag sie einige besondere Erscheinungen der Elektrodynamik, nämlich die Wirkung zweier elektrischer Ströme auf einander und die (Inductions-) Wirkung eines Stromes, dessen Moment sich verändert, auf einen geschlossenen ruhenden Leiter noch nicht zu erklären.

Es ist nun bekanntlich W. Weber gelungen, ein für alle elektrischen Erscheinungen gültiges Grundgesetz aufzustellen, unter der Annahme, dass die Wirkung nicht bloss von der Intensität, Entfernung und Richtung, sondern auch von der Geschwindigkeit und Beschleunigung der bewegten elektrischen Massen gegen einander abhänge. Das elektrostatische Grundgesetz, nach welchem die Wirkung (Anziehung oder Abstossung) zweier elektrischer Massen (e und e_1) gleich dem Product derselben, getheilt durch das Quadrat der Entfernung (r), also gleich $\frac{e \cdot e_1}{r^2}$ ist, erhält daher von W. Weber den Coëfficienten $1 - a \cdot v^2 + b \cdot g$, in welchem das zweite Glied die Wirkung der relativen Geschwindigkeit (v) der beiden Elektricitäten und das dritte Glied die Wirkung ihrer relativen Beschleunigung (g) angibt, während a und b Constanten sind.

Gegen das Weber'sche Gesetz ist namentlich von Helmholtz Einspruch erhoben worden, welcher zeigte, dass es zu Consequenzen führt, die dem Gesetz von der Erhaltung der Kraft widersprechen. In der Erwiderung legt W. Weber namentlich auch darauf Gewicht, dass von Molecularbewegungen, die sich in unendlich kleinen Entfernungen vollziehen, kein Schluss auf Bewegungen in endlichen Abständen gemacht werden dürfe.

Von Seite der Amertheorie ist zunächst gegen die letztere Aufstellung einzuwenden, dass es gerade als die Aufgabe einer rationellen Naturwissenschaft erscheint, für die Molecularphysik die nämlichen Gesetze zu begründen wie für die Makrophysik, indem für die kleinsten in die Action tretenden Theilchen die ihnen zukommende endliche Grösse in Anspruch genommen wird. Der Raum, den das kleinste chemische Atom nebst seiner Wirkungssphäre einnimmt, hat, wie sich aus der mechanischen Gastheorie und aus andern Bestimmungen ergibt, etwa einen Durchmesser von 1 Zehnmilliontel Millimeter, und das Amer nebst seiner Wirkungssphäre ist in linearer Ausdehnung vielleicht 10000 oder 100000mal kleiner. Die molecularen Dimensionen, an welche die Theorie anknüpfen muss, haben also eine angebbare Grösse und dürfen nicht in unendlich kleine Werthe verflüchtigt werden.

Was ferner das Weber'sche Gesetz als solches betrifft, so spricht es, wenn es mehr als eine empirische Formel sein soll, einen Grundsatz aus, der nicht nur über die bisherigen Grundsätze der Mechanik hinausgeht, sondern überhaupt auch schwer mit unseren vernunftgemässen Forderungen in Einklang zu bringen ist. Die elementaren Kräfte der Anziehung und Abstossung bewirken, was von Niemandem bestritten werden kann, Bewegung der mit diesen Kräften begabten Körper. Nach dem Weber'schen Gesetz soll aber auch das Umgekehrte stattfinden und Anziehung oder Abstossung durch Bewegung hervorgebracht werden, denn dies ist der eigentliche Sinn der durch Bewegung verminderten Anziehung oder Abstossung. Die Bewegung soll, wenn sie eine Folge der Anziehung ist, Abstossung, und wenn sie eine Folge der Abstossung ist, Anziehung bewirken. Lässt man in der Formel, welche die Wirkung zweier elektrischer Massen in Bewegung darstellt,

$$\frac{e \cdot e_1}{r^2}(1 - a \cdot v^2 + b \cdot g)$$

die Geschwindigkeit wachsen, so wird bei einer bestimmten Grösse derselben der ganze Ausdruck Null, sodass weder Anziehung noch Abstossung besteht, und bei noch grösserer Geschwindigkeit wird er negativ, sodass die zwei Elektricitätsmassen, wenn sie in Ruhe sich anzogen, jetzt Abstossung, und wenn sie in Ruhe sich abstiessen, jetzt Anziehung auf einander ausüben. Schon diese allgemeine Vorstellung über die Wirkung der Bewegung schliesst eigentlich eine Negation des Princips von der Erhaltung der Kraft in sich.

Sollten demnach, wofür eine hohe Wahrscheinlichkeit spricht, die bis jetzt gültigen Principien der Mechanik auch für die Elektricität

Gültigkeit haben, und die Wirksamkeit der letzteren bloss auf den Lagerungsverhältnissen der positiven und negativen Amere in jedem Zeitmoment abhängen, somit von ihrer Bewegung unabhängig sein, so wäre es die Aufgabe der Amertheorie, die Configurationen des Elektricitätsäthers, welche die verschiedenen Wirkungen bedingen, festzustellen, — eine Aufgabe, die zwar nicht als absolut unmöglich, aber zur Zeit wenigstens noch als unausführbar erscheint. Es müsste ferner gezeigt werden, wie die Verschiedenheiten dieser Configurationen Functionen der Bewegung und Beschleunigung sind, und wie somit auf natürlichem Wege Wirkungen erreicht werden, welche mit den in der Weber'schen Formel ausgedrückten Wirkungen identisch sind.

Hierzu ist einmal zu bemerken, dass nach der Amertheorie die elektrischen Theilchen Amere und als solche nichts einfaches und beständiges, sondern zusammengesetzte und bis auf einen gewissen Grad unbeständige Körper sind, die alle 6 Elementarkräfte (Gravitation, Aetherabstossung, positive und negative Isagität, positive und negative Elektricität) enthalten, und in welchen ohne Zweifel ein Theil der Kräfte fortschrittsbeweglich ist und seine Stellung im Amer in mannigfaltiger Weise verändern kann. Deshalb muss angenommen werden, dass die elektrische Wirkung, die ein elektrisches Amer nach einer bestimmten Seite hin ausübt, je nach seiner Orientirung und je nach Beeinflussung seiner fortschrittsbeweglichen Kräfte durch die Umgebung, sehr ungleich ausfalle; dasselbe gilt auch für die elektrisch neutralen Paare oder Gruppen von Ameren. Ferner ist zu berücksichtigen, dass die beiden gegenläufigen elektrischen Ströme je nach Umständen entweder gemeinschaftlich durch die gleichen, oder getrennt durch ungleiche Reihen des ponderabeln Aethers verlaufen können und dass die strömende Elektricität im allgemeinen nur einen kleinen Theil der in der Strombahn befindlichen neutralen Elektricität ausmacht. Diese beiden Umstände gestatten sehr ungleiche Wirkungen zweier elektrischer Elementarströmchen und wohl auch zweier Ströme auf einander, von denen aber namentlich die letztere sich noch nicht übersehen und beurtheilen lässt.

7. Magnetismus.

Nach dem Vorgange Ampère's nimmt die Physik an, dass die »Moleküle« eines Magneten widerstandslos und daher endlos von elektrischen Molecularströmen umkreist werden, deren Ebenen zu der Magnetachse rechtwinklig stehen, sodass der Magnet eigentlich nichts anders ist als ein System von gleichgerichteten Molecularsolenoïden. In dem unmagnetischen Eisen sowie in den übrigen magnetisirbaren Substanzen sind die Molecularsolenoïde nach verschiedenen Seiten gekehrt und geben daher keine Gesammtwirkung. Die Magnetisirung besteht darin, dass eine grössere oder geringere Zahl derselben gerichtet wird; ein elektrischer Strom, der eine Stahlnadel umkreist, orientirt, entsprechend der Wirkung, welche Ströme aufeinander ausüben, die magnetischen Moleküle (Molecularsolenoïde) in der Weise, dass ihre Molecularströme ihm gleichlaufend werden.

In den des Diamagnetismus fähigen Substanzen ist nach der durch W. Weber herrschend gewordenen Annahme die neutrale Elektricität um die Moleküle in Ruhe; sie kann aber durch inducirende Ursachen in Rotation versetzt werden. Da jedoch die Bahnen dieser Ströme nicht drehbar sind, so bleibt ihre Richtung dem inducirenden Strom entgegengesetzt. Die diamagnetischen Molecularströme verlaufen ebenfalls widerstandslos und dauern daher so lange, bis sie durch eine entgegengesetzt inducirende Bewegung, wohin die Entfernung der inducirenden Ursache gehört, wieder aufgehoben werden.

Nachdem ich die Theorie des Magnetismus und Diamagnetismus kurz formulirt habe, will ich nun versuchen, dieselbe mit den im Vorstehenden entwickelten Vorstellungen in Verbindung zu bringen. Wenn man bis jetzt von »magnetischen Molekülen« und von dieselben umkreisenden Molecularströmen gesprochen hat, so hatte man nicht gerade die aus Atomen zusammengesetzten Moleküle der Chemie, sondern überhaupt kleinste, weiter nicht bestimmte Theilchen im Auge. Die Amertheorie zwingt uns zu bestimmten Annahmen, und sie vermag auch die Erscheinungen in genügender Weise zu erklären, wenn wir als die »magnetischen Moleküle« die Atomkörper in Anspruch nehmen.

Die Atomkörper sind, wie ich früher zeigte, von einer Hülle von ponderabelm Aether umgeben, deren Dichtigkeit von innen nach aussen abnimmt, während die Beweglichkeit ihrer Theilchen in gleicher Richtung zunimmt. Die Aethertheilchen der Hülle liegen also in concentrischen Schichten und haben in jeder Schicht unter sich gleiche Abstände und gleiche Bewegungszustände. Ihre Bewegungen werden durch die Stösse der umgebenden Aethertheilchen und durch die wirksamen Anziehungs- und Abstossungskräfte geregelt, und sind theils schwingende theils fortschreitende Bewegungen. Unter den letztern muss es sowohl solche geben, bei denen die Theilchen grössere Strecken durchlaufen, als solche, bei denen ein Theilchen an das nächstliegende anstösst und dasselbe aus seiner Stellung verdrängt, worauf dieses das folgende verdrängt u. s. w. Findet die fortschreitende Bewegung der einen oder andern Art in einer zur Oberfläche des Atomkörpers tangentialen Richtung statt, so lässt sich leicht denken, dass sie unter günstigen Umständen in der nämlichen concentrischen Schicht von Aethertheilchen rings um das Atom sich fortsetze.

Solche günstige Umstände sind nun allerdings vorhanden. Wie ich schon früher angedeutet habe (S. 740), müssen die Atomkörper der verschiedenen chemischen Elemente, da dieselben einen bestimmten elektrischen Charakter besitzen, einigermaassen vertheilend auf die neutralen Amergruppen ihrer Aetherhüllen einwirken. Von den aus der Zerlegung hervorgehenden Ameren werden die mit dem Atomkörper ungleichnamigen festgehalten, die gleichnamigen entfernt. Es befinden sich also namentlich in den innern Schichten der Aetherhülle neben den neutralen Amergruppen auch elektrische Amere. Die fortschreitende Bewegung der Aethertheilchen muss hier leicht den Charakter von elektrischen Strömchen annehmen, indem die (unter sich gleichnamigen) elektrischen Amere, wegen der gegenseitigen Abstossung, sich in der gleichen Richtung bewegen; und diese Strömchen behalten, da die elektrischen Amere von dem Atomkörper angezogen werden, ihre tangentiale Richtung und kehren kreisförmig in sich zurück. Ein elektrisches Amer bewegt sich demnach in analoger Weise um den Atomkörper wie ein Planet um die Sonne. Kreisen mehrere oder viele solcher Elementarströmchen in der nämlichen Richtung um einen Atomkörper, so bilden sie zusammen einen von der physikalischen Theorie vorausgesetzten »Molecularstrom« oder richtiger einen Atomalstrom.

In dem magnetisch werdenden Eisen richten sich die »Molecularmagnete« in übereinstimmender Weise. Dies kann entweder dadurch geschehen, dass die »Moleküle« sammt den sie umkreisenden Strömen ihre Richtung verändern, oder dadurch, dass bei gleichbleibender Stellung der »Moleküle« die Ströme allein anders orientirt werden. Wenn nach der entwickelten Ansicht die chemischen Atome selber die dem Magnetismus zu Grunde liegenden magnetischen »Moleküle« darstellen, so kann man nicht wohl annehmen, dass dieselben in einem festen Körper, wie es das Eisen ist, ihre Richtungen soweit verändern, als es beim Magnetischwerden geschehen müsste. Man wird eher geneigt sein zu vermuthen, dass die Stromebene allein sich drehe. Dies könnte einmal in der Weise erfolgen, dass die ganze Schale, die aus den in Strömung begriffenen concentrischen Schichten der Hülle besteht, eine Drehung ausführt. Wahrscheinlicher aber geschieht es so, dass die einzelnen Aethertheilchen ihre Bewegungsrichtung ändern und dass somit die Elementarströmchen nachher durch andere Reihen von Theilchen verlaufen als vorher, wie in Fig. 30, wo eine Anordnung von Aethertheilchen dargestellt und die Strömungsrichtung $g - g$ in diejenige $h - h$ übergegangen ist.

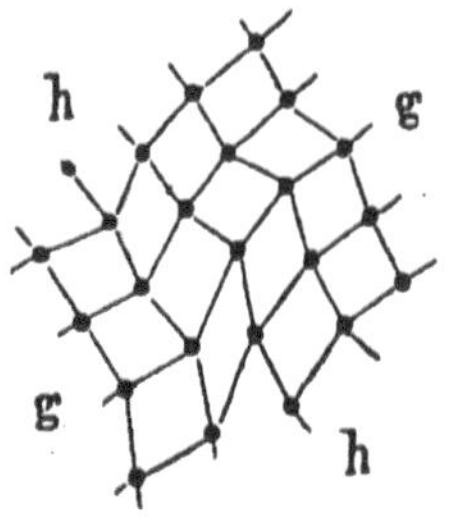

Fig. 30.

Im gewöhnlichen Zustande kreisen vielleicht keine eigentlichen »Molecularströme« um die Atome, sondern nur Elementarströmchen in geringerer oder grösserer Zahl je nach der chemischen und physikalischen Beschaffenheit der Substanz. Und diese Elementarströmchen haben dann einen sehr ungleichen Charakter, ungleiche Geschwindigkeit, ungleiche Richtung und ungleiche Dauer. Gleichgerichtete Elementarströmchen in grösserer Zahl, sodass sie zusammen einen eigentlichen »Molecularstrom« bilden, entstehen in diesem Fall erst unter dem Einfluss einer magnetisirenden Ursache durch Induction. Dieselben haben im Moment ihres Entstehens eine dem inducirenden Strom entgegengesetzte Richtung, werden aber, insofern sie beweglich sind, durch denselben alsbald homodrom gerichtet.

Die Wirkung, die eine magnetisirende Ursache auszuüben vermag, hängt ab von der Fähigkeit der Aetherhüllen, »Molecularströme« entstehen, und von der Fähigkeit, dieselben orientiren zu lassen. Beide Fähigkeiten sind sehr ungleich je nach den verschiedenen Atomen und je nach den verschiedenen Regionen in der Aetherhülle des nämlichen Atoms. Eine stärkere Ursache vermag »Molecularströme« zu induciren oder solche durch Drehung zu orientiren, wo die schwächere Ursache noch nichts ausrichtet. Für jedes Atom gibt es eine bestimmte Stellung zu dem Inductionsstrom, in welcher am leichtesten sich ein »Molecularstrom« bildet, und bestimmte Zonen, innerhalb welcher am leichtesten eine Verschiebung der Stromebene erfolgt. Es wird daher wegen der verschiedenartigen Orientirung der Atome eines Körpers häufig vorkommen, dass die einen »Molecularströme« ihre ursprüngliche, dem inducirenden Strom antidrome Richtung behalten, andere sich ihm vollständig homodrom stellen, und noch andere in mittleren Stellungen verharren.

Der magnetische oder diamagnetische Charakter einer Substanz hängt ab von der Differenz zwischen der Zahl und der Stärke der homodromen und antidromen »Molecularströme« und von der Resultirenden, die sich aus allen andern »Molecularströmen« ergibt. Das Eisen zeichnet sich dadurch aus, dass sich in demselben eine grosse Zahl von »Molecularströmen« bildet, und dass dieselben leicht gerichtet werden. Im Wismuth entstehen weniger »Molecularströme«, und unter ihnen behaupten diejenigen, die ihre antidrome Richtung behalten, ein grösseres Uebergewicht als in irgend einer andern Substanz. — Es gibt gewisse Körper, die bei schwacher Induction magnetisch, bei stärkerer aber diamagnetisch sind; so stellt sich ein schwach eisenhaltiges Kohlenstäbchen zwischen schwachen Magnetpolen axial, zwischen starken dagegen äquatorial. Bei schwächerer Einwirkung entscheiden diejenigen Partien der Aetherhüllen, welche von den Atomkräften weniger festgehalten werden und somit sich leichter induciren und orientiren lassen; bei starker Einwirkung erlangen die festeren Partien des Aethers das Uebergewicht, in denen unter den obwaltenden Umständen wohl noch »Molecularströme« erzeugt, aber nicht gerichtet werden können. Aus dem gleichen Grunde nehmen Körper in derjenigen Richtung, in der sie zusammengepresst werden, in der sie somit dichter sind und wenigen bewegliche Aetherhüllen haben, stärkere diamagnetische Eigenschaften an. — Dass an den Aetherhüllen der Atome bestimmte Zonen bevorzugt sind und sich anders verhalten als die übrigen, zeigt sich deutlich aus dem Verhalten der Krystalle, indem in einachsigen Krystallen die Magnetkrystallachse mit der krystallographischer

Hauptachse zusammenfällt und sich zwischen den Magnetpolen entweder axial oder äquatorial stellt, und indem ferner in Krystallen mit zwei optischen Achsen auch zwei feststehende magnetische Achsen vorhanden sind, die eine bestimmte Lage zu den ersteren haben.

Die Moleküle der Flüssigkeiten und Gase sind drehbar; man könnte daher erwarten, dass sie, wenn auch ihre Molecularströme nicht drehbar sind, doch durch das Bestreben der letzteren, sich mit dem inducirenden Strome homodrom zu stellen, gedreht würden und sich demnach sämmtlich als magnetisch erweisen sollten. Was die Gase betrifft, so tritt fast constant das Gegentheil ein, indem sich alle mit Ausnahme des Sauerstoffs, in der Luft diamagnetisch verhalten. Der Diamagnetismus erklärt sich wohl daraus, dass die Gase während der Beobachtung in doppelter Bewegung begriffen sind. Einmal strömt die Gasmasse zwischen den Magnetpolen durch, und ferner hat jedes Gasmolekül die ihm bei der bestimmten Temperatur zukommende fortschreitende und drehende Bewegung. Die Orientirung des einzelnen Gasmoleküls zu den Magnetpolen ändert sich daher fortwährend. Die kurze Zeit, während der diese Pole auf eine bestimmte Orientirung einwirken, reicht wohl aus, um einen Molecularstrom[1]) zu induciren, welcher sofort abstossend und diamagnetisch wirkt. Aber ehe dieser Molecularstrom homodrom gerichtet werden kann, ist das Molekül durch seine drehende Bewegung in eine andere Orientirung gegenüber den Magnetpolen gekommen und es erfolgt eine neue Induction und damit wieder Abstossung. Dies gilt für den Fall, dass die Molecularströme in den Aetherhüllen verschiebbar sind. Sind sie nicht selber drehbar, so würden sie wohl das Molekül in die homodrome (magnetische) Stellung bringen, wenn dessen eigenes Drehungsmoment Null wäre und wenn sie lange genug einwirken könnten. Aber ihre Kraft ist viel zu gering, um während der kurzen Zeit etwas gegen die vorhandene Drehung des Moleküls ausrichten zu können.

Die Moleküle der Flüssigkeiten besitzen ebenfalls fortschreitende und drehende Bewegungen. Da aber diese Bewegungen viel langsamer sind als bei den Gasen, so wird auch ihr Einfluss auf das

---

[1]) Unter Molecularstrom des Moleküls ist hier die Summe der Ströme seiner Atome zu verstehen.

magnetische Verhalten der Substanzen ein weniger entscheidendes sein. Das Wasser und viele andere Flüssigkeiten sind diamagnetisch, ein Beweis, dass ihre Meleküle nicht lange genug in der nämlichen Orientirung verharren, um zu gestatten, dass die durch Induction hervorgebrachten antidromen (diamagnetischen) Molecularströme auch noch in die homodrome (magnetische) Lage gedreht werden, oder dass sie eine solche Drehung des ganzen Moleküls verursachen können. Dagegen zeigen sich die Lösungen von Substanzen, die des Magnetismus fähig sind, namentlich von Eisensalzen, magnetisch, wenn sie eine bestimmte Concentration überschritten haben. Bezüglich dieser löslichen Substanzen ist anzunehmen, dass in kurzer Zeit Molecularströme inducirt und orientirt werden, wozu besonders die Eisenatome geeignet sind.

In den eben gemachten Erörterungen bin ich der Annahme gefolgt, dass im gewöhnlichen Zustande keine eigentlichen »Molecularströme« um die Atome kreisen, sondern dass dieselben erst dann in einem Körper entstehen, wenn strömende Elektricität, die sich in der Nähe befindet, auf ihn einwirkt. Indessen ist es ebensowohl möglich, dass die genannten Atomalströme in allen Körpern vorhanden, aber im gewöhnlichen Zustande nach verschiedenen Richtungen orientirt sind, so dass sie keine gemeinsame Wirkung ergeben. In diesem Falle hat die äussere Ursache bloss die Atomalströme zu richten, und da die Richtungsfähigkeit in sehr ungleichem Maasse bei den verschiedenen Atomen vorhanden ist, so tritt bald nur die erste Wirkung ein, indem sie in die dem inducirenden Strom gegenläufige Richtung gedreht werden (Diamagnetismus), bald auch noch die zweite Wirkung, indem sie nachträglich sich umkehren und jenem Strom gleichläufig werden (Magnetismus).

---

8. Grösse, Gestalt und Zusammensetzung der Atome.

Da die chemischen Atome keine ausdehnungslosen Kraftpunkte sondern vielfach zusammengesetzte Körperchen sind, so ergibt sich die Frage, welche Vorstellung wir uns bezüglich ihrer Grösse und Zusammensetzung zu machen haben. Die Grösse kann in zweifacher Hinsicht Gegenstand der Untersuchung sein; es fragt sich nämlich, welches Verhältniss zwischen dem Volumen des Atomkörpers und dem mit Aether gefüllten Raum, der einem Atom in den festen Körpern zukommt, und ferner, welches Grössenverhältniss zwischen den Atomkörpern der verschiedenen chemischen Elemente bestehe.

Ich will zuerst auf die letztere Frage eintreten. Man wird von vornherein geneigt sein, den Atomen der verschiedenen Elemente, da sie die kleinsten empirisch untheilbaren und mit einander sich verbindenden Theilchen des ponderabeln Stoffes sind, da sie uns somit als Dinge von gleicher Bedeutung entgegentreten, auch eine ungefähr gleiche Grösse zuzuschreiben. Dem scheint zwar ihr ungleiches Gewicht entgegenzustehen, welches bis auf den 210fachen Betrag des Gewichtes vom Wasserstoff sich abstuft und wohl als eine ihrer auffallendsten Eigenthümlichkeiten bezeichnet werden kann. Dieses ungleiche Atomgewicht veranlasste auch die Vermuthung, dass der Wasserstoff das Urelement und dass die übrigen Elemente aus demselben zusammengesetzt seien. Wäre dies richtig und würde überhaupt das Volumen der Atomkörper vom Gewichte abhängen, so müsste freilich ihre Grösse sehr verschieden sein. Wir dürfen aber das Atomgewicht, wenn es sich um moleculare Dinge handelt, in keiner Weise als maassgebend betrachten; dasselbe geht mit keiner physicalischen oder chemischen Eigenschaft parallel und kann auch für die Vorstellung von der Grösse der Atome von keiner oder nur von ganz untergeordneter Bedeutung sein.

Im Sinne der gewöhnlichen Mechanik, welche die Masse nach dem Gewicht bestimmt, hat allerdings das Quecksilberatom 200mal mehr Masse als das Wasserstoffatom. Ich habe aber bereits darauf hingewiesen, dass in den molecularen Gebieten es nicht auf diese Masse, sondern auf die Zahl und Grösse der Amere ankommt, was ich zum Unterschied von der gewöhnlichen Masse als Gehalt bezeichnete (S. 737). Es wäre leicht möglich, dass das Wasserstoffatom aus einer grössern Zahl von Ameren zusammengesetzt wäre als das Quecksilberatom, wenn gleiche Grösse der Amere vorausgesetzt wird, und dass es demnach ein grösseres Volumen besässe als letzteres.

Das Atomgewicht gibt uns nur Auskunft über die Differenz der Anziehung und Abstossung, welche zwischen der Erde und den Atomen der chemischen Elemente wirksam sind. Das Quecksilberatom wird von der Erde mit 200mal so grosser Kraft angezogen als das Wasserstoffatom. Hiebei kommt die in beiden Atomen enthaltene Elektricität gar nicht in Betracht, da die Erde elektrisch neutral ist. Ebenso hat der Ueberschuss der einen Isagität über die andere, wie er in den Atomen des einen und andern Elements vorhanden ist, keine Bedeutung, da die Erde beide Isagitäten in ziemlich gleicher Menge enthalten muss. Als wirksam bleiben somit nur die Gravitationsanziehung und die Aetherabstossung übrig, von denen sowohl jedes der beiden Atome als die Erde bestimmte Mengen enthält, wie ich dies in dem Abschnitt über Agglomeration und Dispersion auseinandergesetzt habe.

Es darf aber nicht ausser Acht gelassen werden, dass die Schwere uns stets bloss die Differenz zwischen Anziehung und Abstossung anzeigt und gar keinen Aufschluss über die Mengen der einzelnen Kräfte gibt (S. 717 ff.). Das Quecksilberatom enthält nicht etwa 200mal mehr Gravitationsanziehungseinheiten als das Wasserstoffatom. In dem letzteren können verhältnissmässig mehr oder weniger davon vorhanden sein. Wenn A die Summe aller Gravitationskräfte der Erde, B die Summe ihrer Aetherabstossungskräfte, A_1 die Summe der Gravitationskräfte eines bestimmten chemischen Atoms und B_1 die Summe seiner Aetherabstossungskräfte, m die Masse oder das Gewicht der Erde, m_1 die Masse oder das Gewicht eines Atoms bedeutet, so haben wir die Gleichungen:

$$AA_1 - BB_1 = mm_1,$$

und wenn wir $B = nA$ und $B_1 = n_1 A_1$ setzen,

$$A(A_1 - nB_1) = mm_1 \text{ oder } AA_1(1 - nn_1) = mm_1.$$

Diese Gleichungen zeigen uns, wie das verschiedene Atomgewicht zu Stande kommt. A, B und n sind für alle Elemente constante Grössen, dagegen wechseln, wie man nach den früher angegebenen Gründen annehmen muss, A_1 und B_1 oder, was dasselbe ist, A_1 und n_1. Ist n_1 (das Verhältniss zwischen A_1 und B_1) constant, so steigt das Atomgewicht mit der Zunahme von A_1. Ist A_1 constant, so steigt das Atomgewicht mit der Abnahme von n_1, d. h. mit der Abnahme von B_1.

Das grössere Atomgewicht zeigt also nicht nothwendig einen grösseren Betrag der Gravitationskräfte an; es kann eben so gut die Folge einer kleineren Summe von Aetherabstossungskräften sein. Man kann sich dies leicht durch Beispiele klar machen. Drei verschiedene Atome I, II, III haben die Kraftsummen A_1 und B_1, A_2 und B_2, A_3 und B_3 und die Atomgewichte m_1, m_2 und m_3. Es sei nun für die Erde $A = 1000000000001\ Q$, $B = 1000000000000\ Q$, ferner:

$$\begin{array}{llll} \text{I.} & A_1 = 1{,}001\,q, & B_1 = 1{,}000\,q, \quad \text{so ist} & mm_1 = 1000000001\ Qq \\ \text{II.} & A_2 = 0{,}1001\,q, & B_2 = 0{,}1000\,q, & mm_2 = 1000000001\,Qq \\ \text{III.} & A_3 = 1{,}001\,q, & B_3 = 0{,}991\,q, & mm_3 = 10000000001\ Qq \end{array}$$

Es ist also das Atomgewicht von II 10 mal kleiner als dasjenige von I, weil A_1 bei gleichem Verhältniss von $\frac{A_1}{B_1}$ und $\frac{A_2}{B_2}$ 10 mal grösser ist als A_2, und das Atomgewicht von A_3 ist 10 mal grösser als dasjenige von A_1 weil bei gleichem Betrag von A_1 und A_3, B_3 kleiner ist als B_1[1]).

Wenn man auch die Meinung hegen sollte, dass eine grössere Kraftsumme auf ein grösseres Volumen des Atoms hinweise, so kann jedenfalls das Atomgewicht keinen Aufschluss darüber geben. Denn die Schwerkraft, welche das Atomgewicht bedingt, ist ja gegenüber den Elementarkräften, die an dem Atom haften, winzig klein, wie uns die Elasticität, die chemische Anziehung und alle molecularen Erscheinungen beweisen, und wie ich dies in dem Abschnitt über die Schwerkraft für die elektrische Anziehung (S. 723) und für die Cohäsion (S. 726) ziffermässig darzuthun suchte. Das Wasserstoffatom übt demnach auch bei manchen Vorgängen eine viel grössere Wirkung aus als das 200 mal schwerere Quecksilberatom.

Sollte eine Beziehung zwischen der Intensität der wirksamen Kräfte und der Atomgrösse bestehen, so müsste viel eher aus der Adhäsion und der chemischen Anziehung etwas zu folgern sein, als aus der Schwere. Aber die Wirkung sagt überhaupt nichts bestimmtes aus über die Menge der Amere in den Atomen und somit über das Volumen der letzteren, da ja in einer kleineren Zahl von Ameren eben so grosse Ueberschüsse der drei Kraftpaare enthalten sein können als in einer viel beträchtlicheren Zahl und da die Kraftwirkung nicht bloss von diesen Ueberschüssen, sondern

[1]) Diese Beispiele sollen bloss in rechnerischer Beziehung zeigen, wie sich die Dominantenkräfte und die Atomgewichte zu einander verhalten können. Der Einfachheit wegen wurden nicht die Verhältnisse, wie sie in Wirklichkeit bestehen müssen, sondern willkürliche und unnatürliche Verhältnisse gewählt.

so weit es sich um kleinste Entfernungen handelt, eben so sehr von der Vertheilung der Elementarkräfte im Atom abhängt. — Für die Beurtheilung der Grösse der Atome bei den verschiedenen chemischen Elementen müssen also andere Gesichtspunkte massgebend sein und zwar kommt es dabei, wie ich in der Folge zeigen werde, vorzugsweise auf die Vorstellung an, welche wir über Gestalt und Zusammensetzung der Atome gewinnen.

Was ferner die Frage betrifft, wie sich das Volumen des Atomkörpers zu dem Raum verhalte, den ein Atom mit dem zugehörigen Aether in einem festen oder flüssigen Körper einnimmt, so ist wohl schon die Meinung ausgesprochen worden, dass die Atome winzig klein seien und sich in einem Körper gleichsam wie die Himmelskörper im Weltenraum befänden. Es gibt verschiedene Gründe, welche uns die Unhaltbarkeit einer solchen Annahme darthun, und uns zeigen, dass die Atomkörper einen ganz beträchtlichen Theil des Raumes einnehmen. Ehe ich auf diese Gründe eintrete, ist es zweckmässig, zuerst das Grössenverhältniss zwischen Atom und Molekül festzustellen.

Man könnte, da das Molekül in den flüssigen, besonders aber in den gasförmigen Substanzen so deutlich in seiner Einheit hervortritt, vielleicht sich vorzustellen geneigt sein, dass die Atome in seiner Mitte zusammengedrängt seien, sodass in festen Körpern die Zwischenräume zwischen den Atomen eines Moleküls viel kleiner wären, als der Abstand zwischen den einander zugekehrten Atomen zweier benachbarter Moleküle. Dass aber diese beiden Abstände nicht sehr ungleich sein können, geht mit vollkommener Sicherheit aus den Thatsachen hervor, dass die Moleküle vieler chemischer Substanzen sich schwerer trennen lassen als die Atome anderer Moleküle, und dass selbst in dem nämlichen chemischen Element die Trennung der Moleküle zuweilen eine fast eben so grosse Kraft erfordert als die Trennung der Atome. Diese Thatsachen sind entscheidend, weil in dem Zustande der Vereinigung Gleichgewicht zwischen den anziehenden und den durch Elasticität abstossenden Kräften besteht und es daher zur Störung des Gleichgewichtes einer um so grösseren Kraft bedarf, je kleiner der Abstand ist und weil offenbar die Kräfte, welche die Atome eines chemischen Elementes zu Molekülen verbinden, analoger Natur sind, wie diejenigen, welche diese Moleküle gegenseitig zusammenhalten. In manchen festen Körpern sind die Moleküle selbst so wenig hervortretende Gruppen, dass deren Existenz durch keine Erscheinung sich kund gibt, sondern bloss aus der Analogie vermuthet und nach verschiedenen Voraussetzungen auch verschieden angenommen wird. Man kann daher ohne merklichen Fehler in der vorliegenden Frage die festen Körper als unmittelbar aus den Atomen zusammengesetzt ansehen.

Nach Feststellung dieses Umstandes will ich als ersten Grund für die relativ beträchtliche Grösse der Atomkörper die Festigkeit anführen. In den festen Körpern sind die Atome nicht gegen einander verschiebbar, weil sie an bestimmten Stellen durch stärkere Attraction verbunden sind. Wir müssen uns in dieser Beziehung das Atom als dynamisch-eckig vorstellen, wenn es auch seinen Dimensionen nach kugelig sein sollte, denn jene stärkeren Attractionsstellen würden gleichsam dynamische Vorsprünge bilden. Es ist aber kein Grund vorhanden, warum wir die Gestalt nicht, den wirksamen Kräften entsprechend, wirklich als polyedrisch und eckig betrachten sollten; dadurch werden die Erscheinungen, welche uns die Festigkeit darbietet, viel verständlicher. — Nun wird nothwendig die Festigkeit um so geringer, je grösser die Abstände der Atome sind, da die Anziehung im umgekehrten Verhältniss des Quadrats der Entfernung wirkt. Wäre der Abstand der Atome sehr beträchtlich, so müssten die festen Körper sich wie Gase oder Flüssigkeiten verhalten; denn die Ungleichheit der Anziehung ihrer verschiedenen Seiten und Ecken würde selbst bei günstigster Gestalt verschwinden. Im Stickstoffgas ist nach der mechanischen Gastheorie der durchschnittliche Abstand der Moleküle nur etwas mehr wie 14 mal so gross als der Moleküldurchmesser und nur etwas mehr wie 7 mal so gross als der Durchmesser der Clausius'schen Wirkungssphäre, welche als eine Hülle betrachtet wird, in welche ein anderes Molekül nicht einzudringen vermag. Ferner wird eine Gasmasse, die sich unter dem Druck einer Atmosphäre befindet, durch den Druck einer zweiten Atmosphäre auf die Hälfte des Volumens zusammengepresst, während eine Wassermasse durch den nämlichen Druck ihr Volumen bloss um 48 Millionstel vermindert, und feste Körper im allgemeinen noch weniger zusammendrückbar sind. Daraus ergibt sich unzweifelhaft, dass in festen und flüssigen Substanzen der Durchmesser der Atomkörper jedenfalls einen sehr beträchtlichen Theil des Durchmessers der Atomvolumen ausmacht.

Ein zweiter Grund für die Annahme einer relativ beträchtlichen Grösse der Atomkörper in festen und flüssigen Substanzen ergibt sich aus der Fortpflanzung der Wärme und des Lichtes. Wären die Atome weit von einander entfernt, so müssten alle Substanzen diatherman und durchsichtig sein, weil sie dann die Aetherwellen ungehindert durchgehen liessen. Das Vorhandensein von dunkeln und adiathermanen Substanzen beweist uns, dass die Atomkörper mit ihren Aetherhüllen einen sehr grossen Theil des Raumes erfüllen und somit den Licht- und Wärmestrahlen leicht den Weg versperren.

Einen dritten Grund finden wir in der Leitung der Elektricität. Wenn die Theorie, die ich in dieser Beziehung ausgesprochen habe, richtig ist, so müssen in den guten Leitern die Aetherhüllen der Atome in unmittelbarer Verbindung sein, also sich stellenweise berühren. Dies ist nur bei einer relativ beträchtlichen Grösse der Atomkörper möglich.

Der vierte und nicht geringste Grund besteht endlich in den besonderen Erscheinungen der chemischen Anziehung, worüber ich auf den folgenden Abschnitt verweise.

Wenn wir alle Umstände berücksichtigen, so dürfte für den Standpunkt der Amertheorie folgen, dass die Atomkörper in festen und flüssigen Substanzen bei der Mehrzahl der Elemente $\frac{1}{8}$ bis $\frac{1}{16}$ des Raumes einnehmen und dass ihre Durchmesser sich zum Abstande ihrer Mittelpunkte im Mittel wie 1 : 2 bis 1 : 2,5 verhalten, dass also die durchschnittlichen Entfernungen der Oberflächen der Atomkörper (oder die Zwischenräume zwischen denselben) eben so gross bis 1 ½ mal so gross sind als ihre Durchmesser. Bei einzelnen Elementen bleibt die Grösse des Atomkörpers offenbar hinter diesen Verhältnissen zurück, so bei Kalium und Rubidium, oder geht über dieselben hinaus, so besonders bei Kohlenstoff, Bor, Aluminium.

Bezüglich der Zusammensetzung der Atome geht die Amertheorie von der Annahme aus, dass die Atomkörper aus einer ungeheuren Anzahl, vielleicht aus Billionen von Ameren bestehen. Ueber die Art und Weise des Aufbaues aus diesen Bausteinen gibt uns weder Theorie noch Erfahrung Aufschluss. Bloss bezüglich der nächsten Bestandtheile, also bezüglich des allerletzten Zusammensetzungsactes finden wir in der verschiedenen Werthigkeit der Elemente einigen Anhalt. Wir können mit Gewissheit annehmen, dass die chemischen Kräfte, durch die sich die Affinitäten oder Verwandtschaftseinheiten äussern, an bestimmte gesonderte Partien der Atomsubstanz gebunden sind; und da ein mehrwerthiges Atom oft vollkommen die Bedeutung von mehreren einwerthigen Atomen hat, so ist es im höchsten Grade wahrscheinlich, dass die mehrwerthigen Atome zunächst aus eben so viel Theilen bestehen, als sie Affinitäten besitzen, und dass sie gleichsam Verwachsungen von einwerthigen Atomen sind.

Diese Annahme wird von der Wirkungsweise der mehrwerthigen Atome mit gebieterischer Nothwendigkeit gefordert. Denn andern Falles müsste jedes mehrwerthige Atom auch als einwerthiges auftreten können und als solches eine um so grössere chemische Verwandtschaft besitzen. Würde beispielsweise das 5 werthige Stickstoffatom nicht aus 5 Partien, jede mit der Kraft eines einwerthigen Atoms, bestehen, wäre es ein ungegliedertes Ganzes mit einer bestimmten Menge chemischer Kraft, so müsste dasselbe, wie es 5 fremde Verwandtschaftseinheiten aber jede nur schwach anzieht, ein einwerthiges Atom mit der 5fachen Kraft festhalten. Dies ergibt sich aus dem Sättigungsvermögen der chemischen Affinitäten, dessen Erklärung ich im nächsten Abschnitt versuchen werde.

Nun wird zwar behauptet, dass es sich beispielsweise mit einem 4 werthigen Atom verhalten könnte wie mit einem Magneten, der 4 Pfund zu tragen vermag, und dem wir ebenfalls nicht 4 Einzelkräfte zuschreiben dürfen. Doch ist dieser Vergleich nicht zutreffend. Wenn man einen solchen Magneten mit dem Gewicht von 1 Pfund belastet, so hält er es mit 4 mal so grosser Kraft fest als ein Magnet, der nur 1 Pfund zu tragen vermag. Dies lässt sich für das mehrwerthige Atom entschieden nicht behaupten, wie alle chemischen Erscheinungen und auch die Bildungswärmen zeigen. Das 4 werthige Kohlenstoffatom zieht das Sauerstoffatom im Kohlenoxyd nicht mit der nämlichen Kraft, sondern nur mit etwas mehr als der Hälfte der Kraft an, mit welcher es die zwei Sauerstoffatome in der Kohlensäure anzieht. Für ein 4 werthiges Atom trifft somit nur der andere Vergleich zu, dass es sich nämlich wie eine Combination von zwei gekreuzten Magneten verhalte, deren 4 Pole je 1 Pfund und nicht mehr tragen. Die Affinitäten wirken nicht summirt als Einheit, sondern bloss in ihrer Getrenntheit, und deswegen müssen auch ihre Kräfte räumlich geschieden, also auf besondere Partien des Atoms vertheilt sein. Wir können uns daher die Frage stellen, welche Lagerung diese Theile, die ich, um eine Bezeichnung zu haben, Particelle nennen will, zeigen, ein Umstand, der in engster Beziehung zur Gestalt der Atomkörper steht.

Halten wir uns zunächst an die geometrischen Möglichkeiten, so gibt es für die mehrwerthigen Atome drei Arten, wie die Particelle angeordnet sein können. Die letzteren liegen nämlich entweder in einer Linie hinter einander, oder in einer Ebene neben einander, oder körperlich neben und hinter einander. Im ersten Fall sind die mehrwerthigen Atome gegliederte Stäbchen, jedes Glied einer Affinität entsprechend. Im zweiten Fall sind sie Täfelchen, an denen die Ecken die Affinitäten darstellen. Im dritten Fall sind die Atome polyedrisch und den Affinitäten entsprechen ebenfalls die Ecken der Polyeder.

Ueber die Lagerungsverhältnisse der Particelle vermögen uns einige Erwägungen, die sich an die Constitution der Verbindungen knüpfen, Fingerzeige zu geben. Die Particelle der Atome, als Träger der chemischen Anziehung, wirken im umgekehrten Verhältniss des Quadrats der Entfernung auf einander. Um sich mit einander zu verbinden und sich vollkommen zu sättigen, müssen sie sich ungehindert nähern können. Ist die ausreichende Annäherung in Folge der besonderen Anordnung der Particelle nicht ausführbar, so mangelt auch die Möglichkeit der Sättigung. Dieser Umstand macht sich um so fühlbarer, da die Affinitäten nicht etwa als Centralkräfte der Particelle wirken, sondern vielmehr in der Nähe der Oberfläche ihren Sitz haben[1]).

Denken wir uns beispielsweise, dass an einem 4 werthigen Atom 3 Particelle der ausgesprochenen Forderung genügen und dass sie von den Particellen derjenigen Atome, mit denen sie sich verbinden, um den Abstand d getrennt seien, dass aber das 4. Particell, in Folge des supponirten Baues des Atoms, sich seinem Gegenüber in dem

[1]) Vgl. den folgenden Abschnitt über die chemische Verwandtschaft.

Molekül bloss bis auf den Abstand $2d$ nähern könnte, so wäre der Coefficient für die Anziehung der drei ersten Particelle $\frac{1}{d^2}$, für das vierte $\frac{1}{4d^2}$. Während also jene ihre volle chemische Verwandtschaft geltend machen könnten, so vermöchte dieses nur den 4. Theil der vollen Verwandtschaft zu erfüllen. Geht nun aus den verschiedenen Erscheinungen, aus der Festigkeit der Verbindungen und aus den Bildungswärmen hervor, dass an dem genannten Atom alle 4 Werthigkeiten gleich gesättigt sind, so ist dies ein Beweis, dass der supponirte Bau desselben unmöglich der richtige sein kann, und dass ein solcher aufgesucht werden muss, der die Annäherung aller Particelle gestattet.

Die Anwendung dieser Regel setzt eine genaue Kenntniss von der Constitution der chemischen Verbindungen, d. h. des Baues der Moleküle, und von den Kräften, welche je zwei Particelle mit einander verbinden, voraus. Schreiben wir den Atomen eine stäbchenförmige Gestalt mit linearer Anordnung der Particelle zu, so lassen sich aus denselben leicht die Moleküle aller Verbindungen herstellen. Dies ist auch noch möglich, wenn die Particelle in einer Ebene liegen und tafelförmige Atome bilden. Dagegen bietet eine polyedrische Gestalt der Atome mit körperlicher Anordnung der Particelle bezüglich der Constitution der Moleküle manche Schwierigkeiten dar. Wäre beispielsweise ein 4werthiges Metallatom (M) tetraedrisch gebaut, so würden die Sauerstoffverbindungen M_2O_3, M_3O_4, M_2O_7 zwar Moleküle von nicht unmöglicher, aber doch von wenig natürlicher Construction geben. — Um mich aber nur an das Einfachste, an die Moleküle der chemischen Elemente im gasförmigen Zustand zu halten, so bestehen dieselben mit wenigen Ausnahmen aus je 2 Atomen. Sind ihre Werthigkeiten gesättigt, so können ihre Atome nur stäbchenförmig oder tafelförmig gebaut sein. Hätte beispielsweise ein 4werthiges Atom eine tetraedrische Gestalt, so müsste bei der Vereinigung von 2 Atomen zu einem Molekül an jedem Atom wenigstens eine Werthigkeit frei bleiben. Betrachtet man aber solche Moleküle als ungesättigte Verbindungen oder zählt man sie zu den Beispielen der wechselnden Valenz, so gehören sie zu den Kategorien, die ich sofort besprechen will.

Eine zweite Erwägung betrifft die ungesättigten Verbindungen, bezüglich derer man annimmt, dass ein Theil der Werthigkeiten unter gewissen Umständen frei bleibe, indess dieselben unter andern Bedingungen sich sättigen. Diese Annahme, wenn sie buchstäblich genommen wird, ist aber in vielen Fällen nicht statthaft, da kein Grund das Freibleiben erklären könnte. Viel wahrscheinlicher ist es mir, dass in den nicht gesättigten Verbindungen stets alle Particelle in Anspruch genommen sind, dass aber 2 oder mehrere gemeinschaftlich die Bindung einer gegenüberstehenden Valenz übernehmen. Dies entspricht auch den Forderungen der Mechanik, nach welchen die Kräfte eines Particells in ihrer Wirkung sich nicht auf ein einziges ihnen opponirtes Particell beschränken können, sondern auch auf die benachbarten Particelle nach Maassgabe der Entfernung sich erstrecken müssen.

Es gibt unter den Metalloiden und Metallen manche 4werthige Elemente, welche durch ein Atom Sauerstoff halb und durch 2 Atome ganz gesättigt werden. Wären diese Elemente, wie auch wohl angenommen wurde, tetraedrisch gebaut, so müssten bei der Verbindung mit einem einzigen 2werthigen Atom zwei oder wenigstens eine Werthigkeit in Wirklichkeit frei bleiben, und es wäre nicht einzusehen, warum diese freien Particelle sich nicht ebenfalls verbinden sollten. Sind aber die 4 Particelle der 4werthigen Elemente wie die Ecken eines Quadrats zusammengeordnet (Fig. 31 b), so können alle vier sich mit einem aus zwei Particellen bestehenden Atom verbinden (Fig. 31 c, d). Die Verbindung MO ist aber eine unvollständige, d. h. mit unvollkommen gesättigten Werthigkeiten und sie wird unter günstigen Umständen durch die vollkommen gesättigte MO_2 verdrängt. Es sind daher die »freien Werthigkeiten« nicht im wirklichen, sondern nur in bildlichem Sinne zu verstehen.

Eine dritte Erwägung betrifft die wechselnden Valenzen. Es kommt nämlich, wie bekannt, sehr häufig vor, dass das Atom eines chemischen Elements in verschiedenen Verbindungen eine ungleiche Zahl von Werthigkeiten anderer Atome sättigt. Ich erinnere nur daran, dass Chlor, Brom und Jod in den meisten Verbindungen 1werthig, mit Sauerstoff aber 3, 5 und 7werthig sind, dass Schwefel meist 2werthig, gegenüber Sauerstoff 6werthig, dass Stickstoff gegen Wasserstoff 3- und gegen Sauerstoff 5werthig ist. Man kann in diesen Fällen nicht von ungesättigten Verbindungen und freien Werthigkeiten sprechen, weil Chlor niemals mehr als 1 (einwerthiges)

Atom Kalium, Schwefel nicht mehr als 2 und Stickstoff nicht mehr als 3 (einwerthige) Wasserstoffatome zu binden vermögen.

Trotz dieser Verschiedenheit zwischen dem Begriff der wechselnden Valenz und dem der ungesättigten Verbindung ist die erstere doch in gleicher Weise zu erklären wie die letztere, nämlich dadurch, dass 2 oder mehrere Werthigkeiten eines Atoms sich mit 1 Werthigkeit eines andern Atoms verbinden, und dadurch unfähig werden, andere Werthigkeiten anzuziehen. Wären die mehreren Werthigkeiten nicht in solcher Weise in Anspruch genommen, wären sie wirklich frei, so bliebe es ja ganz unbegreiflich, warum sie nicht anderweitige Verbindungen eingehen könnten. Dieser Gesichtspunkt muss, wie ich es schon bezüglich der ungesättigten Verbindungen angedeutet habe, auf die Vorstellung von der Lagerung der Particelle einen entscheidenden Einfluss ausüben.

Wir dürfen beispielsweise dem Chlor-, Brom- und Jodatom weder eine linienförmige noch eine körperliche Zusammenordnung der Particelle zuschreiben. Wäre das Chloratom stäbchenförmig mit 7 in einer geraden Reihe liegenden Particellen, so könnte ein Wasserstoffatom, das sich mit dem mittelsten Particell verbände, unmöglich die an den Enden des Stäbchens befindlichen Particelle auch nur einigermaassen sättigen, und man würde nicht einsehen, warum nicht auch Wasserstoffatome sich wenigstens mit diesen Endparticellen verbinden könnten, so dass sich statt des Moleküls ClH, ein Molekül ClH_3 bildete. Lägen aber die 7 Particelle körperlich beisammen, so dass sie etwa die Stellung von 7 einigermaassen gleichmässig über die Oberfläche einer Kugel vertheilten Punkten hätten, so könnte ein Wasserstoffatom bloss die auf der einen Seite des polyedrischen Chloratoms liegenden Particelle bis auf einen gewissen Punkt sättigen, und es müsste wenigstens noch ein zweites Wasserstoffatom auf der entgegengesetzten Seite des Polyeders eine Verbindung eingehen können, so dass das Molekül ClH_2 entstände. Sind dagegen die 7 Particelle in einen einfachen Kreis um den Mittelpunkt des tafelförmigen Atoms gelagert (Fig. 31*p*), so kann ein zutretendes Wasserstoffatom sich allen gleichmässig annähern und sich mit allen verbinden (Fig. 31*q*), so dass das Chloratom keinem zweiten Wasserstoffatom zugänglich ist.

Für den 2- und 6werthigen Schwefel gilt eine ganz analoge Schlussfolgerung. Die 6 Particelle können weder linienförmig zu einem Stäbchen, noch körperlich zu einem Octaëder zusammengestellt sein; in dem einen und andern Falle liessen sie sich nicht durch ein 2werthiges Atom (wie z. B. im Baryumsulfid) sättigen. Die Wahrscheinlichkeit spricht auch hier dafür, dass die 6 Particelle in einer Ebene und zwar in 2 Gruppen von je 3 einander gegenüber liegen (Fig. 31 *e*). Jede dieser Gruppen kann durch ein 1werthiges Atom (Fig. 31 *h*) und beide zusammen durch die 2 Particelle eines 2werthigen Atoms (Fig. 31 *f*, *g*) so weit gesättigt werden, um eine weitere Verbindung unmöglich zu machen.

Ist nun, wie ich gezeigt habe, die flächenförmige Anordnung der Particelle in manchen Fällen eine nothwendige Hypothese, so dürfte sie wohl für alle mehrwerthigen Atome anzunehmen sein, da wahrscheinlicherweise die chemischen Elemente alle nach der gleichen Regel gebildet sind. Dann ordnen sich die mehrwerthigen Atome bezüglich ihres Baues in zwei Reihen, von denen die eine eine gerade Zahl von Particellen und einen Wechsel zwischen geraden Valenzen, die andere eine ungerade Zahl von Particellen und vorzugsweise einen Wechsel zwischen ungeraden Valenzen aufweist. Die Particelle eines Atoms sind übrigens sehr häufig ungleich ausgebildet (wenn die äussere Form den wirksamen Kräften entsprechend angenommen wird). Dadurch erklärt sich, dass das nämliche Atom 3-, 5- und 7werthig auftritt und dass die Werthigkeiten, auch wenn sie sich alle verbinden, eine ungleiche Bedeutung haben, indem beispielsweise die Schwefelsäure 2basisch, die Salpetersäure 1basisch, die Phosphorsäure 3basisch ist.

In Fig. 31 sind die wichtigsten Beispiele für den Bau der Atome, wie er nach der entwickelten Hypothese wahrscheinlich ist, dargestellt. *a* ein 2werthiges (aus 2 Particellen bestehendes) Atom, beispielsweise ein Sauerstoffatom; die Werthigkeiten sind mit 0,0 bezeichnet, und diese Bezeichnung tragen auch die Sauerstoffatome in allen übrigen Figuren, welche Sauerstoffverbindungen darstellen. *b* ein 4werthiges Atom. *c* ein Molekül von der Zusammensetzung *MO*, wenn *M* 4werthig ist, von vorn gesehen (das Sauerstoffatom ist dem Beobachter zugekehrt). *d* das nämliche Molekül, von der Seite gesehen; die punktirten Linien zeigen hier, wie in allen folgenden Figuren, die Bindungen an. *e* ein 6werthiges Atom (z. B. ein Schwefelatom) mit 2 ausgezeichneten Particellen, welche durch ++ bezeichnet sind. *f* ein Molekül Baryumsulfid (BaS), von vorn gesehen (das

Baryumatom, mit △△ bezeichnet, ist dem Beobachter zugekehrt). *g* das nämliche Molekül, von der Seite gesehen. *h* ein Molekül Schwefelwasserstoff (H_2S). *i* ein Molekül Schwefelsäure (SO_4H_2), die Hydroxyl-tragenden Particelle sind mit ++ bezeichnet. *k* ein

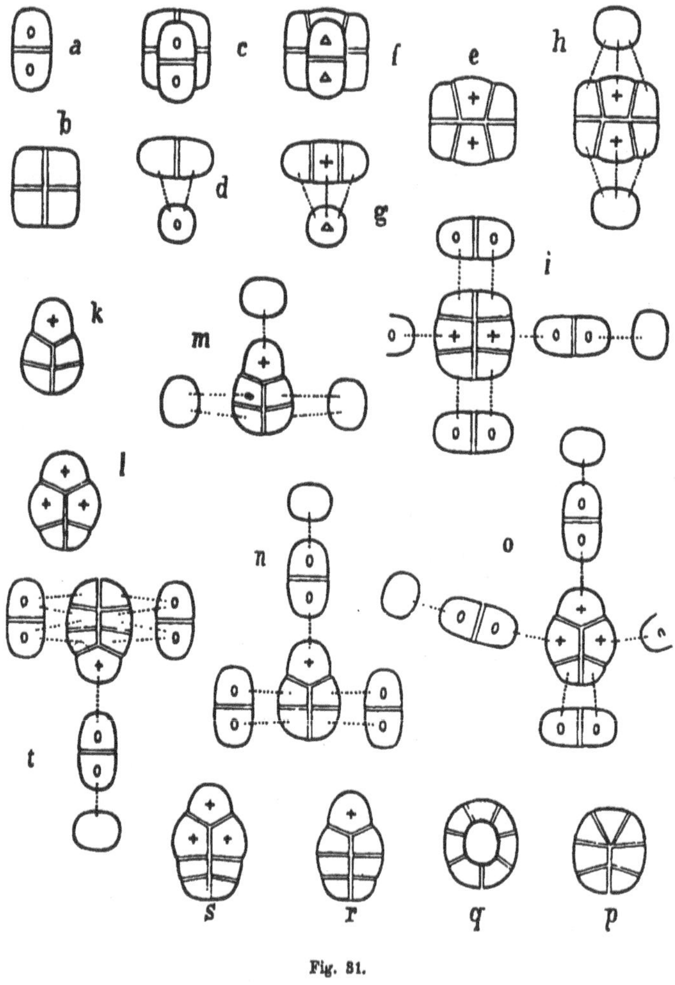

Fig. 81.

5werthiges Atom mit einer ausgezeichneten Werthigkeit (+), beispielsweise ein Stickstoffatom. *l* ein 5werthiges Atom mit 3 ausgezeichneten Werthigkeiten (+++), beispielsweise ein Phosphoratom. *m* ein Molekül Ammoniak (NH_3). *n* ein Molekül Salpetersäure; das Hydroxyl-tragende Particell ist mit + bezeichnet. *o* ein Molekül Phosphorsäure, +++ die Hydroxyl-tragenden Particelle. *p* ein 7werthiges

Atom mit ziemlich gleichen Particellen, welches meistens als einwerthig functionirt, beispielsweise ein Chloratom. *q* ein Molekül Chlorkalium (Cl K); das Kaliumatom ist dem Beobachter zugekehrt. *r* ein 7 werthiges Atom mit einer ausgezeichneten Werthigkeit (+); es ist dies eine andere Vorstellung, die man sich von dem Chloratom machen kann, und wobei sich das Kaliumatom in gleicher Weise auf die 7 Particelle legen würde wie in *q*. *s* ein 7 werthiges Atom mit 3 ausgezeichneten Werthigkeiten (+ + +). *t* ein Molekül Chlorsäure, wenn das Chloratom nach dem Typus *r* gebaut ist; + das Hydroxyl-tragende Particell. — Zu diesen bildlichen Darstellungen ist zu bemerken, dass sie, schematisch gehalten, nur den Bau des Atoms und die Verbindungen zwischen den Werthigkeiten andeuten, aber weder über die relativen Entfernungen der Atome noch über die relative Lage derselben Aufschluss geben sollen.

Die vorstehenden Ausführungen werden genügen, um deutlich zu machen, wie ich mir den Bau der Atome denke, und zugleich den Beweis liefern, dass dieser Bau den Anforderungen der Constitutionschemie vollkommen entspricht. Sie waren aber nothwendig, um für die Hypothese der chemischen Wirkung, wie sie sich nach der Amertheorie gestaltet, eine feste Unterlage zu gewinnen.

Die gewonnenen Vorstellungen über Bau und Gestalt der Atomkörper geben mir Veranlassung, auf die Frage zurückzukommen, wie sich die Grösse derselben bei verschiedenen Elementen zu einander verhalte. Man kennt zwar das Atomvolumen der meisten Elemente, d. h. den Raum, welchen der Atomkörper sammt dem umgebenden ponderabeln Aether in festen und flüssigen Körpern einnimmt. Aus diesem Atomvolumen lässt sich aber kein sicherer Schluss auf den Atomkörper machen. Dasselbe ist die Summe aus den Volumen des Atomkörpers, der Aetherhülle und des zugehörigen Zwischenraums zwischen den Hüllen. Die Aetherhüllen haben nun bei den verschiedenen Elementen eine ungleiche Mächtigkeit, da dieselbe von der Natur und Vertheilung der anziehenden und abstossenden Kräfte im Atomkörper abhängt. Die Grösse des Zwischenraumes zwischen den Aetherhüllen aber wird mitbedingt durch die Schwingungsweite der Atomkörper und letztere bei gleicher Beschaffenheit des äusseren Aethers durch die Kraftbegabung der Atomkörper.

Wenn daher, um extreme Beispiele anzuführen, Kalium ein Atomvolumen von 45,5 und Rubidium von 56,3 haben, dagegen Kohlenstoff (im Diamant) ein solches von 3,4, Aluminium von 5, Nickel von 6,6, so darf man deswegen noch nicht folgern, dass die Atomkörper der beiden ersteren Elemente diejenigen der drei letzteren merklich an Grösse übertreffen. Dagegen wird die Mächtigkeit der Aetherhüllen und die Schwingungsweite bei den ersteren viel beträchtlicher sein als bei den letzteren.

Bezüglich der Vorstellungen über die Grösse der Atomkörper bei den verschiedenen chemischen Elementen müssen wir, da uns andere entscheidende Gründe im Stiche lassen, jedenfalls ein Hauptgewicht auf Bau und Gestalt in Vergleichung mit der Wirkungsweise legen. Die Grösse ist so zu bemessen, dass sie die hinreichende Annäherung der sich verbindenden Particelle gestattet, besonders dann, wenn sich sehr feste Verbindungen bilden. Man hätte die Vermuthung hegen können, dass die Particelle mehrwerthiger Atome, da dieselben im Grunde verwachsene einwerthige Atome darstellen, als die richtigen chemischen Einheiten auch von gleicher Grösse seien. Allein dem widersprechen die wechselnde Valenz und die chemische Sättigung mehrerer Particelle durch ein einziges. Wir kommen vielmehr unter Berücksichtigung aller Umstände zu der Ueberzeugung, dass die Grösse der Atomkörper bei den verschiedenen chemischen Elementen einen mittleren Werth einhalten muss zwischen der Gleichheit der Atome und der Gleichheit der Particelle, dass also ein 1werthiger Atomkörper grösser ist als das Particell eines mehrwerthigen, und dass im allgemeinen der Atomkörper mit der Zunahme der Particellzahl an Grösse zunimmt. Doch muss letztere Regel jedenfalls Ausnahmen zulassen. Es ist also ein 2werthiger Atomkörper grösser als ein 1werthiger, dagegen kleiner als zwei 1werthige zusammen. Aber ein 7werthiger Atomkörper, welcher auch 1-, 3- und 5werthig functionirt, dürfte nur wenig grösser sein als ein 4werthiger, der stets seine vier Werthigkeiten geltend macht.

Mit Rücksicht auf die Zusammensetzung der mehrwerthigen Atome drängt sich noch die Frage auf, in welcher Art die Particelle mit einander zusammenhängen, ob sie durch Zwischenräume getrennt, ob und in welchem Grade sie gegen einander beweglich seien. Hierüber gibt uns die specifische Wärme einigen Aufschluss.

Bekanntlich verbraucht ein Atom der verschiedenen chemischen Elemente, wenn die Temperatur um einen Grad steigt, eine gleiche Wärmemenge, welche sich in Bewegung umsetzt. In den Molekülen ferner wird ein um so grösserer Theil der Molecularwärme für innere Arbeit (Disgregation) verwendet, je grösser die Zahl ihrer Atome ist. Wäre nun die Vereinigung der Particelle zu mehrwerthigen Atomen ähnlicher Art, wie die Vereinigung der Atome zu Molekülen, so müsste die Atomwärme um so grösser sein, aus je mehr Particellen ein Atom besteht. Da dies nicht der Fall ist, so folgt unzweifelhaft, dass die Wärme keinen Einfluss auf die gegenseitige Lage der Particelle ausübt und dass auch ein mehrwerthiges Atom nicht durch irgend welche Temperatur zersetzt werden könnte.

Es folgt daraus aber nicht, dass die Particelle eines Atoms sich unmittelbar berühren, noch auch, dass die kleineren Theile eines Atoms der Bewegung ermangeln. Es ist aus verschiedenen Gründen wahrscheinlich und wird namentlich auch durch die Theorie der chemischen Verwandtschaft gefordert, dass die Amere und Amergruppen, aus denen die Atome zusammengesetzt sind, sich bewegen. Ihre Bewegungen müssen schwingende, drehende und fortschreitende sein; ein Theil der Amere und Amergruppen wird also innerhalb des Atomkörpers wandern und seinen Platz wechseln können. Aber diese Bewegungen werden nicht durch die Wärmeschwingungen des Aethers, welche nur auf den ganzen Atomkörper wirken, beeinflusst, sind also auch durch die Wärme weder nachweisbar noch messbar. Dagegen werden dieselben durch die Einzelstösse der Aethertheilchen (S. 731) erregt, indem die lebendigen Kräfte der Amere und Amergruppen ausserhalb und im Innern eines Atoms sich gegenseitig auf einander übertragen und sich stetsfort ins Gleichgewicht setzen. Grösser als im Atomkörper ist die Beweglichkeit der Theilchen in der Aetherhülle. Was die Verbindung der Particelle betrifft, so ist es mir wahrscheinlich, dass ein Zwischenraum zwischen denselben vorhanden und dass dieser Zwischenraum mit ponderabelm Aether von der gleichen Beschaffenheit wie im innersten Theil der Aetherhülle erfüllt sei.

---

9. Entstehung, Beschaffenheit und Veränderung der Atome.

Wenn wir uns eine Vorstellung über die Entstehung der chemischen Atome bilden wollen, so mangeln uns dafür die wichtigsten Anhaltspunkte, nämlich einerseits eine Einsicht in die bei der Agglomeration der Amere wirkenden Ursachen, und andrerseits eine genauere Kenntniss des Productes. Bezüglich des letzteren Punktes wissen wir, abgesehen von der Zusammensetzung aus Particellen, nicht, ob die Substanz der Atome homogen oder ob sie in irgend einer bestimmten Weise gegliedert ist, in der Art, dass die Amere erst zu kleineren Systemen zusammentraten, aus deren Vereinigung dann das Particell sich aufbaute. Es lassen sich daher von Seite der Amertheorie nur, soweit die Erfahrung genügende Andeutungen gibt, einigermaassen sichere Hypothesen aufstellen.

Wie ich früher ausgeführt habe, ballen sich die ponderabeln Amere in Folge der Anziehung, die sie in der ursprünglichen Zerstreuung auf einander ausüben, zusammen. Wegen der Elasticität, die wir ihnen zuschreiben müssen, legen sie sich dabei nicht unmittelbar an einander an; sondern führen innerhalb der Systeme, zu denen sie zusammentreten, theils schwingende und drehende, theils kreisende und überhaupt fortschrittliche Bewegungen aus. Je grösser eine Gruppe wird, um so langsamer muss ihre Gesammtbewegung sein. Die lebendigen Kräfte, welche die einzelnen Amere in der Zerstreuung besassen, sind zum kleinern Theil in die lebendige Kraft der ganzen Gruppe, zum grössern Theil in die lebendigen Kräfte der internen Bewegungen übergegangen. Das Wachsthum der Gruppen geschieht ohne Zweifel sowohl dadurch, dass sie sich mit einander vereinigen, als dadurch, dass einzelne Amere in dieselben eintreten.

Soweit entspricht die Entstehungsgeschichte der Atome den mechanischen Folgerungen aus den von der Amertheorie gegebenen Prämissen. Für alle ferneren und ins Einzelne gehenden Vorstellungen besteht nur grössere oder geringere Wahrscheinlichkeit, die sich vorzüglich aus den Erfahrungsthatsachen ergibt. Sowie die Amergruppen anwachsen und sich langsamer bewegen, wird sich um dieselben nach und nach die ponderable Aetherhülle anlegen, deren Amere mit schwächeren Attractionskräften begabt und daher beweglicher sind als die Amere der Gruppen selber. Bei der Verschmelzung von Amergruppen wird diese beginnende Aetherhülle wieder verdrängt. Hat sie aber um die grossen und langsam sich bewegenden Gruppen eine gewisse Mächtigkeit erlangt, so gestattet sie wohl noch die feste Vereinigung derselben, ohne aber selber ganz verdrängt zu werden. Solche Gruppen stellen nun die Particelle eines Atoms dar. Ist die Aetherhülle noch mächtiger geworden, so hat die Gruppe die Eigenschaft des Atoms erlangt; sie kann nicht mehr mit andern Gruppen fest verwachsen, sondern nur noch lockere und lösbare Vereinigungen mit andern Atomen bilden, wie wir sie als Moleküle kennen.

Es ist fast unzweifelhaft, dass die Atome der verschiedenen chemischen Elemente nicht gleichzeitig und auch nicht an dem nämlichen Ort entstanden sind, und dass sie ihre ungleichen Eigenschaften der nach Zeit und Ort ungleichen Beschaffenheit der anfänglichen gasartig zerstreuten Substanz verdanken. Diese Beschaffenheit hängt aber von den Mengenverhältnissen der dynamisch ungleichen Amere ab. Vielleicht lässt sich nun annehmen, dass je ein bestimmtes Volumen von dem atombildenden Himmelsraum, dessen Grösse von der Bewegung und der Anziehung der Amere bestimmt wurde, das Material für ein Atom lieferte und dass dadurch die in jeder Beziehung gleiche Beschaffenheit und Grösse der Atome eines Elementes sich erklärt.

Die chemischen Elemente sind familienweise näher mit einander verwandt, wobei sich gewisse abgestufte Eigenschaften in den verschiedenen Familien wiederholen, was zur Aufstellung des periodischen Systems Veranlassung gegeben hat. Diejenige der wechselnden Eigenschaften, die am meisten hervortritt, ist das Atomgewicht. Ich erinnere an die Elemente folgender fünf Familien mit den beigesetzten Atomgewichten.

I		II		III	
Caesium	133	Baryum	137	Wismuth	210
Rubidium	85,4	Strontium	87,5	Antimon	122
Kalium	39,1	Calcium	40	Arsen	75
Natrium	23	Magnesium	24	Phosphor	31
Lithium	7	Beryllium	14	Stickstoff	14

IV		V	
Tellur	129	Jod	127
Selen	79,5	Brom	80
Schwefel	32	Chlor	35,5
Sauerstoff	16	Fluor	19

Zur Erklärung des wechselnden Atomgewichts in jeder Familie möchte ich es für sehr wahrscheinlich halten, dass die einer Familie angehörenden Elemente sich in dem nämlichen Himmelsraum, aber nach einander in verschiedenen Zeitperioden gebildet haben. Und zwar sind nach meiner Ansicht je die Elemente mit dem höheren Atomgewicht zuerst entstanden, weil die Amere mit grösserer Gravitationsanziehung immer das lebhafteste Bestreben zur Vereinigung besitzen. Der betreffende Himmelsraum wurde nach und nach ärmer an Ameren mit stark überwiegender Gravitation und zuletzt war nur noch Material für leichte Atome vorhanden. In den fünf aufgeführten Familien ist stets das oberste Element das zuerst gebildete, das unterste das letzte. Ihre übereinstimmenden Eigenschaften verdanken die Glieder einer Familie dem Umstande, dass sie unter den nämlichen Verhältnissen, d. h. nach einander in dem nämlichen Himmelsraum, entstanden sind.

Die Elemente der aufgeführten Familien zeigen die bemerkenswerthe Erscheinung, dass das Atomgewicht der früher gebildeten ungefähr ein Vielfaches des Atomgewichtes der spätern darstellt. Doch lässt sich das Verhältniss keineswegs als ein bestimmtes mathematisches ansehen und auch nicht durch eine Formel ausdrücken. Die rasche Abnahme des Atomgewichtes deutet möglicherweise darauf hin, dass ausser der angegebenen Ursache noch eine andere mitgewirkt hat, dass nämlich je die früheren Glieder einer Familie nicht bloss Amere mit grösserer Gewichtsanziehung enthalten, sondern dass auch eine grössere Zahl von Kernen sich zur Anlage eines Particells oder eines 1werthigen Atoms vereinigt haben. Damit würde dann in begreiflichem Zusammenhange stehen, dass in der nämlichen Familie die Elemente mit grösserem Atomgewicht auch einen etwas grösseren Atomkörper besitzen, was in der That der Fall zu sein scheint.

Es trifft meistens zu, dass innerhalb derselben Familie der Raum, der in dem festen Aggregatzustande auf ein Atom sammt dem zugehörigen Schweräther sich berechnet und den man als Atomvolumen bezeichnet, mit dem abnehmenden Atomgewicht kleiner wird. Dies ist zwar noch kein sicherer Beweis, dass auch die Atomkörper der verschiedenen Elemente ein solches Verhalten zeigen. Denn das Atomvolumen bei einer bestimmten Temperatur hängt nicht bloss von dem Volumen der Atomkörper, sondern ebenso sehr von der Dicke der Aetherhülle und von der Grösse der Anziehung zwischen den Atomen ab. Zu dem uns bekannten Resultat der Raumerfüllung wirken also drei bezüglich ihrer Grösse unbekannte Factoren zusammen,

Auf die letzteren beiden Factoren, Aetherhülle und Anziehung, lässt sich aus einer anderen Erscheinung theilweise ein Schluss ziehen. Der Zusammenhang zwischen den Molekülen ist, gleiche Temperatur vorausgesetzt, um so fester, je grösser die Anziehung zwischen denselben und je dünner die Aetherhülle, welche ihre Annäherung verhindert. Ueber die Festigkeit des Zusammenhanges, somit über die gemeinsame Wirkung der Anziehung und der Aetherhülle, geben uns die Temperaturen des Schmelz- und Siedepunktes Aufschluss. Meistens zeigt sich nun bei den Gliedern einer Familie, dass mit dem Sinken der Atomgewichte auch die Festigkeit des Zusammenhanges zwischen den Molekülen sich stetig verändert, aber bei den einen Familien wird die Festigkeit grösser, bei den anderen kleiner. Als Beispiel führe ich vier Elemente einer der vorhin aufgezählten Familien an:

	Atomgewicht	Atomvolumen	Atomdurchmesser	Schmelzpunkt
Rubidium . . .	85,4	56,3	3,8	38°
Kalium	39,1	45,5	3,6	58
Natrium	23	23,7	2,9	95
Lithium	7	11,7	2,3	180

Diese Familie zeichnet sich aus durch eine ungewöhnlich starke Abnahme der Atomvolumen, wie sie in gleicher Weise sonst nur bei den vier Elementen einer anderen Familie (Strontium, Calcium, Magnesium und Beryllium) auftritt. Ich habe in der dritten Verticalcolumne unter dem Namen »Atomdurchmesser« den mittleren Durchmesser des Atomvolumens beigefügt. Man könnte aus der grossen Verschiedenheit der Atomvolumen Zweifel schöpfen, wie es möglich sei, dass so ungleich grosse Atome in ihren Verbindungen sich gleich verhalten. Die Vergleichung der mittleren Atomdurchmesser zeigt, dass die maassgebenden linearen Dimensionen durchaus nicht so sehr abweichen. In dem vorliegenden Falle sind aber jedenfalls die Durchmesser der Atomkörper noch weniger verschieden als die Durchmesser der Atomvolumen. Es lässt sich nämlich aus der niedrigeren Schmelztemperatur der Elemente mit grösserem Atomgewicht und Atomvolumen mit Wahrscheinlichkeit auf eine grössere Mächtigkeit der Aetherhülle und des Zwischenhülläthers schliessen, wodurch die Durchmesser der Atomkörper verhältnissmässig kleiner werden, als man es nach den angeschriebenen »Atomdurchmessern« erwarten könnte.

Nun gibt es aber auch Familien, in denen das Gegentheil auftritt, indem mit der Abnahme der Atomgewichte und der ohne Zweifel parallel gehenden Abnahme der Atomvolumen auch der Zusammenhang der Moleküle geringer wird, so dass die Moleküle des leichtesten Elements die grösste Beweglichkeit besitzen. Dies zeigt sich bei der Vergleichung des (gasförmigen) Sauerstoffs mit Schwefel und Selen, des (gasförmigen) Stickstoffs mit Phosphor und Arsen, des Chlors mit Brom und Jod. Hier haben mit grosser Wahrscheinlichkeit die leichteren Elemente eine grössere Mächtigkeit der Aetherhüllen und des Zwischenhülläthers als die schwereren und es kommen ihnen daher kleinere Atomkörper zu, als es nach dem Atomvolumen scheinen möchte.

Es ist übrigens nicht ausser Acht zu lassen, dass das Gesagte nur von dem Zusammenhang der Moleküle und somit von der Mächtigkeit der Aetherhüllen und des Zwischenhülläthers zwischen den Molekülen, und nicht zwischen den beiden Atomen des nämlichen Moleküls, gilt. Die Festigkeit, mit der die Atome zum Molekül vereinigt sind, lässt sich meistens nicht bestimmen, und daher bleiben wir auch über die Mächtigkeit des ponderabeln Aethers auf dieser Seite des Atoms und über die Folgerung, die sich daraus für die Grösse der Atomkörper ergibt, im Unklaren. Gleichwohl ist es, wenn alle Umstände in Erwägung gezogen werden, sehr wahrscheinlich, dass bei gleicher Construction der Atome, wie wir sie bei den verwandten Elementen derselben Familie voraussetzen können, dem grösseren Atomgewicht auch eine etwas beträchtlichere Grösse des Atomkörpers entspricht, und dass daher eine Verschmelzung von Agglomerationskernen bei der Entstehung derselben wohl anzunehmen ist.

Ich habe die Theorie aufgestellt, dass die chemischen Elemente, die ihrer Verwandtschaft nach zu derselben Familie gehören, in dem nämlichen Himmelsraum und in der nämlichen Weltperiode und zwar zuerst diejenigen mit grösserem, nachher diejenigen mit kleinerem Atomgewicht entstanden sind. Es ist mir wahrscheinlich, dass eine ähnliche Regel auch für die Elemente der verschiedenen Familien gilt, und dass im allgemeinen bei dem Agglomerationsprocess zuerst die schwereren und nachher die leichteren Elemente sich gebildet haben. Daher wäre die Familie, zu welcher Platin, Iridium, Osmium gehören, als eine der ältesten, der Wasserstoff dagegen, den man früher als das Urelement in Anspruch zu nehmen geneigt war, als das jüngste aller Elemente zu betrachten. Derselbe bildete sich erst, als der Himmelsraum an Ameren mit wirksamer Gravitationsanziehung nahezu erschöpft war.

Gemäss ihrer Entstehungsweise sind die Atomkörper aus Ameren und Amergruppen zusammengesetzt, welche, wie schon gesagt, sich nicht ruhend gegen einander verhalten, sondern in allen möglichen Bewegungen begriffen sind, da die lebendige Kraft, welche die Amere in dem ursprünglichen Zustande der Zerstreuung besassen, später vollständig als lebendige Kraft im Innern der Agglomerationsmassen sich wiederfindet. Von der ursprünglichen Geschwindigkeit der Amere ist dem Atom als Ganzem nichts übrig geblieben; dasselbe gehört einer andern Grössenordnung an und wird bloss durch die Massenschwingungen des Aethers in Bewegung gesetzt. Die Beweglichkeit der Theilchen im Atomkörper steht nicht im Widerspruch mit der Erfahrung der Physik und Chemie, welche uns die Atome und ihre Particelle in ihren wesentlichen Eigenschaften als constant zeigt. Denn einem System aus beweglichen oder bewegten Theilchen kann jede beliebige Festigkeit und Dauerhaftigkeit zukommen. Die Beweglichkeit der Theilchen wird übrigens nicht bloss von der Theorie, sondern auch von der Erfahrung gefordert. Die Eigenschaften der Atome sind nämlich nur innerhalb gewisser Grenzen beständig, und ihre Veränderlichkeit innerhalb dieser Grenzen lässt sich, wie ich in dem folgenden Abschnitt über die chemische Verwandtschaft zeigen werde, nur aus der Beweglichkeit der Theilchen innerhalb der Atomkörper erklären.

Aus dem Grade der Beständigkeit und Unbeständigkeit der Eigenschaften, namentlich der gleichen und ungleichen dynamischen Wirkungen, welche die verschiedenen Seiten eines Atoms, wie sich aus dem Studium der chemischen Verbindungen ergibt, bethätigen können, lässt sich folgende Beschaffenheit des Atomkörpers folgern. Derselbe ist im allgemeinen ein festes und unveränderliches System, indem ein grosser Theil seiner Amere und Amergruppen zwar nicht unbeweglich mit einander verbunden sind, aber doch, ohne ihren Platz zu verlassen, schwingende, wohl auch kreisende Bewegungen ausführen. Ein anderer Theil der Amere und Amergruppen ist fortschrittsbeweglich, indem dieselben durch den Atomkörper wandern können, in der Art, dass sie ihre Stellungen mit einander vertauschen. Bei einer solchen Beschaffenheit erscheint es als unvermeidlich, dass die flüchtigsten Theilchen auch den Atomkörper verlassen können, wobei sie von anderen Theilchen, die von aussen eintreten, nach Bedürfniss ersetzt werden. Die Wanderung der Amere im Atomkörper hat zur Folge, dass die Anziehungen und Abstossungen, welche derselbe auf die Umgebung ausübt, innerhalb gewisser Grenzen wechseln, sei es dass sie an der ganzen Oberfläche, sei es dass sie an bestimmten Seiten grösser oder kleiner werden. Denn die dynamische Einwirkung berechnet sich für jedes einzelne Amer nach der Entfernung, und kann daher nur für grössere Abstände ohne merklichen Fehler als Wirkung von Centralkräften des Atoms betrachtet werden.

Die ponderable Aetherhülle, welche den Atomkörper umgibt, wird von der Anziehung des letzteren festgehalten. Da die Anziehung auf verschiedenen Seiten ungleich ist, so muss auch die Mächtigkeit der Aetherhülle verschieden sein, und da jene mit der Zeit wechselt, so muss auch diese im ganzen oder an einzelnen Stellen zu oder abnehmen. Obwohl die Aetherhülle als Ganzes durch den Atomkörper festgehalten wird, sind doch ihre Theilchen, wenn sie auch namentlich in den innersten Schichten oft nur schwingende Bewegungen ausführen, doch vollkommen fortschrittsbeweglich, indem sie gegenseitig den Platz wechseln, und ferner besonders aus den äussersten Schichten die Hülle verlassen und durch andere Theilchen ersetzt werden. — Da die Aetherhüllen mit einer beträchtlichen Kraft an die Atomkörper gebunden sind, so verhindern sie die vollständige Annäherung dieser letzteren an einander; sie werden aber bei den Schwingungen der Atome abgeplattet und in geringem Grade zusammengedrückt.

Der Raum, in welchem die Bewegungen der Atomkörper und ihrer Aetherhüllen stattfinden, ist mit dem ponderabeln Zwischenhülläther ausgefüllt. Derselbe wird in den festen Körpern von den schwingenden Atomen, in den Flüssigkeiten von den schwingenden Atomen und den fortschreitenden Molekülen hin und her geschoben, indem seine Theilchen wegen der vollkommenen Elasticität und grossen Beweglichkeit nur einen sehr geringen Widerstand zu leisten vermögen.

Die Atome sind, soweit unsere Erfahrung reicht, rücksichtlich ihrer allgemeinen Eigenschaften constant. Da sie dieselben aber, ebenfalls erfahrungsgemäss, durch Umlagerung ihrer Theilchen innerhalb bestimmter Grenzen verändern, so wäre es nicht unmöglich, dass sie infolge der Wanderung ihrer Theilchen zwar langsam und unmerklich, aber doch dauernd sich umwandelten. Dies ist namentlich auch deshalb leicht denkbar, da der Atomkörper gegen aussen nicht vollkommen abgeschlossen ist. Wenn Theilchen austreten und andere eintreten, so lässt sich denken, dass die austretenden durch solche von anderer Beschaffenheit ersetzt werden, und dass die Folge eines solchen lang andauernden Austausches die bleibende Umstimmung des Atomkörpers ist. Eine solche Umstimmung dürfte zuerst durch ihre Wirkung auf die Aetherhülle bemerkbar werden, indem diese ihre Mächtigkeit und ihre Eigenschaften verändert. Von der Beschaffenheit der Aetherhülle wird wesentlich die Festigkeit des Zusammenhanges, also Aggregatzustand, Schmelz- und Siedepunkt bedingt. Wir haben keinen Grund anzunehmen, dass die chemischen Elemente nicht mit der Zeit eine langsame Erhöhung oder Erniedrigung ihrer Schmelz- und Siedetemperaturen erfahren. — Es können aber infolge des Stoffwechsels mit der Zeit noch bedeutendere Umbildungen in den Atomkörpern erfolgen, so dass die chemischen Elemente wesentlich andere Eigenschaften annehmen. Jedenfalls dürfen wir den Atomen keine absolute Beständigkeit zuschreiben; dieselben müssen, wie alle Individuen der endlichen Welt, der Veränderung unterworfen und in ihrer Individualität dem Untergange geweiht sein.

Diese Frage hat eine grosse naturphilosophische Bedeutung[1]). Wenn die Atome in ihren Eigenschaften constant wären, so ginge die Welt ihrem entropischen Ende entgegen. Sind sie aber veränderlich, so tritt früher oder später in der jetzt herrschenden entropischen Weltentwicklung ein Umschwung ein, und es folgt auf die positive eine negative Entropie. — Die Veränderung der Atome kann auf zweierlei Art herbeigeführt werden. Die eine Möglichkeit besteht darin, dass der Atomkörper unter den jetzt bestehenden Verhältnissen infolge der Configurationsumwandlungen,

---

[1]) Ich verweise auf den 3. Zusatz zu der Abhandlung »Die Schranken der naturwissenschaftlichen Erkenntniss« S. 615.

die er mit Hülfe der äusseren Einwirkungen durchmacht, mit Nothwendigkeit zu einer dauernden Umbildung geführt wird. In diesem Falle geht die Veränderung äusserst langsam und in verschiedenen chemischen Elementen in ungleichem Sinne vor sich.

Die andere Möglichkeit dagegen ist die, dass die gegenwärtige Beschaffenheit der Atome einen stationären Gleichgewichtszustand zwischen der Substanz derselben und dem Weltäther, in dem unser Sonnensystem sich befindet, darstellt, und dass dieselbe daher nur eine Veränderung erfahren kann, wenn der Weltäther eine andere Natur annimmt. Nun hat aber der Aether in der unendlichen Welt gewiss nicht überall die nämliche Zusammensetzung, nicht genau die nämlichen Gesammtmengen der sechs Elementarkräfte und nicht das nämliche Verhältniss dieser Kräfte in den Aethertheilchen. Ferner ist der Weltäther als Gesammtmasse gewiss nicht in Ruhe; es finden Massenströmungen statt, oder, was den nämlichen Effect gewährt, unser Sonnensystem kommt in fremde Welt- und Aetherräume. Ein etwas anders constituirter Aether, der vielleicht auch mit einer etwas andern Geschwindigkeit der Einzelbewegungen begabt ist, übt nothwendig auch eine etwas veränderte Einwirkung auf die Atome aus. Es treten dauernd in den Schweräther und von diesem in die Atomkörper andersartige Theilchen ein als diejenigen sind, welche von ihnen ersetzt werden. Atomkörper und Aetherhülle verändern sich, und wenn diese Veränderungen in dem Sinne erfolgen, dass die Aetherhüllen mächtiger, somit der Zusammenhang zwischen den Atomen lockerer wird, so werden die festen Körper zuerst flüssig und nachher gasförmig. Die Weltkörper unsers Sonnensystems können auf diesem Wege aus der Zusammenballung in einen Zustand der Zerstreuung zurückkehren, in welchem wenigstens die Moleküle oder selbst die Atome vollständig von einander getrennt sind.

Es ist noch ein Umstand zu berücksichtigen, welcher gegen die Unveränderlichkeit der Atome spricht. Die sie zusammensetzenden Amere müssen nämlich ebenso wohl Umbildungen erleiden, wie die individuellen Gebilde aller höheren Ordnungen. Durch diese Umbildung der Amere erlangen die Atome selbstverständlich mit der Zeit andere Eigenschaften und es kann dadurch selbst ihre Existenz in Frage gestellt werden, indem die Atome in die Particelle, diese in kleinere Stücke zerfallen und zuletzt in die Amere sich verflüchtigen.

Das Verhalten der Wärme bei den geschilderten Vorgängen ist leicht zu übersehen. Beginnen wir, um ein vollständiges Bild zu haben, mit der ursprünglichen Zerstreuung, in welcher alle Materie in die Amere aufgelöst war. Die Amere führten ihre Einzelbewegungen mit der vollen Energie aus, wie sie jetzt den Aetherameren zukommen. Aber Massenschwingungen, welche Wärme und Licht darstellten, gab es noch nicht, soweit dieselben nicht aus anderen Himmelsräumen, die in einem anderen Zustande der Entwicklung sich befanden, anlangten. Abgesehen von dieser importirten Wärme war also der betreffende, noch in der Amerzerstreuung befindliche Himmelsraum wärme- und lichtlos und zeigte die absolute Nulltemperatur.

Sowie sich nun infolge der eintretenden Agglomeration Atome bildeten und sich zunächst zu Molekülen, dann zu grösseren Gruppen vereinigten, entstanden durch das Zusammenstossen der Agglomerationskörper, zunächst der Atome und durch die heftigen Schwingungen derselben, die dem Zusammenstoss folgten, nothwendig Schwingungen des Aethers, in gleicher Weise wie jeder Zeit bei der Vereinigung von Atomen, z. B. bei der Bildung von Wassergas aus Wasserstoff und Sauerstoff, Wärme oder Licht und Wärme erzeugt werden. Mit der zunehmenden Agglomeration ging immer wieder mechanische Bewegung in Wärme über, welche zunächst die Temperatur der Agglomerationsmassen erhöhte, nachher allmählich an den Himmelsraum abgegeben wurde.

Wir befinden uns in dieser Periode; die dunkeln Himmelskörper werden durch Wärmeverlust sehr langsam kälter, indess auf die grossen leuchtenden Sonnen infolge der stärkeren Anziehung immer noch so beträchtliche Massen von kleineren im Weltenraum herumfliegenden Massen (Sternschnuppen) stürzen, dass dieselben ungeachtet des ungeheuren Wärmeverlustes ihre Glühhitze bewahren. Indessen auch diese Periode wird ihr Ende erreichen. Die Sonnen werden erlöschen und nur zeitweilig wieder aufleuchten, wenn grössere dunkle Weltkörper sich mit ihnen vereinigen. Nach der letzten Vereinigung der Weltkörper und nach dem Erlöschen und Erkalten der letzten Sonne wird das Endstadium der jetzigen entropischen Weltentwicklung eingetreten sein, in welchem die Agglomerationsmasse und der Aether des Weltraumes die nämliche Temperatur besitzen.

Dauert die entropische Entwicklung so lange, bis sie zu dem eben genannten stationären Zustand gelangt ist, so hat scheinbar die Veränderung in der Welt aufgehört. Es ist aber nur eine scheinbare Stagnation; der Aether bleibt in Bewegung und durch die Einzelbewegungen der Aethertheilchen wird ein Stoffwechsel in den Atomen unterhalten, der früher oder später dahin führt, dass die Aetherhüllen der Atome mächtiger und die Anziehungen zwischen den Atomen schwächer werden. Hat diese Veränderung eine gewisse Höhe erreicht, sind die Atome der festen Körper in die Verfassung gelangt, in der sich jetzt das Quecksilber, und später in diejenige, in der sich jetzt Wasserstoff, Sauerstoff und Stickstoff befinden, so wird ihr lockerer Zusammenhang durch die Aetherschwingungen überwunden. Es verwandelt sich Aetherwärme in Atombewegung. Dadurch wird die ponderable Masse unter die Temperatur des Weltenraumes abgekühlt; es findet nun eine Rückströmung von Wärme aus diesem nach jener statt, die so lange andauert, bis die Materie flüssig und gasförmig geworden ist.

Die Entropie der Welt hat in dieser Entwicklungsperiode ihren Charakter geändert. Es geht dann bei all den zahlreichen Umwandlungen von Wärme in Atombewegung und von dieser in jene immer eine gewisse Menge Wärme verloren, weil die mechanische Energie nicht mehr vollständig sich in Wärme umsetzen kann; dies aus dem einfachen Grund, weil die Agglomerationsmassen eine niedrigere Temperatur besitzen als der umgebende Weltenraum und daher stets Wärme aufnehmen. In unserer Zeit findet das Umgekehrte statt; die Wärme kann nicht mehr vollständig zu mechanischer Energie werden, weil immer ein Theil derselben an den kälteren Weltenraum abgegeben wird.

Die Entropie der Welt, welche durch das Verhalten der Wärme bestimmt wird, ist keine Erscheinung von absoluter Allgemeinheit, weil die Wärme nicht als Maass für alle Energien gelten kann. Durch Wärme lassen sich die Energien der Einzelbewegungen der Amere nicht ausdrücken. Die Entropie der Welt, wie sie formulirt worden ist, berücksichtigt bloss die mechanischen Bewegungen der als unveränderlich vorausgesetzten Atome und die Wärmeschwingungen des Aethers; es ist also nur eine partielle Entropie und sagt uns nichts über den Verwandlungsinhalt des Ganzen, zu welchem auch die Einzelbewegungen der Amere im Weltäther, im ponderabeln Aether und in den Atomkörpern gehören.

Ich suchte zu zeigen, wie auf natürlichem Wege die festen und flüssigen Massen wieder in die Zerstreuung der Gase zurückkehren können. Damit ist indessen nur ein Theil des gesammten Agglomerationsprocesses zurückverwandelt. Die Umkehr wurde nur so weit verfolgt, als dafür Anhaltspunkte in der Amertheorie gegeben sind. Mit ihrer Hülfe können wir uns recht gut vorstellen, dass die ponderabeln Massen wieder in die einzelnen Atome aufgelöst werden. Die Zerstreuung der Atome aber in die einzelnen Amere, die sehr wahrscheinlich ebenfalls eintritt, lässt sich nur denken, wenn wir die Grundlage der Amertheorie selber einer Analyse unterwerfen und wenn wir infolge derselben zu der Annahme gelangen, dass auch die Amere sich verändern. Es ist nun gewiss unstatthaft, die Amere als ewige und absolut unveränderliche Einheiten zu betrachten. Dieselben müssen, wie alle endlichen Dinge, sich umwandeln, und wenn mit der Umwandlung ihre dynamischen Eigenschaften andere werden, so kann auch eine Trennung derselben, also ein Zerfallen der Atome in die einzelnen Amere und eine Rückkehr in denjenigen Zustand der Zerstreuung, von dem die Betrachtung über die Zusammenballung in dieser Abhandlung ausgegangen ist, die Folge sein. Aber die Veränderung der Amere sowie die Ursachen derselben lassen sich jedenfalls zur Zeit noch nicht zum Vorwurf einer Hypothese machen.

---

10. Chemische Verwandtschaft. Adhäsion.

Zu den schwierigsten Aufgaben der Molecularphysik gehört eine naturgesetzliche Erklärung der chemischen Anziehung. Dieselbe muss drei Bedingungen genügen, welche anscheinend unter einander im Widerspruch sind:

1. Je 2 Atome, resp. Particelle zweier Atome, sie mögen verschiedenen chemischen Elementen oder auch dem nämlichen Element angehören, ziehen sich an und verbinden sich mit einander.

2. Mit der erfolgten Verbindung ist die chemische Anziehung erschöpft (gesättigt), so dass die verbundenen Atome oder Particelle sich gleichzeitig nicht mit anderen Atomen oder Particellen verbinden können.

3. In demselben mehrwerthigen Atom treten die Particelle bald selbständig auf, indem jedes einzelne eine Verbindung eingeht und

gesättigt wird, bald unselbständig, indem mehrere zusammen mit einem 1werthigen Atom oder mit einem Particell sich verbinden und dadurch unfähig zu gleichzeitigen andern Verbindungen werden.

Es dürfte unmöglich sein, diese Bedingungen ohne Hilfe der Amertheorie zu erfüllen, wie eine Besprechung der bisherigen Versuche zeigen wird. Dieselben stützen sich, wenn überhaupt eine Erklärung angestrebt wurde, auf die Elektricität. Dass bei der chemischen Anziehung die elektrischen Kräfte eine wichtige Rolle spielen, ist namentlich mit Rücksicht auf die elektrolytischen Erscheinungen schon lange erkannt worden. Die Wirksamkeit der Elektricität lässt sich auf zweierlei Weise denken: Entweder sind die chemischen Elemente an und für sich in verschiedenem Grade elektrisch und behalten constant diese Elektricität; oder ihre Elektricitäten werden erst bei der Annäherung frei und verlieren sich nach der Trennung wieder. Weder die eine noch die andere dieser Annahmen vermag uns eine Erklärung der chemischen Erscheinungen zu geben.

Was die erste Annahme betrifft, so lässt sie sich auf eine thatsächliche Grundlage zurückführen, insofern man die elektrische Spannungsreihe der Elemente als den Ausdruck für die Abstufung ihrer inhärenten wirksamen Elektricität ansieht. Aber aus dieser Elektricität allein lassen sich nicht alle chemischen Anziehungen ableiten. Dem widerstrebt entschieden die zweite der obigen drei Bedingungen. Wenn die chemischen Elemente infolge ihrer abgestuften Elektricitätsmengen eine grössere oder geringere Verwandtschaft zu einander besässen, so vermöchten die Atome des nämlichen Elements sich nicht mit einander zu verbinden, und dadurch würde die in Wirklichkeit vorhandene Constitution der Elementmoleküle, welche im allgemeinen aus je 2 Atomen zusammengesetzt sind, zur Unmöglichkeit. Die Atome eines Elements müssten im Gegentheil, da sie die gleiche Elektricität besitzen, einander abstossen. Die Abstossung müsste bei den an den beiden Enden der Spannungsreihe stehenden Elementen besonders auffallend sein, weil dieselben grössere Mengen positiver oder negativer Elektricität enthalten, so z. B. beim Sauerstoff. Aber im Widerspruche mit dieser Folgerung haften die beiden Atome eines Sauerstoffmoleküls so fest an einander, dass sie selbst noch bei hohen Temperaturgraden vereinigt bleiben. Die erste der beiden elektrochemischen Annahmen erweist sich also als unzureichend.

Nach der zweiten Annahme enthalten die Atome neutrale Elektricität, welche bei der Annäherung eines zweiten gleichen oder ungleichen Atoms zerlegt wird. Dies ist die Theorie von Berzelius und von Fechner. Infolge der Trennung der neutralen Elektricität vereinigen sich die frei werdenden, positiven und negativen Elektricitäten des einen und andern Atoms zum Theil mit einander, während der Rest getrennt in den beiden Atomen verharrt, so dass dieselben mit entgegengesetzter Elektricität geladen sind und sich dauernd anziehen. Diese Annahme, welche sich auf die Erscheinungen der Elektricitätserregung durch Berührung berufen kann, findet ihre thatsächliche Grundlage ebenfalls in der Spannungsreihe der Elemente, lässt aber die letztere in anderer Weise zu Stande kommen als die erste Annahme.

Für die Erklärung der chemischen Thatsachen erweist sich die zweite elektrochemische Theorie ebenso unzureichend. Wäre sie richtig, so müssten zwei Elemente sich um so stärker anziehen, je weiter sie in der Spannungsreihe von einander abstehen, weil diesem Abstand das elektromotorische Moment proportional wäre. Am geringsten wäre die Anziehung zwischen den Atomen des nämlichen Elements. Nun gibt es aber vielleicht keine einzige chemische Verbindung, welche nicht, mit bestimmten anderen Verbindungen verglichen, als Ausnahme von der ausgesprochenen Regel angeführt werden könnte. Was die Verwandtschaft zwischen den Atomen des gleichen Elements betrifft, so gibt es unter den bekannten Fällen bloss drei (Quecksilber, Cadmium und Zink), wo dieselbe so gering ist, dass die Atome bei der Verdampfung nicht zu Molekülen verbunden bleiben, während die Moleküle anderer Gase weit über ihrer Verdampfungstemperatur der Dissociation widerstehen. Am auffallendsten tritt diese grosse Anziehung zwischen den nämlichen Atomen bei den permanenten Gasen hervor, die eine sehr niedrige Verdampfungstemperatur besitzen und daher eine grosse Menge latenter Wärme in sich aufgenommen haben, welche den Zusammenhang der Moleküle zu lockern bestrebt ist. Unter den genannten Gasen zeigt der Stickstoff eine grössere Verwandtschaft zu sich selbst, als zu den meisten anderen Elementen.

Einen noch stärkeren Einwand gegen die elektrochemische Theorie von Berzelius und Fechner geben uns die ungesättigten Verbindungen und die wechselnde Valenz. Wenn die Atome durch

Vertheilung elektrisch würden, wenn somit die Elektricität das Atom verlassen und in das Atom eintreten könnte, so müsste dieselbe auch von einem Particell des mehrwerthigen Atoms auf die andern Particelle übergehen und sich über das ganze Atom verbreiten können. Dadurch würde das Particell die relative Selbständigkeit verlieren, welche ihm doch als Träger einer Werthigkeit zugestanden werden muss. Wenn beispielsweise ein Sauerstoffatom sich mit einem Kohlenstoffatom zu Kohlenoxyd verbindet, so fände zwischen den beiden Atomen diejenige elektrische Erregung statt, welche überhaupt bei der Berührung von Kohlenstoff und Sauerstoff möglich ist. Ein zweites Sauerstoffatom, welches herankäme, um mit dem Kohlenoxyd Kohlensäure zu bilden, würde mit seiner neutralen Elektricität entweder keine abermalige elektrische Vertheilung bewirken können, oder, wenn es möglich wäre, so müsste ein drittes Atom von Sauerstoff das Nämliche zu Stande bringen und sich mit dem Kohlenstoffatom verbinden. Wie wäre es ferner, wenn die Elektricitätserregung in der angegebenen Weise über die Verbindung entscheiden würde, bei wechselnder Valenz denkbar, dass z. B. das Chloratom von Wasserstoff oder Kalium, gegen welche Elemente es stark elektromotorisch ist, nur ein einziges Atom anzieht, während es von Sauerstoff, gegen welchen es schwach elektromotorisch ist, 4 Atome oder vielmehr 7 Particelle zu fesseln vermag. Die gleiche Erwägung gilt auch für Schwefel, Selen, Stickstoff, Brom, Jod bezüglich ihrer Verbindungen mit Sauerstoff und mit den Alkalien.

Wenn die gemachten Ausstellungen darthun, dass die elektrochemischen Theorien nicht die Eingangs aufgeführten drei Bedingungen zu erfüllen und alle Erscheinungen, welche die Atomverkettung darbietet, zu erklären vermögen, so soll damit nicht etwa ausgesprochen werden, dass die Elektricität bei der chemischen Anziehung nicht eine grosse Bedeutung habe und in manchen Fällen selbst die Hauptrolle übernehme. Aber neben ihr müssen auch die anderen, in den Atomen befindlichen Kräfte, namentlich die Isagität, berücksichtigt werden. Ferner muss die von der Amertheorie geforderte Annahme in vollem Maasse verwerthet werden, die Annahme, dass die Theilchen des Atomkörpers theilweise wandern, ohne denselben zu verlassen, dass also die dynamischen Mittelpunkte der verschiedenen

Elementarkräfte ihren Platz wechseln, ohne dass der Atomkörper einen Verlust oder einen Zuwachs an Kraft erfährt, und dass jedes einzelne Particell sich hierin dem Atomkörper gleich verhält. Die Werthigkeiten sind also constante Systeme von Kräften, deren innere Configuration sich verändert. Von den Ameren, welche die Träger dieser Kräfte sind, vereinigt zwar jedes alle Kräfte in sich, aber in ungleichem Maasse, und deswegen verschiebt sich für jede Kraft mit der Wanderung der Amere auch der Punkt, in welchem man sie sich bezüglich ihrer Wirkung nach aussen vereinigt denken kann, oder der dynamische Mittelpunkt.

Der Einfachheit wegen will ich als Beispiel zwei 1werthige Atome betrachten, welche zusammenkommen und auf einander einwirken, wobei ich aber im voraus bemerke, dass Alles, was sich hier ergibt, auch für die einzelnen Particelle der mehrwerthigen Atome Gültigkeit hat. Die Kräfte jedes Atoms befinden sich vor der Annäherung unter sich im Gleichgewicht. Infolge der gegenseitigen dynamischen Einwirkung, welche bei der Annäherung eintritt, wird dieses Gleichgewicht gestört; die gegenseitigen Anziehungen und Abstossungen bewirken eine Ortsveränderung der fortschrittsbeweglichen Theilchen und eine Orientirung der drehungsbeweglichen zusammengesetzten Theilchen (Amergruppen). Da die Kräfte der drei Paare (der dominanten, isagischen und elektrischen Kräfte) nur auf sich selber wirken, so sind sie getrennt zu betrachten.

Ich beginne mit den Dominantenkräften, deren Verhalten am einfachsten ist und daher am klarsten vorliegt. Die Gravitationsanziehung muss von der Entstehung der Atome her ihrer Natur nach in überwiegendem Maasse im Innern, die Aetherabstossung vorzugsweise unter der Oberfläche sich befinden. Nähern sich zwei Atome einander, so müssen diejenigen ihrer beweglichen Theilchen, welche mehr Gravitation als Aetherabstossung enthalten, nach den einander zugekehrten Seiten, die beweglichen Theilchen dagegen, in denen mehr Aetherabstossung als Gravitation vorhanden ist, nach den abgekehrten Seiten der Atomkörper fortrücken. Die dynamischen Centren der beiden Kräfte verschieben sich also in entgegengesetzter Richtung, und wenn sie ursprünglich central waren, so zeigen sie

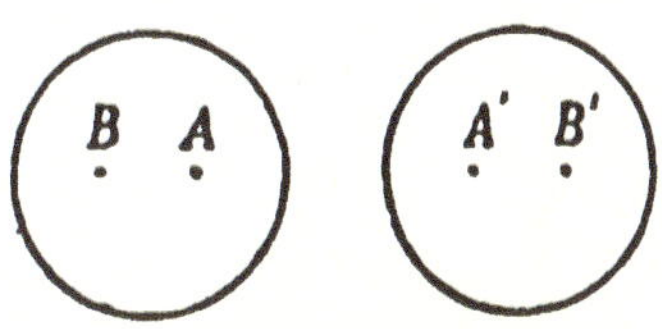

Fig. 32.

jetzt die Stellungen, die in Fig. 32 angegeben sind, wo A und A^1 die Centren der Gravitation, B und B^1 diejenigen der Aetherabstossung bedeuten.

Die Isagitäten haben sich bei der Bildung der Atome infolge der Anziehung gleichnamiger und der Abstossung ungleichnamiger Kräfte, soweit es möglich war, auf zwei Hälften des Atomkörpers vertheilt, so dass in dem vereinzelten Atom die eine Hälfte den grössern Theil der gesammten α-Isagität, die andere Hälfte den grössern Theil der gesammten β-Isagität besitzt, und dass somit für den Fall, in welchem beide Isagitäten in gleicher Menge vorhanden sind, ihre beiden Mittelpunkte sich wie die Brennpunkte eines Ellipsoids gelagert zeigen. Nähern sich zwei Atome einander, so haben sie das Bestreben, sich dergestalt zu orientiren, dass die dynamischen Centren der beiden Isagitäten einander opponirt sind, und ausserdem wandern die fortschrittsbeweglichen vorzugsweise isagischen Theilchen, soweit es möglich ist, gegen die zugekehrten Seiten hin, so dass die zwei verbundenen Atome die in Fig. 33 I dargestellte Lagerung der isagischen Mittelpunkte α, α^1, β, β^1 aufweisen. Ist eine solche Orientirung aus anderweitigen Ursachen unmöglich, oder ist die eine der beiden Isagitäten und zwar dieselbe in jedem Atom in beträchtlich grösserer Menge vorhanden als die andere, so werden die Atome nach der Annäherung auch das in Fig. 5 II dargestellte Bild zeigen.

Die beiden Figuren 33 I und II geben uns die Vorstellung von zwei besondern und extremen Fällen. Um das Gesetz kurz auszusprechen, so werden die beiden Atome sich stets so zu orientiren, und ihre fortschrittsbeweglichen Theilchen werden stets so zu wandern suchen, dass die Summe der isagischen Anziehungen den grössten

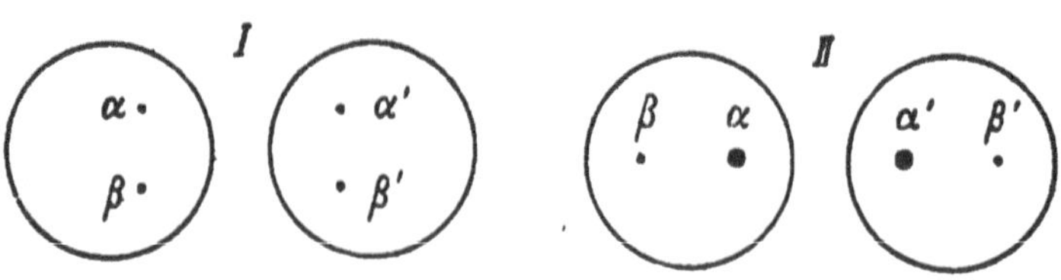

Fig. 33.

Ueberschuss über die isagischen Abstossungen ergibt. Die Summe der isagischen Anziehungen ist $\alpha \cdot \alpha^1 + \beta \cdot \beta^1$; die Summe der isagischen Abstossungen ist $\alpha \cdot \beta + \alpha \cdot \beta^1 + \alpha^1 \cdot \beta + \alpha^1 \cdot \beta^1$, wobei die Wirkungen aller Kräfte nach dem reciproken Verhältniss des Quadrats der Entfernung und als Componenten zu berechnen sind, die in einer mit der Verbindungslinie der beiden Atommittelpunkte parallelen Richtung wirken.

Was endlich das dritte Kräftepaar betrifft, so enthält jeder Atomkörper eine grössere Menge neutraler Elektricität und eine geringe, bei den verschiedenen chemischen Elementen wechselnde Menge positiver oder negativer Elektricität, welche den elektrischen Charakter der Elemente bestimmt, aber, da sie die Atome nicht verlassen kann, durch das Elektroskop nicht angezeigt wird. Die neutrale Elektricität besteht aus den sich compensirenden Mengen positiver und negativer Elektricität; sie ist vorzugsweise in der Gestalt von Amergruppen vorhanden, welche aus Ameren mit überwiegender entgegengesetzter Elektricität zusammengesetzt sind. Die freie Elektricität ist der Oberfläche genähert. Haben die zwei sich annähernden Atome ungleichnamige Elektricität, so bewegt sich dieselbe nach den zugekehrten, haben sie gleichnamige, so bewegt sie sich nach den abgekehrten Seiten hin. Ausserdem wird, weil durch die verschiedenen dynamischen Einwirkungen der Atome auf einander und durch die erfolgenden Wanderungen der Theilchen das frühere elektrische Gleichgewicht gestört wurde, eine grössere oder geringere Menge von neutraler Elektricität zerlegt, und die frei werdenden Elektricitäten nebst der bereits vorhandenen freien Elektricität haben das Bestreben, soweit es die Beweglichkeit der Amere erlaubt, sich in der Weise in jedem der beiden Atome zu vertheilen, dass der Ueberschuss der Anziehung über die Abstossung den grössten Betrag erreicht. Zugleich suchen die elektrisch neutralen Gruppen, welche nicht zerlegt werden, durch Drehung sich so zu orientiren, wie es der Vertheilung der freien Elektricitäten entspricht. Die dynamischen

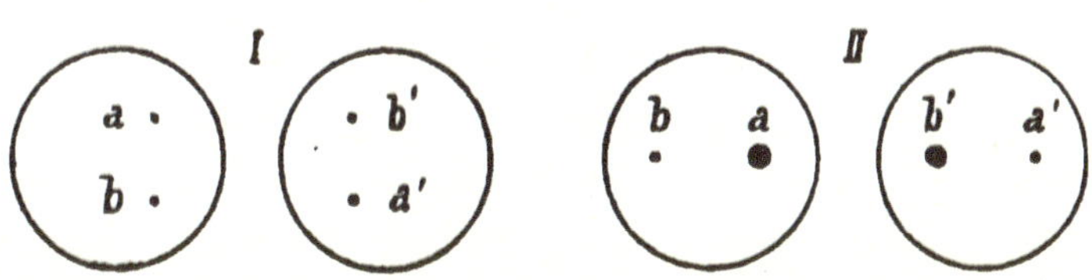

Fig. 34.

Mittelpunkte, die als der Ausdruck der gesammten anziehenden und abstossenden elektrischen Kräfte gelten können (a, b, a^1, b^1), werden bei den verschiedenen Combinationen der chemischen Elemente sehr verschiedene Stellungen zu einander einnehmen, welche zwischen den in den Figuren 34 I und II angezeigten extremen Stellungen sich bewegen müssen.

Es werden also bei der Annäherung zweier Atome die fortschrittsbeweglichen Theilchen in Bewegung gesetzt, so dass die einen sich nähern, die andern sich entfernen. Dabei treten sicher einzelne der beweglichsten Theilchen, sei es infolge der Anziehung oder der Abstossung, aus dem Atomkörper heraus und werden durch andere eintretende ersetzt. Die grosse Mehrzahl der fortschrittsbeweglichen Amere wird aber durch die Einwirkung der übrigen Kräfte im Atomkörper festgehalten und gewinnt hier die für die dynamischen Beziehungen günstigste Vertheilung.

Die chemische Anziehung zweier Atome besteht nun in der Summe der Anziehungen aller Elementarkräfte abzüglich der Summe aller Abstossungen. Sie ist eine Function der Zahl der Attractions- und Repulsionseinheiten in jedem Atom und der Entfernungen, auf welche diese Krafteinheiten nach erfolgter Annäherung wirksam sind. Dabei ist zu berücksichtigen, dass die einzelne Kraft nicht genau diejenige Stellung der Theilchen zu Stande gebracht hat, welche sie, wenn allein vorhanden, nach der gepflogenen Erörterung verursachen würde, sondern dass je die stärkere Kraft die schwächere verdrängte und dass sich ein Gleichgewicht zwischen allen Kräften herstellte, welches die grösstmögliche attractive Gesammtwirkung ergibt.

Bei dieser Gesammtwirkung sind die Elektricität und die Isagität maassgebend, aber bei verschiedenen Verbindungen in sehr ungleichem Verhältniss, indem bald die eine, bald die andere das entscheidende Moment bildet. Im allgemeinen können wir wohl sagen, dass bei der Verbindung von Elementen, welche in der elektrischen Spannungsreihe weit von einander entfernt sind, die Elektricität den Ausschlag gibt, bei nahe stehenden Elementen dagegen die Isagität. Am sichersten lässt sich wohl das Verhältniss der beiden Kräfte bei der Molekülbildung aus den Atomen des nämlichen Elements beurtheilen. Da die sich verbindenden Atome in diesem Falle den gleichen elektrischen Charakter haben, so kann, besonders wenn ihnen schon von Natur eine grössere Menge freier Elektricität zukommt, wie beispielsweise beim Sauerstoff, keine bedeutende elektrische Anziehung zu Stande kommen. Da die Atome aber auch den gleichen isagischen Charakter, also die gleiche Isagität im Ueberschuss besitzen, so muss bei der Annäherung eine beträchtliche isagische Anziehung sich ergeben. Ebenso dürfte die grosse chemische Verwandtschaft zwischen Sauerstoff und Schwefel, welche Elemente in der elektrischen Spannungsreihe Nachbarn sind, vorzugsweise auf der Wirkung der Isagität beruhen.

Wenn dagegen entschieden elektropositive und entschieden elektronegative chemische Elemente sich mit einander verbinden, so muss die elektrische Anziehung in der Regel sehr bedeutend ausfallen, während die isagische Wirkung unbekannt ist und bald einen grösseren, bald einen geringeren Betrag erlangen mag. Die Verbindung von Sauerstoff oder Schwefel mit Wasserstoff und mit den Alkalien lässt sich jedenfalls zur Genüge durch die Elektricität erklären. Es ist nicht unwahrscheinlich, dass die Verwandtschaft des Schwefels zu den Alkalien einerseits, zu dem Sauerstoff anderseits auf ungleichen Ursachen beruht, dass die erstere eine vorzugsweise elektrische, die letztere eine vorzugsweise isagische ist.

Da von den Dominantenkräften die Gravitationsanziehung in den chemischen Elementen immer grösser ist als die Aetherabstossung, so möchte man vielleicht erwarten, dass die erstere auch bei jeder chemischen Verbindung irgend eine Rolle spielen, und dass bei Elementen mit hohem Atomgewicht diese Rolle nicht unbedeutend ausfallen werde. Vergleichen wir Sauerstoff (Atomgewicht 1) und Quecksilber (Atomgewicht 200) mit einander, so beträgt die verhältnissmässige Anziehung durch die Schwere auf grössere (nicht moleculare) Entfernungen zwischen zwei Wasserstoffatomen 1 (nämlich $1 \cdot 1$), zwischen zwei Quecksilberatomen dagegen 40000 (nämlich $200 \cdot 200$). Nun ist aber diese Anziehung bloss ein winziger Theil der ganzen Gravitationsanziehung, welche zwischen zwei beliebigen Atomen (I und II) durch die Formel ausgedrückt wird

$$m_1 m_2 = A_1 A_2 - B_1 B_2,$$

wenn m_1 und m_2 die Masse oder das Gewicht, A_1 und A_2 die Summe der Gravitationskräfte, B_1 und B_2 die Summe der Aetherabstossungskräfte von I und II bezeichnen (S. 719, 757).

Für die Gewichtsanziehungen zwischen zwei Wasserstoffatomen (H) und zwischen zwei Quecksilberatomen (Hg) gelten die Gleichungen

$$H \cdot H = A_1^2 - B_1^2 \text{ oder } \qquad 1q^2 = A_2^2 - B_2^2$$
$$Hg \cdot Hg = A_1^2 - B_1^2 \text{ oder } 40000\,q^2 = A_2^2 - B_2^2,$$

wenn $H = 1q$ und $Hg = 200q$ gesetzt wird.

Für die Beurtheilung aller dieser Gleichungen sind die zwei sowohl von der ganzen Theorie als von der Erfahrung geforderten Annahmen von Wichtigkeit, 1. dass die Verhältnisse der Gravitationskräfte zu den Aetherabstossungskräften bei den verschiedenen chemischen Elementen, also $\frac{A_1}{B_1}, \frac{A_2}{B_2}, \frac{A_3}{B_3}$ u. s. w. im allgemeinen ungleiche Werthe darstellen, 2. dass die Summen der Gravitationskräfte in den Atomen der verschiedenen chemischen Elemente in einem andern Verhältniss zu einander stehen als die Atomgewichte. Aus den letzteren lässt sich somit kein Schluss auf eine bestimmte Intensität der Gravitationskräfte und der Aetherabstossungskräfte ziehen. Es wäre selbst möglich, dass das Wasserstoffatom eine ebenso grosse oder selbst eine grössere Summe von Gravitationskräften enthielte als das Quecksilberatom, wenn die Summe der Aetherabstossungskräfte in entsprechendem Maasse erhöht wäre. Ich habe schon oben (S. 758) gezeigt, worauf die verschiedenen Atomgewichte beruhen. Wegen der grossen Bedeutung, die man oft den Atomgewichten in chemischer Hinsicht beizulegen geneigt ist, will ich noch an zwei Beispielen zeigen, wie die ungleichen Gewichte des Wasserstoffs und des Quecksilbers zu Stande kommen können.

In der Gleichung $AA_1 - BB_1 = mm_1$ bedeute A die Summe der Gravitationskräfte der Erde, B die Summe ihrer Aetherabstossungskräfte und m ihre Masse oder ihr Gewicht, A_1, B_1 und m_1 die entsprechenden Grössen eines Wasserstoffatomes. Die Gleichung $AA_2 - BB_1 = mm_2$, sowie die Zeichen A_2, B_2 und m_2 gelten für ein Quecksilberatom. Wenn $A = 1000000000001\,Q$, $B = 1000000000000\,Q$, ferner

$$1 \begin{cases} A_1 = 1{,}00001\,q, & B_1 = 1{,}00\,q, \text{ so folgt } mm_1 = 10000001\,Qq \\ A_2 = 1{,}002\,q, & B_2 = 1{,}00\,q, \quad \text{»} \quad mm_2 = 2000000001\,Qq \end{cases}$$

$$2 \begin{cases} A_1 = 0{,}013\,q, & B_1 = 0{,}01299\,q, \quad \text{»} \quad mm_1 = 10000000013\,Qq \\ A_2 = 0{,}012\,q, & B_2 = 0{,}0100\,q, \quad \text{»} \quad mm_2 = 2000000000012\,Qq \end{cases}$$

In beiden Beispielen besteht das gleiche Verhältniss zwischen dem Atomgewicht des Wasserstoffes und demjenigen des Quecksilbers, nämlich 1 : 200. In dem ersten Beispiel aber ist A_2 grösser als A_1, in dem zweiten dagegen ist A_2 kleiner als A_1, also die Summe der Gravitationskräfte im Quecksilberatom kleiner als im Wasserstoffatom[1]).

Das Atomgewicht kann aber um so weniger Anspruch auf Berücksichtigung bei der Beurtheilung chemischer Vorgänge erheben, als die Gewichtsanziehung ebenso wie gegenüber der Wirkung der Dominantenkräfte, so auch gegenüber den elektrischen und isagischen Anziehungen und Abstossungen höchst unbedeutend ist, und weil es bei der im Verhältniss zur Schwerkraft ungeheuren Menge der Gravitations- und Aetherabstossungskräfte viel mehr als auf die genaue Quantität derselben, darauf ankommt, welche Bruchtheile der einen und andern im Atom beweglich sind und die für die Anziehung günstigste Lage anzunehmen vermögen. — Man kann sich daher nicht im geringsten verwundern, dass die Quecksilberatome mit dem hohen Atomgewicht 200 und der gegenseitigen Schwereanziehung von 40000 bei der Verdampfungstemperatur nicht zu Molekülen sich zu verbinden vermögen, während die Wasserstoffatome mit dem Atomgewicht 1 und der gegenseitigen Gewichtsanziehung von 1 noch sehr hoch über der (unbekannt tiefen) Verdampfungstemperatur zu Molekülen verbunden bleiben, und das Kohlenstoffatom mit dem Atomgewicht 12 und der gegenseitigen Gewichtsanziehung von 144 bei keinem erreichbaren Temperaturgrad sich von den anderen Kohlenstoffatomen ablöst.

Die am meisten charakteristische Erscheinung der chemischen Anziehung ist die mit dieser Anziehung erfolgende Sättigung. Dieselbe zeigt sich am einfachsten bei dem einwerthigen Atom, welches, nachdem es eine Verbindung eingegangen hat, keine zweite eingehen kann, ohne die erste zu lösen. Das Atom übt also im Sättigungszustande eine einseitige chemische Wirkung aus. Die freien Seiten, die ihm übrig bleiben, können keine chemische An-

---

[1]) Die numerischen Werthe für A_1, B_1, A_2 und B_2 sind wie oben (S. 758) willkürlich gewählt. In Wirklichkeit ist für ein gleiches Gewicht die Differenz zwischen den Gravitationskräften und den Aetherabstossungskräften im Wasserstoff kleiner, im Quecksilber grösser als in der Erde.

ziehung mehr zu Stande bringen. Daraus folgt, dass entweder Gestalt und Bau des Atoms in der Art unsymmetrisch sind, dass es an einer Seite eine eigenartige Wirksamkeit besitzt, — oder dass diese Einseitigkeit bei der Annäherung zweier Atome gegen einander zu Stande kommt. Ich habe im Sinne der Amertheorie zu zeigen gesucht, dass das letztere jedenfalls eintreten muss, auch wenn das Atom im ursprünglichen, d. h. im freien Zustande, in welchem keine anderen Atome dasselbe aus unmittelbarer Nähe beeinflussen, auf allen Seiten gleich gebaut ist. Die auf diese Weise erlangte Einseitigkeit besteht darin, dass die Elementarkräfte der sich verbindenden Atome in die für die Anziehung möglichst günstige Lage, nämlich die Attractionskräfte in die möglichst geringste, die Repulsionskräfte in die möglichst grösste Entfernung gebracht wurden. Zwei 1werthige Atome, die sich mit einander zu einem Molekül verbunden haben, befinden sich daher gegenüber anderen Atomen in dynamisch ungünstigerer Verfassung, indem sie auf dieselben eine geringere Anziehung ausüben als im freien Zustande. Deswegen können drei 1werthige Atome sich nicht mit einander verbinden; ein aus drei Atomen Wasserstoff bestehendes Molekül ist eine Unmöglichkeit. Kommt aber ein Atom mit beträchtlich grösserer Verwandtschaft in unmittelbare Nähe eines Moleküls und vermag dasselbe die Kräfte in dem einen Atom dieses Moleküls anders zu orientiren, so löst sich die bisherige Verbindung und es entsteht eine neue. So zersetzen Chloratome die Wasserstoffmoleküle und bilden Salzsäuremoleküle.

Treten mehrwerthige Atome in eine Verbindung ein, so finden zwar ganz analoge Erscheinungen statt, wie die eben geschilderten, aber doch mit besonderen Modificationen. Es verbindet sich zwar ebenfalls in der Regel ein Particell mit einem andern, wie es 1werthige Atome thun. Aber das Particell wirkt dynamisch nicht bloss auf das mit ihm verbundene, sondern überdem auf alle Particelle des Moleküls ein. Die Sättigung hat daher bei mehrwerthigen Atomen eine etwas andere Bedeutung als bei 1werthigen. Man darf nicht etwa annehmen, dass die chemischen Kräfte eines Particells oder 1werthigen Atoms durch die Verbindung vernichtet oder dergestalt in Anspruch genommen wären, dass dieselben gleichzeitig keine andere Wirkung auszuüben vermöchten. Denn keine Kraft wird dadurch, dass sie ein Object ihrer Anziehung oder Abstossung findet, für andere Objecte schwächer. Sie wirkt immer und überall hin im umgekehrten Verhältniss des Quadrats der Entfernung.

Um das einfachste Beispiel zu wählen, so sind in einem Molekül, das aus zwei 2werthigen Atomen besteht (Fig. 35), die vier folgenden dynamischen Beziehungen als Gesammtanziehung wirksam: $df + dg + ef + eg$, und nicht etwa bloss die Anziehungen zwischen den opponirten Particellen $df + eg$. Ebenso haben bei der Annäherung und Verbindung der beiden Atome nicht lediglich die ein-

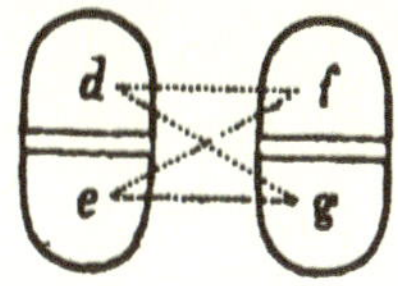

Fig. 35.

ander opponirten Particelle, einerseits *d* und *f*, anderseits *e* und *g*, ihre fortschrittsbeweglichen Theilchen durch Einwirkung auf einander angeordnet, sondern jedes Particell hat die dynamische Einwirkung aller anderen erfahren und seine der Wanderung fähigen Kräfte in der Weise angelagert, dass die grösstmögliche Gesammtanziehung zwischen den beiden Atomen mit Gleichgewicht zwischen allen Theilen hergestellt wurde. Der dynamische Gesammtschwerpunkt in jedem Particell (z. B. *d*) liegt also etwas näher der Grenze gegen das Schwesterparticell (*e*) als es der Fall wäre, wenn ersteres (*d*) ein 1werthiges Atom wäre und bloss einem anderen 1werthigen Atom (*f*) gegenüber stände.

Der Beweis für die Annahme, dass ein Particell nicht bloss mit dem ihm opponirten, das von ihm »gesättigt« wird, sondern auch mit den benachbarten Particellen dynamisch verbunden ist, lässt sich in Fällen der unvollständigen Sättigung thatsächlich erbringen. Bei unvollständiger Sättigung ergibt nämlich die genannte Annahme eine andere Stellung der Atome und einen anderen Grad der Festigkeit, als man nach der gewöhnlichen Ausdrucksweise erwarten möchte. Am einfachsten lässt sich die Frage erörtern für

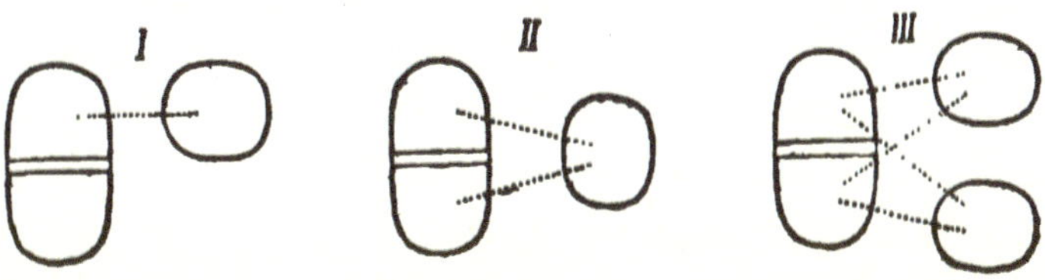

Fig. 36.

den Fall, dass ein 1werthiges Atom mit einem 2werthigen eine ungesättigte Verbindung bildet. Wenn bloss Particell auf Particell und Werthigkeit auf Werthigkeit wirken würde, so wäre die Stellung der Atome die in Fig. 36 I angegebene. Der naturgemässen Annahme entspricht aber allein Fig. 36 II, wo das 1werthige Atom von den beiden Particellen des 2werthigen angezogen wird und diejenige Lage annimmt, welche der grössten Anziehung entspricht. Es ist klar, dass in dieser mittleren Stellung das 1werthige Atom durch die zwei Particelle fester gebunden wird als in der andern Stellung (Fig. 36 I), wo es nur die Einwirkung des einen Particells erfährt.

Beständen die dynamischen Beziehungen bloss zwischen den zwei einander gegenüber stehenden Werthigkeiten (Particellen oder 1werthigen Atomen), so wäre das 1werthige Atom in der ungesättigten Verbindung (Fig. 36 I) genau mit der halb so grossen Kraft gebunden, als die beiden 1werthigen Atome zusammen in der gesättigten Verbindung (wie Fig. 36 III). Wirken dagegen alle Werthigkeiten dynamisch auf einander ein, wie es die punktirten Linien in den Figuren 36 II und III andeuten, so ist die Bindung in dem ungesättigten Molekül (Fig. 36 II) mehr wie halb so stark als in dem gesättigten (Fig. 36 III). Ein bestimmtes Verhältniss zwischen der Stärke der beiden Bindungen lässt sich aber nicht angeben, da dieselbe von der Menge und Kraftbegabung der fortschrittsbeweglichen Amere in den Atomen, sowie von der Gestalt und dem Bau der Atome bedingt wird. — Dass die in Wirklichkeit vorhandene Festigkeit der Stellung in Fig. 36 II entspricht, wird durch die Bildungswärme der Verbindungen erwiesen. Dieselbe ist für

Quecksilberchlorür	$HgCl$	41275 cal.	Differenz 18115 cal.
Quecksilberchlorid	$HgCl_2$	63160 »	

Wenn also ein (in diesem Falle 1werthiges) Atom Chlor sich mit dem 2werthigen Atom Quecksilber verbindet, so werden 41275 Wärmeeinheiten frei. Tritt dann das zweite Atom Chlor in das Molekül ein, so werden bloss noch 18115 Wärmeeinheiten frei. Das erste Atom Chlor war also in der ungesättigten Verbindung mit ungefähr $\frac{2}{3}$ von der Kraft gebunden, welche die beiden Atome Chlor in der gesättigten Verbindung festhält. Die nämliche Erscheinung zeigt sich bei der Brom- und Jodverbindung. Die Bildungswärmen sind nämlich für

Quecksilberbromür	$HgBr$	34 145 cal.	Differenz 16405 cal.
Quecksilberbromid	$HgBr_2$	50 550 »	

Quecksilberjodür	HgJ	24 220 cal.	Differenz 10090 cal.
Quecksilberjodid	HgJ_2	34 310 »	

Ein analoges Resultat wird sich stets ergeben, wenn eine ungesättigte Verbindung in eine gesättigte übergeht. Bei der Bildung von Kohlenoxyd und Kohlensäure besteht wohl nur eine scheinbare Ausnahme. Wenn ein einziges 2werthiges Sauerstoffatom mit dem 4werthigen Kohlenstoffatom sich verbindet, so muss naturgemäss jedes Particell des ersteren mit zweien des letzteren in dynamischer Beziehung sein und analog wie in Fig. 31 *c* und *d* (S. 768) eine mittlere Stellung zwischen denselben einnehmen. Tritt das zweite Atom Sauerstoff hinzu, so sind die vier Sauerstoffparticelle den vier Kohlenstoff particellen opponirt. Mit dieser naturgemässen Annahme sind die Bildungswärmen in scheinbarem Widerspruch.

Bei der Verbrennung von Kohlenstoff zu Kohlenoxyd (CO) werden auf 1 Molekül CO 28 800 cal. frei. Verbrennt Kohlenoxyd zu Kohlensäure (CO_2), so werden 68 200 cal. frei, und dem entsprechend ist die Verbrennungswärme von C zu CO_2 97 600 cal. Aus dem Umstande, dass die Bildungswärme von CO aus C und O mit 28 800 cal. viel kleiner ist als die Bildungswärme von CO_2 aus CO und O mit 68 200 cal., darf man aber nicht schliessen, dass das erste Atom O von C mit geringerer Kraft festgehalten werde als das zweite, weil die Bildungswärmen in diesem Falle nicht direct vergleichbar sind. Wenn Kohle in Kohlenoxyd übergeht, so muss das mit grosser Kraft festgehaltene Kohlenstoffatom weggerissen und frei gemacht werden; es muss nämlich die Kohle aus dem festen in den flüssigen Zustand übergehen, was durch Wärme allein erst bei einer noch nicht herstellbaren Temperatur geschieht, und sie muss überdem im Kohlenoxyd gasförmig werden. Für diese physikalischen Veränderungen wird eine unbekannte, aber jedenfalls sehr beträchtliche Wärmemenge verbraucht, die zu der Bildungswärme des Kohlenoxyds hinzu zu addiren ist und diese letztere in ein ganz anderes Verhältniss zur Bildungswärme der Kohlensäure bringen muss, als die angeführten Zahlen besagen.

Bis jetzt habe ich von den dynamischen Beziehungen gesprochen, in denen innerhalb eines Moleküls die Atome zu den gegenüberstehenden Atomen sich befinden, und welche die eigentliche chemische Verwandtschaft bedingen. In allen Molekülen, die aus drei und mehr Atomen zusammengesetzt sind, müssen solche Beziehungen auch zwischen den übrigen Atomen bestehen. Ein Beispiel hiefür geben uns die zwei 1werthigen Atome in Fig. 36 III (S. 795), deren gegenseitige Bindung als collaterale bezeichnet werden kann. Denn auch in den collateralen Atomen eines Moleküls bedingen die Attractions- und Repulsionskräfte nothwendig eine mehr oder weniger beträchtliche Wanderung der fortschrittsbeweglichen Amere und eine unter den übrigen Umständen möglichst grosse Anziehung. Im allgemeinen stehen diese collateralen Bindungen den opponirten an Festigkeit merklich nach; es ist aber kein Grund vorhanden, warum sie nicht in besonderen Fällen die letzteren selbst übertreffen sollten.

Sind die Moleküle nicht vereinzelt, wie in den meisten Gasen, sondern an andere Moleküle angrenzend, so werden zwischen den Atomen des einen und denen des anliegenden Moleküls ebenfalls Atomkräfte wirksam. Es findet ein analoger Vorgang statt, wie zwischen den collateralen Atomen des nämlichen Moleküls, aber im allgemeinen mit noch geringerem Erfolg, da die Atome eines jeden Moleküls wegen der beim Verbindungsakt zu Stande gekommenen specifischen Anordnung ihrer Elementarkräfte bereits die festeste Bindung gewonnen haben. Immerhin ist es nothwendig, dass die an einander stossenden Atome zweier Moleküle ihre fortschrittsbeweglichen und drehungsbeweglichen Theile und damit ihre Attractions- und Repulsionskräfte so günstig für ihre gegenseitige Anziehung anordnen, als es die bereits vorhandenen allseitigen dynamischen Beziehungen gestatten.

Ich habe die Beziehungen der Atome (Particelle) eines Moleküls als opponirte und collaterale unterschieden. Da diejenige Seite eines Atoms, welche sich am Molekül aussen befindet, als Rückenseite bezeichnet werden kann, so lassen sich die Beziehungen der an einander stossenden Atome zweier Moleküle dorsale nennen. Das Verhältniss zwischen der opponirten Affinität (die collaterale ist zu wenig bekannt) und der dorsalen zeigt die allergrössten Verschiedenheiten. Im allgemeinen überwiegt zwar die erstere bedeutend, aber es können beide auch nahezu gleich sein. Der letztere extreme Fall trifft, wenn wir bloss die Moleküle der chemischen Elemente berücksichtigen, einerseits beim Quecksilber ein, wo beide Affinitäten sehr schwach sind, und wo die Atome des Moleküls im gleichen Augenblick sich von einander trennen, in welchem die Moleküle sich ablösen und gasförmig werden, — anderseits beim Kohlenstoff, wo beide Verwandtschaften so gross sind, dass sie bis jetzt durch Wärme allein nicht überwunden werden konnten. Den anderen extremen Fall finden wir bei den permanenten Gasen, wo die opponirte Verwandtschaft sehr gross, die dorsale äusserst gering ist, indem die Moleküle schon bei den allerniedrigsten Temperaturen getrennt, die Atome aber bei den höchsten noch verbunden sind. Zwischen diesen beiden Extremen, — Quecksilber und Kohlenstoff einerseits, Wasserstoff, Stickstoff und Sauerstoff anderseits, — bewegen sich alle übrigen Elemente.

Wenn die Atomkräfte als Centralkräfte wirksam wären, so würden die nämlichen zwei Atome oder Atomparticelle auf gleiche Entfernung immer die gleiche Anziehung auf einander ausüben, was aller Erfahrung widerspricht. Sind aber, entsprechend der Amertheorie, die Theilchen in den Atomkörpern bis zu einem gewissen Grad beweglich, so kann die Anziehung zwischen zwei Atomen alle möglichen Abstufungen zeigen, je nachdem dieselben gleichzeitig von andern Atomen mehr oder weniger stark in Anspruch genommen und in ihren beweglichen Kräften orientirt sind. Nehmen wir als Beispiel das Wasserstoff- und Sauerstoffatom. Dieselben sind im gasförmigen Wassermolekül am festesten verbunden, weil sie ihre Kräfte bloss mit Rücksicht auf einander, also auf die günstigste Art anordnen. Im Hydroxyl eines gasförmigen Moleküls ist die Verbindung schon etwas lockerer, weil auf beide Atome, besonders aber auf das betreffende Sauerstoffparticell noch andere Atomkräfte, wenn auch nur in geringem Maasse einwirken. Noch geringere Verwandtschaft, und zwar in allen möglichen Graden, haben ein Wasserstoffatom und ein Sauerstoffparticell zu einander, wenn sie im nämlichen Molekül collateral sind, oder wenn sie verschiedenen Molekülen angehören und in festen Körpern unmittelbar neben einander zu liegen kommen, also in dorsaler Beziehung sich befinden.

Ebenso ist es einleuchtend, dass zwei Moleküle an ihren verschiedenen Seiten ungleiche Verwandtschaft zu einander haben.

Nehmen wir den einfachsten Fall, die gleichen zwei aus 1werthigen Atomen bestehenden Moleküle (z. B. Kaliumjodid KJ, insofern J wirklich einwerthig ist). Dieselben können in symmetrischer Weise auf 7 verschiedene Arten sich neben einander lagern, von denen jede eine andere Verwandtschaft bedingt. Bei stärker zusammengesetzten Verbindungen steigt die Zahl der möglichen Stellungscombinationen in rasch zunehmender Progression. Legen sich die Moleküle aus einer Lösung an einander an, so können sie ihrer Neigung folgen und diejenigen Seiten einander zukehren, welche die grösste Anziehung ergeben. Auf diese Weise bilden sich abgeschlossene Gruppen (Pleone[1]), Molekülvereinigungen, die aus einer bestimmten, meist geringen Zahl von Molekülen bestehen und in verschiedener Beziehung sich wie ein einziges Molekül verhalten. Aus 2 Molekülen bestehen die Pleone des Alauns. Eine besondere Gruppe bilden die Hydropleone, indem 1 oder 2 Moleküle einer Verbindung sich mit Wassermolekülen vereinigen, die als Pleonwasser zu bezeichnen sind, da das eigentliche Hydratwasser einen integrirenden Bestandtheil eines Moleküls bildet. Es können sich bis auf 10 Wassermoleküle mit 1 Salzmolekül (Natriumsulfat) und bis auf 24 Wassermoleküle mit 2 Salzmolekülen (Kalium-Aluminium-Doppelsulfat) vereinigen.

Die abgeschlossenen Vereinigungen der Pleone bestehen aus ungleichen Molekülen. Wenn gleiche Moleküle sich an einander ordnen, so können an die freien Seiten sich immer wieder neue Moleküle in der nämlichen Weise anlegen. Es bildet sich eine ungeschlossene Vereinigung, die unter günstigen Umständen unbegrenzt fortwachsen kann und die man als Krystall bezeichnet. Da die Pleone im allgemeinen, ähnlich wie die Moleküle, auf ihren verschiedenen Seiten ungleiche dynamische Beschaffenheit besitzen und ungleiche Verwandtschaft äussern, so können sie ebenfalls sich in bestimmten Richtungen an einander lagern und Krystalle bilden.

Die Anziehungen zwischen den Molekülen bedingen, sofern diese dem nämlichen Körper angehören, die Cohäsion und, sofern sie verschiedenen Körpern angehören, die Adhäsion. Unter den Adhäsions-

1) Theorie der Gärung. Molekülvereinigungen S. 121.

erscheinungen ist die bemerkenswertheste die Benetzung fester und die Imbibition organisirter Körper. Gewisse Substanzen haben grosse Flächenanziehung zu Wasser und benetzen sich an ihrer Oberfläche. Sind sie porös, so nehmen sie dasselbe in ihr Inneres auf. Die organisirten Körper bestehen aus Micellen, d. h. aus getrennten Theilchen mit krystallinischem Bau, die aus zahlreichen Molekülen zusammengesetzt und wie Krystalle entstanden sind, ohne die regelmässige Form der Krystalle zu besitzen. Die Imbibition ist nichts anderes als die Benetzung dieser Micelle, indem sich jedes mit einer Wasserhülle umgibt.

Die Flächenanziehung vermag nur eine äusserst dünne Wasserschicht festzuhalten. Deswegen kann der organisirte Körper, wenn er ausgetrocknet war, nur eine bestimmte Menge Wasser aufnehmen und, indem seine Micelle infolge der Benetzung auseinander weichen, sein Volumen nur um einen bestimmten Betrag vergrössern. Werden mit Wasser durchdrungene Stärkekörner gedrückt, Membranen gezerrt oder Fasern gebogen, so erfahren ihre Micelle eine entsprechende Verschiebung, und die mit Wasser gefüllten Zwischenräumc zwischen denselben werden theils grösser, theils kleiner, wie dies in den nichtmicellösen Körpern mit den von ponderabelm Aether erfüllten Zwischenräumen zwischen den Atomen der Fall ist. Bleibt die mechanische Einwirkung innerhalb gewisser Grenzen, so kehrt nach ihrem Aufhören der ursprüngliche Zustand in der äussern Form und in der innern Configuration des organisirten Körpers zurück.

Auch nichtmicellöse Substanzen (z. B. Glas) benetzen sich mit Wasser und in die capillaren Räume eines Pulvers dringt das Wasser mit einer gewissen Kraft ein. Wären die Theilchen des Pulvers so klein wie die Micelle, wären somit die trennenden Wasserhüllen derselben viel zahlreicher, so würde auch eine Volumenzunahme des sich imbibirenden Pulvers bemerkbar werden.

Die Thatsache, dass zwischen die Micelle Wasser eindringt und sie auseinander treibt, beweist, dass die organische Substanz eine grössere Anziehung auf Wasser ausübt als auf die organische Substanz selber. Aber es dringt in einen micellösen Körper nur eine gewisse Menge Wasser ein; die Micelle werden durch dasselbe nur bis auf eine bestimmte Entfernung auseinander gerückt. Es bedarf selbst, um sie weiter von einander zu entfernen, einer äusseren Kraft, wie eine äussere Kraft nothwendig ist, um sie mehr zu nähern. Dies beweist, dass die Substanz des Micells bloss in nächster Nähe das Wasser stärker anzieht als eine gleich grosse Menge Substanz, und dass über eine bestimmte Entfernung hinaus, welche als Gleichgewichtslage zu bezeichnen ist, die dynamischen Beziehungen sich umkehren.

Wir können, wie ich es schon früher gethan habe[1]), dieses Verhalten in symbolischer Weise durch die Formel der Gleichgewichtslage ausdrücken, $\frac{A}{d^p} = \frac{B}{d^{p+q}}$, wenn A die Anziehung zwischen zwei Volumeneinheiten der Substanz, B die Anziehung zwischen einer solchen Volumeneinheit Substanz und einer Volumeneinheit Wasser und d den Abstand der Mittelpunkte dieser Volumeneinheiten bezeichnet. Doch hat eine solche Aushilfsformel bloss eine vorläufige empirische Bedeutung, indem sie eine Umschreibung, nicht eine Erklärung der Erscheinung gibt. Wenn die theoretische Forderung der Physik erfüllt werden soll, dass jede Anziehung nur im umgekehrten Verhältniss des Quadrats der Entfernung wirken kann, so ist bloss Eine Annahme möglich, nämlich die, dass die oberflächliche Partie des Micells auf die angrenzende Wasserschicht eine grössere Anziehung ausübe als die innere Substanz des Micells auf das übrige Wasser, und dass jene Anziehung grösser sei als die des ganzen Micells auf ein anderes Micell, wobei natürlich stets gleiche Volumina zu verstehen sind. Dadurch wird die vollständige Annäherung der Micelle bei Vorhandensein von Wasser verhindert. Es muss aber zugleich, sobald eine geringe Entfernung überschritten ist, die Anziehung von Substanz zu Substanz grösser sein als die Anziehung von Substanz zu Wasser, sonst würden sich die Micelle unbegrenzt von einander entfernen und in Micellarlösung übergehen.

Jene einzig mögliche Annahme wird durch die Einwirkung der Moleküle auf einander erfüllt, welche nach der Amertheorie stets vorhanden sein muss, und welche eine der grössten gegenseitigen Anziehung entsprechende Anordnung der beweglichen Theilchen in den Atomkörpern verursacht. Es wird also die dynamische Beschaffenheit der oberflächlichen Moleküle der Micelle einerseits und der angrenzenden Wassermoleküle andrerseits im Sinne einer gesteigerten Verwandtschaft geändert. Dieser Vorgang ist selbst-

---

1) Die Stärkekörner (1858) S. 333.

verständlich ein specifischer, indem das Wasser zu jeder anderen chemischen Verbindung einen anderen Grad der Verwandtschaft äussert. Es gibt Körper, welche sich gar nicht benetzen und somit eine sehr geringe Anziehung zu Wasser kundgeben; unter den organischen Verbindungen gehören dazu die sauerstoffarmen Verbindungen, Fette, Wachse, Stearoptene, Harze, Kautschuk.

Je nach der Stärke der Einwirkung macht sich dieselbe auf eine geringere oder grössere Entfernung geltend. Es ist denkbar, dass von den Micellen der einen Substanzen nur eine einzige Schicht von Wassermolekülen, von andern 2 und 3 Molekülschichten stärker angezogen werden, so dass zwischen je zwei Micellen, mit Ausschluss der grösseren Interstitien an den Ecken, sich 2 bis 4 und 6 Schichten von Wassermolekülen befinden, und dies reicht zur Erklärung aller Erscheinungen der Imbibition vollständig aus[1]).

Die Wassermolekülschichten, welche in der angegebenen Weise von der Micelloberfläche festgehalten werden, haben im Vergleich mit dem übrigen Wasser ihre dynamische Beschaffenheit etwas verändert. Diese Aenderung ist durch Wanderung von beweglichen Theilchen in ihren Atomen eingetreten, welcher eine analoge Dislocation in den Atomen der Micelloberfläche entspricht. Daraus ergibt sich zugleich die Annahme, dass die betreffenden Wassermoleküle unbeweglicher werden, dass sie nicht mehr beliebig nach allen Richtungen sich drehen und fortbewegen, sondern ihren Abstand und ihre Orientirung zur Micelloberfläche bewahren, zu welcher sie sich entsprechend der stärksten Verwandtschaft gerichtet haben, — eine Annahme, die übrigens schon aus anderen Gründen nothwendig war[2]).

Gleichgewicht zwischen zwei einzelnen Micellen, wenn sich dieselben allein im Wasser befänden, würde dann vorhanden sein, wenn sie so weit von einander entfernt wären, dass die gegenseitige Anziehung der beiden Micelle gleich käme der Anziehung zwischen ihren oberflächlichen Molekülen und den die Micelle trennenden Schichten von Wassermolekülen sammt der Anziehung zwischen den ganzen Micellen und den durch sie verdrängten Wassermassen. Daraus ergeben sich die Bedingungen für das Gleichgewicht der

1) Theorie der Gärung. Molekülvereinigungen S. 147 ff

2) Ebendaselbst S. 129 und 133.

Gesammtheit der Micelle in imbibirten organischen Körpern. Der Abstand der Micelle hängt von der Massenanziehung zwischen denselben, von der Massenanziehung zwischen den Micellen und dem Wasser und von den Berührungs- oder Adhäsionskräften ab, welche zwischen der Oberfläche der Micelle und den nächsten Wassermolekülen wirksam werden. Für gleiche chemische Beschaffenheit der Micellsubstanz und der Imbibitionsflüssigkeit wird der Abstand mit dem Grösserwerden der Micelle kleiner, weil die Oberflächenkräfte, mit welchen sie die wässrige Flüssigkeit anziehen, nach der zweiten Potenz des Radius, die Anziehung zwischen den Micellkörpern dagegen nach der dritten Potenz wächst.

Die Eigenthümlichkeiten der chemischen Anziehung und der Adhäsionsanziehung lassen sich nach der Amertheorie, wie es in dem Vorstehenden geschehen ist, durch Ortsveränderung beweglicher Theilchen in den Atomen erklären. Dass eine solche Ortsveränderung wirklich stattfinde, dafür bestehen zwei entscheidende Gründe, ein theoretischer und ein empirischer. Was die Theorie betrifft, so sind die Atome ihrer Entstehung gemäss Systeme von elastischen, in Bewegung befindlichen Ameren. Die Bewegungen der Amere müssen, je nach den dynamischen Beziehungen derselben, ungleicher Natur sein; ausser schwingenden muss es auch fortschreitende geben. Daraus folgt beim Eintritt einer äusseren dynamischen Einwirkung nothwendig eine Ortsveränderung dieser fortschrittsbeweglichen Amere.

Was die Erfahrung betrifft, so zeigen uns alle chemischen und Adhäsionserscheinungen, dass die dynamischen Eigenschaften der Atome nicht constant sind, sondern unter verschiedenen Umständen eine bestimmte Veränderung erfahren, welche ohne eine Wanderung der kraftbegabten Theilchen unmöglich erschiene. Wären die Eigenschaften der Atome beständig, so müsste man erwarten, dass ein Molekül die Summe aus den Eigenschaften seiner Atome darstellte, dass also auch die Schmelz- und Siedepunkte einer Verbindung, welche von dem Grade der Adhäsion zwischen den Molekülen abhängen, gewissermaassen in der Mitte lägen zwischen dem Schmelz- und Siedepunkte ihrer constituirenden Elemente. Diese Erwartung wird aber häufig getäuscht, indem die Verbindungen in der genannten Beziehung über ihre Constituenten hinausgreifen.

Betrachten wir beispielsweise das Wasser, das aus zwei permanenten Gasen entstanden ist. Die Sauerstoffmoleküle, aus 2 Atomen O bestehend, haben eine so geringe Verwandtschaft zu einander, dass sie bei den niedrigsten Temperaturen noch nicht zu einer Flüssigkeit sich vereinigen, was wohl nur durch die Anwesenheit einer Aetherhülle von beträchtlicher Mächtigkeit erklärt werden kann. Eben so verhält es sich mit den Wasserstoffmolekülen, welche aus 2 Atomen H zusammengesetzt sind. Wir würden es daher sehr natürlich finden, wenn die Wassermoleküle, H_2O, ebenfalls ein permanentes Gas darstellten. Sie sind aber weit entfernt davon, die Eigenschaften ihrer constituirenden Elemente zu bewahren, da sie bei 100° sich zum flüssigen und bei 0° zum festen Zustand vereinigen. Die Sauerstoff- und Wasserstoffatome müssen also bei der Wasserbildung andere Eigenschaften annehmen. Sowie sich dieselben einander nähern, ordnen sich in beiden die fortschrittsbeweglichen Kräfte anders an; infolge dessen wird der ponderable Aether mit geringerer Stärke von den Atomkörpern angezogen; die Aetherhülle verliert an Mächtigkeit und die Adhäsion zwischen den Molekülen nimmt zu.

Man könnte vielleicht geneigt sein, die grössere Adhäsion zwischen den Wassermolekülen dem Umstande zuzuschreiben, dass die dorsale Anziehung zwischen einem Wasserstoff- und einem Sauerstoffatom grösser und im Wasser gerade eben so häufig vorhanden sei als die dorsale Anziehung zwischen zwei Wasserstoffatomen und diejenige zwischen zwei Sauerstoffatomen. In diesem Falle würde man die dorsale Verwandtschaft an der Oberfläche der Moleküle nach der opponirten Verwandtschaft innerhalb der Moleküle beurtheilen, was nicht nur theoretisch unzulässig, sondern auch mit der Erfahrung im Widerspruche ist. Um nur von der letzteren zu sprechen, so müsste, wenn der angeführte Grundsatz richtig wäre, die Cohäsion einer Menge von Verbindungen grösser sein als die Cohäsion eines jeden ihrer Elemente, was nicht der Fall ist. Gerade das wechselnde Verhältniss zwischen den beiden Anziehungen (der opponirten und der dorsalen) beweist uns, dass beide unabhängig von einander und in jeder Verbindung von der Anordnung der wanderungsfähigen Kräfte bedingt sind.

Das nämliche Verhalten wie beim Wasser finden wir bei den Verbindungen zwischen Sauerstoff und Stickstoff, Wasserstoff und Stickstoff u. a. Auch in Bleiprotoxyd (PO), welches bei 954° schmilzt, ist die Cohäsion grösser als im Sauerstoff und im Blei, von denen das letztere seinen Schmelzpunkt bei 334° hat.

Viele binäre Verbindungen halten sich rücksichtlich der Adhäsion ihrer Moleküle zwischen den sie zusammensetzenden Elementen. Bemerkenswerth sind die Erscheinungen, welche Kohlensäure und Kohlenoxyd zeigen. Die Kohlensäure (Kohlendioxyd, CO_2) hat ihren Schmelz- und Siedepunkt bei — 78°; sie steht somit in Bezug auf die Adhäsionsanziehung ihrer Moleküle zwischen Kohlenstoff und Sauerstoff, wenn sie auch dem letzteren viel näher kommt. Von dem Kohlenoxyd (CO) aber sollte man erwarten, dass es zwischen Kohlensäure und Kohlenstoff stehe, während es als permanentes Gas sich wie Sauerstoff verhält oder wenigstens eine Zwischenstellung zwischen Kohlensäure und Sauerstoff einnimmt. Eine solche Erscheinung wäre einmal ganz unerklärlich, wenn im Kohlenoxyd das Sauerstoffatom wie in der Kohlensäure mit zwei Particellen des Kohlenstoffatoms sich verbunden und die übrigen zwei Werthigkeiten in Wirklichkeit frei gelassen hätte; denn in diesem Falle würde das Kohlenoxydmolekül gleichsam aus einem halben Molekül Kohlensäure und einem halben Kohlenstoffatom bestehen. Verbindet sich aber jedes der zwei Particelle des Sauerstoffatoms mit zwei Particellen des Kohlenstoffatoms, wie ich es für mechanisch nothwendig halte (S. 795), so verändert sich das bisherige dynamische Gleichgewicht in allen Particellen des Kohlenstoffs und zwar in anderer Weise, als es bei der Verbindung von 4 Particellen Sauerstoff mit 4 Particellen Kohlenstoff zu Kohlensäure geschieht, — und es lässt sich recht wohl denken, dass infolge der im einen und andern Falle eintretenden Configurationsänderungen in den Atomkörpern die Aetherhülle des Kohlenoxydmoleküls stärker ausfällt als diejenige des Kohlensäuremoleküls. — Analog wie Kohlenoxyd und Kohlensäure verhalten sich Schwefligsäureanhydrid und Schwefelsäureanhydrid.

Eine dritte Art des Verhaltens einer Verbindung im Vergleich mit den beiden Elementen, aus denen sie zusammengesetzt ist, zeigt uns der Schwefelkohlenstoff (CS_2). Derselbe siedet bei 47° und hat somit eine geringere Cohäsion als seine Constituenten Kohlenstoff und Schwefel, von denen der letztere bei 320° siedet.

Bemerkenswerth sind die isomeren Verbindungen, welche durchgehends eine ungleiche Adhäsionsanziehung zwischen den Molekülen besitzen. So siedet beispielsweise die Buttersäure ($C_4H_8O_2$) bei 156°

und der Essigäther (ebenfalls $C_4H_8O_2$) bei 74°. Die isomeren Verbindungen unterscheiden sich dadurch von einander, dass ihre Atome eine ungleiche Lagerung im Molekül besitzen, wodurch natürlich ungleiche dynamische Beziehungen zwischen den Atomen, ungleiche Anordnung der Kräfte in denselben und ungleiche mittlere Mächtigkeit der Aetherhülle um das ganze Molekül verursacht werden.

II. Isagität.

Die Annahme der Isagität ist eine Hypothese, ein Versuch, die unvollständigen erfahrungsmässigen Vorstellungen über die dynamische Beschaffenheit der Materie zu ergänzen. Eine Hypothese ist um so gerechtfertigter, für je zahlreichere Erscheinungen sie die Einheit einer vernünftigen Erkenntniss gewährt, und um so nützlicher, je mehr sie geeignet ist, zur Auffindung neuer Thatsachen zu führen. In beiden Beziehungen entspricht, wie ich glaube, die Annahme der Isagität in Verbindung mit der Amertheorie den Anforderungen an eine erlaubte Hypothese, da sie alle natürlichen Erscheinungen zu umfassen und ihnen einen naturgesetzlichen Ausdruck zu geben sucht, und da sie gewiss, wenn sie einmal Gegenstand physicalischer Experimente geworden ist, auch zu neuen Erkenntnissen führen wird.

Alle Naturwissenschaft muss gleichzeitig deductiv und inductiv sein. Eine Hypothese muss daher einerseits mit den Gesetzen der Vernunft und andrerseits mit den Erfahrungen der sinnlichen Wahrnehmung übereinstimmen, wobei nicht übersehen werden darf, dass die vernunftgemässe Betrachtung doch eigentlich nichts anderes ist als eine solche, welche die allerallgemeinste Erfahrung und die daraus mit logischer Nothwendigkeit sich ergebenden Normen zur Grundlage hat. Die vernunftgemässe Deduction verlangt, dass die Elementarkräfte gradlinig und nach dem umgekehrten Quadrat der Entfernung wirken, und dass bei der Construction derselben eine gewisse Regelmässigkeit und, da es sich um Anziehung und Abstossung handelt, eine gewisse Symmetrie beobachtet werde. Die letztere Bedingung ist erfüllt, wenn ausser den elektrischen und den Dominantenkräften noch die Isagitäten angenommen werden.

Was die Kritik betrifft, welche die Erfahrung an dieser Deduction ausübt, so folgen bis jetzt bereits die Elektricitäten und die Gravitationsanziehung den vernunftgemässen Forderungen, indess für die noch unbekannten Beziehungen der Aetherabstossung, der chemischen, elastischen, Adhäsions- und Cohäsionskräfte entweder bestimmte Annahmen mangeln, oder in Form von sogenannten empirischen Gesetzen in Ermanglung einer bessern Einsicht einstweilen geduldet werden. Dagegen befriedigt, wie ich glaube, die deductive Annahme einer neuen Kraft mit der Wirkungsweise der Isagität in Verbindung mit der Amertheorie alle Bedürfnisse der Erfahrung und erklärt die natürlichen Erscheinungen in streng rationeller Weise, indem sie alle Kräfte nicht anders als im umgekehrten Verhältniss des Quadrats der Entfernung wirken lässt.

Dass eine besondere Elementarkraft mit den Eigenschaften der Isagität angenommen werden muss, ergibt sich ganz entschieden aus dem Umstande, dass ohne sie manche chemischen und Adhäsionsanziehungen, besonders diejenigen zwischen den Atomen und Molekülen des nämlichen Elements, gar nicht erklärt werden könnten. Die Elektricität allein würde in diesen Fällen nur eine sehr schwache Anziehung oder eher eine Abstossung ergeben, während die Atome des Sauerstoffs, Wasserstoffs, Kohlenstoffs, Schwefels und der meisten übrigen Elemente doch so fest an einander haften. Es kommt zwar vor, dass zwei gleiche Körper oder zwei Hälften des nämlichen Körpers durch Vertheilung ungleich elektrisch werden; aber die Ursache dieses Vorganges ist immer auf eine Störung des Gleichgewichts durch ungleiche Erwärmung oder ungleiche mechanische Action zurückzuführen. Dass zwei gleiche Atome, z. B. zwei Sauerstoffatome, die in geringen Abständen von einander schweben und gleiche Schwingungsbewegungen ausführen, also in allen Beziehungen sich gleich verhalten, durch gegenseitige Einwirkung einen merklichen Theil ihrer neutralen Elektricität zerlegen und dadurch ungleich elektrisch werden sollten, ist wohl ganz undenkbar. Vielmehr führt die Thatsache, dass gleichartige Atome einander anziehen, direct zu der Schlussfolgerung, dass sich in ihnen Kräfte befinden mit dem entgegengesetzten Charakter der Elektricität, so dass die gleichnamigen sich anziehen. Die chemischen und Adhäsionskräfte sind offenbar nicht einfacher Natur, sondern durch das Zusammenwirken der verschiedenen Elementarkräfte, namentlich der Elektricität und Isagität hervorgebracht, in der Weise, dass bald die eine bald die andere dieser beiden Kräfte einen grössern und selbst den ausschliesslichen Antheil am Effect hat.

Man darf gegen die Isagität nicht den Einwurf erheben, dass, wenn sie vorhanden wäre, sie auch durch Erfahrung bekannt sein müsste. Man kennt sie allerdings, aber nur im Verein mit anderen Elementarkräften als Molecularkraft, und von den Molecularkräften sagt man ja ohnehin, dass sie nur auf kleinste Entfernungen wirken und sich somit unserer directen Beobachtung entziehen. Dies darf natürlich nicht so verstanden werden, dass ihre Wirkung rascher, d. h. nach einer höheren Potenz der Entfernung abnehme, als bei anderen Kräften, deren Wirkung auf messbare Entfernungen bemerkbar ist. Sondern es rührt die scheinbare Ausnahme der Molecularkräfte nur daher, weil immer benachbarte Kräfte vorhanden sind, die in entgegengesetztem Sinne wirken, so dass nur in der nächsten Nähe die eine oder andere ein bemerkenswerthes Uebergewicht erlangt. Zwei Atome, deren fortschrittsbewegliche Attractionskräfte an die zugekehrten Seiten gewandert sind, ziehen sich auf ganz geringe Entfernungen sehr stark an, während die Anziehung auf grössere Entfernungen durch die Abstossung beinahe compensirt wird, und nur ein winziger Ueberschuss als Schwerkraft übrig bleibt. Da nun die Isagität ihrer Natur nach bloss als Molecularanziehung wirkt, so ist es begreiflich, dass wir diese Kraft erfahrungsgemäss nicht in ihrer specifischen Verschiedenheit von den anderen Elementarkräften erkennen.

Ungegründet wäre ebenfalls der Einwurf, dass die Isagität, wenn sie existirte, bei ihrer grossen Analogie mit der Elektricität in ähnlicher Weise wie diese zum Vorschein kommen sollte. Denn, wenn auch die Isagität und die Elektricität darin übereinstimmen, dass beide in positiver und negativer Modification auftreten, so werden sie doch durch die unterscheidenden Eigenschaften in ganz ungleichem Maasse befähigt, sich bemerkbar zu machen. Die Elektricität ist hiezu von Natur sehr geeignet. Da die ungleichnamigen Elektricitäten sich anziehen, so entstehen elektrisch neutrale Amergruppen, deren Lage im ponderabeln Aether bloss durch die andern Elementarkräfte (Dominanten und Isagitäten) bedingt wird. Werden diese Amergruppen durch äussere Ursachen zerlegt, so übt die frei werdende Elektricität eine Wirkung nach aussen aus, die früher nicht vorhanden war, und die Amere, an welche die freie Elektricität gebunden ist, können wegen der Abstossung, die sie auf einander ausüben, durch den ponderabeln Aether weit fort wandern und auch an andern Orten eine Wirkung nach aussen vollbringen. Die beiden Isagitäten dagegen bilden, da sie einander abstossen, keine neutralen Amergruppen; vielmehr treten sie überall, wo sie vorhanden sind, mit den ihnen eigenthümlichen Anziehungen auf und sind durch dieselben festgebunden. Es kann daher ein Körper nicht in analoger Weise isagisch gemacht werden, wie man ihn elektrisch machen kann; es wird auch nicht leicht ein Mittel geben, wodurch einem Körper in erheblichem Maasse Isagität zugeführt oder entzogen werden kann. Die Veränderung des isagischen Charakters muss sich wohl auf die Regionen innerhalb der Atome und Moleküle beschränken, wo sie durch Wanderung der isagischen Amere verursacht wird.

Bei der Beurtheilung der Frage, warum die Isagität als solche noch nicht durch Erfahrung bekannt ist, muss namentlich auch an die wichtige Thatsache, die ich festgestellt habe, erinnert werden, dass die Elementarkräfte, deren Wirkung wir gewahr werden, nur einen fast verschwindend kleinen Theil derjenigen Kraftmengen ausmachen, welche in der Natur vorhanden sind und sich so das Gleichgewicht halten, als ob sie nicht da wären (S. 728). Wenn sogar die so auffallend hervortretende Schwerkraft bloss einen winzigen Bruchtheil der Gravitationskräfte ausmacht, so begreifen wir, dass die für die Wahrnehmung viel ungünstiger angelegte Isagität unserer Beobachtung entgeht.

Nachschrift. — Die vorstehende Abhandlung war geschrieben, als ich an sehr sensibeln niedern Pflanzen ein Gebiet von Erscheinungen kennen lernte, welches meiner Ansicht nach nur durch die Annahme einer neuen Elementarkraft erklärt werden kann, und zwar einer Kraft, welche die der Isagität zugeschriebenen Eigenschaften besitzt. Die bezüglichen Thatsachen hoffe ich nächstens in einer besonderen Schrift darzulegen.

---

12. Zusammenfassung der Lehre von den Kräften und Gestaltungen im molecularen Gebiet nach der Amertheorie.

1. Elementarkräfte.

Von Elementarkräften, welche in geradliniger Richtung als Anziehung oder Abstossung wirken, gibt es drei Paare:

die Elektricitäten, von denen die gleichnamigen sich abstossen, die ungleichnamigen sich anziehen;

die Isagitäten, von denen die gleichnamigen sich anziehen, die ungleichnamigen sich abstossen;

die Dominantenkräfte, von denen die Gravitation auf sich selber anziehend und die Aetherabstossung auf sich selber abstossend wirkt, während die erste und zweite sich indifferent zu einander verhalten.

Zwischen den Kräften der verschiedenen Paare finden keine dynamischen Beziehungen statt. Alle gegenseitigen Einwirkungen zweier Kräfte sind gleich dem Product aus den beiden Kraftmengen, getheilt durch das Quadrat der Entfernung.

2. Vertheilung der Elementarkräfte auf die kleinsten Theilchen.

Die sechs Elementarkräfte (positive und negative Elektricität, positive und negative Isagität, Gravitation und Aetherabstossung) sind, als untrennbare Eigenschaften der Substanz, alle in jedem denkbaren kleinsten Theilchen vereint, aber in jedem in ungleicher Menge enthalten, so dass jedes Theilchen einen anderen dynamischen Charakter besitzt. Da anzunehmen ist, dass die zwei Kräfte eines Paares im Weltall in gleichen Mengen vorhanden sind, so ist, wenn die kleinsten Theilchen von gleicher Grösse gedacht werden, wegen ihrer unendlichen Menge eine Hälfte der Theilchen mit überwiegender positiver Elektricität, die andere mit überwiegender negativer Elektricität begabt, ferner eine Hälfte vorzugsweise positiv isagisch, die andere vorzugsweise negativ isagisch, endlich eine Hälfte mit mehr Gravitationsanziehung (ponderable Theilchen), die andere mit mehr Aetherabstossung ausgerüstet (imponderable oder Aethertheilchen). Und wenn angenommen werden darf, dass alle sechs Elementarkräfte gleiche Summen im Weltall bilden, so ist in jedem Sechstel aller Theilchen eine andere Kraft in absolut grösster Menge vorhanden.

3. Agglomeration und Dispersion durch die Elementarkräfte.

Die kleinsten aus Erfahrung bekannten Theilchen sind die Aethertheilchen; es ist anzunehmen, dass auch die wägbaren Stoffe aus Theilchen von gleicher Grösse zusammengesetzt sind. Die Theilchen dieser kleinsten Grössenordnung können als Amere bezeichnet werden. Die Amere waren anfänglich vereinzelt, in gasähnlicher Zerstreuung, aus welcher sie sich theilweise durch die Anziehung der ungleichnamigen Elektricitäten, der gleichnamigen Isagitäten und der Gravitation zunächst zu Gruppen vereinigten. Entscheidend für den Erfolg im grossen und ganzen war die Wirkung der Dominantenkräfte, da diese nicht auf einander wirken; die Gravitationsanziehung ballte die eine Hälfte der Amere (die ponderabeln Amere) zu wägbaren Stoffen zusammen, während die Aetherabstossung die andere Hälfte der Amere (die imponderabeln oder Aetheramere) in der ursprünglichen Zerstreuung erhielt und den Weltäther constituirte. Elektricität und Isagität, von denen jede zugleich Anziehung und Abstossung ausübt, sind bei der Agglomeration und Dispersion der Materie nur in untergeordneter Weise betheiligt, insofern als sie das Bestreben haben, sowohl innerhalb der Agglomerations- als der Dispersionsmassen elektrisch ungleichnamige und isagisch gleichnamige Amere mit einander zu vereinigen.

4. Elasticität und Bewegung der Amere. Weltäther.

Maassgebend für den Zustand der Agglomeration und der Dispersion ist die vollkommen elastische Beschaffenheit der Amere und ihre Bewegung. Was die Elasticität betrifft, so kann ihre Ursache, wie die Ursache der Elasticität der Atome, nur darauf beruhen, dass die Attractions- und Repulsionskräfte in nahezu gleichen Mengen in jedem Amer vorhanden und durch sein Inneres vertheilt sind. Was die Bewegungen betrifft, so müssen dieselben, in ähnlicher Weise wie diejenigen der Gasmoleküle, fortschreitende und drehende sein, und ihre Geschwindigkeit muss die Geschwindigkeit der Gasmoleküle in analogem Maasse übertreffen, wie die auf Aetherschwingungen beruhende Fortpflanzung der Licht- und Wärmestrahlen und die Bewegung der Elektricität die Fortpflanzung des von Schwingungen der Luft getragenen Schalles und die fliegenden Bewegungen der Gasmoleküle übertreffen.

Dem entsprechend besteht der Weltäther theils aus vereinzelten Ameren mit der ursprünglichen fortschrittlichen Geschwindigkeit, theils aus kleinen Gruppen von solchen Ameren, welche durch die isagischen und elektrischen Kräfte zusammengehalten werden und sich in schwingender Bewegung befinden. Die Amergruppen haben, da die ursprüngliche lebendige Kraft ihrer Amere zum Theil in interne Bewegung übergegangen ist, eine entsprechend geringere Geschwindigkeit; sie werden leicht durch den Stoss zertrümmert.

5. Entstehung der Atome.

Bei der Agglomeration ballten sich die ponderabeln Amere je aus einem bestimmten Volumen der durch den Himmelsraum ausgebreiteten Substanz, dessen Grösse durch die Wirkung der Gravitationsanziehung und die Bewegung der Amere bestimmt war, zu einer Masse zusammen, die ein chemisches Atom darstellt. Bei diesem Vorgang vereinigten sich zuerst die Amere mit stärkerer Anziehung zu kleineren und diese zu grösseren Gruppen, deren fortschreitende Bewegung mit zunehmender Grösse sich verminderte, und bildeten schliesslich den aus dichterer und weniger beweglicher Substanz bestehenden Atomkörper. Um denselben legten sich dann die Amere mit schwächerer Anziehung an und stellten eine Atmosphäre dar, die von innen nach aussen an Dichtigkeit ab- und an Beweglichkeit zunimmt. In einem bestimmten Weltenraum und in einer bestimmten Zeitperiode entstanden die Atome eines bestimmten chemischen Elements. Die verschiedenen Elemente bildeten sich unter verschiedenen Verhältnissen, die in verschiedenen Welträumen oder in verschiedenen Zeitperioden gegeben waren, — im allgemeinen zuerst diejenigen mit grösserem Atomgewicht aus den Ameren mit stärkster Gravitationsanziehung, zuletzt wohl, als der Raum an ponderabeln Ameren schon fast erschöpft war, das leichteste Element, der Wasserstoff.

6. Atomkörper, Aetherhülle und Zwischenhülläther.

Der Atomkörper besteht aus Ameren und Amergruppen, die sich in schwingenden, theilweise auch in fortschreitenden und drehenden Bewegungen befinden; die Summe der lebendigen Kräfte dieser Bewegungen ist gleich der Summe der lebendigen Kräfte, welche die Amere im ursprünglichen Zustande der Zerstreuung besassen. Die Amere des Atomkörpers gehören im allgemeinen dauernd demselben an, und verhältnissmässig nur wenige mögen ihn jeweilen verlassen und durch andere von aussen eintretende ersetzt werden.

Die Atmosphäre um den Atomkörper besteht aus ponderabeln Ameren und Amergruppen, die zwar alle ihren Platz verlassen können, von denen aber die der innersten Schichten, durch stärkere Anziehung gebunden, mehr schwingende Bewegungen ausführen, während die der äusseren Schichten mehr und mehr bloss fortschreitende Bewegungen zeigen. Diese Atmosphäre hat grosse Aehnlichkeit mit dem Aether, in den sie auch an der Oberfläche allmählich übergeht, und kann als ponderabler oder Schweräther von dem eigentlichen Leicht- oder Weltäther unterschieden werden.

Wenn sich die Atome zu Molekülen und die Moleküle zu festen und flüssigen Massen vereinigen, so wird ein Theil der Schweräther-atmosphäre zwischen denselben verdrängt. An dem interatomalen Aether dieser Massen lassen sich nun bestimmter zwei Partien unterscheiden. Diejenige, welche die Atomkörper zunächst umgibt und aus einer dichteren, weniger beweglichen Substanz besteht, kann als Aetherhülle, die übrige weniger dichte, aber beweglichere Partie als Zwischenhülläther bezeichnet werden. Die Aetherhülle verhindert die vollständige Annäherung der Atomkörper und nimmt an dem Zustandekommen der Elasticität Theil. Der Raum, in welchem die Atome mit ihren Hüllen hin und her schwingen, im flüssigen Zustande auch fortschreiten und sich drehen, ist mit Zwischenhülläther gefüllt.

7. Dynamische Einwirkungen der Körper auf einander. Schwere.

Da in jedem Amer alle sechs Elementarkräfte enthalten sind, so besteht die Einwirkung zweier Amere auf einander in der Summe aller Anziehungen weniger die Summe aller Abstossungen. Sie ist also gleich

$$AA_1 - BB_1 + (\alpha - \beta)(\alpha_1 - \beta_1) + (a - b)(b_1 - a_1)$$

wenn A und A_1 die Gravitationsanziehung, B und B_1 die Aetherabstossung, α und α_1 die positive, β und β_1 die negative Isagität,

a und a_1 die positive, b und b_1 die negative Elektricität der beiden Amere bezeichnen. Für die gegenseitige Einwirkung zweier Körper, die sich in grösserer Entfernung von einander befinden, gilt obige Formel ebenfalls, wenn die Buchstaben die Summen der gleichnamigen Kräfte in allen Ameren bedeuten, weil die Entfernung der beiden Mittelpunkte nun ohne merklichen Fehler für die genannten Summen in Rechnung gebracht werden kann. Bestehen die Körper aus einer grossen Zahl von verschiedenen chemischen Elementen, so können die beiden aus den isagischen und elektrischen Kräften sich ergebenden Ausdrücke vernachlässigt werden, weil die positiven und negativen Glieder dieser Kräfte in gleichen Mengen vorhanden sind. Die Wirkung zweier solcher Körper wird also bloss durch die beiden Ausdrücke $AA_1 - BB_1$ bestimmt; diese Differenz stellt, wenn es sich um ponderable Massen handelt, die Schwereanziehung derselben dar. Das Gesetz der Schwere beweist, dass in den Himmelskörpern unseres Sonnensystems die Summen der Gravitationskräfte und der Aetherabstossungskräfte im gleichen Verhältniss zu einander stehen ($A : B = A_1 : B_1$). Die zwischen zwei Körpern bestehende Anziehung durch die Schwerkraft ist nur ein winziger Theil der durch alle ihre Gravitationskräfte bewirkten Anziehung, und die gesammte Aetherabstossung ist nur um einen unbedeutenden Bruchtheil kleiner als die gesammte Gravitationsanziehung. Nach dieser Auffassung erklärt sich der scheinbare Gegensatz zwischen der Schwerkraft und den Molecularkräften, indem jene aus der Differenz der letzteren zu Stande kommt.

8. Wärme und Licht.

Der Welt- oder Leichtäther zeigt in analoger Weise wie die Luft, ausser den Einzelbewegungen der Aethertheilchen und den fortschreitenden Massenbewegungen, auch schwingende Massenbewegungen, bei denen eine grosse Menge von Theilchen sich gleichzeitig hin und her bewegt. Von den verschiedenen Aetherbewegungen sind es diese Massenschwingungen, welche das Licht und die Aetherwärme darstellen. Als Wärme setzen sie sich mit den (schwingenden, fortschreitenden und drehenden) Bewegungen der Moleküle und Atome ins Gleichgewicht, indem sie je nach Umständen denselben eine Beschleunigung ertheilen oder durch dieselben eine Beschleunigung erfahren, wobei Aetherwärme latent und in Atombewegung übergeführt wird, und umgekehrt. — Von der ponderabeln Aetheratmosphäre, welche die Atomkörper umgibt, wird der Zwischenhülläther infolge seiner grösseren Beweglichkeit durch die Schwingungen des Leichtäthers in analoge Massenschwingungen versetzt. Bildet der Zwischenhülläther breitere und zusammenhängende Bahnen zwischen den Molekülen, so findet die Durchstrahlung der Masse ohne merklichen Verlust der Aetherschwingungen statt und die Körper sind vollkommen diatherman und durchsichtig. Sind aber die Bahnen des Zwischenhülläthers infolge der Anordnung der Atome enge und unvollständig-zusammenhängend, so setzen sich die Aetherschwingungen in Atombewegungen um und die Körper sind mehr oder weniger adiatherman und undurchsichtig.

9. Erregung und Verbreitung der Elektricität.

Jedes Amer ist, je nachdem die eine oder andere Elektricität überwiegt, dauernd positiv oder negativ elektrisch, da die Elektricität eine Eigenschaft seiner Substanz ist und es daher nicht verlassen kann. Die positiven und negativen Amere sind im allgemeinen zu neutralen Gruppen vereinigt. Durch Zerlegung dieser Gruppen und Ansammlung der elektrisch gleichnamigen Amere wird freie Elektricität erzeugt. Dies erfolgt, wenn ein elektrischer Körper sich einem neutralen Körper nähert, durch dynamische Einwirkung, oder auch wenn durch irgend welche Eingriffe von aussen das bisher bestandene Gleichgewicht in einem neutralen Körper gestört und dabei infolge anderweitiger Anziehungen und Abstossungen elektrisch neutrale Amergruppen gespalten werden.

Die in den Atomkörpern schon vorhandene oder durch eine äussere Ursache frei werdende Elektricität beibt in denselben eingeschlossen, da die Amere im allgemeinen nicht heraus treten können. Dagegen sind die elektrischen Theilchen der Aetherhüllen und besonders des Zwischenhülläthers fortschrittsbeweglich, und die freie Elektricität, die an den Körpern zeitweise oder stellenweise wahrgenommen wird, stammt stets aus dem Schweräther derselben. — Die Amere der freien Elektricität stossen sich gegenseitig ab und haben das Bestreben, sich von einander zu entfernen. Wenn sie dem Leichtäther angehörten und somit auch noch die Aetherabstossung wirksam wäre, so müssten sie stets die festen und flüssigen Körper verlassen. Da sie aber mit ausreichender Gravitationsanziehung und namentlich mit isagischer Anziehung begabt sind, so werden sie von den Körpern festgehalten, breiten sich aber wegen ihrer gegenseitigen Abstossung in den oberflächlichsten Schichten derselben aus.

10. Leitung der Elektricität.

Da die Theilchen des Schweräthers in den festen und flüssigen Körpern durch ihre gegenseitigen dynamischen Einwirkungen und Bewegungen einen bestimmten Spannungszustand darstellen, welcher der Spannung des äusseren Aethers das Gleichgewicht hält, so kann ohne Spannungsänderung ein elektrisches Theilchen seinen Platz nur verlassen, wenn es an die Stelle eines andern Theilchens des Schweräthers tritt und wenn ebenso seine Stelle von einem anderen Theilchen eingenommen wird. Die Wanderung der einander abstossenden elektrischen Amere, welche den geringsten Widerstand zu überwinden hat, findet daher naturgemäss so statt, dass elektrisch neutrale Theilchen (Amergruppen) oder, wie dies beim galvanischen Strom der Fall ist, Amere mit entgegengesetzter Elektricität sich in der umgekehrten Richtung bewegen. So kann der elektrische Strom durch einen Körper oder eine beliebig lange Reihe von Körpern gehen, wenn sich auf diesem Wege ununterbrochene Reihen von neutralen Amergruppen befinden, und es kann eine beliebig grosse Menge von Elektricität strömen, wenn der Weg in einen Körper von hinreichend grosser Ausdehnung (z. B. in die Erde) endigt. Die Leitung geschieht um so leichter, je näher die neutralen Amergruppen der Strombahn beisammen liegen, also je dichter der ponderable Aether ist. Sie ist unmöglich durch die Atomkörper hindurch, weil diese den Ein- und Austritt von Ameren nur spärlich gestatten. Andrerseits wird sie von dem Zwischenhülläther nur sehr unvollkommen oder gar nicht ausgeführt, weil dessen Theilchen zu weit von einander abstehen und wegen ihrer grösseren Beweglichkeit keine constanten Reihen bilden. Dagegen eignen sich die Aetherhüllen infolge ihrer grösseren Dichtigkeit und der geringeren Beweglichkeit ihrer Theilchen vorzüglich zur Leitung der Elektricität, und als die besten Leiter sind diejenigen festen Körper zu betrachten, deren Aetherhüllen in ununterbrochener Verbindung unter einander stehen. Damit stimmt überein, dass zwischen der Leitungsfähigkeit der Elektricität und andrerseits des Lichtes und der Wärme ein gewisser Gegensatz besteht.

11. Magnetismus.

In den Atomkörpern der chemischen Elemente ist die eine oder andere Elektricität in verschieden grossem Ueberschuss enthalten; derselbe bedingt die Stellung der Elemente in der elektrischen Spannungsreihe. Er wirkt auch in entsprechendem Maasse vertheilend auf die Aetherhülle, von welcher daher namentlich die innern (den Atomkörper zunächst umgebenden) Schichten neben den neutralen Amergruppen auch elektrische Amere enthalten, deren Elektricität mit der des Atomkörpers ungleichnamig ist. Da die Theilchen der Aetherhülle zum Theil in fortschreitenden Bewegungen begriffen sind, so bilden sich, wegen der Anwesenheit der elektrischen Amere, leicht elektrische Strömchen, welche, wegen der Anziehung dieser Amere durch den Atomkörper, die Neigung haben, in tangentialer Richtung zu verlaufen und kreisförmig zu werden. Viele solcher gleichgerichteter kreisförmiger Elementarströmchen bilden zusammen den »Molecularstrom«, welcher das Atom zum »Molecularmagneten« macht.

Die Molecularströme können schon von Natur vorhanden sein, wobei ihre Richtung von Atom zu Atom wechselt; dann werden sie durch einen benachbarten Strom inducirt d. h. ganz oder theilweise in die gegenläufige Richtung übergeführt. Beharren sie in dieser Richtung, so bedingen sie den Diamagnetismus der festen Körper. Geht die Wirkung des inducirenden Stromes noch weiter, so dreht er die Molecularströme in die gleichläufige Richtung (Magnetismus). Sind dagegen die Molecularströme nicht schon ursprünglich vorhanden, so werden sie durch den inducirenden Strom zuerst in gegenläufiger Richtung erzeugt (Diamagnetismus), und nachher in die gleichläufige Richtung umgeändert (Magnetismus). Findet das eine oder andere statt, so erfahren stets nur die den Molecularstrom zusammensetzenden Elementarströmchen eine Richtungsänderung, indess die Atomkörper ihre Stellung unverändert behalten. — Bei den Gasen kommt es wegen der von Natur ihren Molekülen eigenthümlichen fortschreitenden und drehenden Bewegungen in der Regel bloss zur diamagnetischen Wirkung, während in den mit viel langsameren Molecularbewegungen ausgestatteten Flüssigkeiten bald bloss diamagnetische, bald magnetische Molecularströme hervorgebracht werden.

12. Gestalt, Grösse und Zusammensetzung der Atome.

Hierüber gibt das Atomgewicht keinen Aufschluss. Aus der vollkommenen und unvollkommenen Sättigung, sowie aus der wechselnden Valenz, welche an mehrwerthigen Atomen beobachtet wird, geht hervor, dass die Atome aus Particellen zusammengesetzt sind, von denen jedes einer Werthigkeit entspricht und die bis auf einen bestimmten Grad selbständig sind. Da die Particelle eines Atoms so gelagert sein müssen, dass sie in den bekannten chemischen Verbindungen sich den andern Atomen stets so sehr zu nähern vermögen, als es dem hier erlangten Grad der Anziehung entspricht, so ist mit grosser Wahrscheinlichkeit anzunehmen, dass sie in einer Ebene um einen Mittelpunkt liegen und somit tafelförmige mehrwerthige Atome bilden. Aus der Festigkeit der Körper, der Fortpflanzung von Licht und Wärme durch dieselben, der Leitung der Elektricität und aus der chemischen Anziehung ergibt sich, dass die Atomkörper eine verhältnissmässig beträchtliche Grösse besitzen und dass ihr Durchmesser in festen Körpern meistens fast die Hälfte des Abstandes der Mittelpunkte erreicht. Die Verhältnisse der chemischen Verbindungen machen es wahrscheinlich, dass ein einwerthiger Atomkörper grösser ist als das Particell eines mehrwerthigen, und dass im allgemeinen der mehrwerthige Atomkörper an Grösse den minderwerthigen übertrifft.

13. Chemische Verwandtschaft. Adhäsion.

Die chemische Anziehung zweier Atome besteht in der Summe aller Anziehungen weniger die Summe aller Abstossungen. Bei dieser Summenbildung sind die Dominantenkräfte in geringem Maasse, die durch sie bestimmte Schwerkraft gar nicht betheiligt, während die Elektricität bei den Verbindungen zwischen Elementen, die in der elektrischen Spannungsreihe weiter von einander entfernt sind, und die Isagität bei den Verbindungen der Atome des nämlichen Elements die Hauptrolle spielen. Bei der Annäherung zweier Atome bewirken ihre auf einander wirkenden Attractions- und Repulsionskräfte eine Wanderung der fortschrittsbeweglichen Theilchen in diejenigen Stellungen, welche den grössten Ueberschuss der gesammten Anziehungen über die gesammten Abstossungen ergeben. Indem somit im allgemeinen die Amere mit der grössten Anziehung sich an die zugekehrten Seiten, diejenigen mit der grössten Abstossung an die abgekehrten Seiten der Atomkörper begeben, bildet sich eine ungleichseitige Anordnung der Kräfte aus, worauf die chemische Sättigung beruht, weil sie eine zweite analoge Verbindung nicht gestattet, so lange nicht die erste Verbindung gelöst ist und die Kräfte sich neu orientiren können.

Wenn mehrwerthige Atome zu einem Molekül zusammentreten, ist zwar die dynamische Einwirkung zwischen zwei einander gegenüberstehenden und sich »bindenden« Particellen am grössten; aber dadurch wird ihre Einwirkung auf alle anderen Particelle nicht aufgehoben, sondern bloss nach dem Quadrat der Entfernung vermindert. Die Orientirung der Kräfte in jedem Particell ist mit Rücksicht auf alle im Molekül wirksamen Kräfte durchgeführt und die Festigkeit eines Moleküls beruht auf der Summe der überschüssigen Anziehungen aller Particelle auf alle übrigen Particelle. Bei unvollständiger Sättigung eines mehrwerthigen Atoms betheiligen sich alle Particelle an der Verbindung und nehmen, statt der opponirten, diejenige Stellung zu den mit ihnen sich verbindenden Atomen an, welche zwar eine geringere Anziehung der einzelnen Particelle, aber die grösste Gesammtanziehung bedingt.

Bei der Annäherung zweier Moleküle werden nicht einfach die Kräfte, wie sie sich in jedem derselben zur chemischen Anziehung angeordnet haben, wirksam; sondern es findet abermals eine Wanderung der fortschrittlichen Theilchen in den Atomen statt, um die mit der chemischen Anziehung innerhalb jedes Moleküls verträgliche möglichst grosse Anziehung zwischen den beiden Molekülen herbeizuführen. Diese Adhäsion der Moleküle an einander (= Cohäsion der Substanz) gestattet eine Abstufung von dem allerschwächsten bis zu dem festesten, der chemischen Anziehung zwischen den Atomen gleichkommenden Zusammenhang. Die Anziehung zwischen verschiedenartigen Molekülen bewirkt oft bestimmte Molekülvereinigungen (Pleone), die Anziehung zwischen gleichartigen Molekülen oder Pleonen dagegen die Krystallisation. — Die Imbibition der organisirten Substanzen beruht auf der Adhäsionsanziehung, welche die oberflächlichen Moleküle der organischen Micelle auf eine oder einige wenige angrenzende Schichten von Wassermolekülen ausüben, so dass die Anziehung der Micelloberfläche zu Wasser grösser wird als die Anziehung der Micelle zu einander, während andrerseits die letztere grösser ist als die Anziehung der ganzen Micelle zu Wasser.

Die chemische Verwandtschaft und die Adhäsion (Cohäsion), welche die sogenannten Molecularkräfte darstellen, kommen also dadurch zu Stande, dass die Amere, welche die Träger der anziehenden (Gravitations-, elektrischen und isagischen) und der abstossenden (Aetherrepulsions-, elektrischen und isagischen) Kräfte sind, zum Theil Ortsveränderungen innerhalb der Atomkörper ausführen und bei der Annäherung solche Stellungen annehmen, dass die Anziehungen zwischen den Atomen und Molekülen auf geringere Entfernungen wirken und daher einen grösseren Effect ergeben, als die Abstossungen.

Durch die theilweise Wanderung der kraftbegabten Amere erhalten die Atome eine innerhalb gewisser Grenzen schwankende Unbeständigkeit des dynamischen Charakters, welche allein das verschiedenartige Verhalten des nämlichen Atoms bezüglich seiner mannigfaltigen chemischen und Adhäsionsanziehungen zu erklären vermag.

14. Dauernde Veränderung der Atome. Positive und negative Entropie des Weltalls.

Da die Atome ponderable Aethertheilchen aufnehmen und abgeben, ferner ihre Amere theilweise umlagern können, so sind sie nicht bloss einer vorübergehenden, sondern einer dauernden und sich steigernden Veränderung ihrer morphologischen und dynamischen Beschaffenheit fähig. Dieselbe wird aber, da Atom und Amer verschiedenen Grössenordnungen angehören, und da die ein- und austretenden Amere nur höchst geringe Unterschiede zeigen können, äusserst langsam erfolgen und vielleicht erst dann eine bemerkbare Grösse annehmen, wenn allenfalls unser Sonnensystem in andere Welträume mit etwas andersartigem Aether gelangt. Eine solche Umstimmung im Atomkörper hat Einfluss auf die Beschaffenheit und Mächtigkeit der Aetherhülle, von welcher wesentlich die Aggregatzustände abhängen. So kann also nach langen Zeiträumen ein permanentes Gas zum flüssigen und festen Körper und ein permanent fester Körper zur Flüssigkeit und zum Gas sich umbilden.

Die Veränderung der Atome ist aber noch mehr gesichert, wenn wir die theoretisch nicht abzuweisende Annahme machen, dass auch die Amere selber, als endliche und zusammengesetzte Dinge, eine innere Veränderung erfahren. Ist letztere wirklich vorhanden, so können die Atome nicht nur leicht in der angegebenen Weise sich umbilden, sondern sie werden unter Umständen eine weiter gehende Veränderung, einen Zerfall in die Particelle, in kleinere Stücke und vielleicht selbst in die Amere erleiden, so dass die Materie ganz oder theilweise wieder in den ursprünglichen Zustand der ätherartigen Zerstreuung zurückkehren würde.

In der ursprünglichen Zerstreuung, die in dem bestimmten Weltraum einmal bestand, führten die Amere bei der Temperatur des absoluten Nullpunktes bloss Einzelbewegungen aus. Die Zusammenballung der Amere zu Atomen und die Vereinigung der Atome zu Molekülen, weiterhin zu flüssigen und festen Körpern hatten Massenschwingungen des Aethers und damit Licht und Wärme zur Folge. Ursprünglich war die mechanische Energie bloss als Einzelbewegungen der Amere vorhanden. Ein Theil derselben blieb unverändert in den Aethertheilchen, ein anderer Theil ging in Wärme (mit Licht) und in die mechanische Energie der Agglomerationskörper über. Die letztere verwandelte sich nach und nach immer mehr in Massenschwingungen des Aethers (in Wärme). Diese ganze Entwicklungsgeschichte stellt die Periode der positiven Entropie, in der wir uns befinden, dar.

Wenn die Atome und die Amere mit der Zeit ihre Beschaffenheit ändern, wenn die festen Massen flüssig, dann gasförmig werden und die Gase vielleicht schliesslich in die Amerzerstreuung zurückkehren, so geht die Energie der Wärmeschwingungen in die Energie der schwingenden, drehenden und fortschrittlichen Bewegungen der Moleküle, Atome, zuletzt der Amere über. Dies ist die Periode der negativen Entropie, welche mit derjenigen der positiven Entropie abwechselt.

www.ingramcontent.com/pod-product-compliance
Lightning Source LLC
LaVergne TN
LVHW091039021026
849161LV00002BA/176